经典译丛·信息网络技术与网络科学

高级无线网络
——技术及商业模式
（第三版）

Advanced Wireless Networks
Technology and Business Models
Third Edition

［芬］ Savo Glisic　著
王　磊　郑宝玉　等译

電子工業出版社
Publishing House of Electronics Industry
北京·BEIJING

内容简介

本书全面讲解了建立5G无线网络所需的各种技术。书中介绍了当前流行的新兴无线网络，包括ad hoc网络、传感器网络、多跳蜂窝网络、认知无线电网络、异构网络、自组织网络、容迟网络、复杂网络、软件定义网络等，讲解了大量的网络技术、协议与算法；同时讨论了5G无线网络采用的新技术，如大规模MIMO技术、毫米波通信技术和云计算等。本书还将重点讨论网络服务提供商、运营商、监管机构及学术界关注的各种商业模式。

本书可作为通信工程与电子信息类相关专业高年级本科生和研究生的参考教材，并对具有一定通信理论基础的工程技术人员，特别是从事未来网络建模和分析的研究者具有很好的参考价值。

Advanced Wireless Networks: Technology and Business Models, Third Edition
ISBN: 9781119096856
Savo Glisic

版权贸易合同登记号 图字：01-2017-5720

图书在版编目（CIP）数据

高级无线网络：技术及商业模式：第三版 /（芬）萨沃·格里希奇（Savo Glisic）著；王磊等译.
北京：电子工业出版社，2023.9
（经典译丛. 信息网络技术与网络科学）
书名原文：Advanced Wireless Networks: Technology and Business Models, Third Edition
ISBN 978-7-121-46329-7

Ⅰ. ①高… Ⅱ. ①萨… ②王… Ⅲ. ①无线网 Ⅳ.①TN92

中国国家版本馆CIP数据核字（2023）第173472号

责任编辑：冯小贝
印　　刷：三河市鑫金马印装有限公司
装　　订：三河市鑫金马印装有限公司
出版发行：电子工业出版社
　　　　　北京市海淀区万寿路173信箱　　邮编：100036
开　　本：787×1092　1/16　印张：40.75　字数：1212千字
版　　次：2023年9月第1版（原著第3版）
印　　次：2023年9月第1次印刷
定　　价：199.00元

凡所购买电子工业出版社图书有缺损问题，请向购买书店调换。若书店售缺，请与本社发行部联系，联系及邮购电话：（010）88254888，88258888。

质量投诉请发邮件至zlts@phei.com.cn，盗版侵权举报请发邮件至dbqq@phei.com.cn。

本书咨询联系方式：fengxiaobei@phei.com.cn。

前　　言[①]

如今，无线通信技术已经从第一代演进到第五代(5G)，无线通信技术发展的重点在于物理层性能的提升。不过，这种理念还有两点缺憾：第一，无线信道的网络容量远不如光纤网络的网络容量；第二，无线网络用户的移动性问题没有得到足够的重视。在密集型网络中，用户终端和接入点数量显著增加，第五代无线通信技术的无线接入链路变得越来越短，这将要求更频繁的切换，因此对连接的可靠性提出了更高的要求。

未来网络的很大一部分将用于处理人-物联网(IoTP)通信，在这种通信中，复杂的物理层解决方案并不能很好地处理相关的问题，并且人-物联网通信将使用简单的解决方案。由于上述原因，大多数学者都认为相对于无线接入技术，5G 技术将更加关注无线网络技术。在 5G 关键技术的研究中，不同的领域侧重于不同的解决方案。微蜂窝技术、毫米波物理层、认知网络、大规模 MIMO 技术、多运营商网络管理中的频谱和基础设施共享、动态网络架构、用户确定性网络等都在 5G 通信中得到了应用。

这些网络的设计和分析使用了许多功能强大的数学分析工具，如凸优化、动态优化和随机优化、随机几何、均场理论、匹配理论和博弈论，以及许多经济学/微观经济学中常见的数学分析工具。

本书提倡这样一个观点，在未来的无线网络中，上述技术将同时出现，并关注于以下三个主要原则。

1．设计同时包含部分或所有技术的异构网络。

2．复杂网络优化。

3．设计有效的商业模式，提升有限资源的利用率。

因此，这本书的副标题为：技术及商业模式。

这本书献给富有开拓性思维的研究人员、网络设计人员和管理者，他们终将实现未来的网络愿景。

Savo Glisic

① 中文翻译版的一些字体、正斜体、图示、参考文献、公式格式等沿用英文原版的写作风格。

目　　录

第 1 章　概述——高级无线网络的广义模型

在向 5G 网络演进的过程中，无线网络在多样化的用户服务和庞大用户基数面前愈发复杂[1]。未来的 5G 网络必将是高度异构的（见第 11 章），而且也将整合认知网络的相关理念[2, 3]（见第 9 章），同时提供相应的异构解决方案，将蜂窝网络流量卸载到 WLAN[4, 5]，包括 ad hoc 网络（见第 4 章）和蜂窝网络[6, 7]组合的多跳蜂窝网络（见第 8 章），以及移动终端到移动终端（m2m）通信[8]。为了分析和控制这些网络，构建更加复杂的网络架构，我们需要高效的建模工具。

近年来，复杂网络理论（见第 14 章）已经成为强大的网络拓扑建模工具，被应用于现代网络中[9]。例如，因特网行为很像幂律节点度分布网络，无线传感器网络可类比于网状网络（格形网络），而熟人之间的社交则如同小世界网络。Watts 和 Strogatz[10]最先引入了小世界网络的概念，其中每一个小世界网络是通过对现有的常规网络（如环格图）的链路重新布局而实现的。后来，Newman-Watt[11]建议通过添加一些新的链路（捷径，shortcuts）来构建小世界网络，而并不需要对现有链路重新布局。小世界的概念被引入无线网络，通常是为了减少路径长度，从而提供更高的吞吐量并改善端与端之间的时延。

还有部分著作专注于解决如何在点对点网络（ad hoc 网络）和传感器网络（见第 5 章）中构建保留小世界特征的无线网络拓扑并探讨其中存在的问题[12-16]。长距离的捷径可以通过添加有线链路桥接[17]、波束成形[18]或多个信道[19]的概念来创建。文献[9]已经证明，小世界网络比其他网络架构具备更强的健壮性。因此，任何具有此属性的网络将具有弹性的优点，其中某些节点的随机遗漏不会显著增加平均路径长度或降低分簇系数。由于未来无线网络链路和节点的可用性具有不确定性，这些特征是非常重要的。基于以上原因，本书致力于重新设计一个包含小世界的特点和信道备份的异构无线网络。

我们设想的 5G 和 6G 的网络模型包括多跳概念，为具有密集用户群的未来网络建模并实现已经标准化的移动终端到移动终端（m2m）的连接。我们将多跳蜂窝网络视作现有 m2m 概念的扩展或泛化。这些被当作中继的潜在用户可能隶属于不同的运营商，会存在合作协调问题。因此，这些连接是否存在将是不确定的。蜂窝（cell，也称小区）中的某些子区域将被其他技术覆盖，如飞蜂窝（femto cell，也称毫微微蜂窝）、小蜂窝（small cell）或 WLAN，从而使蜂窝系统能够卸载流量。这些链路的存在取决于中继距离和 WLAN 的覆盖范围及运营商之间的合作协议。在这样一个复杂的网络中，主要用户（PU）不可预知的活动使得认知链路不确定性大大加深。复杂网络理论可用于将网络的所有这些特征聚合成一个统一的模型，从而更容易实现对系统整体性能的分析。

尽管在先前的各个研究领域都存在大量的著作，但据我们所知，本书首次提供了一种能够同时涉及上文提及的所有技术的统一网络模型。网络的动态特性导致网络拓扑结构的动态变化。文献[20]首次尝试通过复杂网络概念对链路不确定性进行建模，即使在该著作中，不确定性也只是衰落和动态信道访问的结果。更具体地说，本书将重点从以下几个方面设计和分析复杂异构无线网络：

1. 基于节点/链路不确定性的概率特征，建立了复杂异构无线网络的统一模型。该模型捕捉到无线网络的最新解决方案中存在的不确定性及固有的时变链路和节点。

2. 给出一种用于统一分析多运营商协作、m2m 传输、不同流量卸载方案和认知异构网络中信道可用性的分析工具。
3. 通过使用特定技术重新设计异构网络，以便以一种系统可控的方式增加网络冗余度，从而提高网络对链路/节点故障的健壮性。
4. 对异构网络进行流量分配感知的重新规划。
5. 给出该类网络的新的路由协议。
6. 从平均路径长度、分簇、健壮性、功耗和复杂度方面对网络进行综合分析。

本章首先介绍未来无线网络的一般模型，即通用网络模型；在后面的章节中还将更详细地阐述这种网络模型的每个组成部分。

1.1 网络模型

本节首先考虑宏蜂窝网络的上行链路，其中每个用户通过中继的方式桥接到它们的相邻用户(邻居)来接入基站(BS)。多跳传输是通过考虑图 1.1.1 中给出的虚拟蜂窝镶嵌方案进行建模的，其中半径为 R 的宏蜂窝被划分成半径 $r<R$ 的内六角子蜂窝。该分区方案在网络中并没有物理意义上的应用，而是用于捕获蜂窝中不同终端之间潜在的中继消息，从而建立终端之间的相互关系。为此做出如下假设，潜在用于协作的发射机/接收机均匀地分布于每个子蜂窝的中心。

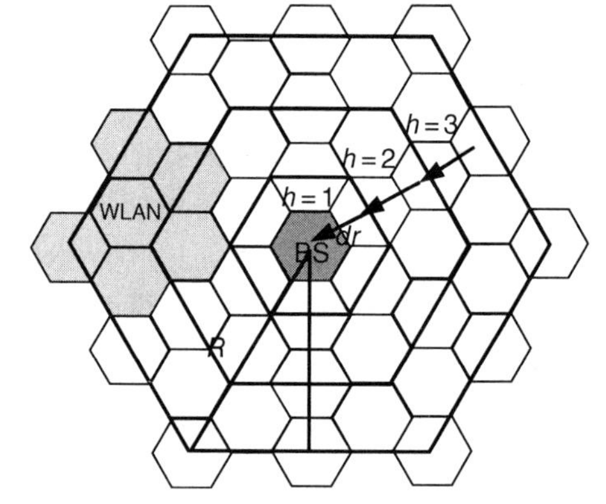

图 1.1.1 宏蜂窝镶嵌

假设在一个蜂窝内，基站被子蜂窝的 H 个同心环包围。例如在图 1.1.1 中，$H=3$。用户与基站间的最短路径(跳数)取决于跳指数 h，其中 $h=1,\cdots,H$。由于终端的不确定性，指向基站的路径长度可能比 h 长。每个环上的子蜂窝数 $n_h=6\cdot h$，每个蜂窝的子蜂窝数为 $N=3H(H+1)$。

在本书后续部分将罗列出异构网络的一些特性，这些特性导致了节点和链路存在不确定性。节点渗透(percolation)将用于建模和量化没有网络覆盖或者终端隶属于没有合作协议的不同运营商而无法完成中继的用户。当采用认知链路时，因为 PU 需要返回到信道中，所以也将链路渗透方法应用于链路不确定性的建模中。这些内容将在后续小节中详细阐述。

1.1.1 节点渗透

1.1.1.1 蜂窝网络中的多运营商合作

下面的内容模拟了一些运营商在蜂窝网络中共存的场景。假设单个运营商 i 有一可用终端，其位于某给定子蜂窝的概率为 p_{o_i}。在多运营商合作网络中，如果至少有一个运营商在该位置具有终端，则该终端可用于同一子蜂窝中进行中继，其发生的概率为 $p=1-\Pi_i(1-p_{o_i})$。

合作意愿越高的运营商，其中继的成功率就越高。一般来说，这将导致中继路由长度减少。如果运营商之间进行合作，让用户灵活地连接到更方便的基站，那么两个运营商的网络容量都将得到改善。同时，在多运营商合作方案中，网络将能取得更好的性能，后面的内容将对此进行具体阐述。在复杂网络术语中，消息转发的节点不可用性称为节点（或站点）渗透。

1.1.1.2　多种技术下的多运营商合作

通常，异构网络中可以使用多种技术。每种技术都有自己的特点，可以根据用户的需求在特定的地点和时间进行更合适的接入点（AP）选择。图 1.1.1 给出了蜂窝网络在覆盖范围上与 WLAN 重叠的示例。在接下来的分析中，我们将以该模型为原型展开研究。蜂窝网络和其他接入技术如 WLAN 之间的相对覆盖将以概率 p_{wlan} 为指标，该概率是指在下一跳中，连接将有机会切换到不同的技术从而终止路由的概率。终止路由的概率为 $p_{\text{wlan}} = A/A$，数值上等同于其他技术的覆盖面积 A_h 与蜂窝网络的覆盖面积 A_c 之间的比率。这种概率计算方式可同样推广到其他流量卸载方案中，如小蜂窝/飞蜂窝或其他层次的蜂窝网络，如微蜂窝和微微蜂窝（micro and pico cells）。

1.1.1.3　m2m 链路建模

在该分析中，假设下一跳 m2m 链路连接的是目标节点的概率为 p_{m2m}，该参数取决于同一蜂窝内的会话发生概率及网络中微蜂窝的数量 N。

在特定会话的最简单模型中，假定 $p_{\text{m2m}} = (N_{\text{m2m}}/N)/N_{\text{m2m}} = 1/N$，其中 N_{m2m} 是每个蜂窝中 m2m 的平均连接数。N_{m2m}/N 表示给定的相邻节点是 m2m 汇聚节点的概率，$1/N$ 是 N_{m2m} 个会话之外的特定会话中该节点为汇聚节点的概率。

1.1.2　链路渗透——认知链路

当考虑认知链路作为中继时，需要为次要用户［SU；属于辅助运营商（SO）］建立路由，同时还需要考虑两个相关的问题。第一个是在进行路由/中继决策时的链路可用性，第二个是主要用户（PU）返回的概率，PU 返回会中断正在进行的中继，并强制 SU 使用新方案重试一次。

假设频谱感知是理想的[3]。由于这个问题属于物理层技术问题，很多文献中已广泛涉及，因此不在本书中进行讨论。同时，由于 PU 活动的不确定性，SO 在整个消息传输期间无法事先获得频谱可用性的信息。通过定义 PU 返回到当前分配给 SU 的信道的概率来对这种不确定性进行建模，将其表示为 p_{return}。

假设呼叫/数据会话到达遵循泊松分布，PU 和 SU 的速率分别为 λ_p 和 λ_s。在给定时刻 n_p，有 c 个信道用于主要运营商（PO）网络（即系统处于 n_p 状态）的平均概率为 p_{n_p}，该平均概率可通过求解数据会话的常规 M/M/c 系统和语音应用中的 M/M/c/c 系统的生死方程来获得[21]。

假设 SU 的平均服务时间为 $1/\mu_s$，在该时间段内有 k_p 个新的 PU 到达的概率为[21]

$$p_{k_p}(t = 1/\mu_s) = \frac{(\lambda_p t)^{k_p}}{k_p!}\mathrm{e}^{-\lambda_p t} = \frac{(\lambda_p/\mu_s)^{k_p}}{k_p!}\mathrm{e}^{-\lambda_p/\mu_s} \tag{1.1.1}$$

$c - n_p$ 条信道中的某条特定信道被分配给 k_p 个新到达的会话请求之一的概率为 $k_p/(c - n_p)$。因此，PU 返回的平均损失概率（average corruption probability）是

$$P_r\left(n_p\right)=\sum_{k_p=0}^{c-n_p}\frac{k_p}{c-n_p}p_{k_p}(t=1/\mu_s)$$
$$=\sum_{k_p=0}^{c-n_p}\frac{k_p}{c-n_p}\frac{\left(\lambda_p/\mu_s\right)^{k_p}}{k_p!}\mathrm{e}^{-\lambda_p/\mu_s} \tag{1.1.2}$$

上述表达式在 n_p 时刻进一步取平均，从而给出平均 PU 返回概率的表达式为

$$p_{\text{return}}=\sum_{n_p}P_r\left(n_p\right)p_{n_p} \tag{1.1.3}$$

到目前为止，我们提出的模型说明了由于无线网络的不同特征所造成的节点和链路的不确定性问题。下面将采用吸收马尔可夫链对前文所提到的节点渗透现象引起的网络连通性问题进行分析。

1.2 网络连通性

本节首先从图 1.1.1 的初始模型和上一节所描述的内容出发，介绍网络连通性建模问题。然后，通过结合小世界网络的概念和频率备用信道的系统性说明，重新设计该初始模型。一般来说，假设网络在可用情况下使用认知链路。如果使用某一认知链路时有一个 PU 要返回到该信道(即该认知链路使用的信道)，则正在进行的传输发生中断的概率为 p_{return}［由式(1.1.3)给出］，而且认知用户将尝试使用另一个信道。如果没有 PU 返回信道，并且在相邻子蜂窝中具有用于特定会话的接收机(概率为 p_{m2m})，则该用户将通过中继连接到 m2m 链路的接收机上。这两种情况的联合事件发生概率为 $p_{\text{m2m}}(1-p_{\text{return}})$。否则，如果没有这样的接收机，用户将在邻近 WLAN 可用的情况下(概率为 p_{wlan})继续通过中继连接到 WLAN，其概率为 $p_{\text{wlan}}(1-p_{\text{return}})(p_{\text{wlan}})$。除了 WLAN，通常也有其他方案(小蜂窝/飞蜂窝，或不同层次的蜂窝网络，如微蜂窝和微微蜂窝)用于流量卸载。流量卸载的概率取决于多个参数：例如卸载 AP 的可用性成本、流量分布、终端接口等。本节内容分析的初衷是将这些参数都考虑进 p_{wlan} 的表达式中。以上分析如图 1.2.1 所示。如果这两个方案都不可用且没有 PU 返回，则用户将通过相邻子蜂窝中继向 BS 传输信息，其发生的概率为

$$P_r=(1-p_{\text{wlan}})(1-p_{\text{m2m}})(1-p_{\text{return}}) \tag{1.2.1}$$

中继连接到特定相邻子蜂窝的概率如图 1.2.1 所示，其中 p 是终端可用概率。在每个子蜂窝中，用户沿 BS/AP 具有最短距离的相邻中继方向展开查验。如图 1.2.1 所示，相邻中继将以概率 p 提供服务，若可用，中继将按概率 pP_r 进行。如果该用户不可用，则协议将按照图 1.2.1 所示的顺序检查下一个用户的可用性。通常优先查验靠近基站方向的中继。更具体地说，协议检查图中右侧的用户，其可用概率为 p，因此这种转换发生的概率是 $p(1-p)P_r$。在右侧用户不可用的情况下，协议将检查图中的左侧用户。该协议以相同的方式继续，直至其到达最后的相邻用户，其中继的概率为 $p(1-p)^5P_r$。如图 1.2.1 所示，若上述方案均不可用，那么路由无法建立的概率为 p_0。因此，路由协议称为 AP 位置感知路由。参数 p_0 将被看作节点对链路和节点故障(不可用性)的健壮性的关键指标。

通常用 p_n 表示中继到相邻用户 n 的概率，其表达式为

$$p_n = p(1-p)^{n-1}P_r,\ n=1,\cdots,6 \tag{1.2.2}$$

其中 P_r 由式(1.2.1)给出。因此，到任意相邻子蜂窝的总中继概率为

$$p_t = \sum_n p_n \tag{1.2.3}$$

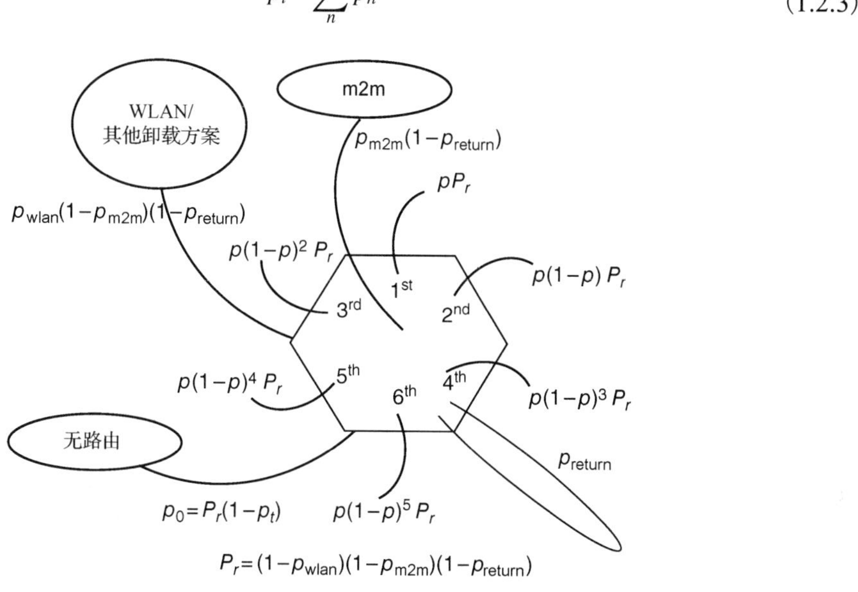

图 1.2.1　连通性替代方案(相邻用户的方向按照距 BS 的距离递增的顺序来选择)

在复杂的系统中，1.1 节所述的若干因素的综合影响可使用等效参数 p 代替，其中 p 是上述相应现象发生的各自概率的乘积。例如，在终端可用性概率分别为 p_1 和 p_2 的两个运营商的系统中，等效可用概率表达式如下：

$$p = p_{eq} = 1-(1-p_1)(1-p_2) \tag{1.2.4}$$

因此，如果至少有一个运营商的终端可用，则中继也可用。

1.3　具有小世界特性的无线网络设计

1.3.1　蜂窝重组

上一节的内容主要从基站是路由协议的主要目标(目的地)的角度考虑了网络连通性问题。这意味着大部分流量的目的地都在蜂窝之外。本节将重点关注大多数流量保留在蜂窝内的场景，并且主要考虑的是提升蜂窝内节点之间的连通性问题。这是典型的办公室场景，其中大部分流量在办公室内的计算机、计算机和打印机、办公室内的语音和视频通信等之间流动。之后，我们将对包含多个蜂窝的复杂网络进行建模。

我们首先沿着图 1.3.1 中所示的螺旋为子蜂窝建立索引，接着将螺旋线展开成一个网格(lattice)，称为 s 网格。这种方法获得的网格与复杂网络理论的经典文献[10, 11, 22, 23]中使用的网格形式相似。

在传统的一维网格中，由 k 或更小的网格间距隔开的所有顶点对之间都建立了连接。小世界模型[10, 22, 23]是通过随机选取图中的一小部分边，并将每条边的一端移动到一个随机的新

位置来构建的。与参考文献[10, 11]中的模型略有不同的是，在顶点之间随机地添加了一些捷径，但没有从底层一维网格中移除任何边。

可以看到，在通过展开图 1.3.1 中的螺旋得到的 s 网格中，每一个顶点都与 6 个相邻节点连接。而与传统网格不同，螺旋上的相邻节点不再是网格中的相邻节点。这一事实为重组或添加额外的捷径奠定了基础。更准确地说，图 1.3.1 中(左边的阴影部分)第 h 圈螺旋上的每个节点都连接到两个同在第 h 圈螺旋上的相邻节点($k=1$)、两个在第 $(h-1)$ 圈螺旋上的相邻节点及两个在 $(h+1)$ 圈螺旋上的相邻节点。

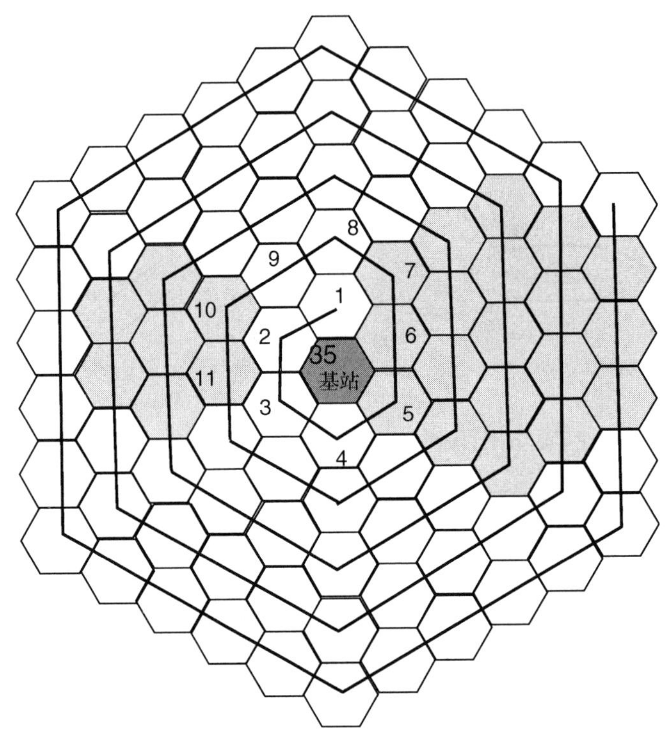

图 1.3.1　s 网格参数

如果传输的覆盖范围被扩展到包含每一节点(见图 1.3.1 中右边的阴影部分)周围的两层子蜂窝(网格范围 $k=2$)，那么在第 h 圈螺旋的每一个节点都连接到 4 个同在第 h 圈螺旋上的相邻节点、4 个在第 $(h\pm1)$ 圈螺旋上的相邻节点及 3 个在第 $(h\pm2)$ 圈螺旋上的相邻节点。需要注意的是，位于螺旋拐角处的节点(与基站夹角为 $\theta=30+60n$，$n=1,\cdots,6$)，其在第 $h+\Delta h$ 圈和 $h-\Delta h$ 圈上的相邻节点的簇大小并不相等。图 1.3.2 对图 1.3.1 的螺旋上的节点 2 和节点 3 就这一点进行了说明。

从形式上讲，s 网格参数 k 表示每个节点将会连接到位于相邻螺旋上的 $2k+1$ 个簇，其距离 $\Delta h\leqslant k$；每个簇的规模 $\leqslant k$。

用 $u(h,\theta)$ 表示位于第 h 跳和与基站夹角为 θ 的用户(网络顶点)。它的位置向量表示为 $\vec{u}(h,\theta)=h\cdot d_r\cdot \mathrm{e}^{\mathrm{j}\theta}$，其中 d_r 表示中继距离。附录 A.1 中给出了其在确定网格范围 k 中连接的相邻中继用户的位置。具有捷径的 s 网格称为 s(sc) 网格。

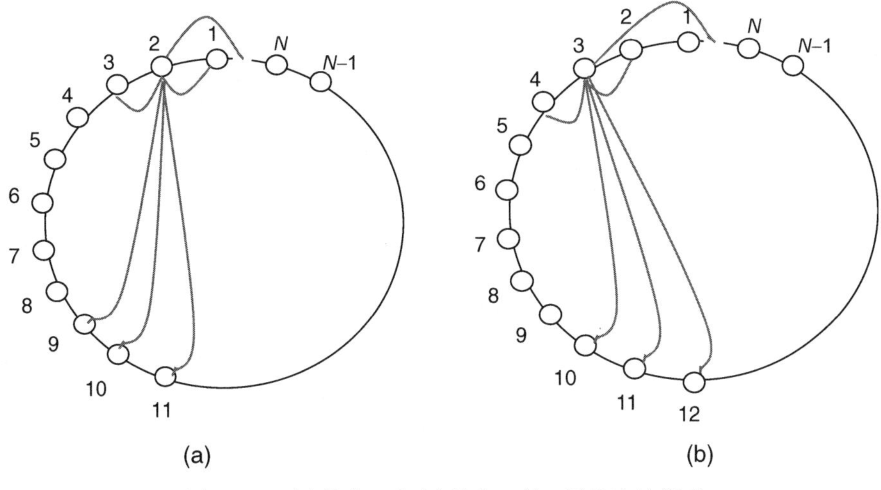

图 1.3.2　(a) 节点 2 和 (b) 节点 3 的 s 网格连接模型

1.3.2　流量分布感知重组

显然从路由和时延的角度来看，在有着高密度流量的节点之间需要一条捷径。而另一方面，相距很远的节点之间的直接链路则需要高功率来维持。为了协调这些相互矛盾的需求，我们建议在建立捷径的地方按照下面提供的方案之一进行流量分布感知重组。其中第一种的概率为

$$p_{ij} \propto \lambda_{ij} \tag{1.3.1}$$

考虑到功耗，式 (1.3.1) 可修改为

$$p_{ij} \propto \lambda_{ij}/P_{ij} \tag{1.3.2}$$

或等价于

$$p_{ij} \propto \begin{cases} \lambda_{ij}, P_{ij} \leqslant P_{\text{threshold}} \\ 0, P_{ij} > P_{\text{threshold}} \end{cases} \tag{1.3.3}$$

这些概率也可以通过求解含有复杂的效用函数的优化问题而获得。

在实际应用中，可以通过使用与宏蜂窝独立的 m2m 信道或者信道复用因子为 1 的等效复用信道和调度不同时隙中的传输来实现捷径。

在重组的情况下，s 网格称为 s (r) 网格，被重组的链路将被删除并随机地重新连接到另一个节点。对于 s (sc) 网格和 s (r) 网格，下文将给出一组新的协议。

1.3.3　多蜂窝重组

如图 1.3.3 所示，多蜂窝可以通过有 $2N$ 个节点的双向螺旋 2ws 网格相互连接。重组 (或添加捷径) 是在整个网络中随机选出的两个节点上完成的。在物理上，可以通过网络后瓣 (backhole) 和从节点到最近的网络后瓣接入点的直接链路 (宏蜂窝或 WLAN) 节点来完成网络重组。

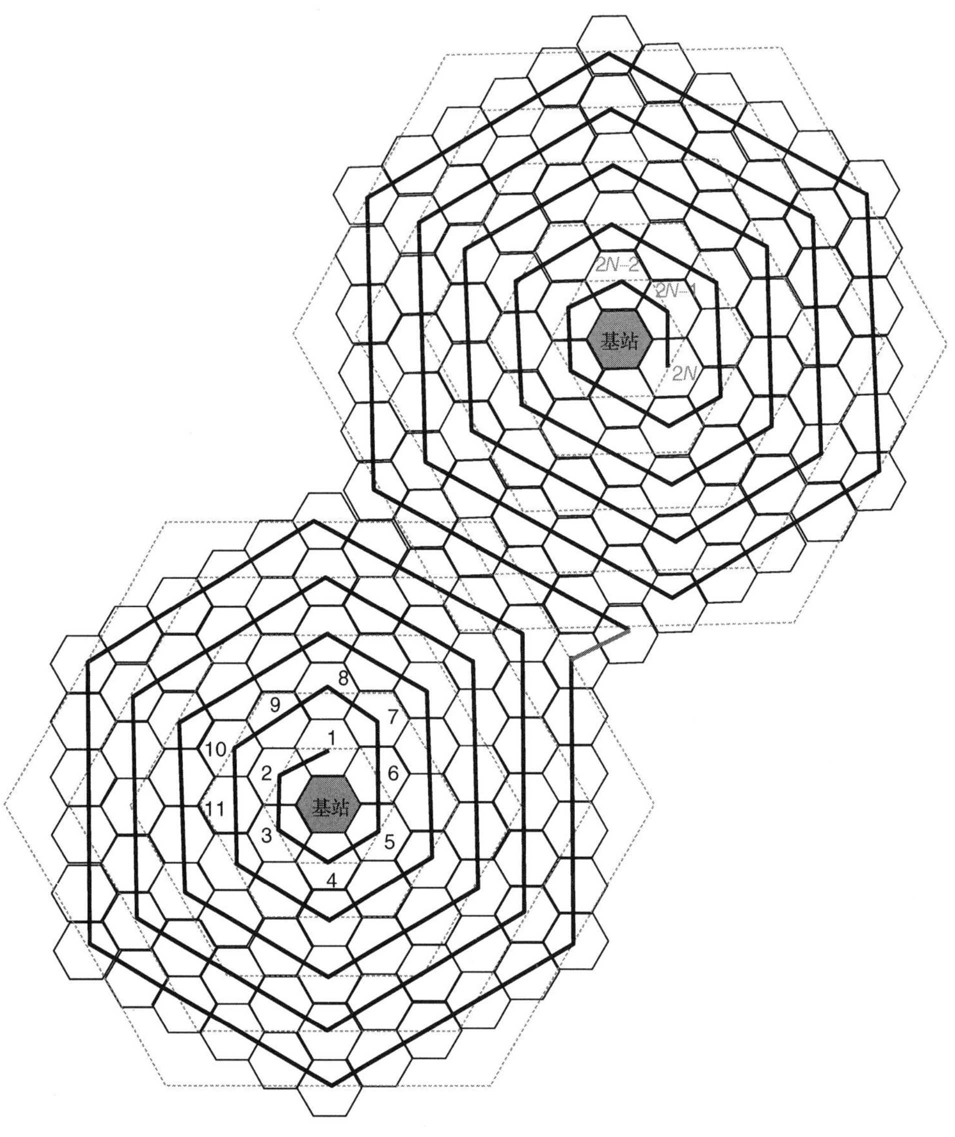

图 1.3.3　2ws 网格

1.4　频率信道备份

在本节中，除了小世界特性，还考虑了一些额外的信道(认知或购买的许可信道)可供中继。有很多方法可以提供额外购买的许可信道，以提高整个网络对链路和节点故障的健壮性。PO 可以按照以下几种类别出售信道：

Area (A sell)
*per **m**acro cell*
*per constalletion unit (**s**ubcell)*

Number of frequency channels (F sell)
*one (**1**) or*
k_f channels

```
Time the contract is valid (t sell)
temporal (per session) or
fixed time sell
```

后续章节中将使用符号 $A/F/t$ 表示 A 类出售/F 类出售/t 类出售合约。例如，一个 $m/k_f/s$ 合约表示在一个给定的会话时间内宏蜂窝区域的 k_f 个信道的出售合约。根据出售的类型不同，在网络健壮性增强方面将会取得不同的效果。

1.4.1　$m/k_f/s$ 合约

用 (n_p,n_s) 表征网络状态，其中 n_p 表示主网络中的临时活跃用户数量，n_s 表示二级网络中的临时活跃用户数量。对于给定的总可用信道数 c，PO 将保留 b_p 个信道作为自己的备份，并准备暂时向 SO 出售 $c-(n_p+b_p)$ 个信道。SO 将会购买 b_s 个信道用作自己的备份，其余的空闲信道将会被用作认知信道。参数 b_s 受到 $b_s<k_f$ 的限制且可以表示为

$$b_s=\begin{cases}k_f, & c-(n_p+b_p)\geqslant k_f\\ c-(n_p+b_p), & c-(n_p+b_p)\leqslant k_f\end{cases} \tag{1.4.1}$$

1.4.2　随机冗余分配（R^2A）

在这种情况下，备份信道被随机分配给 n_s 个用户，这使得二级网络中的备份概率被定义为 $p_{\text{bs}}=b_s/n_s$。

1.4.3　按需冗余分配

在这种情况下，当 PU 连续 s 次成功返回到信道后，冗余信道将被分配给终端。它可建模为

$$p_1=p_{\text{return}}^s \tag{1.4.2}$$

$$p_i=\binom{n_s}{i}p_1^i(1-p_1)^{n_s-i} \tag{1.4.3}$$

$$p'_{\text{bs}}=\sum_{i=0}^{k_f-1}p_i \tag{1.4.4}$$

其中式(1.4.2)定义了在子蜂窝请求一个备份信道之后发生连续的 s 次成功返回的概率。参数 p_i 表示除了 n_s 个活跃的 SU，i 个用户使用备份信道的概率。最后，式(1.4.4)给出了在 k_f 个租用信道中至少有一个是空闲的、可以分配给新需求的概率。参数 s 的最优值可以通过下式得到：

$$\begin{aligned}s&=\arg\max_s p'_{\text{bs}}/s\\&=\arg\max_s\left[\frac{1}{s}\sum_{i=0}^{k_f-1}\binom{n_s}{i}p_{\text{return}}^{is}\left(1-p_{\text{return}}^s\right)^{n_s-i}\right]\end{aligned} \tag{1.4.5a}$$

式(1.4.5a)寻找一个 s 值，从而最大化 k_f 个租用信道中至少有一个空闲信道可分配给新需求的概率。对于较高的 s，SU 将需要等待更长的时间，并希望不会有额外的 PU 返回，以便它们最终能够在不要求备用信道的情况下传输。可以直观地看出，较高的 s 值将会减小式(1.4.3)中定义的 i 个 SU 需要备份信道的概率，一旦请求备份信道，该信道满足式(1.4.4)所定义的需求的

概率。另一方面，我们也不允许 s 值过高，因为这会增加消息传送到接入点的总时延。因此，式(1.4.5a)中的效用函数可由 p'_{bs} 除以 s 得出。对该效用函数进行进一步推导，可得

$$\begin{aligned} s &= \arg\max_{s} p'_{\text{bs}}/sl_r \\ &= \arg\max_{s}\left[\frac{1}{sl_r}\sum_{i=0}^{k_f-1}\binom{n_s}{i}p_{\text{return}}^{is}\left(1-p_{\text{return}}^{s}\right)^{n_s-i}\right] \end{aligned} \tag{1.4.5b}$$

$$\begin{aligned} s &= \arg\max_{s} p'_{\text{bs}}/sl \\ &= \max_{s}\left[\frac{1}{sl}\sum_{i=0}^{k_f-1}\binom{n_s}{i}p_{\text{return}}^{is}\left(1-p_{\text{return}}^{s}\right)^{n_s-i}\right] \end{aligned} \tag{1.4.5c}$$

在式(1.4.5b)中，分别对长为 l_r 的每条路径的 s 值进行了优化。式(1.4.5c)中则是使用路径的平均长度值 l 对整个网络进行优化。(s,k_f) 的联合优化可由下式获得：

$$\begin{aligned} \left\{s,k_f\right\} &= \arg\max_{s,k_f} p'_{\text{bs}}/k_f sl \\ &= \arg\max_{s,k_f}\left[\frac{1}{k_f sl}\sum_{i=0}^{k_f-1}\binom{n_s}{i}p_{\text{return}}^{is}\left(1-p_{\text{return}}^{s}\right)^{n_s-i}\right] \end{aligned} \tag{1.4.5d}$$

式(1.4.5d)定义的优化问题最大化了当一个用户发出请求时备份信道可用的概率。替代的优化方案可以看作对首次返回到 SU 后获得备份信道的时间 τ_{asq} 的最小化。当 PU 连续 s 次成功返回后，终端将请求备份信道。如果没有请求到可用的备份信道，它将重复这个过程。该优化问题可定义如下：

$$\begin{aligned} \left\{s,k_f\right\} &= \min_{s,k_f}\tau_{\text{acq}} \\ &= \min_{s,k_f}\left(s\left(1\cdot p'_{\text{bs}}\right)+2s\left(1-p'_{\text{bs}}\right)p'_{\text{bs}}+3s\left(1-p'_{\text{bs}}\right)^2 p'_{\text{bs}}+\cdots\right) \\ &= \min_{s,k_f} s/p'_{\text{bs}} \end{aligned} \tag{1.4.5e}$$

上述的优化问题将会带来较高数值的 k_f，其效率较低。下面修改后的表达式考虑了在用于备份的租用信道数可接受的情况下，尽可能减少信道的获取时间。

$$\left\{s,k_f\right\} = \arg\min_{s,k_f} k_f\tau_{\text{acq}} \tag{1.4.5f}$$

需要注意的是，虽然在优化问题的定义中设定了不同的初始目标，但最终我们得到的式(1.4.5f)中的效用函数是式(1.4.5d)中效用函数的倒数。由于前者寻找的是效用的最小值而后者寻找的是最大值，因此最优解是相同的。

1.5 广义网络模型

在 1.4 节描述的模型中，必须给出每个子蜂窝的转移概率的准确定义，并求解完整的马尔可夫模型。抽象的级别是随机化子蜂窝相对于 BS 的位置。如图 1.5.1 所示，这可以通过引入由 BS 标记的吸收态来进行建模。子蜂窝成为 BS 邻居的概率为 $p_{\text{bs}}=6/N$。然后，中继到相邻子蜂窝的概率为

$$P_r=(1-p_{\text{wlan}})(1-p_{\text{m2m}})(1-p_{\text{return}})(1-p_{\text{bs}}) \tag{1.5.1}$$

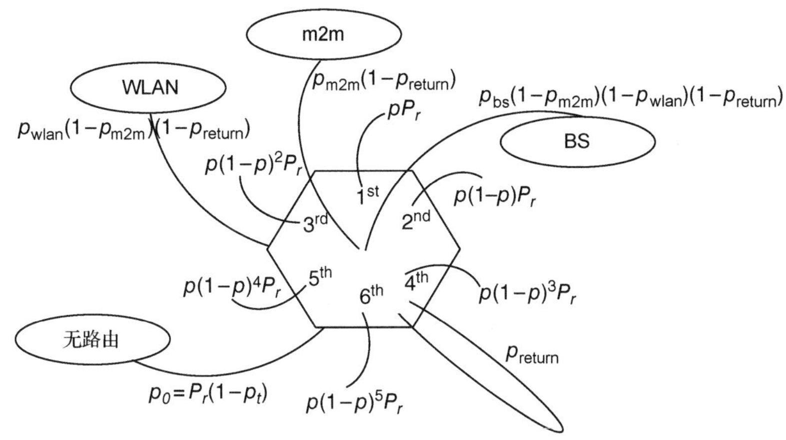

$P_r = (1-p_{\rm wlan})(1-p_{\rm m2m})(1-p_{\rm return})(1-p_{\rm wlan})(1-p_{\rm bs});\ p_{\rm bs} = 6/N$

图 1.5.1　广义网络模型的连通性替代(随机选择相邻用户的方向)

该图可用于终端不知道 BS/AP 位置时的系统分析。为了终端的简单性，除非有 AP 可用，否则消息将随机转发给邻居。这在接入点密度高的网络中是合理的。我们将此方案称为盲路由。

如果路由协议具备预先选择 AP 所需的信息，则图 1.5.1 的广义图将会缩小。该信息只与预先选择的 AP 相关，与其他 AP 均不相关，所以它们将被从图中移除。这可能是 m2m 的目标节点，或者是路由协议根据某些优化标准选择的最接近的 AP。我们把这个方案称为环境感知路由。

1.6　s 网格网络的路由协议

如果用捷径对 s 网格建模，则可得到 s(sc)网格，此时需要修改 1.3 节的中继概率。基于这些修改，我们引入双层路由(2LR)协议，其中 i 对应于用户(顶点)索引，而 j 对应于 AP 索引。

协议 1：2LR

```
1.  for i=1,..,N
2.     set destination node index j=0
3.     if there is a shortcut between user i and j=0,
    transmit directly to j=0,
4.  otherwise
    transmit to the adjacent users j, j≠0, by 1 layer
    protocol (1L) as described in Fig.1.2.
5.  end
```

该协议的状态转移概率表达式为

$$p_{ij}^{(2)} = \begin{cases} p_{i0} = p_{\rm sc}/N, & j=0 \\ (1-p_{i0})p_{ij}^{(1)}, & j \neq 0 \end{cases} \tag{1.6.1}$$

其中 $p_{ij}^{(1)}$ 是对应于单层路由(1LR)协议的状态转移概率，$p_{\rm sc}$ 是存在一条捷径的概率。

e2LR 协议是先前协议的增强版本，它是针对不存在直接到达 AP 的捷径这一情况而设计的。相反，我们将考虑跳距 $h_w < h_i$ 的用户(顶点) i 和任何其他用户(顶点) w 之间存在捷径的概率。

协议 2：e2LR

```
1.  for i=1,..,N
2.      set destination node index j=0
3.      find the set S={w/h_w<h_i} of candidate users
     w, located in hop h_w<h_i
4.  if S≠∅ then, establish a shortcut between user i
      and each w, w∈S
5.  otherwise
     transmit to the adjacent users j, j≠0, by 1 layer
     (1L) protocol as described in Fig.1.2.
6.  end
```

如果用 $C_w = |S|$ 表示候选用户 w 的捷径的数量，则存在捷径的总概率为 $C_w p_{sc} / N$ 。该协议的状态转移概率为

$$p_{ij}^{(e2)} = \begin{cases} p_{iw} = p_{sc}/N, & j = w \in S \\ \sum_w (1-p_{iw}) p_{ij}^{(1)}, & j \neq w \end{cases} \tag{1.6.2}$$

其中 p_{iw} 是用户 i 与特定用户 w 之间存在捷径的概率，S 是跳距 $h_w < h_i$ 的节点集。

双层路由协议的第三个方案是顺序协议 s2LR。我们还是首先考虑直接到 AP 的捷径的可能性。在没有这样的方案的情况下，我们检查是否有到任何位于跳距 $h_w = h_j + 1$ 的用户的捷径。如果不存在这样的捷径，那么我们接着检查位于跳距 $h_w = h_j + 2$ 的用户。协议继续以同样的方式检查位于跳距 $h_w = h_j + \varepsilon$ 的用户，其中 $h_w < h_i$ 。然后，部署应用层协议。

协议 3：s2LR

```
1.  for i=1,..,N
2.       set destination node index j=0
3.     if there is a shortcut between user i and j=0,
    transmit directly to j=0,
4.  otherwise
5.  ε =1
6.  find the set S={w/h_w = h_j + ε, h_w < h_i} of candidates users w,
    located in hop h_w=h_j+ ε, h_w<h_i
7.  if S≠∅ then, establish a shortcut between user i and each w, w∈S
8.  otherwise, ε = ε +1 and go to 6.
9.  If the previous options were not available then
     transmit to the adjacent users j, j≠0, by 1 layer (1L)
     protocol as described in Fig.2.
10. end
```

s2LR 协议的状态转移概率如下：

$$\begin{gathered} p_{ij}^{(s2)} = \begin{cases} p_{iw} = \bar{p}_w p_{sc}/N, & j = w \in S \\ \sum_w (1-p_{iw}) p_{ij}^{(1)}, & j \neq w \end{cases} \\ \bar{p}_w = 1 - \sum_{\varepsilon=0}^{h_w - 1} p_{i(j+\varepsilon)} \end{gathered} \tag{1.6.3}$$

其中 S 是跳距 $h_w < h_i$ 的节点集。

通过将跳距 $h_w < h_i$ 的候选用户的数量限制为距离 $d(i,w) < d(i,j=0)$ 的用户数量，可以进一步修改 e2LR 和 s2LR 协议。以这种方式，中继将从起始路由朝向目的路由方向，并且可以避免后向路径。考虑了该问题的两种协议分别称为 e2LRm 和 s2LRm。

1.6.1 特定应用路由协议

对于时延敏感的流量，要求该算法应尽快到达 AP。在这种情况下，s2LR 协议将使用 $h_w = h_j + 1$ 并按 $h_w = h_j + \varepsilon$ 持续递增。在终端功率有限的情况下，算法应该使用最近的邻点来中继流量。现在，s2LR 协议将从 $h_w = h_i - 1$ 开始，并按 $h_w = h_i - \varepsilon$ 持续递减。为了区分时延敏感服务，将使用前面两个方案的组合结果。

1.7 网络性能

为了分析网络中的中继过程，本节考虑将镶嵌方案映射到一个吸收马尔可夫链，具体取决于目标用户。吸收态指当用户到达 BS、WLAN/卸载节点，m2m 通信结束或无路由可用点时路由终止。

一般来说，从子蜂窝 i 到子蜂窝 j 的中继发生的概率为 p_{ij}，其可以按子蜂窝中继概率矩阵 $\mathbf{P} = \|p_{ij}\| = \|p(h,\theta;h',\theta')\|$ 来排列，其中第一组索引 (h,θ) 指示发射机的位置，第二组索引 (h',θ') 指示接收机的位置。

在后续内容中，按照图 1.2.1 和图 1.3.1 提出的方案，假设调度协议在每个子蜂窝中规定恒定驻留时间，可以推导出子蜂窝转移概率的一般表达式。根据协议，这些概率由式 (1.2.2) 和式 (1.6.1) ~ 式 (1.6.3) 给出。

用户没有通过中继连接到任何其他用户的概率是 p_0，而转移到附加的吸收态 nr (无路由状态) 的概率是 $p_0 = 1 - p_t$。然后，将传输矩阵重组为如下形式的 $(N+1)\times(N+1)$ 矩阵[24]：

$$\mathbf{P}^* = \begin{bmatrix} \mathbf{I} & \mathbf{0} \\ \mathbf{R} & \mathbf{Q} \end{bmatrix} \tag{1.7.1}$$

其中 N 是子蜂窝的数量。$\mathbf{I}$ 是对应于吸收态数目的 $(N_A+1)\times(N_A+1)$ 阶对角单位矩阵，它包括 N_A 个 BS/AP 和无路由状态 nr。$\mathbf{0}$ 是 $(N_A+1)\times(N-N_A)$ 阶全零矩阵，$\mathbf{R}$ 是 $(N-N_A)\times(N_A+1)$ 阶过渡态到吸收态的转移概率矩阵，$\mathbf{Q}$ 是 $(N-N_A)\times(N-N_A)$ 阶过渡态间的转移概率矩阵。定义 $\mathbf{N} = (\mathbf{I}-\mathbf{Q})^{-1}$，则从过渡态 i 开始到达任何吸收态过程的平均时间[24]为

$$\boldsymbol{\tau} = (\tau_1,\cdots,\tau_{N-N_A})^{\mathrm{T}} = T(\mathbf{I}-\mathbf{Q})^{-1}\mathbf{1} = T\mathbf{N}\mathbf{1} \tag{1.7.2}$$

每个状态 i 的驻留时间 $T_i = T$ 是相同的。另外，$\boldsymbol{\tau} = (\tau_1,\cdots,\tau_{N-N_A})^{\mathrm{T}} = (\mathbf{I}-\mathbf{Q})^{-1}\,\mathbf{v} = \mathbf{N}\mathbf{v}$，其中 $\mathbf{v}$ 为列向量 $\{T_i\}$，$\mathbf{1}$ 指代所有的 $(N-N_A)\times 1$ 列向量。

在下一节中，将利用此表达式定义网络健壮性。一般来说，该时刻的方差值为

$$\mathrm{var}\boldsymbol{\tau} = 2(\mathbf{I}-\mathbf{Q})^{-1}\mathbf{T}\mathbf{Q}(\mathbf{I}-\mathbf{Q})^{-1}\boldsymbol{\nu} + (\mathbf{I}-\mathbf{Q})^{-1}(\boldsymbol{\nu}_{\mathrm{sq}}) - \left[(\mathbf{I}-\mathbf{Q})^{-1}\boldsymbol{\nu}\right]_{\mathrm{sq}} \tag{1.7.3}$$

其中 $\mathbf{T}$ 为对角矩阵 $\{T_i\}$，若驻留时间相同，则有

$$\begin{gathered} \mathrm{var}\boldsymbol{\tau} = \left[(2\mathbf{N}-\mathbf{I})\mathbf{N}\mathbf{1} - (\mathbf{N}\mathbf{1})_{\mathrm{sq}}\right]T^2 \\ (\mathbf{N}\mathbf{1})_{\mathrm{sq}} = \text{square of each component of } \mathbf{N}\mathbf{1} \end{gathered} \tag{1.7.4}$$

达到吸收态的平均时间是

$$\tau_a = \mathbf{f}\boldsymbol{\tau} \tag{1.7.5}$$

其中 **f** 是用户初始位置的概率的行向量，**τ** 是由式(1.7.2)给出的列向量。马尔可夫过程起始于过渡态 i 并终止于吸收态 j 的概率 b_{ij} 为

$$\mathbf{B} = [b_{ij}] = (\mathbf{I}-\mathbf{Q})^{-1}\mathbf{R} \tag{1.7.6}$$

接入 BS、切换至 WLAN、到达 m2m 目的地且无路由的平均概率为

$$\bar{\mathbf{p}}_{\mathbf{ac}} = (\bar{p}_{\text{bs}}, \bar{p}_{\text{wlan}}, \bar{p}_{\text{m2m}}, \bar{p}_{\text{nr}}) = \mathbf{fB} \tag{1.7.7}$$

其中 **f** 是用户初始位置的概率向量。

1.7.1 平均路径长度

平均路径长度定义为网络中任意两个节点之间的最短路径的平均长度(以跳数表示)。其表达式为

$$l = \frac{1}{N(N-1)/2}\sum_{i,j} l_{i,j} \tag{1.7.8}$$

其中，$l_{i,j}$ 是节点 i 和 j 之间的最短距离(跳数)，N 是子蜂窝数。对于建模为 AP 的每个特定目的地 j，可以通过式(1.7.2)获得参数 $l_{i,j}$，并在马尔可夫模型中表示为吸收态。根据所使用的协议，用于该分析的中继概率矩阵为 **P**，其中 $p(h,\theta;h',\theta')$ 由式(1.2.2)和式(1.6.1) ~ 式(1.6.3)给出。这个结果将和文献[10, 11, 22]中提到的 $l \sim \log N$ ①小世界网络模型进行比较。

1.7.2 分簇

我们已经发现，在许多网络中，如果顶点 i 连接到顶点 w，顶点 w 连接到顶点 j，则顶点 i 连接到顶点 j 的概率更高。在社交网络领域，这通常被解释为：“我朋友的朋友也是我的朋友”。在网络拓扑方面，分簇意味着在网络中存在更多的三角形数量(一组三个顶点，每个顶点彼此连接)[23]。基于此，在我们的分析模型中，可将分簇系数 C 量化为

$$C = \frac{\sum_i\sum_w\sum_j p_{iw}p_{wj}p_{ji}}{\sum_i\sum_w\sum_j p_{iw}p_{wj}}, i \neq w \neq j \tag{1.7.9}$$

其中分子表示网络中的平均三角形数量，分母则定义为单个顶点连接的三角形的平均数量，单个顶点可与其他无序对连接成边。简单来说，C 是同一顶点的两个不同邻居互为邻居的平均概率。

1.8 节点、路由、拓扑和网络健壮性

本节中明确给出了节点、路由、拓扑的定义，同时对物理节点、链路失效及信道衰落的网络健壮性进行了阐述。

- 节点健壮性的定义如下：

$$\xi = 1 - p_0 = p_t \tag{1.8.1}$$

---

① 本书中 $\log x$ 表示 $\log_2 x$。

其中 p_0 是用户之间均不相邻的概率(无路由的概率)，p_t 由式(1.2.3)给出。

- 路由健壮性定义为一个特定的路由从节点 i 到接入点物理存在的可能性，其表达式由式(1.2.5)给出。
- 拓扑健壮性是指网络中路由物理存在的平均可能性，它可以通过对式(1.7.6)进行平均而求出或者由下式给出：

$$\xi^{(n)}=\sum_i\sum_j \xi^{l_{ij}}p\left(l_{ij}\right) \tag{1.8.2}$$

数值分析中给出了另一种定义式：

$$\xi^{(N)}=\xi^{l} \tag{1.8.3}$$

其中 l 是指网络中的平均路径长度，它的定义见式(1.7.8)。

数值结果表明，小世界网络特性显著提高了网络的恢复能力。

- 网络健壮性包含了信道衰落 p_{return} 的影响，它通过式(1.8.2)和式(1.8.3)重新定义，其中参数 τ 取代了参数 l。

如 1.4 节所述，当频率信道用于备份时，式(1.8.1)可写为

$$\xi=1-p_0+p_0p_{\text{bs}}\left(1-p_0^{\text{nc}}\right) \tag{1.8.4}$$

其中 p_{bs} 是二级网络的备份概率，p_0^{nc} 是非认知网络中的无路由概率。需要注意的是，$\xi=\xi(n_p,n_s)$ 取决于当前系统状态 (n_p,n_s)，式(1.8.2)和式(1.8.3)中定义了拓扑健壮性及应用状态分布函数 $p(n_p,n_s)$ 的均值。关于不同类型情况的分析可以用类似的方式导出。

如果考虑到需求冗余分配(ODRA)，那么节点健壮性可通过如下表达式求得：

$$\xi=1-p_0+p_0p_1p'_{\text{bs}}\left(1-p_0^{\text{nc}}\right) \tag{1.8.5}$$

其中 p'_{bs} 由式(1.4.4)给出，通过联立求解式(1.8.5)与式(1.8.2)或者式(1.8.3)，可以再次求得网络健壮性。

1.9　功耗

下面讨论网络中两个节点之间的平均功耗。考虑用节点 0 表示目标节点，用节点 i 来表示任何位于期望跳距 h_i 的源节点。参数 α_{iw} 表示节点 i 和节点 w 之间存在直接链路(捷径)的概率，P_{iw} 表示从节点 i 直接传输到节点 w 所需要的功率。我们用 P_i 表示节点 i (在期望距离 h_i 处)到目标节点 0 的平均功耗。对于任何位于跳 1 的用户，其功耗可以通过下式获得：

$$\begin{aligned}P_1=&\alpha_{10}P_{10}+(1-\alpha_{10})\alpha_{11}(P_{11}+P_1)\\&+(1-\alpha_{10})(1-\alpha_{11})\alpha_{12}(P_{12}+P_2)\end{aligned} \tag{1.9.1}$$

其中的第一项表示直接传输到目的地所需要的功率 P_{10} 与传输发生的概率 α_{10} 的乘积。如果用户位于跳 1，则目的地所在的跳 $j=i-1=0$。如果没有这样的方案，那么传输到同样跳的相邻用户所需要的功率就由第二项给出，其中 $(1-\alpha_{10})\alpha_{11}$ 是这个传输发生的概率，P_{11} 是传输到位于 $w=i=1$ 处的相邻节点所需要的功率，P_1 指处于跳 1 的用户传输到目的地所需的功率。类似地，不传输的概率为 $(1-\alpha_{10})(1-\alpha_{11})$。在这种情况下，用户会以概率 α_{12} 中继至任意一个位于跳 $w=i+1=2$ 处的相邻用户，到达相邻用户所需的总功率是 P_{12} 与位于跳 2 的任何用户到达目的地的传输功率 P_2 之和。一般来说，用户 i 所消耗的功率可由下面的公式递归获得：

$$P_i = \alpha_{i0}P_{i0} + \sum_{w=1}^{i+1} \alpha_{iw}(P_{iw} + P_w)\prod_{\xi=0}^{w-1}(1-\alpha_{i\xi}) \tag{1.9.2}$$

其中，

$$\alpha_{iw} = \begin{cases} p, & w = i-1 \\ p + p(1-p), & w = i \\ p + p(1-p) + p^2(1-p), & w = i+1 \\ p_{sc}/N, & |w-i| > 1 \end{cases} \tag{1.9.3}$$

从位于跳 i 的用户到位于跳 w 的用户的传输功率为 $P_{iw} = (d_{iw})^{\alpha} P$，其中 d_{iw} 是两个用户之间的传输距离，α 是传输常量，P 是传播一跳所需要的功率。

网络的整体功耗可由 $P_t = \sum_h P_h n_h$ 获得，其中 P_h 由式(1.3.3)求得，n_h 是跳 h 处的用户数。

1.10 协议的复杂度

本章开头推导了子蜂窝转移概率的一般表达式，其中假设调度协议在每个子蜂窝中的驻留时间恒定。本节将分析协议寻找到一个给定用户到接入点的路由所需要的迭代次数 Δ。假设以 s2LR 协议为例，因为它考虑了更多的候选用户建立捷径的情形。计算其他任何协议的迭代复杂度相对简单。s2LR 协议认为存在建立 $w+1$ 个可能的用户捷径的情形，否则协议将会以图 1.2.1 中所示的顺序寻找中继至邻居的机会。协议一旦发现这样的机会，便会进入到下一个子蜂窝。在不同的子蜂窝中所消耗的时间也会不同。为了对该过程进行建模，需要在马尔可夫模型中为每一个子蜂窝的每一次迭代设定一个单独的状态。因此之前定义的传输概率 $p(i,j)$ 被改写成 $p(i,n;j,n')$，如图 1.10.1 中所示，其中 $n'=1$ 表明相邻蜂窝 j 中新的传输会从状态 1 开始(指向 BS/AP 的最短距离方向)。

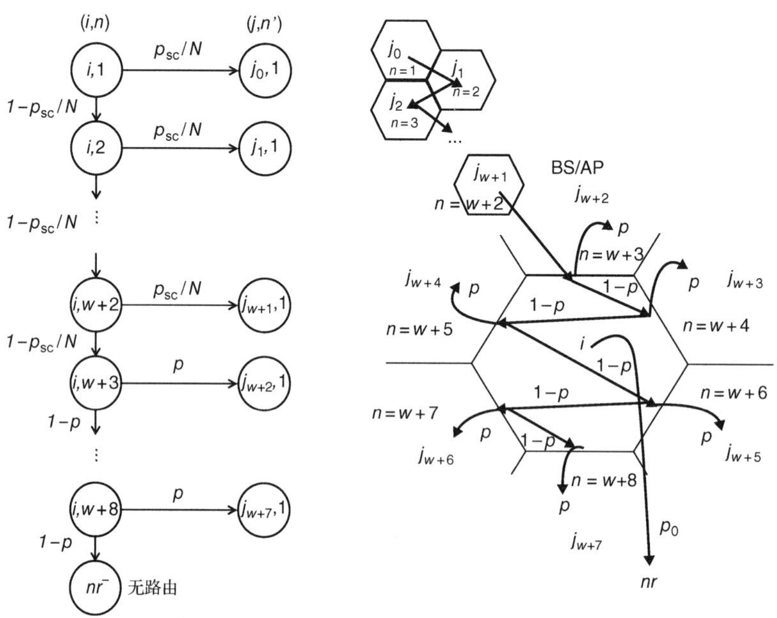

图 1.10.1 路由发现协议从给定子蜂窝 i 到其相邻蜂窝 j_k 的转换

余下的分析可用类似的方式给出，并且发现路由的平均迭代次数 Δ (复杂度)可以通过式(1.7.4)(令 $\Delta = \tau$)求得。

1.11 性能评估

1.11.1 平均路径长度

图 1.11.1 给出了重新设计后有捷径网络的平均路径长度统计图。图中呈现的是 $p=0.5$ 时采用不同的 2LR 协议在不同的子蜂窝数量 N 下的统计结果。其中 s2LR 协议有最大的 l 值减少量，并且当 $N=300$ 时，该协议的 l 值只有 1L 协议的 50%。修改过的 e2LR 和 s2LR 协议，即选择候选用户去建立捷径从而回避了后向路径的这类协议，给出了类似的结果。随着在修改过的协议中候选用户数量的减少，l 值平缓增加。

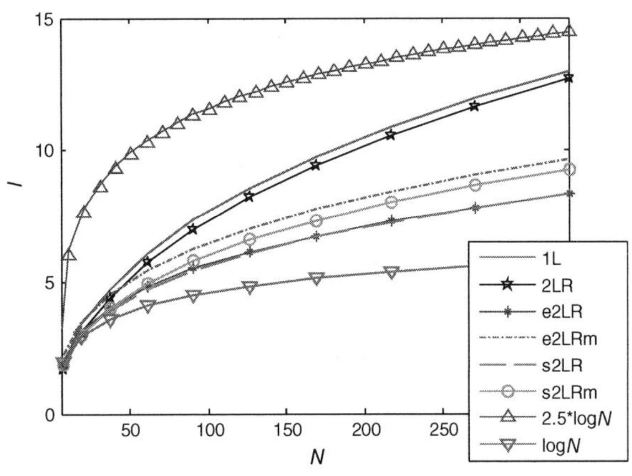

图 1.11.1　对于 $p=0.5$ 和不同的 2 层(2L)协议，由式(1.7.8)给出的 l 和 N 的关系

在图 1.11.2 中，假设存在 WLAN AP 的概率为 p_{wlan}。在假设 $p=0.5$ 的情况下，可以看到对于值很小的 p_{wlan}，在盲路由和位置感知路由之间仍存在差值 τ。如果 p_{wlan} 增加且当相邻用户成为 AP 的概率增加时，这两种协议的性能几乎相同。盲路由适用于无法确定 AP 位置的大型网络。

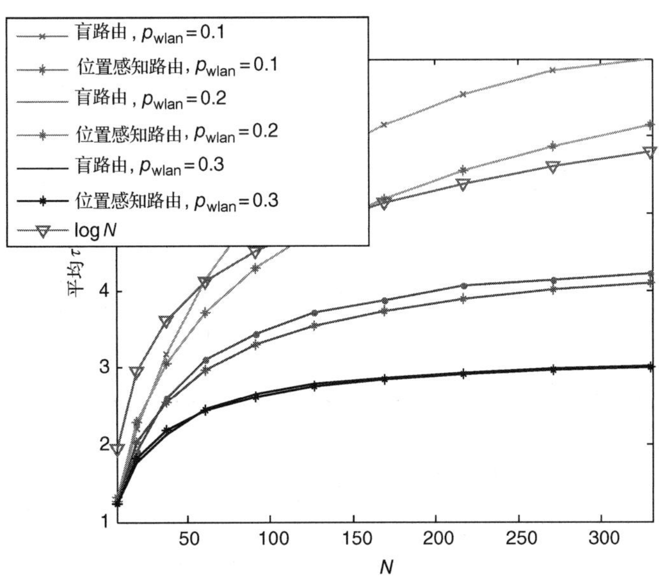

图 1.11.2　对于不同的 p_{wlan}，平均值 τ 和 N 的关系

1.11.2 分簇系数

图 1.11.3 给出了分簇系数C与p的关系，可以看出对于同样的p，无捷径网络中分簇系数C更高一些。由图中可以看出两种网络随着p的增加，分簇系数C的变化情况。当$p=1$时，有捷径网络的分簇系数C相比无捷径网络的低 20%。

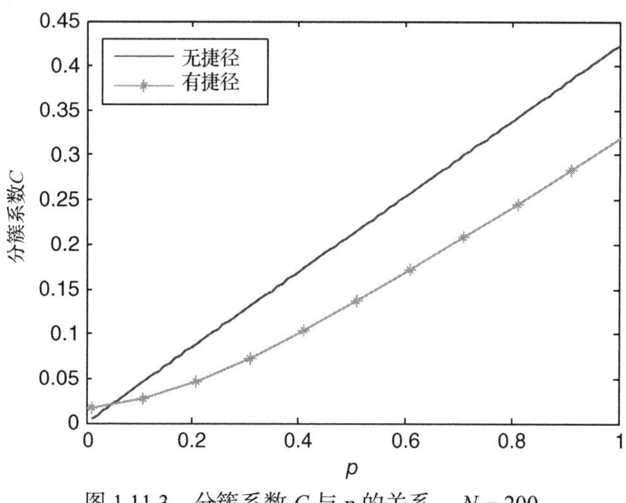

图 1.11.3 分簇系数C与p的关系，$N=200$

1.11.3 节点健壮性

图 1.11.4 给出了不同协议在$p>0.5$时对于节点和链路故障的节点健壮性，并将其定义为$1-p_{\text{noroute}}$。可以看出，随着找到路由的概率增加，网络恢复能力也会随着p增加。在 s2LR 协议下的小世界网络能够获得最高的恢复能力。此时节点的恢复能力比无捷径网络的高 3%，并且在$p>0.5$之后一直存在这样的差值。

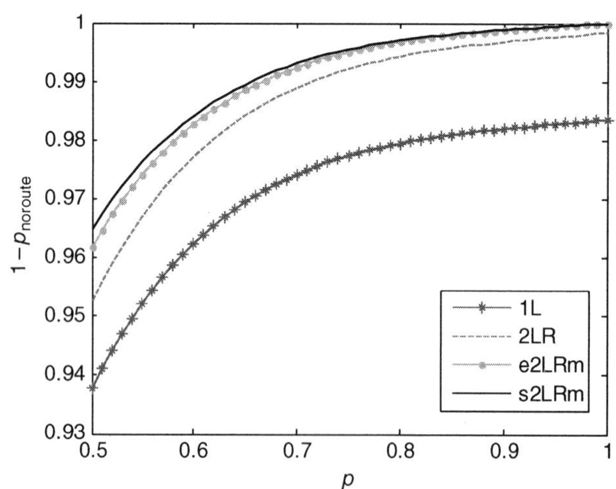

图 1.11.4 一层和两层协议的节点健壮性与p的关系（$H=4$）

1.11.4 网络健壮性

在图 1.11.5 中，假定$p=0.5$时不同协议下子蜂窝i中用户到达 BS/AP 的概率为B。当使用 1L 协议时，处于更高跳数 H 处的概率 B 会明显减小。另一方面，如果考虑了小世界网络，则概率 B 的值会平均增长 10%左右，并且经过不同的跳数，其值会更加均匀。

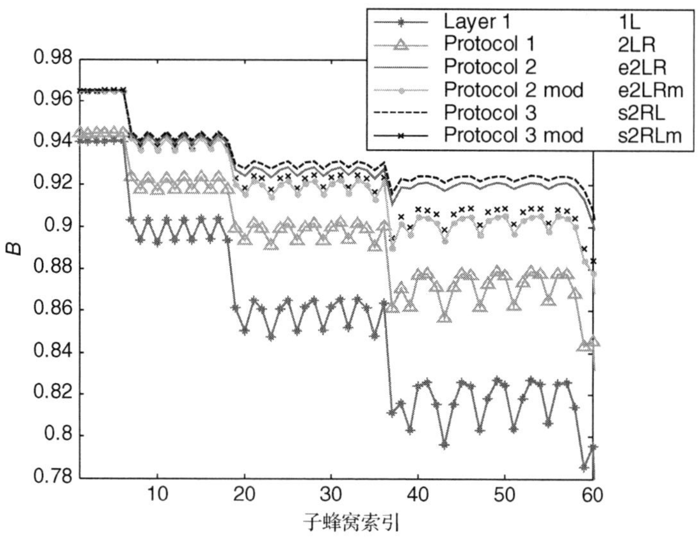

图 1.11.5　$p=0.5$ 时路由概率 B 与子蜂窝索引的关系

图 1.11.6 给出了 1.8.1 节中定义的网络健壮性在 $l \to \tau$ 时的变化曲线。同预期的一样，网络健壮性随着 k 的增加而增加并最终趋于平稳。因为在 $p<1$时，即使有额外信道可供使用，仍然存在没有可用中继的可能性。

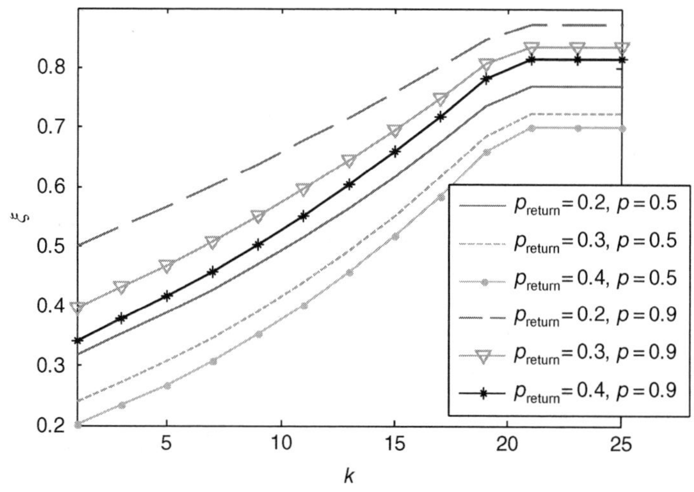

图 1.11.6　网络健壮性 ξ 与频率信道数 k 的关系，其中 ξ 由式(1.8.1)给出

1.11.5　功耗

图 1.11.7 是不同路由协议下有捷径网络和无捷径网络的功耗与 N 的关系图。对于给定的 p，无捷径网络的功耗最低(1L 协议)。相比于 2LR 和 e2LR 协议，s2LR 协议的捷径数量最多，但其功耗增加约 10%。此外还可以看出，随着到达目的地的路由长度增加，具有较低 p 值的功耗也会增加。

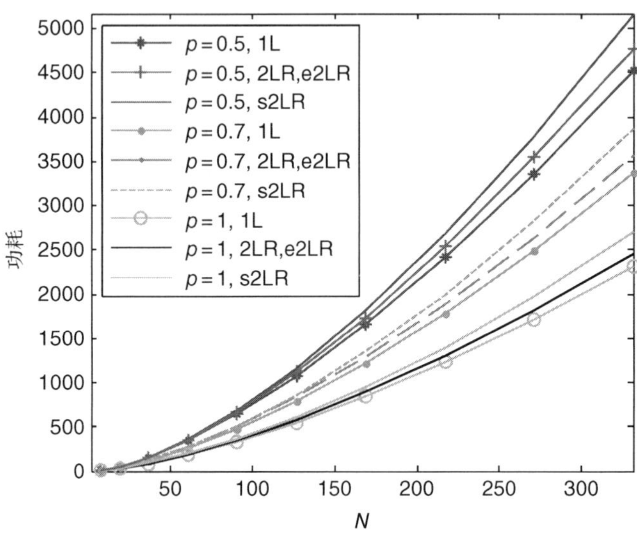

图 1.11.7 功耗与 N 的关系

1.11.6 协议的复杂度

图 1.11.8 对 $p=0.5$ 时不同协议的复杂度进行了比较。e2LR 和 s2LR 这两个协议的复杂度显著增加。这两个协议经过改进后，平均路径长度几乎不变，但复杂度可以降为原来的一半，显然改进后的协议效率更高。

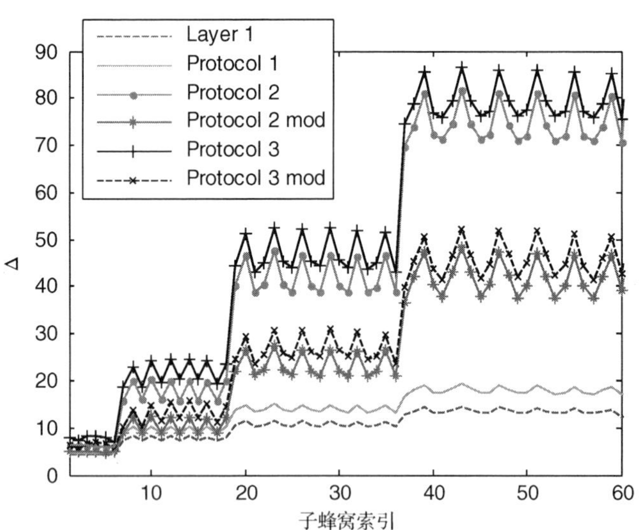

图 1.11.8 $p=0.5$ 时，复杂度Δ和子蜂窝索引的关系

最后，图 1.11.9 和图 1.11.10 分别表示当 s 变化时，不同 p_{return} 和 k_f 下式(1.4.5a)的效用的变化趋势。显而易见，每条曲线都存在最大值，这表明每个网络状态下都可以选出一个最优 s。如果限制了网络时延，只要给出 s 就可以获得需要的备用信道数 k_f。

总体来说，本章通过分析未来无线网络可能存在的特性对链路和节点的不确定性进行建模。这些特性是由用户和运营商之间采用不同协议所引发的网络、运营商和应用程序的异质性造成的。结果表明，终端可用概率 p 对网络性能有显著的影响。特别是分簇系数在 $p=0.5$ 时会比在 $p=1$ 时减少 50%。因此，网络中多运营商合作的重要性就被量化表现出来。

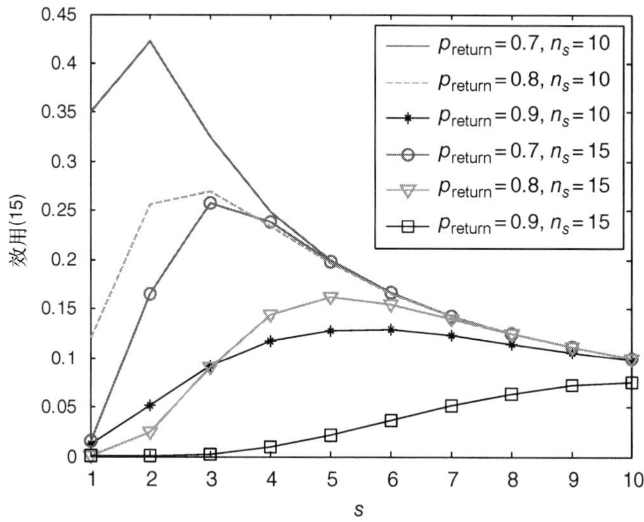

图 1.11.9　在 p_{return} 取不同值、$k_f=7$ 时效用和 s 的关系

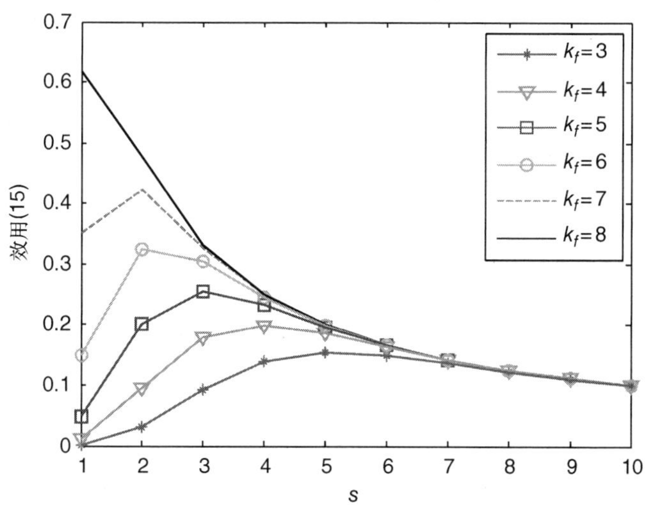

图 1.11.10　在 $p_{\text{return}}=0.7$、$n_s=10$ 时，式(1.4.5a)定义的效用和 s 的关系

接着我们将介绍如何通过引入小世界特性来重新设计异构网络。为了对该种网络做出更加全面的分析，必须综合考虑平均路径长度、分簇系数、节点和链路的恢复能力、功耗和复杂度等诸多因素。实践表明，对于重新设计的网络，其平均路径长度与 $\log N$ 呈正比且保持在 $\log N < l < 2.5\log N$ 这个范围。对于小世界网络，$H=4$ 跳处的网络恢复能力提高，功耗增加 10%，调度周期小幅增加，复杂度则呈平方级的增长。

基于对网络中存在不同 AP 的感知，可以给出多个路由协议。当 $p_{\text{wlan}} > 0.2$ 时，由于大量流量被卸载而并非传输至 BS，转移概率会很大，因此大型网络的盲路由和位置感知路由性能相近。

本节还给出了网络中每种状态备份信道选择的最佳分配方案。该分析给出了备用信道请求的等待时间 s 和备用信道数 k_f 之间的关系。所有的最优化曲线都存在最大值，这表明每个网络状态下都存在一个最优s值。如果网络时延是有限的，那么对于给定的s(时延)就可以获得所需的备用信道数k_f。

1.12 本书概览

前面的内容中提出了未来无线网络的通用模型，该模型集成了用于分析的不同专题和工具。本书后续章节将对这些专题和工具进行更加深入的阐述。本节简要总结了这些章节的内容，阐明了引出该模型的动机，并将这些章节与网络的一般模型联系起来。

1.12.1 第 1 章：概述——高级无线网络的广义模型

本章提出了 5G 技术预期的广义网络模型，并讨论了它的组成和相关问题，主要包括：节点渗透，链路渗透-认知链路，网络连通性，具有小世界特性的无线网络设计，频率信道备份，基于 s 网格网络的广义网络模型路由协议，网络性能，节点、路由、拓扑和网络健壮性，功耗，协议的复杂度和性能评估。

1.12.2 第 2 章：自适应网络层

本章主要包括以下内容：图和路由协议，图论，拓扑聚合路由，网络和聚合模型。

1.12.3 第 3 章：移动性管理

在网络的广义模型中，预计蜂窝网络仍将负责移动性管理。为此本章回顾了移动性管理的技术并重点研究了在微微蜂窝网络和微蜂窝网络中具有优先切换、蜂窝驻留时间分配和移动性预测的蜂窝系统。

1.12.4 第 4 章：ad hoc 网络

正如在广义网络模型中描述的那样，未来网络的某些部分将会按点对点的方式组织。因此本章对 ad hoc 网络中的路由协议、混合路由协议，可扩展路由策略、多路径路由、分簇协议、路由实现方案和分布式 QoS 路由进行了讨论。

1.12.5 第 5 章：传感器网络

大多数网络协议都是环境感知的，并且网络和环境的相关数据都是通过传感器网络收集的。因此本章将讨论传感器网络的参数、传感器网络架构、移动传感器网络的部署、定向扩散、无线传感器网络中的聚合、边界估计、传感器网络中的最佳传输半径、数据漏斗、传感器网络中的等效传输控制协议。

1.12.6 第 6 章：安全

安全仍然是未来无线网络的一个重要部分，因此本章将讨论以下内容：ad hoc 网络和传感器网络中的认证、安全架构、密钥管理、安全管理。

1.12.7 第 7 章：网络经济学

如网络的广义模型所示，通信网络领域的商业模式在发布的第一版 5G/6G 技术中发生了重大变化。不仅在频谱共享的宏观层面(运营商)，而且在补偿依赖于其他用户流量的终端的微观层面(终端)均能发现这样的改变。因此本章将重点讨论这个领域中的一些基本原理：服务定价、拍卖、QoS 竞价、频谱拍卖、投资激励、序列频谱拍卖及二级频谱市场的双重拍卖机制。

1.12.8　第 8 章：多跳蜂窝网络

如前所述，除了大量的流量卸载方案，通用网络模型也包含多跳传输方案，这在某种程度上代表了宏蜂窝内现存的 m2m 通信的进一步扩展。为了进一步详细阐述这一技术，本章讨论以下几个问题：中继、纳米级网络模型、无尺度网络、多跳多运营商多技术网络、网络防御、多路无线电、LTE 高级网络中的自适应中继、多跳二级网络的频谱拍卖。

1.12.9　第 9 章：认知网络

网络广义模型包含一些链路含有次要用户的状态的方案。因此本章我们将详细讨论认知网络的一般原理，其中包括：认知小型蜂窝网络、功率分配博弈、数据流量、广播协议、机会频谱接入、频谱交易、稳定性分析、网络运营商的动态利润最大化。

1.12.10　第 10 章：随机几何

随机几何已经成为密集无线网络干扰性分析的主要工具之一。因此本章列出了这个方向的一些问题，其可以通过随机几何的方式进行建模和分析。本章将重点讨论：无线网络的随机几何建模、信干噪比(SINR)模型、点过程、性能指标、区域边界或最近的 n 个干扰源造成的主干扰、总干扰的概率密度函数近似值。

1.12.11　第 11 章：异构网络

广义网络模型表示的是一个异构程度较高的网络。本章将讨论异构网络的基础并概括已发布的经验和成果，包括以下方面的讨论：WLAN 宏蜂窝/飞蜂窝/小蜂窝、宏网络到飞蜂窝网络的部署和管理、自组织飞蜂窝网络、飞蜂窝网络服务条款的经济学、作为额外网关的飞蜂窝、基于以太网的室内合作小型蜂窝网络、认知小型蜂窝网络、小型蜂窝网络的自组织、自适应小蜂窝结构。

1.12.12　第 12 章：接入点选择

可以看到，在广义网络模型中，未来的无线网络终端会有一系列不同的可以连接的接入点选择。本章将从以下方面讨论如何在这样的环境中选择最佳连接的主要标准：网络选择和源分配、联合接入点选择和功率分配、迭代注水算法、非合作博弈方程、接入点选择的稳定性和公平性、一个统一的 QoS 激励负载优化、异构无线系统中基于学习的网络选择方案。

1.12.13　第 13 章：自组织网络

密集网络的自组织对于提高利用现有资源的网络效率具有重要意义。本章主要讨论以下主题：自组织网络(SON)的概念框架，用户关联策略的优化，负载约束的引入，切换参数的优化。

1.12.14 第 14 章：复杂网络

在未来的无线密集网络设计中，可用于因特网、社会网络、引文网络等领域的复杂网络设计工具将得到越来越多的应用。在对网络的一般模型的描述中，已经给出了第一个提示。本章简要讨论这一领域的一些主题，如网络类型，社交网络，小世界效应，度分布，无尺度网络，网络恢复能力，随机图，平均路径长度，网络增长模型，Price 模型，Barabasi 模型和 Albert 模型，网络流程，渗透理论和网络恢复能力，以及流行病学过程。

1.12.15 第 15 章：大规模 MIMO 系统

虽然大规模多输入多输出(MIMO)技术是物理层技术，但本书将其看作通过信道的空间复用来增加网络容量的一种方案。为此，本章介绍用于下一代无线系统的大规模 MIMO 技术，重点介绍预编码算法及其缺陷，信道测量和建模，检测算法，资源分配，性能分析，健壮性设计和协调点传输。

1.12.16 第 16 章：网络优化理论

网络优化方法指根据目标函数(通常称为效用函数)进行最佳网络参数的选择。本章将简要介绍这些方法。更具体地说，包括分层优化分解、跨层优化和优化问题分解方法。

1.12.17 第 17 章：网络信息论

网络优化理论为分析网络中的最大可实现速率(容量)提供了工具。在大多数情况下，衡量性能的指标是网络的传输能力。本章将简要介绍这些理论。更具体地说，主要对 ad hoc 网络的容量、信息论和网络架构进行讨论。

1.12.18 第 18 章：高级网络架构的稳定性

对于容迟网络(DTN)，在消息转发到路由上的下一个节点之前，可以将其暂时存储在节点的队列中。对于这样的网络来说，控制拥塞是重要的，并需要确保网络中的所有队列都不超过预定值，即保持网络稳定性。本章简要总结了分析网络稳定性的工具，重点包括：具有排队的时变网络，网络时延，Lyapunov 漂移和网络稳定性，多共态流优化问题的拉格朗日分解，异构网络中的流优化，计算云中的动态资源分配。

1.12.19 第 19 章：多运营商频谱共享

如广义网络模型所示，频谱共享原则可能比经典的认知网络方法具有更强的吸引力和更高的效率。为此，本章介绍多个运营商之间频谱共享和相互业务关系的基本原则，主要涉及以下方面：频谱共享中可能存在的业务关系，基于博弈论的模型，主要/二级网络运营商合作，信道可用性，信道腐败，频谱借用/租赁，定价模型，用户不满意度建模，网络中的多运营商拥塞控制等。

1.12.20 第 20 章：大规模网络和均场理论

本章讨论的内容包括：大型异构蜂窝网络的均场理论(MFT)，宏基站(MBS)优化问题，微基站(FBS)之间的均场博弈，干扰平均估计，大规模网络模型压缩，均场分析，大规模 DTN 的均场理论模型，组播 DTN 中自适应感染恢复的均场建模，技术背景，系统模型，组播 DTN 的恢复方案，系统性能，模型的扩展和实现问题，图例，无尺度随机网络的 MFT，Barabasi 的无尺度模型，均场网络模型，不完全 BA 网络模型，频谱共享和 MFT，使用 MFT 的最优无线服务供应商（WSP）选择策略，终端数量有限的 WSP 选择策略，用于求解非线性 ODE 系统的迭代算法（DiNSE 算法），DNCM 的目标节点感染率和基本流行病路由感染率。

1.12.21　第 21 章：毫米波网络

在 5G/6G 系统中，毫米波技术非常热门。因为它能够提供大量额外的频谱和更有效的波束成形。这些技术即使在便携式终端中也是可行的。为此，本章总结有关这一领域的一些基本主题，重点内容包括：子蜂窝结构中的毫米波技术，毫米波技术的局限性，网络模型，网络性能，密集毫米波网络的性能，动态毫米波网络的微观经济学，动态小型蜂窝网络，DSC 网络模型和 DSC 网络性能。

1.12.22　第 22 章：无线网络中的云计算

云计算已经成为研究领域的重中之重，因为它提供了一个涉及大数据的组织和管理的更高效、更强大的全新概念。在通信和网络中同样可以引入云计算的概念。本章讨论其技术背景、系统模型、系统优化、动态控制算法、可实现速率和网络稳定控制策略。

1.12.23　第 23 章：无线网络和匹配理论

本章讨论匹配理论在无线网络资源管理中的应用，介绍该框架的关键解决方案和算法实现。匹配理论可以克服本书前几章所讨论的博弈论和最优化的一些局限性。它根据每个玩家的个人信息和偏好，为两个不同组中的玩家匹配的组合问题提供数学上可处理的解决方案。同时本章也讨论匹配市场，多运营商蜂窝网络中的分布式稳定匹配与流量卸载，用于在无线网络中实现的多对多匹配博弈，具有流量卸载的蜂窝网络中外部性的多对一匹配。

1.12.24　第 24 章：动态无线网络基础设施

网络基础设施需要大量投资，因此，基于这一领域新的范例的研究进展吸引了一定的关注。一般来说，这些范例提供了一种解决方案，其中特定运营商的网络基础设施可以在时间上扩展或压缩，而无须额外的投资。本章讨论此解决方案的两种选择：(i) 网络基础设施共享和 (ii) 用户提供的连接。另外，本章还讨论网络虚拟化、软件定义网络（SDN）和 SDN 的安全问题。

附录 A.1

在多跳传输中，$u(h,\theta)$ 将信息中继给任何相邻用户 $u(h',\theta')$。任何相邻中继的位置按如下的向量形式进行计算：

$$\begin{aligned}\vec{u}(h',\theta') &= h'\cdot d_r\cdot \mathrm{e}^{\mathrm{j}\theta'}\\ &= \vec{u}(h,\theta)+\eta\cdot d_r\cdot \mathrm{e}^{\mathrm{j}\theta_n^{(\eta)}},\ \eta=1,\cdots,k,\ n=1,\cdots,n_h\end{aligned}$$

其值取决于网格的范围 k、中继距离 d_r 和发射机 $u(h',\theta')$ 的位置。

对于范围 $k=1$ 的网格，$\Theta^{(1)}=\{\theta_n^{(1)}\}$ 的角度集合是 $\theta_1^{(1)}=30°$；$\theta_n^{(1)}=\theta_{n-1}^{(1)}+\hat{\theta}_1=\theta_{n-1}^{(1)}+60°$，

$n=2,\cdots,n_h$，其中 $\theta_1^{(1)}$ 是第一角度的集合。从图 1.3.3 中可以看出，$k=1$ 中的第一个相邻用户（顶点）与 $u(h,\theta)$ 的夹角为 $30°$，用户之间的间隔为 $\hat{\theta}_1=60°/1=60°$。对于范围 $k=2,\cdots,H$ 的网格，$\Theta^{(k)}$ 的角度集合是按照相同的推导方式计算的：

$$\theta_1^{(2)}=0°;\ \theta_n^{(2)}=\theta_{n-1}^{(2)}+30°,\ n=2,\cdots,n_h$$

$$\theta_1^{(3)}=10°;\ \theta_n^{(3)}=\theta_{n-1}^{(3)}+20°$$

$$\theta_1^{(4)}=0°;\ \theta_n^{(4)}=\theta_{n-1}^{(4)}+15°$$

$$\theta_1^{(5)}=6°;\ \theta_n^{(5)}=\theta_{n-1}^{(5)}+12°,\ \cdots$$

$$\theta_n^{(k)}=\theta_{n-1}^{(k)}+\hat{\theta}_h=\theta_{n-1}^{(k)}+60°/k,\quad n=2,\cdots,n_h$$

$$\theta_1^{(k)}=\begin{cases}30°/k, & k=2p+1,p=0,1,\cdots,\left\lceil\dfrac{H-1}{2}\right\rceil\\ 0°, & \text{其他}\end{cases}$$

相邻中继（节点）的集合为 $U=\bigcup_\eta\{\vec{u}(\eta,\Theta^{(\eta)})\}$，$\eta=1,\cdots,k$。若用户（顶点）的位置以上述 h 和 θ 相结合的方式给出，则可以直接在螺旋内获得其索引。

参考文献

[1] Zorzi, M., Gluhak, A. and Lange, S. (2010) From today's INTRAnet of things to a future INTERnet of things: a wireless- and mobility-related view. *IEEE Wireless Communications*, **17** (6), 44–51.

[2] Pabst, R., Walke, B.H., Schultz, D.C. *et al.* (2004) Relay-based deployment concepts for wireless and mobile broadband radio. *IEEE Communications Magazine*, **42** (9), 80–89.

[3] Ganesan, G., Li, Y., Bing, B. and Li, S. (2008) Spatiotemporal sensing in cognitive radio networks. *IEEE Journal on Selected Areas in Communications*, **26** (1), 5–12.

[4] Deb, S., Mhatre, V., and Ramaiyan, V. (2008) *WiMAX Relay Networks: Opportunistic Scheduling to Exploit Multiuser Diversity and Frequency Selectivity*. Proceedings of the ACM MobiCom'08, September 2008, pp: 163–174.

[5] Bejerano, Y., Han, S.-J. and Li, L. (2007) Fairness and load balancing in wireless LANs using association control. *IEEE/ACM Transactions on Networking*, **15** (3), 560–573.

[6] Lorenzo, B. and Glisic, S. (2012) Context-aware nanoscale modeling of multicast multihop cellular networks. *IEEE/ACM Transactions on Networking*, **21** (2), 359–372.

[7] Lorenzo, B. and Glisic, S. (2010) *Joint Optimization of Cooperative Diversity and Spatial Reuse in Multi-hop Hybrid Cellular/Ad Hoc Networks*. Proceedings of the IEEE MILCOM 2010, November 2010, pp. 499–506.

[8] Patzold, M., Hogstad, B. and Youssef, N. (2008) Modeling, analysis, and simulation of MIMO mobile-to-mobile fading channels. *IEEE Transactions on Wireless Communications*, **7** (2), 510–520.

[9] Albert, R. and Barabasi, A. (2002) Statistical mechanics of complex networks. *Reviews of Modern Physics*, **74** (1), 47–97.

[10] Watts, D.J. and Strogatz, S.H. (1998) Collective dynamics of 'small-world' networks. *Nature*, **393** (6684), 440–442.

[11] Newman, M.E.J. and Watts, D.J. (1999) Renormalization group analysis of the small-world network model. *Physics Letters A*, **263** (4), 341–346.

[12] Verma, C.K., Tamma, B.R., Manoj, B.S. and Rao, R. (2011) A realistic small-world model for wireless mesh networks. *IEEE Communications Letters*, **15** (4), 455–457.

[13] Guidoni, D., Mini, R., and Loureiro, A. (2008) *On the Design of Heterogeneous Sensor Networks Based on Small World Concepts*. 11th International Symposium on Modeling, Analysis and Simulation of Wireless and Mobile Systems (MSWiM 08), 2008, Vancouver, Canada, p. 309314.

[14] Brust, M. and Rothkugel, S. (2007) *Small-Worlds: Strong Clustering in Wireless Networks*. First International Workshop on Localized Algorithms and Protocols for Wireless Sensor Networks, LOCALGOS, USA, 2007.

[15] Agarwal, R., Banerjee, A., Gauthier, V. *et al.* (2011) *Self-Organization of Nodes using Bio-Inspired Techniques for Achieving Small World Properties*. 2011 GLOBECOM Workshops, pp. 89–94.

[16] Afifi, N. and Chung, K.-S. (2008) *Small World Wireless Mesh Networks*. International Conference on Innovations in Information Technology(IIT), Al Ain, December 2008, pp. 500–504.
[17] Sharma, G. and Mazumdar, R. (2005) *Hybrid Sensor Networks: A Small World*. Proceedings of the 2005 ACM Mobihoc, pp. 366–377.
[18] Banerjee, A., Agarwal, R., Gauthier, V. *et al.* (2012) A self-organization framework for wireless ad hoc networks as small worlds. *IEEE Transactions on Vehicular Technology*, **61** (6), 2659–2673.
[19] Bo, L., Muqing, W., Jingrong, W., and Dongyang, W. (2013) *Small Worlds in Multi-channel Wireless Networks: An Analytical Approach*. Proceedings of the IEEE ICC 2013, pp. 1527–1531.
[20] Chen, P.-Y. and Chen, K.-C. (2010) *Information Epidemics in Complex Networks with Opportunistic Links and Dynamic Topology*. GLOBECOM – IEEE Global Telecommunications Conference.
[21] Glisic, S., Lorenzo, B., Kovacevic, I., and Fang, Y. (2013) *Modeling Dynamics of Complex Wireless Networks*. Proceedings of HPCS 2013, July 1–5, 2013, Helsinki, Finland.
[22] Watts, D.J. (1999) *Small Worlds*, Princeton University Press, Princeton, NJ.
[23] Newman, M.E.J. (2003) The structure and function of complex networks. *SIAM Review*, **45**, 167–256.
[24] Bolch, G., Greiner, S., de Meer, H. and Trivedi, K.S. (2006) *Queueing Networks and Markov Chains: Modeling and Performance Evaluation with Computer Science Applications*, 2nd edn, John Wiley & Sons, Inc., Hoboken, NJ.

第 2 章　自适应网络层

2.1　图和路由协议

网络层最重要的功能是路由选择(简称为选路)。图论是路由协议设计和分析中经常使用的一种工具。网络可以用图来表示，其中顶点表示节点，边表示通信链路。路由协议经常使用最短路径算法。在本节中，我们将从选路算法的背景知识出发，对网络中最重要的特性进行简单的回顾。

基本概念　图 $G(V,E)$ 是一个二元组，其中 V 是顶点(或节点)集，E 是边集。图是由若干给定的顶点及连接两顶点的边所构成的图形。图 G 的数值特征包括顶点数量 $|V|$(即 G 的阶数)和边的数量 $|E|$(即 G 的边数)。算法的运行时间是以阶数和边数来衡量的。

有向图　一个有向图的边 $e \in E$ 用一个有序对 (u,v) 表示，其中 $u,v \in V$，u 是初始顶点，v 是终端顶点，假设 $u \neq v$。

图 2.1.1 给出了一个有向图的例子，其中

$$V = \{1, 2, 3, 4, 5, 6\}, |V| = 6$$

$$E = \{(1,2), (2,3), (2,4), (4,1), (4,2), (4,5), (4,6)\}, |E| = 7$$

无向图　无向图的边 $e \in E$ 用无序对 $(u,v) = (v,u)$ 来表示，其中 $u,v \in V$。同样，假设 $u \neq v$。图 2.1.2 给出了一个无向图的例子，其中

$$V = \{1, 2, 3, 4, 5, 6\}, |V| = 6$$

$$E = \{(1,2), (2,3), (2,4), (4,1), (4,5), (4,6)\}, |E| = 6$$

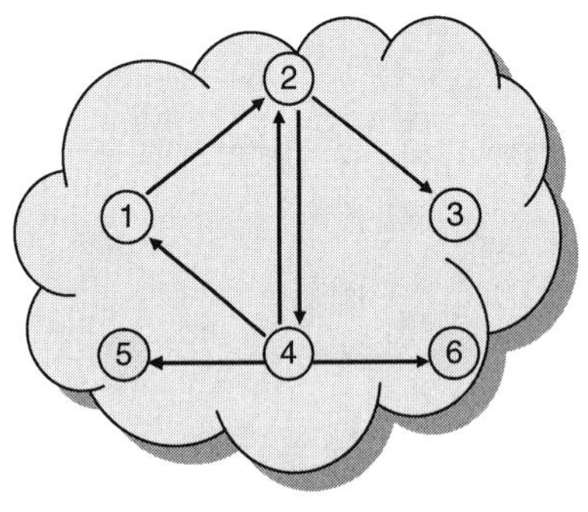

图 2.1.1　有向图

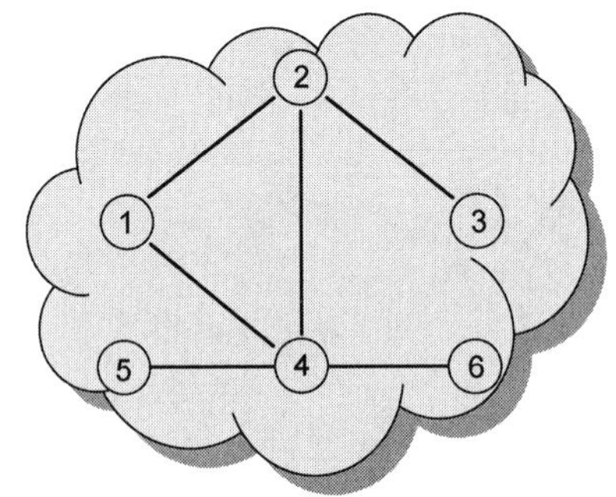

图 2.1.2　无向图

顶点的度　在无向图中，顶点的度是指与该顶点相关联的边数。在有向图中，顶点出度是离开该顶点的边数，顶点入度是进入该顶点的边数。例如，在图 2.1.2 中，顶点 2 的度是 3；在图 2.1.1 中，顶点 2 的顶点入度是 2，顶点 4 的顶点入度是 1。

加权图　在加权图中，每条边都会被赋予一个相关的权值，其通常由权值函数给出，即 $w: E \to R$。图 2.1.1 和图 2.1.2 的加权图形式如图 2.1.3 所示。在分析选路问题时，这

些权值表示使用链路的成本。在多数情况下，如果使用该链路，则数据包的传输将会产生时延。

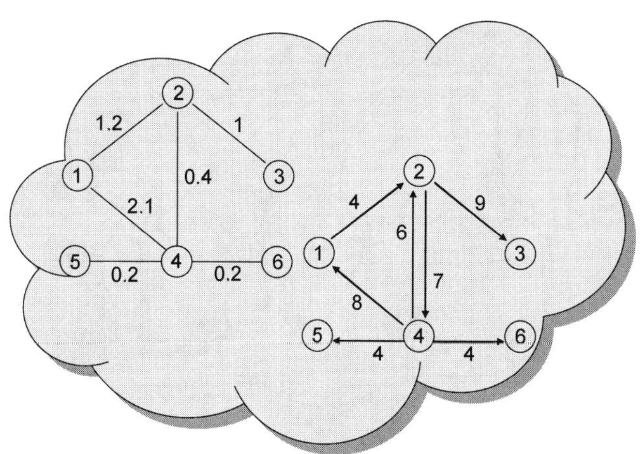

图 2.1.3　加权图

链路和路径　链路(walk)是节点$(v_1,v_2,\cdots,v_L)$组成的一个序列，其中，$\{(v_1,v_2),(v_2,v_3),\cdots,(v_{L-1},v_L)\}\subseteq E$，例如，图 2.1.4 中$(v_2,v_3,v_6,v_5,v_3)$就组成一条链路。

简单路径　指没有重复节点的链路，例如(v_1,v_4,v_5,v_6,v_3)。

回路　除了$v_1=v_L$，无其他任何重复节点的链路$(v_1,v_2,\cdots,v_L)$，其中$L>3$，例如$(v_1,v_2,v_3,v_5,v_4,v_1)$。如果一个图包含一条回路，则称为有环图；反之称为无环图。

完全图　可以是一个无向图，也可以是一个有向图，其中每对顶点都是相邻的，如图 2.1.5 所示。如果(u,v)是图 G 中连接u,v两顶点的边，则我们称顶点v和顶点u是相邻的。

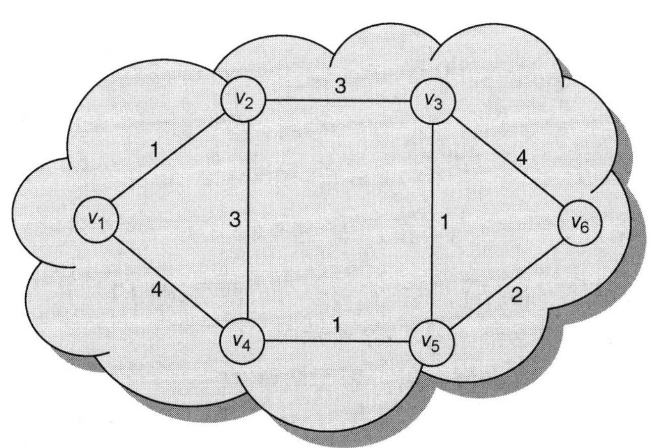

图 2.1.4　链路示意图

连通图　无向图的连通性是指，经过一系列的边，可以从任意节点到其他任意节点，或者任意两个节点之间都存在一条连通路径，如图 2.1.6 所示。而在有向图中，从任意节点到其他任意节点均存在有向路径，我们称之为强连通。如果$|E|\approx|V|$，则称图是稀疏的；如果$|E|\approx|V|^2$，则称图是密集的。

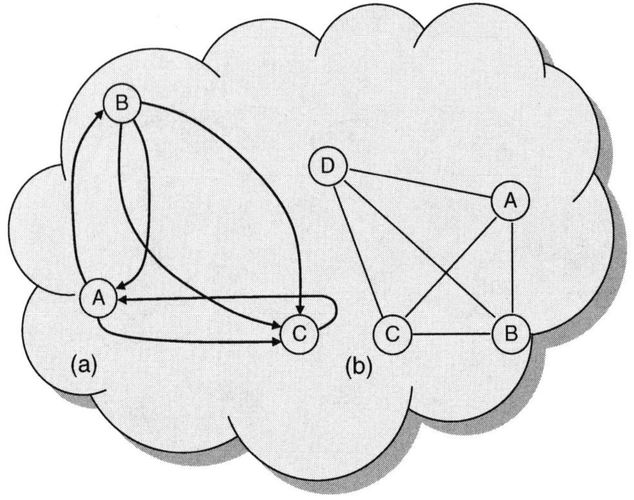

图 2.1.5　完全图：(a) V 个节点和 $V(V-1)$ 条边：3 个节点和 3×2 条边；(b) V 个节点和 $V(V-1)/2$ 条边：4 个节点和 $4\times3/2$ 条边

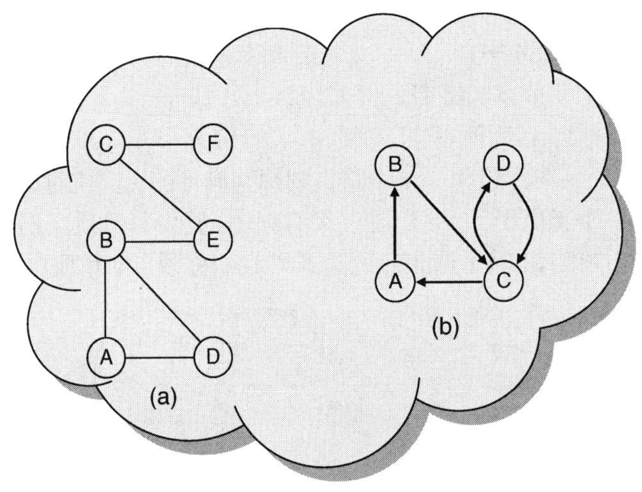

图 2.1.6　连通图

二分图　一个无向图 $G=(V,E)$，其中 V 可以分成两组，即 $V1$ 和 $V2$，$(u,v)\in E$ 表示 $u\in V1$ 且 $v\in V2$，或者 $v\in V1$ 且 $u\in V2$，如图 2.1.7 所示。

树　令 $G=(V,E)$ 为一个无向图。以下表述是等价的：

1. 图 G 是一棵树。
2. 图 G 中的任意两个节点都是通过一条唯一的简单路径连接的。
3. 图 G 是连通图，但如果从 E 中删除任意一条边，则整个图就不是连通的。
4. 图 G 是连通图，且 $|E|=|V|-1$。
5. 图 G 是无环图，且 $|E|=|V|-1$。
6. 图 G 是无环图，但如果在 E 中增加任意一条边，则图中就包含一条回路。

树的具体示例见图 2.1.8。

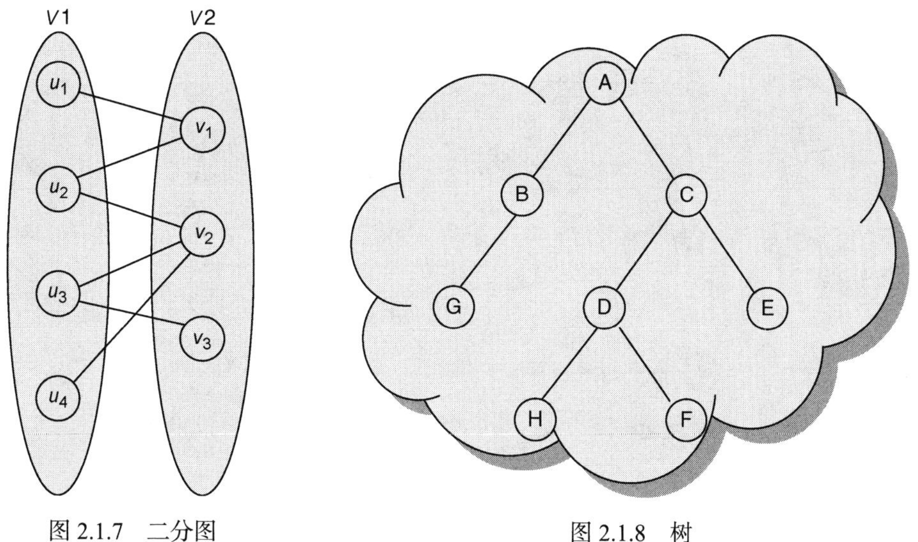

图 2.1.7　二分图　　　　图 2.1.8　树

生成树　如果 $T=(V,E')$ 且 $E'\subseteq E$，则树 T 可用来生成图 $G=(V,E)$。基于图 2.1.4，两个可能的生成树如图 2.1.9 所示。

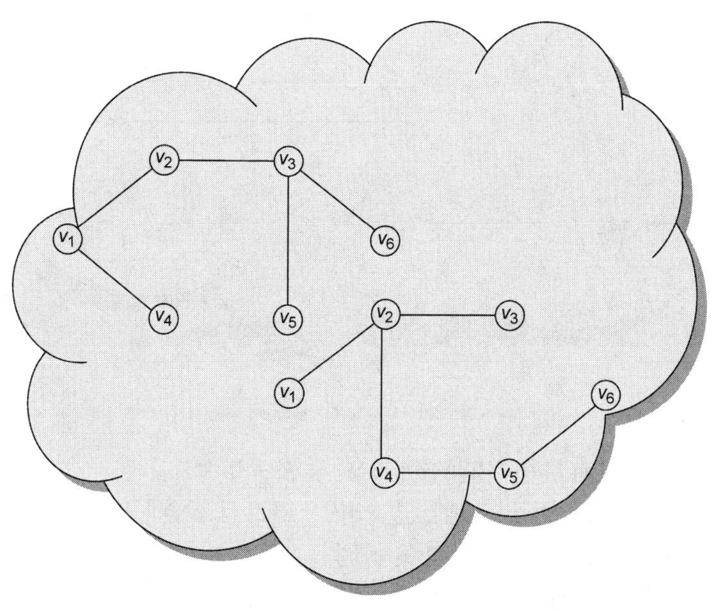

图 2.1.9　生成树

给定边的权值为 ce 的连通图 G，最小生成树（MST）是图 G 的生成树，其边的权值和是最小的（见图 2.1.10）。

MST 计算

Prim 算法　选择一个任意节点作为初始树（T）。

通过以最低成本（即权值）不断添加输出边 (u,v)（即 $u\in T$ 且 $v\in G-T$）的迭代方式来增加树 T 的元素。算法在 $|V|-1$ 次迭代后停止。其计算复杂度为 $O(|V|^2)$。图 2.1.11 给出了该算法的示例。

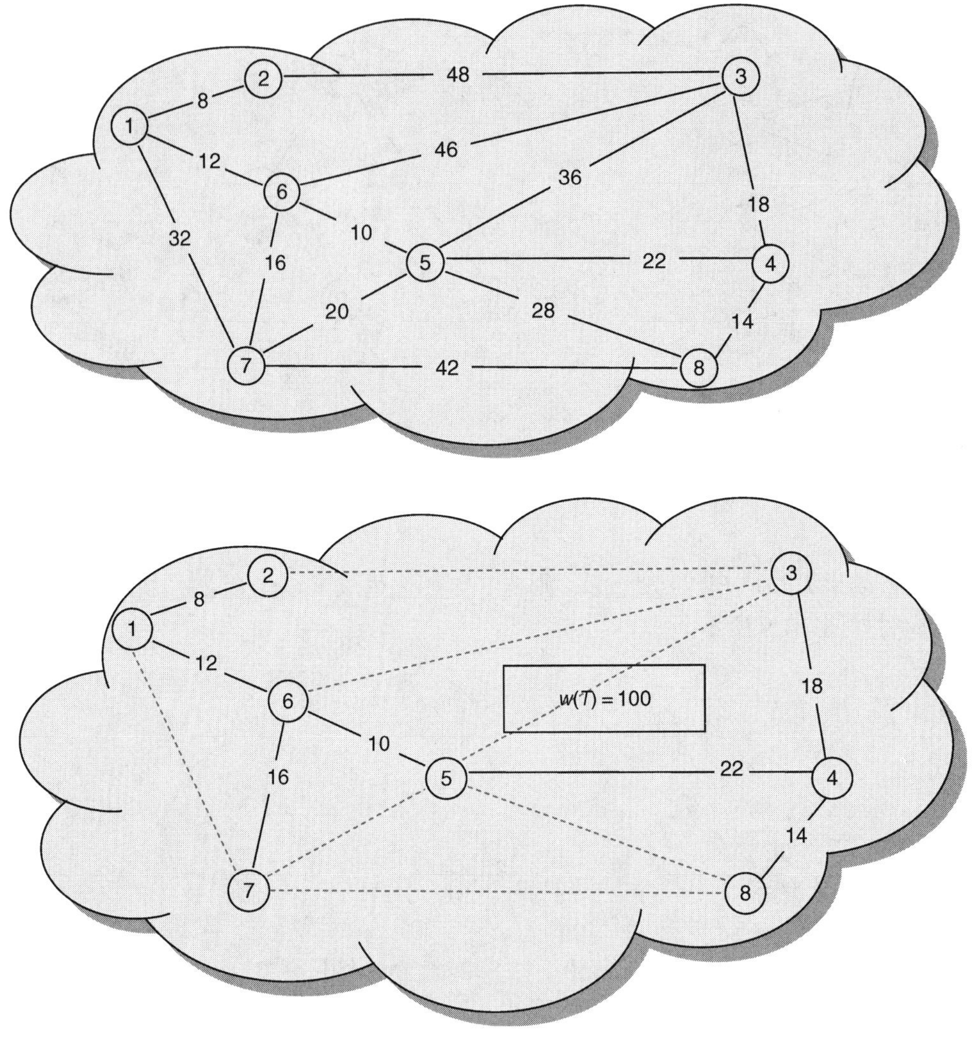

图 2.1.10 最小生成树

Kruskal 算法 选择具有最小权值的边 $e \in E \rightarrow E' = \{e\}$。

当增加到 E' 时，继续以最小权值增加边 $e \in E - E'$，且不会形成一条回路。其计算复杂度为 $O(|E| \times \log|E|)$。图 2.1.12 给出了该算法的示例。

分布式算法 对于这类算法，每个节点不需要完整的拓扑知识。MST 是按分布式的方式创建的。该算法从一个或多个由单个节点组成的片段(fragment)开始，每个片段都选择其最小权值输出边，并使用控制消息片段与相邻的片段在其最小权值输出边上合并。如果边的权值是唯一的，那么该算法可以在 $O(|V| \times |V|)$ 时间内生成一个 MST。如果这些权值不是唯一的，那么该算法仍使用节点 ID 来断开具有相等权值的边之间的连接。该算法需要 $O(|V| \times \log|V|) + |E|$ 的信息开销。图 2.1.13 给出了分布式算法的示例。

最短路径生成树(SPST) T 是一棵生成树，它的根处于特定的节点上，并且从这个节点到另一个网络节点形成的最小权值路径 $|V| - 1$ 包含在 T 中。SPST 的一个示例如图 2.1.14 所示。需要特别注意，SPST 和 MST 是不同的。

SPST 可用于单播(一到一)和组播(一到多)路由。

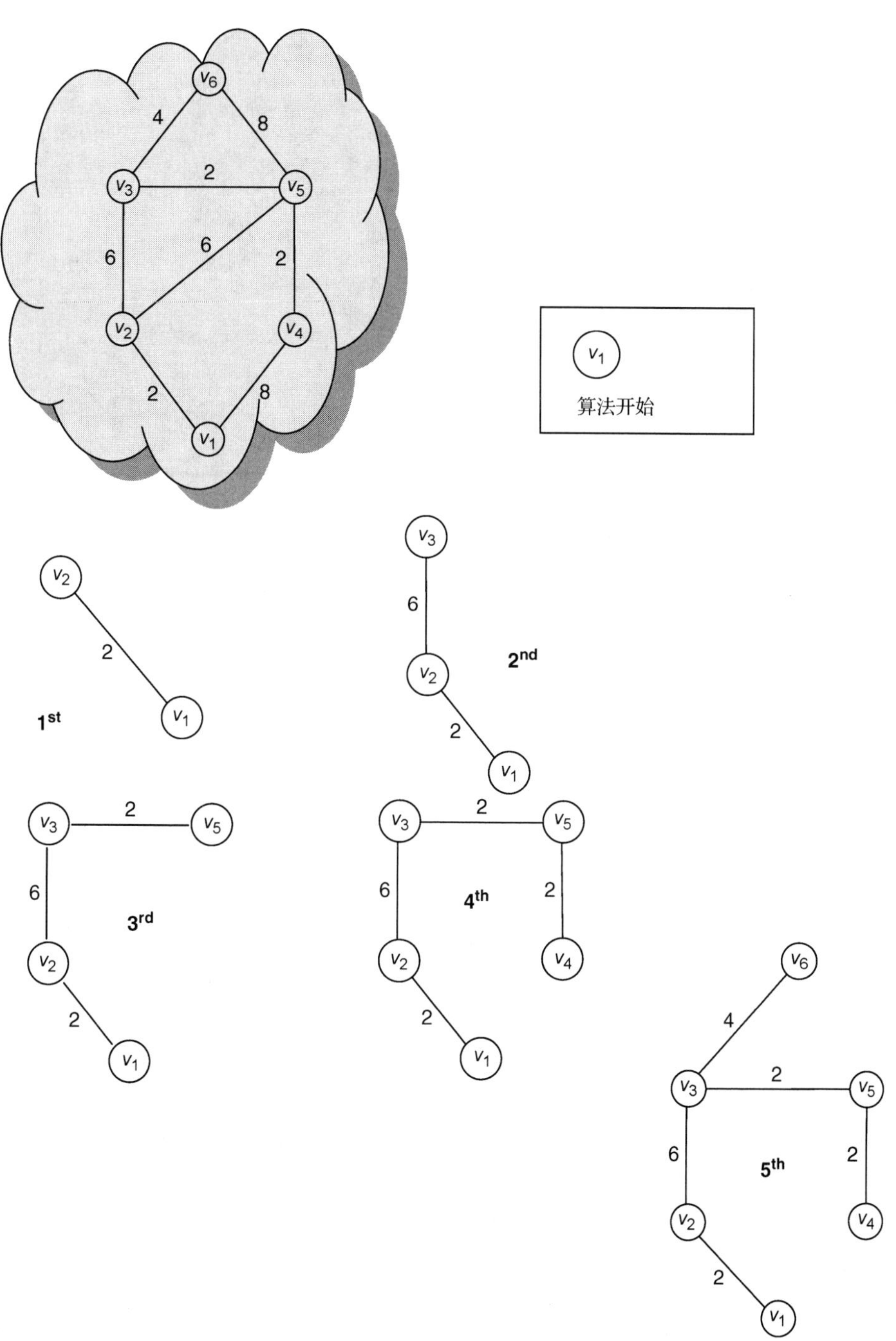

图 2.1.11　采用 Prim 算法的 MST 解决方案

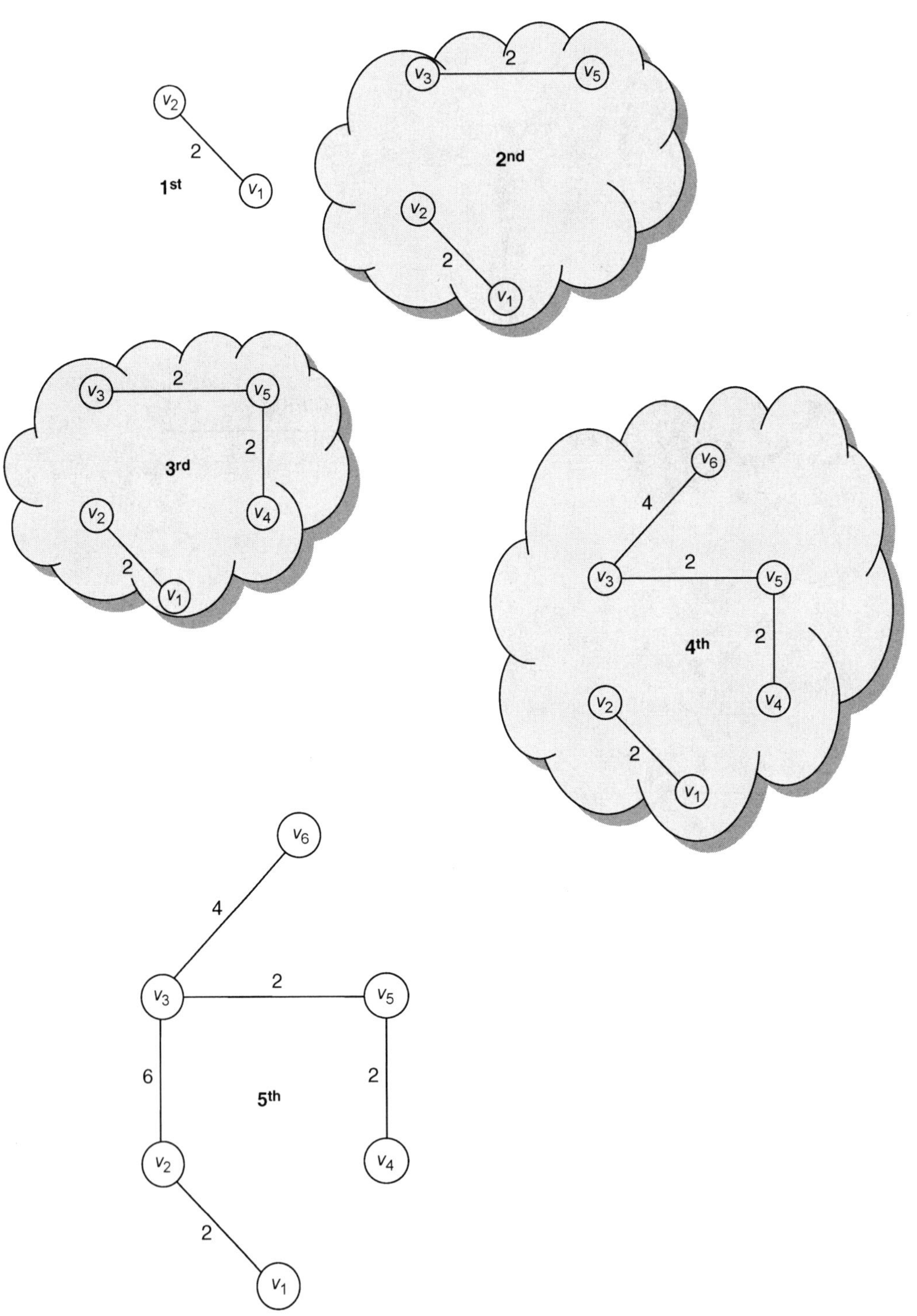

图 2.1.12 采用 Kruskal 算法的 MST 解决方案

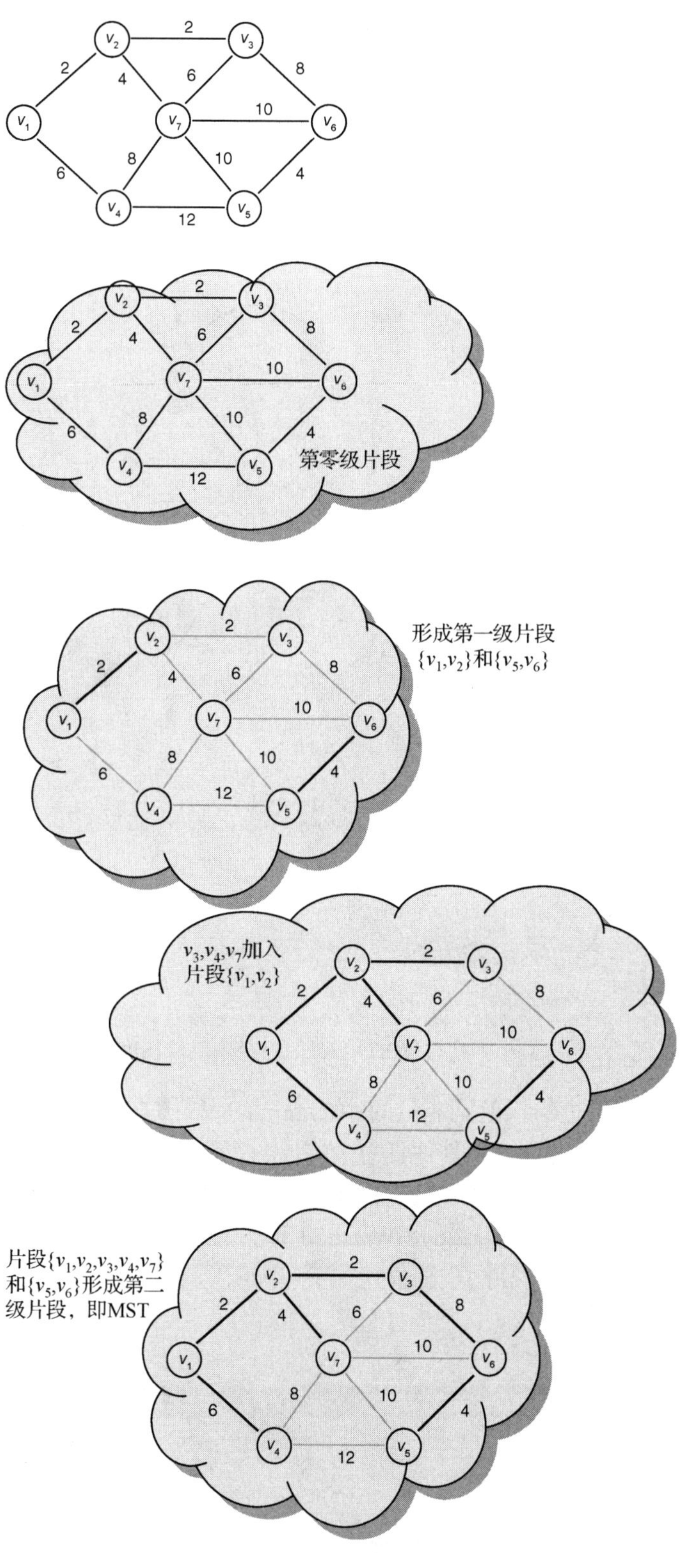

图 2.1.13　分布式算法的示例

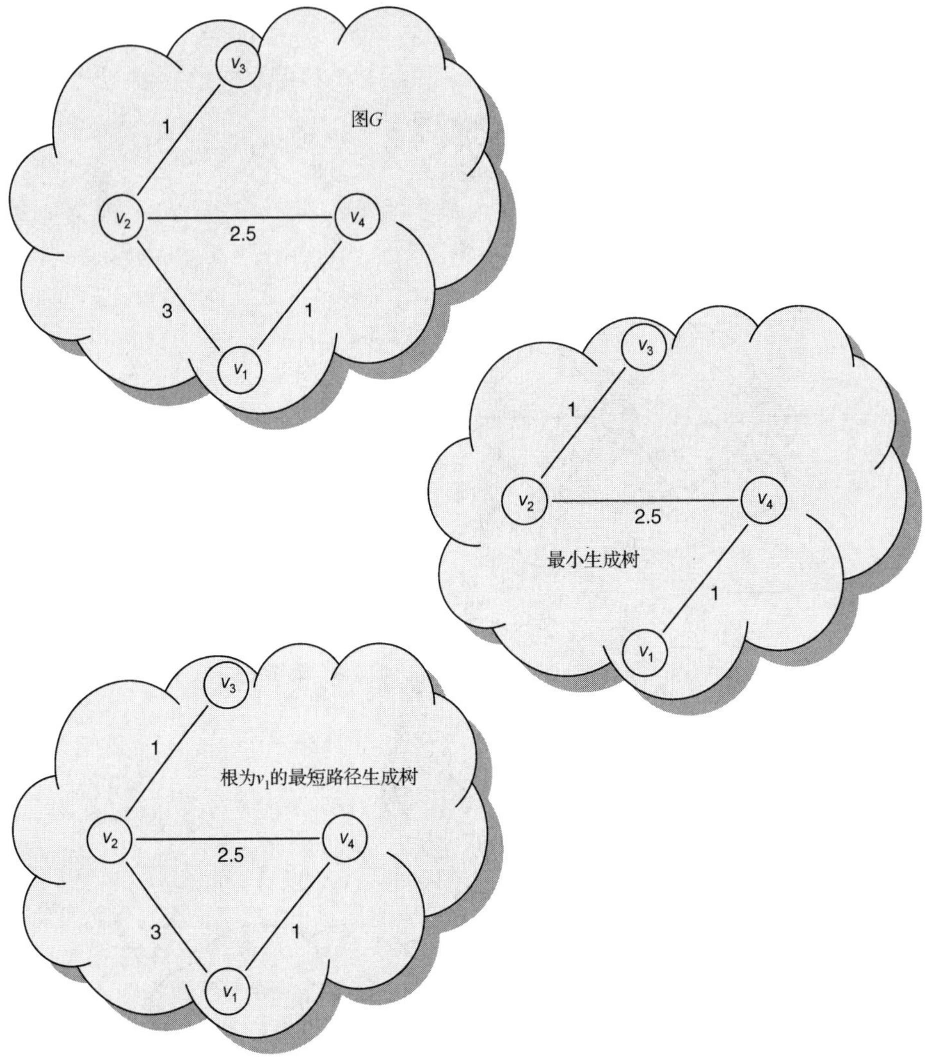

图 2.1.14 最小生成树(MST)和最短路径生成树(SPST)的示例

最短路径算法 假设边的权值是非负的。给定一个加权图(G,W)和一个源节点s，树T是以s为根的最短路径树。因此，对于其他任意节点$v \in G$，s和v之间的路径是T内的最短节点路径。Dijkstra算法和Bellman-Ford算法是用于计算这些最短路径树的典型算法。如需在所有节点对中找到最短路径，则可采用Floyd-Warshall算法。

Dijkstra 算法 源节点s的算法步骤描述如下：

```
V' = {s}; U =V-{s};
E' = φ ;
For v ∈ U do
  Dv = w(s,v);
  Pv = s;
EndFor
While U ≠ φ do
  Find v ∈ U such that Dv is minimal;
  V' = V' ∪ {v}; U = U - {v};
```

```
    E′ = E′ ∪ (Pv, v);
    For x ∈ U do
      If Dv + w(v, x) < Dx then
        Dx = Dv+ w(v, x);
        Px = v;
      EndIf
    EndFor
  EndWhile
```

图 2.1.15 给出了 Dijkstra 算法的示例。假设 v_1 是 s，D_v 是从节点 s 到节点 v 的距离。如果节点 x 和 y 之间无连接边，则 $w(x, y) = \infty$。

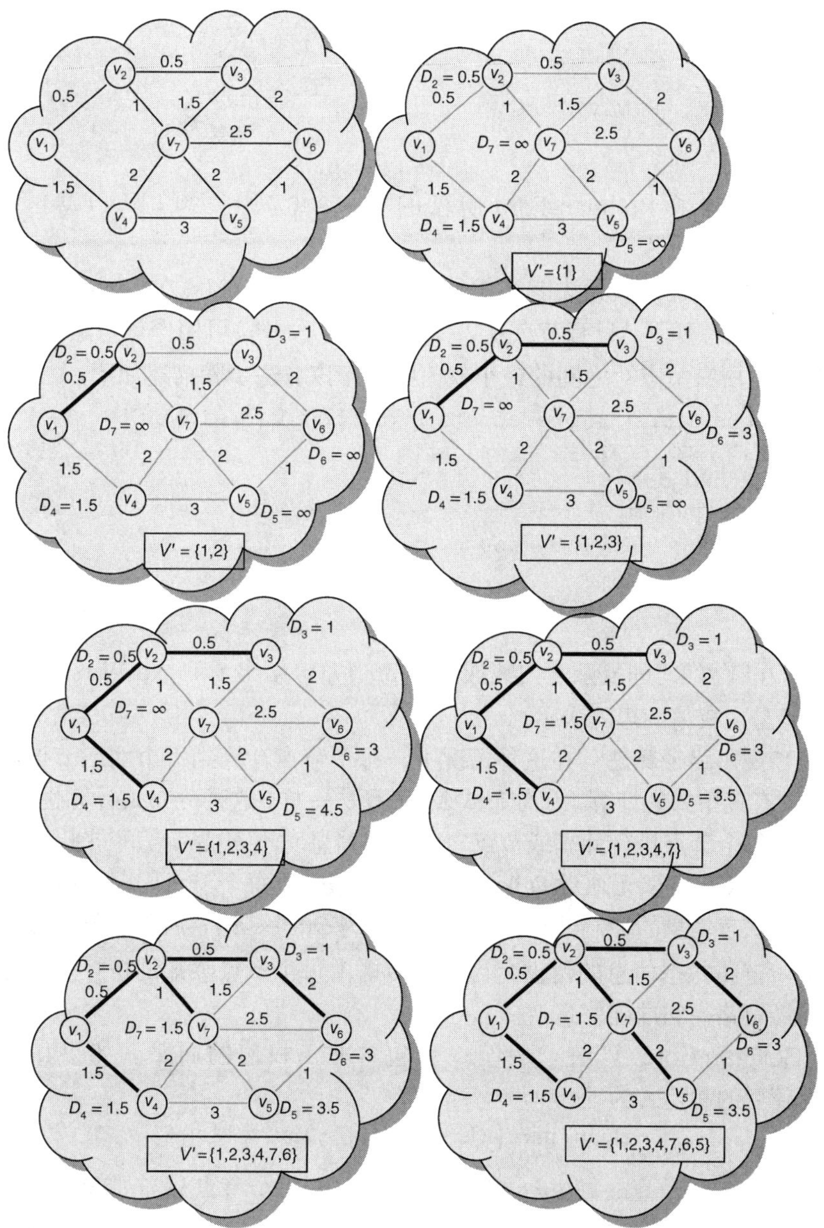

图 2.1.15　Dijkstra 算法的示例

当所有节点都经过处理且已经计算出它们到v_1的最短距离时，该算法终止。需要注意的是，此时计算出的树并不是最小生成树。图 2.1.15 中基本图的 MST 如图 2.1.16 所示。

Bellman-Ford 算法 该算法在游走时最多包含h跳且仅通过节点v一次的约束条件下，可以找到从源节点s到任意目标节点v的最短链路。该算法步骤描述如下：

```
D_v^{-1} = ∞ ∀ v ∈ V;
D_s^0 = 0 and D_v^0 = ∞ ∀ v ≠ s, v ∈ V;
h = 0;
Until (D_v^h = D_v^{h-1} ∀ v ∈ V) or (h = |V|) do
  h = h + 1;
  For v ∈ V do
    D_v^{h+1} = min{D_v^h + w(u,v)} u ∈ V;
  EndFor
EndUntil
```

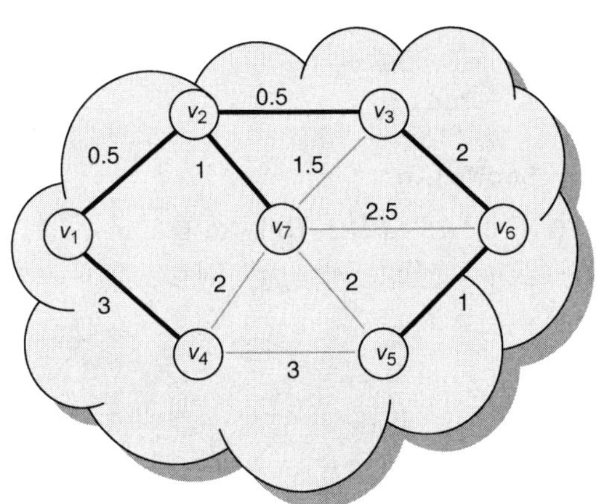

图 2.1.16 图 2.1.15 中基本图的 MST

图 2.1.17(a)给出了 Bellman-Ford 算法的示例。

Floyd-Warshall 算法 该算法能够找到所有节点的有序对(s,v)，$\{s,v\}$（其中$v \in V$）之间的最短路径。约束条件如下：只有节点$\{1,2,\cdots,n\}$（其中$n \in |V|$）可用作计算路径时的中间节点，这样每次迭代产生所有节点对之间的最小权值路径。该算法步骤描述如下：

```
D = W; (W is the matrix representation of the edge weights)
For u = 1 to |V| do
  For s = 1 to |V| do
    For v = 1 to |V| do
        D_{s,v} = min{D_{s,v}, D_{s,u} + W_{u,v}}
    EndFor
  EndFor
EndFor
```

该算法在$O(|V|^3)$的时间复杂度内完成。图 2.1.17(b)给出了 Floyd-Warshall 算法的示例，其中$D=W$（W是边权值的矩阵表示）。

分布式异步最短路径算法 在这种情况下，每个节点计算到每个网络节点的最小权值路径。这类算法没有集中式的计算。和分布式 MST 算法一样，这种分布式计算也需要控制消息。这里的异步表示每个节点执行计算或节点之间交换消息时不需要节点间同步。

分布式 Dijkstra 算法 无须对 Dijkstra 算法进行更改。每个节点周期性地泛洪(flood)整个网络中包含链路状态信息的控制消息。其传输开销为$O(|V|\times|E|)$。所有的拓扑知识必须在每个节点得到维护。链路状态信息的泛洪允许及时传播由每个节点感知的拓扑。每个节点通常具有能够计算出最短路径的准确信息。

分布式 Bellman-Ford 算法 假设G仅包含非负权值的回路。如果$(u,v)\in E$，那么$(v,u)\in E$。更新后的表达式为

$$D_{s,v} = \min_{u\in N(s)}\{w(s,u)+D_{u,v}\} \quad \forall v\in V-\{s\} \tag{2.1.1}$$

其中$N(s)$表示s的相邻节点，即$\forall u\in N(s)$，$(s,u)\in E$。每个节点只需要知道与其相关的边的权值、所有网络节点的身份，以及估计(根据从相邻节点收到的信息)到所有网络节点的距离。该算法包含以下步骤：

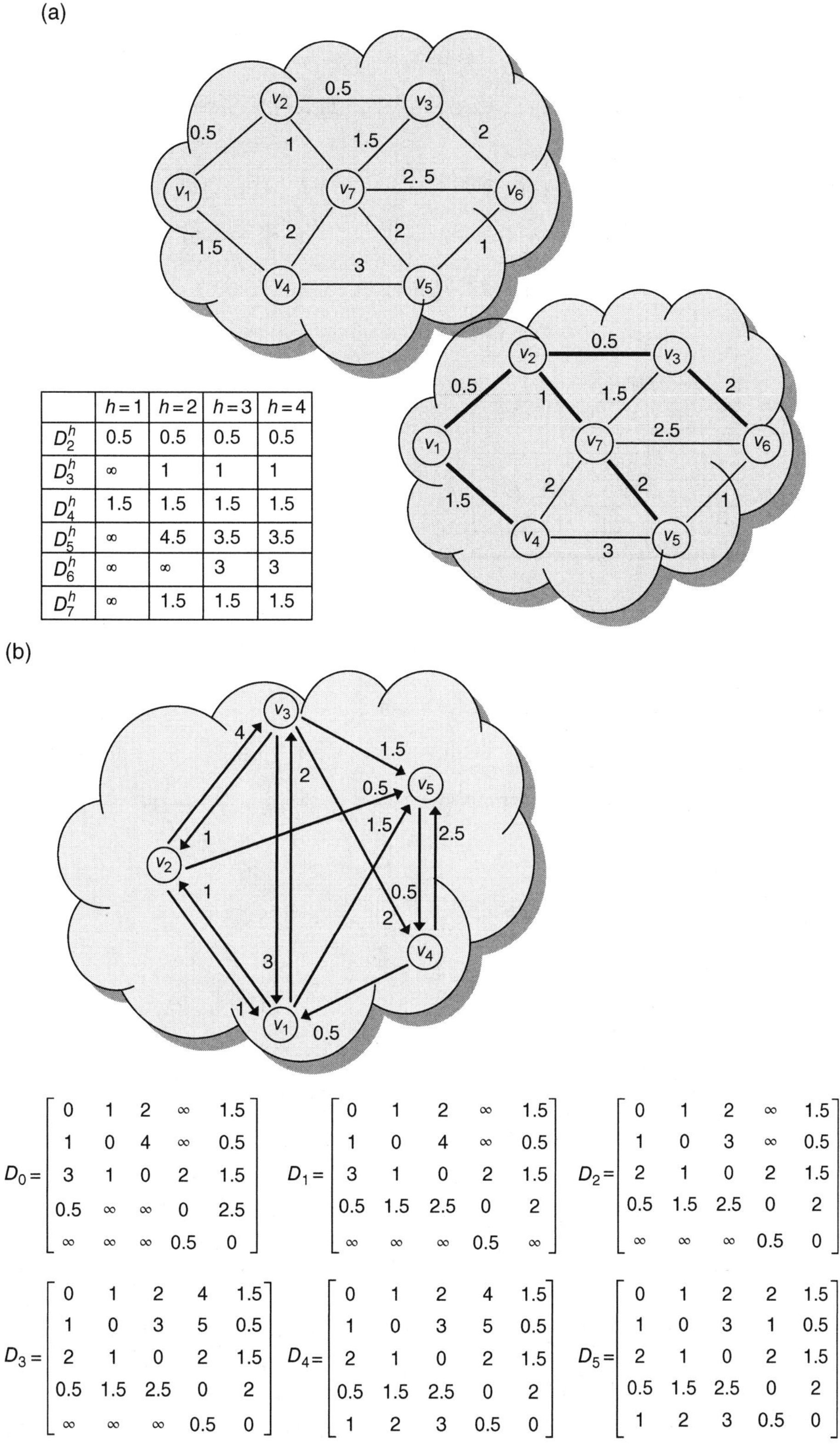

	$h=1$	$h=2$	$h=3$	$h=4$
D_2^h	0.5	0.5	0.5	0.5
D_3^h	∞	1	1	1
D_4^h	1.5	1.5	1.5	1.5
D_5^h	∞	4.5	3.5	3.5
D_6^h	∞	∞	3	3
D_7^h	∞	1.5	1.5	1.5

$$D_0=\begin{bmatrix}0&1&2&\infty&1.5\\1&0&4&\infty&0.5\\3&1&0&2&1.5\\0.5&\infty&\infty&0&2.5\\\infty&\infty&\infty&0.5&0\end{bmatrix}\quad D_1=\begin{bmatrix}0&1&2&\infty&1.5\\1&0&4&\infty&0.5\\3&1&0&2&1.5\\0.5&1.5&2.5&0&2\\\infty&\infty&\infty&0.5&\infty\end{bmatrix}\quad D_2=\begin{bmatrix}0&1&2&\infty&1.5\\1&0&3&\infty&0.5\\2&1&0&2&1.5\\0.5&1.5&2.5&0&2\\\infty&\infty&\infty&0.5&0\end{bmatrix}$$

$$D_3=\begin{bmatrix}0&1&2&4&1.5\\1&0&3&5&0.5\\2&1&0&2&1.5\\0.5&1.5&2.5&0&2\\\infty&\infty&\infty&0.5&0\end{bmatrix}\quad D_4=\begin{bmatrix}0&1&2&4&1.5\\1&0&3&5&0.5\\2&1&0&2&1.5\\0.5&1.5&2.5&0&2\\1&2&3&0.5&0\end{bmatrix}\quad D_5=\begin{bmatrix}0&1&2&2&1.5\\1&0&3&1&0.5\\2&1&0&2&1.5\\0.5&1.5&2.5&0&2\\1&2&3&0.5&0\end{bmatrix}$$

图 2.1.17　(a) Bellman-Ford 算法的示例；(b) Floyd-Warshall 算法的示例

- 每个节点 s 向其相邻节点发送其当前距离向量 $D_{s,v}$。
- 同理，每个相邻节点 $u \in N(s)$ 向 s 发送距离向量 $D_{u,v}$。
- 节点 s 根据式(2.1.1)更新 $D_{s,v}$，$\forall v \in V-\{s\}$。如果任何更新更改了距离值，则 s 会将当前的 $D_{s,v}$ 发送给其相邻节点。
- 每当节点 s 从任何相邻节点接收到距离向量信息时，就会更新 $D_{s,v}$。
- 周期性定时器提示节点 s 重新计算 $D_{s,v}$ 或将 $D_{s,v}$ 的副本发送给每个相邻节点。

图 2.1.18 给出了分布式 Bellman-Ford 算法的示例。

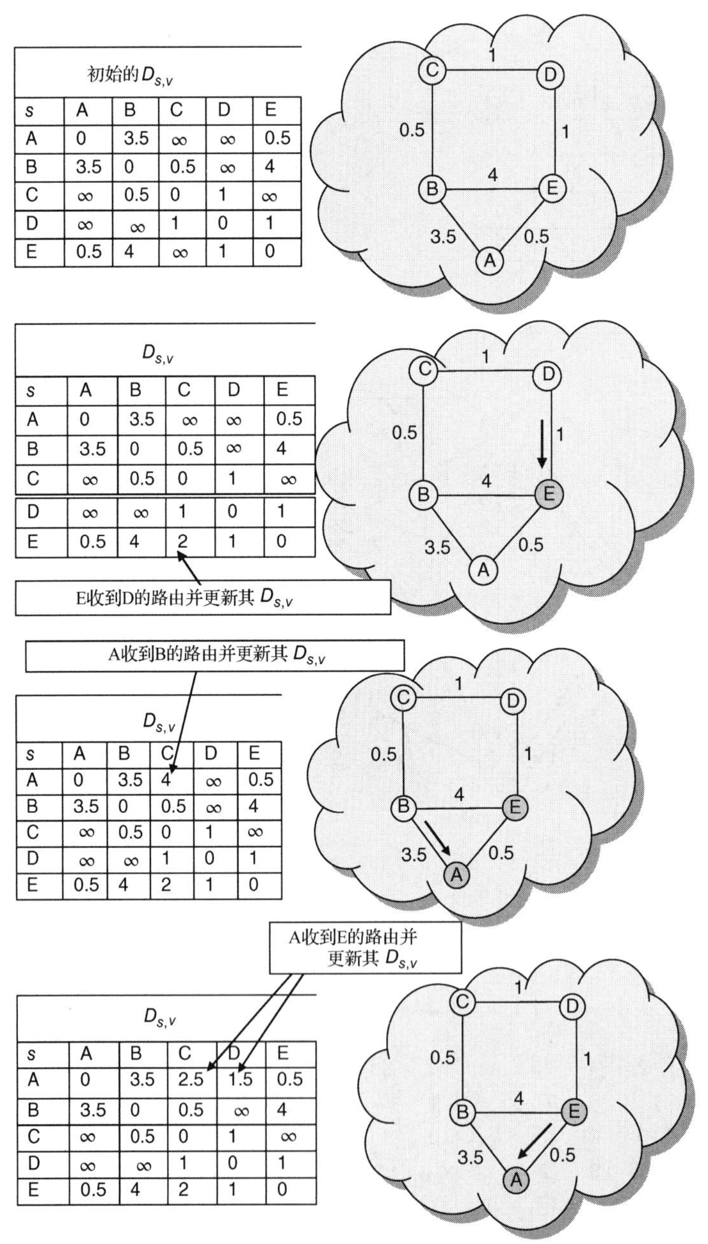

初始的 $D_{s,v}$

s	A	B	C	D	E
A	0	3.5	∞	∞	0.5
B	3.5	0	0.5	∞	4
C	∞	0.5	0	1	∞
D	∞	∞	1	0	1
E	0.5	4	∞	1	0

$D_{s,v}$

s	A	B	C	D	E
A	0	3.5	∞	∞	0.5
B	3.5	0	0.5	∞	4
C	∞	0.5	0	1	∞
D	∞	∞	1	0	1
E	0.5	4	2	1	0

$D_{s,v}$

s	A	B	C	D	E
A	0	3.5	4	∞	0.5
B	3.5	0	0.5	∞	4
C	∞	0.5	0	1	∞
D	∞	∞	1	0	1
E	0.5	4	2	1	0

$D_{s,v}$

s	A	B	C	D	E
A	0	3.5	2.5	1.5	0.5
B	3.5	0	0.5	∞	4
C	∞	0.5	0	1	∞
D	∞	∞	1	0	1
E	0.5	4	2	1	0

图 2.1.18　分布式 Bellman-Ford 算法的示例

A的路由表		
目标节点	下一跳	距离
B	E	3
C	E	2.5
D	E	1.5
E	E	0.5

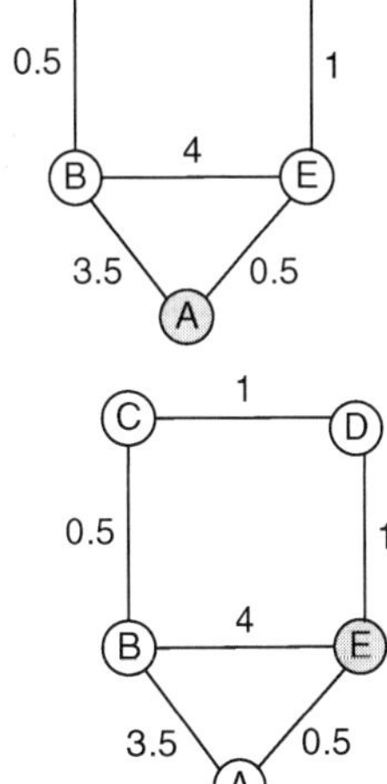

E的路由表		
目标节点	下一跳	距离
A	A	0.5
B	D	2.5
C	D	2
D	D	1

图 2.1.18(续)　分布式 Bellman-Ford 算法的示例

距离向量协议　使用该协议，每个节点可维护具有{目标节点，下一跳，距离(代价)}结构的路由表。

在以下两种情况中，节点与它们的相邻节点进行路由表的信息交换：(a)当路由表改变时；(b)定期更新。

从相邻节点接收到路由表时，一旦此节点找到“更佳”的路由，则更新其路由表。路由表中旧的条目将被删除，即接收路由表时，这些条目在一定的时间间隔内不再进行“更新”。

链路失效

1. 图 2.1.19 给出了一个简单的重新选路示例：
- F 检测到与 G 之间的链路失效。
- F 设置到 G 的距离为∞，并将更新发送到 A。
- 因为 A 通过 F 到达 G，所以 A 也设置到 G 的距离为∞。
- A 接收从 C 到 G(经 D)的两跳路径的定期更新。
- A 将到 G 的距离设置为 3，并将更新发送到 F。
- F 决定其可以通过 A 经过四跳到达 G。

2. 图 2.1.20 给出了一个路由回路示例：
- 从 A 到 E 的链路失效。
- A 到 E 的传输距离可看作∞。
- B 和 C 已经向 E 报告了一个长度为 2 的距离(在链路失效之前)。
- 一旦接收到 A 的路由更新，B 认为 A 可以经过三跳到达 E；同时 B 将此信息告知 A。
- A 决定其可以经过四跳到达 E；A 将此信息告知 C。
- C 决定其可以经过五跳到达 E。

这种现象称为计数到无穷大(count to infinity)。图 2.1.21 进一步阐述了这个问题。图中显示出到 A 的路径上的路由更新。当从 A 到 B 的链路失效时，B 无法再直接到达 A，但 C 可以向 A 报告一个长度为 2 的距离，因此 B 此时相信它可以通过 C 到达 A 并告知它。这种情况一直延续到与 A 的距离达到无穷大时为止。

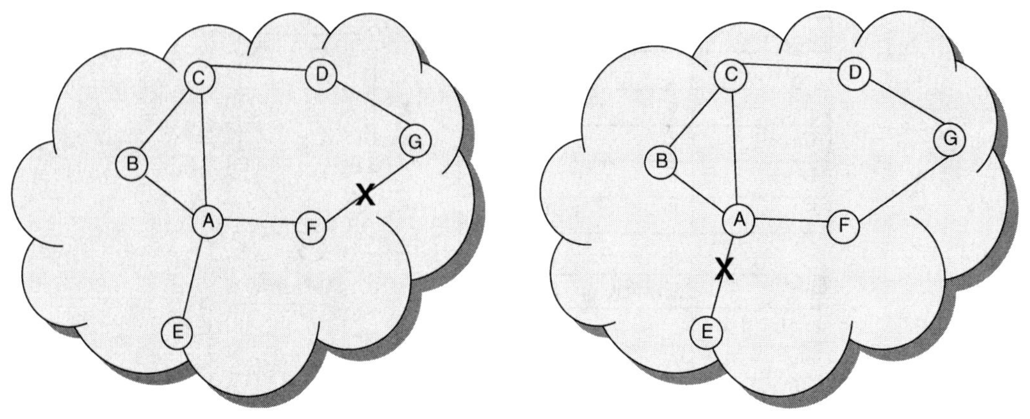

图 2.1.19　简单的重新选路示例　　　　图 2.1.20　路由回路示例

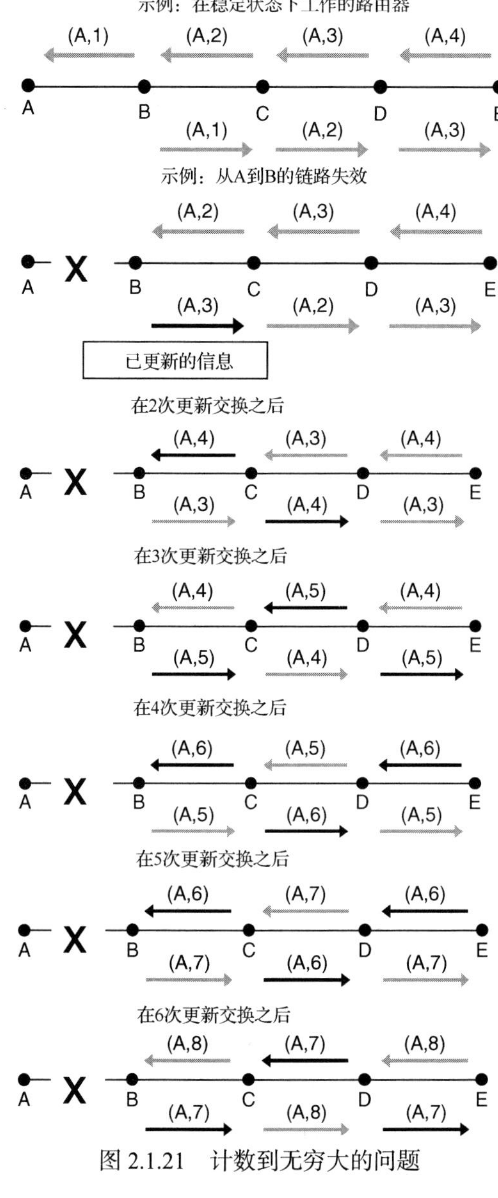

图 2.1.21　计数到无穷大的问题

水平分割算法　用于避免(不总是)计数到无穷大的问题。在图 2.1.22 中，如果 A 通过 B 路由到 C，那么 A 告知 B 它到 C 的距离是∞。

如果链路 B 到 C 不可用，那么最终结果将是 B 不会通过 A 路由到 C。这适用于两个节点之间的回路，但不适用于具有多个节点的回路。

图 2.1.23 给出了水平分割算法失败的示例。

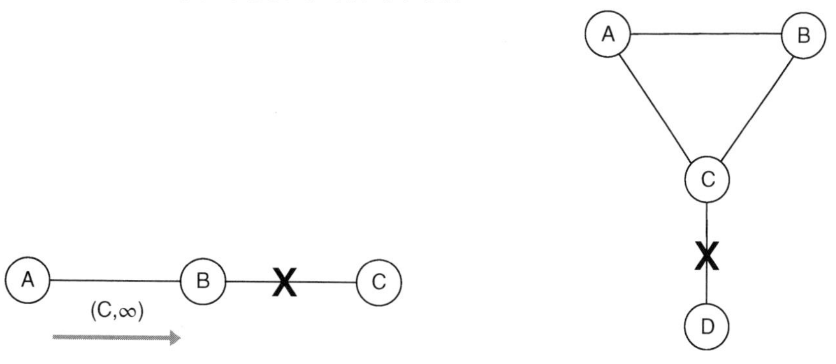

图 2.1.22　水平分割算法　　图 2.1.23　水平分割算法失败的示例

当链路 C 到 D 断开时，C 标记 D 为不可到达，并告知 A 和 B。假设 A 首先得到这个信息。A 此时认为到达 D 的最佳路径是通过 B。A 告知 B 无法到达 D 且到达 C 的路径距离开销为 3。

C 认为可以通过 A 用 4 个距离开销到达 D，并告知 B。若 A 给出一个到 C 和其他节点的新的距离开销报告，则 B 给出到 A 的距离开销为 5，并且一直持续这一过程。

路由信息协议(RIP)　RIP 最初与 BSD UNIX 一起发布，广泛应用于因特网(内部网关协议)。RIP 更新在普通 IP 数据包中进行交换。RIP 将无穷大的具体值设置为 16 跳(距离开销为 0 ~ 15)。

RIP 每 30 秒更新一次相邻节点，或当路由表发生更改时进行更新。

2.2　图论

2.1 节概述了图论的基本概念和定义。文献[1-10]从总体上讨论了图论的各个方面，而不仅仅是从通信网络的角度。文献[7]已经成为这一领域的标准。文献[3]包含了许多与距离属性相关的跳距和图不变量的资料，其中大部分内容可应用于通信网络。文献[8]对有向网络中的连通性进行了全面的讨论。文献[4]给出了一些说明图中变量之间关系的示例，例如节点和边的连通性，包括说明这些结果在多大程度上是最佳可能的示例。

文献[11-13]中基本涵盖了图的算法。关于这些算法的最佳综述可参见文献[14]，其他可参见文献[11-28]。Colbourn 的著作[18]是目前公认的唯一涵盖了网络可靠性的文献。McHugh 的著作[22]中有一章给出了并行和平行计算的图论算法实现。Tenenbaum 等人[27, 28]讨论了 Pascal 和 C 语言中关于这些算法的实现。关于在这些计算机语言中使用数据结构和图的算法的更多讨论请见文献[19, 20]。Christofides[17]更详细地讨论了一些重要的图的算法，包括旅行推销员问题和 Hamilton 巡游问题。这些文献还涉及了网络流问题。虽然这个主题至今还未被深入讨论，但它对于网络连通性却有着重要的应用，本书第 13 章将详细讨论这个问题(见 Estahanian 和 Hakimi 的著作[21])。

文献[29-38]概述了计算机算法的效率和复杂度，所涉及的算法不仅仅是图论的算法。Aho等人的两本著作[29, 30]和 Knut 的三卷系列著作[36]是计算机算法理论与实践的最佳参考资料。Garey 和 Johnson 的著作[32]是关于非确定性多项式(NP)完整性的最佳指南，并给出了大量用于解决 1979 年提出的 NP 完整性问题的纲要。如果这个问题的算法可用于解决其他任何 NP 问题(例如 NP 时间问题)，那么就将此类问题称为 NP 难问题。因此，NP 难问题意味着“至少与任意 NP 问题一样困难”，尽管其实际上可能比其他 NP 问题更加困难。目前已知的 NP 完整性问题有 1000 多个，其中许多是与图论相关的问题，同时，每年都有几十个新的 NP 完整性问题被发现，所以这个问题目录很快就过时了。因此 Johnson[35]在 *Algorithms* 杂志上开辟了一个关于 NP 完整性问题的专栏，该专栏对通信网络和可靠性问题的 NP 完整性进行了讨论并定期更新。Harel[33]通过算法的方式提供了一个对现有技术状况的总体概括，同时也解答了设计和验证并行处理算法时可能出现的问题。Sedgewick[37]的著作有两个版本，它们通过 Pascal 或 C 语言给出了有关这些算法实现的更多细节。

文献[39-46]中讨论了网络组件故障的统计相关性问题。需要注意的是，独立故障的假设可能导致对真实网络可靠性的过度悲观或过度乐观的估计。Egeland 和 Huseby 的论文[39]给出了具体确定是哪种估计情况的方法。

网络连通性的大多数概率度量导致了 NP 难问题的可计算性问题，因此，很多科研团队已致力于寻找复杂度较小的可靠性算法的受限类网络方面的研究[47-57]。例如，Boesch[50]和 Pullen[56]的论文只考虑边失效的恒定概率，这有助于把问题简化为图枚举问题，但仍无法解决非多项式复杂度的问题。Bienstock[48]的文章只考虑了平面网络，并且证明了其算法复杂度呈 p 的平方根而不是 p 本身的指数形式增长。正如 Agrawal 和 Satayanarana[47]及 Politof 和 Satyanarayana[55]的文章所提及的，上述算法的复杂度仍然远高于多项式复杂度，而且为了获得该算法复杂度，需要强加更加严格的限制。根据 Clark 和 Colbourn 发表的论文[52]，即使是 xy 平面上非常规则的网格网络，也会产生 NP 难问题。

由于一般概率图的网络可靠性计算具有一定难度，大量的论文[58-68]致力于解决边界获得和可靠性近似问题。基于相同的原因，蒙特卡洛仿真也被应用于这个领域[69-75]。

作为通常可靠性度量的可能替代方案，文献[76-82]中还引入了节点连通性因子(NCF)和链路连通性因子(LCF)两个概念。它们表征了网络接近完全断开的程度。但是 NCF 至少在计算层面上异常复杂，而且并不能采用诸如因式分解的简化技术或通过其他方式进行边缘缩减。因此，即使这些连通性因子可以用于确定网络中最脆弱的组件，并自适应地调整网络使其组件的漏洞均衡化，但目前仍无法验证这个概念的实用性。

文献[83-96]涉及图连通性的相关问题，而不是一般的有向路径的连通性问题，其中主要是由图的直径(即图中节点到节点的最大跳距)或节点之间的平均跳距概念推导出来的。值得关注的是，Bagga 等人的论文中所阐述的杠杆概念[83]，给出了由于某些网络组件的丢失而对图不变性产生的变化进行量化的一般方法。

文献[97-109]涉及与通信网络的脆弱性和生存能力等概念密切相关的其他图不变性问题。这里主要包括与基础图中一组节点或一组边有关的某个图的支配、独立和覆盖等概念。尽管这些概念关于通信网络的应用和有用性仍然有待验证，但它们已被应用于解决调度和服务设施中的网络使用问题。此外，其中涉及的一些计算可以看作 NP 难问题(某些具有确定性意义，其他的则从概率的角度来看)。这也是一个非常热门的研究领域。

2.3 拓扑聚合路由

服务质量(QoS)路由的目的是找到从源节点到目标节点的网络路径,该路径具有足够的资源来支持连接请求的 QoS 需求。选路算法的执行时间和空间要求随着网络规模的增大而增加,这就导致了选路算法的可扩展性问题。对于大型网络，为了选路的目的，将整个拓扑广播到每个节点是不切实际的。为了实现可扩展的路由，大型网络通过将节点分组到不同的域而进行结构分层[111, 112]。然后聚合每个域的内部拓扑，从而仅显示跨域的选路开销，即从一个边界节点(连接到另一个域的节点)到另一个边界节点的开销。这个过程称为拓扑聚合。存储聚合拓扑的一种典型方法是为每个节点保留关于其所属域的详细信息，以及其他域的相关聚合信息。

由于聚合后的网络可用更简单的拓扑结构表示，因此大多数聚合算法将产生失真，即经过聚合网络的开销偏离原始值[113]。然而，文献[114]的研究表明，拓扑聚合会降低选路开销的量级，并且不总会对选路性能产生负面影响。一些文献中已经给出了聚合的方法。文献[115]中给出了针对无向网络的且具有单个加性参数或单个瓶颈参数的最小无失真表示的算法。加性参数的示例是时延和开销，而瓶颈参数的示例则是带宽。对于一个附加约束，可能需要 $O(|B|^2)$ 量级的链路来表示无失真聚合中的一个域，其中 $|B|$ 是域中边界节点的数量。文献[116]提出了一种通过使用 $O(|B|)$ 量级的链路将有向网络与单个加性参数进行聚合的算法。该算法实现了有界失真，最坏情况下的失真因子为 $O(\sqrt{\rho}\log|B|)$，其中 ρ 是网络不对称常量，其定义为一对反向有向链路的 QoS 参数之间的最大比值。

在本节中，我们讨论的网络具有两个 QoS 参数，即时延和带宽。相关研究工作请参见文献[117-119]。文献[117]中提出了一种在边界节点间将无向时延带宽敏感域聚合为生成树的聚合方法。因此，聚合后每对边界节点之间存在唯一的路径，其空间复杂度为 $O(|B|)$。该文献表明，生成树可以为带宽提供无失真聚合，但不能为时延提供无失真聚合。文献[118]研究了具有六种不同 QoS 参数的网络拓扑聚合问题。聚合拓扑遵循 ATM 专用网络-网络接口(PNNI)标准[111]。作者提出，通过使用线性规划的方法来使失真最小化。文献[117]和[118]都假定参数之间具有一定的优先顺序，因此在同一对边界节点之间的若干路径中，可以选择一条路径作为“最佳”路径。在对时延带宽敏感的网络中，路径的状态可以表示为时延带宽对[119]。如果存在几条跨域路径,那么一对单独的值(时延带宽平面上的一点)就不足以捕获所有这些路径的 QoS 参数[120]。

文献[119]首次使用时延带宽平面上的曲线来近似两个边界节点之间的多条物理路径的属性，而不考虑参数之间的优先级。曲线由 3 个值确定：两个边界节点之间的所有路径中的最小时延、最大带宽和最小拉伸因子。路径的拉伸因子测量了路径的带宽和时延对所有路径中的最佳时延和最佳带宽的偏移程度。该曲线提供比单个点更好的近似，但是这种方法有几个缺点。首先，该文献没有提供具有多项式复杂度的选路算法，以便基于聚合拓扑找到可行路径。相反，它提供了一种算法来检查给定的路径的可行性。从本质上讲，算法确定了由时延或带宽要求定义的点是否在由路径的时延、带宽和拉伸因子定义的曲线内。其次，虽然该文献提供了一种寻找区域间路径的拉伸因子的启发式方案，但在某些情况下，只有一个 QoS 度量会影响拉伸因子值，而另一个度量的相关信息将会丢失。

在本节中，我们讨论了一种利用片段来表示时延带宽敏感网络中的聚合状态的方法。该方法解决了文献[119]中的一些问题。其他的传统方法包括引入特定的 QoS 参数表示，特定的聚合算法和相应的路由协议。由于失真较小，该算法的性能优于其他算法。

2.3.1 网络和聚合模型

大型网络由一组域和连接域的链路组成。我们将大型网络建模为一个有向图，其中链路状态在两个相反的方向上可以是不对称的。图 2.3.1 和图 2.3.2 给出了具有 4 个域的网络示例。每个域内有两种节点。如果某节点可连接到另一个域的节点，则称之为边界节点；另一种节点即为内节点。每个域被建模为一个三元组(V,B,E)，其中V是域中的节点集，$B\subseteq V$是边界节点集，E是V中节点之间的有向链路集。整个网络被建模为一个二元组(G,L)，其中$G=\{g_i \mid g_i=(V_i,B_i,E_i),1\leqslant i\leqslant \eta\}$是域集，$L$是连接不同域的边界节点的链路集，$\eta$是$G$中的域数。

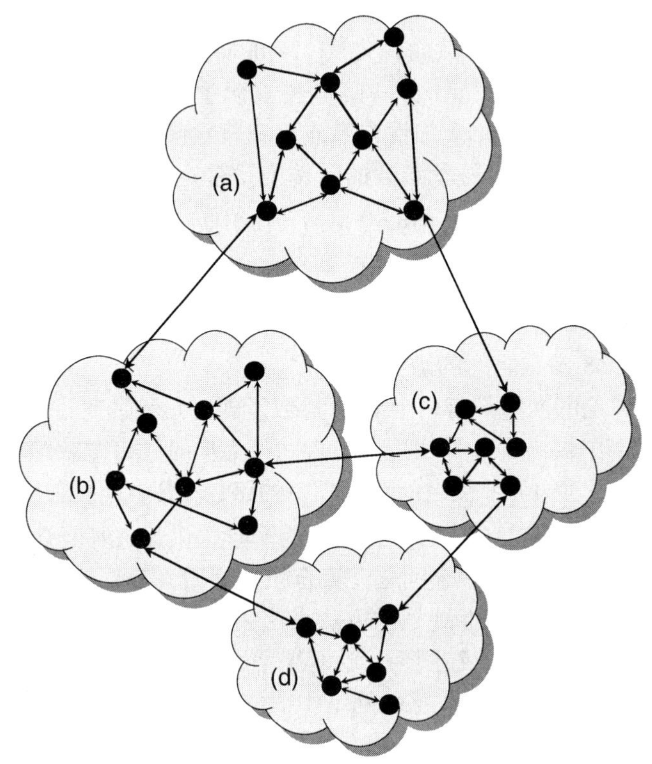

图 2.3.1 具有 4 个域的网络示例

大型网络有多种聚合模型。在本节中，我们使用由 PNNI 提出的拓扑聚合模型[111, 121]。PNNI 的代表性拓扑之一是星形拓扑。其他主流的拓扑有简单节点拓扑和网格拓扑。在简单节点拓扑中，域被折叠成一个虚拟节点。由于聚合后的空间复杂度为$O(1)$，因此信息会出现最大幅度的减少，但会导致较大的失真。网格拓扑是边界节点之间的完全图。该拓扑的复杂度为$O(|B|^2)$，其失真较小。星形拓扑则兼具上述两种拓扑的优点，它的空间复杂度为$O(|B|)$，并且失真性能介于简单节点拓扑和网格拓扑之间。文献[122]比较了上述三种聚合方法的性能。其结果表明，星形拓扑优于简单节点拓扑，但在均匀网络中其性能略逊于网格拓扑。

我们对图 2.3.3(a)中的域进行探讨，其中a、b、c和d均为边界节点。网格拓扑如图 2.3.3(b)所示，星形拓扑如图 2.3.3(c)所示。在星形拓扑中，边界节点通过链路连接到虚拟核心。这些链路称为辐条(spoke)。每条链路与一些 QoS 参数相关联。为了使表现形式更加灵活，PNNI 还允许将有限数量的链路直接连接在边界节点之间。这些链路称为旁路。

图 2.3.3(d)给出了具有旁路的星形拓扑的示例。因为聚合拓扑中的链路不是真实的，所以我们将其称为逻辑链路。

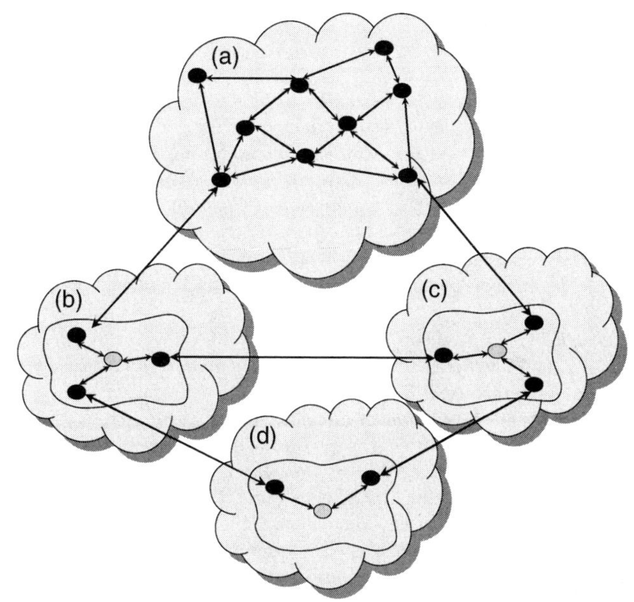

图 2.3.2　图 2.3.1 中的聚合网络，包含域 A 的完整视图

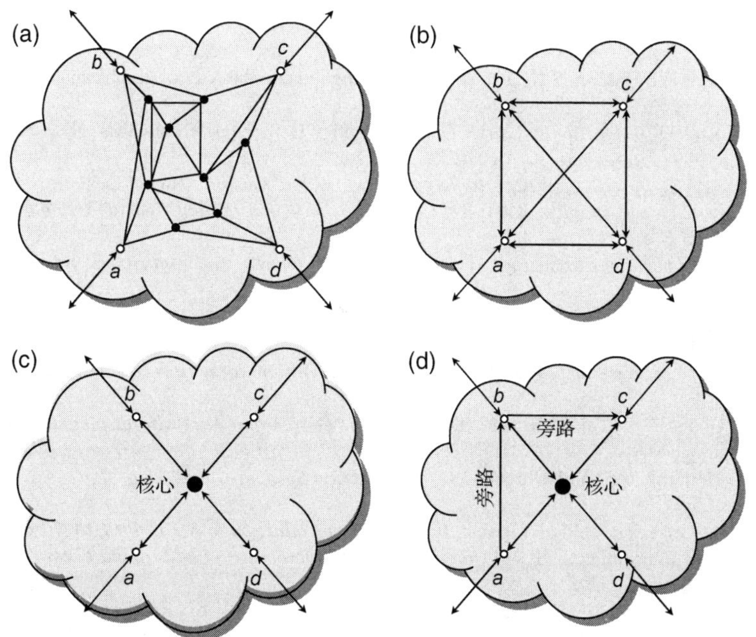

图 2.3.3　拓扑聚合：(a)域 F；(b)网格拓扑；(c)星形拓扑；(d)具有旁路的星形拓扑

聚合后，域中的一个节点可以与同一个域中的其他所有节点建立关联，但这仅限于其他域的聚合拓扑。例如，将图 2.3.1 中的网络存储在域 A 的节点中的聚合视图如图 2.3.2 所示。

在这样的视图中，域 A 的拓扑与原始拓扑的结构完全相同，但是其他域的拓扑由边界节点、核心和辐条(该示例中没有旁路)组成。对于大型网络，其聚合视图明显小于原始拓扑，因此可以实现可扩展性。为了实现 QoS 路由，给出一个该聚合拓扑中的状态信息的表示方法及控制由于聚合引起的信息丢失的解决方案将至关重要，详细内容参见文献[110]。

参考文献

[1] Berge, C. (1985) *Graphs*, North-Holland, New York.
[2] Bollobas, B. (1979) *Graph Theory: An Introductory Course*, Springer, New York.
[3] Buckley, F. and Haraly, F. (1990) *Distance in Graphs*, Addison-Wesley, Reading, MA.
[4] Capobianco, M. and Molluzzo, J.C. (1978) *Examples and Counterexamples in Graph Theory*, North-Holland, New York.
[5] Chen, W.-K. (1990) *Theory of Nets. Flows in Networks*, John Wiley & Sons, Inc., New York.
[6] Deo, N. (1974) *Graph Theory with Applications to Engineering and Computer Science*, Prentice Hall, Englewood Cliffs, NJ.
[7] Harary, F. (1969) *Graph Theory*, Addison-Wesley, Reading, MA.
[8] Harary, F., Norman, R.Z. and Cartwright, D. (1965) *Structural Models: An Introduction to the Theory of Directed Graphs*, John Wiley & Sons, Inc., New York.
[9] Harary, F. and Palmer, E.M. (1973) *Graphical Enumeration*, Academic Press, New York.
[10] Robinson, D.F. and Foulds, L.R. (1980) *Digraphs: Theory and Techniques*, Gordon and Breach, New York.
[11] Tarjan, R.E. (1983) *Data Structures and Network Algorithms*, SIAM, Philadelphia, PA.
[12] Even, S. (1979) *Graph Algorithms*, Computer Science Press, Rockville, MD.
[13] Even, S. (1973) *Algorithmic Combinatorics*, Macmillan, New York.
[14] Gibbons, A. (1985) *Algorithmic Graph Theory*, Cambridge University Press, Cambridge.
[15] Ammeraal, L. (1987) *Programs and Data Structures in C*, John Wiley & Sons, Inc., New York.
[16] Arnsbury, W. (1985) *Data Structures: From Arrays to Priority Queues*, Wadsworth, Belmont, CA.
[17] Christofides, N. (1975) *Graph Theory: An Algorithmic Approach*, Academic Press, New York.
[18] Colbourn, C.J. (1987) *The Combinatorics of Network Reliability*, Oxford University Press, London.
[19] Dale, N. and Lilly, S.C. (1988) *Pascal Plus Data Structures*, 2nd edn, D. C. Heath, Lexington, MA.
[20] Esakov, J. and Weiss, T. (1989) *Data Structures: An Advanced Approach Using C*, Prentice-Hall, Englewood Cliffs, NJ.
[21] Estahanian, A.H. and Hakimi, S.L. (1984) On computing the connectivity of graphs and digraphs. *Networks*, **14**, 355–366.
[22] McHugh, J.A. (1990) *Algorithmic Graph Theory*, Prentice Hall, Englewood Cliffs, NJ.
[23] Manber, U. (1989) *Introduction to Algorithms*, Addison-Wesley, Reading, MA.
[24] Minieka, E. (1978) *Optimization Algorithms for Networks and Graphs*, Marcel Dekker, New York.
[25] Papadimitriou, C.H. and Steiglitz, K. (1982) *Combinatorial Optimization: Algorithms and Complexity*, Prentice-Hall, Englewood Cliffs, NJ.
[26] Swarny, M.N.S. and Thulasiraman, K. (1981) *Graphs, Networks, and Algorithms*, John Wiley & Sons, Inc., New York.
[27] Tenenbaum, A.M. and Augenstein, M.J. (1986) *Data Structures Using Pascal*, 2nd edn, Prentice-Hall, Englewood Cliffs, NJ.
[28] Tenenbaum, A.M., Langsarn, Y. and Augenstein, M.J. (1990) *Data Structures Using C*, Prentice-Hall, Englewood Cliffs, NJ.
[29] Aho, A.V., Hopcroft, J.E. and Ullman, J.D. (1974) *The Design and Analysis of Computer Programs*, Addison-Wesley, Reading, MA.
[30] Aho, A.V., Hopcroft, J.E. and Ullrnan, J.D. (1983) *Data Structures and Algorithms*, Addison-Wesley, Reading, MA.
[31] Cormen, T.H., Leiserson, C.E. and Rivest, R.L. (1990) *Introduction to Algorithms*, MIT Press, Cambridge MA.
[32] Garey, M.R. and Johnson, D.S. (1979) *Computers and Intractability A Guide to the Theory of NP-Completeness*, Freeman, San Francisco, CA.
[33] Hare, D. (1987) *Algorithmics The Spirit of Computing*, Addison-Wesley, Reading, MA.
[34] Horowitz, E. and Sahni, S. (1978) *Fundamentals of Computer Algorithms*, Computer Science Press, Rockville, MD.
[35] Johnson, D.S. The NP-completeness column: an ongoing guide. *Journal of Algorithms*, **2**, 393–405, 1981 (this column appeared several times per year).
[36] (a) Knuth, D.E. (1973) *The Art of Computing: Fundamental Algorithms*, vol. **1**, 2nd edn, Addison-Wesley, Reading, MA; (b) Knuth, D.E. (1981) *The Art of Computing: Seminumerical Algorithms*, vol. **2**, 2nd edn, Addison-

Wesley, Reading, MA; (c) Knuth, D.E. (1973) *The Art of Computing: Sorting and Searching*, vol. **3**, Addison-Wesley, Reading, MA.

[37] Sedgewick, R. (1988) *Algorithms*, 2nd edn, Addison-Wesley, Reading, MA.

[38] Wilf, H.S. (1986) *Algorithms and Complexity*, Prentice-Hall, Englewood Cliffs, NJ.

[39] Egeland, T. and Huseby, A.B. (1991) On dependence and reliability computation. *Networks*, **21**, 521–546.

[40] Heffes, H. and Kumar, A. (1986) Incorporating dependent node damage in deterministic connectivity analysis and synthesis of networks. *Networks*, **l6**, Sl–S65.

[41] Lam, Y.F. and Li, V. (1977) *On Network Reliability Calculations with Dependent Failures*. Proceedings of the IEEE 1983 Global Telecommunications Conference (GTC'83), November, 1977, San Diego, CA, pp. 1499–1503.

[42] Lam, Y.F. and Li, V. (1985) *Reliability Modeling and Analysis of Communication Networks with Dependent Failures*. Proceedings IEEE INFOCOM, pp. 196–199.

[43] Lam, Y.F. and Li, V. (1986) Reliability modeling and analysis of communication networks with dependent failures. *IEEE Transactions on Communications*, **34**, 82–84.

[44] Lee, K.V. and Li, V.O.K. (1990) *A Path-Based Approach for Analyzing Reliability of Systems with Dependent Failures and Multinode Components*. Proceedings IEEE INFOCOM, pp. 495–503.

[45] Page, L.B. and Perry, J.E. (1989) A model for system reliability with common-cause failures. *IEEE Transactions on Reliability*, **38**, 406–410.

[46] Zemel, E. (1982) Polynomial algorithms for estimation of network reliability. *Networks*, **12**, 439–452.

[47] Agrawal, A. and Satayanarana, A. (1984) An OIE time algorithm for computing the reliability of a class of directed networks. *Operations Research*, **32**, 493–515.

[48] Bienstock, D. (1986) An algorithm for reliability analysis of planar graphs. *Networks*, **16**, 411–422.

[49] Beichelt, F. and Tittman, P. (1991) A generalized reduction method for the connectedness probability of stochastic networks. *IEEE Transactions on Reliability*, **40**, 198–204.

[50] Boesch, F.T. (1988) On unreliability polynomials and graph connectivity in reliable network synthesis. *Journal of Graph Theory*, **10**, 339–352.

[51] Bobbio, A. and Premoli, A. (1982) Fast algorithm for unavailability and sensitivity analysis of series-parallel systems. *IEEE Transactions on Reliability*, **31**, 359–361.

[52] Clark, B.N. and Colbourn, C.L. (1990) Unit disk graphs. *Discrete Mathematics*, **86**, 165–177.

[53] Colbourn, C.L. (1987) Network resilience. *SIAM Journal of Algebra and Discrete Mathematics*, **8**, 404–409.

[54] Debany, W.H., Varshney, P.K. and Hartman, C.R.P. (1986) Network reliability evaluation using probability expressions. *IEEE Transactions on Reliability*, **35**, 161–166.

[55] Politof, T. and Satyanarayana, A. (1990) A linear-time algorithm to compute the reliability of planar cube-free networks. *IEEE Transactions on Reliability*, **39**, 557–563.

[56] Pullen, K.W. (1986) A random network model of message transmission. *Networks*, **16**, 397–409.

[57] Yang, O.W.W. (1991) *Terminal Pair Reliability of Tree-Type Computer Communication Networks*. Proceedings of the IEEE 1991 Military Communications Conference (MILCOM'91), November, 1991.

[58] AboElFotoh, H.M. and Colbourn, C.J. (1989) Computing 2-terminal reliability for radio-broadcast networks. *IEEE Transactions on Reliability*, **38**, 538–555.

[59] Ball, M.O. and Provan, J.S. (1983) Calculating bounds on reachability and connectedness in stochastic networks. *Networks*, **13**, 253–278.

[60] Ball, M.O. and Provan, J.S. (1981) Bounds on the reliability polynomial for shellable independence systems. *SIAM Journal of Algebra and Discrete Mathematics*, **3**, 166–181.

[61] Brecht, T.B. and Colbourn, C.J. (1986) Improving reliability bounds in computer networks. *Networks*, **16**, 369–380.

[62] Brecht, T.B. and Colbourn, C.J. (1989) Multiplicative improvements in network reliability bounds. *Networks*, **19**, 521–529.

[63] Brecht, T.B. and Colbourn, C.L. (1988) Lower bounds on two-terminal network reliability. *Discrete Applied Mathematics*, **21**, 185–198.

[64] Colbourn, C.J. and Ramanathan, A. (1987) Bounds for all-terminal reliability by arc packing. *Ars Combinatoria*, **23A**, 229–236.

[65] Colboum, C.J. (1988) Edge-packings of graphs and network reliability. *Discrete Mathematics*, **72**, 49–61.

[66] Colbourn, C.J. and Harms, D.D. (1988) Bounding all-terminal reliability in computer networks. *Networks*, **18**, 1–12.

[67] Torrieri, D. (1991) *Algorithms for Finding an Optimal Set of Short Disjoint Paths in a Communication Network*. Proceedings of the IEEE 1991 Military Communications ConJ (MILCOM'91), November, 1991.

[68] Wagner, D.K. (1990) Disjoint (s, t)-cuts in a network. *Networks*, **20**, 361–371.

[69] Fishman, G.S. (1986) A comparison of four Monte Carlo methods for estimating the probability of st-connectedness. *IEEE Transactions on Reliability*, **35**, 145–154.

[70] Fishman, G.S. (1986) A Monte Carlo sampling plan for estimating network reliability. *Operations Research*, **34**, 581–594.

[71] Fishman, G.S. (1989) Estimating the st-reliability function using importance and stratified sampling. *Operations Research*, **37**, 462–473.

[72] Fishman, G.S. (1987) A Monte Carlo sampling plan for estimating reliability parameters and related functions. *Networks*, **17**, 169–186.

[73] Karp, R.M. and Luby, M.G. (1985) *Monte-Carlo Algorithms for Enumeration and Reliability Problems*. Proceedings of the IEEE 24th Annual Symposium on Foundations of Computer Science, November 7–9, Tucson, AZ, pp. 56–64.

[74] Kubat, P. (1989) Estimation of reliability for communication/computer networks—simulation/analytic approach. *IEEE Transactions on Communications*, **37**, 927–933.

[75] Nd, L.D. and Colbourn, C.J. (1990) Combining Monte Carlo estimates and bounds for network reliability. *Networks*, **20**, 277–298.

[76] Newport, K.T. and Schroeder, M.A. (1987) *Network Survivability through Connectivity Optimization*. Proceedings of the 1987 IEEE International Conference on Communications, Vol. **1**, pp. 471–477.

[77] Newport, K.T. and Varshney, P. (1991) Design of communications networks under performance constraints. *IEEE Transactions on Reliability*, **40**, 443–439.

[78] Newport, K.T. and Schroeder, M.A. (1990) *Techniques for Evaluating the Nodal Survivability of Large Networks*. Proceedings of the IEEE 1990 Military Communications Conference (MILCOM'90), Monterey, CA, pp. 1108–1113.

[79] Newport, K.T., Schroeder, M.A., and Whittaker, G.M. (1990) *A Knowledge Based Approach to the Computation of Network Nodal Survivability*. Proceedings of the IEEE 1990 Military Communications Conference (MILCOM'90), Monterey, CA, pp. 1114–1119.

[80] Schroeder, M.A. and Newport, K.T. (1987) *Tactical Network Survivability through Connectivity Optimization*. Proceedings of the 1987 Military Communications Conference (MILCOM'87), Monterey, CA, Vol. **2**, pp. 590–597.

[81] Whittaker, G.M. (1990) *A Knowledge-Based Design Aid for Survivable Tactical Networks*. Proceedings of the IEEE 1990 Military Communications Conference (MILCOM'90), Monterey, CA, Sect 53.5.

[82] Schroeder, M.A. and Newport, K.T. (1989) *Enhanced Network Survivability Through Balanced Resource Criticality*. Proceedings of the IEEE 1989 Military Communications Conference (MILCOM'89), Boston, MA, Sect 38.4.

[83] Bagga, K.S., Beineke, L.W., Lipman, M.J., and Pippert, R.E. (1988) *The Concept of Leverage in Network Vulnerability*. Conference on Graph Theory, Kalamazoo, MI, pp. 29–39.

[84] Bagga, K.S., Beineke, L.W., Lipman, M.J., and Pippert, R.E. (1988) *Explorations into Graph Vulnerability*. Conference on Graph Theory, Kalamazoo, MI, pp. 143–158.

[85] Bienstock, D. and Gyori, E. (1988) Average distance in graphs with removed elements. *Journal of Graph Theory*, **12**, 375–390.

[86] Boesch, F.T. and Frisch, I.T. (1986) On the smallest disconnecting set in a graph. *IEEE Transactions on Circuit Theory*, **15**, 286–288.

[87] Buckley, F. and Lewinter, M. (1988) A note on graphs with diameter preserving spanning trees. *Journal of Graph Theory*, **12**, 525–528.

[88] Chung, F.R.K. (1988) The average distance and the independence number. *Journal of Graph Theory*, **12**, 229–235.

[89] Exoo, G. (1982) On a measure of communication network vulnerability. *Networks*, **12**, 405–409.

[90] Favaron, O., Kouider, M. and Makeo, M. (1989) Edge-vulnerability and mean distance. *Networks*, **19**, 493–509.

[91] Harary, F., Boesch, F.T. and Kabell, J.A. (1981) Graphs as models of communication network vulnerability: connectivity and persistence. *Networks*, **11**, 57–63.

[92] Haraty, F. (1983) Conditional connectivity. *Networks*, **13**, 347–357.

[93] Lee, S.M. (1988) Design of e-invariant networks. *Congressus Nurner*, **65**, 105–108.

[94] Oellermann, O.R. (1991) Conditional graph connectivity relative to hereditary properties. *Networks*, **21**, 245–255.

[95] Plesnik, J. (1984) On the sum of all distances in a graph or digraph. *Journal of Graph Theory*, **8**, 1–21.

[96] Schoone, A.A., Bodlaender, H.L. and van Leeuwer, J. (1987) Diameter increase caused by edge deletion. *Journal of Graph Theory*, **11**, 409–427.

[97] Ball, M.O., Provan, J.S. and Shier, D.R. (1991) Reliability covering problems. *Networks*, **21**, 345–357.

[98] Caccetta, L. (1984) Vulnerability in communication networks. *Networks*, **14**, 141–146.

[99] Doty, L.L. (1989) Extremal connectivity and vulnerability in graphs. *Networks*, **19**, 73–78.

[100] Ferguson, T.J., Cozzens, J.H., and Cho, C. (1990) *SDI Network Connectivity Optimization*. Proceedings of the IEEE 1990 Military Communications Conference (MILCOM'90), Monterey, CA, Sect 53.1.

[101] Fink, J.F., Jacobson, M.S., Kinch, L.F. and Roberts, J. (1990) The bondage number of a graph. *Discrete Mathematics*, **86**, 47–57.

[102] Gunther, G. (1985) Neighbor-connectedness in regular graphs. *Discrete Applied Mathematics*, **11**, 233–242.

[103] Gunther, G., Hartnell, B.L. and Nowakowski, R. (1987) Neighbor-connected graphs and projective planes. *Networks*, **17**, 241–247.

[104] Hammer, P.L. (1991) Cut-threshold graphs. *Discrete Applied Mathematics*, **30**, 163–179.

[105] Hobbs, A.M. (1989) Computing edge-toughness and fractional arboricity. *Contemporary Mathematics, American Mathematical Society*, **89**, 89–106.

[106] Jiang, T.Z. (1991) *A New Definition on Survivability of Communication Networks*. Proceedings of the IEEE 1991 Military Communications Conference (MJLCOM'91), November, 1991.

[107] Lesniak, L.M. and Pippert, R.E. (1989) On the edge-connectivity vector of a graph. *Networks*, **19**, 667–671.

[108] Miller, Z. and Pritikin, D. (1989) On the separation number of a graph. *Networks*, **19**, 651–666.

[109] Wu, L. and Varshney, P.K. (1990) *On Survivability Measures for Military Networks*. Proceedings of the IEEE 1990 Military Communications Conference (MILCOM'90), Monterey, CA, pp. 1120–1124.

[110] K.-S. Lui, K. Nahrstedt, and S. Chen, Routing With Topology Aggregation in Delay–Bandwidth Sensitive Networks, *IEEE/ACM Transactions On Networking*, Vol. **12**, No. 1, pp.17–29, 2004.

[111] IEEE (1996) Private Network–Network Interface Specification Version 1.0, Mar. 1996, IEEE, Washington, D.C.

[112] Y. Rekhter and T. Li (1995) A Border Gateway Protocol 4 (BGP-4), Network Working Group, RFC 1771, Mar. 1995.

[113] Guerin, R. and Orda, A. (1999) QoS-based routing in networks with inaccurate information: theory and algorithms. *IEEE/ACM Trans. Networking*, **7**, 350–364.

[114] F. Hao and E. W. Zegura (2000) On scalable QoS routing: performance evaluation of topology aggregation, *Proc. IEEE INFOCOM*, 2000, pp. 147–156.

[115] W. Lee (1999) Minimum equivalent subspanner algorithms for topology aggregation in ATM networks, *Proc. 2nd Int. Conf. ATM (ICATM)*, June 1999, pp. 351–359.

[116] Awerbuch, B. and Shavitt, Y. (2001) Topology aggregation for directed graphs. *IEEE/ACM Trans. Networking*, **9**, 82–90.

[117] W. Lee (1995) Spanning tree method for link state aggregation in large communication networks, *Proc. IEEE INFOCOM*, 1995, pp. 297–302.

[118] A. Iwata, H. Suzuki, R. Izmailow, and B. Sengupta (1998) QoS aggregation algorithms in hierarchical ATM networks, in *IEEE Int. Conf. Communications Conf. Rec.*, 1998, pp. 243–248.

[119] T. Korkmaz and M. Krunz, Source-oriented topology aggregation with multiple QoS parameters in hierarchical networks, *ACM Trans. Modeling Comput. Simulation*, vol. **10**, no. 4, pp. 295–325, 2000.

[120] Chen, S. and Nahrstedt, K. (1998) An overview of quality-of-service routing for the next generation high-speed networks: problems and solutions. *IEEE Network*, **12**, 64–79.

[121] Lee, W. (1995) Topology aggregation for hierarchical routing in ATM networks. *ACMSIGCOMM Comput. Commun. Rev*, **25**, 82–92.

[122] L. Guo and I. Matta (1998) On state aggregation for scalable QoS routing, *IEEE Proc. ATM Workshop*, May 1998, pp. 306–314.

第3章　移动性管理

3.1　蜂窝网络

正如在第 1 章中指出的，未来 5G/6G 无线网络的通用模型将由多种服务集成，如蜂窝网络、WLAN、WPAN，甚至是近地轨道(LEO)卫星中的服务。这种无线网络将使用一些可供选择的骨干网，如公共陆地移动网络(PLMN)、移动因特网协议(移动 IP)网络、无线异步传输模式(WATM)网络和 LEO 卫星网络。骨干网很可能是以软件定义网络(SDN)原则组织起来的。无论是哪种网络，在无线通信和计算领域最重要且最具挑战性的问题之一，就是移动性管理[1-62]。移动性管理使得通信网络能够定位呼叫传递的漫游终端，并且在终端移动到一个新服务区的过程中维持连接，这一过程称为切换。切换可能在相同或不同系统的不同部分(蜂窝)之间执行。切换事件是由无线链路劣化引起的，或者由重新安排无线信道以避免拥塞的系统发起。在这一章中，我们主要关注的是第一类切换，此类切换是由于环境的变化或无线终端的移动而造成无线广播质量下降所引起的。例如，移动用户可能在通话过程中穿过当前蜂窝移动到另一个邻近的蜂窝。在这种情况下，通话必须切换到邻近的蜂窝，以向移动用户提供不间断的服务。如果邻近的蜂窝没有足够的信道来支持切换，通话就会被迫中断。在蜂窝尺寸相对较小的系统(微蜂窝系统)中，切换过程对于系统的性能有着重要的影响，其中一个重要的问题是限制强制终止通话的可能性，因为从移动用户的角度来看，强制终止正在进行的通话比阻止一个新的通话更不可取。因此，系统必须为切换通话保留一些信道来减少不成功切换的概率。例如，优先级切换方案就是一种信道分配策略，相比于为新的通话分配信道，这一方案将优先为切换请求分配信道。

因此，移动性管理支持移动终端(MT)，允许用户在漫游时能接收即将到来的通话，同时也能支持正在进行的通话。移动性管理由位置管理和切换管理构成。

位置管理　一个使网络能够发现移动用户当前节点以进行呼叫传递的过程。这一过程的主要组成部分如图 3.1.1 所示。

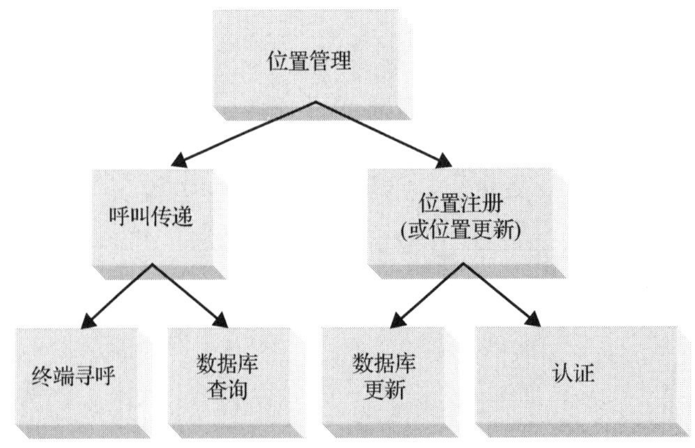

图 3.1.1　位置管理的组成部分

第一个组成部分是位置注册(或者位置更新)。在此阶段，移动终端会定期地通知网络有新的接入点接入，允许网络验证用户的身份，并且修改用户的位置文件。第二个组成部分是呼叫传递。在这一部分中，网络可以查询用户的位置文件及移动主机的当前位置。位置管理中的主要问题涉及数据库架构设计、信息传递过程的设计和信号网络各组成部分之间的信号传输。其他问题包括：安全、动态数据库更新、查询时延、终端寻呼方法和寻呼时延。

切换管理　这使得当移动终端继续移动且改变网络接入点时，网络也能够维持用户的连接。切换分为三个阶段，首先是初始化阶段，即用户、网络代理或变化的网络条件决定了切换的需求。第二个阶段将生成新的连接，其中网络必须为切换连接寻找新的资源并执行额外的路由操作。在网络控制切换(NCHO)或者移动辅助切换(MAHO)中，通过为切换寻找新的资源并执行额外的路由操作，使网络生成新的连接。对于移动控制切换(MCHO)，移动终端在找到新的资源的同时，网络会予以支持。最后一个阶段是数据流控制，从旧的连接路径到新的连接路径的数据传递是根据商定的服务质量来维持的。切换管理的组成部分如图 3.1.2 所示。

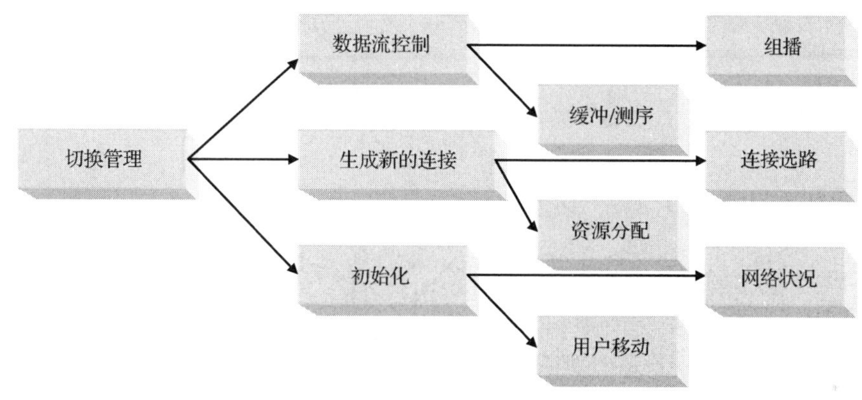

图 3.1.2　切换管理的组成部分

切换管理包含两种情况：蜂窝内切换和蜂窝间切换。当用户在一个服务区(蜂窝)内移动且信号强度衰减到某一阈值以下时，用户的通话将会转接到同一基站中信号强度合适的无线信道中，即发生蜂窝内切换。当用户移动到一个邻近的蜂窝时，终端的所有连接必须转接到新的基站中，即发生蜂窝间切换。在执行切换时，移动终端可能同时连接到多个基站，并使用某种形式的信令分集来组合多方信号，此类切换称为软切换。如果移动终端一次仅与一个基站保持连接，则在建立与目标基站的连接之前或之后，立刻断开与之前基站的连接，上述切换称为硬切换。切换管理中涉及的问题包括：有效便利的数据包处理，最小化网络上的加载信令，优化每个连接路由，有效带宽的重新分配，以及改善无线连接的服务质量。

下面，我们将讨论如图 3.1.1 所示的 5G 集成无线网络概念中一些组件网络的位置管理。

3.1.1　蜂窝网络中的移动性管理

移动终端可以自由移动，因此移动终端的网络接入点随着它在网络覆盖区域内的移动而发生改变。这样一来，移动终端的 ID 不会隐式地提供它的位置信息，这使得呼叫传递过程变得更加复杂。当前系统的 PLMN 位置管理策略要求每个移动终端定期向网络更新其位置。为了进行上述的注册、更新及呼叫传递操作，网络在位置数据库中存储了每个移动终端的位置信息，然后网络可以通过检索信息进行呼叫传递。

PLMN 位置管理的现行方案基于一个两层的数据架构，因此两种类型的网络位置数据库——归属位置寄存器(HLR)和访问者位置寄存器(VLR)都应用于追踪移动终端。通常，每个网络都有一个 HLR，用户与其订阅的网络中的 HLR 永久关联。每个用户的信息，如订阅服务的类型和位置信息都存储在 HLR 的用户文件中。网络中 VLR 的数量和归属位置是各不相同的。每个 VLR 都存储了移动终端访问其关联区域的信息(该信息从 HLR 上下载)。

通过信令网络交换信令消息来实现诸如呼叫处理和位置注册之类的网络管理功能。如文献[34, 38, 63]中描述的那样，7 号信令系统就是用作信令切换的协议，该信令网络就是 7 号信令(SS7)网络。

目前，PLMN 中实现蜂窝站点交换(CSS)的设备称为移动交换中心(MSC)。图 3.1.3 显示了在基于 PLMN 的网络中连接 HLR、VLR 和 MSC 的 SS7 网络。图 3.1.3 中所示的信号传送点(STP)负责路由信令消息。

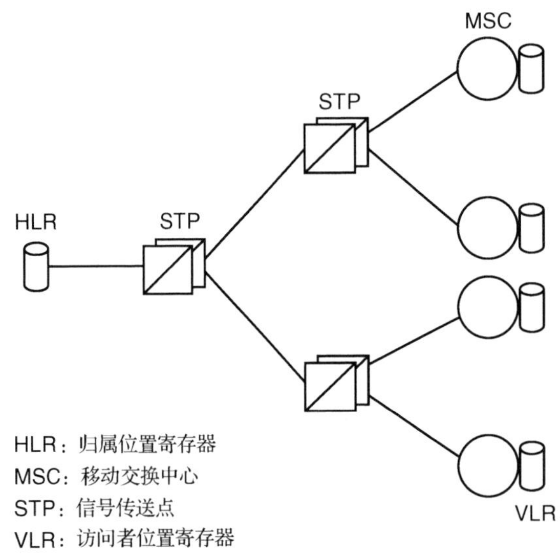

图 3.1.3　7 号信令网络中的位置管理

正如之前提到的那样，位置管理包括两个主要功能：位置注册(更新)和呼叫传递。为了正确传递呼叫，PLMN 必须跟踪每个移动终端的位置。此外，位置信息存储在两种类型的数据库中，即 VLR 和 HLR。当移动终端在网络覆盖区域周围移动时，存储在这些数据库中的数据可能不再准确。为了保证呼叫能够被成功传递，数据库需要通过定期的位置注册来更新位置信息。

位置注册是在移动终端向网络报告其当前位置时被初始化的。这个报告的过程就是位置更新。当前的系统采用这样一种方法，即当移动终端无论何时进入新的位置区域(LA)时都执行位置更新。每个位置区域由很多蜂窝组成，并且通常情况下，所有属于同一位置区域的宽带终端服务系统(BTS)都连接到相同的 MSC。

当一个移动终端进入一个位置区域时，如果新的位置区域与旧的位置区域属于相同的 VLR，那么更新 VLR 中的信息来记录位置区域的 ID。如果新的位置区域属于不同的 VLR，则需要一些额外步骤：(i)在新服务 VLR 上注册移动终端；(ii)更新 HLR 来记录新服务 VLR 的 ID；(iii)注销旧服务 VLR 上的移动终端。图 3.1.4 显示了当移动终端移动到一个新的位置区域时位置注册的步骤。

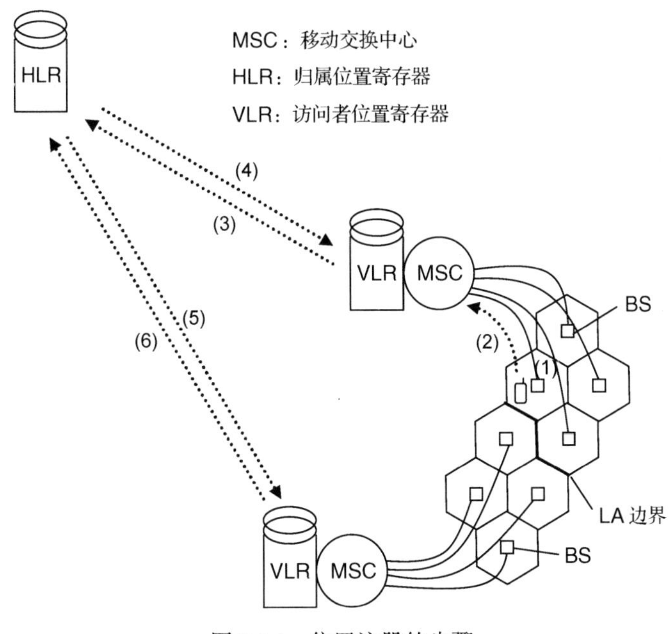

图 3.1.4　位置注册的步骤

1. 移动终端进入一个新的位置区域，向新的基站发送一个位置更新的消息。
2. 基站将位置更新消息转发给 MSC，该 MSC 向其关联的 VLR 发起注册查询。
3. VLR 更新移动终端的位置记录。如果新的位置区域属于不同的 VLR，则新的 VLR 就能从移动终端的移动身份号(MIN)中确定移动终端的 HLR 地址。这是通过称为全局名称转换的查表过程来实现的。然后新的 VLR 向 HLR 发送位置注册消息。否则，直接完成位置注册。
4. HLR 按照要求的步骤来认证移动终端，并且记录移动终端新服务 VLR 的 ID。然后 HLR 向新服务 VLR 发送注册确认的消息。
5. HLR 向旧服务 VLR 发送一个注销的消息。
6. 旧服务 VLR 移除移动终端原先的记录，并且向 HLR 返回一个注销确认的消息。

呼叫传递　由两个主要步骤组成：(i)确定呼叫移动终端的服务 VLR；(ii)定位呼叫移动终端正在访问的蜂窝。定位移动终端的服务 VLR 涉及图 3.1.5 所示的几个步骤。

1. 呼叫移动终端通过一个附近的基站将一个呼叫初始化信号发送给服务 MSC。
2. MSC 通过全局名称转换确定呼叫移动终端的 HLR 地址，并且向 HLR 发送一个位置请求的消息。
3. HLR 确定呼叫移动终端的服务 VLR，并且向 VLR 发送一个路由查询消息。然后此 VLR 再将消息转发给服务移动终端的 MSC。
4. MSC 为移动终端分配一个称为临时本地号码(TLDN)的临时标识符，并向 HLR 发送应答与 TLDN。
5. HLR 将此信息转发给呼叫移动终端的 MSC。
6. 呼叫 MSC 通过 SS7 网络向被叫 MSC 发出建立通话连接的请求。

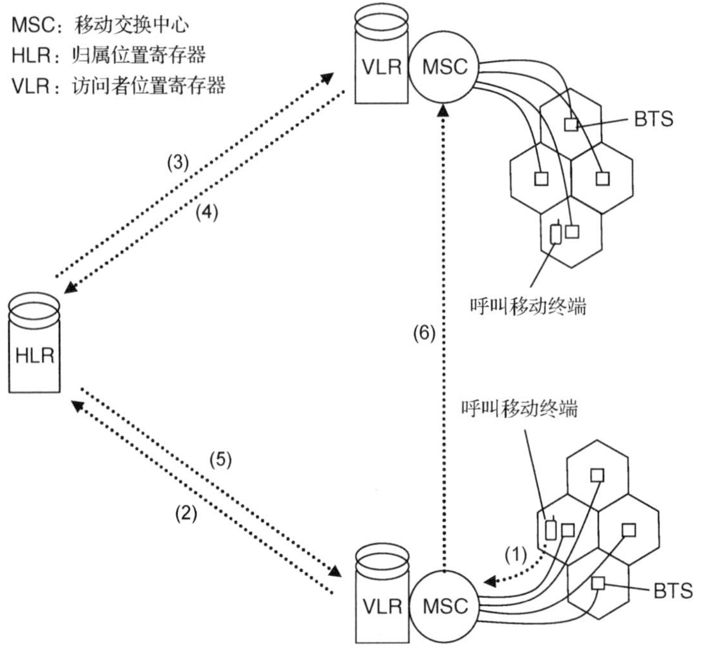

图 3.1.5　呼叫传递的步骤

上述过程可以让网络建立一个从呼叫移动终端到被叫移动终端的服务 MSC 的连接。由于每个 MSC 都与一个位置区域相关联，并且每个位置区域中都有多个蜂窝，因此创建一种机制来确定被叫移动终端所处蜂窝的位置就显得很有必要。在当前的 PLMN 中，上述机制通过寻呼(或提醒)来实现，以便将轮询信号传播到被叫移动终端驻留位置区域内的所有蜂窝。移动终端一旦接收到了该轮询信号，它就会发送一个应答信号，使得 MSC 能够确定移动终端当前驻留的蜂窝。但是随着移动终端数量的增加，如果一有呼叫到达就向位置区域中的所有蜂窝发送轮询信号，那么这将消耗过多的无线带宽。因此，下面我们将介绍一些有效的寻呼机制来降低寻呼的成本。

3.1.2　位置注册和呼叫传递

位置注册涉及当前位置信息可用时更新位置数据库的过程，而呼叫传递涉及查询位置数据库以确定被叫移动终端当前位置的过程。特别是当移动终端远离分配给它的 HLR 时，这些过程的代价较高。例如，如果移动终端当前正在美国漫游而其 HLR 在芬兰，那么当移动终端移动到属于不同 VLR 的新的位置区域时，位置注册消息要从美国发送到芬兰。在相同的情况下，当此移动终端的呼叫是从美国附近的移动终端发起时，呼叫移动终端的 MSC 必须先查询芬兰的 HLR，然后才能发现被叫移动终端与呼叫者是在相同的区域。随着移动用户的数量不断增加，由位置管理产生的信令流量将非常大，因此减少信令流量的方法显得很有必要。

针对这个问题的研究通常分为两类。第一类主要是扩展已有的位置管理策略。此类研究旨在维持基本数据库网络架构不变的同时改善已有的方案。这种解决方案具有易于适应当前网络而无须进行重大修改的优点。这些方案基于从现有标准继承而来的集中式数据库架构。第二类研究完全基于新的数据库架构，需要为位置注册及呼叫传递设定一系列新的方案。在这些方案中，大多数都基于分布式数据库架构。相关的其他研究还包括：反向虚拟呼叫建立——

用于传递移动终端呼叫的新方案[23]，基于源消息与位置更新率比值的最佳路由方案[61]，以及用于多层过程控制系统（PCS）的单一注册策略[33]。接下来，我们将讨论集中式和分布式数据库架构。

集中式数据库架构　该架构由两层数据库结构组成，其中包含一些额外优化，这些优化旨在降低位置管理成本，包含技术间漫游，这是很值得期待的。

动态分层数据库架构　第一个集中式数据库架构是文献[18]提出的动态分层数据库架构。此架构是基于 IS-41 标准的架构，并且架构中还添加了目录寄存器（DR）这一新级别的数据库。每个目录寄存器覆盖多个 MSC 的服务区域。目录寄存器的主要功能是定期计算，并将移动终端中的位置指针配置存储在其服务区域中。每个移动终端都有独特的指针配置，目录寄存器中有三种类型的位置指针：

1. 存储在移动终端服务目录寄存器上的本地指针，它指向移动终端当前的服务 MSC。
2. 存储在远程目录寄存器中的直接远程指针，它指向移动终端当前的服务 MSC。
3. 存储在远程目录寄存器中的间接远程指针，它指向移动终端当前的服务目录寄存器。

此外，移动终端的 HLR 也可以用来存储指向移动终端目录寄存器或服务 MSC 的指针。在某些情况下，不设置任何指针可能成本更低，这样可以使用最初的 IS-41 方案。

例如，如果通信支持技术间漫游，那么假设给定移动终端的 HLR 位于芬兰，并且移动终端目前正在芝加哥漫游。如果该移动终端的大部分呼叫来自洛杉矶，则可以在洛杉矶地区的目录寄存器中为移动终端设置直接或间接远程指针。当从洛杉矶为该移动终端发起下一个呼叫时，呼叫 MSC 首先查询目录寄存器，该呼叫可以立即转接到芝加哥，而不需要查询芬兰的 HLR，这就减少了呼叫传递的信令开销。另一方面，可以设置 HLR 来记录移动终端的服务目录寄存器（而不是服务 MSC）的 ID。当移动终端移动到与伊利诺伊州地区属于同一位置区域内的另一个 MSC 时，仅需更新移动终端服务目录寄存器上的本地指针，同样也没有必要访问芬兰的 HLR，这有助于减少位置注册的信令开销。该方案的优点是可以减少位置注册和呼叫传递的开销。

多副本位置信息策略　我们已经考虑了许多不同的策略来帮助搜索用户位置。用户位置缓存策略[25]的基本思想是通过在附近的信令传送点（STP）中保留位置信息缓存，以此来减少用于定位移动终端的信令量和数据库访问流量。每当通过 STP 访问移动终端时，就会将一个条目添加到缓存中，其中就包含了从移动终端的 ID 到其服务 VLR 的映射。当移动终端启动另一个呼叫时，STP 首先检查是否存在此移动终端的缓存条目。如果缓存条目不存在，则使用之前描述的呼叫传递方案来定位移动终端；如果缓存条目存在，则 STP 将按缓存条目指定的信息来查询 VLR。如果移动终端仍然驻留在相同的 VLR 下，那么移动终端就能被正确定位。如果移动终端已经移动到与缓存条目中的 VLR 无关的另一个位置，则移动终端会被错过而无法找到，但这时仍然使用呼叫传递方案来定位移动终端。

为了降低发生错过情况的可能性，文献[35]建议缓存条目在一段时间间隔之后就失效。基于移动性和呼叫到达参数，文献[35]引入了一种阈值方案，该方案确定了特定缓存位置信息应被清除的时间，从而可减少呼叫传递的成本。

可以在选定的本地数据库中复制用户文档。当向远程移动终端发起呼叫时，网络首先确定被叫移动终端的用户文档的副本是否在本地可用。如果找到了用户文档，则不需要查询 HLR，并且网络可以基于本地数据库中可用的位置信息来定位被叫移动终端。否则，网络会根据标准程序来定位被叫移动终端。当移动终端移动到另一个位置时，网络就会更新移动终端用户文档的所有副本，但这可能会导致用于位置注册的信令开销过大。根据移动终端的移动速度和来自每个位置的呼叫到达率，上述方法可以显著地减少用于本地管理的信令和数据库访问开销。

本地扩展 指针转发和本地锚定是仅对路由远端部分进行修改的策略。指针转发策略[24]的基本思想是，每当移动终端移动到属于不同 VLR 的区域时，它不用向 HLR 报告位置变化，可以通过建立一个从旧 VLR 到新 VLR 的转发指针来消除记录。当向移动终端发起呼叫时，网络首先确定指针链开始处的 VLR，然后再跟随指针指向到达移动终端当前的服务 VLR，以此来定位移动终端。为了最小化移动终端定位过程中的时延，其中指针链的长度被限制为预定义的最大值 K 。图 3.1.6 显示了指针转发策略。上述方案略有修改的地方是本地锚定[19]，其中靠近移动终端的 VLR 被选为其本地锚点。然后将位置更改消息报告给本地锚点，而不是向 HLR 发送注册消息。由于本地锚点靠近移动终端，因此位置注册产生的信令成本得以降低。因为 HLR 中保留了指向本地锚点的指针，所以当来电呼叫到达时，HLR 查询被叫移动终端的本地锚点，紧接着又查询服务 VLR 以获得被叫移动终端的可路由地址。图 3.1.7 显示了本地锚定方案。

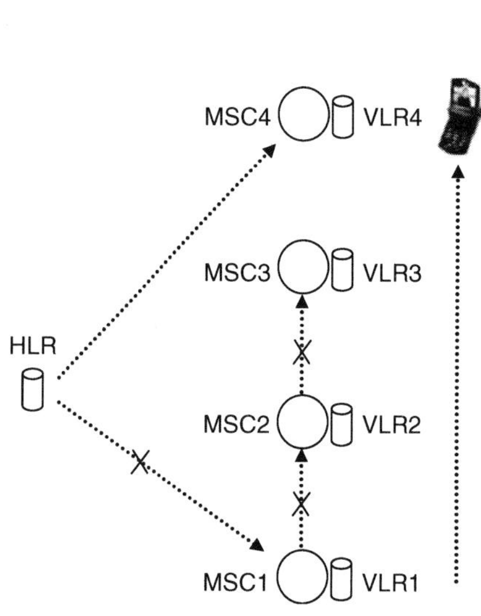

图 3.1.6 指针转发策略

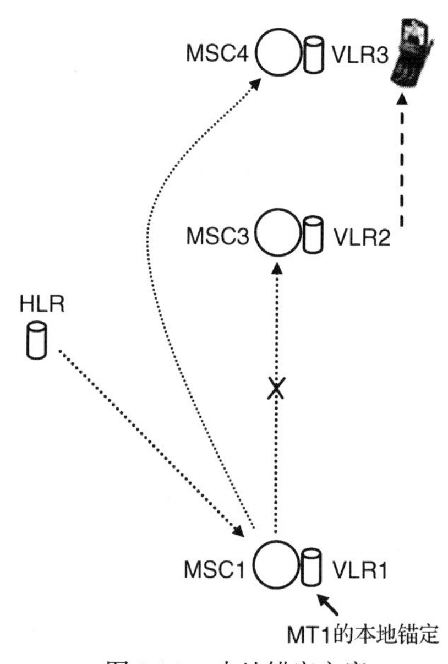

图 3.1.7 本地锚定方案

分布式数据库架构 此类解决方案是多副本概念的进一步扩展，并且由遍布整个网络覆盖区域的多个数据库组成。在完全分布式注册方案(见图 3.1.8)中，两级 HLR/VLR 数据库架构被大量的位置数据库所取代。这些位置数据库被组织成一棵树，其树根位于顶部，树叶位于底部。移动终端与树枝(最低级)位置数据库相关联，每个位置数据库包含驻留在其子树中的移动终端的位置信息。

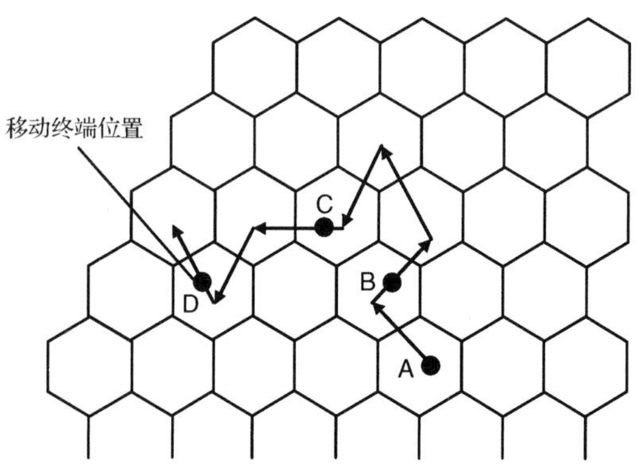

图 3.1.8 基于时间的位置更新方案

文献[10]中介绍的数据库架构类似于完全分布式注册方案[58]。其中移动终端可以位于树状结构的任何节点(不限于叶节点)。树根包含一个数据库，但其他节点不需要安装数据库。这些数据库存储移动终端的指针，如果移动终端位于一个数据库的子树中，则在此数据库中设置一个指针指向到达移动终端路径的下一个数据库。如果沿着该路径没有下一个数据库，则指针指向移动终端的驻留节点。当树上的节点发起对移动终端的呼叫时，可依据移动终端的指针来定位被叫移动终端。

分布式概念的另一种形式是分区。由于移动终端的移动性模式随着位置的变化而变化，分区可以由位置服务器的分组生成。在这样的分组内部，移动终端移动频繁。只有当移动终端进入分区时才执行位置注册。

3.1.3　位置更新和终端寻呼

当前的 PCS 网络将其覆盖区域划分为多个位置区域。每个位置区域由一组蜂窝构成且每个移动终端在进入一个位置区域时执行位置更新。当有来电呼叫时，网络同时寻呼位置区域内的所有蜂窝来定位移动终端。这种位置更新和寻呼方案主要有以下几个缺点。

1. 每次呼叫到达时，网络需要轮询位置区域内的所有蜂窝，这可能会导致过多的无线广播流量。
2. 移动终端的移动性和呼叫到达模式具有多样性，因此选择一个对所有用户均为最佳的位置区域大小是非常困难的。理想的位置更新和寻呼机制应该基于每个用户的位置来进行调整。
3. 最后，位于位置边界周围或在两个位置区域之间频繁来回移动的移动终端可能会执行多次的位置更新。

此外，基于位置区域的位置更新和寻呼方案是一种静态方案，因为它不能根据移动终端的参数不时地进行调整。关于位置更新的讨论可见文献[12, 51]。使用通用超时参数的基于定时器的策略在文献[51]中给出，该文献同时探索了基于蜂窝拓扑的 PCS 网络中移动用户的跟踪策略，并与文献[12]中基于时间的策略进行了比较。对于过度轮询，文献[30]中对单向寻呼网络架构和寻呼网络蜂窝之间的接口进行了考察。在寻呼过程中，当移动终端移动时，附加方案尝试降低查找用户的成本[48, 62]。近期的研究主要集中在基于移动终端的移动性和来电频率的动态位置更新机制。本书后面将对一些动态位置更新和寻呼方案进行讨论。

位置更新　基于位置区域的位置更新方法并不适用于移动终端的移动特性。4G 解决方案允许动态选择位置更新参数，从而降低成本。

动态位置区域管理引入了一种用于计算最佳位置区域大小的方法，给出了相应的位置更新和蜂窝轮询的成本计算方法。本章重点考虑具有方形蜂窝的网状蜂窝结构。每个位置区域由排列成方形的 $k\times k$ 个蜂窝组成，且 k 值根据每一用户的移动性、呼叫到达模式和成本参数进行选择。该机制的效果优于位置区域尺寸固定的静态方案。然而，由于移动终端要求能够识别不断变化的位置区域边界，因此对于不同的移动终端，使用不同大小的位置区域是有难度的。当蜂窝结构为六角形或为情况最糟的不规则图形时，该方案的实施将变得更加困难。

文献[13]中提及了动态更新方案。在基于时间的位置更新方案中，移动终端以恒定的时间间隔 ΔT 周期性地执行位置更新。图 3.1.8 给出了移动终端的路径图。如果位置更新发生在零时刻的位置 A，且移动终端分别在ΔT、$2\Delta T$和$3\Delta T$这样的时刻移动到 B、C、D 这样的位置，那么随后的位置更新将发生在相应的位置上。在动态更新方案中，一旦移动终端完成跨蜂窝边界的预定数量（该数字称为移动阈值）的移动，移动终端就执行位置更新。如图 3.1.9 所示，假设使用 3 个单位的移动阈值，则移动终端将在位置 B 和 C 处执行位置更新。在基于距离的位置更新方案中，当移动终端与执行最后位置更新的蜂窝的距离超过预定义值（该距离称为阈值距离）时，移动终端就会执行位置更新，如图 3.1.10 所示。图 3.1.10 和图 3.1.8 的路径相同，位置更新发生在位置 B 处，该处移动终端与位置 A 的距离超过了阈值距离（实线）。

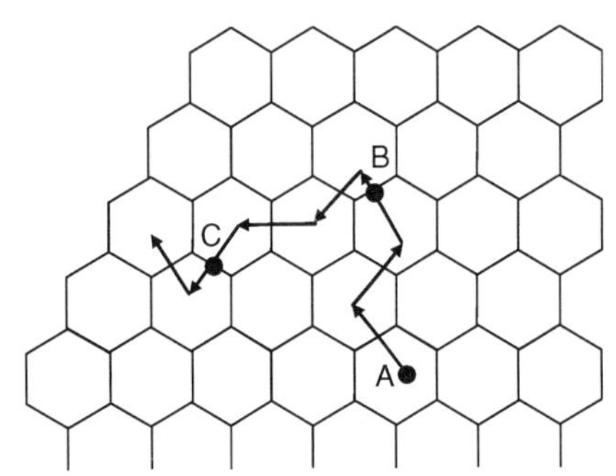

图 3.1.9　基于移动的位置更新方案

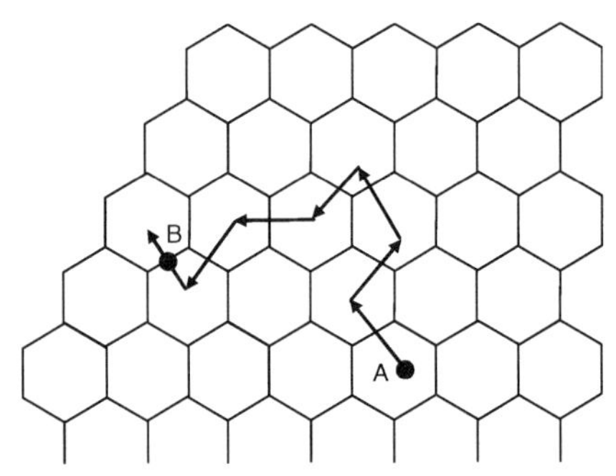

图 3.1.10　基于距离的位置更新方案

迭代的基于距离的位置更新方案引入了可以产生最低成本、最优阈值距离的迭代算法。当一个来电呼入时，各蜂窝首先按最短距离划分，使得最接近最后位置更新的蜂窝最先被轮询。因此，定位移动终端的时延与上一次位置更新后的距离成正比。结果表明，基于移动性和呼叫到达参数的最优移动阈值的波动范围很大。这表明位置更新方案应当是基于每个用户的，并且需根据用户的当前移动性和呼叫到达模式进行动态调整。然而，该算法收敛所需的迭代次数随着移动性和考虑的呼叫到达参数的变化而变化。确定最佳阈值距离可能需要移动终端上的大量计算资源。

文献[8]中引入了基于时间的动态位置更新方案。它采用基于呼叫间隔时间的概率分布，在每次移动之后确定位置更新的时间间隔。该方案没有对移动终端的移动模式做出任何具体假设，并且使用如上所述的最短距离第一寻呼方案。所获得的实验结果接近文献[20]中给出的最佳结果。该方案所需的计算量很低，因此在具有有限计算能力的移动终端中是可行的。定位一个移动终端所需的时间与自最近一次位置更新以来所移动的距离成正比。

终端寻呼优化权衡了寻呼成本和寻呼时延。受时延限制的寻呼的相关内容可参见文献[52]。作者假设网络覆盖区域被划分为多个位置区域，并且给出了一个移动终端驻留在一个位置区域中的概率。该文献中阐明了当寻呼时延不受约束时，以包含移动终端概率的降序顺序来搜索位置区域，可以使得轮询成本最小。对于有约束时延的寻呼，作者得到了具有最小轮询成本的最佳轮询序列。然而，作者假设用户位置的概率分布已知，且这种概率分布可能取决于用户，所以为了能应用这种寻呼方案，需要一种便于导出该概率分布的位置更新和寻呼方案。但是，文献[52]中并没有考虑位置更新和寻呼的成本权衡。

文献[20]中考虑了时延约束的位置更新和寻呼，作者同时也考虑了基于距离的位置更新方案。然而，寻呼时延受到限制，使得定位移动终端所需的时间小于或等于预定义的最大值。当来电呼入时，移动终端的驻留区域被划分成多个子区域，并对这些子区域按顺序轮询以定位移动终端。通过将轮询区域的数量限制为给定值(例如 N)，定位移动终端所需的时间将小于或等于 N 个轮询操作所需的时间。给定移动性和呼叫到达参数、阈值距离和最大时延，可生成所提出方案预期成本的分析模型，并可使用迭代算法来定位基于最低成本的最佳阈值距离。可以发现，当最大时延无约束时，成本最低。然而，从最小值 1 开始，逐步增加最大时延，成本会随之明显下降。文献[7]给出了另一种基于运动的位置更新方案，它类似于文献[20]，其中寻呼时延存在一个最大值。基于运动的位置更新方案具有易于实现的优点，移动终端无须知道网络的蜂窝配置。文献[7]的方案可用于当前的 PLMN 网络。

其余的开放性问题可总结如下。

1. 相关的研究工作应考虑制定用于限制或增强每个用户的位置信息分布的动态方案。
2. 当前的研究工作应致力于在集中式数据库架构和分布式数据库架构之间达到一定的平衡。
3. 未来的研究应着重于设计易于实现的动态位置更新和寻呼方案。

文献[43, 44]中描述了因特网终端移动性的现行标准。移动 IP 的移动性能协议允许终端在发送数据包时能够从一个子网移动到另一个子网，并且此过程不会中断。移动节点(MN)可以是主机或路由器，它能将其附接点从一个子网转移到另一个子网而不改变其 IP 地址。移动节点是通过本地代理(HA)或外地代理(FA)来访问因特网的。本地代理是移动节点本地网络上的因特网路由器，而外地代理是被访问网络上的路由器。处于连接另一端的节点称为对端节点(CN)。一个简单的移动 IP 架构如图 3.1.11 所示。图中，对端节点通过移动节点的本地代理和外地代理向移动节点发送数据包。(需要注意的是，应当使用移动节点而不是移动终端来遵循移动 IP)。例如，移动 IP 允许移动节点在不使用数据库的情况下将其当前的可达性信息传递给它们的本地代理[42]。因此，移动 IP 为定位和切换管理定义了新的含义。

1. 发现：当移动节点从一个地点移动到另一个地点时，如何找到新的因特网附接点。
2. 注册：移动节点如何通过本地代理(本地网络上的因特网路由器)注册。
3. 路由和隧道传递：远离本地时移动节点如何接收数据包[43]。

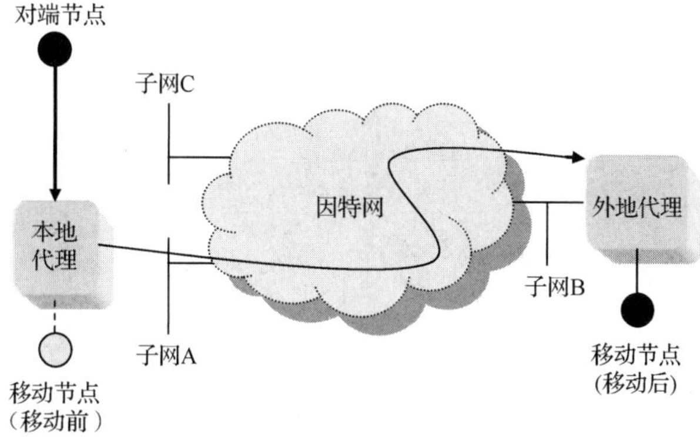

图 3.1.11　移动 IP 架构

注册操作包括移动代理发现、移动检测、地址保护和绑定更新，而切换操作则包括路由和隧道传递。图 3.1.12 阐明了移动 IP 的位置管理操作，以及与图 3.1.1 中针对 PLMN 描述的操作之间的相似关系。

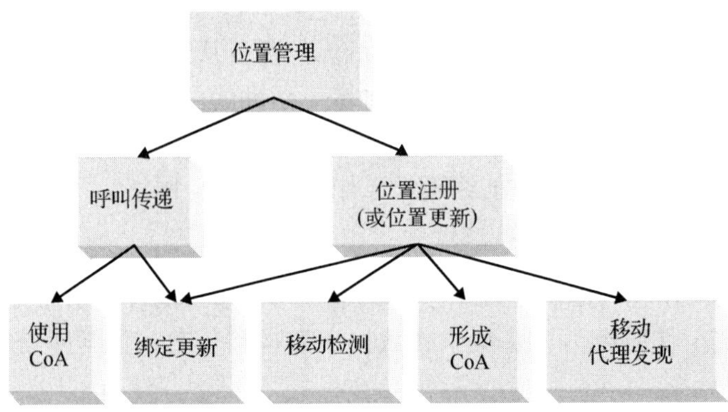

图 3.1.12　移动 IP 的位置管理操作

位置注册　当访问远离本地的任何网络时，每个移动节点都必须具有一个本地代理。移动节点向其本地代理进行注册，以便跟踪移动节点的当前 IP 地址。每个移动节点有两个 IP 地址，一个用于定位，另一个用于识别。在标准术语中，在访问外部链路时，与移动节点相关的新 IP 地址称为转交地址(CoA)。当前转交地址和移动节点的归属地址之间的关联由移动绑定来维护，以移动节点为目的地的数据包可以使用当前的转交地址进行路由，而无须考虑移动节点在因特网上当前的附接点。每个绑定的移动节点在注册期间确定了生命周期，在生命周期结束之后将删除该注册。期间移动节点必须重新注册，以便能继续使用该转交地址。

根据其附加的方案，移动节点将位置注册消息直接发送给本地代理，或者通过外地代理将注册消息发送给本地代理。如图 3.1.13 所示，无论何时，移动节点都是基于 IPv4 来交换注册请求和注册应答消息的。

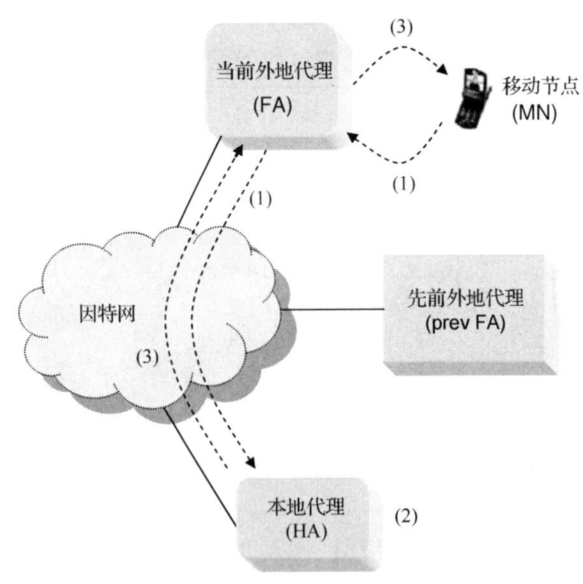

图 3.1.13　移动 IP 位置注册

1. 通过使用注册请求消息(该请求可以由当前外地代理中继到本地代理)，移动节点向本地代理提交注册。
2. 本地代理为移动节点创建或者修改一个具有新的生命周期的移动绑定。
3. 适当的移动代理(本地代理或外地代理)可反馈注册应答消息。注册应答消息包含了必要的信息，以通知移动节点有关其请求的状态，并提供本地代理授予的生命周期[43]。

IPv6 中的修改　在 IPv6 中，图 3.1.13 中的外地代理不复存在。服务实体由先前外地代理转变为 AP。

移动检测　对于其他骨干网，用户的移动轨迹由它到新的位置区域时所执行的更新来确定。由于移动 IP 不使用位置区域来周期性地更新网络，因此本章使用了一种新方法来确定移动节点在更改其网络 AP 后是否已移动到新的子网。移动代理通过发送代理公告消息而使其本身能够被发现。移动 IPv6 的主要动态检测方法是使用 IPv6 邻居发现功能。有两种机制用于检测移动节点从一个子网移动到另一个子网，分别是发布生命周期和网络前缀。

发布生命周期　指使用代理公告的因特网控制消息协议(ICMP)路由器主体内的生命周期。移动节点记录从任何广播代理接收的生命周期信息，直到生命周期结束。如果移动节点没有保持与其外地代理的联系，则移动节点必须尝试寻找一个新的代理[42]。

网络前缀　第二种机制是使用网络前缀，它是指由一些 IP 地址的初始位组成的用于检测移动的一组位串。在某些情况下，移动节点可以确定在它当前转交地址的同一子网上是否能接收到新的代理公告。如果前缀不同，则可假设移动节点已经转移。如果移动节点当前正在使用外地代理的转交地址，则此方法不可行。

在发现移动节点位于外部网络之后，可以从新路由器发布的前缀获取新网络的转交地址，并执行位置更新过程。使用数据库存储和检索功能对 PLMN 进行注册。在移动 IP 中，移动节点的注册消息在本地代理处创建或修改移动绑定，并将其归属地址与新的转交地址相关联，用于指定的绑定生命周期。相关步骤如下(参见图 3.1.14)。

1. 通过发送一个绑定更新，移动节点向其本地代理注册新的交换地址。
2. 移动节点告知对端节点其当前的绑定信息。
3. 如果允许绑定更新过期执行，则对端节点和本地代理向移动节点发送绑定请求以获得其当前绑定信息。

移动节点使用其新的绑定来响应绑定请求。在收到新的转交地址后，通信节点和外地代理向移动节点发送绑定确认信息。一旦注册过程完成，呼叫传递将通过新的转交地址到达移动节点。无线网络接口可允许同时在多条链路上访问移动节点[即在多条(大于等于 2)单独链路的路由器的无线发射机范围内]。这种共存无线网络的建立对于平滑切换是非常有帮助的。

切换管理　IPv4 中的当前路由优化方案允许先前外地代理(或其他代理)为其维护先前移动访问者的绑定，并为每个移动访问者显示当前转交地址。如图 3.1.15 所示，当数据包被发送到旧的转交地址时，先前外地代理可以将数据包转发到移动节点的当前转交地址。因此，移动节点能够在其旧的转交地址上接收数据包，同时也能在新链路上用新的转交地址更新其本地代理和对端节点。如图 3.1.16 所示，如果先前外地代理没有新的绑定(绑定生命周期已过)，则先前外地代理将数据包转发到移动节点的本地代理，该移动节点在其最后一次位置注册更新时向转交地址发送数据包。如果本地代理的绑定仍然指向先前外地代理，那么有可能造成额外的流量负担。或者说，先前外地代理可以调用转发数据包的专用隧道，同时也告知本地代理需要进行特殊的处理。

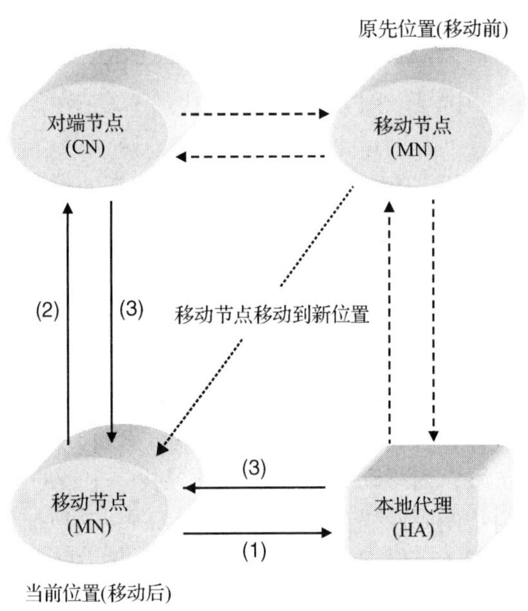

图 3.1.14　移动 IP 位置管理操作

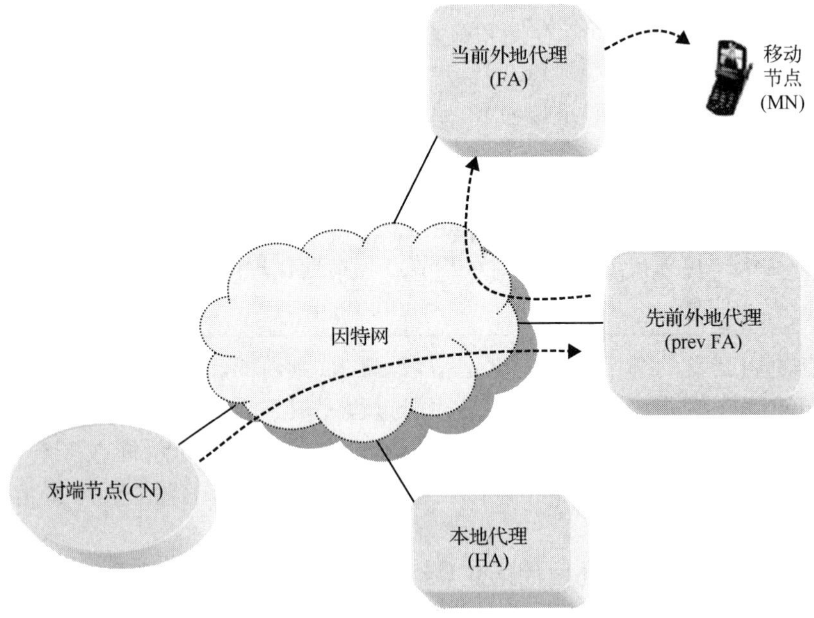

图 3.1.15　先前外地代理上新绑定的移动 IP 平滑切换

当使用专用隧道时，发送到本地代理的数据包将外地代理的转交地址作为源 IP 地址，我们对这些数据包进行封装。在接收到新的封装数据包后，本地代理会将源 IP 地址与移动节点的最新转交地址进行比较。因此，如果两个地址相匹配，则数据包不会返回到外地代理。然而，如图 3.1.16 所示[43]，如果地址不匹配，则本地代理可以对数据包进行去封装操作并将其转发到移动节点的当前转交地址。在 IPv6 中，平滑切换过程基于路由器(IPv6 节点)而不是外地代理。

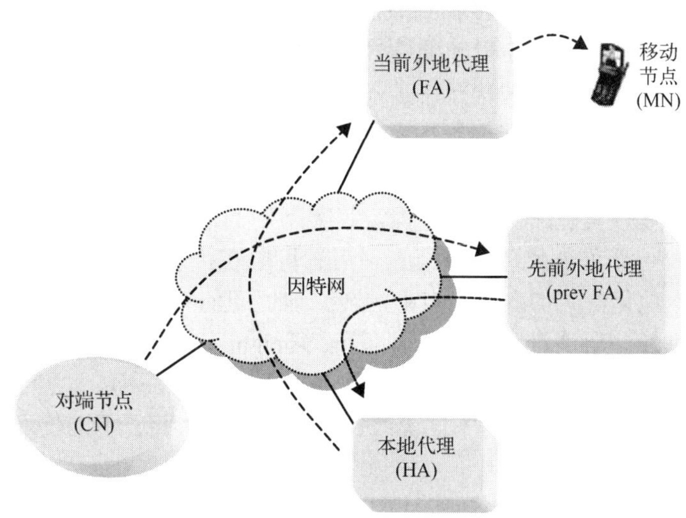

图 3.1.16　先前外地代理上没有新绑定的移动 IP 平滑切换

通过本地代理，移动节点的数据包路由过程通常会导致它经过的路径明显长于最优路径。移动 IP 使用隧道技术进行路由优化，例如前面所提到的用于平滑切换的专用隧道，以最小化无效路径的应用。例如，我们将数据包连接到转交地址时，移动节点的本地地址有效地屏蔽了其本地网络与当前位置之间的路由器。一旦数据包到达代理端，原始数据包就会被恢复并传送给移动节点。目前，路由优化和隧道建立有两种协议：移动 IP 路由优化协议[64]和隧道建立协议[65]。

路由优化的基本思想是扩展原本的移动 IP，以支持更好的路由，使得数据包可以从对端节点传送到移动节点，而不必先到达本地代理[64]。这些扩展的协议使得节点能够缓存一个移动节点的绑定，然后数据包会绕过移动节点的外地代理，直接到达该绑定中指明的转交地址。此外，扩展的协议允许一些数据包直接转发到移动节点的新转交地址，例如当移动节点移动时仍处于传送中的数据包，以及超出数据缓存绑定而发送的数据包。

在隧道建立协议中，修改移动 IP 以便于它能够在任意节点之间实现[65]。在建立隧道时，封装代理(本地代理)根据一组参数将 PDU 发送到隧道端点(外地代理)。创建或更新隧道参数的过程称为隧道建立。通常，创建的参数包括移动节点的网络地址。为了使用隧道建立协议传输 PDU，本地代理必须为移动节点确定适当的隧道端点(外地代理)。这可以通过查询移动节点 IP 地址的索引表来完成。每张表的条目包含相应隧道端点的地址及其他必需的隧道参数。接收到数据后，外地代理可以利用任何一种方法来发送封装的 PDU，从而使其可以由移动节点接收。如果移动节点驻留在特定的外地代理上，则不需要进一步的网络操作。

未来网络将不得不面临一些问题，其中安全性是最重要的问题之一。如 PLMN 中所提到的那样，随着移动节点的地址与一个永久 AP 之间失去联系，移动台的认证变得更加复杂。这使得为了接受服务而模拟移动节点特性的可能性更大。因此，为了监控终端运行，必须执行与注册和更新程序相关的安全措施，特别是保护转交地址和外地代理[43]。文献[66]中可以找到有关移动节点、本地代理和外地代理的一些认证方案。

另一个问题是同步绑定。由于移动代理可以一次维护多个转交地址，因此本地代理必须准备好将数据包通过隧道传输到多个端点。因此，指示本地代理向每个转交地址发送重复的封装数据包。移动节点从转交地址接收到数据后，它可以调用一些进程来删除重复的数据。如果需要，也可以保留重复的数据以辅助信号重建。

此外，还应考虑区域化注册的选择，其极端情况是 BIONET 概念。目前，已经将三个主要概念确定为限制位置更新和注册成本的潜在方法。首先，需要一种可用的能管理移动节点的本地连接方案，该方案也要能管理将要被传送的数据包缓存。利用这种方案，网络可以从平滑切换中获益，而无须实施路由优化过程。其次，为了允许移动节点使用组播 IP 地址作为其转交地址，还需要一个外地代理组播组。最后，可以在代理广播中使用一种外地代理分层结构，以便将注册本地化到附加的两节点上的转交地址的公共外地代理。为了实现这种方案，移动节点必须确定其新注册消息所需要的树高（tree-height），然后安排该消息的传输以达到其新的和先前的转交地址自身与最低共同源头（lowest common ancestor）之间的每一个层级[44]。

第 1 章已经讨论过，5G 网络是不同无线网络的集成。因此，不同技术之间的漫游是 5G 网络的核心问题。

无线 ATM 中的移动性管理，解决了从广泛可用的资源（有线信道）的 ATM 蜂窝到有限且相对不可靠资源（无线信道）的蜂窝的传输问题。因此，诸如时延、消息传递、连接路由和服务质量[67]等问题都将成为讨论的焦点。ATM 论坛（WATM 工作组）正在开发有关定位和切换管理的基本机制与协议扩展来应对上述问题。该论坛规定，新程序必须与现行的 ATM 标准相兼容，以便能够相对简便而有效地实施[45]。因此，许多程序也兼容 PCS、卫星及一些移动 IP 概念。在本节中，我们将讨论位置管理、终端寻呼和切换的相关解决方案。

图 3.1.17 概括了 4G 网络中所考虑的选项。WATM 的协议建议使用三种技术实现位置管理，即定位服务器、定位公告和终端寻呼。

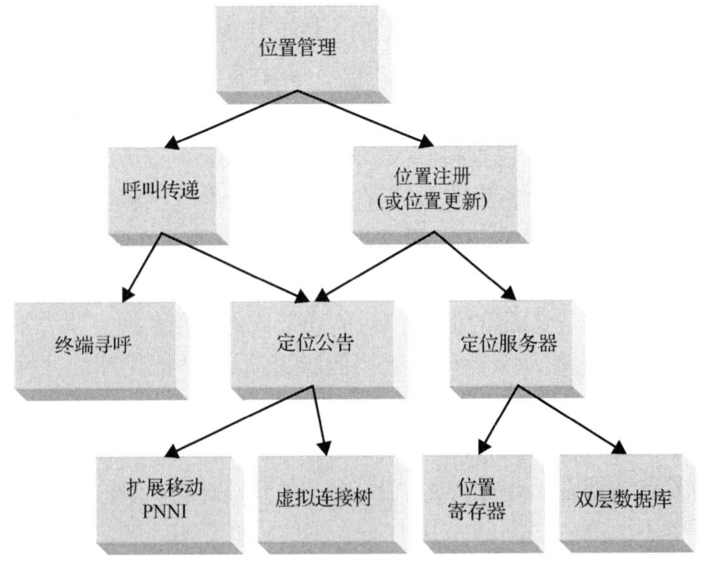

图 3.1.17　ATM 位置管理技术

定位服务器是指使用数据库来维护网络中移动终端的连接点记录。如前文所述，存储和检索的过程可能产生过多的信令与查询操作。而定位公告并不使用数据库，而是通过广播消息传输在整个网络中传递定位信息。如前文所述，我们也可以采用终端寻呼来定位其连接点服务区内的移动终端。

定位服务器技术是基于定位服务器(数据库)的，该定位服务器用于存储和检索移动设备当前的位置记录。这些服务器需要进行查询操作，以及需要用于存储和检索的信令协议。WATM 服务器协议采用 PLMN 骨干网中基于 IS-41/GSM 的技术。其中的第一种方法需要熟练使用 HLR/VLR 数据库结构；而第二种方法，即采用位置寄存器(LR)，则需使用数据库的层次结构。

如图 3.1.18 所示，双层数据库使用分布到整个网络区域的上下两层数据库。区域(zone)类似于位置区域(LA)，由区域管理员维护。区域管理员类似于移动业务控制点(MSCP)，控制区域的位置更新过程。区域数据库的本地层(HLR 层)存储该区域内永久注册的移动终端的位置信息，而区域数据库的第二层(VLR 层)存储正在访问区域的移动终端的位置信息。每个移动终端都有一个本地区域，即它被永久注册的区域。

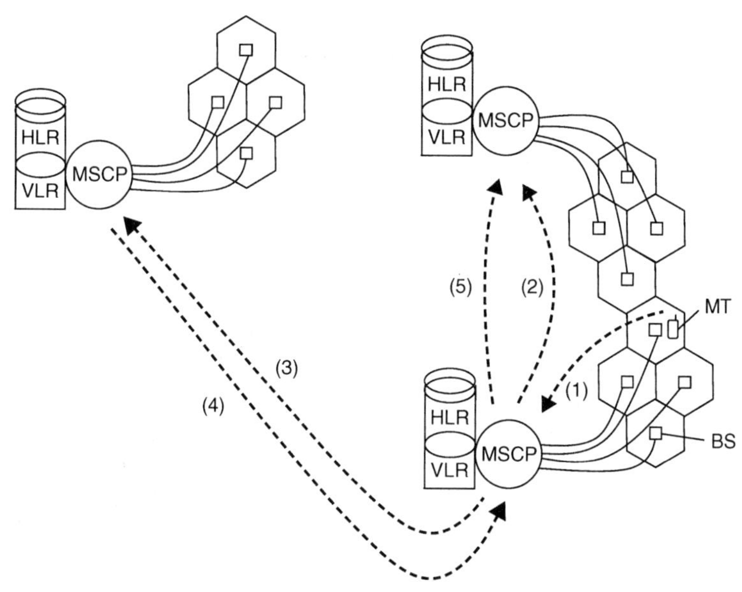

图 3.1.18　双层数据库方案

一旦进入新的区域，移动终端就检测来自基站广播的新的区域标识。注册步骤如图 3.1.18 所示，具体如下所示。

1. 移动终端向包含其用户标识号(UID)、认证数据和先前区域的身份的新 MSCP 发送注册请求消息。
2. 当前 MSCP 从前一个区域中确定移动终端的本地区域。
3. 当前和本地 MSCP 认证用户使用新的位置信息更新本地用户的配置文件。
4. 本地区域将配置文件副本发送到当前区域，该区域将配置文件存储在其数据库的 VLR 层中。
5. 当前 MSCP 向先前区域发送清除消息，以便从先前区域的 VLR 层中删除该用户的配置文件。

首先，通过将呼叫路由到最后一个已知的区域来实现呼叫传递。如果移动终端已经转移并已被清除，则呼叫立即转发到本地区域。本地区域的 HLR 将请求查询移动终端的当前位置，并将其转发回呼叫交换机。呼叫交换机随后可以建立到移动终端当前服务交换机的连接。

双层数据库方案的优点在于它保持较少的查询数量，每次呼入最多只需要两个数据库查找操作就能找到移动终端。但是，如果移动终端长时间进行多次本地化移动，使用集中 HLR 可能会引起信令流量的增加和不必要的连接建立时延。更加本地化的方法则可以减少对长距离查询的需要，从而减少连接建立的时延。

文献[56]中描述的基于 LR 层次结构的方案如图 3.1.19 所示，通过一个分层的专用网络将定位服务器分布到网络接口(PNNI)架构中。PNNI 处理过程是基于对等群(peer group)层次结构的，其中每个对等群由 ATM 交换机的集合组成。每个交换机可以连接到其对等群内的其他交换机。这里有一种特殊的交换机，即对等群领导者，它可与“父”对等群中较高排名的领导者相连。每个对等群还有自己的数据库或位置寄存器，用于存储由对等群服务的每个移动终端上的位置信息。

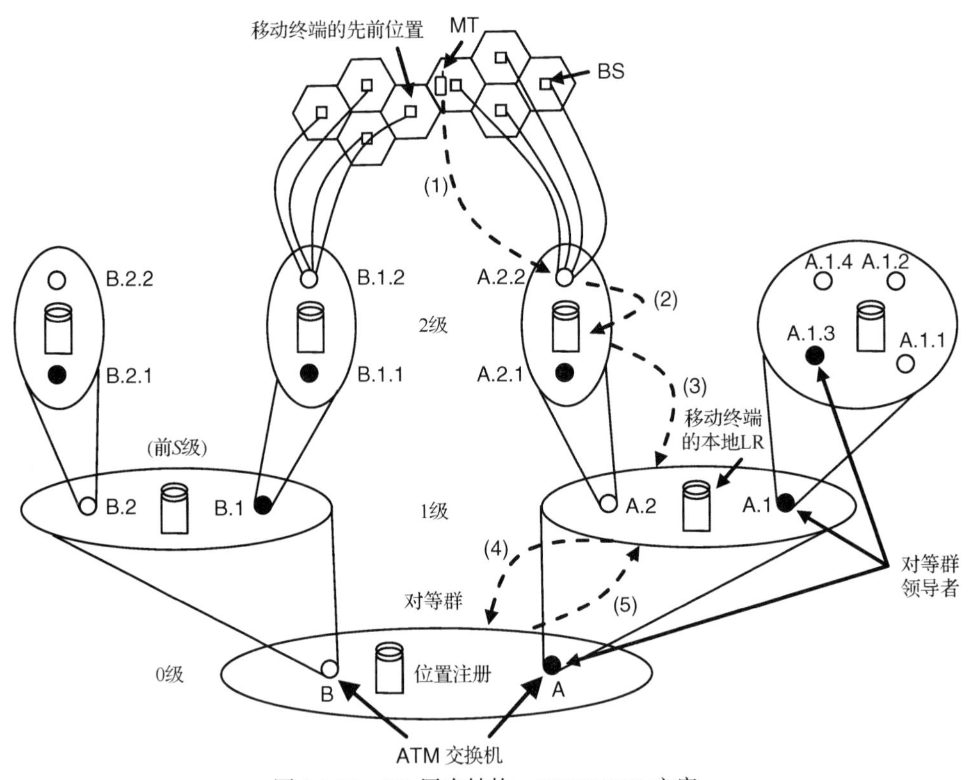

图 3.1.19 LR 层次结构：WATM LR 方案

PNNI 组织允许网络通过选择的路由连接到移动终端，而不需要父节点具有确切的位置信息。只需最低级的对等群记录该确切位置，而且位置寄存器更新的数量对应于移动终端的移动距离。作为示例，图 3.1.19 中说明了位于交换机 A.2.2 处正在建立的移动终端连接。首先，根据最高级边界的对等群和交换机 A 进行路由。然后，对等群 A 将通过所选择的路由连接到其“子”对等群，且级别由 A.*x* 切换到 A.2。最后，通过由 A.2 选择的路由连接到最低级的对等群，再切换到 A.2.2。这解决了与移动终端的连接问题。

因此，对于对等群 A.2 中的移动，可以仅局限于在该对等群位置寄存器内进行位置更新过程。然而，从对等群 B.1 到对等群 A.2 的移动需要在更大范围内进行位置注册，并且需要维护本地位置寄存器，以便将指针存储到移动终端的当前父对等群位置。为了在更大规模移动时将信令限制到最低的必要等级，文献[56]使用了两个范围限制参数 S 和 L 。S 参数表示位置寄存器查询的较高级别的对等群边界，而 L 参数指定最低级别的对等群边界。在图 3.1.19 中，当前 S 级为 1 级，L 级为 2 级。

当移动终端通过向新基站发送注册通知消息来执行位置更新时，该消息被中继到服务交换机，然后服务交换机将移动终端的位置信息存储在对等群的位置寄存器中。当移动终端打开或关闭电源时，该消息将通过中继送到层次结构中，直至到达预设边界 S 。S 级寄存器记录条目，然后将消息通过中继送到移动终端的本地位置寄存器中。从位置 B.1.2 到位置 A.2.2 的移动的注册过程见图 3.1.19，具体如下所示。

1. 移动终端向新的基站/交换机发送注册通知消息。
2. 新的交换机将移动终端存储在对等群的位置寄存器中。
3. 对等群将新的位置信息中继到较高级别的路由器并用于路由，直至到达先前对等群和当前对等群的第一个共同源头。
4. 在这种情况下，前 S 级不是一个共同源头，所以指定一个新的 S 级，并且位置信息在新的 S 级和 0 级上停止传播。
5. 移动终端的本地位置寄存器(位于 A. x)通知移动终端新的 S 级位置。

更新完成后，新交换机将向先前交换机发送清除消息，以便可以从位置寄存器中删除前一个位置。

呼叫传递　一个呼入请求可以通过 S 级位置寄存器路由到最后一个已知的对等群或交换机。如果移动台已发生移动，则最后一个已知的交换机会传播一个位置请求，要求查询上游的位置寄存器，直到移动终端的地址被具有指向移动台当前位置的指针的位置寄存器所识别。然后将该请求发送给该对等群的 L 级位置寄存器，解析查询并将位置信息发送回呼叫交换机。

最后，如果呼叫请求在由位置寄存器识别之前就到达 S 级，则 S 级位置寄存器将位置请求直接转发到本地交换机。由于本地位置寄存器会跟踪其移动设备的 S 级的变化，所以本地交换机可以将请求直接转发到正确的 S 级交换机，其位置寄存器指向移动终端的当前对等群位置。

定位公告技术　尽管位置寄存器的层次结构具有简单性、低计算成本和灵活性等优点，但该方法仍然可能需要大量信令和数据库查询负载。可以使用定位公告来减少此负载。对于 WATM，公告是指当前移动终端位置的相关网络节点的通知。第一种方法是使用移动 PNNI，通过去除位置寄存器及充分利用内部广播机制[56]来使用上述 PNNI 架构。第二种方法是使用目标导向虚拟连接树，即通过配置的虚拟路径来报告位置信息[57]。第三种方法是使用集成位置分辨率，即使用位置信息元素对 ATM 的信令框架进行扩展，从而将集成位置分辨率纳入连接建立过程中[4]。详细内容请见相关文献。

尚未对终端寻呼问题关于 WATM 应用程序进行深入的探索，在这一领域仍需要进一步的研究。

3.1.4　4G 无线网络中的 WATM 切换管理

切换管理控制着维持过程，当移动终端进入不同的服务区域时，维持过程使每个连接都保持在一定等级的服务质量水平[29]。如图 3.1.20 所示，5G 网络中使用的潜在协议可以分为四类：

- 全连接重选路（full connection rerouting）
- 路由扩充
- 部分连接重选路
- 多路广播连接重选路

全连接重选路通过为每次切换建立一个全新的路由来维持连接，就像是一个全新的呼叫[46-69]。路由扩充将原始连接通过跳转的方式简单扩展到移动终端的下一个位置[46-69]。部分连接重选路是重新建立原连接的某部分，并同时保留其余部分[9]。最后的多路广播连接重选路组合了前三种技术，但同时也包括维护潜在的切换连接路由以支持原连接，这减少了寻找切换的新路由所花费的时间[9]。更多细节请见相关文献。

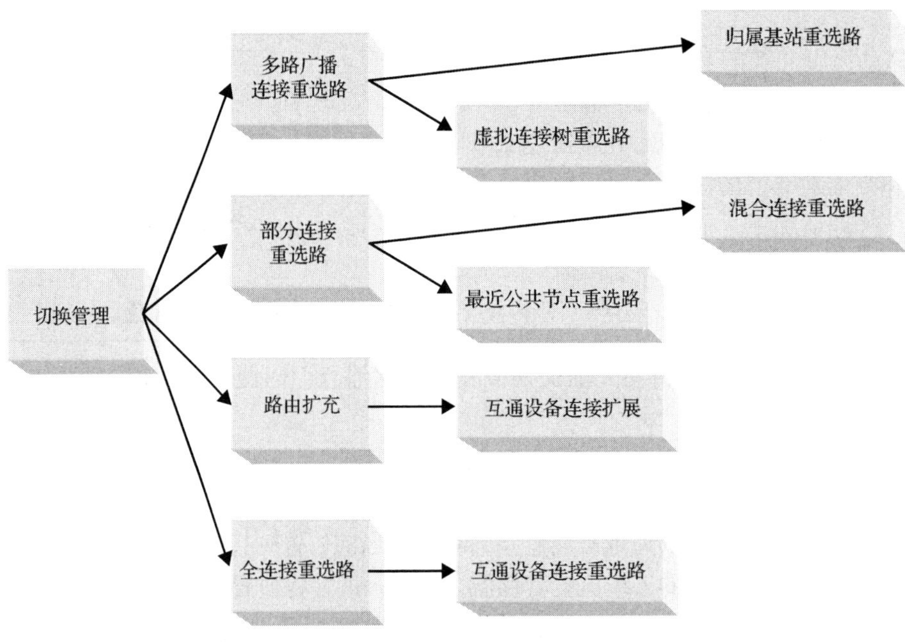

图 3.1.20 WATM 切换管理技术

3.1.5 卫星网络的移动性管理

由于地形崎岖或用户人数不足造成的无线系统经济上不可行的地区，在 5G 综合无线网络中由 LEO 卫星来覆盖。卫星系统还可以与陆地无线网络进行交互，以承担地面无线网络的瞬时流量过载。

LEO 卫星通常处于高于地球表面 500 ~ 1500 km 的位置[70-72]。这种低海拔高度满足了卫星和手持式终端的需求，即较小的端到端时延和低功耗。此外，卫星间链路（ISL）使得我们可以在不使用任何陆地资源的情况下通过卫星网络进行路由连接。但是这同样也伴随着挑战：与地球静止卫星（GEO）相反，LEO 卫星相对于地面的位置是持续变化的。由于移动性，LEO 卫星的覆盖区域并不是静止不变的。如果使用一定数量的轨道和卫星，那么我们就有可能实现任意时刻的全球覆盖。单个卫星的覆盖区域由称为点光束的小尺寸蜂窝组成。不同的点光束使用不同的频率或码率以实现卫星覆盖区域的频率复用。

由于卫星是不断移动的，LEO 卫星在网络环境中的位置管理更具挑战性。其结果是，由

LEO 卫星的快速移动所形成的卫星覆盖区域与位置区域是不相关的。因此，5G 网络需给出用于卫星网络的新位置区域的定义，并解决所有位置管理协议所涉及的信令问题。文献[47]中使用了(网关，波束)对来定义位置区域。然而，点光束的快速移动会导致过度的位置更新信号。文献[73]中仅使用网关来定义位置区域，但此文献中并没有解决寻呼问题。

切换管理确保正在进行的呼叫不会因卫星移动而中断，而是在必要时转移或切换到新的点光束或卫星。如果在由同一颗卫星服务的两个点光束之间进行切换，则该切换可称为卫星内切换。点光束的小尺寸特性导致了频繁的卫星内切换，这也称为射束切换[74]。如果切换发生在两颗卫星之间，则称为卫星间切换。另外还有一种形式的切换是由于网络连接模式的变化而引起的。极地附近的卫星需要关闭与邻近轨道的其他卫星之间的链路，而贯穿这些链路正在进行的呼叫则需要重新选路，这种类型的切换称为链路切换[59, 60]。频繁的链路切换会导致大量的信号流量。同时，在由链路切换所引起的连接重新选路期间，一些正在进行的呼叫将被阻塞。

3.2　具有优先切换功能的蜂窝系统

蜂窝系统中的切换尝试速率取决于蜂窝半径、移动速度及其他系统参数。由于资源有限，部分切换尝试无法成功，某些呼叫在消息完成传递之前就被强制终止。在本节中，我们将通过讨论分析模型来研究这些影响，并探讨性能特征与系统参数之间的关系。为此，需要提出一些关于流量属性的假设。

假设新的呼叫发起率在移动业务区域均匀分布，每单位面积每秒的平均新呼叫发起次数记为 Λ_a。假定移动手机用户的数量非常庞大，因此研究平均呼叫发起率是有实际意义的，且不依赖于呼叫进程次数。假设系统由一个个六边形的蜂窝组成，且将一个蜂窝中心到边界的最大距离定义为半径 R。由蜂窝半径 R 可得每个蜂窝的平均新呼叫发起率 $\Lambda_R = 3\sqrt{3}R^2\Lambda_a / 2$。每个蜂窝的平均切换尝试速率为 Λ_{Rh}。切换尝试速率与新呼叫发起率(每个蜂窝)的比值 $\gamma_0 \triangleq \Lambda_{Rh} / \Lambda_R$。如果新呼叫发起的部分 P_B 被阻止并将其从系统中清除，则新呼叫的平均速率为 $\Lambda_{Rc} = \Lambda_R(1-P_B)$。类似地，如果切换尝试的部分 P_{fh} 失败，则进行切换呼叫的平均速率为 $\Lambda_{Rhc} = \Lambda_{Rh}(1-P_{fh})$。平均携带切换尝试速率与平均携带新呼叫发起率的比值 $\gamma_c \triangleq \Lambda_{Rhc} / \Lambda_{Rc} = \gamma_0(1-P_{fh}) / (1-P_B)$。

蜂窝中的信道保持时间 T_H 定义为信道被某一呼叫占用时刻与完成呼叫或移动设备通过蜂窝边界所释放时刻之间的持续时间。系统参数包括单个蜂窝大小、移动设备的速度、移动方向等。为了研究 T_H 的分布，我们用随机变量 T_M 表示消息持续时间，即不需要切换情况下保持所分配信道的时间。此处，假设随机变量 T_M 遵循指数分布 $f_{T_M}(t) = \mu_M \mathrm{e}^{-\mu_M t}$，其中平均值为 $\bar{T}_M\ (\triangleq 1/\mu_M)$，同时假设一个蜂窝中的速度在间隔 $[0, V_{\max}]$ 上呈均匀分布。

当移动设备通过蜂窝边界时，该模型假设该移动设备的速度和方向均发生改变。移动的方向也被认为是均匀分布的，且与速度无关。更复杂的模型则假设当速度越高时，方向变化就越小。

随机变量 T_n 是移动设备在蜂窝中发起呼叫的时间。移动设备驻留在呼叫切换蜂窝中的时间表示为 T_h。概率密度函数(pdf) $f_{T_n}(t)$ 和 $f_{T_h}(t)$ 将在 3.3 节讨论。

当呼叫在蜂窝中被发起并获得信道时，呼叫将一直保持在该信道上，直到蜂窝中的呼叫完成或者移动设备离开蜂窝时为止。因此，信道保持时间 T_{Hn} 是消息持续时间 T_M 或移动设备驻留在蜂窝中的时间 T_n 的较小值。对于成功执行切换的呼叫，直到该蜂窝内的呼叫完成或者移动设备在呼叫完成之前再次离开该蜂窝时，信道都将保持。

由于指数分布具有无记忆属性，切换后的呼叫的剩余消息持续时间与消息持续时间具有相同的分布。在这种情况下，信道保持时间 T_{Hh} 是蜂窝中的剩余消息持续时间 T_M 或移动设备驻留时间 T_h 中的较小者。随机变量 T_{Hn} 和 T_{Hh} 分别为

$$T_{Hn}=\min(T_M,T_n),\qquad T_{Hh}=\min(T_M,T_h) \tag{3.2.1}$$

T_{Hn} 和 T_{Hh} 的累积分布函数(cdf)可以表示为

$$\begin{aligned}F_{T_{Hn}}(t)&=F_{T_M}(t)+F_{T_n}(t)[1-F_{T_M}(t)]\\F_{T_{Hh}}(t)&=F_{T_M}(t)+F_{T_h}(t)[1-F_{T_M}(t)]\end{aligned} \tag{3.2.2}$$

信道保持时间的累积分布函数可以写成

$$\begin{aligned}F_{T_H}(t)&=\frac{\Lambda_{Rc}}{\Lambda_{Rc}+\Lambda_{Rhc}}F_{T_{Hn}}(t)+\frac{\Lambda_{Rhc}}{\Lambda_{Rc}+\Lambda_{Rhc}}F_{T_{Hh}}(t)\\&=\frac{1}{1+\gamma_c}F_{T_{Hn}}(t)+\frac{\gamma_c}{1+\gamma_c}F_{T_{Hh}}(t)\\&=F_{T_M}(t)+\frac{1}{1+\gamma_c}[1-F_{T_M}(t)][F_{T_n}(t)+\gamma_cF_{T_h}(t)]\end{aligned} \tag{3.2.3}$$

由初始定义，

$$F_{T_H}(t)=\begin{cases}1-\mathrm{e}^{-\mu_M t}+\dfrac{\mathrm{e}^{-\mu_M t}}{1+\gamma_c}[F_{T_n}(t)+\gamma_cF_{T_h}(t)], & t\geqslant 0\\0, & 其他\end{cases} \tag{3.2.4}$$

互补分布函数 ${F^C}_{T_H}(t)$ 为

$$\begin{aligned}{F^C}_{T_H}(t)&=1-F_{T_H}(t)=F_{T_H}(t)\\&=\begin{cases}1-\mathrm{e}^{-\mu_M t}-\dfrac{\mathrm{e}^{-\mu_M t}}{1+\gamma_c}[F_{T_n}(t)+\gamma_cF_{T_h}(t)], & t\geqslant 0\\0, & 其他\end{cases}\end{aligned} \tag{3.2.5}$$

我们得出 T_H 的概率密度函数为

$$f_{T_H}(t)=\mu_M\mathrm{e}^{-\mu_M t}+\frac{\mathrm{e}^{-\mu_M t}}{1+\gamma_c}[f_{T_n}(t)+\gamma_c f_{T_h}(t)]-\frac{\mu_M\mathrm{e}^{-\mu_M t}}{1+\gamma_c}[F_{T_n}(t)+\gamma_cF_{T_h}(t)] \tag{3.2.6}$$

为了简化分析，T_H 的分布在文献[75, 76]中近似为具有均值 $\overline{T}_H\ (\triangleq 1/\mu_H)$ 的负指数分布。从负指数分布函数族中，选择最适合 T_H 分布的函数，通过比较 ${F^C}_{T_H}(t)$ 和 $\mathrm{e}^{-\mu_H t}$ 后可将函数定义为

$$\mu_H\Rightarrow\min_{\mu_H}\int_0^\infty\left[{F^C}_{T_H}(t)-\mathrm{e}^{-\mu_H t}\right]\mathrm{d}t \tag{3.2.7}$$

由于负指数分布函数由其均值确定，因此选择满足上述条件的 $\overline{T}_H\,(\triangleq 1/\mu_H)$。该近似值的“拟合优度”为

$$G=\frac{\int_0^{\infty}\left|F^C{}_{T_H}(t)-\mathrm{e}^{-\mu_H t}\right|\mathrm{d}t}{2\int_0^{\infty}F^C{}_{T_H}(t)\mathrm{d}t} \tag{3.2.8}$$

在后续内容中将使用以下定义。

1. 由于部分信道的不可用性，新呼叫不能进入服务的概率称为阻止概率 P_B。
2. 呼叫最终被强制终止（虽然未被阻止）的概率为 P_F，用于表示虽未被阻止但最终仍未完成的新呼叫的平均数。
3. P_{fh} 是给定切换尝试失败的概率，用于表示不成功的切换尝试的平均数。
4. 因为移动设备越过蜂窝边界，未被阻止的新呼叫需要在呼叫完成之前至少进行一次切换的概率为 P_N，其表达式为

$$P_N=\Pr\{T_M>T_n\}=\int_0^{\infty}[1-F_{T_M}(t)]f_{T_n}(t)\mathrm{d}t=\int_0^{\infty}\mathrm{e}^{-\mu_M t}f_{T_n}(t)\mathrm{d}t \tag{3.2.9}$$

5. 需要在呼叫完成之前进行另一次切换且已经成功切换的呼叫的概率为 P_H，其表达式为

$$P_H=\Pr\{T_M>T_h\}=\int_0^{\infty}[1-F_{T_M}(t)]f_{T_h}(t)\mathrm{d}t=\int_0^{\infty}\mathrm{e}^{-\mu_M t}f_{T_h}(t)\mathrm{d}t \tag{3.2.10}$$

用整数随机变量 K 表示在其生命周期内成功切换非阻塞呼叫的次数。由于整个服务区域远远大于蜂窝的规模，因此在呼叫期间某个移动到服务区域之外的移动设备将被忽略。当发生以下情况时，非阻塞呼叫将具有 K 次成功的切换：

1. 在起始蜂窝中没有完成呼叫。
2. 成功地进行了第一次切换尝试。
3. 请求并成功地进行了 $k-1$ 次额外的切换。
4. 在请求下一次切换之前完成切换，或者在第 $k+1$ 次切换尝试中未完成切换，因而第 $k+1$ 次切换失败。

因此，可给出 K 的概率函数为

$$\begin{aligned}&\Pr\{K=0\}=(1-P_N)+P_N P_{fh}\\&\Pr\{K=k\}=P_N\left(1-P_{fh}\right)\left(1-P_H+P_H P_{fh}\right)\left\{P_H\left(1-P_{fh}\right)\right\}^{k-1},\ k=1,2,\cdots\end{aligned} \tag{3.2.11}$$

K 的均值为

$$\bar{K}=\sum_{k=0}^{\infty}k\Pr\{K=k\}=\frac{P_N\left(1-P_{fh}\right)}{1-P_H\left(1-P_{fh}\right)} \tag{3.2.12}$$

如果整个服务区域具有 M 个蜂窝，则不被阻塞的总平均新呼叫尝试速率为 $M\Lambda_{Rc}$，总平均切换呼叫尝试速率为 $\bar{K}M\Lambda_{Rc}$。如果这些流量在各个蜂窝之间平均分配，则有 $\gamma_c=(\bar{K}M\Lambda_{Rc})/(M\Lambda_{Rc})\equiv\bar{K}$。

信道分配优先级方案　通过优先级（关于信道）切换尝试（通过新的呼叫尝试），可以降低强制终止的概率。在本节中描述了两种优先级方案，并导出了 P_B 和 P_{fh} 的表达式。分配给蜂窝的信道的一个子集将专门用于这两种优先级方案中的切换呼叫。在第一种优先级方案中，如

果目标蜂窝(信道预留— CR 切换)中没有信道立即可用，则切换呼叫被终止。在第二种优先级方案中，切换呼叫尝试保持在队列中，直到有信道可用，或者接收到的信号功率电平低于接收机阈值电平(具有队列的信道预留— CRQ 切换)。

信道预留— CR 切换 在蜂窝的 C 个信道中，利用专门分配用于切换呼叫的 C_h 个信道来优先进行切换尝试。剩余的 $C-C_h$ 个信道由新呼叫和切换呼叫共享。当呼叫发起时，如果蜂窝中可用信道的数量小于或等于 C_h，则新的呼叫被阻止。若目标蜂窝中没有可用信道，越区切换尝试则无法成功。假设新的切换呼叫尝试是根据泊松过程生成的，其中每个蜂窝的平均速率分别为 Λ_R 和 Λ_{Rh}。如前文所述，蜂窝中的信道保持时间 T_H 近似为具有均值 $\bar{T}_H$ ($\triangleq 1/\mu_H$) 的指数分布。定义蜂窝状态为 E_j，其中所有 j 个呼叫均在该蜂窝的基站进程中。令 P_j 表示基站中处于状态 E_j 的稳态概率，此概率通常可以根据第 6 章给出的生死(birth-death)过程来确定。相关的状态转移图如图 3.2.1 所示。

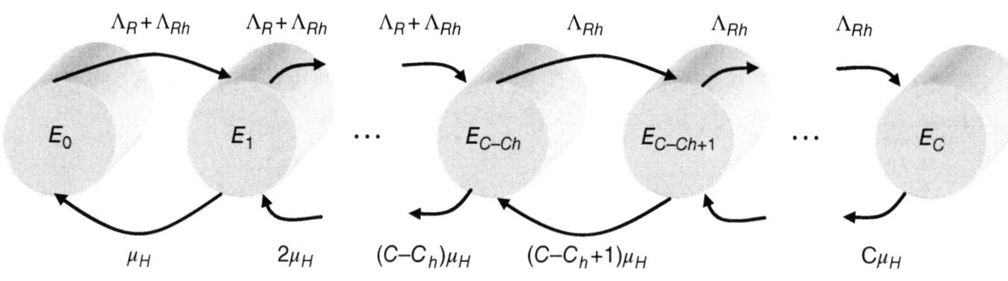

图 3.2.1 信道预留— CR 切换的状态转移图

状态方程为

$$P_j=\begin{cases}\dfrac{\Lambda_R+\Lambda_{Rh}}{j\mu_H}P_{j-1}, & j=1,2,\cdots,C-C_h\\[2ex] \dfrac{\Lambda_{Rh}}{j\mu_H}P_{j-1}, & j=C-C_h+1,\cdots,C\end{cases}\tag{3.2.13}$$

通过递归使用式(3.2.13)，并联合归一化条件 $\sum_{j=0}^{\infty}P_j=1$，概率分布 $\{P_j\}$ 的表达式为

$$P_0=\left[\sum_{k=0}^{C-C_h}\frac{(\Lambda_R+\Lambda_{Rh})^k}{k!\mu_H{}^k}+\sum_{k=C-C_h+1}^{C}\frac{(\Lambda_R+\Lambda_{Rh})^{C-C_h}\Lambda_{Rh}{}^{k-(C-C_h)}}{k!\mu_H{}^k}\right]^{-1}$$

$$P_j=\begin{cases}\dfrac{(\Lambda_R+\Lambda_{Rh})^j}{j!\mu_H{}^j}P_0, & j=1,2,\cdots,C-C_h\\[2ex] \dfrac{(\Lambda_R+\Lambda_{Rh})^{C-C_h}\Lambda_{Rh}{}^{j-(C-C_h)}}{j!\mu_H{}^j}P_0, & j=C-C_h+1,\cdots,C\end{cases}\tag{3.2.14}$$

阻塞新呼叫的概率是 $P_B=\sum_{j=C-C_h}^{C}P_j$，切换尝试失败的概率 P_{fh} 是基站的状态数等于 C 的概率，因此 $P_{fh}=P_c$。

具有队列的信道预留— CRQ 切换 当移动设备远离基站时，接收的功率通常会下降。当接收功率低于切换阈值电平时，启动切换过程。切换区域被定义为一个移动接收机从基站接收到的平均接收功率电平在切换阈值电平(上限)和接收机阈值电平(下限)之间的区域。如果切换尝试发现目标蜂窝中的所有信道均被占用，我们认为它进入排队状态。如果移动设备处于切换区域时释放任意信道，则可以成功完成下一次排队的切换尝试。如果在移动设备被分配到目标蜂窝中信道之前，从源蜂窝基站接收到的功率电平低于接收机阈值电平，则强制终止该呼叫。当蜂窝中释放信道时，就给该信道分配队列中等待的下一次切换呼叫尝试(如果存在)。如果队列中有多次切换呼叫尝试，则使用先到先服务的排队规则。在快速移动(快速信号电平丢失)用户可能具有更高优先级的情况下，可能存在优先级队列。我们假设基站处的队列大小是无限制的。图 3.2.2 给出了通过基站的呼叫尝试流程图。

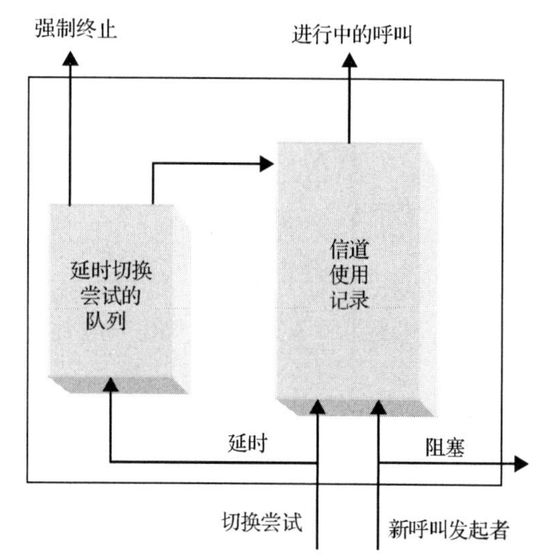

图 3.2.2　具有队列的信道预留—CRQ 切换的呼叫尝试流程图

移动设备处于切换区域的时间取决于系统参数，例如移动的速度、方向及蜂窝的规模大小。我们将移动设备在切换区域中的驻留时间记为 T_Q。为了简化分析，假设这个驻留时间为指数分布，其均值为 $\bar{T}_Q\,(\triangleq 1/\mu_H)$。当 j 是蜂窝中使用的信道数与队列中的切换呼叫尝试次数之和时，可将 E_j 定义为基站的状态。对于状态数 j 小于等于 C 的状态，其状态转移关系与 CR 方案相同。

我们将 X 记为从一个切换尝试加入队列的时刻，到完全占用的目标蜂窝中释放信道的第一时刻所经历的时间。对于小于 C 的状态数，X 值为零；否则，将 X 记为完全占用的目标蜂窝中正在进行的呼叫的最小剩余保持时间。当切换尝试加入给定目标蜂窝的队列时，其他切换尝试可能已经在队列中了(每个都与特定的移动设备相关联)。当它们中的任何一个加入队列时，未成功切换仍可以保留在队列中的时间由 T_Q(根据我们之前的定义)表示。令 T_i 表示当另一个切换尝试加入队列时，队列中第 i 个位置的尝试的剩余驻留时间。在无记忆假设下，所有 T_i 和 T_Q 的分布是相同的。令 $N(t)$ 为系统在 t 时刻的状态数。从该方案的描述和指数分布的属性可以得出

$$\begin{aligned}
&P_r\{N(t+h)=C+k-1|N(t)=C+k\}\\
&=P_r\{X\leqslant h \text{ 或 } T_1\leqslant h \text{ 或 } \cdots T_k\leqslant h\}\\
&=1-P_r\{X>h,\ T_1>h \text{ 或 } \cdots T_k>h\}\\
&=1-P_r\{X>h\}P_r\{T_1>h\}\cdots P_r\{T_k>h\}\\
&=1-\mathrm{e}^{-(C_{\mu_H}+k\mu_Q)h}
\end{aligned}\tag{3.2.15}$$

其中随机变量 X，T_1，$T_2,\cdots$，T_k 是独立的。从式(3.2.15)中可以看出，它遵循生死过程，且其状态转移图如图 3.2.3 所示。

如前文所述，很容易得出概率分布 $\{P_j\}$ 的表达式为

$$P_0=\left[\sum_{k=0}^{C-C_h}\frac{(\Lambda_R+\Lambda_{Rh})^k}{k!\mu_H{}^k}+\sum_{k=C-C_h+1}^{C}\frac{(\Lambda_R+\Lambda_{Rh})^{C-C_h}\Lambda_{Rh}{}^{k-(C-C_h)}}{k!\mu_H{}^k}+\sum_{k=C+1}^{\infty}\frac{(\Lambda_R+\Lambda_{Rh})^{C-C_h}\Lambda_{Rh}{}^{k-(C-C_h)}}{C!\mu_H{}^C\prod_{i=1}^{k-C}(C\mu_H+i\mu_Q)}\right]^{-1}$$

$$P_j=\begin{cases}\dfrac{(\Lambda_R+\Lambda_{Rh})^j}{j!\mu_H{}^j}P_0, & 1\leqslant j\leqslant C-C_h\\ \dfrac{(\Lambda_R+\Lambda_{Rh})^{C-C_h}\Lambda_{Rh}{}^{j-(C-C_h)}}{j!\mu_H{}^j}P_0, & C-C_h+1\leqslant j\leqslant C\\ \dfrac{(\Lambda_R+\Lambda_{Rh})^{(C-C_h)}\Lambda_{Rh}{}^{j-(C-C_h)}}{C!\mu_H{}^C\prod_{i=1}^{j-C}(C\mu_H+i\mu_Q)}P_0, & j\geqslant C+1\end{cases}\tag{3.2.16}$$

阻塞概率 $P_B=\sum_{j=C-C_h}^{\infty}P_j$。如果在移动设备移出切换区域之前发生以下两种情况，则加入队列的给定切换尝试就判定为成功，即

> 1．在给定切换尝试之前加入队列的所有尝试都已被处理。
> 2．当给定切换尝试位于队列前端位置时，信道是可用的。

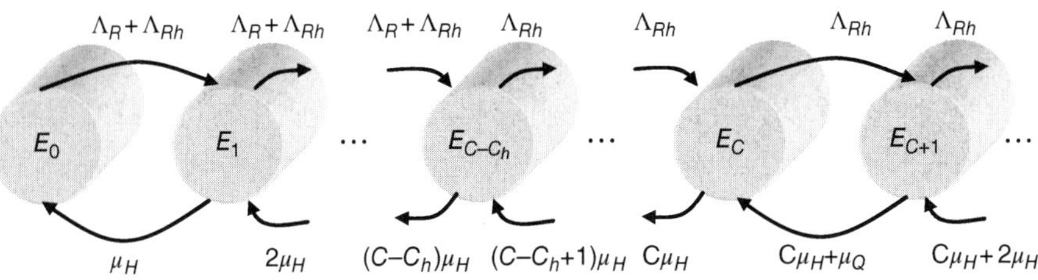

图 3.2.3　CRQ 优先级方案的状态转移图

因此，尝试失败的概率可在数值上等于移动设备进入队列前端位置并在获得信道之前离开切换区域的尝试的平均数。注意，k 次尝试失败后进入第 $k+1$ 次尝试的到达可表示为

$$P_{fh}\triangleq\sum_{k=0}^{\infty}P_{C+k}P_{fh|k}\tag{3.2.17}$$

其中 $P_{fh|k}=P_r$ {进入队列的第 $k-1$ 个位置的尝试失败}。在假设无记忆的条件下，因为进入队列第 $k+1$ 个位置的那些尝试的成功切换，需要进入该队列的最前端并获得一个信道，故可得

$$\left(1-P_{fh|k}\right)=\left[\prod_{i=1}^{k}P(i|i+1)\right]P_r\{\text{在第1个位置获得信道}\}\tag{3.2.18}$$

其中 $P(i|i+1)$ 是移动设备离开切换区域前，切换尝试从第 $i+1$ 个位置移动到第 i 个位置的概率。

第 $i+1$ 个位置的切换尝试可能存在两个输出结果，从系统中清除或进入队列中的下一个(更低)位置。如果其移动设备的剩余时间超过以下任意时间，则该尝试就会进入队列。

> 1．队列中在该尝试之前的任意尝试至少有一个剩余时间 T_j，$j=1,2,\cdots,i$。
> 2．目标蜂窝中正在进行的那些呼叫的最小剩余保持时间 X。

于是

$$1-P(i|i+1)=P_r\{T_{i+1}\leqslant X,T_{i+1}\leqslant T_j,\ \ j=1,2,\cdots,i\},\quad i=1,2,\cdots \tag{3.2.19a}$$

$$\begin{aligned}1-P(i|i+1)&=P_r\{T_{i+1}\leqslant X,T_{i+1}\leqslant T_1,\cdots,T_{i+1}\leqslant T_i\}\\&=P_r\{T_{i+1}\leqslant \min(X,T_1,T_2,\cdots,T_i)\}=P_r\{T_{i+1}\leqslant Y_i\},\quad i=1,2,\cdots\end{aligned} \tag{3.2.19b}$$

其中 $Y_i\equiv\min(X,T_1,T_2,\cdots,T_i)$。由于移动设备彼此独立移动且信道保持时间相互独立，因此随机变量 X,T_j（$j=1,2,\cdots,i$）在统计上是独立的。

因此，式(3.2.19)中 Y_i 的累积分布可以写成

$$F_{Y_i}(\tau)=1-\{1-F_X(\tau)\}\{1-F_{T_1}(\tau)\}\cdots\{1-F_{T_i}(\tau)\}$$

将遵循指数分布的变量代入，可得

$$F_{Y_i}(\tau)=1-\mathrm{e}^{-C\mu_H\tau}\mathrm{e}^{-\mu_Q\tau}\cdots\mathrm{e}^{-\mu_Q\tau}=1-\mathrm{e}^{-(C\mu_H+i\mu_Q)\tau}$$

式(3.2.19)可简化为

$$\begin{aligned}1-P(i|i+1)&=P_r\{T_{i+1}\leqslant Y_i\}=\int_0^\infty\{1-F_{Y_i}(\tau)\}f_{T_{i+1}}(\tau)\mathrm{d}\tau\\&=\int_0^\infty \mathrm{e}^{-(C\mu_H+i\mu_Q)\tau}\mu_Q\mathrm{e}^{-\mu_Q\tau}\mathrm{d}\tau=\frac{\mu_Q}{C\mu_H+(i+1)\mu_Q},\quad i=1,2,\cdots\end{aligned} \tag{3.2.20}$$

如果队列最前端的切换尝试的剩余驻留时间 T_1 超过 X，它将获得一个信道(成功)。因此 P_r {在前面的位置获得信道} $=P_r\{T_1>X\}$ 且

$$P_r\{\text{没有在前面的位置获得信道}\}=P_r\{T_1\leqslant X\}=\int_0^\infty \mathrm{e}^{-C_{\mu_H}\tau}\mu_Q\mathrm{e}^{-\mu_Q\tau}\mathrm{d}\tau=\frac{\mu_Q}{C\mu_H+\mu_Q} \tag{3.2.21}$$

式(3.2.21)中的概率相当于令式(3.2.20)中 $i=0$ 的概率。从式(3.2.18)可以得出

$$\begin{aligned}1-P_{fh|k}&=\left[\prod_{i=1}^{k}P(i|i+1)\right]P_r\{\text{在第1个位置获得信道}\}\\&=\frac{C\mu_H+\mu_Q}{C\mu_H+2\mu_Q}\frac{C\mu_H+2\mu_Q}{C\mu_H+3\mu_Q}\cdots\frac{C\mu_H+k\mu_Q}{C\mu_H+(k+1)\mu_Q}\frac{C\mu_H}{C\mu_H+\mu_Q}\\&=\frac{C\mu_H}{C\mu_H+(k+1)\mu_Q}\end{aligned} \tag{3.2.22}$$

和

$$P_{fh|k}=\frac{(k+1)\mu_Q}{C\mu_H+(k+1)\mu_Q} \tag{3.2.23}$$

上述表达式形成一联立的非线性方程组，当给定参数时可从该方程组解出系统变量。从对未知数的初步猜测开始，可使用逐次迭代法求解该方程组。

如果成功执行了请求的前 $l-1$ 个切换尝试，而在第 l 个失败，则未被阻塞的呼叫最终将被强制终止。故有

$$P_F=\sum_{l=1}^{\infty}P_{fh}\left[P_n\left(1-P_{fh}\right)^{l-1}{P_H}^{l-1}\right]=\frac{P_{fh}P_N}{1-P_H\left(1-P_{fh}\right)} \tag{3.2.24}$$

其中，根据前文的定义，P_N 和 P_H 分别是新呼叫和切换呼叫所需的切换概率。

用 P_{nc} 表示由于受到阻塞或不成功切换而不能完成的新呼叫尝试的概率。这也是一个重要的系统性能衡量标准。概率 P_{nc} 的表达式为

$$P_{nc}=P_B+P_F(1-P_B)=P_B+\frac{P_{fh}P_N(1-P_B)}{1-P_H(1-P_{fh})} \tag{3.2.25}$$

其中第一项和第二项分别表示阻塞和切换尝试失败的影响。在式(3.2.25)中，我们可以大致猜测，当蜂窝规模很大时，该蜂窝穿越 P_N 和 P_H 的概率将很小，而式(3.2.25)的第二项(即蜂窝穿越效应)将会远远小于第一项(即阻塞效应)。然而，当蜂窝规模减小时，P_N 和 P_H 将增大。未完成的呼叫概率 P_{nc} 可被认为是阻塞和强制终止效应的统一测量值。

系统性能的另一个有趣的测量标准是 P_B 和 P_F 的加权和，

$$CF=(1-\alpha)P_B+\alpha P_F \tag{3.2.26}$$

其中 α 处于区间[0,1]中，用于指示阻塞和强制终止效应的相对重要性。从用户的角度来看，某些应用的 P_F 可能比 P_B 更重要。相对成本 α 可根据系统设计者的判断来分配。

3.2.1 性能示例

进行计算时，取平均消息持续时间 $\overline{T}_M=120\text{ s}$，移动设备的最大速度 $V_{\max}=60\text{ mi/h}$ (英里①/小时)。作为每单位面积 Λ_a 的(新)呼叫发起率函数的概率 P_B 和 P_F 可以从图 3.2.4 中得到，其中蜂窝半径 R 是参数。每个蜂窝共有 20 个信道($C=20$)，且每个蜂窝都有一个信道用于切换优先级，假设 $C_h=1$。CRQ 优先级方案用于解决该问题，且假定切换尝试 $\overline{T}_Q$ 的平均驻留时间为 $\overline{T}_H/10$。可以看出 P_F 远小于 P_B，且它们之间的差异随着蜂窝规模的缩小而减小。正如预期的，当 R 较大时，切换尝试和强制终止对系统性能的影响较小。图 3.2.5 给出了 P_B 和 P_F 关于 Λ_a 的函数曲线。通过增加 C_h 能提高新切换呼叫的优先级，其中 P_F 的量级减少，但 P_B 仅有适度的增长。这种交换是非常重要的，因为(如前文所述)通常认为强制终止比呼叫阻塞更不理想。

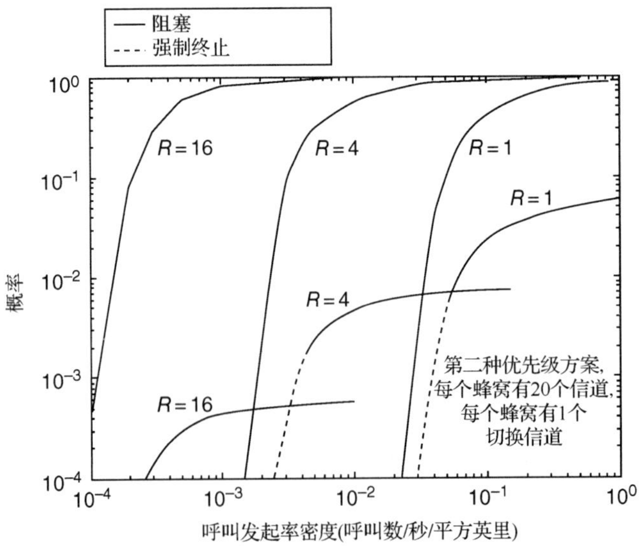

图 3.2.4 CRQ 优先级方案的阻塞和强制终止概率

① 1 英里≈1.61 千米。

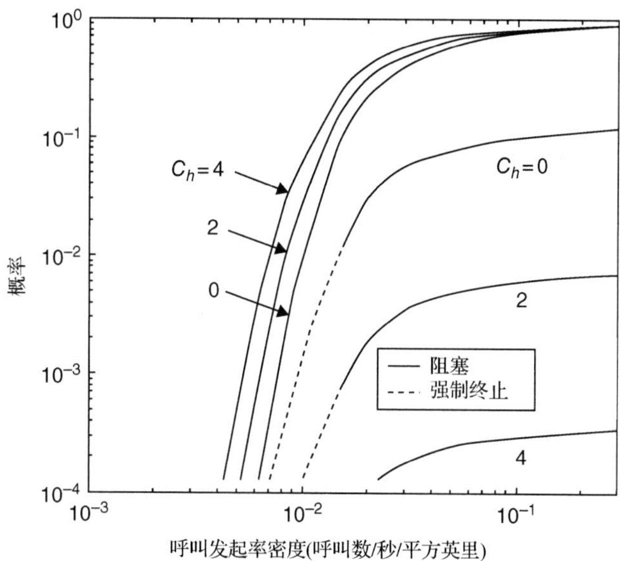

图 3.2.5　每个蜂窝有 20 个信道的 CRQ 系统的阻塞和强制终止概率，$R = 2$ 英里

作为呼叫发起率密度 Λ_a 的函数，两种优先级方案的阻塞和强制终止概率如图 3.2.6 所示。对于 CRQ 优先级方案，强制终止概率 P_F 较小，但阻塞概率 P_B 几乎没有差异。CRQ 优先级方案的优越性体现在：根据切换区域中移动设备的驻留时间，对延迟的切换尝试进行排队。

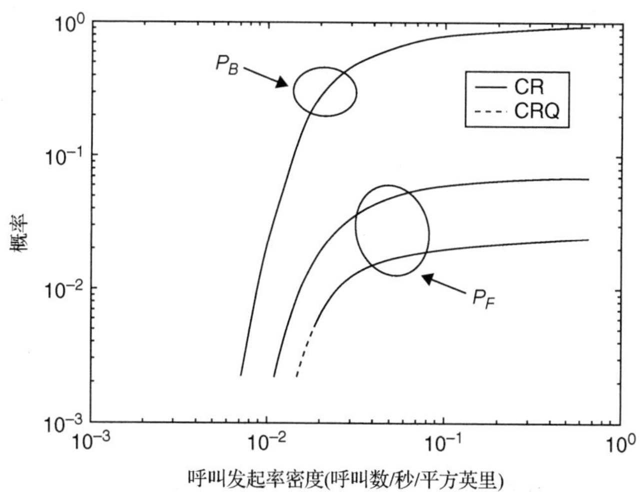

图 3.2.6　每个蜂窝有 20 个信道和 1 个切换信道的 CR 和 CRQ 优先级方案的阻塞和强制终止概率，$R = 2$ 英里

3.3　蜂窝驻留时间分布

在本节中，我们将讨论驻留时间 T_n 和 T_h 的概率分布。随机变量 T_n 定义为移动设备驻留在其呼叫发起的蜂窝中的时间(持续时间)；而 T_h 定义为移动设备驻留在其呼叫被切换到的蜂窝中的时间。为了简化分析，将六边形蜂窝形状近似为圆形。如图 3.3.1 所示，对于半径为 R 的六边形蜂窝，具有相同面积的近似圆的半径大小是 $R_{\text{eq}} = \sqrt{3\sqrt{3}/2\pi}R \approx 0.91R$。假设基站位于蜂

窝的中心，在图中用字母 B 表示。图中用字母 A 表示蜂窝中移动设备的位置，其到基站的距离和方向分别用 r 和 ϕ 表示。为了找到 T_n 和 T_h 的分布，假定移动设备均匀地分布在蜂窝区域上。随机变量 r 和 ϕ 的概率密度函数为

$$f_r(r)=\begin{cases}\dfrac{2r}{R_{\text{eq}}^2}, & 0\leqslant r\leqslant R_{\text{eq}}\\ 0, & \text{其他}\end{cases},\quad f_\phi(\phi)=\begin{cases}\dfrac{1}{2\pi}, & 0\leqslant\phi\leqslant 2\pi\\ 0, & \text{其他}\end{cases} \tag{3.3.1}$$

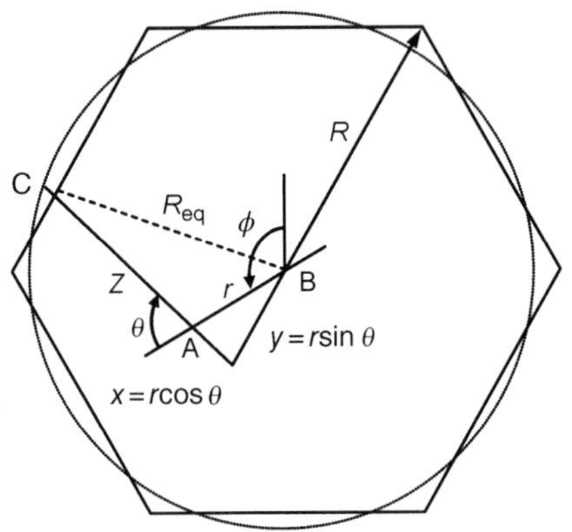

图 3.3.1　从蜂窝中的点 A(发起呼叫)到蜂窝边界上的点 C(移动设备从蜂窝退出的位置)的距离图示

接下来，假设移动设备以等概率在任意方向上移动，而且它在蜂窝中移动时方向保持恒定。如果将移动方向定义为角度 θ（相对于从基站到移动设备的向量），如图所示，从移动设备到接近圆边界的距离为 Z，$Z=\sqrt{R_{\text{eq}}^2-(r\sin\theta)^2}-r\cos\theta$。由于 ϕ 均匀分布在一个圆中，Z 与 ϕ 无关，则从对称性可以看出，随机变量 θ 在区间 $[0,\pi]$ 中具有概率密度函数

$$f_\theta(\theta)=\begin{cases}\dfrac{1}{\pi}, & 0\leqslant\theta\leqslant\pi\\ 0, & \text{其他}\end{cases} \tag{3.3.2}$$

如果定义新的随机变量 x 和 y，即 $x=r\cos\theta$，$y=r\sin\theta$，则 $Z=\sqrt{R_{\text{eq}}^2-y^2}-x$，$W=x$。由于假设移动设备同样可能位于近似圆内的任何地方，即有

$$f_{XY}(x,y)=\begin{cases}\dfrac{2}{\pi R_{\text{eq}}^2}, & -R_{\text{eq}}\leqslant x\leqslant R_{\text{eq}},\ 0\leqslant x^2+y^2\leqslant R_{\text{eq}}^2,\ 0\leqslant y\leqslant R_{\text{eq}}\\ 0, & \text{其他}\end{cases}$$

从式(3.3.1)和式(3.3.2)中可知，Z 和 W 的联合密度函数可由如下标准方法求出：

$$\begin{aligned}f_{ZW}(z,w)&=\frac{|z+w|}{\sqrt{R_{\text{eq}}^2-(z+w)^2}}f_{XY}(x,y)\\&=\frac{2}{\pi R_{\text{eq}}^2}\frac{|z+w|}{\sqrt{R_{\text{eq}}^2-(z+w)^2}},\quad 0\leqslant z\leqslant 2R_{\text{eq}},\ -\frac{1}{2}z\leqslant w\leqslant -z+R_{\text{eq}}\end{aligned}$$

距离 Z 的概率密度函数表达式为

$$\begin{aligned}f_Z(z)&=\int_{-z/2}^{R_{\text{eq}}-z}\frac{2}{\pi R_{\text{eq}}^2}\frac{(z+w)}{\sqrt{R_{\text{eq}}^2-(z+w)^2}}\mathrm{d}w,\quad 0\leqslant z\leqslant 2R_{\text{eq}}\\&=\begin{cases}\dfrac{2}{\pi R_{\text{eq}}^2}\sqrt{R_{\text{eq}}^2-\left(\dfrac{z}{2}\right)^2}, & 0\leqslant z\leqslant 2R_{\text{eq}}\\ 0, & \text{其他}\end{cases}\end{aligned} \tag{3.3.3}$$

在蜂窝内的前进过程中，如果移动设备的速度 V 是恒定的，且随机变量在区间 $[0,V_{\max}]$ 上均匀分布，则其概率密度函数为

$$f_V(v)=\begin{cases}\dfrac{1}{V_{\max}},\ 0\leqslant v\leqslant V_{\max}\\ 0,\ 其他\end{cases}$$

那么，由表达式 $T_n=Z/V$ 表示的时间 T_n 的概率密度函数为

$$f_{T_n}(t)=\int_{-\infty}^{\infty}|w|f_Z(tw)f_V(w)\mathrm{d}w$$

$$=\begin{cases}\dfrac{2}{V_{\max}\pi R_{\mathrm{eq}}^2}\displaystyle\int_0^{V_{\max}}w\sqrt{R_{\mathrm{eq}}^2-\left(\frac{tw}{2}\right)^2}\mathrm{d}w,\ 0\leqslant t\leqslant\dfrac{2R_{\mathrm{eq}}}{V_{\max}}\\ \dfrac{2}{V_{\max}\pi R_{\mathrm{eq}}^2}\displaystyle\int_0^{2R_{\mathrm{eq}}/t}w\sqrt{R_{\mathrm{eq}}^2-\left(\frac{tw}{2}\right)^2}\mathrm{d}w,\ t\geqslant\dfrac{2R_{\mathrm{eq}}}{V_{\max}}\end{cases}\tag{3.3.4}$$

$$=\begin{cases}\dfrac{8R_{\mathrm{eq}}}{3V_{\max}\pi t^2}\left[1-\sqrt{\left\{1-\left(t\dfrac{V_{\max}}{2R_{\mathrm{eq}}}\right)^2\right\}^3}\right],0\leqslant t\leqslant\dfrac{2R_{\mathrm{eq}}}{V_{\max}}\\ \dfrac{8R_{\mathrm{eq}}}{3V_{\max}\pi t^2},\ t\geqslant\dfrac{2R_{\mathrm{eq}}}{V_{\max}}\end{cases}$$

且 T_n 的累积分布函数为

$$F_{T_N}(t)=\int_{-\infty}^{t}f_{T_n}(x)\,\mathrm{d}x$$

$$F_{T_n}=\begin{cases}\dfrac{2}{\pi}\arcsin\left(\dfrac{V_{\max}t}{2R_{\mathrm{eq}}}\right)-\dfrac{4}{3\pi}\tan\left[\dfrac{1}{2}\arcsin\left(\dfrac{V_{\max}t}{2R_{\mathrm{eq}}}\right)\right]+\dfrac{1}{3\pi}\sin\left[2\arcsin\left(\dfrac{V_{\max}t}{2R_{\mathrm{eq}}}\right)\right],0\leqslant t\leqslant\dfrac{2R_{\mathrm{eq}}}{V_{\max}}\quad(3.3.5\mathrm{a})\\ 1-\dfrac{8R_{\mathrm{eq}}}{3\pi V_{\max}}\dfrac{1}{t},\ t\geqslant\dfrac{2R_{\mathrm{eq}}}{V_{\max}}\end{cases}$$

为了找到 T_h 的分布，在下一个步骤中，注意当尝试切换呼叫时，蜂窝总被近似看作圆，而切换是在蜂窝边界上产生的。因此，要找到 T_h 的分布，必须识别移动设备如何从边界上的一个点移动到另一个点。某一移动设备的方向与该移动设备到蜂窝中心方向之间的夹角 θ 表示移动设备越过边界的方向，如图 3.3.2 所示[75,76]。

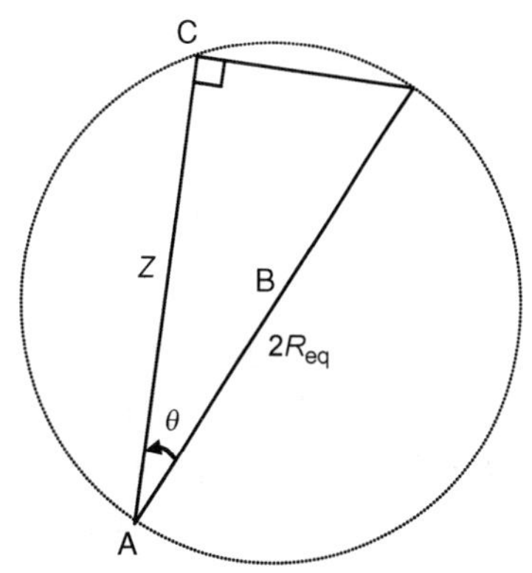

图 3.3.2　从蜂窝进入点（即边界上的点 A）到蜂窝出口点（即边界上的点 C）的距离图示

如果移动设备等概率地向任意方向移动，则随机变量 θ 的概率密度函数为

$$f_\theta(\theta)=\begin{cases}\dfrac{1}{\pi},\ -\dfrac{\pi}{2}\leqslant\theta\leqslant\dfrac{\pi}{2}\\ 0,\ 其他\end{cases}$$

图 3.3.2 中给出了距离 Z 的值，即 $Z=2R_{\mathrm{eq}}\cos\theta$，其累积分布函数为

$$F_Z(z)=P_r\{Z\leqslant z\}=\begin{cases}0,\ z<0\\1-\dfrac{2}{\pi}\arccos\left(\dfrac{z}{2R_{\mathrm{eq}}}\right),0\leqslant z\leqslant 2R_{\mathrm{eq}}\\1,\ z>2R_{\mathrm{eq}}\end{cases}\tag{3.3.5b}$$

Z 的概率密度函数为

$$f_Z(z)=\frac{d}{\mathrm{d}z}F_Z(z)=\begin{cases}\dfrac{1}{\pi}\dfrac{1}{\sqrt{R_{\mathrm{eq}}^2-\left(\dfrac{z}{2}\right)^2}},0\leqslant z\leqslant 2R_{\mathrm{eq}}\\0,\ 其他\end{cases}\tag{3.3.6}$$

T_h 指移动设备在蜂窝中以速度 V 传播距离 Z 的时间，且 $T_h=Z/V$。同理，对 V 做出假设，T_h 的概率密度函数为

$$f_{T_h}(t)=\int_0^{\infty}|w|f_Z(tw)f_V(w)\mathrm{d}w=\begin{cases}\dfrac{1}{\pi V_{\max}}\displaystyle\int_0^{V_{\max}}\dfrac{w}{\sqrt{R_{\mathrm{eq}}^2-\left(\dfrac{tw}{2}\right)^2}}\mathrm{d}w,\ 0\leqslant t\leqslant\dfrac{2R_{\mathrm{eq}}}{V_{\max}}\\\dfrac{1}{\pi V_{\max}}\displaystyle\int_0^{2R_{\mathrm{eq}}/t}\dfrac{w}{\sqrt{R_{\mathrm{eq}}^2-\left(\dfrac{tw}{2}\right)^2}}\mathrm{d}w,\ t\geqslant\dfrac{2R_{\mathrm{eq}}}{V_{\max}}\end{cases}\tag{3.3.7}$$

$$=\begin{cases}\dfrac{4R_{\mathrm{eq}}}{\pi V_{\max}}\dfrac{1}{t^2}\left[1-\sqrt{1-\left(\dfrac{V_{\max}t}{2R_{\mathrm{eq}}}\right)^2}\right],0\leqslant t\leqslant\dfrac{2R_{\mathrm{eq}}}{V_{\max}}\\\dfrac{4R_{\mathrm{eq}}}{\pi V_{\max}}\dfrac{1}{t^2},\ t\geqslant\dfrac{2R_{\mathrm{eq}}}{V_{\max}}\end{cases}$$

且 T_h 的累积分布函数为

$$F_{T_h}(t)=\int_{-\infty}^{t}f_{T_h}(x)\mathrm{d}x$$

$$=\begin{cases}0,\ t<0\\\dfrac{2}{\pi}\arcsin\left(\dfrac{V_{\max}t}{2R_{\mathrm{eq}}}\right)-\dfrac{2}{\pi}\tan\left[\dfrac{1}{2}\arcsin\left(\dfrac{V_{\max}t}{2R_{\mathrm{eq}}}\right)\right],0\leqslant t\leqslant\dfrac{2R_{\mathrm{eq}}}{V_{\max}}\\1-\dfrac{4R_{\mathrm{eq}}}{\pi V_{\max}}\dfrac{1}{t},\ t>\dfrac{2R_{\mathrm{eq}}}{V_{\max}}\end{cases}\tag{3.3.8}$$

图 3.3.3 显示了蜂窝中的平均信道保持时间 $\bar{T}_H$。需要注意的是，随着蜂窝规模的缩小，$\bar{T}_H$ 也会变少，但对于规模较大的蜂窝，其变化敏感度较小。

在 3.2 节中提出了蜂窝信道保持时间的累积分布函数近似于文献[75, 76]的给定值。在式 (3.2.8) 中定义了近似的拟合优度(G)，不同规模蜂窝的 G 值如表 3.3.1 所示。

从表 3.3.1 可以看出，G 的取值范围相对于蜂窝半径 R 是非常小的。这些值有助于计算中使用近似值。

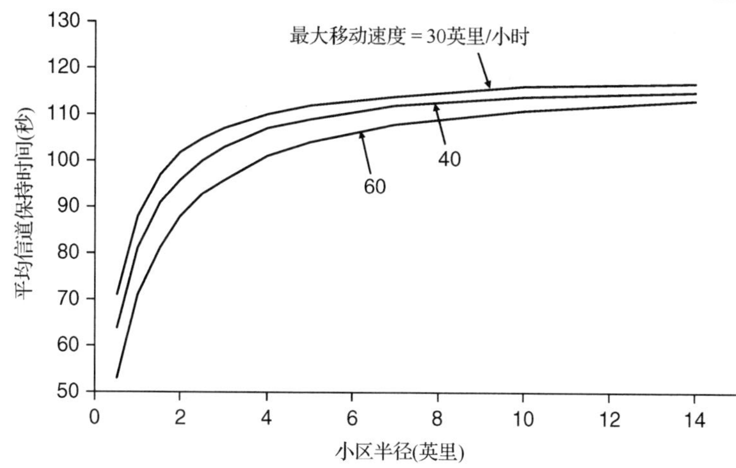

图 3.3.3　蜂窝中的平均信道保持时间与蜂窝半径 R 的关系（平均呼叫持续时间=120 秒）

表 3.3.1　对于蜂窝中信道保持时间的累积分布函数[见式(3.2.8)]给出的近似值的拟合优度(G)

半径 R	G	半径 R	G	半径 R	G
1.0	0.020220	6.0	0.000094	12.0	0.000086
2.0	0.000120	8.0	0.000121	14.0	0.000066
4.0	0.000003	10.0	0.000107	16.0	0.000053

3.4　微蜂窝及微微蜂窝网络中的移动性预测

据预计，5G 网络将进一步减小蜂窝规模。在微蜂窝和微微蜂窝网络及小型蜂窝中，随着用户从一个接入点(AP)移动到另一个 AP，资源可用性频繁变化。为了有效保证一个移动设备的服务质量(QoS)支持，网络必须预先了解移动设备的移动路径，了解其沿着路径到达每个蜂窝的时间和从蜂窝出发的时间。基于此认知，当移动设备通过网络时，网络可以验证在其生命周期中支持呼叫是否可行。然而，要求用户通知网络其准确的移动路径是不切实际的，因为这些用户可能不会预先知道这些信息。即使路径已知，蜂窝内的准确到达和出发时间仍然难以预先确定。因此，具有能预测移动设备轨迹的准确机制变得非常重要。

作为示例，我们设计虚拟连接树以支持移动设备的 QoS 保证[77]。在该方案中，多个相邻蜂窝以静态方式分成蜂窝簇。在接入呼叫之后，该方案预先建立一个根交换机，以便与蜂窝簇中的每个基站(BS)连接。该方案在预测潜在的访问移动设备的 BS 集合时不考虑用户的移动性，因为这可能导致不必要的资源重载，从而使网络资源利用不足，并导致严重拥塞。

阴影簇(SC)方案[78]基于 SC 所估计的带宽提供分布式呼叫许可控制(CAC)。SC 是移动设备可能接入的 BS 集合，并由 SC 内的所有分布式基站来决定是否准许呼叫进入(准入决定)。该方案将时间分成许多预定义的时间间隔，并验证在这些时间间隔内支持呼叫的可行性。这就要求每个时间间隔内基站之间需要进行大量的通信。此外，由于在每个时间间隔开始时进行带宽估计，且在每个时间间隔结束时执行准入决定，因此新呼叫的准入被延迟了至少一个预定的时间间隔。

上述两种方案都不能预测移动设备轨迹及预测移动设备可能切换到哪个蜂窝。一些文献提出了几种技术来解决这个问题。文献[79]中提出了基于配置文件的算法来预测移动设备将切换的下一个蜂窝，该算法使用用户配置方案和蜂窝配置方案，也就是利用切换历史的整体值进行预测。文献[80]中提出了移动运动预测(MMP)算法来预测移动设备的轨迹。该算法基于利用用户移动模式规律性的模式匹配技术。MMP 算法还进一步扩展到双层分层位置预测(HLP)算法[81]。在后一种情况下，双层预测方案涉及蜂窝间和蜂窝内的跟踪与预测。第一层使用近似模式匹配技术来预测全局的蜂窝间方向，第二层使用扩展自学习卡尔曼滤波器并依据移动设备接收到的测量值来预测蜂窝内移动设备的轨迹。

为了保证多类服务的 QoS，该方案必须将呼叫和准入控制与移动用户的移动性配置集成在一起。这使得我们有可能利用移动性预测来验证新呼叫准入的可行性，并确保在呼叫的整个生命周期内所需的 QoS。换句话说，当网络需要一定资源时，我们应该能够预测其位置(空间)和时间。这个概念称为空间时间预测 QoS 或 STP QoS。移动性预测算法是在每个用户的基础上调用的，因此要求易于实现和维护。此外，仅当需要最小开销和采用分布式方式时才允许调用准入控制过程，其中每个网络蜂窝都参与决策过程，并支持呼叫 QoS 需求[82, 83]。

在本节中，我们提出了一个高效集成的移动性预测和 CAC 的框架，以此为 PST-QoS 保证提供支持，其中每个呼叫都保证了对时间间隔的 QoS 需求，该时间间隔是通话期间可能会来访问的移动设备在每个蜂窝中预期的时间开销。

在此框架下，基于对移动轨迹的准确估计及沿着移动路径的每个蜂窝所要求的到达和离开时间，实现了 PST-QoS 保证的有效支持。根据这些估计，网络可以确定沿着移动路径的每个蜂窝中是否有足够资源可用，以满足呼叫的 QoS 需求。该框架旨在较好地适应网络资源的动态变化，其基本组成部分如下所示。

1. 支持定时 QoS 保证的预测服务模型。
2. 确定移动终端最有可能的簇(MLC)的移动模型。MLC 表示在其行程期间最有可能被移动设备访问的一组蜂窝。
3. 利用一个 CAC 模型来验证在 MLC 内支持通话的可行性。

在预定义的时间有效期内，服务模型通过支持整体和部分预测服务质量保证来适应不同类型的应用。MLC 模型用于主动预测移动设备最有可能访问的蜂窝集合。对于每个 MLC 蜂窝，预估移动设备的最早到达时间、最晚到达时间和最晚离开时间。然后，CAC 使用这些估计来确定移动设备的最早到达时间与其最近出发时间之间的间隔，以验证在每个 MLC 蜂窝中均有可用于确定呼叫接入可行性的足够资源。如果呼叫可行，则在移动设备的最早到达时间和最晚离开时间之间的间隔内保留资源，并在移动设备的最早到达时间和最晚到达时间之间的间隔内租用资源。如果移动设备在租约到期之前未能到达，则取消预留并将资源返回到可用资源池中。该框架的独特之处在于能够将移动性模型与 CAC 模型结合起来，以确定网络可以为呼叫提供 PST-QoS 保证的级别，并随着移动设备在网络上移动而动态地调整这些保证。

3.4.1 PST-QoS 保证框架

在移动环境中实现高水平 QoS 保证的第一种方法，是在移动设备将要访问的所有未来蜂窝中为呼叫持续分配适当资源。这意味着即使移动设备从未移动到蜂窝中，在呼叫期间要访问的每个蜂窝内的资源也有可能被占用。这种方法与文献[85]中提出的方法类似，称为预测空间或 PS-QoS 模型。显然，这种方法将导致网络资源利用不足，因为持有的资源不能被任何呼叫使用。

第二种方法是在移动设备驻留于每个蜂窝的时间间隔内，仅在所有未来可能被移动设备访问的蜂窝中预留资源。如果 t_i 和 t_{i+1} 分别表示移动设备对于蜂窝 i 沿着路径的预期到达和离开时间，则蜂窝 i 中的资源将仅在时间间隔 $[t,t_{i+1}]$ 内保留[84]。与第一种方法不同的是，这种方法可能会增加资源利用率，因为每个蜂窝的资源在保留间隔之外，其他呼叫仍保持可用性。然而，这种方法只在准确知道移动路径及沿着移动路径每个蜂窝的到达和离开时间的情况下才是可行的。在大多数情况下，由于移动环境的不确定性和指定移动设备移动性配置的困难性，常常无法获得移动设备移动性的准确信息。然而，如果可以准确地预测移动设备的路径，则可获得一个可接受的服务保证水平。该方法将在本节讨论，称之为预测空间和时间或 PST-QoS 模型。该模型试图在可接受的服务质量和高网络资源利用率之间实现平衡。基于此模型，通过在移动设备最有可能访问的每个蜂窝中提前预留资源来保证所需的 QoS 支持。这些预留的时间长度仅为移动设备在蜂窝内预期花费的时间间隔，从它到达蜂窝的时间开始直到它离开蜂窝的时间为止。为了表征“最有可能”蜂窝的集合并捕获应用程序请求的 QoS 保证级别，该服务模型使用以下参数：

1. 时间保证期 T_G。
2. 簇保留阈值 τ。
3. 带宽保留阈值 γ。

所有这些参数都取决于应用程序。参数 T_G 指定为保证所需 QoS 级别的持续时间。τ 定义为移动设备最有可能访问的蜂窝的最小百分比，该蜂窝必须支持保证其 T_G 所需的 QoS 级别。参数 γ 表示在最有可能被访问的每个蜂窝中必须保留的所需带宽的最小百分比。

为了适应不同类型的应用，服务模型提供了两种类型的预期服务保证，即整体保证服务和部分保证服务。整体保证服务确保移动设备最有可能访问的蜂窝可以满足在呼叫生命周期中所请求的带宽要求。在这种情况下，T_G 必须等于通话持续时间，τ 和 γ 的取值均为 100%。另一方面，部分保证服务有效确保了这些蜂窝中至少有 τ %可以满足下一个 T_G 间隔内所要求的 γ %带宽。当 τ 或 γ 的值为零时，会出现特殊情况，我们称此情况下的服务为尽力而为服务。

3.4.2　最有可能的簇模型

MLC 模型认为，蜂窝的“最有可能被访问”属性与蜂窝相对于移动设备的估计方向的位置直接相关，我们称之为方向概率。基于该度量值，沿着移动设备方向的蜂窝具有更高的方向概率，并且该方向之外的蜂窝更有可能被访问。

基于上述内容，在呼叫期间的任何时间点的 MLC 定义为连续蜂窝的集合，每个蜂窝的特征性能取决于超过某个阈值的方向概率。对于每个 MLC 蜂窝，预估移动设备的大概到达时间和出发时间。使用这些估计，在沿着路径的蜂窝内的驻留期间，支持所请求的定时 QoS 保证的可行性已被验证。在下文中，将提出用于预测移动设备方向的方法和用于构建其 MLC 的方案。然后，我们将描述用于估计移动设备到达 MLC 内给定蜂窝的预期到达和离开时间的算法[84]。

MLC 使用的方向预测方法基于其运动历史来预测移动设备的方向。但是，显然其所使用的预测方法不应该受到移动方向上的小偏差所造成的“很大程度上”的影响。此外，该方法应迅速收敛到移动设备的新方向。为了考虑上述属性，我们使用具有平滑因子 α 的一阶自回归滤波器。更具体地说，令 D_0 为进行呼叫时移动设备的当前方向。注意当移动设备在蜂窝内静止时，假设当前蜂窝是 MLC 的唯一成员，因此预留仅在当前蜂窝内完成。如果 D_t 表示 t 时刻观测到的移动设备的方向，$\tilde{D}_t$ 表示 t 时刻的估计方向，则得到 $t+1$ 时刻的估计方向 $\tilde{D}_{t+1}$，且其值为 $\tilde{D}_{t+1}=(1-\alpha)\tilde{D}_t+\alpha D_t$。为了更精确地跟踪移动设备的实际方向，平滑因子为 $\alpha=cE_s^2/\sigma_{s+1}$，其中 $0<c<1$，$E_s=D_s-\tilde{D}_s$ 是预测误差，σ_s 是 s 时刻过去的平方预测误差均值，σ_s 可以表示为 $\sigma_{s+1}=cE_s^2+(1-c)\sigma_s$。

可以基于移动设备所在的当前蜂窝及在 t 时刻的移动设备的估计方向 $\tilde{D}_t$，推导出移动设备接下来在任意时刻访问蜂窝的方向概率。这种概率分布的基本特征是，对于给定的方向，来自当前蜂窝的估计方向上的蜂窝在将来被访问的概率最高[83]。考虑来自蜂窝 m、目前驻留在蜂窝 i 处的移动设备，并且令 j 表示到蜂窝 i 的一组相邻蜂窝，其中 $j=1,2,\cdots$。如图 3.4.1 所示，每个蜂窝 j 位于通过蜂窝 i 中心的 x 轴上的角度 ω_{ij} 处。如果我们将从 i 到 j 的定向路径定义为从蜂窝 i 的中心到蜂窝 j 的中心的直接路径，则给定蜂窝 j 的方向性 D_{ij} 可以表示为

$$D_{ij}=\begin{cases}\dfrac{\theta_{ij}}{\phi_{ij}}, & \phi_{ij}>0\\ \theta_{ij}, & \phi_{ij}=0\end{cases} \tag{3.4.1}$$

其中 ϕ_{ij} 是表示到目的地的直线路径与从 i 到 j 的定向路径之间的偏离角的整数值，而 θ_{ij} 表示从蜂窝 m 到蜂窝 i 的定向路径和从蜂窝 i 到蜂窝 j 的定向路径之间的角度。

基于其方向性 D_{ij}，当前在蜂窝 i 处的移动设备接下来要访问蜂窝 j 的定向概率 $P_{i\to j}$ 可以表示为 $P_{i\to j}=D_{ij}/\sum_k D_{ik}$，其中 k 是相对于蜂窝 i 在与蜂窝 j 相同的环上的蜂窝。如果蜂窝 k 位于远离蜂窝 i 的环 L 蜂窝内，就说蜂窝 k 相对于蜂窝 i 在环 L 上。对于给定蜂窝 i，定向概率 $P_{i\to j}$ 给出了随着移动设备在网络上移动而形成 MLC 的初始值。

形成最有可能的簇 从呼叫发起的蜂窝开始，预计移动设备将朝着目的地移动。然而，移动设备可以暂时偏离其到目的地的直线方向，而是预期将在某个时间点向其目的地收敛。该移动性行为可用于确定可能被移动设备访问的蜂窝。

让我们将前向跨度定义为一蜂窝组，这组蜂窝相对于移动设备的估计方向 $\tilde{D}_t$ 而言处于一个角度内，如图 3.4.2 所示。基于定向概率和前向跨度的定义，当前位于蜂窝 i 的给定移动设备 u 的 MLC[记为 $C_i^{\mathrm{MLC}}(u)$]可以表示为 $C_i^{\mathrm{MLC}}(u)=\{蜂窝j\,|\,\phi_{ij}\leqslant\delta_i, j=1,2,\cdots\}$，其中 ϕ_{ij} 是到目的地的直线路径与从 i 到 j 的定向路径之间的偏离角。角度 δ_i 被定义为使得 $P_{i\to j}\geqslant\mu$，其中 μ 表示蜂窝被访问可能性的系统定义阈值。更具体地说，δ_i 可以表示为 $\delta_i=\max\left|\phi_{ij}\right|$，使得 $P_{i\to j}\geqslant\mu$。

形成 MLC 的过程中的下一步是确定 MLC 窗口 W_{MLC} 的大小，其表示将要包含在 MLC 中的蜂窝的相邻环的数量。定义 $\mathrm{Ring}_{i,j}$ 是蜂窝 j 相对于蜂窝 i 所在的环。因此，如果给出 $C_i^{\mathrm{MLC}}(u)=\{蜂窝j\,|\,\phi_{ij}\leqslant\delta_i,\mathrm{Ring}_{i,j}\leqslant W_{\mathrm{MLC}}, j=1,2,\cdots\}$，且若有 $\mathrm{Ring}_{i,k}\leqslant W_{\mathrm{LMC}}$，则蜂窝 k 被包含在 $C_i^{\mathrm{MLC}}(u)$ 中。MLC 窗口的大小对该方案的性能有很大的影响，通过包含更多的环来增加 MLC 窗口的大小，如果移动设备沿着估计方向 $\tilde{D}(t)$ 移动，则增加了支持所需 QoS 的可能性。另一方面，如果移动设备偏离估计方向，则随着移动设备可能从 MLC 移出，会增加 MLC 窗口的大小，这也许不能确保呼叫的持续性。可能的方法是通过将 MLC 窗口的大小增加到最大值 $R_{\max}$ 来

“奖励” 在估计方向上移动的用户。R_{max} 的值取决于保证期 T_G 的值，较高的 T_G 值可导致较大的 R_{max} 值。

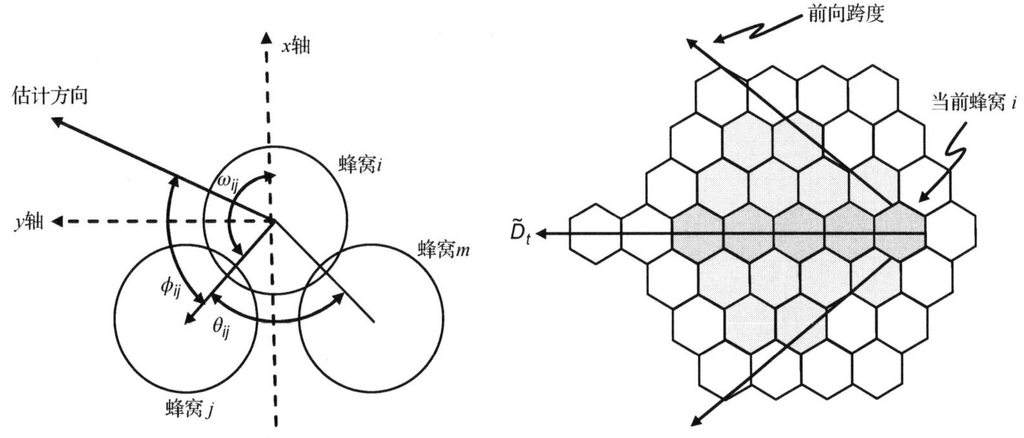

图 3.4.1　用于计算方向概率的参数　　图 3.4.2　MLC 的定义

当用户偏离估计方向时，MLC 窗口尺寸的减小值与偏离度成比例。因此，我们可以大概率地实现对可预测用户 QoS 需求的支持，而具有不可预测行为的用户也不必过度使用网络资源。基于观察到的移动设备的移动模式，该算法动态地更新 MLC 窗口的大小。如果 Δ_t 是相对于 t 时刻估计方向的移动设备的偏差度量，定义 $\Delta_{t+1}=\beta\Delta_t+(1-\beta)\left|\tilde{D}_t-D_t\right|$，其中 $0<\beta<1$ 且 Δ_0 等于零，则 t 时刻 MLC 窗口的大小 W_{MLC} 可定义为

$$W_{\mathrm{MLC}}=\min\left(R_{\max},\left\lfloor\left(1-\frac{\Delta_t}{\pi}\right)^2\right\rfloor R_{\max}\right) \tag{3.4.2}$$

在每次切换时，重新计算 MLC 窗口的大小；因此，窗口尺寸会根据移动的行为缩小或增大。该方法可以容易地扩展到具有不同大小的蜂窝的蜂窝网络。

当蜂窝网络具有不同大小的蜂窝时，环的定义是不同的。环是以当前蜂窝为中心的假想圆。第一个环 R_1 的半径等于当前蜂窝中心到最远的相邻蜂窝中心的距离。因此，环 i 的半径等于 $i\times R_1$，其中 $i=1,2,\cdots$。在该环中需要考虑任意的其中心在环边界以内的蜂窝。

对于每个 MLC 蜂窝，可以估计移动设备的到达时间和驻留时间。基于这些估计，可以验证在驻留时间内支持所要求的定时 QoS 保证级别的可行性。当前蜂窝 i 中的移动设备在蜂窝 j 内的驻留时间取决于三个参数，即预期最早到达时间 $[T_{\mathrm{EA}}(i,j)]$，预期最晚到达时间 $[T_{\mathrm{LA}}(i,j)]$ 和预期最晚离开时间 $[T_{\mathrm{LD}}(i,j)]$。因此，$[T_{\mathrm{EA}}(i,j),T_{\mathrm{LD}}(i,j)]$ 是移动设备在蜂窝 j 内的预期驻留时间。该间隔称为资源预留间隔（RRI），而间隔 $[T_{\mathrm{EA}}(i,j),T_{\mathrm{LA}}(i,j)]$ 称为资源租赁间隔（RLI）。资源将保留在 RRI 的整个持续时间内。然而，如果移动设备在 RLI 到期之前未到达蜂窝，则所有资源都将被释放，并且预留被取消。这种处理是必要的，可用于防止移动设备持有不必要的资源。

为了推导出这些时间间隔，可以采用 SC 中使用的方法，即考虑当前蜂窝到簇中每个蜂窝的所有可能路径[78]。该方法可能很复杂，因为移动设备可以通过许多可能存在的路径到达蜂窝。在 MLC 模型中采用的方案基于最可能路径的概念[84]。

考虑当前位于蜂窝 m 的移动设备 u，并用 $C_m^{\mathrm{MLC}}(u)$ 表示其 MLC。定义 $G=(V,E)$ 为有向图，

其中V是一组顶点，E代表一组边。顶点$v_i \in V$表示 MLC 蜂窝i。对于$C_m^{\mathrm{MLC}}(u)$中的每个蜂窝i和j，当且仅当蜂窝j是i的可达直接邻点时，边(v_i, v_j)在E上。每个G中的有向边(v_i, v_j)被分配的成本为$1/P_{i\to j}$。

MLC 蜂窝i和k之间的路径Π被定义为边$(v_i, v_{i+1}), (v_{i+1}, v_{i+2}), \cdots, (v_{k-1}, v_k)$的序列。MLC 蜂窝$i$和$k$之间路径的成本来源于其边的成本，因此最便宜的路径代表了移动设备所遵循的最可能路径。然后使用k最短路径算法[86]来获得移动设备要遵循的k个最可能路径的集合K。

对于 MLC 蜂窝i和j之间的每条路径$\Pi \in K$，我们将路径驻留时间定义为在路径中每个蜂窝的驻留时间之和。令K中的Π_s和Π_l分别表示最短和最长路径驻留时间的路径。Π_s用于导出预期最早到达时间T_{EA}，而Π_l用于导出预期最晚到达时间$T_{\mathrm{LA}}(i,j)$。那么，$T_{\mathrm{EA}}(i,j)$和$T_{\mathrm{LA}}(i,j)$可以分别表示为

$$T_{\mathrm{EA}}(i,j) = \sum_{k\in\Pi_1} \frac{d(m,k,n)}{\bar{S}_{\max}(k)},\ \ T_{\mathrm{LA}}(i,j) = \sum_{k\in\Pi_1} \frac{d(m,k,n)}{\bar{S}_{\min}(k)} \tag{3.4.3}$$

其中$\bar{S}_{\max}(k)$和$\bar{S}_{\min}(k)$分别表示蜂窝k的平均最大和最小速度。基于观察到的移动设备的速度，网络支持提供$\bar{S}_{\max}(k)$和$\bar{S}_{\min}(k)$。$d(m,k,n)$是蜂窝k中的主距离，因为蜂窝m、k和n是路径中的三个连续蜂窝。$d(m,k,n)$的值取决于蜂窝k是否是呼叫发起蜂窝，还是路径中的某个中间蜂窝或是最后一个蜂窝(蜂窝j)。

$$d(m,\ k,\ n) = \begin{cases} d_o(k,\ n), & k\ \text{是初始蜂窝} \\ d_I(m,\ k,\ n), & k\ \text{是中间蜂窝} \\ d_{LI'}(k,\ n), & m = n \\ d_L(m,\ k), & k\ \text{是最后一个蜂窝}\ k = j \end{cases} \tag{3.4.4}$$

当k是初始蜂窝(呼叫发起蜂窝)时，可以推导出如图 3.4.3 所示的蜂窝k内的距离Y的概率密度函数(pdf) $f_Y(y)$，假设移动设备均匀地分布在半径为R的蜂窝内，并沿着恒定方向行进，且可以从与蜂窝n相交的边界上的任意位置离开蜂窝。因此，移动设备的位置由角度v和距蜂窝中心的距离r确定。v均匀分布在 0 和2π之间，r均匀分布在 0 和R之间。由于v均匀分布，ϕ也均匀分布在 0 和π之间。因此，$d(k,n)$等于概率密度函数$f_Y(y)$的平均距离$E[Y]$。基于这些假设，可以使用文献[85, 86]中提到的方法获得呼叫发起蜂窝中的概率密度函数$f_Y(y)$，即

$$f_Y(y) = \begin{cases} \dfrac{2}{\pi R^2}\sqrt{\left\{R^2 - \left(\dfrac{y}{2}\right)^2\right\}}, & 0 \leqslant y \leqslant 2R \\ 0, & \text{其他} \end{cases}$$

从而得出

$$d_o(k,\ n) = E[Y] = \int_0^{2R} y\cdot f_Y(y)\mathrm{d}y = \frac{8R}{3\pi} \tag{3.4.5}$$

如图 3.4.4 所示，当k是中间蜂窝(呼叫中经过的蜂窝)时，如果假定移动设备沿着蜂窝k内弧AB上的任意点从蜂窝m进入蜂窝k，则在蜂窝k内，可导出距离Y的概率密度函数$f_Y(y)$，其中弧AB由角度β_1和β_2所定义。移动设备在蜂窝内沿着恒定方向移动，且可从角度ω_1和ω_2所定义的蜂窝k内弧CD上的任意点离开蜂窝k到达蜂窝n。移动设备的方向由均匀分布的角度ϕ表示。$d(m,k,n)$等于概率密度函数$f_Y(y)$的平均距离$E[Y]$，其表达式(详见附录 A.3)为[84]

$$d_I(m,\ k,\ n)=E[Y]=\begin{cases}\dfrac{8R}{(\omega_2-\omega_1)\ (\beta_2-\beta_1)}\left[\sin\left(\dfrac{\beta_2-\omega_2}{2}\right)-\sin\left(\dfrac{\beta_1-\omega_2}{2}\right)\right.\\ \qquad\left.-\sin\left(\dfrac{\beta_2-\omega_1}{2}\right)+\sin\left(\dfrac{\beta_1-\omega_1}{2}\right)\right], & \beta_1\geqslant\omega_2\\ \dfrac{8R}{(\omega_2-\omega_1)\ (\beta_2-\beta_1)}\left[\sin\left(\dfrac{\omega_1-\beta_2}{2}\right)-\sin\left(\dfrac{\omega_1-\beta_1}{2}\right)\right.\\ \qquad\left.-\sin\left(\dfrac{\omega_2-\beta_1}{2}\right)+\sin\left(\dfrac{\omega_2-\beta_1}{2}\right)\right], & \beta_2\leqslant\omega_1\end{cases} \tag{3.4.6}$$

移动路径中最后一个蜂窝的平均距离表达式为

$$d_L(m,k)=\max d(m,k,q)\,\forall q\quad 与k邻接,q\neq m \tag{3.4.7}$$

当移动路径在蜂窝 k 内形成回路时，蜂窝 k 中的平均距离表达式为

$$d_{LP}(m,k,n)=2d_o(k,n) \tag{3.4.8}$$

类似地，来自蜂窝 j 的预期最晚离开时间 $T_{\mathrm{LD}}(i,j)$ 的计算表达式为

$$T_{\mathrm{LD}}(i,j)=T_{\mathrm{LA}}(i,j)+d(m,k)/\bar{S}_{\min}(k) \tag{3.4.9}$$

当前位于蜂窝 i 的移动设备 u 的 $T_{\mathrm{EA}}(i,j)$ 、$T_{\mathrm{LA}}(i,j)$ 和 $T_{\mathrm{LD}}(i,j)$ 估计均用于为每个蜂窝 $j\in C_i^{\mathrm{MLC}}(u)$ 计算 RLI 和 RRI。同时，CAC 使用这些值来验证在每个蜂窝 $j\in C_i^{\mathrm{MLC}}(u)$ 中支持 u 的呼叫的可行性。

文献[84]论证了基于式(3.4.5)和式(3.4.6)的距离分析模型的计算结果与沿着相同路径行进的移动设备的模拟结果之间的一致性。

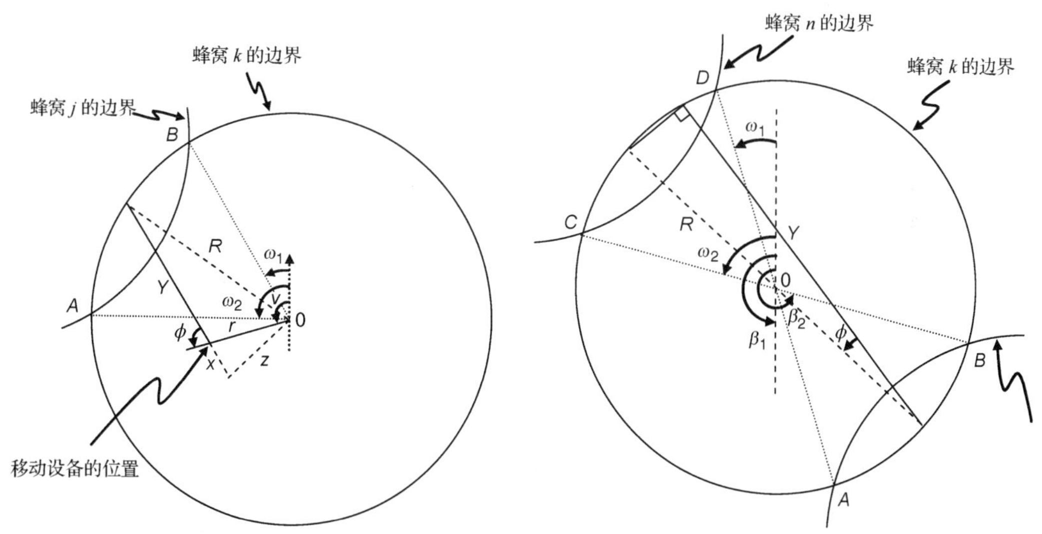

图 3.4.3 初始蜂窝 k 中的距离 Y　　图 3.4.4 中间蜂窝 k 中的距离 Y

性能示例 基于以下假设[78, 84]对 MLC CAC 方案与 SC 方案进行比较。

1. 每个蜂窝都覆盖 1 km 的高速公路，整个高速公路共计被 10 个蜂窝所覆盖。且移动设备以相同的概率出现在蜂窝的任何地方。
2. 呼叫保持时间按指数分布，其均值为 $T_H = 130$ s 和 $T_H = 180$ s。
3. 每个蜂窝的总带宽为 40 个带宽单位(BU)。可使用三种类型的呼叫——语音、音频和视频。分别要求 $B_{语音} = 1$ BU，$B_{音频} = 5$ BU，$B_{视频} = 10$ BU。每种类型的呼叫概率是 $P_{语音} = 0.7$，$P_{音频} = 0.2$，$P_{视频} = 0.1$。

4. 移动设备可以具有三种不同的速度：70 km/h，90 km/h，105 km/h。每种速度出现的概率是三分之一。
5. 在 SC 方案中，时间在长度为 10 s 的时间间隔内被量化。
6. 引用了一种称为 clairvoyant 方案(CS)的参考方案。在这种方案中，假设每个移动设备的移动轨迹在准入时就是已知的。在移动设备将要访问的蜂窝中，CS 依据移动设备的准确驻留时间来准确地预留带宽。因此，CS 在某一特定的下降率下产生最大利用率和最小阻塞率，在这种情况下该下降率为零。

由于移动设备可以出现在蜂窝的任何地方，所以在初始蜂窝(呼叫发起蜂窝)中的驻留时间将均匀分布在零和一个等于蜂窝长度/速度的时间之间。对于可能的方向，即左右方向，假定初始方向概率均为 0.5。在第一次切换之后，呼叫的方向和位置是已知的，因此可以确定其他蜂窝中的到达和离开时间。

图 3.4.5 给出了三种系统的阻塞率，图 3.4.6 给出了三种系统的利用率。如预期的那样，假设下降率为零时，CS 具有最大利用率和最小阻塞率。当所有平均呼叫保持时间中的呼叫到达率超过 0.06 时，MLC CAC 的利用率优于 SC 的利用率。此外，MLC CAC 中的呼叫阻塞率远小于 SC 的对应值。这种现象表明，通过简单地在蜂窝的最早到达时间和最晚离开时间之间预留带宽，MLC 方案能接收更多的呼叫并增加利用率。此外，当呼叫到达率大于 0.06 时，SC 方案的利用率增加得非常缓慢。出现这种现象的原因是，SC 的估计是基于具有指数持续时间的概率密度函数，并随着时间的推移而减少。因此，随着到后续蜂窝的距离增加，带宽估计会减少。结果，除非最小生存时间估值增加，否则后续蜂窝中的呼叫丢弃概率也会增加。在图 3.4.5 和图 3.4.6 中，无论平均持续时间如何，MLC CAC 始终优于 SC。

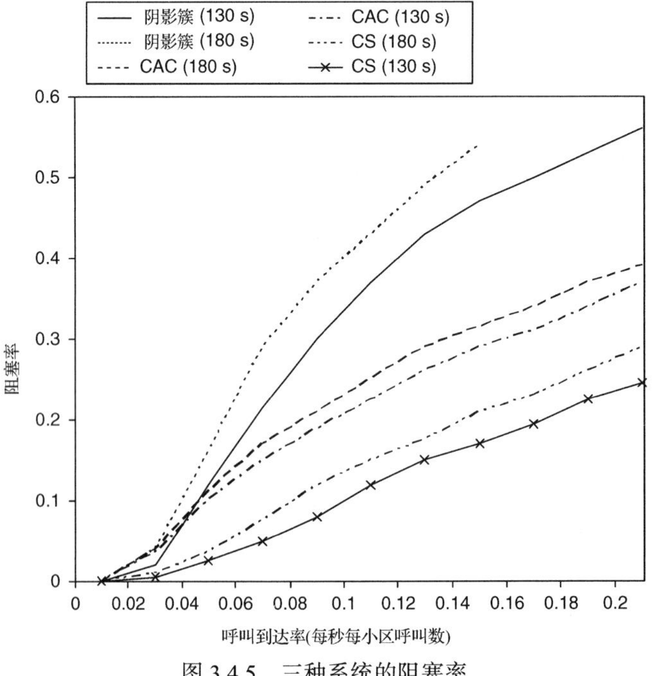

图 3.4.5　三种系统的阻塞率

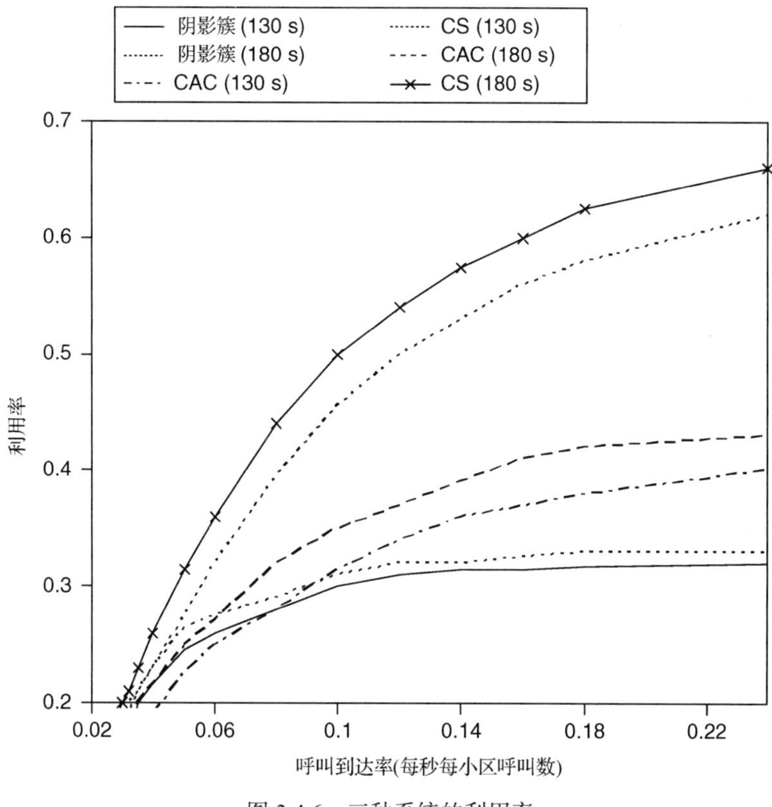

图 3.4.6　三种系统的利用率

附录 A.3　中间蜂窝的距离计算

如图 3.4.4 所示，给定移动设备路径上的中间蜂窝，可以基于角度 β 和 ω 推导出距离的概率密度函数(pdf)。同时假设蜂窝的入口点为 E，移动设备沿服从均匀分布的方向移动到下一个蜂窝(见图 3.4.4)，其中 2ψ 是方向角 ϕ 的范围。角度 β 在 β_1 和 β_2 之间均匀分布。因此，$f_\beta(\beta)$ 的表达式为

$$f_\beta(\beta)=\begin{cases}\dfrac{1}{\beta_2-\beta_1}, & \beta_1\leqslant\beta\leqslant\beta_2\\ 0, & \text{其他}\end{cases} \tag{A.3.1}$$

由于 ϕ 为均匀分布，故有

$$f_\phi(\phi|\beta)=\begin{cases}\dfrac{2}{\psi_2-\psi_1}, & \dfrac{\psi_1}{2}\leqslant\phi\leqslant\dfrac{\psi_2}{2}\\ 0, & \text{其他}\end{cases} \tag{A.3.2}$$

上式的累积分布函数(cdf)可表示为

$$F_\phi(\phi|\beta)=\begin{cases}0, & \phi<\dfrac{\psi_1}{2}\\ \dfrac{2\phi-\psi_1}{\psi_2-\psi_1}, & \dfrac{\psi_1}{2}\leqslant\phi\leqslant\dfrac{\psi_2}{2}\\ 1, & \phi>\dfrac{\psi_2}{2}\end{cases} \tag{A.3.3}$$

其中ψ定义为

$$\psi_i=\begin{cases}\pi-(\beta-\omega_i), & \beta\geqslant\omega_2\\ \pi-(\omega_j-\beta), & \beta<\omega_1, \quad i\neq j\end{cases} \tag{A.3.4}$$

如果Y是从E到X的距离，如图 3.4.4 所示，则令$Y=2R\cos\phi$，可得到式(A.3.3)的以下四种情形。

情形 1 $\psi_2/2>\psi_1/2\geqslant 0$

$$F_Y(y|\beta)=\begin{cases}0, & y<2R\cos\left(\dfrac{\psi_2}{2}\right)\\ 1-\dfrac{2\arccos\left(\dfrac{y}{2R}\right)-\psi_1}{\psi_2-\psi_1}, & 2R\cos\left(\dfrac{\psi_2}{2}\right)\leqslant y\leqslant 2R\cos\left(\dfrac{\psi_1}{2}\right)\\ 1, & y>2R\cos\left(\dfrac{\psi_1}{2}\right)\end{cases} \tag{A.3.5}$$

y的概率密度函数为

$$f_Y(y|\beta)=\begin{cases}\dfrac{1}{(\psi_2-\psi_1)\sqrt{R^2-\left(\dfrac{y}{2}\right)^2}}, & 2R\cos\left(\dfrac{\psi_2}{2}\right)\leqslant y\leqslant 2R\cos\left(\dfrac{\psi_1}{2}\right)\\ 0, & \text{其他}\end{cases} \tag{A.3.6}$$

平均距离$E[Y\,|\,\beta]$为

$$E[Y|\beta]=\left\{\int_{2R\cos(\psi_2/2)}^{2R\cos(\psi_1/2)} y\cdot\frac{1}{(\psi_2-\psi_1)\sqrt{R^2-\left(\dfrac{y}{2}\right)^2}}\mathrm{d}y\right. \tag{A.3.7}$$

$$=\left\{\frac{4R}{\psi_2-\psi_1}\left[\sin\left(\frac{\psi_2}{2}\right)-\sin\left(\frac{\psi_1}{2}\right)\right]\right. \tag{A.3.8}$$

对于蜂窝i，$d(m,i,j)$的平均距离，即移动设备从蜂窝m进入蜂窝i，再离开蜂窝i进入蜂窝j的平均距离$E[Y]$的表达式为

$$\begin{aligned}d(m,i,j)=E[Y]&=\int_{\beta_1}^{\beta_2}E[Y|\beta]f_\beta(\beta)\mathrm{d}\beta\\ &=\left\{\int_{\beta_1}^{\beta_2}\frac{1}{\beta_2-\beta_1}\cdot\frac{4R}{\psi_2-\psi_1}\left[\sin\left(\frac{\psi_2}{2}\right)-\sin\left(\frac{\psi_1}{2}\right)\right]\right.\end{aligned} \tag{A.3.9}$$

$$=\begin{cases}\dfrac{8R}{(\omega_2-\omega_1)(\beta_2-\beta_1)}\left[\sin\left(\dfrac{\beta_2-\omega_2}{2}\right)-\sin\left(\dfrac{\beta_1-\omega_1}{2}\right)\right.\\ \qquad\left.-\sin\left(\dfrac{\beta_2-\omega_1}{2}\right)+\sin\left(\dfrac{\beta_1-\omega_2}{2}\right)\right], & \beta_1\geqslant\omega_2\\ \dfrac{8R}{(\omega_2-\omega_1)(\beta_2-\beta_1)}\left[\sin\left(\dfrac{\omega_1-\beta_2}{2}\right)-\sin\left(\dfrac{\omega_1-\beta_1}{2}\right)\right.\\ \qquad\left.-\sin\left(\dfrac{\omega_2-\beta_1}{2}\right)+\sin\left(\dfrac{\omega_2-\beta_1}{2}\right)\right], & \beta_2\leqslant\omega_1\end{cases} \tag{A.3.10}$$

情形 2　$\psi_1/2 < \psi_2/2 \leqslant 0$

$$F_Y(y|\beta)=\begin{cases}0, & y<2R\cos\left(\dfrac{\psi_1}{2}\right)\\ 1-\dfrac{2\arccos\left(\dfrac{y}{2R}\right)-\psi_1}{\psi_2-\psi_1}, & 2R\cos\left(\dfrac{\psi_1}{2}\right)\leqslant y\leqslant 2R\cos\left(\dfrac{\psi_2}{2}\right)\\ 1, & y>2R\cos\left(\dfrac{\psi_2}{2}\right)\end{cases} \tag{A.3.11}$$

y 的概率密度函数为

$$f_Y(y|\beta)=\begin{cases}\dfrac{-1}{(\psi_2-\psi_1)\sqrt{R^2-\left(\dfrac{y}{2}\right)^2}}, & 2R\cos\left(\dfrac{\psi_1}{2}\right)\leqslant y\leqslant 2R\cos\left(\dfrac{\psi_2}{2}\right)\\ 0, & 其他\end{cases} \tag{A.3.12}$$

平均距离 $E[Y|\beta]$ 为

$$E[Y|\beta]=\left\{\int_{2R\cos(\psi_1/2)}^{2R\cos(\psi_2/2)} y\cdot\frac{1}{(\psi_2-\psi_1)\sqrt{R^2-\left(\frac{y}{2}\right)^2}}\mathrm{d}y\right. \tag{A.3.13}$$

$$=\left\{\frac{4R}{\psi_2-\psi_1}\left[\sin\left(\frac{\psi_2}{2}\right)-\sin\left(\frac{\psi_1}{2}\right)\right]\right. \tag{A.3.14}$$

对于蜂窝 i ，$d(m,i,j)$ 的平均距离，即移动设备从蜂窝 m 进入蜂窝 i ，再离开蜂窝 i 进入蜂窝 j 的平均距离 $E[Y]$ 的表达式为

$$\begin{aligned}d(m,i,j)=E[Y]&=\int_{\beta_1}^{\beta_2}E[Y|\beta]f_\beta(\beta)\mathrm{d}\beta\\ &=\left\{\int_{\beta_1}^{\beta_2}\frac{1}{\beta_2-\beta_1}\cdot\frac{4R}{\psi_2-\psi_1}\left[\sin\left(\frac{\psi_2}{2}\right)-\sin\left(\frac{\psi_1}{2}\right)\right]\right.\end{aligned} \tag{A.3.15}$$

$$=\begin{cases}\dfrac{8R}{(\omega_2-\omega_1)(\beta_2-\beta_1)}\left[\sin\left(\dfrac{\beta_2-\omega_2}{2}\right)-\sin\left(\dfrac{\beta_1-\omega_1}{2}\right)\right.\\ \qquad\left.-\sin\left(\dfrac{\beta_2-\omega_1}{2}\right)+\sin\left(\dfrac{\beta_1-\omega_2}{2}\right)\right], & \beta_1\geqslant\omega_2\\ \dfrac{8R}{(\omega_2-\omega_1)(\beta_2-\beta_1)}\left[\sin\left(\dfrac{\omega_1-\beta_2}{2}\right)-\sin\left(\dfrac{\omega_1-\beta_1}{2}\right)\right.\\ \qquad\left.-\sin\left(\dfrac{\omega_2-\beta_1}{2}\right)+\sin\left(\dfrac{\omega_2-\beta_1}{2}\right)\right], & \beta_2\leqslant\omega_1\end{cases} \tag{A.3.16}$$

情形 3　$|\psi_1/2| < \psi_2/2$

$$F_Y(y|\beta)=F'_Y(y|\beta)+F''_Y(y|\beta) \tag{A.3.17}$$

$$F'_Y(y|\beta)=\begin{cases}0, & y<2R\cos\left(\dfrac{\psi_2}{2}\right)\\ 1-\dfrac{2\arccos\left(\dfrac{y}{2R}\right)-\psi_1}{\psi_2-\psi_1}, & 2R\cos\left(\dfrac{\psi_2}{2}\right)\leqslant y\leqslant 2R\\ 1, & y>2R\end{cases} \tag{A.3.18}$$

$$F''_Y(y|\beta)=\begin{cases}0, & y<2R\cos\left(\frac{\psi_1}{2}\right)\\ 1-\dfrac{2\arccos\left(\frac{y}{2R}\right)-\psi_1}{\psi_2-\psi_1}, & 2R\cos\left(\frac{\psi_1}{2}\right)\leqslant y\leqslant 2R\\ 0, & y>2R\end{cases} \tag{A.3.19}$$

y 的概率密度函数为

$$f_Y(y|\beta)=f'_Y(y|\beta)+f''_Y(y|\beta) \tag{A.3.20}$$

$$f'_Y(y|\beta)=\begin{cases}\dfrac{1}{(\psi_2-\psi_1)\sqrt{R^2-\left(\frac{y}{2}\right)^2}}, & 2R\cos\left(\frac{\psi_2}{2}\right)\leqslant y\leqslant 2R\\ 0, & \text{其他}\end{cases} \tag{A.3.21}$$

$$f''_Y(y|\beta)=\begin{cases}\dfrac{-1}{(\psi_2-\psi_1)\sqrt{R^2-\left(\frac{y}{2}\right)^2}}, & 2R\cos\left(\frac{\psi_1}{2}\right)\leqslant y\leqslant 2R\\ 0, & \text{其他}\end{cases} \tag{A.3.22}$$

平均距离 $E[Y|\beta]$ 为

$$E[Y|\beta]=\begin{cases}\displaystyle\int_{2R\cos(\psi_2/2)}^{2R} y\cdot\frac{1}{(\psi_2-\psi_1)\sqrt{R^2-\left(\frac{y}{2}\right)^2}}\mathrm{d}y\\ \displaystyle+\int_{2R\cos(\psi_1/2)}^{2R} y\cdot\frac{-1}{(\psi_2-\psi_1)\sqrt{R^2-\left(\frac{y}{2}\right)^2}}\mathrm{d}y\end{cases} \tag{A.3.23}$$

$$=\left\{\frac{4R}{\psi_2-\psi_1}\left[\sin\left(\frac{\psi_2}{2}\right)-\sin\left(\frac{\psi_1}{2}\right)\right]\right. \tag{A.3.24}$$

对于蜂窝 i ， $d(m,i,j)$ 的平均距离，即移动设备从蜂窝 m 进入蜂窝 i ，再离开蜂窝 i 进入蜂窝 j 的平均距离 $E[Y]$ 的表达式为

$$\begin{aligned}d(m,i,j)=E[Y]&=\int_{\beta_1}^{\beta_2}E[Y|\beta]f_\beta(\beta)\mathrm{d}\beta\\ &=\left\{\int_{\beta_1}^{\beta_2}\frac{1}{\beta_2-\beta_1}\cdot\frac{4R}{\psi_2-\psi_1}\left[\sin\left(\frac{\psi_2}{2}\right)-\sin\left(\frac{\psi_1}{2}\right)\right]\right.\end{aligned} \tag{A.3.25}$$

$$=\begin{cases}\dfrac{8R}{(\omega_2-\omega_1)(\beta_2-\beta_1)}\left[\sin\left(\dfrac{\beta_2-\omega_2}{2}\right)-\sin\left(\dfrac{\beta_1-\omega_1}{2}\right)\right.\\ \qquad\left.-\sin\left(\dfrac{\beta_2-\omega_1}{2}\right)+\sin\left(\dfrac{\beta_1-\omega_2}{2}\right)\right], & \beta_1\geqslant\omega_2\\ \dfrac{8R}{(\omega_2-\omega_1)(\beta_2-\beta_1)}\left[\sin\left(\dfrac{\omega_1-\beta_2}{2}\right)-\sin\left(\dfrac{\omega_1-\beta_1}{2}\right)\right.\\ \qquad\left.-\sin\left(\dfrac{\omega_2-\beta_1}{2}\right)+\sin\left(\dfrac{\omega_2-\beta_1}{2}\right)\right], & \beta_2\leqslant\omega_1\end{cases} \tag{A.3.26}$$

情形 4　$|\psi_1/2|<\psi_2/2$

$$F_Y(y|\beta)=F'_Y(y|\beta)+F''_Y(y|\beta) \tag{A.3.27}$$

$$F'_Y(y|\beta)=\begin{cases}0, & y<2R\cos\left(\dfrac{\psi_2}{2}\right)\\ 1-\dfrac{2\arccos\left(\dfrac{y}{2R}\right)-\psi_1}{\psi_2-\psi_1}, & 2R\cos\left(\dfrac{\psi_1}{2}\right)\leqslant y\leqslant 2R\\ 1, & y>2R\end{cases} \tag{A.3.28}$$

$$F''_Y(y|\beta)=\begin{cases}0, & y<2R\cos\left(\dfrac{\psi_1}{2}\right)\\ 1-\dfrac{2\arccos\left(\dfrac{y}{2R}\right)-\psi_1}{\psi_2-\psi_1}, & 2R\cos\left(\dfrac{\psi_2}{2}\right)\leqslant y\leqslant 2R\\ 0, & y>2R\end{cases} \tag{A.3.29}$$

y 的概率密度函数为

$$f_Y(y|\beta)=f'_Y(y|\beta)+f''_Y(y|\beta) \tag{A.3.30}$$

$$f'_Y(y|\beta)=\begin{cases}\dfrac{-1}{(\psi_2-\psi_1)\sqrt{R^2-\left(\dfrac{y}{2}\right)^2}}, & 2R\cos\left(\dfrac{\psi_1}{2}\right)\leqslant y\leqslant 2R\\ 0, & \text{其他}\end{cases} \tag{A.3.31}$$

$$f''_Y(y|\beta)=\begin{cases}\dfrac{1}{(\psi_2-\psi_1)\sqrt{R^2-\left(\dfrac{y}{2}\right)^2}}, & 2R\cos\left(\dfrac{\psi_2}{2}\right)\leqslant y\leqslant 2R\\ 0, & \text{其他}\end{cases} \tag{A.3.32}$$

平均距离 $E[Y|\beta]$ 为

$$E[Y|\beta]=\left\{\begin{aligned}&\int_{2R\cos(\psi_1/2)}^{2R} y\cdot\frac{-1}{(\psi_2-\psi_1)\sqrt{R^2-\left(\dfrac{y}{2}\right)^2}}\mathrm{d}y\\ &+\int_{2R\cos(\psi_2/2)}^{2R} y\cdot\frac{1}{(\psi_2-\psi_1)\sqrt{R^2-\left(\dfrac{y}{2}\right)^2}}\mathrm{d}y\end{aligned}\right. \tag{A.3.33}$$

$$=\left\{\frac{4R}{\psi_2-\psi_1}\left[\sin\left(\frac{\psi_2}{2}\right)-\sin\left(\frac{\psi_1}{2}\right)\right]\right. \tag{A.3.34}$$

对于蜂窝 i ，$d(m,i,j)$ 的平均距离，即移动设备从蜂窝 m 进入蜂窝 i ，再离开蜂窝 i 进入蜂窝 j 的平均距离 $E[Y]$ 的表达式为

$$\begin{aligned}d(m,i,j)=E[Y]&=\int_{\beta_1}^{\beta_2}E[Y|\beta]f_\beta(\beta)\mathrm{d}\beta\\ &=\left\{\int_{\beta_1}^{\beta_2}\frac{1}{\beta_2-\beta_1}\cdot\frac{4R}{\psi_2-\psi_1}\left[\sin\left(\frac{\psi_2}{2}\right)-\sin\left(\frac{\psi_1}{2}\right)\right]\right.\end{aligned} \tag{A.3.35}$$

$$
=\begin{cases}
\dfrac{8R}{(\omega_2-\omega_1)(\beta_2-\beta_1)}\left[\sin\left(\dfrac{\beta_2-\omega_2}{2}\right)-\sin\left(\dfrac{\beta_1-\omega_1}{2}\right)\right. \\
\qquad\left.-\sin\left(\dfrac{\beta_2-\omega_1}{2}\right)+\sin\left(\dfrac{\beta_1-\omega_2}{2}\right)\right], & \beta_1\geqslant\omega_2 \\
\dfrac{8R}{(\omega_2-\omega_1)(\beta_2-\beta_1)}\left[\sin\left(\dfrac{\omega_1-\beta_2}{2}\right)-\sin\left(\dfrac{\omega_1-\beta_1}{2}\right)\right. \\
\qquad\left.-\sin\left(\dfrac{\omega_2-\beta_1}{2}\right)+\sin\left(\dfrac{\omega_2-\beta_1}{2}\right)\right], & \beta_2\leqslant\omega_1
\end{cases}
\tag{A.3.36}
$$

参考文献

[1] Acampora, A. (1996) Wireless ATM: a perspective on issues and prospects. *IEEE Personal Communications*, **3**, 8–17.

[2] Acampora, A. (1994) An architecture and methodology for mobile-executed handoff in cellular ATM networks. *IEEE Journal on Selected Areas in Communications*, **12**, 1365–1375.

[3] Acharya, A., Li, J., Ansari, F. and Raychaudhuri, D. (1998) Mobility support for IP over wireless ATM. *IEEE Communications Magazine*, **36**, 84–88.

[4] Acharya, A., Li, J., Rajagopalan, B. and Raychaudhuri, D. (1997) Mobility management in wireless ATM networks. *IEEE Communications Magazine*, **35**, 100–109.

[5] Akyildiz, I.F., McNair, J., Ho, J.S.M. *et al.* (1998) Mobility management in current and future communication networks. *IEEE Network Magazine*, **12**, 39–49.

[6] Akyildiz, I.F. and Ho, J.S.M. (1996) On location management for personal communications networks. *IEEE Communications Magazine*, **34**, 138–145.

[7] Akyildiz, I.F., Ho, J.S.M. and Lin, Y.B. (1996) Movement-based location update and selective paging for PCS networks. *IEEE/ACM Transactions on Networking*, **4**, 629–636.

[8] Akyildiz, I.F. and Ho, J.S.M. (1995) Dynamic mobile user location update for wireless PCS networks. *ACM-Baltzer Journal of Wireless Networks*, **1** (2), 187–196.

[9] Akyol, B. and Cox, D. (1996) Re-routing for handoff in a wireless ATM network. *IEEE Personal Communications*, **3**, 26–33.

[10] Anantharam, V., Honig, M.L., Madhow, U. and Wei, V.K. (1994) Optimization of a database hierarchy for mobility tracking in a personal communications network. *Performance Evaluation*, **20** (1–3), 287–300.

[11] Ayanoglu, E., Eng, K. and Karol, M. (1996) Wireless ATM: limits, challenges, and proposals. *IEEE Personal Communications*, **3**, 19–34.

[12] Bar-Noy, A., Kessler, I. and Sidi, M. (1996) Topology-based tracking strategies for personal communication networks. *ACM-Baltzer Journal of Mobile Networks and Applications (MONET)*, **1** (1), 49–56.

[13] Bar-Noy, A., Kessler, I. and Sidi, M. (1995) Mobile users: to update or not to update? *ACM-Baltzer Journal of Wireless Networks*, **1** (2), 175–186.

[14] Dolev, S., Pradhan, D.K. and Welch, J.L. (1996) Modified tree structure for location management in mobile environments. *Computer Communications*, **19** (4), 335–345.

[15] Dosiere, F., Zein, T., Maral, G. and Boutes, J.P. (1993) A model for the handover traffic in low earth-orbiting (LEO) satellite networks for personal communications. *International Journal of Satellite Communications*, **11**, 145–149.

[16] Efthymiou, N., Hu, Y.F. and Sheriff, R. (1998) Performance of inter-segment handover protocols in an integrated space/terrestrial-UMTS environment. *IEEE Transactions on Vehicular Technology*, **47**, 1179–1199.

[17] Guarene, E., Fasano, P. and Vercellone, V. (1998) IP and ATM integration perspectives. *IEEE Communications Magazine*, **36**, 74–80.

[18] Ho, J.S.M. and Akyildiz, I.F. (1997) Dynamic hierarchical data-base architecture for location management in PCS networks. *IEEE/ACM Transactions on Networking*, **5** (5), 646–661.

[19] Ho, J.S.M. and Akyildiz, I.F. (1996) Local anchor scheme for reducing signaling cost in personal communication networks. *IEEE/ACM Transactions on Networking*, **4** (5), 709–726.

[20] Ho, J.S.M. and Akyildiz, I.F. (1995) A mobile user location update and paging mechanism under delay constraints. *ACM-Baltzer Journal of Wireless Networks*, **1** (4), 413–425.

[21] Hong, D. and Rappaport, S. (1986) Traffic model and performance analysis for cellular mobile radio telephone systems with prioritized and nonprioritized handoff procedures. *IEEE Transactions on Vehicular Technology*, **35**, 77–92.

[22] Hu, L.-R. and Rappaport, S. (1997) Adaptive location management scheme for global personal communications. *Proceedings of the IEEE Communications*, **144** (1), 54–60.

[23] Chih-Lin, I., Pollini, G.P. and Gitlin, R.D. (1997) PCS mobility management using the reverse virtual call setup algorithm. *IEEE/ACM Transactions on Networking*, **5**, 13–24.

[24] Jain, R. and Lin, Y.B. (1995) An auxiliary user location strategy employing forwarding pointers to reduce network impact of PCS. *ACM-Baltzer Journal of Wireless Networks*, **1** (2), 197–210.

[25] Jain, R., Lin, Y.B. and Mohan, S. (1994) A caching strategy to reduce network impacts of PCS. *IEEE Journal on Selected Areas in Communications*, **12**, 1434–1444.

[26] Johnson, D. and Maltz, D. (1996) Protocols for adaptive wireless and mobile networking. *IEEE Personal Communications*, **3**, 34–42.

[27] Kim, S.J. and Lee, C.Y. (1996) Modeling and analysis of the dynamic location registration and paging in microcellular systems. *IEEE Transactions on Vehicular Technology*, **45**, 82–89.

[28] Krishna, P., Vaidya, N. and Pradhan, D.K. (1996) Static and adaptive location management in mobile wireless networks. *Computer Communications*, **19** (4), 321–334.

[29] Li, B., Jiang, S. and Tsang, D. (1997) Subscriber-assisted handoff support in multimedia PCS. *Mobile Computing and Communications Review*, **1** (3), 29–36.

[30] Lin, Y.B. (1997) Paging systems: network architectures and inter-faces. *IEEE Network*, **11**, 56–61.

[31] Lin, Y.B. (1997) Reducing location update cost in a PCS network. *IEEE/ACM Transactions on Networking*, **5**, 25–33.

[32] Lin, Y.-B. and Chlamtac, I. (1996) Heterogeneous personal communication services: integration of PCS systems. *IEEE Communications Magazine*, **34**, 106–113.

[33] Lin, Y.B., Li, F.C., Noerpel, A. and Kun, I.P. (1996) Performance modeling of multitier PCS system. *International Journal of Wireless Information Networks*, **3** (2), 67–78.

[34] Lin, Y.B. and DeVries, S.K. (1995) PCS network signaling using SS7. *IEEE Communications Magazine*, **33**, 44–55.

[35] Lin, Y.B. (1994) Determining the user locations for personal communications services networks. *IEEE Transactions on Vehicular Technology*, **43**, 466–473.

[36] Markoulidakis, J., Lyberopoulos, G., Tsirkas, D. and Sykas, E. (1997) Mobility modeling in third-generation mobile telecommunications systems. *IEEE Personal Communications*, **4**, 41–56.

[37] Marsan, M., Chiasserini, C.-F., Lo Cigno, R. *et al.* (1997) Local and global handovers for mobility management in wireless ATM networks. *IEEE Personal Communications*, **4**, 16–24.

[38] Modarressi, A.R. and Skoog, R.A. (1990) Signaling system 7: a tutorial. *IEEE Communications Magazine*, **28**, 19–35.

[39] Mohan, S. and Jain, R. (1994) Two user location strategies for personal communications services. *IEEE Personal Communications*, **1**, 42–50.

[40] Pandya, R., Grillo, D., Lycksell, E. *et al.* (1997) IMT-2000 standards: network aspects. *IEEE Personal Communications*, 20–29.

[41] Perkins, C.E. (1998) *Mobile IP: Design Principles and Practices*, (Addison-Wesley Wireless Communications Series), Addison Wesley, Reading, MA.

[42] Perkins, C.E. (1997) IP mobility support version 2, Internet Engineering Task Force, Internet draft, draft-ietf-mobileip-v2-00.text, November 1997.

[43] Perkins, C. (1997) Mobile IP. *IEEE Communications Magazine*, **35**, 84–99.

[44] Perkins, C. (1996) Mobile-IP local registration with hierarchical foreign agents, Internet Engineering Task Force, Internet draft, draft-perkins-mobileip-hierfa-00.txt, February 1996.

[45] Rajagopalan, B. (1997) An overview of ATM forum's wireless ATM standards activities. *ACM Mobile Computing and Communications Review*, **1** (3).

[46] Rajagopalan, B. (1996) Mobility management in integrated wireless-ATM networks. *ACM-Baltzer Journal of Mobile Networks Applications (MONET)*, **1** (3), 273–285.

[47] del Re, E. (1996) A coordinated European effort for the definition of a satellite integrated environment for future mobile communications. *IEEE Communications Magazine*, **34**, 98–104.

[48] Rose, C. (1999) State-based paging/registration: a greedy technique. *IEEE Transactions on Vehicular Technology*, **48**, 166–173.

[49] Rose, C. and Yates, R. (1997) Ensemble polling strategies for in-creased paging capacity in mobile communication networks. *ACM/Baltzer Wireless Networks Journal*, **3** (2), 159–167.

[50] Rose, C. and Yates, R. (1997) Location uncertainty in mobile networks: a theoretical framework. *IEEE Communications Magazine*, **35**, 94–101.

[51] Rose, C. (1996) Minimizing the average cost of paging and registration: a timer-based method. *ACM-Baltzer Journal of Wireless Networks*, **2** (2), 109–116.

[52] Rose, C. and Yates, R. (1995) Minimizing the average cost of paging under delay constraints. *ACM-Baltzer Journal of Wireless Networks*, **1** (2), 211–219.

[53] Tabbane, S. (1997) Location management methods for 3rd generation mobile systems. *IEEE Communications Magazine*, **35**, 72–78.

[54] Toh, C.-K. (1997) A unifying methodology for handovers of heterogeneous connections in wireless ATM networks. *ACM SIGCOMM Computer Communication Review*, **27** (1), 12–30.

[55] Toh, C.-K. (1996) A hybrid handover protocol for local area wireless ATM networks. *ACM-Baltzer Journal of Mobile Networks Applications (MONET)*, **1** (3), 313–334.

[56] Veeraraghavan, M. and Dommetry, G. (1997) Mobile location management in ATM networks. *IEEE Journal on Selected Areas in Communications*, **15**, 1437–1454.

[57] Veeraraghavan, M., Karol, M. and Eng, K. (1997) Mobility and connection management in a wireless ATM LAN. *IEEE Journal on Selected Areas in Communications*, **15**, 50–68.

[58] Wang, J.Z. (1993) A fully distributed location registration strategy for universal personal communication systems. *IEEE Journal on Selected Areas in Communications*, **11**, 850–860.

[59] Werner, M., Delucchi, C., Vogel, H.-J. *et al.* (1997) ATM-based routing in LEO/MEO satellite networks with intersatellite links. *IEEE Journal on Selected Areas in Communications*, **15**, 69–82.

[60] Werner, M., Jahn, A., Lutz, E. and Bottcher, A. (1995) Analysis of system parameters for LEO/ICO-satellite communication net-works. *IEEE Journal on Selected Areas in Communications*, **13**, 371–381.

[61] Yates, R., Rose, C., Rajagopalan, B. and Badrinath, B. (1996) Analysis of a mobile-assisted adaptive location management strategy. *ACM-Baltzer Journal of Mobile Networks Applications (MONET)*, **1** (2), 105–112.

[62] Yenerand, A. and Rose, C. (1998) Highly mobile users and paging: optimal polling strategies. *IEEE Transactions on Vehicular Technology*, **47**, 1251–1257.

[63] Wilson, D.R. (1992) Signaling system no. 7, IS-41 and cellular telephony networking. *Proceedings of the IEEE*, **80**, 664–652.

[64] Perkins, C. and Johnson, D. (1997) Route optimization in mobile IP, Internet Engineering Task Force, Internet draft, draft-ietf-mobileip-optom-07.txt, November 20, 1997.

[65] Calhoun, P. and Perkins, C. (1997) Tunnel establishment protocol, Internet Engineering Task Force, Internet draft, draft-ietfmobileip-calhoun-tep-00.txt, November 21, 1997.

[66] Troxel, G. and Sanchez, L. (1997) Rapid authentication for mobile IP, Internet Engineering Task Force, Internet draft, draft-ietf-mobileip-ra-00.txt, December 1997.

[67] Yuan, R., Biswas, S.K., French, L.J. *et al.* (1996) A signaling and control architecture for mobility support. *ACM-Baltzer Journal of Mobile Networks Applications (MONET)*, **1** (3), 287–298.

[68] Johnsson, M. (1999) Simple mobile IP, Internet Engineering Task Force, Internet-draft, Ericsson, draft-ietf-mobileip-simple-00.txt, March 1999.

[69] Becker, C.B., Patil, B., and Qaddoura, E. (1999) IP mobility architecture framework, Internet Engineering Task Force, Internet draft, draft-ietf-mobileip-ipm-arch-00.txt, March 1999.

[70] Benedetto, J.M. (1998) Economy-class ion-defying IC's in orbit. *IEEE Spectrum*, **35**, 36–41.

[71] Lutz, E. (1998) Issues in satellite personal communication systems. *ACM Journal of Wireless Networks*, **4** (2), 109–124.

[72] Miller, B. (1998) Satellite free mobile phone. *IEEE Spectrum*, **35**, 26–35.

[73] Ananasso, F. and Priscoli, F.D. *Issues on the Evolution Toward Satellite Personal Communication Networks*. Proceedings of the GLOBECOM'95, London, pp. 541–545.

[74] del Re, E., Fantacci, R. and Giambene, G. (1996) Call blocking performance for dynamic channel allocation technique in future mobile satellite systems. *Proceedings of the Institution of Electrical Engineers Communications*, **143** (5), 289–296.

[75] Hong, D. and Rappaport, S.S. (1986) Traffic model and performance analysis for cellular mobile radio telephone systems with prioritized and non-prioritized handoff procedures. *IEEE Transactions on Vehicular Technology*, **VT-35** (3), 77–92.

[76] CEAS (1999) CEAS Technical Report No. 773, June 1, 1999, College of Engineering and Applied Sciences, State University of New York, Stony Brook, NY.

[77] Acampora, A. and Naghshineh, M. (1994) Control and quality-of-service provisioning in high speed microcellular networks. *IEEE Personal Communications*, **1**, 36–42.

[78] Levine, D., Akyildiz, I. and Naghshineh, M. (1997) Resource estimation and call admission algorithm for wireless multimedia using the shadow cluster concept. *IEEE/ACM Transactions on Networking*, **5** (1), 1–12.

[79] Bharghavan, V. and Mysore, J. (1997) *Profile Based Next-Cell Prediction in In-door Wireless LANs*. Proceedings of the IEEE Singapore International Conference on Networking, April 1997, pp. 147–152.

[80] Liu, G. and Maguire, G.Q. Jr. (1995) Transmit Activity and Intermodal Route Planner. Technical Report 95/7, Royal Institute of Technology, February 1995, Stockholm, Sweden.

[81] Bahl, P., Liu, T. and Chlamtac, I. (1998) Mobility modeling, location tracking, and trajectory prediction in wireless ATM networks. *IEEE Journal on Selected Areas in Communications*, **16**, 922–937.

[82] Aljadhai, A. and Znati, T. (1999) *A Framework for Call Admission Control and QoS Support in Wireless networks*. Proceedings of the INFOCOM99, vol. **3**, March 1999, New York, pp. 1014–1026.

[83] Aljadhai, A. and Znati, T. (1997) *A Predictive Bandwidth Allocation Scheme for Multimedia Wireless Networks*. Proceedings of the Conference Communication Networks and Distributed Systems Modeling and Simulation, January 1997, Phoenix, AZ, pp. 95–100.

[84] Aljadhai, A.R. and Znati, T.F. (2001) Predictive mobility support for QoS provisioning in mobile wireless environments. *IEEE Journal On Selected Areas in Communications*, **19** (10), 1915–1931.

[85] Talukdar, A., Badrinath, B.R., and Acharya, A. (1997) *On Accommodating Mobile Hosts in an Integrated Services Packet Network*. Proceedings of the IEEE IN-FOCOM, vol. **3**, April 1997, Kobe, Japan, pp. 1046–1053.

[86] Dreyfus, S.E. (1969) An appraisal of some shortest-path algorithms. *Operations Research*, **17**, 395–412.

第 4 章　ad hoc 网络

4.1　路由协议

无线自组织网络由移动节点组成，不需要固定的基础设施，也称为移动 ad hoc 网络（MANET）。这些网络的特点是具有动态拓扑结构。换句话说，节点可以加入或离开网络，也可以改变传输的范围，每个节点都充当一个路由器。由于采用无线通信方式，链路会受到带宽和可变容量的限制。此外，节点的发射范围受限、能量受限且物理安全受限。介质访问控制（MAC）和网络协议是分布式的。而且，由于使用复杂的路由协议，每个节点的传输开销和处理负载都很大。

动态拓扑如图 4.1.1 所示。节点的可移动性形成了一个动态拓扑，也就是节点之间链路的变化是关于彼此距离、部署的区域特征、发射功率的函数。在 ad hoc 网络中，节点的移动性和可重构性对路由协议的设计产生了很大的影响。MANET 主要用于军事、救援和场景复原等领域。在诸如办公室这样的区域，MANET 可用于建造 WLAN、本地网络、机器人网络、传感器网络和个人区域网络。此外，MANET 还可用于游戏、自然环境、野生动物和微型气候监测等领域无线设备的连接。

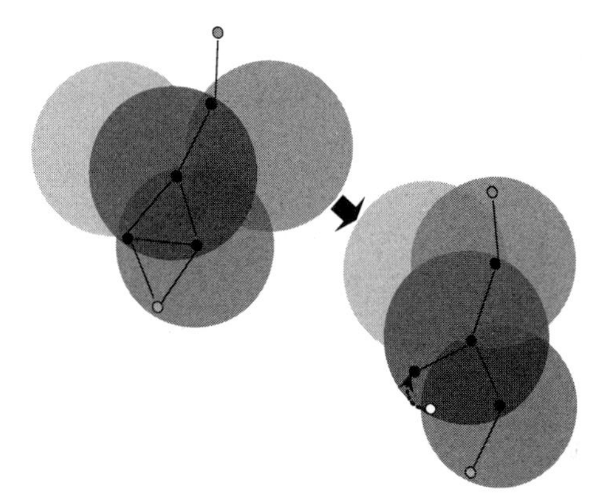

图 4.1.1　动态拓扑

基于 MANET 的上述特点，路由协议应该是分布式的，既包括单向链路，又包括双向链路，具有高效、安全的特点。其性能指标包括：

1. 数据吞吐量，即网络如何将数据包从源端发送到目的地。
2. 时延，如数据包传输的端到端时延。
3. 开销成本，即每个节点产生的控制包的平均成本。
4. 功耗，也就是每个节点消耗的平均功率。

针对上述性能指标，我们考虑两类路由协议，即先验式和反应式路由协议。先验式路由协议维护网络到其他每个节点的路由。这是一个表驱动路由协议，其定期的表更新会带来巨大的开销。另一方面，如果在路由搜索中没有时延，这就意味着数据可以立即发送。缺点是大多数路由信息可能永远不会使用。这类协议适用于高流量网络，而且通常基于 Bellman-Ford 算法。反应式路由协议只维护到所需节点的路由。由于泛洪路由的存在，寻找路径的成本是昂贵的。

由于路由协议的性质，在传输数据之前可能会存在时延。这类协议可能不适合实时应用，但对于中低流量的通信网络来说，效果还是很好的（见图 4.1.2 和图 4.1.3）。当网络拓扑改变时，两个协议的表现就会有所不同，如图 4.1.4（a）和（b）所示。先验式/按时协议必须等待传输、处理和构建新的路由表，反应式/按需协议则发送一个新的路由请求，并独立地找到一个新的路由。

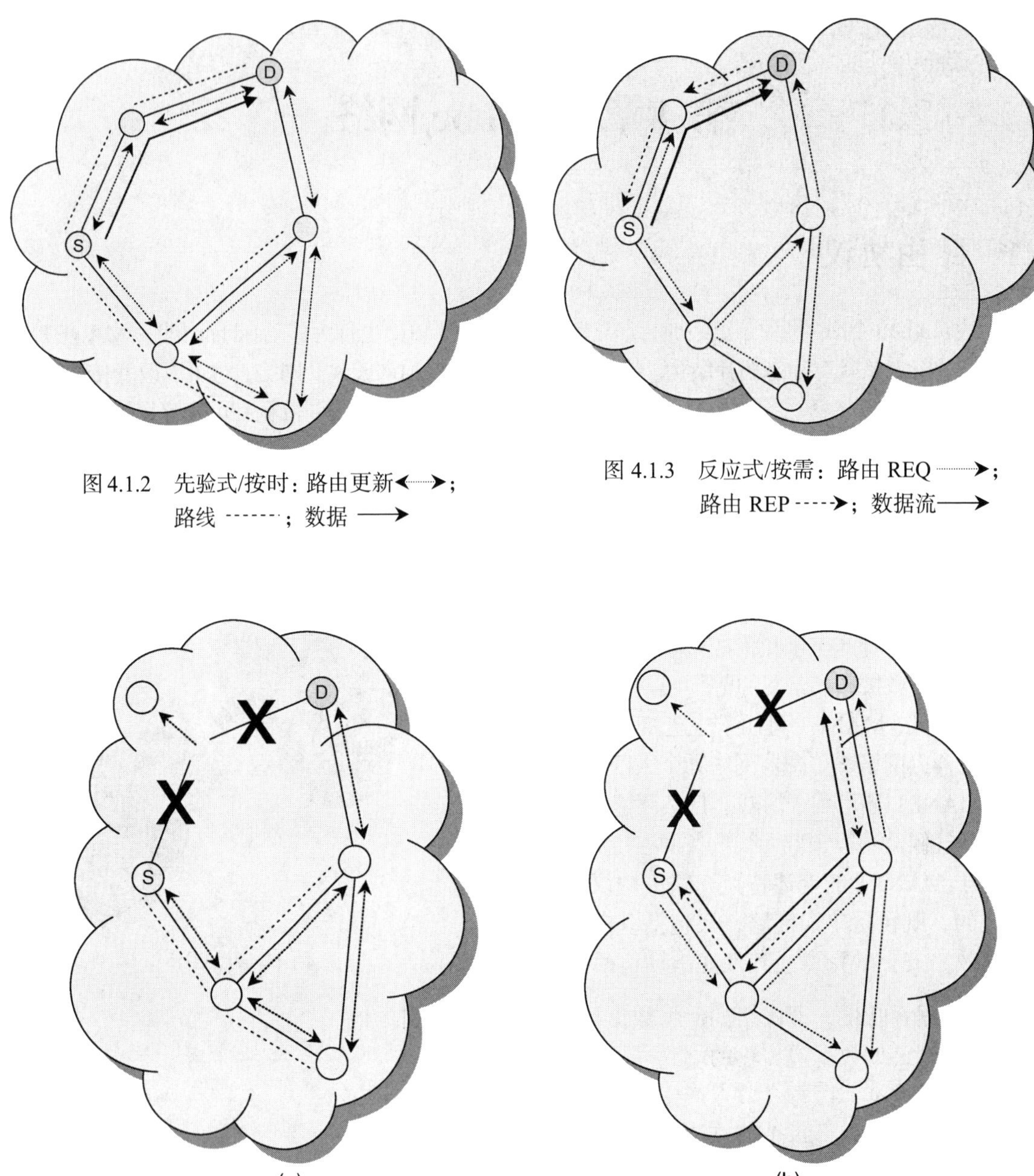

图 4.1.2 先验式/按时：路由更新 ⟷；路线 ------；数据 ⟶

图 4.1.3 反应式/按需：路由 REQ ┈┈➤；路由 REP ----➤；数据流⟶

图 4.1.4 (a)拓扑变化时的先验式/按时协议操作；(b)拓扑变化时的反应式/按需协议操作

4.1.1 ad hoc 路由协议

文献[1-36]讨论了 ad hoc 路由协议的分类，如图 4.1.5 所示。其中，表驱动路由协议试图维护网络中每个节点到其他所有节点一致的、最新的路由信息。这些协议要求每个节点维护一个或多个表来存储路由信息，并且通过在整个网络中广播更新信息来响应网络拓扑的变化，从而维护具有一致性的网络视图。这些表驱动路由协议的不同之处，在于所需的路由相关表的数量，以及应对网络架构变化的方法。本节首先讨论一些现有的表驱动路由协议。

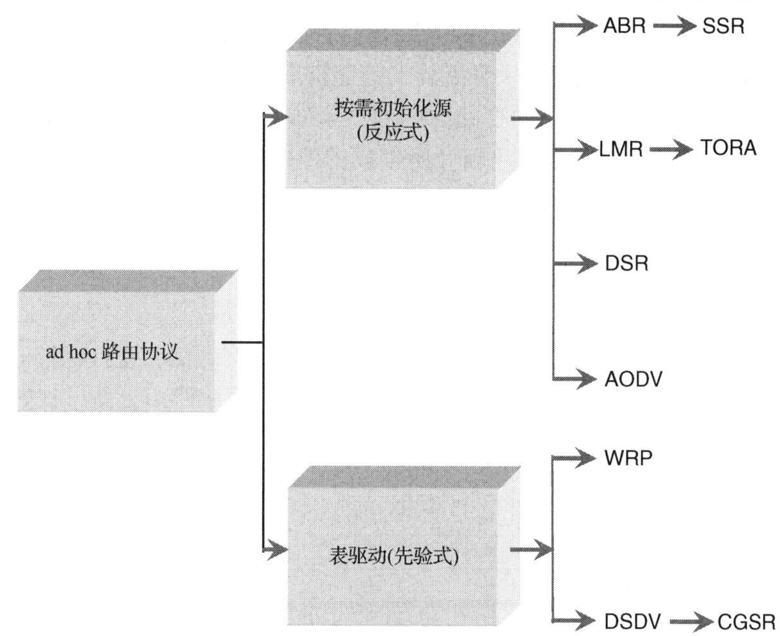

图 4.1.5　ad hoc 路由协议的分类：ABR，基于关联性的路由；AODV，ad hoc 按需距离向量；CGSR，簇头网关交换路由；DSDV，目标序列距离向量；DSR，动态源路由；LMR，轻量级移动路由；SSR，信号稳定性路由；TORA，时间顺序路由算法；WRP，无线路由协议

目标序列距离向量(DSDV)协议　传统的距离向量算法基于第 2 章讨论的经典 Bellman-Ford 算法。该算法有一个缺点，即可能产生路由回路。为了消除或最小化回路的形成，节点之间需要经常协调和通信。如果存在频繁的拓扑变化，则该算法就会出现问题。路由信息协议(RIP)就是基于此算法。由于它不是为 ad hoc 网络情形设计的，因此 RIP 在 ad hoc 网络中的应用是有限的。DSDV 协议的目标是保持 RIP 的简易性，避免在移动无线环境中出现回路问题。DSDV 的主要特点如下：

- 路由表保留到每个网络节点的跳数记录。
- 每个路由表记录都带有一个由目标节点发起的序列号。
- 在有重要的新信息产生时，节点周期性地将路由表发送给它的相邻节点(邻居)。
- 路由信息通常使用广播或组播的模式进行传输。

路由表记录的内容包括:

1. 目标节点地址。
2. 到达每个目标节点所需的跳数。
3. 经过的路径路由信息序列，由目标节点标记的时间戳。

在数据包包头，发送端路由表通常包含节点的硬件地址、网络地址和路由传输序列号。从相邻节点接收到消息并不能直接表明与此邻居存在双向链路。节点不允许直接通过相邻节点进行路由，直到该邻居也表明该节点也是它的邻居。这意味着 DSDV 算法只能用于双向链路。

广播路由数据包之间的时间间隔是一个重要参数。然而，当移动节点接收到任何新的路由信息时，我们希望更新的路由信息传输得越快越好。

在 ad hoc 网络中，链路断开是正常的。如果在一段时间内没有收到来自邻居的传输，则由 MAC 层检测或推断它们的情况。一个断开的链路被赋予一个∞的度量(跳数)和一个更新的序列号。一个断开的链路会造成路由变化，因此这个新的路由信息会立即被广播给所有的邻居。在传播新的路由信息，特别是链路断开所生成的路由信息时，为了避免大量的传输开销，可使用两种类型的路由数据包，如下所示。

1. 完全转储：携带所有可用信息。
2. 增量：只携带在最后一次转储后所更改的信息。

当节点接收到新的路由数据包时，会将信息与节点上已有的信息进行比较，且总是使用具有较新序列号的路由。对于新计算的路径，将会立即安排广播。路由更新过程如图 4.1.6 所示。

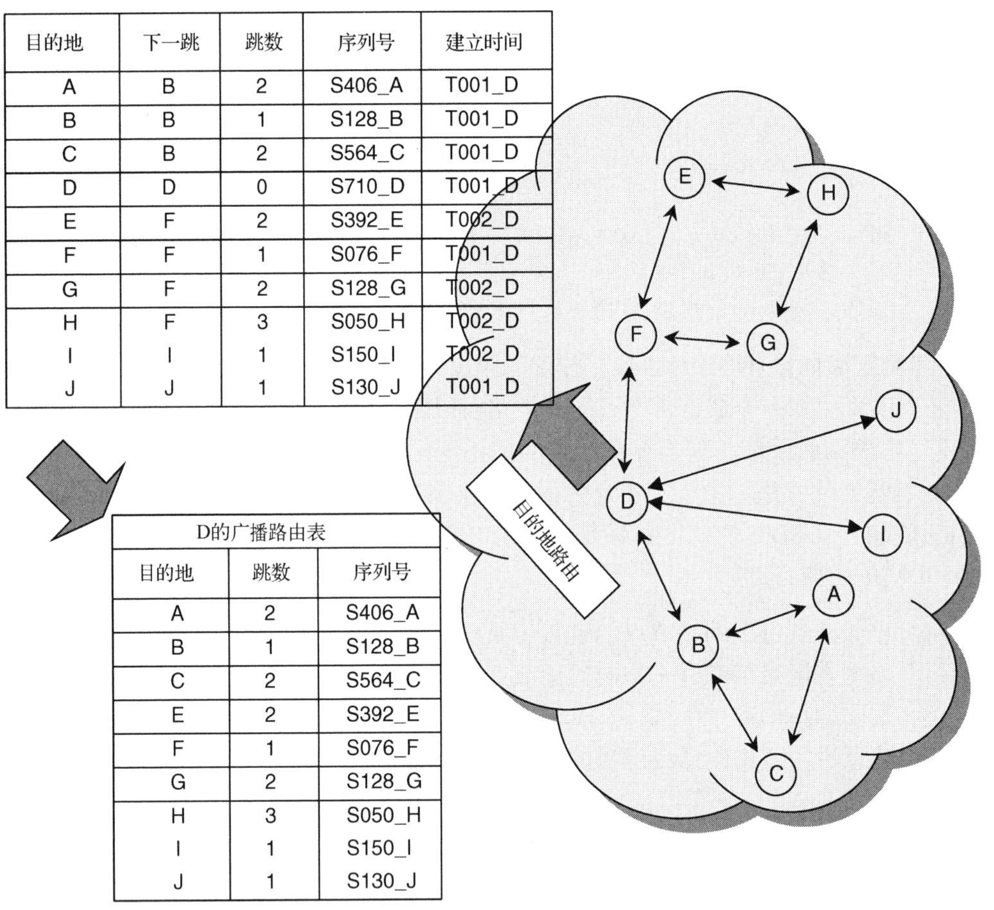

目的地	下一跳	跳数	序列号	建立时间
A	B	2	S406_A	T001_D
B	B	1	S128_B	T001_D
C	B	2	S564_C	T001_D
D	D	0	S710_D	T001_D
E	F	2	S392_E	T002_D
F	F	1	S076_F	T001_D
G	F	2	S128_G	T002_D
H	F	3	S050_H	T002_D
I	I	1	S150_I	T002_D
J	J	1	S130_J	T001_D

D的广播路由表		
目的地	跳数	序列号
A	2	S406_A
B	1	S128_B
C	2	S564_C
E	2	S392_E
F	1	S076_F
G	2	S128_G
H	3	S050_H
I	1	S150_I
J	1	S130_J

跳数（到达目的地的跳数）
序列号（接收的路由的新鲜度），用于避免路由环路
建立时间（指示何时建立了接收的路由），用于抑制路由波动

图 4.1.6　路由更新过程

当 A 的移动被邻居 G 和 H 检测到时，将会导致这些节点广播它们更新的路由信息(增量更新)。在接收到此更新后，F 将更新自己的路由表并广播新信息。当 D 接收这个更新后，会执行它的路由表更新。相关步骤如图 4.1.7 所示。

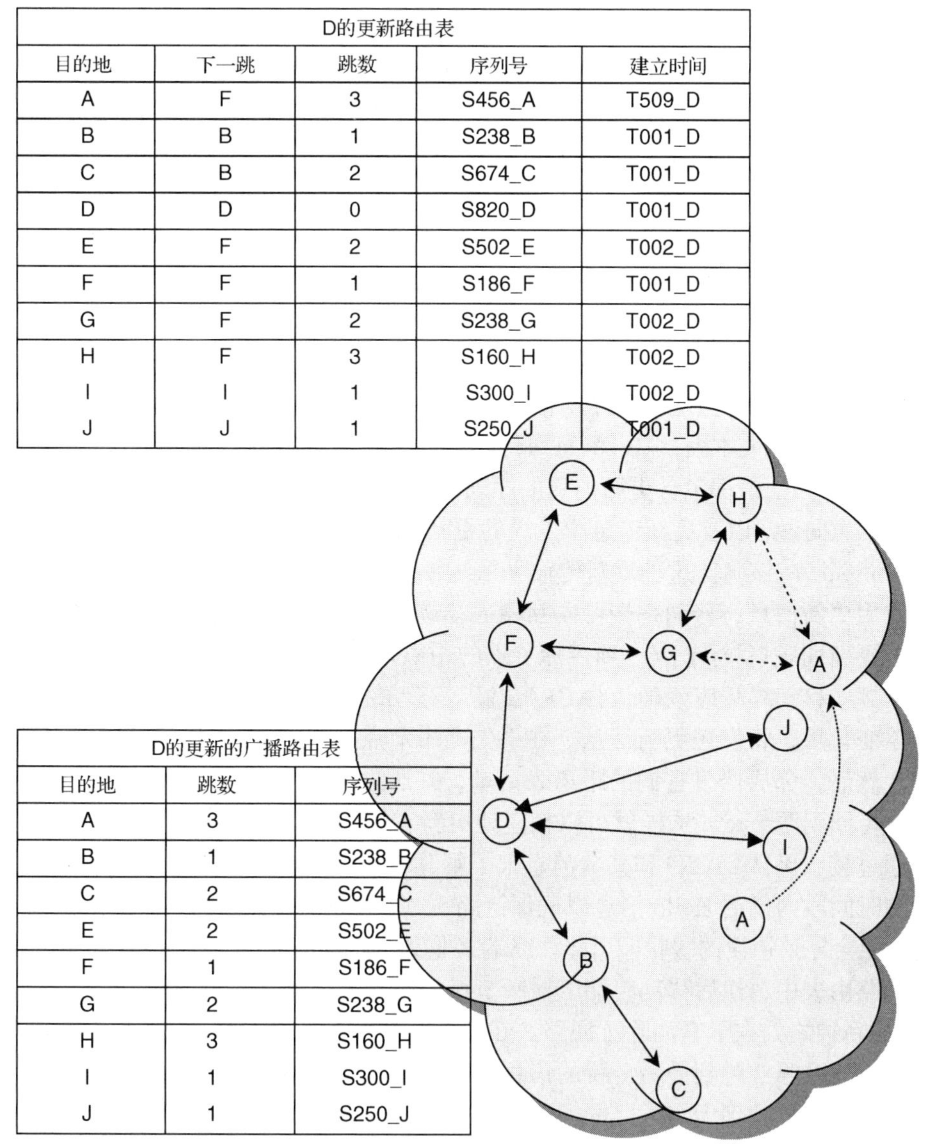

D的更新路由表				
目的地	下一跳	跳数	序列号	建立时间
A	F	3	S456_A	T509_D
B	B	1	S238_B	T001_D
C	B	2	S674_C	T001_D
D	D	0	S820_D	T001_D
E	F	2	S502_E	T002_D
F	F	1	S186_F	T001_D
G	F	2	S238_G	T002_D
H	F	3	S160_H	T002_D
I	I	1	S300_I	T002_D
J	J	1	S250_J	T001_D

D的更新的广播路由表		
目的地	跳数	序列号
A	3	S456_A
B	1	S238_B
C	2	S674_C
E	2	S502_E
F	1	S186_F
G	2	S238_G
H	3	S160_H
I	1	S300_I
J	1	S250_J

图 4.1.7　A 移动后的路由更新过程

簇头网关交换路由（CGSR）协议　CGSR 协议在寻址类型和网络组织方案方面与前面的协议不同。CGSR 不是一个"平坦的"网络，而是带有若干探测式路由方案的一个簇的多跳移动无线网络[4]。后面我们将看到，通过一个簇头控制一组 ad hoc 节点，可以实现一个用于代码分离（在簇中）、通道访问、路由和带宽分配的框架。一种簇头选择算法是利用簇中的分布式算法来选择一个节点作为簇头。使用簇头方案的缺点是，频繁的簇头更改可能会对路由协议性能产生不利影响，因为簇头的选择操作会比数据包的中继操作更频繁。因此，在每次簇成员改变时，都没有调用算法重新选择簇头，而是引入了最小簇变化（LCC）算法。在使用 LCC 算法时，只有当两个簇头交汇时，或者当一个节点移出所有其他簇头的交汇时，簇头才会发生变化。

CGSR 使用 DSDV 作为底层路由方案，因此与 DSDV 有很多相似的地方。但是它改进了 DSDV，采用分级的簇头到网关的路由方式将流量从源端传送到目的端。网关节点是在两个或多个簇头的通信范围内的节点。一个节点发送的数据包首先被路由到它的簇头，然后数据包从簇头被路由到另一个簇头的网关，直至到达目标节点的簇头。然后，数据包被传送到目标节点。使用这种方法，每个节点必须维护一个“簇成员表”，存储网络中每个移动节点的目标簇头。这些簇成员表由每个节点周期性地使用 DSDV 算法进行广播。节点在接收到来自邻居的此类表时会更新簇成员表。

除了簇成员表，每个节点还必须维护一个路由表，该表用于确定下一跳，以便到达目标节点。在接收到一个数据包时，节点将查询其簇成员表和路由表，以确定离目标节点最近的簇头。接下来，节点将检查其路由表，以确定到达所选簇头的下一跳，然后将数据包发送到该节点。

无线路由协议(WRP) 在文献[5]中描述的无线路由协议(WRP)是一种基于表的协议，其目的是维护网络中所有节点之间的路由信息。网络中的每个节点负责维护四个表：(i)远程表；(ii)路由表；(iii)链路成本表；(iv)消息重传名单(MRL)表。

MRL 的每一条记录都包含更新消息的序列号、一个重传计数器、每个邻居有一个入口的请求所需的标志向量，以及更新消息中发送的更新列表。在更新消息中更新的 MRL 记录需要重新传输，而邻居应该确认这种重新传输[5]。

通过使用更新消息，移动终端可以互相通知链路的变化。更新消息仅在邻居之间发送，并包含一个更新列表(目标节点，到目标节点的距离，目标节点的前一节点)，以及一个响应列表，指示哪些移动终端应该确认(ACK)更新。移动终端在处理邻居的更新信息或者检测到邻居的链路变化后，将发送更新信息。在丢失两个节点之间的链路时，节点会向其邻居发送更新消息。然后，邻居修改它们的距离表记录，并通过其他节点检查新的可能路径。任何新的路径都被传回到源节点，这样就可以相应地更新它们的表。

节点通过接收确认(ACK)和其他消息来了解其邻居的存在。如果节点不发送消息，则必须在指定的时间段内发送 Hello 消息以确保链路正常。否则，缺少来自节点的消息表明该链路失效，这可能会导致错误的警报。当移动终端接收到来自新节点的 Hello 消息时，新节点将被添加到移动路由表中，然后移动终端广播新节点的路由表信息副本。

WRP 的新颖之处在于它消除了回路。在 WRP 中，路由节点在无线网络中为每个目标节点传输距离信息及第 2 跳到最后一跳的信息。WRP 属于路径搜索算法，但它有一个重要的特性，即它避免了“计数到无穷大”的问题[6]，这也在第 2 章进行了讨论。WRP 强制每个节点对其所有邻居报告的该节点的前一节点进行一致性检查。这最终(虽然不是即时的)消除了回路情况，并在出现链路失效时，提供了更快的路由汇聚。

4.1.2 反应式协议

动态源路由(DSR)协议 在这种情况下，每个数据包都带有路由序列。中间节点可以试着“听取”业务流量[路由请求包(RREQ)，路由应答包(RREP)，数据(DATA)]的路由，不定期地发送路由数据包。该系统可以在路由应答时承载路由请求，并且必须使用链路层反馈来查找断开的链路。为了发送一个数据包，发送者在数据包包头中需构造一个源路由。

源路由包含每个主机的地址，数据包应通过该地址转发到其目标节点。ad hoc 网络中的每个主机都维护一个路由缓存，其中存储了它所了解的源路由。路由缓存中的每条记录都有一个过期时间，过期后将删除该记录。如果发送者没有到达目标节点的路由，则尝试使用路由发现过程来查找。这个过程如图 4.1.8、图 4.1.9 和图 4.1.10 所示。在等待路由发现过程完成时，发送者继续发送和接收其他主机的数据包。每个主机使用一个路径维护过程来监视路径的正确操作。

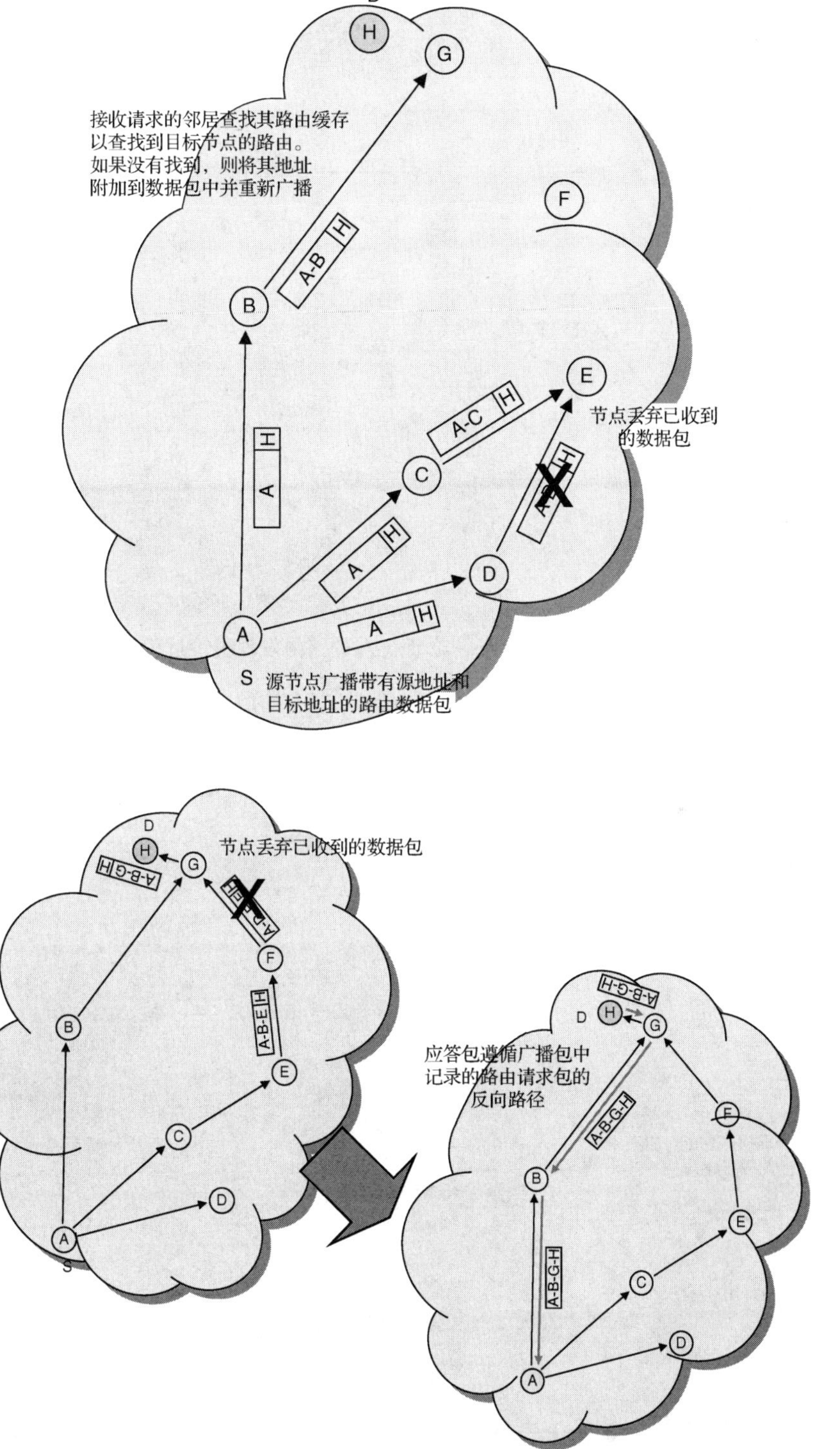

图 4.1.8　DSR——路由发现

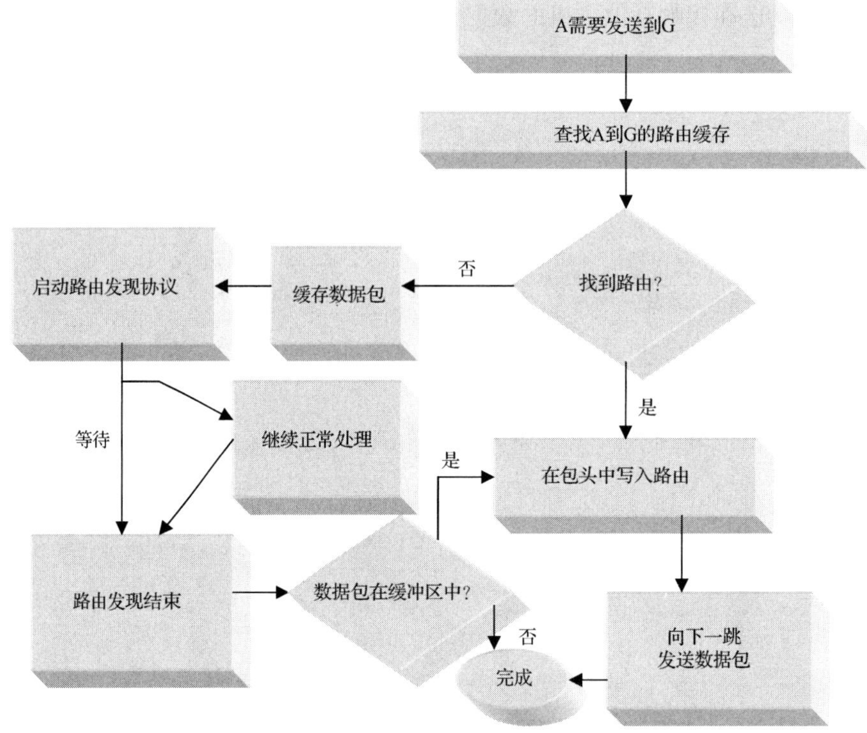

图 4.1.9　DSR——源节点 A 的路由发现决策过程

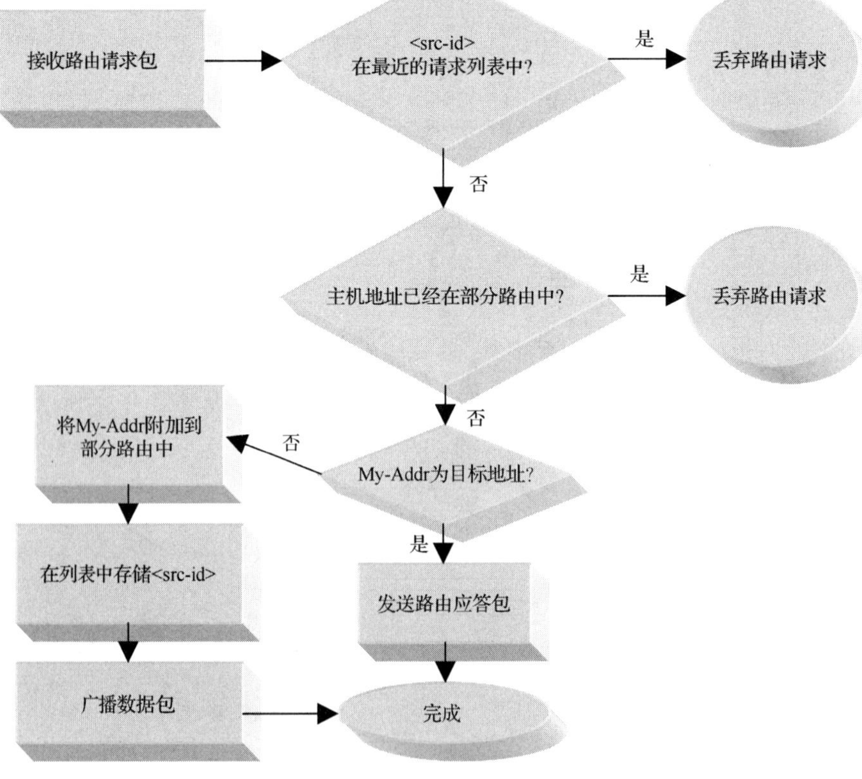

图 4.1.10　DSR——中间节点处的路由发现决策过程

通常，链路层有一种检测链路故障的机制。当检测到链路故障时，主机将路由错误包(RERR)发送到该数据包的原始发送方。路由错误包带有检测到故障的主机地址及试图发送数据包的主机地址。当一台主机接收到路由错误包时，从主机的路由缓存中删除错误的跳，而且所有包含此跳的路由都在该点被截断。

为了返回路由错误包，主机在其路由缓存中使用一条路由以到达数据包的原始发送方。如果主机没有路由，则可以反向传输由于链路错误而无法转发的数据包中携带的路由信息。之后，假设只使用双向链路进行路由。返回路由错误包的另一种方式是执行路由发现过程，以找到原始发送方的路由并使用该路由。有以下几种优化方法可以减少流量开销。

路由缓存　在路由发现和维护过程中，主机直接或间接地接收关于路由到其他主机的信息，从而尽可能地减少将来搜索信息的需求。例如，在图 4.1.11 所示的 ad hoc 网络中，假设节点 A 对 E 进行路由发现操作。由于主机 B、C 和 D 都在到 E 的路由上，因此主机 A 还学习了到达 B、C 和 D 的路由。同样，这些“中间主机”通过查看路由应答包的内容，了解了路由之间的相互关系。

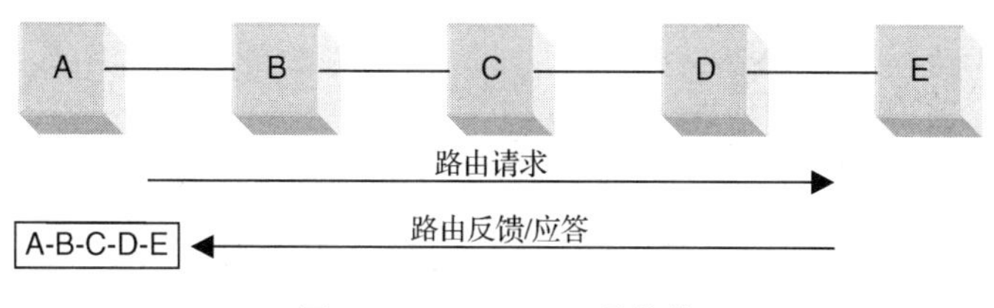

图 4.1.11　DSR——最优化

捎带路由发现　在没有路由可以到达目标节点时，为了最小化发送一个数据包的时延，需要一个路由发现过程，并且可以在路由请求包上捎带这个数据包。

通过“听”来学习　如果主机以混杂(promiscuous)的接收方式运行，即接收并处理其范围内的每一次传输，那么它们就可以获得有关路由的大量信息。例如在图 4.1.12 的网络中，节点 B、C 和 D 监听从 E 到 A 的路由错误包。由于路由错误包准确地标识出检测到故障的位置，因此主机 B、C 和 D 可以通过这些信息更新路由缓存。

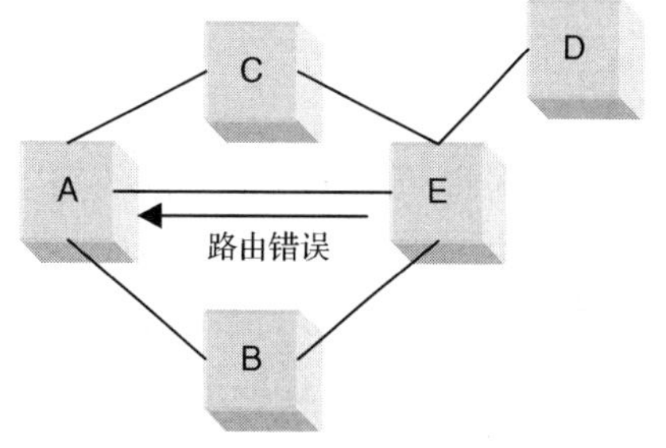

图 4.1.12　通过“听”来学习

总而言之，SDR 是一种反应式/按需协议。如果拓扑不经常更改，则控制消息的开销可能为零。数据包的时延或抖动与按需路由有关，它可以使用单向链路和双向链路。路由缓存用于最小化路由发现开销。混杂模式操作可以在功率过载的情况下进行转换。由于该协议设计采用了小的网络直径，因此不容易扩展到大型网络。将整个路由信息放置在路由应答中，这在很大程度上对数据包开销造成了影响。该协议允许在路由缓存中保留多个到目标节点的路由。每个主机的 CPU 和内存使用需求都很高，因为必须不断维护和更新路由。

ad hoc 按需距离向量(AODV)协议　该协议使用“传统”的路由表。其中，Hello 消息会定期发送，以识别邻居，并且序列号要保证是最新的。路由请求以相反的方向发送，也就是只使用双向链路。系统可以利用链路层的反馈来找到断开的链路。

AODV 协议基于目标序列距离向量(DSDV)算法，提供了按需路由获取。节点将维护路由缓存，并为每个路由记录增加目标序列号。当节点之间的链路仍然有效时，该协议什么也不做。当需要一条到达新目标节点的路由时，图 4.1.13 所示的路由发现机制将通过广播路由请求包(RREQ)来启动。

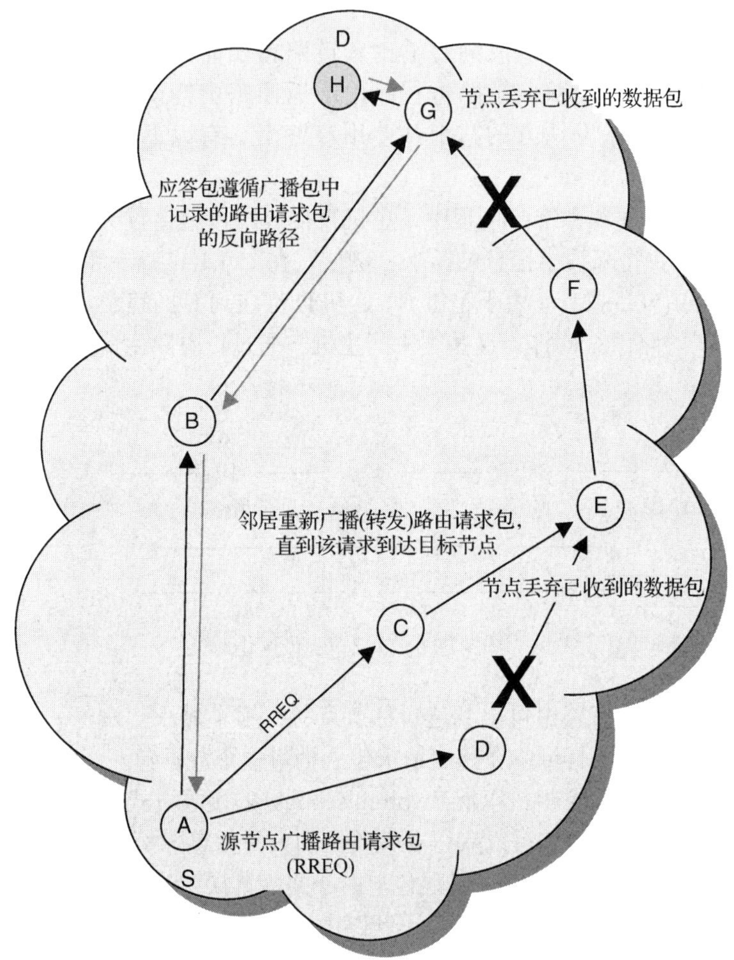

图 4.1.13 AODV— 路由发现

邻居将请求转发给它们的邻居，直至找到目标节点，或者找到具有到目标节点的“足够新”路由的中间节点。路由应答包被发送到路由请求包路径的上游，以将路由发现告知原始发送方(中间节点)。路由错误包(RERR)用来清除断开的链路。

AODV——路径维护 可以发送周期性的 Hello 消息来确保双向链路正常及检测链路失效。Hello 消息包括主机所监听到的节点列表。一旦下一跳不可用，链路失效的上游主机将以∞跳数向所有活跃的上游邻居传播未经请求的路由应答包(RREP)。当接收到一个断开链路的通知时，如果仍然需要一个到达目标节点的路由，那么源节点可以重新启动路由发现过程。

时间顺序路由算法(TORA) 这也是一个分布式协议，可以提供无回路路由和多个路由。该协议由源节点启动，仅在需要时才会创建到目标节点的路由。该协议通过将对拓扑变化的反应定位到变化附近极少的一组节点上而将反应最小化，并且在路由失败时提供快速恢复机制。此外，它在有限时间内检测到一个网络分区，并将所有无效路由删除。该协议有三个基本功能：路由创建、路由维护和路由删除。在路由创建过程中，节点使用“高度”度量来构建指向目标节点的定向非循环图(DAG)，然后根据相邻节点的相对高度为链路分配一个方向(上游或下游)，如图 4.1.14 所示。

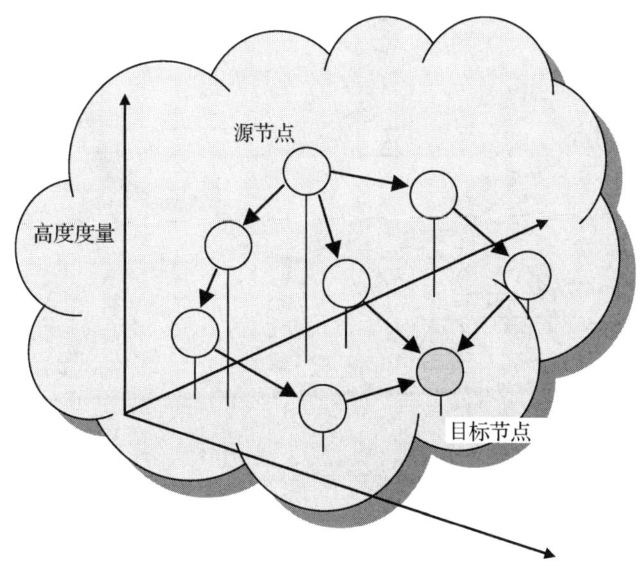

图 4.1.14　时间顺序路由算法(TORA)

由第 2 章可知，$G(V, E)$表示网络，其中 V 是节点集，E 是链路集(边集)。假定每个节点 $i \in V$ 都有一个唯一的标识符(ID)，且每条链路$(i, j) \in E$ 都是双向的，即允许双向通信。

与每个节点关联的高度度量标准为 $H_i=(\tau_i, oid_i, r_i, \delta_i, i)$，其中：

- τ_i 是链路失效的逻辑时间，定义了一个新的参考级别。
- oid_i 是定义参考级别的节点的唯一 ID。
- r_i 表示参考级别的两个唯一子级别。
- δ_i 常用于根据公共参考级别对节点进行排序。
- i 是节点本身的唯一 ID。

除了目标节点，每个节点 i 都保持其高度 H_i。最初，将高度设置为 NULL，$H_i = [-,-,-,-, i]$。目标节点的高度总是为 0。$H_{dID} = [0, 0, 0, 0, dID]$。每个节点都有一个高度数组，此数组由每个邻居($i \in V$)的 $H_{i,j}(i, j \in V)$组成。最初，将每个邻居的高度设置为 NULL，如果邻居是目标节点，那么在高度数组中相应的项将被设置为 0(见图 4.1.15、图 4.1.16、图 4.1.17 和图 4.1.18)。

总之，TORA 协议是为移动无线网络中的操作设计的，该协议非常适合于有大量密集节点的网络，具有在有限时间内检测网络分区和清除所有无效路由的能力。该协议能快速地为需要路由的目标节点创建和维护路由。它最小化了对拓扑变化做出反应的节点数量，同时需要一个同步机制来得到事件的时间顺序。

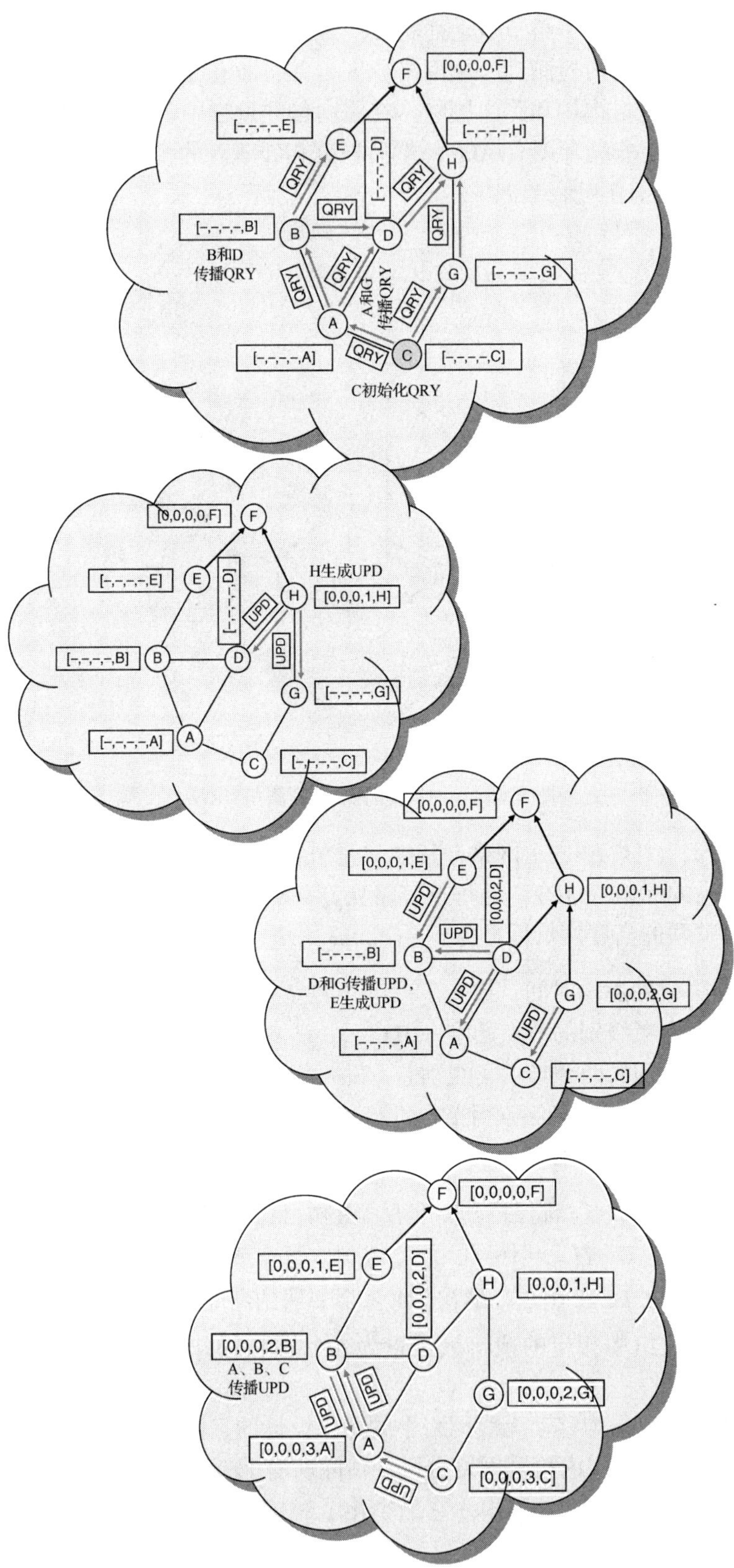

图 4.1.15　TORA——路由创建

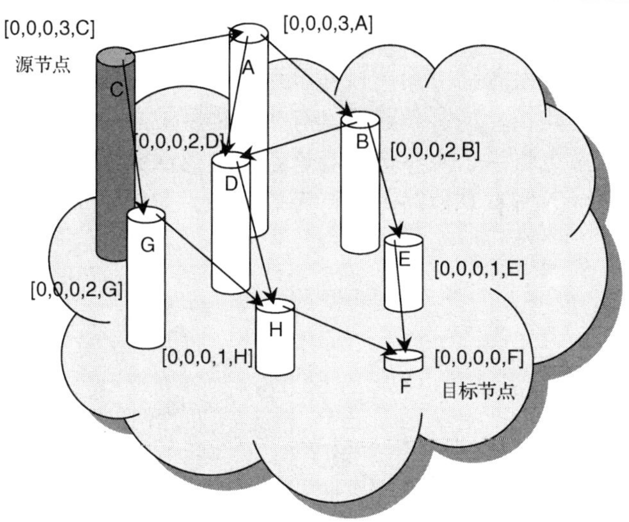

图 4.1.16 TORA——路由创建(可视化)

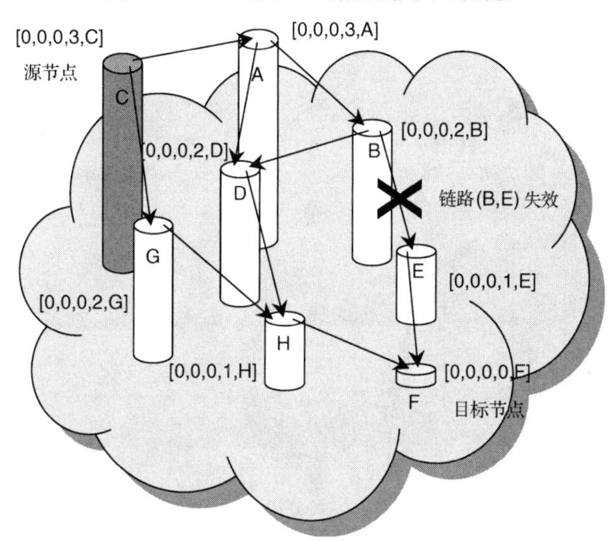

图 4.1.17 TORA——维护路由链路失效(无反应)

基于关联性的路由(ABR)协议 ABR 协议[12]不受循环、死锁和数据包重复的限制，并且为 ad hoc 网络定义了一个不同的路由度量。这个度量称为关联稳定性程度。在 ABR 中，根据移动节点的关联稳定性程度来选择一条路由。每个节点定期生成一个表示其存在的信标(beacon)，当被相邻节点接收时，该信标将使它们的关联表更新。对于接收的每个信标，当前节点相对于信标节点的关联性标记是递增的。关联稳定性指一个节点相对于另一个节点在时间和空间上的链路稳定性。较高程度的关联稳定性可能表明节点移动状态较弱，而较低程度的关联稳定性可能表明节点移动状态较强。当节点的邻居或节点本身移动一定的距离时，就会重新设置关联点。ABR 的一个基本目标是为 ad hoc 网络提供更加长期的路由。ABR 的三个阶段是：(i)路由发现；(ii)路由重建(RRC)；(iii)路由删除。

路由发现阶段是通过广播查询和等待应答(BQ-REPLY)周期完成的。一个需要路由的节点会广播一个 BQ 信息，以寻找能够到达目标节点的路由。除目标节点外，所有接收查询的节点将它们的地址与邻居的关联点及 QoS 信息一起附加给查询包。一个后续节点会删除其上游节点邻居的关联点记录，并且只保留自身及其上游节点的相关项。通过这种方式，到达目标节点的每个结果数据包将包含沿着路由到达目标节点的关联点。然后，通过检查每条路径上的关联点，就可以选择最佳路径。当多条路径具有相同程度的总体关联稳定性时，选择跳数最少的路由。然后，目标节点将一个应答包沿着这条路由返回到源节点。传播应答包的节点将它们的路由标记为有效的。所有其他路由保持无效状态，避免了重复数据包到达目标节点的可能性。

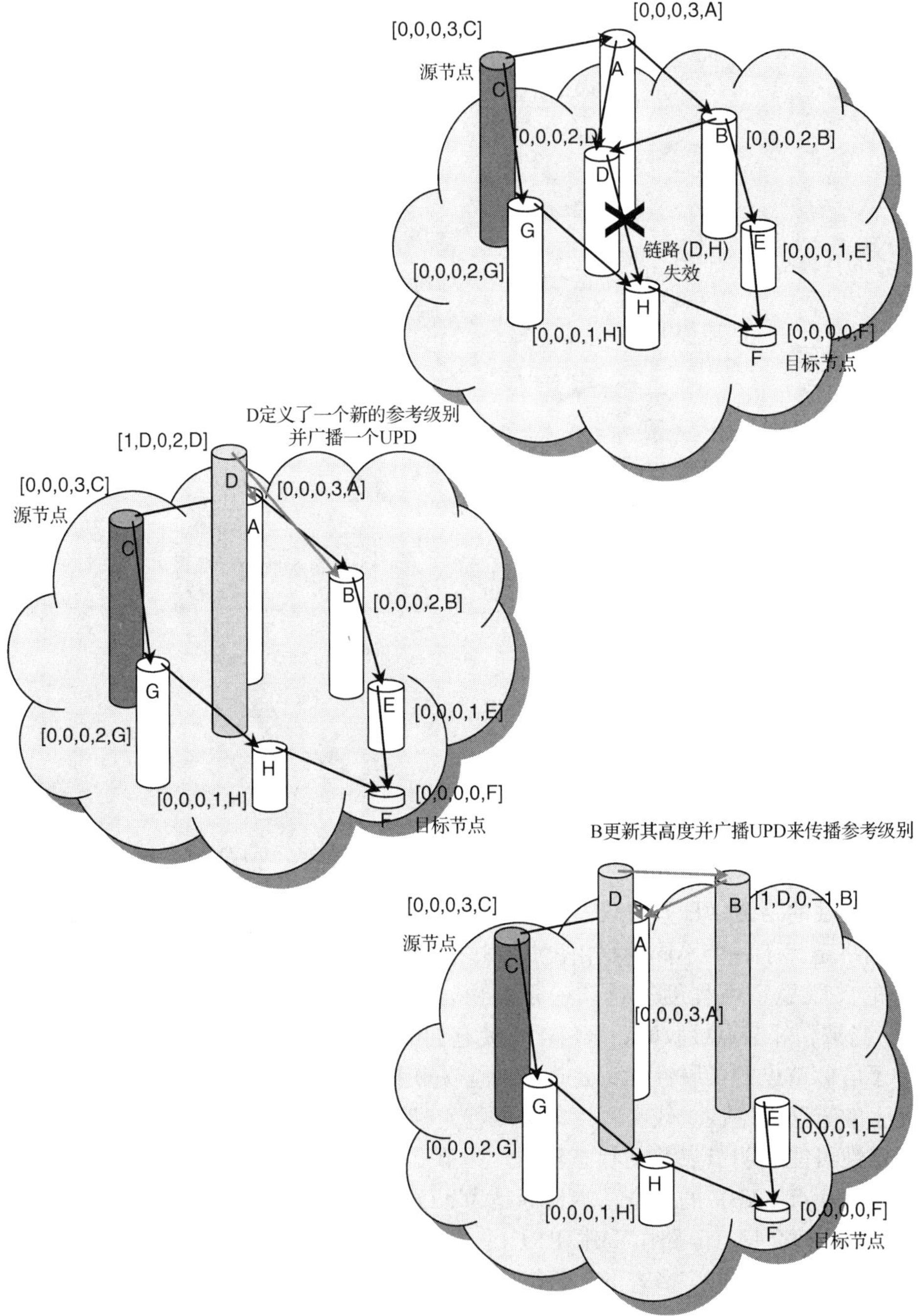

图 4.1.18 在最后一个下游链路出现链路失效情况后重新建立路由

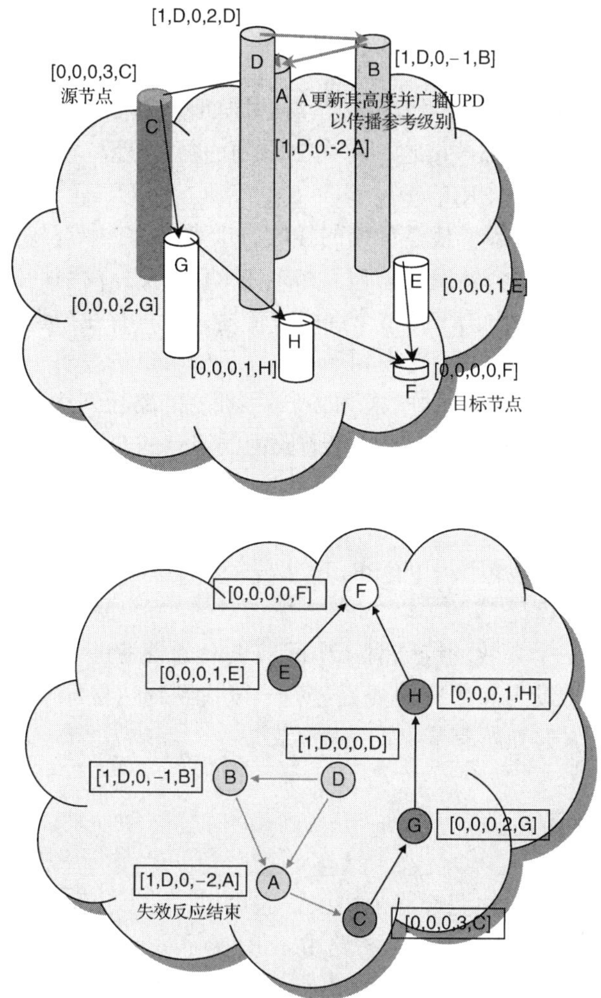

图 4.1.18（续）　在最后一个下游链路出现链路失效情况后重新建立路由

RRC 可能包括部分路由发现、无效路由删除、有效路由更新和新的路由发现，这取决于沿着路由移动的节点(S)。源端的移动会产生一个新的 BQ-REPLY 进程。RN 消息是用于删除与下游节点相关的路由记录的路由通知。当目标节点移动时，上游节点会立即删除它的路由，并确定该节点是否仍然可以通过一个本地化的查询(LQ[H])进程来访问。在该进程中，H 引用从上游节点到目标节点的跳数。如果目标节点收到了 LQ 包，它就会以最好的部分路由进行应答；否则，初始化节点将超时，并将进程回溯到下一个上游节点。在这里，一个 RN 消息被发送到下一个上游节点，以删除无效的路由，并通知该节点调用 LQ 进程。如果此过程导致反向追踪了到源端的路径的一半以上，那么 LQ 进程就会停止，并在源端中启动一个新的 BQ 进程。

当发现不再需要路由时，源端将启动一条路由删除(RD)广播，以便更新沿着路由的所有节点的路由表。RD 消息由完整的广播而不是定向广播进行传播，因为在 RRC 期间，源节点可能不知道发生的任何路由节点更改情况。

信号稳定路由　另一种按需协议是基于信号稳定性的自适应路由(SSR)协议[13]。与目前描述的算法不同，SSR 根据节点之间的信号强度和节点位置稳定性来选择路由。此路由选择标准具有选择连通性“更强”的路由的效果。SSR 可以分为两种合作协议——动态路由协议(DRP)和静态路由协议(SRP)。DRP 负责维护信号稳定表(SST)和路由表(RT)。SST 记录相邻节点的信号强度，这是通过每个相邻节点链路层的周期性信标获得的。信号强度可以记录为强信道或弱信道。所有的传输都被接收，并在 DRP 中进行处理。在更新所有表的记录之后，DRP 会将收到的数据包发送给 SRP。

SRP 在处理数据包时，如果堆栈是预期的接收方或者在 RT 中查找目标节点，则将数据包发送到堆栈中；如果不是，则会转发数据包。如果在 RT 中没有找到目标节点的记录，则启动路由搜索过程来查找路由。路由请求在整个网络中传播，但只有在被强信道接收且没有经过处理(以防止出现循环)的情况下，才会转发到下一跳。目标节点选择第一个到达的路由搜索包进行发送，因为这个数据包最有可能通过最短和/或最不拥塞的路径到达。然后，DRP 反转选定的路由，并将一条路由应答消息送回发起者。沿着路由的节点的 DRP 相应地更新它们的 RT。

到达目标节点的路由搜索包必须选择信号稳定性最强的路径，因为如果数据包通过弱信道到达，那么数据包就会被丢弃在某一节点上。如果在特定的时间段内在源端没有收到路由应答消息，则源端更改数据包包头中的 PREF 字段，以指示弱信道是可接受的，因为这可能是数据包可以传播的唯一途径。

当在网络中检测到一个失效的链路时，中间节点向源端发送一条错误消息，显示链路失效的通道。然后，源端启动另一个路由搜索过程，以找到到达目标节点的新路径，同时源端还会发送一个删除消息，通知所有节点此链路无效。

4.2 混合路由协议

区域路由协议(ZRP)是一种混合路由协议，它可以在网络的本地区域（路由区域)内主动维护路由。ZRP 利用这种路由区域拓扑结构来提高反应式路由查询/应答机制的效率。ZRP 可以通过调整单个参数、路由区半径来配置特定网络。为每个节点定义一个半径为 r 的路由区域，该路由区域包括给定节点最小跳数最多为 r 的节点。图 4.2.1 给出了一个半径为 2 跳的路由区域(用于节点 S)的示例。圆内的节点被认为位于中央节点 S 的路由区域内。圈外节点被认为处于 S 的路由区域以外。外围节点是距离 S 的最小距离正好等于区域半径的节点。剩下的节点被归为内部节点。

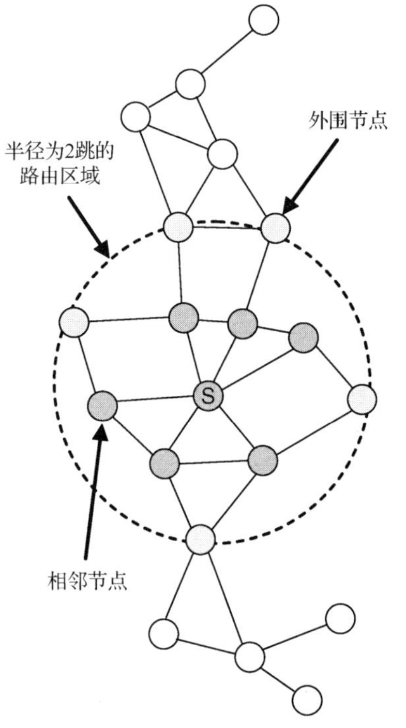

图 4.2.1 半径为 2 跳($r = 2$)的路由区域

对于半径为 r 的路由区域，可以通过调整每个节点的发射功率来调节路由区域节点的数量。根据本地传播条件和接收方灵敏度，传输功率决定了相邻节点的集合，即能够与该节点直接通信的相邻节点。为了提供充足的网络可达性，重要的是让一个节点可以连接到足够多的相邻节点。然而，节点越多不一定表示越好。随着发射机的覆盖范围越来越大，路由区域的成员也越来越多，这可能导致路由更新流量过大。

假定每个节点仅对其路由区域内的那些节点连续主动地维护路由信息。因为更新信息只在本地传播，所以维护路由区域所需的更新流量并不依赖于网络节点的总数(这有时是相当大的数量)。这指的就是区域内路由协议(IARP)。区域间路由协议(IERP)负责重新发现位于节点路由区域以外的目标节点的路由。

IERP 的操作原理如下：源节点首先检查目标节点是否在其路由区域内。如果是，那么到达目标节点的路径是已知的，无须进一步的路由发现过程。如果目标节点不在源节点的路由区域内，则源节点将一个路由请求发送到所有外围节点。相应地，所有外围节点都执行相同的算法：首先检查目标节点是否在其路由区域内，如果是，给源节点发送路由应答消息，指明到达目标节点的路由；如果不是，源节点的外围节点将路由查询消息转发给它的外围节点，后者依次执行相同的过程。

图 4.2.2 给出了上述路由发现过程的一个示例。源节点 S 要将一个数据包发送到目标节点 D。这需要在网络中找到一条可用路由，S 会首先检查 D 是否位于其路由区域内。如果在区域内，S 就会直接知晓到达 D 的路由；否则，S 向它的外围节点广播一个查询消息。也就是说，S 向节点 H、G 和 C 发送一个查询消息。相应地，这些外围节点在验证节点 D 不在其路由区域之后，也会向其外围节点广播查询。具体来说，H 将查询发送到 B，它识别 D 在其路由区域并响应查询，即转发路径：S—H—B—D。如本例所示，路由可以由成功接收到 IERP 查询线程的节点序列来指定。收集和分发这些信息的方式是通过路由累积过程指定的。在基本的路由累积过程中，节点将其 ID 附加到接收的查询包中。当节点在其区域中找到目标节点时，ID 的累积序列便指定了查询源和目标节点之间的路径。通过反转累积的路由，就可以提供一条返回到查询源的路径。可以利用这些信息通过源路由来返回路由应答。

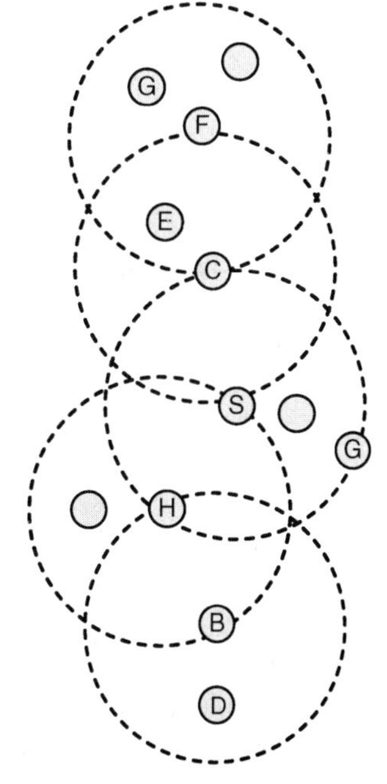

图 4.2.2 区域间路由协议(IERP)示例

ZRP 背后的意义是，通过向路由区域的外围广播查询，而不是将查询局限在同一区域内，可以更有效地执行查询。然而，一旦查询超出初始路由区域，问题就会出现。由于路由区域的重叠，一个节点可以是多个路由区域的成员。查询很有可能被转发到所有网络节点，从而直接覆盖了整个网络。

令人失望的是，IERP 可能带来比覆盖本身更多的流量，这是因为广播会沿着长度等于区域半径的路径发送查询。

多余的路由查询流量可以看作重叠查询线程的结果(例如，重叠查询的路由区域)。因此，查询控制机制的设计目标应该是，通过从源路由区域向外转移线程并远离彼此来减少路由查询流量，如图 4.2.3 所示。这个问题主要通过适当的查询检测和查询终止机制来解决。

回环终止 当累积的路由(不包括前一个节点)包含位于路由区域的主机时，查询就会终止，例如，在图 4.2.4 中，当路由为{S—A—B—C}时终止查询，因为 S 位于 C 的路由区域。

提前终止 当终止路由查询线程的能力仅限于外围节点时，将允许线程进入先前覆盖的区域，从而产生不必要的控制流量。通过将线程终止能力扩展到中继线程的中间节点，可以消除这种不必要的流量，这种方法称为提前终止(ET)。图 4.2.5 说明了 ET 机制的操作过程。节点 S 将节点 C 作为预期接收者之一来广播路由查询。中间节点 A 将查询传递给节点 B，而不是将查询传递给节点 C，节点 B 终止线程，因为之前检测到该查询过程的不同线程。中间节点可能会终止现有的查询，但是不限制发出新查询。

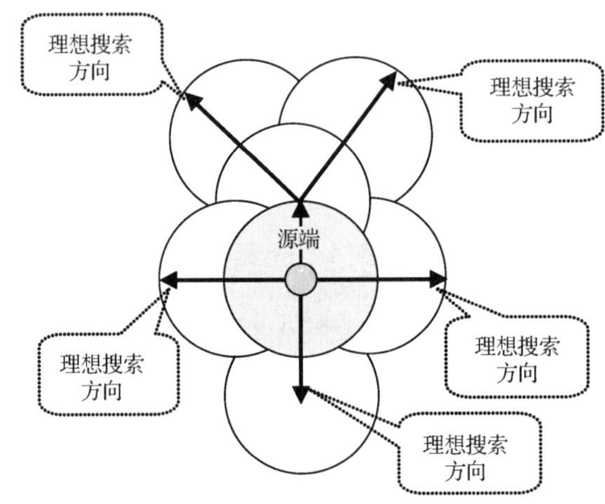

图 4.2.3　理想搜索方向的引导

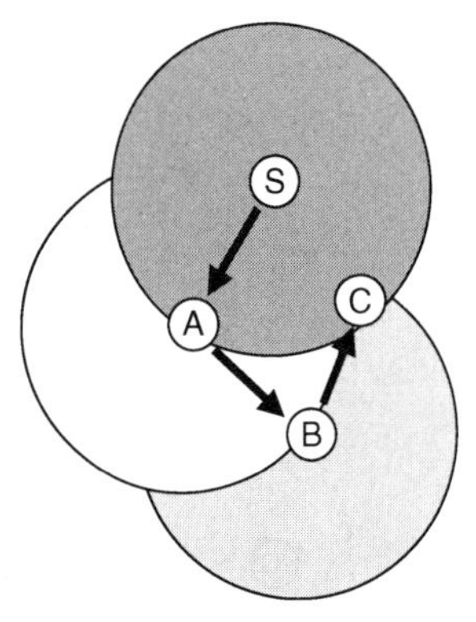

图 4.2.4　回环终止

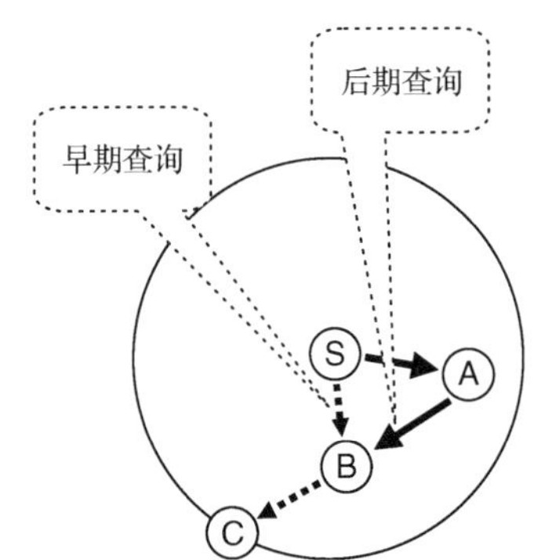

图 4.2.5　提前终止

如果没有上述机制，ZRP 将会退化成一个泛洪协议。终止重叠查询线程的能力取决于节点是否能够检测到它们所属路由区域已被查询。显然，路由区域的中心节点(处理查询)知道它的区域已被查询。为了在不引入额外控制流量的情况下通知剩余的路由区域节点，需要实现某种形式的"窃听"。第一级查询检测(QD1)允许中间节点将查询传输到路由区域的边缘，以检测这些查询。在单信道网络中，发送节点范围内的任何节点都可以检测查询。这个扩展的查询检测能力(QD2)可以通过使用 IP 广播发送路由查询来实现。图 4.2.6 说明了高级查询检测的两个级别。在本例中，节点 S 广播到两个外围节点 B 和 D，中间节点 A 和 C 可以使用 QD1 检测经过的线程。如果实现了 QD2，则节点 E 将能够"窃听"节点 A 的传输，并记录该查询。

上述技术可以显著降低单个查询的传播成本，从而提高了 IERP 的效率。IERP 性能的进一步改进可以通过减少路由查询的频率来实现，只有在网络拓扑结构发生重大变化时才启动全局路由发现过程。更确切地说，活动路由被节点(即通信终端节点和中间节点)缓存。一旦网络拓扑发生变化，使得活动路由内的一条链路被破坏，就会启动一个本地路径修复过程。

路径修复过程使用断开的链路两端之间的最小路径来替换该断开的链路。然后生成路径更新结果并发送到路径的端点。路径修复过程趋向于削弱路径的最优性(如增加 SP 路由的长度)。因此在经过一些修复之后，路径端点可能会启动一个新的路由发现过程，并用一个新的优化路径来替换。

选择性广播(SBC) 与向所有外围节点广播查询不同，可以通过向选定外围节点的子集广播以提供相同的覆盖。这要求 IARP 为一个扩展区域提供网络拓扑信息，该区域的半径是路由区域半径的两倍。

节点将首先确定其指定的内部外围节点覆盖的其他外围节点的子集。然后，节点将广播到指定的内部外围节点的子集，这些节点构成了外部外围节点的最小分区集。

如图 4.2.7 所示，S 的内部外围节点是 A、B 和 C，它的外部外围节点是 F、G、H、X、Y 和 Z。B 的两个内部外围节点(H 和 X)也是 A 和 C 的内部外围节点。S 可以选择从广播接收者列表中消除 B，因为 A 可以覆盖到 H，而 C 可以覆盖到 X。

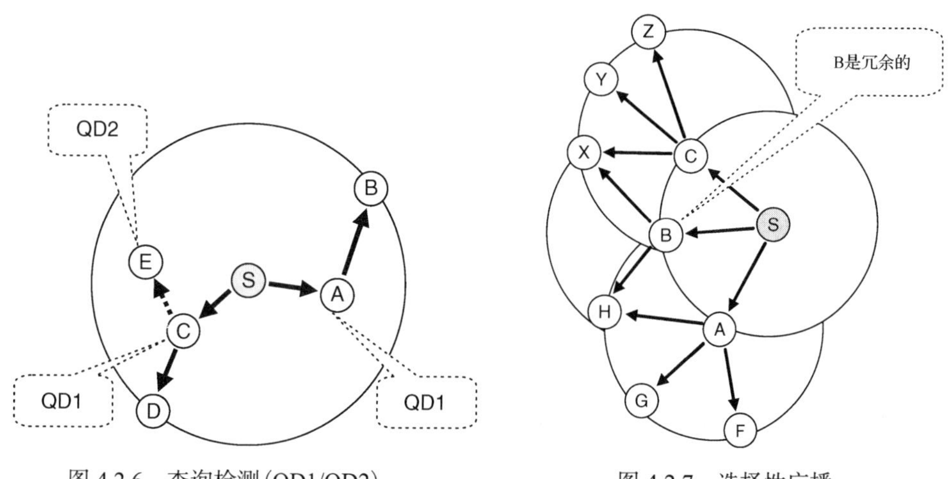

图 4.2.6 查询检测(QD1/QD2)

图 4.2.7 选择性广播

路由功能在协议栈中的位置如图 4.2.8 所示。路由更新由 MAC 级邻居发现协议(NDP)触发。当与邻居的链路建立或断开时，会通知 IARP。IERP 被动地获取到路由区域以外的节点的路由。IERP 通过 IARP 提供的路由拓扑信息，将查询转发给它的外围节点(BRP)来持续跟踪外围节点。文献[37]介绍了混合协议的性能评估，如表 4.2.1 中给出的一组仿真参数所描述的。从图 4.2.9 可以看出，每个节点的 IARP 控制流量随着区域半径的增加而增加。同时，每个区域生成的 IERP 流量减少。因此，ZRP 总流量对于一些区域半径 r 具有最小值，如图 4.2.10 所示。

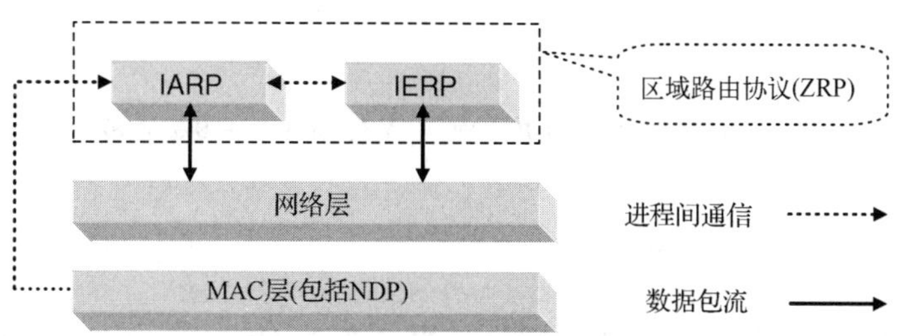

图 4.2.8 路由功能在协议栈中的位置

表 4.2.1 仿真参数

可变仿真参数			
参数	符号	数值	默认值
区域半径(跳数)	ρ	1 ~ 8	—
节点密度(邻居数/节点)	δ	3 ~ 9	6
相对节点速度(邻居数/秒)	V	0.1 ~ 2.0	1.0
节点数	N	200 ~ 1000	500

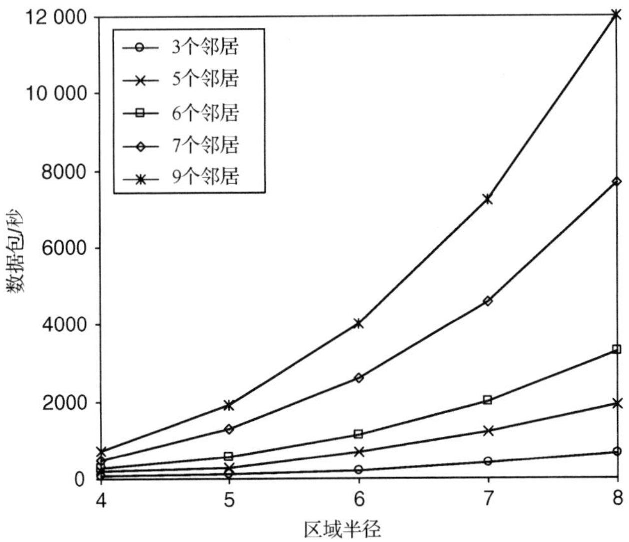

图 4.2.9 每个节点的 IARP 控制流量

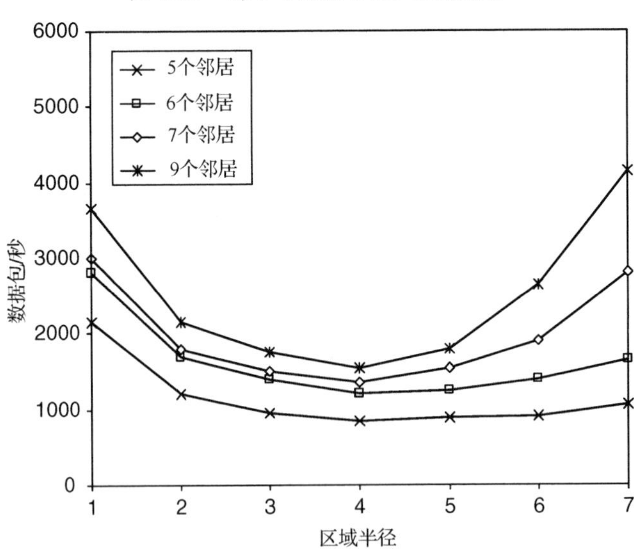

图 4.2.10 每个节点的 ZRP 总流量($N = 1000$，$v = 0.5$ 个邻居/秒)

4.3 可扩展路由策略

分层路由协议 分层路由方法通常指分层状态路由(HSR)，当网络拥有数量众多的节点时，它是一个传统的选择方法。该方法与第 2 章介绍的聚合路由有很多共同之处。通用表驱动协议和按需协议用于平面拓扑，因此在网络较大时出现了扩展性问题。表驱动协议有大量的开销流量；另一方面，按需协议存在着很大的发现时延。

在有线网络中获得的经验表明，使用层次结构能够解决可扩展性问题。在 ad hoc 网络中使用分层路由协议减少了开销流量和发现时延，但它存在以下缺点：其动态性质会造成次优路由和复杂的网络层次结构管理。分层路由协议的基本思想是将网络划分为簇或域，如图 4.3.1 和图 4.3.2 所示。

移动节点被分组成区域，区域被分组成超区域等，如图 4.3.2 所示。选择特定的移动主机作为每个区域的簇头。在分层路由中，移动节点知道如何在自己的区域内将数据包路由到目标节点，但不知道其区域以外的路由。而簇头知道如何到达其他地区。

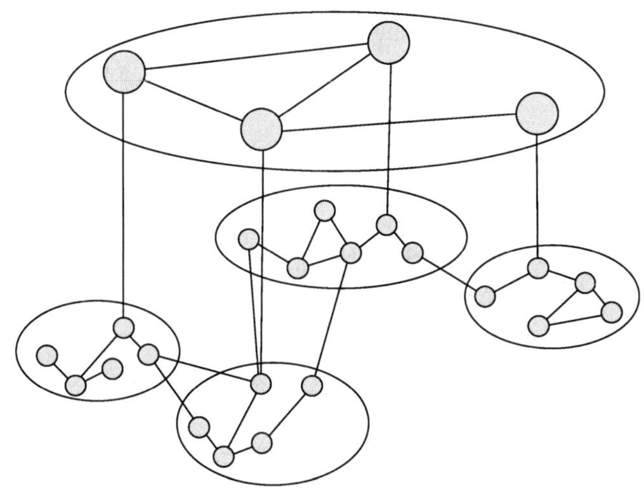

图 4.3.1　网络层次结构

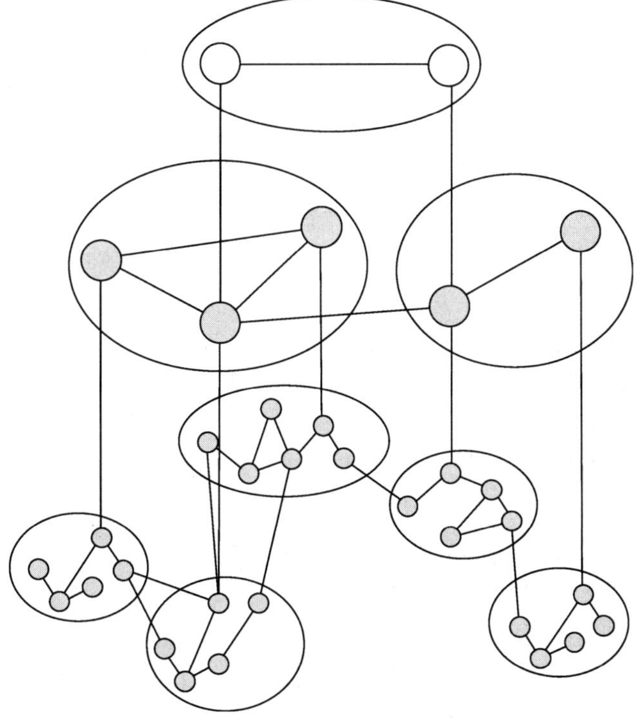

图 4.3.2　三层网络

图 4.3.3 更详细地给出了物理簇的一个例子。在 $l=0$ 级，我们有 4 个物理簇：C0-1，C0-2，C0-3，C0-4。通过递归选择簇头生成 1 级簇和 2 级簇。不同的分簇算法可用于簇的动态生成和簇头的选择。在 0 级簇，扩频可以引入无线电和码分多址(CDMA)来跨簇进行空间复用。0 级簇中的 MAC 层可以使用多种不同的方案(轮询，MACA，CSMA，TDMA，等等)来实现。

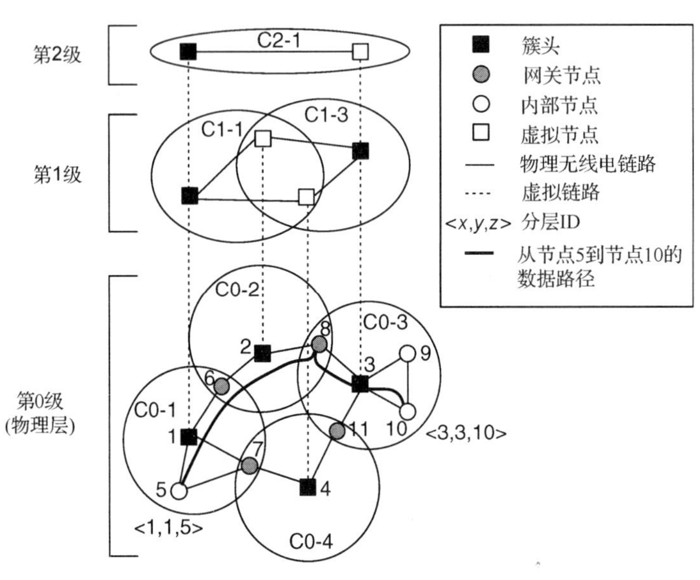

图 4.3.3　多级物理簇

通常，像 ZRP 中一样，簇中有三种节点，即簇头节点(例如，节点 1、2、3 和 4)，网关节点(例如，节点 6、7、8 和 11)和内部节点(例如，节点 5、9 和 10)。簇头节点在簇内充当传输过程的本地协调器。图 4.3.3 所示的节点 ID($l=0$ 级)是物理层(例如，MAC 层)地址。这些节点是固定连接的，并且每个节点 ID 是唯一的。在一个物理簇中，每个节点监测到每个邻居的链路状态(即上/下状态和可能的 QoS 参数，例如带宽)，并在簇内广播它。簇头汇总其簇内的链路状态(LS)信息，并将其传播到相邻的簇头(通过网关)。相邻簇头之间的连通性导致 1 级簇的形成。例如，如图 4.3.3 所示，相邻簇头 1 和 2 成为 1 级簇 C1-1 的成员。为了在第 1 级进行 LS 路由，利用网关 6 从簇头 1 到下一个簇头 2 的物理路径的 LS 参数，计算 C1-1 中节点 1 和节点 2(它们是相邻簇头)之间虚拟链路的 LS 参数。更准确地说，网关 6 将链路(6-2)的 LS 更新传递到簇头 1。簇头 1 使用其对于链路(1-6)的本地估计和从网关 6 接收到的链路(6-2)的估计来估计链路(1-6-2)的参数，其结果成为 C1-1 中节点 1 和节点 2 之间虚拟链路的 LS 参数(见第 7 章)。虚拟链路可被视为通过下级节点来实现的“隧道”。

递归地应用上述分簇过程(聚合)，在每个级别选出新的簇头，并成为较高级别簇的成员(例如，节点 1 在第 1 级中被选为簇头，并且成为 2 级簇的成员 C2-1)。

簇内的节点会交换虚拟 LS 信息并汇总下级簇信息。在获取该级别的 LS 信息后，每个虚拟节点将其泛洪到较低级别簇内的节点。结果，每个物理节点具有“分层”拓扑信息，而不是像平面 LS 方案中的完整拓扑图。这种层次结构需要每个节点的新地址、分层地址。针对分层地址策略的选择，有很多可能的解决方案。在 HSR 中，我们将节点的分层 ID(HID)定义为从顶层到节点本身的路径上节点的 MAC 地址序列。例如，在图 4.3.3 中，节点 6[称为 HID(6)]的分层地址为 3,2,6。在此示例中，节点 3 是顶级簇(第 2 级)的成员，也是 C1-3 的簇头。节点

2 是 C1-3 的成员，也是簇 C0-2 的簇头。节点 6 是 C0-2 的成员，并且可以直接从节点 2 到达。该分层地址方案的优点在于，每个节点在接收到层次结构中较高层节点的路由更新时，可以在本地动态地更新其自身的 HID。

分层地址可以使用 HSR 表从网络中的任何地方将数据包传递到其目标节点。参考图 4.3.3，考虑将数据包从节点 5 传递到节点 10 的例子。注意 HID(5) = <1,1,5> 和 HID(10) = <3,3,10>。这个数据包被节点 5 向上转发（到节点 1）到顶层。节点 1 将数据包传递到节点 3，节点 3 是目标节点 10 的顶层节点。节点 1 有一个虚拟链路（即隧道）到节点 3，也就是路径（1, 6, 2, 8, 3）。最后，节点 3 将数据包沿着向下分层的路径传送到节点 10，在本例中，路径减少到单跳。

网关节点可以与多个簇头进行通信，从而可以通过多条路径从顶层到达。 因此，网关具有多个分层地址，它类似于有线因特网中的路由器（见第 1 章），并配备了多个子网地址。

性能示例　上述系统的性能分析见文献[38]。在大多数实验中，网络由 100 个移动主机组成，在 1000 m×1000 m 区域内以预定平均速度在所有方向上随机漫游（即不使用组移动模型）。假设具有反射边界，无线电传输范围为 120 m。假设有一个自由空间传播信道模型，数据速率为 2 Mbps。数据包长度为 10 kb，其中 2 kb 用于簇头邻居列表广播，500 比特用于 MAC 控制包。数据包的传输时间为 5 ms，邻居列表的传输时间为 1 ms，控制包的传输时间为 0.25 ms，每个节点的缓冲区大小为 15 个数据包。

图 4.3.4 和图 4.3.5 说明了当路由刷新率变化时，HSR 中吞吐量和控制开销（O/H）之间的折中。在图 4.3.4（v = 90 km/h）中，我们注意到 O/H 随刷新率线性增加，直到控制包填满了网络才开始丢弃它们。由于缺少路由，数据吞吐量首先随着刷新率快速增加，原因是路由更准确，数据包丢失的可能性更低。最终，吞吐量峰值随着网络饱和而开始减少，并且数据包由于缓冲区溢出而被丢弃。图 4.3.5 显示了作为速度函数的最佳 HSR 刷新率。

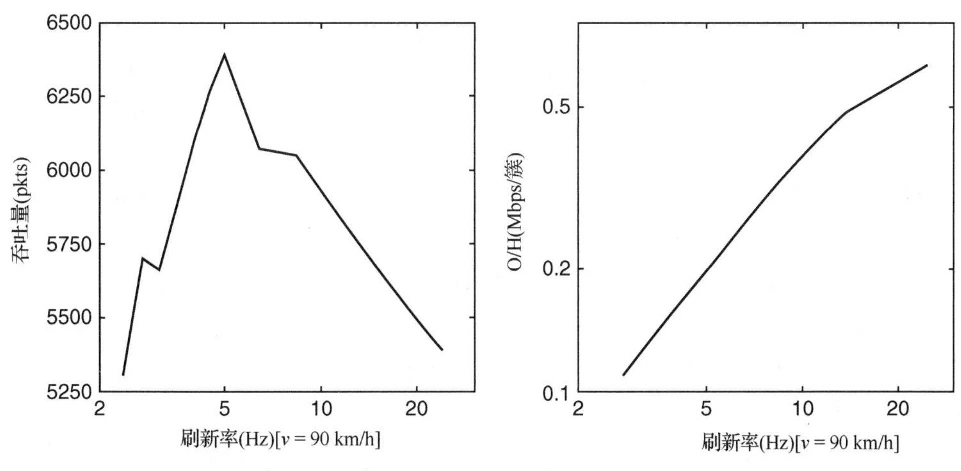

图 4.3.4　v（移动速度）= 90 km/h 时 HSR 刷新率与系统性能的关系

FSR（鱼眼状态路由）协议　该协议说明了减少（聚合）用于路由的信息量的另一种方式。在文献[39]中，提出了一种“鱼眼”技术来减少表示图形数据所需的信息量。鱼的眼睛以较多细节捕获焦点附近的像素。随着焦点距离的增加，细节减少。在路由中，鱼眼技术可以维护节点的直接邻域的准确距离和路径质量信息，且随着距离的增加，细节逐渐减少。

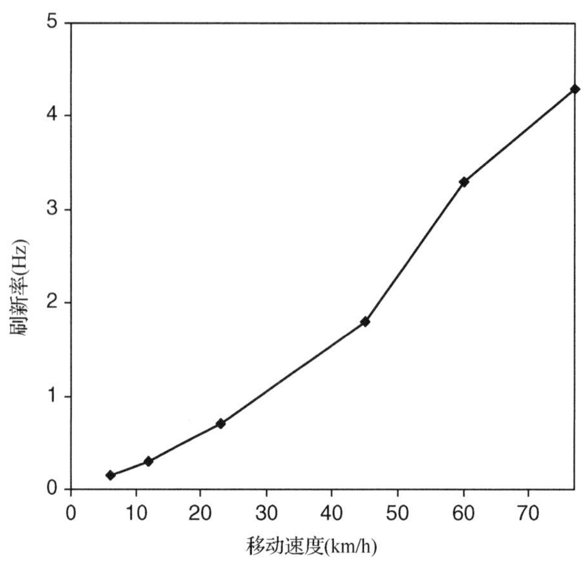

图 4.3.5 最佳 HSR 刷新率与移动速度的关系

文献[38]中提出的 FSR 计划建立在称为“全局状态路由”（GSR）的路由方案之上[40]。GSR 在功能上类似于 LS 路由，在每个节点处维护拓扑图。GSR 与 LS 的区别在于路由信息的传播方式不同。在 LS 中，只要节点检测到拓扑变化，就会生成 LS 数据包并将其泛洪到网络中。在 GSR 中，LS 数据包不会泛洪；相反，节点根据从相邻节点接收的最新信息来维护 LS 表，并且周期性地与其本地邻居交换（无泛洪）。

通过这种交换过程，具有较大序列号的表记录替换序列号较小的表记录。GSR 的周期性表交换方式类似于本章前面讨论的 DSDV，其中距离由发起更新的节点所分配的时间戳或序列号进行更新。在 GSR 中将传播 LS，每个节点都保留完整的拓扑图，并使用此图来计算 SP。

在无线环境中，移动节点之间的无线链路可能频繁地断开连接并重新连接。

LS 协议为每个这样的更改释放 LS 更新，这会使网络泛洪并导致额外的开销。GSR 通过整个拓扑图的周期性交换来避免这个问题，大大减少了控制消息的开销[40]。GSR 的缺点是，大量的更新消息消耗了大量取决于更新周期的带宽，以及增加了 LS 更改传输时延。鱼眼技术可以减少更新消息却不会严重影响路由精度。

图 4.3.6 说明了鱼眼技术在移动无线网络中的应用。对于中心节点（节点 11），可以利用具有不同灰度阴影的圆圈来定义鱼眼范围。该范围被定义为在给定的跳数范围内可以达到的节点集。在我们的例子中，分别显示了 1 跳、2 跳和 3 跳的 3 个作用域。相应地，节点颜色分别为深灰色、浅灰色和白色。

通过对表中的不同记录使用不同的交换周期，可以减少更新消息。更准确地说，与较小范围内的节点相对应的记录被传播到具有最高频率的邻居。参考图 4.3.7，粗体记录的交换频率最高，剩下的记录以较低的频率发送出去。结果，大部分的 LS 记录被抑制，从而减少了更新消息。这个策略在近站点可以生成及时的更新，但是在远站点将会产生较大的时延。此时，关于到达远程目标节点的最佳路径的不精确消息，可以由以下策略来补偿：随着数据包接近其目标节点，路由变得越来越准确。

总之，通过保持较低的 LS 交换开销（O/H），且不影响目标节点附近的路由计算精度，FSR 可以很好地扩展到大型网络。通过保留每个目标节点的路由记录，FSR 避免了“查找”目标节点(如按需路由)的额外工作，从而维持较低的单个数据包的传输时延。随着移动性的增加，到远程目标节点的路径变得不太准确。然而，当数据包接近其目标节点时，随着它进入具有更高刷新率的扇区，它会发现越来越精确的路由指令。

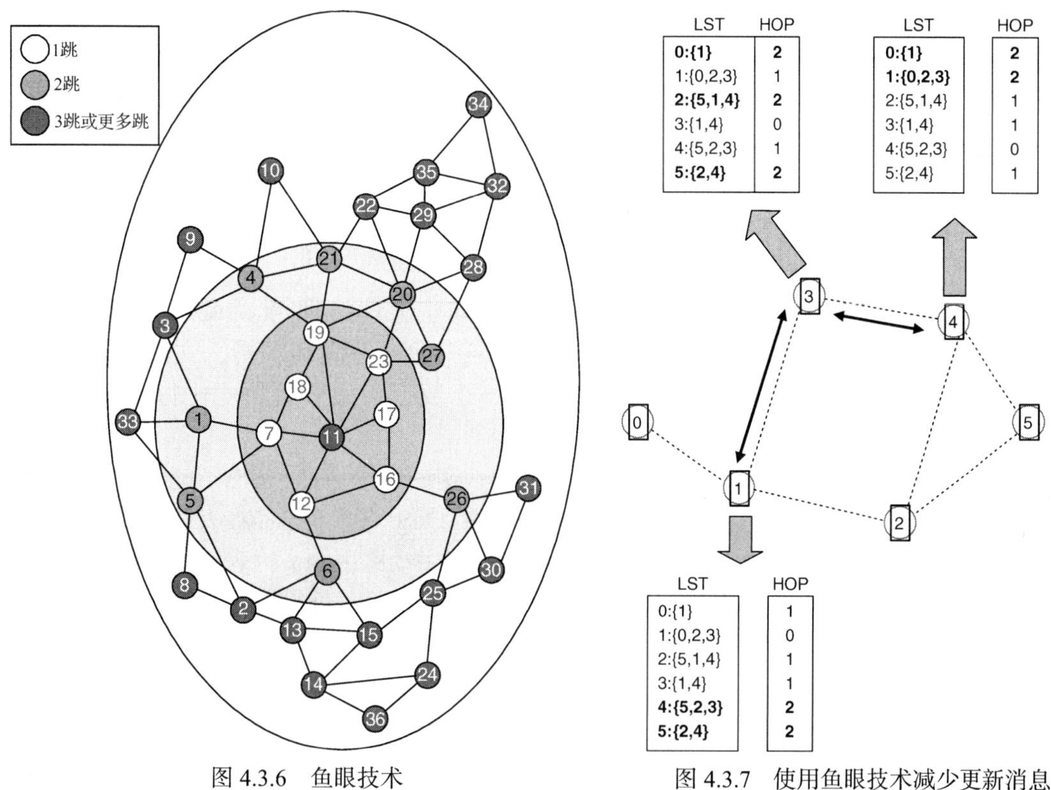

图 4.3.6　鱼眼技术　　　　图 4.3.7　使用鱼眼技术减少更新消息

图 4.3.8 显示了控制 O/H 随节点数的增加而增加的情况。所有运行的节点密度保持不变，如表 4.3.1 所示[38]。

可以看出，随着网络规模越来越大，鱼眼技术大大降低了 O/H。

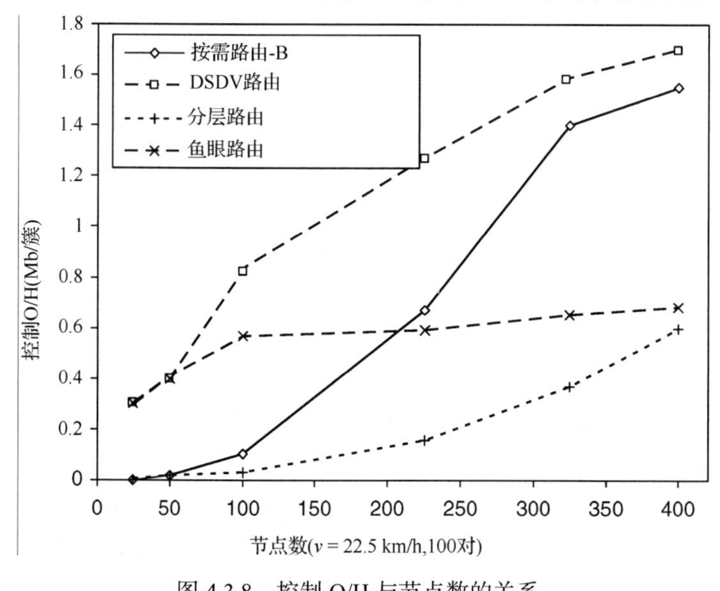

图 4.3.8　控制 O/H 与节点数的关系

表 4.3.1　节点密度

节点密度(节点 vs.区域)	
节点数	仿真区域(m^2)
25	500 × 500
49	700 × 700
100	1000 × 1000
225	1500 × 1500
324	1800 × 1800
400	2000 × 2000

4.4 多路径路由

多路径路由是指在多条路径之间分割信息并同时使用多条路径的路由方案，此方案增加了在目标节点接收信息而不引起过度时延的概率。由于节点移动性和无线传播条件的变化，需要这样一种方案来缓解 ad hoc 网络中拓扑结构的不稳定性(例如链路失效)。该方案通过向每个数据包中增加开销而实现，每个数据包的开销被计算为原始数据包比特数的线性函数。该过程与编码理论具有相似之处。得到的数据包(信息和开销)被分割成较小的块，并分布在可用的路径上。在目标节点，成功重建原始信息的概率随着所用路径数量的增加而增加。

针对有线网络中的多路径路由，人们已经开展了大量的研究。解决这个问题的初始方法之一是分散路由[41]。为了实现数字通信网络中的自适应和容错，文献[42]中提出了分集编码。文献[43]指出，多路径路由方案的每个数据包的分配粒度比每个连接的分配性能更好。

文献[44]中给出了与分散路由相关的各种参数权衡的详尽仿真，指出了此路由方案提供多种服务的内在能力。基于此事实，为了实现服务质量(QoS)路由，已经在有线网络提出了许多采用多路径路由的方案[45-52]。所有这些协议都是基于主动路由的，因为它们需要维护反映整个网络状态的表。因此，由于无线基础设施和节点移动性的不可靠性，多路径路由可能在状态表中触发过多的更新，因此无法成功应用于移动网络。

多路径技术在 MANET 中的应用似乎是很自然的，因为多路径路由可以减少不可靠的无线链路和不断变化的拓扑的影响。文献[53]介绍的按需多路径路由方案是 DSR 的多径扩展(见 2.1 节)。其中要维护备用路由，以便在主路由失败时使用它们。例如，基于 AODV 协议的时间顺序路由算法(TORA)[54]、按需无环多路径路由(ROAM)[55]和 ad hoc 按需距离向量备份路由(AODV-BR)[56]也是可用的技术。但是，这些协议不会将流量分配到多条可用路径中。

DSR 的另一个扩展是多源路由(MSR)[57]，它提出了一种基于加权轮循的启发式多路径调度策略，以便分配负载，但没有对其性能进行分析建模。文献[58]中提出的分离多路径路由(SMR)侧重于建立和维护最大程度不相交路径。但是，负载在每个会话中仅分布在两条路由中。文献[59]提出了一种构建高可靠路径集的新颖且近似线性的启发式方法。文献[60]探索了替代路径路由(APR)对 MANET 中的负载平衡和端到端时延的影响。然而，有人认为网络拓扑和信道的特征(例如路由耦合)可能严重限制由 APR 策略提供的增益。在一个有趣的应用[61]中，多路径传输(MPT)与多描述编码(MDC)相组合，以便在多跳移动无线电网络中发送视频和图像信息。

在本节中，我们讨论了基于分集编码的 MANET 多路径方案[42]。数据负载分布在多条路径上，以便最小化丢包率，并在不断变化的环境中实现负载平衡。

假设有 $n_{\max}$ 条路径可用于将数据包从源节点传输到目标节点。可以采用前面提到的任何多路径方案来获取这些路径，这些路径都没有公共节点(相互不相交)。

在源端试图以故障概率 p_i 进行传输或者以概率 $1-p_i$ 正确接收到信息时，索引为 $i\,(i=1,\cdots,n_{\max})$ 的每条路径会被关闭。由于路径中没有公共节点，因此认为它们是独立的，这意味着一条路径连接的成功或失败并不会影响另一条路径连接的成功或失败。值得注意的是，在 ad hoc 网络中，节点共享单个信道来进行传输，所以节点不相容并不能代表路径具有独立性。考虑到这一点，路径被理想地认为是独立的，近似于实际的 ad hoc 网络。如果要对无线网络中的路径进行更真实的建模，可以参见文献[62-64]，其中也有对路径相关性的分析。可用路径的失败概率以概率向量 $\mathbf{p}=\{p_i\}$ 表示，其中 $p_i \leqslant p_{i+1}$。成功概率的向量形式被定义为 $\mathbf{q}\{q_i\}=1-\mathbf{p}=\{1-p_i\}$。

现在，假定我们必须使用一组可用的独立路径发送一个拥有 D 个比特的数据包，以最大限度地提高这些数据被成功传送到目标节点的概率，此概率以 P 表示。为了实现这个目标，我们采用一种编码方案，其中添加 C 个额外比特作为开销，结果 $B=D+C$ 个比特被视为一个网络层数据包。额外比特为信息比特的函数，这样，当将 B 比特数据包划分成多个等大小的非重叠块时，可以重建初始的比特数为 D 的数据包，给定这些小块的任何子集，总大小为 D 或更多的比特。首先，我们定义开销因子 $r=B/D=b/d$，其中 b 和 d 取整数，分数 b/d 不能进一步化简。注意，$1/r$ 等价于信道编码理论中的编码增益。

接下来，我们定义向量 $\mathbf{v}=\{v_i\}$，其中 v_i 是分配给路径 i 的等大小块的数量。一些路径可能表现出的效果差强人意，使用这些路径并无实际意义。这意味着我们仅需使用一些可用的路径。如果 n 是为了最大化 P 而必须使用的路径的数量，则最好将块分配向量 $\mathbf{v}=\{v_i\}$ 定义为大小 n 可变的向量，而不是将其大小固定为 $n_{\max}$。

假设失败概率向量是按从最佳路径到最差路径的顺序排列的，因此将使用前 n 条路径。基于这些观察，块分配向量 $\mathbf{v}=\{v_i\}$ 具有以下形式：$\mathbf{v}=\{v_1,v_2,\cdots,v_n\}$，$n\leqslant n_{\max}$。

如果块的大小为 w，则 $w\sum_{i=1}^{n}v_i=B=rD$。因此，B 比特据包被分段为块的总块数是 $a=\sum_{i=1}^{n}v_i=rD/w$。根据 $p_i \leqslant p_{i+1}$，可以得出 $v_i \geqslant v_{i+1}$，这是因为具有较高失败概率的路径不能比具有较低失败概率的路径被分配的块更少。

原始 D 比特数据包被分段为 N 个大小为 w 的块，即 $d_1,d_2,d_3,\cdots,d_N$，C 比特开销数据包被分段为 M 个大小为 w 的块，即 $c_1,c_2,c_3,\cdots,c_M$。基于此，我们有 $N=D/w=a/r$ 和 $M=C/w=(r-1)N=(r-1)a/r$。路径 1 将被分配 B 比特序列的前 v_1 个块，路径 2 将接收接下来的 v_2 个块，依次类推。因此，路径 i 将被分配 v_i 个块，每个块的大小为 w。如同 $(N+M, M)$ 块纠错编码中的奇偶校验位一样，开销符号可表示成原始数据包的线性组合：

$$c_j=\sum_{i=1}^{N}\beta_{ij}d_i\,,1\leqslant j\leqslant M \tag{4.4.1}$$

其中在 Galois 域 GF(2^m) 中执行乘法和求和运算。数据包成功传输的概率 P、参数 N 和 M 之间的关系及链路失效概率可以从编码理论获得，这里不再赘述。该理论的一个重要结果是，块的大小必须满足以下不等式，从而可以恢复原始信息[42]：

$$w\geqslant\lceil\log(N+M+1)\rceil\geqslant\log(a+1) \tag{4.4.2}$$

通过结合式(4.4.2)中的定义，我们得到了一个块的数量的不等式，这样就可以拆分 B 比特数据包。

$$B\geqslant a\log(a+1)\equiv B_{\min} \tag{4.4.3}$$

4.5 分簇协议

4.5.1 引言

到目前为止，在基于动态簇的路由中，网络被动态地组织成分区，以保持一个相对稳定的有效拓扑[65]，这个分区称为簇。

每个簇中的成员随着时间的推移而变化，以响应节点内移动性，并由分簇算法中指定的标准来确定。为了限制对拓扑大幅度的动态改变，仅为簇内路由维护完整的路由信息。簇间路由通过在外部节点隐藏簇内的拓扑细节，并使用分层聚合、反应式路由或两种技术的组合来实现。反对动态簇的理由是，簇的重新排列和节点到簇的分配可能需要进行许多的处理和使用过多的通信开销，这些缺点超过了其潜在的好处。如果分簇算法太复杂或不能度量簇的稳定性，那么这些障碍可能难以克服。

在具有高节点移动速率的大型 ad hoc 网络中，一个能够支持路由的框架结构的理想设计目标包含了基于簇的路由的优点，并促成反应式路由和主动路由之间的平衡，同时尽量减少两类路由各自的缺点。此外，有关节点移动性的研究结果表明，在网络组织或路径选择过程中，需要直接使用移动性的定量测量。

具体来说，需要一种能够评估随时间的路径可用性的概率的策略，以及基于该度量的分簇或路由的策略，从而最小化对拓扑变化的反应。这种策略可以限制控制信息的传播，同时在高速移动的环境中支持更高质量的路由。

在本节中，我们将介绍(c, t)簇框架，它定义了动态组织 ad hoc 网络拓扑的策略，以便根据节点移动性，自适应地平衡基于簇节点的主动性和按需路由。这通过指定分布式(异步)分簇算法来实现，该分簇算法维护了满足(c, t)标准的簇，在指定的时间间隔 t 内，该集合在簇中所有节点之间的路径的相互可用性上存在概率边界 c。为了评估(c, t)标准，使用表示大型 ad hoc 网络中节点移动的移动性模型。这种框架指明了如何使用该模型来确定链路由于节点移动性而产生故障时路径可用性的概率。

基于(c, t)簇框架，簇内路由需要一种主动策略，并且簇内路由是基于需求的。因此，该框架规定了一种自适应混合方案，其平衡由节点的移动性来动态确定。在具有低移动性的网络中，(c, t)簇提供了更主动的基础设施。这使得当变化率较低时，可以通过增加拓扑信息的分布来实现更优化的路由。当移动速率变得非常高时，簇的大小将会减少，反应式路由将占主导地位。(c, t)簇框架将路由算法从分簇算法中分离，因此它足够灵活，并且能够支持目前在簇内和簇间演进的 ad hoc 网络路由策略。

文献[65-68]提出了几种动态分簇策略。这些策略在关于簇组织的标准和分布式分簇算法的实现这两个方面存在差异。文献[69]使用节点移动性的预测作为簇组织的标准。文献[65-68]中的分簇标准基于每个拓扑变化时的网络静态视图。因此，它们不提供簇稳定性的定量测量。相反，(c, t)簇策略[69]使用直接基于节点移动性的标准来形成簇拓扑。根据文献[68]，如果希望网络控制算法能够在任何实质性服务质量(QoS)上保持实时连接,那么由高移动性节点组成的 ad hoc 网络预测其未来状态的能力是至关重要的。

由 Ramanathan 和 Steenstrup 在文献[68]提出的针对无线网络系统的多媒体支持，是一个基于 ad hoc 网络和蜂窝网络特征的混合架构。该架构使用由一组系统参数组成的动态簇的分层路由，这些系统参数控制每个簇的大小和层次结构的数量。路由信息的聚合可用于实现可扩展性，并限制拓扑变化信息的传播。多级策略用于修复连接，这些连接是由于节点移动而被干扰的虚拟电路(VC)的连接。MMWN 不预测节点移动，因此它不能对簇组织的稳定性提供量化界限。

Krishna 等在文献[67]提出了一种将拓扑动态组织为 k 个簇的方案，簇中的节点通过 k 跳路径相互可达。该算法考虑 $k = 1$ 的情况，并归结为在物理拓扑中寻找到的集合。使用初始拟合启发式算法，可尝试找到最大的集合。尽管该算法没有形成最优簇，但每次拓扑变化时仍需要三次操作：第一次用于寻找一组可行簇，第二次用于选择保持簇连通性所必需的最大可行簇，第三次用于消除新簇造成的多余的现有簇。

Lin 和 Gerla 在文献[65]提出的方案与前面的例子有很大不同。他们的方案旨在对每个簇中节点的带宽和调度提供受控访问，以提供 QoS 支持，而不是使用分簇来最小化网络对拓扑变化的反应。分层路由和路径维护则是次要的问题。由此提出的算法非常简单，并且使用节点 ID 来确定性地构建可由两条路径到达的节点簇。

4.2 节中描述的 ZRP 是一种混合策略，试图权衡主动路由和反应式路由。ZRP 的目标是在区域内维护主动路由，并使用查询响应机制来实现域间路由。在 ZRP 中，每个节点会维护自己的跳数来约束路由区域。因此，区域不能反映稳定性的定量测量，并且区域拓扑任意重叠。这些特征不同于(c, t)簇，(c, t)簇由节点移动性来确定且不重叠。这两种策略都采用主动路由协议来进行区域内/簇内路由，并且每个策略都会根据协议维护的信息来组织拓扑。ZRP 还定义了查询控制方案来实现域间路由。

虽然 ZRP 不是分簇算法，并且(c, t)簇框架不是一个路由协议，但是在比较之后，结果表明可以通过将(c, t)簇结合到 ZRP 中来加强之间的联系。在 ZRP 中使用(c, t)簇可以实现更有效和自适应的混合路由，而不会显著增加其复杂度。

4.5.2　分簇算法

分簇算法的目的是将网络分为几个簇。最佳簇大小由信道的空间重用(向小尺寸靠近)与时延最小化(向大尺寸靠近)之间的权衡决定。其他限制同样也适用，如功耗和地理布局。簇大小通过无线电发射功率进行控制。对于分簇算法，我们假设传输功率是固定的，并且在整个网络上是均匀的。

在每个簇中，节点最多可以在两跳之间相互通信，可以基于节点 ID 来构建簇。以下算法将多跳网络分为若干非重叠簇，并做出了在无线电网络中构建算法的假设。以下三个假设对于大多数无线电数据链路协议都是常用的[70-73]。

1. 每个节点都有唯一的 ID，并且知道它的一跳邻居的 ID。这可以由用于相互定位和识别无线电节点的物理层提供。
2. 由节点发送的消息在其所有邻居的一跳有限时间内被正确地接收。
3. 网络拓扑在算法执行过程中不会改变。

分布式分簇算法如图 4.5.1 所示。

图 4.5.2 给出了拓扑结构的示例，随后图 4.5.3 给出了簇的示例。从图 4.5.1、图 4.5.2 和图 4.5.3 可以看出，每个节点的簇 ID 都等于其节点 ID 或其邻居的最小簇 ID。一旦节点成为其

所在区域的最小 ID 节点，则每个节点都必须具有其簇 ID。这个簇 ID 将被广播，并且在算法停止之前不会更改。因此，每个节点都可以确定它的簇，并且只能确定一个簇。

```
Distributed Clustering Algorithm(Γ)

Γ : the set of ID's of my one-hop neighbors and myself
{
        if (my_id == min(Γ))
        {
                my_cid = my_id;
                broadcast cluster(my_id,my_cid);
                Γ = Γ - {my_id};
        }
        for (;;)
        {
                on receiving cluster(id, cid)
                {
                        set the cluster ID of node id to cid;
                        if (id==cid and (my_cid==UNKNOWN or my_cid>cid))
                                my_cid = cid;
                        Γ = Γ - {id};
                        if (my_id == min(Γ))
                        {
                                if (my_cid==UNKNOWN) my_cid = my_id;
                                broadcast cluster(my_id,my_cid);
                                Γ = Γ - {my_id};
                        }
                }
                if (Γ==Ø) stop;
        }
}
```

图 4.5.1 分布式分簇算法[65]

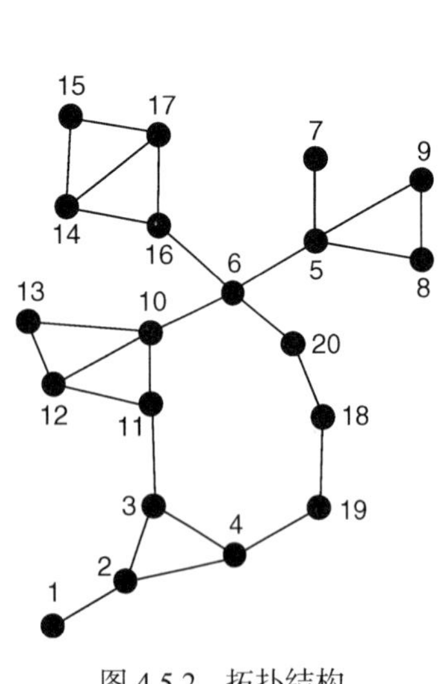

图 4.5.2 拓扑结构

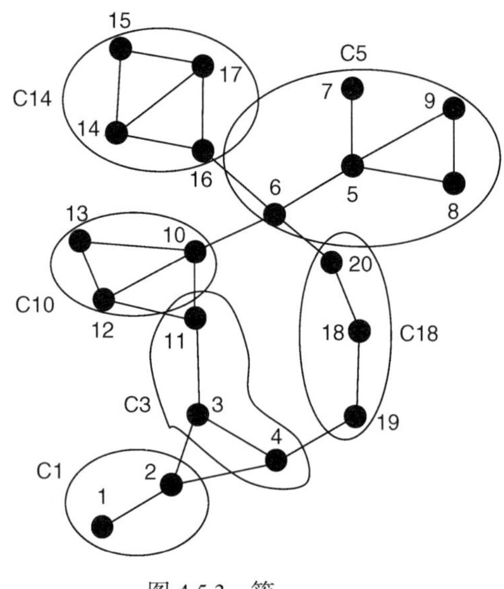

图 4.5.3 簇

4.5.2.1 带有预测的分簇

(c,t) 簇框架

(c, t) 簇框架的目标是保持适应节点移动性的有效拓扑，使得当移动速率低且效率高时，路由具有更高的灵敏度且保持最优性。这是通过一个简单的分布式分簇算法实现的，它使用一个路径可用性的概率模型，作为簇决策的基础。该算法将 ad hoc 网络的节点动态地组织成簇，其中可以在指定的时间间隔内通过簇目的地的路径可用性来维护概率边界。

(c, t)簇框架也可以用作开发 ad hoc 网络中概率 QoS 保证的自适应方案的基础。具体来说，为了支持时变网络中的 QoS，需要解决：(i)与路径建立和管理相关的连接级问题，以确保源与目的地之间连接的存在；(ii)数据包级的性能问题，如时延范围、吞吐量和可接受的错误率。

理想情况下，最好保证正在进行的连接的 QoS 需求在其整个持续时间内保持不变。遗憾的是，这在时变网络环境中是不可能的，因为连接可能由于随机的用户移动而失败。

一种更实用的方法是提供某种形式的概率 QoS 保证，具体方法是将连接失败概率保持在一个预定阈值以下，并以很高的概率确保正在进行的连接始终满足最低水平以上的带宽。

(c, t)簇策略的基本思想是将网络划分为可以沿着簇内部路径相互可达的节点簇，该簇内部路径预期在一段时间 t 内可用且概率至少为 c。网络中簇的集合必须覆盖网络中的所有节点。

假设在不失一般性的情况下，t 在簇中的每个节点上都相同。如果簇的拓扑在长度为 t 的间隔内保持稳定，则在该间隔内要求路由是确定性的，并且假设允许将 ad hoc 网络建模为 Jackson 队列的网络。

假设路径可用性是遍历过程(ergodic process)，c 表示(c, t)路径可用于携带数据的平均时间比例。因此，c 在长度为 t 的间隔上对路径的有效容量设置下限。

设链路容量为 C bps，平均数据包长度为 $1/\mu$ 比特。可以根据式(4.5.1)的路径可用性来确定间隔 t 内的有效(数据包)服务率 μ_{eff}。基于 Jackson 模型，每个节点可以被视为独立的 M/M/1 队列。使用当前的总到达率 λ 和有效服务率 μ_{eff} 的概念，可以应用 M/M/1 的结果来找到平均总数据包时延 T。由于该时延必须小于 t，因此这种方法在路径可用性上建立了一个下限，如式(4.5.2)所示。

$$\mu_{\text{eff}} = cC\mu \tag{4.5.1}$$

$$T = \frac{1}{\mu_{\text{eff}} - \lambda} \tag{4.5.2}$$

$$t \geqslant \frac{1}{cC\mu - \lambda} \tag{4.5.3}$$

$$c \geqslant \frac{1 + \lambda t}{\mu t C} \tag{4.5.4}$$

有一种有效的自适应策略可以确定 c 的值，这种策略控制了支持流量负载和已建立连接的 QoS 需求所需的最小级别的簇稳定性。参数 t 的选择是一种系统设计决策，其确定当网络中没有流量时，针对不同移动速度可实现的最大簇的大小。

(c,t) 分簇算法

有 5 个事件可以驱动(c, t)分簇算法，即节点激活、链路激活、链路故障、c 定时器的到期和节点停用。

节点激活　一个激活的节点的主要目标是发现相邻节点并加入其簇。为了实现这一点，它必须能够从其邻居获取簇的拓扑信息，并执行其路由算法以确定该簇中所有目标节点的(c, t)可用性。当且仅当所有目标节点可通过(c, t)路径到达时，源节点才能加入簇。

节点激活的第一步是将源节点的簇 ID（CID）初始化到一个预定义的值，该值表示它的非簇状态。网络接口层协议要求将节点的 CID 标记作为邻居问候协议的一部分，并位于封装协议的头中。这使得节点能够很容易地识别簇状态、相邻节点的成员及路由更新的来源——这是控制路由信息传播的必要功能。

当网络接口层协议标识一个或多个相邻节点时，源节点执行以下操作：首先，源节点识别与每个邻居相关联的 CID。然后，它根据系统默认的移动配置文件、网络接口层协议或者物理层感知获得的移动信息，评估与每个邻居相关的链路可用性。后面将介绍用于评估链路可用性的精确方法和信息。

最后，邻居发现了源节点的非簇状态，自动生成并发送完整的簇拓扑信息，将其作为应用簇内路由协议的结果存储在本地。当路由器发现一条连接到新路由器的链路激活时，这种拓扑同步功能是主动路由协议的一个典型的特征。源节点不会立即将其拓扑信息发送给任何邻居。

链路激活　由簇节点检测到的链路激活不是孤立的，它被视为一个簇内的路由事件。因此，拓扑更新将在整个簇中传播。不同于在路径失败后应答的路由，链路激活更新的传播是 (c, t) 簇节点在预测未来链路故障或定时器到期时能够找到新的 (c, t) 路径的一个关键因素。

链路故障　节点检测链路故障的目的是确定链路故障是否导致到簇中目的地的任何 (c, t) 路径的丢失。节点对链路故障事件的响应是双重的。首先，每个节点必须更新其簇拓扑的视图，并重新评估节点路由表中剩余的每个目标簇的链路可用性。其次，每个节点将关于链路故障的信息转发到剩余的目标簇。

***c* 定时器的到期**　通过在簇中的每个节点周期性执行簇内路由算法，c 定时器控制簇的维护工作。使用每个节点可用的拓扑信息，可以估计当前的链路可用性信息，并计算簇中每个目标节点的最大可用性路径。如果任何路径不是 (c, t) 路径，则节点离开簇。

节点停用　节点停用包括四种情况，即正常停用、突发故障、簇断开连接及自动离开簇。通常，任意一个上述事件都会触发路由协议的响应。因此，可以确定已经停用的节点不再可达。

ad hoc 移动模型

本节中使用的随机 ad hoc 移动模型是一个连续时间随机过程，表征了二维空间中节点的移动。基于随机 ad hoc 移动模型，每个节点的移动都由一个随机长度的间隔序列组成，即移动时段（epoch），在此期间，一个节点以恒定速度沿恒定方向移动。每个节点的速度和方向随一个时段到另一个时段随机变化。因此，在时期 T_n^i 的时段 i 内，节点 n 以 θ_n^i 角度直线移动的距离为 $V_n^i T_n^i$。长度为 t 的间隔内的时段数可表示为离散随机过程 $N_n(t)$。图 4.5.4(a) 给出了节点在 6 个移动时段上的移动情况，每个移动时段由其方向角 θ_n^i 和距离 $V_n^i T_n^i$ 表征。根据随机 ad hoc 移动模型，节点 n 的移动性曲线需要 3 个参数：λ_n、μ_n 和 σ_n^2。下面定义了这些参数，并说明了在开发此模型时所做出的假设。

1. 时段长度为独立同分布的（i.i.d.）指数分布，均值为 $1/\lambda_n$。
2. 每个时段移动节点的方向为 i.i.d. 且均匀分布在 $(0, 2\pi)$ 上，并且仅在时段内保持恒定。
3. 每个时段的速度是 i.i.d.随机变量（例如，i.i.d.归一化，i.i.d.均匀），其均值为 μ_n、方差

为 σ_n^2，并且仅在时段内保持恒定。

4. 速度、方向和时段长度是不相关的。
5. 网络节点之间的移动无关联性，并且链路失效是独立的。

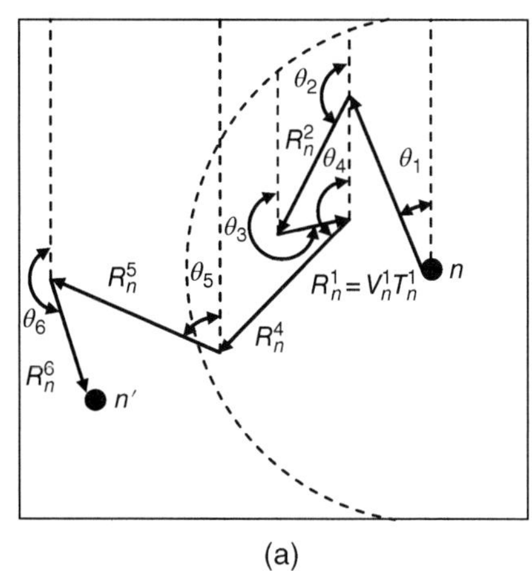

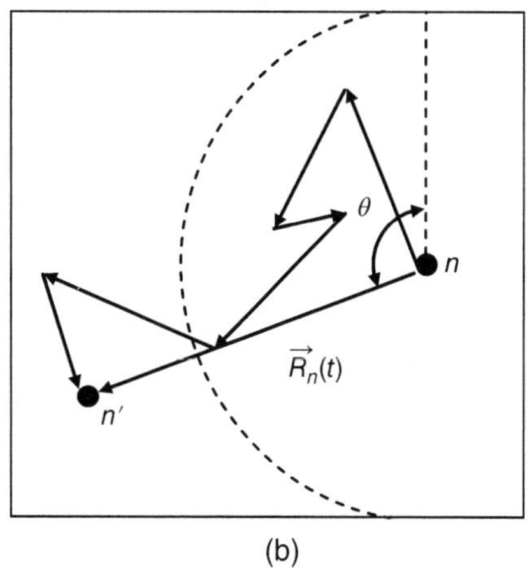

图 4.5.4　ad hoc 移动模型的节点移动：(a) 移动模型的节点移动；(b) 时段随机移动向量

假设具有有限传输范围的节点在速度和方向上频繁地随机变化，而在两个节点之间的连接要保持活跃度。因此，当链路激活时，移动性时段数的分布是稳定的且相对较大。因为时段长度为 i.i.d.指数分布，$N_n(t)$ 是速率为 λ_n 的泊松过程。因此，当链路处于活动状态时，节点 n 在间隔 $(0, t)$ 中经历的预期时段数为 $\lambda_n t \gg 1$ 。

这些假设反映了一种网络环境，其中存在大量异构节点以 ad hoc 的方式自主运行，这在概念上反映了 (c, t) 簇框架在设计时考虑的环境。为了表征在 (t_0, t_0+1) 上两个节点之间的链路可用性，必须确定一个节点相对于另一个节点的移动性分布。为了表征这种分布，首先需要单独导出单个节点的移动性分布。单个节点分布再被扩展，以导出一个节点相对于另一个节点的移动性的联合移动性分布。使用这种联合移动性分布，可以导出链路可用性分布。

随机移动向量可以表示为如图 4.5.4 (b) 所示的时段随机移动向量 $\vec{R}_n(t) = \sum_{i=1}^{N_n(t)} \vec{R}_n^i$ 的随机和。假设向量 $\vec{R}_n(t)$ 是在 t_0 时刻位于位置 $[X(t_0), Y(t_0)]$ 处的移动节点的随机移动向量，并且根据随机 ad hoc 移动性分布 $<\lambda_n, \mu_n, \sigma_n^2>$ 移动。所得到的向量 $\vec{R}_n(t)$ 的相位均匀分布在 $(0, 2\pi)$ 上，它的模值表示节点移动的总距离，并与以下参数近似地呈瑞利 (Raleigh) 分布。

$$\begin{aligned} \alpha_n &= (2t/\lambda_n)\left(\sigma_n^2 + \mu_n^2\right) \\ \Pr(\theta_n \leqslant \phi) &= \phi/2\pi, \quad 0 \leqslant \phi \leqslant 2\pi \end{aligned} \tag{4.5.5}$$

$$\Pr(R_n(t) \leqslant r) \approx 1 - \exp\left(-r^2/\alpha_n\right), \ 0 \leqslant r \leqslant \infty \tag{4.5.6}$$

这些分布的推导是经典的均匀随机相量和理论[75]的应用，它将中心极限定理应用于大量的 i.i.d.变量[75]。

联合节点移动性　基于随机链路故障的假设，我们可以通过将一个节点相对于另一个节点的参考系固定来考虑两个节点的移动性。通过将其中一个节点看作单个基站，将其保持在固定位置来实现这种转换。对于该节点的每次移动，另一个节点在相反方向上平移相等的距离。因此，通过将节点 m 的参考坐标固定在节点 n 的位置上，然后相对于该点移动节点 m，从而得到了节点 m 在节点 n 上的等价随机移动向量 $\vec{R}_{m,n}(t)=\vec{R}_m(t)-\vec{R}_n(t)$。其相位均匀分布在 $(0,2\pi)$ 上，其幅度是参数为 $\alpha_{m,n}=\alpha_m+\alpha_n$ 的瑞利分布。

随机 ad hoc 链路可用性　如果 $L_{m,n}(t)=1$ 表示链路活动，$L_{m,n}(t)=0$ 表示链路不活动，则对于节点 n 和 m，链路可用性定义为

$$A_{m,n}(t)\equiv\Pr[L_{m,n}(t_0+t)=1|L_{m,n}(t_0)=1] \tag{4.5.7}$$

注意，即使在一个或多个间隔 (t_i,t_j) 内(其中 $t_0<t_i<t_j<t_0+t$)经历故障，链路在 t 时刻仍被认为是可用的。根据定义，如果节点 m 位于以节点 n 为圆心、半径为 R 的圆形区域中，则认为两个节点之间的链路是活动的。根据节点 m 和 n 的初始状态与位置，可以识别链路可用性的两种不同情况。

1. 节点激活：假设节点 m 在节点 n 的范围内随机出现，节点 m 在 t_0 时刻变为活动状态。在这种情况下，我们有

$$\begin{gathered}A_{m,n}(t)\approx1-\Phi\left\{\frac{1}{2},2,-R^2/\alpha_{m,n}\right\}\\ \Phi\left\{\frac{1}{2},2,z\right\}=\mathrm{e}^{z/2}[I_0(z/2)-I_1(z/2)]\\ \alpha_{m,n}=2t\left\{\frac{\sigma_m^2+\mu_m^2}{\lambda_m}+\frac{\sigma_n^2+\mu_n^2}{\lambda_n}\right\}\end{gathered} \tag{4.5.8}$$

2. 链路激活：在 t_0 时刻，节点 m 在节点 n 的范围内移动，能到达的边界由 R 定义，并假设它位于边界上的一个随机点。在这种情况下有

$$A_{m,n}(t)=\frac{1}{2}\left\{1-I_0\left(-2R^2/\alpha_{m,n}\right)\exp\left(-2R^2/\alpha_{m,n}\right)\right\} \tag{4.5.9}$$

随机 ad hoc 路径可用性　令 $P_{m,n}^k(t)$ 表示在 t 时刻从节点 n 到节点 m 的路径 k 的状态。如果路径中的所有链路在 t 时刻是活动的，则 $P_{m,n}^k(t)=1$；如果路径中的一条或多条链路在 t 时刻不活动，则 $P_{m,n}^k(t)=0$。当 $t\geqslant t_0$ 时，节点 n 和 m 之间的路径可用性 $\pi_{m,n}^k(t)$ 由以下概率给出：

$$\pi_{m,n}^k(t)\equiv\Pr\left\{P_{m,n}^k(t_0+t)=1\middle|P_{m,n}^k(t_0=1)\right\}=\prod_{(i,j)\in k}A_{i,j}(t_0+t) \tag{4.5.10}$$

如果 $\pi_{m,n}^k(t)$ 是在 t 时刻从节点 n 到节点 m 的路径 k 的可用性，则路径 k 被定义为 (c,t) 路径，当且仅当：

$$\pi_{m,n}^k(t)\geqslant c \tag{4.5.11}$$

如果节点 n 和 m 在 (c,t) 路径上相互可达，则节点 n 和 m 是 (c,t) 可用的。(c,t) 簇是 (c,t) 可用节点的集合。该定义指出，一个 (c,t) 簇中的每个节点都有到簇中其他节点的路径，该节点在 t_0+t 时刻可用且概率$\geqslant c$。

路径可用性成本计算　上述讨论展示了如何计算链路可用性，从而给出一个表示路径可用性概率的链路度量。该度量可以在路由算法中使用，以便在长度为 t 的间隔上，利用路径可用性来构造支持下限 c 的路径。(c,t) 簇协议使用沿路径的每条链路的可用性来确定路径是否

为 (c, t) 路径，从而确定簇是否满足 (c, t) 标准。为了在 ad hoc 网络中支持此功能，路由协议必须为每条链路维护和传播以下状态信息。

1．初始链路激活时刻：t_0。
2．每个相邻节点的移动性曲线：$\langle \lambda_i, \mu_i, \sigma_i^2 \rangle$，$i = m,n$。
3．每个相邻节点的传输范围：R。
4．激活链路的条件：(i) 在 t_0 时刻节点激活；(ii) 在 t_0 时刻节点移动到彼此的范围内。

基于该信息，对于任意时刻 τ，(c, t) 簇中的任何节点可以估计链路在 $t + \tau$ 时刻的可用性。由于每个节点都知道初始链路激活时刻 t_0，因此链路可用性可在间隔 $(t_0, t_0 + \tau)$ 内进行评估。节点可以使用条件概率来评估自己的链路可用性，因为它们在 τ 时刻直接知道这种链路的状态，而远程节点不知道。具体来说，对于在 t_0 时刻激活的链路，节点将评估 t 时刻的可用性，因为它在 $\tau \geqslant t_0$ 时刻是可用的。

性能示例

我们对平均速度在 5.0 ~ 25.0 km/h 之间的一系列节点的移动进行了仿真。每个移动时段的速度是正态分布的，方向均匀分布在 (0, 2π) 上。节点激活率为每小时 250 个节点。节点停用的平均时间为 1 小时。节点最初在 5 km × 5 km 的有界区域内随机激活。对于移动后超出该边界的节点，不再认为它是 ad hoc 网络的一部分且立即停用。(c, t) 路径的可用性使用 Dijkstra 算法进行评估。

对于每一次仿真运行，通过在 1 小时的观察间隔内每秒采样一次网络状态来收集数据。每次运行的前 2 小时所采集到的数据会被丢弃以消除瞬态效应，并且每个仿真都用新的随机过程重新运行 10 次。图 4.5.5 (a) ~ (d) 给出簇大小和簇生存时间的仿真结果。MANET 网络层实体之间的逻辑关系如图 4.5.6 所示。

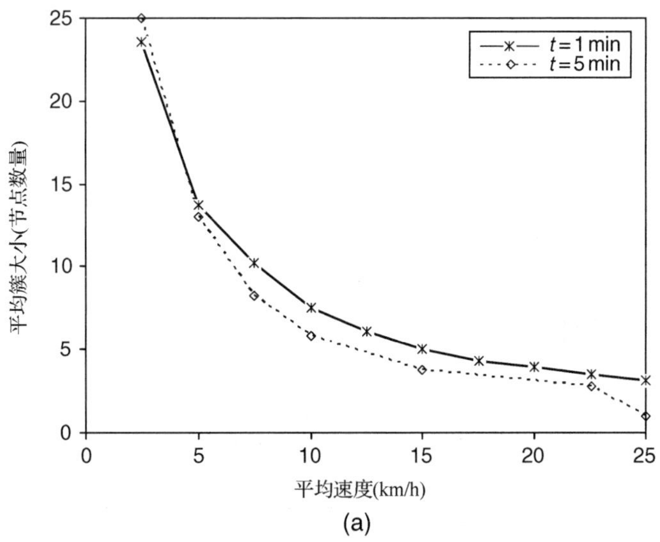

图 4.5.5　仿真结果：(a) 簇大小 (R = 1000 m)；(b) 簇大小 (R = 500 m)；(c) 簇生存时间 (R = 1000 m)；(d) 簇生存时间 (R = 500 m)

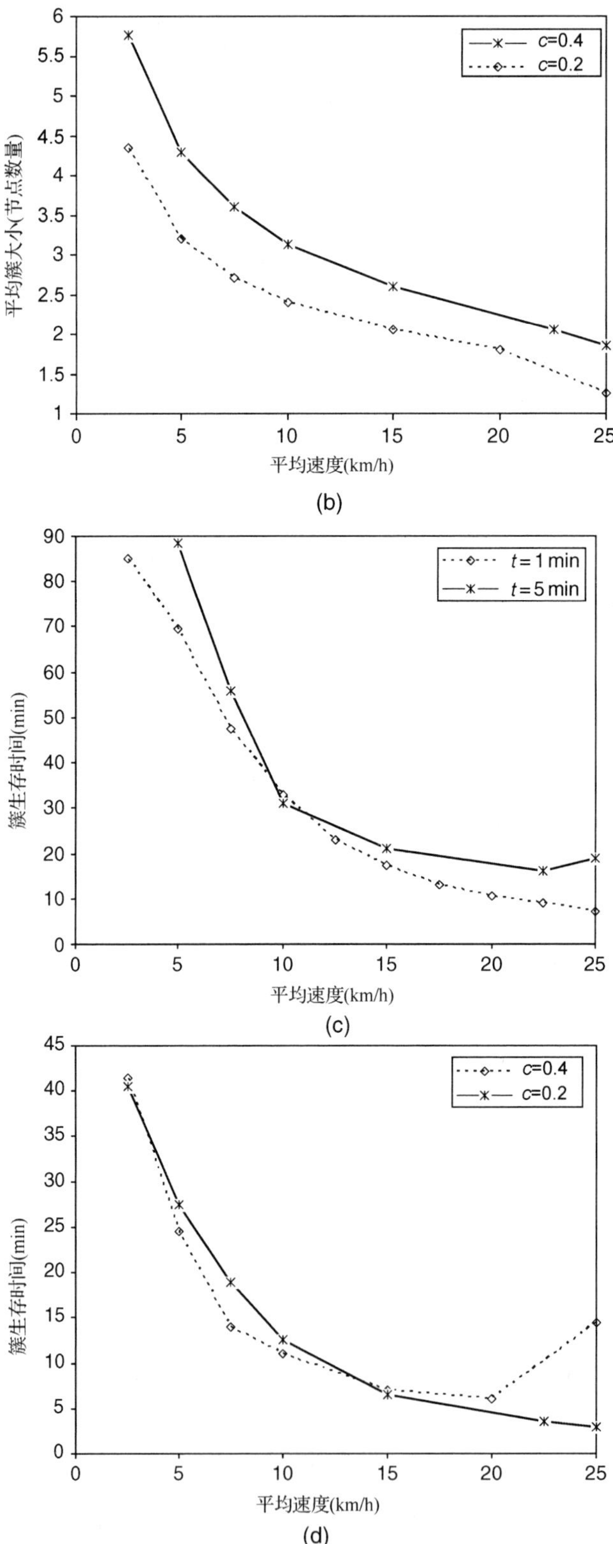

图 4.5.5(续)　仿真结果：(a)簇大小($R = 1000$ m)；(b)簇大小($R = 500$ m)；(c)簇生存时间($R = 1000$ m)；(d)簇生存时间($R = 500$ m)

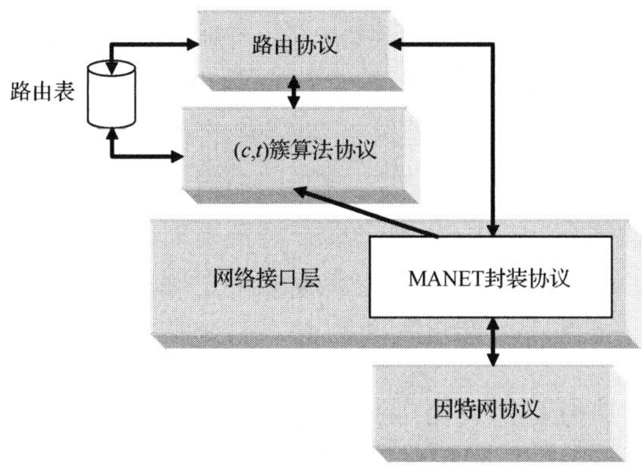

图 4.5.6　MANET 网络层实体之间的逻辑关系

4.6　路由的实现方案

MANET 的大量路由协议，即反应式协议，采用某种缓存形式来减少路由发现的数量。最简单的缓存形式基于与缓存表项相关联的超时。当表项被缓存时，定时器启动。当超时到期后，将从缓存中删除该表项。每次使用该表项时，定时器重新启动。因此，这种方案的有效性取决于与缓存路由相关联的超时值。如果调整好超时值，协议的性能就会提升；否则，由于从缓存中提前或滞后移除表项，因此会出现严重的性能劣化。

缓存管理　缓存方案的特征是由一组设计选项指定缓存管理的空间(缓存结构)和时间(即何时读取/添加/删除缓存表项)，即存储策略、读取策略、写入策略和删除策略。

存储策略　确定路由缓存的结构。最近，人们研究了两种不同的缓存结构[76]，即链路缓存和路由缓存，并已应用于 DSR。在链路缓存结构中，将 RREP 所返回路由中的每条单独链路添加到统一的图形数据结构中，在每个节点处进行管理，以反映节点当前的网络拓扑图。这样可以通过合并从不同数据包获得的路由信息来计算新的路径。然而，在路由缓存中，每个节点存储从自身开始的一组完整的路径。与前者相比，实现后一种结构更容易，但不允许推断新路由及利用一个节点上所有可用的拓扑信息。

读取策略　确定使用缓存表项的规则。除了在发送新消息时直接使用源节点，还有其他一些策略是可用的。例如，DSR 定义了以下策略。

- *缓存应答*：中间节点可以使用存储在自身缓存中的信息来应答路由请求。
- *抢救*：当数据包在其源路由上遇到失效的链路时，中间节点可以使用自身缓存中的路径。
- *无偿应答*：节点以混杂模式运行接口，并监听不传向自己的数据包。如果节点具有到目标节点的更好的路由，若使用该新的路由，那么节点会向源节点发送无偿应答。
- *写入策略*：确定何时和哪些信息必须缓存。由于无线电传输的广播性质，在混杂模式下，节点通过其无线电接口来了解新路径是非常容易的。写入策略的主要问题是需要缓存有效的路径。负缓存是文献[77]中提出的一种技术，并应用在文献[78]中，用于过滤 DSR 中写入的缓存表项。其中节点存储通过路由错误控制包发现的或链路层在一段时间(δt 秒)内发现的断开链路的负缓存。在此时间间隔内，禁止写入包含缓存的断开链路的新路由缓存。

- 删除策略：确定何时及哪些信息必须从缓存中删除。删除策略实际上是缓存方案中最关键的部分。由于不精确删除，可能会出现两种“错误”：(i)早期删除，即缓存的路由仍然有效时被删除，(ii)后期删除，即缓存的路由即使不再有效，也不会被删除。这些错误会导致数据包传送部分的减少和路由开销（开销数据包的总数）的增加[79]。特别是在高负载的情况下，后期删除具有潜在雪崩效应风险。如果一个节点使用过时的路由进行应答，那么其他节点可能会缓存不正确的信息，反过来又将其用作对路由发现的应答。因此，缓存“污染”可以相当快地传播[78]。

DSR 中的缓存方案 所有这些方案都基于本地定时器的删除策略[76, 79]。文献[78]中提出了唯一的例外方案。其中引入了反应缓存删除策略，即更广泛的错误通知，将路由错误传播到所有节点，强制每个节点从其缓存中删除过时的表项。

文献[76, 78]中报告的仿真结果表明，基于定时器的缓存删除策略的性能受到与每个表项相关联的超时值选择的影响。在路径缓存中，超时值低于最优值(即早期删除)，报文投递率和路由开销比不使用任何超时值的缓存方案的结果更差。在链路缓存中，较晚地删除错误会增加路由开销，同时报文传递率会急剧下降。

缓存超时显然可以动态调整。然而，基于自适应定时器的删除策略存在如下缺点。这种策略在从一个最优超时值到后续最优超时值的转换期间，会有后期删除或早期删除的错误。因此，网络和数据负载越多，性能越差。

为了减少这种不精确删除的影响，基于自适应定时器的缓存方案已经与广泛的错误通知删除技术相结合，并且文献[17]中研究了 DSR 中的方案。根据这种组合方案，在超时到期之前，过时的路由将从使用该路由的所有源端中被消除。然而，在这种组合技术中，还有两个问题没有解决：(i)由于删除的被动性，如果不使用缓存表项，即使路由不再有效，它仍保留在缓存中，因此它可以用作路由发现的应答；(ii)不能避免早期删除。

ZRP 中的缓存方案 对于缓存头 n，半径为 k^*的缓存区域定义为距离 n 最多为 k^*跳的节点集合。路由发现过程创建了一条活动路径，它由一组称为活动节点的节点组成。随后形成从源节点 S 到目标节点 D 的路径，缓存头是活动节点的子集。

为了避免节点自动缓存路由信息的可能性，缓存头 n 是唯一有权在其缓存区域内通告路由信息的节点，该缓存区域也被写入缓存中。在接收到通告消息时，节点主动维护到 n 的路径，使得该节点可以用作任何通告路由的下一跳节点。缓存头负责通告路由的有效性，因此，它监视此类路由，并且强制其缓存区域中的每个节点在路由过期时立即将其删除。所以删除策略是主动策略。

注意，如果考虑 $k^* = k$ 和将 ZRP 区域间路径的每个节点作为缓存头，即可得到相同的 ZRP 的底层区域结构(这意味着每个活动节点都是缓存头)。然而一般来说，缓存头可以决定仅向位于距离 $k^* < k$ 处的那些节点通告路由信息，并不是所有活动节点都需要成为缓存头。

C-ZRP 的实现 为简单起见，假定：

1. $k = k^*$。
2. 所有活动节点成为缓存头，反之亦然。
3. 只有通向活动节点的路径才会作为外部路由被通告。
4. 使用显式注入/删除消息来管理缓存。

5. 为了停止冗余查询线程，可以使用 LT（循环终止）、QD2（查询检测）和 ET 冗余过滤规则，这些规则在本章之前已经描述过。

当图 4.6.1 中的节点 S 执行节点 D 的路由请求时，识别从 S 到 D 的区域间路径。属于区域间路径的节点 B_i 是用于缓存方案的活动节点。在图 4.6.1 中，S 和 D 之间的区域间路径由节点 b、e、p 和 t 形成。因此，区域间路径也是活动路径。根据分布式下一跳方法来存储区域间路径，其中下一跳节点是活动节点。B_i 将 B_{i+1} 作为从 B_{i+2} 到 B_{M+1} 的下一跳活动节点来存储，B_{i-1} 作为 B_0 到 B_{i-2} 的所有上游节点的下一跳活动节点。这两个活动节点称为伴随节点（例如，节点 b 关于从 S 到 D 的区域间路径的伴随节点是 S 和 e）。

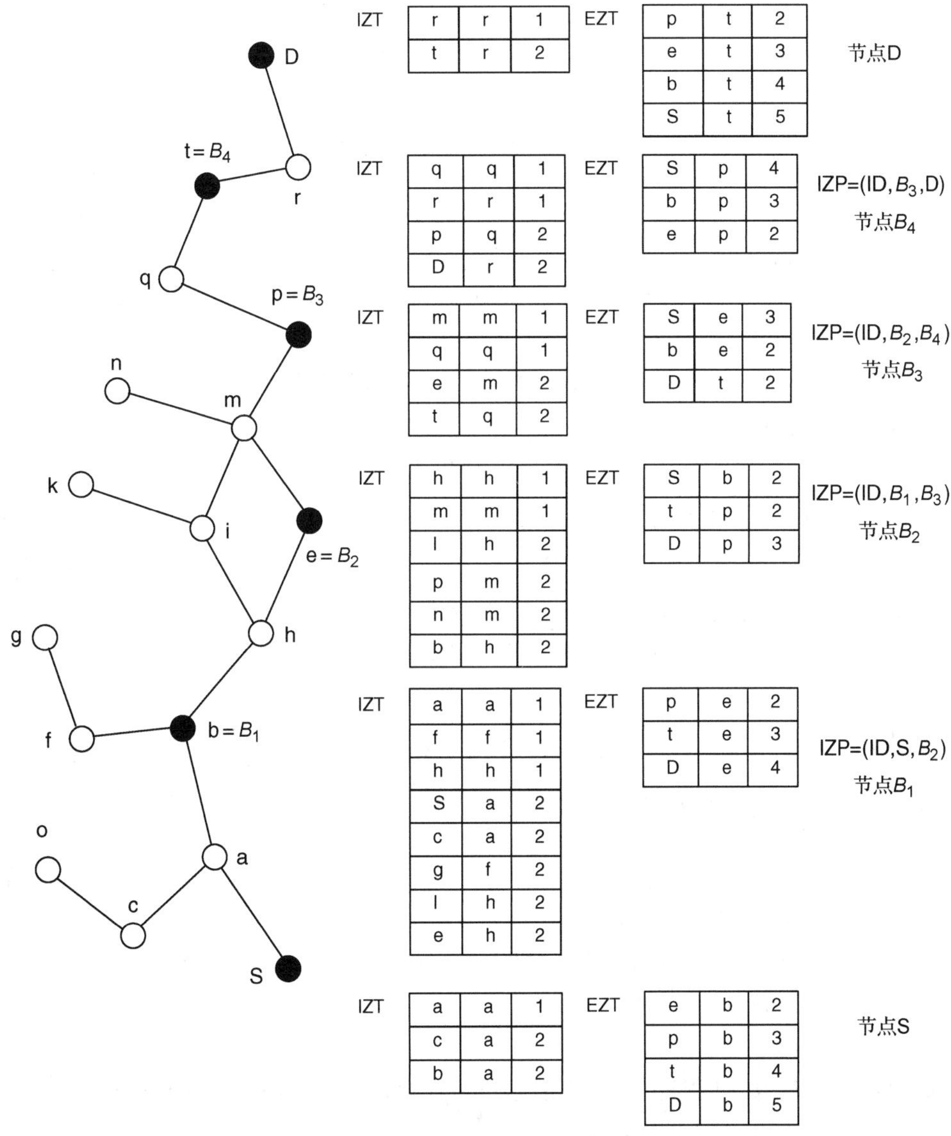

图 4.6.1　数据结构在 C-ZRP 中的应用示例，其中 $k=2$

所有路由信息都在路径的每个成员的缓存区域内被通告，与这些路由信息相关的节点属于区域间路径，并且这些节点是缓存头。然后由 IARP 主动维护这样的路由。如果一个新节点

加入了 B_i 的区域，它将通过 IARP 获取 B_i 所有先前发布的路由信息。因为一个节点可能属于多个重叠区域，所以它可以获得多个到相同目的地的独立路径。

当一个节点 B_{i+1} 离开 B_i 的路由区域时，并不是所有路由请求/应答期间收集的路由信息都会丢失。粗略地说，从 S 到 B_{i-1} 和从 B_{i+1} 到 D 的两个活动路径仍然在增长。因此，有关这些子路径的所有路由信息仍然有效。节点 $B_0,\cdots,B_{i-1}(B_{i-1},\cdots,B_{M+1})$ 通知它们自己区域内的节点，使用删除控制消息，即目的地 $B_{i-1},\cdots,B_{M+1}(B_0,\cdots,B_i)$ 不再可达。

数据结构 每个节点 X 使用以下本地数据结构：

- 内部区域路由表（IZT）。IZT 的一个表项是三元组（$d, n, \#h$），其中 d 是目标节点，n 是下一跳节点（位于 X 的传输范围内），$\#h$ 是以跳数计算的路径开销。
- 外部区域路由表（EZT）。EZT 的一行是三元组（d，n，$\#z$），其中 d 是目标节点，n 是下一跳活动节点（n 属于 X 的路由区域，不限于其传输范围），而$\#z$ 是从 X 到 d 的路径开销，给定为必须遍历的活动节点数量。例如，在图 4.6.1 中，节点 b 将节点 e 设为 p 的下一跳活动节点，开销为 2（节点 e 和 p）。
- 区域间路径表（IZP）。如果 X 是活动节点（$X\neq$ S,D），则区域间路径对应于 X 的 IZP 中的表项。在这种情况下，设路径标识符为 ID，$X=B_i$。该表项是三元组（ID,B_{i-1},B_{i+1}）。
- 可达节点（RN）列表。这是一组（d, $\#z$）对，其中 d 是属于区域间路径的活动节点，$\#z$ 是从 X 出发的路径开销，表示为到达 d 必须遍历的活动节点数量。节点 X 将 RN 通告给属于 $Z_k(X)$ 的节点。RN 包括沿着第一和第三分量的 EZT 的投影。例如，图 4.6.1 的节点 b 将包括 RN 中的（p, 2）、（t, 3）和（D, 4）。
- 不可达节点（UN）列表。这组节点用于发布无法访问的目的地。

区域间路径创建 在路由请求/应答期间，只允许目标节点 D 发送给定请求的单个应答，从而创建从 S 到 D 的单一区域间路径。该路径被标记了唯一的标识符 ID，例如使用由请求节点生成的增长的序列号作为 ID。当 S 触发 D 的新路由发现时，它会向其所有边界节点发送查询消息。该消息包含标识符 ID 和由 AV[0] = S 初始化的路由累加向量 AV[ ]。令 M 为活动节点数量（不包括 S 和 D）。

1. 当边界节点 $X\neq$ D 收到查询消息时，如果首次收到消息，并且满足冗余查询过滤规则：
   a. 它将自己的 ID 添加到 AV 向量中。例如，如果节点 X 对应于区域间路径中的节点 B_j，则 $\mathrm{AV}[j]=X$。
   b. 如果 D 属于 X 的路由区域，则后者将查询消息单播到 D。否则，它执行边界转换。
2. 当目标节点 D 首次接收到具有标识符 ID 的查询消息时：
   a. 在 EZT 中存储三元组 $(\mathrm{AV}[i],\mathrm{AV}[M],M+1-i)$，$0\leqslant i\leqslant M-1$。
   b. $\mathrm{RN}=(\mathrm{AV}[i],M+1-i)$，$0\leqslant i\leqslant M$。
   c. 设置 $\mathrm{AV}[M+1]=\mathrm{D}$。
   d. 向 AV[M] 发送应答消息。该消息包含在查询消息中累积的 AV 向量。路径创建的一个例子如图 4.6.2（a）所示。
3. 当边界节点 B_j 收到应答消息时：
   a. 如果 $B_j\neq\mathrm{S}$，则在 IZP 中存储三元组（ID, AV[$j-1$], AV[$j+1$]），因此其成为活动节点。
   b. 在 EZT 中存储以下三元组：

$$(\mathrm{AV}[i], \mathrm{AV}[j-1], j-1), \quad 0 \leqslant i \leqslant j-2$$
$$(\mathrm{AV}[i], \mathrm{AV}[j+1], j-1), \quad j+2 \leqslant i \leqslant M+1$$

c. $\mathrm{RN} = (\mathrm{AV}[j+i], |i|), \ -j \leqslant i \leqslant M+1$。

d. 如果 $B_j \neq \mathrm{S}$，则将应答消息转发到节点 $\mathrm{AV}[j-1]$。

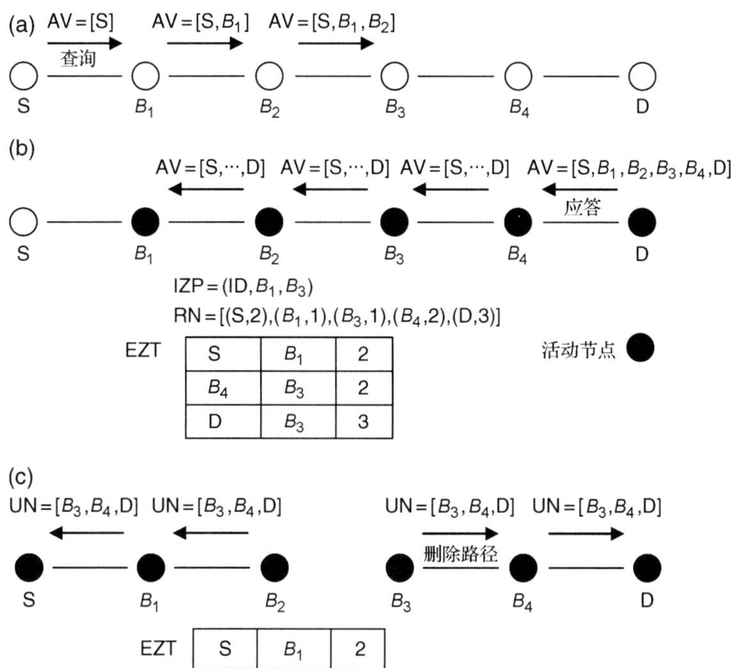

图 4.6.2　区域间路径创建和删除的示例：(a) 路径创建；(b) 节点 Y 在其 EZT 中创建一组表项；(c) 节点 Y 现在有两条通往节点 B_1 的路径

图 4.6.2(b) 显示了在接收到应答消息后节点 B_2 的状态，该应答消息带有 $\mathrm{AV}[\mathrm{S}, B_1, B_2, B_3, B_4, \mathrm{D}]$，这导致了以下操作的执行：

1. B_2 成为区域间路径的成员[它在 IZP 中存储三元组 (ID, B_1, B_3)]。
2. B_2 在 EZT 中添加表项 $(\mathrm{S}, B_1, 2)$，$(B_4, B_3, 2)$，$(\mathrm{D}, B_3, 3)$。
3. B_2 准备可达节点列表，$\mathrm{RN} = [(\mathrm{S}, 2), (B_1, 1), (B_3, 1), (B_4, 2), (\mathrm{D}, 3)]$。
4. B_2 将应答消息转发给 B_1。

区域间路径删除　当 B_{j-1}（或 B_{j+1}）不再在 B_j 的路由区域时，节点 B_j 处的区域间路径被断开。在这种情况下，路径被划分为两个子路径，源节点会收到错误消息。活动节点 B_j 执行以下操作（以下符号“–”表示任意节点）：

1. 从 EZT 中删除表项 $(-, B_{j-1}, -)$ 或 $(-, B_{j+1}, -)$。
2. 检查 IZP 中的伴随节点 B_{j+1} 或 B_{j-1}。
3. 如果发现伴随节点，则准备以下不可达节点列表：$N = [B_0, B_1, \cdots, B_{j-1}]$（$\mathrm{UN} = [B_{j+1}, B_{j+2}, \cdots, B_{M+1}]$）；并向伴随节点发送包含 UN 和路径标识符 ID 的 Delete_Path 消息。
4. 消息成功传输后，从 IZP 中删除表项 $(\mathrm{ID}, B_{j-1}, B_{j+1})$。

当活动路径被断开时，源节点从 B_1 接收到 Delete-Path 消息[如果链路在(B_j, B_{j+1})之间断开且 $j>0$]，或者能够通过 IARP 自动检测到断开情况。因此，如果需要发送其他数据包，则源节点将触发新的路由发现，而两条子路径$(B_0, B_1, \cdots, B_{j-1})$和$(B_{j+1}, B_{j+2}, \cdots, B_{M+1})$保持活动状态。图 4.6.2(c)给出了 B_2 和 B_3 之间的链路断开(即它们之间的距离变得大于 k)情况。这将产生两个区域间子路径(S, B_1, B_2)和(B_3, B_4, D)。图中还显示了 B_2 的 EZT 数据结构。

当活动节点从其伴随节点 X 接收到 Delete-Path 消息时，它从 EZT 中删除存储在 UN 列表中的表项，并将消息转发到另一个伴随节点。如果接收节点具有到存储在 UN 中的节点的另一条路由，则在转发 UN 时并不包含这样的节点。

缓存管理 为了允许 B_j 的路由区域的所有节点使用获取的信息，B_j 在其区域内广播 RN。这样的消息称为注入消息。

在从节点 $X=B_j$ 接收到携带 RN 列表的注入消息时，节点 Y 在自己的 EZT 中创建一组表项(RN[i].d, X, RN[i].#z)，其中 $0 \leqslant i \leqslant |\mathrm{RN}|$。RN[$i$].$d$ 是第 i 对 RN 的第一个分量(目标节点)，RN[i].#z 是第二个分量(即长度)。|RN|是 RN 的元素数量。图 4.6.3(a)显示了节点 B_2 将到节点 S、B_1、B_3、B_4、D 的外部路由注入它的路由区域。请注意，Y 现在有两条路由到节点 B_1，因为在 Y'的路由区域有这样一个节点。

删除外部路由 当节点 B_j 检测到路径断开或接收到 Delete-Path 消息时，将向其包含 UN 列表的区域广播一条删除消息。当内部节点收到一条删除消息时，它将从 EZT 中删除所有匹配的表项。图 4.6.3(b)显示了节点 Y 上的删除机制。

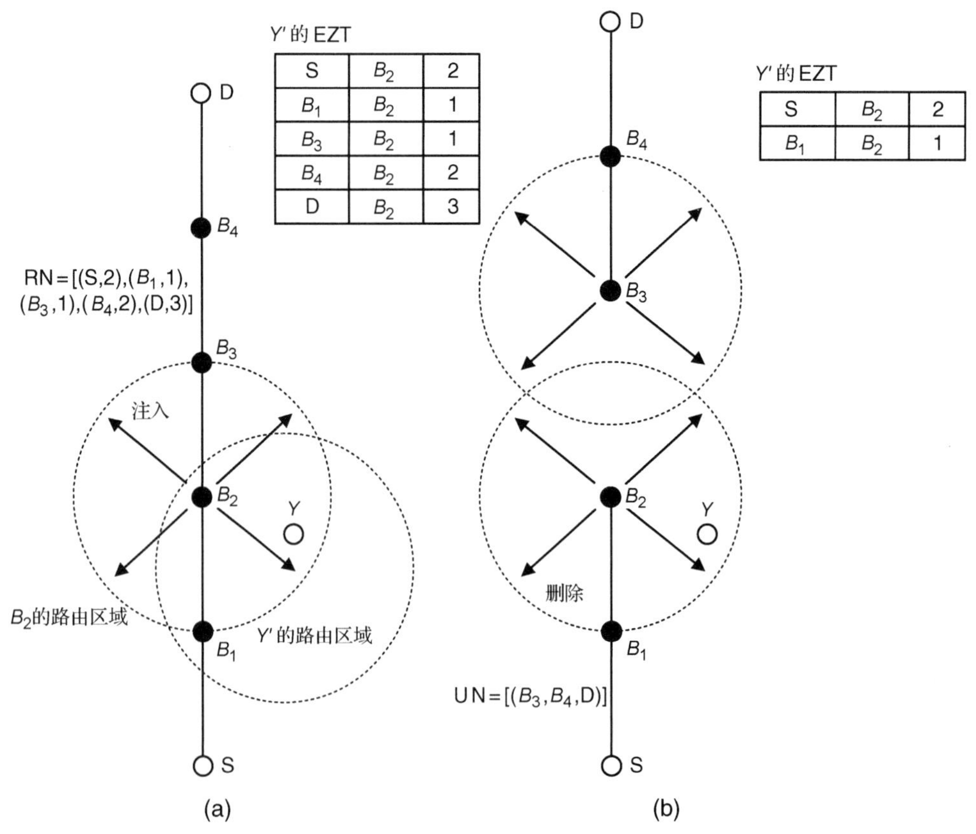

图 4.6.3 (a)节点注入；(b)删除外部节点

4.7　分布式 QoS 路由

本节讨论 ad hoc 网络的分布式 QoS 路由方案。这里提出了两个路由问题，即时延约束最小成本路由(DCLC)和带宽限制最小成本路由(BCLC)。如前所述，满足时延(或带宽)约束的路径称为可行路径。这些算法可以容忍不精确的可用状态信息。即使在信息不精确程度很高的情况下，也能在成功率、消息开销和平均路径成本方面取得良好的路由性能。注意，信息不精确的问题仅存在于 QoS 路由中。所有尽力而为的路由算法(如 DSR 和 ABR)都不考虑这个问题，因为它们根本不需要 QoS 状态。多路并行路由用于增加找到可行路径的可能性，与基于泛洪的路由发现算法相反，这些算法只搜索少量路径，这限制了路由开销。为了最大限度地提高寻找可行路径的机会，将中间节点上的状态信息集合起来，用于逐跳路径选择。上述算法背后的逻辑很大程度上等同于在基于网格的解调过程中使用维特比(Viterbi)算法代替最大似然(ML)算法。

上述算法不仅考虑了 QoS 需求，而且考虑了路由路径的最优性。为了提高网络整体性能，优先选择低成本路径。

为了降低 QoS 中断的程度，引入了容错技术来维护已建立的路径，以不同级别的冗余提供可靠性和开销之间的折中。动态路径修复算法在断点处修复路径，将流量转移到相邻节点，并重新配置断点周围的路径，而不会沿着全新路径重新进行路由连接。有两种情况需要重新选择路由：一种情况是主路径和所有次路径均被断开；另一种情况是当路径的成本增大时，以较低的成本将流量路由到另一路径，这有助于降低成本。

无线链路可靠性　成本函数的一个要素就是无线链路的可靠性。静止或缓慢移动的节点之间的链路很可能是连续存在的，这样的链路称为固定链路。快速移动节点之间的链路很可能仅在短时间内存在，这种链路称为临时链路。路由路径应尽可能使用固定链路，以便在网络拓扑发生变化时减少路由中断的概率。一个固定邻居将连接到一个有固定链路的节点。如第 2 章所示，两个节点之间路径 P 的时延等于两个节点之间路径上的链路时延之和，并将其表示为 delay(P)。类似的 width(P) 等于路径 P 上的最小链路带宽，并且 cost(P) 等于链路成本的总和。

路由选择　给定源 s、目的地 t 和时延要求 D，时延约束路由问题是从 s 到 t 找到可行路径 P，使得 delay$(P) \leqslant D$。当存在多条可行路径时，我们想选择成本最低的那一个。另一个问题是带宽限制路由，即找到一条路径 P，使得 width$(P) \geqslant B$，其中 B 是带宽需求。当有多条这样的路径时，选择成本最低的路径。找到可行路径实际上是问题的第一部分，第二部分是在网络拓扑变化时维护路径。

路由信息　对于每个可能的目的地 t，需要在每个节点 i 处维护端到端状态信息。可以通过 4.1 节讨论的距离向量协议来定期更新信息。

1. 时延变化：$\Delta D_i(t)$ 为在下次更新之前保持 $D_i(t)$ 的估计的最大变化。也就是说，基于最近的历史状态，在下一个更新周期中从 i 到 t 的实际最小端到端时延期望在 $D_i(t)-\Delta D_i(t)$ 和 $D_i(t)\ +\Delta D_i(t)$ 之间。
2. 带宽变化：$\Delta B_i(t)$ 为在下次更新之前保持 $B_i(t)$ 的估计的最大变化。预计在下一个更新周期，从 i 到 t 的实际最大带宽期望在 $B_i(t)-\Delta B_i(t)$ 和 $B_i(t)+\Delta B_i(t)$ 之间。

3．与 QoS 约束中使用的时延和带宽度量相反，成本度量 $C_i(t)$ 用于优化。

考虑 $\Delta D_i(t)$ 和 $D_i(t)$ 的任意更新。令 $\Delta D_i'(t)$ 为 $\Delta D_i(t)$ 更新之后的值，类似地，令 $D_i'(t)$ 为 $D_i(t)$ 更新之后的值。$D_i'(t)$ 由距离向量协议提供。$\Delta D_i'(t)$ 计算如下：

$$\Delta D_i'(t) = \alpha \Delta D_i(t) + (1-\alpha)\left|D_i'(t) - D_i(t)\right| \tag{4.7.1}$$

因子 $\alpha(<1)$ 确定历史信息 $\Delta D_i(t)$ 被遗忘的速度，$1-\alpha$ 确定 $\Delta D_i'(t)$ 收敛于 $|D_i'(t) - D_i(t)|$ 的速度。通过上述公式，实际时延仍然可以超出范围 $[D_i(t) - \Delta D_i(t), D_i(t) + \Delta D_i(t)]$。

使这种情况发生的概率足够小的一种方法是增大 $\Delta D_i(t)$。因此，我们将修改公式，并引入另一个因子 $\beta(>1)$。

$$\Delta D_i'(t) = \alpha \Delta D_i(t) + (1-\alpha)\beta\left|D_i'(t) - D_i(t)\right| \tag{4.7.2}$$

$\Delta D_i'(t)$ 以 $1-\alpha$ 确定的速度收敛于 $\beta\,|D_i'(t) - D_i(t)|$。

基于令牌的路由 从 s 到 t 有许多路径。我们不会随机选择几条路径进行搜索。相反，我们想实现一个智能的逐跳路径选择，以指导其沿着最佳的候选路径进行搜索。例如，维特比算法在信号解调/解码过程中，尝试避免通过网格(ML 方法)的所有可能轨迹进行搜索。

基于令牌的探针(TBP)的基本思想概述如下。令牌是搜索一条路径的权限。源节点根据可用状态信息发出多个令牌。一个准则是对于要求更严格的连接，发出更多的令牌。探针(路由消息)从源向目的地发送，以搜索满足 QoS 需求的低成本路径。每个探针需要携带至少一个令牌。在中间节点，允许具有多个令牌的探针被分成多个探针来搜索不同的下游子路径。任何时候，探针的最大数量都以令牌的总数为限。由于每个探针都搜索路径，因此所搜索的最大路径数也受到令牌数量的限制。相关示例请参见图 4.7.1。

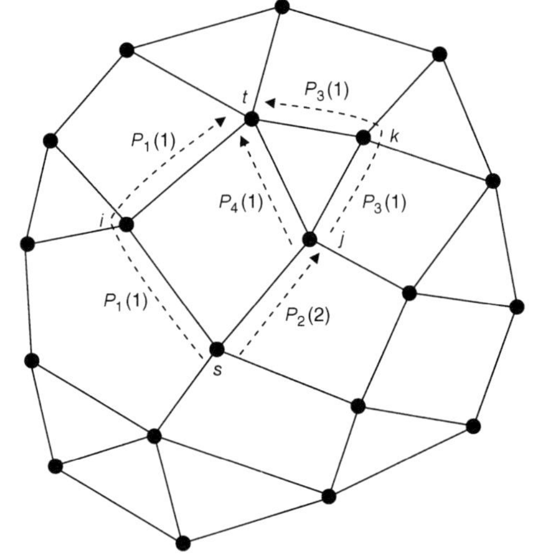

图 4.7.1 探针 p 的生成

在接收到探针时，中间节点根据其状态来决定：(i)接收的探针是否应该被分成多个探针，以及(ii)哪个相邻节点应该转发探针。这样做的目的是集中利用中间节点处的状态信息来引导有限的令牌(携带它们的探针)沿着到达目的地的最佳路径，从而使找到低成本的可行路径更容易。

时延约束路由 当连接请求到达源节点时，将会生成一定数量(N_0)的令牌，并向目的地 t 发送探针。每个探针都携带一个或多个令牌。由于中间节点不允许创建新的令牌，因此令牌的总数始终为 N_0，并且在任何时刻探针数量至多为 N_0。当节点接收到具有 $N(p)$ 个令牌的探针 p 时，它至多产生 p 的 $N(p)$ 个副本，在新探针之间分配接收到的令牌，然后将它们转发到所选的指向 t 的传出链路。每个探针将到目前为止已经遍历的路径的时延进行累积。只有当累积时延符合时延要求时，探针才能前进。因此，任何探针到达目标节点时所检测到的路径是可行的，因为这是它所经过的路径。

关于如何确定 N_0 及如何在新探针中分配已经接收的探针中的令牌，有两个基本准则。

1. 不同数量的令牌根据其“需要”分配给不同的连接。对于时延要求较大且易于满足的连接，发出一个令牌来搜索单条路径；对于时延要求较小的连接，发出更多的令牌以增加找到可行路径的机会；对于时延要求太小而不能满足的连接，则不会发出令牌，并且连接立即被拒绝。
2. 当一个节点将接收到的令牌转发给它的邻居时，这些令牌在邻居之间的分布并不均匀，这取决于它们获得可靠的低成本可行路径的机会。到达目的地的端到端时延较小的邻居应比时延较大的邻居收到更多的令牌；到达目的地的端到端成本较小的邻居应比成本较大的邻居收到更多的令牌。具有固定链路的邻居应该优先于一个具有到节点 i 的瞬态链路的邻居。注意，一些邻居可能不会收到任何令牌，因为节点 i 可能只有几个或只有一个令牌可以转发。

令牌 两种类型的令牌——约束(限制)令牌(CT)和优化令牌(OT)各具有不同的用途。CT 更适用于具有较小时延的路径，因此满足给定时延(约束)要求的可能性更高。OT 更适用于成本较小的路径。总体策略是使用更激进的 OT 来找到成功可能性较低的低成本可行路径，并使用 CT 作为备份，以保证找到可行路径的概率更高。根据时延要求 D 来确定 CT 的数量 L 和 OT 的数量 O。如果 D 非常大且肯定可以满足，则单个 CT 将足以找到可行路径。如果 D 太小而无法满足，则不需要 CT，并且连接被拒绝。否则，发出多个 CT 来搜索一条可行的 CT 路径。基于以前的指导原则，为了简化计算并使计算更加有效，我们选择图 4.7.2(a)所示的线性令牌曲线。

参数 Φ 是一个系统参数，指定 CT 的最大允许数量。这表明更多的 CT 用于为较小的 D 进行分配。OT 的数量 O 也根据时延要求 D 确定，如图 4.7.2(b)所示。

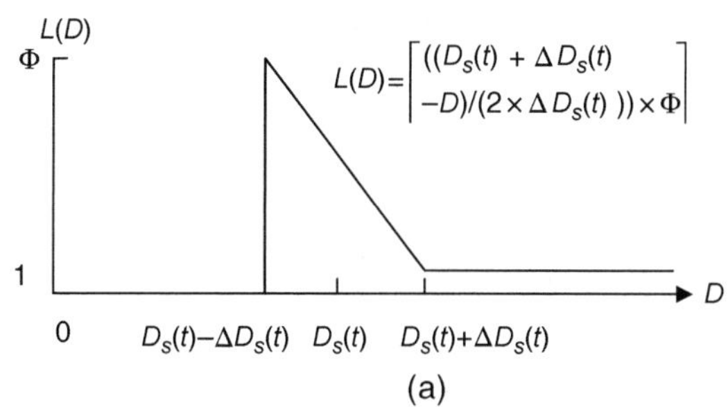

(a)

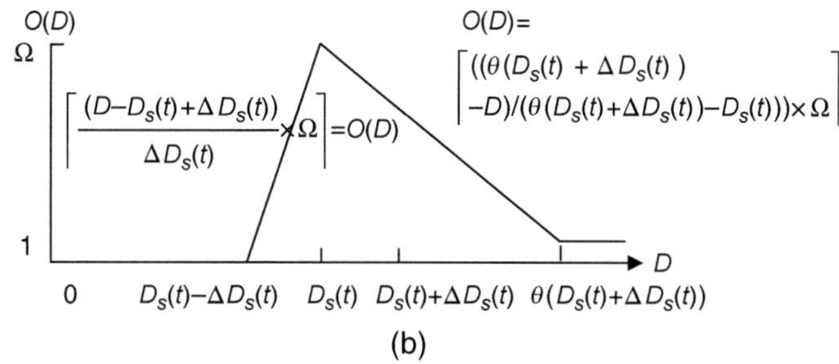

(b)

图 4.7.2 两条令牌曲线：选择曲线(a)是为了进行简单和有效的计算；曲线(b)根据时延要求 D 确定 OT 的数量 O

4.7.1 转发收到的令牌

候选邻居 如果$L+O=0$，则拒绝连接请求。否则，携带令牌的探针从 s 发送到 t。只有当路径的时延不超过 D 时，探针才会前进。因此，一旦探针到达 t，它就会检测一个时延受限的路径。

每个探针会累积到目前为止已经遍历的路径的时延。在探针 p 中定义了表示为 $\text{delay}(p)$ 的数据字段。最初，$\text{delay}(p)\Rightarrow 0$；每当 p 尝试另一条链路(i,j) 时，$\text{delay}(p)\Rightarrow \text{delay}(p)+\text{delay}(i,j)$。假设节点 i 接收具有 $L(p)$ 个约束令牌和 $O(p)$ 个优化令牌的探针 p。假设 k 是探针 p 的发送者。候选邻居的集合为 $R_i^p(t)$，其中 i 将转发所接收的令牌，具体过程如下。

我们首先只考虑 i 的固定邻居（V_i^s）。令 $R_i^p(t)=\{j\,|\,\text{delay}(p)+\text{delay}(i,j)+D_j(t)-\Delta D_j(t)\leqslant D,$ $j\in V_i^s-\{k\}\}$。

$R_i^p(t)$ 是要转发令牌的一组邻居。如果其值为 $\{0\}$，我们考虑瞬态邻居并定义 $R_i^p(t)=\{j\,|\,\text{delay}(p)+\text{delay}(i,j)+D_j(t)-\Delta D_j(t)\leqslant D, j\in V_i -\{k\}\}$。

如果我们仍然有 $R_i^p(t)=\{0\}$，则所有接收到的令牌都是无效的并被丢弃。如果 $R_i^p(t)\neq\{0\}$，则对于任意的 $j\in R_i^p(t)$，节点 i 生成 p 的副本，表示为 p_j。令 p_j 具有 $L(p_j)$ 个约束令牌和 $O(p_j)$ 个优化令牌。这些参数计算为

$$
\begin{aligned}
L(p_j)&=\frac{\left(\text{delay}(i,j)+D_j(t)\right)^{-1}}{\sum\limits_{j'\in R_i^p(t)}\left(\text{delay}(i,j')+D_{j'}(t)\right)^{-1}}\times L(p)\\
O(p_j)&=\frac{\left(\text{cost}(i,j)+C_j(t)\right)^{-1}}{\sum\limits_{j'\in R_i^p(t)}\left(\text{cost}(i,j')+C_{j'}(t)\right)^{-1}}\times O(p)
\end{aligned}
\tag{4.7.3}
$$

这些参数将四舍五入为最接近的整数。探针 p 携带的数据结构如表 4.7.1 所示。最后 6 个字段，即 k、path、$L(p)$、$O(p)$、$\text{delay}(p)$ 和 $\text{cost}(p)$ 被修改为探测遍历形式。令牌是逻辑实体，它的数量很重要：从 p 中最多可以有 $L(p)+O(p)$ 个新的探针到来，其中具有约束令牌的探针基于时延选择路径，具有优化令牌的探针基于成本选择路径，当同时使用两种类型的令牌进行探测时，会同时基于时延和成本来选择路径。

表 4.7.1 探针 p 携带的数据结构

字段	描述
ID	用于连接请求的系统范围的唯一标识
s	源，源节点
t	目的地，目标节点
D	时延要求
L+O	令牌的总数
k	p 的发送者
path	p 已经过的路径
$L(p)$	p 携带的约束令牌数量
$O(p)$	p 携带的优化令牌数量
delay(p)	至今所经路径的累积时延
cost(p)	至今所经路径的累积成本

4.7.2 带宽限制路由

带宽限制路由算法与时延约束路由算法具有相同的计算形式，不同之处在于依赖度量的令牌曲线和令牌分配公式。令牌曲线如图 4.7.3 所示。

假设节点 i 接收了具有 $L(p)$ 个约束令牌和 $O(p)$ 个优化令牌的探针 p。假设 k 是探针 p 的发送者。候选邻居的集合为 $R_i^p(t)$，其中 i 将转发所接收的令牌，具体过程如下。定义 $R_i^p(t)=\{j\,|\,\text{bandwidth}(i,j)\geqslant B\wedge B_j(t)+\Delta B_j(t)\geqslant B, j\in V_i^s-\{k\}\}$。

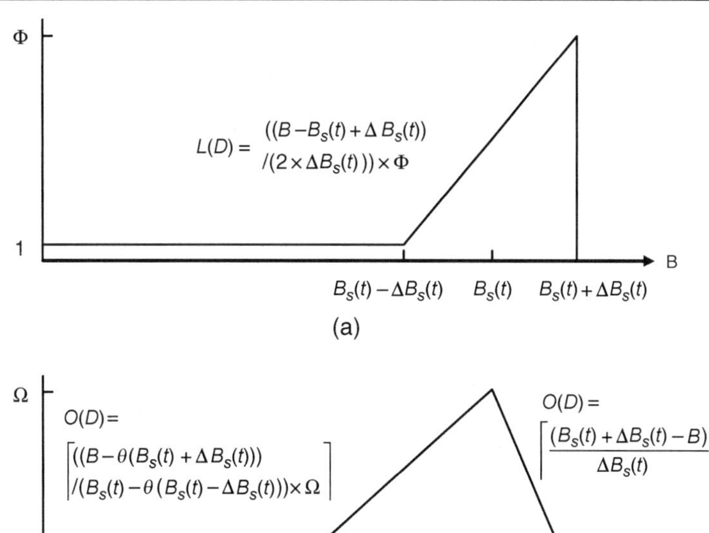

(a)

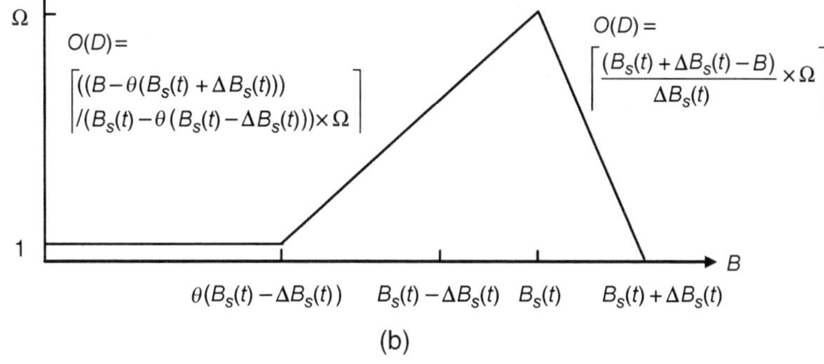

(b)

图 4.7.3　作为 B 的函数的两条令牌曲线

如果 $R_i^p(t) = \{0\}$，则我们考虑瞬态邻居并重新定义 $R_i^p(t)$ 为 $R_i^p(t) = \{j \mid \text{bandwidth}(i,j) \geqslant B \wedge B_j(t) + \Delta B_j(t) \geqslant B, j \in V_i - \{k\}\}$。

如果我们仍然有 $R_i^p(t) = \{0\}$，则所有接收到的令牌都是无效的并被丢弃。如果 $R_i^p(t) \neq \{0\}$，那么对于每个 $j \in R_i^p(t)$，节点 i 创建 p 的副本，表示为 p_j。令 p_j 具有 $L(p_j)$ 个约束令牌和 $O(p_j)$ 个优化令牌。$L(p_j)$ 基于这样一种观察结果，即向具有较大残留带宽的方向发送的探针应该有多于 L 个的令牌。这些参数现在计算为

$$
\begin{aligned}
L(p_j) &= \frac{\min\left(\text{bandwidth}(i,j), B_j(t)\right)}{\sum_{j' \in R_i^p(t)} \min\left(\text{bandwidth}(i,j'), B_{j'}(t)\right)} \times L(p) \\
O(p_j) &= \frac{\left(\text{cost}(i,j) + C_j(t)\right)^{-1}}{\sum_{j' \in R_i^p(t)} \left(\text{cost}(i,j') + C_{j'}(t)\right)^{-1}} \times O(p)
\end{aligned}
\tag{4.7.4}
$$

性能示例　通过仿真来分析三个性能指标：(i) 成功率 = 接受的连接数/连接请求总数；(ii) 平均消息开销 = 发送消息总数/连接请求总数；(iii) 平均路径成本 = 所有建立路径的总成本/建立路径数。

通过链路发送探针被视为一条消息。因此，对于已遍历 l 跳路径的探针，有 l 个消息被计数。仿真中的网络拓扑是随机生成的。40 个节点随机放置在 15 m×15 m 的区域内。节点的传输范围由半径为 3 m 的圆来界定，在位于彼此传输范围内的两个节点之间添加一条链路。一个节点的平均度(average degree)为 3.4。

每个连接请求的源节点、目标节点和参数 D 都是随机生成的。D 均匀分布在[30 ms,160 ms]的范围内。每条链路的成本均匀分布在[0, 200]中。每条链路 (j, k) 与两个时延相关联：旧时延表示为 $\text{delay}(j,k)$，新时延表示为 $\text{delay}'(j,k)$。$\text{delay}(j,k)$ 是由网络的链路发布的最后一个时

延。参数 $\text{delay}'(j,k)$ 是路由时链路的实际时延。参数 $\text{delay}(j,k)$ 在[0, 50 ms]内均匀分布，而 $\text{delay}'(j,k)$ 在 $[(1-\xi)\text{delay}(j,k),(1+\xi)\text{delay}(j,k)]$ 中均匀分布，其中 ξ 是一个仿真参数，称为不精确率，定义为 $\xi = \sup\{[\text{delay}'(j,k) - \text{delay}(j,k)]/\text{delay}(j,k)\}$ 。

这里仿真了三种算法：(i)泛洪算法；(ii)TBP 算法；(iii)最短路径(SP)算法。泛洪算法相当于具有无限数量的约束令牌和零优化令牌的 TBP 算法，它将来自源的路由消息泛洪到目的地。每个路由消息累积其所经过的路径的时延，并且仅当累积时延不超过时延限制时，才进行消息的累积过程。TBP 算法的系统参数为 $\Phi = 4$，$\theta = 1.5$，$\Omega = 3$。这些值可通过大规模的仿真运算获得。SP 算法利用距离向量协议来维护每个节点 i 处的状态向量。

比较图 4.7.4、图 4.7.5、图 4.7.6 和图 4.7.7 所示的性能结果，可以证明 TBP 算法的优势。本节提供的协议简要解释了文献[80]中所述的基于令牌的协议。有线和无线网络中的 QoS 路由问题在学术界和行业都受到了极大的关注，更多的信息请参阅文献[81-83]。文献[83]给出了相关的文献综述。

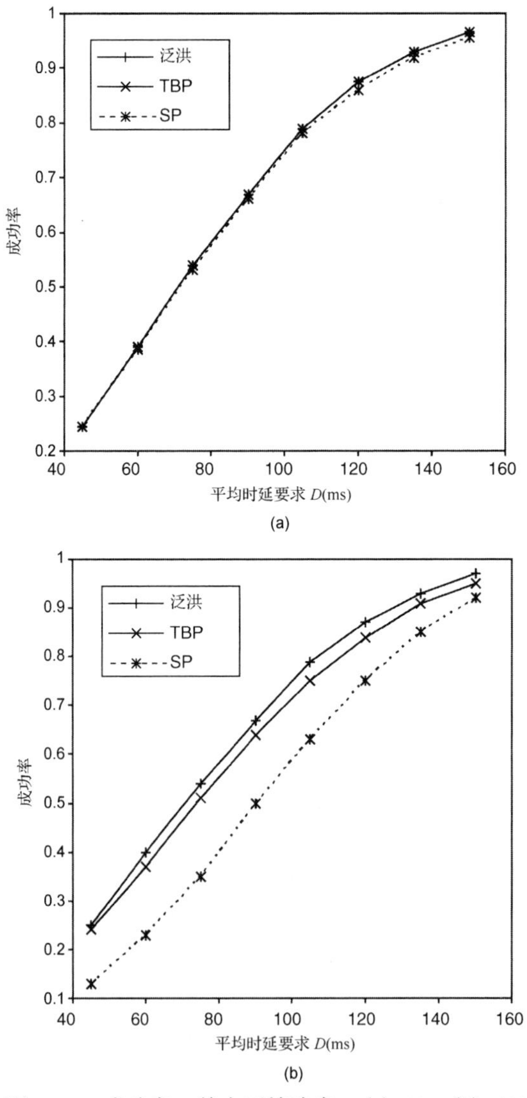

图 4.7.4 成功率，其中不精确率：(a)5%；(b)50%

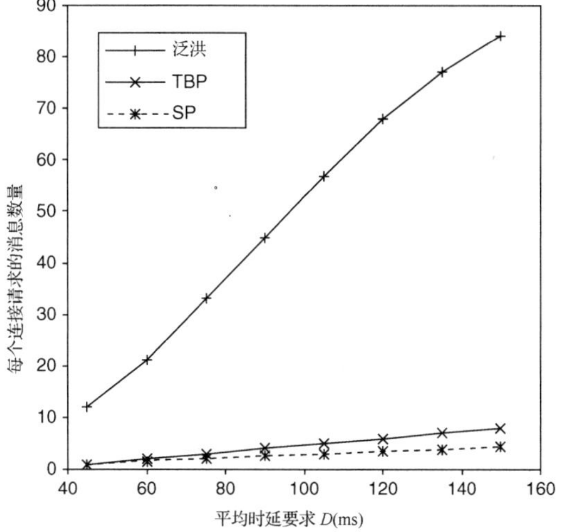

图 4.7.5　消息开销(不精确率为 10%)

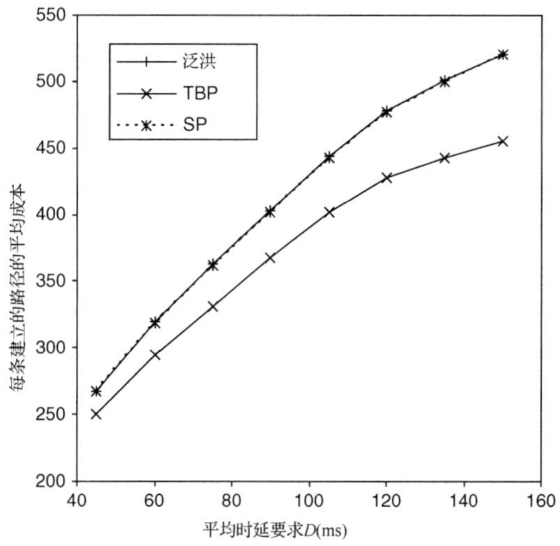

图 4.7.6　每条建立的路径的平均成本(不精确率为 5%)

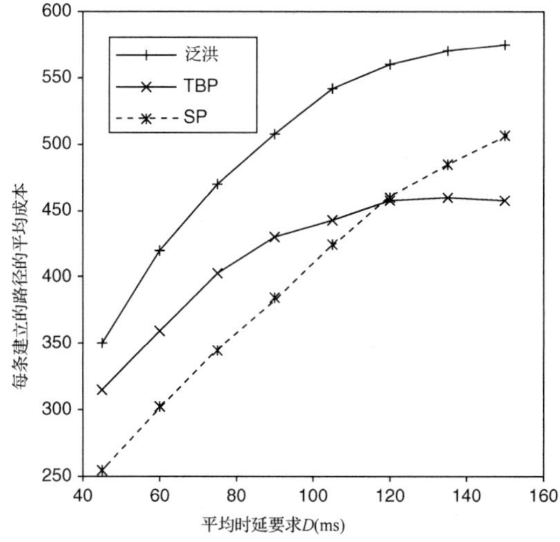

图 4.7.7　每条建立的路径的平均成本(不精确率为 50%)

参考文献

[1] C. E. Perkins and P. Bhagwat, Highly dynamic destination-sequenced distance-vector routing (DSDV) for mobile computers. *Computer Communication Review* **24**, 234–244, 1994.

[2] J. Jubin and J. Tornow, The DARPA packet radio network protocols *Proceedings of the IEEE*, **75** (1), 21–32, 1987.

[3] Royer, E. and Toh, C.K. (1999) A Review of Current Routing Protocols for Ad Hoc Mobile Wireless Networks. IEEE Personal Communications, April 1999, pp. 46–54.

[4] Chiang, C.-C., Wu, H.-K., Liu, W., and Gerla, M. (1997) Routing in Clustered Multihop, Mobile Wireless Networks with Fading Channel. Proceedings of the IEEE SICON'97, April 1997, pp. 197–211.

[5] Murthy, S. and Garcia-Luna-Aceves, J.J. (1996) An efficient routing protocol for wireless networks. *ACM Mobile Networks and Application Journal, Special Issue on Routing in Mobile Communication Networks*, **1**, 183–197.

[6] A. S. Tanenbaum, *Computer Networks*, 3rd ed., Prentice Hall, Englewood Cliffs, NJ, pp. 357—368, 1996.

[7] Perkins, C.E. and Royer, E.M. (1999) Ad-Hoc On-Demand Distance Vector Routing. Proceedings of the 2nd IEEE Workshop Mobile Computing Systems and Applications, February 1999, pp. 90–100.

[8] D. B. Johnson and D. A. Maltz, Dynamic source routing in ad-hoc wireless networks, in: *Mobile Computing*, T. lmielinski and H. Korth (eds). Kluwer, New York, pp. 153–181, 1996.

[9] J. Broch, D.B. Johnson, and D.A. Maltz (1998), The Dynamic Source Routing Protocol for Mobile Ad Hoc Networks (work in progress), IETF Internet draft, draft-ietf manet-dsr-01.txt, Dec. 1998.

[10] Park, V.D. and Corson, M.S. (1997) A Highly Adaptive Distributed Routing Algorithm for Mobile Wireless Networks. Proceedings of the INFOCOM'97, April 1997.

[11] Corson, M.S. and Ephremides, A. (1995) A distributed routing algorithm for mobile wireless networks. *ACM/Baltzer Wireless Networks Journal*, **1** (1), 61–81.

[12] Toh, C.-K. (1996) A Novel Distributed Routing Protocol to Support Ad-Hoc Mobile Computing. Proceedings of the 1996 IEEE 15th Annual International Phoenix Conference on Computers and Communications, March 1996, pp. 480–486.

[13] R. Dube, C. D. Rais; K.-Y. Wang; S. K. Tripathi, Signal stability based adaptive routing (SSA) for ad-hoc mobile networks, *IEEE Personal Communications*, **1997**, 36–45, 1997.

[14] C-K. Toh, Associativity-based routing for ad-hoc mobile networks, *Wireless Personal Communications*, **4** (2), 1–36, 1997.

[15] Murthy, S. and Garcia-Luna-Aceves, I.I. (1997) Loop-Free Internet Routing Using Hierarchical Routing Trees. Proceedings of the INFOCOM '97, April 7–11, 1997.

[16] Chiang, C.-C., Gerla, M., and Zhang, S. (1998) Adaptive Shared Tree Multicast in Mobile Wireless Networks. Proceedings of the GLOBECOM '98, November 1998, pp. 1817–1822.

[17] C. E. Perkins and E. M. Royer (1998) Ad Hoc On Demand Distance Vector (AODV> Routing. IETE Internet draft, draft-ietf-manet-aodv-02.txt, November 1998.

[18] Ji, L. and Corson, M.S. (1998) A Lightweight Adaptive Multicast Algorithm. Proceedings of the GLOBECOM '98, November 1998, pp. 1036–1042.

[19] Toh, C.-K. and Sin, G. (1998) Implementing Associativity' Based Routing for Ad Hoc Mobile Wireless Networks. IETE Internet draft, draft-ietf-manet-iabr-02.txt, March 1998.

[20] Baker, D. *et al.* (1997) Flat vs. Hierarchical Network Control Architecture, ARO/DARPA Workshop Mobile Ad-Hoc Networking, March, 1997 .

[21] M. Gerla, C-C. Chiang, and L. Zhang, Tree multicast strategies in mobile, multihop wireless networks, *ACM/ Baltzer Mobile Networks and Applications Journal*, **4**, 193–207, 1998.

[22] Singh, S., Woo, M., and Raghavendra, C.S. (1998) Power-Aware Routing in Mobile Ad Hoc Networks. Proceedings of the ACM/IEEE MO6 ICOM '98, October 1998.

[23] Ko, Y.B. and Vaidya, N.H. (1998) Location-Aided Routing (LAR) in Mobile Ad Hoc Networks. Proceedings of the ACM/IEEE MCIB!COM '98, October 1998.

[24] Sin, C.R. and Gerla, M. (1997) MACNPR: An Asynchronous Multimedia Multi-Hop Wireless Network. Proceedings of the IEEE INFOCOM '97, March 1997.

[25] Haas, Z.J. and Pearlman, M.R. (1998) The Performance of a New Routing Protocol for the Reconfigurable Wireless Networks. Proceedings of the ICC '98, pp. 156–160.

[26] Haas, Z.J. and Pearlman, M.R. (1998) Evaluation of the Ad-Hoc Connectivity with the Reconfigurable Wireless Networks. Virginia Tech's Eighth Symposium on Wireless Personal Communications, pp. 156–160.

[27] Haas, Z.J. and Pearlman, M.R. (1998) The Performance of Query Control Schemes for the Zone Routing Protocol. Proceedings of the SIGCOMM '98, pp. 167–177.

[28] Jacquet, P., Muhlethaler, P., and Qayyum, A. (1998) Optimized Link State Routing Protocol. IETF MANET, November 1998, https://tools.ietf.org/html/draft-ietf-manet-olsr-00 (accessed 15 July, 2015).

[29] Moy, J. (1997) Request for Comments: 2178 Cascade, RFC 2178 OSPF Ver. 2, July 1997.

[30] Murthy, S. and Garcia-Luna-Aceves, J.J. A Routing Protocol for Packet Radio Networks. Proceedings of the ACM Mobile Computing and Networking Conference (MOBICOM'95), pp. 86–94.

[31] Murthy, S. and Garcia-Luna-Aceves, J.J. (1996) An efficient routing protocol for wireless networks. *Mobile Networks and Applications*, **1**, 183–197.

[32] Park, V.D. and Corson, M.S. (1997) A Highly Adaptive Distributed Routing Algorithm for Mobile Wireless Networks. Proceedings of the IEEE INFOCOM '97, Kobe, Japan, pp. 1405–1413.

[33] Perkins, C.E. and Bhagwat, P. (1994) Highly dynamic destination-sequenced distance-vector routing (DSDV) for mobile computers. *ACM SIGCOMM Computer Communication Review*, **24** (4), 234–244.

[34] Perkins, C.E. and Royer, E.M. (1999) Ad Hoc On-Demand Distance Vector Routing. Proceedings of the IEEE WMCSA '99, Vol. **3**, New Orleans, LA, pp. 90–100.

[35] Sharony, J. (1996) A mobile radio network architecture with dynamically changing topology using virtual subnets. *Mobile Networks and Applications*, **1**, 75–86.

[36] Tsuchiya, P.F. (1988) The landmark hierarchy: a new hierarchy for routing in very large networks. *ACM Computer Communication Review*, **18**, 35–42.

[37] Pearlman, M.R. and Haas, Z.J. (1999) Determining the optimal configuration for the zone routing protocol. *IEEE Journal on Selected Areas In Communications*, **17** (8), 1395–1414.

[38] Iwata, A., Chiang, C.-C., Pei, G. *et al.* (1999) Scalable routing strategies for ad hoc wireless networks. *IEEE Journal on Selected Areas in Communications*, **17** (8), 1369–1379.

[39] Kleinrock, L. and Stevens, K. (1971) Fisheye: A Lenslike Computer Display Transformation. Department of Computer Science, University of California, Los Angeles, CA, Tech. Rep. 71/7.

[40] Chen, T.-W. and Gerla, M. (1998) Global State Routing: A New Routing Schemes for Ad-Hoc Wireless Networks. Proceedings of the IEEE ICC '98, pp. 171–175.

[41] Maxemchuk, N.F. (1975) Dispersity Routing. Proceedings of the IEEE ICC '75, June 1975, pp. 41.10–41.13.

[42] Ayanoglu, E., Chih-Lin, I., Gitlin, R.D. and Mazo, J.E. (1993) Diversity coding for transparent self-healing and fault-tolerant communication networks. *IEEE Transactions on Communications*, **41**, 1677–1686.

[43] Krishnan, R. and Silvester, J.A. (1993) Choice of Allocation Granularity in Multipath Source Routing Schemes. Proceedings of the IEEE INFOCOM '93, vol. **1**, pp. 322–329.

[44] Banerjea, A. (1996) Simulation Study of the Capacity Effects of Dispersity Routing for Fault-tolerant Realtime Channels. Proceedings of the ACM SIGCOMM'96, vol. **26**, pp. 194–205.

[45] Sidhu, D., Nair, R., and Abdallah, S. (1991) Finding Disjoint Paths in Networks. Proceedings of the ACM SIGCOMM '91, pp. 43–51.

[46] Ogier, R., Rutemburg, V. and Shacham, N. (1993) Distributed algorithms for computing shortest pairs of disjoint paths. *IEEE Transactions on Information Theory*, **39**, 443–455.

[47] Murthy, S. and Garcia-Luna-Aceves, J.J. (1996) Congestion-Oriented Shortest Multipath Routing. Proceedings of the IEEE INFOCOM '96, March 1996, pp. 1028–1036.

[48] Zaumen, W.T. and Garcia-Luna-Aceves, J.J. (1998) Loop-Free Multipath Routing Using Generalized Diffusing Computations. Proceedings of the IEEE INFOCOM '98, March 1998, pp. 1408–1417.

[49] Chen, J., Druschel, P., and Subramanian, D. (1998) An Efficient Multipath Forwarding Method. Proceedings of the IEEE INFOCOM '98, pp. 1418–1425.

[50] Taft-Plotkin, N., Bellur, B., and Ogier, R. (1999) Quality-of-Service Routing Using Maximally Disjoint Paths. Proceedings of the 7th International Workshop Quality of Service (IWQoS'99), June 1999, pp. 119–128.

[51] Vutukury, S. and Garcia-Luna-Aceves, J.J. (1999) An Algorithm for Multipath Computation Using Distance Vectors with Predecessor Information. Proceedings of the IEEE ICCCN '99, October 1999, pp. 534–539.

[52] Cidon, I., Rom, R. and Shavitt, Y. (1999) Analysis of multi-path routing. *IEEE/ACM Transactions on Networking*, **7**, 885–896.

[53] Nasipuri, A. and Das, S.R. (1999) On-demand multipath routing for mobile ad hoc networks. Proceedings of the IEEE ICCCN, October 1999, pp. 64–70.

[54] Park, V.D. and Corson, M.S. (1999) A Highly Adaptive Distributed Routing Algorithm for Mobile Wireless Networks. Proceedings of the IEEE INFOCOM '99, pp. 1405–1413.

[55] Raju, J. and Garcia-Luna-Aceves, J.J. (1999) A New Approach to On-Demand Loop-Free Multipath Routing. Proceedings of the IEEE ICCCN, October 1999, pp. 522–527.

[56] Lee, S.J. and Gerla, M. (2000) AODV-BR: Backup Routing in Ad Hoc Networks. Proceedings of the IEEE WCNC, pp. 1311–1316.

[57] Wang, L., Zhang, L., Shu, Y., and Dong, M. (2000) Multipath Source Routing in Wireless Ad Hoc Networks. Proceedings of the Canadian Conference on Electrical and Computer Engineering, Vol. **1**, pp. 479–483.

[58] Lee, S.J. and Gerla, M. (2001) Split Multipath Routing with Maximally Disjoint Paths in Ad Hoc Networks. Proceedings of the ICC, Vol. **10**, June 2001, pp. 3201–3205.

[59] Papadimitratos, P., Haas, Z.J., and Sirer, E.G. (2002), Path Set Selection in Mobile Ad Hoc Networks. Proceedings of the ACM MobiHOC, June 9–11, 2002, Lausanne, Switzerland, pp. 160–170.

[60] Pearlman, M.R., Haas, Z.J., Sholander, P., and Tabrizi, S.S. (2000) On the Impact of Alternate Path Routing for Load Balancing in Mobile Ad Hoc Networks. Proceedings of the MobiHOC, pp. 150–310.

[61] Gogate, N., Chung, D., Panwar, S., and Wang, Y. (1999) Supporting Video/Image Applications in a Mobile Multihop Radio Environment Using Route Diversity. Proceedings of the IEEE ICC '99, Vol. **3**, June 1999, pp. 1701–1706.

[62] Tsirigos, A. and Haas, Z.J. (2004) Analysis of multipath routing: part 2—mitigation of the effects of frequently changing network topologies. *IEEE Transactions on Wireless Communications*, **3** (2), 500–511.

[63] McDonald, A.B. and Znati, T. (1999) A Path Availability Model for Wireless Ad Hoc Networks. Proceedings of the IEEE WCNC, Vol. **1**, pp. 35–40.

[64] Tsirigos, A. and Haas, Z.J. (2004) Analysis of multipath routing: part 1—the effect on packet delivery ratio. *IEEE Transactions on Wireless Communications*, **3** (1), 138–146.

[65] Lin, C.R. and Gerla, M. (1997) Adaptive clustering for mobile wireless networks. *IEEE Journal on Selected Areas in Communications*, **15** (7), 1265–1275.

[66] Gerla, M. and Tsai, J.T. (1995) Multicluster, mobile, multimedia radio network. *Wireless Networks*, **1**, 255–265.

[67] Vaidya, N.H., Krishna, P., Chatterjee, M. and Pradhan, D.K. (1997) A cluster-based approach for routing in dynamic networks. *ACM Computer Communication Review*, **27** (2).

[68] Ramanathan, R. and Steenstrup, M. (1998) Hierarchically-organized, multihop mobile wireless networks for quality-of-service support. *Mobile Networks and Applications*, **3** (1), 101–119.

[69] McDonald, A.B. and Znati, T.F. (1999) A mobility-based framework for adaptive clustering in wireless ad hoc networks. *IEEE Journal on Selected Areas in Communications*, **17** (8), 1466–1488.

[70] Baker, D.J. and Ephremides, A. (1981) The architectural organization of a mobile radio network via a distributed algorithm. *IEEE Transactions on Communications*, **29**, 1694–1701.

[71] Baker, D.J., Wieselthier, J., and Ephremides, A. (1982) A Distributed Algorithm for Scheduling the Activation of Links in a Self-Organizing, Mobile, Radio Network. Proceedings of the IEEE ICC '82, pp. 2F.6.1–2F.6.5.

[72] Chlamtac, I. and Pinter, S.S. (1987) Distributed nodes organization algorithm for channel access in a multihop dynamic radio network. *IEEE Transactions on Computers*, **C-36**, 728–737.

[73] Gerla, M. and Tsai, J.T.-C. (1995) Multicluster, mobile, multimedia radio network. *ACM-Baltzer Journal of Wireless Networks*, **1** (3), 255–265.

[74] McDonald, A.B. and Znati, T. (1996) Performance evaluation of neighbour greeting protocols: ARP versus ES-IS. *The Computer Journal*, **39** (10), 854–867.

[75] Beckmann, P. (1967) *Probability in Communication Engineering*. Harcourt Brace World, New York.

[76] Y. Hu and D.B. Johnson, Caching strategies in on-demand routing protocols for wireless ad hoc networks, *Proceedings of the MobiCom*, **2000**, 231–242, 2000.

[77] Johnson, D.B. and Maltz, D.A. (1999) Dynamic Source Routing in Ad Hoc Wireless Networks, http://www.ietf.org/internet-drafts/draft-ietf-manet-dsr-03.txt, October 1999.

[78] Marina, M.K. and Das, S.R. (2001) Performance of Route Cache Strategies in Dynamic Source Routing. Proceedings of the Second Wireless Networking and Mobile Computing (WNMC), April 2001.

[79] Maltz, D., Broch, J., Jetcheva, J. and Johnson, D.B. (1999) The effects of on-demand behavior in routing protocols for multi-hop wireless ad hoc networks. *IEEE Journal on Selected Areas in Communications*, **17**, 1301–1309.

[80] Chen, S. and Nahrstedt, K. (1999) Distributed quality-of-service routing in ad hoc networks. *IEEE Journal on Selected Areas In Communications*, **17** (8), 1488–1505.

[81] Soloma, H.F., Reeves, D.S. and Viniotis, Y. (1997) Evaluation of multicast routing algorithms for reel-time communication on high-speed networks. *IEEE JSAC*, **15** (3), 332–345.

[82] Cidon, I., Ram, R. and Shavitt, V. (1997) Multi-Path Routing Combined with Resource Reservation. IEEE INFOCOM '97, April 1997, Japan, pp. 92–100.

[83] S. Chen and K. Nahrstedt, An overview of quality-of-service routing for the next generation high-speed networks: problems and solutions, *IEEE Network, Special Issue on Transmission and Distribution of Digital Video*, **12**, 64–79, 1998.

第 5 章　传感器网络

5.1　引言

传感器网络由大量传感器节点组成，这些传感器节点密集地部署在被感知对象内部或附近。

大多数情况下，节点会随机部署在不可知的地形或救灾行动中。这意味着传感器网络协议和算法必须具有自组织能力。传感器网络的另一个重要的特征是传感器节点之间的协同合作。除此之外，传感器节点配有板载处理器。这些节点不是将原始数据发送到负责融合的节点，而是使用它们的处理能力在本地执行简单的计算，并仅发送所需的和部分处理的数据。

上述特征确保了传感器网络广泛应用在健康、军事和安全等领域。例如，患者的生理数据可由医生远程监控。这种方式不仅对病人来说更为方便，而且也可以让医生更好地了解患者的现状。传感器网络也可用于检测空气和水中的外来化学成分，它们可以帮助确定污染物的类型、浓度和位置。实质上，传感器网络将为终端用户提供智能化的服务并有助于更好地了解环境。预计未来，传感器网络将成为我们生活中不可或缺的一部分，使用范围甚至超过了当今的个人计算机。

实现以上提及的传感器网络应用需要无线自组织(ad hoc)网络技术。如第 4 章所述，尽管已经针对传统的 ad hoc 网络提出了多种协议和算法，但它们并不适合于传感器网络的独特特征和应用需求。为了说明这一点，文献[61-65]中概述了传感器网络和 ad hoc 网络之间的差异(参见第 4 章及相关的文献)：

- 传感器节点密集部署。
- 传感器节点容易发生故障。
- 传感器网络中的传感器节点数量可能比 ad hoc 网络中的节点数量要高几个量级。
- 传感器网络的拓扑变化非常频繁。
- 传感器节点主要使用广播通信模式，而大多数 ad hoc 网络都是点对点通信。
- 传感器节点的功率、计算能力和存储能力都会受到限制。
- 由于大量的开销和大量的传感器，传感器节点可能没有全局标识(ID)。

对于传感器节点，最重要的一个限制是低功耗要求。传感器节点携带有限的、通常是不可替换的电源。因此，当传统网络旨在实现较高服务质量(QoS)需求时，传感器网络协议必须侧重于节能。它们必须具有内置权衡机制，为终端用户提供延长网络寿命的选择，代价是降低吞吐量或更高的传输时延。这个问题将是本章讨论的重点。

传感器网络可以由许多不同类型的传感器组成，例如地震传感器，低采样率的磁、热、视觉、红外、声学和雷达等传感器。这些传感器能够监测各种环境条件，包括物体的速度、方向和尺寸，温度、湿度，车辆运动，闪电状况，压力，土壤组成，噪声水平，存在或不存在某些物体，附着物体的机械应力，等等。

传感器节点可用于连续感知、事件检测、事件 ID、位置感知和执行器的本地控制。这些节点的感知和无线连接的概念创造了许多新的应用领域。通常这些应用涉及军事、环境、家庭和其他商业领域。还可以将上述分类扩展到更多类别，如空间探索、化学处理和救灾等。

传感器网络是军事指挥、控制、通信、计算、智能、监视、侦察和目标(C4ISRT)系统的组成部分，用于监测友方的设备和弹药，以及用于战场监视(见图 5.1.1)。在敌方部队进行拦截前，传感器网络可以部署在关键的地形上，关于敌方部队和地形的一些有价值的、详细的、及时的情报可以在几分钟内收集到。传感器网络可以纳入智能导弹的制导系统中。

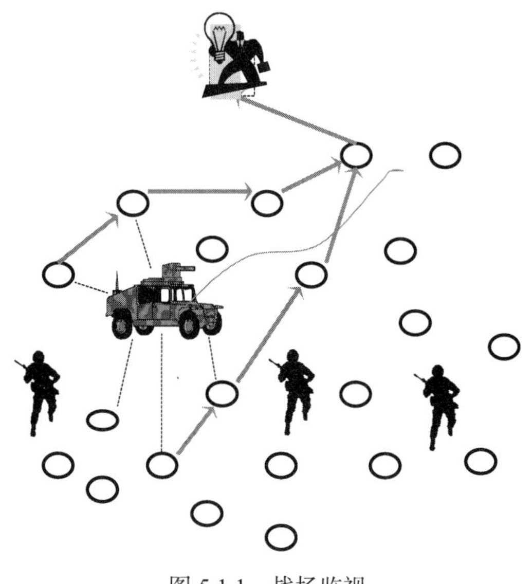

图 5.1.1 战场监视

部署在友好地区并用作化学或生物预警系统的传感器网络可以提供很好的帮助，给友方力量提供关键的反应时间，大大降低了伤亡人数。传感器网络的环境应用包括：跟踪鸟、小动物和昆虫的运动；监测影响作物和牲畜的环境条件；灌溉；用于大规模的地球监测和行星探测的宏观手段；化学/生物检测；精准农业；海洋、土壤、大气中的生物、地表和环境监测；森林火灾探测；气象或地球物理学研究；洪涝检测；环境的生物复杂度映射；以及污染研究。

传感器网络的健康应用为医院的综合病人监测、诊断、药物管理提供互动通道，还可以监测昆虫或其他小动物的运动过程和体内情况，远程监测人体生理数据，以及跟踪和监测医院内的医生与病人。有关传感器网络应用的更多详细信息，请参见文献[1-59]。

5.2 传感器网络参数

传感器网络设计受许多参数指标的影响，包括容错性、可扩展性、生产成本、操作环境、传感器网络拓扑、硬件约束、传输介质和功耗。

传感器节点的故障不应影响传感器网络的总体任务，这是可靠性或容错性问题。容错性是一种能够保持传感器网络功能不受任何干扰的能力，即使传感器节点出现故障[20, 44]，传感器网络的整体功能也能得以保持。

可以通过设计协议和算法来解决传感器网络所要求的容错等级。如果部署传感器节点的环境几乎没有干扰，则协议设计相对轻松。例如，如果将传感器节点部署在房屋中来跟踪湿度和温度水平，则容错需求可能很低，因为这种传感器网络不容易受到破坏或环境噪声的干扰。另一方面，如果将传感器节点部署在用于监视和检测的战场中，则容错性必须很高，因为感知到的数据是关键的，并且传感器节点可能被敌方破坏。因此，容错等级取决于传感器网络的应用，并且开发这些方案时必须考虑到这一点。

在研究对象中部署的传感器节点数量大约在数百或数千量级。网络必须能够在拥有这么多节点的情况下运行。一个区域的密度可以从几个传感器节点到几百个传感器节点，区域直径可以小于 10 m[7]。节点密度取决于传感器节点的应用。对于机器诊断应用，在 5 m×5 m 区域内，节点密度约为 300 个传感器节点，车辆跟踪应用的密度约为每个区域有 10 个传感器节点[46]。在某些情况下，密度可高达每立方米有 20 个传感器节点[46]。一个家庭使用场景可能有大约 20 多件包含传感器节点的家用电器[37]，但如果传感器节点嵌入到家具和其他物件中，则这个数字还会增加。一个坐在体育场内观看篮球、足球或棒球比赛的人通常包含数百个传感器节点，这些传感器被嵌入到眼镜、衣服、鞋子、手表、珠宝和人体中，此时传感器节点密度将非常高。因此，每个传感器节点的成本必须保持在较低的水平。目前的技术水平可以使蓝牙无线电系统的成本小于 10 美元[41]。此外，PicoNode 的目标价格是低于 1 美元[40]。为了使传感器网络可行，传感器节点的成本应远远小于 1 美元[40]。众所周知，蓝牙无线电系统是一种低成本的设备，但其成本甚至比传感器节点的目标价格高 10 倍。并且传感器节点还具有一些附加单元，例如感知和处理单元。此外，根据传感器网络的应用，可能会配备定位系统、动力装置或发电机。因此，降低传感器节点的成本是一个非常具有挑战性的主题，需要以远远低于 1 美元的价格来实现这么多的功能。

传感器网络拓扑如图 5.2.1 所示。密集地部署大量节点需要仔细处理拓扑维护问题。与拓扑维护和变更有关的主题可分为以下三个阶段[66-79]。

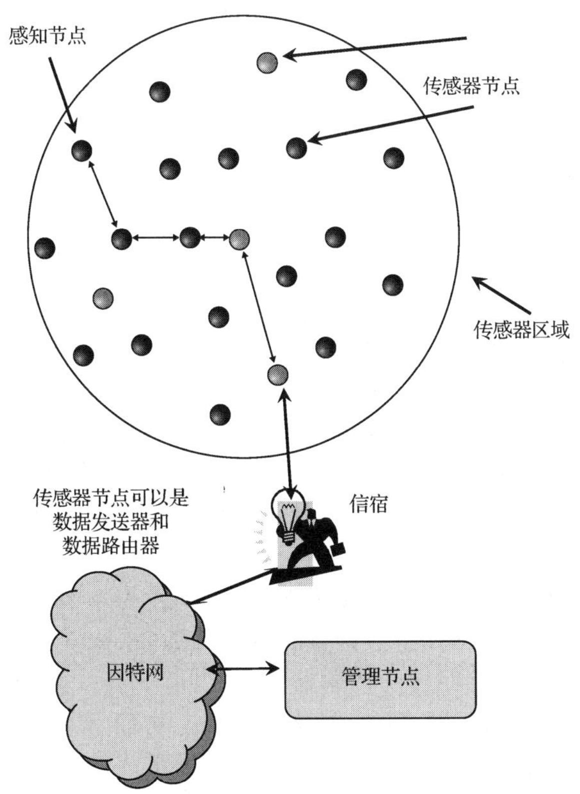

图 5.2.1　传感器网络拓扑

1. 预部署和部署阶段。传感器节点既可以通过大量投掷来部署，也可以一个个地放置在传感器区域中。它们可以从飞机上投掷下来；用炮弹、火箭或导弹发射；由弹射器(从船上等)投掷；由人或者机器一个个地放置在工厂中。虽然传感器的数量和机器部署方式，有可能使得无法按照原计划进行安装，但初始部署方案必须降低安装成本，在没有任何预组织和预规划的情况下，增加部署的灵活性，并促进自组织和容错的能力。

2. 部署后阶段。部署后，拓扑变化是由传感器节点不同方面的变化引起的[22, 29]，如可达性（由于阻塞干扰、噪声、移动障碍物等）、可用能量、故障和任务细节。可以静态部署传感器节点，然而，由于能耗或被破坏，设备故障是常见的事件。传感器网络也可能具有移动性能较高的节点。此外，传感器节点和网络经历不同的任务动态，所以它们可能是被故意干扰的目标。因此，部署后所有这些因素都会导致传感器网络拓扑的频繁变化。

3. 重新部署附加节点阶段。可以随时重新部署其他的传感器节点，以更换故障节点或因任务动态变化的节点。添加新节点时需要重新组织网络。在具有无数节点且功耗约束非常严格的 ad hoc 网络中，为了应对频繁的拓扑变化，人们设计了特殊的路由协议。

在多跳传感器网络中，通信节点由无线介质连接。无线电链路可以使用表 5.2.1 所列的工业、科学和医疗（ISM）频段，在大多数国家可以提供免费许可证，以支持通信。

表 5.2.1　ISM 频段

频段	中心频率
6765~6795 kHz	6 780 kHz
13 553~13 567 kHz	13 560 kHz
26 957~27 283 kHz	27 120 kHz
40.66~40.70 MHz	40.68 MHz
433.05~434.79 MHz	433.92 MHz
902~928 MHz	915 MHz
2400~2500 MHz	2450 MHz
5725~5875 MHz	5800 MHz
24~24.25 GHz	24.125 GHz
61~61.5 GHz	61.25 GHz
122~123 GHz	122.5 GHz
244~246 GHz	245 GHz

这些频段中的一部分已被用于无绳电话系统和无线局域网（WLAN）中的通信。传感器网络需要小型、低成本的超低功耗收发机。根据文献[38]，某些硬件约束及天线效率与功耗之间的折中，限制了收发机对超高频范围内载波频率的选择。其中提出在欧洲地区使用 433 MHz ISM 频段，在北美地区使用 915 MHz ISM 频段。文献[11, 30]中讨论了这两个频段的收发机设计问题。

5.3　传感器网络架构

如图 5.2.1 所示，传感器节点通常分散在传感器区域内。这些分散的传感器节点中的每一个都具有收集数据并将数据路由到信宿和终端用户的能力。如图 5.3.1 所示，数据通过一个多跳的基础架构，经过信宿路由回到终端用户。信宿可以通过因特网或卫星与任务管理器节点进行通信。

信宿和所有传感器节点使用的协议栈如图 5.3.1 所示。该协议栈结合了功率和路由感知，将数据与网络协议整合，通过无线介质有效传输功率，促进了传感器节点之间的合作。协议栈由应用层、传输层、网络层、数据链路层、物理层、功率管理界面、移动性管理界面和任务管理界面组成[80-93]。根据感测任务，可以构建不同类型的应用软件并将其用于应用层上。如果传感器网络应用软件需要传输层，则传输层有助于维护数据流。网络层负责路由传输层提供的数据。由于环境嘈杂，传感器节点可以是移动的，所以 MAC 协议必须具有强大的感知能力，并能够最小化与邻居广播的

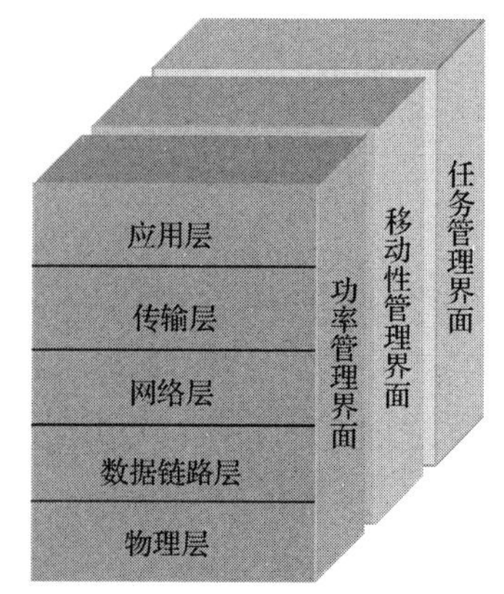

图 5.3.1　传感器网络协议栈

冲突。物理层解决了简单而健全的调制、传输和接收技术需求。此外，功率、移动性和任务管理界面监视传感器节点之间的功率、移动和任务分配。这些界面帮助传感器节点协调感测任务并降低总体功耗。

5.3.1　物理层

物理层负责频率选择、载波频率生成、信号检测、调制和数据加密。选择良好的调制方案对于传感器网络中的可靠通信至关重要。文献[46]比较了二进制和多进制调制方案。虽然多进制调制方案可以通过每个符号发送多个比特来减少传输时间，但它会增加无线电功耗。文献[45]中设定了权衡参数并得出如下结论，在启动功率主导的条件下，二进制调制方案更节能。因此，多进制调制的增益仅对于低启动功率系统才是有意义的。

5.3.2　数据链路层

数据链路层负责数据流的复用、数据帧检测、介质访问和错误控制。

介质访问控制(MAC)　MAC 协议在无线多跳、自组织传感器网络中必须实现两个目标。第一个目标是创建网络基础架构。由于数千个传感器节点在传感区域内密集分布，因此 MAC 协议必须建立通信链路来进行数据传输，这形成了逐跳式无线通信所需的基础设施，并提供了传感器网络的自组织能力。第二个目标是公平有效地共享传感器节点之间的通信资源。传统 MAC 协议如图 5.3.2 和表 5.3.1 所示。

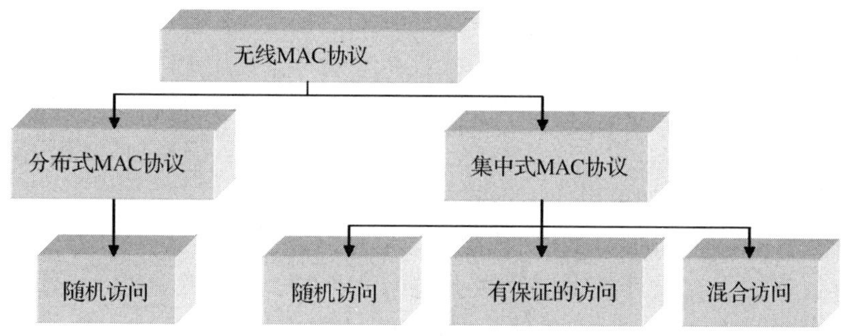

图 5.3.2　MAC 协议

表 5.3.1　MAC 协议的分类

分　类	资源共享模式	应用领域	缺　点
专用分配或固定分配	预定固定分配	连续流量/提供有界时延	对突发的通信量效率低下
基于需求	按需或用户要求	可变速率与多媒体业务	由预定过程产生的开销和时延
基于随机访问或争用	传输包可用时的争用	突发的通信量	对时延敏感的通信量效率低

当应用于传感器网络时，MAC 协议需要大量的修改。在蜂窝系统中，基站形成有线骨干网，移动节点距离最近的基站只有一跳。MAC 协议在这种系统中的主要目标是提供高 QoS 和带宽效率。因为基站具有无限的电力供应，移动用户可以随时补充耗尽的电池，所以省电只是次要的。因此，介质访问专注于资源分配策略。这样的访问方案对于传感器网络是不切实际的，因为没有诸如基站的中央控制代理这一条件。

第 4 章讨论的移动 ad hoc 网络(MANET)可能是与传感器网络最接近的对等体。在 MANET 中，MAC 协议的任务是形成网络基础设施，并维持面向移动用户的状态。因此，主要目标是在移动条件下提供高 QoS。虽然节点是便携式电池供电设备，但它们可以由用户替代，因此功耗只是次要的。

传感器网络的 MAC 协议必须具有内置的功率节省、移动性管理和故障恢复策略。虽然已经为 MANET 提出了许多介质访问方案,但传感器网络的高效 MAC 方案设计仍然是一个开放性的研究课题。文献[49, 55]中已经讨论了介质访问的固定分配和随机访问的情况。因其较高的消息开销和链路建立时延，基于需求的 MAC 方案可能不适合传感器网络。可以考虑通过使用省电操作模式，并尽可能优先考虑超时确认来实现系统的节能目标。

无线电在空闲期间必须关闭以节省宝贵的电力,因此 MAC 方案应包括 TDMA 的变体[39]。文献[49]给出了这种介质访问机制。此外，基于竞争的信道访问被认为是不合适的，因为始终需要监视信道。然而，必须注意的是，随机介质访问还可以支持功率节省这一目标，如 IEEE 802.11 标准的 WLAN，根据网络分配向量的状态关闭无线电。恒定监听时间和自适应速率控制方案也可以帮助实现传感器网络随机接入方案中能量效率的提高[55]。

传感器网络的自组织 MAC(SMACS) SMACS 协议[49]实现了网络启动和链路层组织，EAR 算法实现了传感器网络中移动节点的无缝连接。SMACS 协议是分布式基础设施建立协议，它使得节点能够发现其邻居并建立通信的发送/接收时间表，无须任何本地或全局主节点。在该协议中，邻居发现和信道分配阶段被组合，使得当节点“听到”它的所有邻居时，这些节点将形成一个已经连接的网络。通信链路包含一对随机选择的时隙，但其频率(或跳频序列)是固定的。这在传感器网络中是一个可行的选择，因为预期可用带宽远高于传感器节点的最大数据速率。尽管在子网中，通信的邻居需要时间同步，但这种方案避免了全网同步的必要性。通过在连接阶段使用随机唤醒时刻表，并且在空闲时隙关闭无线电来实现功率节省目标。该过程基于使用超低功率无线电来唤醒邻居。第二个无线电利用低占空比或硬件设计，从而使用了而更低的功率。通常，第二个无线电只能传输一个忙音，这种广播语音不应该中断任何正在进行的数据传输，例如可以使用不同的信道。

唤醒(启动)无线电所需的时间和功耗是不可忽略的，因此，当不使用无线电时就关掉收音机未必是有效率的。在设计数据链路数据包的大小时，也应考虑启动时间的能量特性。

EAR 协议[49]尝试在移动和静态条件下向移动节点提供连续服务。这里，移动节点承担对连接过程的控制，并且还决定何时删除连接，从而最小化消息传递开销。EAR 对 SMACS 是透明的，因此 SMACS 在将移动节点引入网络之前是有效的。在这个模型中，假定网络主要是静态的，任何移动节点在其附近都有多个固定节点。这种时隙分配方案的缺点是，已经属于不同子网的成员可能永远无法连接，相关的详细信息请参阅文献[49]。

文献[55]提出了基于 Carrie Sense Media Access(CSMA)的传感器网络 MAC 方案。传统的 CSMA 方案被认为是不合适的，因为它们都满足随机分布的流量假设，并且倾向于支持独立的点对点流。相反，用于传感器网络的 MAC 协议必须能够支持可变的，但高度相关且具有周期性的流量。任何基于 CSMA 的介质访问方案都有两个重要的组成部分：监听机制(感知)和退避方案。基于文献[55]中的仿真结果，持续且周期性地监听，可以节省能量，并且随机时延(*p* 持续，*p*-persistance)的引入提供了抗重复冲突的健壮性。这里推荐使用固定窗口和二进制指数减小退避方案来维持网络中的比例公平性，并提倡使用应用程序级别的相位变化来克服任何捕获效应。该文献提出，能耗/吞吐量可以作为能量效率的有效指标。

5.3.3　网络层

第 4 章讨论的 ad hoc 路由技术往往不符合传感器网络的要求。传感器网络的网络层通常按照以下原则设计。首先，功率效率一直是重要的设计参数。如图 5.3.3 所示，传感器网络主要以数据为中心，数据聚合仅在不妨碍传感器节点的协同工作时才有用。理想的传感器网络具有基于属性的寻址和位置感知能力。

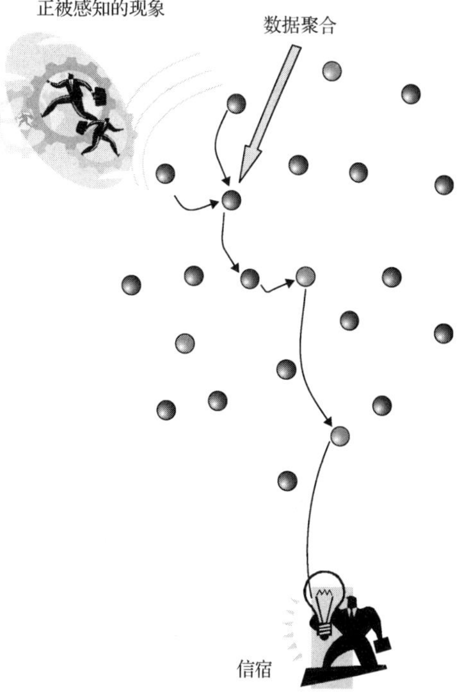

图 5.3.3　由于传输范围有限的多跳路由

以下方法之一可用于选择节能路由。

1. 最大可用功率(PA)路由：优先选择具有最大可用功率的路由。
2. 最小能量(ME)路由：在信宿和传感器节点之间消耗 ME 来传输数据包的路由是 ME 路由。
3. 最小跳数(MH)路由：使用 MH 到达信宿的路由是首选的。注意，在每条链路上应用相同的能量时，ME 方案选择与 MH 相同的路由。因此，当节点以相同功率级别广播且没有任何功率控制时，MH 等价于 ME。
4. 最大最小 PA 节点路由：优先选择最小 PA 大于其他路径最小 PA 的路径。该方案排除了过早使用具有较低 PA 的节点的风险。

以数据为中心的路由　在以数据为中心的路由中，执行兴趣传播，将感测任务分配给传感器节点。有两种用于兴趣传播的方法：一种方法是信宿广播兴趣[22]；另一种方法是传感器节点广播可用数据的通告[18]，并等待感兴趣的接收机的请求，相关说明见图 5.3.4。

以数据为中心的路由需要基于属性的命名[44, 60]。对于基于属性的命名，用户更有兴趣查询对象的属性，而不是查询单个节点。例如“湿度超过 70%的地区”是比“某个节点读取的湿度”更常见的查询。基于属性的命名指通过使用该对象的属性进行查询。基于属性的命名也使得广播、基于属性的组播、地域广播和任何转换对于传感器网络都很重要。

数据聚合　这是一种用于解决以数据为中心的路由中的内爆和重叠问题的技术[18]。在这种技术中，传感器网络通常被认为是反向组播树，如图 5.3.5 所示，其中信宿要求传感器节点报告对象的环境状况。来自多个传感器节点的数据在返回到接收机的途中到达同一路由节点时被聚合，就好像它们是该现象的相同属性一样。数据聚合可被认为是将来自许多传感器节点的数据组合成一组有意义信息的一种自动化方法[17]。在这方面，数据聚合被称为数据融合[18]。此外，在聚合数据时必须谨慎，因为要考虑数据的细节，例如报告传感器节点的位置不应被去除，某些应用可能需要这些细节。

网络互连　网络层的另一个重要功能是提供与其他传感器网络、命令和控制系统及因特网等外部网络的网络互连。在某种情况下，信宿可以作为到其他网络的网关。另一个选择是，通过将信宿连接在一起来创建骨干网，并使该骨干网经由网关来访问其他网络。

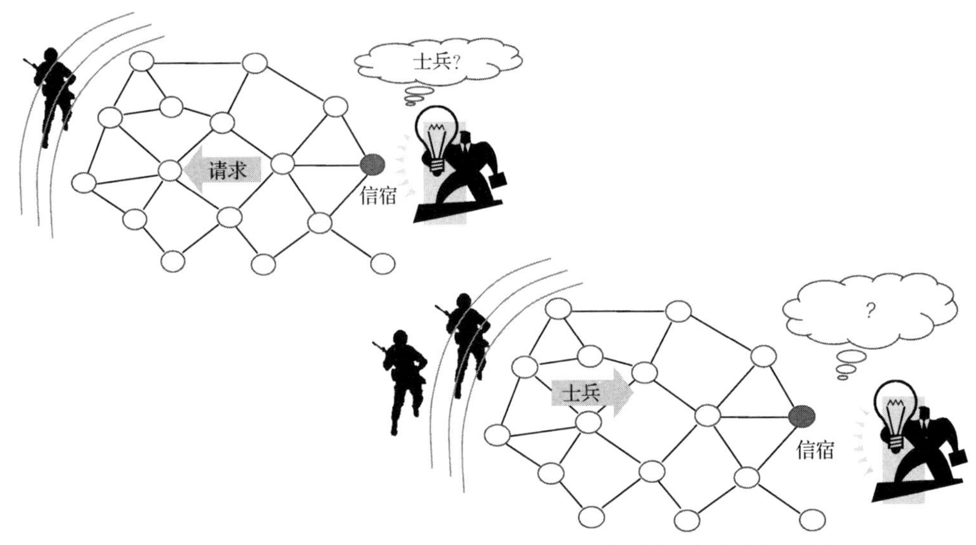

图 5.3.4 广播一个兴趣(该地区有士兵吗?)和通告(该地区有士兵)

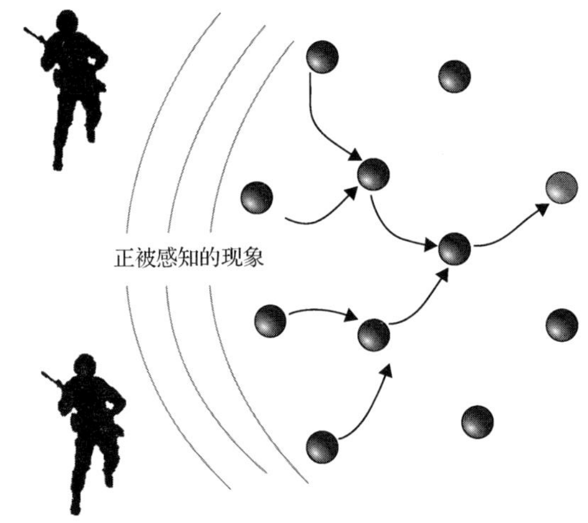

图 5.3.5 数据聚合

泛洪和闲聊 在第 4 章中，已将泛洪描述为用于通过网络传播消息的技术。其缺点[18]是

1. 当重复的消息被发送到同一个节点时，将发生内爆。
2. 当两个或多个节点共享相同的观察区域时，它们可以同时感知到相同的刺激，即发生重叠。因此，邻居接收到重复的消息。
3. 盲目使用资源，指没有考虑到可用的能量资源。能耗的控制在传感器网络中是至关重要的，诸如泛洪等混杂路由技术会浪费不必要的能量。

闲聊(gossiping)是泛洪的一种变体，该技术试图纠正泛洪的一些缺点[16]。这时节点不会随意地广播，而是将数据包发送到随机选择的邻居，该邻居一旦接收到数据包就会重复该过程。实现泛洪机制并不简单，因为通过网络传播消息需要更长时间。

数据漏斗 利用数据聚合的数据漏斗将数据包集中到(例如通过隧道)传感器和信宿之间的单个数据流中。它利用目的地对数据包到达的特定顺序的不感兴趣程度来减少(压缩)数据。在设置阶段，控制器将感测区域划分为不同子的区域，并对每个子区域执行定向泛洪。当数据包到达子区域时，第一接收节点变为边界节点，并根据该区域内的路由成本估算修改数据包(添加字段)。边界节点用修改的数据包对该区域进行泛洪。子区域的传感器节点使用成本信息来调度要使用的边界节点。

在数据通信阶段，当传感器带有数据时，它使用调度来选择要使用的边界节点，其等待时间与边界的跳数成反比。

在到达边界节点的过程中，数据包连接在一起，直至它们到达边界节点。边界节点收集所有数据包，然后将一个包含所有数据的数据包反馈回控制器。图 5.3.6 给出了这些步骤的示意图。

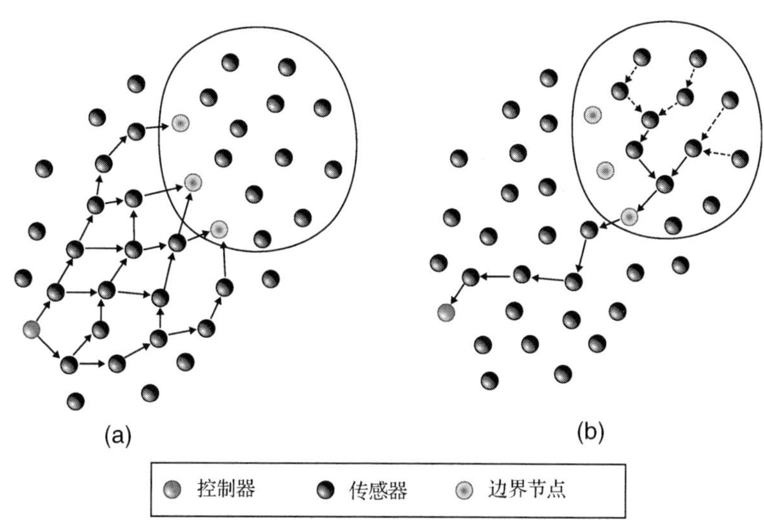

图 5.3.6 数据漏斗：(a)设置阶段；(b)数据通信阶段

通过协商获得信息的传感器协议(SPIN) SPIN 是一组自适应协议[18]，旨在通过协商和资源调整来解决经典泛洪协议的缺陷。SPIN 系列协议的设计基于两个基本思想：通过发送描述传感器的数据而不发送全部数据(例如图像)，可以使传感器节点更有效地运行并节省能量；传感器节点必须监视其中能量资源的变化。

顺序分配路由(SAR)[49]算法 SAR 算法可创建多棵树，其中每棵树的根是信宿的一跳邻居。每棵树从信宿向外生长，同时避开具有非常低的 QoS(即低吞吐量/高时延)和能量储备的节点。在此过程结束时，大多数节点属于多棵树。

这样就允许传感器节点选择树作为中继，从而将其信息传回到信宿中。

低能耗自适应分簇分层型(LEACH)协议[17] 这是一个基于分簇的协议，可以最大限度地减少传感器网络的能耗。LEACH 的目的是随机选择传感器节点作为簇头，从而将与基站通信的高能耗扩散到传感器网络中的所有传感器节点。在设置阶段，传感器节点选择 0 ~ 1 之间的随机数。如果该随机数小于阈值 $T(n)$，则该节点是簇头，计算表达式为

$$T(n)=\begin{cases}\dfrac{P}{1-P[r\bmod(1/P)]}, & n\in G\\ 0, & \text{其他}\end{cases}$$

其中 P 是成为簇头的期望百分比，r 是当前轮次，G 是在最后 $1/P$ 轮中没有被选为簇头的节点集合。在选择簇头后，该簇头向网络中的所有传感器节点通告其是新的簇头。在稳定阶段，

传感器节点可以开始感知数据并将数据传输到簇头。在稳定阶段之后，网络再次进入设置阶段，进入另一簇头的选择轮次。

定向扩散 文献[22]中讨论了定向扩散数据的传播。信宿向所有传感器发出兴趣，也就是任务描述。任务描述通过指定描述任务的属性–值对来命名。然后，每个传感器节点将兴趣条目存储在其缓存中。兴趣条目包含时间戳字段和多个梯度字段。由于兴趣在整个传感器网络中传播，因此建立从源端回到信宿的梯度。当源端具有与兴趣相关的数据时，源端沿着兴趣的梯度路径发送数据。兴趣、数据传播和聚合是本地确定的。此外，当从源端开始接收数据时，信宿必须刷新并强化兴趣。定向扩散是基于以数据为中心的路由的，其中由信宿广播兴趣。

5.3.4 传输层

文献[39, 41]中讨论了传输层的需求。当计划通过因特网或其他外部网络访问传感器网络时，传输层是尤为重要的。如第 9 章所述，具有当前传输窗口机制的 TCP，与传感器网络环境的极端特性相匹配。文献[3]中考虑了一种称为 TCP 分裂的方法，可以使传感器网络与其他网络(如因特网)进行交互。在这种方法中，TCP 连接在信宿处结束，特殊的传输层协议可以处理信宿和传感器节点之间的通信。因此，用户和信宿之间的通信是通过因特网或卫星的 UDP 或 TCP 进行的。由于传感器节点的有限内存，信宿和传感器节点之间的通信可能纯粹由 UDP 类型的协议来实现。

与诸如 TCP 的协议不同，传感器网络中的端到端通信方案不是基于全局寻址的。这些方案必须考虑使用基于属性的命名来指示数据包的目的地。

总而言之，为传统无线网络开发的 TCP 变体不适用于无线传感器网络(WSN)，因为具有以下特征，所以必须重新定义端到端可靠性的概念。

1. 多个发送者、传感器及一个目的地，信宿创建反向传播类型的数据流。
2. 对于相同的事件，在传感器收集的数据中存在高水平的冗余或相关性，因此不需要单个传感器和信宿之间的端到端可靠性，而是需要事件和信宿之间的可靠性。
3. 另一方面，在重新分析或重新编程的情况下，单个节点与信宿之间需要端到端可靠性。
4. 开发的协议应该节省能量，并且足够简单，可以在许多 WSN 应用的低端硬件和软件类型中实现。

快取慢存(PFSQ)技术旨在通过以相对较低的速度在网络中注入数据包(缓慢存储)，从而分配来自源节点的数据，允许发生数据丢失的节点积极地从其邻居恢复丢失的数据（快速获取）。该协议的目标是

1. 确保所有数据段都传递到预期的目的地，同时对下层的性质有最小的特殊要求。
2. 尽可能减少传输次数以恢复丢失的信息。
3. 即使在无线链路的质量非常差的情况下也能正确操作。
4. 为所有预期的接收机提供宽松的数据传输时延范围。

PFSQ 用于保证传感器之间的传输，并提供从控制节点(信宿)到传感器的控制管理分布的端到端可靠性。PFSQ 不解决拥塞控制问题。

如图 5.3.7 所示，事件到信宿的可靠传输(ESRT)技术旨在通过具有能量感知的协议来实现可靠的事件检测(在信宿处)，并带有拥塞控制机制。

即使在动态拓扑的情况下，该协议也会提供自我配置。对于能量感知传感器节点，如果信宿的可靠性水平高于最小值，则会通知传感器节点降低其报告频率。拥塞控制机制利用对应同一事件的数据流之间的相关性进行调控。信宿只对来自一组传感器的共同信息感兴趣，而不会考虑它们的个别报告。协议的复杂度大多落在信宿上，从而最小化对传感器节点的要求。

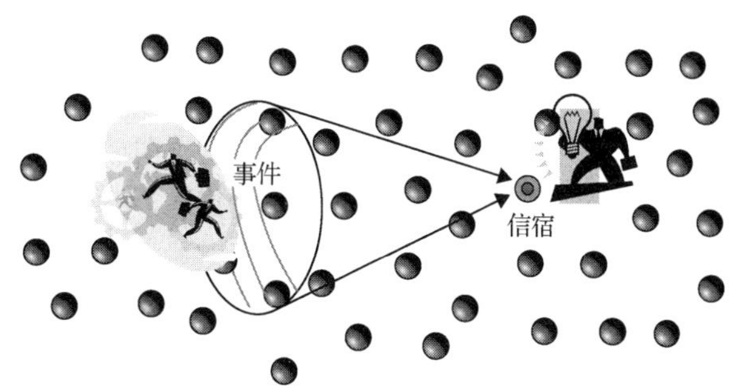

图 5.3.7　事件到信宿的可靠传输(ESRT)

5.3.5　应用层

在本节中，我们将讨论三种应用层协议，即传感器管理协议(SMP)、任务分配和数据通告协议(TADAP)及传感器查询和数据传播协议(SQDDP)。传感器网络的应用层预计还要承担其他工作。

传感器管理协议(SMP)　传感器网络具有许多不同的应用领域，通过因特网等网络进行访问是一种选择[39]。设计应用层管理协议有几个优点，它使得下层的硬件和软件对传感器网络管理应用程序是透明的。系统管理员使用 SMP 与传感器网络进行交互。与许多其他网络不同，传感器网络由不具有全局 ID 的节点组成，它们通常是无架构的。因此，SMP 需要使用基于属性的命名和基于位置的寻址来访问节点。SMP 是一种管理协议，提供执行以下管理任务所需的软件操作：

- 基于属性传感器节点的命名和分簇
- 交换与定位算法相关的数据
- 传感器节点的时间同步
- 移动传感器节点
- 打开和关闭传感器节点
- 查询传感器网络配置和节点状态
- 重新配置传感器网络
- 认证
- 数据通信中的密钥分配和安全性

这些问题的讨论可参阅文献[10, 36, 43, 44, 60, 94-96]。

任务分配和数据通告协议(TADAP)　该协议控制传感器网络中的兴趣传播，如前所述(见图 5.3.4)：

- 用户将其兴趣发送到传感器节点、节点的子集或整个网络。这个兴趣可能是关于这种现象的特定属性或触发事件。
- 另一种方法是向用户通告可用数据，其中由传感器节点向用户通告可用数据，并且用户会查询其感兴趣的数据。

应用层协议为用户软件提供了可有效用于兴趣传播的接口，这对于低层的操作很有用，如图 5.3.4 中解释的路由。

传感器查询和数据传播协议（SQDDP） 该协议为用户应用程序提供了发送查询、响应查询和收集传入应答的接口。注意，这些查询通常不会发布到特定节点。相反，这些查询会首选基于属性或基于位置的命名。例如，“销售物品库存低于阈值且应该重新供应的超市中的节点位置”是基于属性的查询。类似地，“节点 A 处的销售物品库存量”是基于位置的命名的示例。

传感器查询和任务语言（SQTL）[44]被提议作为一个应用程序，该应用程序甚至可以提供更大的服务集。SQTL 支持三种类型的事件，这些事件由三个关键字定义，即接收（receive）、每个（every）和过期（expire）。“接收”定义为当传感器节点接收到消息时由传感器节点生成的事件；“每个”定义为由于定时器超时而定期发生的事件；“过期”定义为定时器过期时发生的事件。如果传感器节点接收到为它准备的并包含脚本的消息，则传感器节点会执行该脚本。虽然提出了 SQTL，但是可以针对各种应用开发不同类型的 SQDDP。SQDDP 的使用可能对每个应用都是唯一的。

5.4　移动传感器网络部署

移动传感器网络由分布式节点集合组成，每个节点除了感知、计算和通信，还具有运动（locomotion）能力。运动能力有助于一些有用的网络功能的实现，包括自我部署和自我修复的能力。移动传感器网络的应用范围包括从城市激战场景到搜索和救援行动及紧急环境监测，例如在城市环境中涉及危险材料泄漏的情况。一般来说，我们希望能够在窗口或门口放置传感器，从而将一些传感器节点投入建筑物。这些节点配备有化学传感器，使其能够检测相关的危险物质，并将其部署在建筑物的各个地方，使得这些传感器能够将覆盖的区域最大化。来自节点的数据被发送到安全部署在建筑物外部的基站，在那里它们组合成实时地图，用于显示建筑物内有害化合物的浓度。

为了使传感器网络在这种情况下有用，必须确定每个节点的位置。在城市环境中，使用 GPS 的精确定位通常是不现实的（由于遮挡或多径效应），基于地标的方法需要构建环境模型，这些模型要么不可用（被破坏），要么不完整，或者不准确。在灾难情况下这种现象更加明显，因为环境可能近期内已经经历了（意想不到的）结构的改变。因此，使用节点本身作为地标来确定网络节点的位置是很有意义的。然而，这种特殊技术确实需要节点保持彼此的视线关系。在这种条件下可以建立以最小能耗运行的视线通信链路。以这样的方式部署节点，使得它们将网络覆盖的区域最大化，同时确保每个节点可被至少一个其他节点看到。

文献[100]介绍了将覆盖范围作为评估多机器人[97, 111]系统的范式的概念。其中定义了三种基本类型的覆盖范围：全局覆盖范围，其目标是实现节点的静态布置，使得总检测区域最大化；障碍覆盖范围，其目标是将穿过障碍物却未被发现的可能性降到最低；扫描覆盖范围，或多或少相当于移动的障碍物。许多工作考虑了在未知环境中的单个机器人的探索和地图绘制问题[107, 109-112]。文献[110, 111]中描述的基于边界的方法是通过逐步构建环境的全局占用图来实现的，然后进行分析，以找到自由空间和未知空间之间的“边界”，再将机器人引导到最近的边界。网络部署算法与文献[110]有很多相似之处。它还建立了环境的全局占用图，并将节点直接连接到自由和未知空间之间的边界。然而，在这种部署算法中，地图的构建完全基于实时的数据，而不是使用存储、感知的数据。该算法还满足附加约束：每个节点必须对至少一个其他节点可见。

多机器人(multi-robots)探索和地图制作已经得到了很多的研究[98, 99, 103, 104, 106, 108]，其中使用了从拓扑匹配[98]到模糊推理[103]和粒子滤波器[108]的各种技术。这些早期工作与上述研究之间主要有两个关键不同点，即完全是用实时而非存储、感知的数据构建地图，并且部署算法必须满足附加约束(即视距可见性)。

.文献[105]中已经描述了用于部署移动机器人团队的分布式算法，其中介绍了“虚拟信息源”的概念，也就是由一个机器人发出并由附近机器人检测到的本地化消息。虚拟信息源可用于产生“气体膨胀”(gas expansion)或“引导生长”(guided growth)的部署模型。这种方法的主要优点即部署算法是完全分布的，并且具有动态响应环境变化的潜力。然而，该算法导致部署相对较慢；从公布的结果来看，还不清楚该算法在产生良好的区域覆盖方面是否高效。文献[102]中描述了一种基于人工势场(artificial potential field)的相似算法。

本节阐述的算法是一种增量部署算法，其中每次都部署一个节点，每个节点利用先前部署的节点所收集的信息来确定其理想的部署位置。该算法旨在最大化网络覆盖范围，即网络可以“看到”的总面积。同时，算法必须确保满足可见性约束，也就是每个节点必须对至少一个其他节点可见。该算法依赖于许多关键假设，如下所示。

1. 同质节点：假定所有节点是相同的。我们还假设每个节点配有一个距离传感器和一个广播通信设备，并且安装在某种形式的移动设备上。
2. 静态环境：假设环境是静态的，至少在网络部署时总拓扑要保持不变。
3. 自由模型：该算法适用于环境模型不可用的情况；事实上，网络的关键任务可能是生成这样的模型。
4. 完全通信：网络中的所有节点都可以与执行部署算法的一些远程基站进行通信。注意，这并不意味着所有节点必须在基站的无线电范围内，节点可以形成如 ad hoc 网络的多跳网络。
5. 本地化：在某个任意的全局坐标系中，每个节点的位置是已知的。该技术不需要外部地标或环境的先前模型，但要求每个节点对至少一个其他节点可见。正是这种要求引出了可见性约束，即每个节点必须对其部署位置的至少一个其他节点可见。

我们比较感兴趣的两个性能指标包括：覆盖范围，即网络传感器可见的总面积；时间，即总的部署时间，包括执行必要的计算所花费的时间及移动节点所花费的时间。我们的目标是最大限度地提高覆盖范围，同时尽量减少部署时间。

该算法有四个阶段：初始化、选择、分配和执行。

初始化　节点被指定为三个状态：等待、活动或已部署。正如名称所示，等待节点正在等待部署，活动节点正在部署中，已部署节点则已经完成部署。初始时，除了将一个节点设置为已部署，其他所有节点的状态都设置为等待。这个已部署节点为网络提供了一个起始点或“锚点”(anchor)，并且不受可见性约束的限制。

选择 将已部署节点的传感器数据组合在一起，形成一个公共的环境地图(占用网格)。通过分析该地图来选择下一个节点的部署位置或目标。该网格中的每个单元格都被分配为三种状态之一：空闲、占用或未知。如果一个单元格明确不含有障碍物，则这个单元格为空闲状态；如果已含有一个或多个障碍物而被占用，则这个单元格为占用状态；否则就是未知状态。在组合占用网格中，一个或多个节点可以看到的任何单元格都将被标记为空闲或占用；只有那些无法被任何节点看到的单元格将被标记为未知。因此，我们可以通过选择目标在剩余空间中的某个位置来满足可见性约束。

分配 在最简单的情况下，将所选择的目标分配给等待节点，节点的状态从等待状态更改为活动状态。更常见的是，由于已部署节点倾向于阻碍等待节点，这时需要更复杂的分配算法，因此分配变得复杂。也就是说，该算法可能必须重新分配多个先前部署的节点，将其状态从已部署状态更改为活动状态。

执行 活动节点按顺序部署到其目标位置。到达目的地后，每个节点的状态从活动状态更改为已部署状态。

该算法不断执行了选择、分配和执行阶段，仅在所有节点已完成部署后终止。算法的性能示例可参见文献[98]。

5.5 定向扩散

如 5.3.3 节所述，定向扩散由几个要素组成。数据使用属性-值对命名。定向任务(或其子任务)作为已命名数据的兴趣在整个传感器网络中传播。这种传播在网络中设置了“绘制”事件(即与兴趣相匹配的数据)的梯度。事件将沿着多条路径流向兴趣的发起者，传感器网络强化了一条或几条路径，如图 5.3.7 所示。在本节中，我们将详细阐述这些内容。

在定向扩散中，任务描述由描述任务的属性-值对的列表来命名。例如，在给定地区报告入侵的监视系统(军事或民用应用)可能被描述为

```
type=human                    // detect location
interval = 20 ms             // send back events every 20 ms
duration = 10 seconds        // .. for the next 10 seconds
rect = [-100, 100, 200, 400] // from sensors within rectangle
```

为了简单起见，我们将子区域表示为一个坐标系上定义的矩形；在实践中，这可能基于 GPS 坐标。

任务描述为与属性相匹配的数据指定了一个兴趣。因此，这样的任务描述称为兴趣。为了响应兴趣而发送的数据也使用类似的命名方案命名。因此，检测入侵的传感器可以产生以下数据：

```
type=human                //  type of intruder seen
instance=military         //  instance of this type
location = [125, 220]     //  node location
intensity = 0.6           //  signal amplitude measure
confidence = 0.85         //  confidence in the match
timestamp = 01:20:40      //  event generation time
```

鉴于我们选择的命名方案，现在描述如何通过传感器网络扩散兴趣。假设有一个指定类型(type)和矩形(rect)的任务在网络的一个特定节点上被实例化，其持续时间(duration)为 10 分钟，间隔(interval)为 10 毫秒。间隔参数指定事件数据速率。因此，在我们的例子中，指定的数据速率是每秒 100 个事件。这个信宿节点记录了任务；在经过由持续时间属性表示的时间之后，从节点中清除任务状态。

对于每个活动任务，信宿周期性地向每个邻居广播兴趣消息。此初始兴趣消息包含指定的矩形和持续时间属性，并且包含一个更大的间隔属性。直觉上，这种初始兴趣消息可能被认为是探索性的，它试图确定是否有任何传感器节点检测到人类入侵。为了做到这一点，初始兴趣消息指定了一个较低的数据速率(在我们的例子中是每秒一个事件)。因此，初始兴趣消息采取以下形式：

```
type = human
interval = 1s
rect = [-100, 200, 200, 400]
timestamp = 01:20:40
expiresAt = 01:30:40
```

信宿将周期性地刷新兴趣。为了做到这一点，信宿只需利用单调递增的时间戳属性来重新发送相同的兴趣。

每个节点都保持一个兴趣缓存。缓存中的每一项对应于不同的兴趣。如果两个兴趣的类型、间隔或矩形属性不同，则这两个兴趣是不同的。缓存中的兴趣条目不包含关于信宿的信息。因此，兴趣状态的规模大小与不同的活跃兴趣的数量有关。可以将不同的兴趣进行兴趣聚合。在某些情况下，具有相同类型、完全重叠的矩形属性的两个兴趣(I_1 和 I_2)可以用单个兴趣条目来表示。

兴趣缓存中的一个条目包含多个字段。时间戳字段指的是最后接收匹配兴趣的时间戳。兴趣条目还包含几个梯度场，每个邻居最多有一个。每个梯度都包含由特定邻居请求的数据速率字段，这是从兴趣的间隔属性中派生出来的。它还包含一个持续时间字段，该字段来自时间戳和兴趣的过期属性，并表示兴趣的大致生命周期。

当一个节点接收到兴趣时，它会检查该缓存中是否存在兴趣。如果不存在匹配条目(其中的匹配标准由上述不同兴趣的定义来确定)，节点将创建一个兴趣条目。兴趣条目的参数从接收的兴趣中得到。该条目对于接收到兴趣的邻居具有单个梯度，并带有指定的事件数据速率。在上面的示例中，信宿的邻居将向该信宿设置一个梯度为每秒 1 个事件的兴趣条目。为此，必须区分各个邻居。任何本地的且唯一的邻居标识符都可以用于区分各个邻居。

如果存在感兴趣的条目，但没有兴趣发送者的梯度，那么节点将添加具有指定值的梯度，它还适当更新条目的时间戳和持续时间字段。最后，如果存在条目和梯度，则节点只需更新时间戳和持续时间字段。

在接收到兴趣之后，节点可以决定将兴趣重新发送到其邻居的某个子集。对于其邻居而言，这种兴趣似乎来源于发送节点，但它也可能来自遥远的信宿。这是一个本地互动的例子。通过这种方式，兴趣扩散遍布整个网络。并不是所有的兴趣都被重新发送，如果需要重新发送匹配的兴趣，则节点可以抑制所接收的兴趣。

如图 5.5.1 所示，对于邻居而言，通常可以有多种可能的选择。最简单的选择是将兴趣转播给所有邻居。也可以使用第 4 章描述的一些技术来执行地理位置路由。这可以限制兴趣扩散的拓扑范围，从而节省能量。最后，在静态的传感器网络中，节点可能会使用缓存的数据来引导兴趣。例如，如果在对较早兴趣的响应中，一个节点听到邻居 A 的数据，且这些数据是由矩形属性指定区域内的一些传感器发送的，则可以将该兴趣引导到 A 而不是向所有邻居广播。

图 5.5.1(a)显示了兴趣通过传感器区域时出现泛洪情况下建立的梯度。需要注意的是，与图 5.5.1(b)的简化描述不同，每对相邻节点都建立彼此的梯度。这是本地互动的结果。

对于传感器网络，梯度指定了数据速率和发送事件的方向。更一般地，梯度指定了一个值和方向。图 5.5.1(c)隐含地表示了二进制值的梯度。在本节介绍的传感器网络中，梯度具有两个用于确定事件报告率的值。在其他传感器网络中也可以使用梯度值，从而在不同的路径上进行数据的概率转发，实现一些负载均衡的测量。

数据传播 前文所述的传感器节点在指定的矩形中处理兴趣。此外，节点还可以通过其本地传感器来收集样本。

检测到目标的传感器节点在其兴趣缓存中查找匹配的兴趣条目。在这种情况下，匹配的兴趣条目是包含传感器位置的一个矩形，并且条目的类型与检测到的目标类型要匹配。当它找到一个条目时，将计算出其全部输出梯度中最高的请求事件数据速率。该节点要求其传感器子系统以最高数据速率生成事件样本。在前面的例子中，这个数据速率最初是每秒 1 个事件(直到应用了“加固”)。然后，源节点向其具有梯度的每个邻居每秒发送 1 个事件描述表单：

```
type=human                  //    type of intruder seen
instance=military           //    instance of this type
location = [125, 220]       //    node location
intensity = 0.6             //    signal amplitude measure
confidence = 0.85           //    confidence in the match
timestamp = 01:20:40        //    local time when event was generated
```

该数据消息被单独广播到相关邻居。从其邻居中寻找数据消息的节点并尝试在其缓存中查找匹配的兴趣条目。匹配规则如前所述。如果不存在匹配，则数据消息将被删除。如果存在匹配，则节点会检查与匹配的兴趣条目相关联的数据缓存以防止循环。如果接收到的数据消息具有匹配的数据缓存条目，则数据消息将被丢弃；否则，会将接收到的消息添加到数据缓存中，并将数据消息重新发送给节点的邻居。

通过检查其数据缓存，节点可以确定接收到的事件的数据速率。要重新发送已接收的数据消息，节点需要检查相匹配的兴趣条目的梯度列表。如果所有梯度的数据速率大于或等于传入事件的数据速率，则节点可以轻而易举地将接收到的数据消息发送给适当的邻居。然而，如果某些梯度的数据速率低于其他梯度的(由选择的加固路径引起)，则节点可能会向下转换到适当的梯度。

加固 信宿最初为低事件数据速率(每秒 1 个事件)通知扩散了一个兴趣。一旦源检测到匹配的目标，它们可能会沿着多条路径向信宿发送低数据速率事件。在信宿开始接收这些低数据速率事件之后，它“加固”(reinforce)了一个特定的邻居，以便“降低”更高质量(即更高的数据速率)的事件的速率。通常，定向扩散的这个特征是通过数据驱动的本地规则来实现的。这种规则的一个例子是加固任意一个邻居，从该邻居可以接收到先前看不到的事件。为了加固这个邻居，信宿重新发送原始的兴趣消息，该消息的间隔较小(具有较高的数据速率)。加固的回播路径如图 5.5.1(b)所示，选择加固路径的一种方法是选择具有低时延的路径。如图 5.5.1(c)和(d)所示，类似的机制可用于处理多个信源和多个信宿的情形。

在定向扩散中，先前加固路径上的中间节点也可以应用于加固规则。如图 5.5.1(e)所示，可以看出这对于启用本地修复失败或退化的路径是非常有用的。

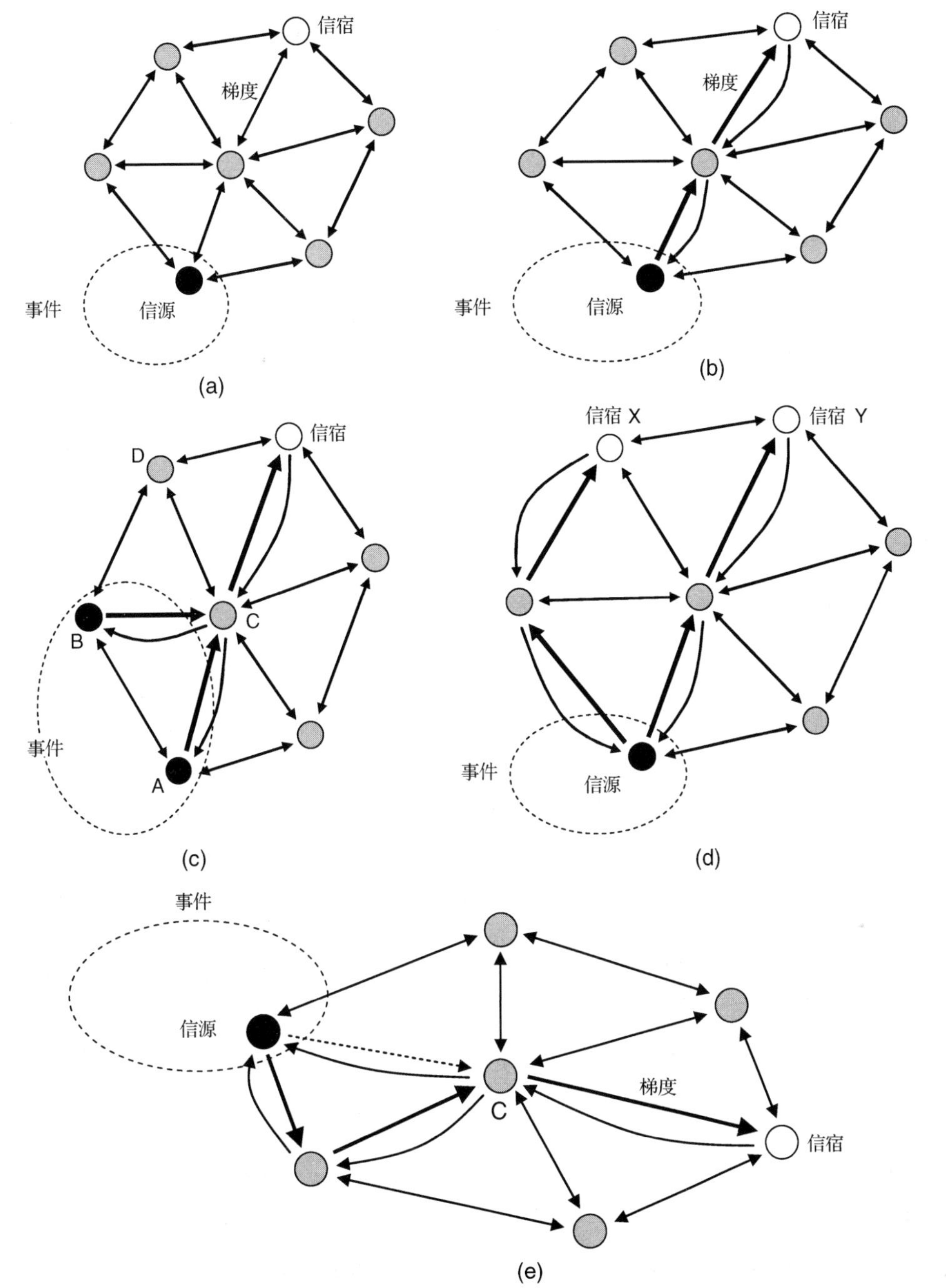

图 5.5.1　定向扩散：(a)梯度建立；(b)加固；(c)多个信源；(d)多个信宿；(e)修复

5.6　无线传感器网络中的聚合

数据融合或聚合是传感器网络中的一个重要概念，其关键思想是组合来自不同传感器的数据以消除冗余传输，并且仍然提供对所监视环境的多维视图。这个概念将焦点从以地址为中心的方法(找到终端节点对之间的路由)转移到以数据为中心的方法(找到从多个源端到目的地的路由，允许在网络中合并数据)。

考虑在一个区域中分布了 n 个传感器节点 $1,2,\cdots,n$ 及标记为 $n+1$ 的信宿 t 的网络。传感器和信宿的位置是固定的，并且是预先知道的。每个传感器在监视其附近情况时都会产生一些信息。我们假设每个传感器在每个时间单位会产生一个数据包并发送到基站。为了简单起见，我们将每个时间单位称为传输周期或简称为周期(cycle)。我们假设所有数据包的大小都为 k 比特。来自所有传感器的信息需要在每个周期内被收集并发送到信宿进行处理。假设每个传感器都有能力将其数据包传输到网络中的任何其他传感器或直接传输到信宿。此外，每个传感器 i 具有有限的、不可补充的电池能量 E_i。每当传感器发送或接收数据包时，它会消耗电池中的一些能量。信宿可用的能量是无限的。

能耗模型中使用的典型假设是，传感器将消耗 $\epsilon_{\mathrm{elec}}=50\ \mathrm{nJ/bit}$ 的能量来运行发射机或接收机电路，发射机放大器消耗的能量为 $\epsilon_{\mathrm{amp}}=100\ \mathrm{pJ/bit/m^2}$。因此，传感器 i 在接收 k 比特数据包时消耗的能量由 $R_{xi}=\epsilon_{\mathrm{elec}}\times k$ 给出，而将数据包传送到传感器 j 时消耗的能量由以下公式给出：

$$Tx_{i,j}=\epsilon_{\mathrm{elec}}\times k+\epsilon_{\mathrm{amp}}\times d_{i,j}^2\times k$$

其中 $d_{i,j}$ 是节点 i 和节点 j 之间的距离。

我们将系统的寿命 T 定义为直到第一个传感器耗尽其能量的周期数。对于每个周期，数据收集时刻表指定如何收集来自所有传感器的数据包，并将其传输到基站。一个时刻表可被认为是 T 棵有向树的集合，每棵有向树的根为基站并跨越所有的传感器，也就是对于每个周期，时刻表都有一棵树。时刻表的寿命等于该时刻表下系统的寿命。我们的目的是找到最大化系统寿命 T 的时刻表。

在网络中，数据聚合实现了数据包的融合(这些数据包来自路由到信宿的不同传感器)，通过最小化数据传输的数量和大小来节省传感器的能量。当来自不同传感器的数据高度相关时，可以实现这种聚合。通常，我们做出简单的假设：中间传感器可以将多个传入的数据包聚合成单个数据包输出。

对于一个给定的传感器和信宿集合，关键问题是找到一个具有最大寿命的数据收集时刻表，其具有已知的位置地址和每个传感器的能量，同时允许传感器收集传入的数据包。

考虑一个具有寿命 T 的时刻表 S。令 $f_{i,j}$ 是节点 i (传感器)在 S 中传输到节点 j (传感器或信宿)的数据包总数。每个传感器的能量约束为 $\sum_{j=1}^{n+1} f_{i,j}\cdot Tx_{i,j}+\sum_{j=1}^{n} f_{j,i}\cdot Rx_i\leqslant E_i,\quad i=1,2,\cdots,n$。这个时刻表 S 包含一个流量网络 $G=(V,E)$。该流量网络 G 是一个包含所有传感器节点和信宿的有向图。边 (i,j) 具有容量 $f_{i,j}$ 且 $f_{i,j}>0$。

如果 S 是具有寿命 T 的时刻表，并且 G 是由 S 引入的流量网络，则对于每个传感器 s，在 G 中从 s 到信宿 t 的最大流量大于等于 T。这是由于从传感器发送的数据包必须到达基站。来自 s 的数据包可能会与来自网络中其他传感器的一个或多个数据包聚合。我们需要保证来自 s 的每个 T 值都能影响在信宿处接收到的最终值。在网络流量方面，这意味着传感器 s 必须具有大于等于 T 的最大 s-t 流量流到 G 中的信宿。

因此，具有寿命 T 的时刻表的传感器所要满足的必要条件是，感应流量网络中的每个节点都可以将流量 T 推送到信宿中。现在，我们考虑找到具有最大流量 T 的流量网络 G 的问题，其允许每个传感器将流量 T 推向基站，同时遵守所有传感器的能量约束。我们需要找到的是 G 的边容量。这样的流量网络 G 称为具有寿命 T 的允许流量网络。具有最大寿命的允许流量网络称为最佳允许流量网络。

可以使用具有线性约束的整数规划来找到最佳允许流量网络。如果对于每个传感器 $k(k=1,2,\cdots,n)$， $\pi_{i,j}^{(k)}$ 是指示 k 通过边 (i,j) 发送到信宿 t 的流量变量，则整数规划如下：

最大化 T 且

$$\sum_{j=1}^{n+1} f_{i,j}\cdot Tx_{i,j}+\sum_{j=1}^{n} f_{j,i}\cdot Rx_i \leqslant E_i,\quad i=1,2,\cdots,n$$

$$\sum_{j=1}^{n}\pi_{j,i}^{(k)}=\sum_{j=1}^{n+1}\pi_{i,j}^{(k)},\quad i=1,2,\cdots,n \text{ 和 } i\neq k$$

$$T+\sum_{j=1}^{n}\pi_{j,k}^{(k)}=\sum_{j=1}^{n+1}\pi_{k,j}^{(k)}$$

$$0\leqslant\pi_{i,j}^{(k)}\leqslant f_{i,j},\quad i=1,2,\cdots,n \text{ 和 } j=1,2,\cdots,n+1$$

$$\sum_{i=1}^{n}\pi_{i,n+1}^{(k)}=T,\quad k=1,2,\cdots,n$$

上述公式的第一行施加了每个节点的能量约束；接下来的两行在传感器上执行流量守恒原理；再下一行确保对流量网络的边的容量限制；最后一行确保来自传感器 k 的流量 T 到达信宿。

现在可以从一个可接受的流量网络获得一个时刻表。该时刻表是基于信宿的定向树的集合，它覆盖所有传感器，每个周期都有一棵这样的树。这些树指定了如何收集数据包并将其传输到信宿，我们将其称为聚合树。聚合树可用于一个或多个周期，其周期数为 f，通过将 f 与其每条边相关联来使用聚合树。在后续的章节中，将 f 称为聚合树的寿命。传感器 v 的深度是每个聚合树中深度的平均值，并且时刻表的深度是 $\max\{\text{depth}(v):v\in V\}$。

图 5.6.1 显示了具有寿命 $T=50$ 个周期的允许流量网络 G 和两棵聚合树 A_1 和 A_2，其寿命分别为 30 个周期和 20 个周期。任意选择一棵聚合树（如 A_1），可以看出对于 30 个周期中的每一个，传感器 2 将一个数据包传送到传感器 1，传感器 1 又将其与自己的数据包聚合，然后将聚合的数据包发送到基站。给定具有寿命 T 的允许流量网络 G 和根为信宿 t 且具有寿命 f 的有向树 A，在通过 f 降低了其所有边（也在 A 中）的容量之后，我们将 G 的 (A,f) 减少量 G' 定义为由 G 产生的流量网络。我们将 G' 称为 (A,f)-简化 G。如果对于 G 的 (A,f) 减少量 G' 中的每个顶点 v，从 v 到信宿 t 的最大流量 $\geqslant T-f$，则 G' 是可行的。注意，A 不必跨越 G 的所有顶点，因此它不一定是聚合树。此外，对于具有寿命 T 的允许流量网络 G，如果 A 是具有寿命 f 的聚合树，并且 G 的 (A,f) 减少量是可行的，则 G 的 (A,f) 减少量 G' 是可接受的流量网络，并且该流量网络具有寿命 $T-f$。因此，只要我们可以找到这样一棵聚合树 A，即可设计一个简单的迭代算法，为具有寿命 T 的允许流量网络 G 构建一个时刻表。

Aggretree (*G, T, t*)

```
initialize f ← 1
let A = (V_o, E_o) where V_o = {t} and E_o = Ø
while A does not span all the nodes of G do
      for each edge e = (i, j) ∈ G such that i ∉ V_o and j ∈ V_o do
```

```
            let A′ be A together with the edge e
            // check if the (A′, 1)-reduction of G is feasible
            let Gr be the (A′, 1)-reduction of G
            if MAXFLOW(v, t, Gr) ≥ T-1 for all nodes v of G
                // replace A with A′
                Vo ← Vo∪{i}, Eo ← Eo∪{e}
                break
    let cmin be the minimum capacity of the edges in A
    let Gr be the (A, cmin)-reduction of G
    if MAXFLOW(v,t,Gr) ≥ T - cmin for all nodes v of G
      f ← cmin
    replace G with the (A, f)-reduction of G
    return f, G, A
```

使用上面的 Aggretree(G, T, t)算法就可以从具有寿命$T \geqslant f$的可接受流量网络G中获得一个寿命为f的聚合树A。A的形成过程如下。最初A只包含信宿t。虽然A没有跨越所有的传感器，但是我们发现了边$e=(i,j)$并将其添加到A中，其中$i \notin A$和$j \in A$。假定G的(A', f)减少量是可行的，这里A'是A与边e聚合在一起的结果，f是A'中边的容量的最小值。给定流量网络G和信宿t，使得每个传感器具有大于等于T的最小s-t切割(即G中从s到t的最大流量$\geqslant T$)。可以证明，总是能够通过算法找到可用于聚合每个传感器的T个数据包的聚合树序列。基于图论[113,114]的最小最大定理证明了其正确性。

实验结果[115]表明，对于具有 60 个节点的网络，上述算法可将网络寿命提高 20 倍以上。

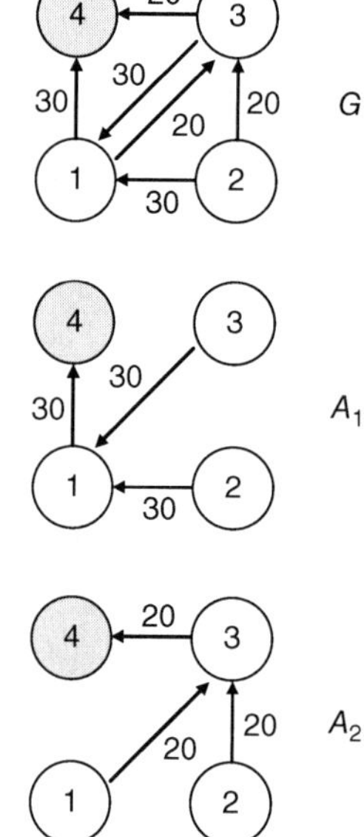

图 5.6.1 一个寿命为 50 个周期的允许流量网络G和两棵寿命分别为 30 个周期和 20 个周期的聚合树A_1和A_2。聚合树A_1和A_2的时刻表深度为 2

5.7 边界估计

传感器网络应用中的一个重要问题是边界估计。我们考虑网络正在感知由两个或更多个不同的行为(例如传感器测量的不同均值)区域组成的一个场。图 5.7.1(a)描述了这样的一个场。在实际中，这可能代表火灾或受污染区域的范围。边界估计是均匀场之间确定边界的过程。通过仅向信宿发送关于边界的信息而不是每个传感器的传输内容，可以实现显著的聚集效应。

边界估计问题有两个基本限制。首先，边界估计的准确性受到网络中传感器的空间密度及与测量过程相关的噪声量的限制。其次，能量约束可能限制最终传输到所需目的地的边界估计的复杂性。

边界估计的目的是考虑来自传感器集合的测量，并确定相对均匀测量的两个场之间的边界。

我们假设有一类层次化的结构——“簇头”，它管理层次中下层节点的测量。因此，分区的每个正方形中的节点将它们的测量值传递给正方形中的一个簇头。按行和列(i,j)对最佳尺度的正方形进行索引。位于正方形(i,j)中的簇头会计算这些测量的平均值，以获得一个值

$x_{i,j} \sim N(\mu_{i,j}, \sigma^2 / m_{i,j})$，其中 $\mu_{i,j}$ 是平均值，σ^2 是每个传感器测量的噪声方差，$m_{i,j}$ 是正方形 (i,j) 中的节点数。因此，我们选择具有高斯分布的传感器测量。为了简单起见，假设 $m_{i,j}=1$。随机分布既考虑了系统中的噪声，又考虑了节点故障的小概率事件。

解决边界估计问题的一个方法是设计一个层次化处理策略，使得节点能够协同工作，以确定与边界传感器区域相匹配的非均匀的矩形分区[116-121]。该分区沿着边界具有较高的分辨率，在同一区域的均匀场中具有较低的分辨率，如图 5.7.1 所示。分区为边界提供了一种有效的"阶梯式"近似。

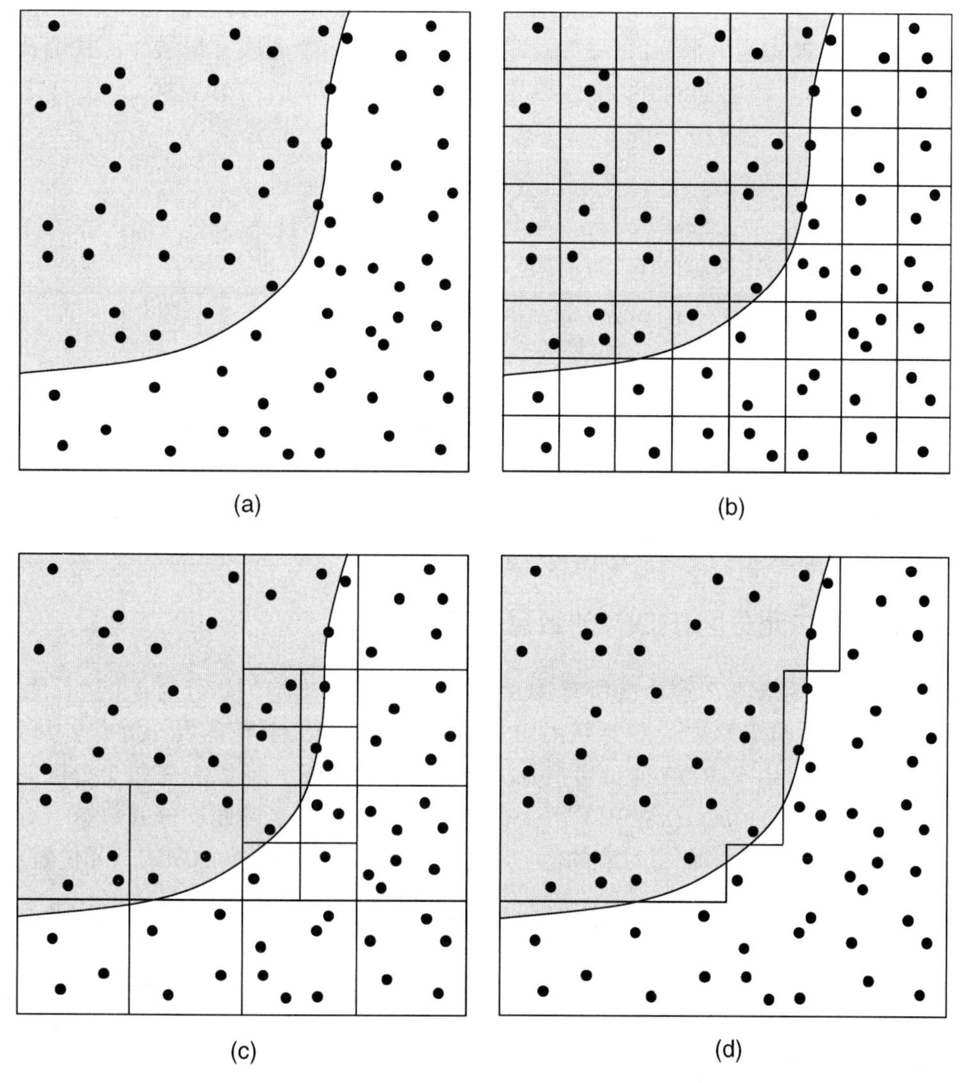

图 5.7.1　感知一个非均匀场：(a)点表示传感器的位置，正方形的灰色区域和白色区域表示两种不同环境；(b)传感器网络域被划分为一个个正方形单元；(c)网络中的传感器协同工作，以确定与边界相匹配的不均匀的矩形分区；(d)传输到远程点的两个区域之间边界的最终逼近

如图 5.7.1(b)所示，估计过程将归一化的单位正方形[0, 1]的传感器区域划分为边长为 $1/\sqrt{n}$ 的 n 个小正方形。边长 $1/\sqrt{n}$ 是分析中最佳的分辨率。原则上，这个初始分区可以由递归二元分区(RDP)生成。首先将区域分为 4 个相等大小的子集，然后在每个子集上重复此过程，

并重复 $J=(1/2)\log n$ 次。这样产生了分辨率为 $1/\sqrt{n}$ 的完整 RDP[感测区域的矩形分区如图 5.7.1(b)所示]。RDP 过程可以用四叉树结构表示。可以“修剪”四叉树，以产生具有不均匀分辨率的 RDP，如图 5.7.1(c)所示。其中的关键问题是

1. 如何在传感器网络中实现“修剪”过程。
2. 如何确定最好的“修剪”。

令 $\mathcal{P}_n$ 表示所有 RDP 的集合，包括初始完成的 RDP 和所有可能的“修剪”。对于某个 RDP $P\in\mathcal{P}_n$，在分区的每个正方形上，该场的估计器对来自该正方形的传感器的测量值进行平均，并将该场的估值设置为这个平均值。这就产生了对该场的一个分段常量估计，并用 θ 表示。该估计器将与数据 $x=\{x_{i,j}\}$ 进行比较。性能的经验测量值是 $\theta=\theta(P)$ 和数据 $x=\{x_{i,j}\}$ 之间的误差平方之和：

$$\Delta(\theta,x)=\sum_{i,j=1}^{\sqrt{n}}\left[\theta(i,j)-x_{i,j}\right]^2 \tag{5.7.1}$$

复杂度惩罚估计器由文献[116-121]来定义：

$$\hat{\theta}_n=\underset{\theta(P)P\in\mathcal{P}_n}{\arg\min}\ \Delta[\theta(P),x]+2\sigma^2 p(n)N_{\theta(P)} \tag{5.7.2}$$

其中 σ^2 是噪声方差，$N_{\theta(P)}$ 表示分区 P 中的正方形总数，$p(n)$ 是 n 的某个单调递增函数，它将阻止不必要的高分辨率分区[$p(n)$ 的选择将在后续的章节中讨论]。式(5.7.2)中的优化可以使用 $O(n)$ 操作[119, 122-125]中自下而上的树修剪算法来实现。在层次结构的每个层次上，簇头从其下层的 4 个簇头接收最佳的子分组/子树估计，并将这些估值的总成本与该簇中估值等于所有传感器平均值的成本进行比较，以做出“修剪”判断。

5.7.1 $\mathcal{P}$中递归二元分区(RDP)的数量

RDP的集合 $\mathcal{P}$ 由修剪 P_J 产生的所有RDP组成，单位正方形均匀划分为 n 个边长为 $1/\sqrt{n}$ 的小正方形。我们需要确定 $\mathcal{P}$ 中有多少个 RDP，或者更具体地说，我们需要知道有多少个包含 ℓ 个正方形/叶的分区。由于 RDP 通过递归方法分割出 4 个分区，所以 $\mathcal{P}$ 中每个分区的叶分区数为 $\ell=3m+1$，其中 $0\leqslant m\leqslant(n-1)/3$ 且 m 取整。整数 m 对应于递归拆分的数量。对于每个有 $3m+1$ 个叶分区的 RDP，都有对应的部分有序的 m 分割点序列(平面中的二元位置)。一般来说，从 n（n 对应于最佳分辨率分区 P_J 的顶点数）中选择 m 个点共有 $\begin{pmatrix}n\\m\end{pmatrix}\equiv\dfrac{n!}{(n-m)!m!}$ 种可能，这个数值是 $\mathcal{P}$ 中具有 $\ell=3m+1$ 个叶分区的分区数的上限(因为 RDP 只能有二元分割点)。

5.7.2 克劳夫特不等式

令 Θ_n 表示场中所有可能模型的集合。该集合包含分段常量模型(二元正方形上的常量对应于 $\mathcal{P}_n$ 中的一个分区)。常量值在预定范围 $[-R,R]$ 中，并被量化为 k 个比特。该范围对应传感器幅度范围的上限和下限。集合 Θ_n 由前面导出的有限数量的模型组成。从中可以看出，随着每次传输采用的比特数 k 和 $p(n)$ 的正确校准，可以有

$$\sum_{\theta\in\Theta_n}\mathrm{e}^{-p(n)|\theta|}\leqslant 1 \tag{5.7.3}$$

其中，为了简化符号，使 $N_{\theta(P)}=|\theta|$。如果 $\Theta_n^{(m)}$ 表示由 $\ell=3m+1$ 个叶分区的模型组成的 Θ_n 的子集，则有

$$\begin{aligned}\sum_{\theta\in\Theta_n}\mathrm{e}^{-p(n)|\theta|}&=\sum_{m=0}^{(n-1)/3}\sum_{\theta\in\Theta_n^{(m)}}\mathrm{e}^{-(3m+1)p(n)}\leqslant\sum_{m=0}^{(n-1)/3}\binom{n}{m}\left(2^k\right)^{3m+1}\mathrm{e}^{-(3m+1)p(n)}\\&\leqslant\sum_{m=0}^{(n-1)/3}\frac{n^m}{m!}\left(2^k\right)^{3m+1}\mathrm{e}^{-(3m+1)p(n)}=\sum_{m=0}^{(n-1)/3}\frac{1}{m!}\mathrm{e}^{\left[m\log n+(3m+1)\log\left(2^k\right)-(3m+1)p(n)\right]}\end{aligned}$$

如果 $A\equiv m\log n+(3m+1)\log(2^k)-(3m+1)p(n)<-1$（且 $\mathrm{e}^A<\mathrm{e}^{-1}$），则有

$$\sum_{\theta\in\Theta_n}\mathrm{e}^{-p(n)|\theta|}\leqslant 1/\mathrm{e}\sum_{m=0}^{(n-1)/3}\frac{1}{m!}\leqslant 1 \tag{5.7.4}$$

为了保证 $A<-1$，必须使 $p(n)$ 至少像 $\log n$ 一样增长。因此，对于某些 $\gamma>0$，令 $p(n)=\gamma\log n$。另外，正如我们将在后面章节中看到的，为了保证模型的量化足够精细，对整体误差几乎可以忽略不计，必须选择 $2^k\sim n^{1/4}$。通过这些校准，我们有 $A=[(7/4-3\gamma)m+(1/4-\gamma)]\log n$。为了保证 MSE 收敛到零，$m$ 必须是 n 的单调递增函数。因此，当 n 足够大时，$1/4-\gamma$ 可以忽略，并且条件 $A<-1$ 由 $\gamma>7/12$ 来满足。在文献[116-121]中，令 $\gamma=2/3$。

5.7.3 可实现精度的上限

假设 $p(n)$ 满足由式(14.4)定义的条件，其中 $|\theta|$ 再次定义为分区 θ 中的正方形数(或者称之为边界修剪树描述中的叶分区数)。如前所述，$p(n)\leqslant\gamma\log n$ 满足式(5.7.4)。令 $\hat{\theta}_n$ 表示为

$$\hat{\theta}_n=\arg\min_{\theta\in\Theta_n}\Delta(\theta,x)+2\sigma^2p(n)|\theta| \tag{5.7.5}$$

其中，x 表示最佳尺度 $\{x_{i,j}\}$ 的测量数组，$|\theta|$ 表示与 θ 相关联的分区中的正方形数。这基本上与式(5.7.2)中定义的估计值相同，只是在这种情况下，估计值是量化的。

如果 θ_n^* 表示分辨率为 $1/\sqrt{n}$ 的区域的真实值(即 $\theta_n^*(i,j)=E[x_{i,j}]$)，则在文献[116, 121]中应用定理 7，将估计器 $\hat{\theta}_n$ 的 MSE 界定义为

$$\begin{aligned}&\frac{1}{n}\sum_{i,j=1}^{\sqrt{n}}E\left[\left[\hat{\theta}_n(i,j)-\theta_n^*(i,j)\right]^2\right]\\&\leqslant\min_{\theta\in\Theta_n}\frac{1}{n}\left\{2\sum_{i,j=1}^{\sqrt{n}}\left[\theta(i,j)-\theta_n^*(i,j)\right]^2+8\sigma^2p(n)|\theta|\right\}\end{aligned} \tag{5.7.6}$$

该上限涉及两项：第一项 $2\sum_{i,j=1}^{\sqrt{n}}[\theta(i,j)-\theta_n^*(i,j)]^2$ 是对偏差或近似误差的约束；第二项 $8\sigma^2p(n)|\theta|$ 是方差或估计误差的界限。偏差项通常是未知的，其用于测量最佳可能模型与真实场之间的平方误差。然而，如果对边界的平滑度做出某些假设，则可以确定该项作为分区大小 $|\theta|$ 的函数的衰减速率。

如果被感知的区域由通过一维边界分开的均匀场组成，并且该边界是 Lipschitz 函数[119, 124]，则通过仔细校准量化和惩罚(取 $k\sim 1/4\log n$ 并设 $p(n)=2/3\log n$)，可以有 [116]

$$\frac{1}{n}\sum_{i,j=1}^{\sqrt{n}}E\left[\left(\hat{\theta}_n(i,j)-\theta_n^*(i,j)\right)^2\right]\leqslant O\left(\sqrt{(\log n)/n}\right) \tag{5.7.7}$$

该结果表明 MSE 以速率 $\sqrt{(\log n)/n}$ 衰减为零。

5.7.4 系统优化

系统优化包括能量-精度的折中。能耗由两种通信成本确定：构建树造成的通信成本(处理成本)和传递最终边界估计(通信成本)的成本。我们将说明该算法的预期计算复杂度为 $O(\sqrt{n})$，并且处理和通信的能耗与该数值成比例。考虑到 $\mathrm{MSE}\sim\sqrt{(\log n)/n}$ 并忽略对数因子，实现最佳 MSE 所需的能量-精度的折中大致为 $\mathrm{MSE}\sim 1/\mathrm{Energy}$。我们知道并不存在估计器可以使 MSE 的衰减比 $O(1/\sqrt{n})$ 快，因此，如果 n 个传感器中的每一个都直接或多跳地将其数据传输到外部点，则处理成本和通信成本为 $O(n)$，这导致折中为 $\mathrm{MSE}\sim 1/\sqrt{\mathrm{Energy}}$。因此，分层边界估计方法不但优化了估计的准确性和复杂性之间的折中，而且比初始方法简单很多。

通信成本与边界的最终描述结果成比例，因此计算树的预期大小或 $E[|\hat{\theta}|]$ 是有意义的。在没有边界的均匀场的假设下，我们构造了 $E[|\hat{\theta}|]$ 的上限。令 P 表示与 $\hat{\theta}$ 相关联的树结构分区。注意，由于 P 是 RDP，因此它可以具有 $d+1$ 个叶分区(分区中的一片)，其中 $d=3m$，$m=0,\cdots,(n-1)/3$。因此，预期的叶分区数由下式给出：

$$E[|\hat{\theta}|]=\sum_{m=0}^{(n-1)/3}(3m+1)\Pr(|\hat{\theta}|=3m+1)$$

概率 $\Pr(|\hat{\theta}|=3m+1)$ 可以从上式界定，其中具有 $3m+1$（$m>0$）个叶分区的可能分区选择倾向于仅有单个叶分区的普通分区。也就是说，选择具有 $3m+1$ 个叶分区的分区之一的事件意味着没有选择所有其他大小的分区，包括上限所遵循的普通分区。这个上限允许我们将预期的叶分区数约束到如下表达式：

$$E\left[|\hat{\theta}|\right]\leqslant\sum_{m=0}^{(n-1)/3}(3m+1)N_m p_m$$

其中 N_m 表示不同的具有 $3m+1$ 个叶分区的分区的数量，p_m 表示选择特定的 $3m+1$ 个叶分区来支持小分区(在均匀假设下)的概率。数字 N_m 可以像验证克劳夫特不等式一样由 $\binom{n}{m}$ 界定。概率 p_m 可以有如下限定。注意，这是两个模型比较的特定结果的概率。式(5.7.2)给出了它们各自的平方误差加上复杂度惩罚之间的比较。单叶模型具有单个自由度(整个区域的平均值)，而基于 $3m+1$ 个叶分区的替代模型具有 $3m+1$ 的自由度。因此，假设数据为零均值高斯独立同分布，方差为 σ^2，很容易验证模型的平方误差和的差值(单叶模型平方误差和减去 $3m+1$ 叶模型平方误差和)呈 $\sigma^2 W_{3m}$ 分布，其中 W_{3m} 是具有 $3m$ 自由度的卡方分布随机变量(恰好是两个模型中自由度之间的差)。这是因为平方误差和的差值等于数据在 $3m$ 维子空间上的正交投影的平方和。

如果 $\sigma^2 W_{3m}$ 大于与两个模型相关联的复杂度惩罚之间的差，则单叶模型被拒绝；也就是 $\sigma^2 W_{3m}>(3m+1)2\sigma^2 p(n)-2\sigma^2 p(n)=6m\sigma^2 p(n)$，其中 $2\sigma^2 p(n)$ 是与 P 中每个附加叶分区相关的惩罚。根据上一节的 MSE 分析，我们要求 $p(n)=\gamma\log n$，其中 $\gamma>7/12$。在文献[116-121]中，$\gamma=2/3$，在这种情况下，单叶模型被拒绝的情形为 $W_{3m}>4m\log n$。此条件下的概率 $p_m=\Pr(W_{3m}>$

$4m\log n)$ 通过使用 Laurent 和 Massart 的引理 1[126]来说明：“如果 W_d 是带有 d 个自由度的卡方分布，那么对于 $s>0$，有 $\Pr(W_d \geqslant d+s\sqrt{2d}+s^2) \leqslant e^{-s^2/2}$。” 通过确认 $d+g\sqrt{2d}+s^2=4m\log n$，产生界限 $p_m=\Pr(W_{3m}>4m\log n) \leqslant e^{-2m\log n+m\sqrt{3/2(4\log n-3/2)}}$。结合前面得到的上限，我们有

$$
\begin{aligned}
E[|\hat{\theta}|] &\leqslant \sum_{m=0}^{(n-1)/3}(3m+1)\binom{n}{m}e^{-2m\log n+m\sqrt{3/2(4\log n-3/2)}} \\
&= \sum_{m=0}^{(n-1)/3}(3m+1)\binom{n}{m}n^{-m}e^{-m\log n+m\sqrt{3/2(4\log n-3/2)}}
\end{aligned}
\tag{5.7.8}
$$

当 $n \geqslant 270$ 时，指数 $-\log n+\sqrt{3/2(4\log n-3/2)}<0$，因此 $E[|\hat{\theta}|] \leqslant \sum_{m=0}^{(n-1)/3}(3m+1)\binom{n}{m}n^{-m} \leqslant \sum_{m=0}^{(n-1)/3}(3m+1)\frac{n^m}{m!}n^{-m} \leqslant \sum_{m=0}^{(n-1)/3}(3m+1)/m!<11$。注意 $n\to\infty$ 时指数 $-\log n+\sqrt{3/2(4\log n-3/2)}\to\infty$。这就意味着当 $m>0$ 时，因子 $e^{-2m\log n+m\sqrt{3/2(4\log n-3/2)}}$ 趋于零。因此，当 $n\to\infty$ 时，预期的叶分区数 $E[|\hat{\theta}|]\to 1$。

因此，对于大型传感器网络，在没有边界的情况下（仅仅是均匀场），预期叶分区数（分区块）等于 1。

下面考虑边界确实存在的不均匀情况，如果边界是 Lipschitz 函数或者具有 1 的方框计数（box counting）维度，则存在最多 $C'\sqrt{n}$ 个正方形（叶分区）的修剪的 RDP，其中包括边长为 $1/\sqrt{n}$ 的 $O(\sqrt{n})$ 个正方形。因此，在无噪声情况下描述边界所需的叶分区数的上限由 $C'\sqrt{n}$ 给出。

在存在噪声的情况下，我们可以使用上述结果，对均匀场情况限制由噪声引起的杂散叶分区数（n 为 0）。因此，对于大型传感器网络，可以预计至多有 $C'\sqrt{n}$ 个叶分区，传输最终边界描述所需的预期能量是 $O(\sqrt{n})$。

处理成本与最终树的预期大小密切相关，因为该值决定了修剪的“力度”。已知通信成本与 $\sqrt{n}$ 成比例，这里我们将说明处理成本也为 $O(\sqrt{n})$。在每个尺度 $2^j/\sqrt{n}$ 内（其中 $j=0,\cdots,1/2\log n-1$），分层算法将一定数量的数据或均值 n_j 传递给下一尺度内的树，这个均值对应于最佳分区（直至该比例）的正方形数。我们假设每次测量传输恒定数量（k）的比特。这 k 个 n_j 比特必须传输大约 $2^j/\sqrt{n}$ 米（假设传感器区域被归一化为 1 平方米）。因此，总的网络通信能量（以比特·米为单位）为 $\varepsilon=k\sum_{j=0}^{1/2\log n-1}n_j 2^j/\sqrt{n}$。

在一些简单的方法中，对于所有 j 设定 $n_j=n$，因此 $\varepsilon\approx kn$。在层次化方法中，首先考虑没有边界的情况。我们已经看到在这种情况下，树在每个阶段都被修剪的概率是很高的，因此 $n_j=n/4^j$ 和 $\varepsilon\approx 2k\sqrt{n}$。如果存在长度为 $C\sqrt{n}$ 的边界，则 $n_j\leqslant n/4^j+C\sqrt{n}$，这使得 $\varepsilon\leqslant k(C+2)\sqrt{n}$。因此，我们看到分层算法导致 $\varepsilon=O(\sqrt{n})$。最后，性能示例如图 5.7.2 所示[118]。

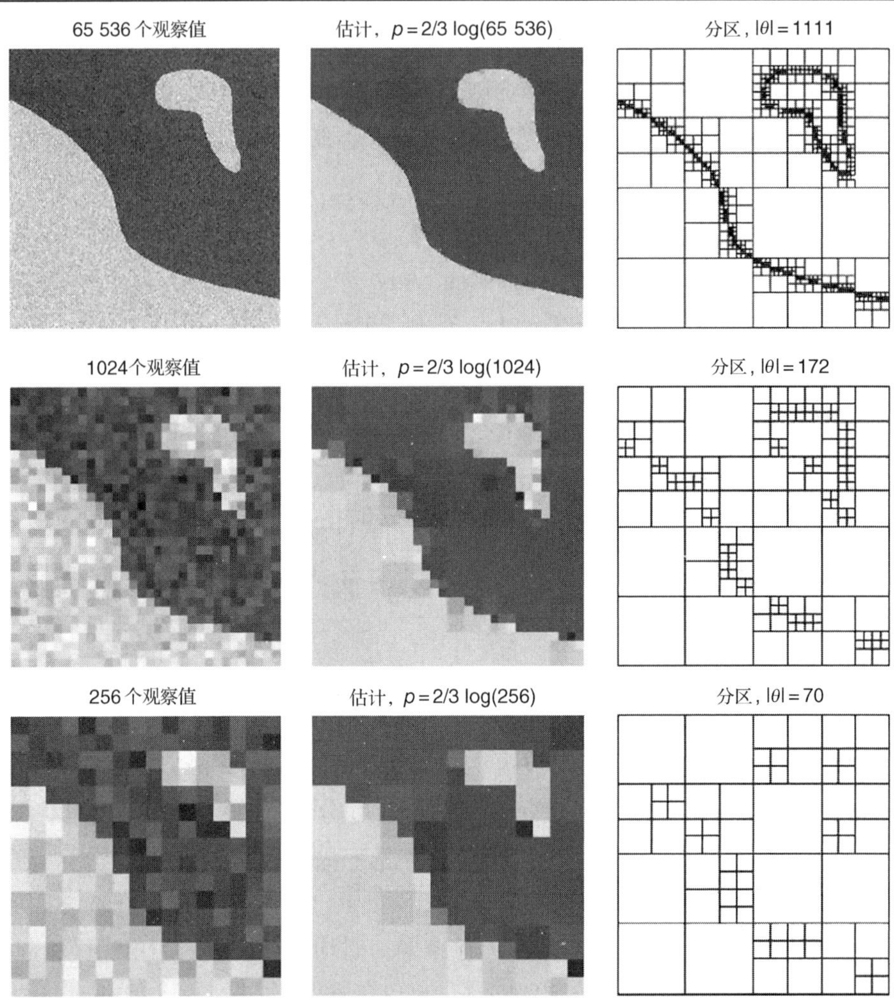

图 5.7.2 传感器网络密度(分辨率)对边界估计的影响。第 1 列为噪声测量集，第 2 列为估计边界，第 3 列为相关分区[118]

5.8 传感器网络中的最佳传输半径

在本节中，我们讨论了在传感器网络中找到泛洪的最佳传输半径的问题。一方面，较大的传输半径意味着需要较少的重传来到达网络中的外围节点，因此所有节点的消息将在较短的时间内被听到。另一方面，较大的传输半径涉及竞争访问介质的邻居，且邻居的数量是较大的，因此每个节点对于数据包传输具有较长的争用时延。在本节中，我们讨论了 CSMA/CA 无线 MAC 协议中的这种折中。

即使泛洪具有一些独特的优势——它最大限度地提高了网络内所有可达节点接收到数据包的可能性，但同时也有一些缺点。多项研究工作提出了改善泛洪效率的机制。Ni 等人在有关广播风暴的论文[127]中提出了一种通过牺牲稳定性来改善泛洪的方法。作者提出限制发送泛洪数据包的节点数。其主要思想是，如果某些节点的传输不提供更大的覆盖，那么就不要转发它们的数据包。然而，基本的泛洪技术已广泛用于传感器网络的许多查询技术中(很大程度上由于其最大化健壮性的保证)。在本节中，我们将重点分析其 MAC 层效应并通过最小化泛洪淹没的时间来提高其性能。

还有一些工作已经研究了无线网络中传输半径的影响。文献[128]的作者分析了临界传输范围，以保持无线网络中的连通性，并呈现了连通概率的统计分析。

在文献[129]的研究工作中，作者分析了节点应该保持网络连接的最小邻居数。在文献[130]中，作者描述了增加传输半径的类似折中：较短的范围意味着较少的冲突，较长的范围意味着在单跳中把数据包传输得更远。然而，在这项工作中，作者希望在所期望的方向上，最大化一个称为预期方向的理想单跳过程进展参数，这实际上是测量数据包在点到点传输中能够达到的最大速度。

所有这些研究都没有分析泛洪这样的协议，而是试图为连接、吞吐量或能量等其他指标获得最佳的传输半径。在文献[131]中，拥有 150 个 Berkeley 机车的实验测试台[132]使用泛洪作为路由协议。该研究指出了在不同的传输范围内接收和建立时间(本节中使用的参数)之间的经验关系。

在本节中，我们讨论最佳传输半径。然而，在这种情况下，重要的度量是泛洪的数据包捕获传输介质的时间量。为了实现最小化建立时间，对接收和竞争时间之间的折中进行了相关的研究，其中包括 MAC 层与无线网络中信息传播方案的网络层行为之间的相互作用。

网络模型基于以下假设：

1. MAC 协议基于 CSMA/CA 方案。
2. 所有节点具有相同的传输半径 R。
3. 网络覆盖的区域可以近似为一个正方形。
4. 不考虑移动性。

节点部署在网格或统一拓扑中。在均匀拓扑中，基于网络中的节点数将物理地形划分为多个蜂窝，每个节点随机放置在不同的蜂窝内。

分析模型由以下术语描述：

1. 接收时间(T_R)：网络中的所有节点接收到泛洪数据包的平均时间。
2. 竞争时间(T_C)：网络中的所有节点接收和发送数据包之间的平均时间。
3. 建立时间(T_S)：网络中的所有节点发送泛洪数据包并发出泛洪事件结束信号的平均时间。

从这些定义中，我们观察到 $T_S = T_R + T_C$。如果没有仔细选择节点的传输半径，则泛洪的数据包可能需要很长的时间才能被网络中的所有节点传输，从而影响整个网络吞吐量。通过泛洪事件捕获信道的时间越多，那么可以传播的查询越少，信道对其他数据包传输的可用时间越短。我们可以说明传感器网络中的建立时间和吞吐量 Th 之间的关系，如 $\mathrm{Th} \propto 1/T_S$。所以，目标是最小化建立时间 T_S。由于建立时间是接收和竞争时间之和，因此本节的其余部分将分析传输半径范围内 T_R 与 T_C 之间的关系。

接收时间 T_R 表示节点接收数据包的平均时间。如果每个节点的传输半径增加，则网络中的接收时间减少；因为到达外围节点需要更少的跳数。因此，接收时间 T_R 与网络中任意两个节点之间的最大距离成正比，与传输半径成反比。基于这里考虑的拓扑类型(网格或均匀)，节点之间的最大距离是网络区域的对角线长度。如果 R 是传输半径(单位为 m)，S 是正方形区域的边长(单位为 m)，则 $T_R = cS/R$，其中 c 是常量。

如果一个节点增加其传输半径，那么将增加邻居数，这将导致竞争时间的增加。如果将网络覆盖的区域视为 S^2，则给定节点的预期邻居数由 $m = \pi R^2 n / S^2$ 表示，其中 n 是网络中的总节点数。然而，竞争时间与上述方程不成正比。这里存在两种影响 T_C 的现象：边缘现象和退避现象。

边缘现象 该现象可以描述为靠近网络边缘的节点不会使它们的邻居数随半径的平方成比例地增加。原因是其传输半径覆盖的区域的一小部分与网络的区域相交。这种现象如图 5.8.1 所示，它显示了具有给定节点(黑点)的平方拓扑。在图 5.8.1 中，随着传输半径的增加，我们可以观察到三个区域：区域 1，当 R 范围从 0 到网络边缘(R_e)时；区域 2，当 R 范围从 R_e 到覆盖整个网络(R_w)时；区域 3，当 $R > R_w$ 时。

每一个区域都具有与邻居数相关的不同表达式。对于区域 1，传输半径内的节点数与半径的平方成比例。在区域 2 中，邻居数随传输范围和网络区域之间的重叠区域的增加而成比例地增加。重叠区域如图 5.8.2 所示。

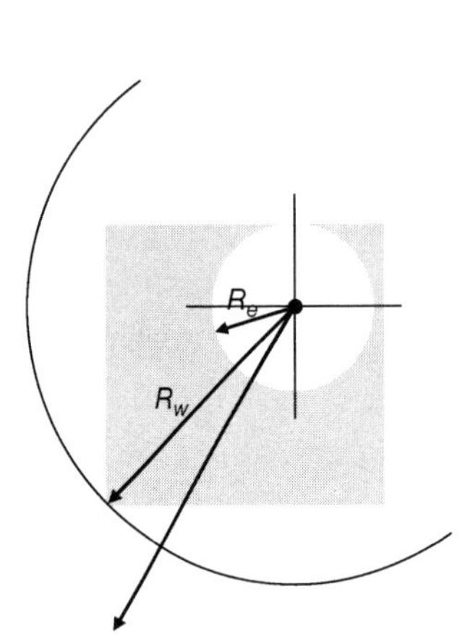

图 5.8.1 在不同区域计算邻居数与节点传输半径

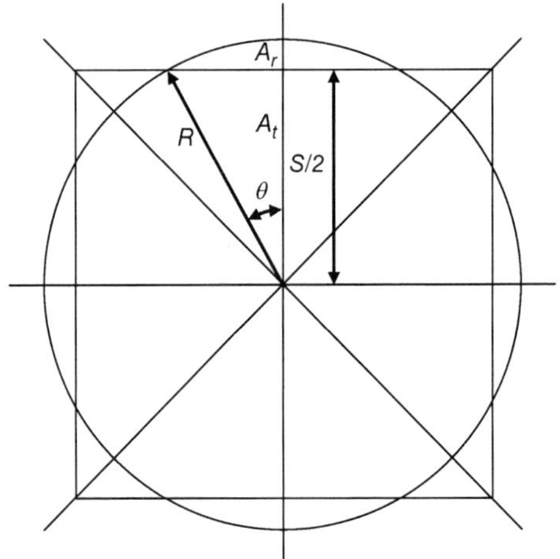

图 5.8.2 传输范围和网络区域之间的重叠区域

将 A_r 定义为超出 $S/2$ 的残余面积，由于对称性，总重叠面积由 $A_O = 8\left(\frac{\pi R^2}{8} - A_r\right)$ 给出，其中 $A_\theta = A_r + A_t$。由于 $\theta = \arccos\left(\frac{S}{2R}\right)$，我们有 $A_\theta = \theta\frac{R^2}{2}$ 和 $A_t = R^2\sin(\theta)\cos(\theta)$。

因此有 $A_r = \theta\frac{R^2}{2} - R^2\sin(\theta)\cos(\theta)$，得到中心(+)和角位置(∠)：

$$A_{O+} = 8\left[\frac{\pi R^2}{8} - \theta\frac{R^2}{2} - R^2\sin(\theta)\cos(\theta)\right]$$

$$A_{O+} = R^2[\pi - 4\theta - 4\sin(\theta)\cos(\theta)]$$

在下限的情况下，我们有四分之一的圆，ϕ 由 $\phi = \arccos\left(\frac{S}{R}\right)$ 给出：

$$A_{O\angle} = 2\left[\frac{\pi R^2}{8} - \theta\frac{R^2}{2} - R^2\sin(\theta)\cos(\theta)\right]$$

$$A_{O\angle} = R^2\left[\frac{\pi}{4} - \theta - \sin(\theta)\cos(\theta)\right]$$

在区域 3 中，邻居数保持不变，并且等于网络中的总节点数。由于三个不同区域的 R 值取决于网络中节点的位置，因此只会分析边缘现象的边界。

最靠近网络中心的节点是最积极地增加其邻居数的节点，因此代表上限。对于该节点，

当 R 大于 $\frac{S}{2}$ 时，从区域 2 开始；当 R 大于 $\frac{S}{2}\sqrt{2}$ 时，从区域 3 开始。下面的方程给出该节点的邻居数的上限 $\lceil m \rceil$：

$$\lceil m \rceil = \begin{cases} \pi\frac{R^2}{S^2}n, & 0<R<\frac{S}{2} \\ R^2(\pi-4\theta+4\cos(\theta)\sin(\theta)), & \frac{S}{2}<R<\frac{S}{2}\sqrt{2} \\ n, & \frac{S}{2}\sqrt{2}<R \end{cases}$$

其中 $\theta=\arccos\left(\frac{S}{2R}\right)$。

下限由位于网络边缘的节点给出。在这种情况下，不存在区域 1，而是节点数增加到 $\pi\frac{R^2}{4}$，并且当 R 等于 S 时不再增加。当 R 等于 $S\sqrt{2}$ 时，离开区域 2。下面的方程表示邻居数的下限 $\lfloor m \rfloor$：

$$\lfloor m \rfloor = \begin{cases} \pi\frac{R^2}{4S^2}n, & 0<R<S \\ R^2\left(\frac{\pi}{4}\pi-\theta+\cos(\theta)\sin(\theta)\right), & S<R<S\sqrt{2} \\ n, & S\sqrt{2}<R \end{cases}$$

其中 $\theta=\arccos\left(\frac{S}{R}\right)$。

退避现象　在 CSMA/CA 协议中，节点在发送数据包之前检查介质是否空闲；当介质在一段很短的时间内空闲时，节点将传输该数据包。如果在该等待期间信道变得繁忙，则选择一个将来的随机时间来发送数据包。这种机制使得竞争时间和邻居数之间的关系为非线性。这种非线性关系称为退避现象。

通过仿真具有不同数量节点的单跳网络，竞争时间和邻居数之间的非线性关系可以在数值上近似如下[133]：

$$f(m)=J\log^3(m)$$

其中 m 是邻居数，J 是常量。

如果结合上述的边缘现象和退避现象，则可以得到竞争时间 T_C 的上限，如下所示：

$$\lceil T_C \rceil = \begin{cases} Kf\left(\pi\frac{R^2}{S^2}n\right), & 0<R<\frac{S}{2} \\ Lf(R^2(\pi-4\theta+4\cos(\theta)\sin(\theta))), & \frac{S}{2}<R<\frac{S}{2}\sqrt{2} \\ Mf(n), & \frac{S}{2}\sqrt{2}<R \end{cases}$$

且其下限为

$$\lfloor T_C \rfloor = \begin{cases} Kf\left(\pi\frac{R^2}{4S^2}n\right), & 0<R<S \\ Lf(R^2(\frac{\pi}{4}-\theta-\cos(\theta)\sin(\theta))), & S<R<S\sqrt{2} \\ Mf(n), & S\sqrt{2}<R \end{cases}$$

其中 K 、L 和 M 是常量，$f(.)$ 是前面讲解的函数。

建立时间是接收时间和竞争时间的总和。图 5.8.3 显示了具有 400 个节点的网络的建立时间解析曲线。为了便于说明，还绘制了接收和竞争时间。建立时间曲线按预期显示最小值。

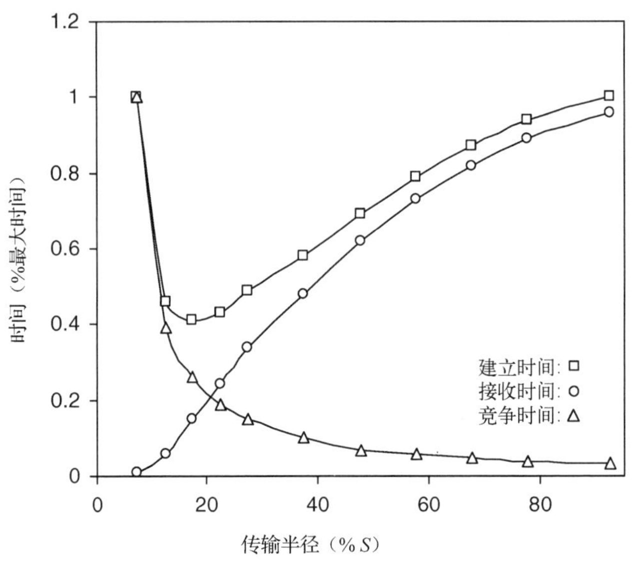

图 5.8.3 建立时间解析曲线

5.9 数据漏斗

本节讨论两种方案的组合，每种方案都会减少传感器将读取的信息(读数)发送到控制器所需的通信量，以此来增加能量约束网络的寿命。第一种方案是已经讨论过的数据包聚合技术，而第二种方案实现数据压缩。虽然两种方案中的每一种都可以单独使用，但组合使用可以提供最大的增益。

该算法背后的主要思想是数据漏斗(data funneling) [134]，如下所述。控制器将空间分解成不同的区域(例如立方体)，并向每个区域发送兴趣包。在接收到兴趣包后，通常每隔几分钟，该区域中的每个节点就开始周期性地将其读数以兴趣包中指定的间隔回传给控制器。由于该区域内的多个或所有节点同时将其读数回传给控制器，因此这些读数组合成单个数据包会更加有效，这样只带有一个报头的单个数据包从该区域回传给控制器。这里的问题是如何在一个点上收集所有这些读数，并将其组合成单个数据包。

如 5.3.3 节所述，数据漏斗算法的工作原理如下。利用定向泛洪，将兴趣包发送到该区域。接收兴趣包的每个节点检查它是否在目标区域。如果不是，则计算其回传给控制器的成本，更新兴趣包内的成本字段，并将其发送到指定的区域。这就是定向泛洪阶段。

当目标区域中的节点接收到来自目标区域之外的邻居的兴趣包时，定向泛洪阶段结束。节点意识到它位于该区域的边界上，并将自身指定为边界节点。每个边界节点计算与控制器进行通信的成本，其方式与定向泛洪阶段区域之外的节点的做法相同。然后，使用兴趣包的修改版本对整个区域进行泛洪。“到达控制器的成本”字段被重置为零，并成为“到达边界节点的成本”字段。在该区域内，每个节点仅跟踪与边界节点通信的成本，而不是其与控制器通信的成本。直观地说，就如同边界节点成为指定区域的控制器一样。在边界节点之间，所有来自该区域的读数将被整理成单个数据包。

此外，两个新字段被添加到修改后的兴趣包中。一个字段跟踪在边界节点和当前处理数据包的节点之间遍历的跳数。另一个字段指定了边界节点与控制器通信的成本，该字段一旦由边界节点定义，就不会随着数据包从一个节点传输到另一个节点而改变。

一旦区域内的节点从边界节点接收到修改后的兴趣包，它们将依次通过每个边界节点将它们的读数路由到控制器。由于区域内有多个边界节点，因此要最大化传感器读数的聚合，需要区域内的所有节点同意在反馈回控制器的每一轮报告中，通过相同的边界节点路由它们的数据。这是通过让每个节点计算在每一轮报告中使用边界节点的时刻表来实现的。同时也是由区域内的每个节点将相同的确定性函数应用到成本向量中，以到达每个边界节点所看到的控制器来实现的。由于所有节点都将相同的函数应用于相同的输入，因此它们都将计算相同的时刻表，从而允许它们在每个报告周期内，从一个边界节点上收集所有的数据。用于计算时刻表的函数类似于计算在概率路由中选择不同路径的概率的函数。这使得与控制器通信的成本低的边界节点比成本高的边界节点更频繁地被使用。

当区域内的数据从传感器流到边界节点时，可以沿着这一过程进行聚合，如图 5.7.1(b)所示。当需要将新一轮的观测数据反馈回控制器时，传感器节点不会立即开始发送它们的数据包。相反，它们等待与用于该轮报告的边界节点的距离(跳数)成反比的时间，然后将其读数发送到该边界节点。这使得远离边界节点的节点比靠近边界节点的节点更早地发送它们的数据。这样，靠近边界的节点将首先接收来自上游节点的读数，并将这些读数与自己的读数绑定在一起。最后，区域内所有节点发出的所有数据将在一个边界节点上进行整理，并在单个数据包中反馈回控制器。

假设 α 是数据包包头中的比特数与包含包头和特定应用中单个传感器读数的数据包中总比特数的比值，并且 m 是使用数据漏斗时每个传输数据包的传感器读数的平均数。因为数据漏斗的缘故，如果在聚合点没有对传感器读数进行压缩，则网络在通信上消耗的总能量将减少 $\alpha\times\frac{m-1}{m}\times 100\%$。如接下来将要讨论的，对区域内聚合点处的传感器读数进行压缩将节省更多的能量。为了实现这个目的，我们使用排序编码。

“排序编码”背后的主要思想是，当发送许多单独的数据块时，数据发送的顺序对应用并不重要(即发射机可以选择发送这些数据块的顺序)，可以按照发送这些数据块的顺序来向接收机传送附加信息。实际上，可以避免明确地传输这些数据片段中的某些部分，并按照其他信息的排序来传送数据片段中未被发送的信息。

下面考虑数据漏斗算法的情形。在每一轮报告中，边界节点从其所在区域的 n 个传感器中接收包含传感器读数的数据包。然后，它将每个节点的数据包(包含节点 ID，可能只是节点的位置和有效载荷)放入一个包含所有节点数据的大型超数据包中，并将超数据包发送给控制器。边界节点必须包含每个节点的 ID(该 ID 是唯一的)及节点的传感器读数，以明确哪个有效载荷对应于哪个节点。由于来自该区域的所有传感器读数将同时到达控制器，并且超数据包内数据包的排序并不影响应用，因此边界节点可以自由选择超数据包内数据包的排序。这允许边界节点选择“抑制”一些数据包(即选择在超数据包中不包含它们)，并按照指定的被抑制数据包中包含值的方式，对超数据包中的其他数据包进行排序。

例如，考虑在区域中有 4 个 ID 为 1、2、3 和 4 的节点。4 个节点中的每一个传感器产生一个独立的读数，它是集合 $\{0,\cdots,5\}$ 中的一个值。边界节点可以选择抑制来自节点 4 的数据包，并选择来自节点 1、2 和 3 的数据包的 $3!=6$ 种可能顺序中的一种，指定由节点 4 生成的值。注意，在这种情况下，边界节点不需要对抑制节点的 ID 进行编码，因为实际上可以从超数据包中恢复信息，其中明确地将 4 个节点中 3 个节点的数据包提供给超数据包。相关的问题是，可以抑制多少个数据包？令 n 为编码器中存在的数据包数，k 为每个传感器生成的可能值的范围(例如，如果每个传感器生成 4 比特的值，则 $k=2^4$)，d 为传感器节点的 ID 的范围。给定 n、k 和 d，可以抑制的最大数据包数 l 是多少？

有一种策略是使编码器(位于边界节点)丢弃任意 l 个数据包，并适当地排列剩余的 $n-l$ 个数据包，以指定被抑制数据包中包含哪些值。一共有 $(n-l)!$ 个值可以通过排序 $n-l$ 个不同对象来索引。每个被抑制数据包含可以承载 k 个可能值之一的有效载荷，以及 d 个有效 ID 集合中的任意 ID，属于超数据包中的数据包除外。包含在被抑制数据包内的值可被认为是来自 $(d-n+l)\times k$ 元字母表的符号，并指定被抑制数据包的 $(d-n+l)^l\times k^l$ 个可能值。为了能够按照这种方式抑制 n 个数据包中的 l 个数据包，必须满足 $(n-l)!\geqslant(d-n+l)^l k^l$，或者使用近似值 $n!=\sqrt{2\pi n}\left(\frac{n}{\mathrm{e}}\right)^n$，我们有

$$(n-l)[\ln(n-i)-1]+0.5\ln[2\pi(n-l)]$$

$$-l\ln^0 k-l\ln(d-n+l)\geqslant 0$$

如果满足该不等式，则可以抑制 l 个数据包。被抑制数据包可以包含相同的值。虽然它们的有效载荷可能相同，但是每个数据包必须具有唯一的 ID。由于每个数据包必须用 d 种可能 ID 中的唯一 ID 来标识，并且 $n-l$ 个可能的 ID 被所传输的数据包占用，因此存在 l 个被抑制数据包可以承载的 ID 的可能组合数为 $\binom{d-n+l}{l}$。因此，当列举被抑制数据包中包含的可能值时，$(d-n+l)^l$ 项应由 $\binom{d-n+l}{l}$ 代替，给出 $(n-l)!\geqslant\binom{d-n+l}{l}k^l$ 作为必须满足的条件，以便可以抑制 n 个数据包中的 l 个数据包。再次，近似值可用于将不等式转换为更容易处理的项，并具有以下等效关系：

$$\ln(2\pi)+l+(l+0.5)\ln l+(n-l+0.5)\ln(n-l)+(d-n+0.5)\ln(d-n)$$
$$-l\ln k-(d-n+l+0.5)\ln(d-n+l)-n\geqslant 0$$

上述两种方案假设编码器将抑制 l 个数据包，而不考虑是哪 l 个数据包被抑制。然而，由于编码器可以自由地选择要抑制的 l 个数据包，因此可以通过从 n 个数据包中丢弃 l 个并通过增加因子 $\binom{n}{l}$ 来排序剩余的 $n-l$ 个数据包，从而对值的数量进行索引。在此基础上，组合上一个条件，给出以下关系，如果要抑制 n 个数据包中的 l 个数据包，则必须满足条件：

$$\frac{n!}{l!}\geqslant\binom{d-n+l}{l}k^l$$

如前所述，应用近似的方法和一些操作，可以将以上不等式简化为一个等价不等式：

$$(n+0.5)\ln n+(d-n+0.5)\ln(d-n)$$
$$+0.5\ln(2\pi)-d-0.5\ln(d-n+l)$$
$$+(d-n+l)[\ln(d-n+l)-1]+l\ln k\geqslant 0$$

例如，当 $n=30$ 时，使用低复杂度的方案，编码器可以抑制 $l=6$ 个数据包，传输传感器

数据所消耗的能量可节省 20%。当 $n=30$ 时，可以抑制的数据包数量的限制为 10。随着 n 增大，节省的能量也随之增加。当 $n=100$ 时，低复杂度的方案可节省 32%的能量，高复杂度的方案可以节省 44%的能量，而其限制为 53%。

5.10 传感器网络中的等效传输控制协议

在 WSN 中用于数据传输的传输层的需求可能会受到质疑，前提是从信源到信宿的数据流通常是容失的。虽然，由于相关数据流实际的量有限，可能不存在端到端可靠性的需求，但传感器字段中的事件仍然需要在信宿处以一定的精度进行跟踪。因此，不同于传统的 TCP 层，传感器网络模型在传输层需要一个事件到信宿的可靠性标识，这就是等价 TCP(ETCP)。从事件到信宿的数据流的集中识别概念已经在前文中说明了。

WSN 的 ESRT 协议是 ETCP 的一个示例，它具有以下一些特征。

1. 自配置：ESRT 是自配置的，通过自动调整工作点，在动态拓扑下实现灵活性。
2. 能源意识：如果发现信宿的可靠性水平超出了要求，源节点可以通过降低报告率来节约能源。
3. 拥塞控制：即使在由于网络拥塞而导致数据包丢失的情况下，也可以获得所需的事件的检测精度。然而在这种情况下，适当的拥塞控制机制可以帮助节约能量，同时保持接收端所需的精度。这是通过保守地降低报告率来实现的。
4. 集中识别：ESRT 不需要单独的节点 ID 进行操作。这也与 ESRT 模型相匹配，而不是使用传统的端到端模型。更重要的是，这可以简化实施成本并减少开销。
5. 偏置实现：ESRT 的算法主要以传感器节点所需的最小功能在信宿中运行。

在另一个例子中[135]，PSFQ(pump slowly，fetch quickly)机制用于 WSN 中可靠的重分析/重编程。PSFQ 基于向网络中缓慢注入数据包，但是在丢包的情况下积极地执行逐跳恢复。简单地执行 PSFQ 中的注入操作受控于泛洪协议，并且要求每个中间节点创建和维护数据缓存，用于本地数据包的丢失恢复和顺序数据传输。虽然这是 WSN 的重要的传输层解决方案，但它仅适用于严格的传感器到传感器的可靠性需求，并且适用于从信宿到传感器节点的相反方向的控制和管理。前向的事件检测/跟踪不需要像 PSFQ 那样保证端到端的数据传输。单个数据流是相关的和容失的，只要期望的事件特性可以集中及可靠地通知给信宿。因此，使用 PSFQ 进行前向传输可能会浪费宝贵的资源。除此之外，PSFQ 不会因拥塞而解决丢包问题。有关这些问题的其他方面，请参阅文献[136-140]。

参考文献

[1] Abowd, G.D. and Sterbenz, J.P.G. (2000) Final report on the interagency workshop on research issues for smart environments. *IEEE Personal Communications*, **7**, 36–40.

[2] Agre, J. and Clare, L. (2000) An integrated architecture for cooperative sensing networks. *IEEE Computer Magazine*, **33**, 106–108.

[3] Bakre, A. and Badrinath, B.R. (1995) *I-TCP: Indirect TCP for Mobile Hosts*. Proceedings of the 15th International Conference on Distributed Computing Systems, May 1995, Vancouver, BC, pp. 136–143.

[4] Bonnet, P., Gehrke, J. and Seshadri, P. (2000) Querying the physical world. *IEEE Personal Communications*, **7**, 10–15.

[5] Celler, B.G., Hesketh, T., Earnshaw, W., and Ilsar, E. (1994) *An Instrumentation System for the Remote Monitoring of Changes in Functional Health Status of the Elderly*. International Conference IEEE-EMBS, New York, pp. 908–909.

[6] Chandrakasan, A., Amirtharajah, R., Cho, S., *et al.* (1999) *Design Considerations for Distributed Micro-sensor Systems*. Proceedings of the IEEE 1999 Custom Integrated Circuits Conference, May 1999, San Diego, CA, pp. 279–286.

[7] Cho, S. and Chandrakasan, A. (2000) *Energy-Efficient Protocols for Low Duty Cycle Wireless Microsensor*. Proceedings of the 33rd Annual Hawaii International Conference on System Sciences, Maui, HI, Vol. **2**, p. 10.

[8] Coyle, G., Boydell, L. and Brown, L. (1995) Home telecare for the elderly. *Journal of Telemedicine and Telecare*, **1**, 183–184.

[9] Essa, I.A. (2000) Ubiquitous sensing for smart and aware environments. *IEEE Personal Communications*, **7**, 47–49.

[10] Estrin, D., Govindan, R., Heidemann, J., and Kumar, S. (1999) *Next Century Challenges: Scalable Coordination in Sensor Networks*. ACM MobiCom'99, Washington, USA, pp. 263–270.

[11] Favre, P., Joehl, N., Dehollain, C. and Deval, P. (1998) A 2V, 600 lA, 1 GHz BiCMOS super regenerative receiver for ISM applications. *IEEE Journal of Solid State Circuits*, **33**, 2186–2196.

[12] Govil, K., Chan, E., and Wasserman, H. (1995) *Comparing Algorithms for Dynamic Speed-Setting of a Low-power CPU*. Proceedings of ACM MobiCom'95, November 1995, Berkeley, CA, pp. 13–25.

[13] Hamilton, M.P. and Flaxman, M. (1992) Scientific data visualization and biological diversity: new tools for spatializing multimedia observations of species and ecosystems. *Landscape and Urban Planning*, **21**, 285–297.

[14] Hamilton, M.P. (2000) *Hummercams, Robots, and the Virtual Reserve*, Directors Notebook.

[15] Halweil, B. (2001) Study finds modern farming is costly. *World Watch*, **14** (1), 9–10.

[16] Hedetniemi, S. and Liestman, A. (1988) A survey of gossiping and broadcasting in communication networks. *Networks*, **18** (4), 319–349.

[17] Heinzelman, W.R., Chandrakasan, A., and Balakrishnan, H. (2000) *Energy-Efficient Communication Protocol for Wireless Microsensor Networks*. IEEE Proceedings of the Hawaii International Conference on System Sciences, January 2000, pp. 1–10.

[18] Heinzelman, W.R., Kulik, J., and Balakrishnan, H. (1999) *Adaptive Protocols for Information Dissemination in Wireless Sensor Networks*. Proceedings of the ACM MobiCom'99, Seattle, WA, pp. 174–185.

[19] Herring, C. and Kaplan, S. (2000) Component-based software systems for smart environments. *IEEE Personal Communications*, **7**, 60–61.

[20] Hoblos, G., Staroswiecki, M., and Aitouche, A. (2000) *Optimal Design of Fault Tolerant Sensor Networks*. IEEE International Conference on Control Applications, September 2000, Anchorage, AK, pp. 467–472.

[21] Imielinski, T., and Goel, S. (1999) *DataSpace: Querying and Monitoring Deeply Networked Collections in Physical Space*. ACM International Workshop on Data Engineering for Wireless and Mobile Access MobiDE 1999, Seattle, WA, pp. 44–51.

[22] Intanagonwiwat, C., Govindan, R., and Estrin, D. (2000) *Directed Diffusion: A Scalable and Robust Communication Paradigm for Sensor Networks*. Proceedings of the Sixth Annual International Conference on Mobile Computing and Networks (MobiCOM 2000), Boston, MA, pp. 56–67.

[23] Johnson, P. and Andrews, D.C. (1996) Remote continuous physiological monitoring in the home. *Journal of Telemed Telecare*, **2** (2), 107–113, 1996.

[24] Kahn, J.M., Katz, R.H., and Pister, K.S.J. (1999) *Next Century Challenges: Mobile Networking for Smart Dust*. Proceedings of the ACM MobiCom'99, Washington, USA, pp. 271–278.

[25] Keitt, T.H., Urban, D.L., and Milne, B.T., Detecting critical scales in fragmented landscapes. *Conservation Ecology* **1** (1), 4.

[26] Kravets, R., Schwan, K., and Calvert, K. (1999) *Power-Aware Communication for Mobile Computers*. Proceedings of Mo-MUC'99, November 1999, San Diego, CA, pp. 64–73.

[27] Lee, H., Han, B., Shin, Y., and Im, S. (2000) *Multipath Characteristics of Impulse Radio Channels*. IEEE Vehicular Technology Conference Proceedings, Tokyo, Vol. **3**, pp. 2487–2491.

[28] Letteri, P. and Srivastava, M.B. (1998) *Adaptive Frame Length Control for Improving Wireless Link Throughput, Range and Energy Efficiency*. Proceedings of IEEE INFOCOM'98, March 1998, San Francisco, USA, pp. 564–571.

[29] Meguerdichian, S., Koushanfar, F., Qu, G., and Potkonjak, M. (2001) *Exposure in Wireless Ad-Hoc Sensor Networks*. Proceedings of ACM MobiCom'01, Rome, Italy, pp. 139–150.

[30] Melly, T., Porret, A., Enz, C.C., and Vittoz, E.A. (1999) *A 1.2 V, 430 MHz, 4dBm Power Amplifier and a 250 lW Frontend, Using a Standard Digital CMOS Process*. IEEE International Symposium on Low Power Electronics and Design Conference, August 1999, San Diego, CA, pp. 233–237.

[31] Mireles, F.R. and Scholtz, R.A. (1997) Performance of equicorrelated ultra-wideband pulse-position-modulated signals in the indoor wireless impulse radio channel. *IEEE Conference on Communications, Computers and Signal Processing*, **2**, 640–644.

[32] Nam, Y.H., Halm, Z., Chee, Y.J., Park, K.S. (1998) Development of Remote Diagnosis System Integrating Digital Telemetry for Medicine. International Conference IEEE-EMBS, Hong Kong, pp. 1170–1173.

[33] Noury, N., Herve, T., Rialle, V., *et al.* (2000) *Porcheron, Monitoring Behavior in Home Using a Smart Fall Sensor*, IEEE-EMBS Special Topic Conference on Microtechnologies in Medicine and Biology, October 2000, pp. 607–610.

[34] Ogawa, M., Tamura, T., Togawa, T. (1998) *Fully Automated Biosignal Acquisition in Daily Routine through 1 Month*. International Conference on IEEE-EMBS, Hong Kong, pp. 1947–1950.

[35] Priyantha, N., Chakraborty, A., and Balakrishnan, H. 2000 *The Cricket Location-Support System*. Proceedings of ACM MobiCom'00, August 2000, pp. 32–43.

[36] Perrig, A., Szewczyk, R., Wen, V., *et al.* (2001) *SPINS: Security Protocols for Sensor Networks*. Proceedings of ACM MobiCom'01, Rome, Italy, pp. 189–199.

[37] Petriu, E.M., Georganas, N.D., Petriu, D.C. *et al.* (2000) Sensor-based information appliances. *IEEE Instrumentation and Measurement Magazine*, **2000**, 31–35.

[38] Porret, A., Melly, T., Enz, C.C., Vittoz, E.A. (2000) *A Low-Power Low-Voltage Transceiver Architecture Suitable for Wireless Distributed Sensors Network*. IEEE International Symposium on Circuits and Systems'00, Geneva, Vol. 1, pp. 56–59.

[39] Pottie, G.J. and Kaiser, W.J. (2000) Wireless integrated network sensors. *Communications of the ACM*, **43** (5), 551–558.

[40] Rabaey, J., Ammer, J., da Silva Jr, J.L., Patel, D. (2000) *Pico-Radio: Ad-Hoc Wireless Networking of Ubiquitous Lowenergy Sensor/Monitor nodes* Proceedings of the IEEE Computer Society Annual Workshop on VLSI (WVLSI'00), April 2000, Orlanda, FL, pp. 9–12.

[41] Rabaey, J.M., Ammer, M.J., da Silva, J.L., Jr *et al.* (2000) PicoRadio supports ad hoc ultra-low power wireless networking. *IEEE Computer Magazine*, **33**, 42–48.

[42] Rodoplu, V. and Meng, T.H. (1999) Minimum energy mobile wireless networks. *IEEE Journal of Selected Areas in Communications*, **17** (8), 1333–1344.

[43] Savvides, A., Han, C., and Srivastava, M. (2001) *Dynamic Fine-Grained Localization in Ad-Hoc Networks of Sensors*. Proceedings of ACM MobiCom'01, July 2001, Rome, Italy, pp. 166–179.

[44] Shen, C., Srisathapornphat, C. and Jaikaeo, C. (2001) Sensor information networking architecture and applications. *IEEE Personal Communications*, **8**, 52–59.

[45] Shih, E., Calhoun, B.H., Cho, S., and Chandrakasan, A. (2001) Energy Efficient Link Layer for Wireless Microsensor Networks. Proceedings IEEE Computer Society Workshop on VLSI 2001, April 2001, Orlando, FL, pp. 16–21.

[46] Shih, E., Cho, S., Ickes, N., *et al.* (2001) *Physical Layer Driven Protocol and Algorithm Design for Energy-Efficient Wireless Sensor Networks*. Proceedings of ACM MobiCom'01, July 2001, Rome, Italy, pp. 272–286.

[47] Sibbald, B., Use computerized systems to cut adverse drug events: report, *Canadian Medical Association Journal* **164** (13), 1878, 1/2p, 1c, 2001.

[48] Singh, S., Woo, M., and Raghavendra, C.S. (1998) *Power-Aware Routing in Mobile Ad Hoc Networks*. Proceedings of tACM MobiCom'98, Dallas, TX, pp. 181–190.

[49] Sohrabi, K., Gao, J., Ailawadhi, V. and Pottie, G.J. (2000) Protocols for self-organization of a wireless sensor network. *IEEE Personal Communications*, **7** (5), 16–27.

[50] Tseng, Y., Wu, S., Lin, C., and Sheu, J. (2001) *A Multi-channel MAC Protocol with Power Control for Multi-hop Mobile Ad Hoc Networks*. IEEE International Conference on Distributed Computing Systems, April 2001, Mesa, AZ, pp. 419–424.

[51] Walker, B., Steffen, W., An overview of the implications of global change of natural and managed terrestrial ecosystems, *Conservation Ecology* **1** (2).

[52] Warneke, B., Liebowitz, B. and Pister, K.S.J. (2001) Smart dust: communicating with a cubic-millimeter computer. *IEEE Computer*, **18**, 2–9.

[53] FAO (2010) Elre.

[54] AlertSystems (2010) Systems.

[55] Woo, A. and Culler, D. (2001) *A Transmission Control Scheme for Media Access in Sensor Networks*. Proceedings of ACM MobiCom'01, July 2001, Rome, Italy, pp. 221–235.

[56] Wu, S., Lin, C., Tseng, Y., and Sheu, J. (2000) *A New Multi Channel MAC Protocol with On-demand Channel Assignment for Multihop Mobile Ad Hoc Networks*. International Symposium on Parallel Architectures, Algorithms, and Networks, I-SPAN 2000, Dallas, TX, pp. 232–237.

[57] Wu, S., Tseng, Y. and Sheu, J. (2000) Intelligent medium access for mobile ad hoc networks with busy tones and power control. *IEEE Journal on Selected Areas in Communications*, **18**, 1647–1657.

[58] Xu, Y., Heidemann, J., and Estrin, D. (2001) *Geography-Informed Energy Conservation for Ad Hoc Routing*. Proceedings of ACM MobiCom'2001, July 2001, Rome, Italy.

[59] Zorzi, M. and Rao, R. (1997) Error control and energy consumption in communications for nomadic computing. *IEEE Transactions on Computers*, **46** (3), 279–289.

[60] Elson, J. and Estrin, D. (2001) *Random, Ephemeral Transaction Identifiers in Dynamic Sensor Networks*. Proceedings 21st International Conference on Distributed Computing Systems, April 2001, Mesa, AZ, pp. 459–468.

[61] Akyildiz, I.F., Su, W., Sankarasubramaniam, Y. and Cayirci, E. (2002) A survey on sensor networks. *Computer Networks*, **2002**, 393–422.

[62] Pottie, G.J. and Kaiser, W.J. (2000) Wireless integrated network sensors. *Communications of ACM*, **43** (5), 51–58.

[63] Rabaey, J., Ammer, M.J., da Silva, J.L. *et al.* (2000) PicoRadio supports ad hoc ultra-low power wireless networking. *Computer Magazine*, **2000**, 42–48.

[64] Tilak, S., Abu-Ghazaleh, N. and Heinzelman, W. (2002) A taxonomy of wireless micro-sensor network models. *ACM Mobile Computing and Communications Review (MC2R)*, **6** (2), 28–36.

[65] Mainwaring, A., Polastre, J., Szewczyk, R., *et al.* (2002) *Wireless Sensor Networks for Habitat Monitoring*. WSNA, pp. 88–97.

[66] Howard, A., Mataric, M.J. and Sukhatme, G.S. (2002) An incremental self-deployment algorithm for mobile sensor networks. *Autonomous Robots, Special Issue on Intelligent Embedded Systems*, **13** (2), 113–126.

[67] Clouqueur, T., Phipatanasuphorn, V., Ramanathan, P., and Saluja, K. (2002) *Sensor Deployment Strategy for Target Detection*. WSNA, pp. 42–48.

[68] Rabiner Heinzelman, W., Chandrakasan, A., and Balakrishnan, H. (2000) *Energy-Efficient Communication Protocol for Wireless Microsensor Networks*. Proceedings of the 33rd International Conference on System Sciences (HICSS '00), January 2000, pp. 1–10.

[69] Lindsey, S. and Raghavendra, C.S. (2002) *PEGASIS: Power Efficient GAthering in Sensor Information Systems*. 2002 IEEE Aerospace Conference, March 2002, pp. 1–6.

[70] B. Krishnamachari, S. Wicker, R. Bejar, and M. Pearlman, Critical density thresholds in distributed wireless networks, in *Communications, Information and Network Security*, eds. H. Bhargava, H.V. Poor, V. Tarokh, and S. Yoon, Kluwer, New York, pp. 1–15, 2002.

[71] Braginsky, D. and Estrin, D. (2002) *Rumor Routing Algorithm For Sensor Networks*. First Workshop on Sensor Networks and Applications (WSNA), October 2002, Atlanta, GA, pp. 1–12.

[72] Petrovic, D., Shah, R.C., Ramchandran, K., and Rabaey, J. (2003) *Data Funneling: Routing with Aggregation and Compression for Wireless Sensor Networks*. SNPA, pp. 1–7.

[73] Verdu, S. (2002) Recent advances on the capacity of wideband channels in the low-power regime. *IEEE Wireless Communications*, **3**, 40–45.

[74] Duarte-Melo, E.J. and Liu, M. (2003) Data-gathering wireless sensor networks: organization and capacity. *Computer Networks*, **43**, 519–537.

[75] Kalpakis, K., Dasgupta, K., and Namjoshi, P. (2002) *Maximum Lifetime Data Gathering and Aggregation in Wireless Sensor Networks*. In the Proceedings of the 2002 IEEE International Conference on Networking (ICN'02), August 26–29, 2002, Atlanta, Georgia, pp. 685–696.

[76] Bhardwaj, M., Garnett, T., and Chandrakasan, A.P. (2001) *Upper Bounds on the Lifetime of Sensor Networks*. Proceedings of the ICC 2001, June 2001, pp. 1–6.

[77] Kant Chintalapudi, K. and Govindan, R. (2003) *Localized Edge Detection in a Sensor Field*. Proceedings of SNPA'03, pp. 1–11.

[78] Nowak, R. and Mitra, U. (2003) *Boundary Estimation in Sensor Networks: Theory and Methods*. 2nd International Workshop on Information Processing in Sensor Networks, April 22–23, 2003, Palo Alto, CA, pp. 1–16.

[79] Li, D., Wong, K., Hu, Y.H. and Sayeed, A. (2002) Detection, classification and tracking of targets in distributed sensor networks. *IEEE Signal Processing Magazine*, **19** (2), 1–23.

[80] Wan, C.-Y., Campbell, A.T., and Krishnamurthy, L. (2002) *PSFQ: A Reliable Transport Protocol For Wireless Sensor Networks*. First ACM International Workshop on Wireless Sensor Networks and Applications (WSNA 2002), September 28, 2002, Atlanta, GA, pp. 1–11.

[81] Ye, W., Heidemann, J., and Estrin, D. (2002) *An Energy-Efficient MAC Protocol for Wireless Sensor Networks*. Proceedings of the 21st International Annual Joint Conference of the IEEE Computer and Communications Societies (INFOCOM 2002), June 2002, New York, USA, pp. 1–10.

[82] Sankarasubramaniam, Y., Akan, O.B., and Akyildiz, I.F. (2003) *ESRT: Event-to-Sink Reliable Transport in Wireless Sensor Networks*. Proceedings of ACM MobiHoc'03, June 1–3, 2003, Annapolis, MD, pp. 177–188.

[83] Stann, F. and Heidemann, J. (2003) *RMST: Reliable Data Transport in Sensor Networks*. SNPA, pp. 1–11.

[84] Zuniga, M. and Krishnamachari, B. (2003) *Optimal Transmission Radius for Flooding in Large Scale Sensor Networks*. Workshop on Mobile and Wireless Networks, MWN 2003, held in conjunction with the 23rd IEEE International Conference on Distributed Computing Systems (ICDCS), May 2003, pp. 1–29.

[85] Lu, G., Krishnamachari, B., and Raghavendra, C.S. (2004) *An Adaptive Energy Efficient and Low-Latency MAC for Data Gathering in Sensor Networks*. To appear in 4th International Workshop on Algorithms for Wireless, Mobile, Ad Hoc and Sensor Networks (WMAN 04), held in conjunction with the IEEE IPDPS Conference 18th International Parallel and Distributed Processing Symposium, April 2004, pp. 1–12.

[86] Depedri, A., Zanella, A., and Verdone, R. (2003) *An Energy Efficient Protocol for Wireless Sensor Networks*. Autonomous Intelligent Networks and Systems (AINS 2003), June 30–July 1, 2003, Menlo Park, CA, pp. 1–6.

[87] Chandrakasan, A.P., Min, R., Bhardwaj, M., *et al.* (2002) *Power Aware Wireless Microsensor Systems*. Keynote Paper ESSCIRC, September 2002, Florence, Italy, pp. 1–8.

[88] Chen, P., O'Dea, B., and Callaway, E. (2002) *Energy Efficient System Design with Optimum Transmission Range*

for Wireless Ad Hoc Networks. IEEE International Conference on Communication (ICC 2002), Vol. **2**, April 28–May 2, 2002, pp. 945–952.

[89] Banerjee, S. and Misra, A. (2005) Energy efficient reliable communication for multi-hop wireless networks. *Journal of Wireless Networks*, **2015**, 1–23.

[90] Lay, N., Cheetham, C., Mojaradi, H., and Neal, J. (2001) Developing Low-Power Transceiver Technologies for In Situ Communication Applications. IPN Progress Report 42-147, November 15, 2001, pp. 1–22.

[91] Prakash, Y. and Gupta, S.K.S. (2003) *Energy Efficient Source Coding and Modulation for Wireless Applications*. IEEE Wireless Communications and Networking Conference, WCNC 2003. Vol. **1**, March 16–20, 2003, pp. 212–217.

[92] Khan, M., Pandurangan, G., and Bhargava, B. (2003) Energy-Efficient Routing Schemes for Wireless Sensor Networks. Technical Report CSD TR 03-013, Department of Computer Science, Purdue University, pp. 1–12.

[93] Shih, E., Cho, S.-H., Ickes, N., *et al.* (2001) *Physical Layer Driven Protocol and Algorithm Design for Energy-Efficient Wireless Sensor Networks*. Proceedings of the 7th Annual International Conference on Mobile Computing and Networking, Rome, Italy, pp. 272–287.

[94] Ganesan, D., Govindan, R., Shenker, S. and Estrin, D. (2002) Highly resilient, energy efficient multipath routing in wireless sensor networks. *Mobile Computing and Communications Review (MC2R)*, **1** (2), 10–24.

[95] Krishnamachari, B. and Iyengar, S. (2004) Distributed bayesian algorithms for fault-tolerant event region detection in wireless sensor networks. *IEEE Transactions on Computers*, **53**, 241–250.

[96] Karlof, C. and Wagner, D. (2003) *Secure Routing in Sensor Networks: Attacks and Countermeasures*. SNPA, pp. 1–15.

[97] Balch, T. and Hybinette, M. (2000) *Behavior-Based Coordination of Large-Scale Robot Formations*. Proceedings of the Fourth International Conference on Multiagent Systems (ICMAS'), Boston, MA, pp. 363–364.

[98] Dedeoglu, G. and G. S. Sukhatme, Landmark-based matching algorithms for cooperative mapping by autonomous robots. In: L. E. Parker, G. W. Bekey, and J. Barhen (eds.) *Distributed Autonomous Robotics Systems*, Vol. **4**. Springer, Berlin, pp. 251–260, 2000.

[99] Elfes, A. (1987) Sonar-based real-world mapping and navigation. *IEEE Journal of Robotics and Automation*, **RA-3** (3), 249–265.

[100] Gage, D. W.: 1992, *Command Control for Many-Robot Systems*. AUVS-, the Nineteenth Annual AUVS Technical Symposium, Hunstville AL, pp. 22–24. Reprinted in Unmanned Systems Magazine, Fall 1992, 10 (4), 28–34.

[101] Gerkey, B.P., Vaughan, R.T., Støy, K., *et al.* (2001) *Most Valuable Player: A Robot Device Server for Distributed Control*. Proceedings of the IEEE/RSJ International Conference on Intelligent Robots and Systems (IROSOI), Wailea, HI, pp. 1226–1231.

[102] Howard, A., Matari´c, M. J., and Sukhatme, G.S. (2002) *Mobile Sensor Network Deployment using Potential Fields: A Distributed, Scalable Solution to the Area Coverage Problem*. Distributed Autonomous Robotic Systems 5: Proceedings of the 6th International Conference on Distributed Autonomous Robotic Systems (DARS02), Fukuoka, Japan, pp. 299–308.

[103] Lopez-Sanchez, M., Esteva, F., de Mantaras, R.L., Sierra, C. and Amat, J. (1998) Map generation by cooperative low-cost robots in structured unknown environments. *Autonomous Robots*, **5** (1), 53–61.

[104] Lozano-Perez, T. and Mason, M. (1984) Automatic synthesis of fine-motion strategies for robots. *International Journal of Robotics Research*, **3** (1), 3–24.

[105] Payton, D., Daily, M., Estkowski, R. *et al.* (2001) Pheromone robotics. *Autonomous Robots*, **11** (3), 319–324.

[106] Rekleitis, I.M., Dudek, G. and Milios, E.E. (2000) Graph-based exploration using multiple robots, in *Distributed Autonomous Robotics Systems*, vol. **4** (eds L.E. Parker, G.W. Bekey and J. Barhen), Springer, Berlin, pp. 241–250.

[107] Scheider, F.E., Wildermuth, D. and Wolf, H.-L. (2000) Motion coordination in formations of multiple mobile robots using a potential field approach, in *Distributed Autonomous Robotics Systems*, vol. **4** (eds L.E. Parker, G. W. Bekey and J. Barhen), Springer, Berlin, pp. 305–314.

[108] Thrun, S., Fox, D., Burgard, W. and Dellaert, F. (2001) Robust monte carlo localization for mobile robots. *Artificial Intelligence Journal*, **128** (1–2), 99–141.

[109] Winfield, A.F. (2000) Distributed sensing and data collection via broken ad hoc wireless connected networks of mobile robots, in *Distributed Autonomous Robotics Systems*, vol. **4** (eds L.E. Parker, G.W. Bekey and J. Barhen), Springer, Berlin, pp. 273–282.

[110] Yamauchi, B. (1997) *Frontier-Based Approach for Autonomous Exploration*. Proceedings of the IEEE International Symposium on Computational Intelligence, Robotics and Automation, pp. 146–151.

[111] Yamauchi, B., Shultz, A., and Adams, W. (1998) *Mobile Robot Exploration and Map-Building with Continuous Localization*. Proceedings of the 1998 IEEE/RSJ International Conference on Robotics and Automation, Vol. **4**., San Francisco, USA, pp. 3175–3720.

[112] Zelinksy, A. (1992) A mobile robot exploration algorithm. *IEEE Transactions on Robotics and Automation*, **8** (2), 707–717.

[113] Edmonds, J. (1973) Edge-Disjoint Branchings, in *Combinatorial Algorithms* (ed A.J. Bard), Academic Press, New York.

[114] Lovász, L. (1976) On two minimax theorems in graph theory. *Journal of Combinatorial Theory Series B*, **21**, 184–185.

[115] Dasgupta, K., Kalpakis, K., and Namjoshi, P. (2003) *An Efficient Clustering-Based Heuristic for Data Gathering and Aggregation in Sensor Networks*. IEEE Wireless Communications and Networking, WCNC 2003, Vol. **3**, March 16–20, 2003, pp. 1948–1953.

[116] Nowak, R.D. and Kolaczyk, E.D. (2002) *Multiscale Maximum Penalized Likelihood Estimators*. IEEE International Symposium on Information Theory, Lozana, p. 156.

[117] Nowak, R.D. and Kolaczyk, E.D. (2000) A statistical multiscale framework for Poisson inverse problems. *IEEE Transactions on Information Theory*, **46** (5), 1811–1825.

[118] Nowak, R., Mitra, U. and Willett, R. (2004) Estimating inhomogeneous fields using wireless sensor networks. *IEEE Journal on Selected Areas in Communications*, **22** (6), 999–1006.

[119] Willett, R.M. and Nowak, R.D. (2003) Platelets: a multiscale approach for recovering edges and surfaces in photon-limited medical imaging. *IEEE Transactions on Medical Imaging*, **22** (3), 332–350.

[120] Willett, R.M., Martin, A.M., and Nowak, R.D. (2004) *Adaptive Sampling for Wireless Sensor Networks*. International Symposium on Information Theory, ISIT, June 27–July 2, 2004, p. 519.

[121] Kolaczyk, E., Novak, R. (2010) Multiscale Analysis and Complexity Penalized Estimation.

[122] Breiman, L., Friedman, J., Olshen, R. and Stone, C.J. (1983) *Classification and Regression Trees*, Wadsworth, Belmont, CA.

[123] Chintalapudi, K. and Govindan, R. (2002) Localized Edge Detection in Sensor Fields. University of Southern California, Computer Science Department, Technical Report 2002/005.

[124] Donoho, D. (1999) Wedgelets: nearly minimax estimation of edges. *The Annals of Statistics*, **27**, 859–897.

[125] Korostelev, A.P. and Tsybakov, A.B. (1993) *Minimax Theory of Image Reconstruction*, Springer-Verlag, New York.

[126] Laurent, B. and Massart, P. (2000) Adaptive estimation of a quadratic functional by model selection. *The Annals of Statistics*, **2000** (5), 37–52.

[127] Ni, S., Tseng, Y., Chen, Y., and Chen, J. (1999) *The Broadcast Storm Problem in a Mobile Ad Hoc Network*. Annual ACM/IEEE International Conference on Mobile Computing and Networking (MOBICOM), August 1999, pp. 151–162.

[128] Gupta, P. and Kumar, P.R. (1998) Critical power for asymptotic connectivity in wireless networks, in *Stochastic Analysis, Control, Optimization and Applications* (ed W.M. McEneany), Birkhauser, Boston, pp. 547–566.

[129] Kleinrock, L. and Silvester, J.A. (1978) *Optimum Transmission Radii for Packet Radio Networks or Why Six Is a Magic Number*. Conference Record National Telecommunications Conference, December 1978, pp. 4.3.1–4.3.5.

[130] Takagi, H. and Kleinrock, L. (1984) Optimal transmission ranges for randomly distributed packet radio terminals. *IEEE Transactions on Communications*, **COM-32** (3), 246–257.

[131] Ganesan, D., Krishnamachari, B., Woo, A., et al. (2002) Complex Behavior at Scale: An Experimental Study of Low-Power Wireless Sensor Networks. UCLA Computer Science Technical Report UCLA/CSD-TR 02-0013.

[132] Berkeley University, (2009) TinyOS Homepage.

[133] Marco Zuniga, Z. and Krishnamachari, B. (2003) *Optimal Transmission Radius for Flooding in Large Scale Wireless Sensor Networks*. International Workshop on Mobile and Wireless Networks, May 2003, Providence, RH.

[134] Petrovic, D., Shah, R.C., Ramchandran, K., and Rabaey, J. (2003) *Data Funneling: Routing with Aggregation and Compression for Wireless Sensor Networks*. IEEE International Workshop on Sensor Network Protocols and Applications, May 11, 2003, pp. 156–162.

[135] Wan, C.-Y., Campbell, A.T. and Krishnamurthy, L. (2005) Pump-slowly, fetch-quickly (PSFQ): a reliable transport protocol for sensor networks. *IEEE Journal on Selected Areas in Communications*, **23** (4), 862–872.

[136] Floyd, S., Jacobson, V., Liu, C. *et al.* (1997) A reliable multicast framework for lightweight session and application layer framing. *IEEE/ACM Transactions on Networking*, **5** (2), 784–803.

[137] Stann, R. and Heidemann, J. (2003) *RMST: Reliable Data Transport in Sensor Networks*. Proceedings of the 1st IEEE International Workshop Sensor Net Protocols Applications (SNPA), May 2003, Anchorage, AK, pp. 102–112.

[138] Wan, C.-Y., Eisenman, S.B., and Campbell, A.T. (2003) *CODA: Congestion Detection and Avoidance in Sensor Networks*. Proceedings of the 1st ACM Conference Embedded Networked Sensor Systems (SenSys), November 5–7, 2003, Los Angeles, CA, pp. 266–279.

[139] Wan, C.-Y. (2005) A resilient transport system for wireless sensor networks. Ph.D. dissertation, Department of Electrical Engineering, Columbia University, New York.

[140] Balakrishnan, H., Padmanabhan, V.N., Seshan, S. and Katz, R.H. (1997) A comparison of mechanisms for improving TCP performance over wireless links. *IEEE/ACM Transactions on Networking*, **5** (6), 756–769.

第6章 安　　全

网络安全的一个必要条件是能够可靠地认证识别通信伙伴和其他网络实体。

本章首先讨论认证协议[1-19]，重点是讨论协议设计的系统方法，而不是描述实践中使用的特定协议。然后 6.2 节将会讨论安全架构，而密钥分发的原则将在 6.3 节介绍，随后讨论 ad hoc 网络和传感器网络中的一些具体解决方案。

6.1 认证

在处理网络或分布式系统中的认证时，多将认证问题与密钥分发问题相结合来进行设计。这些设计通常假设所有网络方共享具有公共可信实体[即密钥分配中心(KDC)]的密钥，从中获得成对共享密钥来执行相互认证协议。这些协议称为第三方认证协议，已得到了广泛的研究[5, 6, 10-12, 15, 16]。大多数的实际应用中[10]需要交换长消息，这对于应用层协议来说是可行的，但它们并不适合用于低层网络协议。对于低层协议而言，有限的数据包大小是重要的考虑因素。一些协议需要同步时钟或计数器[10]，这将会导致系统管理和初始化问题。

许多网络中都使用了双方认证(two-party)协议。其中一些使用公钥密码技术[1-3, 18]。在使用公钥加密系统时，每方只需要知道和验证对方的公钥，而不需要共享密钥。

在网络环境中广泛使用的认证方法包括要求用户通过展示他们知道的机密信息(密码)来证明自己的身份。这种普遍而老旧的技术存在几个缺点。

在大多数密码系统中，用户输入的密码通过网络以明文方式发送到计算机上。这意味着入侵者可以通过监听网络流量来窃取密码。

由于用户需要记住自己的密码，所以通常会选择易于记忆的密码。因此，这些密码是从小范围的词汇中选出的，很容易被潜在的入侵者猜到[4]。

在规避密码缺陷的所有认证技术中，最有希望的是使用加密手段的认证技术。这类技术通常给用户提供一些能够进行密码操作的智能卡或电子卡。认证则是基于使用该卡来计算或验证与计算机交换的加密消息。

加密认证通过使用已知的存储在智能卡内部的密码或密钥进行加密或解密，以证明用户或通信方的身份。由于存储在卡片或安全装置上的密钥或私钥有时会更改，因此要进行加密或解密的项目必须随着认证协议的每次执行而改变，否则，即使密钥不以明文的方式流过网络，入侵者仍然可以窃听，记录流过它的隐秘消息，并在稍后再播放所记录的隐秘消息，即使暂时不知道这是什么意思，随后也能解密。

为了保证得到加密(或解密)的项(称为挑战)在每次执行认证协议时是不同的，可以使用三种技术来实现。该挑战既可以从实时时钟中读取(在这种情况下称为时间戳)，也可以来自执行每个协议时递增的计数器，还可以从随机数发生器中产生(在这种情况下称为随机数)。在任意情况下，每次协议运行时都会生成新的挑战(时间戳、计数器值或随机数)。

可以通过时间戳来认证用户，A 加密其时钟的当前读数，并将结果发送给请求认证的 B。然后，B 解密收到的消息，验证时间戳与当前时间是否对应。时间戳的缺点是，要求 A 和 B

必须具有同步的实时时钟才能进行验证。然而，由于时钟永远不能完美地同步，并且消息需要一定的时间来跨越网络传播，因此 *B* 不能指望从 *A* 接收的解密时间戳永远等于实时时钟读数。*A* 的时间戳最多可以(通常应该)位于 *B* 的实时时钟的一段有限的时间窗口内。然而，一旦定义了容忍时间窗口，潜在的入侵者就可以通过在该时间窗口内重播 *A* 最近的身份验证消息之一来模拟 *A*。为了防止出现这种情况，在时间窗口中需要限制允许运行的认证协议的数量，并且在窗口中保留所有认证消息。因此，既有效率又有安全性的认证需要精确的时钟同步。实现这样的同步通常是困难的，并且为了提高安全性，需要使用不依赖于时间的其他认证方法。

对于计数挑战，*A* 和 *B* 维持同步计数器的次数，即相互认证的次数。每次 *A* 与 *B* 进行通信时，它加密其计数器并将结果发送给 *B*，*B* 将其解密并验证其是否与自己的计数器值相匹配，双方在下一次通信递增各自的计数器。这种计数挑战的缺点是，双方必须保持同步的计数器，从长远来看，存在稳定存储和计数器管理问题。计数器必须足够长，以防止攻击者等待(确定性)计数器环绕。当双方同时启动协议时，使用计数器会使解决冲突问题变得复杂化；在检测到两个计数器之间的同步丢失时，必须使用一些其他认证方法来安全地重新同步它们；计数器值中未检测到的错误可能会产生灾难性后果。

因此，时间戳和计数器虽然有用，但并不是一个完整的解决方案，特别是对于网络架构中的低层协议。解决这个问题最好的也是最简单的技术，是使用随机数。这种简单性的代价是额外的网络消息。如果使用时间戳或计数器，*A* 可以使用单个消息对 *B* 进行身份验证，使用随机数时则需要两个消息。实际上，*B* 而不是 *A* 需要确定该随机数从未使用过。因此，*B* 而不是 *A* 必须生成随机数。*B* 必须加密随机数并将其发送到 *A*，然后 *A* 进行解密，并将其以明文的方式发送回 *B* 进行验证，因此总共需要两个消息。多一个消息的代价通常是可以容忍的，特别是通常可以将额外的消息携带到常规流量上，或者其额外的成本可以通过使用序列计数器认证的后续消息来分摊。鉴于随机数的这些优点，本节的其余部分将重点介绍基于随机数的认证协议。

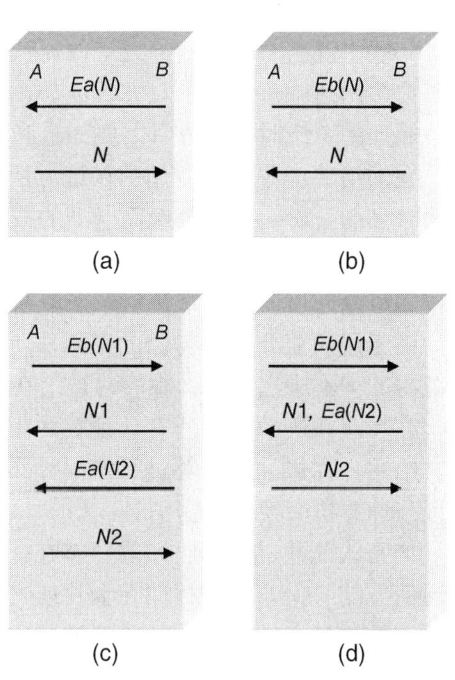

图 6.1.1 认证协议：(a) *A* 的单向认证；(b) *B* 的单向认证；(c) 双向认证；(d) 具有三个消息的双向认证

图 6.1.1 是基于随机数的单向认证协议的简单表示，其中 *N* 是由 *B* 生成的随机数，*Ea*(*N*)是在 *B* 知道与 *A* 相关联的一些关键字 *Ka* 的情况下加密的值。它可以是 *A* 和 *B* 之间共享的密钥或 *A* 的公钥。协议允许 *B* 对 *A* 进行认证。同一图中还展示了一些改进的协议。

简单的双向认证协议是通过组合最简单的两个单向协议的实例而得到的，但是会呈现出许多不良的特征。具体来说，如果双方使用相同的共享密钥，或者启动协议的一方始终使用相同的密钥，入侵者可以通过交织来自不同执行过程的消息来破坏该协议。人们仍然可以认为，如果使用四个不同的密钥，那么协议是安全的，但是这会产生额外的开销和密钥管理问题，以及现有设计的迁移问题。

6.1.1　攻击简单的加密认证

图 6.1.1(d)所示的简单双向认证协议有许多缺陷。

已知的明文攻击　协议的第一个弱点是对已知的明文攻击的开放性。在 *A* 和 *B* 之间传送的每个加密消息是在 *A* 和 *B* 之间的后续消息中以明文形式流入的比特串(随机数)的密文。这使得被动的入侵者每次运行协议时收集两个明文-密文对，这至少有助于入侵者长期积累加密表，甚至可以帮助其破解加密方案并发现加密的密钥，具体取决于所使用的加密算法。通常情况下，用于交换的加密消息的明文不能被入侵者知道或推导出。

选择密文攻击　潜在入侵者甚至可以主动地而不是被动地将已知的明文攻击转化为选择密文攻击。假设入侵者是 *A* 或 *B*，则他可以向另一方(*B* 或 *A*)发送其选择的密文消息，并等待另一方以该文本的解密值进行回复。当然，入侵者不知道正确的密钥，可能无法完成第三个协议流程。然而，入侵者可以积累关于其选择密文本身的明文-密文对的知识(或者如果挑战是被加密而不是被解密，则选择明文)。因此，可能会尝试使用特定的密文字符串，例如全 0、全 1 或任何其他可能帮助其更快地破译密钥的内容，具体取决于所使用的加密方法。一般来说，入侵者不容易欺骗合法方生成所选择的密文消息(或所选明文的加密版本)的解密版本。

oracle 会话攻击　如果 *A* 和 *B* 在前面提到的简单协议中使用相同的密钥，那么入侵者实际上可以在不打断密钥的情况下中断认证。如图 6.1.2 所示，入侵者被标记为 *X* 并伪装为 *A*，通过发送给 *B* 一些加密随机数 *E*(*N*1)开始与 *B* 的会话。*B* 用解密值 *N*1 和其自己的加密挑战 *E*(*N*2)进行回复。*X* 不能解密 *N*2，但它可以利用选定的密文攻击 *A*，让 *A* 成为一个可以提供必要解码值的 oracle。*X* 通过伪装为 *B* 并启动与 *A* 的单独 oracle 会话，发送 *E*(*N*2)作为该会话的初始消息。*A* 将回复所需的值 *N*2 和一些自己的加密随机数 *E*(*N*3)。然后 *X* 将 oracle 会话与 *A* 挂起，因为它不能也不会去解密 *N*3。但它通过将 *N*2 发送到 *B*，成功地伪装成相对于 *B* 的假 *A*。

可以通过修改协议来防止上述安全问题，如图 6.1.3 所示。这是文献[19]中描述的 ISO SC27 协议。

并行会话攻击　如图 6.1.4 所示，简单协议中常见的另一个缺陷是，假设入侵者是被动的而非主动的。入侵者拦截了从 *A* 到 *B* 的呼叫中的挑战 *N*1，并且由于入侵者不能通过回答 *E*(*N*1)来应对挑战 *N*1，因此其简单地伪装成 *B*，试图开始与 *A* 进行并行会话。当然，入侵者选择使用与原始会话相同的 *N*1 作为第一个挑战，从而使 *A* 精确地提供所需答案 *E*(*N*1)来完成第一次认证。图中所示的剩余通信完成第二次认证。

并行会话攻击说明了许多简单认证协议的另一个根本缺陷：第二个消息中使用的加密表达式与第一个相比必须是不对称的(如取决于方向)，使其由 *A* 发起的协议中运行的值不能用在由 *B* 发起的协议中。基于上述观察，第二个流中的加密消息必须是不对称的(方向依赖的)，并且与第三个流中的加密消息不同。可以认为诸如图 6.1.5 中的协议应该是安全的。然而现在的问题是，除了已知和选定的文本攻击仍然是可能出现的，简单的功能 XOR 并没有修复任何内容，因为入侵者仍然可以采取并行会话攻击。此外，入侵者仅需要适当的补偿，如图 6.1.6 所示。

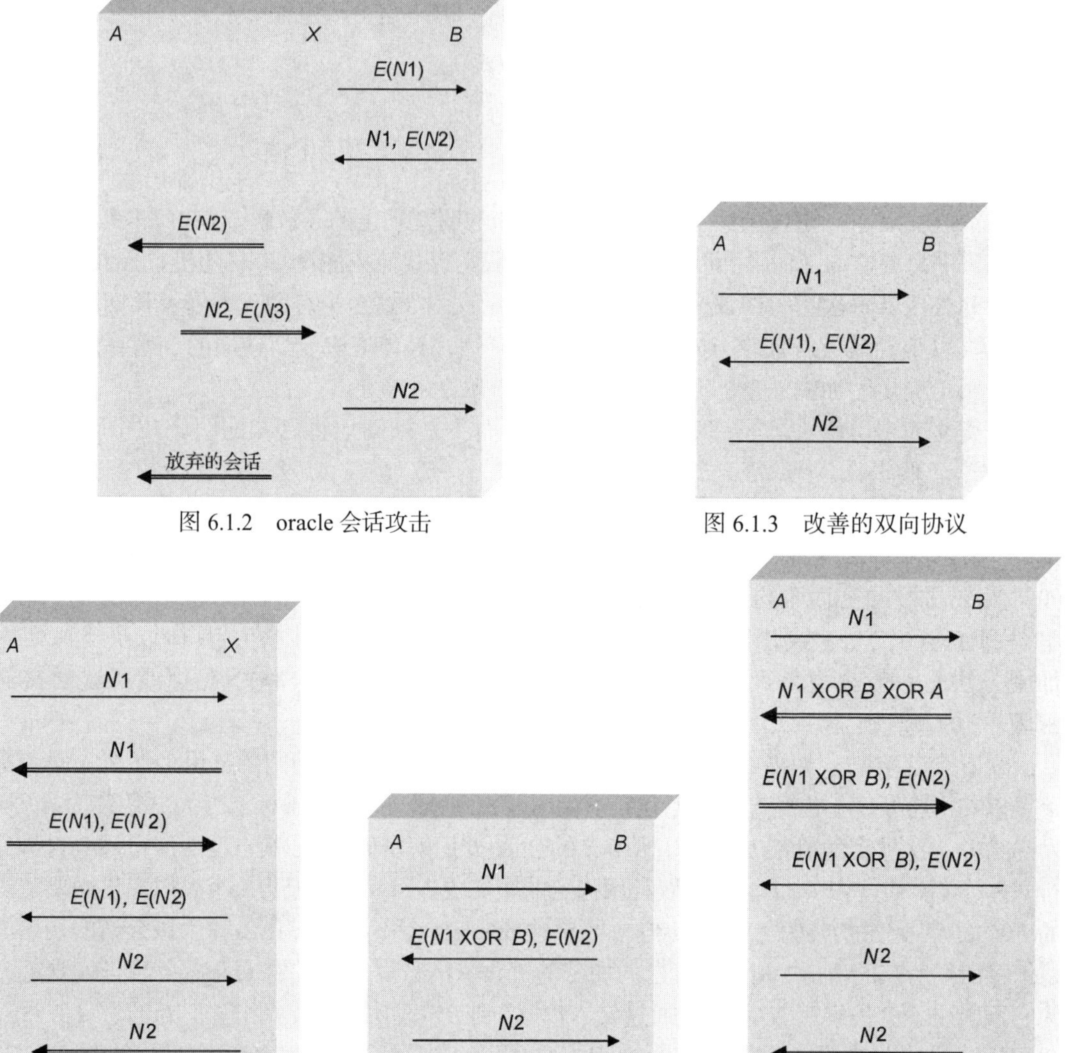

图 6.1.2　oracle 会话攻击

图 6.1.3　改善的双向协议

图 6.1.4　并行会话攻击

图 6.1.5　非对称双向认证

图 6.1.6　抵消攻击(通过并行会话)

图 6.1.1(d)中的简单会话协议在许多方面被中断。oracle 会话攻击、并行会话攻击、偏移攻击和涉及重播消息的其他类型或组合的攻击，以及其他协议运行中观察到的具有挑战性的攻击，将统称为交织(interleaving)攻击。基于上述讨论，我们可以为认证协议指定以下设计要求。

1. 基于随机数(避免同步和稳定的计数器存储)。
2. 抵抗常见的攻击。
3. 可用于任意的网络架构层(较小的信息传输量)。
4. 可用于任意的基础运算处理(较低的运算量)。
5. 使用任意加密算法，包括对称算法(如 DES[20])和非对称算法(如 RSA[7])。
6. 可导出：如果仅提供消息认证码(Message Authentication Code，MAC)功能，并且不需要对大的消息进行完全加密和解密，则获得技术许可的机会更大。
7. 可扩展：支持在多个用户之间共享密钥，并且允许在消息中携带附加字段，这被认为是协议的一部分。

6.1.2 规范认证协议

文献[13, 14]中已经制定了符合上述要求的若干协议，其中一些协议如图 6.1.7 所示。鉴于重点在于使用随机数的认证协议，这些协议的通用规范形式如图 6.1.7 所示。其中，A 将一些随机数 $N1$ 发送到 B，B 通过发送函数 $u(\ )$来认证自身，并且该函数至少包括其密钥 $K1$ 及其从 A 接收到的挑战 $N1$，它还向 A 发送挑战 $N2$。A 通过使用至少包括其密钥 $K2$ 的函数 $v(\ )$和来自 B 的挑战 $N2$ 来验证自身，最后完成协议。如前面关于攻击的部分所述，为了使该协议抵御 oracle 会话攻击，函数 $u(\ )$和 $v(\ )$必须不同。这意味着来自流(2)的加密消息永远不会用于推出流(3)的必要信息。

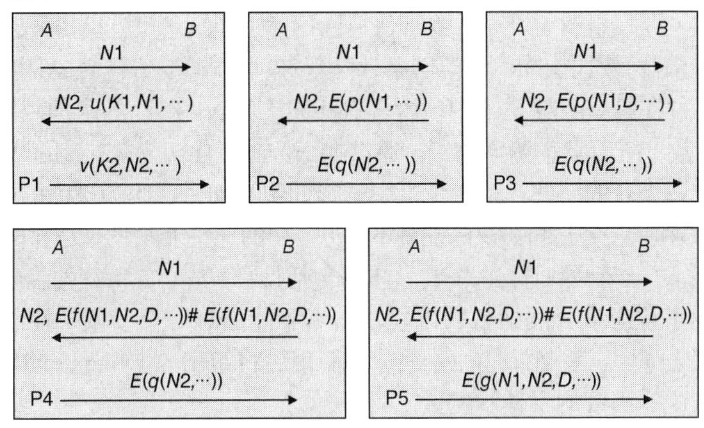

图 6.1.7　P1：使用随机数抵抗重播攻击；P2：使用对称密码；P3：抵抗并行会话攻击；P4：抵抗选定的文本和偏移攻击；P5：最少的加密次数

这些协议必须与对称加密系统或非对称加密系统一起使用。对于后者，密钥 $K1$ 和 $K2$ 分别是 B 和 A 的私钥。然而，对于对称系统，$K1$ 和 $K2$ 是共享密钥。事实上，在许多典型的情况下，它们是相同的共享密钥。在后续的章节中，我们同样采用这种假设，因为它为不可能的攻击开放了通道。然而，相比于 A 和 B 使用不同的密钥解决方案，这种方式具有效率高和易于迁移现有系统的优点。使用相同的对称密钥抵制交织攻击的任何协议对于非对称密钥也是安全的，而反之则不同。

假设对称加密具有单个共享密钥，在图 6.1.7 中将协议 P1 描绘为 P2，其中函数 $u(K1,$ 解密$)$由剩余参数的两个不同函数 $p(\ )$和 $q(\ )$在相同密钥 K 下的操作 $E(\ )$表示。如前面关于攻击的部分所述，预防并行会话攻击表明，函数 $p(\ )$必须是不对称的，即与方向有关。换句话说，$p(\ )$的参数必须根据 A 或 B 是否启动通信会话而有所不同。在图 6.1.7 中，通过在 $p(\ )$中添加参数 D 将其描述为 P3，D 代表流的方向(例如其中一方的名称或地址)。

如图 6.1.7 中的 P3 所示，完整协议 P3 需要三个消息。在任何网络环境中，这些消息不需要以数据包的形式传输。实际上，它们通常被携带到其他网络数据包上，例如所被认证的任何层的实体(例如链路、网络、传输、应用等)上的连接请求和确认。在任何层的数据包中，认证字段占用的空间应尽可能少。正如现在的说法，规范性的协议要求在第一个流上携带一个随机数，在第二个流上携带一个随机数和一个加密表达式，在第三个流上携带另一个加密表达式。方向性参数(例如参与方名称或地址)的明文是已知的或已经存在于封闭的包头中。所需的随机数大小由所需安全性的级别给出：它们越大，给定的随机数被重用的可能性就越小。加密表达式的大小取决于所使用的加密算法和加密信息的数量。

作为示例，如果使用 DES，则最小的加密表达式将是 64 比特(密钥的比特数为 56)。由于整个认证协议的安全性取决于加密表达式的不可伪造性，如果使用 64 比特的表达式，则表达式的统计安全性(ss)为 $ss = 1/p(\text{表达式}) = 2^{64}$，入侵者可以成功猜测加密表达式的概率的倒数。对于许多环境来说，虽然这样的安全性已经令人相当满意的，但是更长的加密表达式也已经使用了。三重 DEA [37]使用了 3 个密钥并 3 次执行 DEA，DEA 的有效密钥长度为 112 比特和 168 比特。高级加密标准[48]使用长度为 128 比特的块，并且其密钥长度为 128 比特、192 比特和 256 比特。如果使用 64 比特的随机数，则 $p(\ )$ 和 $q(\ )$ 可能会被限制成 64 比特的函数，而不会影响安全性。我们进一步简化这个假设。

将函数 $p(\ )$ 和 $q(\ )$ 限制到 64 比特，以此来限制消息的大小有其自身意义。许多简单的只有 $N1$ 和 D 的 64 比特函数(例如 XOR、旋转、条件排列等)可能遭受入侵者的选择明文和偏移攻击(offset attack)。通过在内部函数 $p(\ )$ 中包含具有相同参数 $N1$ 和 D 的附加内部加密函数，可以隐秘地分离这些参数，从而阻止偏移攻击。通过在函数 $p(\ )$ 中包含 $N2$，阻止潜在入侵者使用 B 作为一个 oracle 会话来获取一些在第二个流中选择的明文加密，因为该流的明文依赖于随机数 $N2$，而随机数 $N2$ 不在入侵者运行协议的控制下。$p(\ )$ 中的这些条件表示为图 6.1.7 中的 P4，其中 $p()$ 将是两个操作的 64 比特函数(标注为#)，本身包括具有 $N1$、$N2$ 和 D 的函数 $f(\ )$ 和 $g(\ )$。

消息中的不同字段应该分隔加密，以便攻击者不能通过一个字段来控制另一个字段。通过适当选择函数 $f(\ )$ 和 $g(\ )$ 来确保这种分隔。我们稍后将给出 $f(\ )$ 和 $g(\ )$ 的确切条件，以防止交织攻击，并给出这些函数的具体示例。

任何对等的认证协议至少需要两个加密表达式。图 6.1.7 中的 P5 显示了如何使用第三个加密操作来防止偏移攻击。为了保持协议的简单性，通过在 $q(\ )$ 上附加条件，我们可以使协议只需要两个加密块操作。这可以通过令函数 $g(\ )$ 和 $q(\ )$ 相同来实现，如图 6.1.7 中的 P5 所示。实际上，在这种情况下，产生或验证第二个流所需的内部加密表达式与第三个流的加密表达式相同，因此可以仅计算一次并保存，以便于最小化计算。

最后，描述用于认证的公钥加密系统的操作是具有启发性的。在这种情况下，用户生成一对密钥，并在公共域中放置一个密钥。为了发送消息，用户使用公钥加密并使用私钥解密，如图 6.1.8(a)所示，数值示例如图 6.1.8(b)所示。

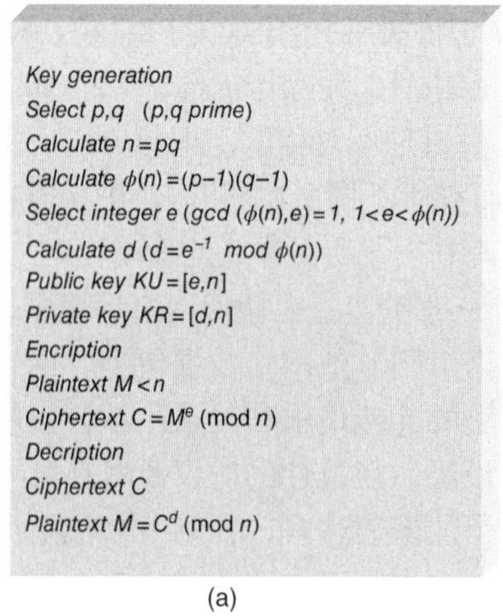

(a)

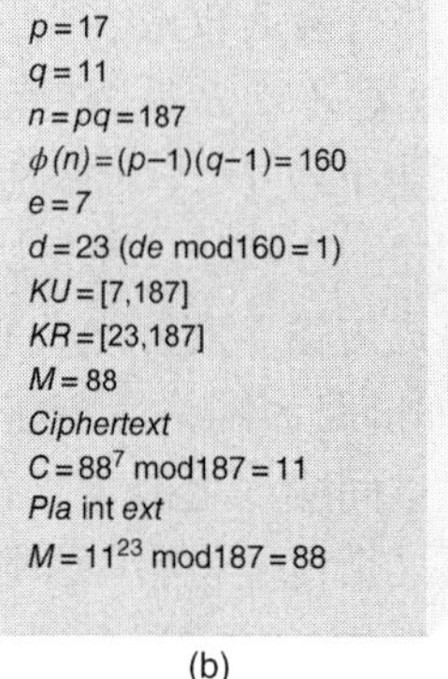

(b)

图 6.1.8　(a)公钥加密系统的操作；(b)数值示例

6.2　安全架构

密码学只提供两个基本的服务，即机密性和认证。所有通信安全服务都涉及发件人或信息收件人的身份。密码学允许通过向他们分配密钥来识别用户。密码学只能以两种方式实现操作，而这些方式可以定义基础服务[22, 23]。

机密性　只有拥有密钥的用户(或用户组)可以读取消息。

认证　只有拥有密钥的用户(或用户组)可以写入消息。

一个安全信道是两个系统用户之间的关系，它提供了一些安全服务。

在本节中，我们考虑了两种基本类型的安全信道，即机密性信道和认证信道。此外，我们定义对称信道，其中每个信道可以与机密性信道、认证信道或两者相一致。

在传统的对称加密中，一对用户共享相同的密钥。该对称信道通常在特定用户对之间提供加密和认证信道。也可以使用对称密码来单独提供认证，就像使用 MAC 一样[25]。如前所述，公钥密码系统通常具有一个公钥和相应的密钥。对于某些算法，如 RSA[30]，公钥可以用于加密，并且密钥可以用于认证。然而，对于其他算法，可能仅提供一个信道。例如，签名方案提供的是认证而不是加密，诸如 McEliece 算法[25]的方案适用于认证，而不适用于加密。

在本书的模型中，安全架构有三个组成部分：(i)用户；(ii)可信用户(包括谁信任谁的信息)；(iii)可能提供加密、认证或两者都可行的安全信道。

正式模型　这是相对简单的规范，定义了文献[31]所述的基于状态的顺序系统。规范的第一行定义了将要使用的抽象类型，即用户和密钥，表达式为(User，Key)，它们是模型中的基本值。然后再根据这些集合定义其他组件，例如安全信道和可信用户。

接下来，我们给出一些全局概念或公理的定义，这些是不会在模型中改变的内容。对于两个单独的属性，定义了五组密钥。其中一个密钥必须是 Public(公共)、Secret(秘密)、Shared(共享)这些集合中的一个；换句话说，这些集合对密钥进行分区(ℙ)。另外，密钥必须是机密密钥(在集合 Conf 中)或认证密钥(在集合 Auth 中)或两者都是。为每个密钥都定义了双重性或反向性。密钥的双重映射是一个自反的操作。机密密钥的双重映射仍然是机密密钥，并且认证密钥也是类似的。密钥和公钥在双重映射下互换，共享密钥的双重映射仍然是具有共享属性的。可信用户由映射定义为每个用户信任的用户。表示系统组件的正式符号可参见表 6.2.1 中的 Z 符号[31]，并且有[21]

```
Shared, Public, Secret, Auth, Conf : ℙ Key
dual : Key → Key
Trusted : User → ℙ User
(Shared, Public, Secret) partition Key
Auth ∪ Conf = Key
dual ○ dual = id Key
dual(|Conf|) = Conf
dual(|Auth|) = Auth
dual(|Shared|) = Shared
dual(|Public|) = Secret
dual(|Secret|) = Public
```

表 6.2.1 特殊的 Z 符号

符 号	含 义
$f:X\rightarrow Y$	X 和 Y 之间的函数
$f:X\leftrightarrow Y$	X 和 Y 之间的关系
id X	X 的身份函数
dom f	f 的域
ran f	f 的范围
$f(\vert X\vert)$	函数 f 下集合 X 的像
$f\oplus g$	除了 g 的域（其取 g 的值），取函数 f 的值的函数
$f\bigcirc g$	功能组成，其中 g 的域必须等于 f 的范围
$X\setminus Y$	X 和 Y 的集合差
$\mathbb{P}X$	X 元素集合的值的集合

第一个普通模式定义了记录每个用户知道哪些密钥及与谁相关的变量：

Keys
keys : *User* → $\mathbb{P}$ (*User* × *Key*)

与每个用户相关联的一组(User，Key)对，其中“x 映射到(y, k)”表示 x 知道密钥 k，并在与用户 y 的通信中使用它。通过在拥有密钥方面给出安全信道的正式定义，以下模式定义了模型的状态空间。

ConfidentialityChannels
Keys
ConfChannels : *User* → *User*

∀*x*, *y* : *User* • (*x*, *y*) ∈ *ConfChannels* ⇔
(∃*k* : *Conf* \ *Secret*; *z* :
User • (*y*, *k*) ∈ *keys*(*x*) ∧ (*z*, *dual*(*k*)) ∈ *keys*(*y*))

机密性信道定义用户对之间的关系。这些是有序对，因为信道可能只有一个方向。注意，该定义对于 x 和 y 不是对称的。这说明对于从 x 到 y 存在的机密性信道，必须有一个密钥，其使用是机密性的，并且是共享的或公共的，x 必须将该密钥与 y 相关联。y 必须知道密钥的双重性。在模型中，这意味着 y 必须将其与某些用户相关联，但是对于确切地了解哪些用户知道密钥，y 是不关心的。为了理解其中的合理性，需要考虑向 y 提供机密性的公钥系统。知道 y 的公钥的任何用户 z 都具有 y 的机密性信道，对于 z 来说，只有拥有双重性密钥的 y 是重要的。y 必须知道密钥，但是否知道公钥并不重要。这就说明了机密性是向信息发起者提供的服务。

AuthenticationChannels
Keys
AuthChannels : *User* → *User*

∀*x*, *y* : *User* • (*x*, *y*) ∈ *AuthChannels* ⇔
(∃*k* : *Auth* \ *Public*; *z* : *User* •
(*z*, *k*) ∈ *keys*(*x*) ∧ (*x*, *dual*(*k*)) ∈ *keys*(*y*))

认证信道还定义了用户对之间的关系。与机密性信道的定义相比，认证信道的定义具有双重性，这就说明了认证是向信息接收方提供的服务。

```
SymmetricChannels
Keys
SymmChannels : ℙ ℙ((User))

SymmChannels ⊆ {x,y : User | x ≠ y • {x,y}}
∀x,y : User • (x,y) ∈ SymmChannels ⇔
(∃k : Shared • (y, k) ∈ keys(x) ∧ (x, dual(k)) ∈ keys(y))
```

对称信道处于两个方向上，定义为两个不同用户的集合，对应于两个密钥都不公开的情况，实际上密钥和它的双重性通常是等价的。

```
State
ConfidentialityChannels
AuthenticationChannels
SymmetricChannels
```

系统状态由每个用户已知的密钥来精确定义，从而定义安全信道。

```
Transfer
ΔState
orig?, dest?, recip?, sender? : User
k? : Key

(orig?, k?) ∈ keys (sender?)
keys′ = keys⊕{recip? → keys(recip?) ∪ (orig?, k?)}}
```

这个模式说明，如果一个密钥 k 从一个用户发送到另一个用户，则接收方已知的密钥被更新，以便于将发送的密钥与发起者相关联。

在这个模型中，唯一的状态变化发生在密钥从一个用户传递到另一个用户时。这种密钥交换可能导致，也可能不会导致形成新的信道。密钥从发送方传递到接收方。相互通信的用户(发起者和目的地)与特定交换机中的发送方和接收方可能不同。发送方有可能是密钥服务器。因此，接收方将所接收的密钥与发起者相关联，发起者可能是也可能不是发送方。

```
SecureTransfer
Transfer

k? ∈ Secret ⇒ (sender?, recip?) ∈ ConfChannels
k? ∈ Public ⇒ (sender?, recip?) ∈ AuthChannels
k? ∈ Shared ⇒ (sender?, recip?) ∈ ConfChannels ∩
AuthChannels
orig? ≠ sender? ∧ k? ∈ Public ∪ Shared ⇒
  sender? ∈ Trusted(recip?)
recip? ≠ dest? ∧ k? ∈ Secret ∪ Shared ⇒
  recip? ∈ Trusted(sender?)
```

如果需要安全地进行密钥交换，则该模式必须满足以下条件。

1. 密钥只能通过机密性信道传输。
2. 公钥必须通过认证信道传输。
3. 如果要共享密钥，则该信道应提供机密性和认证，因为两个用户只需要将密钥彼此相关联。
4. 如果密钥是公共的或共享的，那么接收方必须信任发送方，除非发送方是发起者。这是因为密钥必须正确分配给发起者。

5. 如果密钥是秘密的或共享的，则发送方必须信任接收方不会泄露，除非接收方是目的地。

文献[21-31]中可以找到关于正式协议的更多细节。

6.3 密钥管理

本章讨论的信息保护机制假设密钥在安全通信之前被分发给通信各方。当把加密功能集成到系统中时，这些密钥的安全管理是最关键的因素之一，因为如果密钥管理不力，即使最精心设计的安全概念也将无效。

密钥的自动分发通常使用不同类型的消息。通常，通过从某个中心设施(例如 KDC)请求密钥或从要交换的实体中请求密钥来初始化处理过程。加密服务消息(CSM)在通信方之间交换，以传输密钥材料，或用于身份验证。CSM 可以包含密钥或其他密钥信息，如不同名称的实体、密钥 ID、计数器或随机数，必须根据其内容和安全需求来保护 CSM。通用需求包括以下内容。

1. 在传送或存储密钥和其他数据时，应提供数据机密性。
2. 修改检测可防止未经授权的修改数据项目的主动威胁。在大多数环境中，必须保护所有 CSM 不被修改。
3. 重播检测是为了防止非法复制数据项目。
4. 及时性，要求对挑战消息的响应是及时的，并且不允许伪装者回放某些真实的响应消息。
5. 实体认证，证明一个实体是已被声明的。
6. 数据来源认证(来源证明/不可否认性)即确定消息的来源是所要求的。
7. 接收的证明/不可否认性，显示消息的发送方正确地接收到其合法接收方的消息。
8. 公证就是信息的登记，以便在稍后阶段证明其内容、起源、目的地或发行时间。

密钥管理协议的正确性不仅仅需要实体和密钥管理服务器之间拥有安全通信信道，它在很大程度上取决于这些服务器可靠跟踪协议的能力。因此，每个实体不仅要根据发送和接收的协议元素，还要根据其对服务器的信任度进行推断，所以通常将其称为可信任方。

密钥管理由密钥管理服务提供，包括实体注册、密钥生成、证书、认证、密钥分发和密钥维护等方面。

实体注册是个人或设备对系统进行身份验证的过程。如果可以建立 ID(例如，识别名称或设备 ID)与所识别对象(例如，人或设备)的某些物理表示之间的链接，则提供绝对识别。可以手动或自动进行识别。绝对识别通常需要至少一个初始的手动识别(例如，通过显示护照或设备 ID)。

相互认证通常是基于证书的交换。在任何系统中，实体由一些公共数据表示，称为它的(公共)凭证(例如，ID 和地址)。除此之外，实体可以拥有一些可信方可能知道或不知道的秘密凭证(例如，证明文件)。无论实体何时注册，都将颁发基于其凭证的证书作为注册证明。这可能涉及各种流程，证明结果包括从特定文件中的受保护条目到证书颁发机构(CA)对证书的签名。

密钥生成是指具有良好加密质量的密钥或密钥对，它们的生成是安全的且不可预知的。这意味着使用涉及随机种子的随机或伪随机过程是不能被操纵的。要求密钥空间的某些元素比其他元素更难获得，而且未授权的人不可能获得关于密钥的知识。

证书是用来认证的，包含识别数据与其他信息（例如，公共钥匙）的凭证，某些认证信息（例如，由密钥认证中心提供的数字签名）是不可伪造的。认证可能是一些在线服务，其中一些 CA 提供交互式支持，并积极参与密钥的分发过程；或者它也可以是离线服务，仅在初始阶段向每个实体颁发证书。

认证/核实可以是：(i) 实体认证或鉴定，(ii) 消息内容认证，或 (iii) 消息源认证。核实是指检查正确的声明的过程，即实体的正确身份、未改变的消息内容或消息的正确来源。可以使用一些公共信息（例如，密钥认证中心的公钥）来验证证书的有效性，并且可以在没有 CA 帮助的情况下实现证书的有效性，所以只需要信任方来签发证书。

密钥分配是指将密钥安全地送达合法需求方的程序。密钥交换或分配的根本问题是建立密钥材料。这个密钥材料是在对称机制中使用的，以保证其来源、完整性和机密性。由于各种设计决策适合不同的情况，因此存在各种密钥分配协议[37,38]。密钥分配协议的基本元素如下。

加密：用 $eK(D)$ 表示，使用密钥 K 对数据 D 进行加密来保证 D 的机密性。如果密钥算法或公开密钥算法用于加密过程，则 D 将被加密，密钥 K 在该消息的发送方和合法接收方之间共享，或用合法接收方 B 的公开密钥 K_{Bp} 加密 D。使用发送方 A 的私钥 K_{As} 进行加密，可以认证数据 D 的来源或识别 A。如果 B 可以检查 D 的有效性（例如，如果 B 预先知道 D，或者如果 D 包含合适的冗余），则使用密钥加密来实现修改检测。

修改检测代码：为了检测数据 D 的修改，可以添加使用无碰撞函数计算的一些冗余，也就是找到两个不同的 D 值以产生相同的结果是不可行的。此外，这个过程必须涉及秘钥参数 K 以防止伪造。K 和 D 的适当组合还允许进行数据来源认证。合适的构建块示例是与加密过程相结合的 MAC 或哈希函数。这个构建块的通用形式是 $D \| mdcK(D)$。修改检测代码（*mdc*）使得合法接收方能够在收到数据后立即检测到修改，这些修改都是发送的数据中未授权的。如果发送方在第二步确认了他的密钥，那么还可以检查分布式密钥材料的正确性（见下文）。

重播检测代码：为了检测消息的重播和其及时性，必须使用一些显式或隐式的挑战和响应机制，因为接收方必须能够决定是否接受消息。在大多数应用中，包含由 $D \| rdc$ 表示的重播检测代码（*rdc*；例如，时间戳 *TD*、计数器 *CT* 或随机数 *R*）只有在被修改检测保护的情况下才有意义。通过对称密码机制，可以使用密钥修改方式，即密钥与 *rdc* 的某种组合（例如，XOR）来检测消息的重播。一种特殊的情况是保护用于分发加密的密钥材料的密钥补偿过程，其中将用于加密的密钥与计数值进行 XOR 操作。

密钥信息证明：可以通过显示秘密（例如，密钥）来实现认证。然而，当 K 是公钥时，证明密钥 K 的信息的构建块也是有用的。A 有几种方法可以证明 B 了解所有基于挑战和响应原理的密钥信息，以防止重播攻击。根据挑战可能是明文或密文数据，A 必须以适当的方式处理 K 和 *rdc*（例如，通过加密或计算 MAC），或者 A 必须执行解密操作。挑战可以由 B（例如，随机数 R）显式提供，或者由同步参数（例如，时间戳 *TD* 或计数器 *CT*）隐式给出。对于一些构建块，后一种情况只需要证明一次 K 的信息；其处理必须是同步的。如果 B 提供用密钥 K^* 加密的挑战，则加密的数据必须是不可预测的（例如，随机数 R 或密钥 K^{**}）。该构建块的通用形式是 $authK(A\ to\ B)$。

点对点密钥分配：这是每个密钥分配方案的基本机制。如果基于对称加密技术，则点对点密钥分配要求双方已经共享一个可以用来保护密钥分配的钥匙。如果基于非对称技术，则点对点密钥分配要求双方中的每一方都具有与其密钥关联的公钥，以及由另一方知道的 CA 生成的公钥证书。一般的假设是：(i) 发起者 A 能够生成或以其他方式获取密钥 K^*；(ii) 安全

要求是K^*的保密性，修改和重播检测，A和B的相互认证，以及K^*的分发证明。对基于对称密码技术的点对点密钥分配协议，我们还假设：(iii)A和B已经共享了密钥K_{AB}。在通用形式中，可以描述满足这些要求的点对点密钥分配协议，如表 6.3.1[32]所示。表 6.3.2 给出一个具体的点对点密钥分配协议[33]的例子(N 表示非重复数，R 是随机数)。对于基于公钥技术的点对点密钥分配协议，我们做出以下补充假设：(iv)在密钥交换过程开始之前没有A和B已知的共享密钥，(v)有可信第三方C，这里A可以接收到证书，其包括A和C的可分辨名称、A的公钥K_{Ap}及证书的到期日期TE。证书的完整性由C的签名来保证。例如，A的证书可以是$ID_C \| ID_A \| K_{Ap} \| TE \| eK_{Cs}(h(ID_C \| ID_A \| K_{Ap} \| TE))$。

证书的交换过程可以离线执行，并没有在以下协议中显示。在该协议中，A向B发送一个消息(通常称为令牌)，该消息包括用B的公钥和附加的rdc加密的密钥K^*。令牌的完整性由A的签名保护。这保证了修改检测和重播检测及数据源认证。B用加密的rdc进行响应，从而确认它已经接收到如表 6.3.1、表 6.3.2 和表 6.3.3 所示的密钥K^*。

表 6.3.1 通用的点对点密钥分配协议

A		B
(1)→	$eK_{AB}(K^*\|rdc)$	
(2)→	$authK^*(A\ to\ B)$	
	$authK^*(B\ to\ A)$	←(3)

表 6.3.2 点对点密钥分配协议(Ⅰ)

A	(ISO/IEC CD 9798-2)	B
(1)→	$eK_{AB}(K^*\|N)$	
	$eK^*(N\|R)$	←(2)
(3)→	R	

表 6.3.3 点对点密钥分配协议(Ⅱ)

A	(ISO/IEC CD 9798-2)	B
(1)→	$eK_{Bp}(K^*)\|rdc\|eK_{As}(h(eK_{Bp}(K^*)\|rdc))$	
	$eK^*(rdc)$	←(2)

密钥维护包括密钥激活、密钥存储、密钥更换、密钥转换、密钥恢复、列出密钥黑名单、密钥激活和密钥删除等过程。密钥维护的一些关键问题如下。

1. 密钥存储是指密钥存储设施提供安全存储，例如用于密钥材料的机密性和完整性，或用于公钥的完整性。密钥材料必须由物理安全机制提供保护(例如，通过将其存储在密码设备内)，或由具有物理安全性的密钥来加密。对于所有密钥材料，必须通过适当的认证机制来检测未经授权的修改。
2. 密钥存档是指用于公证或不可否认服务的密钥可以安全存档的过程。可能需要在后期检索密钥存档，以证明或否定某些声明。
3. 密钥更换可以使各方安全地更新密钥材料。当已知密钥被破坏或被怀疑时，应予以更换。如果在一个周期内可以通过彻底的攻击确定密钥,那么密钥也需要在这个周期内进行更换。更换的密钥不得重复使用。此外，更换的密钥不应是原始密钥的变体且不得进行任何非秘密的转换。

4. 密钥恢复针对那些由于人为错误、软件错误或硬件故障造成加密钥匙丢失的情况。在通信安全方面，会话启动时的简单握手可以确保两个实体使用相同的密钥。此外，可以使用消息认证技术来测试明文已经使用适当的密钥来恢复。密钥验证技术允许在使用密钥之前对其进行验证。在密钥丢失的情况下，仍然可以通过搜索部分密钥空间来恢复该密钥。如果丢失的信息的数量足够少，则这种方法可能是成功的。
5. 密钥删除是指各方确保不再需要的密钥安全销毁的程序。密钥删除意味着删除该密钥的所有记录，使得在删除之后没有剩余的信息可用于被销毁的密钥。文献[32-36]中有关于密钥管理的更多信息。

6.4　ad hoc 网络中的安全性

诸如认证协议、数字签名和加密等传统安全机制在实现 ad hoc 网络中通信的机密性、完整性、认证和不可否认性方面仍然起着重要作用。然而，仅仅靠这些机制本身是不够的。

文献[37]讨论了另外两个原则。首先，利用网络拓扑中的冗余(即节点之间的多个路由)来实现可用性。第二个原则是信任的分配。由于物理安全性和可用性较低，在 ad hoc 网络中没有单个节点是可信赖的，但节点的聚合是可信赖的。假定任何 $t+1$ 个节点都不太可能全部受到损害，那么至少 $t+1$ 节点的共识是值得信赖的。

尽管某些物理层安全对策(例如，扩频和编码)是可用的[38, 48-53]，但我们只关注如何防御对路由协议的拒绝服务攻击。

在第 2 章讨论的大多数路由协议中，路由器交换网络拓扑信息，这些信息可能成为恶意攻击者的目标，该攻击者试图使网络崩溃。

路由协议有两种威胁来源。

1. 第一种来自外部攻击者。通过注入错误的路由选择信息、重播旧的路由选择信息或扭曲路由选择信息，攻击者可以成功地划分网络，或者通过引起重传和低效率路由选择，将过多的流量负载引入网络中。
2. 第二种更严重的威胁来自受损节点。受损节点可能会向其他节点发布不正确的路由选择信息。这种不正确信息的检测是困难的。仅仅由每个节点签名的路由选择信息将不起作用，因为受损节点能够使用其私钥生成有效的签名。

在第一种情况下，节点可以利用与保护数据流量相同的方式来保护路由选择信息，也就是使用诸如数字签名等加密方案。然而，对于受损的服务器的攻击，这种防御是无效的。更糟糕的是，我们不能忽视在 ad hoc 网络中节点被破坏的可能性。由于其动态变化的拓扑结构，在 ad hoc 网络中通过路由选择信息检测受损节点也很困难。当发现一条路由选择信息无效时，该信息可能由受损节点生成，或者由于拓扑变化而变得无效。这两种情况很难区分。

另一方面，ad hoc 网络的某些属性可用来实现安全路由选择。例如，ad hoc 网络中的路由协议必须处理过时的路由选择信息，以适应动态变化的拓扑。受损节点生成的虚假路由选择信息在某种程度上可被认为是过时的信息。只要有足够多的正确节点，路由协议就能够找到围绕这些受损节点的路径。路由协议的这种能力通常依赖于固有冗余，这是由 ad hoc 网络中的节点之间多个可能不相交的路由造成的。如果路由协议可以发现多条路径(例如，第 2 章讨论的 ZRP、DSR、TORA 和 AODV 中的协议都可以实现)，则当主路径失效时，节点可以切换到替代路径。

分集编码以有效的方式利用多条路径而无须重传消息，其基本思想是通过附加路由发送冗余信息以进行错误检测和纠正。例如，如果在两个节点之间存在 n 个不相交的路由，那么可以使用 $n-r$ 个信道来发送数据，并使用其他 r 个信道传输冗余信息。即使某些路由被破坏，接收机仍然可以使用其他 r 个信道的冗余信息来验证消息，然后从错误中恢复消息。

在 ad hoc 网络中使用单个 CA 的密钥管理服务是有问题的。负责整个网络安全的 CA 是网络的一个弱点。如果 CA 不可用，则节点不能获得其他节点的当前公钥或与其他节点建立安全通信。如果 CA 被破坏并将其私钥泄露给对手，那么对手可以使用该私钥对任何错误的证书进行签名，以假冒任何节点或撤销任何证书。

提高服务可用性的标准方法是复制。但是 CA 的简单复制使服务更加脆弱。拥有服务私钥的任何一个副本的破坏可能导致整个系统崩溃。为了解决这个问题，可以信任具有集体密钥管理责任的一组节点[37]。

在这类系统中，整个服务具有公钥/私钥对。系统中的所有节点都知道该服务的公钥，并且信任使用相应私钥签名的任何证书。节点作为客户端，可以提交查询请求以获取其他客户端的公钥，或提交更新请求来更改自己的公钥。

具有 $(n,t+1)$ 配置（$n\geqslant 3t+1$）的密钥管理服务，是由位于 ad hoc 网络内的 n 个特殊节点(称为服务器)组成的。每个服务器也有自己的密钥对，并将所有节点的公钥存储在网络中。特别是每个服务器知道其他服务器的公钥。因此，服务器之间可以建立安全的连接。这是假设对手可以在一定时间内破坏 t 个服务器的情况下。

如果服务器遭到入侵，那么对手可以访问存储在服务器上的所有机密信息。受损的服务器不可用，或表现出错综复杂的行为(例如，它可能与其协议发生任意偏离的情况)。同时，我们假设对手缺乏破坏所使用的加密方案的计算能力。如果保持健壮性和机密性，则服务是正确的。健壮性假定服务始终能够处理来自客户端的查询和更新请求。假设此条目没有同时更新，每个查询总是返回与请求的客户端相关的最后更新的公钥。机密性假定服务私钥永不会向对手披露，这样对手永远无法发布由服务私钥签名且用于错误绑定的证书。

门限密码学用于完成密钥管理服务中信任的分配[39, 40]。$(n,t+1)$ 门限加密方案允许 n 方共享执行加密操作的能力(例如，创建数字签名)，使得任何 $t+1$ 方可以共同执行该操作，即使 t 方串通也是不可行的。

在这种情况下，密钥管理服务的 n 个服务器具有共享签名证书的能力。对于容忍受损的 t 个服务器的服务，采用 $(n,t+1)$ 门限加密方案，并且将服务私钥 k 分成 n 个共享信息 $(s_1,s_2,\cdots,s_n)$，并给每个服务器分配一个共享信息。在这种情况下，$(s_1,s_2,\cdots,s_n)$ 称为 k 的 $(n,t+1)$ 共享信息。服务配置如图 6.4.1 所示。

对于签署证书的服务，每个服务器使用其私钥共享信息生成证书的部分签名，并将部分签名提交给合成器。通过使用 $t+1$ 个正确的部分签名，合成器能够计算证书的签名，如图 6.4.2 所示，其中服务器使用(3, 2)门限签名方案生成签名。受损的服务器(最多有 t 个)无法自己生成正确签名的证书，因为它们最多只能生成 t 个部分签名。

如果 K/k 是服务的公钥/私钥对，则通过使用图 6.4.2 中的(3, 2)门限加密方案，每个服务器 i 获得私钥 k 的共享信息 s_i。对于消息 m，服务器 i 可以使用其共享信息 s_i 生成部分签名

$PS(m,s_i)$。正常的服务器 1 和 3 都产生部分签名，并将签名转发给合成器 c。即使服务器 2 无法提交部分签名，c 也能够生成由服务私钥 k[39, 40]签名的 m 的签名 $(m)_k$。

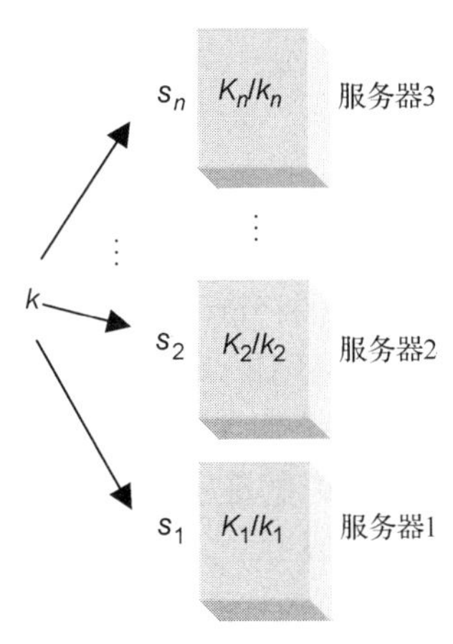

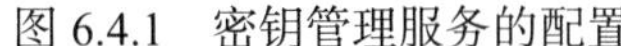

图 6.4.1　密钥管理服务的配置

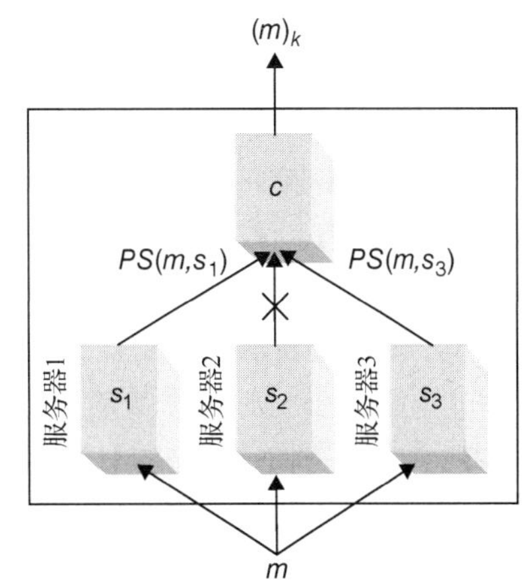

图 6.4.2　具有三个服务器的门限签名方案

受损的服务器可能会产生部分不正确的签名，并且使用该部分签名将产生无效的签名。幸运的是，合成器可以使用服务公钥来验证签名的有效性。如果验证失败，合成器尝试另一组 $t+1$ 个部分签名。直到合成器从 $t+1$ 个正确的部分签名中构建出正确的签名。文献[41, 42]提出了更有效的健壮组合方案。这些方案利用部分签名中的固有冗余(请注意，任何 $t+1$ 个正确的部分签名都包含最终签名的所有信息)，并使用纠错码掩盖部分不正确的签名。在文献[41]中，提出了健壮的门限数字签名标准(DSS)方案。从部分签名计算签名的过程本质上是内插。该文献作者使用了 Berlekamp 和 Welch 解码器，尽管部分签名的一小部分(少于四分之一)丢失或不正确，但插值仍然可以产生正确的签名。

即使检测到受损的服务器并将其从服务中排除，对手仍然可以随时随地从受损的服务器收集超过 t 个私钥的共享信息。这将允许对手根据私钥签名生成任何有效证书。

文献[43, 44]提出了主动方案作为应对动态对手的对策。主动门限加密方案使用共享信息刷新，这使得服务器可以从旧的计算机中协同地计算新的共享信息，而无须向任何服务器披露服务私钥。新的共享信息构成了服务私钥的 $(n, t+1)$ 个信息的新共享成分。刷新后，服务器将删除旧的共享信息，并使用新的共享信息来生成部分签名。由于新的共享信息独立于旧的共享信息，因此对手不能将旧的共享信息与新的共享信息结合起来，以恢复该业务的私钥。这样，在周期性刷新之间，对手要破坏 $t+1$ 个服务器是具有挑战性的。

共享信息刷新必须容忍受损的服务器丢失新生成的共享信息(称为子节点)和错误的子共享信息。受损的服务器可能不发送任何子共享信息。但是，只要正确的服务器同意使用一组子共享信息，则只能使用从 $t+1$ 个服务器生成的子共享信息来生成新的共享信息。对于服务器检测不正确的子共享信息，可以使用可验证的秘密共享方案，例如文献[45]中的秘密共享方案。可验证的秘密共享方案使用单向函数为每个(子)共享信息生成额外的公共信息。公共信息可以证明相应的(子)共享信息的正确性，而不披露(子)共享信息。

共享信息刷新的变化还允许密钥管理服务将其配置从 $(n,t+1)$ 更改为 $(n',t'+1)$。这样，密钥管理服务就可以适应网络的变化。如果检测到受损的服务器，则该服务应该排除受损的服务器并更新已经泄露的共享信息。如果服务器不再可用或添加了新服务器，则该服务应相应地更改其配置。例如，密钥管理服务可以从(7, 3)开始配置。如果在一段时间后检测到一台服务器被盗用，另一台服务器不再可用，则该服务可能将其配置更改为(5, 2)。如果稍后再添加两台新的服务器，那么该服务可以通过新的服务器再将其配置更改为(7, 3)。

6.4.1 自组织公钥管理

在本节中，我们讨论一种自组织公钥管理系统，允许用户创建、存储、分发和撤销其公钥，而无须任何受信任的权威机构或固定服务器[48]。在系统模型中，将公钥和系统的证书表示为有向图$G(V,E)$，其中V和E分别代表顶点集合和边集合。我们将该图称为证书图。证书图的顶点表示公钥，边表示证书。更确切地说，如果存在一个使用用户u的私钥签名的证书将K_w绑定到一个身份上，则从顶点K_u到顶点K_w有一条有向边。从公钥K_u到另一个公钥K_v的证书链用G中顶点K_u到顶点K_v的有向路径表示。因此，从K_u到K_v的证书链的存在意味着可以从G中的顶点K_u到达顶点K_v(用$K_{u \to G} K_v$表示)。在后续的章节中，证书图G指定仅包括整个网络的有效(未过期)证书的图。在模型中，用户u的更新和未更新的证书库分别由证书图G_u和G_{nu}表示。因此，对于任何u，G_u是G的子图，但G_{nu}不一定是G的子图，因为它也可能包含一些隐式撤销的证书。

如图 6.4.3 所示，方案的初始阶段分 4 个步骤执行：创建公钥/私钥对，签发证书，证书交换，节点创建其更新的证书库。

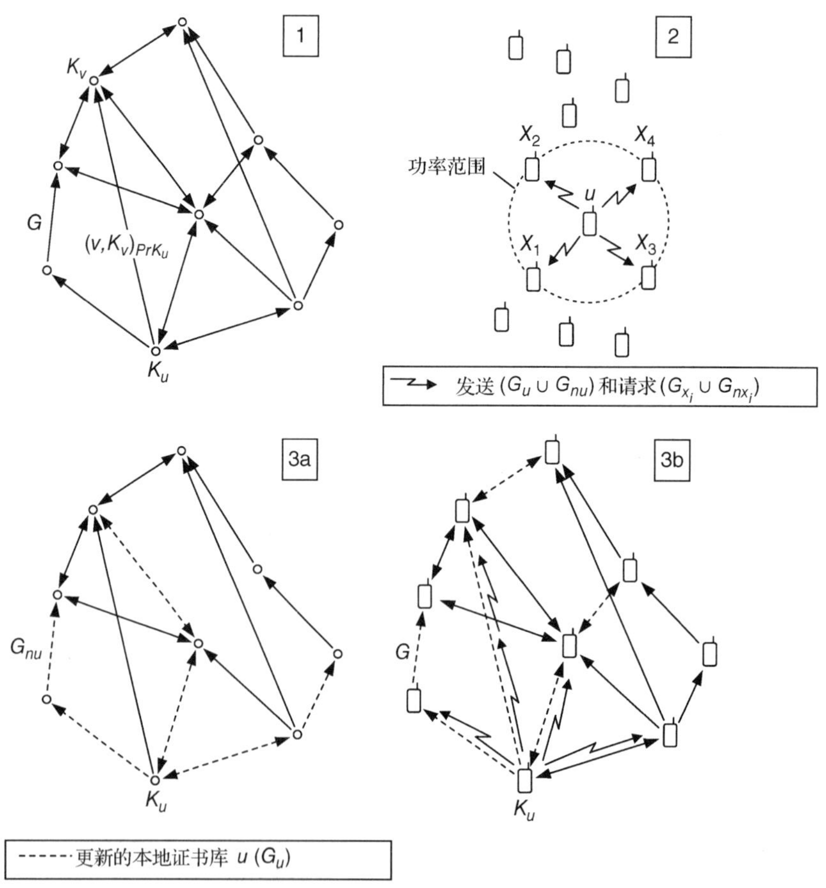

图 6.4.3 节点创建其更新的和未更新的证书库(其中$G_u^N = G_{nu}$)。查看相关文献以获得步骤 1 ~ 3 的解释

步骤 0：用户创建自己的公钥/私钥对。

步骤 1：根据对其他用户公钥的了解，发布公钥证书。当系统完全运行时(例如，当更新的和未更新的证书库构建好时)，因为用户获得了更多有关其他用户公钥的信息，所以公钥证书的发布也将继续进行。在此过程中，创建证书图 G。创建可用(例如充分连接)的证书图的速度在很大程度上取决于用户颁发证书的动机。

步骤 2：节点执行证书交换。在此步骤中，节点收集证书，从而创建其未更新的证书库。随着新证书的创建，即使系统完全运行，证书交换也将继续。这意味着节点上未更新的证书库将不断升级新的证书。节点的移动性决定了节点本身对证书进行累积的速度。

步骤 3：该节点创建其更新的证书库。节点可以通过与其证书图邻居进行通信(步骤 3a)或通过在未更新的证书库上应用证书库构造算法来执行该操作(步骤 3b)。当节点创建其更新的证书库时，它已准备好进行认证。

执行认证的方式是当用户 u 想验证另一个用户 v 的公钥 K_v 的真实性时，u 尝试在 $G_u \cup G_v$ 中找出 K_u 到 K_v 的有向路径。此路径上的证书随后由 u 用于验证 K_v。具有用户更新的本地证书库的证书图示例如图 6.4.4 所示。如果在 $G_u \cup G_v$ 中没有 K_u 到 K_v 的路径，那么 u 试图在 $G_u \cup G_{nv}$ 中找到 K_u 到 K_v 的路径。如果找到这样的路径，那么 u 将更新过期的证书，检查其正确性，并进行认证。如果在 $G_u \cup G_{nv}$ 中没有 K_u 到 K_v 的路径，则 u 不能认证 K_v。文献[54]中给出了每个操作的详细说明。

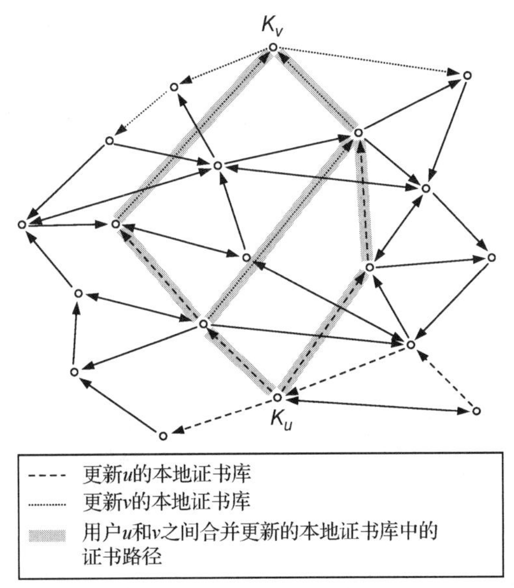

图 6.4.4　用户 u 和 v 之间合并更新的本地证书库中的证书图和证书路径

6.5　传感器网络中的安全性

由于其内在的简单性，传感器网络路由协议有时甚至更容易受到针对一般 ad hoc 路由协议的攻击。对传感器网络的大多数网络层攻击属于以下类别：欺骗、改变或重播的路由信息、选择性转发攻击、sinkhole 攻击、sybil 攻击、虫洞攻击、HELLO 泛洪攻击或确认欺骗。

欺骗、改变或重播路由信息，可能被对手用来创建路由回路、吸引或排斥网络流量、扩展或缩短源路由、生成虚假错误消息、分割网络、增加端到端的时延等。

选择性转发攻击是指恶意节点拒绝转发某些消息并简单删除它们的情况，从而阻止这些信息进一步传播。当攻击者就在数据流的路径上时，选择性转发攻击通常是最有效的。接下来，我们讨论的 sinkhole 攻击和 sybil 攻击可以让攻击者有效地将攻击置于目标数据流的路径上。

sinkhole 攻击通常使受扰节点看起来对周围节点特别有吸引力，使得周围节点建立关于该节点的路由算法。例如，攻击者可以欺骗或重播广播，以高质量路由的方式到达基站。

进行 sinkhole 攻击的一个动机是使得选择性转发攻击变得微不足道。通过确保目标区域中的所有流量通过受损节点流动，攻击者可以选择性地抑制或修改来自该区域中的任何节点的数据包。

sybil 攻击是指单个节点向网络中的其他节点呈现多个身份的情况。sybil 攻击对地理路由协议构成重大威胁。位置感知路由通常需要节点与其邻居交换坐标信息，以有效地路由地理上已寻址的数据包。合理的预期是一个节点只接受来自每个邻居的一组坐标，但是使用 sybil 攻击，攻击者可以使其“同时位于多个的位置”。

虫洞攻击是指攻击者在网络的某一部分通过低时延链路接收消息，并在不同的部分重播它们的情况。虫洞攻击最常见的是使用两个距离较远的恶意节点，它们通过沿着只有攻击者可用的不受限制的信道来转发数据包，以缩短彼此的距离。靠近基站的攻击者可能通过创建良好的虫洞来干扰路由。攻击者可以说服一些节点，这些节点一般是多跳的，他们通过虫洞只需一跳或两跳就可以完成通信。这样就可以创造一个 sinkhole：由于虫洞另一侧的攻击者可以人为地向基站提供高质量的路由，如果备用路由的吸引力显著降低，则吸引周边区域潜在的所有路由通过该虫洞。当虫洞的端点距离基站相对较远时，很可能就会出现这种情况。图 6.5.1 显示了一个用于创建 sinkhole 的虫洞示例。也可以简单地使用虫洞来中继两个距离较远的节点之间的数据包，从而说服这两个节点，它们是相邻的。虫洞攻击可以与选择性转发攻击或窃听结合使用。当虫洞攻击与 sybil 攻击结合使用时，其检测比较困难。

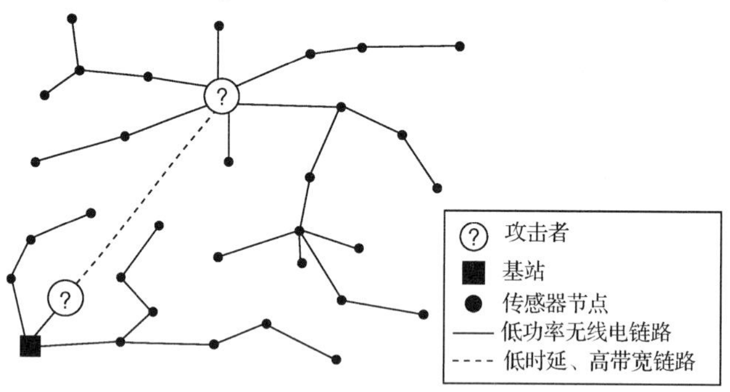

图 6.5.1 在 TinyOS 中使用虫洞攻击产生 sinkhole 的笔记本电脑攻击者

HELLO 泛洪攻击可被认为是一个单向广播虫洞。许多协议需要节点来广播 HELLO 数据包以向其邻居通告，并且接收这种数据包的节点可以认为它在发送方的(正常的)无线电范围内。这种假设可能是错误的：一个笔记本电脑攻击者广播具有足够大传输功率的路由或其他信息，就可以说服网络中的每个节点把他当作邻居。

为了使用 HELLO 泛洪攻击，攻击者并不一定需要构建合法的业务流量。攻击者可以简单地重新广播具有足够功率的开销数据包，并由网络中的每个节点接收。

确认欺骗指的是对手可以欺骗链路层承认“窃听”到相邻节点的数据包。其目的包括说服发送方认为某个弱的链路是强的，或某个不存在/无效的节点是可用的。例如，路由协议可以使用链路可靠性来选择路径中的下一跳。人为地加强弱的或不存在的链路，这是操纵这种方案的一种微妙方式。由于在弱的链路或不存在的链路上发送的数据包丢失，攻击者可以通过鼓励目标节点在这些链路上传输数据包而有效地使用确认欺骗的选择性来转发攻击。

文献[55,56]中讨论了应对 ad hoc 传感器网络的路由协议攻击的可能对策。

参考文献

[1] OSI (1988) *OSI Directory—Part 8: Authentication Framework*, ISO 9594-8, Geneva.

[2] Jueneman, J.J., Matyas, S.M. and Meyer, C.H. (1985) Message authentication. *IEEE Communications Magazine*, **1985**, 29–40.

[3] Meyer, C.H. and Matyas, S.M. (1982) *Cryptography: A New Dimension in Computer Data Security*, John Wiley & Sons, Inc., New York.

[4] Morris, R. and Thompson, K. (1979) Password security: a case history. *CACM*, **22** (11), 594–597.

[5] Needham, R.M. and Schroeder, M.D. (1978) Using encryption for authentication in large networks of computers. *CACM*, **21** (12), 993–998.

[6] Otway, D. and Rees, O. (1987) Efficient and timely mutual authentication. *ACM OSR*, **21** (1), 8–10.

[7] Rivest, R. L., Shamir, A., and Adlcman L. A method for obtaining digital signatures and public-key crypto-systems, *CACM*, vol. **21**, 2, pp. 120–126, 1978; (1983) CACM, 26 (1), 96–99.

[8] Rivest, R. (1992) *The MD4 Message Digest Algorithm*, Internet RFC, vol. **1320**.

[9] Rivest, R. (1992) *The MD5 Message Digest Algorithm*, Internet RFS, vol. **1321**.

[10] ISO (1988) *Banking – Key Management (Wholesale)*, ISO 8732, Geneva.

[11] Bauer, R.K., Berson, T.A. and Freiertag, R.J. (1983) A key distribution protocol using event markers. *ACM TOCS*, **1** (3), 249–255.

[12] Bellovin, S.M. and Merritt, M. (1990) Limitations of the Kerberos authentication system. *ACM CCR*, **20** (5), 119–132.

[13] Bird, R., Gopal, I., Herzberg, A. *et al.* (1993) Systematic design of a family of attack-resistant authentication protocols. *IEEE JSAC*, **11** (5), 679–692.

[14] Bird, R., Gopal, I., Herzberg, A., Janson, P., and Kutten, S. (1991) *Systematic Design of Two-party Authentication Protocols*. Proceedings of the Crypto 91, August 1991, Santa Barbara, CA, pp. 44–61, Available as *Advances in* Cryptology, lecture Notes in Computer Science 576, J. Feigenbaum, Ed. New York: Springer-Verlag, 1991.

[15] Burrows, M., Abadi, M., and Needham, R. M. (1998) *A Logic of Authentication*. Proceedings of the 12th ACM SOSP, ACM OSR, vol. 23, no. 5, December 1998, pp. 1–13.

[16] Denning, D.E. and Sacco, G.M. (1981) Timestamps in key distribution systems. *CACM*, **24** (8), 533–536.

[17] Gong, L. (1989) Using one-way functions for authentication. *ACM CCR*, **19** (5), 8–11.

[18] l'Anson, C. and Mitchell, C. (1990) Security defects in CCITT recommendation X.509—the directory authentication framework. *ACM CR*, **20** (2), 30–34.

[19] ISO (2009) *Entity Authentication Using Symmetric Techniques*, ISO-IEC JTC1.27.02.2(20.03.1.2), ISO, London.

[20] NIST (1977) Data Encryption Standard, FIPS 46, NBS.

[21] Boyd, C. (1993) Security architectures using formal methods. *IEEE Journal on Selected Areas in Communications*, **11** (5), 694–701.

[22] Boyd, C.A. (1990) Hidden assumptions in cryptographic protocols. *Proceedings of the IEE, Part E*, **137**, 433–436.

[23] Burrows, M., Abadi, M. and Needham, R. (1990) A logic of authentication. *ACM Transactions on Computer Systems*, **8** (1), 18–36.

[24] CCITT (1989) *The Directory, Part 8: Authentication Framework, Recommendation X.509*, CCITT, Geneva.

[25] Davies, D.W. and Price, W.L. (1989) *Security in Computer Networks*, John Wiley & Sons, Inc., New York.

[26] Gong, L., Needham, R., and Yahalom, R. (1990) *Reasoning about Belief in Cryptographic Protocols*. Proceedings of the 1990 IEEE Computer Society Symposium Security Privacy, IEEE Computer Society Press, pp. 234–248.

[27] ISO (1988) *Information Processing Systems—Open Systems Interconnection Reference Model, Security Architecture*, ISO 7798-2, Geneva.

[28] Kailar, R. and Gligor, V.D. (1991) *On Belief Evolution in Authentication Protocols*. Proceedings of the. Computer Security Foundations Workshop IV. IEEE Press, New York, pp. 103–116.

[29] Meadows, C. (1991) *A System for the Specification and Analysis of Key Management Protocols*. Proceedings of the 1991 IEEE Computer Society Symposium Security Privacy. IEEE Computer Society Press, New York, pp. 182–195.

[30] Rivest, R., Shamir, A. and Adelman, L. (1978) A method for obtaining digital signatures and public key cryptosystems. *Communications of the ACM*, **21** (2), 120–126.

[31] Spivey, J.M. (1989) *The Z Notation*, Prentice-Hall, Englewood Cliffs, NJ.

[32] Fumy, W. and Landrock, P. (1993) Principles of key management. *IEEE Journals on Selected Areas in Communications*, **11** (5), 785–793.

[33] Balenson, D.M. (1985) Automated distribution of cryptographic keys using the financial institution key management standard. *IEEE Communications Magazine*, 41–46.

[34] Diffie, W. and Hellman, M.E. (1976) New directions in cryptography. *IEEE Transactions on Information Theory*, **22**. 644–654.

[35] Matyas, S.M. (1991) Key handling with control vectors. *IBM Systems Journal*, **30** (2), 151–174.

[36] Okamoto, E. (1986) Proposal for identity-based key distribution systems. *Electronics Letters*, **22**, 1283–1284.

[37] Zhou, L., and Haas, Z. Securing ad hoc networks, *IEEE Network*, **35**, 24–30, 1999.

[38] Ayanoglu, E., Chih-Lin, I., Gitlin, R.D. and Mazo, J.E. (1993) Diversity coding for transparent self-healing and fault-tolerant communication networks. *IEEE Transactions on Communications*, **41** (11), 1677–1686.

[39] Desmedt, Y. and Frankel, Y. (1989) *Threshold Cryptosystems*. Advances in Cryptology— Crypto'89, the 9th Annual International Cryptology Conference (ed. G. Brassard), August 20–24, 1989, Santa Barbara, CA, Proceedings, volume 435 of Lecture Notes in Computer Science, Springer, pp. 307–315.

[40] Desmedt, Y. (1994) Threshold cryptography. *European Transactions on Telecommunications*, **5** (4), 449–457.

[41] Gennaro, R., Jarecki, S., Krawczyk, H., and Rabin, T. (1996) *Robust Threshold DSS Signatures*. Advances in Cryptology—Eurocrypt'96, International Conference on the Theory and Application of Cryptographic Techniques (ed. U.M. Maurer), Saragossa, Spain, May 12–16, 1996, Proceedings, volume 1233 of Lecture Notes in Computer Science, Springer, pp. 354–371.

[42] Gennaro, R., Jarecki, S., Krawczyk, H., and Rabin, T. (1996) *Robust and Efficient Sharing of RSA Functions*. Advances in Cryptology—Crypto'96, the 16th Annual International Cryptology Conference (ed. N. Koblitz), August 18–22, 1996, Santa Barbara, CA, Proceedings, volume 1109 of Lecture Notes in Computer Science, Springer, pp. 157–172.

[43] Herzberg, A., Jarecki, S., Krawczyk, H., and Yung, M. (1995) *Proactive Secret Sharing or: How to Cope with Perpetual Leakage*. Advances in Cryptology—Crypto'95, the 15th Annual International Cryptology Conference (ed. D. Coppersmith), Santa Barbara, CA, August 27–31, 1995, Proceedings, volume 963 of Lecture Notes in Computer Science, Springer, pp. 457–469.

[44] Frankel, Y., Gemmell, P., MacKenzie, P., and Yung, M. (1997) *Proactive RSA*. Advances in Cryptology—Crypto'97, the 17th Annual International Cryptology Conference (ed. B.S. Kaliski Jr.), Santa Barbara, CA, August 17–21, 1997, Proceedings, volume 1294 of Lecture Notes in Computer Science, Springer, pp. 440–454.

[45] Pedersen, T. *Non-interactive and Information-Theoretic Secure Verifiable Secret Sharing*. Advances in Cryptology—Crypto'91, the 11th Annual International Cryptology Conference (ed. J. Feigen-baum), August 11–15, 1991, Santa Barbara, CA, Proceedings, volume 576 of Lecture Notes in Computer Science, Springer, pp. 129–140.

[46] Kumar, B. (1993) Integration of security in network routing protocols. *SIGSAC Reviews*, **11** (2), 18–25.

[47] Malkhi, D. and Reiter, M. (1998) Byzantine quorum systems. *Distributed Computing*, **11** (4), 203–213.

[48] Sirois, K.E. and Kent, S.T. (1997) *Securing the Nimrod Routing Architecture*. Proceedings of Symposium on Network and Distributed System Security, February 1997, Los Alamitos, CA. The Internet Society, IEEE Computer Society Press, pp. 74–84.

[49] Smith, B.R., Murphy, S., and Garcia-Luna-aceves, J.J. (1997) *Securing Distance-Vector Routing Protocols*. Proceedings of Symposium on Network and Distributed System Security, February 1997, Los Alamitos, CA. The Internet Society, IEEE Computer Society Press, pp. 85–92.

[50] Hauser, R., Przygienda, T. and Tsudik, G. (1999) Lowering security overhead in link state routing. *Computer Networks*, **31** (8), 885–894.

[51] Reiter, M.K. (1996) Distributing trust with the Rampart toolkit. *Communications of the ACM*, **39** (4), 71–74.

[52] Reiter, M.K., Franklin, M.K., Lacy, J.B. and Wright, R.N. (1996) The Ω key management service. *Journal of Computer Security*, **4** (4), 267–297.

[53] Gong, L. (1993) Increasing availability and security of an authentication service. *IEEE Journal on Selected Areas in Communications*, **11** (5), 657–662.

[54] Capkun, S., Buttya´n, L. and Hubaux, J.-P. (2003) Self-organized public-key management for mobile ad hoc networks. *IEEE Transactions on Mobile Computing*, **2** (1), 52–64.

[55] Karlof, C. and Wagner, D. (2003) Secure routing in wireless sensor networks: attacks and countermeasures. *Proceedings of the First IEEE. International Workshop on Sensor Network Protocols and Applications*, **2003** (11), 113–127.

[56] Kulik, J., Heinzelman, W. and Balabishnan, H. (2002) Negotiation-based protocols for disseminating information in wireless sensor networks. *Wireless Networks*, **8** (2–3), 169–185.

第 7 章　网络经济学

正如在通用网络模型中已经指出的那样，利用运营商之间的协作及借助终端对其他用户流量进行中继，可显著提高网络的整体性能。为了实现上述概念，需要强有力的经济激励，以鼓励运营商和终端在实际中接受这些概念。本章将讨论网络中不同主体之间可能存在的经济关系，并提供用于分析这些关系的工具。由于网络的经济效益和通信技术是以复杂的方式相互作用、相互影响的，因此需要联合研究网络的经济效益和通信技术。

7.1　网络经济学基础

传统的通信网络性能评估侧重于技术层面，其中通信协议定义了精确的操作规则。传统的研究假设了模型、网络利用率和网络特性，并评估了这些假设对性能的影响。网络的性能会影响用户如何使用网络。此外，网络提供商的投资也会影响性能，从而影响网络利用率。在通用网络模型中，我们将以下关系称为网络中的经济部分：(i) 用户和网络提供商之间的关系；(ii) 不同网络提供商之间的关系；(iii) 相同或不同的网络提供商的不同终端之间的关系。本章将联合讨论网络的经济和技术部分。

在实施通用网络模型前，需要回答一些超越技术的问题。这些问题包括：为什么终端用户的服务质量(QoS)机制在因特网上没有实现？用户是否应该为不同应用选择不同服务等级？为什么因特网安全性这么差？是否应该允许因特网服务提供商(ISP)向内容提供商(CP)收取流量费用？手机是否要开放与多个运营商的合作？城市应该部署免费的 WiFi 网络吗？WiMAX 网络的不同服务应如何定价？

对于这些问题的回答当然取决于网络的技术特征。不同协议允许或阻止用户的选择并影响运营商的收益，从而影响其投资。制定网络协议的工程师通常侧重于其性能特征，但在很大程度上并未考虑其设计带来的市场效益。

为了说明这些研究的一些关键问题，本节介绍了一些用户、运营商激励和网络性能的联合模型。

本节将涉及诸如多址协议退避算法(见 2.1 节)或 TCP 窗口调整规则(见 2.3 节)等用户策略行为，这些行为的博弈论表述将在下一节考虑。本节探讨不变动通信设备基本硬件和软件的更典型的用户和运营商的行为。这些问题涉及投资、定价和使用模式。通信网络的用户根据服务的效用来决定是否使用服务。对于特定用户，服务的效用取决于用户对服务和价格的重视程度。服务包括对内容、应用程序和通信服务的获取。用户还可以通过相关的网站(可能是社交网络，也可能是对等网络)获取内容。服务的价值取决于内容的丰富性、传输服务的质量(带宽和时延)和可以与用户通信的第三方。网络提供商选择相关的投资、价格和提供的服务来最大化利润或实现其他收获利润的目标。

7.1.1　外部效应

在网络中，用户、内容提供商(CP)和传输提供商的行为影响其他用户与提供商。当价格不反映这种影响时，某些行为对其他行为的影响在经济学上称为外部效应。外部效应存在于大多数系统中，它们在经济主体面临的实际结果中起到了至关重要的作用。

例如，通过添加一个可以通过网络联系的人或者通过在对等网络、网站或社交网络上添加内容，网络上现存用户对其他用户具有正外部效应，因为在通用网络模型中，用户的加入增加了中继终端的可用性。另一方面，额外用户对网络的使用则具有负外部效应，因为它可能增加网络中的拥塞，并且会通过减慢其他服务速度而降低其他服务的价值。用户的安全投资对其他用户具有正外部效应，因为它们降低了拒绝服务攻击、机密信息泄露或其他用户的计算机感染病毒的可能性。用户对网络的使用增加了传输提供商和内容提供商的收入，这也是一种正外部效应。

同样，如果内容提供商投资更多，则会增加用户对网络的兴趣，并增加他们从网络中获得的效用，这是一种正外部效应。另外，提供商增加对内容的投资可能会间接地增加其他内容提供商的收益，因为这会增加网络的普遍吸引力，进而增加网络的使用率。然而，如果一个内容提供商更具吸引力，那么这可能会降低竞争对手的流量，这是典型竞争的负外部效应。改进内容提供商服务器可增加流量和对传输提供商服务的需求，这是一种正外部效应。

传输提供商增加投资可以改善对内容和其他用户的访问，从而提升用户的体验，这是正外部效应。此外，这种投资增加可能会在内容提供商服务器上产生更多的流量。最后，如果传输提供商改进其网络，这可能会增加其他传输提供商的网络上的流量，但可能会降低某些竞争对手的流量。

传统观点认为，提供商是自私的，因为他们选择的行动要最大化自己的效用，而不考虑其他提供商的效用。由于存在外部效应，通常情况下，提供商的自私行为并不会达到最大的社会效用，这种社会效用被定义为所有提供商的总体效用减去提供服务的成本。

7.1.2 服务定价

一些网络，如 WiMAX，通过保证比特率最大化而使运营商能够提供多种服务。问题是，运营商对有保证的服务要比尽力而为的服务多收取多少费用？在本节中，我们将讨论服务定价对用户满意度和运营商收入的影响。

文献[1]全面讨论了网络服务的定价。文献[2]也很好地介绍了关于传输提供商的定价和竞争的研究结果。

几种效应的相互作用使得网络定价不同于其他商品和服务的定价，并且更复杂：

1. 用户可能对服务有不同的评价，作为回应，提供商可能希望提供多种服务来满足用户需求的多样性。
2. 拥塞会改变服务质量(QoS)。
3. 不同的估价使得拥塞的外部效应不对称。
4. 服务提供商进行竞争来吸引用户。

接下来，我们研究其中的一些相互作用。一般来说，我们认为对自己的消费给其他用户效用所造成的负面影响不敏感的用户，往往会过多地消耗资源。我们使用一个简单的数学模型来说明这种效应，称为公地悲剧(tragedy of the commons)。

以一个简单的模型来演绎公地悲剧，假设 N 个相同的用户共享一个网络，并用 $x_n \geqslant 0$ 表示用户 $n(n=1,\cdots,N)$ 的活动级别。假设用户 n 使用网络获得的效用为 $U(x_n)$，但由于网络拥塞也会获得负效用$\sum_{n=1}^{N}x_n$。这个简单的模型足以达到说明的目的。也就是说，对于$n\in\{1,\cdots,N\}$，用户n具有的净效用如下：

$$U(x_n)-\sum_{n}x_n$$

我们假设$U(\cdot)$是一个严格递增的凹函数。

设用户n选择活动级别x_n来最大化净效用。在这种情况下，选择$x_n=x'$，其中x'为$U'(x)=1$时$[U(x)-x]'=0$的解，如图 7.1.1 所示。

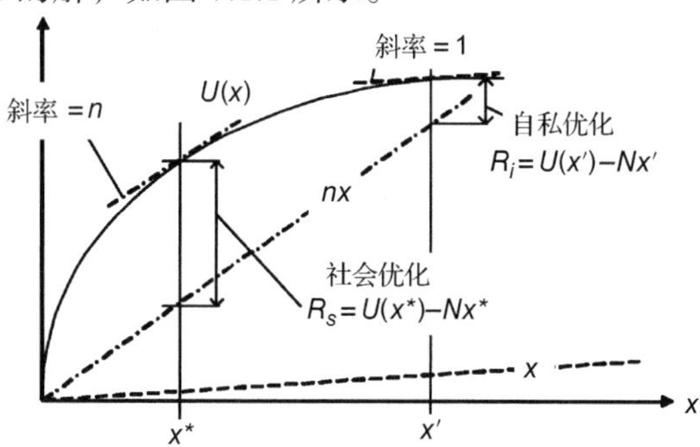

图 7.1.1　自私用户选择x'，社会最优选择是x^*

每个用户的净效用是$R_i=U(x')-Nx'$。由于所有的用户都是对称的，因此人们期望社会最优活动级别是相同的。如果所有用户都同意选择使$U(x)-Nx$最大化的相同活动级别x^*，则$U'(x^*)=N$，并且每个用户的净效用为$R_s=U(x^*)-Nx^*$（见图 7.1.1）。可以看出自私用户过度消费，因为他们并没有由于消费的外部效应而受到处罚。

无秩序代价（price of anarchy，文献[3]中引入的概念；另见文献[4-6]）定义为自私用户实现的最大社会福利的比例，即$\pi=R_s/R_i=[U(x^*)-Nx^*]/[U(x')-Nx']$。在这个模型中，无秩序代价是无界的。对于给定的$N$，可以找到函数$U$，使得$\pi$与所需的一样大。

7.1.3　拥塞收费

自私用户过度消费，因为他们没有完全支付因他们的消费而强加于其他用户的成本。为了纠正这种情况，当活动级别为x时，每个用户必须支付$p=(N-1)x$的明确成本（价格）。

所以，用户n的净效用现在为$U(x_n)-\left(\sum_{n}^{N}x_n\right)-(N-1)x_n$。为了将净效用最大化，用户$n$会选择一个最优活动级别$x_n=x^*$。成本$(N-1)x_n$是用户通过选择活动级别$x_n$而对其他用户产生的拥塞成本。换言之，由于用户$n$的活动，其他$N-1$个用户中的每一个都要支付等于$x_n$的附加拥塞成本。这种拥塞收费使得外部效应内在化。

注意，$x_n=x^*$是社会最优的，因为它使每个用户n的净效用$U(x_n)-\sum_{n}^{N}x_n$最大化。这是没有减去每个用户支付的价格p的效用。有关因特网拥塞收费的讨论请参阅文献[7]。

假设用户不是选择活动级别而是选择何时使用网络，比如白天。用户在$T+1$个时隙$\{0,1,\cdots,T\}$中进行选择，其中，时隙 0 表示不使用网络。用户属于以不同时隙表征的N个不同的类。g_t^n表示第n类用户在时隙t的负效用，g_0^n表示不使用网络的第n类用户的负效用。

x_t^n 表示在时隙 t 中使用网络的第 n 类用户的数量。在时隙 t 使用网络的第 n 类用户的效用是 $u = u_0 - [g_t^n + d(N_t)1\{t>0\} + p_t]$，$t = 0,1,\cdots,T$，其中 u_0 是使用网络的最大效用，$N_t = \sum_n x_t^n$，$d(N_t)$ 是拥塞时延 t，p_t 是用户使用时隙 t 收取的价格。在这个表达式中，$d(\cdot)$ 是一个给定的严格递增的凸可微分函数。

注意，当 $t=0$ 时，"$1\{t>0\}$"项等于 0，此时时隙 0 没有拥塞成本；而当 $t>0$ 时，$1\{t>0\}=1$。通常令 $p_0 = 0$，我们有以下结果：

如果每个用户在使用的每个时隙中的用户群体的可分数很少，并且假设 $p_t = N_t d'(N_t)$，$t = 1,\cdots,T$，则自私用户选择社会最优时隙[8]，即当

$$V(\mathbf{x}) = \sum_{t=0}^{T}\left[\sum_{n=1}^{N} x_t^n g_t^n + N_t d(N_t) 1\{t>0\}\right]$$

成立时，总效用 $Nu_0 - V(\mathbf{x})$ 达到最大值。

注意，价格 p_t 是时隙 t 中每个用户每次增加的总负效用，因为每 N_t 个用户都有增量为 $d'(N_t)$ 的负效用。幸运的是，这个价格不依赖于 g_t^n，否则该方案将无法实现。

这个结果再次表明，每个用户选择内在化外部效应会导致自私用户选择社会最优决策。

7.1.4 拥塞博弈

在上例中，用户选择使用何种网络及网络的效用取决于有多少用户也选择该网络。这是拥塞博弈的特殊情况[9]。在拥塞博弈中，有一组资源 A(动作集)和 N 个用户。每个用户 i 选择资源的子集 $A_i \subset A$，使得对于 $j \in A$，存在使用资源 j 的用户 i 的用户数为 $n_j = \sum_{i=1}^{N} 1\{j \in A_i\}$。那么用户 i 的效用为 $u_i = \sum_{j\in A_i} g_j(n_j)$，换句话说，用户 i 为他使用的每个资源带来一些附加效用，而资源的效用是资源的用户数的函数。

假设 $g_j(n)$ 是恒为正的严格凸函数，并且是 n 的递减函数。可以看到，这些博弈有一个很好的结构性质：当每个用户试图增加他的效用时，将增加一个全局的分配函数。这个函数称为"潜博弈"，在这种情况下它是凹函数。因此，当用户表现得很自私时，潜在的可能性就会增加，然后收敛到最大值，这对应于博弈中独特的纳什(Nash)均衡。根据定义，当没有用户可以通过单方面改变他的策略而增加自身收益时[10]，用户的一组策略是一个纳什均衡。

假设用户 i 将他的选择从 A_i 更改为 A_i'，并且其他用户不会更改其选择。令 u_i' 表示用户 i 的新效用，并用 n_j' 表示新选择下资源 j 的用户数。令 $B_i = A_i A_i'$，$C_i = A_i' A_i$。我们观察到，对于 $j \in C_j$，$n_j = n_j' - 1$；对于 $j \in B_j$，$n_j' = n_j - 1$。此外，对于 $j \notin B_j \cup C_j$，$n_j' = n_j$。最后，令 $\phi = \sum_j f_j(n_j)$，其中 $f_j(n) = \sum_{k=0}^{n} g_j(k)$，并令 ϕ' 为对应于新选择的值。然后，我们发现有

$$f_j(n_j) - f_j(n_j') = \begin{cases} g_j(n_j), & j \in B_i \\ -g_j(n_j'), & j \in C_i \\ 0, & j \notin B_i \cup C_i \end{cases}$$

和

$$u_i - u_i' = \sum_{j \in A_i} g_j(n_j) - \sum_{j \in A_i'} g_j(n_j') = \sum_{j \in B_i} g_j(n_j) - \sum_{j \in C_i} g_j(n_j')$$

$$= \sum_j [f_j(n_j) - f_j(n_j')] = \phi - \phi'$$

该计算表明，如果用户 i 改变他的选择以增加其效用，则他也增加了 ϕ 的值。因此，拥塞博弈是潜博弈，因为它具有潜力。反之亦然，潜博弈是拥塞博弈[11]。

因此，当用户自私地修改自身选择以提高其效用时，ϕ 的值也随之增加到最大值。一旦 A_j 达到最大值 ϕ，用户选择的任何变化都不会增加他的效用。因此，博弈的“自然动态”收敛于纳什均衡(可能不是社会最优的)。

7.1.5　建模服务差异化

考虑具有 N 个用户的大容量通信系统，每个用户由[0,1]中满足均匀分布的独立随机变量的类型 θ 进行表征。如果使用网络的用户数 X 和价格 p 满足 $X/(2N) \leqslant 1-\theta$ 和 $p \leqslant \theta$，则对于 θ 类型的用户来说，该网络连接是可接受的。

在这个表达式中，$2N$ 是网络的容量。使用 $2N$ 是因为我们稍后将网络划分成两个网络，每个网络的容量为 N。其中的解释是，θ 值较大的用户愿意为连接支付更多的费用，但是对于高服务质量，其预期利用率很低。相反，θ 值较小的用户不希望为他的连接支付较多费用，而是愿意忍受较高时延。举个例子，我们可以假设具有大 θ 值的用户是 VoIP 用户，而具有小 θ 值的用户可视为网络浏览用户。

提供商收益最大化问题的解决方案是求出使网络用户数乘以价格 p 最大时的 p 值。由于效用依赖于利用率，而利用率又依赖于效用，因此我们必须解决一个不动点问题，才能找到与价格 p 相对应的利用率。

假设网络连接的价格为 $p \in (0,1)$。如果网络中的用户数是 X，θ 类型的用户连接网络且 $\theta \in [p, 1 - X/(2N)]$，那么需要满足不等式 $X/(2N) \leqslant 1-\theta$。由于 θ 在[0,1]中均匀分布，因此随机用户的连接概率是 $[1 - X/(2N) - p]^+$。因为 N 较大，所以连接的用户数 X 是二项式，具有平均值 $N \times [1 - X/(2N) - p]^+$，由大数定律有 $X/N \approx [1 - X/(2N) - p]^+$。通过求解这个表达式，我们发现 $x := X/N = (2-2p)/3$。运营商可以通过选择最大化 $px = p(2-2p)/3$ 的 p 值来最大化其收入。最大化价格是 $p = 1/2$，px 对应的值是 1/6，表示收入除以 N。

受到巴黎地铁定价模型的启发，我们假设运营商将网络划分为两个网络，每个网络具有原始网络容量的一半。也就是说，这里有两个网络：网络 1 具有价格 p_1 和容量 N，网络 2 具有价格 p_2 和容量 N。用户应根据价格和利用率选择其中一个网络。

与先前的模型相同，如果网络的利用率满足 $X/N \leqslant 1-\theta$，并且价格 p 满足 $p \leqslant \theta$，则对于 θ 类型的用户，两个网络中的每一个都是可接受的。每个网络的容量为 N，使得用户数与容量的比率为 X/N，而不是先前模型中的 $X/(2N)$。该比率决定了网络中的服务质量。用户将连接任意一个可接受的网络(如果有的话)。如果两者都可接受，他将选择最便宜的网络。最后，如果两个网络都是可接受的且具有相同的价格，则用户将加入用户利用率最小的网络，因为它提供了更好一些的服务质量。

现在来确定最大化运营商收入的价格 p_1 和 p_2，并将最大收入与单个网络的收入进行比较。分析显示，巴黎地铁定价模型将运营商的收入增加了 35%。为了进行分析，我们分别考虑 $p_2 < p_1$ 和 $p_1 = p_2$ 的情况。

首先假设 $p_2 < p_1$。如果两个网络中的用户数分别为 X_1 和 X_2，则当 $X_2/N \leqslant 1-\theta$ 且 $p_2 \leqslant \theta$ 时，θ 类型的用户选择网络 2。θ 在 p_2 和 $1-X_2/N$ 之间的概率为 $(1-X_2/N-p_2)^+$。同前面的单个网络一样，我们得出结论，由 $x_2=(1-p_2)/2$ 得到 $x_2:=X_2/N$。

如果 $X_1/N \leqslant 1-\theta$，$p_1 \leqslant \theta$ 且 $X_2/N > 1-\theta$，则 θ 类型的用户选择网络 1。如前所述，我们发现 $x_1:=X_1/N$ 使得 $x_1=(1-x_1-\max\{p_1,1-x_2\})^+$。将 x_2 的值代入 x_1，求得 $x_1=\min[(1-p_1)/2,\ (1-p_2)/4]$。

那么当 $p_2 < p_1$ 时，对于运营商的收益 $R \times N$，有 $R=x_1p_1+x_2p_2=p_1\min\{(1-p_1)/2,(1-p_2)/4\}+p_2(1-p_2)/2$。现在假设 $p_2=p_1$，那么当 $\theta \geqslant p_1$、$X_1/N \leqslant 1-\theta$、$X_2/N \leqslant 1-\theta$ 时，θ 类型的用户选择用户数最少的网络。在这种情况下，$x_1=x_2=x$，我们发现半数具有 $\theta \in [p_1,1-x]$ 的用户加入网络 1。因此，加入网络 1 的用户数 X_1 由 $X_1/N=(1-X_1/N-p_1)^+/2$ 给出，X_2 的情况也类似。因此，$x_1=(1-x_1-p_1)^+/2$，并且发现 $x_1=x_2=(1-p_1)/3$。当 $p_2=p_1$ 时，对于收益 $R \times N$，有 $R=2p_1(1-p_1)/3$。

在 p_1 和 p_2 上最大化 R，对于 $p_1=7/10$ 和 $p_2=4/10$，最大值等于 9/40。这个例子表明，参考巴黎地铁定价模型，收入从 1/6 增加到 9/40，即增长了 35%。

7.1.6 竞争

前面的例子显示，具有相同容量和不同价格的两个网络在经济上比具有两倍容量的单个网络更有效率。如果两个网络属于两个竞争的运营商，那么其中的问题是，一个运营商会选择高价的网络来吸引高质量服务的用户，而另一个运营商会选择低价的网络来吸引低质量服务的用户。该策略将产生最大总收入，但是这个最大总收入对应网络 $i=1,2$ 的收入 $R_j:=x_ip_i$，其中 $R_1=21/200$，$R_2=12/100$。换句话说，低价格网络比高价格网络产生更多的收入。因此，两家运营商都将竞争低价格网络，这可能会导致价格战。如果价格过低，运营商可能更愿意提高价格，为用户提供高品质的服务。更详细的分析显示，运营商尝试分割市场，但可能没有他们觉得满意的价格(没有纯粹的纳什均衡)。

为了简单起见，当 N 很大时，假设价格 p_1 和 p_2 被限制在 ε（$\varepsilon:=1/N$）的数倍以内。这使得博弈有限并保证存在最优响应。对于固定的 p_2，当 $p_1 > p_2$ 时，通过 7.1.5 节的分析发现，$R_1=p_1x_1=p_1\min\{(1-p_1)/2,(1-p_2)/4\}$。此外，如果 $p_1=p_2$，则得到 $R_1=p_1(1-p_1)/3$。最后，如果 $p_1 < p_2$，则 $R_1=p_1(1-p_1)/3$。

这些表达式表明没有纯策略纳什均衡。换句话说，不存在任何一对 (p_1,p_2)，使得运营商可以在不减少其收入的情况下偏离 (p_1,p_2)。

7.1.7 拍卖

拍卖使潜在买方之间相互竞争。关于拍卖理论的介绍，可以参见文献[15,16]，相关模型可以参见文献[12-14]。

Vickrey 拍卖 假设有一件物品出售且有 N 名潜在买方。每个买方 $i\,(i=1,\cdots,N)$ 对该物品的私人估价为 v_j。Vickrey 拍卖的规则是：最高出价者获得该物品并支付第二高的出价。这种规则类似于某次拍卖的最后一个投标者获得该物品并支付第二高出价者愿意支付价格的规则。这种拍卖的不同之处在于，每个代理的最优策略是投标他的真实估价，而不考虑其他代理的策略。为了证明这一点，考虑第 i 个代理的净效用 $u_i(x_i,x_{-i})$（估值减去支付的费用)，当他出价时，其他代理

商的出价由 $x_{-i}=\{x_j, j\neq i\}$ 表示。我们有 $u_j(x_j, x_{-j})=[v_j-w_{-i}]1\{x_j>w_{-i}\}$，其中 $w_{-i}=\max_{j\neq i} x_j$ 是其他代理的最高出价。请注意，此函数在 $x_i=v_i$ 时最大化。如果 $v_i>w_{-i}$，则使 $x_i=v_i$ 的值是 v_i-w_{-i} 的最大值。此外，如果 $v_i\leqslant w_{-i}$，则最大值为 0，并且还是通过 $x_i=v_i$ 获得的。这种拍卖称为激励兼容拍卖，因为每个代理的最大兴趣是真实地投标。请注意，如果代理对物品进行真正的估价，那么该物品将转到对其最有价值的代理。在这种情况下，物品的分配使社会福利最大化，定义为代理通过获取物品得到的效用的总和。因为只有一个代理得到该物品，所以社会福利是该代理对该物品的估价。详细信息请参见文献[17]。

广义 Vickrey 拍卖　在广义 Vickrey 拍卖中，有 A 组物品和 N 个代理，第 i 个代理对 A 的每个子集 S 进行私人估价 $v_i(S)$。对于 $i=1,\cdots,N$，第 i 个代理对 A 的每个子集 S 的估价为 $b_i(S)$。然后，拍卖者将 A 的不相交子集 A_i 以各种可能的方式分配给第 i 个代理（$i=1,\cdots,N$），以使所声明的估价的和 $\sum_i b_i(A_i)$ 最大化。第 i 个代理必须为其子集 A_i 支付价格 p_i。价格 p_i 是由第 i 个代理参与拍卖而导致的其他代理申报价值的减少量。也就是说，如果第 i 个代理没有出价，那么第 j 个代理将接收一个子集 B_j^i，除第 i 个代理外的代理的总估价将是 $\sum_{j\neq i} b_j(B_j^i)$ 而不是 $\sum_{j\neq i} b_j(A_j)$。估价的减少量是 $p_i:=\sum_{j\neq i} b_j(B_j^i)-\sum_{j\neq i} b_j(A_j)$。因此，$p_i$ 是第 i 个代理对其他代理的外部效应。

每个代理都应该为子集进行真正的估价。换句话说，无论其他代理投标多少，真正的策略支配着所有其他策略。

为了证明这一点，首先要注意的是，如果代理出价为 $v_i(\cdot)$，则他的净收益是 $\alpha=v_j(A_i)-\sum_{j\neq i}[b_j(B_j^i)-b_j(A_j)]$。此外，如果第 i 个代理对 $b_i(.)$ 的分配为 $\{A'_j\}$，则第 i 个代理的净回报为

$$\beta=v_i(A_i')-\sum_{j\neq i}\left[b_j\left(B_j^i\right)-b_j\left(A_j'\right)\right]$$

（B_j^i 在两种情况下都是一样的，因为其不涉及第 i 个代理的出价。）两者之差为

$$\alpha-\beta=\left[v_i(A_i)+\sum_{j\neq i} b_j\left(A_j\right)\right]-\left[v_i(A_i')_J+\sum_{j\neq i} b_j\left(A_j'\right)\right]\geqslant 0$$

A_j 最大化了第一个总和。因此，这种拍卖机制是激励兼容的。每个用户都应该真实地出价，这种分配最大化了社会福利。

7.1.8　为 QoS 投标

文献[18]建立了一个网络模型，该网络提供以不同比特率为特征的 C 种类型的服务。c 类服务可以接受 n_c 个连接，并提供比特率 $r(c)$ 且 $r(1)>r(2)>\cdots>r(C)\geqslant 0$。$N$ 个用户使用拍卖机制竞争访问该网络。每个用户 i 对于 $r\in\{r(1),\cdots,r(C)\}$ 的估价为 $v_i(r)$，其中 $v_i(r)$ 在 r 中严格递增。用户 i 对可能的比特率 r 的估价为 $b_i(r)$。网络运营商向用户分配服务类别，以便最大化所声明的估价总和。这个和是 $V=\sum_{i=1}^{N} b_i[c(i)]$，其中 $c(i)$ 是用户 i 的服务等级。如果用户 i 不存在，则用户 j 将接收到 $c^i(j)$ 类而不是 $c(j)$ 类服务。用户 i 必须支付的价格为

$$p_i = \sum_{j \neq i} b_j [c^i(j)] - \sum_{j \neq i} b_j [c(j)]$$

在一般情况下，这个问题在数值上求解是很困难的。我们假设 $v_i(r) = v_i f(r)$，$b_i(r) = b_i f(r)$，其中 $f(r)$ 是递增函数。用户 i 声明的系数 b_i 可能不正确。在这种情况下，为了找到最大化 V 的分配，不失一般性，假设 $b_1 \geqslant b_2 \geqslant \cdots \geqslant b_N$。运营商将第一类服务分配给第一批 n_1 个用户，将第二类服务分配给下一批 n_2 个用户，等等。为了证明该分配使 V 最大化，考虑两个用户 i 和 j（$i < j$）的分配使得 $c(j) < c(i)$。通过交换两个用户的类别来修正分配。假设 $f_i := f(r[c(i)])$，我们发现 V 在 $b_i f_j + b_j f_i - b_i f_i - b_j f_j \geqslant 0$ 时增加。注意，如果用户 i 没有出价，则一些用户 j_1 将从 $c(i)+1 =: d+1$ 类移动到 $c(i) = d$ 类，并将其声明的效用增加为 $b_{j_1} f_d - b_{j_1} f_{d+1}$。此外，一些用户 j_2 将从 $d+2$ 类移动到 $d+1$ 类，依次类推。因此，用户 i 的外部效应为 $p_i = \sum_{k \geqslant 1} b_{jk} \left[f_{d+k-1} - f_{d+k} \right]$。

7.1.9 带宽拍卖

文献[19]介绍了 VGC-Kelly 拍卖机制，相关理论可以参阅文献[5, 13, 14]。运营商有一个容量为 C 的链路，并且希望将该链路分给一组 N 个用户使用。运营商的目标是最大化用户效用总和。例如，这条链路可以由想要利用它来改善社会福利的城市拥有。困难在于运营商不了解用户的效用，并且可能会声明不正确的效用，从而根据自身的偏好进行容量分配。

每个用户 i 在获得速率 x_i 时所拥有的效用为 $u_i(x_i)$，这里 $u_i(\cdot)$ 是一个严格递增的凸函数。因此，运营商的目标是找到解决以下社会福利最大化问题的分配 x_i，最优化表达式如下：

$$\underset{x_1, \cdots, x_N}{\text{maximize}} \sum_i u_i(x_i)$$

$$\text{subject to } \sum_{i=1}^{N} x_i \leqslant C$$

在拍卖中，每个用户 i 的出价 $b_j > 0$。然后，运营商实施 Vickrey 拍卖机制，假设用户 i 的效用是 $b_i \log(x_i)$。可以看出，独特的纳什均衡解决了上述优化问题，用户不必告知运营商实际的效用函数。更准确地说，运营商选择分配 $x_i = x_i^*$，即求解如下优化问题：

$$\underset{x_1, \cdots, x_N}{\text{maximize}} \sum_i b_i \log(x_i)$$

$$\text{subject to } \sum_{i=1}^{N} x_i \leqslant C$$

由于该问题是凸的，我们知道 x_i^* 是第一阶 KKT 条件的解：对于某些 $\lambda > 0$，$b_j / x_i^* = \lambda$，$i = 1, \cdots, N$。因此，由于 $\sum_i x_i^* = C$，我们有 $x_i^* = b_i C / B$，$B = b_1 + \cdots + b_N$，以便用户获得与其出价成比例的速率。

为了计算价格 p_i，假设用户 i 没有出价，运营商处理相同的优化问题。如果用 $\{x_j^i, j \neq i\}$ 表示该问题的解，则价格 p_i 由 $p_i = \sum_{i \neq j} b_j \log(x_j^i) - \sum_{i \neq j} b_j \log(x_j^*)$ 给出。当用户 i 不出价时，分配的速率为 $x_j^i = C b_J / (B - b_i)$，则有

$$p_i = \sum_{j \neq i} b_j \left[\log\left(Cb_j/(B-b_i)\right) - \log\left(Cb_j/B\right)\right]$$

$$= \sum_{j \neq i} b_j \log(B/(B-b_i)) = (B-b_i)\log(B/(B-b_i))$$

于是，用户 i 的净效用为

$$u_i\left(x_i^*\right) - p_i = u_i(Cb_i/B) - (B-b_i)\log(B/(B-b_i))$$

$$= u_i(Cb_i/(B_i+b_i)) - B_i\log((B_i+b_i)/B_i)$$

其中 $B_i := B - b_i$。因此，为了最大化其净效用，用户 i 选择 b_i，使得上述表达式关于 b_i 的导数为 $u_i'(Cb_i/B)[C/B - Cb_i/B^2] - (B-b)/B = 0$，得出 $u_i'(Cb_i/B) = B/C =: \lambda$。这表明出价 b_i 和生成的分配 $x_i^* = Cb_i/B$ 满足优化问题的 KKT 条件。有关带宽拍卖的其他机制，请参阅文献[20-25]。

7.1.10　投资

如果代理的投资对网络中其他代理的收入具有正外部效应，则可以预料到每个代理的投资最终会少于社会最优级别的值，因为他依赖于其他代理的投资。这种现象在经济学中被称为“搭便车”。文献[26]给出了这样的一个例子。假设两个代理共同投资，代理 1 投资 x，代理 2 投资 y。对于每个代理，其中 $g(\cdot)$ 是严格递增的凹函数，$0 < a < b$，所得收益为 $g(ax+by)$。代理 1 和 2 的利润分别是 $g(ax+by)-x$ 和 $g(ax+by)-y$。代理之间不进行合作，每个代理试图最大化自己的利润。因此，对于给定的 y，代理 1 选择 x，使得对于某些 $x>0$，其利润相对于 x 的导数为零，否则选择 $x=0$。也就是说，代理 1 选择 x，使得如果 x 为正，则 $ag'(ax+by)=1$ 或 $ax+by=A$，其中 $g'(A)=1/a$。因此，$x=[A/a-(b/a)y]^+$。类似地，给定 x，代理选择 $y=[B/b-(a/b)x]^+$，其中 $g'(B)=1/b$。

图 7.1.2 给出了这些最优响应函数，最优响应函数的唯一交集是 $x_N = 0$，$y_N = B/b$，这是唯一的纯策略纳什均衡。

注意，y 的这个值使得 $g(by)-y$ 最大化。在这个例子中，代理 1 不投资，利用代理 2 的投资而获取利润，这些代理的选择不是社会最优的。社会最优方案选择 $x=x^*$ 和 $y=y^*$ 来最大化 $W = 2g(ax+by)-x-y$。

对于 $x+y$ 的给定值，为了最大化 $ax+by$，因为 $a<b$，必须选择 $x=0$。因此，社会最优方案必须找到最大化 $2g(by)-y$ 的 y 值。所以，纳什均衡是使 $g(by)-y$ 最大的值，社会最优方案将最大化 $2g(by)-y$。也就是说，在社会最优方案中，代理 2 知道其投资有助于提高代理 1 的效用；而在纳什均衡中，代理 2 忽略了这种效果。图 7.1.3 的结果表明，可以找到一个函数 $g(\cdot)$，使最大化的社会福利与纳什均衡所实现的社会福利之比如同期望的一样大。

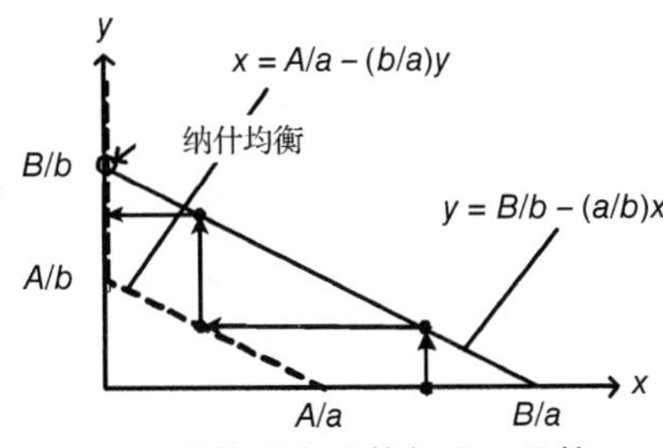

图 7.1.2　最佳响应函数与唯一纯策略纳什均衡 (0, B/b) 相交

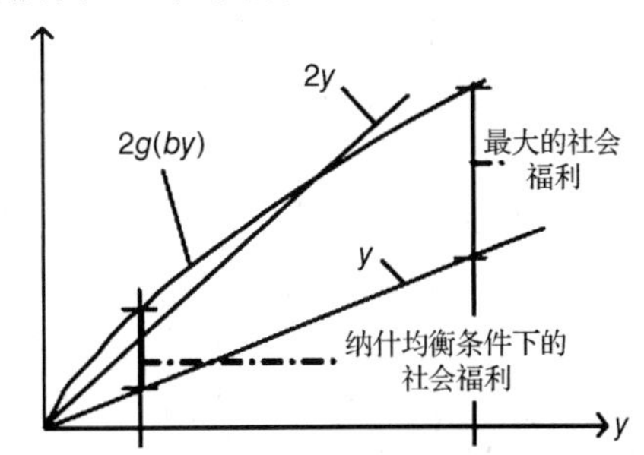

图 7.1.3　纳什均衡条件下的社会福利及其最大值

另一个例子假设内容提供商(CP) C 的投资为 c 和传输提供商 T 的投资为 t。由于这些投资,对网络服务产生了需求,并且该需求为 C 和 T 带来了收益。假设 $R_C = c^v t^w - c$，$R_T = c^v t^w - t$，其中 $v, w > 0$ 且 $v + w < 1$。网络中的流量与 $c^v t^w$ 成比例，这是投资中的递增凹函数。这个表达式通常用于对劳动联合生产和资本投资建模[26]。在 R_C 中，第一项是由网站流量产生的收入，c 是 C 投资于网络而不是其他生产活动中所丢失的机会成本，R_T 的含义亦是如此。每个提供商都是自私的，C 选择投资 c 以使 R_C 最大化，T 选择投资 t 以使 R_T 最大化。也就是说，对于给定的 t，C 投资 c，使得 R_C 相对于 c 的导数等于零，得到 $vc^{v-1}t^w = 1$ 或 $c = (vt^w)^{1/(1-v)}$，类似可得 $t = (wc^v)^{1/(1-w)}$。给定 $c = v^{(1-w)/\Delta} w^{w/\Delta}$ 和 $t = w^{(1-v)/\Delta} v^{v/\Delta}$，其中 $\Delta = 1 - v - w$，纳什均衡是这两个最佳响应函数的交集。所得的收益 R_C 和 R_T 分别为 $R_C = (1-v)v^{v/\Delta}w^{w/\Delta}$ 和 $R_T = (1-w)w^{w/\Delta}v^{v/\Delta}$，它们的和为 $R_C + R_T = [2 - v - w]v^{v/\Delta}w^{w/\Delta}$。

如果 C 和 T 实际上是可以选择 c 和 t 来最大化 $R_T + R_C$ 的运营商，即最大化 $2c^v t^w - c - t$，则令关于 c 和 t 的导数为零，得到 $2vc^{v-1}t^w = 1$ 和 $2c^v wt^{w-1} = 1$。求解这些方程，我们得到 $c^* = 2^{1/\Delta} v^{(1-w)/\Delta} w^{w/\Delta}$ 和 $t^* = 2^{1/\Delta} w^{(1-v)/\Delta} v^{v/\Delta}$，其中 $\Delta := 1 - v - w$，对应于收入的总和 $R_C^* + R_T^* = 2^{1/\Delta}\Delta v^{v/\Delta} w^{w/\Delta}$。这样，$\pi$ 的无秩序代价由 $\pi = (R_C^* + R_T^*)/(R_C + R_T) = 2^{1/\Delta}\Delta/[1+\Delta]$ 给出。

C 和 T 在社会最优和纳什均衡下的投资关系为 $c^*/c = t^*/t = 2^{1/\Delta}$。例如，对于 $\Delta = 0.3$，该比率等于 10；对于 $\Delta = 0.8$，这个比率等于 2.4。如我们预期的那样，“搭便车”方式可以减少投资和社会福利。

在今天的因特网中，用户或内容提供商直接向其连接的传输提供商付费。例如，如果内容提供商 C 连接到传输提供商，则 C 需要支付的价格为 S，S 取决于 C 发送的流量的速率。然而，为了使内容达到 C 所服务的最终用户，来自 C 的流量必须经过这些用户的 ISP，问题是：是否应该允许 ISP 为传输该流量收费？ISP 认为，他们需要对其网络进行投资来改善内容的交付，而且 C 将从这些改善中受益。另一方面，C 认为额外的收费将减弱他对新内容投资的动机，这会损害传输提供商的收入。因此，问题是不允许出现这种费用的中立网络是否会增加或减少内容和传输提供商的收入及对网络服务的需求？

这个问题很重要，因为中立监管将会对投资激励和因特网的未来产生重大影响。显然，答案取决于模型中隐含或明确提出的假设。基于文献[27-30]，我们讨论如何处理这个问题。

对于这些目标，图 7.1.4 所示的模型侧重于 CP 付给 ISP 的额外费用对投资和收入的影响。该模型包括 CP C，它从广告商 A 和连接到 ISP T 的用户 U 获得收入。在该模型中，付款过程是规范化的，每点击一次赞助广告，广告商向 CP 支付价格 a。每次点击一次赞助广告，CP 支付 q、用户支付 p 给 ISP。当然，C 基于流量率向 T 支付，但这个流量率与广告点击率大致成正比。此外，T 的收入大致与对内容感兴趣的用户数成正比，因此与广告点击率大致成正比。

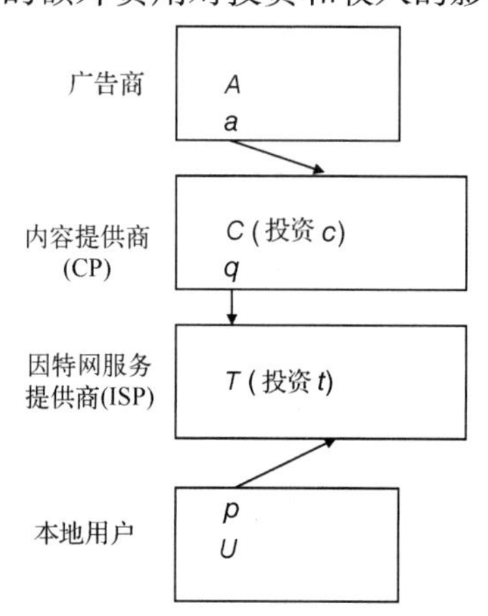

图 7.1.4　研究网络中立性影响的模型

在该模型中，C 的投资为 c，T 的投资为 t。网络服务的需求随内容的丰富度和网络传输的容量而增加。这样，广告点击率随着 c 和 t 的增加而增加，而随着 p 的增加而减少，因为很少有用户愿意支付更高的连接费用，即对应于每次点击赞助价格 p 更高的广告。该点击率被

建模为 $B=c^v t^w \mathrm{e}^{-p}$，其中(同上例) $v,w>0$， $v+w<1$。现在，C 和 T 的收益 R_C 和 R_T 分别为 $R_C=(a-q)B-\alpha c$ 和 $R_T=(q+p)B-\beta t$。参数 α 和 β 是对供应商的机会成本进行建模的正数。假设由于投资时间尺度不同，传输提供商 T 首先选择 (t,p,q)，然后内容提供商 C 选择 c。在中立网络中，$q=0$；而在非中立网络中，q 可以取任何值。q 为正值时，表示 C 向 T 支付的费用。q 为负数时，对应于从 T 到 C 的收入转移。

在非中立网络中，假设 (t,p,q) 由传输提供商 T 固定。然后 C 找到使 R_C 达到最大化的值 $c(t,p,q)$。通过预测 C 的最优响应，传输提供商 T 将 $c(t,p,q)$ 替换为 R_T 的表达式，然后优化 (t,p,q)。令 $(c_1,t_1,p_1,q_1,R_{C1},R_{T1},B_1)$ 表示非中立网络的结果。在中立网络中，除 $q=0$ 外，方法是相同的。令 $(c_0,t_0,p_0,q_0,R_{C0},R_{T0},B_0)$ 表示中立网络的结果值。经过运算，$p_0=p_1+q_1=a(1-v)$，$q_1=a-v$，可得如下结果：

$$R_{C0}/R_{C1}=c_0/c_1=(a/v)^{(1-w)/(1-v-w)}\mathrm{e}^{(v-a)/(1-v-w)}$$

$$R_{T0}/R_{T1}=t_0/t_1=B_0/B_1=(a/v)^{v/(1-v-w)}\mathrm{e}^{(v-a)/(1-v-w)}$$

图 7.1.5 以 a 的函数形式描述了这些比率。

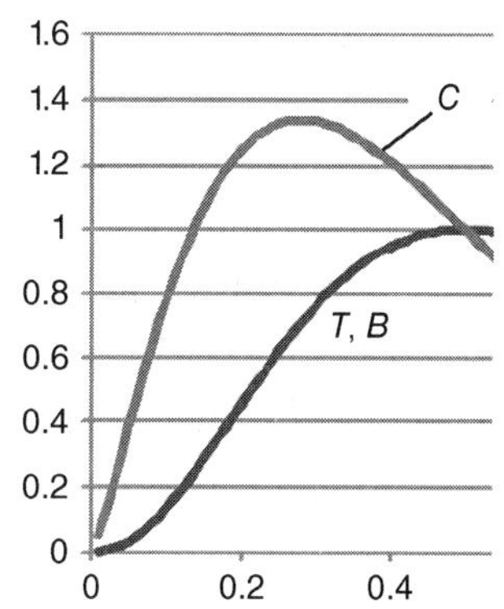

图 7.1.5　当 $v=0.5$、$w=0.3$ 时投资、收入的比率及用户需求(中立/非中立网络)关于 a 的函数

可以看出，中立方案对于 ISP 并不是有利的，只有在向广告商收取的金额既不大也不小的情况下，对于 CP 才是有利的。当 a 很小时，非中立方案对于 CP 来说更好，因为使 ISP 能够为生成的内容向其付费。具体来说，当 $a<v$ 时，$q_1=a-v<0$，当 a 很大时，非中立方案有利于 C，因为其可以向 T 提供收入，T 可以使用这些收入来改善网络。当有多个 CP 和 ISP 时，结果是相似的[28]。

对于安全经济学，安全因特网的主要瓶颈并不在于没有加密工具或密钥分配机制，而是缺乏对用户的适当激励。例如，大多数拒绝服务攻击来源于许多没有防止入侵保护措施的计算机。这些计算机用户没有看到由于他们缺乏的安全性而导致的外部成本，因此他们并不打算安装适当的安全软件。另一个例子是笔记本电脑或硬盘驱动器上的私人信息缺乏加密机制，使其容易被盗。这些设备的用户不了解他们缺乏基本预防措施的潜在成本。文献[29]分析了这些问题。文献[30]提出了安全投资的研究，并给出了“搭便车”方式对次优投资的解释。该模型考虑了一组连接到网络的 N 个计算机用户。x_i 表示用户 i 对安全性的投资，用户 i 的效用建模为 $u_0-u_i(\mathbf{x})$，其中 $u_j(\mathbf{x})=g_i\left(\sum_j \alpha_{ji}x_j\right)+x_i$ 是用户 i 的安全成本。在这个表达式中，$\alpha_{ji}\geqslant 0$ 衡量用户 j 的投资对用户 i 的安全性的影响，$g_i(\cdot)$ 是正凸递减函数。因此，随着用户投入更多的安全措施，例如购买软件并在系统上进行配置，他将面临更多的直接成本，但同时降低了易受攻击的可能性，也降低了其他用户受到攻击的可能性。用户 j 的投资对用户 i 的影响取决于病毒从用户 j 的计算机到用户 i 的可能性，以及用户 i 的机密信息可能从用户 j 的计算机中被盗取的可能性。

鉴于正外部效应，人们期待着出现“搭便车”的效果。为了研究这个效果，用 $\mathbf{x}^*$ 表示最小化社会成本 $\sum_i u_i(\mathbf{x})$ 的向量。令 $\bar{\mathbf{x}}$ 为一个纳什均衡，每个用户最小化他的个人安全成本。我们感兴趣的是表征比率 ρ，其中 $\rho=\sum_i u_i(\bar{\mathbf{x}})/\sum_i u_i(\mathbf{x}^*)$。

这个比率量化了无秩序出价的价格，这是由于用户的自私行为而使社会成本增加的因素。（注意，这个比率不同于以前由 π 表示的效用的比率。）可以看出文献[30]存在严格的界限，即 $\rho \leqslant \max_j \left\{1+\sum_{i \neq j} \alpha_{ji} / \alpha_{ii}\right\}$。

作为例证，假设对于所有的 i, j，有 $\alpha_{ij}=1$，对于所有的 i，$g_i(z)=[1-(1-\varepsilon)z]^+$，其中 $0<\varepsilon \ll 1$。在这种情况下，我们发现对于所有的 i，$u_i(x)=\left[1-(1-\varepsilon)\sum_{i=1}^N x_i\right]+x_i$。对于 $\{x_j, j \neq i\}$ 的任意选择，函数 $u_i(\mathbf{x})$ 在 x_i 中递增。因此，独特的纳什均衡是 $\mathbf{x}=0$，这是一种极端的“搭便车”情形。纳什均衡下的总体安全成本为 $\sum_{i=1}^N u_i(\mathbf{0})=N$。由对称性，最小化 $\sum_{i=1}^N u_i(\mathbf{x})$ 中的 $\mathbf{x}$ 的 $\mathbf{x}^*$ 值为 $x_i^*=v/N$，其中 v 使 $N[1-(1-\varepsilon)v]^+ + v$ 最小化。这里 $v=1$，对应于大致等于 1 的总安全费用。该示例中混乱状态的价格为 $N/1=N$，其为 ρ 的上限值。

7.2 无线网络微观经济学：赞助数据

最近，在实践中引入了赞助数据（sponsored data）的概念[32, 33]，允许 CP 补贴用户的移动数据成本。随着赞助数据越来越被业界所接受，理解它的含义是很重要的。普林斯顿大学的相关团队发表的文章[31]考虑了 CP 对赞助商内容的选择及对用户、CP 和 ISP 的影响。沿着文献[31]提出的路线，我们首先针对异构用户与 CP 建立了用户、CP 和 ISP 交互的模型，并推导出他们的最佳行为。然后，我们发现所有三方都可以从赞助数据中受益。

7.2.1 解决方案

目前，为扩大网络容量创造收入，ISP 正在转向采用新型智能数据定价（smart data pricing，SDP）[34]。虽然所有的 SDP 研究项目都在研究采用不同的方式收取用户的数据费用[35]，但是赞助数据为数据定价引入了新的一方：CP。例如，Facebook 长期以来为移动网站提供数据[32]，AT&T 最近开始提供赞助数据[33]。ISP FreedomPop 推出了免费的 100%赞助数据计划[36]，Syntonic Wireless 和 DataMil 为 CP 提供了市场，以不同应用提供赞助数据。

根据文献[33]的数据计划，CP 可以与终端用户分摊在 ISP 网络上传输移动数据流量的成本。内容赞助有可能使用户、CP 和 ISP 受益。由于 CP 的补贴，用户被收取较低的价格，因为随着用户需求的增加，CP 可以吸引更多的流量，ISP 可以产生更多的收入。同时，这也引起了人们的关注，这些计划可能会给更大的 CP 带来好处，这些 CP 能够更好地为数据提供担保[37]。在本节中，我们不考虑 QoS。研究表明，即使在不考虑 QoS 的情况下，赞助数据也可能加剧不同 CP 之间的利润和需求失衡，但也可以在不同类型的用户之间平衡需求，并且使用户比 CP 更受益。

关于赞助内容的许多工作要么集中于 ISP 在 CP 和用户分摊成本方面的最佳行为，要么包括 QoS 优先级划分，并检查对网络中立性的影响。例如，CP 可能会明确地向 ISP 支付额外的费用来提高 QoS[38]。许多类似的文章使用博弈论来识别 ISP 和 CP 的最佳行为及网络中立的后果[39]。当用户和 CP 的需求以带宽速度定义时，文献[40]给出了垄断和完全竞争的 ISP 关于 CP 和终端用户的最佳数量的考量，而文献[41]提出了一种类似的模型，包括转接和面向用户的 ISP。然而，这些工作允许 ISP 而不是 CP 来确定赞助的数量。因此，它们不能完全反映 CP 行为的异质性。

其他工作研究赞助数据对 CP 和终端用户的影响，例如文献[42,43]研究当 CP 为同质用户提供数据或分别向 ISP 支付固定费用时 CPS 的市场份额。CP 对广告的赞助在文献[44]中有明确的论述，它解释了用户观看不同广告的概率和月度数据上限。文献[45]中讨论了实施方面的挑战。

7.2.2 赞助数据模型

如文献[31]介绍的，我们考虑了赞助数据生态系统中的三名参与者：用户、CP 和 ISP。它们分三个阶段做出决定：

1. ISP 决定向用户和 CP 收取多少费用。
2. CP 决定赞助多少内容。
3. 用户从每个 CP 选择要消费的内容，具体取决于赞助商和 ISP 的价格。

CP 可以为不同类型的用户赞助不同数量的数据。每一方都根据他人的决定自私地最大化其自身的效用。我们假设 ISP 是垄断的；由于流失率低，他们往往有效地垄断[46]了市场。

假设 N 个用户和 M 个 CP 通过 ISP 的网络交换流量。每个用户 i 在 CP j 获得的效用为 $U_{i,j}(x_{i,j},p_u,\gamma_{i,j})$，其中 $x_{i,j}$ 是用户每月在 CP j 消耗的内容量，p_u 是 ISP 向用户收取的数据单价，而 $\gamma_{i,j}$ 是 CP j 为用户 i 赞助的内容的占比。我们假设用户承担线性数据成本，就像通常所做的那样[40,42,44]。例如，用户可以从几种数据计划中选择一种，这些计划对不同的月度数据上限收取不同的费用[47]。

用户受到 CP 选择的两个变量的影响：每个内容卷中的广告占比 s_j 和 $\gamma_{i,j}$。我们假设 s_j 在所有 CP 的内容上是不变的，例如，Pandora（珠宝品牌）在歌曲之间定期播放广告。理论上，s_j 可以取任何正值，我们假设 $s_j \in [0,1]$，因为大多数 CP 提供的内容比广告更多。注意，$\gamma_{i,j}$ 表示一个月以来赞助数据的总占比，包括广告和内容的赞助，因此 $\gamma_{i,j} \in [0,1+s_j]$。对于未采取赞助数据的情况，所有用户 i 和 CP j 的 $\gamma_{i,j} \equiv 0$。使用赞助数据后，用户需要为 $(1-\gamma_{i,j}+s_j)x_{i,j}$ 的数据量进行支付。因此，他的数据成本是 $p_u(1-\gamma_{i,j}+s_j)x_{i,j}$。

假设没有数据成本，用户从 CP j 得到的内容量为 $x_{i,j}$，获得的效用为 $U_{i,j}[x_{i,j}(1+r_{i,j}s_j)]$，其中 $U_{i,j}$ 是凹函数。因子 $r_{i,j}$ 表示用户 i 对 CP j 的平均广告点击率，即对用户效用有贡献的广告占比。虽然用户很少从广告中获得效用，但点击广告表明他们觉得此广告很有趣或有用。假设 $r_{i,j}$ 是与赞助无关的（用户点击广告的瓶颈很可能是他们缺乏兴趣，而不是数据成本），那么每个用户 i 的效用函数为

$$U_{i,j}=c_{i,j}\frac{\left[x_{i,j}\left(1+r_{i,j}s_j\right)\right]^{1-\alpha_{ij}}}{1-\alpha_{i,j}}-p_u\left(1-\gamma_{i,j}+s_j\right)x_{i,j} \tag{7.2.1}$$

其中采用了 $U_{i,j}(x)=c_{i,j}x^{1-\alpha_{ij}}/(1-\alpha_{i,j})$、$\alpha$-fair 效用函数且 $\alpha_{i,j}\in[0,1]$ 及比例因子 $c_{i,j}>0$。用户的总效用是每个 CP 的效用总和：一个 CP 的工作情况不会影响其他 CP 的效用。那么用户 i 对每个 CP j 的数据的最佳需求如下：

$$x_{i,j}^*\left[p_u\left(1-\gamma_{i,j}+s_j\right)\right]=\left[\frac{p_u\left(1-\gamma_{i,j}+s_j\right)}{c_{i,j}\left(1+r_{i,j}s_j\right)^{-\alpha_{ij}}}\right]^{-1/\alpha_{ij}} \tag{7.2.2}$$

一个 CP 赞助的数据量取决于 CP 是否从用户需求中获益，即 CP 是“收入”CP 还是“促

销”CP。这两种情况可看作一般CP效用模型的特例。与终端用户一样，我们假设CP的效用函数包括收入和支出两部分。使用$W_{i,j}$来表示CP j对用户i的整体效用函数，即

$$W_{i,j}(\gamma_{i,j}) = \bar{U}_{i,j}\left(x_{i,j}^*\right) - p_c\gamma_{i,j}x_{i,j}^* \tag{7.2.3a}$$

其中$\bar{U}_{i,j}(x) = d_{i,j}x^{1-\beta_{ij}}/(1-\beta_{i,j})$，$\beta_{i,j}\in[0,1]$且$d_{i,j}$是正比例因子，用数据使用量表示CP的效用。参数$x_{i,j}^*$是式(7.2.2)给出的用户需求。$p_c\gamma_{i,j}x_{i,j}^*$表示为每个用户$i$传送内容的成本，$p_c$是ISP对CP收费的单位数据价格。将式(7.2.2)代入式(7.2.3a)中，可以得到

$$\begin{aligned} W_{i,j}(\gamma_{i,j}) = &\left(\left[\frac{p_u\left(1-\gamma_{i,j}+s_j\right)}{c_{i,j}\left(1+r_{i,j}s_j\right)^{-\alpha_{ij}}}\right]^{-1/\alpha_{ij}}\right)^{1-\beta_{ij}} \\ &-\frac{p_c\gamma_{i,j}}{1+r_{i,j}s_j}\left(\frac{p_u\left(1-\gamma_{i,j}+s_j\right)}{c_{i,j}}\right)^{-1/\alpha_{ij}} \end{aligned} \tag{7.2.3b}$$

我们假设每个内容卷中的广告占比s_j不会随着赞助而改变。CP选择$\gamma_{i,j}$以最大化$\sum_{i=1}^{N}W_{i,j}$，其约束条件为$\gamma_{i,j}\in[0,1+s_j]$。如果CP必须为所有用户i(满足$\gamma_{i,j}\equiv\gamma_j$的用户)提供相同的内容量，则将优化问题转换为有界线性搜索。

接下来，我们考虑对“收入”CP和“促销”CP的优化问题。首先考虑一个CP，其效用$\bar{U}_{i,j}$就是其收入。假设CP的收入与用户需求成正比。除支付给ISP的传输成本外，我们还没有明确考虑CP的数据成本，在从每单位内容卷的收入中减去不变的边际成本时就会考虑这些成本。

现在取$\beta_{i,j}=0$并将$d_{i,j}$作为式(7.2.3a)中每单位内容卷的边际收入，表示CP的收入减去赞助数据的成本。例如，从每次点击广告成本模型中获得收入的CP将取$d_{i,j}=ar_{i,j}s_j$，其中a是每卷点击广告的收入。我们可以从每次点击广告成本和平均广告量计算出a。因此，得到CP的效用函数，即

$$\left(d_{i,j}-p_c\gamma_{i,j}\right)x_{i,j}^*\left[p_u\left(1-\gamma_{i,j}+s_j\right)\right] = \left(\frac{d_{i,j}-p_c\gamma_{i,j}}{1+r_{i,j}s_j}\right)\left[\frac{p_u\left(1-\gamma_{i,j}+s_j\right)}{c_{i,j}}\right]^{-1/\alpha_{ij}} \tag{7.2.4}$$

从而将优化问题转化为如下表达式：

$$\max_{\gamma_{ij}}\sum_{i=1}^{N}\left(\frac{d_{i,j}-p_c\gamma_{i,j}}{1+r_{i,j}s_j}\right)\left[\frac{p_u\left(1-\gamma_{i,j}+s_j\right)}{c_{i,j}}\right]^{-1/\alpha_{ij}} \tag{7.2.5}$$

约束条件为

$$\gamma_{i,j}\in\left[0,1+s_j\right] \tag{7.2.6}$$

如果对于所有的用户i有$d_{i,j}<p_c(1+s_j)$成立，那么式(7.2.5)和式(7.2.6)有如下最优解[31]：

$$\gamma_{i,j}^*(p_c,p_u) = \max\left\{0, \frac{d_{i,j}}{p_c\left(1-\alpha_{i,j}\right)} - \frac{\alpha_{i,j}\left(1+s_j\right)}{1-\alpha_{i,j}}\right\} \tag{7.2.7}$$

如果$d_{i,j}=ar_{i,j}s_j$，用户的点击率通常较小(<5%)[48]，则条件$d_{i,j}<p_c(1+s_j)$是合理的。通过令式(7.2.7)中的$\gamma_{i,j}^*>0$，可以发现如果$d_{i,j}>\alpha_{i,j}p_c(1+s_j)$，则CP j为用户i($\gamma_{i,j}^*>0$)提供数据。

“促销”CP 直接从使用中受益。对于这样的 CP，我们在式(7.2.3a)中取 $\beta_{i,j}=\alpha_{i,j}$，用户和 CP 效用函数具有相同的形式。通过采用不同的 CP 和用户比例因子 $d_{i,j}$ 和 $c_{i,j}$，可以在效用中引入不同的权重。例如，相对于用户关心其数据成本，CP 并不关心获取需求的成本。假设 $\beta_{i,j}=\alpha_{i,j}>0$，那么在区间 $\gamma_{i,j}\in[0,1+s_j]$[31]中，当 $\gamma_{i,j}$ 为

$$\gamma_{i,j}^{*}=\max\left\{0,\frac{\left(1+s_j\right)\left(d_{i,j}\left(1+r_{i,j}s_j\right)^{\alpha_{i,j}}p_u-\alpha_{i,j}c_{i,j}p_c\right)}{\left(1-\alpha_{i,j}\right)c_{i,j}p_c+d_{i,j}\left(1+r_{i,j}s_j\right)^{\alpha_{i,j}}p_u}\right\} \tag{7.2.8}$$

时，$W_{i,j}$ 取得最大值。因此，当且仅当

$$d_{i,j}\left(1+r_{i,j}s_j\right)^{\alpha_{ij}}p_u>\alpha_{i,j}c_{i,j}p_c$$

CP j 为用户 i 提供数据赞助。

像 CP 一样，ISP 通过选择价格 p_c 和 p_u 来最大化其利润。假设 ISP 在其网络中的可用容量有限。通过假设随时间推移的峰值需求是数据总需求的函数，我们将这个瞬时容量转换成对数据的最大月度需求 X。因此，我们引入如下约束：

$$\sum_{i,j}\left(1+s_j\right)x_{i,j}^{*}\left(\pi_{i,j}^{*}\right)\leqslant X$$

其中 $(1+s_j)x_{i,j}^{*}$ 是由用户 i 关于 CP j 推送在 ISP 的网络上的总数据量，并且 $\pi_{i,j}^{*}(p_c,p_u)=p_u[1-\gamma_{i,j}^{*}(p_c,p_u)+s_j]$ 表示用户 i 的每个 CP j 的有效数据价格。因此，受限于容量约束，ISP 希望最大化其总利润，即解决如下最大化问题：

$$\max_{p_c,p_u\geqslant 0}\sum_{i=1}^{N}\sum_{j=1}^{M}\left(\pi_{i,j}^{*}+p_c\gamma_{i,j}^{*}\right)x_{i,j}^{*}\left(\pi_{i,j}^{*}\right) \tag{7.2.9}$$

约束条件为

$$\sum_{i=1}^{N}\sum_{j=1}^{M}\left(1+s_j\right)x_{i,j}^{*}\left(\pi_{i,j}^{*}\right)\leqslant X \tag{7.2.10}$$

注意，$x_{i,j}(\pi_{i,j}^{*})$ 和 $(\pi_{i,j}^{*}+p_c\gamma_{i,j}^{*})x_{i,j}^{*}(\pi_{i,j}^{*})$ 关于 p_c 均为递增函数，这样可以求解式(7.2.9)和式(7.2.10)。如果每个 CP 在最优情况下选择 $\gamma_{i,j}$ 来最大化式(7.2.3a)，那么 $x_{i,j}^{*}(\pi_{i,j}^{*})$ 和式(7.2.9)对于 p_c 均为递减函数。因此，对于任意给定的 p_u，最优 p_c 是 p_c 的唯一最小值，对于该值，式(7.2.10)满足等式，或者对于某些“收入”CP j，满足 $d_{i,j}=p_c(1+s_j)$。p_u 的最优值可以通过有界线性搜索得到[31]。

7.3　市场均衡的频谱定价

在认知无线电网络中，频谱可以在主要(或许可)用户和次要(或未许可)用户之间共享，次要用户向主要用户(或主要服务提供商)支付无线电资源使用费用，这种行为称为频谱交易，将在第 9 章中详细讨论。在频谱交易中，定价是主要服务提供商(即频谱卖方)和次要服务提供商(即频谱买方)面临的关键问题。在这些网络中，频谱共享的定价模型与频谱交易的目标有关，因此取决于频谱卖方和频谱买方的行为。在本节中，我们研究了三种不同的定价模型，即认知无线电环境中的频谱交易的市场均衡、竞争和合作定价模型。在市场均衡定价模型中，频谱交易的目标是满足次要用户的频谱需求，主要服务提供商之间既没有竞争也没有合作。

在竞争定价模型中，目标是最大化个人利润，并且主要服务提供商之间存在竞争关系。在合作定价模型中，频谱交易的目标是最大化利润总额，并且主要服务提供商之间存在合作关系。

7.3.1 网络和定价模型

假设具有 N 个主要业务的认知无线电系统，其中主要业务 i 拥有频谱 $\mathcal{F}_i$，并且为 M_i 个主要用户服务。例如，该主要业务可以对应服务于 M_i 个正在进呼叫的蜂窝基站或者服务于 M_i 个主动流的无线 LAN 接入点。当主要业务没有充分利用其频谱时，它可以将部分可用频谱(时隙或信道)出售给愿意购买频谱的次要用户。按照这种方式，建立了频谱交易市场，卖方和买方分别对应于主要和次要业务。$\mathcal{F}_i$ 的价格(每单位频谱)由 p_i 表示。为了确定这个价格，我们考虑三种不同的定价模型，即市场均衡、竞争和合作定价模型。主要和次要用户都使用自适应调制进行无线传输。次要用户的频谱需求取决于所分配的频谱中自适应调制所达到的传输速率和主要业务所收取的价格。在接下来的叙述中，“主要业务”和“次要业务”将分别指无线通信业务提供商对主要用户和次要用户的服务。

在市场均衡定价模型中，我们假设主要业务不知道其他主要业务的存在。在实际环境中，这可能是由于缺乏管理者或主要业务之间缺乏信息交换。因此，对于卖方，主要业务根据次要业务的频谱需求随意地设定价格。这个价格设定基于主要业务出售频谱的意愿，一般由供给函数决定。对于给定的价格，供给函数表示由主要业务与次要业务共享的无线电频谱的大小。对于买方，次要业务购买频谱的意愿由需求函数决定。再次，对于给定的价格，需求函数确定次要业务所需的无线电频谱的大小。在这种频谱交易中，市场均衡价格是指由主要业务提供的频谱与次要业务的频谱需求相同的价格。这个市场均衡价格确保市场上没有过剩的供给，频谱供给满足所有频谱需求。

在竞争定价模型中，假设主要业务知道其他主要业务的存在，并且所有主要业务相互竞争以达到最高的自身利润。假设这里的竞争发生在频谱定价方面。也就是说，一个主要业务根据其他主要业务提供的频谱价格来选择自己的频谱价格，使其自身利润最大化。

在合作定价模型中，假设所有主要业务都相互了解，并通过向次要业务销售频谱来充分合作(即“共谋”)，以获得最高的总利润。在实际环境中，为了实现这一全面合作，所有主要业务之间需要广泛的信息交换。

7.3.2 频谱定价优化

次要业务的效用 如果次要业务可用的频谱能产生高效用，则需求量也会很大。为了量化频谱需求，文献[48]考虑采用文献[49]的形式，即次要用户所获得的效用：

$$U(\mathbf{b})=\sum_{i=1}^{N} b_i k_i^{(s)}-\left(\sum_{i=1}^{N} b_i^2+2\nu\sum_{i\neq j} b_i b_j\right)/2-\sum_{i=1}^{N} p_i b_i \tag{7.3.1}$$

其中 $\mathbf{b}$ 是来自所有主要业务的共享频谱大小的向量，即 $\mathbf{b}=[b_1\cdots b_i\cdots b_N]$，$p_i$ 是主要业务 i 提供的价格(N 是主要业务的总数，如频谱卖方)。在式(7.3.1)中，$k_i^{(s)}$ 表示次要用户使用主要业务 i 所拥有的频谱 $\mathcal{F}_i$ 进行无线传输的频谱效率。

该效用函数通过参数 ν ($0.0\leqslant\nu\leqslant1.0$)考虑频谱可替代性。也就是说，如果次要用户使用多接口网络适配器，则可以根据提供的价格自由切换频谱。当 $\nu=0.0$ 时，次要用户不能在频谱之间切换；而对于 $\nu=1.0$，次要用户可以自由地在工作频谱之间切换。

次要业务频谱 $\mathcal{F}_i$ 的需求函数可以由 $\partial U(\mathbf{b})/\partial b_i = 0$ 得到，即

$$\mathcal{D}_i(\mathbf{p}) = \frac{\left(k_i^{(s)} - p_i\right)[\nu(N-2)+1] - \nu\sum_{i\neq j}\left(k_j^{(s)} - p_j\right)}{(1-\nu)[\nu(N-1)+1]} \tag{7.3.2}$$

其中 $\mathbf{p}$ 表示市场上所有主要业务提供的价格向量(即 $\mathbf{p} = [p_1 \cdots p_i \cdots p_N]^{\mathrm{T}}$)。式(7.3.2)给出的需求函数可以表示成: $\mathcal{D}_i(\mathbf{p}) = D_1(\mathbf{p}_{-i}) - D_2 p_i$，其中 $\mathbf{p}_{-i}$ 表示除服务 i 外的所有主要业务的价格向量，对于给定的 $\mathbf{p}_{-i}$，当 $i \neq j$ 时，$D_1(\mathbf{p}_{-i})$ 和 D_2 都是常量，即

$$D_1(\mathbf{p}_{-i}) = \frac{k_i^{(s)}[\nu(N-2)+1] - \nu\sum_{i\neq j}\left[k_j^{(s)} - p_j\right]}{(1-\nu)[\nu(N-1)+1]}$$

$$D_2 = \frac{[\nu(N-2)+1]}{(1-\nu)[\nu(N-1)+1]} \tag{7.3.3}$$

主要业务的收入和成本函数　对于主要业务，主要用户和次要用户有两个收入来源。另外，由于与次要业务共享无线电频谱，因此涉及作为活跃主要用户 QoS 下降的函数的成本。假设主要用户在保证一定带宽的情况下以固定的费率付费。然而，如果不能提供所需的带宽，则主要业务就会为主要用户提供“折扣”，这被视为与次要业务共享频谱的成本。

令 $\mathcal{R}_i^l$ 表示从主要业务 i 服务的主要用户获得的收入，$\mathcal{R}_i^s$ 表示与次要用户共享频谱获得的收入，$\mathcal{C}_i$ 表示由于主要用户的 QoS 下降所造成的成本。那么，收入和成本函数如下：

$$\begin{aligned} \mathcal{R}_i^s &= p_i b_i \\ \mathcal{R}_i^l &= c_1 M_i \\ \mathcal{C}_i(b_i) &= c_2 M_i \left[B_i^{\text{req}} - k_i^{(p)}(W_i - b_i)/M_i\right]^2 \end{aligned} \tag{7.3.4}$$

其中 b_i 和 p_i 分别表示与次要业务共享的频谱大小和相应的价格，c_1 和 c_2 分别表示主要业务的收入和成本函数的不变权重。这里，B_i^{req} 表示每个用户的带宽需求，W_i 表示频谱大小，M_i 表示活跃主要用户的数量，$k_i^{(p)}$ 表示主要业务 i 的无线传输的频谱效率。注意，主要用户的收入是活跃用户数量的线性函数，而来自次要用户的收入是频谱价格的共享频谱大小的线性函数。该成本与带宽需求和分配给主要用户带宽的差的平方成正比。

市场均衡定价模型的解决方案　对于每个主要业务，可以基于利润最大化问题推导出频谱供给函数。该优化问题的解决方案是对于给定的价格 p_i，求出与次要业务共享的最优频谱大小 b_i。基于收入(如 $\mathcal{R}_i^l$ 和 $\mathcal{R}_i^s$)和成本(如 $\mathcal{C}_i$)，拥有频谱 $\mathcal{F}_i$ 的特定主要业务 i 的利润 $\mathcal{P}_i$ 如下：

$$\mathcal{P}_i = p_i b_i + c_1 M_i - c_2 M_i \left[B_i^{\text{req}} - k_i^{(p)}(W_i - b_i)/M_i\right]^2 \tag{7.3.5}$$

为了获得要共享的最优频谱，将利润函数关于 b_i (当 p_i 给定时)求导，即

$$\frac{\partial \mathcal{P}_i}{\partial b_i} = 0 = -p_i + 2c_2 M_i \left(B_i^{\text{req}} - k_i^{(p)} \frac{W_i - b_i}{M_i}\right)\frac{k_i^{(p)}}{M_i} \tag{7.3.6}$$

频谱供给可由 b_i^* 的最优值给出，它是价格 p_i 的函数。供给函数可表示为

$$\mathcal{S}_i(p_i) = W_i - M_i\left(B_i^{\text{req}} - p_i/2c_2 k_i^{(p)}\right)/k_i^{(p)} \tag{7.3.7}$$

市场均衡值(即解)定义为频谱供给等于频谱需求的价格 p_i^*，即

$$\mathcal{S}_i\left(p_i^*\right)=\mathcal{D}_i(\mathbf{p}^*),\ \forall i \tag{7.3.8}$$

其中向量 $\mathbf{p}^*=[\cdots p_i^* \cdots]^{\mathrm{T}}$ 表示所有主要业务的市场均衡价格。

竞争定价模型 主要业务之间的价格竞争可视为非合作博弈。博弈中的玩家为主要业务。每个玩家的策略即单位频谱的价格。每个主要业务 i 的收益 $\mathcal{P}_i$ 是由于向次要业务销售频谱而获得的个人利润。根据需求、收入和成本函数，每个主要业务的个人利润可以表示为 $\mathcal{P}_i(\mathbf{p})=\mathcal{R}_i^s+\mathcal{R}_i^l-\mathcal{C}_i$ ，其中 $\mathbf{p}$ 表示博弈中所有玩家提供的价格向量。

纳什均衡[50]是这个价格竞争的解决方案。在这种情况下，纳什均衡是通过使用最佳响应函数获得的，该函数是给定其他玩家策略时某一玩家的最佳策略。给定其他主要业务 $\mathbf{p}_{-i}$ 提供的价格向量，主要业务 i 的最佳响应函数为

$$\mathcal{B}_i(\mathbf{p}_{-i})=\arg\max_{p_i}\mathcal{P}_i(p_i,\ \mathbf{p}_{-i}) \tag{7.3.9}$$

向量 $\mathbf{p}^*=[\cdots p_i^* \cdots]^{\mathrm{T}}$ 表示此价格竞争博弈的纳什均衡值，其中

$$p_i^*=\mathcal{B}_i\left(\mathbf{p}_{-i}^*\right),\ \forall i \tag{7.3.10}$$

$\mathbf{p}_{-i}^*$ 表示当 $j\neq i$ 时玩家 j 的最佳响应向量。从数学角度来看，为了获得纳什均衡，需要解一组方程：$\partial\mathcal{P}_i(\mathbf{p})/\partial p_i=0$（对于所有的 i）。在这种情况下，将单个利润函数中的共享带宽 b_i 的大小替换为频谱需求 $\mathcal{D}_i(\mathbf{p})$，则利润函数可表示为

$$\mathcal{P}_i(\mathbf{p})=p_i\mathcal{D}_i(\mathbf{p})+c_1M_i-c_2M_i\left(B_i^{\mathrm{req}}-k_i^{(p)}[W_i-\mathcal{D}_i(\mathbf{p})]/M_i\right)^2 \tag{7.3.11}$$

然后，根据 $\partial\mathcal{P}_i(\mathbf{p})/\partial p_i=0$ ，我们得到

$$0=2c_2k_i^{(p)}D_2\left(B_i^{\mathrm{req}}-k_i^{(p)}\frac{W_i-[D_1(\mathbf{p}_{-i})-D_2p_i]}{M_i}\right)+D_1(\mathbf{p}_{-i})-2D_2p_i=0 \tag{7.3.12}$$

根据式(7.3.2)，我们引入了关系式 $\mathcal{D}_i(\mathbf{p})=D_1(\mathbf{p}_{-i})-D_2p_i$ 。

当式(7.3.12)中的所有参数已知时，纳什均衡解 p_i^* 可以通过解上述线性方程得到。然后，在纳什均衡下给出价格向量 $\mathbf{p}^*$ ，由频谱需求函数 $\mathcal{D}_i(\mathbf{p}^*)$ 得到共享带宽的大小。

合作定价模型 在这种情况下提出了一个优化问题，以获得最优价格，为所有主要业务提供最高的总利润(有时称为社会福利)这个优化问题可表示为

$$\begin{aligned}&\text{maximize}\quad \sum_{i=1}^{N}\mathcal{P}_i(\mathbf{p})\\&\text{subject to}\quad W_i\geqslant b_i\geqslant 0\\&\qquad p_i\geqslant 0\end{aligned} \tag{7.3.13}$$

所有主要业务的总利润由 $\sum_{i=1}^{N}\mathcal{P}_i(\mathbf{p})$ 给出。由于式(7.3.13)中的限制条件可以写成 $W_i\geqslant\mathcal{D}(\mathbf{p})\geqslant 0$ ，利用拉格朗日乘子法，上式可表示为

$$\begin{aligned}\mathcal{L}(\mathbf{p})=&\sum_{i=1}^{N}\mathcal{P}_i(\mathbf{p})-\sum\nolimits_{i=1}^{N}\lambda_j(-p_j)\\&-\sum_{k=1}^{N}\mu_k\left[\mathcal{D}_k(\mathbf{p})-W_k\right]-\sum_{l=1}^{N}\sigma_l[-\mathcal{D}_l(\mathbf{p})]\end{aligned} \tag{7.3.14}$$

其中 λ_j、μ_k 及 σ_l 是式(7.3.13)中约束条件的拉格朗日乘子。利用 Kuhn-Tucker 条件，可得最优价格向量 $\mathbf{p}^*$，从而使所有主要业务的总利润最大化。

7.3.3　分布式解决方案

7.3.3.1　市场均衡定价

在这种情况下，逐渐调整每个主要业务提供的价格，以尽量减少频谱需求和供应之间的差异。频谱初始价格为 $p_i[0]$，将该价格发送到次要业务。次要业务以频谱 $\mathcal{F}_i$ 的需求函数 $\mathcal{D}_i(\mathbf{p}[t])$ 计算的频谱需求大小进行回复。然后，主要业务计算所提供频谱 $\mathcal{S}_i(p_i[t])$ 的大小。在下一次迭代中获得价格，计算 t 时刻的频谱需求与供给之间的差异，以学习率 α_i 加权，并加上当前迭代中的价格。重复该过程，直到当前迭代 t 和下一次迭代 $t+1$ 的价格之差小于阈值 ε（例如 $\varepsilon=10^{-5}$）。每次迭代的价格调整可表示为

$$p_i[t+1]=p_i[t]+\alpha_i[\mathcal{D}_i(\mathbf{p}[t])-\mathcal{S}_i(p_i[t])] \tag{7.3.15}$$

其中 $\mathbf{p}[t]$ 是迭代 t 的价格向量，即 $\mathbf{p}[t]=(p_1[t]\cdots p_i[t]\cdots p_N[t])^{\mathrm{T}}$。

竞争定价　该定价模型的解决方案由纳什均衡给出，这是因为我们假设主要业务不知道竞争对手的价格。每个主要业务只能使用来自次要业务的本地信息和频谱需求信息来调整其策略。频谱价格初始化为 $p_i[0]$，并将该价格发送到次要业务。次要业务响应频谱需求的大小。此外，主要业务估计边际个人利润，并将其与频谱需求信息一起使用，以便在下一次迭代中计算频谱价格。当前和下一次迭代的价格之间的关系如下：

$$p_i[t+1]=p_i[t]+\alpha_i(\partial\mathcal{P}_i(\mathbf{p}[t])/\partial p_i[t]) \tag{7.3.16}$$

其中 α_i 是学习率。

令 $\mathbf{p}_{-i}[t]$ 表示在迭代 t 除业务 i 外的所有主要业务的价格向量。为了估计边际个人利润，主要业务可以观察价格 ξ 中微小变化的边际频谱需求，即

$$\partial\mathcal{P}_i(\mathbf{p}[t])/\partial p_i[t]\approx[\mathcal{P}_i(\cdots p_i[t]+\xi\cdots)-\mathcal{P}_i(\cdots p_i[t]-\xi\cdots)]/2\xi \tag{7.3.17}$$

注意，分布式竞争定价算法不需要主要业务之间的通信。

合作定价　在这种情况下，所有主要业务的总利润最大化。再次，假设主要业务知道到来自次要业务的频谱需求的变化。此外，为了实现最高的利润总额，主要业务可以相互交换当前利润的信息。频谱价格初始化为 $p_i[0]$，然后将其发送到次要业务。次要业务响应频谱需求的大小。此外，主要业务估计边际个人利润，并将其与频谱需求信息一起使用，以便在下一次迭代中计算频谱价格。当前和下一次迭代的价格之间的关系如下：

$$p_i[t+1]=p_i[t]+\alpha_i\left(\left[\partial\sum_{j=1}^{N}\mathcal{P}_j(\mathbf{p}[t])\right]/\partial p_i[t]\right) \tag{7.3.18}$$

类似于式(7.3.17)，为了估计边际总利润，在主要业务上可以观察到价格 ξ 的微小变化下的边际总利润(例如，通过所有主要业务之间的信息交换)，即

$$\begin{aligned}&\left(\left[\partial\sum_{j=1}^{N}\mathcal{P}_j(\mathbf{p}[t])\right]/\partial p_i[t]\right)\approx\\&\left[\sum_{j=1}^{N}\mathcal{P}_j(\cdots p_i[t]+\xi\cdots)-\sum_{j=1}^{N}\mathcal{P}_j(\cdots p_i[t]-\xi\cdots)\right]/2\xi\end{aligned} \tag{7.3.19}$$

为了在上述每个定价方案中获得解决方案，需要信令协议进行信息的交换。

7.3.4 分布式定价模型的稳定性

分布式定价算法可以由离散时间线性控制系统表示，可以使用经典控制理论技术来分析算法的行为(例如，使用 Lyapunov 函数的稳定性分析[51])。

由式(7.3.15)、式(7.3.16)或式(7.3.18)定义的总体控制系统可表示为

$$\mathbf{p}[t+1] = \mathbf{Gp}[t] + \mathbf{H}u \tag{7.3.20}$$

其中 u 表示单位输入。令 $G_{i,j}$ 表示矩阵 $\mathbf{G}$ 的 i 行和 j 列的元素，H_i 表示向量 $\mathbf{H}$ 在 i 行处的元素。在具有两个主要业务市场的均衡定价的情况下，这些元素可以由如下表达式给出：

$$G_{i,i} = 1-\alpha_i\left[\frac{1}{1-\nu^2}+\frac{M_i}{2c_2\left(k_i^{(p)}\right)^2}\right] \tag{7.3.21}$$

$$G_{i,j} = \frac{\alpha_i\nu}{1-\nu^2},\quad i\neq j \tag{7.3.22}$$

$$H_i = \alpha_i\left[\frac{k_i^{(s)}-\nu k_j^{(s)}}{1-\nu^2}-W_i+\frac{M_iB_i^{\text{req}}}{k_i^{(p)}}\right] \tag{7.3.23}$$

对于分布式竞争定价算法，频谱价格由学习率加权的边际个人利润确定。这种边际个人利润是当前迭代中所有主要业务的价格的线性函数。式(7.3.20)中系数矩阵 $\mathbf{G}$ 和 $\mathbf{H}$ 的元素可定义为

$$G_{i,i} = 1-\alpha_i\left[\frac{2c_2\left(k_i^{(p)}\right)^2}{M_i(1-\nu^2)^2}+\frac{2}{1-\nu^2}\right] \tag{7.3.24}$$

$$G_{i,j} = \frac{\alpha_i\nu}{1-\nu^2}\left[1+\frac{2c_2\left(k_i^{(p)}\right)^2}{M_i(1-\nu^2)}\right],\quad i\neq j \tag{7.3.25}$$

$$H_i = \alpha_i\left(\frac{k_i^{(s)}-\nu k_j^{(s)}}{1-\nu^2}+\frac{2c_2k_i^{(p)}}{1-\nu^2}\left[B_i^{\text{req}}-\frac{k_i^{(p)}W_i}{M_i}+\frac{k_i^{(p)}k_i^{(s)}}{M_i(1-\nu^2)}-\frac{k^{(p)}\nu k_j^{(s)}}{M_i(1-\nu^2)}\right]\right) \tag{7.3.26}$$

对于分布式合作定价算法，频谱价格由学习率加权的边际总利润确定。 这种边际总利润是当前迭代中所有主要业务的价格的线性函数。系数矩阵 $\mathbf{G}$ 和 $\mathbf{H}$ 的元素可定义为

$$G_{i,i} = 1-\alpha_i\left[\frac{2c_2\left(k_i^{(p)}\right)^2}{M_i(1-\nu^2)^2}+\frac{2}{1-\nu^2}-\frac{2c_2\left(k_j^{(p)}\right)^2}{M_j(1-\nu^2)^2}\right] \tag{7.3.27}$$

$$G_{i,j} = \frac{\alpha_i\nu}{1-\nu^2}\left[1+\frac{2c_2\left(k_i^{(p)}\right)^2}{M_i(1-\nu^2)}+\frac{2c_2\left(k_j^{(p)}\right)^2}{M_j(1-\nu^2)}\right]$$

$$H_i = \alpha_i\left(\frac{k_i^{(s)}-\nu k_j^{(s)}}{1-\nu^2}+\frac{2c_2k_i^{(p)}}{1-\nu^2}\left[B_i^{\text{req}}-\frac{k_i^{(p)}W_i}{M_i}+\frac{k_i^{(p)}k_i^{(s)}}{M_i(1-\nu^2)}-\frac{k^{(p)}\nu k_j^{(s)}}{M_i(1-\nu^2)}\right]\right. \tag{7.3.28}$$

$$\left.-\frac{2c_2\nu k_j^{(p)}}{1-\nu^2}\left[\left(B_j^{\text{req}}-\frac{k_j^{(p)}W_j}{M_j}+\frac{k_j^{(p)}k_j^{(s)}}{M_j(1-\nu^2)}-\frac{k_j^{(p)}\nu k_i^{(s)}}{M_j(1-\nu^2)}\right)\right]\right)$$

分布式定价算法的稳定性在很大程度上取决于学习率(即如果学习率很大，价格适应波动，那么算法可能无法给出解决方案)。分析这些分布式算法的稳定性的一种方法是考虑式(7.3.15)、式(7.3.16)和式(7.3.18)中自映射函数的雅可比矩阵的特征值。根据定义，当且仅当特征值 e_i 都在复平面的单位圆内(即 $|e_i|<1$)时，自映射函数是稳定的。

对于具有两个主要业务的分布式市场均衡定价算法，其雅可比矩阵如下：

$$\mathbf{J}=\begin{Vmatrix}\partial p_1[t+1]/\partial p_1[t] & \partial p_1[t+1]/\partial p_2[t]\\ \partial p_2[t+1]/\partial p_1[t] & \partial p_2[t+1]/\partial p_2[t]\end{Vmatrix}=\begin{Vmatrix}J_{1,1} & J_{1,2}\\ J_{2,1} & J_{2,2}\end{Vmatrix} \tag{7.3.29}$$

其中

$$J_{1,1}=1-\alpha_1\left(\frac{1}{1-\nu^2}+\frac{M_1}{2c_2\left[k_1^{(p)}\right]^2}\right);\quad J_{1,2}=\frac{\alpha_1\nu}{1-\nu^2}$$

$$J_{2,1}=\frac{\alpha_2\nu}{1-\nu^2};\qquad J_{2,2}=1-\alpha_2\left(\frac{1}{1-\nu^2}+\frac{M_2}{2c_2\left[k_2^{(p)}\right]^2}\right)$$

由于雅可比矩阵既不是对角线的也不是三角形的，因此得到特征值的特征方程如下：

$$(e_1,e_2)=\frac{(J_{11}+J_{22})\pm\sqrt{4J_{12}J_{21}+(J_{11}-J_{22})^2}}{2}$$

对于分布式竞争定价，雅可比矩阵的元素为

$$J_{1,1}=1-\alpha_1\left(\frac{2}{1-\nu^2}+\frac{2c_2}{M_1[1-\nu^2]^2}\right);\quad J_{1,2}=\alpha_1\left(\frac{\nu}{1-\nu^2}+\frac{2c_2\upsilon}{M_1[1-\nu^2]^2}\right)$$

$$J_{2,1}=\alpha_2\left(\frac{\nu}{1-\nu^2}+\frac{2c_2\upsilon}{M_2[1-\nu^2]^2}\right);\qquad J_{2,2}=1-\alpha_2\left(\frac{2}{1-\nu^2}+\frac{2c_2}{M_2[1-\nu^2]^2}\right)$$

对于分布式合作定价，雅可比矩阵的元素为

$$J_{1,1}=1-\alpha_1\left(\frac{2}{1-\nu^2}+\frac{2c_2}{M_1[1-\nu^2]^2}+\frac{2c_2\nu^2}{M_2[1-\nu^2]^2}\right)$$

$$J_{1,2}=\alpha_1\left(\frac{2\nu}{1-\nu^2}+\frac{2c_2\upsilon}{M_1[1-\nu^2]^2}+\frac{2c_2\upsilon}{M_2[1-\nu^2]^2}\right)$$

$$J_{2,1}=\alpha_2\left(\frac{\nu}{1-\nu^2}+\frac{2c_2\upsilon}{M_2[1-\nu^2]^2}+\frac{2c_2\upsilon}{M_1[1-\nu^2]^2}\right)$$

$$J_{2,2}=1-\alpha_2\left(\frac{2}{1-\nu^2}+\frac{2c_2}{M_2[1-\nu^2]^2}+\frac{2c_2\nu^2}{M_1[1-\nu^2]^2}\right)$$

图 7.3.1 给出了具有两个主要业务(索引为 1 和 2)和一组次要用户的系统的总利润。每个主要业务可用的总频谱为 W_i= 20 MHz。每个主要业务服务的主要用户的数量设置为 $M_1=M_2=10$。频谱效率可从文献[52]得到，即 $k=\log(1+K\gamma)$，$K=3/2\ln(0.2/\mathrm{BER}^{\mathrm{tar}})$，其中 γ 是信噪比(SNR)，$\mathrm{BER}^{\mathrm{tar}}$ 是目标误码率。次要用户的目标误码率为 $\mathrm{BER}^{\mathrm{tar}}=10^{-4}$。每个主要用户的带宽要求是

2 Mbps(即 $B_i^{\text{req}}=2$)，$c_1=5$ 和 $c_2=10$。次要用户的信道质量(即接收机的 SNR)在 9~22 dB 之间变化。频谱可替代因子为 $v=0.7$。对于分布式定价算法，初始价格设置为 $p_1[0]=p_2[0]=1$。

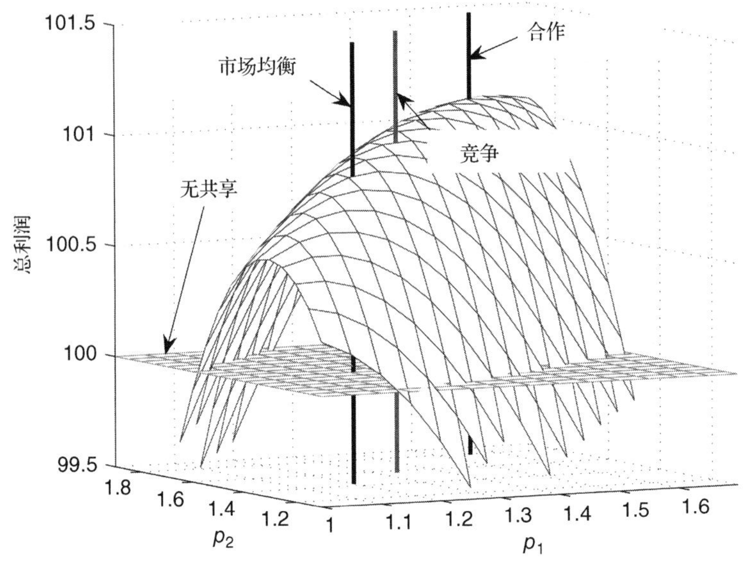

图 7.3.1 总利润与市场均衡、竞争和合作定价模型的解决方案(资料来源：Niyato 2008[48]，经 IEEE 允许复制)

7.4 序列频谱共享

在本节中，我们考虑动态频谱接入(或认知无线电)环境中序列频谱共享的问题。在该系统模型中，许可业务(主要业务)可以将其可用频谱共享/销售给未许可业务(次要业务)，并且此无授权服务可以将其分配的频谱共享/出售给其他业务(三级业务和四级业务)。序列频谱共享问题在文献[53]中作为微观经济学使用的相互关联的市场模型，在主要、次要、三级和四级业务中建立了多层次的市场。按照文献[53]的思路，我们将在本节使用需求和供给函数的概念，以实现所有业务满足分配的频谱量和价格的均衡。这些需求和供给函数是基于使用不同业务(即主要、次要、三级和四级业务)连接的效用而导出的。针对在全局信息不可用的系统中序列频谱共享模型的分布式实现，我们提出了迭代算法，通过该算法，每个业务适应其策略而达到均衡。我们使用上一节介绍的类似方法分析了这些算法的系统稳定性条件。

7.4.1 序列频谱共享和相关市场模型

下面考虑一种具有单一业务的无线系统，该系统为 N_P 个本地活动连接提供业务。此外，该业务与服务 N_S 个本地连接的次要业务共享大小为 W 的总频谱。在这种情况下，主要业务以 P_1(一级市场的价格)向次要业务收取费用。此外，分配给次要业务的频谱可以由服务 N_T 个本地连接的三级业务共享。次要业务以 P_2(二级市场价格)向三级业务收取费用。另外，三级业务与服务 N_Q 个本地连接的四级业务共享其分配的频谱。

假设不同业务中的所有连接以时隙方式共享带宽。对于价格的设置，上级业务(频谱供应商)将协商下级业务(频谱消费者)共享的频谱价格和频谱数量。重复这种协商，直到所有级别的业务满足相互关联的市场均衡的解决方案。

在经济学中，文献[54]引入前面提到的供求模式来描述和研究供应商与消费者之间在产品供应量和单价方面的市场行为。供给函数决定了供应商向市场提供的产品数量，而需求函数则根据市场价格给出消费者愿意购买的产品数量。一般来说，供给量是价格的递增函数。当价格较高时，供应商可以获得更高的收入。另一方面，需求是价格的递减函数。当市场价格上涨时，产品对消费者的效用或价值将因成本上涨而降低。因此，市场的价格定位对供应商和消费者都有着重要的作用。虽然供应商偏向于较高的价格，但消费者更喜欢较低的价格。供应商和消费者之间需要就产品的定价和供货数量进行协商，以确保两者都满意。在 7.3 节中，这种现象称为市场均衡。

在某种情况下，一个市场的均衡会影响其他市场的均衡，这种情况通常称为相互关联的市场[55]。这种相互关联的市场模型可以用于分析动态频谱接入网络中的序列频谱共享。一级市场可以在主要业务和次要业务之间建立，二级市场在次要业务和三级业务之间建立，等等。在这种情况下，一级市场共享的价格和频谱数量将影响二级市场。需要确定分配的带宽的价格和数量，以便满足所有业务（主要、次要、三级和四级业务）的均衡。供应商的供给函数和消费者的需求函数在每个层次上都是从效用函数中得出的。特别是，在给定价格的情况下，供应商/消费者将提供/请求频谱数量，以便使相应的效用最大化。

作为示例，该模型可用于解决多跳网格网中的频谱共享问题。在相关市场模型中，路径上的每一跳都对应于给定的层次。

序列频谱共享市场各个层次的产品都是无线电频谱。在上述相关市场模型的不同层次上，基于分配的频谱的效用函数，可以分别得到供应商和消费者的带宽供给函数和需求函数。

选择效用函数来表示用户满意度作为频谱/带宽（或传输速率）B 的函数[56]：

$$\mathcal{U}(B)=\ln(B)+d \tag{7.4.1}$$

其中 d 是常量（例如 $d=1$）。注意，这个函数是一个凹函数，随着带宽的增加，用户满意度水平达到饱和。

主要业务的供给函数建立在主要业务利润最大化的基础之上。对于一级市场，主要业务的利润来自本地连接的效用和向次要业务销售带宽的收入。将一级市场中供应商的利润函数定义为

$$\pi_P=\sum_{i=1}^{N_P}\mathcal{U}(B_{P,i})+P_1B_S=N_P\ln[(W-B_S)/N_P]+N_Pd+P_1B_S \tag{7.4.2a}$$

其中 P_1 是主要业务向一级市场的次要业务收取的价格，W 为带宽总量，B_S 为与次要业务共享的带宽，$B_{P,i}$ 为分配给主要业务服务的本地连接 i 的带宽，N_P 为本地连接的数量。为了计算提供的带宽（即对于给定价格，主要业务愿意与次要业务共享的带宽量），我们将该利润函数关于 B_S 进行微分，得到 $\partial\pi_P/\partial B_S=0=-N_P/(W-B_S)+P_1$。因此，主要业务利润最大化的一级市场中给定价格 P_1 的供给函数可以表示为 $S_1=B_S=W-N_P/P_1$。

注意，在同构情况下，给主要业务上的不同本地连接分配相同的带宽，因此分配给每个本地连接的带宽量为 $(W-B_S)/P_P$。然而，在异构情况下，其表达式为

$$\begin{aligned}S_1&=W-\sum_{i=1}^{N_P}B_{P,i}^*\\B_{P,i}^*&=\arg\max_{B_{P,i}}\left(\sum_{i=1}^{N_P}\mathcal{U}(B_{P,i})+P_1\left[W-\sum_{i=1}^{N_P}B_{P,i}\right]\right)\end{aligned} \tag{7.4.2b}$$

需求函数是通过再次利用次要业务的本地连接的利润最大化概念而得到的。次要业务的利润函数定义为

$$\pi_S = \sum_{j=1}^{N_S} \mathcal{U}\left(B_{S,j}\right) - P_1 \sum_{j=1}^{N_S} B_{S,j} = N_S \ln(B_S/N_S) + N_S d - P_1 B_S \tag{7.4.3}$$

其中 B_S 表示分配给次要业务的总带宽，$B_{S,j}$ 是分配给次要业务中的本地连接 j 的带宽，N_S 是本地连接的数量。对于一级市场的 P_1，次要业务的需求函数为 $D_1 = B_S = N_S/P$。

如果次要业务与三级业务共享分配的带宽，则该需求函数将包括来自二级市场的三级业务的带宽需求 D_2，并且可以定义为 $D_1 = N_S/P + D_2$。

在异构情况下，次要业务的不同本地连接被分配不同的带宽量。需求函数的定义如下：

$$D_1 = \sum_{j=1}^{N_S} B_{S,j}^*$$

其中

$$B_{S,j}^* = \arg\max_{B_{S,j}} \left(\sum_{j=1}^{N_S} \mathcal{U}\left(B_{S,j}\right) - P_1 \sum_{j=1}^{N_S} B_{S,j} \right)$$

三级业务与二级市场中的次要业务共享带宽的需求函数可以用类似的方法得到，可以表示为 $D_2 = N_T/P_2 + D_3$，其中 P_2 是二级市场的价格，N_T 是三级业务的本地连接的数量。在异构情况下，三级业务的需求函数可以按类似的方式得到。

四级业务也是如此，三级市场的带宽需求 D_3 可以表示为 $D_3 = N_Q / P_3$，其中 N_Q 是四级业务的本地连接的数量，P_3 是三级市场的价格。

二级市场、三级市场的供给函数　次要业务和三级业务为供应商，三级和四级业务为消费者。在这种情况下，次要业务和三级业务的带宽供给函数必须考虑到二级市场和三级市场中主要业务和次要业务的价格。对于二级市场，次要业务的利润是从本地连接的效用获得的收入加上出售带宽给三级业务的收入，再减去支付给主要业务的成本。该利润函数可以定义为

$$\pi_S{'} = \sum_{j=1}^{N_S} \mathcal{U}\left(B_{S,j}\right) + P_2 B_T - P_1 B_T = N_S \ln\left(\frac{B_S - B_T}{N_S}\right) + N_S d + P_2 B_T - P_1 B_T \tag{7.4.4}$$

其中 B_S 是分配给次要业务的带宽，B_T 是分配给三级业务的总带宽。请注意，在式(7.4.3)中，次要业务的利润函数仅针对一级市场计算。另一方面，在式(7.4.4)中，它只计算二级市场的利润。再次，为了区别于这个利润函数，次要业务的供给函数可以表示为 $S_2 = B_S - N_S/(P_2 - P)$。

在异构情况下，供给函数可以定义为 $S_2 = B_S - \sum_{j=1}^{N_S} B_{S,j}^*$，其中 $B_{S,j}^*$ 如下：

$$B_{S,j}^* = \arg\max_{B_{S,j}} \sum_{j=1}^{N_S} \mathcal{U}\left(B_{S,j}\right) + N_S d + (P_2 - P_1)\left(B_S - \sum_{j=1}^{N_S} B_{S,j}\right) \tag{7.4.5}$$

有了这个供给函数，随着二级市场价格 P_2 的增加，从次要业务到三级业务的带宽供给也随之增加。另一方面，当一级市场的价格 P_1 上涨时，次要业务以同样的价格 P_2 获得较低的利润。因此，随着 P_1 的增加，三级业务的带宽供给减少。对于三级市场，同样情况下三级业务的带

宽供给函数可以表示为 $S_3 = B_T - N_T/(P_3 - P)$。

对于异构情况，有 $S_3 = B_T - \sum_{k=1}^{N_T} B_{T,k}^*$ 成立，其中 $B_{T,k}^*$ 如下：

$$B_{T,k_{B_{Tk}}}^* = \arg\max_{B_{T,k}} \sum_{k=1}^{N_T} \mathcal{U}(B_{T,k}) + N_T d + (P_3 - P_2)\left(B_T - \sum_{k=1}^{N_T} B_{T,k}\right) \quad (7.4.6)$$

其中，$B_{T,k}$ 是分配给三级业务的连接 k 的带宽。

均衡定义了产品数量和价格设定，使得需求量等于供给量。换句话说，买方购买所有提供的带宽。对于一级市场，我们可以从 $S_1 = D_1$ 获得这样的均衡：$W - N_P/P = N_S/P_1 + B_S$。对于二级市场，可以从 $S_2 = D_2$ 获得均衡: $B_S - N_S/(P_2 - P) = N_T/P_2 + B_T$，其中 $D_2 = B_S$。对于三级市场，根据 $S_3 = D_3$，我们有 $B_T - N_T/(P_3 - P) = N_Q/P_3$。

基于上述模型，当市场上所有关于带宽需求和价格的信息都可用时，可以按照集中的方式获得均衡。然而，这在实际系统中可能并不现实。在实际市场中，这种均衡是通过供应商和消费者之间的协商反复获得的。特别是在一个相互关联的市场模型中，一级市场的谈判会影响二级市场的决策，依次类推。因此，我们提出迭代算法来实现这一均衡。

7.4.2　迭代协商算法

在具有层次结构的动态频谱共享系统中，由于每个业务之间没有彼此的完整信息，带宽的共享和定价不能即时确定。因此，每个业务都必须通过观察供应商价格的自适应性和消费者的带宽需求来学习，从而调整策略。在本节中，参照文献[53]，基于“天真”期望和自适应期望的概念，我们研究了两种价格自适应迭代算法，以达到均衡。在经济学中，市场实体的期望是基于其对现有信息的信念，而期望影响其如何适应策略达到预期目标。例如，供应商可能会认为，未来的需求将与上一次观察结果(称为“天真”期望)相同。或者，供应商可能认为，未来的需求将与现在和以前的需求(自适应期望)不同，因此价格需要逐步调整到适当的方向来达到均衡。

虽然这些算法的自适应基础是不同的，但是可以使用相同的协商机制。首先，供应商向消费者出示价格(例如，主要业务将单位带宽的价格提交给一级市场的次要业务)。然后，消费者确定带宽需求并将该信息提交给供应商。在收到需求(请求的带宽)后，供应商再次确定价格以最大化其利润，并将该价格回馈给消费者。这两种算法都会迭代，直至达到均衡。供应商的迭代算法显示在算法 7.4.1 中，其中 ϵ 是停止迭代的阈值。

算法 7.4.1　供应商的迭代算法

1. 初始化价格 $P_m[0]$，$t=0$。
2. 重复上述步骤。
3. 向消费者提交 $P_m[t]$。
4. 等待消费者的带宽需求。
5. $P_m[t+1] = \mathcal{F}(P_m[t])$ {利用函数 $\mathcal{F}(P_m[t])$ 更新价格}。
6. $|P_m[t+1] - P_m[t]| < \epsilon$ 时停止迭代。

对于上述迭代算法，需要在每次迭代期间发送两个消息，一个是来自供应商的价格消息，另一个是来自消费者的带宽需求。

基于“天真”期望的迭代算法　我们首先考虑“天真”期望的情况[57]，其中供应商坚信从消费者那里收到的需求信息，并假设下一次的需求量将保持不变。因此，根据供给函数直接调整价格(价格由反向供给函数确定)。在这种情况下，供应商在一级、二级、三级市场的价格按如下表达式进行调整：

$$P_1[t+1]=N_P/(W-N_S/P_1[t]-N_T/P_2[t]-N_Q/P_3[t])$$
$$P_2[t+1]=N_S/(S_1[t]-N_T/P_2[t]-N_Q/P_3[t])+P_1[t]$$
$$P_3[t+1]=N_T/(S_2[t]-N_Q/P_3[t])+P_2[t]$$

根据消费者的带宽需求(例如，一级市场的次要业务的带宽需求)，供应商决定此时的价格(根据 $S_1[t+1]=D_1[t]$ 确定 $P_1[t+1]$)。

然后，供应商将价格反馈给消费者。根据给定的价格，消费者使用需求函数(根据给定 $P_1[t+1]$ 的 $D_1[t+1]$)来确定新的带宽需求。然后，将带宽需求提交给供应商。该算法重复进行，直到两次连续迭代中的价格差小于阈值 ϵ (如 $\epsilon=10^{-4}$)时为止。

基于这种价格调整方式，当 $t\to\infty$ 时，可以在稳定状态下达到均衡。我们使用局部稳定性分析来研究稳定性条件。在稳定状态下，我们有 $P_m[t+1]=\mathcal{F}(P_m[t])$，其中 $\mathcal{F}(\cdot)$ 是 $m=1,2,3$ 的市场价格 P_m 的自映射函数。在这种情况下，我们评估不动点 P_m^* (它是均衡价格)的稳定性。根据前面已经使用的局部稳定性分析理论，如果雅可比矩阵的特征值都在复平面的单位圆内，则所考虑的系统是稳定的。雅可比矩阵 $\mathbf{J}$ 的行 i 和列 i' 的元素 $J_{i,i'}$ 可由下式获得

$$\begin{aligned}
J_{1,1}&=\left(P_1^*W-N_S-N_TP_1^*/P_2^*-N_QP_1^*/P_3^*\right)N_P\\
&\quad-N_PP_1^*\left(W-N_T/P_2^*-N_Q/P_3^*\right)/\\
&\quad\left(WP_1^*-N_S-N_T/P_1^*-N_QP_1^*\right)^2\\
J_{1,2}&=\left(P_2^*W-N_SP_2^*/P_1^*-N_T-N_QP_2^*/P_3^*\right)N_P\\
&\quad-N_PP_2^*\left(W-N_S/P_1^*-N_Q/P^*3\right)/\\
&\quad\left(P_2^*W-N_SP_2^*/P_1^*-N_T-N_QP_2^*/P_3^*\right)^2\\
J_{1,3}&=\left(WP_3^*-N_SP_3^*/P_1^*-N_TP_3^*/P_1^*-N_Q\right)N_P\\
&\quad-N_PP_3^*\left(W-N_S/P_1^*-N_T/P_2^*\right)/\\
&\quad\left(WP_3^*-N_SP_3^*/P_1^*-N_TP_3^*/P_1^*-N_Q\right)^2\\
J_{2,1}&=1\\
J_{2,2}&=\frac{\left(S_1^*P_2^*-N_T-N_QP_2^*/P_3^*\right)N_S-N_SP_2^*\left(S_1^*-N_Q/P_3^*\right)}{\left(S_1^*P_2^*-N_T-N_QP_2^*/P_3^*\right)^2}\\
J_{2,3}&=\frac{\left(S_1^*P_3^*-N_TP_3^*/P_2^*-N_Q\right)N_S-N_SP_3^*\left(S_1^*-N_T/P_2^*\right)}{\left(S_1^*P_3^*-N_TP_3^*/P_2^*-N_Q\right)^2}\\
J_{3,1}&=0,\ j_{3,2}=1\\
J_{3,3}&=\frac{\left(S_2^*P_3^*-N_Q\right)N_T-N_TP_3^*\left(S_2^*\right)}{\left(S_2^*P_3^*-N_Q\right)^2}
\end{aligned}\tag{7.4.7}$$

S_1^* 和 S_2^* 分别表示一级和二级市场的均衡带宽供给。

基于自适应期望的迭代算法 在这种情况下，市场中的实体根据先前和当前信息(例如，

带宽需求信息）来自适应调整其策略[58]。使用以前的信息是因为当前信息可能含有杂散信息，可能并不代表实际需求。特别地，当前迭代中的额外带宽需求及上一次迭代中的价格用于计算当前迭代中的价格。对于一级市场，主要业务随机选择一个初始价格 $P_1[0]$，并将其提交给次要业务。次要业务将带宽需求反馈给主要业务。主要业务将从次要业务接收的带宽需求减去带宽供给，以此来计算超额需求，即 $D_1[t]-S_1[t]$。如果带宽需求大于带宽供给，则供应商可以增加价格以获得更高的收入。相比之下，如果需求小于供应，则供应商必须降低此时的价格。这个超额需求由参数 α_m（即 m 级市场的学习率）加权，并加到先前的价格中。该算法重复进行，直到两次连续迭代中的价格差小于阈值 ϵ。时刻 t 的价格的迭代表达式如下：

$$P_1[t+1]=P_1[t]+\alpha_1(D_1[t]-S_1[t]) \tag{7.4.8}$$

其中 $S_1[t]=W-N_p/P_1[t]$，$D_1[t]=N_s/P_1[t]+D_2[t]$。

对于二级市场，次要业务根据超额需求和主要业务费用调整其向三级业务收取的价格 P_2，其表达式如下：

$$P_2[t+1]=P_2[t]+\alpha_2(D_2[t]-S_2[t]) \tag{7.4.9}$$

其中 α_2 为二级市场的学习率。类似地，对于三级市场中，有

$$P_3[t+1]=P_3[t]+\alpha_3\left(\frac{N_Q}{P_3[t]}-\left(S_2[t]-\frac{N_T}{P_3[t]-P_2[t]}\right)\right) \tag{7.4.10}$$

其中 α_3 为三级市场的学习率。

在自适应期望的条件下，学习率将对均衡的适应能力有显著影响。特别是，如果学习率大，供应商将主要依赖超额需求信息，这可能导致价格的波动，因此可能无法实现均衡。

再次，我们使用局部稳定性分析来研究稳定性条件并获得学习率的区间，从而获得稳定解（即均衡）。在这种情况下，雅可比矩阵的元素定义为

$$J_{1,1}=1-\alpha_1\left(\frac{N_S}{\left(P_1^*\right)^2}+\frac{N_P}{\left(P_1^*\right)^2}\right)$$

$$J_{1,2}=-\alpha_1\frac{N_T}{\left(P_2^*\right)^2}$$

$$J_{1,3}=-\alpha_1\frac{N_Q}{\left(P_3^*\right)^2}$$

$$J_{2,1}=-\alpha_2\left(\frac{N_P}{\left(P_1^*\right)^2}-\frac{N_S}{\left(P_2^*-P_1^*\right)^2}\right)$$

$$J_{2,2}=1-\alpha_2\left(\frac{N_T}{\left(P_2^*\right)^2}+\frac{N_S}{\left(P_2^*-P_1^*\right)^2}\right)$$

$$J_{2,3}=-\alpha_2\frac{N_Q}{\left(P_3^*\right)^2}$$

$$J_{3,1}=-\alpha_3\left(\frac{N_Q}{\left(P_3^*\right)^2}-\frac{N_S}{\left(P_2^*-P_1^*\right)^2}\right)$$

$$J_{3,2} = -\alpha_3 \left(\frac{N_S}{\left(P_2^* - P_1^*\right)^2} + \frac{N_T}{\left(P_3^* - P_2^*\right)^2} \right)$$
$$J_{3,3} = 1 - \alpha_3 \left(\frac{N_Q}{\left(P_3^*\right)^2} + \frac{N_T}{\left(P_3^* - P_2^*\right)^2} \right) \tag{7.4.11}$$

其中 P_1^*、P_2^* 和 P_3^* 分别是一级、二级和三级市场的均衡价格。再次说明，如果雅可比矩阵的特征值都在复平面的单位圆内，则该自适应过程将是稳定的。

7.5 数据计划交易

如今，许多因特网服务提供商(ISP)对用户的月度数据使用量设定了上限，并对超出上限的用户收取超额费用。基于文献[59, 60]，我们在本节研究二级数据市场，用户可以在其中买卖剩余的数据量。实际上，中国移动香港公司已经推出了类似的交易市场[69]。虽然与本章前面讨论的拍卖类似，但在用户提交买入和卖出数据的意义上，它与传统的双重拍卖的不同之处在于 ISP 作为买卖双方的中间商。在这里，我们讨论不同买方和卖方愿意在这个市场上出价的最优价格和数据量，然后为 ISP 提出一个用来匹配买方和卖方的算法[59, 60]。我们比较了不同 ISP 的目标匹配结果，得出了 ISP 在二级市场上获得更高收益的条件：尽管数据共享计划会使 ISP 在超额收费中损失一部分收益，但它可以向卖方收取管理费用，并且赚取买卖双方之间的差价。

目前，大多数 ISP 都试图通过向用户收取固定费用来限制数据的过度使用，该费用对应于一个月内最大数据量的使用量，称为月度数据上限[61]。当数据量使用超过上限时，用户需要支付高额的超额费用[62, 63]。然而，不同用户在一个月内使用的数据量是不同的：一些用户可能会使用相对较少的数据量，总是保持在数据上限之下；而其他用户可能经常由于超出本月其购买的数据上限，需要额外购买数据[64]。

共享数据计划在一定程度上缩小了异构数据使用量和固定数据上限之间的差异[65-68]。这样的计划允许多个用户和设备共享数据上限；因此，流量经常超额的用户可以通过与轻度数据使用用户共享一个上限来减少其数据超额的可能性，轻度数据使用用户将他们的一些数据量提供给了重度数据使用用户。然而，大多数用户只会与其直系亲属共享数据计划。如果所有家庭成员使用的数据量相似，那么他们使用的数据量可能仍然比他们的共享数据上限多得多或少得多[65]。

在 DNA 网络的概念中，为剩余部分支付的费用可以得到补偿，其中因特网信道用于中继附近其他用户的通信量，并为这种服务向这些用户收费[60]。虽然大多数用户不会将剩余的数据上限共享给陌生人，但可能会出售它。重度数据使用用户可以直接从其他轻度数据使用用户处购买额外的数据，从而避免向 ISP 支付高额的费用。然而，ISP 仍然需要参与这个二级数据市场，以确保用户账单中的交易数据不会超出上限(例如，确保买方不为其购买的数据支付超额费用)，并确保买方和卖方能够互相找到对方(例如，提供一个交易平台)。

在这个概念中，应该解决几个重要的问题：用户如何对数据定价，ISP 如何匹配买方与卖方？更重要的是，为什么 ISP 会提供这样的数据计划？在本节中，我们推导出最优的买方、卖方和 ISP 行为，并证明所有三方都可以从二级市场的选择中受益。

以前研究过的大多数数据拍卖旨在缓解网络拥塞[70-73]或应对频谱拍卖[74]。然而，频谱拍卖只是暂时的，与数据交易相比，其引入了不同的买卖双方激励机制。此外，频谱拍卖没有第三方中间商，这是更通用的电子商务和电力双重拍卖的特点[75-77]。

在这里，我们假设每个卖方（或买方）可以向二级市场提交自己的数据价格，其中包括其希望出售（或买入）的数据量和愿意接受（支付）的数据的单价。然后，ISP 将买方和卖方进行匹配。ISP 确定用户可以购买或出售的数据量时，买方将对所购买的数据按照自己的出价进行支付，同样，卖方也会收到根据自己的出价所收取的金额（买方支付的金额和卖方收取的金额之间的差价会交付给 ISP）。

7.5.1　用户买卖双方交易激励模型的建立

假设有 L 位需要购买数据的买方和 J 位需要出售剩余数据量的卖方。在本节中，我们将讨论卖方和买方如何选择各自的出价以最大化其效用，然后研究用户如何选择成为买方或卖方。由于不同的用户可以从他们的 ISP 购买不同的数据上限[62]，我们分别将买方 l 和卖方 j 的数据上限表示为 d_l^b 和 d_j^s。买方和卖方的最大剩余数据量分别表示为 o_l^b 和 o_j^s。因此，每个用户至少消耗的数据量为 $d_l^b - o_l^b$（买方）或 $d_j^s - o_j^s$（卖方）。其中，剩余数据量小于数据上限：$o_l^b \leqslant d_l^b$ 和 $o_j^s \leqslant d_j^s$。

买方 l 的出价定义为需要购买的数据量 b_l 和他愿意支付的价格 π_l。类似地，卖方 j 的出价定义为出售的数据量 s_j 及其对应的售价 σ_j。卖方收入的一部分要支付给 ISP 作为“管理费用”，剩下部分则作为卖方的收益。ISP 可以根据买卖双方的价格差异来赚取差价。卖方出价下限不应小于 ISP 对卖方收取的管理费用 ρ，该管理费用定义为卖方每售出单位数据量需支付给 ISP 的费用[9]。如果买方的出价 $\pi_l < \rho$，则卖方不接受此价格，因为 π_l 不足以支付管理费用，卖方将损失利益。卖方 j 的价格上限应小于 ISP 的单位数据的超额费用 p：如果卖方 j 的出价 $\sigma_j > p$，则买方不会向其购买数据，而会以价格 p 从 ISP 购买数据。

不考虑数据交易中的成本和收入，用户可以通过使用数据获得效用。利用 α-fair 效用函数对消耗数据量 c 的使用效用进行建模，其表达式为

$$V(c) = \theta c^{1-\alpha}/(1-\alpha) \tag{7.5.1}$$

其中 θ 为恒正的常量，表示使用效用的范围，同时取 $\alpha \in [0,1]$。用 (θ_j^s, α_j^s) 表示卖方 j 的参数，用 (θ_l^b, α_l^b) 表示买方 l 的参数。

卖方的最优出价　卖方可以在月底之前提交出价，并且他们并不清楚未来的月度数据使用情况。因此，我们假设卖方 j 的月度数据使用量为 c_j^s，是一个随机变量，其分布为 f。这种分布不仅取决于售出的数据量 s_j，还取决于用户在交易 d_j^s 之前的最大剩余数据量 o_j^s 和数据上限。第 j 个卖方售出数据量 s_j 的预期使用效用为 $\int_{d_j^s - o_j^s}^{d_j^s - s_j} V_j^s(c_j^s) f(c_j^s)\,\mathrm{d}c_j^s$。卖方的收入等于 $(\sigma_j - \rho)s_j$，因此第 j 个卖方在出售数据量 s_j 时的预期效用为

$$E\left(U_j^s | s_j\right) = \int_{d_j^s - o_j^s}^{d_j^s - s_j} V_j^s\left(c_j^s\right) f\left(c_j^s\right) \mathrm{d}c_j^s + \left(\sigma_j - \rho\right) s_j \tag{7.5.2}$$

应该注意的是，式(7.5.2)是价格 σ_j 的递增函数。因此，卖方总是出高价，以此来与买方匹配。给定 σ_j 和分布 f，卖方选择数据量 $s_j^*(\sigma_j) \in [0, o_j^s]$ 以最大化效用式(7.5.2)。虽然卖方有

可能无法售出他的所有数据，但为了实现效用最大化，s_j^*仍然是最优的：如果$E(U_j^s \mid s_j)$是凹函数，那么对于$s_j \in [0, s_j^*]$，$E(U_j^s \mid s_j)$在s_j中递增。因此，卖方总是将最大数据量投标至最优数量。

一些卖方只能使用最小化的数据量(即f是以$d_j^s - o_j^s$为中心的 delta 分布)。在这种情况下，$E(U_j^s \mid s_j)$在s_j中是线性的，卖方售出数据量为$s_j^* = o_j^s$。

其他卖方可能会在该月份使用其整个数据上限，也就是说，f是以$d_j^s - s_j$为中心的增量分布。在这种情况下，式(7.5.2)中的效用函数可以写成如下表达式：

$$E_\delta\left(U_j^s | s_j\right) = V_j^s\left(d_j^s - s_j\right) + \left(\sigma_j - \rho\right) s_j \tag{7.5.3}$$

所以，最优投标是$s_j^* = \max\{0, \min(o_j^s, d_j^s - [(\sigma_j - \rho)/\theta_j^s]^{-1/\alpha_j^s})\}$。

在大多数情况下，卖方的数据使用量处在这两个极端之间。文献[65]假设使用量服从$d_j^s - o_j^s$和$d_j^s - s_j$之间的均匀分布$f(c_j^s) = (o_j^s - s_j)^{-1}$。在这种情况下，文献[59]证明了$E(U_j^s \mid s_j)$是一个凹函数。则最优投标$s_j^*$满足如下表达式：

$$\left(o_j^s - s_j^\star\right)\left(\sigma_j - \rho\right) = V_j^s\left(d_j^s - s_j^\star\right) - \int_{d_j^s - o_j^s}^{d_j^s - s_j^\star} V_j^s\left(c_j^s\right) f\left(c_j^s\right) \mathrm{d}c_j^s \tag{7.5.4}$$

文献[59]使用算法 7.5.1 来求解式(7.5.4)中的s_j^*。

算法 7.5.1　卖方效用最大化

初始化$s(0) \in (0, o^s)$。

1．第j位卖方更新要出售的数据上限：

$$s_j(k+1) = o_j^s - V_j^s\left(d_j^s - s_j(k)\right) / \left(\sigma_j - \rho\right) + \int_{d_j^s - o_j^s}^{d_j^s - s_j(k)} V_j^s\left(c_j^s\right) f\left(c_j^s\right) \mathrm{d}c_j^s / \left(\sigma_j - \rho\right)$$

2．归一化$s_j(k+1)$：

$$s_j(k+1) \leftarrow \min\left\{ s_j(k+1), d_j^s - \left(\frac{\theta_j^s\left(d_j^s + \alpha_j^s o_j^s\right)}{2d_j^s(\sigma - \rho)}\right)^{\frac{1}{\alpha_j^s}} \right\}$$

如果$s_j^* \leqslant d_j^s - (\theta_j^s(1 + \alpha_j^s o_j^s / d_j^s) / [2(\sigma_j - \rho)])^{1/\alpha_j^s}$，该算法从任何初始点$s_j(0)$以几何速度收敛到式(7.5.4)中的固定点$s_j^*$。

由于上式右侧随着效用比例因子θ_j^s的增加而下降，因此我们希望取相对较小的θ_j^s值。对于这样的θ_j^s，正如我们期望卖方的那样，用户将从使用中获得相对较低的效用。

买方的最优出价　像卖方一样，买方不太了解他们未来的数据使用情况。因此，我们将买方的月度使用量c_l^b作为一个随机变量，交易之后的最小使用量$d_l^b - o_l^b$和数据上限$d_l^b + b_l$之间的分布为$f(c_l^b)$。因此，购买数据量b_l的第l位买方的预期数据使用效用为$\int_{d_l^b - o_l^b}^{d_l^b + b_l} V_l^b(c_l^b) f(c_l^b) \mathrm{d}c_l^b$。每个买方所购买的数据量$b_l$的成本是$b_l \pi_l$，故第$l$位买方的预期效用为

$$E\left(U_l^b|b_l\right)=\int_{d_l^b-o_l^b}^{d_l^b+b_l}V_l^b\left(c_l^b\right)f\left(c_l^b\right)\mathrm{d}c_l^b-b_l\pi_l \tag{7.5.5}$$

由于式(7.5.5)是π_l的递减函数，买方希望以较低的价格出价，假定它们可以与卖方匹配。与卖方一样，如果$E(U_l^b\mid b_l)$是凹函数，买方将总是投标能使其效用最大化的b_l^*。

某些买方的数据使用量很小，为$d_l^b-o_l^b$。因此，这些买方不需要在市场上购买任何数据量。其他买方将使用他们的数据量直到数据上限，也就是说，数据使用量的分布f是以$d_l^b+b_l$为中心的 delta 分布。该 delta 分布下的效用函数为

$$E_\delta\left(U_l^b|b_l\right)=V_l^b\left(d_l^b+b_l\right)-\pi_l b_l \tag{7.5.6}$$

得到的最优数据投标为$b_l^*(\pi_l)=(\pi_l/\theta_l^b)^{-1/\alpha_l^b}$。然而，在大多数情况下，买方的数据使用量将在两个极端之间。我们再次考虑f是均匀分布$f(c_l^b)=1/(o_l^b+b_l)$的情况。文献[59]证明了式(7.5.5)中的效用函数是凹函数，所以最优投标b_l^*满足下式：

$$\left(o_l^b+b_l^\star\right)\pi_l=V_l^b\left(d_l^b+b_l^\star\right)-\int_{d_l^b-o_l^s}^{d_l^b+b_l^\star}V_l^b\left(c_l^b\right)f\left(c_l^b\right)\mathrm{d}c_l^b \tag{7.5.7}$$

文献[59]中使用了 Perron-Frobenius 理论来求解b_l^*。

算法 7.5.2　买方效用最大化

初始化$\beta(0)\in\mathbb{R}_+^L$。

1．第l个买方更新要购买的数据量：

$$b_l(k+1)=V_l^b\left[d_l^b+b_l(k)\right]/\pi_l-\int_{d_l^b-o_l^b}^{d_l^b+b_l(k)}V_l^b\left(c_l^b\right)f\left(c_l^b\right)\mathrm{d}c_l^b/\pi_l-o_l^b$$

2．归一化$b_l(k+1)$：

$$b_l(k+1)\leftarrow\min\left\{b_l(k+1),\left(\frac{\theta_l^b\left(d_l^b+\alpha_l^b o_l^b\right)}{2d_l^b\pi_l}\right)^{\frac{1}{\alpha_l^b}}-d_l^b\right\}$$

如果$b_l^*\leqslant[\theta_l^b(1+\alpha_l^b o_l^b/d_l^b)/(2\pi_l)]^{1/\alpha_l^b}-d_l^b$[59]，则算法 7.5.2 从任何初始点$b_l(0)$几何收敛到式(7.5.7)中的固定点$b_l^*$。换句话说，该算法收敛于具有高效用比例因子$\theta_l^b$的买方。

出售/购买决定　用户根据购买或出售数据可以实现的效用来选择成为买方或卖方。因此，如果$E[U_j^s\mid s_j^*(p)]\geqslant E[U_l^b\mid b_l^*(\rho)]$，则用户成为卖方：用户出售数据的最大效用(假设全部数据以最高价格出售)必须高于购买数据的最大效用(假设全部数据以最低价购买)。反之，用户成为买方去购买数据。

假设用户的数据使用量遵循前述示例中所讨论的 delta 分布，并使用先前的不等式，文献[59]在使用效用函数(7.5.1)中得出用户效用比例因子θ的以下条件：当比例因子θ满足$\theta\leqslant\hat{\theta}$时，用户选择出售数据；当$\theta\geqslant\hat{\theta}$时，用户选择购买数据，其中

$$\hat{\theta}=\left(\left[\frac{1-\alpha}{\alpha}\right]\left[\frac{(p-\rho)d_j^s-\rho d_l^b}{\rho^{(\alpha-1)/\alpha}-(p-\rho)^{(\alpha-1)/\alpha}}\right]\right)^\alpha \tag{7.5.8}$$

因此，具有高效用比例因子θ的用户成为买方，而具有低θ值的用户成为卖方。

7.5.2 ISP 交易策略

ISP 优化 ISP 经常会遇到不完全一致的卖方和买方的出价：例如，卖方提供的数据多于单个买方愿意购买的数据。为了帮助匹配这样的出价，我们假设 ISP 可以匹配多个买方和多个卖方。由于 ISP 作为所有买方和所有卖方之间的中间商，这种灵活性对用户来说是透明的。ISP 可以在内部完成所有所需的会计工作。我们使用矩阵 $\Omega=[\Omega_{lj}]_{l,j=1}^{L,J}\geqslant 0$ 来表示买方和卖方之间的匹配。Ω 中的每个元素 (l,j) 表示第 j 个卖方的数据量供给 s_j 满足第 l 个买方的需求 b_l（即数据出价）的百分比；因此，$\Omega_{lj}b_l$ 表示买方 l 从卖方 j 购买的数据量。

ISP 的匹配主要受买卖双方的出价的制约。买方 l 的出价 π_l 和数据量 b_l 在两个方面限制了 ISP 的匹配。第一，买方最多可购买的数据量为 b_l，从而得到如下可行集：

$$B=\left\{\Omega|\sum_{j=1}^{J}\Omega_{lj}\leqslant 1,\ l=1,\cdots,L\right\} \tag{7.5.9}$$

因此，我们假设买方将接受匹配，其出价只是部分匹配。

第二，买方指定的价格 π_l 给出了其数据的平均购买价格的上限。我们假定买方将以价格 π_l 支付购买的所有数据；所产生的支付金额 $\pi_l\sum_j\Omega_{lj}b_l$ 必须不少于卖方给出的价格表示的数据成本（即每个卖方 j 的成本 $\sigma_j\Omega_{lj}b_l$）。在数学上，我们有如下可行集：

$$\Pi=\left\{\Omega|\sum_{j=1}^{J}\Omega_{lj}\sigma_j\leqslant\pi_l\sum_{j=1}^{J}\Omega_{lj},\ l=1,\cdots,L\right\} \tag{7.5.10}$$

如果买方支付的总金额超过数据成本，则 ISP 将赚取其中的差价。类似地，卖方 j 的价格 σ_j 和数据量 s_j 意味着它最多销售的数据量为 s_j，即

$$S=\left\{\Omega|\sum_{l=1}^{L}\Omega_{lj}b_l\leqslant s_j,\ j=1,\cdots,J\right\} \tag{7.5.11}$$

反过来，所有买方购买卖方的数据所支付的总金额 $\sum_l\Omega_{lj}b_l\pi_l$ 必须不少于数据的成本 $\sigma_j\sum_l\Omega_{lj}b_l$，其中：

$$\Sigma=\left\{\Omega|\pi_l\sum_{l=1}^{L}\Omega_{lj}b_l\geqslant\sigma_j\sum_{l=1}^{L}\Omega_{lj}b_l,\ j=1,\cdots,J\right\} \tag{7.5.12}$$

因此，ISP 必须选择 $\Omega\in B\cap\Pi\cap S\cap\Sigma$，其可以写成式(7.5.9)～式(7.5.12)中的一组线性约束。

直观地说，如果卖方的出价足够低，买方给出的价格足够高，那么他们至少可以再与其他用户匹配。利用式(7.5.10)和式(7.5.12)，得出如下结论[59]：

1. 如果卖方 j 将数据出售给至少一个买方（$\sum_l\Omega_{lj}b_l>0$），则其卖出价格 σ_j 低于至少一个买方的购买价格：$\sigma_j\leqslant\max_l\pi_l$。
2. 类似地，如果买方 l 从至少一个卖方购买数据（$\sum_j\Omega_{lj}>0$），则其购买价格高于至少一个卖方的卖出价格，即 $\pi_l\geqslant\min_j\sigma_j$。

ISP 目标 ISP 选择匹配规则 Ω 的目标是最大化其从二级市场获得的收入。我们确定了

ISP 收入的两个来源："管理收入"和"出价收入"。

ISP 的管理收入与交易数据量成正比，即 $\rho\sum_{l,j}\Omega_{lj}b_l$ 。要计算出价收入，我们计算每个买方的付款与每个卖方的收入之间的差值: $\sum_l\left(\pi_l\sum_j\Omega_{lj}b_l-\sum_j\sigma_j\Omega_{lj}b_l\right)$。从式(7.5.10)可以看出，这个差值总是正的。因此，ISP 通过求解如下线性规划问题：

$$\begin{aligned}&\underset{\Omega}{\text{maximize}}\ \omega\rho\sum_{j=1}^{J}\sum_{l=1}^{L}\Omega_{lj}b_l+(1-\omega)\sum_{l=1}^{L}\sum_{j=1}^{J}\left(\Omega_{lj}b_l\pi_l-\Omega_{lj}b_l\sigma_j\right)\\&\text{subject to}\ \ \Omega\in B\cap S\cap \Pi\cap\Sigma,\quad \Omega\geqslant 0\end{aligned}\tag{7.5.13}$$

来最大限度地提高收入。

参数 ω 在管理收入和出价收入之间进行折中，它的作用是我们下一个讨论的主题。我们使用 Ω^* 来表示式(7.5.13)的最优解。

注意，如果卖方的出价 $\tilde{s}_j>s_j^*$ ，那么并不会提升在式(7.5.13)的最优条件下使得 $\sum_l\Omega_{lj}^*b_l^*=s_j^*$ 的机会，反而可能会使 $s_j^*<\sum_l\Omega_{lj}^*b_l^*=\tilde{s}_j$ ，这对卖方产生次优效用。同样，买方的出价也不会超过最优价格 b_l^* 。

匹配买方和卖方 ISP 可以通过选择 $\omega=0.5$ 来最大化其总收入，即平均加权出价和管理收入。然而，虽然两种类型的收入通常随着数据交易量的增加而增加，但根据 ω 的变化可能会有不同的匹配解决方案。因此，ISP 可以将其他考虑纳入其匹配目标。

取 $\omega=0.5$ ，即优先加权出价收入，相当于降低管理费用 ρ 。例如，如果假设 ISP 在其网络上产生支持 $\sum_{l,j}\Omega_{lj}b_l$ 流量的不变边际成本，则可以从 ρ 中减去该成本；因此，ISP 最大化其利润而不是其收入。

当 ISP 优先考虑其出价收入时，其试图使高价格的买方与低价格的卖方相匹配，从而增加买卖双方的金额差值。相比之下，当 ISP 最大化管理收入时，ISP 希望最大限度地提高数据交易量。因此，对于较高的 ω 值(即管理收入的权重大)，ISP 可能会将卖方与价格较高和较低的买方相匹配；买方的出价 π_l 的平均值将等于卖方的价格 σ_j ，卖方能够交易更多的数据，而不仅仅是匹配到较高 π_l 的买方。文献[59]证明，如果 $\pi_l<\sigma_j$ 且 ω 满足如下表达式：

$$\omega<\left(\max_j\sigma_j-\min_l\pi_l\right)/\left(\rho+\max_j\sigma_j-\min_l\pi_l\right)\tag{7.5.14}$$

那么 ISP 不会将买方 l 与卖方 j 进行匹配。

参考文献

[1] Courcoubetis, C. and Weber, R. (2002) *The Pricing of Communications Services*, John Wiley & Sons, Inc., Hoboken, NJ.

[2] Ozdaglar, A. and Srikant, R. (2007) Incentives and pricing in communication networks, in *Algorithmic Game Theory* (eds N. Nisan, T. Roughgarden, E. Tardos and V. Vazirani), Cambridge University Press, Cambridge.

[3] Koutsoupias, E. and Papadimitriou, C. (1999) Worst-case equilibria. *Proceeding Symposium on Theoretical Aspects of Computer Science*, **16**, 404–413.

[4] Roughraden, T. and Tardos, E. (2000) *How Bad Is Selfish Routing?* Proceedings of the 41st Annual Symposium on Foundations of Computer Science.

[5] Johari, R. and Tsitsiklis, J.N. (2004) Efficiency loss in a resource allocation game. *Mathematics of Operations Research*, **29** (3), 407–435.

[6] Acemoglu, D. and Ozdaglar, A. (2007) Competition and efficiency in congested markets. *Mathematics of Operations Research*, **32** (1), 1–31.

[7] Kelly, P.H. (1996) Charging and rate control for elastic traffic. *European Transactions on Telecommunications*, **8** (1), 33–37.

[8] Liu, Z. and Xia, C.H. (2008) *Performance Modeling and Engineering*, Springer, New York.

[9] Rosenthal, R.W. (1973) A class of games possessing pure-strategy Nash equilibria. *International Journal of Game Theory*, **2**, 65–67.

[10] Fudenberg, D. and Tirole, J. (1991) *Game Theory*, MIT Press, Cambridge, MA.

[11] Monderer, D. and Shapley, L.S. (1996) Potential games. *Games and Economic Behavior*, **14**, 124–143.

[12] Courcoubetis, C., Dramitinos, M.P. and G. D. Stamoulis (2001) *An Auction Mechanism for Bandwidth Allocation Over Paths*. ITC-l 7, Salvador da Bahia, Brazil.

[13] Maheswaran, R. and Basar, T. (2003) Nash equilibrium and decentralized negotiation in auctioning divisible resources. *Journal of Group Decision and Negotiation*, **12**, 361–395.

[14] Maheswaran, R. and Basar, T. (2004) Social welfare of selfish agents: motivating efficiency for divisible resources. *IEEE Conference on Decision and Control*, **2**, 1550–1555.

[15] Krishna, V. (2002) *Auction Theory*, Academic Press, San Diego, CA.

[16] Myerson, R.B. and Satterthwaite, M.A. (1983) Efficient mechanisms for bilateral trading. *Journal of Economic Theory*, **28**, 265–281.

[17] Vickrey, W. (1961) Counterspeculation, auctions, and competitive sealed tenders. *Journal of Finance*, **XVI**, 8–37.

[18] Shu, J. and Varaiya, P. (2006) Smart pay access control via incentive alignment. *IEEE Journal on Selected Areas in Communications*, **24** (5), 1051–1060.

[19] Yang, S. and Hajek, B. (2007) VCG-Kelly mechanisms for allocation of divisible goods: adapting VCG mechanisms to one-dimensional signals. *IEEE Journal on Selected Areas in Communications(Issue on Noncooperative Behavior in Networks)*, **25**, 1237–1243.

[20] Lazar, A. and Semret, N. (1997) *The Progressive Second Price Auction Mechanism for Network Resource Sharing*. Proceedings of the International Symposium on Dynamic Games and Applications.

[21] Lazar, A. and Semret, N. (1999) Design and analysis of the progressive second price auction for network bandwidth sharing. *Telecommunication Systems–Special issue on Network Economics*, **5**, 35–39.

[22] La, G.J. and Anantharam, V. (1999) *Network Pricing Using a Game Theoretic Approach*. Proceedings of the Conference on Decision and Control.

[23] Jain, R. (2007) An efficient nash-implementation mechanism for allocating arbitrary bundles of divisible resources. *IEEE Journal on Selected Areas in Communications*, **8**, 15–24.

[24] Jain, R. and Varaiya, P. (2004) Combinatorial exchange mechanisms for efficient bandwidth allocation. *Communications in Information and Systems*, **3** (4), 305–324.

[25] Jain, R., Dimakis, A., and Walrand, J. (2006) *Mechanisms for Efficient Allocation in Divisible Capacity Networks*. Proceedings of the Control and Decision Conference (CDC), December 2006.

[26] Varian, H. (2003) *System Reliability and Free Riding*. Proceedings of ICEC 2003, ACM Press, pp. 355–366.

[27] Yoo, C.S. (2006) Network neutrality and the economics of congestion. *Georgetown Law Journal*, **94**, 1847–1908.

[28] Musacchio, J., Schwartz, G., and Walrand, J. (2007) *A Two-Sided Market Analysis of Provider Investment Incentives with an Application to the Net-Neutrality Issue: Long Version*, September 2007.

[29] Farber, D. and Katz, M. (2007) *Hold Off on Net Neutrality*, Washington Post.

[30] Felten, E. (2006) *The Nuts and Bolts of Network Neutrality*, Princeton.

[31] Wong, C.J., Ha, S., and Chiang, M. (2015) Sponsoring Mobile Data: An Economic Analysis of the Impact on Users and Content Providers, 2015 IEEE Conference on Computer Communications (INFOCOM), pp. 91–104.

[32] Murlidhar, S. (2010) *Fast and Free Facebook Mobile Access with 0.facebook.com*.

[33] AT&T (2014) *AT&T Sponsored Data*.

[34] Sen, S., Joe-Wong, C., Ha, S. and Chiang, M. (2013) A survey of smart data pricing: past proposals, current plans, and future trends. *ACM Computing Surveys*, **46** (2), 15.

[35] Sen, S., Joe-Wong, C., Ha, S., and Chiang, M., Smart data pricing (SDP): economic solutions to network congestion, in: *Recent Advances in Networking*, H. Haddadi and O. Bonaventure(eds), ACM SIGCOMM, New York, pp. 221–274, 2013.

[36] Lunden, I. (2014) *FreedomPop to Offer App-sized Data Plans, Free Use of Sponsored Apps*, TechCrunch.

[37] Reardon, M. (2014) *AT& T Says Sponsored Data' Does Not Violate Net Neutrality*, CNet.

[38] Economides, N. and Tag, J. (2012) Network neutrality on the Internet: a two-sided market analysis. *Information Economics and Policy*, **24** (2), 91–104.

[39] Lee, J. (2014) *Mobile Cost Per Click Down for PPC in Retail, Business Services*, Search Engine Watch.

[40] Hande, P., Chiang, M., Calderbank, R., and Rangan, S. (2009) *Network Pricing and Rate Allocation with Content Provider Participation*. Proceedings of IEEE INFOCOM, IEEE, pp. 990–998.

[41] Wu, Y., Kim, H., Hande, P.H., *et al.* (2011) *Revenue Sharing Among ISPs in Two-sided Markets*. Proceedings of IEEE INFOCOM, IEEE, pp. 596–600.

[42] Zhang, L. and Wang, D. (2014) *Sponsoring Content: Motivation and Pitfalls for Content Service Providers*.

Proceedings of the SDP Workshop, IEEE.

[43] Caron, S., Kesidis, G., and Altman, E. (2010) *Application Neutrality and a Paradox of Side Payments*. Proceedings of the Re-Arch Workshop, ACM, p. 9.

[44] Andrews, M., Ozen, U., Reiman, M.I., and Wang, Q. (2013) *Economic Models of Sponsored Content in Wireless Networks with Uncertain Demand*. Proc. of the SDP Workshop, IEEE, pp. 3213–3218.

[45] Andrews, M. (2013) *Implementing Sponsored Content in Wireless Data Networks*. Proceedings of Allerton, IEEE, pp. 1208–1212.

[46] Ante, S.E. and Knutson, R. (2013) Good luck leaving your wireless phone plan. *Wall Street Journal*, **11**, 263–273.

[47] AT&T (2014) Family cell phone plans.

[48] Niyato, D. and Hossain, E. (2008) Market-equilibrium, competitive, and cooperative pricing for spectrum sharing in cognitive radio networks: analysis and comparison. *IEEE Transactions on Wireless Communications*, **7** (11), 4273–4283.

[49] Singh, N. and Vives, X. (1984) Price and quantity competition in a differentiated duopoly. *RAND Journal of Economics*, **15** (4), 546–554.

[50] Osborne, M.J. (2003) *An Introduction to Game Theory*, Oxford University Press, Oxford.

[51] Ogata, K. (1994) *Discrete-Time Control Systems*, Prentice Hall, Oxford.

[52] Goldsmith, A.J. and Chua, S.-G. (1997) Variable rate variable power MQAM for fading channels. *IEEE Transactions on Communications*, **45** (10), 1218–1230.

[53] Niyato, D. and Hossain, E. (2010) A microeconomic model for hierarchical bandwidth sharing in dynamic spectrum access networks. *IEEE Transactions on Computers*, **59** (7), 865–877.

[54] McEachern, W.A. (2005) *Microeconomics: A Contemporary Introduction*, South-Western College Publisher, Flagstaff.

[55] Holt, M.T., and Craig, L.A., Nonlinear dynamics and structural change in the U.S. hogcorn cycle: a time-varying STAR approach, *American Journal of Agricultural Economics*, vol. **88**, 1, pp. 215–233, 2006.

[56] Tang, A., Wang, I. and Low, S.H. (2006) Counter-intuitive throughput behaviors in networks under end-to-end control. *IEEE/ACM Transactions on Networking*, **14** (2), 355–368.

[57] Goeree, J.K. and Hommes, C.H. (2000) Heterogeneous beliefs and the non-linear cobweb model. *Journal of Economic Dynamics and Control*, **24** (5–7), 761–798.

[58] Bacsi, Z. (1997) Modelling chaotic behaviour in agricultural prices using a discrete deterministic nonlinear price model. *Agricultural Systems*, **55** (3), 445–459.

[59] Zheng, L., Joe-Wong, C., Tan, C.W., *et al.* Secondary Markets for Mobile Data: Feasibility and Benefits of Traded Data Plans, Inforcom 15.

[60] Shafigh, A.S., Lorenzo, B., Glisic, S. *et al.* (2015) A framework for dynamic network architecture and topology optimization. *IEEE/ACM Transactions on Networking*, **25**, 646–657.

[61] Sen, S., Joe-Wong, C., Ha, S. and Chiang, M. (2013) A survey of smart data pricing: past proposals, current plans, and future trends. *ACM Computing Surveys (CSUR)*, **46** (2), 15.

[62] AT&T (2014) *Mobile Share Data Plan*.

[63] China Mobile Hong Kong (2014) 4G Pro Service Plan.

[64] Falaki, H., Lymberopoulos, D., Mahajan, R., *et al.* (2010) *A First Look at Traffic on Smartphones*. Proceedings of ACM IMC.

[65] Sen, S., Joe-Wong, C., and Ha, S. (2012) *The Economics of Shared Data Plans*. Workshop on Information Technologies and Systems (WITS).

[66] Chen, B.X. (1920) Shared Mobile Data Plans: Who Benefits? The New York Times, July 1920, p. 12.

[67] Molen, B. (2012) *AT&T and Verizon Shared Data Plans Compared*.

[68] Jin, Y. and Pang, Z. (2014) *Smart data pricing: to share or not to share?*. Proceedings of the IEEE Infocom Workshops on Smart Data Pricing.

[69] China Mobile Hong Kong (2013) *2cm (2nd Exchange Market)*.

[70] MacKie-Mason, J. and Varian, H. (1995) Pricing the internet, in *Public Access to the Internet* (eds B. Kahin and J. Keller), Prentice-Hall, Englewood Cliffs, NJ.

[71] Hayer, J. (1993), Transportation auction: a new service concept. Master's thesis, University of Alberta, TR-93-05.

[72] Lazar, A.A. and Semret, N. (1998) Design, analysis and simulation of the progressive second price auction for network bandwidth sharing. Columbia University (April 1998).

[73] Maillé, P. and Tuffin, B. (2004) *Multibid Auctions for Bandwidth Allocation in Communication Networks*. Proceedings of IEEE INFOCOM.

[74] Jia, J., Zhang, Q., Zhang, Q., and Liu, M. (2009) *Revenue Generation for Truthful Spectrum Auction in Dynamic Spectrum Access*. Proceedings of ACM MobiHoc.

[75] Hao, S. (2000) A study of basic bidding strategy in clearing pricing auctions. *IEEE Transactions on Power Systems*, **15** (3), 975–980.

[76] Wurman, P.R., Walsh, W.E. and Wellman, M.P. (1998) Flexible double auctions for electronic commerce: theory and implementation. *Decision Support Systems*, **24** (1), 17–27.

[77] Nicolaisen, J., Petrov, V. and Tesfatsion, L. (2001) Market power and efficiency in a computational electricity market with discriminatory double-auction pricing. *IEEE Transactions on Evolutionary Computation*, **5** (5), 504–523.

第 8 章　多跳蜂窝网络

8.1　多跳、多运营商、多技术无线网络建模

正如我们在未来无线网络通用模型定义中所指出的，这些网络被设想为集成多跳、多运营商、多技术（m^3）的组合，在适当定价的前提下满足用户快速增长的流量需求。为此，本节给出一个全面的 m^3 无线网络模型，使该系统易于分析。采用多跳概念的目的是便于为超出所有基站/接入点（BS/AP）直接覆盖范围的那些用户提供连接、最小化功耗并实现网络资源的空间复用。可用于中继的潜在用户可能分属于不同的运营商，因此它们可能并不想合作。此外，多技术是通过假设一些网络子区域被小蜂窝/飞蜂窝（small/femto cells）或无线局域网（WLAN）覆盖来建模的。对于这样的网络，我们给出一种新的 m^3 路由发现协议，以找到对 BS/AP 的最合适路由，并保证网络的完全连接。在确定最合适路由之后，多个运营商之间即开始协商以达成共同的接入决策。第 7 章讨论的网络经济学原理将在网络经济技术部分的联合优化中进一步阐述，同时将对合作多运营商呼叫/会话接入策略进行详细分析。该策略基于动态微观经济学的多运营商联合网络接入决策。实例表明，流量动态变化对合作决策有显著影响。在典型情况下，对于不同的流量模式，最佳卸载价格的变化因子为 3。

8.2　技术背景

每一代无线网络都基于各种技术的有效整合，这些技术推动该领域的广泛研究和发展。因此，我们在这里简要介绍可能在下一代无线网络中使用的该领域的最新结果。这些网络正在向高密度网络发展，其中 3G/4G/5G 等多种蜂窝网络技术将共存[1]。最近的研究预测，爆炸性的流量增长将很快使蜂窝基础设施超负载，导致用户性能下降或服务价格昂贵[2]。为了应对这一挑战，一些运营商将部署多种技术来满足呈指数增长的流量需求[3]。此外，不同运营商网络的频谱利用率、信道质量和覆盖率的巨大差异也带来了合作机会，并可利用这些机会来提高网络性能。

运营商之间的合作最近引起了人们的关注[3-5]。在大多数情况下，这些合作主要集中于不同运营商之间的频谱共享方面[3, 4]。文献[3]提出了一种基于每个 BS 需求的群协商模型。文献 [4] 提出了一种联盟博弈论，可应用于不同运营商之间的频谱共享，而运营商的总体收益则是针对 BS 位置和用户率进行优化的。文献[5]提出了一种用户选择算法，根据运营商提供的网络信息为每个接口选择合适的运营商，并为每个活动应用选择接口。

由于蜂窝网络运营商扩大了接入网络的覆盖范围，因此很可能存在重叠，这就允许用户在多个接入机会中进行选择。文献[6, 7]广泛研究了异构网络中的网络选择或垂直切换问题。然而，终端用户可能并不总是被任何 AP 覆盖。因此，需要一种有效的多跳路由协议来识别多技术、多运营商网络中最合适的 AP 和可用的中继。这一领域的大部分工作涉及多方面问题，

包括多运营商合作问题[3-5]、多技术路由问题[8-10]，以及作为不同网络之间合作激励措施的定价模型问题[11-13]。

基于单一无线技术的多跳路由协议在文献[14-16]中已进行了广泛研究。在本节中，我们将讨论使用异构网络的可能性，并考虑中间跳方面不同的可用技术和运营商。文献[17]提出了一种用于无线网格网络（WMN）的可靠路由协议，以应对不同运营商管理用户之间的自私行为的问题。该协议将转发行为的路由层观测与链路质量的 MAC 层测量相结合，以选择最可靠和最高性能的路径。

文献[8-10]讨论了异构网络中的多技术路由问题。文献[8]的作者强调了在异构网络中为路由决策定义新指标的重要性。他们评估了一个基于树的主动路由协议，并在不同的流量负载假设下比较了它们的性能。文献[9]提出了一种主动/被动混合的选播路由协议，该协议根据跳数、能量代价和业务负载等路径成本指标，找出最适合的 AP。文献[10]开发了一种 WLAN-WiMAX 路由协议，该协议在更稳定的 WiMAX 链路上进行基于拓扑结构的数据包转发，而在 WLAN 链路上使用的是基于位置的路由。该方案还考虑了通过用户与其他运营商的中间链路，将数据包转发到特定运营商接入网络的可能性。与以前的工作相比，m^3 路由发现协议还考虑了用户在 m^3 网络中进行中继转发的可用性，以通过不同运营商之间的协商获得最佳路由。为了减少蜂窝网络中的负载，文献[31]中提出了用于容迟业务的无线局域网机会接入算法。文献[32]提出了一种基于 WLAN AP 的自发网络，用户也可以借用它们的因特网连接，为附近的其他用户充当接入点。文献[33]提出了通过机会性 WLAN 在电视的空白区域传输多媒体流量的架构。

文献[11-13]提出了基于效用和定价的经济模型，作为异构网络中一种灵活有效的控制资源分配的方式。文献[11]的经济模型用来分析用户满意度和多媒体通信系统中不同 RRM 策略的网络收入。文献[12]提出了一种使码分多址（CDMA）蜂窝网络中的总体经济效用最大化的蜂窝维度方法，以适应用户偏好的最佳蜂窝覆盖。文献[13]提出了一种适用于 CDMA 网络和 WLAN 中的 RRM 的新型经济模型。在 CDMA 上行链路中，考虑到蜂窝间干扰，推导出无线电资源约束。并且制定无线电资源分配方案，以便在可以满足所有活动移动用户的信号质量要求的情况下，通过接纳更多的用户来最大化 CDMA 网络资源受限情况下的网络总利润。文献[18, 19]研究了负载均衡问题，在选择最合适的接入点（AP）时考虑用户的偏好和网络环境。马尔可夫模型[24-27]和博弈论[20-23]也被用于分析网络选择方案。在本节中，我们将讨论不同运营商/技术之间的合作水平如何影响网络的总体性能。因此，我们考虑使用基于效用的经济模型，该模型的价格是多次迭代协商的结果，即解决每个运营商的优化问题。通过这种谈判过程，可以在每个联合网络接入决策中平分利润。

本章的重点内容可归纳如下：

1. 提出了一个综合的 m^3 无线网络模型，能够使该系统易于分析。
2. 介绍了 m^3 路由发现协议，可以了解用户的中继可用性，以及网络中所有同时进行的路由之间的相互干扰。还将分析寻找到达 BS/AP 的路由的复杂度和作为中继可用性概率的函数的路由时延。
3. 介绍并分析了蜂窝小服务运营商（SSO）之间的流量卸载联合决策过程的动态模型。该模型基于网络中总体流量的动态变化情况，量化了每个联合网络/接入决策的合作动机。因此，当两个运营商的效用（卸载之前和之后）的偏移量相同时，可以获得均衡价格。

4. 提出了网络优化问题，同时给出 m^3 网络的相关参数，如容量、时延、到 BS/AP 的路由功耗、用户可用性和中继意愿、多运营商收入和卸载价格。

本章给出了一组完整的案例来说明卸载决策对网络性能的影响。m^3 路由发现协议的性能表现在吞吐量、时延、功耗和复杂度方面，其中不同的用户组无法用于中继。

8.3　系统模型和表示

多跳传输通过考虑文献[28]中提出的蜂窝细分方案来建模(另见第 1 章)，其中半径为 R 的宏蜂窝被划分成半径 $r<R$ 的内六角子蜂窝，如图 8.3.1 所示。这样可以模拟潜在中继的相对位置，而不必考虑子蜂窝的实际存在情况。我们考虑跨蜂窝用户的上行传输和均匀分布。假设准备合作的发射机/接收机的位置均位于每个子蜂窝的中心。因此，用户通过在到达 BS 的路径上向相邻用户发送数据来完成上行链路传输。如果用户不能进行中继，则可能是因为覆盖率不高，电池寿命有限，或者属于不同的运营商而没有合作协议。最后一种情况将在下面详细阐述。

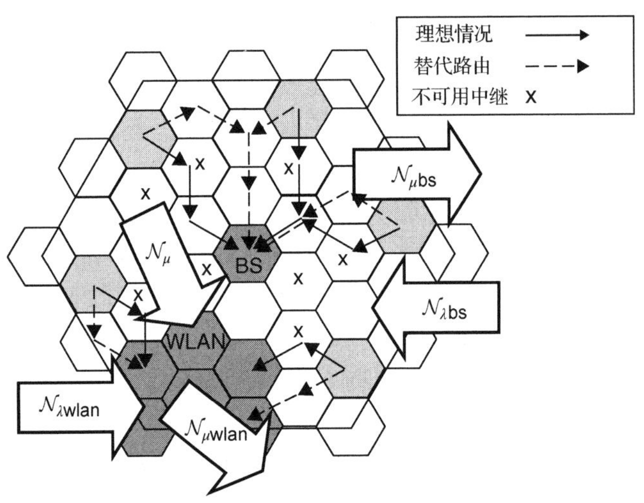

图 8.3.1　多跳、多运营商、多技术(m^3)无线网络

BS 被子蜂窝的 H 个同心环包围。在图 8.3.1 中的示例中，$H=4$。每个环的子蜂窝数为 $n_h=6\cdot h$，其中 h 为环的索引，$h=1,\cdots,H$。环 h 中位于角度 θ 的用户表示为 $u_{h,\theta}$。假设用户 $u_{h,\theta}$ 向用户 $u_{h',\theta'}$ 和同信道干扰用户 $u_{\eta,\varphi}$ 同时发送信息。然后，通过余弦定理可以得到干涉距离为 $d_{\eta,\varphi;h',\theta'}=d_r\sqrt{(h')^2+(\eta)^2-2\cdot(h')\cdot\eta\cdot\cos(\theta',\varphi)}=d_r\cdot Z_{\eta,\varphi;h',\theta'}$，其中 d_r 是中继距离。用户 $u_{h',\theta'}$ 的信干噪比(SINR)定义为

$$\mathrm{SINR}_{h',\theta'}=G_{h,h'}P\Big/\left(\sum_{\eta,\varphi}G_{\eta,\varphi;h',\theta'}P+N_{h'}\right)$$

$$=\frac{P/(d_r)^{\alpha}}{\sum_{\eta,\varphi}P/\left(d_r\cdot Z_{\eta,\varphi;h',\theta'}\right)^{\alpha}+N_{h'}}=\frac{P}{\sum_{\eta,\varphi}P/Z^{\alpha}{}_{\eta,\varphi;h',\theta'}+N_{h'}\cdot\left(\sqrt{3}\cdot r\right)^{\alpha}}$$

其中 P 是发射功率，$G_{h,h'}$ 是 $u_{h,\theta}$ 和 $u_{h',\theta'}$ 之间的信道增益，$G_{\eta,\varphi;h',\theta'}$ 是同信道干扰用户 $u_{\eta,\varphi}$ 和参考接收机 $u_{h',\theta'}$ 之间的信道增益，$d_r = \sqrt{3} \cdot r$ 且 α 是传播常量。在密集网络场景下，所考虑的信道模型包括传播损耗，但不包括由于用户之间的接近而导致的衰落的影响[28]。香农信道容量用 $c_l = \log(1 + \mathrm{SINR}_{h',\theta'})$ 表示。由于用户之间的传输距离与相邻宏蜂窝(macrocell)之间的距离相比而言较小，因此我们忽略了相邻蜂窝间干扰的影响。尽管如此，文献[28]提出了一些用于协调蜂窝间干扰的方案，可以在这个模型中使用。如果考虑多蜂窝网络，则网络吞吐量或等价的网络效用应该通过蜂窝间复用因子 $1/irf$ 进一步修正。

多蜂窝网络运营商的合作是通过假设多个运营商共存于蜂窝网络中而建模的。假设单个运营商 i 在给定子蜂窝中具有可用终端的概率为 p_{o_i}。在多运营商合作网络中，如果 N_0 个运营商中至少有一个在子蜂窝具有终端，则将存在可用于在同一子蜂窝中进行中继的终端。这种情况发生的概率为

$$p = 1 - \prod_{i=1}^{N_0} (1 - p_{o_i}) \tag{8.3.1}$$

在愿意合作的运营商数量较多的情况下，这种概率较高。一般来说，这将导致中继路由的长度减少。由图 8.3.1 可知，理想情况是指运营商全面合作。如果运营商采取合作方式，让用户灵活地连接到对他们来说更方便的 BS/AP，那么这两个运营商的容量就会提升。因此，由 8.7 节可知，多运营商合作方案将获得更好的网络性能。

使用多技术的多运营商合作将会在异构网络中实现。每种技术都有其特点，可以根据用户要求在特定的地点和时间选择更合适的 AP。在本节中，我们模拟了蜂窝网络运营商有意与 WLAN 运营商合作，通过 WLAN 将其部分用户卸载的场景。图 8.3.1 显示了这种情况，其中蜂窝网络在覆盖范围内与 WLAN 重叠，在蜂窝的左下角呈现为六个子蜂窝的簇。假设 WLAN 使用与宏蜂窝不同的信道，则这些链路之间不会有干扰。因此，将在两个网络中执行独立调度。

如图 8.3.1 所示，如果蜂窝网络运营商和 WLAN 运营商合作，则位于 WLAN 附近的蜂窝用户可以通过该网络卸载。因此，新路由将更短，一般会使调度间隔更短。如果目前由 BS 服务的用户数量大且 WLAN 没有超载，则对于卸载将指定合理的价格，因此两个网络都将受益。

WLAN 和宏蜂窝网络之间覆盖的不同选择将通过中继的可用性概率 p 进行建模。

终端的移动性要求终端和潜在中继之间进行有效切换。这些模型中的切换机制类似于第 3 章讨论的具有宏和微/微微蜂窝(micro/pico cell)重叠的传统网络中使用的切换机制。因此，我们不会分别对这些情况进行建模，只是指出已经在实际中使用的一些解决方案。首先，网络中的流量可分类如下。

1. 静态，高数据速率，时延容限流量被调度为具有最佳细分(H =3 或 4)的多跳传输[28]。在这种模式下，可以实现跨网络的空间资源的高效复用。
2. 移动性越高，时延容限越低，保证平均切换次数较少所使用的细分因子 H 就会越小。
3. 如果目的地不在相同的宏蜂窝中，则最高移动性和最低时延容限流量应直接传送到 BS，否则应使用 D2D 选项。在这种情况下(如果有的话)，蜂窝里的资源复用率会很低。
4. 一种有趣的情况是，当终端被强制(无其他方案可用时)将消息中继到具有不同移动性的终端时，每个终端将被安排在具有不同细分因子 H 的网络中运行。

符号 为了对图 8.3.1 所示的流量动态和卸载过程进行建模,本书将使用以下符号。令 $\mathcal{N}_{\text{bs}}$ 和 $\mathcal{N}_{\text{wlan}}$ 分别表示传送到 BS 和 WLAN 的用户组。到达宏蜂窝和 WLAN 的给定时刻的新用户的组分别表示为 $\mathcal{N}_{\lambda\text{bs}}$ 和 $\mathcal{N}_{\lambda\text{wlan}}$。在给定时刻离开每个网络(会话终止)的用户组分别表示为 $\mathcal{N}_{\mu\text{bs}}$ 和 $\mathcal{N}_{\mu\text{wlan}}$。在给定时刻从宏蜂窝切换到 WLAN 的用户组由 $\mathcal{N}_{\mu}$ 表示。在做出卸载决策的后续时刻(t^{+}),连接到 BS 的 $\mathcal{N}_{\text{bs}}^{+}$ 用户组和连接到 WLAN 的 $\mathcal{N}_{\text{wlan}}^{+}$ 用户组可以表示为

$$\mathcal{N}_{\text{bs}}^{+} = \mathcal{N}_{\text{bs}} \cup \mathcal{N}_{\lambda\text{bs}} \setminus \mathcal{N}_{\mu\text{bs}} \setminus \mathcal{N}_{\mu} \tag{8.3.2}$$

$$\mathcal{N}_{\text{wlan}}^{+} = \mathcal{N}_{\text{wlan}} \cup \mathcal{N}_{\lambda\text{wlan}} \setminus \mathcal{N}_{\mu\text{wlan}} \cup \mathcal{N}_{\mu} \tag{8.3.3}$$

8.4 m^{3}路由发现协议

在本节中,我们给出两个路由发现协议,这些协议进一步阐述了 m^3 网络。多跳路由用于为未被任何 AP 覆盖的用户建立路由。这些协议旨在处理因不同运营商之间的干扰、不协作或网络覆盖不全而导致某些用户无法中继的情况。然后,可以根据给定的效用选择最佳路由。

8.4.1 最小距离路由

一般来说,我们假设最小距离路由(MDR)协议尝试可能的中继替代的顺序如图 8.4.1 所示。首先,该协议检查到 BS/AP 距离最短的方向上的相邻用户。如图 8.4.1 所示,用户的可用概率为 p,如果用户可用,则和图中展示的一样,将进行中继。如果该用户不可用,则协议按照图中所示的顺序检查下一个用户的可用性。首先,它检查右侧用户,可用概率为 p,因此这种转换发生的概率是 $p(1-p)$。在不可用的情况下,协议将检查左侧用户。该协议以相同的方式继续检查,直到它到达最后一个相邻用户,中继发生概率为 $p(1-p)^5$。若上述用户均不可用,如图所示,不会建立路由的概率为 p_0,其中 nr 表示无路由状态。可用性概率 p 由式(8.3.1)给出。

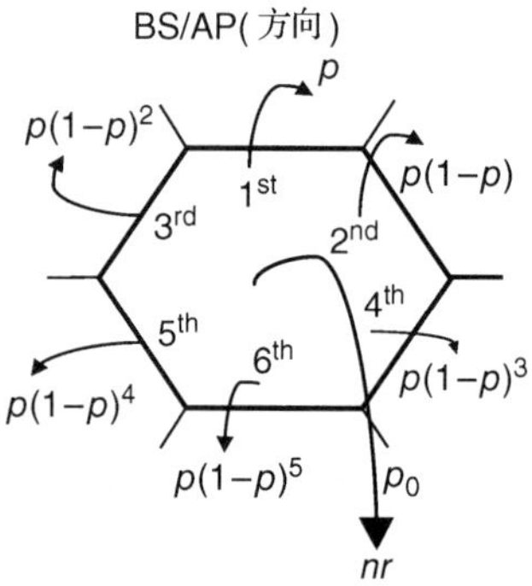

为了避免路由长度的过度偏差,给定节点的可能的中继选择数量被限制为 K'。对于图 8.3.1 中使用的细分方案,$K'=6$。

一旦找到所有路由,传输将在不同的时隙中进行调度。一种方案是,只要传输中没有冲突,就让用户在同一个时隙中传输。传统的或软图形着色[29]技术可用于优化同时传输的用户子集。由于多跳网络中的最优调度问题是一个 NP 难题,因此我们提出了以下解决方案,这对于实际的实现是非常简单的。

图 8.4.1 MDR 的中继选择

我们将用于蜂窝网络的传统资源复用方案应用于我们的细分方案,如图 8.4.2 所示,分簇因子 K 相当于蜂窝网络中的资源(频率)复用因子,它将网络划分为 K (K=7) 个不同用户类型的簇。用户的类型 k 由其在簇内的位置($k=1,2,3,\cdots,K$)确定。令同一类型的用户共享时隙。传输轮次(以循环方式)由用户类型索引给出。这称为调度状态 2,表示为 $ss^{(2)}$,并且七个时隙的总调度间隔为 $T^{(2)}=7$。该方案的缺点是,在只有一个传输或很少传输情况下,可能存在时隙。为了消除这个缺点,下面给出修改后的路由/调度协议。

8.4.2　有限干扰路由/调度

考虑如图 8.4.2 所示的分簇方案，有限干扰路由(LIR)协议基于当相同类型 $k=k_0$ 的用户之间共享时隙时获得最高的干扰距离的事实。这样，由于用户和相邻用户之间的距离是可能范围内的最大值，因此无论何时，用户都可以向 k_0 类型的相邻用户转发，该用户同时对所有用户可用。$ss^{(1)}$ 表示调度状态 1，一个时隙的总调度间隔表示为 $T^{(1)}=1$。图 8.4.2 中给出了该路由协议的示例，其中有限干扰路由用虚线表示。我们可以看到，无论何时，用户将尽可能地连接到类型为 $k=7$ 的用户，然后再连接到类型为 $k=4$ 的用户。在用户类型都为 k_0 的相邻中继站位于环 $h'>h$ 的情况下，用户不会选择该选项以避免路由中的循环。这是发射机类型 $k=6$ 的情况(图 8.4.2 中浅灰色的子蜂窝)。因此，在该协议中，与所使用的最小距离路由(MDR)协议的循环调度中使用的 $K=7$ 个时隙相比，在所有路由上仅需要一个时隙($T^{(1)}=1$)，即 $T^{(2)}=KT^{(1)}$。

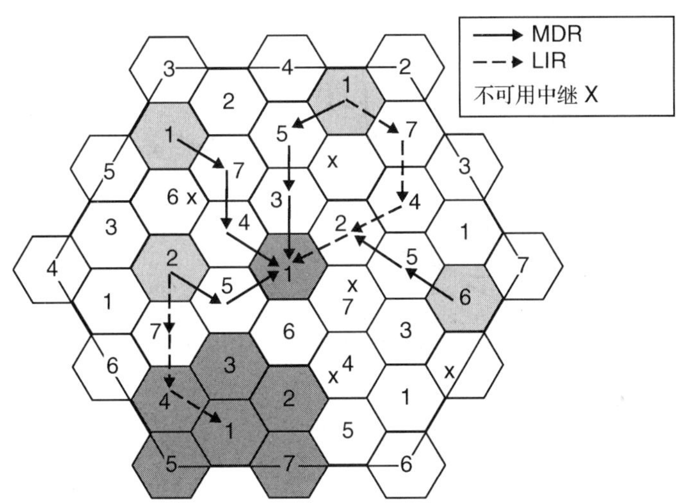

图 8.4.2　当分簇因子 $K=7$ 时，m^3 网络的路由/调度策略

使用 LIR 协议时的中继选择如图 8.4.3 所示。首先，协议尝试以 $ss^{(1)}$ 模式运行。这要求同一类型的所有 N/K 个用户可以同时使用。如图 8.4.3(右侧)所示，这种情况发生的概率为 $p^{N/K}$，其中 N 是子蜂窝的数量，K 是细分因子。如果可用，中继将以图中的状态 $ss^{(1)}$ 进行。如果此选项不可用，即概率为 $p_0^{(1)}$，则协议将切换到同一图(左侧)所示的状态 $ss^{(2)}$ 中进行中继。前面已经给出了状态 $ss^{(2)}$ 的概述。对于路由上的不同跳，协议可以在状态 $ss^{(1)}$ 和 $ss^{(2)}$ 之间交替实现。初始状态 $ss^{(1)}$ 和 $ss^{(2)}$ 的中继传输概率分别如图 8.4.4 和图 8.4.5 所示。在图 8.4.4 中，协议保持在状态 $ss^{(1)}$ 的概率为 $p_n^{(1)}(1-p_0^{(1)})(n=1,\cdots,6)$，其中 $p_n^{(1)}=p^{N/K}(1-p^{N/K})^{n-1}$，$p_0^{(1)}=1-\sum_n p_n^{(1)}$。否则，协议将以概率 $p_n^{(1)}p_0^{(1)}$ 移动到状态 $ss^{(2)}$ $(n=1,\cdots,6)$。在图 8.4.5 中，当初始状态为 $ss^{(2)}$ 时，协议将以概率 $p_n^{(2)}p_0^{(1)}$ $(n=1,\cdots,6)$ 保持在状态 $ss^{(2)}$，其中 $p_n^{(2)}=p(1-p)^{n-1}$，并且将以概率 $p_n^{(2)}=(1-p_0^{(1)})(n=1,\cdots,6)$ 移动到状态 $ss^{(1)}$。

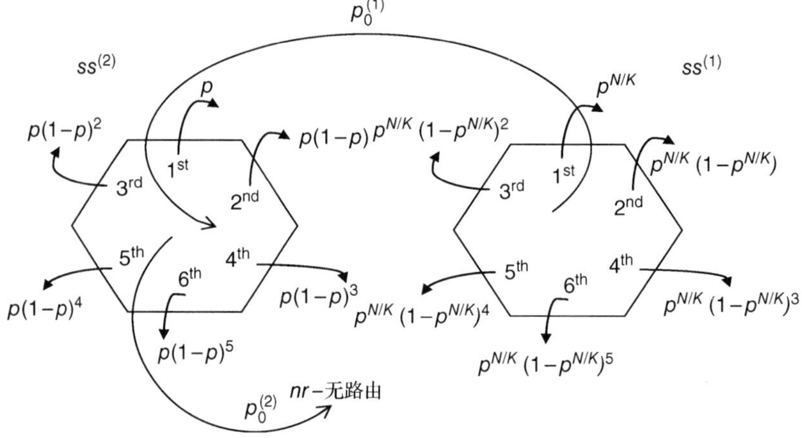

图 8.4.3　使用 LIR 协议时的中继选择

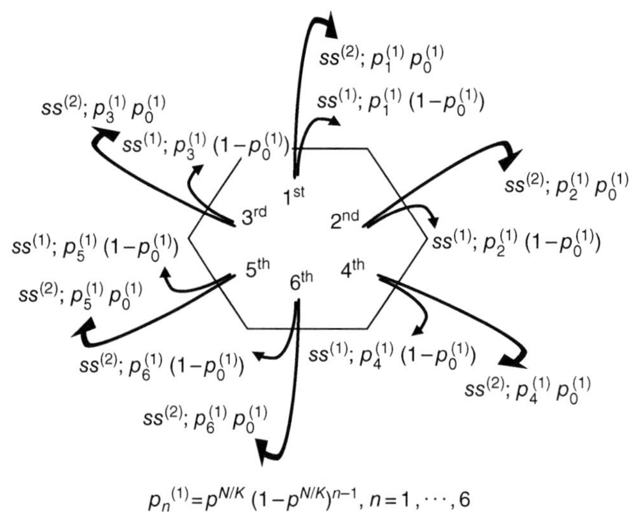

图 8.4.4　初始状态 $ss^{(1)}$ 的中继传输概率

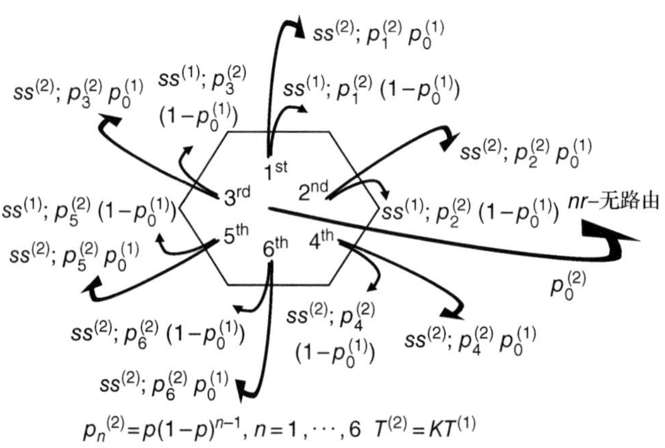

图 8.4.5　初始状态 $ss^{(2)}$ 的中继传输概率

8.5　m^3 路由发现协议的性能

如第 1 章所述，对于路由发现协议的分析，我们将细分方案映射为吸收马尔可夫链，其中 BS/AP 表示吸收态。尽管分析的逻辑是相同的，我们也进一步阐述了与系统的两个状态 $ss^{(1)}$ 和 $ss^{(2)}$ 有关的一些细节。一般来说，从子蜂窝 i 到子蜂窝 j 的中继发生的概率为 p_{ij}，可以用子蜂窝中继概率矩阵 $\mathbf{P}=\|p_{ij}\|=\|p(h,\theta;h',\theta')\|$ 来排列，其中 (h,θ) 表示发射机的位置，(h',θ') 表示接收机的位置。映射 $i\to(h,\theta)$ 和 $j\to(h',\theta')$ 如图 8.5.1 所示。按照图 8.4.1 所示的 MDR 方案，假设调度协议在每个子蜂窝中的驻留时间恒定，即可推导出子蜂窝转换概率的一般表达式。通过使用相同的推导过程，可以获得其他传输优先级，即 LIR 协议的表达式。

中继概率矩阵 $\mathbf{P}$ 中的每项为 $p(h,\theta;h',\theta')=p_n=p(1-p)^{n-1}$，其中 p 由式(8.3.1)给出，$h\leqslant h'\leqslant H$，$n=1,\cdots,6$。因此，任何相邻子蜂窝的总体中继概率为

$$p_t=\sum_n p_n \tag{8.5.1}$$

p_0 表示用户不向任何其他用户进行中继的概率，转移到额外的吸收态 nr（无路由）的概率为 $p_0=1-p_t$。

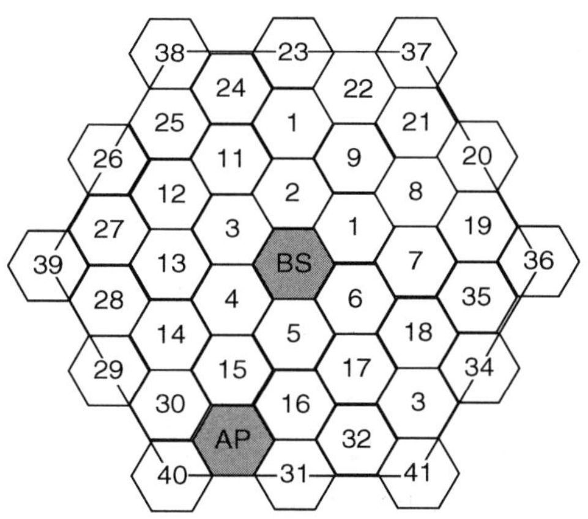

图 8.5.1　m^3 方案

然后，将中继概率矩阵重组为 $(N+1)\times(N+1)$ 矩阵形式[30]（另见第 1 章）：

$$\mathbf{P}^*=\begin{bmatrix}\mathbf{I} & \mathbf{0}\\ \mathbf{R} & \mathbf{Q}\end{bmatrix} \tag{8.5.2}$$

其中，N 是子蜂窝的数量，$\mathbf{I}$ 是与包括 N_A 个 BS/AP 加无路由状态 nr 的吸收态的数量对应的 $(N_A+1)\times(N_A+1)$ 对角矩阵，$\mathbf{0}$ 是 $(N_A+1)\times(N-N_A)$ 全零矩阵，$\mathbf{R}$ 是从暂态到吸收态的转移概率的 $(N-N_A)\times(N_A+1)$ 矩阵，$\mathbf{Q}$ 是瞬态之间的转移概率的 $(N-N_A)\times(N-N_A)$ 矩阵。

通过使用符号 $\mathbf{N}=(\mathbf{I}-\mathbf{Q})^{-1}$，从瞬态 i（子蜂窝 i）开始，当每个状态 i 的驻留时间相同即 $T_i=T$ 时，达到任何吸收态（BS/AP 或 nr）的过程所经历的平均时间为[30]

$$\boldsymbol{\tau}=(\tau_0,\tau_1,\cdots,\tau_{N-N_A-1})^{\mathrm{T}}=T(\mathbf{I}-\mathbf{Q})^{-1}\mathbf{1}=T\mathbf{N}\mathbf{1} \tag{8.5.3}$$

否则，$\boldsymbol{\tau}=(\tau_0,\tau_1,\cdots,\tau_{N-N_A-1})^{\mathrm{T}}=(\mathbf{I}-\mathbf{Q})^{-1}\mathbf{v}=\mathbf{N}\mathbf{v}$，其中 $\mathbf{v}$ =column vec $\{T_i\}$，$\mathbf{1}$ 是所有子集的

$(N-N_A)\times 1$列向量。对于归一化驻留时间$T_i=T=1$，向量$\boldsymbol{\tau}$的入射点τ_i表示从状态i（子蜂窝i）到吸收态(BS/AP 或nr)的平均跳数。该表达式将用于在效用函数的定义中得到传输时延。一般来说，该时间的方差是

$$\operatorname{var}\boldsymbol{\tau}=2(\mathbf{I}-\mathbf{Q})^{-1}\mathbf{TQ}(\mathbf{I}-\mathbf{Q})^{-1}\boldsymbol{\nu}+(\mathbf{I}-\mathbf{Q})^{-1}(\boldsymbol{\nu}_{\text{sq}})-\left[(\mathbf{I}-\mathbf{Q})^{-1}\boldsymbol{\nu}\right]_{\text{sq}} \tag{8.5.4}$$

其中$\mathbf{T}=\text{diag matrix}\{T_i\}$，如果驻留时间相同，则

$$\operatorname{var}\boldsymbol{\tau}=\left[(2\mathbf{N}-\mathbf{I})\mathbf{N1}-(\mathbf{N1})_{\text{sq}}\right]T^2 \tag{8.5.5}$$

其中$(\mathbf{N1})_{\text{sq}}$是$\mathbf{N1}$的每个分量的平方。达到吸收态的平均时间是

$$\tau_a=\mathbf{f}\boldsymbol{\tau} \tag{8.5.6}$$

其中$\mathbf{f}$是用户初始位置的概率的行向量，$\boldsymbol{\tau}$是由式(8.5.3)给出的列向量。在瞬态i中开始的马尔可夫过程在吸收态j中的概率是b_{ij}，并且如文献[30]所示：

$$\mathbf{B}=\left[b_{ij}\right]=(\mathbf{I}-\mathbf{Q})^{-1}\mathbf{R} \tag{8.5.7}$$

切换、访问 BS、无路由的平均概率为

$$\mathbf{p}_{\mathbf{ac}}=(p_{\text{wlan}},p_{\text{bs}},p_{\text{nr}})=\mathbf{fB} \tag{8.5.8}$$

其中$\mathbf{f}$是用户初始位置的概率的行向量。在 LIR 协议的情况下，如图 8.4.3、图 8.4.4 和图 8.4.5 所示，由于每个子蜂窝可以处于$ss^{(1)}$或者$ss^{(2)}$状态，除了吸收马尔可夫链中的状态数量加倍，因此分析结果不变。

8.6 协议的复杂度

在上一节中，假设调度协议在每个子蜂窝中驻留时间恒定的情况下，可以通过 MDR 协议得出子蜂窝转换概率的一般表达式。在本节中，我们根据协议找出给定用户i到 AP 的路由的迭代次数Δ_i来分析协议的复杂度。在此过程中，当$n=1,\cdots,6$时，协议将按图 8.6.1(右侧)的顺序搜索 MDR 协议的中继机会。协议一旦找到这样的机会，将立即进入下一个子蜂窝。

因此，这个过程在不同的子蜂窝中会花费不同的时间。为了对这个过程进行建模，我们需要在每个子蜂窝内的每一次迭代的马尔可夫模型中建立一个新的独立状态。因此，前面定义的转移概率$p(i;j)$现在应该被修改为如图 8.6.1(左侧)所示的$p(i,n;j,n')$，其中$n'=1$表示相邻蜂窝j中的新传输将从状态 1(到 BS/AP 的最短距离)开始。

中继概率矩阵现在由$\mathbf{P}=\|p(i,n;j,n')\|=\|p(h,\theta,n;h',\theta',n')\|$给出。上述分析的其余部分保持不变，平均迭代次数$\Delta$可以通过式(8.5.3)和$\boldsymbol{\Delta}=\boldsymbol{\tau}$得到，其中$\boldsymbol{\Delta}=(\Delta_0,\Delta_1,\cdots,\Delta_{N-N_A-1})^{\mathrm{T}}$。可以看出，较高的中继可用性$p$具有较低的复杂度，因为搜索可用用户所需的迭代次数$n$将更小。

除了子蜂窝内可能的迭代次数n的最大数量加倍，对于 LIR 协议的复杂度的分析遵循相同的推导过程，其流程图如图 8.6.2 所示。在状态$ss^{(1)}$(图的左侧)搜索中继选项时，搜索过程的驻留时间为$T_\Delta^{(1)}=N/K$个时间单位，因为$ss^{(1)}$协议必须检查N/K个用户的同时可用性。相反，在状态$ss^{(2)}$(图的右侧)，驻留时间为$T_\Delta^{(2)}=1$个时间单位。

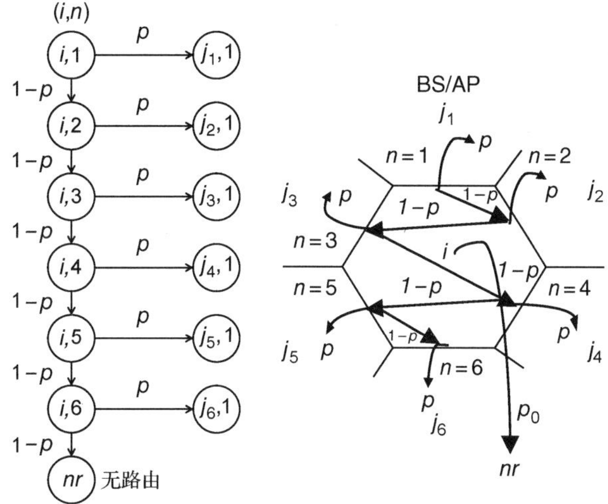

图 8.6.1　对于 MDR，从一个给定的子蜂窝 i 到相邻蜂窝 j_k 的路由发现协议的转换

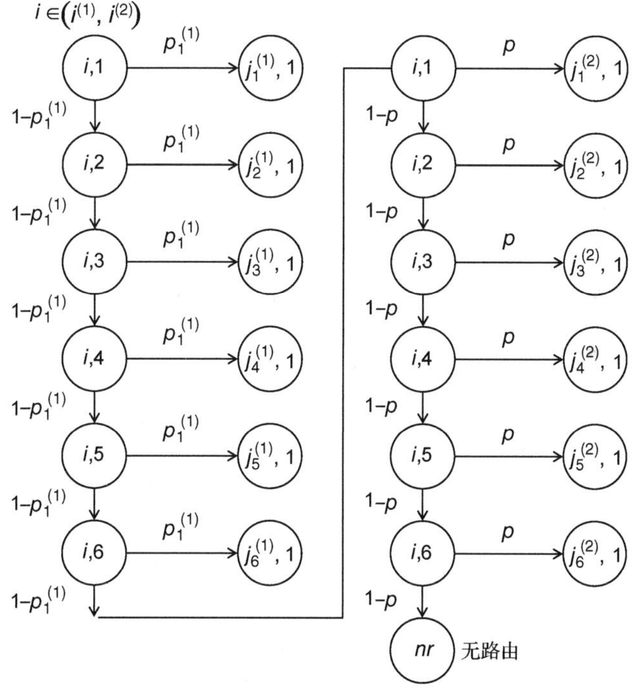

图 8.6.2　对于 LIR，从一个给定的子蜂窝 i 到相邻蜂窝 j_k 的路由发现协议的转换

值得注意的是，驻留时间 $T^{(i)}$ 和 $T_{\Delta}{}^{(i)}\ (i=1,2)$ 的物理解释的差异分别被用于建模中继过程和协议的复杂度。在第一种情况中 $T^{(i)}$ $(i=1,2)$ 表示一跳消息传输的调度周期；而在第二种情况中，$T_{\Delta}{}^{(i)}\ (i=1,2)$ 表示协议检查可用于中继的相邻用户所需的时间。前者以分配给传输的时隙进行测量，后者在“归一化时间单位”中进行测量。利用上述驻留时间和适当的状态转移概率的定义，用式(8.5.3)计算 $\boldsymbol{\tau}$（$T_i=T^{(i)}$ 的传递消息的平均次数向量）和 $\boldsymbol{\Delta}=\boldsymbol{\tau}$（路由的平均迭代次数向量，用于协议找到 $T_i=T_{\Delta}{}^{(i)}$ 的路由）。

8.7 流量卸载激励

在本节中，我们介绍一个合作的多运营商呼叫/会话访问策略。该策略是以 m^3 网络合作决策的动态微观经济标准为基础的。如 8.2 节所述，一旦在 m^3 网络中找到可用路由，我们根据效用函数来衡量网络的性能，其中包括一些专属于 m^3 网络的特定性能。从蜂窝网络到本地 WLAN 的流量卸载的利益将通过网络效用函数从蜂窝网络切换到 WLAN 之前和之后的偏移来量化。我们假设有两个不同的运营商，蜂窝网络运营商被称为移动网络运营商（MNO），WLAN 运营商被称为 SSO。用作接入决策基础的卸载价格，是基于蜂窝网络和 WLAN 中新的/结束的呼叫的瞬时数量和对 WLAN 的卸载呼叫而动态改变的。在这种方式下，蜂窝网络和 WLAN 中的终端会话也将被并入系统的整体模型中。这些因素由于网络中的干扰/容量、时延和功耗的变化而对卸载价格产生影响。为了反映这些影响，在卸载之前，对 MNO 的效用函数考虑如下。

1. 路由 $\Re_i$ 上跳转到 BS 的用户 i 的容量，由下式表示：

$$C_{\mathfrak{R}_i} = \min c_l, l \in \mathfrak{R}_i \tag{8.7.1}$$

   其中 c_l 是在文献[28]中得到的路由 $\Re_i$ 上链路 l 的容量；另见 8.2 节。

2. 用户 i 在路由 $\Re_i$ 上传输数据包的传输时延 $D_{\Re_i}$ 为

$$D_{\mathfrak{R}_i} \in \mathbf{\Pi}_{\text{bs}} \tag{8.7.2}$$

   其中 $\mathbf{\Pi}_{\text{bs}}$ 是 BS 处可行调度的集合。当使用 MDR 协议时，$D_{\Re_i} = K\tau_i$，其中 K 是细分因子，τ_i 由式（8.5.3）获得，归一化驻留时间 $T = 1$。相反，如果使用 LIR 协议，则可以减少时延，如 8.2 节所述，所以 $D_{\Re_i} \in [\tau_i, K\tau_i]$。值得注意的是，不同运营商之间的合作对参数 τ_i 有影响，如 8.4 节所述，参数 τ_i 是通过中继概率 p 获得的。

3. 路径成本反映了有效长度为 h_{ei} 的路由 $\Re_i$ 的总功耗，即

$$\text{cost}_{\mathfrak{R}_i} = Ph_{ei} \tag{8.7.3}$$

如果我们假设每个子蜂窝的驻留时间是恒定的，$T_i = T = 1$，如式（8.5.3）定义的，则 h_{ei} 等于用户 i 到达 BS 的归一化平均时间 τ_i。

卸载前的 MNO 的效用可以写成

$$\begin{gathered} U = \sum_{i \in \mathcal{N}_{\text{bs}}} U_i \\ U_i = \rho C_{\mathfrak{R}_i} / (D_{\mathfrak{R}_i} \text{cost}_{\mathfrak{R}_i}), \mathfrak{R}_i \in \mathfrak{R}_{\text{bs}} \end{gathered} \tag{8.7.4}$$

其中 $\mathcal{N}_{\text{bs}}$ 是蜂窝网络中的一组用户，$\Re_{\text{bs}}$ 是到 BS 的路由集合，ρ 是效用函数的单位收益。

8.2 节中定义的路由方案还包括调度的一些启发式方法。否则，为了控制链路间干扰，我们必须优化同时活动的链路的子集。为此，如果假设所有子蜂窝在 S 个时隙的帧内持续时间为 T_s 的时隙 s 中被调度传输，则调度周期的总持续时间将为 $S \cdot T_s$。S 越大，时延也就越长，但是干扰水平会降低，这是因为时隙数量增多，并且每个时隙同时传输的信息量就会变少。为了协调这两个相反的情形，优化问题一般定义为

$$\begin{aligned} &\underset{S, I_{\eta,\varphi,s}}{\text{maximize}} \ U = \sum_{i \in \mathcal{N}_{\text{bs}}} U_i = \rho C_{\mathfrak{R}_i} / (D_{\mathfrak{R}_i} \text{cost}_{\mathfrak{R}_i}) \\ &\text{subject to} \ \ \mathfrak{R}_i \in \mathfrak{R}_{\text{bs}} \\ &\qquad\qquad S, I_{\eta,\varphi,s} \in \mathbf{\Pi}_{\text{bs}} \end{aligned} \tag{8.7.5}$$

如果位置(η,φ)处的干扰用户在时隙s中是活动的，则指标$I_{\eta,\varphi,s}$等于 1，否则为 0。容量$C_{\mathfrak{R}_i}$和路径开销成本$\text{cost}_{\mathfrak{R}_i}$分别由式(8.7.1)和式(8.7.3)给出，$D_{\mathfrak{R}_i}=S\tau_i$，其中$\tau_i$通过式(8.5.3)得到，归一化驻留时间$T=1$。到 BS 的路由属于蜂窝中可行的路由集合。帧的长度S和$I_{\eta,\varphi,s}$受到调度集合$\mathbf{\Pi}_{\text{bs}}$约束。

如前所述，多跳网络中的调度优化是 NP 难题。因此，接下来我们将采用 8.2 节中提出的调度启发式方法，它允许我们使用式(8.7.4)中定义的效用公式，并进一步分析式(8.7.5)。

MNO 激励　卸载前 MNO 的效用由式(8.7.4)给出。卸载后，效用由U'表示，通常定义为

$$U'=\sum_{i'\in\mathcal{N}'_{\text{bs}}}U_{i'} \tag{8.7.6}$$

其中$\mathcal{N}'_{\text{bs}}=\mathcal{N}^{+}_{\text{bs}}\cup\mathcal{N}_{\mu}$且$\mathcal{N}^{+}_{\text{bs}}$是由式(8.3.2)定义的下一时刻(卸载后)BS 中的用户集合。卸载后每个用户i'的效用是

$$U_{i'}=\begin{cases}\rho C_{\mathfrak{R}_{i'}}\big/\left(D_{\mathfrak{R}_{i'}}\text{cost}_{\mathfrak{R}_{i'}}\right),\mathfrak{R}_{i'}\in\mathfrak{R}^{+}_{\text{bs}}, & i'\in\mathcal{N}^{+}_{\text{bs}}\\(\rho-\chi)C_{\mathfrak{R}_{1i'}}\big/\left(D_{\mathfrak{R}_{1i'}}\text{cost}_{\mathfrak{R}_{1i'}}\right),\mathfrak{R}_{1i'}\in\mathfrak{R}_{\mu}, & i'\in\mathcal{N}_{\mu}\end{cases}$$

值得注意的是，从上述效用的定义来看，对于在卸载($i'\in\mathcal{N}^{+}_{\text{bs}}$)后仍保留在蜂窝中的用户，其效用定义为卸载之前的效用，如式(8.7.4)所示，但随着网络流量的变化，取值将不同。新的路由$\mathfrak{R}_{i'}$属于卸载$\mathfrak{R}^{+}_{\text{bs}}$后蜂窝网络中的一组路由，容量$C_{\mathfrak{R}_{i'}}$、时延$C_{\mathfrak{R}_{i'}}$和路径开销成本$\text{cost}_{\mathfrak{R}_i}$由式(8.7.1)～式(8.7.3)给出。

对于已经卸载的用户($i'\in\mathcal{N}_{\mu}$)，MNO 获得的收入ρ现在由于支付给 SSO 的卸载价格χ而减少。卸载用户$\mathfrak{R}_{1i'}$的路由属于可卸载路由集合$\mathfrak{R}_{\mu}$。分别通过式(8.7.1)～式(8.7.3)可得到容量$C_{\mathfrak{R}_{1i'}}$、时延$D_{\mathfrak{R}_{1i'}}$和路径开销，其中去往 WLAN 的跳数为$m_{e1i'}$。

MNO 的目标是在 SSO 提出卸载价格χ的前提下，对于一组卸载的用户$\mathcal{N}_{\mu}$和蜂窝$\mathcal{N}_{\lambda\text{bs}}$中的新呼叫，最大化切换之前和之后效用函数的偏移量，即

$$\begin{aligned}\underset{\mathcal{N}_{\mu},\mathcal{N}_{\lambda\text{bs}}}{\text{maximize}}\ \Delta U=U'-U&=\sum_{i'\in\mathcal{N}'_{\text{bs}}}U_{i'}-\sum_{i\in\mathcal{N}_{\text{bs}}}U_i\\&=\sum_{i'\in\left\{\mathcal{N}^{+}_{\text{bs}}\cup\mathcal{N}_{\mu}\right\}}U_{i'}-\sum_{i\in\mathcal{N}_{\text{bs}}}U_i\\\text{subject to}\ &\mathcal{N}_{\mu}\subset N_{\text{bs}}\\&\mathcal{N}^{+}_{\text{bs}}=\mathcal{N}_{\text{bs}}\cup\mathcal{N}_{\lambda\text{bs}}\setminus\mathcal{N}_{\mu\text{bs}}\setminus\mathcal{N}_{\mu}\\&C_{\mathfrak{R}_i},C_{\mathfrak{R}_{i'}},D_{\mathfrak{R}_i},D_{\mathfrak{R}_{i'}}\in\mathbf{\Pi}_{\text{bs}}\\&\mathfrak{R}_i\in\mathfrak{R}_{\text{bs}},\mathfrak{R}_{i'}\in\mathfrak{R}^{+}_{\text{bs}}\\&\text{C}_{\mathfrak{R}_{1i'}},D_{\mathfrak{R}_{1i'}}\in\mathbf{\Pi}_{\text{wlan}},\mathfrak{R}_{1i'}\in\mathfrak{R}_{\mu}\\&\text{cost}_{\mathfrak{R}_i}=Ph_{ei},\mathfrak{R}_i\in\mathfrak{R}_{\text{bs}}\\&\text{cost}_{\mathfrak{R}_{i'}}=Ph_{ei'},\mathfrak{R}_{i'}\in\mathfrak{R}^{+}_{\text{bs}}\\&\text{cost}_{\mathfrak{R}_{1i'}}=Pm_{e1i'},\mathfrak{R}_{1i'}\in\mathfrak{R}_{\mu}\end{aligned} \tag{8.7.7}$$

BS、$\mathbf{\Pi}_{\text{bs}}$和 WLAN、$\mathbf{\Pi}_{\text{wlan}}$的调度集合包括由 MDR 或 LIR 协议提供的调度选项。因此，通过使用这些路由和调度启发式方法中的任意一种来解决优化问题，并评估可行路由的效用函数，直到获得最大效用。

我们假设式(8.7.7)描述的优化问题用于求解固定卸载价格 χ ，即 SSO 将在协商过程中向 MNO 提供方案。这个过程将在后面详细阐述。

MNO 以受当前用户和到达蜂窝新用户 $\mathcal{N}_{\lambda\text{bs}}$ 的影响的给定价格 χ ，得出要通过 SSO 卸载的最佳用户集合 $\mathcal{N}_{\mu}^{*}$。效用的偏移量还将取决于终端在网络中的位置。

SSO 激励 一般来说，假设 SSO 具有相同的网络架构。如用 U_1 表示在卸载之前 SSO 的效用，可定义为

$$U_1=\sum_{i\in\mathcal{N}_{\text{wlan}}}U_{1i}$$
$$U_{1i}=\rho_1 C_{\mathfrak{R}_{1i}}/(D_{\mathfrak{R}_{1i}}\text{cost}_{\mathfrak{R}_{1i}}),\mathfrak{R}_{1i}\in\mathfrak{R}_{\text{wlan}} \tag{8.7.8}$$

其中 $\mathcal{N}_{\text{wlan}}$ 和 $\mathfrak{R}_{\text{wlan}}$ 分别是 WLAN 中的用户和路由集合，ρ_1 是 WLAN 中效用函数的单位收益，容量 $C_{\mathfrak{R}_{1i}}$ 、时延 $D_{\mathfrak{R}_{1i}}$ 和路径开销成本 $\text{cost}_{\mathfrak{R}_{1i}}$ 可由式(8.7.1) ~ 式(8.7.3)得到，其中路由 $\mathfrak{R}_{1i}$ 朝向 WLAN 的有效长度为 m_{e1i}。

在切换之后，SSO 的效用表示为

$$U_1'=\sum_{i'\in\mathcal{N}_{\text{wlan}}^{+}}U_{1i'} \tag{8.7.9}$$

其中 $\mathcal{N}_{\text{wlan}}^{+}$ 是式(8.3.3)定义的下一时刻(卸载后)WLAN 中的用户集合。对于每个特定用户 i'，该效用为

$$U_{1i'}=\begin{cases}\rho_1 C_{\mathfrak{R}_{1i'}}/\left(D_{\mathfrak{R}_{1i'}}\text{cost}_{\mathfrak{R}_{1i'}}\right), & \mathfrak{R}_{1i'}\in\mathfrak{R}_{\text{wlan}}^{+}\ \mathfrak{R}_{\mu}, \quad i'\in\mathcal{N}_{\text{wlan}}^{+}\setminus\mathcal{N}_{\mu}\\ \chi C_{\mathfrak{R}_{1i'}}/\left(D_{\mathfrak{R}_{1i'}}\text{cost}_{\mathfrak{R}_{1i'}}\right), & \mathfrak{R}_{1i'}\in\mathfrak{R}_{\mu}, \quad i'\in\mathcal{N}_{\mu}\end{cases}$$

对于在卸载之前就已经在 WLAN 中的用户（$i'\in\mathcal{N}_{\text{wlan}}^{+}\setminus\mathcal{N}_{\mu}$），其效用定义为卸载之前，如式(8.7.8)所示，但由于网络中的流量变化，得到的值是不同的。新路由 $\mathfrak{R}_{1i'}$ 属于 $\mathfrak{R}_{\text{wlan}}^{+}\setminus\mathfrak{R}_{\mu}$ 卸载后 WLAN 中的路由集合，$C_{\mathfrak{R}_{1i'}}$ 、$D_{\mathfrak{R}_{1i'}}$ 和 $\text{cost}_{\mathfrak{R}_{1i'}}$ 由式(8.7.1) ~ 式(8.7.3)给出，其中 WLAN 情况下的跳数是 $m_{e1i'}$。对于已经卸载的用户（$i'\in\mathcal{N}_{\mu}$），SSO 收取的卸载价格为 χ 。卸载用户的路由 $\mathfrak{R}_{1i'}$ 属于可卸载路由集合 $\mathfrak{R}_{\mu}$ ，其余的参数如前所述。对于 WLAN 中每个用户的切换成本 χ 和新呼叫集合 $\mathcal{N}_{\lambda\text{wlan}}$ ，SSO 的目的是得到切换之前和之后最大化效用函数的偏移量，即

$$\begin{aligned}\underset{\chi,\mathcal{N}_{\lambda\text{wlan}}}{\text{maximize}}\ \ &\Delta U_1=U_1'-U_1\\ &=\sum_{i'\in\mathcal{N}_{\text{wlan}}^{+}}U_{1i'}-\sum_{i\in\mathcal{N}_{\text{wlan}}}U_{1i}\\ \text{subject to}\ &\mathcal{N}_{\text{wlan}}^{+}=\mathcal{N}_{\text{wlan}}\cup\mathcal{N}_{\lambda\text{wlan}}\setminus\mathcal{N}_{\mu\text{wlan}}\cup\mathcal{N}_{\mu}\\ &C_{\mathfrak{R}_{1i}},C_{\mathfrak{R}_{1i'}},D_{\mathfrak{R}_{1i}},D_{\mathfrak{R}_{1i'}}\in\mathbf{\Pi}_{\text{wlan}}\\ &\mathfrak{R}_{1i}\in\mathfrak{R}_{\text{wlan}},\mathfrak{R}_{1i'}\in\mathfrak{R}_{\text{wlan}}^{+}\\ &\text{cost}_{\mathfrak{R}_{1i}}=Pm_{e1i},\ \mathfrak{R}_{i}\in\mathfrak{R}_{\text{wlan}}\\ &\text{cost}_{\mathfrak{R}_{1i'}}=Pm_{e1i'},\ \mathfrak{R}_{1i'}\in\mathfrak{R}_{\text{wlan}}^{+}\\ &\rho_1\leqslant\chi\leqslant\rho\end{aligned} \tag{8.7.10}$$

$C_{\Re_{1i}}$ 和 $C_{\Re_{1i'}}$ 分别表示在切换之前和之后 WLAN 上的路由容量，并受到调度集合 $\mathbf{\Pi}_{\text{wlan}}$ 的约束。这同样影响路由的时延 $D_{\Re_{1i}}$ 和 $D_{\Re_{1i'}}$。切换之前和之后的路径成本 $\text{cost}_{\Re_{1i}}$ 和 $\text{cost}_{\Re_{1i'}}$ 分别取决于每条路径上的功耗及到 WLAN 的路由长度 m_{e1i} 和 $m_{e1i'}$。卸载成本（价格）χ 应低于或者等于 MNO 每个用户得到的收益，同时大于等于 SSO 的收入。

对于 MNO 决定卸载的用户集合 $\mathcal{N}_{\mu}$，SSO 解决了如式(8.7.10)所示的优化问题，以得到当前用户和到达 WLAN 的新用户 $\mathcal{N}_{\lambda\text{wlan}}$ 的最佳价格 χ。再次说明，这些参数一般取决于用户的位置。针对 MDR 或 LIR 协议，优化问题的解决方案如前所述。

8.7.1　MNO 与 SSO 之间的协作谈判

以下步骤描述了 MNO 和 SSO 之间选择卸载价格 χ 的协商过程。

1. SSO 提出服务价格 χ。
2. MNO 通过式(8.7.7)计算 $\Delta U(\chi,\mathcal{N}_{\mu})$，并将其传递给 SSO。
3. SSO 通过(8.7.10)计算 $\Delta U_1(\chi,\mathcal{N}_{\mu})$，并根据 ΔU 和 ΔU_1 之间的关系提出新的价格 χ'，即

$$\chi' = \begin{cases} \chi - \Delta\chi, \Delta U_1 > \Delta U \\ \chi + \Delta\chi, \Delta U_1 < \Delta U \end{cases}$$

$$\chi = \chi'$$

4. 该过程一直迭代，直到 $\Delta U(\chi,\mathcal{N}_{\mu}) = \Delta U_1(\chi,\mathcal{N}_{\mu})$，然后获得最优价格 $\chi = \chi^*$。

另一种选择是用如下步骤同时改变 $\mathcal{N}_{\mu}$ 和 χ。

1. SSO 提出服务价格 χ。
2. MNO 通过式(8.7.7)计算 $\Delta U(\chi,\mathcal{N}_{\mu})$，并将其传递给 SSO。
3. SSO 通过式(8.7.10)计算 $\Delta U_1(\chi,\mathcal{N}_{\mu})$，并提出新的价格 χ'：

$$\chi' = \begin{cases} \chi - \Delta\chi, \Delta U_1 > \Delta U \\ \chi + \Delta\chi, \Delta U_1 < \Delta U \end{cases}$$

$$\chi = \chi'$$

4. MNO 计算 $\Delta U(\chi,\mathcal{N}_{\mu})$ 并提供新的 $\mathcal{N}'_{\mu}$：

$$\mathcal{N}'_{\mu} = \begin{cases} \mathcal{N}_{\mu} \setminus \Delta\mathcal{N}_{\mu}, \Delta U_1 < \Delta U \\ \mathcal{N}_{\mu} \cup \Delta\mathcal{N}_{\mu}, \Delta U_1 > \Delta U \end{cases}$$

$$\mathcal{N}_{\mu} = \mathcal{N}'_{\mu}$$

5. 该过程一直迭代，直到 $\Delta U(\chi,\mathcal{N}_{\mu}) = \Delta U_1(\chi,\mathcal{N}_{\mu})$，然后获得最优价格 $\chi = \chi^*$。

该过程可以进一步扩展，以包括分别表示 BS 和 WLAN 中新接收的会话数量的集合 $\mathcal{N}_{\lambda\text{bs}}$ 和 $\mathcal{N}_{\lambda\text{wlan}}$ 的可能变化。相关的一些例子将在下面提供。

8.8 性能说明

在本节中，我们介绍了基于所讨论的经济模型的m³路由发现协议和协作多运营商呼叫/会话接入策略的一些性能说明。当可用用户集合不同的时候，我们考虑了单技术和多技术方案。

8.8.1 m³路由发现协议

首先，根据 MDR 和 LIR 协议找到路由所需的平均迭代次数Δ来评估路由发现协议的复杂度。考虑的情况如图 8.5.1 所示。在图 8.8.1 和图 8.8.2 中，分别给出了针对 MDR 和 LIR 协议的不同中继可用性概率 p，Δ_i 与子蜂窝索引 i 的关系曲线。子蜂窝索引 i 对应于图 8.4.2 所示的多技术方案中的子蜂窝数。i为$1\sim6$ 的用户位于 $h=1$ 的环，i为$7\sim18$ 的用户位于 $h=2$ 的环，依次类推。平均迭代次数Δ随着 p 的增加而减少。对于相同的 p 值，用户的位置越靠近 BS，Δ越低，对于更接近 WLAN（$i=15, 16, 30, 31$）的用户而言，Δ明显降低。同一跳内的结果出现波动是由于六角形细分，这表示在同一跳中从用户到 BS 的选定路由上的距离可能改变。我们还可以观察到，对于 $p=1$，LIR 协议的迭代次数 Δ_{LIR} 比使用 MDR 协议时高六倍。这是因为搜索 k_0 的进程的驻留时间是 $T_\Delta^{(1)}=6$，而对于 MDR 协议，$T_\Delta^{(2)}=1$。因此，对于 $p=1$ 的 Δ_{MDR} 等于用户到最接近的 AP 的跳数。对于 $p<1$ 的其他值，Δ_{LIR} 可高达 Δ_{MDR} 的 25 倍。

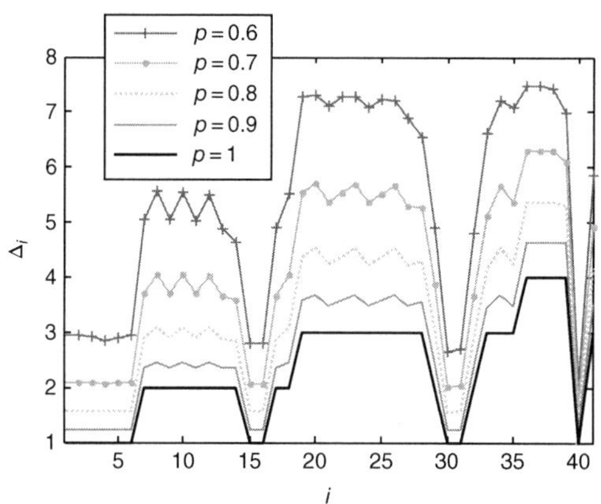

图 8.8.1　Δ_i 与 MDR 协议的子蜂窝索引 i 的关系曲线和图 8.4.4 中所示的方案

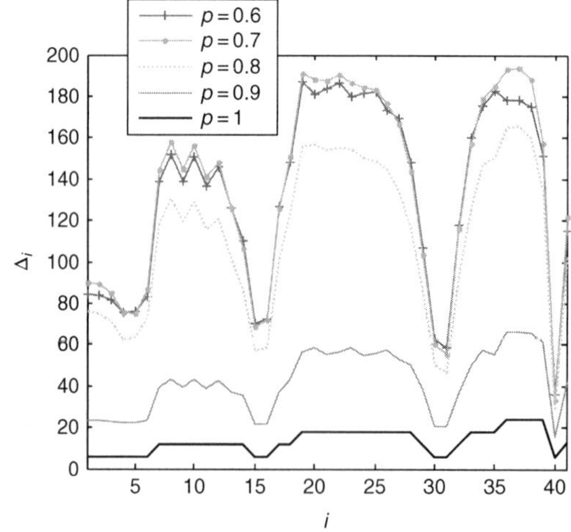

图 8.8.2　Δ_i 与 LIR 协议的子蜂窝索引 i 的关系曲线和图 8.4.4 中所示的方案

图 8.8.3 和图 8.8.4 中给出了平均消息传递时间 τ_i 与 MDR 和 LIR 协议的子蜂窝索引 i 的关系曲线，并且 m^3 方案如图 8.5.1 所示。我们假设 MDR 协议的驻留时间为 $T=K=7$，对于 LIR 协议，$T=1$。所以我们可以看到，当 $p=1$ 时，τ_{MDR} 比 τ_{LIR} 大 7 倍。对于 $p<1$ 的其他值，τ_{MDR} 比 τ_{LIR} 大约 2.5 倍。如前所述，对于更接近 WLAN 的用户，τ 明显降低。

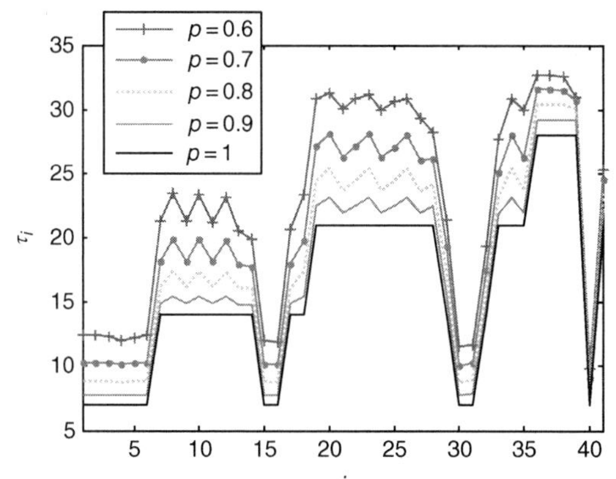

图 8.8.3　τ_i 与 MDR 协议的子蜂窝索引 i 的关系曲线和图 8.4.4 中所示的方案

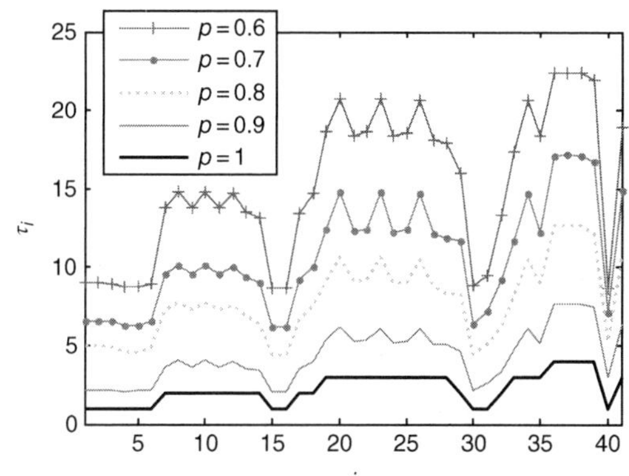

图 8.8.4　τ_i 与 LIR 协议的子蜂窝索引 i 的关系曲线和图 8.4.4 中所示的方案

在图 8.8.5 中，我们将通过式(8.5.7)获得的选择 BS/AP 的概率与使用 MDR 协议的同一方案的路由概率一起呈现。我们可以看到，用户到达 BS 的概率 B_{BS} 对于接近 WLAN 的用户而言是降低的。对于这些用户，$B_{\text{WLAN}}>B_{\text{BS}}$；对于靠近 BS 的用户则相反。对于远离任何 BS 或 AP 的用户，无路由 B_{nr} 的概率增加。

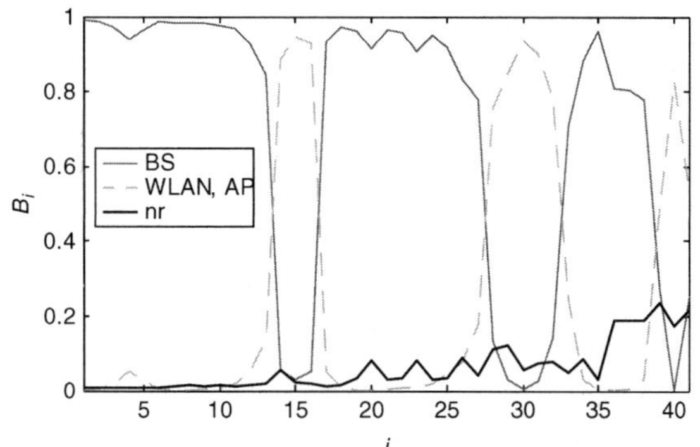

图 8.8.5　图 8.4.4 所示的方案中 B_i 和子蜂窝索引 i 的关系曲线

8.8.2　改进的 m^3 路由发现协议的容量和吞吐量

如前文所述，MDR 协议的优点在于协议寻找路由所需的迭代次数 Δ 明显低于 LIR 协议的情况。另一方面，LIR 协议可以按较低的时延 τ 将消息从源传送到 AP。对于具有相对较少数量的源(路由)的情况，我们给出改进的协议：改进的最小距离路由(mMDR)和改进的有限干扰路由(mLIR)。这些协议利用了只有有限数量的路由 N_r 在网络中同时有效的优点，降低了干扰的大小。

如果可能，mMDR 协议将调度周期从 7 个时隙减少到一些较低的值 $T_{\min}^{(2)}$，这对于为干扰距离 d_i 大于给定阈值 d_r 的所有传输提供调度是必要的。对于 mLIR 协议，在搜索 k_0 类型的用户但却只有 N_r 个终端时，不需要检查 N/K 个终端的同时可用性。

基于之前的说明，图 8.8.6 中的拓扑结构可以显示 mMDR 和 mLIR 协议的性能。在这种拓扑中，我们假设有类型 $k=1$ 的 6 个源和一组标为“x”的不可用用户。它们的位置如表 8.8.1(场景 1)所示。因此，用户通过向其相邻用户进行中继来发送数据，直到所有传输到达 BS。当所有用户可用于中继时，理想情况下的路由都用实线箭头指示，如图 8.8.6 所示。通过 mLIR 协议为此场景获得的路由用虚线箭头表示。对于 mLIR 协议，用户尝试中继到对所有发射机通用的具有相同类型 k_0 的相邻用户。对于方案 1，$k_0=2$，如图 8.8.6 所示。稍后，将修改此方案以包含不同的不可用用户集合，如表 8.8.1 所示。

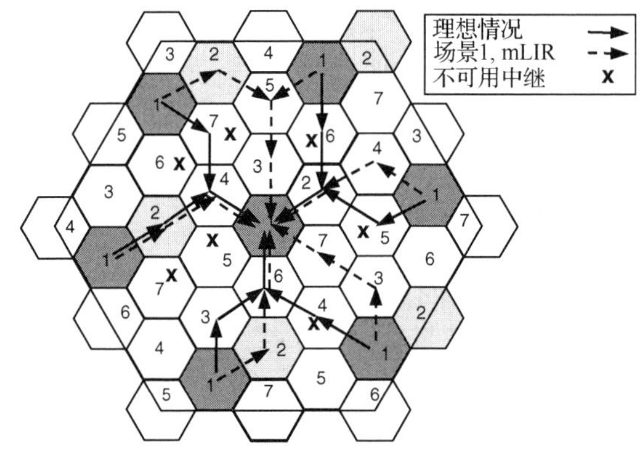

图 8.8.6　当分簇因子 $K=7$ 时，m^3 网络的路由/调度策略

表 8.8.1　方案描述

场景	不可用用户	重新安排(mLIR)
1	$x=\begin{cases}u^5(2,0°),u^6(2,60°),u^7(2,120°),u^6(2,150°),\\ u^5(1,210°),u^7(2,120°),u^4(2,300°)\end{cases}$	$k_0\to 2$
2	$o=\begin{cases}u^5(2,0°),u^2(1,30°),u^6(2,60°),u^2(3,110°),\\ u^7(2,120°),u^7(2,120°),u^2(2,270°)\end{cases}$	$k_0\to 3$
3	$p=\begin{cases}u^5(2,0°),u^6(3,60°),u^5(2,90°),u^2(3,110°),\\ u^2(2,0°),u^3(2,240°),u^6(1,270°),u^3(2,330°)\end{cases}$	$k_0\to 7$
4	$K=2$ 和 3	$k_0\to 5$
5	$n=\begin{cases}u^4(2,30°),u^7(2,120°),u^2(3,110°),u^2(2,180°),\\ u^7(2,210°),u^2(2,270°),u^7(1,330°),u^3(2,330°)\end{cases}$	$k_0\to 6$
6	$z=\begin{cases}u^5(2,0°),u^6(2,60°),u^7(3,50°),u^7(2,120°),\\ u^2(3,110°),u^7(2,210°),u^7(3,270°),\\ u^2(2,270°),u^3(2,330°),u^7(1,330°)\end{cases}$	$k_0\to 4$

在图 8.8.7 和图 8.8.8 中，我们分别提供了表 8.8.1 中针对 mMDR 和 mLIR 协议描述的场景的网络容量与吞吐量。网络容量可由 $C=\sum_{\Re_i} C_{\Re_i}$ 得到，其中 $C_{\Re_i}$ 是由式(8.7.1)得到的路由容量。吞吐量由 $\mathrm{Thr}=C/T$ 给出，其中 T 是调度周期。我们将分析结果与所有用户可用于中继的理想情况进行比较，并将另一路由发现协议称为加载感知路由(LAR)协议。在 LAR 协议中，路由发现过程考虑了流量负载和功耗，因此协议以如下方式找到路由，即流量通过整个网络均匀分布。在非理想情况下，最大容量和吞吐量由 mLIR 协议获得。通过 mMDR 协议，用户体验到每个路由的最短时延，但另一方面，并不能控制通过网络的流量分配情况。因此，相邻链路之间的干扰较大，容量更小。LAR 得到的容量大于 mMDR 得到的容量。虽然需要更多的时隙来完成 LAR 的传输，但是在某些情况下分配流量所获得的增益会弥补时延，如图 8.8.8 所示。

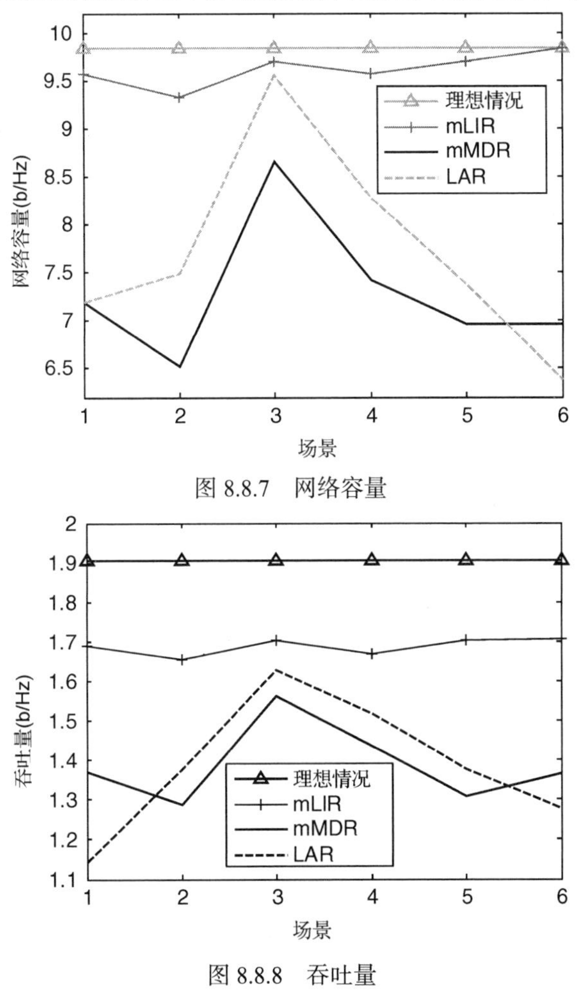

图 8.8.7　网络容量

图 8.8.8　吞吐量

8.8.3　流量卸载激励

我们给出了一些卸载场景的图示结果，其中 MNO 和 SSO 协作卸载通过 SSO 的一定数量的用户。假设可用性概率 $p=1$。我们考虑如图 8.8.9 所示的网络拓扑和表 8.8.2 中描述的场景。我们认为 WLAN 的覆盖区域半径等于子蜂窝的半径 r。假定 MNO 和 SSO 的单位效用函数的收益为 $\rho=\rho_1=2$。在图 8.8.10 中，我们给出了表 8.8.2 中描述的场景 1 的 MNO 和 SSO 之间

的价格 χ 的协商结果。ΔU 和 ΔU_1 分别是卸载用户 4 之前与之后 MNO 和 SSO 的效用的偏移量。网络均衡时获得的最优价格 χ^*（$\Delta U=\Delta U_1$）显示为 χ^*=1.2。如果新的用户进入 WLAN，$n_{\lambda\text{wlan}}=1$，如场景 2 所述，则 MNO 必须支付给 SSO 卸载用户 4 的新价格现在降到 $\chi^*=0.8$，如图 8.8.11 所示。由于现在多了一个用户占用 WLAN 的可用容量,用于卸载用户的效用现在减少了，因此价格 χ^* 也降低了。在场景 3 中，新用户(用户 7)向 BS 发送数据，$n_{\lambda\text{bs}}=1$。卸载用户 4 的新价格为 $\chi^*=1.45$。随着越来越多的用户现在在蜂窝网络中传输，MNO 的效用减少，并且对卸载用户更有兴趣。MNO 的偏移 ΔU 较大，如图 8.8.6 所示，因此可以支付更高的卸载价格(1.45 > 1.2)。相反，如果我们决定通过 WLAN(场景 4)卸载用户 7，则得到 $\chi^*=3$ 的网络均衡结果，如图 8.8.11 所示。因此它不必为卸载这个用户支付费用，因为 $\chi^*>\rho=\rho_1$。SSO 的效用大大减少，因为需要更多的时隙来完成传输。

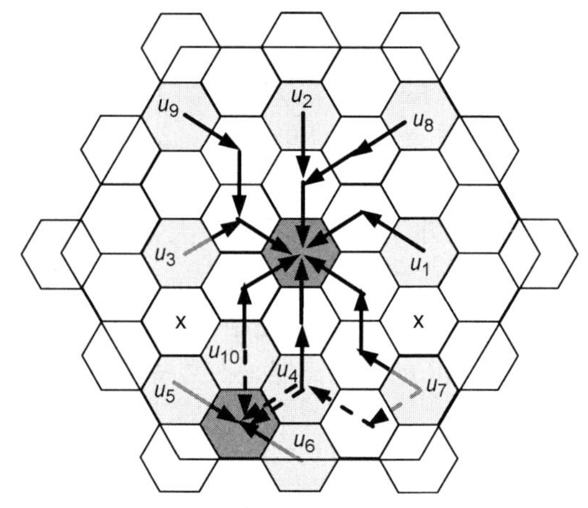

图 8.8.9　m^3 网络拓扑

表 8.8.2　图 8.8.5 所示的卸载方案

场景	MNO	SSO	卸载
1	u_1, u_2, u_3, u_4	u_5	u_4
2	u_1, u_2, u_3, u_4	u_5, u_6	u_4
3	u_1, u_2, u_3, u_4, u_7	u_5	u_4
4	u_1, u_2, u_3, u_4, u_7	u_5	u_7
5	$u_1, u_2, u_3, u_4, u_7, u_8, u_9, u_{10}$	u_5	u_4
6	$u_1, u_2, u_3, u_4, u_7, u_8, u_9, u_{10}$	u_5	u_4, u_{10}
7	$u_1, u_2, u_3, u_4, u_7, u_8, u_9, u_{10}$	u_5	u_4, u_7, u_{10}

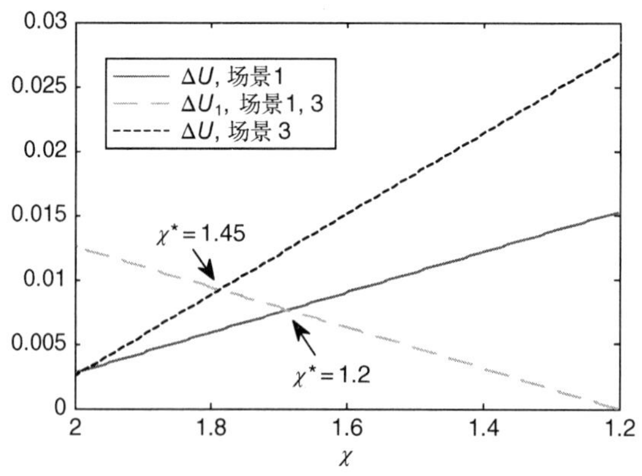

图 8.8.10　图 8.8.5 和表 8.8.2 的场景 1、场景 3 中 ΔU 和 ΔU_1 与价格 χ 的关系曲线

在场景 5 中，向 MNO 发送的用户数现在增加到 8，并且为卸载用户 4 获得的价格是 $\chi^*=1.18$。由于这种场景下的传输次数相当高，卸载一个用户的影响比场景 1 和场景 3 的影响要小，因此价格现在较低。如果我们决定多卸载一个用户，如场景 6 所示，则在效用 ΔU 中获得的偏移量增加。因此，随着 MNO 对卸载的兴趣增大，价格也上升到 $\chi^*=1.39$。在场

景 7 中，我们观察到用户 7 的卸载价格上升到 $\chi^* = 2.05$。对于 $\chi^* > \rho = \rho_1$，MNO 不会为了能让 WLAN 卸载更多的用户而一次付清费用。

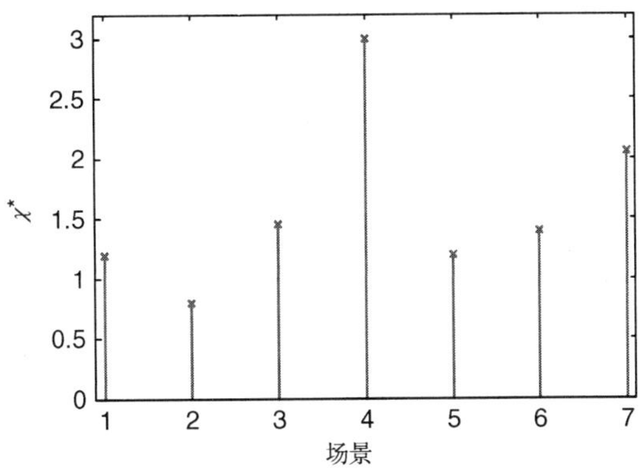

图 8.8.11　图 8.8.5 和表 8.8.2 中场景 1~7 的最优价格 χ^*

在图 8.8.12 中，我们再次考虑场景 5、6 和 7，并且展示了如何影响最佳价格 χ^* 来增加在 WLAN 中发送的用户数量 $n_{\lambda\text{wlan}}$。我们可以看到，由于 WLAN 的可用容量现在由越来越多的用户共享，因此卸载用户的容量会降低，从而降低了 χ^* 的价格。另一方面，当偏移量 ΔU 较大时，价格 χ^* 随着卸载用户数量 n_μ 的增加而增加。

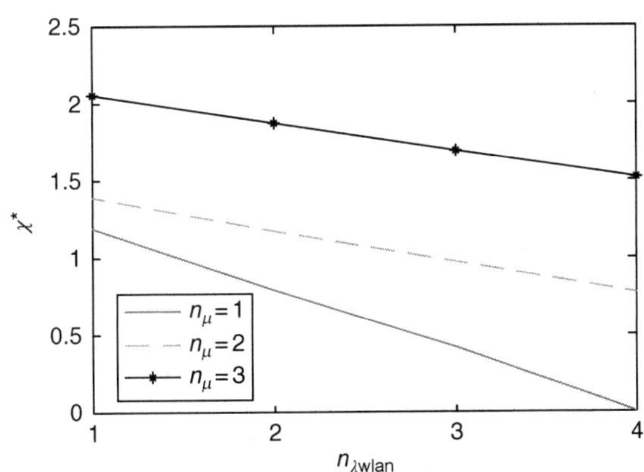

图 8.8.12　最优价格 χ^* 和 WLAN 中新呼叫数量(用户数量)的关系曲线

8.8.4　移动性的实现和影响

路由发现协议由 BS 基于终端的位置信息来操作。在宏蜂窝的传统上行链路信令(控制)信道上传送用户位置和合作意愿。当前有效协议的索引和传输的时隙索引在传统下行链路信令(控制)信道上传送给用户。一般选取最静态且最中心(最靠近子蜂窝的中心)用户为子蜂窝中的潜在发射机/接收机。对于协议的操作，我们需要确定周围的蜂窝中是否有可用的中继。潜在中继的精确位置对于协议来说并不重要，但对于在蜂窝网络中已经存在的技术范围内的定位误差来说，其可使协议相对稳健。

在 MNO 和 SSO 运营商之间使用相同类型的信令来交换协商过程的相关信息(卸载价格 χ 和要卸载的用户集合 $\mathcal{N}_\mu$)。我们假设优化过程[见式(8.7.7)和式(8.7.10)]处理得足够快，可以跟踪网络中流量的变化。

在本节中，我们提出了一个综合模型来分析 m^3 网络的行为，包括一些相关的网络参数。当动态网络中有多种技术时，该模型捕获路由、调度和多运营商激励之间的相互依赖性。通过联合网络接入决策，可以使 MNO 和 SSO 的效用最大化。从本章的图示中可以看出，在动态流量环境中，从蜂窝网络到 WLAN 的流量卸载的均衡价格变化幅度很大。这还表明，如果通过多个蜂窝网络运营商协作来增加用户可用性，则网络容量可以提高 50%，网络吞吐量可以提高 30% ~ 40%。

路由发现协议的复杂度被描述为终端可用性的函数，并在多运营商协作的情况下被再次改进。例如，如果中继的可用性从 $p=1$ 降到 $p=0.6$，则在寻找路由的尝试中测量的协议的复杂度增加了 100%。这还表明 MDR 协议的复杂度明显低于 LIR 协议的复杂度。然而，利用最短路由可能并不会得到最佳的网络性能。

参考文献

[1] Parkvall, S., Furuskar, A. and Dahlman, E. (2011) Evolution of LTE toward IMT-advanced. *IEEE Communications Magazine*, **49** (2), 84–91.

[2] Cisco (2010) *Global Mobile Data Traffic Forecast by Cisco*.

[3] Singh, C., Sarkar, S., Aram, A. and Kumar, A. (2012) Cooperative profit sharing in coalition-based resource allocation in wireless networks. *IEEE/ACM Transactions on Networking*, **20** (1), 69–83.

[4] Lin, P., Jia, J., Zhang, Q. and Hamdi, M. (2010) Cooperation among wireless service providers: opportunity, challenge, and solution. *IEEE Wireless Communications*, **17** (4), 55–61.

[5] Deb, S., Nagaraj, K., and Srinivasan, V. (2011) *MOTA: Engineering an Operator Agnostic Mobile Service*. Proceedings of the ACM MOBICOM 2011.

[6] Ma, D. and Ma, M. (2009) *A QoS Based Vertical Hand-off Scheme for Internetworking of WLAN and WiMax*. Proceedings of the IEEE GLOBECOM.

[7] Liang, L., Wang, H., and Zhang, P. (2007) *Net Utility-Based Network Selection Scheme in CDMA Cellular/WLAN Integrated Networks*. Proceedings of the IEEE WCNC.

[8] Miozzo, M., Rossi, M., and Zorzi, M. (2006) *Routing Strategies for Coverage Extension in Heterogeneous Wireless Networks*. Proceedings of the PIMRC.

[9] Cao, L., Sharif, K., Wang, Y., and Dahlberg, T. (2009) *Multiple-Metric Hybrid Routing Protocol for Heterogeneous Wireless Access Networks*. Proceedings of the 6th IEEE Consumer Communications and Networking Conference, pp. 1–5.

[10] Shafiee, K., Attar, A., and Leung, V.C.M. (2011) *WLAN-WiMAX Double-Technology Routing for Vehicular Networks*. Proceedings of the Vehicular Technology Conference (VTC Fall), pp. 1–6.

[11] Badia, L., Lindstrom, M., Zander, J. and Zorzi, M. (2004) An economic model for the radio resource management in multimedia wireless systems. *Computer Communications*, **27** (11), 1056–1064.

[12] Siris, V.A. (2007) Cell dimensioning in the CDMA uplink based on economic modelling. *European Transactions on Telecommunications*, **18** (4), 427–433.

[13] Pei, X., Jiang, T.o., Qu, D. *et al.* (2010) Radio-resource management and access-control mechanism based on a novel economic model in heterogeneous wireless networks. *IEEE Transactions on Vehicular Technology*, **59** (6), 3047–3056.

[14] Stojmenovic, I. (2002) Position-based routing in ad hoc networks. *IEEE Communications Magazine*, **40** (7), 128–134.

[15] Rodoplu, V. and Meng, T.H. (1999) Minimum energy mobile wireless networks. *IEEE Journal on Selected Areas in Communications*, **17** (8), 1333–1344.

[16] Chang, J.-H. and Tassiulas, L. (2000) *Energy conserving routing in wireless ad-hoc networks*. Proceedings of IEEE INFOCOM.

[17] Paris, S., Nita-Rotaru, C., Martignon, F. and Capone, A. (2013) Cross-layer metrics for reliable routing in wireless mesh networks. *IEEE/ACM Transactions on Networking*, **21** (3), 1003–1016.

[18] Bejerano, Y., Han, S.-J. and Li, L. (2007) Fairness and load balancing in wireless LANs using association control. *IEEE/ACM Transactions on Networking*, **15** (3), 560–573.

[19] Zhou, Y., Rong, Y., Choi, H., *et al.* (2008) *Utility based load balancing in WLAN/UMTS internetworking systems*. Proceedings of the IEEE RWS, pp. 587–590.

[20] Trestian, R., Ormond, O. and Muntean, G.-M. (2012) Game theory–based network selection: solutions and challenges. *IEEE Communications Surveys & Tutorials*, **14** (4), 1212–1231.

[21] Konka, J., Andonovic, I., Michie, C. and Atkinson, R. (2014) Auction-based network selection in a market-based framework for trading wireless communication services. *IEEE Transactions on Vehicular Technology*, **63** (3), 1365–1377.

[22] Mittal, K., Belding, E.M. and Suri, S. (2008) A game-theoretic analysis of wireless access point selection by mobile users. *Computer Networks*, **31** (10), 2049–2062.

[23] Niyato, D. and Hossain, E. (2008) A noncooperative game-theoretic framework for radio resource management in 4G heterogeneous wireless access networks. *IEEE Transactions on Mobile Computing*, **7** (3), 332–345.

[24] Niyato, D. and Hossain, E. (2007) QoS-aware bandwidth allocation and admission control in ieee 802.16 broadband wireless access networks: a non-cooperative game theoretic approach. *Computer Networks*, **51** (7), 3305–3321.

[25] Stevens-Navarro, E., Lin, Y. and Wong, V.W.S. (2008) An MDP-based vertical handoff decision algorithm for heterogeneous wireless networks. *IEEE Transactions on Vehicular Technology*, **57** (2), 1243–1254.

[26] Song, Q. and Jamalipour, A. (2008) A quality of service negotiation-based vertical handoff decision scheme in heterogeneous wireless systems. *European Journal of Operational Research*, **191** (3), 1059–1074.

[27] Gelabert, X., Perez-Romero, J., Sallent, O. and Agusti, R. (2008) A Markovian approach to radio access technology selection in heterogeneous multiaccess/multiservice wireless networks. *IEEE Transactions on Mobile Computing*, **7** (10), 1257–1270.

[28] Lorenzo, B. and Glisic, S. (2013) Context aware nano scale modeling of multicast multihop cellular network. *IEEE/ACM Transactions on Networking*, **21** (2), 359–372.

[29] Karami, E. and Glisic, S. (2011) Joint optimization of scheduling and routing in multicast wireless ad-hoc network using soft graph coloring and non-linear cubic games. *IEEE Transactions on Vehicular Technology*, **60** (7), 3350–3360.

[30] Bolch, G., Greiner, S., de Meer, H. and Trivedi, K.S. (2006) *Queueing Networks and Markov Chains: Modeling and Performance Evaluation with Computer Science Applications*, 2nd edn, John Wiley & Sons, Inc, New York.

[31] Pitkanen, M., Karkkainen, T., and Ott, J. (2010) *Opportunistic Web Access Via WLAN Hotspots*. Proceedings of the PERCOM 2010, pp. 20–30.

[32] Trifunovic, S., Kurant, M., Hummel, K.A. and Legendre, F. (2014) WLAN-Opp: Ad-hoc-less Opportunistic Networking on Smartphones. *Ad Hoc Networks*, **3**, 345–350.

[33] Abdel-Rahman, M.J., Shankar, H.K., and Krunz, M. (2014) *Adaptive Cross-Layer Protocol Design for Opportunistic WLANs over TVWS*. Proceedings of the DYSPAN, pp. 519–530.

第9章　认 知 网 络

9.1　技术背景

9.1.1　基本原理

大部分指定频谱被充分使用的机会很低，而且频谱利用率的地理差异很大（15%～85%），同时时间差异也很大，因此需要引入认知无线电网络（cognitive radio networks，CRN）的概念来解决频谱的有限性和频谱使用的低效性的问题。本节简要介绍了认知无线电技术及其网络拓扑结构。在接下来的章节中，将重点介绍该技术的细节。CRN 的关键技术是认知无线电。认知无线电技术提供了以伺机（in an opportunistic）方式使用或共享频谱的能力。动态频谱接入技术允许认知无线电在最佳可用信道中运行。更具体地说，认知无线电技术使得次要用户（SU）能够做到：(i)确定频谱的哪些部分可用，并且当用户在许可频段（频谱感知）中操作时，检测许可用户的存在；(ii)选择最佳可用信道（频谱管理）；(iii)与其他用户协调访问该信道（频谱共享）；(iv)当检测到许可用户（主要用户，PU）的频谱移动时，空出该信道。一旦认知无线电具有选择最佳可用信道的能力，接下来的挑战便是使网络协议适应可用频谱。因此，在认知网络中需要新的功能来支持这种适应性。

综上所述，CRN 认知无线电的主要功能可概括如下。

1. 频谱感知：检测未使用的频谱，在不对其他用户造成有害干扰的前提下共享频谱。
2. 频谱管理：捕获最佳可用频谱，以满足用户通信要求。
3. 频谱移动：在过渡到更好的频谱范围期间保持无缝通信的要求。
4. 频谱共享：在共存用户之间提供公平的频谱调度方法。

现有的无线网络架构在频谱策略和通信技术方面都采用异构型结构。预计在下一代网络中仍为异构型。此外，无线频谱的某些部分已被许可用于不同的目的，而某些频段仍未被许可。对于通信协议的开发，CRN 架构的清晰描述显得至关重要。本节介绍了不同情况下的 CRN 架构。

未来网络架构的组成部分可分为主网络和 CRN 两部分。主网络和 CRN 的基本要素定义如下。

1. 主网络一般指现有的网络基础设施，其具有某一频谱的专有权。包括普通的蜂窝和电视广播网络。主网络包括如下几部分：
   - PU 或许可用户具有在特定频谱中操作的权限。该访问只能由主基站控制，不应受任何未授权用户操作的影响。PU 不需要任何修改或附加功能来与 CRN 基站和 CRN 用户共存。
   - 主基站或许可基站是具有频谱许可的固定基础设施网络组件，例如蜂窝系统中的基站收发机系统(BTS)。可以请求主基站具有用于 CRN 用户的主网络接入的传统协议和 CRN 协议。

2. CRN，也称为动态频谱接入网络、二级网络或非授权网络，其没有所需频段中的操作权限。因此，频谱接入只能以伺机的方式进行。CRN 可以作为基础设施网络和 ad hoc 网络。CRN 主要包括以下部分：
   - CRN 用户或未经许可的用户、认知无线电用户和没有频谱许可证的 SU。因此，需要额外的功能来共享许可的频段。
   - CRN 基站或非授权基站，二级基站是具有 CRN 能力的固定基础设施组件。它提供与 SU 的单跳连接，无须频谱访问许可。通过这种连接，SU 可以访问其他网络。
   - 频谱代理或调度服务器是在不同 CRN 之间共享频谱资源的中心网络实体。频谱代理可以连接到每个网络，并且可以作为频谱信息管理器来实现多个 CRN 的共存[1-3]。

3. 通用未来网络(generic future network，GFN)架构由不同类型的网络组成。主网络由一个基于基础设施的 CRN 和 ad-hoc CRN 组成。CRN 在由授权和未授权频段组成的混合频谱环境下运行。此外，CRN 用户可以按照多跳方式彼此通信或访问基站。因此，在 CRN 中有三种不同的接入方式：
   - CRN 接入方式：用户可以通过授权和未授权频段访问他们自己的 CRN 基站。
   - CRN ad-hoc 接入方式：用户可以通过授权和未授权频段的 ad-hoc 连接与其他 CRN 用户通信。
   - 主网络接入方式：CRN 用户也可以通过授权频段访问主基站。

9.1.2 网络层和传输层协议

网络层的路由选择是 CRN 中的一个相当重要的问题，对于未来网络通用模型中讨论的具有多跳通信需求的网络，这个问题尤其突出。开放频谱现象的独特特征需要开发新的路由算法。到目前为止，CRN 的研究主要关注于频谱感知技术和频谱共享解决方案。然而，强调在开放频谱环境中对路由算法的需求成为 CRN 研究中的重要课题。本节将介绍一些现有的路由解决方案，并讨论此领域的开放研究课题。

CRN 路由选择的主要设计内容是路由和频谱管理之间的协作，可以解决在时间和空间方面存在间歇性需要的动态频谱分配问题[4, 5]。文献[4, 5]对用于路由和频谱管理的跨层和去耦合方法进行了数值仿真比较。这两项工作的结果表明，构建路由选择并为每个跳点共同确定运行频谱的跨层解决方案优于独立于频谱分配进行路由选择的顺序方法。

文献[4]研究了路由选择和频谱管理之间的相互依赖关系。作者首先提出了一种去耦合路由选择和频谱管理方法。在该方案中，使用独立于频谱管理的最短路径算法来执行路由选择。频谱共享使用文献[6]中的方案。在该方案中，路由层通过调用路径来选择路由，然后在每一跳上执行频谱管理。作者还提出了考虑联合路由选择和频谱管理的跨层解决方案。在这种方法中，每个源节点使用 DSR 来查找候选路径，并为每个跳点调度一个时间和信道。这种基于源的路由选择技术使用网络的全局视图而集中执行，可实现性能的上限。文献[5]使用一种新颖的图形建模技术，并比较了层状和跨层方法。文献[4, 5]中的仿真结果表明，由于频谱的可用性影响端到端的性能，因此跨层方法有利于 CRN 路由选择。

CRN 路由选择的另一个独特挑战是建立一种分析评估路由协议的模型。通常使用图形模型分析 ad hoc 网络的路由协议。然而，在这些网络中，通信频谱是固定和连续的，与 CRN 的动态频谱不同。因此，节点可以使用同一组静态信道来与所有邻居进行通信[5]。但是 CRN 中缺少一个共同的控制信道(CCC)导致了严重问题。传统路由协议要求借助本地或全局广播消息实现邻居发现、路由发现和路由建立等特定功能。然而，由于缺少 CCC，广播通信也是一个主要的困难。因此，需要考虑这一情况的解决方案。

由于节点的可达邻居可能会快速改变 CRN 中的间歇连接，这也代表了在这些网络中路由面临的挑战。这有两个原因。首先，许可用户使用的可用频谱可能会改变或消失。其次，一旦一个节点选择了一个通信信道，它就不能通过其他信道到达目的地。因此，CRN 中的连接依赖于频谱，与无线网络的连接概念是不同的。为了达到这个目的，需要建立如文献[5]那样的基于信道的模型及基于时间的解决方案。由于间歇连接，为流量建立的路由可能会由于除移动性外的可用频谱而改变。因此，考虑动态频谱的路由算法对于 CRN 路由选择是必需的。频谱感知路由使路由选择适应频谱波动[7]。

CRN 队列管理是迄今尚未解决的另一个挑战。CRN 终端可以具有多个接口，用于与不同节点通信。由于可用频谱随时间变化，这些接口可能变得不可用，需要通过该接口服务的数据包将移动到其他接口。此外，服务质量要求可能会在不同的流量类型上部署各种优先级。因此，需要探讨每个接口的每个流量类型的单个队列或多个队列的实现。

传输协议是 CRN 尚未深入研究的领域，因为该领域目前还没有开展大量的工作。近年来，已经出现几种提高传统无线网络中 TCP 和 UDP 性能的解决方案[8-10]。这些研究集中在限制由于无线链路错误和访问时延引起的 TCP 和 UDP 性能下降的机制。然而，CRN 对传输协议提出了独特的挑战。TCP 的性能取决于丢包率和往返时间(RTT)。无线链路错误、丢包率不仅取决于接入技术，还取决于使用频率、干扰等级和可用带宽。因此，针对现有无线接入技术设计的无线 TCP 和 UDP 协议不能用于基于动态频谱分配的 CRN。另一方面，TCP 连接的 RTT 间接地取决于操作的频率。

例如，如果数据包错误率(或等效的帧错误率)在特定频段处较高，则需要较多次数的链路层重传，以在无线信道上成功传输数据包。此外，CRN 中的无线信道接入时延取决于操作频率、干扰等级和介质访问控制协议。这些因素影响 TCP 连接的 RTT。基于 TCP 协议观察到的操作频率、RTT 和丢包率会有所不同。因此，传输协议设计需要适应这些变化。如前所述，CRN 中的认知无线电的操作频率可能由于频谱切换而不时地变化。当 CRN 终端改变其工作频率时，这会在新频率可以运行之前产生有限的时延。这称为频谱切换时延。频谱切换时延可以增加 RTT，这将导致重传超时(RTO)。传统的传输协议可以将该 RTO 视为数据包丢失，并且调用其拥塞避免机制，从而导致吞吐量降低。为了消除频谱移动的不利影响，需要设计传输协议，使其对频谱切换没有影响。

9.2 多跳认知网络频谱拍卖

通过拍卖授予非授权用户接入无线信道的机会，是有效分发和利用稀缺无线频谱的实用方法。现有频谱拍卖设计的局限在于假设过度简化，即假设每个非授权的 SU 都是单个节点或单跳网络。因此，本节讨论将非授权用户建模为二级网络(SN)的更具挑战性的问题，每个 SN 都包括具有端到端路由需求的多跳网络。本节将使用简单的例子来表明 SN 之间的这种拍卖与单跳用户之间的简单拍卖大相径庭，而以前的解决方案则受到本地、每跳决策的影响。首先讨论一个简单的、启发式的拍卖，将 SN 相互之间的干扰考虑在内，并且这种干扰是真实存在的。然后讨论一个基于原始-对偶线性优化的随机拍卖框架，它是真实的，并且在投标是免费的假设下，通过合作优化实现了一个社会福利近似值。该框架消除了频谱拍卖设计人员对拍卖真实性的担心，使其可以专注于社会福利最大化，同时假设免费提交真实的出价。

静态频谱分配在时域和空域都容易导致频谱利用率低下，这一观察引起了人们设计二级频谱市场的兴趣。在这个市场中，在授权信道的所有者不使用信道时，新用户可以访问该信道，并给信道所有者适当的报酬。

在二级频谱市场中，频谱所有者或 PU 通过拍卖将其空闲频谱块(信道)租赁给 SU[11, 12]。SU 提交信道出价，并向 PU 支付该价格，以便在出价成功时访问信道。频谱拍卖设计的一个自然目标是真实性，根据这一目标，SU 的最佳策略是对信道的真实估值进行投标，而没有动机撒谎。真实的拍卖简化了对 SU 的决策，并为 PU 的良好决策奠定了基础。频谱拍卖设计的另一个重要目标是社会福利最大化，即最大限度地提高系统中每个人的综合“幸福度”。这样的拍卖倾向于将信道分配给最有资格的 SU。本节的重点是从服务单跳 SU 到多跳二级网络来阐述频谱拍卖设计。

频谱拍卖设计的独特特征是需要适当考虑无线干扰和信道的空间复用。如果信道相距较远，则可以向多个 SU 分配信道，而不会相互干扰。尽管假设公开投标是免费的，社会福利最大化的最优信道分配仍相当于图形着色问题，并且是个 NP 难题[13]。频谱拍卖的现有工作通常侧重于解决这样的挑战(例如文献[14, 15])，同时假设 SU 的最简单模型是单节点或类似于蜂窝网络中的单跳传输的单条链路[12, 14, 15]。

我们已经了解了请求单个信道的单跳用户的拍卖。然而，实际的 SU 可以很好地构成用于形成多跳网络[即二级网络(SN)]的多个节点。这些场景包括多跳访问基站的用户，或者拥有自己的移动 ad hoc 网络的用户。SN 需要协调端到端信道分配，并且通常受益于沿其路径的多信道分集。SN 模型最简单的特殊情况相当于 SU 模型。

图 9.2.1 给出了具有三个共址 SN 的场景，它们彼此干扰，因为它们的网络区域重叠。主网络(PN)有两个信道 Ch1 和 Ch2，分别分配给 SN1 和 SN2。如果 SN3 希望在 SU 的现有单信道拍卖的情况下沿着有两跳路径 1→2→3 的路由，则由于每个信道要么干扰 SN1，要么干扰 SN2，因此无法获得信道。然而，存在解决方案，即释放每个用户假设的一个信道，并且将 Ch1 分配给链路 1→2，将 Ch2 分配给链路 2→3。一般来说，考虑 SN 的多信道、多跳传输可以显著提高信道利用率和社会福利。

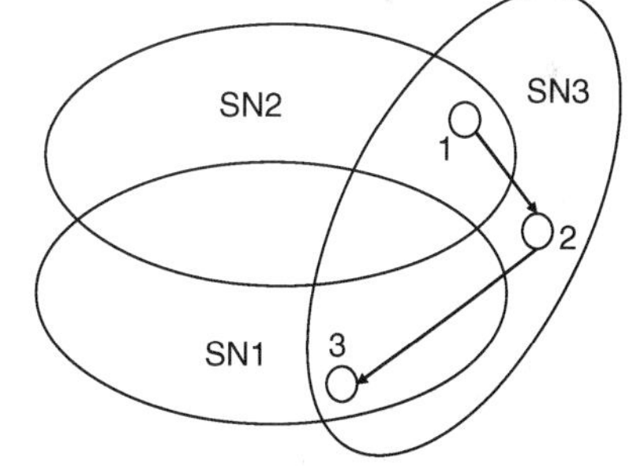

图 9.2.1 一个具有三个共址 SN 和两个信道的二级频谱市场

注意，SN 对多个信道出价的模式在这里是不适用的，由于不了解其他 SN 的信息，SN 不知道要出价的信道数量以形成可行的路径。设计真实的 SN 拍卖是一个有趣且复杂的问题。注意到 SN 很难自行决定一个最佳或最好的出价途径。这样的决策也需要关于其他 SN 的全局信息，并且 PN 自然是最好的拍卖者。因此，来自 SN 的出价仅包括其希望支付的价格和希望使用路径连接的两个节点。结果是，即使采用更复杂的方式，SN 也会相互干扰。它们不仅沿着多跳路径传输，而且可以在不同的链路上分配不同的信道。PN 收到出价后，需要做出明智的联合路由和信道分配决策。

本节首先给出一个简单的启发式拍卖为 SN 分配频谱,这保证了真实性和无干扰的信道分配,为中标的 SN 提供端到端多跳路径,并为每一跳分配一个信道。启发式拍卖可以沿着路径进行多信道分配,从而降低由于干扰而导致路径被阻塞的可能性。为了实现真实性,利用真实拍卖的 Myerson 特征[16],本节采用贪婪、单调的分配规则,并提出了一种支付方案。

启发式拍卖对社会福利没有硬性保证。受到线性规划(LP)技术[17,18]的启发,基于原始-对偶线性优化提出了一个随机拍卖框架,这已被证实是真实的(期望的),并且可以通过合理的社会福利最大化算法来实现社会近似率,该算法可以免费提供真实的投标。在较高层次上,频谱拍卖设计人员同时面临两个挑战:仔细定制引导真实投标的分配规则,以及处理由无线干扰和频谱复用引入的社会福利最大化问题的高计算复杂度。鉴于随机拍卖框架,拍卖设计人员基本上摆脱了前者的挑战,可以专注于后者。

9.2.1 技术背景

为了继续介绍上述问题的解决方案,首先简要回顾一下该方法依据的结论。拍卖是一种向市场竞争参与者分配稀缺资源的有效机制。为了简化代理的战略行为并鼓励参与,拍卖需要真实性。一个基本的工作成果是由 Vickrey[19]、Clarke[20]和 Groves[21]创建的 VCG 机制,详见第 7 章。然而,VCG 机制只适用于可计算的最佳解决方案,并且不直接适用于二次频谱拍卖,因为无干扰信道分配是 NP 难题。本节介绍的并在文献[33]中进一步发展的随机拍卖,采用了分数 VCG 解决方案,通过放宽联合路由和信道分配解决方案的积分要求,可以降低 VCG 机制的计算复杂度。分配频谱的拍卖效率近来受到相当多的研究和关注。这里的主要挑战是,无线干扰的处理和信道频谱的最佳空间复用,通常都需要解决计算上的问题。早期解决方案包括为每个优胜用户分配功率[22]和信道的拍卖[23]。遗憾的是,这些拍卖并不真实。基于单调分配规则,VERITAS[11]首先考虑了真实性。Topaz[14, 24]是一种在线频谱拍卖,代理的出价和信道访问时间报告都是真实的。文献[25]中提出一种鼓励真实行为并计算最大收入的频谱拍卖机制,是最大化社会福利的另一个目标。

对于频谱拍卖,考虑到 SU 之间的干扰,文献[12]开发了一个半正定规划机制,这是真实的且能避免投标者勾结。文献[15]中提出了将公平性考虑纳入信道分配的拍卖。他们的目标是最大化社会福利,同时确保反复拍卖中投标者之间的公平性。买卖双方同时向拍卖者提交投标价格与拍卖价格的双重拍卖在 TRUST[26]和 District[27]的研究中得到采用。文献[14]中提出了一种真实可扩展的频谱拍卖,可实现信道的共享和独占访问。该拍卖可处理具有不同传输功率和频谱需求的异构代理类型。文献[28]中提出了无线蜂窝网络设置中的近似收入保证的真实拍卖。所有这些工作都集中在单跳用户竞价上,除了最后一项工作通常只针对单个信道进行竞价。本节将问题概括为多跳用户,其特点是多信道路径[33]。鉴于本书的讨论范围,多跳网络设置中现有的拍卖应用是为了路由分配而不是频谱分配[29,30]。虽然文献中的大部分频谱拍卖是确定性的,但本节提出的方法的主要不同点是随机拍卖框架,其中联合路由和信道分配解决方案计算涉及随机决策。

9.2.2 系统模型

如第 7 章所述,拍卖理论是经济学的一个分支,研究人们在拍卖中的行为并分析拍卖市场的特性。出于本节讨论的系统模型的目的,将另外介绍一些拍卖设计中相关的概念、定义和定理。

拍卖将项目或商品(在这里指信道)分配给投标和私人估价的竞争性代理。使用 w_i 来表示每个代理 i 的非负估价，这通常是仅由代理本身知道的私人信息。除了确定一个分配，拍卖还会计算中标者的支付价格/收费金额。分别用 $p(i)$ 和 b_i 表示代理 i 的支付价格和出价。那么 i 的效用是所有出价的一个函数，即

$$u_i(b_i,\ b_{-i}) = \begin{cases} w_i - p(i), & \text{如果 } i \text{ 靠 } b_i \text{ 获胜} \\ 0, & \text{其他} \end{cases}$$

其中 b_{-i} 是除 b_i 外的所有出价。首先采用一些经济学中的常规假设。假设每个代理 i 都是自私和理性的。一个“自私”的代理是以战略方式来最大化自身效用的。一个“理性”的代理 i 总是喜欢能给自身带来更大效用的结果。因此，如果这样做会产生更高的效用，则一个代理 i 可能会谎报其估值，且出价 $b_i \neq w_i$。真实性是拍卖的理想属性，无论其他代理的出价如何，其中报价的真实估值对于每个代理 i 是最佳的。如果代理有进行欺骗的动机，则其他代理将不得不对这些谎言进行战略性的回应，这使得拍卖及其分析变得复杂。真实拍卖的一个主要优点是它简化了代理策略。对于如下情况，认为拍卖是真实的：对于任意代理 i 且 $b_i \neq w_i$，以及任意的 b_{-i}，我们有

$$u_i(w_i,b_{-i}) \geqslant u_i(b_i,b_{-i}) \tag{9.2.1}$$

如果其分配决策涉及抛(有偏见的)硬币，则拍卖是“随机”的。代理的支付价格和效用是随机变量。如果式(9.2.1)保持平均水平，则随机拍卖是真实的。此外，个人理性的拍卖是更好的，代理的支付价格不会超过其估值。

正如所讨论的，真实拍卖设计的经典 VCG 机制需要最优分配才能进行有效计算，并且对于频谱拍卖来说并不实际，因为最佳信道分配是 NP 难题。如果目的是设计一个定制的、启发式的真实拍卖，那么可以参考 Myerson 对于真实拍卖的描述[16]。

定理 9.2.1 设 $P_i(b_i)$ 是代理在拍卖中以出价 b_i 中标的概率，当且仅当下面的 b_{-i} 成立，则拍卖是真实的。

$P_i(b_i)$ 对 b_i 单调递减。

代理 i 的出价为 b_i 时，应支付 $b_iP_i(b_i) - \int_0^{b_i} P_i(b)\mathrm{d}b$。

从定理 9.2.1 可以看出，一旦分配规则 $P(\cdot) = \{P_i(b_i)\}$（$i \in \mathcal{N}$）是固定的($\mathcal{N}$是一组投标者)，则支付规则也是固定的。对于拍卖是确定性的情况，有两种等价的方式可解释定理 9.2.1：

1. 存在最低出价 b_i^*，使得只有当代理 i 至少出价为 b_i^* 时，i 才可能中标。由 $P_i(b_i)$ 的单调性可知，存在一个严格的出价 b_i^*，使得对于所有的 $b_i > b_i^*$ 有 $P_i(b_i) = 1$，对于所有的 $b_i < b_i^*$ 有 $P_i(b_i) = 0$。
2. 对于固定的 b_{-i}，代理 i 的支付价格应独立于出价 b_i［通常 $P_i(b_i) = b_i - \int_{b_i^*}^{b_i} \mathrm{d}b = b_i^*$］。

在模型中，假设 $\mathcal{N}$ 表示一组 SN。每个 SN 已经在地理区域中部署了一组节点，并且具有从源节点到目标节点的多跳传输的需求。PN 有一组可用于该区域拍卖的信道 C。将 SN 作为代理，将 PN 作为拍卖者。SN 内的每个节点配备有能够在不同信道之间切换的无线电。SN 之间不需要相互协作，来自不同 SN 的节点无须相互转发流量。

假设来自每个SN i 的节点形成连接图 $G^i(\varepsilon^i, v^i)$，其中也包含节点位置。我们将“节点”和“链路”用于连接图，将“顶点”和“边”用于稍后介绍的冲突图。为了更好地解决联合路由/信道分配问题，本章引入了网络流量的概念。

令 u^i 为SN i 中的节点，s^i, d^i 为SN i 中的源节点和目标节点。用 l_{uv}^i 表示SN i 中节点 u^i 到节点 v^i 的链路，用 f_{uv}^i 表示链路 l_{uv}^i 上的流量。然后，将 d^i 连接到带有虚拟反馈链路 l_{ds}^i 的 s^i，用于联合最优整数规划(IP)的紧凑式。

定义一个冲突图 $H(\varepsilon_H, v_H)$，其顶点对应于来自所有连通性图的链路，并使用 (l_{uv}^i, l_{pq}^j) 表示 ε_H 中的边，这说明如果分配了公共信道，则链路 l_{uv}^i 和链路 l_{pq}^j 会相互干扰。拍卖开始之前，每个SN i 向拍卖者提交一个复合投标，定义为 $\mathfrak{B}_i = [G^i(\varepsilon^i, v^i), s^i, d^i, b_i]$。所有复合投标汇集完后，拍卖者就会对冲突图进行计算。用 w_i 表示SN i 中用于 s^i 和 d^i 之间的可行路径的私人估价，用 $p(i)$ 表示支付价格。参数 b_i、w_i 和 $p(i)$ 均代表货币金额。注意，假设代理只对其估值有撒谎的动机，并假定投标中的拓扑信息是真实的。

令 R_T 和 R_I 分别为每个节点 u^i 的传输范围和干扰范围，令 $\Delta = R_I/R_T$ 为干扰与通信比，其中 $\Delta \geqslant 1$。由于假设SN之间不协作，来自不同SN的链路不参与联合MAC调度，如果它们相互干扰，则不能为其分配相同的信道。结果是，如果 $\{u,v\}$ 中的节点在 $\{p,q\}$ 中的节点的干扰范围内且 $i \neq j$，则两条链路 l_{uv}^i 和 l_{pq}^j 会相互干扰，不能为其分配相同的信道。一般情况下，令二进制变量 $x(c, l_{uv}^i) \in \{0,1\}$ 表示信道 $c \in C$ 是否将链路 l_{uv}^i 分配给用户 i。对于联合路由信道分配问题，信道干扰限制如下：

$$x\left(c, l_{uv}^i\right) + x\left(c, l_{pq}^j\right) \leqslant 1, \left(l_{uv}^i, l_{pq}^j\right) \in \mathcal{E}_H, \forall c \in C \tag{9.2.2}$$

代理需要端到端的路径，对应于速率为1的端到端网络流。进一步，对于 v^i 中的任何节点有流量守恒约束，总输入和总输出流量相等，即

$$\sum_{u \in v^i} f_{uv}^i = \sum_{u \in v^i} f_{vu}^i, \quad \forall v \in v^i \tag{9.2.3}$$

假设每个信道具有相同的单位容量1，可得出如下容量限制：

$$\sum_{u \in v^i \{d^i\}} f_{uv}^i \leqslant \sum_{c \in C} x\left(c, l_{uv}^i\right) \leqslant 1 \tag{9.2.4}$$

这也确保了只能给链路分配一个信道。

最后，用一个次线性函数 $\gamma i(f, x)$ 表示基于 (f, x) 的SN i 的估值，其根据 x 中指定的信道[一个包含所有 $x(c, l_{uv}^i)$ 值的信道]分配，对 f 中指定的端到端路径上的SN i 效用进行建模。SN i 的效用 Ψ_i 为

$$\Psi_i \leqslant \gamma_i(f, x) \tag{9.2.5}$$

SN的联合路由信道分配问题表示为整数规划(IP)问题：

$$\text{maximize } O(w) = \sum_{i \in N} \Psi_i$$

subject to

$$x\left(c,\ l_{uv}^i\right) + x\left(c,\ l_{pq}^j\right) \leqslant 1, \left(l_{uv}^i,\ l_{pq}^j\right) \in \mathcal{E}_H, \forall c \in C$$

$$\sum_{u \in \mathcal{V}^x} \cdot f_{uv}^i = \sum_{u \in \mathcal{V}^x} \cdot f_{vu}^i, \forall v \in \mathcal{V}^i$$

$$\sum_{u\in\mathcal{V}^i\setminus\{d^i\}} f_{uv}^i \leqslant \sum_{c\in C} x\left(c,\ l_{uv}^i\right) \leqslant 1,\ \forall v\in\mathcal{V}^i$$
$$\Psi_i \leqslant \gamma_i(f^i,\ x),\quad \forall i \tag{9.2.6}$$
$$f_{uv}^i,\ x\left(c,\ l_{uv}^i\right)\in\{0,1\}$$

其中 $O(w)$ 表示 IP 的目标函数。优化问题的 IP 最优解 $\{[f(1),x(l),\rho(l)]\}$ 难以得到。特别地，式(9.2.6)中的优化涉及无干扰调度，可以简化为 NP 图形着色问题。在下一节首先介绍一个启发式拍卖，该拍卖基于单调分配和关键投标技术，简单而真实，但不提供任何性能界。接下来研究一种更加复杂的随机拍卖，其中式(9.2.6)的线性规划(LP)的 LP 松弛(LPR)将首先解决。

9.2.3 启发式真实拍卖

在本节中，以贪婪分配方案和支付方案设计拍卖来确保真实性。拍卖分为两个阶段：算法 1 确定信道分配和中标者，算法 2 计算中标代理的支付价格。本节的拍卖设计是基于一个众所周知的真实拍卖设计技术：将贪心分配规则与关键投标收费结合起来。

信道分配 如前所述，设计真实拍卖的关键是要有非递减的分配规则。然后可以根据关键投标计算价格，使得拍卖真实。一种可行的方法是以非递减顺序对所有代理出价进行排序，并且按照干扰约束顺序向代理贪心地分配信道[31]。然而，只根据代理的出价进行排序是低效的。出价高的代理可能受到严重干扰，为其优先分配信道可能会降低社会福利。

这里提出的解决方案通过将 SN 的出价与其他 SN 的干扰程度归一化来改进这种算法，如算法 1 所示。这种虚拟投标在文献[11, 15]中被采用，这表明虚拟投标可以帮助实现加权独立集合问题的良好近似。假设信道索引为$1,2,\cdots,|C|$。首先计算每个代理的最短路径作为其端到端路径。令 $I_s(i)$ 是沿着路径被 i 干扰的 SN 集合，包括 i 本身。将 SN i 的虚拟投标定义为 $\phi(i)=b_i/|I_s(i)|$。

然后，根据虚拟投标 $\phi(i)$ 的非递增顺序，沿着路径将可用信道分配给每条链路，使路径估值最大化。

算法 1 贪婪、真实的拍卖信道分配

1. 输入：一组信道 C，所有的复合投标 $\mathfrak{B}_i=[G^i(\varepsilon^i,v^i),s^i,d^i,b_i]$，冲突图 $H(\varepsilon_H,v_H)$。
2. 对于所有的 $i\in\mathcal{N}$ 进行如下操作
3. $I_s(i)\Leftarrow\{i\}$
4. 计算从 s^i 到 d^i 的最短路径 P^i
5. 对于所有的 $i\in\mathcal{N}$ 进行如下操作
6. 对于沿着 P^i 的 l_{uv}^i 进行如下操作
7. $x(c,l_{uv}^i)\Leftarrow 0$，$\forall c\in C$
8. 如果 $(l_{uv}^i,l_{pq}^j)\in\varepsilon_H$，那么
9. $I_s(i)\Leftarrow I_s(i)\cup\{j\}$
10. $\phi(i)\Leftarrow\dfrac{b_i}{|I_s(i)|}$
11. i 中标
12. 按照 $\phi(i)$ 的非递增顺序对 $i\in\mathcal{N}$ 进行如下操作
13. 对于沿着路径 P^i 的 l_{uv}^i 进行如下操作

令 $\mathcal{T}_{uv}^{i} \Leftarrow C$

对于所有的 $c \in \mathcal{T}_{uv}^{i}$ 进行如下操作

如果对于 $\forall p,q$ 及 $(l_{uv}^{i},l_{pq}^{j})\varepsilon_{H}$，有 $x(c,l_{pq}^{j})=1$ 成立

则 $\mathcal{T}_{uv}^{i} \Leftarrow \mathcal{T}_{uv}^{i} \setminus \{c\}$

如果 $\mathcal{T}_{uv}^{i}=\phi$，则

i 未中标

如果 i 中标，则进行如下操作

对于路径 P^{i} 上的所有 l_{uv}^{i} 进行如下操作

在 $\mathcal{T}_{uv}^{i}$ 中分配信道 c_{m}，最大限度地评估 $\gamma_{i}(\cdot)$ 下的 P^{i} 值

$x(c_{m},l_{uv}^{i}) \Leftarrow 1$

图 9.2.2 给出了一个示例来说明信道分配的过程。这里有四个 SN，即 a、b、c 和 d，其中 $\phi(a)>\phi(b)>\phi(c)>\phi(d)$。这里有两个信道可供分配。在图中，两个相交链路也互相干扰，如果它们属于不同的 SN，则不能为其分配相同的信道。该算法首先将信道 1 分配给 SN a。结果，它不能将信道 1 分配给 SN b 的第一条链路，取而代之的是接收信道 2，如图 9.2.2(b)所示，SN c 没有得到信道分配，不可能将任意信道分配给 c 的第一条链路。尽管如此，SN d 中标，并沿其路径接收信道分配，而不会对 a 或 b 造成干扰。

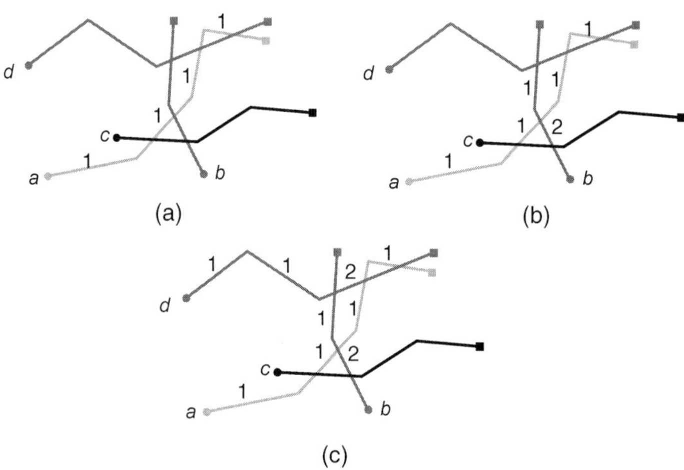

图 9.2.2 信道分配的过程(圆点和方块分别表示源节点和目标节点)：(a)为 SN a 分配信道；(b)为 SN b 分配信道；(c)为 SN d 分配信道

支付价格计算 算法 2 为中标代理计算支付价格。利用支付方案可以确保拍卖的真实性。算法 2 旨在找到一个可使代理中标的关键出价 b_{i}^{*}，这样只要 i 的虚拟投标 $\phi(i) \geqslant \phi^{*}(i)$ 就能保证 i 中标。这里 $\phi^{*}(i)=b_{i}^{*}/\left|I_{s}(i)\right|\dfrac{b_{i}^{*}}{\left|I_{s}(i)\right|}$ 是 i 的关键虚拟投标。如果 b_{i}^{*} 独立于 b_{i}，则向代理 i 收费 b_{i}^{*} 将确保拍卖是真实的，之后将深入讨论中标。

算法 2 首先将中标代理的出价清零，因此其虚拟投标为 0。然后基于 $(0,b_{-i})$ 运行算法 1。在算法 1 中，只有当沿着其最短路径的链路不能接收任何信道时，代理 i 才会丢失信道。在这种情况下，沿其最短路径必须存在至少一条链路，其邻近链路(冲突图中的相邻顶点)已经使用了所有的信道。从阻塞代理 i 的链路的所有代理中，确定一个具有最低虚拟投标的代理 j，

将其设置为 i 的关键投标者，并计算 i 的支付价格。我们认为 $\phi(i) \geqslant \phi(j)$，否则代理 i 不会在 $I_s(i) \cup \{i\}$ 中中标。代理 i 的支付价格可以计算为 $p(i) = \phi^*(i)|I_s(i)| = \phi(j)|I_s(i)|$。

对于图 9.2.2 中的示例，首先将 SN a 的出价设置为 0，并根据新的出价向量运行算法 1。在为代理 c 分配信道后，代理 a 的第二条链路没有可用信道。因此，代理 c 成为代理 a 的关键投标者，导致 a 的支付价格为 $p(a) = \phi(c)|I_s(a)|$。该规则也适用于其他两个中标代理 b 和 d，其中 $p(b) = \phi(c)|I_s(b)|$ 且 $p(d) = 0$。

算法 2 贪婪、真实的拍卖计算

1. 输入：一组信道 C，所有的复合投标 $\mathfrak{B}_i = (G^i(\varepsilon^i, v^i), s^i, d^i, b_i)$，冲突图 $H(\varepsilon_H, v_H)$，所有的路由路径 P^i 及信道分配算法 1。
2. 按照 $\phi(i)$ 的非递增顺序对 $i \in \mathcal{N}$ 进行如下操作
3. $p(i) \Leftarrow 0$
4. 如果 $i = 1$ 中标，那么
5. 令 $b_i' \Leftarrow 0$
6. 在 (b_i', b_{-i}) 上运行算法 1
7. 如果 i 未中标，那么
8. 令 $\phi^*(i) \Leftarrow +\infty$
9. 对于沿着路径 P^i 的 l_{uv}^i 进行如下操作
10. 令 $\mathcal{T}_{uv}^i \Leftarrow C$
11. 对于所有的 $c \in \mathcal{T}_{uv}^i$ 进行如下操作
12. 如果对于 $(l_{uv}^i, l_{pq}^j) \in \varepsilon_H$，有 $x(c, l_{pq}^j) = 1$ 成立
13. 则 $\mathcal{T}_{uv}^i \Leftarrow \mathcal{T}_{uv}^i \setminus \{c\}$
14. 如果 $\mathcal{T}_{uv}^i = \phi$，则进行如下操作
15. $A \Leftarrow \{j \mid (l_{uv}^i, l_{pq}^j) \in \varepsilon_H, \forall p, q$；如果 j 中标$\}$
16. $\phi^*(i) \Leftarrow \min[\phi^*(i), \min_{j \in A} \phi(j)]$
17. $p(i) \Leftarrow \phi^*(i) \times |I_s(i)|$

定理 9.2.2 算法 1 和 2 中的拍卖是理性和真实的。

证明：假设 i 通过投标 b_i 中标，设 j 为 i 的关键投标者。那么有 $\phi(i) \geqslant \phi(j)$，所以 $p(i) = \phi(j)|I_s(i)| \leqslant \phi(i)|I_s(i)| = b_i$。

此外，算法 1 是单调的且其分配是二进制的（0 或 1）。在这种情况下，由算法 2 计算的基于关键价值的支付与定理 1 中描述的支付相匹配。因此，按照定理 9.2.1，可以认为贪婪拍卖是真实的。

9.2.4 随机拍卖

上一节的贪婪拍卖是简单且真实的，但其尝试以启发式方式来最大化社会福利，而不提供任何保证。接下来提出一个随机的拍卖框架[33]，将任何（合作）解决方案转化为社会福利最大化问题，其中 SN 的真实投标用于预期真实的随机拍卖。合理的风险中立投标者将按照预期真实的随机拍卖进行真实投标。该框架最吸引人的特点是，由此产生的拍卖可以保证与合作解决方案相同的社会福利近似值。

随机拍卖框架采用分数 VCG 拍卖机制来实现真实性。通过基于分解的 LP 对偶技术[17, 18]实现了大致的社会福利保障，可以帮助将分数路由信道分配解决方案分解为具备有保证的近似预期社会福利的积分解的凸组合。

随机拍卖框架 如算法 3 所示，随机拍卖框架包含以下关键步骤。

1. 运行分数 VCG 机制，并获得每个 SN 的分数 VCG 路由和信道分配解决方案，以及它们对应的 VCG 支付价格。
2. 把后面将要细述的基于分解的 LP 对偶技术应用于将分数 VCG 解决方案分解为积分解(其中每个解都具有其相关概率)的加权组合。
3. 从该组合中随机选择一个积分解决方案，以权重为概率，作为拍卖的结果，并将 VCG 支付价格按比例 Λ 缩小，作为 SN 请求的支付价格。这里 Λ 是积分算法 A 的解与式 (9.2.6) 中的社会福利最大化问题的最优分数解之间的完整性差异。

算法 3 随机拍卖框架

1. 输入：一组信道 C，所有的复合投标 $\mathfrak{B}_i=[G^i(\varepsilon^i,v^i),s^i,d^i,b_i]$，冲突图 $H(\varepsilon_H,v_H)$。
2. 在输入上进行分数 VCG 拍卖，获得解 (f^*,x^*) 及支付价格 p^F。
3. 应用 plug-in 算法 A 来解决 LPR。
4. 将 (f^*,x^*) 分解为加权积分解 $\{[f(l),x(l),\rho(l)]\}$。
5. 基于分解的 LP 对偶。
6. 应用 plug-in 算法 B 和完整性差异 Λ。
7. 保证：$\sum[f(l),x(l)]\rho(l)=\dfrac{1}{\Lambda}(f^*,x^*)$。
8. 输出：路由、信道分配及支付价格。
9. 以概率 $\rho(l)$ 选择每一个 $[f(l),x(l)]$。
10. 令价格 $p=p^F/\Lambda$。

分数 VCG 拍卖 VCG 机制是以提供真实性而出名的，其潜在的社会福利最大化问题可以用最优化方法来解决。首先假设存在 plug-in 算法 A，可使分数型的 LPR 即式(9.2.6)的解为最优。令 (f^*,x^*) 表示由算法 A 求出的最优解，它是分数 VCG 拍卖的结果，并且包含 SN 的分数路由和信道分配解决方案。令 (f',x') 是当 SN i 出价为 0 时式(9.2.6)的最优分数解。每个 SN i 的 VCG 支付价格可计算为 SN i 在其他 SN 总效用上的外在影响：$p^F(i)=\sum_{i\neq i}\gamma_i'(f',x')-\sum_{i\neq i}\gamma_i'(f^*,x^*)$。可以看出，算法 3 中定义的随机拍卖框架在预期中是真实的，并且至少达到了最优社会福利的 $1/\Lambda$[33]。

9.2.4.1 LP 对偶分解

式(9.2.6)中的 LPR 允许使用整数变量 f_{uv}^i，$x(c,l_{uv}^i)$ 在[0, 1]中取分数值。令 $S(\gamma)$ 表示输入估值函数向量 γ 下 LPR 的目标函数，令 (f^*,x^*) 为 LPR 的最优解，其也包含代理中标信息。假设存在用来验证式(9.2.6)和 LPR 中的完整性差异 Λ 的算法 B，我们接下来讨论 LP 对偶技术[17,18]如何用于将分数解 (f^*,x^*) 分解为多项式大小的积分解的加权组合。也就是说，给定 $\rho(l)$ 值，使得 $(f^*,x^*)/\Lambda=\sum_{l\in J}\rho(l)[f(l),x(l)]$，其中 $Z(\mathcal{FX})=\{[f(l),x(l)]\}_{l\in\mathcal{I}}$ 是所有整数解的集合，$\mathcal{J}$ 是其

指数集，$\rho(l)\geqslant 0$，$\sum_{l\in\mathcal{I}}\rho(l)=1$，$\mathcal{FX}$ 表示 LPR 的可行性区域。完整性差异可表示为

$$\mathrm{IG}_{\mathcal{FX}}=\sup_{\gamma}\left[\max_{(f,x)\in\mathcal{FX}}\sum_{i}\gamma_i(f,x)\right]\Big/\left(\max_{\mathrm{I}\in\mathcal{J}}\sum_{i}\gamma_i[f(l),x(l)]\right) \tag{9.2.7}$$

分解的目的是计算满足约束 $(f^*,x^*)/\Lambda=\sum\rho(l)[f(l),x(l)]$ 的 $\rho(l)$ 值，其中 $\rho(l)\geqslant 0$，$\sum_{l\in\mathcal{I}}\rho(l)=1$。然后可将该凸组合视为指定整数解的概率分布，其中以概率（l）选择解 $[f(l),x(l)]$。这样向量 ρ 可以通过求解下面的一对原始-对偶 LP 问题来计算。为方便起见，对于每个原始/对偶约束，可列出其相应的原始/对偶变量，即

LP 原始分解

$$\text{minimize}\sum_{l\in\mathcal{J}}\rho(l) \tag{9.2.8}$$

$$\text{subject to}\sum_{l\in\mathcal{I}}\rho(l)\Psi_i(l)=\ \Psi_i^*/\ \Lambda,\quad \forall i\in\mathcal{N}\Leftrightarrow\eta^i$$

$$\sum_{l\in\mathcal{I}}\rho(l)\geqslant 1\Leftrightarrow z$$

$$\rho(l)\geqslant 0,\ \forall l\in\mathcal{I}$$

LP 原始分解［见式（9.2.8）］具有指数数量的变量，并以单纯形法或内点算法求取指数时间。解决这个问题的方法是考虑 LP 对偶分解［见式（9.2.9）］，并用椭圆算法与分离 oracle 算法（即 plug-in 算法 A）验证式（9.2.6）中的任何输入估值函数向量 γ 的完整性差异 Λ，以便识别等效于原始集合的多项式大小的对偶约束集合。这表示一个 LP 原始分解中所考虑的多项式大小的原始变量集合及候选积分解 $[f(l),x(l)]$，然后可以使用标准 LP 方法（例如，单纯形法或内点算法）来求解，具体如下：

LP 对偶分解

$$\text{maximize}\ \sum_{i\in N}\eta^i\Psi_i^*/\Lambda+\lambda \tag{9.2.9}$$

$$\text{subject to}\sum_{i\in N}\eta^i\Psi_i(l)+\lambda\leqslant 1,\ \forall l\in\mathcal{I}\ \Leftrightarrow\rho(l)$$

$$\lambda\geqslant 0$$

$$\eta^i\ \text{unconstrained},\ \forall i\in\mathcal{N}$$

对偶变量 η^i 可看作一个线性标度因子，它将一个估值函数 $\gamma_i(\cdot)$ 扩展为 $\gamma_i'(\cdot)=\eta^i\gamma_i(\cdot)$。特别是，如果 $\gamma_i(\cdot)$ 是线性或次线性的，那么 $\gamma_i(\cdot)$ 也是线性标度函数。一个潜在的问题是，η^i 值可能为负，导致出现负估值函数 $\gamma_i(\cdot)$，而 plug-in 算法 A 仅适用于非负估值。但是，可以将算法 A 与 $(\cdot)^{i(+)}=\max[\gamma(\cdot)^i,0]$ [17]给出的非负估值 $\gamma(\cdot)^{(+)}$ 一起用于求解。可以证明[33]LP［见式（9.2.8）］的最优解 ρ^* 满足 $\sum\rho^*(l)=1$。

9.2.4.2 拍卖框架的 plug-in 算法

在算法 3 中提出的随机拍卖框架旨在成为可以使用算法 A 和 B 的不同版本的一般框架，

分别用于解决 LPR 和近似求解式(9.2.6)。无论在算法 A 和 B 中的详细设计如何选择，所得到的随机拍卖始终是真实的。最终的社会福利保障与算法 B 的近似值相匹配。接下来讨论算法 A 和 B 在不同网络设置下的可能性，以及它们在处理实践中的无线干扰方面的局限性。

9.2.4.3 使用 plug-in 算法 A 解决 LPR

在较高级别上，算法 3 基本上尝试了缩减分数 VCG 机制。为了首先获得 VCG 机制，需要使用一些 plug-in 算法 A 来解决式(9.2.6)的 LPR 优化问题。

估值函数 $\gamma_i(\cdot)$ 被假定为线性或次线性的。在线性情况下，LPR 是一个正常的线性规划问题，可以使用任何一般的 LP 求解方法来解决，包括单纯形法和内点法。当 $\gamma_i(\cdot)$ 是次线性的时，问题就是在凸集上最大化凸函数，遗憾的是，凸集上没有多项式时间内运行的通用算法。最好的解决方案是特定于问题的，可能在多项式时间内运行，也可以不在多项式时间内运行。当 SN i 所需的网络连接不是数据密集型的时，相应的估值函数 $\gamma_i(\cdot)$ 不依赖于 SN 内干扰，并且可建模为使 $\gamma_i(\cdot)$ 线性化的以恒定权重 w_i 线性标度的端到端路径吞吐量。当连接数据密集时，SN i 希望在评估其端到端路径时考虑 SN 内干扰。所有这种干扰的自然模型应满足 $\gamma_i(\cdot)$ 的次线性特性，即

$$\begin{cases} \text{正齐次性：} \gamma_i[c\cdot(f,x)] = c\cdot\gamma_i(f,x), \quad \forall c \geqslant 0 \\ \text{次可加性：} \gamma_i[(f,x)+(f',x')] \leqslant \gamma_i(f,x)+\gamma_i(f',x') \end{cases}$$

特别是，对于第一个要求，常量 c 可看作 (f,x) 的时间分数的缩放因子。估值应与路径活动的时间分数呈线性关系，因此满足第一个要求。对于第二个要求，注意给定两个不同的 LPR 解 (f,x) 和 (f',x')，当 (f,x) 和 (f',x') 在选择的干扰模型下完全无干扰时，有 $\gamma_i[(f,x)+(f',x')] = \gamma_i(f,x)+\gamma_i(f',x')$，否则 $\gamma_i[(f,x)+(f',x')] < \gamma_i(f,x)+\gamma_i(f',x')$。因此，第二个要求也得到满足。

9.2.4.4 plug-in 算法 B：近似求解式(9.2.6)

算法 3 中的随机拍卖框架需要一种有效的算法，以近似求解式(9.2.6)的优化问题，这是一个经过广泛研究的经典多跳、多信道无线路由问题[32]。这种联合路由信道分配算法的最优设计超出了本节的讨论范围。算法 3 中的框架可以与插入的任何类似的近似算法一起工作。本质上，本节提出的框架允许拍卖机制设计者不必担心其真实性，而是关注近似算法设计（在合作模式中）。为了本框架的完整性，假设贪婪 LP 舍入算法 B 从 LPR 解中依次选取无干扰积分解，并给出其性能界。

在 LPR 中，分数信道分配与链路流直接相关，链路流可被视为特定链路激活时间的分数。类似地，对于任何给定的信道 $f_{uv}^i + \sum_{l_{pq}^i:(l_{pq}^j,l_{uv}^i)\in\varepsilon_H} f_{pq}^j \leqslant 1$，可以将约束(9.2.2)转换为以下链路调度约束。

对于任何信道 $c\in C$ 和具有 L 跳的路径的 SN i，可以证明[33]在 $I_s(i)$ 中至多有 $g(L)$ 个无干扰 SN，其中 $g(L)$ 是 L 的线性函数。假设 SN 的路径最多为 $L_{\max}$ 跳，则也可以证明[33]IP(6)和 LPR 之间的完整性差异最大为 $\Lambda = g(L_{\max})+1$。

贪婪算法 B 将一个分数流修改为 $\bigcup I_s(i)$ 中的 1，并在式(9.2.6)中“验证”了一个完整性差异 Λ，由此得出随机拍卖的 Λ 的社会福利近似因子。如果设计了更为复杂的算法 B，保证了更好的完整性差异，则得到的随机拍卖的社会福利近似率相应提高。

为了说明每个 SN 的目的，多个节点随机分布在 1×1 区域中。如果两个节点的欧氏距离最大为 0.05，则认为两个节点相连。最大连接分量用作相应 SN 的连接图。所有出价均服从区间[40, 100]内的均匀分布。所有数据是经过 100 次仿真的平均值。假设为非数据密集型情景，并将估值函数定义为 $\gamma_i(f, x) = w_i f_{ds}^i$，即由恒定权重 w_i 缩放的 SN i 路径的端到端吞吐量。根据拍卖效率来评价性能，该效率反映了满足 SN 要求的部分按 w_i 加权，表达式如下：

$$\text{拍卖效率}=\left(\sum_{i\in N} w_i f_{ds}^i\right)\Big/\left(\sum_{i\in N} w_i\right)$$

结果如图 9.2.3 所示。一般来说，随着信道数量的增加，拍卖效率也将提高，从而验证了信道越多，投标者中标的概率越高的直觉。

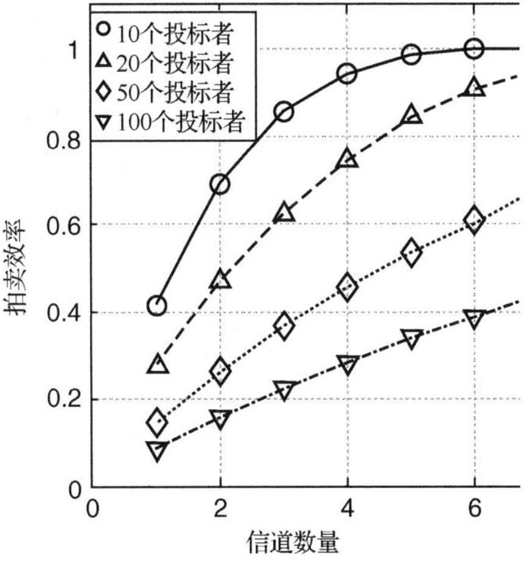

图 9.2.3　投标者数量不同时的拍卖效率

9.3　多跳认知蜂窝网络中的复合拍卖

在本节中，将进一步讨论多跳认知蜂窝网络中频谱共享的解决方案。在这里，我们将模型扩展，并假设 SU 为多个商品(即信道、时隙和发送功率等级)投标以满足其 QoS 需求。此外，拍卖方案结合了倾斜计划，鼓励用户中继。强化学习算法用于允许 SU 修改出价，以及由主要运营商(PO)处理不真实的出价，以满足其性能要求。当网络中有大量用户时，频谱可复用性将受到 QoS 需求的约束。因此，讨论基于分组购买的拍卖方案，其中中标组的数量将受到 QoS 需求的限制。根据 PO 的不同定价和分区策略来讨论静态和动态分组方案。为了分析网络，将网络模型映射到吸收马尔可夫链中，以便根据可用信道和用户的可用性来继续分析多个性能指标。这些指标也取决于 PU 的活动的不确定性，反映在 PU 返回到信道的概率上。本节的讨论是按照文献[34]提出的思路进行的。

9.3.1　网络模型

这里考虑一个密集部署的多跳认知网络，如图 9.3.1 所示。为了建模，蜂窝区域被分成半径为 r 的六边形子蜂窝。正如之前已经说明的那样，这个分区在网络中没有物理上的实现，只是用来获得蜂窝的终端之间的相互关系，这些终端可用于中继的通信。在每个子蜂窝中，可能有一个 SU 充当源和/或中继，并且近似地位于子蜂窝的中心。

假设频谱所有者或 PO 充当拍卖者，并将其空闲信道租给 SU。为了对 PU 提供有效的保护并保留主要商业模式，假设只有当频谱不被任何 PU 占用时，才可以提供给 SU 使用。我们认为每个 SU 都配备了一个无线电，并且能够在不同的信道之间切换。源节点将通过可用信道中继到其相邻的 SU(位于相邻子蜂窝中)来发送上行链路。为了简单起见，首先考虑将 BS 作为唯一的目的地，然后，将引入移动通信对和其他由 PO 操作的 AP 的移动通信对。

由于 PU 的活动性，信道可用性存在不确定性。PU 的活动性将在下面详细建模。假设相邻的 SU 可以按概率 p 中继，这取决于覆盖范围、干扰和为合作提供的激励。

为了提供数据流量，每个源节点 m 向拍卖者提交以下资源的出价：b_m 信道，Δ_m 时隙，

以及使用功率电平 P_m 的权限。复合投标 $B_m=\{R_m,S_m,\text{bid}_m\}$ 由 $S_m=\{b_m,\Delta_m,P_m\}$ 提供的在 R_m 路径传输所需的资源和投标金额 bid_m 组成。中标源向拍卖者支付金额，并使用购买的资源将流量传输给相邻用户。另外，中标源为中间用户提供了一些小费(激励) tip_m，鼓励他们参与传输。因此，中标源将为传输支付的总成本是 $\text{cost}_m=\text{bid}_m+\text{tip}_m$。正如将在下面看到的，如果 PO 设定的清算价格太高，用户将减少要投标的信道，并提供更高的小费，以增加用户中继 p 的可用性概率，从而以更低的成本获得类似的性能。

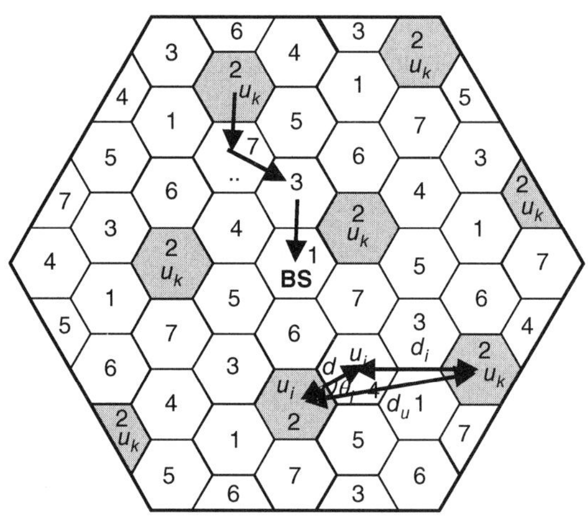

图 9.3.1 $K=7$ 的 N 蜂窝复用网络模型

9.3.1.1 细分因子和调度

正如本书的其他部分，假定 BS 被 H 个同心环的子蜂窝包围。为了保持这些章节的独立性，在这里重复一些假设。对于图 9.3.1 中的例子，$H=3$。每个蜂窝的子蜂窝数为 $N=3H(H+1)$。相邻子蜂窝之间的中继距离由 d_r 表示，与子蜂窝半径相关，为 $d_r=\sqrt{3}r$。蜂窝中的环的总数由 $H=\lfloor R/(2.r)\rfloor$ 给出。

假设当 j 的接收功率超过接收机灵敏度 ε 时，用户 i 可以成功地向其相邻的中继 j 发送。对于给定的中继距离 d_r，用户 i 的最小发射功率为 $P_{i,\min}=\varepsilon\cdot d_r^{\alpha}$。用户感兴趣的是以最小功率 $P_i=P_{i,\min}$ 进行传输，以减少干扰和功耗。为了简单起见，假设所有子蜂窝的细分因子 r 是相同的，因此所有用户以相同的功率 $P_i=P$ 发送。

多信道多跳网络中的调度优化是 NP 难题[35, 36]。为了使调度过程简单，将用于蜂窝网络的传统资源复用方案应用于细分方案，如图 9.3.1 所示，资源复用因子 $K=7$。簇内的子蜂窝索引表示时隙分配，$k=1,\cdots,K$。具有相同时隙索引的用户将同时传输。传输轮次(以循环方式)由时隙索引给出。为了避免发送/接收中的冲突，用户可以同时传输的距离 $d>2d_r$。这种约束是用户配备单个无线电的直接后果。以这种方式，不管选择的用于传输的相邻中继或信道如何，都不会发生冲突。这个约束适用于 $K\geqslant 7$。

在同一时隙中同时发送的用户集合由 $\mathcal{N}_k$ 表示。为了利用可用信道并降低网络中的干扰等级，将随机为每个子蜂窝 $i\in\mathcal{N}_k$ 分配不同的信道。K 调度模式是一种启发式方案，避免了由 PU 活动的变化和用户的中继可用性引起的重新计算调度的复杂度。

令 $d_u=d(u_i,u_k)$ 是使用相同信道的用户之间的最小距离。通过使用分簇因子 K，d_u 和 d_r 之间的关系可以写成 $d_u=\sqrt{K}d_r=\sqrt{3K}r$[31]。通过将二次余弦定律应用于干涉距离 $d_i=d(u_k,u_j)$

的计算，得到 $d_i=\sqrt{d_r^2+d_u^2-2d_r\cdot d_u\cdot\cos\theta_i}$ ，其中 $\theta_i=\measuredangle(d_r,d_u)$ 根据单元格的几何形状计算，如图 9.3.1 所示。

由于考虑的是一个密集的网络，因此所采用的信道模型仅包含由于发射机-接收机距离而产生的传播损耗，而不包含由于用户之间的接近而导致的衰落的影响[37]。然后，给出任意中继终端的信干噪比（SINR），即

$$\mathrm{SINR}(b_i,P)=\frac{PG_{ij}^{b}}{\sum_{k=1}^{n_{bi}}PG_{kj}^{b_i}+N_r}=\left[\frac{N_r d_r^{\alpha}}{P}+\sum_{i=1}^{n_{bi}}\left(\sqrt{\frac{1}{1+K-2\sqrt{K}\cos\theta_i}}\right)^{\alpha}\right]^{-1} \tag{9.3.1}$$

其中 $G_{ij}^{b_i}$ 是信道 b_i 上的用户 i 和 j 之间的信道增益，n_{bi} 是使用该信道的并发传输的数量，$G_{kj}^{b_i}$ 是信道 b_i 上干扰用户 k 和 j 之间的信道增益，N_r 是背景噪声功率，d_r 是中继距离。链路 l/信道 b_i 上的香农容量由 $C_l=\log[1+\mathrm{SINR}(b_i,P)]$ 给出，路由 R_m 的容量可表示为

$$C_{R_m}=\min_{R_m}C_l \tag{9.3.2}$$

因此，在路由中使用 b_m 信道时的归一化网络容量可定义为

$$\bar{C}=\sum_{R_m}c_{R_m}/b_m \tag{9.3.3}$$

9.3.1.2 认知链路可用性

为了对进行路由/中继决定时的链路可用性进行建模，假设呼叫/数据会话到达具有 c 个信道容量的蜂窝网络，并确定 PO 不使用 c 个信道以外 b 个信道的概率。如果到达时间被模拟为泊松过程且呼叫/会话持续时间为指数分布，则该概率可以作为常规 M/M/c 系统的生死方程的数据会话解决方案而获得。如果考虑网络中 PU 的固定到达率 $\lambda_P(n)=\lambda_P$ 和服务率 μ_P，则在给定时刻，PO 不会使用 b 个信道的概率为[38]

$$p_b=\frac{\lambda_P^{c-b}}{(c-b)!\mu_P^{c-b}}p_0,\quad 1\leqslant b<c \tag{9.3.4}$$

其中 p_0 由 $r_P=\lambda_P/\mu_P$ 和 $\rho_P=r_P/c<1$ 获得，即

$$p_0=\left(\sum_{n=0}^{c-1}\frac{r_P^n}{n!}+\frac{r_P^c}{c!(1-\rho_P)}\right)^{-1} \tag{9.3.5}$$

只要 PO 至少有一个信道不被使用，SU 将有一个信道可用。SU 可能想购买以概率 $p_{b'}$ 可用的 b' 信道（信道需求），该概率为

$$p_{b'}=\sum_{b=b'}^{c}p_b \tag{9.3.6}$$

其中 p_b 由式(9.3.4)获得。概率 p_b' 是信道可用性的不确定性的度量，并且将在拍卖方案中用作对拍卖的最大可用资源的估计。这里假设这些信道在宏单元级别可用。如果 PU 通过多跳传输进行通信，则应在每个子蜂窝检查式(9.3.6)。本节重点介绍 SU 的资源可复用性，假设 PO 将租用任何 PU 不使用的信道，以避免降低其自身许可证用户的性能。因此，利用式(9.3.6)可获得可用的拍卖信道。

9.3.1.3 信道概率

假设频谱采样是完美的，专注于 PU 返回到当前分配给 SU 的信道的概率。检查在 SU 路

由的每一跳是否都有这样的回报。因此，通过假设 SU 的平均服务时间为 $1/\mu_s$ 来近似该结果。然后，在该时间内有 k_P 个新到达的 PU 的概率为

$$p_k(t=1/\mu_S)=\frac{(\lambda_P t)^{k_P}}{k_P!}\mathrm{e}^{-\lambda_P t}=\frac{(\lambda_P/\mu_S)^{k_P}}{k_P!}\mathrm{e}^{-\lambda_P/\mu_S} \tag{9.3.7}$$

将 b' 个信道中的一个特定信道分配给 k_P 个新到达的 PU 之一的概率为 $k_P/(c-n_p)$。因此，在特定信道上 PU 返回的平均概率为

$$p_{\text{return}}=\sum_{k_P=0}^{c-n_p}\frac{k_P}{c-n_p}p_k(t=1/\mu_S)=\sum_{k_P=0}^{c-n_p}\frac{k_P}{c-n_p}\frac{(\lambda_P/\mu_S)^{k_P}}{k_P!}\mathrm{e}^{-\lambda_P/\mu_S} \tag{9.3.8}$$

如果 PU 返回到当前分配给 SU 的信道，则会中断传输，并强制 SU 尝试新的选项。PU 活动对路由发现的影响在下面的内容中讨论。

9.3.2 频谱感知路由发现协议

本节介绍 SU 的路由发现协议并对其进行分析。因为路由是由认知链路组成的，所以链路可用性将取决于 PU 的活动。

假设 PO 与潜在的 SU 共享通过式(9.3.6)获得的关于信道需求可用性 b' 的信息及其 p_{return} 给出的可用性的不确定性，使得 SU 不需要进行信道感知。

假设在子蜂窝 i 中存在一个 SU，其愿意在前往 BS 的道路上通过中继到其相邻用户来将数据发送到 BS。SU 将检查相邻子蜂窝中是否有用户愿意中继，并且检查其是否具有可用的公共信道。我们用 $x=\{1,2,\cdots,b'\}$ 表示可用的公共信道的集合。首先，如图 9.3.2(a)所示，SU 检查相邻用户(位于相邻子蜂窝中)的可用性，该用户位于指向 BS 的最短距离的方向上。用户可以用概率 p 进行中继，如果可用，则 SU 将检查它们是否具有可用的公共信道。用 SS 表示系统状态，$SS^{[x(1)]}$ 是指当使用可用的公共信道 $x=1$ 进行发送时系统的状态。如果该信道对于两个用户都可用，则 SU 将数据发送到第一个相邻蜂窝。这种转变将以概率 $p_1^{[x(1)]}$ 发生。如果该中继或信道 1 不可用，则 SU 将检查下一个相邻用户(第二个用户)的可用性，如图 9.3.2(a)所示。如果该用户可用且信道 1 可用，则将进行中继。这种转变将以概率 $p_2^{[x(1)]}$ 发生。否则，协议以相同的方式继续，直到它检查最后一个相邻用户(第六个用户)。

如果在最后的相邻子蜂窝中没有用户可以在信道 1 上进行中继，则该过程进入下一个系统状态 $SS^{(2)}$，以检查是否有一个具有信道 2 的中继且愿意进行中继。这种转变将以概率 $p_{\text{na}}[x(1)]$ 发生。SU 继续检查传输机会，直至其到达 $SS^{[x(b')]}$ 中的最后一个相邻用户(第六个用户)，之后不会以概率 p_0 建立路由。在密集网络中，p_0 将非常小。

之后，该协议将被推广到考虑移动终端到移动终端通信和整个蜂窝的其他可用的 AP。越多的连接将导致越低的 p_0。

由于每个用户最多可能有 6 个相邻的子蜂窝，因此有 $w=1,\cdots,6$ 个中继选项。信道 l 上的选项 w 的中继概率用 $x(l)$ 表示为

$$p_w^{x(l)}(b')=p_{b'}p_{x(l)/b'}\left[1-p_{x(l)/b'}\right]^{w-1},w=1,\cdots,6 \tag{9.3.9}$$

该式取决于以下参数：

- 由式(9.3.6)给出的 SU 具有 b' 个信道可用的概率 $p_{b'}$。
- 在用户 i 和 j 之间的 b' 个信道存在公共信道 $x(l)$ 的概率为 $p_{x(l)b'}$。在单个路由选项中，

如果 PO 以单一希望模式运行，并且在整个蜂窝上购买 SO 的信道需求，则 $p_{x(l)/b'}=1$。如果在每个子单元中执行频谱的非协作购买，则 $p_{x(l)b'}=(b'/c)^2$。这就需要沿着蜂窝进行协作的频谱购买。在多路由场景的情况下，由于给定信道可能被分配给另一个路由，因此这个概率将进一步减小。

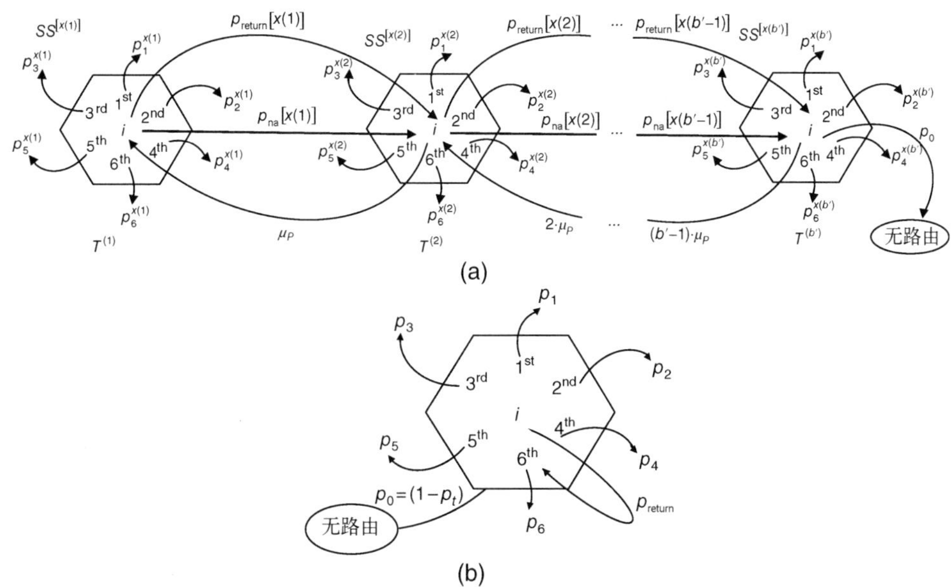

图 9.3.2 (a) 子蜂窝中不同传输实验的马尔可夫模型；(b) 马尔可夫模型的状态转移概率

信道 $x(l)^{x(l)}$ 不可用的概率为

$$p_{\text{na}}[x(l)]=1-\sum_{w}p_{w}^{x(l)} \tag{9.3.10}$$

无路由的概率为 $p_0=\prod_l p_{\text{na}}[x(l)]$。

由于信道可用性受到 PU 的活动的约束，因此在任何系统状态下，可能会发现具有可用的公共信道 l 的中继，并且 PU 返回到该信道。这也在图 9.3.2 (a) 中进行了说明。在这种情况下，系统将以概率 $p_{\text{return}}[x(l)]$ 转入下一状态。一旦以概率 μ_P 服务 PU，系统可以回过头来再次检查使用信道 l 的中继的可用性。

9.3.2.1 协议的简化分析

为了便于对协议进行分析，我们将进一步抽象式 (9.3.9) 和式 (9.3.10) 中的假设。由于用户到达是各自独立的，因此每个信道的平均返回概率是相同的。另外，由于用户和路由均匀地分布在蜂窝中，因此将认为每个信道上相邻用户在特定信道上可用的概率是相同的。这个概率再次用 p 表示，尽管现在它取决于物理可用性及公共信道的可用性。简化模型如图 9.3.2 (b) 所示。

因此，在子蜂窝 w 中向相邻用户发送的概率为

$$p_w(b')=p_{b'}p_{1/b'}\left(1-p_{1/b'}\right)^{w-1}p_{\text{free}},w=1,\cdots,6 \tag{9.3.11}$$

其中：

- $p_{1/b'}$ 是在用户 i 和 j 之间的 b' 个信道中至少有一个信道可用的概率，其值为 $p_{1/b'}=$

$1-(1-p)^{b'}$，p 是用户在给定信道上可用于中继的概率。对于要建立的路由，$p>0$ 且 $b'\geqslant 1$。

- p_{free} 是 PU 返回到信道的概率，$p_{\text{free}}=1-p_{\text{return}}$，并且 p_{return} 可由式(9.3.8)获得。如果有一个 PU 返回到该信道,则该过程将以概率 p_{return} 中断,并且用户将尝试另一个信道。否则，用户将中继到相邻的子蜂窝。

为了分析网络中的中继过程，图 9.3.1 中的细分方案应映射到吸收马尔可夫链中，其吸收态集合 $A=\{BS,nr\}$。这些状态表示当用户到达 BS 或没有路由时路由的结束。

任何相邻子蜂窝的总体中继概率为

$$p_t(b')=\sum_{w}p_w(b') \tag{9.3.12}$$

用户不向任何其他用户中继的概率为 $p_0(b')=1-p_t(b')$，即到吸收态 nr 的转换概率。本书第 1 章讨论了这种网络到吸收马尔可夫链的映射及其分析。

9.3.3 联合资源拍卖和小费计划

根据主要运营商(PO)设定的清算价格和用户的中继意愿,SU 将以有利可图的方式决定所需资源 b' 的数量。为此，SU 向拍卖商提交一个复合投标 $B_m=\{R_m,S_m,\text{bid}_m\}$，其中包括资源 $S_m=\{b_m,\Delta_m,P_m\}$，当在路由 R_m 上以功率 $P_m=P$ 传输时，b_m 是在 Δ_m 时隙中使用的信道，bid_m 是出价金额。

假设投标者同时投标资源。PO 将向出价最高的用户分配资源(中标用户)。假设投标者是理性的，确保 SU 的支付价格不会超过他们的收益。如果 PO 将资源的价格设置得太高，那么 SU 可能更愿意为中继提供更高的小费(激励)，以提高他们的中继意愿(增加参数 p)并获得相同的性能(这一选择意味着花费低于投标额外资源的成本)。正如将在后续内容中看到的，这也导致了良好的性能表现，但 PO 的利润却较低。

PO 对资源的最佳配置感兴趣，使得 SU 能够实现更高的性能，从而能够提供更高的出价。所以，PO 收集所有投标后会分配资源，以最大化社会福利。

估值函数 V_m 可表示为

$$V_m=\frac{\bar{C}_{e,m}(b_m,p,P)}{\Delta_m(b_m,p,P)\cdot P_{t,m}} \tag{9.3.13}$$

其中 $\bar{C}_e$ 是由 $\bar{C}_e=\bar{p}_{\text{bs}}\cdot\bar{C}$ 给出的平均有效网络容量，$\bar{C}$ 由式(9.3.3)给出，$\bar{p}_{\text{bs}}$ 是从网络马尔可夫模型的分析中获得的基站的概率。参数 Δ_m 表示路径 m 上的时延，并且有 $\Delta_i(b_m,p,P)=K\tau_m$，其中 τ_m 是从 $T=1$ 的网络马尔可夫模型的分析中获得的，它指的是跳数。路由 m 的总功耗为 $P_{t,m}=P\tau_m$。估值函数的这一定义已被用于许多工作中，作为效用的度量，并有助于分析多跳无线网络中的不同折中[37]。

SU 将为传输支付的成本可表示为

$$\text{cost}_m(b_m,p,P)=\text{bid}_m(b_m,p,P)+\text{tip}_m(b_m,p,P) \tag{9.3.14a}$$

这取决于为拍卖者提供的投标资源和小费，以激励路由上的中继。所提供的出价是当 b_m 个信道可用时，资源估值所获得收益的一个百分比，而不是只有一个信道，并且发射功率为 $P=P_{\min}$，即

$$\text{bid}_m(b_m,p,P)=\beta_m\cdot b_m\cdot[V_m(b_m,p,P)-V_m(1,p,P_{\max})] \tag{9.3.15}$$

比例系数 β_m 表示 SU m 愿意支付的收益的百分比。我们认为拍卖是个体理性的，有 $\beta_m < 1$。

PO 要求用一个价格 q 来代表其愿意接受的销售频谱的最低支付价格。这将生成 SU 的增益百分比 $\beta_{m,q}$。

同时，支付给每个中继的小费取决于旨在实现的可用性概率 p，相关表达式如下：

$$\text{tip}_m = \theta_m \cdot \tau_m \cdot [V_m(b_m, p, P) - V_m(b_m, p_{\min}, P)] \tag{9.3.16}$$

其中参数 θ_m 表示激励的水平，$p_{\min}$ 是可用的最小可用性概率。

SU m 的效用定义为

$$U_m(b_m, p, P) = \begin{cases} V_m(b_m, p, P) - \gamma \cdot \text{cost}_m(b_m, p, P), & \beta_m \geqslant \beta_{m,q} \\ 0, & \beta_m < \beta_{m,q} \end{cases} \tag{9.3.17}$$

这取决于信道数量 b_m（$b_m = b'$）、传输功率 P 和可用性概率 p。参数 γ 是缩放因子。如果 SU 不能提供 PO 所要求的价格，那么它不会得到资源。在这个方案中，多个 SU 可以赢得拍卖，从而在时间和空间上充分利用频谱可复用性。

一些工作表明，当投标者数量较多(密集网络)时，假设用户按真正的资源估值来投标是合理的[39,40]。这个假设基于以下事实：当有大量投标者时，至少有一个用户的投标接近对象的实际估值的概率很高。所以，如果用户出价接近这个价格，那么用户将有机会中标。后面介绍的学习方案将证明这也适用于网络。然而，对于投标者较不密集的情况，可以应用次价格密封投标拍卖来确保真实性[41]。在这种情况下，式(9.3.14a)中的成本函数可修改为

$$\text{cost}_m(b_m, p, P) = \text{price}_m(b_m, p, P) + \text{tip}_m(b_m, p, P) \tag{9.3.14b}$$

如果按照出价高低来降序排列用户，中标用户将支付的价格为 $\text{price}_m = \text{bid}_{m+1}$。

我们的目标是在将频谱租赁给 SU 时可以最大化频谱利用率。频谱效用可以被看作最佳的频谱利用率，这意味着频谱应该被租给需要最多频谱的 SU。那么社会福利最大化问题可建模为

$$\begin{aligned} \underset{b_m, p, r}{\text{maximize}} \quad & U_S = \sum_m U_m(b_m, p, P) \\ \text{subject to} \quad & K \cdot \tau_m(b, p, P) \leqslant \tau_{\max} \\ & b_m \leqslant c - n \\ & 0 \leqslant p \leqslant 1 \\ & 0 \leqslant r \leqslant R \end{aligned} \tag{9.3.18}$$

其中 U_m 由式(9.3.17)给出，$\tau_{\max}$ 是根据时延给出的 QoS 约束。该优化提供了最佳购买信道数量 b_m、最佳可用性概率 p 和细分因子 r，使得 SU 获得给定 β 和 θ 的最大效用。可以看出，式(9.3.18)是一个凸优化问题，因此可以通过数值方法有效求解[42]。

联合资源拍卖和小费方案的效率可以通过 SU 满足要求的可能性来衡量。这是通过网络马尔可夫模型的分析中访问 BS 的概率 $\bar{p}_{\text{bs}}$ 获得的。投标或小费方案的效率分别为

$$\xi_{\text{bid}}(\text{bid}) = \sum_p \bar{p}_{\text{bs}}(\text{bid}, p, b') \tag{9.3.19a}$$

$$\xi_{\text{tip}}(\text{tip}) = \sum_{b'} \bar{p}_{\text{bs}}(\text{tip}, p, b') \tag{9.3.19b}$$

9.3.4 基于强化学习的拍卖方案

由于 SU 对资源的争夺，并希望以最低的价格获得资源，他们可能会错报自己的估值，并进行不真实的投标。因此，在这个方案中，考虑一个迭代博弈，每个源用户必须根据以前的经验，在两个选项之间进行决定：在每一次拍卖中真实或不真实地投标。这个决定会影响式(9.3.18)给出的效用，如下所述。

建立两个不同的 β 固定值，一个用于真实投标(β_t)，一个用于不真实投标($\beta_u < \beta_t$)。因此，为了提高效用，SU 必须决定采取哪种行动，因为在获得资源(使用较大的 β)和增加效用(使用较小的 β)之间存在折中。为此，我们对 SU 赋予了学习能力。每个 SU 源 SU m 具有一个真实概率向量 $\mathbf{p}_{m,\beta} = (p_{m,\beta_t}, p_{m,\beta_u})$，其中包含两项：真实投标的概率和不真实投标的概率。该向量由每个 SU 使用学习自动算法单独更新，即

$$p_{m,a_1}(t+1) = p_{m,a_1}(t) + \delta \cdot [1 - p_{m,a_1}(t)] \tag{9.3.20a}$$

$$p_{m,a_2}(t+1) = p_{m,a_2}(t) \cdot (1-\delta), \forall a_2 \neq a_1 \tag{9.3.20b}$$

其中 a_1 和 a_2 表示两种不同的动作(即 β_t 和 β_u)，$0 < \delta < 1$ 是步长参数。根据过去执行该动作所获得的收益，更新每个动作的选择概率。增加提供更高增益[即式(9.3.20a)]的动作的可能性，或者减少式(9.3.20b)的动作。例如，考虑到用户已经通过使用 β_u 获得了更高的效用，因此在这种情况下，概率向量将被更新为

$$p_{m,\beta_u}(t+1) = p_{m,\beta_u}(t) + \delta \cdot \left[1 - p_{m,\beta_u}(t)\right]$$
$$p_{m,\beta_t}(t+1) = p_{m,\beta t}(t) \cdot (1-\delta)$$

投标过程如算法 4 所示。SU 在迭代过程过后更新他们的行动，涉及投标和学习。首先，每个代理通过投标来获取资源(第 3 行)。然后，当一个代理使用这两个动作(真实投标和不真实投标)时，它使用每个动作的次数(a_m)和为每个动作获得的效用(U_m)来更新学习向量(第 6 行)。最后，根据获得的概率向量，代理决定采取哪个动作。在这种情况下，必须决定使用两个可能的 β 中的哪一个，即使用 $\beta_m = \beta_t$ 还是 $\beta_m = \beta_u$ (第 7 行)[34]。

算法 4　强化学习型拍卖

```
 1.Input: β
 2.for j = 1: Number_of_Iterations do
 3.    [U, a] = bidding(β)
 4.    for m = 1 :N
 5.        if used_Both_Actions() then
 6.              p_{m,β} = update_Learning_Vectors (a_m, U_m)
 7.              β_m = choose_Action(p_{m,β})
 8.        end
 9.    End
10.end
```

9.3.5 基于小组的拍卖设计

当有大量用户同时出价时，PO 将复用资源，尽可能多地为用户提供服务，从而增加利润。然而，更高的资源可复用性将导致更长的调度周期，这是 SU 满足其 QoS 需求的关键参数。

因此，PO 将按照 K 复用模式将用户划分成不同的组。后续考虑了基于静态和动态定价的两种方案。拍卖者真实地进行拍卖和实现预期的经济目标至关重要[41]。

9.3.5.1　静态组投标方案

用 $\mathcal{N}$ 表示网络中的 SU 集合。拍卖者收到所有出价后，将网络划分为 K 组 SU，如图 9.3.3 所示，遵循 9.3.1 节介绍的 K 复用模式。分区表示为 $\Lambda_K=\{\mathcal{N}_1,\mathcal{N}_2,\cdots,\mathcal{N}_k\}$，其中 k 是分区和时隙的索引。每个 SU 源属于某个组。SU 的分区必须满足如下表达式：

$$\mathcal{N}=\bigcup_{k=1}^{K}\mathcal{N}_k,\mathcal{N}_l\cap\mathcal{N}_n=\varnothing,\quad\forall l\neq n,l,n\in[1,\cdots,K]$$

分区中的元素数为 $|\mathcal{N}_k|=N/K=\lfloor 3R(R+2r)/K\rfloor$，$k\in[1,\cdots,K]$。分区 Λ 如果满足干扰约束且在经济上有利可图，那么就是可行的。因为基于 K 复用模式获得了分区，所以保持第一个条件。下面讲解的小组拍卖计划是基于多赢家拍卖开发的，其中 K 组中最好的 S 组将中标。因此，该方案将调度周期减少到 S。如果用 g 表示前面无组方案的中标者百分比，那么只要 $S>g\cdot K$，这个方案将得到数量更多的中标者。以下所述的小组拍卖计划是基于已知具有经济可靠性的次价格密封投标拍卖而开发的[41]。

将该组的出价定义为组中所有 SU 出价的总和。该方案被称为 s-s 组方案。用 Θ_k 表示 $\mathcal{N}_k$ 的出价，用 bid_m^k 表示该组中特定用户 m 的出价，然后有如下表达式：

$$\Theta_k=\sum_{m\in\mathcal{N}_k}\mathrm{bid}_m^k \tag{9.3.21}$$

其中 bid_m^k 由式(9.3.15)给出，用于特定组 $\mathcal{N}_k$。PO 将通过 S 次迭代将资源分配给每个组，$S\leqslant K$。中标组的数量受到 SU 的 QoS 需求的限制，这些限制由时延给出。令 $\tau_{\max,k}$ 表示组 k 中用户可以容忍的最大时延。这是由 $\tau_{\max,k}=\min\{\tau_{\max,m}\}$ 得到的，其中 $\tau_{\max,m}$ 是用户 m 的 QoS 需求。

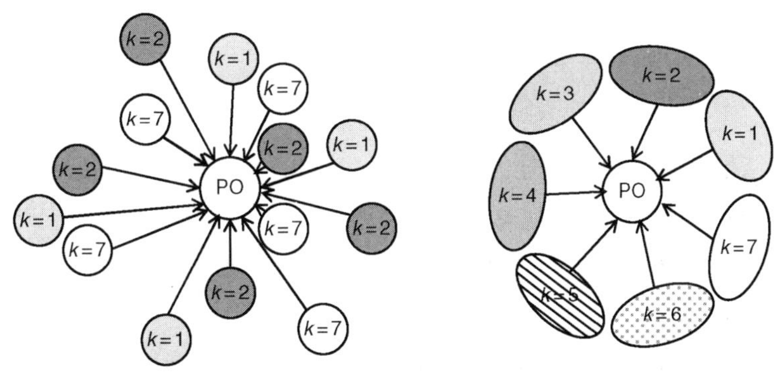

图 9.3.3　基于 K 复用模式的静态组投标方案

在第一次迭代中，PO 找到出价最高的组，然后找到第二次迭代中出价次高的组，等等，直至到达最后一次迭代。传输时隙由迭代的索引和该迭代将要发送的中标组给出。中标组在迭代 s（$s\in[1,\cdots,S]$）中的清算价格如下：

$$\mathrm{price}_s=\max\{\Theta_s,\Theta_{s+1}\} \tag{9.3.22}$$

其中 Θ_s 是第 s 次迭代中的组出价，即所有中标组出价中的最低出价，Θ_{s+1} 是第 $s+1$ 次迭代中的组出价，即所有以前的组出价中的最高出价。文献[41]中的单调资源分配对于实现真实性至关重要。

类似地，在第 s 次迭代中可容忍的最大时延为 $\tau_{\max,s}=\min\{\tau_{\max,s-1},\tau_{\max,s}\}$，其中 $\tau_{\max,s-1}$ 和 $\tau_{\max,s}$ 分别为在先前和当前迭代中的中标组所容许的时延。

根据上面定义的中标组清算价格，SU 需要支付的价格为

$$\text{price}_{s,m}=\frac{\text{bid}_m^s}{\Theta_s}\text{price}_s \tag{9.3.23}$$

这与出价成正比。

当 $\tau_{\max,s}<\tau_{\max}$ 时，拍卖以相同的方式继续进行，直至到达最后一次迭代，即 $S=s$。

这种方案对于具有更多限制性 QoS 的用户来说是公平的，因为用户已准备好支付更多的费用。该效用可以从式(9.3.18)和式(9.3.14b)对式(9.3.23)定义的价格而获得。

如果 PO 有兴趣进一步增加资源的可复用性，则可以制定另一种定价方案，其中该组的最低出价作为中标组价格。因此，定义 Θ_s 为买家数乘以组中的最低投标数：

$$\Theta_s=|\mathcal{N}_s|\cdot\min\left\{\text{bid}_j^s\right\},\forall j\in\mathcal{N}_s \tag{9.3.24}$$

则有

$$\text{price}_{s,m}=\text{price}_s/|\mathcal{N}_s| \tag{9.3.25}$$

其中 price_s 由式(9.3.22)给出。该方案进一步降低了价格，并将其称为 *s-m* 组方案。文献[41]中表明，折中组合投标的定义保证了真实性，并且与以前的方案一样，以单调的资源分配为基础。式(9.3.14b)定义的成本函数现在应该按照式(9.3.25)中的新定价函数进行修改。

群体社会福利最大化问题如下：

$$\begin{aligned}
\underset{b_m,p,S}{\text{maximize}}\quad & U_S=\sum_s\sum_{m\in\mathcal{N}_s}U_m(b_m,p,P),\ \mathcal{N}_s\in\Lambda_S\\
\text{subject to}\quad & S\cdot\tau_m(b_m,p,P)\leqslant\tau_{\max}\\
& b_m\leqslant c-n\\
& 0\leqslant p\leqslant 1\\
& S\leqslant K
\end{aligned} \tag{9.3.26}$$

作为先前优化的结果，可以得到最佳信道数 b_m、最佳可用性概率 p 和最大中标组数 S。

基于改变 r 或 K 的 PO 组划分策略

PO 可以通过改变 r 和 $K[(r,K)\to\Lambda=\{\mathcal{N}_1,\mathcal{N}_2,\cdots,\mathcal{N}_k\}]$ 来创建新的分区。这些参数对网络性能的影响概述如下：

- K 值固定，随着 r 减小，每组的用户数增加。每个路由的时延随着跳数的增加而增加。用户需要支付更高的小费，因为路由更长。
- r 值固定，随着 K 的变化，跳数是固定的。调度周期随 K 的增加而增加。对于较大的 K，干扰和每组的用户数减少。特别是，在 *s-m* 组方案中，通过增加 K，PO 可以更容易地以较低的出价来区分用户。当 $K\to N$ 时，每组的用户数 $|\mathcal{N}_k|\to 1$。因此，$\Theta_k\approx\text{bid}_m^k$ 且 $\text{price}_{k,m}\approx\text{price}_k\approx\text{price}_m$。在高密度网络中，$N\to\infty$ 和 $\Theta_k-\Theta_{k+1}\approx 0$，这导致在没有组的方案中有 $\text{price}_m\approx\text{bid}_m$。

网络分区的优化是 NP 难题。通过应用 9.3.1 节中提出的 K 复用模式，该问题的复杂度将大大降低。

9.3.5.2 动态组投标方案

在本节中，我们考虑一个动态方案，其中投标者通过以下泊松过程到达网络，并按照图 9.3.1 所示的细分方案均匀分布。假设用户在给定的时间范围内联合起来以获得批量折扣。这次拍卖由两个步骤组成。第一步，主要运营商设定其价格曲线和拍卖时间 T。这些信息可供投标者为其他买家创造动力。第二步，投标者根据到达时间逐一投标。当投标者到达时，如果资源的估值是值得的，它将立即投标。所以，投标时间和到达时间是一样的。要成功出价，投标者必须出价且价格不低于 q。之后，他们将会排队直到拍卖完成。否则，他们将立即拍卖。拍卖将在时间到达 T 时结束。当拍卖结束、清算价格为 Q_c 时，投标高于 Q_c 的用户将是中标者。根据等效服务费率 $\mu_{\text{eq}} = \mu_S n_f$，将投标者从队列中唤醒，其中 n_f 是队列中的投标者数量。

令 $\mathbf{q}$ 表示资源的价格，$\mathbf{q} = [q(t_1), q(t_2), \cdots, q(t_N)]$，其中 $q(t_m)$ 是用户 m 出价时的价格，$m = 1,2,\cdots,N$，并且也表示用户的到达时间序号。假设 PO 有兴趣尽可能多地销售资源。因此，假设定价函数在时间维度上下降。此外，随着网络投标者数量的增加，PO 将让他们分享资源和费用。每个用户的价格将会下降，因此他们也将从越来越多的投标者中受益。如前所述，这里使用 K 复用模式。价格也将由式(9.3.8)中概率 p_{return} 给出的资源可用性的不确定性来确定。根据以前的讨论，用户 m 在时间 t 中的平均出价 $q(t_m)$ 如下：

$$q(t_m) = q_0 \cdot b_m \cdot \frac{K}{n_{S,m}(t_m)} \mathrm{e}^{-t_m} \cdot p_{\text{return}},\ t_m \leqslant T \tag{9.3.27}$$

其中 q_0 是 $t=0$ 时资源的初始价格，b_m 是用户 m 投标的信道数，$n_{S,m}(t_m)$ 表示 t_m 时刻 SU 的平均数，并且 p_{return} 是由式(9.3.8)给出的特定信道上的返回概率。

t_m 时刻网络中 SU 的平均数 $n_{S,m}(t_m)$ 为

$$n_{S,m}(t_m) = \sum_{\varsigma=0}^{m} \varsigma p_\varsigma(t_m) = \sum_{\varsigma=0}^{m} \varsigma \frac{(\lambda_S t_m)^\varsigma}{\varsigma!} \mathrm{e}^{-\lambda_S t_m} \tag{9.3.28}$$

其中 $p_\varsigma(t_m)$ 是在间隔 t_m 中具有 ς 次到达的概率。

令 $\mathbf{b} = [\text{bid}(t_1), \text{bid}(t_2), \cdots, \text{bid}(t_n)]$ 表示出价向量，$\text{bid}(t_m)$ 是用户 m 提供的出价，$m = 1,2, \cdots, N$，并且 m 还表示用户的到达时间序号。为了中标，出价 $\text{bid}(t_m) \geqslant q(t_m)$。如果假设先前约束的概率为 p_m，则 SU 尝试访问频谱的等效速率为 $\lambda_{\text{eq}} = \lambda_S \cdot p_m$。当拍卖完成时，如果出价符合先前约束条件的投标者数量为 M，则可能有 M 名中标者。

用 Q_f 表示拍卖完成时获得的最终价格。T 时刻系统中的平均用户数为[38]

$$n_f = n_{s,n}(T) = r_S + \left[\frac{r_S^c \rho_S}{c!(1-\rho_S)^2}\right] p_0 \tag{9.3.29}$$

其中 $r_S = \lambda_{\text{eq}}/\mu_{\text{eq}}$，$\rho_S = r_S/c < 1$，$p_0$ 可以通过式(9.3.5)得到。然后，当 $Q_f = q(T)$ 时，Q_f 由式(9.3.27)获得。每个中标者将为资源支付的价格为

$$\text{price}_m = Q_f \tag{9.3.30}$$

注意，尽管通过 K 复用模式对用户进行分组，但式(9.3.27)中的定价函数已经考虑了每个用户降价的影响。

通过考虑成本函数［见式(9.3.23)］中的价格［见式(9.3.30)］，可以解决式(9.3.18)中的优化问题。队列中的平均等待时间 w_f 可以忽略，即 $w_f \ll K \cdot \tau_m$。

9.3.6 一般场景的进一步延伸

为了利用多跳通信的优势，将图 9.3.1 所示的网络模型扩展到包括移动到移动(m2m)连接。假设 m2m 链路在相邻子蜂窝中具有最终目的地的概率为 p_{m2m}。用户现在将有更多的连接选择，这可能导致较短的路由。这将影响所需资源的数量，从而影响投标、小费和组的大小。

首先检查是否存在 m2m 连接，应修改 9.3.2 节中介绍的路由发现协议。如果没有可用的选项，则协议继续按照图 9.2.3 所示的顺序检查相邻用户的可用性。相邻子蜂窝的中继发生概率的表达式为

$$p_w(b') = p_{b'}p_{1/b'}\left(1-p_{1/b'}\right)^{w-1}p_{\mathrm{free}}p_{n\mathrm{m2m}},\quad w=1,\cdots,6$$

其中 $p_{\mathrm{free}} = (1-p_{\mathrm{return}})$，$p_{n\mathrm{m2m}} = (1-p_{\mathrm{m2m}})$。

9.3.2 节给出的路由发现协议的分析在这里仍然可用，但是由于 m2m 连接可用性，$A=\{BS,m2m,nr\}$，应该修改一组吸收态以包括路由的结束(见图 9.3.4)。

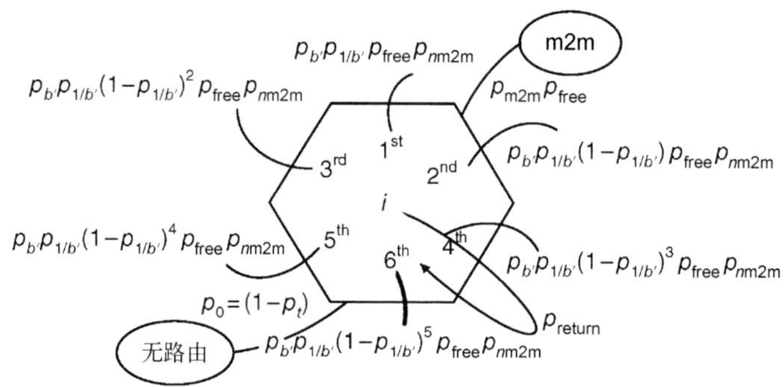

图 9.3.4 具有 m2m 连接的马尔可夫模型的状态转移概率

9.3.7 系统性能

文献[34]进行了广泛的数值和蒙特卡洛仿真，以评估 9.3 节中提出的拍卖和定价方案的性能。仿真在 MATLAB 中进行。假设宏蜂窝的半径固定为 $R=1000\,\mathrm{m}$。路径损耗指数设定为 $\alpha=2$，噪声功率谱密度设定为 $N_r=10^{-4}$ W/Hz。假设在蜂窝网络中总共有 $c=10$ 个信道，n 个信道被 PU 占用，b' 个潜在的可用信道用于 SU。给定传输时隙中的可用信道被随机地分配给在应用 K 复用模式之后共享时隙的 SU。

9.3.7.1 主要用户(PU)活动

图 9.3.5(a)显示了对于 PU 服务率 μ_p 的不同值，SU 将有 b' 个可用(被授予)信道的概率 $p_{b'}$。如预期的那样，由于 PU 离开信道更快，因此信道数量 b' 越大，可用的概率随 μ_p 就会增加。

在图 9.3.5(b)中，针对 SU 服务率 μ_s 的不同值，给出了通过式(9.3.8)获得的 PU 返回概率 p_{return}。对于较高的 μ_s，服务时间较短，因此随着 PU 数量的减少，p_{return} 也将减少。

9.3.7.2 拍卖和小费计划

图 9.3.6 显示了对于不同的 b' 值，访问基站的平均概率 p_{bs} 和 p 的关系曲线。可以看出，

当b'较小时，为了达到$p_{\text{bs}}=1$，需要更高的p，反之亦然。这个参数也表明了联合拍卖和定价方案的效率。

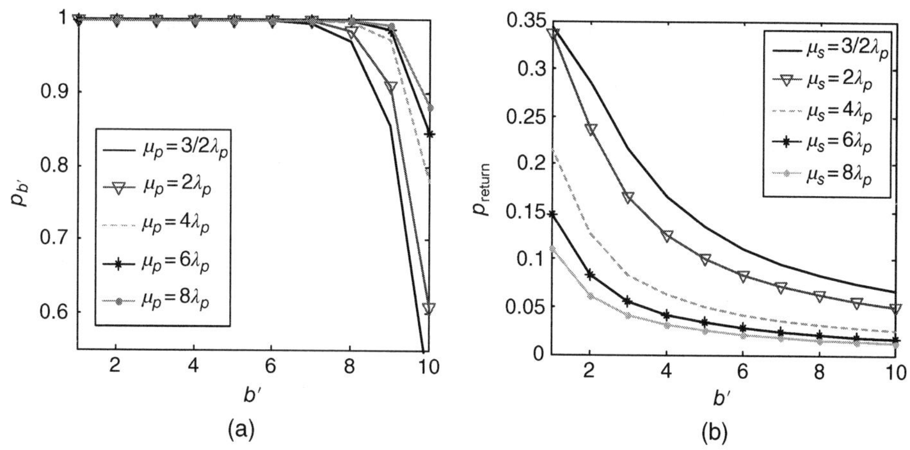

图 9.3.5 (a) b'和由式(9.3.6)定义的$p_{b'}$的关系曲线；(b) b'和由式(9.3.8)定义的p_{return}的关系曲线

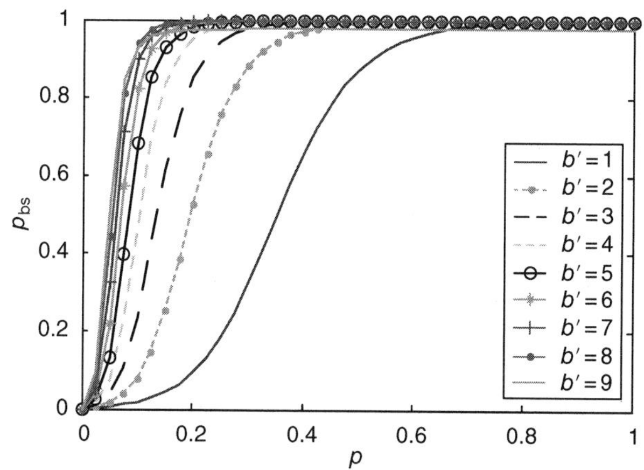

图 9.3.6 对于不同的b'，p_{bs}关于p的示意图

当$p_{\text{bs}}>0.97$时，b'和p对平均时延τ的同时影响如图 9.3.7 所示。可以看到，对于p和b'的不同组合，可以得到由$\tau=\tau_{\min}$给出的 QoS 的目标值。

图 9.3.8 显示了$H=4$和$P=0.75$的 SU 估值关于b'的示意图，考虑的服务率是$\mu_s=\mu_p=4\lambda_p$。可以看出，当$p=0.5$时，$b'=4$个信道获得最佳的估值，当p为 0.6～0.7 时，$b'=3$，而如果p增加到 1，则获得$b'=2$的最佳估值。估值也反映了对 PU 活动的影响。这样，由于 PU 回报率导致的腐败(corruption)概率较高，因此b'值较小时，估值较低。此外，对于b'的高值，可以看出所获得的增益不会补偿所使用的信道数量，估值也会降低。

在图 9.3.9 中，给出了不同p值的效用。由于效用考虑资源价格，因此其价值低于估值。当p为 0.5～0.7 时，$b'=3$获得最佳效用，当$p>0.7$时，$b'=2$。可以看到，由于投标和小费的成本，当$b'>4$和p值较大时，效用显著降低。

在图 9.3.10 中，显示了不同b'值的出价和小费。假设$\beta=\theta=1$(最大值)。在式(9.3.15)和式(9.3.16)中引入了这些参数，并分别指明了投资于出价和小费的部分估值收益。可以看到，由于需要更多的信道来补偿中继缺乏合作，因此提供的出价要高于较低的价格p。另一方面，

小费随着 p 的增加而增加，因为鼓励用户中继所需的激励更高。可以看到，当 $b'>2$ 时，出价明显高于小费。

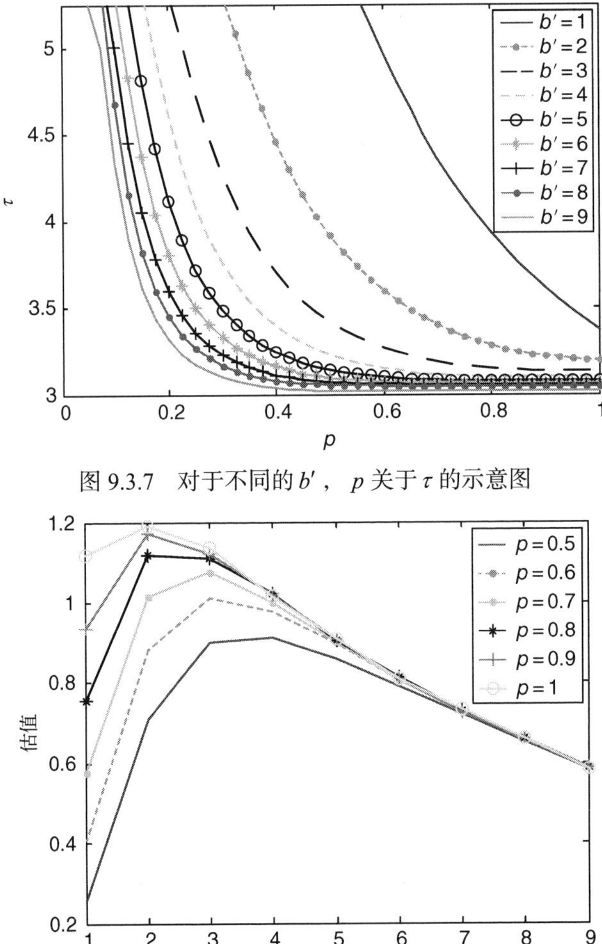

图 9.3.7　对于不同的 b'，p 关于 τ 的示意图

图 9.3.8　对于不同的 p，式(9.3.13)定义的估值关于 b' 的示意图

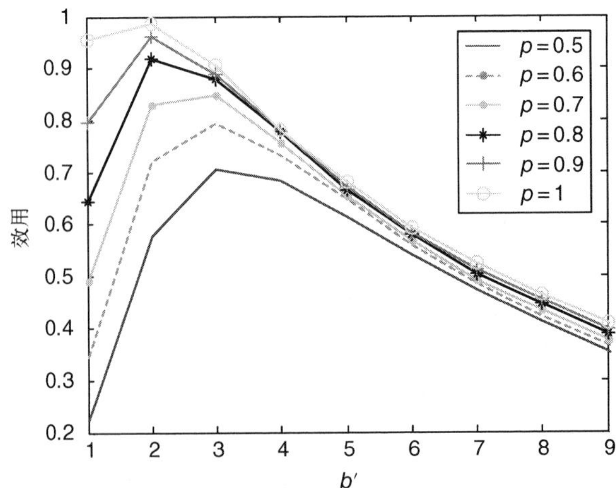

图 9.3.9　对于不同的 p，式(9.3.18)定义的 b' 关于 p 的效用的示意图

在图 9.3.11 中，展示了上述方案的拍卖效率，并将其与文献[33]中提出的拍卖方案进行比较。文献中的方案贪婪地将信道分配给不同的链路。可以看出 9.3 节提出的拍卖方案明显优于贪婪计划。该拍卖方案根据中继的可用性概率，考虑了到 BS 的多个可能的路由。此外，可以观察到该拍卖方案关于网络规模的健壮性，而对于大量用户而言，贪婪方案的效率显著降低。通过使用 K 调度模式，可以控制干扰。最高干扰来自第一层干扰用户，如图 9.3.1 所示，因此增加网络规模并不会显著增加总体干扰。还可以看到，对于 $b'=1$，效率随着 N 稍微增加。这是因为中继路由的数量正在增加，当只有一个信道可用时，这是特别关键的。为了进行公平比较，当贪婪计划中考虑到没有 PU 回报时，会显示拍卖方案的性能。可以按预期的方式看到额外的效率提高。

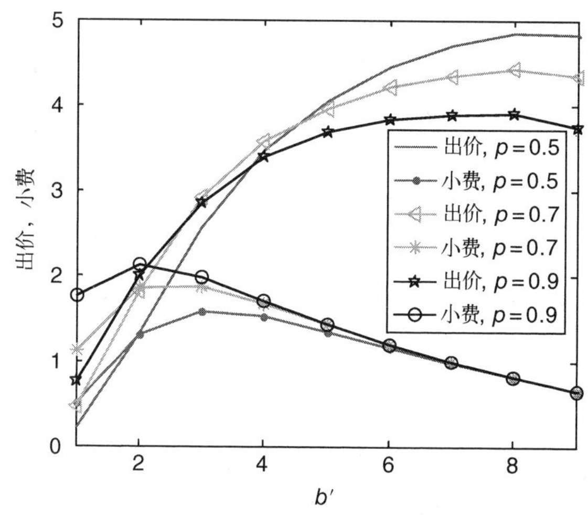

图 9.3.10 式(9.3.15)定义的出价关于 b' 的示意图及式(9.3.16)定义的小费关于 b' 的示意图

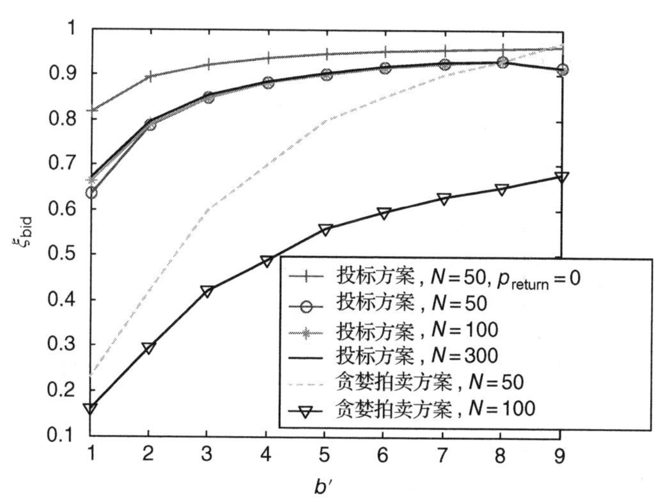

图 9.3.11 网络规模不同时的拍卖效率对比

9.3.7.3 集体购买方案

在图 9.3.12 中，针对不同的集体购买方案显示了整体价格。与无组方案相比，可以看到静态方案(s-s 组和 s-m 组)的价格。当用户提供最高出价($\beta=1$)且中标者数量相同时，可以获得这个价格。对于$\beta<1$，价格将按比例缩小。对于给定的可用性概率p，当考虑*s-s*组和*s-m*组时，与无组方案相比，价格可以降为原有的1/5～1/1.5。价格和p随着估值下降而下降。对于动态方案，考虑了$T=12$ ms的拍卖持续时间，这可以与$\lambda_p=5$个调用/毫秒(calls/ms)及当$H=4$($N=60$个用户)时的网络规模相当。资源的初始价格设定为$q_0=1$。动态方案d组的价格明显低于以前的方案。PO所使用的定价方案将影响价格和资源的可复用性。

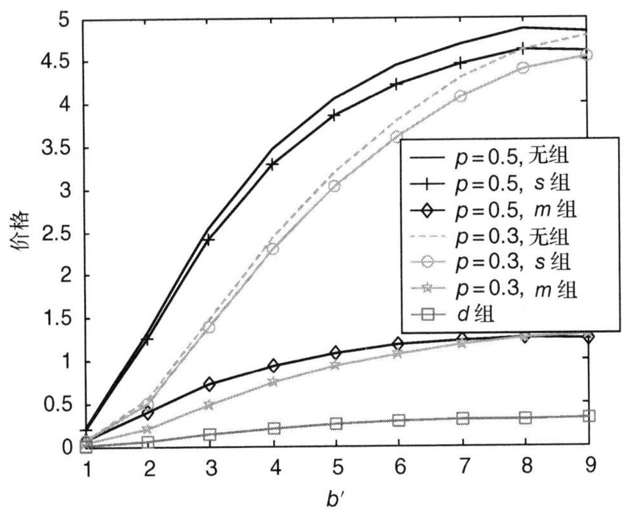

图 9.3.12 价格关于b'的示意图

与以前的情况相同，不同定价方案对效用的影响如图9.3.13所示。最高效用是通过*s-m*组获得的，因为它以最低的价格提供最高的估值。在d组方案中，当拍卖持续时间$T>1/\mu_s$时，返回的概率较高，这降低了效用，特别是当信道数量较少时。然而，由于该方案的价格与静态价格相比较低，因此对于较大数量的信道实现了最大效用。

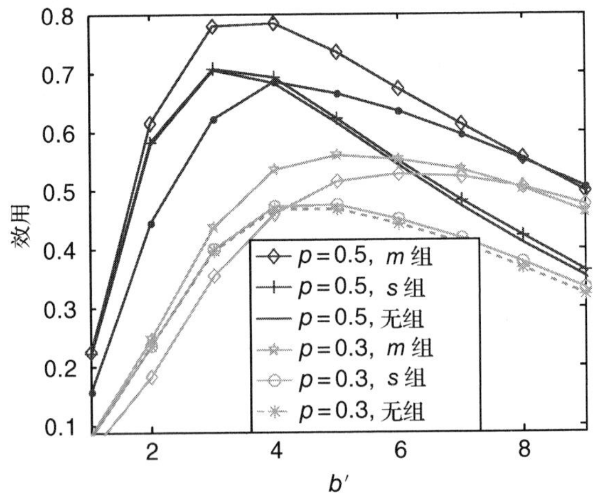

图 9.3.13 当$\beta=0.4$、$\theta=0.6$、$\gamma=1/10$时效用关于b'的示意图

在图9.3.14中，考虑了大量用户对QoS的要求相当苛刻的场景。可以看出，S的最优值使得网络效用最大化。对于图9.3.14中使用的参数集，最优值为$S=5$。

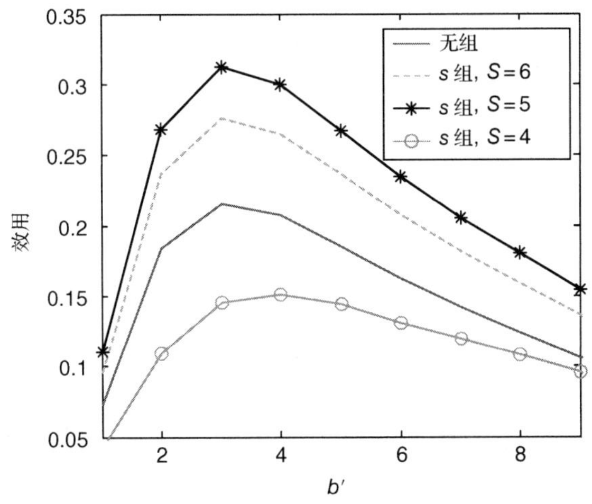

图 9.3.14　不同数量的中标组获得的效用

9.3.7.4　学习方案

为了研究学习如何影响投标过程，我们考虑了两种情况。在第一种情况下，假设相对较少的用户(约三分之一)将竞争资源。那些用户位于 BS 周围的环 1 和环 2 中。假设环 2 中用户的 QoS 需求是 $\tau_{\max,2} > \tau_{\max,1}$。为了达到这个 QoS，假定所有的用户投标相同数量的信道，即 $b_m = 3$。因此，环 1 的用户资源估值高于环 2。然后，选择真实值 $\beta_t = 0.4$ 和不真实值 $\beta_u = 0.2$。学习过程的迭代次数为 60。

这里使用第 1 章的子蜂窝索引螺旋阵列。

在图 9.3.15 和图 9.3.16 中，在学习过程之后分别显示了 β_m 和每个用户 U_m 的效用。可以看出，环 1 中的用户了解到使用 β_u 是最好的选择。这是因为与使用 β_m 的情况相比，使用 β_u 增加了他们的效用(见图 9.3.16)，并且他们的出价仍然足够高，可以获取资源。在环 2 中，由于他们的资源估值较小，他们得知为了提高效用，需要使用 β_m。由于使用较小的价值，他们不会获得资源，因此他们的效用将为零。最后，对于最后两个环，与他们使用的 β 无关，总是得到 $U = 0$。这是因为他们对资源的估价不够高，无法中标。因此，在这种情况下，竞争非常不平衡，只有一小部分用户竞争资源，学习算法不能提供良好的结果，并且需要额外的机制(例如，第二次竞标拍卖)来保证真实出价。

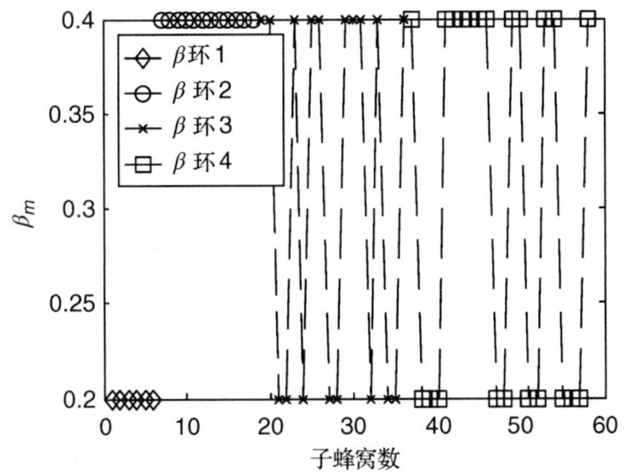

图 9.3.15　β_m 关于子蜂窝数的示意图

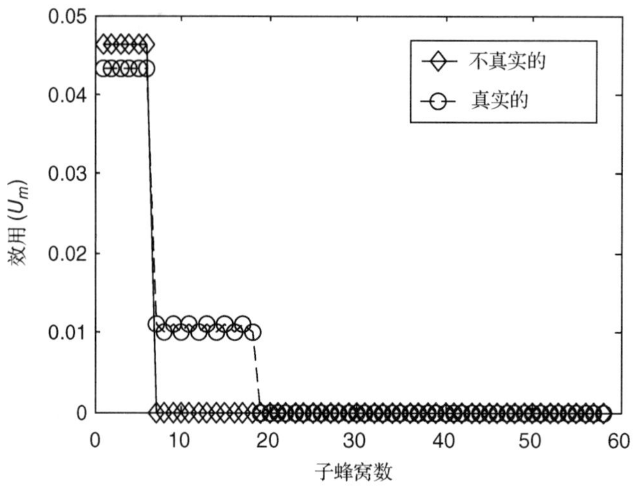

图 9.3.16 U_m 关于子蜂窝数的示意图

现在考虑另一种情况，即用户之间的竞争更加均衡。假设用户需要类似的 QoS，因此来自不同环的用户将需要不同数量的信道。具体来说，将环 1 中用户的信道数设置为 $b_m = 1$；对于环 2 中的用户，$b_m = 2$；对于环 3，$b_m = 3$；最后，环 4 中有 $b_m = 7$。此外，几乎所有用户都参与拍卖。

图 9.3.17 给出了通过学习过程的迭代，真实和不真实的投标者所占的百分比如何变化。由于这种情况允许环与环之间进行更公平的竞争，因此真实出价的用户所占的百分比增加。

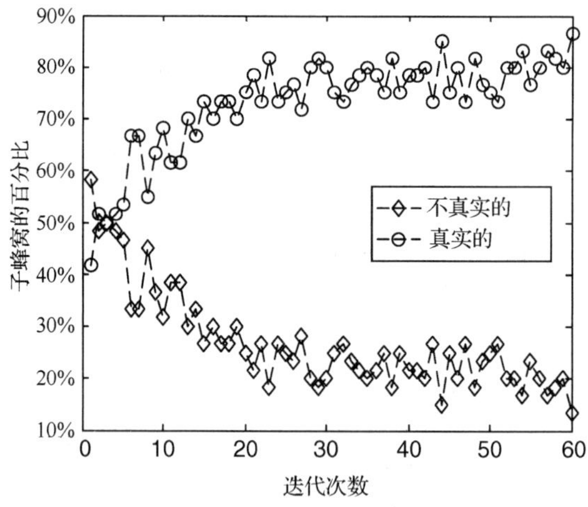

图 9.3.17 真实和不真实的投标者所占的百分比

图 9.3.18 和图 9.3.19 分别给出了在学习过程之后 β_m 和用户的效用(U_m)。可以看出，在这种情况下，环 1 的用户没有足够的估值来竞争资源。然而，其他用户学习到可以通过 β_m 来增加他们的效用。

9.3.7.5 具有 m2m 连接的广义模型

在图 9.3.20 中给出了访问 BS 或 m2m 目的地的概率 $p_{\text{bs/m2m}}$。这个概率是由 $p_{\text{bs/m2m}} = p_{\text{bs}} + p_{\text{m2m}}$ 得出的。当 m2m 可用性的概率 $p_{\text{m2m}} > 0$ 时，可以观察到 $p_{\text{bs/m2m}}$ 增加，并且对于更小的 p 可以达到 1。

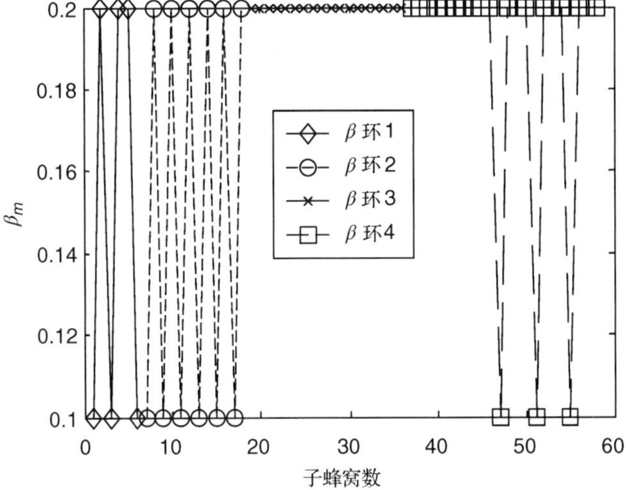

图 9.3.18　β_m 关于子蜂窝数的示意图

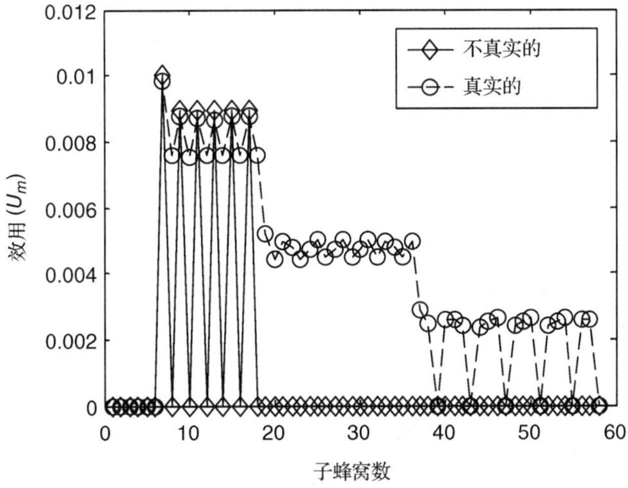

图 9.3.19　U_m 关于子蜂窝数的示意图

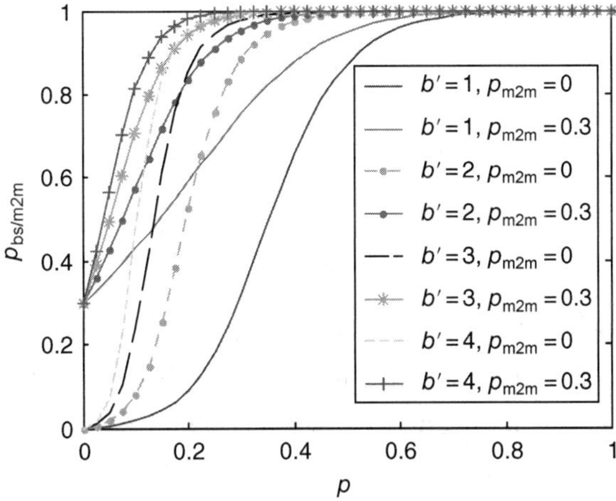

图 9.3.20　不同 b' 条件下 $p_{\mathrm{bs/m2m}}$ 关于 p 的示意图

在图 9.3.21 中，给出了 p_{m2m} 取不同值的平均时延。可以看出，τ 随着 p_{m2m} 的增加而显著降低。即使对于 p_{m2m} 的较小值（$p_{m2m}=0.1$，m2m 连接的概率为 10%），与无 m2m 可用性相比，τ 的降低程度高达 50%。值得注意的是，当 $p_{m2m}=0.3$、$b'=1$ 时，τ 与 $b'=4$ 时的值几乎相同，并且没有可用的 m2m 链路。此外，对于相同的 b'，当 p_{m2m} 增加时，与 p 无关，可以获得相似的 τ 值。基于此，只需要较少的资源来满足 QoS，从而降低了成本。

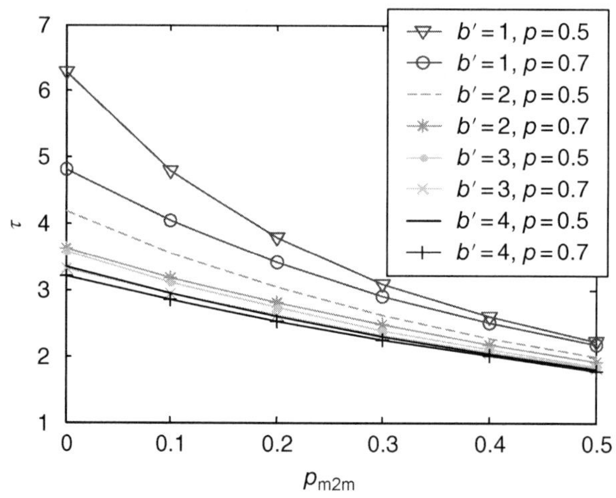

图 9.3.21　p_{m2m} 关于时延 τ 的示意图

在图 9.3.22 中，对于 p 和 p_{m2m} 的不同值，给出了效用关于 b' 的示意图。可以看到，当 p_{m2m} 增加时，对于较小的 b' 获得最佳效用。

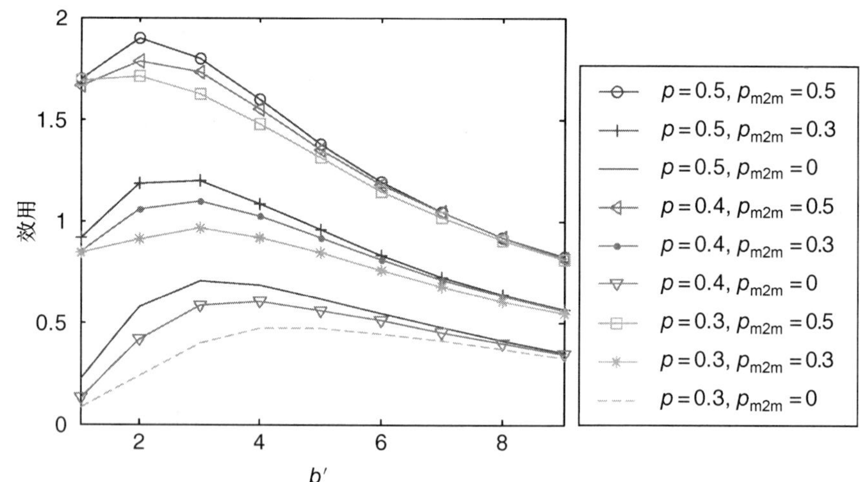

图 9.3.22　当 $\beta=0.4$、$\theta=0.6$、$\gamma=1/10$ 时，由式(9.3.18)定义的效用关于 b' 的示意图

当 $\beta=0.4$、$\theta=0.6$ 时，图 9.3.23 给出了对于不同 p_{m2m} 值的固定成本。成本随着 p_{m2m} 的增加而增加。由于估值增加，因此对于相同的 β 和 θ，出价和小费都较高。然而，可以看到，对于 $\tau_{max}=3$ 的 QoS 需求，当 $p_{m2m}=0.3$ 时，成本可以降低 60%；当 $p_{m2m}=0.5$ 时，成本可以降低 100%，因为需要较少的信道。

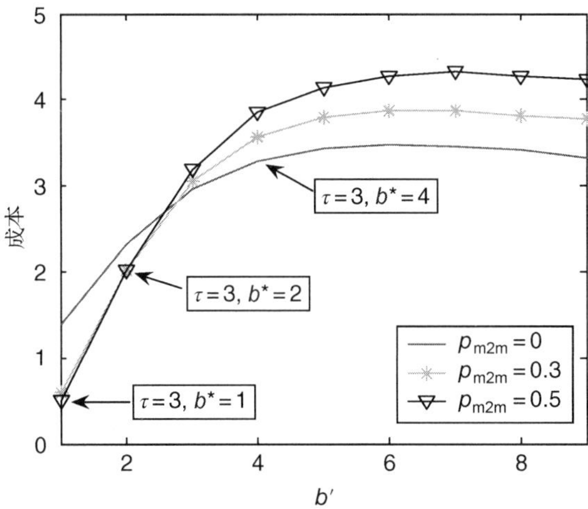

图 9.3.23 当 $\beta = 0.4$ 、 $\theta = 0.6$ 时，由式(9.3.14a)定义的成本关于 b' 的示意图

参考文献

[1] Buddhikot, M.M., Kolody, P., Miller, S., *et al.* (2005) DIMSUMNet: New Directions in Wireless Networking Using Coordinated Dynamic Spectrum Access. Proceedings of the IEEE WoWMoM 2005, June 2005, pp. 78–85.

[2] Ileri, O., Samardzija, D., and Mandayam, N.B. (2005) Demand Responsive Pricing and Competitive Spectrum Allocation via Spectrum Server. Proceedings of the IEEE DySPAN 2005, November 2005, pp. 194–202.

[3] Zekavat, S.A. and Li, X. (2005) *User-Central Wireless System: Ultimate Dynamic Channel Allocation*. Proceedings of the IEEE DySPAN 2005, November 2005, pp. 82–87.

[4] Wang, Q. and Zheng, H. (2006) *Route and Spectrum Selection in Dynamic Spectrum Networks*. IEEE Consumer Communications and Networking Conference (CNCC), January 2006.

[5] Xin, C. (2005) *A Novel Layered Graph Model for Topology Formation and Routing in Dynamic Spectrum Access Networks*. Proceedings of the IEEE DySPAN 2005, November 2005, pp. 308–317.

[6] Zhao, J., Zheng, H., and Yang, G.-H. (2005) *Distributed Coordination in Dynamic Spectrum Allocation Networks*. Proceedings of the IEEE DySPAN 2005, November 2005, pp. 259–268.

[7] Zheng, H. and Cao, L. (2005) *Device-Centric Spectrum Management*. Proceedings of the IEEE DySPAN 2005, November 2005, pp. 56–65.

[8] Akan, O.B. and Akyildiz, I.F. (2004) ATL: an adaptive transport layer for next generation wireless internet. *IEEE Journal on Selected Areas in Communications (JSAC)*, **22** (5), 802–817.

[9] Akyildiz, I.F., Altunbasak, Y., Fekri, F. and Sivakumar, R. (2004) AdaptNet: adaptive protocol suite for next generation wireless internet. *IEEE Communications Magazine*, **42** (3), 128–138.

[10] Haykin, S. (2005) Cognitive radio: brain-empowered wireless communications. *IEEE Journal on Selected Areas in Communications*, **23** (2), 201–220.

[11] Zhou, X., Gandhi, S., Suri, S., and Zheng, H. (2008) *eBay in the Sky: Strategy-Proof Wireless Spectrum Auctions*. Proceedings of the ACM MobiCom, August 2008.

[12] Wu, Y., Wang, B., Liu, K.J.R. and Clancy, T.C. (2009) A scalable collusion-resistant multi-winner cognitive spectrum auction game. *IEEE Transactions on Communications*, **57** (12), 3805–3816.

[13] Garey, M. and Johnson, D. (1990) *Computers and Intractability: A Guide to the Theory of NP-Completeness*, W.H. Freeman and Company, San Francisco, CA.

[14] Kash, I., Murty, R. and Parkes, D.C. (2014) Enabling spectrum sharing in secondary market auctions. *IEEE Transactions on Mobile Computing (TMC)*, **13**, 556–568.

[15] Gopinathan, A., Li, Z., and Wu, C. (2011) *Strategyproof Auctions for Balancing Social Welfare and Fairness in Secondary Spectrum Markets*. Proceedings of the IEEE INFOCOM, April 2011.

[16] Myerson, R. (1981) Optimal auction design. *Mathematics of Operations Research*, **6** (1), 58–73.

[17] Lavi, R. and Swamy, C. (2011) Truthful and near-optimal mechanism design via linear programming. *Journal of The ACM (JACM)*, **58** (6), 1–24.

[18] Carr, R. and Vempala, S. (2002) Randomized metarounding. *Random Structures and Algorithms*, **20** (3), 343–352.

[19] Vickrey, W. (1961) Counterspeculation, auctions, and competitive sealed tenders. *Journal of Finance*, **16**, 8–37.

[20] Clarke, E.H. (1971) Multipart pricing of public goods. *Public Choice*, **11**, 17–33.

[21] Groves, T. (1973) Incentives in teams. *Economietrica: Journal of the Econo-metric Society*, **41**, 617–631.

[22] Huang, J., Berry, R.A. and Honig, M.L. (2006) Auction based spectrum sharing. *Mobile Networks and Applications*, **11**, 405–418.

[23] Buddhikot, M.M. and Ryan, K. (2005) *Spectrum Management in Coordinated Dynamic Spectrum Access Based Cellular Networks*. Proceedings of the IEEE DySPAN, November 2005.

[24] Deek, L., Zhou, X., Almeroth, K., and Zheng, H. (2011) *To Preempt or Not: Tackling Bid and Time-based Cheating in Online Spectrum Auctions*. Proceedings of the IEEE INFOCOM, April 2011.

[25] Jia, J., Zhang, Q., Zhang, Q., and Liu, M. (2009) *Revenue Generation for Truthful Spectrum Auction in Dynamic Spectrum Access*. Proceedings of the ACM MobiHoc, May 2009.

[26] Zhou, X. and Zheng, H. (2009) *TRUST: A General Framework for Truthful Double Spectrum Auctions*. Proceedings of the IEEE INFOCOM 2009, April 2009.

[27] Wang, W., Li, B., and Liang, B. (2011) *District: Embracing Local Markets in Truthful Spectrum Double Auctions*. Proceedings of the IEEE SECON, June 2011.

[28] Al-Ayyoub, M. and Gupta, H. (2011) *Truthful Spectrum Auctions with Approximate Revenue*. Proceedings of the IEEE INFOCOM 2011, April 2011.

[29] Ji, Z., Yu, W. and Liu, K.J.R. (2008) A game theoretical framework for dynamic pricing-based routing in self-organized MANETs. *IEEE Journal on Selected Areas in Communications (JSAC)*, **26** (7), 1204–1217.

[30] Chu, X., Zhao, K., Li, Z. and Mahanti, A. (2009) Auction based on-demand P2P min-cost media streaming with network coding. *IEEE Transactions on Parallel and Distributed Systems (TPDS)*, **20** (12), 1816–1829.

[31] Gopinathan, A. and Li, Z. (2010) *Strategy proof Wireless Spectrum Auctions with Interference*. Proceedings of the IEEE GlobeCom, December 2010.

[32] Alicherry, M., Bhatia, R. and Li, L. (2006) Joint channel assignment and routing for throughput optimization in multi-radio wireless mesh networks. *IEEE Journal on Selected Areas in Communications (JSAC)*, **11** (24), 1960–1971.

[33] Li, Z., Li, B. and Zhu, Y. (2015) Designing truthful spectrum auctions for multi-hop secondary networks. *IEEE Transactions on Mobile Computing*, **14**.

[34] Lorenzo, B., Peleteiro, A., Kovacevic, I., González-Castaño, F.J. and DaSilva, L.A. (2015) QoS-aware spectrum auction schemes for multi-hop cognitive cellular networks. *IEEE Transaction on Networking*, **18**, 956–967.

[35] Chen, F., Zhai, H. and Fang, Y. (2009) An opportunistic multiradio MAC protocol in multirate wireless ad-hoc networks. *IEEE Transactions on Wireless Communications*, **8** (5), 2642–2651.

[36] Lee, W.C.Y. (1989) *Mobile Cellular Telecommunications System*, McGraw-Hill, New York.

[37] Lorenzo, B. and Glisic, S. (2013) Context aware nano scale modeling of multicast multihop cellular network. *IEEE/ACM Transactions on Networking*, **21** (2), 359–372.

[38] Gross, D. and Harris, C. (1985) *Fundamentals of Queuing Theory*, John Wiley & Sons, Inc., New York.

[39] Wilson, R. (1977) A bidding model of perfect competition. *Review of Economic Studies*, **44** (3), 511–518.

[40] Roberts, D.J. and Postlewaite, A. (1976) The incentive for price taking behavior in large exchange economies. *Econometrica*, **44**, 115–128.

[41] Krishna, V. (2009) *Auction Theory*, Academic Press, New York.

[42] Boyd, S.P. and Vandenberghe, L. (2004) *Convex Optimization*, Cambridge University Press, Cambridge.

第 10 章　随 机 几 何

10.1　技术背景

10.1.1　点过程

后面的第 11 章将说明[见式(11.2.3)～式(11.2.4)或式(11.3.3)]分析网络中链路的香农容量的一些关键参数是其他链路活动对参考链路产生的干扰等级。根据功率定律 $P_r(y)=P_t(x)Ah_{xy}\|x-y\|^{-\eta}$，假设信号功率随着发射机和接收机之间的距离衰减，其中 $x\in\mathbb{R}^d$ 是参考发射机的空间位置，$P_t(x)$ 是根据发射机位置索引搜索到的发射功率，$y\in\mathbb{R}^d$ 是接收机的空间位置，h_{xy} 是两个位置 x 和 y 之间的随机信道(功率)增益的随机变量，$\|\cdot\|$ 是欧几里得范数，A 是传播常量，η 是路径损耗指数。网络中参考接收机的 SINR 可以计算为

$$\gamma(y)=\frac{P_t(x_0)Ah_{x_0y}\|x_0-y\|^{-\eta}}{W+\sum_{x\in\mathcal{I}}P_t(x)Ah_{xy}\|x-y\|^{-\eta}} \tag{10.1.1}$$

其中 y 是参考接收机的位置，x_0 是参考发射机(理想发射机)的位置，$\mathcal{I}=\{x_1,x_2,\cdots\}$ 是干扰源的位置集合(有源发射机使用与参考发射机相同的信道)，并且 W 是噪声功率。$\sum_{x\in\mathcal{I}}\cdots=I_{\text{agg}}$ 是参考接收机处的总干扰功率。根据网络模型，$\mathcal{I}$ 可以是有限的也可以是无限的，并且干扰源的位置和密度(即每单位面积的干扰源的数量)取决于网络特性(例如，网络拓扑、信道数量、关联标准等)和介质访问控制(MAC)协议。在本书的后续章节中将讨论用户关联和频谱访问方法(即 MAC 协议)对干扰源的位置和/或强度的影响。

在随机几何分析中，将网络抽象为用于捕获网络属性的便捷的点过程(PP)。也就是说，根据网络类型及 MAC 层行为，选择匹配的 PP 来对网络实体的位置进行建模。首先，文中定义了无线通信系统中最常用的 PP，然后对 PP 和利用它进行建模的网络进行类比。

泊松点过程(PPP) $\prod=\{x_i;i=1,2,3,\cdots\}\subset\mathbb{R}^d$ 是 PP 的一种，其中任何紧凑集 $B\subset\mathbb{R}^d$ 内的点数是泊松随机变量，并且不相交集合中的点数是不相关的。PPP 用于在有限或无限服务区域 [1-6](例如，大规模无线网络中的节点或蜂窝网络中的用户)内构造或抽象出由可能的无限多个随机且独立的共存节点组成的网络。

二项式点过程(BPP)利用有限的 Lebesgue 测度 $L(B)<\infty$ 来建立由集合 $B\subset\mathbb{R}^d$ 中固定数量的点(N)产生的随机图形，其中 $L(\cdot)$ 表示 Lebesgue 测度。令 $\prod=\{x_i;i=1,2,3,\cdots\}$ 且 $\prod\subset B$，如果紧凑集 $b\subseteq B$ 内的点数是二项式随机变量，则 $\prod$ 是 BPP，并且不相交集合中的点数通过一个多项式分布呈现相关性。如果节点的总数是已知的，并且服务区域是有限的(例如，从飞机上抛下一定数量的传感器用于战场监视)，则 BPP 将用于抽象网络[7, 8]。

假设硬核点过程(HCPP)的硬核参数预定义为 r_h，如果该过程中不会同时存在分离距离小于 r_h 的两个点，则为排斥 PP。当且仅当 $\|x_i-x_j\|\geqslant r_h$，$\forall x_i$，$x_j\in\prod$，$i\neq j$，PP $\prod=\{x_i;i=1,$

$2,3,\cdots\}\subset\mathbb{R}^d$ 是 HCPP，其中 $r_h\geqslant 0$ 是预定义的硬核参数。如果由于某些物理限制(例如，地理约束)、网络规划或者 MAC 层行为而导致两个节点的距离最小化，则排斥 PP(如 Matém HCPP)将用于对其空间位置(例如，CSMA 协议中的争用域)进行建模[9-22]。Matém HCPP 在过程中的任何两点之间具有最小距离 r_h 的条件下，通过应用 PPP 来获得相关细化。也就是说，从 PPP 开始，首先通过将在[0, 1]中均匀分布的随机标记分配给 PPP 中的每个点来获得 HCPP，然后删除到另一个具有较小标记的点的距离小于硬核参数 r_h 的所有点。于是，只有在其邻域距离 r_h 内具有最小标记的点才会被保留。因此，在构建的 HCPP 中不存在距离小于 r_h 的两个点。

泊松分簇过程(PCP)模拟随机分簇产生的随机模式。PCP 由父 PPP $\prod=\{x_i;i=1,2,3,\cdots\}$ 使用点集合 M_i ($\forall x_i\in\prod$)替换每个点 $x_i\in\prod$ 而构成，其中 M_i 中的点在空间域中独立同分布。如果节点依据某些社会行为或 MAC 协议[23, 24](例如，围绕 Wi-Fi 热点聚集的用户)被分簇，则 PCP 用于对网络进行建模。有关 PP 的更多详细信息，可参见文献[25-27]。

在这些 PP 中，由于其独立性，PPP 是最受欢迎、最易处理和最重要的。过去几十年里，基于 PPP 的模型被用于大规模 ad hoc 网络中[1, 2, 5]，基于 PPP 的网络及其性能得到了很好的表现和广泛的认同。例如，在文献[5]中，对于具有确定性信道增益和路径损耗指数 $\eta=4$ 的平面 PPP 网络，得到了总干扰的准确概率密度函数(pdf)及确切的中断概率。瑞利衰落信道的结果可以在文献[28]找到。文献[29]得出了瑞利衰落信道中的总干扰和路径损耗指数 $\eta=4$ 的精确分布。文献[6]提出了一种捕获一般衰落和传播效应的模型。文献[3, 30]研究了传输容量的最大化。文献[30]得到了中断概率的确切上下限。文献[31]通过信道反转研究了衰落信道和功率控制对传输容量的影响。文献[32]研究了干扰消除对传输容量的影响。文献[33]提出了 PPP 网络的传输容量最优分布式功率控制策略，并在文献[34, 35]中提出了 PPP 网络的延迟最优分布式功率控制策略。文献[36]中描述了由于移动性引起的干扰响应。这些研究结果中的大多数已经在文献[26, 27]中进行了总结。

除了易于处理和易于使用，PPP 不仅适用于利用随机多址技术(如 ALOHA)对大规模 ad hoc 网络进行建模，还为规划的以基础设施为基础的网络和协调频谱接入网络的性能参数提供了严格的界。PPP 为无线通信系统文献中使用的不同 PP 提供了基线模型。例如，在协调接入 ad hoc 网络中，可以使用 PPP 来对试图访问频谱的完整节点集合进行建模。另一方面，由 MAC 协议选择的用于访问频谱的节点子集将通过从父 PPP 导出的 Matém HCPP 进行建模，从而对全部节点进行建模。类似地，对于基于基础设施的网络，可以使用 PPP 来建模由站点采集小组获取的用于部署基站(BS)的候选位置集合，而 Matém HCPP 可用于由网络规划小组选择的实际部署 BS 位置的子集的建模。在通过便捷的 PP 对网络进行抽象之后，可以表征几个性能指标。

如果已经指出网络中的通用节点，则总干扰 $I_{\text{agg}}=\sum_{x\in\mathcal{I}}P_t(x)Ah_{xy}\|x-y\|^{-\eta}$ 是取决于 PP $\mathcal{I}=\{x_i\}$ 和随机信道增益 h_{xy} 捕获的干扰源位置的随机过程。值得注意的是，$\mathcal{I}$ 由网络拓扑和调度定义。总干扰是随参考位置和时间而变化的随机过程。如前所述，随机几何分析给出了网络中存在的节点所经历的干扰(平均 w.r.t.空间域)行为的统计。因此，干扰可以通过其 pdf (或等效的 cdf)来完全表征。一般来说，大规模网络中总干扰的 pdf 没有已知的表达式。因此，总干扰通常通过 pdf 的拉普拉斯变换(LT)[或等效地，由其特征函数(CF)或矩母函数(MGF)]来表征。总干扰的 LT 由 $\mathcal{L}_{I_{\text{agg}}}(s)=E[\mathrm{e}^{-sI_{\text{agg}}}]$ 给出。

在一般的时间点，由于总干扰是一个严格的正随机变量，因此它的 LT 总是存在的。随机几何提供了获得与 PP 相关的干扰的 LT、CF 或 MGF 的系统方法。我们将在 10.1.2 节中详细介绍如何导出与 PP 相关的干扰的 LT、CF 或 MGF。文献[4, 26, 27, 37, 38]中也进行了很好的解释。值得注意的是，虽然确切的 LT、CF 或 MGF 可用于 PPP、BPP 和 PCP，但 Matém HCPP 只能使用近似表达式。使用 LT、CF 或 MGF，能够得出总干扰的矩（如果存在）为 $E[I_{\text{agg}}^n]=(-1)^n \mathcal{L}_{I_{\text{agg}}}^{(n)}(s)\Big|_{s=0}$，其中 $\mathcal{L}_{I_{\text{agg}}}^{(n)}(s)$ 是 $\mathcal{L}_{I_{\text{agg}}}(s)$ 的第 n 个导数。在一般情况下，不可能从 LT、CF 或 MGF 导出精确的性能度量（例如，中断概率、传输容量、平均可实现速率）。下面将展示相关文献中分别使用 LT、CF 或 MGF 的不同技术，并超越总干扰的矩来评估网络性能。

10.1.2 中断概率

我们将在 10.1.3 节详细讲解如何推导与感兴趣的 PP 相关的干扰的 LT、CF 或 MGF。文献[4, 26, 27, 37, 38]中也进行了很好的解释。本节将讨论这些参数如何在可用的前提下用于网络的进一步分析，特别是链路中断概率分析。

瑞利衰落是已有文献中常用的一种信道衰落假设，用于解决总干扰的 pdf 不存在闭式解的问题[4, 37]。虽然不能获得干扰统计，但是通过假设所需链路上的瑞利衰落，可以获得 SINR 的精确分布。也就是说，如果所需的链路受到瑞利衰落的影响，则可从以某些值上的 LT 估计中获得 SINR 的 cdf 表达式。

不失一般性，令 $r=\|x_0-y\|$ 为发射机和参考接收机之间的恒定距离，$h_0\sim\exp(\mu)$ 为所需链路的信道功率增益，则有

$$\begin{aligned}
F_{\text{SINR}}(\theta)&=\mathbb{P}\{\text{SINR}\leqslant\theta\}\\
&=\mathbb{P}\left\{P_tAh_0r^{-\eta}/\left(W+I_{\text{agg}}\right)\leqslant\theta\right\}\\
&=\mathbb{P}\left\{h_0\leqslant\left(W+I_{\text{agg}}\right)\theta r^{\eta}/P_tA\right\}\\
&=\int_u F_{h0}(W+u)\theta r^{\eta}/P_tA)f_{I_{\text{agg}}}(u)\mathrm{d}u\\
&=1-E_{I_{\text{agg}}}\left[\exp\left(-\left(W+I_{\text{agg}}\right)\mu\theta r^{\eta}/P_tA\right)\right]\\
&=1-\exp\left(-W\mu\theta r^{\eta}/P_tA\right)E_{I_{\text{agg}}}\left[\exp\left(-I_{\text{agg}}\mu\theta r^{\eta}/P_tA\right)\right]\\
&=1-\exp\left(-W\mu\theta r^{\eta}/P_tA\right)\mathcal{L}_{I_{\text{agg}}}(S)|_{s=\mu\theta r^{\eta}/P_tA}\\
&=1-\exp\left(-\exp\left(-Wc\theta\right)\mathcal{L}_{I_{\text{agg}}}(S)|_{s=c\theta}\right.
\end{aligned}\tag{10.1.2}$$

其中 $F_{h_0}(\cdot)$ 是 h_0 的 cdf，$f_{I_{\text{agg}}}(\cdot)$ 是总干扰的 pdf，式(10.1.2)中第 5 行的期望与干扰源和参考接收机之间的 PP 及信道增益有关，$c=\mu r^{\eta}\big/P_tA$ 是常量。文献[39]中直接放宽了恒定距离 r。如前所述，文献[26, 27]和文献[40, 41]认为可以系统地找到综合干扰的 LT。对于干扰受限的网络，当 $I_{\text{agg}}\gg W$ 时，噪声的影响可以忽略不计，而且 cdf 降为 $F_{\text{SINR}}(\theta)=1-\mathcal{L}_{I_{\text{agg}}}(s)\Big|_{s=c\theta}$，其中总干扰的 LT 的估值为常量 c 乘以 SINR 的 cdf 参数 θ。通过 SINR 的精确 cdf，可以量化不同的性能指标，如中断概率、传输容量和可实现的香农传输速率。这种技术已用于文献[4, 23, 30, 34-37,

39, 42-63]中。该技术仅适用于所需链路的瑞利衰落假设，但事实并非总是如此。可以牺牲模型的易用性为代价来放宽瑞利衰落假设，因此只能获得近似解或 SINR 分布的紧界。

主干扰近似基于仅考虑主干扰源子集来获得中断概率下界的想法。假设确定性信道增益、区域约束是由参考接收机周围的漏洞圆（vulnerability circle）确定的。漏洞圆是 $I/S \geqslant \theta$ 的区域，或者是在参考接收机 I 处测量的任何有源发射机的信号功率大于参考接收机处所需要的信号功率 S 乘以某个阈值 θ [42]所得到的区域。换句话说，对于给定的 SINR 阈值 θ，漏洞圆包含任何一个其单独传输都会破坏参考接收机处接收信号的所有发射机。如文献[55]所示，漏洞圆的概念可以扩展到随机信道增益。在漏洞圆分析中，不需要导出总干扰的 LT。相反，只需针对包含期望信号强度和 SINR 阈值的漏洞圆来研究 PP 的空间统计。也就是说，中断概率（即 SINR 的 cdf）可以不受漏洞圆不为空的概率限制。基于最近 n 个干扰源的方法所得的结果（即下界）相同，然而，由于需要确定 n 个最近干扰源的距离分布，因此这里明显要比漏洞圆涉及更多的分析。文献[33, 8]中提出了 PPP 和 BPP 的距离分布。

由于可以从 LT、CF 或 MGF 生成总干扰矩，因此可以使用马尔可夫不等式、切比雪夫不等式或切尔诺夫界来获得中断概率的上界。马尔可夫不等式是最简单的计算方法，然而这也是精确度最低的不等式。另一方面，切尔诺夫界对于尾概率是非常严格的，但是其计算也更加复杂，并且要求 MGF 是最优的。通常，由区域边界或最近的 n 个干扰源提供的下界比这些上界更严格[30]。基于漏洞圆分析获得的下界在文献[1-4, 12-14, 23, 30, 64, 65]中得到了应用。基于最近的 n 个干扰源的界应用在文献[8, 28, 31, 36, 56]中。马尔可夫上界应用在文献[4, 27, 30, 32]中。切比雪夫上界应用在文献[12, 15, 30, 65-67]中。切尔诺夫上界应用在文献[30]中。

总干扰的近似 pdf 也被用于近似总干扰功率的 pdf。近似 pdf 的参数通过 LT、CF 或 MGF 获得。例如，如果总干扰的 pdf 近似于正态分布，则均值和标准偏差将根据 LT、CF 或 MGF 获得。遗憾的是，对于选择要使用的 pdf，没有已知的标准，并且近似误差只能通过仿真量化。

在相关的文献中，根据处理的问题，不同的专题使用了不同的 pdf，并通过仿真验证了结果。文献[4, 7, 12, 15, 37]中使用了这种方法。

LT、CF 或 MGF 的倒置（即得不到闭式解，通过数值方法进行逆运算来得到需要的结果）也是为了获得干扰的 pdf[5, 6, 9, 10, 29, 68-70]。由于 LT、CF 或 MGF 表达式的复杂性，通常无法以近似形式找到 pdf。这种技术仅适用于 PPP 中非常特殊的情况，其中 LT、CF 或 MGF 的表达式是可逆的或者 PPP 与已知分布的 LT、CF 或 MGF 相匹配[5, 6, 29, 69, 70]；否则使用数值方法[9, 10, 68]。

10.1.3 多层蜂窝网络

多层蜂窝网络由不同层蜂窝（即微/微微/飞蜂窝接入点）覆盖的宏蜂窝组成。在本节中，讨论了用于导出多层蜂窝网络的中断概率和平均传输速率的模型，并展示了如何扩展这些简化模型来分析更复杂的网络。

在蜂窝网络的环境中，六边形网格（grid）模型被普遍接受，并已广泛用于相关文献中对传统单层蜂窝网络的建模、分析和设计。在六边形网格模型中，假设 BS 的位置遵循确定性网格，每个 BS 覆盖一个六边形蜂窝，并且所有蜂窝的覆盖区域相同。

在实际中，不同地点（即市中心、住宅区、公园、农村等）的蜂窝网络中 BS 的位置呈现随机模式。因此，可以使用随机几何来对 BS 的位置进行建模。在理想情况下，BS 的位置应通过排斥 PP 进行建模，以反映蜂窝网络部署中使用的基本规划过程。尽管 BS 的距离是随机的，但现实中无法找到两个来自同一服务提供商且位置极其接近的 BS。因此，可以使用排斥 PP，如使用自身硬核参数反映两个 BS 之间最小可接受距离的 Matém HCPP 对蜂窝网络拓扑进行建模。如图 10.1.1 所示，通过 PPP 建模，可能会有一些 BS 彼此接近。HCPP 为了提供一个更逼真的建模，牺牲了模型分析的可处理性。而排斥 PP 相对较复杂，Matém HCPP 在研究领域仍然存在一些未解决的缺陷（即不存在概率母泛函，以及对给定硬核参数可以共存的点的强度的低估）。因此，由于简单性和易用性，PPP 则显得更具吸引力[26, 27, 38]。然而，假设这些位置完全不相关，似乎是不切实际的。在文献[39]中，作者将 PPP 和平方网格模型在蜂窝网络实际部署方面的性能进行了比较。结果表明，PPP 会在覆盖概率方面提供较低的界，并且测量得到的传输速率与基于理想网格的模型所提供的上界值十分接近。在文献[71, 72]中可以找到通过 PPP 建模蜂窝网络的进一步验证。

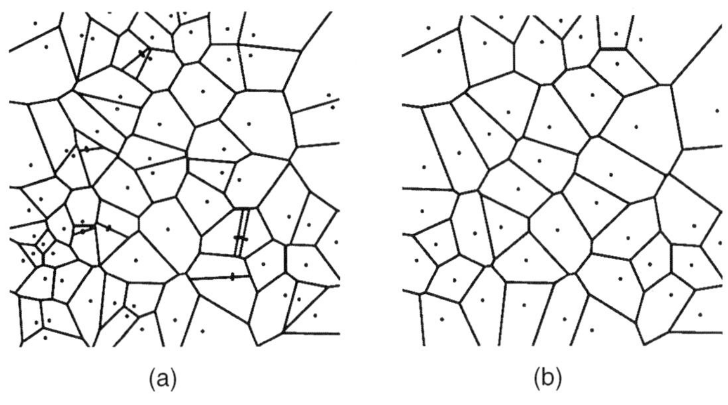

图 10.1.1 (a) 利用 PPP 建模的蜂窝网络；(b) 利用 HCCP 建模的蜂窝网络

文献[39]由于以性能指标（例如，中断概率和平均传输速率）为参数导出了有效公式而受到了广泛关注，同时它也将基于理想网格的模型与实际系统进行了比较，展示了 PPP 模型的精确性。

对于特殊的单层蜂窝网络，BS 的位置通过 PPP 建模。假设所有 BS 以相同的发射功率发射，并且每个用户基于接收到的信号强度（RSS）与其中一个 BS 相关联，则 BS 的覆盖区域呈 Voronoi 划分[46]。也就是说，将两个相邻 BS 之间距离平分的线将会分割其覆盖区域。由等分 PP 点之间距离的垂直线构成的平面图称为 Voronoi 划分。通过 Voronoi 划分可以获得六边形网格的特殊情况。图 10.1.1 显示了不同 PP 的 Voronoi 划分。该图在 MATLAB 环境下通过 Voronoi 命令绘制。

在文献[39]中，BS 和用户都通过独立同质的 PPP 建模，并且假定所有 BS 使用相同的频率（信道）。假设用户根据长期平均 RSS（即到最近的 BS）相关联，则瑞利衰落假设有助于找到确切的下行链路覆盖概率（即 $P\{\text{SINR} \geqslant \theta\}$，其中 θ 是能实现信号正确接收的阈值）和位于原点的参考用户的平均传输速率。值得注意的是，根据 Slivnyak 定理，从 PPP 中得出的统计数据是不依赖于参考位置的[25-27]。因此，研究用户位于原点的统计数据不具普遍性。

文献[39]中的 SINR 表示为 γ，平均传输速率以与覆盖概率相同的方式导出，

$$\begin{aligned} E[\ln(1+\gamma)] &= \int_0^\infty \mathbb{P}\{\ln(1+\gamma) > t\}\mathrm{d}t \\ &= \int_0^\infty \mathbb{P}\{\gamma > (\mathrm{e}^t - 1)\}\mathrm{d}t = \int_0^\infty \mathrm{e}^{-Wc(\mathrm{e}^t-1)}\mathcal{L}_{I_{\text{agg}}}[c(\mathrm{e}^t-1)]\mathrm{d}t \end{aligned} \tag{10.1.3}$$

其中第二行的推导源自 $\ln(1+\gamma)$ 是一个严格的正随机变量，由式(10.1.2)得到第四项。鉴于与PPP 相关联的总干扰的 LT 是可以获取且易于计算的，可以很容易地通过评估式(10.1.3)获得平均传输速率。

在多层蜂窝网络中，每个网络实体的覆盖范围取决于其类型和网络几何。假设每个用户将与提供最高信号功率的网络实体相关联，则每个网络实体的覆盖范围将取决于其发射功率和相邻网络实体的相对位置及其传输功率。例如，如果两个 MBS 具有相同的传输功率，则它们之间的距离平分线将分割它们的覆盖区域。然而，对于具有比飞蜂窝接入点高出 100 倍的发射功率的 MBS，以 $(100)^{(1/\mu)}$:1 比例划分它们之间距离的线将分割它们的覆盖区域。如果所有层的 BS 都通过独立的同质 PPP 建模，那么由于属于不同层级的 BS 的传输功率的变化，多层蜂窝网络覆盖将构成加权 Voronoi 划分。加权 Voronoi 划分是根据其权重之间的比例将 PPP 的点之间的距离平分而构成的平面图，其中权重的获取基于 BS 的传输功率和传播条件(例如，路径损耗指数)。

图 10.1.2 显示了一个两层蜂窝网络覆盖范围及其相应的加权 Voronoi 划分。在文献[46]中，作者对一个多层蜂窝网络进行建模，其中假设所有网络层遵循独立的同质 PPP，并且所有层使用相同频率的信道。作者使用瑞利衰落假设计算层级关联概率和平均层级负载，以估计用户连接到提供最高长期平均 SINR 的 BS 的覆盖概率和平均传输速率。

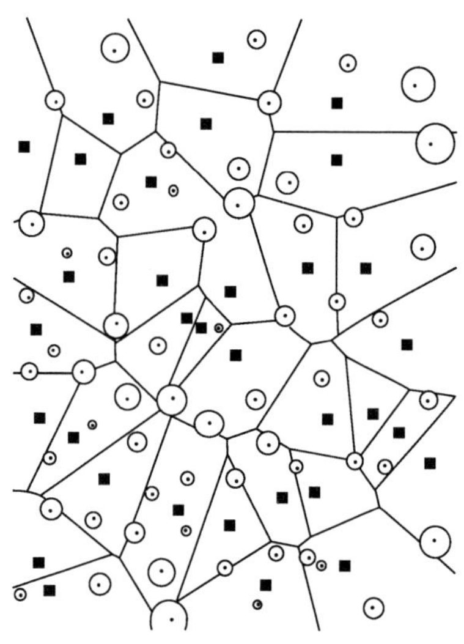

图 10.1.2 建模为加权 Voronoi 划分的网络(方块表示宏基站而圆点为小型基站)

参考文献

[1] Kleinrock, L. and Silvester, J.A. (1978) *Optimum Transmission Radii for Packet Radio Networks or Why Six is a Magic Number*. Conference Record: National Telecommunication Conference, December 1978, pp. 4.3.1–4.3.5.

[2] Hou, T. and Li, V. (1986) Transmission range control in multihop packet radio networks. *IEEE Transactions on Communications*, **34** (1), 38–44.

[3] Weber, S., Yang, X., Andrews, J.G. and de Veciana, G. (2005) Transmission capacity of wireless ad hoc networks with outage constraints. *IEEE Transactions on Information Theory*, **51** (12), 4091–4102.

[4] Venkataraman, J., Haenggi, M., and Collins, O. (2006) *Shot Noise Models for Outage and Throughput Analyses in Wireless Ad hoc Networks*. Proceedings of the of IEEE Military Communications Conference (MILCOM'06), October 2006, Washington, DC.

[5] Sousa, E.S. (1990) Optimum transmission range in a direct-sequence spread spectrum multihop packet radio network. *IEEE Journal on Selected Areas in Communications*, **8** (5), 762–771.

[6] Win, M.Z., Pinto, P.C. and Shepp, L.A. (2009) A mathematical theory of network interference and its applications. *Proceedings of the IEEE*, **97** (2), 205–230.

[7] Srinivasa, S. and Haenggi, M. (2007) *Modeling Interference in Finite Uniformly Random Networks*. International Workshop on Information Theory for Sensor Networks (WITS 2007), June 2007, Santa Fe, NM.

[8] Srinivasa, S. and Haenggi, M. (2010) Distance distributions in finite uniformly random networks: theory and applications. *IEEE Transactions on Vehicular Technology*, **59**, 940–949.

[9] Nguyen, H., Baccelli, F., and Kofman, D. (2007) *A Stochastic Geometry Analysis of Dense IEEE 802.11 Networks*. Proceedings of the 26th IEEE International Conference on Computer Communications (INFOCOM'07), May 2007, pp. 1199–1207.

[10] Alfano, G., Garetto, M., and Leonardi, E. *New Insights into the Stochastic Geometry Analysis of Dense CSMA Networks*. Proceedings of the 30th Annual IEEE International Conference on Computer Communications (INFOCOM'11), April 2011, pp. 2642–2650.

[11] Kim, Y., Baccelli, F., and de Veciana, G. *Spatial reuse and fairness of mobile ad-hoc networks with channel-aware CSMA protocols*. Proceedings of the 17th Workshop on Spatial Stochastic Models for Wireless Networks, May 2011.

[12] Hasan, A. and Andrews, J.G. (2007) The guard zone in wireless ad hoc networks. *IEEE Transactions on Wireless Communications*, **4** (3), 897–906.

[13] Kaynia, M., Jindal, N. and Oien, G. (2011) Improving the performance of wireless ad hoc networks through MAC layer design. *IEEE Transactions on Wireless Communications*, **10** (1), 240–252.

[14] ElSawy, H. and Hossain, E. (2015) A modified hard core point process for analysis of random CSMA wireless networks in general fading environments. *IEEE Transactions on Communications*, **61**, 1520–1534.

[15] ElSawy, H., Hossain, E. and Camorlinga, S. (2014) Spectrum-efficient multi-channel design for coexisting IEEE 802.15.4 networks: a stochastic geometry approach. *IEEE Transactions on Mobile Computing*, **13**, 1611–1624.

[16] ElSawy, H., Hossain, E., and Camorlinga, S., *Multi-channel design for random CSMA wireless networks: stochastic geometry approach*. Proceedings of the IEEE Int. Conference on Communications (ICC'13), June 9–13, 2013, Budapest, Hungary.

[17] Mühlethaler, P. and Najid, A. (2003) Throughput optimization of a multihop CSMA mobile ad hoc network. *INRIA Res. Rep. 4928*, INRIA, New York, September 2003.

[18] Haenggi, M. (2011) Mean interference in hard-core wireless networks. *IEEE Communications Letters*, **15**, 792–794.

[19] ElSawy, H. and Hossain, E. (2012) *Modeling Random CSMA Wireless Networks in General Fading Environments*. Proceedings of the IEEE International Conference on Communications (ICC 2012), June 10–15, 2012, Ottawa, Canada.

[20] ElSawy, H., Hossain, E., and Camorlinga, S. (2012) *Characterizing Random CSMA Wireless Networks: A Stochastic Geometry Approach*. Proceedings of the IEEE International Conference on Communications (ICC 2012), June 10–15, 2012, Ottawa, Canada.

[21] Møller, J., Huber, M.L. and Wolpert, R.L. (2010) Perfect simulation and moment properties for the matérn type III process. *Stochastic Processes and Their Applications*, **120** (11), 2142–2158.

[22] Huber, M.L. and Wolpert, R.L. (2009) Likelihood based inference for matérn type III repulsive point processes. *Advances in Applied Probability*, **41** (4), 958–977.

[23] Ganti, R.K. and Haenggi, M. (2009) Interference and outage in clustered wireless ad hoc networks. *IEEE Transactions on Information Theory*, **55**, 4067–4086.

[24] Lee, C.-H. and Haenggi, M. (2012) Interference and outage in poisson cognitive networks. *IEEE Transactions on Wireless Communications*, **11**, 1392–1401.

[25] Haenggi, M. (2012) *Stochastic Geometry for Wireless Networks*, Cambridge University Press, Cambridge.

[26] Haenggi, M. and Ganti, R. (2008) Interference and outage in piosson cognitive networks. *Foundations and Trends in Networking*, **3** (2), 127–248.

[27] Weber, S. and Andrews, J.G. (2012) Transmission capacity of wireless networks, *Foundations and Trends in Networking*, **7** (1), 17–22.

[28] Mathar, R. and Mattfeldt, J. (1995) On the distribution of cumulated interference power in rayleigh fading channels. *Wireless Networks*, **1**, 31–36.

[29] Souryal, M., Vojcic, B., and Pickholtz, R. (2001) *Ad hoc, Multihop CDMA Networks with Route Diversity in aRayleigh Fading Channel*. Proceedings of the IEEE Military Communications Conference (MILCOM'01), October 2001, pp. 1003–1007.

[30] Weber, J.G., Andrews, S. and Jindal, N. (2010) An overview of the transmission capacity of wireless networks *IEEE Transactions on Communications*, **58** (12), 23–28.

[31] Weber, S., Andrews, J.G. and Jindal, N. (2007) The effect of fading, channel inversion and threshold scheduling on ad hoc networks. *IEEE Transactions on Information Theory*, **53** (11), 4127–4149.

[32] Weber, S., Andrews, J., Yang, X. and de Veciana, G. (2007) Transmission capacity of wireless ad hoc networks with successive interference cancellation. *IEEE Transactions on Information Theory*, **53** (8), 2799–2814.

[33] Jindal, N., Weber, S. and Andrews, J.G. (2008) Fractional power control for decentralized wireless networks. *IEEE Transactions on Wireless Communications*, **7** (12), 5482–5492.

[34] Zhang, X. and Haenggi, M. (2012) Random power control in poisson networks. *IEEE Transactions on Communications*, **60**, 2602–2611.

[35] Zhang, X. and Haenggi, M. (2012) Delay-optimal power control policies. *IEEE Transactions on Wireless Communications*, **11**, 3518–3527.

[36] Gong, Z. and Haenggi, M. (2012) Interference and outage in mobile random networks: expectation, distribution, and correlation. *IEEE Transactions on Mobile Computing*, **13**, 337–349.

[37] Venkataraman, J., Haenggi, M., and Collins, O. (2006) *Shot Noise Models for the Dual Problems of Cooperative Coverage and Outage in Random Networks*. Proceedings of the 44th Annual Allerton Conference on Communication, Control, and Computing (Allerton'06), September 2006, Monticello, IL.

[38] Haenggi, M., Andrews, J.G., Baccelli, F. *et al.* (2009) Stochastic geometry and random graphs for the analysis and design of wireless networks. *IEEE Journal on Selected Areas in Communications*, **27** (7), 1029–1046.

[39] Andrews, J., Baccelli, F. and Ganti, R. (2011) A tractable approach to coverage and rate in cellular networks. *IEEE Transactions on Communications*, **59** (11), 3122–3134.

[40] Baccelli, F. and Blaszczyszyn, B. (2009) *Stochastic Geometry and Wireless Networks in Foundations and Trends in Networking*, vol. **1**, Now Publishers, Hanover, MA.

[41] Baccelli, F. and Blaszczyszyn, B. (2009) *Stochastic Geometry and Wireless Networks in Foundations and Trends in Networking*, vol. **2**, NOW Publishers, Boston.

[42] Xu, J., Zhang, J. and Andrews, J.G. (2011) On the accuracy of the wyner model in cellular networks. *IEEE Transactions on Wireless Communications*, **10** (9), 3098–3109.

[43] Dhillon, H., Ganti, R., Baccelli, F. and Andrews, J. (2012) Modeling and analysis of K-tier downlink heterogeneous cellular networks. *IEEE Journal on Selected Areas in Communications*, **30** (3), 550–560.

[44] Singh, S., Dhillon, H.S. and Andrews, J.G. (2014) Offloading in heterogeneous networks: modeling, analysis, and design insights. *IEEE Transactions on Wireless Communications*, **12**, 2484–2497.

[45] Dhillon, H., Novlan, T., and Andrews, J. (2012) *Coverage Probability of Uplink Cellular Networks*. Proceedings of the IEEE Global Communications Conference (Globecom 2012), December 3–7, 2012, Anaheim, CA.

[46] Dhillon, H.S., Ganti, R.K. and Andrews, J.G. (2013) Load-aware modeling and analysis of heterogeneous cellular networks, *IEEE Transactions on Wireless Communications*, **12** (4), 1666–1677.

[47] Jo, H., Sang, Y., Xia, P., and Andrews, J. (2011) *Outage Probability for Heterogeneous Cellular Networks with Biased Cell Association* Proceedings of the IEEE Global Communications Conference (Globecom 2011), December 5–9, 2011, Houston, TX.

[48] Jo, H., Sang, Y., Xia, P. and Andrews, J. (2012) Heterogeneous cellular networks with flexible cell association: a comprehensive downlink SINR analysis. *IEEE Transactions on Wireless Communications*, **11** (9), 3484–3495.

[49] Novlan, T., Ganti, R., Ghosh, A. and Andrews, J. (2011) Analytical evaluation of fractional frequency reuse for OFDMA cellular networks. *IEEE Transactions on Wireless Communications*, **10** (12), 4294–4305.

[50] Novlan, T., Ganti, R., Ghosh, A. and Andrews, J. (2012) Analytical evaluation of fractional frequency reuse for heterogeneous cellular networks. *IEEE Transactions on Communications*, **60** (7), 2029–2039.

[51] Cao, D., Zhou, S., and Niu, Z. (2012) *Optimal Base Station Density for Energy-Efficient Heterogeneous Cellular Networks*. Proceedings of the IEEE International Conference on Communications (ICC 2012), June 10–15, 2012, Ottawa, Canada.

[52] Zhong, Y. and Zhang, W. (2012) *Downlink Analysis of Multi-channel Hybrid Access Two-tier Networks*. Proceedings of the IEEE International Conference on Communications (ICC 2012), June 10–15, 2012, Ottawa, Canada.

[53] Mukherjee, S. (2012) Distribution of downlink SINR in heterogeneous cellular networks. *IEEE Journal on Selected Areas in Communications*, **30** (3), 575–585.

[54] Cheung, W., Quek, T. and Kountouris, M. (2012) Throughput optimization, spectrum allocation, and access control in two-tier femtocell networks. *IEEE Journal on Selected Areas in Communications*, **30** (3), 561–574.

[55] ElSawy H. and Hossain E. (2015) Two-tier HetNets with cognitive femtocells: downlink performance modeling and analysis in a multi-channel environment, *IEEE Transactions on Mobile Computing*, **34** (1) 512–516.

[56] ElSawy, H. and Hossain, E. (2013) *On Cognitive Small Cells in Two-tier Heterogeneous Networks*. Proceedings of the 9th Workshop on Spatial Stochastic Models for Wireless Networks (SpaSWiN 2013), May 13–17, 2013, Tsukuba Science City, Japan.

[57] ElSawy, H. and Hossain, E. (2013) *Channel Assignment and Opportunistic Spectrum Access in Two-tier Cellular Networks with Cognitive Small Cells*. IEEE Global Communications Conference (Globe.com 2013), December 9–13, 2013, Atlanta, GA, USA.

[58] Khoshkholgh, M., Navaie, K. and Yanikomeroglu, H. (2012) Outage performance of the primary service in spectrum sharing networks. *IEEE Transactions on Mobile Computing*, **31** (2), 53–57.

[59] A. Ghasemi and E. Sousa, Interference aggregation in spectrum sensing cognitive wireless networks, *IEEE Journal on Selected Topics in Signal Processing*, vol. **2**, 1, pp. 41–56, Primary 2008.

[60] Nguyen, T. and Baccelli, F. (2010) *A Probabilistic Model of Carrier Sensing Based Cognitive Radio*. Proceedings of the IEEE Symposium on New Frontiers in Dynamic Spectrum Access Networks, April 2010, pp. 1–12.

[61] Nguyen, T. and Baccelli, F. (2010) *Stochastic Modeling of Carrier Sensing Based Cognitive Radio Networks*. Proceedings of the 8th International Symposium on Modeling and Optimization in Mobile, Ad Hoc and Wireless Networks (WiOpt), June 2010, pp. 472–480.

[62] Ganti, R.K., Andrews, J.G. and Haenggi, M. (2011) High-SIR transmission capacity of wireless networks with general fading and node distribution. *IEEE Transactions on Information Theory*, **57**, 3100–3116.

[63] Giacomelli, R., Ganti, R.K. and Haenggi, M. (2011) Outage probability of general ad hoc networks in the high-reliability regime. *IEEE/ACM Transactions on Networking*, **19**, 1151–1163.

[64] Chandrasekhar, V. and Andrews, J. (2009) Spectrum allocation in tiered cellular networks. *IEEE Transactions on Communications*, **57** (10), 3059–3068.

[65] Huang, K., Lau, V. and Chen, Y. (2009) Spectrum sharing between cellular and mobile ad hoc networks: transmission-capacity tradeoff. *IEEE Journal on Selected Areas in Communications*, **27** (7), 1256–1266.

[66] Baccelli, F., Blaszczyszyn, B. and Mühlethaler, P. (2009) Stochastic analysis of spatial and opportunistic ALOHA, *IEEE Journal on Selected Areas in Communications*, **27** (7), 1105–1119

[67] Saquib, N., Hossain, E., Le, L.B. and Kim, D.I. (2012) Interference management in OFDMA femtocell networks: issues and approaches. *IEEE Wireless Communications*, **19** (3), 86–95.

[68] Inaltekin, H., Wicker, S.B., Chiang, M. and Poor, H.V. (2009) On unbounded path-loss models: effects of singularity on wireless network performance. *IEEE Journal on Selected Areas in Communications*, 1078–1092.
[69] Chandrasekhar, V. and Andrews, J. (2009) Uplink capacity and interference avoidance for two-tier femtocell networks. *IEEE Transactions on Wireless Communications*, **8** (7), 3498–3509.
[70] Pinto, P., Giorgetti, A., Win, M. and Chiani, M. (2009) A stochastic geometry approach to coexistence in heterogeneous wireless networks. *IEEE Journal on Selected Areas in Communications*, **27** (7), 1268–1282.
[71] Guidotti, A., Di Renzo, M., Corazza, G., and Santucci, F. (2012) *Simplified Expression of the Average Rate of Cellular Networks Using Stochastic Geometry*. Proceedings of the IEEE International Conference on Communications (ICC 2012), June 2012, Ottawa, Canada, pp. 10–15.
[72] Heath, R.W. and Kountouris, M. (2012) *Modeling Heterogeneous Network Interference*. Proceedings of the Information Theory and Applications Workshop (ITA), February 5–10, 2012, pp. 17–22.

第 11 章　异 构 网 络

如第 1 章中介绍的通用网络模型，未来的网络将是异构的，并且从蜂窝网络到 WLAN 和飞蜂窝将存在大量卸载的机会。为此，本章将讨论该技术的基础。

11.1　预备工作

由于通过宏基站(MBS)进行网络扩展的成本过高，目前认为，小型蜂窝是适应快速增长的用户群体和相关业务负载的关键解决方案[2]。小型蜂窝为蜂窝服务提供商提供快速、灵活、低成本效益和面向客户的解决方案。小型蜂窝是指具有几十米到几百米的传输范围的低功率无线电接入节点，包括飞蜂窝、微微蜂窝、微蜂窝和城市蜂窝。

小型蜂窝覆盖在宏蜂窝上的多层网络通常称为异构网络(HetNet)。使用小型蜂窝覆盖 MBS，导致了蜂窝基础设施的实质性转变，如共存网络实体规范(发射功率、支持的数据速率等)的拓扑随机性和高可变性。因此，传统蜂窝无线网络的建模和优化技术及用于不同网络功能(例如，功率控制、准入控制、资源分配)的算法应被重新考虑，以适配异构网络特性。毫米波(mmWave)技术的发展可能再次改变第 1 章中介绍的通用网络模型的实现概念。

在异构网络中，共存网络层的频率复用对于实现高频谱效率来说至关重要。在小型蜂窝服务的蜂窝域上复用频谱将大大提高系统容量，不过需要缓解层内和层间的干扰。鉴于资源分配和功率控制的集中控制的不可行性(在复杂性和延迟性方面)，利用频谱感知的方法被认为是一种潜在的频谱接入分布式解决方案[3-5]。

诸如小型蜂窝基站(SBS)的感知，网络实体能够检测周围环境、调整其传输参数(例如，传输功率)、定位主要干扰源并通过适时接入正交信道来避免干扰。我们将在 11.3 节中详细讨论这个概念。在文献[6-11]中可以找到多层蜂窝网络的随机几何模型。我们在第 10 章中讨论了随机几何的基本原理。文献[3, 4]中分析了基于随机几何的 SBS 感知技术。

近来，随机几何被用来对同质蜂窝网络及异构网络[6]进行建模。在随机几何模型中，假设网络实体的位置是根据 $\mathbb{R}^2$ 平面中的随机点过程的一些实现所得出的。随机几何网络模型不仅明确说明了网络实体的随机位置，而且为我们感兴趣的性能指标提供了易于理解且准确的结果[6]。此外，随机几何网络模型的结果具有一般性，与拓扑无关。通常，随机几何分析给出了可实现的网络拓扑的所有性能度量的空间平均值。

如第 10 章所讨论的，相关文献中最简单、最易处理和最好理解的随机点过程是泊松点过程(PPP)。当且仅当任何有界区域内的点数为泊松分布时，$\mathbb{R}^2$ 中的点过程是 PPP，并且不相交区域内的点数是独立的[1]。也就是说，PPP 假设点的位置是不相关的。虽然假设 MBS 位置不相关并不现实，但文献[6]表明实际 LTE 网络性能在 1～2 dB 时 PPP 假设十分精确。如图 11.1.1 和图 11.1.2 所示，假设 MBS 和 SBS 都遵循独立的 PPP，则可以通过加权 Voronoi 划分来建模网络。然后，可以估计每个网络层上的负载，并且可以分析例如中断概率和可实现的数据速率[6, 7, 9]等性能指标。

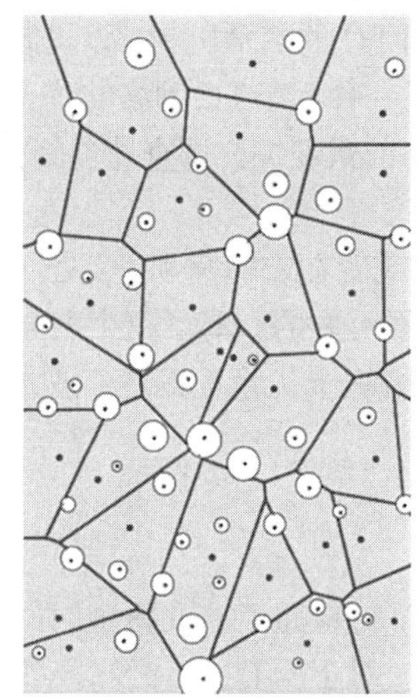

图 11.1.1 该网络建模为加权 Voronoi 划分(较大的圆点代表在 Voronoi 蜂窝内覆盖的 MBS,小型蜂窝用白色圆覆盖)

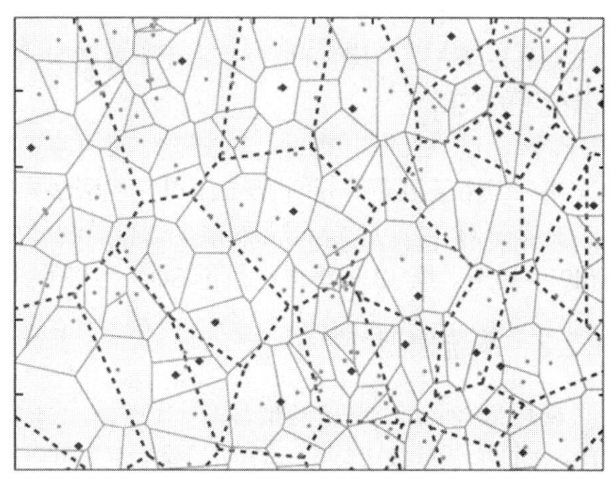

图 11.1.2 该网络模型是两个独立 Voronoi 划分的叠加：虚线 Voronoi 蜂窝的菱形点代表宏网络层，实线 Voronoi 蜂窝的圆点代表小型蜂窝网络层

11.2 自组织小型蜂窝网络

11.2.1 技术背景

虽然小型蜂窝(SC)网络(SCN)预计将提供高网络容量，但其部署面临着一些关键技术挑战，其中实现自组织性十分关键[14-16]。由于 SC 是由用户部署的，因此它们能否正常运行取决于它们的自组织性和自优化能力。这样，自组织网络(SON)提供了一种使运营商能够减少人工干预的方法，它依赖于 SON 的自分析、自配置和自修复能力[12]。使用 SON 启用机制，小型蜂窝可以感知环境且从环境中学习，并自主调整其传输策略以实现最佳性能。因此，自组织小型蜂窝的部署具有挑战性，它要求在密集蜂窝网络中全分布、可扩展和自组织的干扰管理策略。在这方面，博弈论是决策者之间策略互动的数学工具，而且由于 SC 策略之间相互干扰和耦合，博弈论被看作研究这个问题的自然范例[18, 45-48]。在这个范畴内，均衡的概念，特别是纳什均衡的概念发挥了核心的作用。SCN 中纳什均衡的相关性来自任何纳什均衡网络状态下，每个 SC 的传输对于网络中所有其他 SC 的配置是独立最优的。然而，在分布式无线网络中实现均衡仍然是一个艰难的挑战[24]。

许多工作已经研究了非集中式算法，以便实现分布式网络中的均衡，其中最佳响应动力学特性和虚拟性已被证明在一定条件下收敛于纳什均衡解[20, 24, 41-43]。然而，实现纳什均衡的一般算法仍然是未知的。在 SCN 的环境下，文献[13, 15, 16, 21, 22]中研究了动态信道选择、频率复用和功率控制以获得均衡。环境感知资源分配也处于研究之中，它强调了强化学习在实现纳什均衡中所起的重要作用。最近，强化学习在自组织网络背景下获得了巨大的发展，因为它允许运营商以即插即用的方式实现不需要人工干预的自动化网络。在这些方向上可找到许多研究工作，例如，文献[17, 25-37]中使用 Q-learning 框架来解决干扰管理问题。在文献[38, 39]中，作者将跨层干扰管理问题建模为旨在最大化网络和速率的非合作博弈。SCN 中的其他自配置方法通过合作 Q-learning 概念是有可能实现的，其中具有更多网络边信息的飞蜂窝(FC)通过明确的信息交换来训练其他节点。在文献[40]中，作者提出针对 FC 的奖励机制，该机制通过租赁频谱为 FC 用户提供上行链路中的中继功能。文献[32]提出了一种用于 FC 网络的基于分簇的无线资源共享方法，其中 FC 分簇为无干扰联盟。有关 FC 网络的最新综合调查请参阅文献[14]和其引用的文献。

显然，这些工作中的绝大多数需要 FC 之间的信息交换，或者在宏蜂窝和 FC 之间进行信息交换，但由于显著的开销/信令使得它在密集异构网络中是不可取的。有了这个背景，本节讨论具有学习(纳什)均衡所需的最少信息的封闭接入 SCN 自组织干扰管理策略，该方法在文献[49]中提出。第 13 章将再次讨论 SON 网络的其他方面。

11.2.2 系统模型

设有 S 个正交子载波的集合 $\mathcal{S}=\{1,\cdots,S\}$ 运行在 MBS 的下行链路上。在每个时间间隔，MBS 在每个子载波上服务一个宏蜂窝(MC)用户终端(MUT)。对于所有的 $s\in\mathcal{S}$，MBS 保证一个信道 s 上规划的 MUT 的最小平均 SINR $\Gamma_0^{(s)}$。交叉层干扰由嵌入 MC 的 K 个 FC 基站(FBS)的集合 $\mathcal{K}=\{1,\cdots,K\}$ 产生。每个 FBS 动态地从 S 个可用子载波中选用一个来服务其对应的飞蜂窝用户终端(FUT)，只要它使下限平均 SINR 不低于预先义的阈值 $\Gamma_0^{(1)},\cdots,\Gamma_0^{(s)}$。可以放宽该假设以适应 FC 在任意数量的子载波上传输的情况。此外，对多个 MC 的推广也是可能的。

在下文中，MC(即 MBS-MUT)中的发射机-接收机对由索引 0 表示，而 FC 中的发射机-接收机对(即 FBS-FUT)由索引 $\mathcal{K}$ 表示。因此，在时间间隔 n，发射机 j 和接收机 i 之间的子载波 s 上的信道增益由 $\left|h_{i,j}^{(s)}(n)\right|^2$ 表示，其中 $i,j\in\{0\}\cup\mathcal{K}$ 且 $s\in S$。信道实现 $h_{i,j}^{(s)}(n)$ 被认为是路径损耗和对数正态衰落组合，稍后将更详细地对其进行描述。发射机 k 在子载波 S 上使用的下行链路发射功率由 $p_{(k)}^{(s)}(n)\in\mathcal{Q}_k$ 表示，其中 $\mathcal{Q}_k=\{q_k^{(1)},\cdots,q_k^{(L_k)}\}$ 是 L_k 功率级的有限集合。所有 FC 的发送配置由发送信道和发射功率级别决定。因此，FBS k 的发送配置的总数为 $N_k=SL_k$，并且 FBS k 的所有可能的发送配置的集合是

$$\mathcal{A}_k=\mathcal{Q}_k\times\left\{\mathrm{e}_1^{(S)},\cdots,\mathrm{e}_S^{(S)}\right\}=\left\{A_k^{(1)},\cdots,A_k^{(N_k)}\right\} \tag{11.2.1}$$

其中对于所有 $n_k\in\{1,\cdots,N_k\}$，第 n_k 个元素 $A_k^{(n_k)}$ 可表示为如下的向量形式：

$$A_k^{(n_k)}=q_k^{(\ell_k)}e_{s_k}^{(N_k)} \tag{11.2.2}$$

其中 $\ell_k\in\{1,\cdots,L_k\}$ 和 $s_k\in\mathcal{S}_k$。注意，ℓ_k 和 s_k 都是由 n_k 唯一确定的索引。我们通过功率分配向量 $p_k(n)=[p_k^{(1)}(n),\cdots,p_k^{(S)}(n)]\in\mathcal{A}_k$ 来表示 n 时刻由 FBS k 所采取的发送配置，因此在子载波 s 上的 MUT 和 FUT 的 SINR 级分别为

$$\gamma_0^{(s)}(n)=\frac{|h_{0,0}^{(s)}(n)|^2p_0^{(s)}(n)}{N_0^{(s)}+\underbrace{\sum_{k\in\mathcal{K}}|h_{0,k}^{(s)}(n)|^2p_k^{(s)}(n)}_{\text{FC}}} \tag{11.2.3}$$

和

$$\gamma_k^{(s)}(n)=\frac{|h_{k,k}^{(s)}(n)}{N_k^{(s)}+\text{MC}+\text{FC}}$$

$$\text{MC}=|h_{k,0}^{(s)}(n)|^2p_0^{(s)}(n)$$

$$\text{FC}=\sum_{j\in\mathcal{K}/\{k\}}\left|h_{k,j}^{(s)}(n)\right|^2 p_j^{(s)}(n) \tag{11.2.4}$$

$N_0^{(s)}[N_k^{(s)}]$分别是子载波 s 上的 MC（FC　k）的噪声方差。在下文中，尽管可以考虑任何目标函数，但我们只考虑了 FC 的两个性能度量。首先，我们考虑自私 FC，其只专注自己的个体（香农）传输速率。对于玩家 k，定义与该自私行为相关的效用函数 $u_k^{(a)}:\mathcal{A}_1\times\cdots\times\mathcal{A}_K\to\mathbb{R}$，如下所示：

$$u_k^{(a)}[a_k(n),\ a_{-k}(n)]=\sum_{s=1}^{S}\log_2\left[1+\gamma_k^{(s)}(n)\right]1_{\left\{\gamma_0(n)>\Gamma_0^{(s)}\right\}} \tag{11.2.5}$$

在这种情况下，如果 MBS 达到其最小 SINR 级，则给定玩家实现的效用是其实际传输速率，否则为零。

第二个性能指标建模了利他行为。这里 FC 感兴趣的是 MBS 所达到的最小 SINR 级的子载波上所有活动 FC 的个体（香农）传输速率的总和。因此，与该利他行为相关联的每个 FC k 的效用函数 $u_k^{(b)}:\mathcal{A}_1\times\cdots\times\mathcal{A}_K\to\mathbb{R}$ 如下所示：

$$u_k^{(b)}[a_k(n),a_{-k}(n)]=\varphi[a_k(n),a_{-k}(n)] \tag{11.2.6}$$

其中

$$\varphi[a_k(n),a_{-k}(n)]=\sum_{k=1}^{K}\sum_{s=1}^{S}\log_2\left[1+\gamma_k^{(s)}(n)\right]1_{\left\{\gamma_0^{(s)}(n)>\Gamma_0^{(s)}\right\}} \tag{11.2.7}$$

在这种情况下，FC 的兴趣是利他主义的、对应于全局性能的。注意，当选择 $u_k^{(a)}$ 和 $u_k^{(b)}$ 时，时间间隔为 n 的 FC k 的性能不仅取决于其自身的传输配置 $a_k(n)\in\mathcal{A}_k$，而且取决于所有其他 FC 采用的配置 $a_{-k}(n)\in\mathcal{A}_{-k}$。下面，我们删除超索引，并且当 $u_k^{(a)}$ 和 $u_k^{(b)}$ 可以互换时使用 u_k。

在 $T\in\mathbb{N}$ 期间分析两个网络层之间的干扰所带来的相互作用。将 $T\to\infty$ 时的 FBS k 的长期性能定义为在每个时间间隔实现的渐近时间平均瞬时性能。在传输持续时间 T 期间，FBS k 选择发送配置 $A_k^{(n_k)}\in\mathcal{A}_k$ 的时间间隔的占比，即 $\pi_{k,A_k^{(n_k)}}$（$\forall n_k\in\{1,\cdots,N_k\}$）表示为

$$\pi_{k,A_k^{(n_k)}}=\lim_{T\to\infty}\frac{1}{T}\sum_{n=1}^{T}1\left\{a_k(n)\Big|=A_k^{(n_k)}\right\}=A_k^{(n_k)}\} \tag{11.2.8}$$

那么，长期性能指标可以写为

$$\begin{aligned}&\lim_{T\to\infty}\frac{1}{T}\sum_{m=1}^{T}u_k[a_k(m),a_{-k}(m)]\\&=\sum_{a\in A}u_k(a_k-a_{-k})\prod_{j=1}^{K}\pi_{j,a_j}\end{aligned} \tag{11.2.9}$$

定义长期性能指标（针对每个 FBS k）$\bar{u}:\Delta(\mathcal{A}_1)\times\cdots\times\Delta(\mathcal{A}_K)\to\mathbb{R}$ 为

$$\bar{u}(\pi_k,\pi_{-k})=\sum_{a\in A}u_k^{(a)}(\alpha_k,\alpha_{-k})\prod_{j=1}^{K}\pi_{j,a_j} \tag{11.2.10}$$

其中 $\alpha\in\{a,b\}$。

每个 FBS k 旨在选择最优概率分布 π_k，使得其长期性能，即式(11.2.10)相对于所有其他 FBS 的概率分布 π_{-k} 最大化。

博弈论模型　上面描述的跨层干扰缓解问题可以通过以下博弈方式建模，扩展到混合策略，有

$$\mathcal{G}^{(a)} = \left(\mathcal{K}, \{\Delta(\mathcal{A}_k)\}_{k\in\mathcal{K}}, \{\bar{u}\}_{k\in\mathcal{K}}\right) \tag{11.2.11}$$

$$\mathcal{G}^{(b)} = \left(\mathcal{K}, \{\Delta(\mathcal{A}_k)\}_{k\in\mathcal{K}}, \{\bar{u}\}_{k\in\mathcal{K}}\right) \tag{11.2.12}$$

其中，$\mathcal{K}$ 表示网络中的 FBS 集合且 $\forall k \in \mathcal{K}$，FBS k 的操作集合是式(11.2.1)中描述的发送配置 $\mathcal{A}_k$ 的集合。我们用 $\mathcal{A} = \mathcal{A}_1 \times \cdots \times \mathcal{A}_k$ 表示操作曲线的空间，函数 $\bar{u}_k^{(a)}$ 和 $\bar{u}_k^{(b)}$ 是式(11.2.10)定义的 FBS k 的预期效用函数。我们分别将 $\Delta(\mathcal{A}_k)$ 和 $\mathcal{A}_k$ 作为策略和操作。策略概率向量由 $\pi_k = [\pi_{k,A_k^{(1)}} \cdots \pi_{k,A_k^{(N_k)}}] \in \Delta(\mathcal{A}_k)$ 表示。

每个 FBS k 以概率 π_k 从有限集 $\mathcal{A}_k$ 中选择其操作，即 $\pi_{k,A_k^{(N_k)}}$ 是在大操作更新序列期间 FC k 在时刻 n 得到操作 $A_k^{(n_k)}$ 的概率，即

$$\pi_{k,A_k^{(n_k)}} = \Pr\left[a_k(n) = A_k^{(n_k)}\right] \tag{11.2.13}$$

文献[49]作为两个博弈的解决方案，采用了 Logit 均衡(LE)[23]的概念。LE 基本上是 ε 均衡的一个特例，其中没有一个玩家可以通过单方面偏离当前的策略而使自己的平均效用的增长超过 ε。在这里，强调 ε 可以为任意小，因此可以将此均衡与纳什均衡进行比较。下面在博弈 $\mathcal{G}^{(a)}$ 和 $\mathcal{G}^{(a)}$ 的背景下正式介绍 LE。

Logit 均衡(LE)　作为第一步，我们定义平滑的最佳响应(SBR)函数 $\beta_k^{(\kappa_k)}: \Delta(\mathcal{A}_1) \times \cdots \times \Delta(\mathcal{A}_{k-1}) \times \Delta(\mathcal{A}_{k+1}) \times \cdots \times \Delta(\mathcal{A}_K) \to \Delta(\mathcal{A}_k)$，当参数 $\kappa_k > 0$ 时，$\beta_k^{(\kappa_k)}(\pi_{-k}) = [\beta_{k,A_k^{(1)}}^{(\kappa_k)}(\pi_{-k}), \cdots, \beta_{k,A_k^{(N_k)}}^{(\kappa_k)}(\pi_{-k})]$，$\forall n_k \in \{1, \cdots, N_k\}$，故有

$$\beta_{k,A_k^{(n_k)}}^{(\kappa_k)}(\pi_{-k}) = \frac{\exp\left[\kappa_k \bar{u}\left(e_{n_k}^{(N_k)}, \pi_{-k}\right)\right]}{\sum_{m=1}^{N_k} \exp\left[\kappa_k \bar{u}\left(e_m^{(N_k)}, \pi_{-k}\right)\right]} \tag{11.2.14}$$

当 $\kappa_k \to 0$ 时，SBR 是所有玩家采用的策略的独立均匀概率分布，即对于所有 $\pi_{-k} \in \Delta(\mathcal{A}_1) \times \cdots \times \Delta(\mathcal{A}_{k-1}) \times \Delta(\mathcal{A}_{k+1}) \times \cdots \times \Delta(\mathcal{A}_K)$，$\beta_k^{(\kappa_k)}(\pi_{-k}) = \frac{1}{N_k}(1, \cdots, 1) \in \Delta(\mathcal{A}_k)$。当 $\kappa_k \to \infty$ 时，SBR 是对所有其他玩家采用的策略的最佳响应(纳什均衡意义上)的均匀概率分布，即

$$\lim_{\kappa_k \to \infty} \beta_{k,A_k^{(n_k)}}^{(\kappa_k)}(\pi_{-k}) = \frac{1_{\left\{A_k^{(N_k)} \in \mathrm{BR}_k(\pi_{-k})\right\}}}{|\mathrm{BR}_k(\pi_{-k})|} \tag{11.2.15}$$

其中最佳响应被定义为 $\mathrm{BR}_k(\pi_{-k}) = \{A_k^{(n_k)} : n_k \in \arg\max \bar{u}(e_n^{(N_k)}, \pi_{-k})\}$。对于有限的 $\kappa_k > 0$，SBR 是将高概率分配给与高平均效用相关联的操作和将低概率分配给与低平均效用相关联的操作的概率分布。使用 SBR 定义，我们定义 Logit 均衡如下：

如果当 $\forall k \in \mathcal{K}$ 时，$\pi_k^* = \beta_k^{(\kappa_k)}(\pi_{-k}^*)$，则策略 $\pi^* = (\pi_1^*, \cdots, \pi_K^*) \in \Delta(\mathcal{A}_1) \times \cdots \times \Delta(\mathcal{A}_K)$ 为式(11.2.11)的博弈 $\mathcal{G}^{(a)}$ 和 $\mathcal{G}^{(b)}$ 满足参数 $\kappa_k > 0$ 的 Logit 均衡。

文献[49]中指出，如果策略 $\pi^* \in \Delta(\mathcal{A}_1) \times \cdots \times \Delta(\mathcal{A}_K)$ 是博弈 $\mathcal{G}^{(a)}$ 和 $\mathcal{G}^{(b)}$ 中参数 $\kappa_k > 0$ [$\forall k \in \mathcal{K}$ 且 $\forall \pi_k' \in \Delta(\mathcal{A}_K)$]的 LE，则一个玩家可能通过单方面偏离获得给定 LE 效用的约束 $\bar{u}(\pi_k', \pi_{-k}^*) - \bar{u}(\pi_k^*, \pi_{-k}^*) \leqslant (1/\kappa_k)\ln(N_k)$。

因此，π^* 是一个 ε 均衡，其中 $\varepsilon = \max_{k\in\mathcal{K}} [(1/\kappa_k)\ln(N_k)]$。

通过选择足够大的参数 $\kappa_1, \cdots, \kappa_K$，可以使 ε 均衡充分接近纳什均衡。

11.2.3 自组织 SCN

FC 可用自组织方式实现博弈 $\mathcal{G}^{(a)}$ 与博弈 $\mathcal{G}^{(b)}$ 之间的均衡。首先，假设每个 FBS 拥有关于网络的完整信息，即满足以下两个条件：(i) FBS k 知道在时刻 n 网络中所有活动小型蜂窝基站的策略 $\pi(n)=[\pi_1(n),\cdots,\pi_K(n)]\in\Delta(\mathcal{A}_1)\times\cdots\times\Delta(\mathcal{A}_K)$；(ii) FBS k 能够在时刻 n 建立向量

$$\bar{u}[\cdot,\pi_{-k}(n)]=\left[\bar{u}_k\left(e_1^{(N_k)},\pi_{-k}(n)\right],\cdots,\bar{u}_k\left[e_{N_k}^{(N_k)},\pi_{-k}(n)\right]\right] \tag{11.2.16}$$

其中 $\pi_{-k}(n)$ 为所有玩家使用的策略向量。

在条件 (i) 和 (ii) 下，给出如下动态形式：

$$\pi_k(n)=\beta_{k,A_k^{(n_k)}}^{(\kappa_k)}[\pi_1(n),\cdots,\pi_{k-1}(n),\cdots,\pi_K(n)]$$

其中，每个时间间隔最多只有一个玩家更新其策略，至少在博弈 $\mathcal{G}^{(b)}$ 中收敛到 LE。这是因为博弈 $\mathcal{G}^{(b)}$ 是一个潜在的游戏[39]，因此 SBR 动态的收敛得到保证[44]。相反，SBR 动态在博弈 $\mathcal{G}^{(a)}$ 中的收敛是不能保证的。这主要是因为对于相对较大的 κ_k，平滑最佳响应的行为接近 BRD 的行为，即使在非常简单的情况下，非收敛仍然存在[24]。

在完整信息的假设[称为条件 (i) 和 (ii)]下建立平滑最佳响应 $\beta_{k,A_k^{(n_k)}}^{(\kappa_k)}[\pi_{-K}(n-1)]$，这在小型蜂窝网络中显然是不切实际的。因此，现在我们假设在时刻 n，FBS k 可能获取的唯一信息是其瞬时性能 $u[a_k(n),a_{-k}(n)]$ 的观察值 $\tilde{u}_k(n)$。它可能被噪声影响，即

$$\widetilde{u}_k(n)=u(a_k(n),a_{-k}(n))+\xi_{k,A_k^{(n_k)}}(n)$$

其中 $\forall n_k\in\{1,\cdots,N_k\}$ 和 $\forall k\in\mathcal{K}$，$\xi_{k,A_k^{(n_k)}}(n)$ 是随机变量 $\xi_{k,A_k^{(n_k)}}$ 在时刻 n 的实现，表示当 FBS k 进行 $A_k^{(n_k)}$ 操作时瞬时性能的加性噪声的观察值。这里我们假设 $E(\xi_{k,A_k^{(n_k)}})=0$。仅依赖于每个时间间隔的 $\tilde{u}_k(n)$ 和 $a_k(n)$ 的信息，FBS k 无法构建其平滑最佳响应。事实上，FBS k 必须首先估计其每个操作实现的预期效用，以便构建式 (11.2.16) 中向量的估计，同时它应该实现与最高预期效用估计相关联的操作，以最大化自己的性能。因此，FBS 在实现与最高预期效用相关联的操作之时面临着错综复杂的权衡，并且要尝试所有的操作来改进对式 (11.2.16) 中的效用向量的估计。这与探索和开发的权衡类似，即 FC 需要在探索其环境和利用这种探索积累的知识之间取得平衡[45]。这种权衡是研究 Logit 均衡的主要理由，其中比起其他产生低回报的操作，FBS 更有可能选择产生高回报的行为，但是无论如何，实现的任何操作都为非零概率。注意，这个权衡在前面所述的参数 κ_k 中有所体现。在下文中，提出了一种完全分布式的和自组织的干扰管理算法，这是一种基于玩家 (即 FC) 同时学习效用和策略的概念。该算法可见文献[49]。

该算法由两个并行运行的强化学习过程组成，这个过程允许 FBS 仅依赖于瞬时性能观察值来实现博弈的 Logit 均衡。第一个强化学习过程允许 FBS k 使用观察值 $\tilde{u}_k(n)$ 构建式 (11.2.16) 中的实体向量 $\hat{u}_k(n)[\cdot,\pi_{-k}(n)]$ 的估计。我们用向量 $\hat{u}_k(n)=[\hat{u}_{k,A_k^{(1)}}(n),\cdots,\hat{u}_{k,A_k^{(N_k)}}(n)]$ 表示 FBS k 的收益估计，其中 $\hat{u}_{k,A_k^{(n_k)}}(n)$ 是 $\bar{u}_k[e_{n_k}^{(N_k)},\pi_{-k}(n)]$ 的估计。

第二个强化学习过程利用时刻 n 的估计向量 $\hat{u}_k(n)$ 来更新发送策略的向量 $\pi_k(n)$。对于所有的 $\forall k\in\mathcal{K}$ 写出这个过程，并且对于所有的 $n_k\in\{1,\cdots,N_k\}$ 可写为[44]

$$\begin{aligned}&\hat{u}_{k,A_k^{(n_k)}}(n)=\hat{u}_{k,A_k^{(n_k)}}(n-1)+\alpha_k(n)1_{\left\{\alpha_k(n)=A_k^{(n_k)}\right\}}\left[\widetilde{u}_k(n)-\hat{u}_{k,A_k^{(n_k)}}(n-1)\right]\\&\pi_{k,A_k^{(n_k)}}(n)=\pi_{k,A_k^{(n_k)}}(n-1)+\lambda_k(n)\left[\beta_{k,n_k}^{(\kappa_k)}(\hat{u}_k(n))-\pi_{k,A_k^{(n_k)}}(n-1)\right]\end{aligned}\tag{11.2.17}$$

其中，$[\hat{u}_k(0),\pi_k(0)]\in\mathbb{R}_+^{N_k}\times\Delta(\mathcal{A}_k)$ 是玩家 k 的任意初始化。可能的初始化如 $\hat{u}_k(0)=(0,\cdots,0)$ 和 $\pi_k(0)=(1,\cdots,1)/N_k$，其与最大熵原理相匹配[19]。此外，对于所有的 $(j,k)\in\mathcal{K}^2$，在式(11.2.17)中执行两个耦合及同时的 RL 过程时，需要以下条件：

$$\begin{cases}\text{(i)}\lim\limits_{T\to\infty}\sum\limits_{t=1}^{T}\alpha_k(t)=+\infty,\ \lim\limits_{T\to\infty}\sum\limits_{t=1}^{T}\alpha_k(t)^2<+\infty\\\text{(ii)}\lim\limits_{T\to\infty}\sum\limits_{t=1}^{T}\lambda_k(t)=+\infty,\ \lim\limits_{T\to\infty}\sum\limits_{t=1}^{T}\lambda_k(t)^2<+\infty\\\text{(iii)}\lim\limits_{n\to\infty}\dfrac{\lambda_j(n)}{\alpha_k(n)}=0,\end{cases}$$

并且有

(a) $\forall k\in\mathcal{K}$，$\lambda_k=\lambda$。

或者

(b) $\forall k\in\mathcal{K}\setminus\{K\}$，$\lim\limits_{n\to\infty}\lambda_k(n)/\lambda_{k+1}(n)=0$。

其中，$\tilde{\beta}_k^{(\kappa_k)}:\mathbb{R}^{N_k}\to\mathbb{R}_+$ 定义为 $\tilde{\beta}_k^{(\kappa_k)}(x)=[\tilde{\beta}_{k,1}^{(\kappa_k)}(x),\cdots,\tilde{\beta}_{k,N_k}^{(\kappa_k)}(x)]$ 且 $x=(x_1,\cdots,x_{N_k})$，$\tilde{\beta}_{k,m}^{(\kappa_k)}(x)=\exp(\kappa_k x_m)\Big/\sum\limits_{i=1}^{N_k}\exp(\kappa_k x_i)$，$m\in\{1,\cdots,N_k\}$。如果 $\pi^*\in\{\pi_1^*,\cdots,\pi_k^*\}$ 是博弈 $\mathcal{G}^{(a)}$ 和 $\mathcal{G}^{(b)}$ 的参数 $\kappa_k>0$ 且 $\forall k\in\mathcal{K}$ 的 Logit 均衡，则式(11.2.17)中的算法在博弈 $\mathcal{G}^{(a)}$ 和 $\mathcal{G}^{(b)}$ 中收敛，在 $\forall k\in\mathcal{K}$ 和 $\forall n_k\in\{1,\cdots,N_k\}$ 的条件下有[49]

$$\lim_{n\to\infty}\pi_k(n)=\pi_k^*\quad 和\quad \lim_{n\to\infty}\hat{u}_{k,A_k^{(n_k)}}(n)=\bar{u}_k\left(e_{k,A_k^{(n_k)}},\pi_{-k}^*\right)$$

11.3 动态网络架构

在本节中，我们将小型蜂窝网络的概念抽象化，其中某些类别的无线终端可以在连接到因特网时随时暂时转变为接入点(AP)。这些 AP 的数量和位置随时间而变化，因此出现了动态网络架构(DNA)的概念。在本节中，我们提出一个框架来优化此架构的不同方面。首先，该框架解决了动态 AP 关联问题，其目的是通过选择最方便的 AP 来优化网络，以最低成本满足用户要求的 QoS 级别。然后，开发出经济模型来补偿作为 AP 的用户，从而增加网络资源。在 AP 选择中也考虑了用户的安全投资。这里提出了 DNA 的预分簇过程，以保持优化过程在高密度网络中的可行性。为了动态地重新配置最优拓扑并将使其适应流量变化，还提出了遗传算法(GA)的新特定编码。GA 可以提供比网络簇详尽搜索快两个数量级的最优拓扑，并且随着簇大小的增加，GA 的优势显著增加。该架构的相关信息也可参阅文献[50]。

11.3.1 系统模型

这里我们考虑一种先进的无线技术，其中终端子集可以变成 AP。通过细微改进现有技术，连接到因特网的 PC 可以作为 AP。现在的手机大都拥有这样的特质[51]。每个终端独立决定是否成为 AP，在 11.3.2 节中讨论了针对此类决策的激励措施。这种技术创造了一种可能性，即根据某些优化准则，可以激活多个潜在的 AP，以最优的方式为其附近的一组无线终端服务。这就导致了 DNA 的出现。

如图 11.3.1(a)所示，我们考虑高密度网络。为了能够处理这样一个密集的网络并有效解决后面提出的问题，图 11.3.1(b)中的 DNA 宏网络被分为不同的簇。如图 11.3.1(c)所示，将对每个簇进行优化，同时通过使用频率复用因子来消除簇间干扰。所以，接下来所涉及的问题将首先针对每个 DNA 簇来解决，之后再对如何在宏网络层面解决这些问题提出进一步的意见。为了说明如何通过 DNA 解决问题，我们将参考 DNA 宏网络中的 DNA 簇。

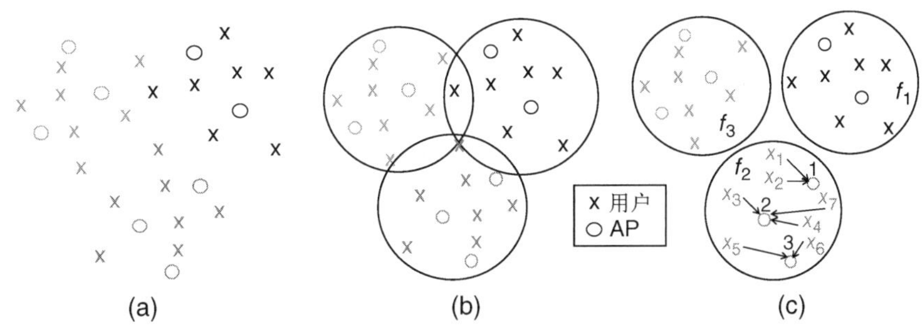

图 11.3.1 动态网络架构：(a)可能实现的 DNA 宏网络；(b)分簇 DNA 宏网络；(c)不同频率（$f_k, k=1,2,3$）的 DNA 网络中的形式簇分离及一组 DNA 网络簇之间的传输示例

假设有 K 个可用的 AP，N 个用户被随机放置在 DNA 中。用户和访问点的位置都将随时间而变化。我们假设 DNA 中的用户共享一个给定的信道作为上行链路传输到不同的 AP。资源分配问题包括以最优的方式向 N 个用户分配 K 个 AP 中的 M（$M \leqslant K$）个可能的 AP。

由于本节的重点是高密度网络，因此考虑的信道模型包括传播损耗，但不包括由于用户之间的接近而导致的衰落的影响[52]。因此，如果我们用 P_i 表示用户 i 的传输功率，那么在 AP j 接收到的功率是

$$P_j = h_{ij} P_i \approx d_{ij}^{-\alpha} \cdot P_i \tag{11.3.1}$$

其中，h_{ij} 是用户 i 和 AP j 之间的信道增益，d_{ij} 是它们之间的传输距离，α 是路径损耗因子。通过利用附加 AP 实现短距离传输将显著减少衰落的影响。最近，在文献[52]的第 8 章中讨论了信道抗衰落问题。有人认为在多跳无线网络中，通过减少接收机/发射机之间的距离，可以忽略多径效应，并且信道系数 h_{ij} 可以仅由距离 $\sim d^{-\alpha}$ 引起的衰减近似表示。本节考虑了相同的原则，允许在抗衰落的距离上选择附加 AP。本节已经简化了关于衰落的标准问题，以便留出更多空间描述本节提出的新架构导致的非常规问题。在一般情况下，信道状态信息而不是距离应该在优化过程中可用。

我们假设用户 i 只有在 j 处接收的功率超过接收机灵敏度 τ 时才能成功连接到 AP j。因此，它们之间的距离必须满足 $d_{ij} \leqslant (P_i/\tau)^{1/\alpha}$。对于给定距离 d_{ij}，用户 i 到达接入点的最小传输功率表示为 $P_{iu} = \tau \cdot d_{ij}^{\alpha}$。如果用户 i 的可用功率 P_{ia} 小于 P_{iu}，那么连接将不会建立。我们还将 $r_{iu} = (P_{iu}/\tau)^{1/\alpha}$ 定义为用户 i 所需的通信范围。

在高密度网络中，旨在保持传输功率 P_{iu} 尽可能低，从而降低干扰，并且在网络中可以共存较多的同时传输情况。

我们用$\mathbf{T}=[T_{ij}]$表示网络拓扑矩阵，如果用户i发送到 AP j则$T_{ij}=1$，否则为 0。维度为$N\times K$ 的 $\mathbf{T}$ 向所有用户 i 和 AP j 形成的用户接入点对(i,j)发送信息，其中$1\leqslant i\leqslant N$，$1\leqslant j\leqslant K$。

我们假设以下接入限制：

- 每个 AP 一次只为一个用户服务，

$$\mathbf{1}\cdot\mathbf{T}=\mathbf{a},\quad a_j\leqslant 1 \tag{11.3.2a}$$

  其中 **1** 是每项值为 1 的$1\times N$ 向量。
- 每个用户一次只选择一个 AP，

$$\mathbf{T}\cdot\mathbf{1}=\mathbf{u},\quad u_i\leqslant 1 \tag{11.3.2b}$$

  其中 **1** 是每项值为 1 的 $K\times 1$向量。

当满足上述约束的拓扑 $\mathbf{T}$ 是可行的拓扑，并且通过可用的 K 个 AP[即$\text{Rank}(\mathbf{T})=N$]为所有用户 N 提供连接。对于所有可能的用户 AP 对(i,j)，集合$\mathcal{T}$ 表示所有可能的可行拓扑$\mathbf{T}$的集合。

在同一时隙（$N=K$）将 K 个 AP 分配给所有用户的条件下，某个拓扑$\mathbf{T}\in\mathcal{T}$ 中用户 i 与 AP j 之间的上行链路容量为

$$c_{ij}(T)=\rho_{ij}\log\left(1+\frac{h_{ij}\cdot P_i}{N_0+\sum\limits_{k\neq i}h_{kj}\cdot P_k}\right) \tag{11.3.3a}$$

其中假设所有 AP 在同步信道上工作，而ρ_{ij}是用户 i 访问状态的二进制变量。如果用户可与 AP j 进行通信，则有$\rho_{ij}=1$；否则$\rho_{ij}=0$。利用式(11.3.1)，有

$$\rho_{ij}=\begin{cases}1, & d_{ij}\leqslant r_{iu} \text{ 和 } P_i=P_{iu}\leqslant P_{ia}\\ 0, & \text{其他}\end{cases} \tag{11.3.3b}$$

其中d_{ij}是用户 i 与其 AP j 之间的距离。AP j 上的共信道干扰信号$d_{kj}^{-\alpha}\cdot P_k$由用户$k(k\neq i)$产生，同时将其发送到其自己的 AP 上。背景噪声功率由N_0表示。整体网络容量定义为

$$C=\sum_{i=1}^{N}c_{ij}(\mathbf{T}) \tag{11.3.4}$$

如果$N>K$或者潜在 AP 和用户的空间分布使得不存在可能的拓扑$T\in\mathcal{T}$可以提供令人满意的性能，那么一些用户子集可能在 TDMA 的不同时隙中被调度。

为此，我们将拓扑重新定义为块矩阵$\mathbf{T}=[{}^1\mathbf{T}\,{}^2\mathbf{T}\cdots{}^\Delta\mathbf{T}]=[{}^\delta\mathbf{T}]$，其中每个子矩阵表示每个时隙$\delta(\delta=1,\cdots,\Delta)$的部分拓扑${}^\delta\mathbf{T}$，$\Delta$是调度周期。${}^\delta\mathbf{T}$提供时隙$\delta$中同时传输的信息。$\mathbf{T}$现在的维度是$\Delta\times N\times K$。如果${}^\delta\mathbf{T}$满足每个$\delta(\delta=1,\cdots,\Delta)$给出的式(11.3.2a)和式(11.3.2b)的接入性约束，则 $\mathbf{T}$ 是可行拓扑，并在调度周期Δ中通过 K 个 AP 提供与 N 个用户的连接(即$\sum\limits_{\delta}\text{Rank}({}^\delta\mathbf{T})=N$)。值得注意的是，并不是所有的 K 个 AP 都需要用于可行的拓扑。实际上，我们最感兴趣的是找到一个提供用户 QoS 需求的可用 AP 的子集。

调度集合 S 被定义为集合 $S=\{\Delta/\mathbf{T}\in\mathcal{T},\ \mathbf{T}=[{}^{\delta}\mathbf{T}],{}^{\delta}\mathbf{T}\in\Pi,\delta=1,\cdots,\Delta\}$，其中 Π 表示无冲突传输集合。根据定义，如果 $d_{ik}>d_{ij}$ 且 $d_{ij_k}>d_{ij}$，用户 i 和 AP j 之间的传输与干扰用户 k 及其 AP j_k 之间的传输没有冲突。

图 11.3.1(c)中给出的拓扑矩阵如下所示，其中用户 1 和 5 分别在第一个时隙上发送到 AP 1 和 3。用户 2 和 4 共享发送给 AP 1 和 2 的第二个时隙。用户 3 和 6 分别在第三个时隙发送到 AP 2 和 3。最后，用户 7 在第四个时隙上发送到 AP 2。

$$
\begin{array}{c}
i\backslash\text{AP}\\ \\ 1\\2\\3\\ \mathbf{T}=4\\5\\6\\7
\end{array}
\left[
\begin{array}{cccc}
\begin{array}{ccc}1&2&3\end{array} & \begin{array}{ccc}1&2&3\end{array} & \begin{array}{ccc}1&2&3\end{array} & \begin{array}{ccc}1&2&3\end{array}\\
\overbrace{\begin{pmatrix}1&0&0\\0&0&0\\0&0&0\\0&0&0\\0&0&1\\0&0&0\\0&0&0\end{pmatrix}}^{\delta=1} &
\overbrace{\begin{pmatrix}0&0&0\\1&0&0\\0&0&0\\0&1&0\\0&0&0\\0&0&0\\0&0&0\end{pmatrix}}^{\delta=2} &
\overbrace{\begin{pmatrix}0&0&0\\0&0&0\\0&1&0\\0&0&0\\0&0&0\\0&0&1\\0&0&0\end{pmatrix}}^{\delta=3} &
\overbrace{\begin{pmatrix}0&0&0\\0&0&0\\0&0&0\\0&0&0\\0&0&0\\0&0&0\\0&1&0\end{pmatrix}}^{\delta=4}
\end{array}
\right]
$$

整体网络容量可由式(11.3.4)得到，其中 $\mathbf{T}=[{}^{\delta}\mathbf{T}]$，$\delta=1,\cdots,\Delta$。

本节的重点是上行链路传输，但是通过考虑用户接收到的 AP 传输范围、AP 传输功率和用户接收 SINR，也可以将相同的模式运用到下行链路传输。值得注意的是，下行链路传输的连接约束可能导致不同的可行拓扑。

由于呼叫的创建和结束或 AP 服务的创建和结束，网络架构及 DNA 中的拓扑将随时间而变化。为了在高密度网络中重新配置最优拓扑优化以适应流量变化，实际实现过程中需要一些简化。

如果我们用 λ_m 表示呼叫到达率，则在流量变化之后获得新的最优拓扑所需的计算时间 T_c 应满足以下约束：$T_c<1/\lambda_m$。这样，新的拓扑可以跟踪网络动态。为了将计算复杂度保持在该阈值以下，DNA 宏网络的大小应相应缩小。为此，我们假设 DNA 宏网络被划分成簇，其维度即 N 和 K 使得约束 $T_c<1/\lambda_m$ 成立。分簇 DNA 的概念如图 11.3.1 所示。关于如何优化 DNA 宏网络不同方面的详细解释将在下面给出。

11.3.2　最佳网络架构

在本节中，我们为 DNA 范式提出了一些优化问题。第一步，旨在开发一种基本算法，以便根据一些效用函数找到最优拓扑 $\mathbf{T}\in\mathcal{T}$。其次，该算法将用于解决更复杂问题中的拓扑优化问题。QoS 需求将作为优化问题的约束而将其包含在目标中，以找到 AP 最小需求数量。然后，开发出经济模型来补偿作为 AP 的用户，从而有助于增加网络资源。最后，考虑安全需求。

固定数量 AP 的拓扑优化　我们首先考虑 DNAR 宏网络由 N 个用户和 K 个接入点组成，

称为 DNA(N,K)。将所有 N 个这些用户分配到 K 个 AP 会出现很多种可能性。每个选项定义一个可行的拓扑 $\mathbf{T}\in\mathcal{T}$。效用函数被定义为每个用户 i 的效用的总和，并且

$$U=\sum_{i=1}^{N}U_i=\sum_{i=1}^{N}\frac{c_{ij}(\mathbf{T})}{\Delta\cdot P_i} \tag{11.3.5}$$

包括按式(11.3.3a)定义的拓扑 $\mathbf{T}$ 传输时用户 i 和 AP j 之间的链路容量 $c_{ij}(\mathbf{T})$，还包括调度周期 Δ 和功耗 P_i。所有这些参数对最优拓扑结构的选择都有影响。为了保持总体的发射功率尽可能低，我们假设每个用户以到达 AP 所需的最小发射功率 $P_i=P_{iu}$ 进行发射。我们还假设用户的可用功率 $P_{ia}\geqslant P_{iu}$。然后，通过解决以下优化问题获得最优拓扑：

$$\begin{aligned}\mathcal{P}_1:\ &\underset{\mathbf{T}}{\text{maximize}}\sum_{i=1}^{N}\frac{c_{ij}(\mathbf{T})}{\Delta\cdot P_i}\\ \text{subject to}\ &\mathbf{T}=\left[{}^{\delta}\mathbf{T}\right],\delta=1,2,\cdots,\Delta\\ &\mathbf{T}\in\mathcal{T},\Delta\in S\\ &\sum_{\delta}\text{Rank}\left({}^{\delta}\text{T}\right)=N\\ &P_i=P_{iu},\ P_i\leqslant P_{ia}\end{aligned} \tag{11.3.6}$$

因此，在 $\Delta\in S$ 处获得满足先前约束的最优拓扑 $\mathbf{T}^*$。尽管这个问题是 NP 难题[53]，但在考虑效用函数时允许一定的简化。

效用和功率之间的相关性遵循关系 $\log(P)/P$，所以较低的功率能转化为更高的效用。同时，较低的功率意味着较低的 Δ，因为网络中可以同时存在更多的传输。式(11.3.6)中利用调度周期 Δ 来考虑负载分布。由于我们假设用户一次发送一个信息到特定的 AP，因此分配给同一个 AP 的用户数量增多会使 Δ 增加，从而降低了效用。由于这些原因，此优化将为最优拓扑 $\mathbf{T}^*$（连接用户与其最近可用 AP 的拓扑）提供方案。基于此方案，可以使用最小距离分簇/调度(MDCS)方案进行拓扑优化。在 MDCS 中，用户以簇为基础将信息发送到最接近的 AP。尽管执行调度时有很多选择，但这种方案大大减少了拓扑搜索空间。DNA 中相邻簇之间的调度可以针对每个簇分配不同的频率，在时隙或空间偏移方面通过时间偏移来实现。这将导致 DNA 宏网络 DNA$(N,K,\varGamma)$ 存在不同的复用因子 $\varGamma$，如图 11.3.1(c)所示，其中 $\varGamma=1/3$。

为了激励终端在特定时间段作为 AP 提供服务，网络必须使用标准化货币支付一定的费用来补偿这种服务，这在后面将会讨论。由于设立大量的 K 个 AP 的成本可能太高，接下来我们研究了在仍满足用户的 QoS 需求的条件下激活 $M\leqslant K$ 个可用 AP 的可能性。

拓扑和架构优化 式(11.3.7)中定义的优化问题可以修改为包含一定数量的 AP 所产生的成本。目的是获得最优拓扑 $\mathbf{T}$ 和保证所有 N 个用户连通性的 AP 数量 M，并提供最大效用和最小成本。

我们用 $\boldsymbol{\sigma}$ 表示 $1\times K$ 向量，其中每个分量 σ_j 是一个二进制变量，表示选择 AP j，即如果选择 AP j，$\sigma_j=1$，否则 $\sigma_j=0$。其每个分量与 $\boldsymbol{\sigma}$ 的分量相反的向量由 $\bar{\boldsymbol{\sigma}}$ 表示，其转置表示为 $(\bar{\boldsymbol{\sigma}})^{\mathrm{T}}$。

拓扑和架构优化问题定义如下：

$$\begin{aligned}\mathcal{P}_2:\ &\underset{\mathbf{T},\boldsymbol{\sigma}}{\text{maximize}}\sum_{i=1}^{N}\sum_{j=1}^{K}\sigma_j\left[\frac{c_{ij}(\mathbf{T})}{\Delta\cdot P_i}-v\,\text{cost}_j\right]\\ \text{subject to}\ &\mathbf{T}=\left[{}^{\delta}\mathbf{T}\right],\ \delta=1,2,\cdots,\Delta\\ &\mathbf{T}\in\mathcal{T},\Delta\in S\end{aligned}$$

$$\begin{aligned}&\mathbf{T}\cdot(\bar{\boldsymbol{\sigma}})^T=\mathbf{0}\\&\sum_{\delta}\operatorname{Rank}\left({}^{\delta}\mathbf{T}\right)=N\\&P_i=P_{iu},\ P_i\leqslant P_{ia}\end{aligned}\tag{11.3.7}$$

其中 v 是缩放因子。第一个和第二个约束指出拓扑 **T** 应该是可行的拓扑，第三个约束表示用户应该只分配给活动 AP，第四个约束表示 **T** 应为所有 N 个用户提供连通性，最后，第五个约束建立功率限制。

因此，可以通过 MDCS 方案获得每个 $\boldsymbol{\sigma}$ 可行的拓扑集合 $\mathcal{T}$ 。然后选择最大化某些成本效用的最佳 $\mathbf{T}^*\in\mathcal{T}$ 和 $\boldsymbol{\sigma}^*$ 。获得最大化效用所需的 AP 数量 M 可由 $M=\sum_{j=1}^{K}\sigma_j$ 得到。如果每个 AP 的成本 cost_j 相同，则先前的优化将提供 M 的最小值。否则，将避免使用高成本 AP 的配置。

QoS 需求 我们认为用户的 QoS 需求是根据约束 $c_{ij}(\mathbf{T})/\Delta\geqslant\gamma$ 以吞吐量形式给出的，其中 γ 是一个常量。式(11.3.7)定义的优化问题可以重新设计，从而最小化满足 QoS 需求所需的 AP 数量 M 。这可以表示为

$$\begin{aligned}\mathcal{P}_3:\ &\underset{\mathbf{T},\sigma}{\text{maximize}}\ M=\sum_{j=1}^{K}\sigma_j\\\text{subject to}\ &\mathbf{T}=\left[{}^{\delta}\mathbf{T}\right],\delta=1,2,\cdots,\Delta\\&\mathbf{T}\in\mathcal{T},\Delta\in S\\&\sum_{\delta}\operatorname{Rank}\left({}^{\delta}\mathbf{T}\right)=N\\&\mathbf{T}\cdot(\bar{\boldsymbol{\sigma}})^T=\mathbf{0}\\&P_i=P_{iu},\ P_i\leqslant P_{ia}\\&c_{ij}(\mathbf{T})/\Delta\geqslant\gamma\end{aligned}\tag{11.3.8}$$

其中约束条件与式(11.3.7)相同，此外还要加上 QoS 约束。如果我们假设每个 AP 的成本是相同的，那么以前的优化将隐式地最小化成本。接下来，我们将研究不同的成本选择及其对 AP 选择的影响。

假设回程容量不会对在无线链路中获得的容量加以限制，则先前的优化问题得到解决，因此可以在式(11.3.8)中实现 QoS 需求。下一节将介绍在回程链路中设定的潜在容量限制的附加意见。

DNA 中获得资源的经济模式 如前面所述，DNA 终端可以作为消费网络资源的用户或作为增加网络资源的 AP。在前一种情况下，终端将向网络支付与资源消耗成比例的金额；而在后一种情况下，网络将向终端支付与其对网络资源的整体增长的贡献成正比的金额。为了降低 AP 对网络带来的成本开销，用户将选择提供最低价格的 AP。因此，我们需要更详细地制定终端和运营商之间的协议。接下来，我们提供这些协议的不同方案。

***T/W(r/q)/I(R/Q)* 协议** 在此方案中，终端 T 作为用户，与无线运营商 W 签订协议，并与因特网运营商 I 签订协议。这两个协议基于无线运营商提供的速率 r（因特网运营商提供的速率 R）或无线连接中的上传流量 q（因特网连接的流量 Q）。

定价机制可以设计成使得价格与信道的实际速率 $r(t)$ 和时间 T_r 成比例，如下所示：

$$\text{price}(r,T_r)=\alpha_r\int_0^{T_r} r(t)\mathrm{d}t \tag{11.3.9a}$$

其中α_r是比例常量。如果运营商提供固定保证速率r_0，则有

$$\text{price}(r_0,T_r)=\alpha_r\int_0^{T_r} r_0\mathrm{d}t=\alpha_r r_0 T_r \tag{11.3.9b}$$

不同于速率，定价可能基于T_q期间的最大上传流量q，固定价格表达式为

$$\text{price}\left(q,T_q\right)=\alpha_q\int_0^{T_q} r(t)\mathrm{d}t \tag{11.3.10a}$$

其中α_q是比例常量，或者对于固定速率，有

$$\text{price}\left(q_0,T_q\right)=\alpha_q\int_0^{T_q} r_0\mathrm{d}t=\alpha_q r_0 T_q \tag{11.3.10b}$$

类似的表达式可以用于因特网的情况，其中使用R和Q来代替r和q。根据所使用的定价机制，特定的协议可能有四种不同的选项：$T/W(r)/I(R)$，$T/W(r)/I(Q)$，$T/W(q)/I(R)$，$T/W(q)/I(Q)$。此外，在因特网中，AP有可能通过蜂窝网络连接有线或无线因特网。

为了对之前的叙述做一个说明，图 11.3.2 给出了$T/W(r)/I(Q)$协议的示例，包括有线和无线因特网的DNA基础设施的不同选项。特别是在图11.3.2(a)中，用户可以通过BS或AP进行无线传输，从而连接到因特网。终端i为无线连接支付的费用price_i^p取决于其传输速率r_i，而因特网服务价格price_i^I取决于预付的流量Q_0。终端向任何相邻用户k收取的连接费用为price_i^c，并且取决于其先前在该终端i处使用的速率r和流量$\overline{Q}_i$。由于终端i作为AP时，相邻用户k向i发送数据，我们用$R_{ei}(I_{ki})=\sum_k I_{ki}r_k$表示终端$i$的总体外部传输速率。如果用户$k$通过终端$i$发送数据，则指标$I_{ki}=1$，否则为0。因特网连接的总速率$R$受到终端$i$的传输速率的限制，即$R>R_{\Sigma i}=R_i+R_{ei}$，其中$R_{\Sigma i}$是终端$i$及其相邻用户的聚合速率。速率$R_i$是因特网终端$i$的内部速率，$R_{ei}$则为相邻用户的外部传输速率。由$i$在时刻$t$发送的流量由$\overline{Q}_i=R_{\Sigma i}t$给出。同样的符号也适用于图11.3.2(b)，唯一的区别在于因特网连接是无线的。因此，无线因特网连接的总体速率受到链路容量$c_i>R_{\Sigma i}$的限制。虽然MIMO(大规模MIMO)技术可以显著增加c_i，但是在这种情况下，新的AP仍然不具备提供WLAN的能力。即使如此，通过新的AP卸载多个宏蜂窝用户将减少干扰，增加网络中其他潜在用户的容量。这样的约束在图11.3.2(a)的示例中不存在。

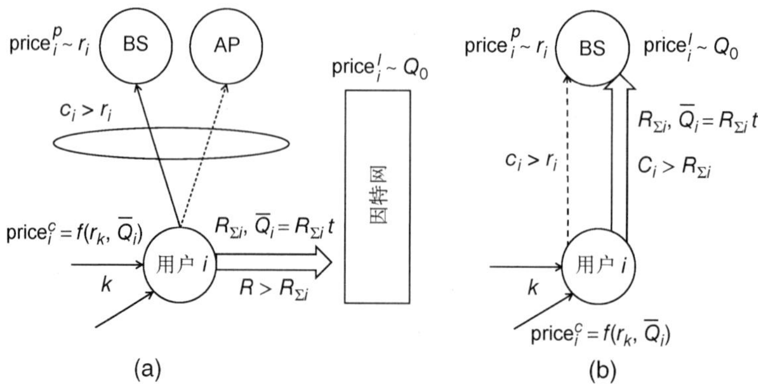

图 11.3.2　$T/W(r)/I(Q)$协议的DNA网络模型：(a)有线因特网和(b)无线因特网

为了分析终端账户收支的平衡，我们需要及时对终端在作为 AP 时向相邻用户收取的价格进行平均。我们将假设终端采用$T/W(r)/I(Q)$协议，如图 11.3.2 所示，使用单个运营商签名，这表明同一运营商同时提供W和I服务。

假设用户向因特网运营商支付固定费用$\text{price}_i^I = \chi_0$，用于在$T_0$期间在因特网连接上传输最大流量$Q_0$。设用$p^I$表示给定时刻使用因特网连接的概率。用户在因特网连接上发送自身流量的概率由p_i^I给出，而代替无线连接的概率是p_i^W。

然后，直到时刻t，终端i在因特网连接上发送的平均流量为

$$\bar{Q}_i(t) = p^I\left[p_i^I R_i t + \left(1-p_i^I\right)R_{ei}t\right] \tag{11.3.11a}$$

其中R_i是终端i的传输速率，R_{ei}是其平均外部传输速率。为了给出这个参数，我们首先定义i在用户k的传输范围内的概率p_{ki}。这个概率可以表示为$p_{ki} = A_k/A_c$，其中A_k和A_c分别是用户k的传输面积和 DNA 簇的面积。终端i的平均总体外部传输速率可以表示为

$$R_{ei} = r\sum_{k=0}^{N} k\left(e_i p_{ki}\right)^k \cdot \left(1-e_i p_{ki}\right)^{N-k} \tag{11.3.11b}$$

其中$r=\overline{r}_k$是无线连接的平均用户速率，e_i是终端i被选为 AP 的概率。概率e_i应该与终端i向其连接的相邻用户收取的价格price_i^c成反比。这个价格取决于因特网支付的固定价格χ_0和i处可用的剩余流量：

$$\text{price}_i^c = \frac{\chi_0}{1+Q_0-\bar{Q}_i(t)},\quad Q_0 \geqslant \bar{Q}_i(t) \tag{11.3.12}$$

其中$\overline{Q}_i(t)$是持续到时刻t传输的累积流量。由于终端i的可用流量减少，因此与相邻用户连接的费用将会提高。然后，通过对$e_i = \alpha_e/\text{price}_i^c$进行建模，其中$\alpha_e$是比例常量，使得$0 \leqslant e_i \leqslant 1$，并且用在式(11.3.11b)中，就可以估计$\overline{Q}_i(t)$。为了简单起见，我们假设只有一个用户可以访问终端$i$，因此在$R_{ei}=r$时，式(11.3.11a)可以重写为

$$\begin{aligned}\bar{Q}_i(t) &= p^I\left[p_i^I R_i t + \left(1-p_i^I\right)rt\alpha_e/\text{price}_i^c\right] \\ &= p^I\left[p_i^I R_i t + \left(1-p_i^I\right)rt\alpha_e[1+Q_0-\bar{Q}_i(t)]/\chi_0\right]\end{aligned} \tag{11.3.11c}$$

在$t=T_0$时得到

$$\begin{aligned}\bar{Q}_i(T_0) &= p^I\left[p_i^I R_i T_0 + \left(1-p_i^I\right)rT_0\alpha_e/\text{price}_i^c\right] \\ &= p^I\left[p_i^I R_i T_0 + \left(1-p_i^I\right)rT_0\alpha_e[1+Q_0-\bar{Q}_i(T_0)]/\chi_0\right]\end{aligned} \tag{11.3.11d}$$

作为先前定义的替代方案，可以将流量消耗的动态模型定义为

$$\begin{aligned}Q_i(t+1) &= p^I\left[p_i^I R_i(t)\Delta t + \left(1-p_i^I\right)e_i r\Delta t\right] \\ &= p^I\left[p_i^I R_i(t)\Delta t + \left(1-p_i^I\right)r\Delta t\alpha_e[1+Q_0-\bar{Q}_i(t)]/\chi_0\right]\end{aligned} \tag{11.3.13a}$$

其中$Q_i(t+1)$是在时间$(t,t+1)$中传输的流量，Δt是传输的持续时间，而$\overline{Q}_i(t)$是直到时刻t为止由式(11.3.13a)获得的累积流量，

$$\bar{Q}_i(t) = \sum_{j=1}^{t} Q_i(j) \tag{11.3.13b}$$

最后，在T_0期间传输的总流量为

$$\bar{Q}_i(T_0) = \sum_{t=1}^{T_0} Q_i(t) \tag{11.3.13c}$$

作为性能度量标准，我们定义以下参数：

- 因特网协议利用率 ξ_i 定义为

$$\xi_i = \bar{Q}_i(T_0)/Q_0 \tag{11.3.14}$$

其中 $\bar{Q}_i(T_0)$ 是协议持续期间(T_0)传输的流量，Q_0 是可用流量的初始量。

- 协议价格回收率 ε_i 如下：

$$\varepsilon_i = p^I \frac{1}{\chi_0}\left(\frac{\chi_0 p_i^I R_i T_0 + \text{price}_i^c\left(1-p_i^I\right)e_i r T_0}{Q_0}\right) \tag{11.3.15}$$

其中第一项是终端 i 在传输自身流量时花费价格的百分比，第二项是作为 AP 获得的价格的百分比。

以前的等式可以轻易地扩展到其他类型的协议[例如，$T/W(r)/I(R)$、$T/W(q)/I(R)$ 和 $T/W(q)/I(Q)$]。该框架为进一步扩展模型提供了许多机会，特别是在多运营商场景中。用作 AP 的奖励还取决于终端的容量，使得较弱的终端(如智能电话)可以获得比容量更高的 PC 或常规 AP 更多的奖励。

安全投资　在本节中，我们有兴趣评估用户的安全投资如何影响其性能，从而影响网络利用率。我们假设用户投资于安全措施，例如购买软件并在其系统上进行配置。这里提供了一个安全级别 L_i，并带来了更多的直接成本 S_i。更高的成本带来更高的安全级别。更高的安全投资降低了用户容易受到攻击的可能性及其他用户被攻击的可能性。当终端作为附近其他用户的 AP 时，它将受益于其安全性投资，并且被选为 AP 的概率 e_i 将更高。当连接到终端 i 时，相邻用户 k 所要求的安全级别为 $D_{ki} \geqslant L_k$，这样其投资不会被浪费。否则，用户将不会对该连接感兴趣。终端 i 被选为 AP 的概率可以近似为

$$e_i = \frac{\alpha_e}{\text{price}_i^c} p(L_i \geqslant D_{ki}) = \frac{\alpha_e}{\text{price}_i^c} p(L_i \geqslant L_k) \tag{11.3.16}$$

其中 e_i 与式(11.3.12)中由终端 i 连接给出的价格 price_i^c 成反比，并且与 i 满足用户 k 所要求的安全级别的概率成比例。如果用户 k 和终端 i 的安全级别之间的差异是非常大的，即 $L_i - L_k \gg 0$，那么 i 将在服务用户 k 时收取额外的价格 $\text{price}_i^s = \alpha_s(S_i - S_k)$，其中 α_s 是比例常量。这笔费用将用作补偿，因为 i 在服务用户 k 后需要扫描系统或采取额外的安全措施。因此，终端 i 将收取的安全连接的价格是 $\text{price}_i^{cs} = \text{price}_i^c + \text{price}_i^s$。上一节讨论的经济模型应加以修改，以包含本节定义的 e_i 和价格。

11.3.3　最优拓扑的动态跟踪

在实际网络中，流量在时间和空间上是变化的，需要一种有效的机制来将网络中的流量变化重新配置到最优拓扑中。本节中定义的优化问题可以在动态环境中解决，其中观测时刻 t 的拓扑由 $\mathbf{T}^t$ 表示。如前所述，重新配置拓扑的时间受到网络动态变化的限制。由于这些原因，人们提出了 GA 机制，以跟踪由于流量变化而导致的最优拓扑结构的变化。

遗传算法(GA)机制　GA 是一种受自然进化启发的计算机制，其中更强大的个体更有可能在竞争环境中生存。GA 已经被证明是传统搜索和优化方法的有效替代方法，特别是对于所有在合理时间内由于潜在解决方案的空间太大而无法彻底搜索的问题[54,55]。

GA 的第一步是将问题编码为由几个基因组成的染色体或一组染色体。接下来针对问题创建一个称为初始人口的可行解决方案池。将通过适应度函数计算的适应度值与每个染色体相

关联，表明染色体的优越度。利用遗传算子的选择、交叉和突变对人口进行操作，以产生新一代人口，这是来自旧种群的一套新的可行解决方案。根据适者生存的想法，为下一代选择更可行的解决方案。随着算法的持续和新一代的发展，解决方案的质量也将得到提高。文献[56]中概述了 GA 及其应用的成功。

我们将基因组作为一个可行的拓扑结构 $\mathbf{T} \in \mathcal{T}$，它由一组染色体 $^{\delta}\mathbf{T}$ (部分拓扑)组成，它们在调度周期(长度) Δ 中为 N 个用户提供连接 K 个 AP 的机会。我们通过考虑拓扑变化是由 AP 和用户可用性的变化引起的来对 DNA 网络中的流量变化进行建模。

编码和初始群体 我们将拓扑 $\mathbf{T}$ 编码为染色体块，定义其中每个染色体为部分拓扑 $\mathbf{T} = [^{\delta}\mathbf{T}]$，$\delta = 1, 2, \cdots, \Delta$，$\Delta$ 是调度周期。染色体 $^{\delta}\mathbf{T} = [^{\delta}T_{ij}]$ 的每一项表示具有基因型 i (用户)和表现型 j (AP)的基因。因此，每个基因定义了用户 i 和 AP j 之间的连接。

我们假设网络的初始拓扑是已知的，由 $\mathbf{T}_0$ 表示。稍后，我们将提供算法对网络初始状态的健壮性的细节。此拓扑需要根据以下网络中可能的变化进行相应的修改。

1. 如果新用户接入网络，则新用户将被分配到其最接近的 AP。
2. 如果用户离开网络，则其拓扑矩阵中的项将为零。
3. 如果新的 AP 出现在网络中，则其最接近的用户将被重新分配给这个新的 AP。
4. 如果新的 AP 离开网络，则其用户将被重新分配给剩余的最接近的 AP。

也有可能检测到一个以上的变化，这些情况如下。

5. 用户变成 AP。在这种情况下，拓扑结构应如(2)和(3)所示进行修改。
6. AP 变成用户。那么，拓扑结构应该如(1)和(4)所示进行修改。

初始拓扑 $\mathbf{T}_0$ 的更新导致 $\mathbf{T}_0^+$ 的变化。在任何时刻 t，g 拓扑(基因组)都包含在种群池 $P(t)$ 中。初始种群 $P(0)$ 由随机生成的拓扑 $\mathbf{T}_0^+$ 和 $g-1$ 个拓扑组成，即 $P(0) = \{\mathbf{T}_0^+, \mathbf{T}_1, \cdots, \mathbf{T}_{g-1}\}$。通过将遗传算子应用于当代的拓扑结构，可获得下一代人口。用于评估拓扑的适应度函数由式(11.3.4)、式(11.3.7)或式(11.3.8)的效用函数给出。

遗传算子 主要实现选择、交叉和突变操作。选择操作包括选择当前人口中产生的 40%的最高适应度拓扑，从而在下一代中得以继承。然后，通过对所选择的拓扑结构(每个运营商生成的 30%拓扑)应用交叉和突变操作，获得其余的新人口。这为精英主义和多样性水平之间提供了折中，以便在过去的基础上产生新的拓扑。

交叉操作是在相同基因组的两个不同染色体之间移动两个基因以产生后代拓扑。我们可以随机选择一个拓扑，然后随机选择两个基因，并应用交叉来生成新的拓扑：

$$^{\delta_1}T(i_1, j_1) \rightleftarrows {}^{\delta_2}T(i_2, j_2)$$

可以重复选择拓扑，但是如果后代拓扑出现已有拓扑，则将其从池中删除，并随机选择另一个拓扑。由此操作产生的新拓扑将始终是可行的拓扑。

该操作的目的是减少由并发传输导致的干扰。在这种情况下，我们可以将其中一个干扰用户(全基因)移动至不同的时隙进行传输。该操作在图 11.3.3(a)所示的场景下进行了说明，其中最初的用户 1 和 2 共享第一个时隙，用户 3 和 4 在下一个时隙中发送。在交叉之后，基因 1 和 4 将被移位，生成了以下的新拓扑：

$$\mathbf{T}=\begin{array}{c|cc|cc|}
i\backslash AP & 1 & 2 & 1 & 2\\
 & \multicolumn{2}{c|}{\delta=1} & \multicolumn{2}{c|}{\delta=2}\\
1 & 0 & \mathbf{1} & 0 & 0\\
2 & 1 & 0 & 0 & 0\\
3 & 0 & 0 & 1 & 0\\
4 & 0 & 0 & 0 & \mathbf{1}
\end{array};\quad \mathbf{T}_{\text{new}}=\begin{array}{c|cc|cc|}
i\backslash AP & 1 & 2 & 1 & 2\\
 & \multicolumn{2}{c|}{\delta=1} & \multicolumn{2}{c|}{\delta=2}\\
1 & 0 & 0 & 0 & \mathbf{1}\\
2 & 1 & 0 & 0 & 0\\
3 & 0 & 0 & 1 & 0\\
4 & 0 & \mathbf{1} & 0 & 0
\end{array}$$

$$^{\delta_1}T(1,2) \rightleftarrows {}^{\delta_2}T(4,2)$$

其中用户 2 和 4 将共享第一个时隙，并且用户 1 和 3 将在第二个时隙中发送。如图 11.3.3（a）所示，此拓扑中的干扰将会减少。

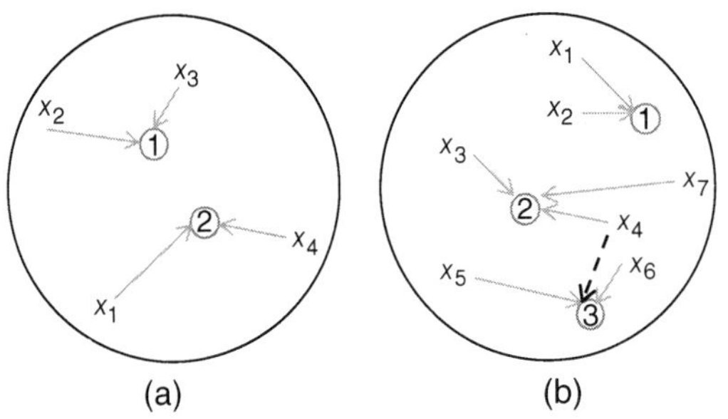

图 11.3.3　遗传操作说明：（a）交叉和（b）突变

突变操作　便于将解决方案跳转到搜索空间的未探索区域。该操作将用户分配给执行更方便的 AP。这可以通过突变个体基因的表现型来实现。图 11.3.3（b）给出了突变操作的一个例子，其中用户 4 的表现型从 2 个突变为 3 个。产生的新拓扑为

$$\mathbf{T}=\begin{array}{c|ccc|ccc|ccc|}
i\backslash AP & 1 & 2 & 3 & 1 & 2 & 3 & 1 & 2 & 3\\
 & \multicolumn{3}{c|}{\delta=1} & \multicolumn{3}{c|}{\delta=2} & \multicolumn{3}{c|}{\delta=3}\\
1 & 1 & 0 & 0 & 0 & 0 & 0 & 0 & 0 & 0\\
2 & 0 & 0 & 0 & 1 & 0 & 0 & 0 & 0 & 0\\
3 & 0 & 0 & 0 & 0 & 0 & 0 & 0 & 1 & 0\\
4 & 0 & \mathbf{1} & 0 & 0 & 0 & 0 & 0 & 0 & 0\\
5 & 0 & 0 & 0 & 0 & 0 & 0 & 0 & 0 & 1\\
6 & 0 & 0 & 0 & 0 & 1 & 0 & 0 & 0 & 0
\end{array};\quad \mathbf{T}_{\text{new}}=\begin{array}{c|ccc|ccc|ccc|}
i\backslash AP & 1 & 2 & 3 & 1 & 2 & 3 & 1 & 2 & 3\\
 & \multicolumn{3}{c|}{\delta=1} & \multicolumn{3}{c|}{\delta=2} & \multicolumn{3}{c|}{\delta=3}\\
1 & 1 & 0 & 0 & 0 & 0 & 0 & 0 & 0 & 0\\
2 & 0 & 0 & 0 & 1 & 0 & 0 & 0 & 0 & 0\\
3 & 0 & 0 & 0 & 0 & 0 & 0 & 0 & 1 & 0\\
4 & 0 & 0 & \mathbf{1} & 0 & 0 & 0 & 0 & 0 & 0\\
5 & 0 & 0 & 0 & 0 & 0 & 0 & 0 & 0 & 1\\
6 & 0 & 0 & 0 & 0 & 1 & 0 & 0 & 0 & 0
\end{array}$$

$$^{\delta_1}T(4,2) \longrightarrow {}^{\delta_1}T(4,3)$$

GA 的收敛和复杂性　通过使用上述遗传算子产生新一代人口后，再次使用适应度函数来评估生成的拓扑，并以相同的方式重复该过程。由于 40%的最优拓扑结构保留在池中，因此每一代中最优拓扑结构的适应性将始终优于上一代或与上一代持平。

如果用 $f_n'(\mathbf{T}_n')$ 表示拓扑 $\mathbf{T}_n'$ 获得的一代 n 中的最佳适应度函数，则当 $\left|f_{n+1}'(\mathbf{T}_{n+1}')-f_n'(\mathbf{T}_n')\right|\leqslant\varepsilon$ 时，GA 收敛到解，其中 $\varepsilon\simeq 0$。一定概率下拓扑 $\mathbf{T}_{n+1}'$ 将是最优拓扑 $\mathbf{T}^*$，即成功概率或成功比率为 p_{sus}。该概率是找到最优拓扑的次数与 GA 的运行次数之间的比率。在此过程中，使

用详尽搜索来确认最优拓扑。当 $p_{\text{sus}}=1$ 时，拓扑 $\mathbf{T}^*$ 获得了最佳适应度函数 f^*。如果 $p_{\text{sus}}<1$，则 $|f'-f^*|>0$，并且拓扑 $\mathbf{T}'_{n+1}$ 是次优解。为了达到最佳解决方案，必须将群体 g 的大小及基于 GA 的代数 N_g 调整到 DNA 的大小。这将在下一节通过仿真给出。

GA 的复杂度由以下参数给出：

- 获得最优解所需的总拓扑数 G，$G=g\cdot N_g$，其中 g 是每代的拓扑数，N_g 是代数。
- 计算时间是获得最优拓扑所需的时间（CPU 时间）。

两级接入允许控制（2L-AAC）方案　传统的允许控制机制旨在通过在给定时间内限制接入网络的新用户数量来维护用户所需的 QoS。在本书中，我们提出了一种 2L-AAC 方案，其规范了新用户和 AP 对网络的访问，以便将每个用户的效用水平 U_i 保持在某个阈值 U_0 以上。

如果我们假设网络效率通过前面定义的效用来度量，并且存在具有效用 $U_i<U_0$ 的用户，那么 2L-AAC 方案可以通过执行以下操作来提高 U_i：

- 允许一个新的、距用户 i 的距离更近的 AP k 而不是实际的 AP j（$d_{ik}<d_{ij}$）访问网络。在这种情况下，随着新的 AP 的接近，功耗 P_i 将减小。
- 减少发送给 AP j 的用户数量，使调度周期 Δ 减少。
- 减少与用户 i 共享时隙的用户数量，这将增加容量 $c_{ij}(\mathbf{T})$。

之前所有的选项都将增加整体效用。在流量发生变化后，根据式（11.3.5）可知应重新配置新的拓扑结构，以提供最佳性能。如果效用还包括式（11.3.7）中的成本和网络的 $U_i<U_0$ 某些状态下的最大效用，则可以进行与之前相同的操作。唯一的区别是，引入新的 AP 将会增加成本，这个增量应该抵消了效用的增益。否则，新的 AP k 可以替换实际的 AP j。

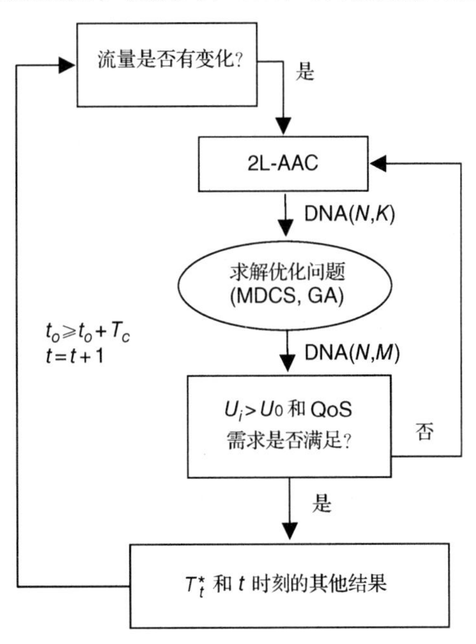

图 11.3.4　2L-AAC 方案的相互作用及优化问题

2L-AAC 方案的说明如图 11.3.4 所示，其中假设用户/ AP 到达间隔 $1/\lambda_m$ 大于计算时间 T_c。观测时刻 t_o 被假定为 T_c 的倍数。

实施　优化问题将在 BS 或等效网络控制器上进行处理，该控制器将跟踪每个 DNA 簇中的现有流量。BS 将把用户分配给最适合的簇，并且 2L-AAC 方案将基于簇提供访问。

作为优化问题的结果，我们获得了为簇内重新分配（切换）提供数据的最优拓扑。终端状态（用户或 AP）将在传统的上行链路信令（控制）信道上传送。然后，网络控制器将根据给定的效用函数将每个用户分配给最方便的 AP。我们假设用户 AP 的分配在调度周期内是固定的。此外，我们假设在流量变化后获得新的最优拓扑所需的计算时间为 T_c 且 $T_c<1/\lambda_m$，其中 λ_m 是呼叫到达率。这样，新的拓扑可以跟踪网络动态。由于系统对变化做出反应的时间不会少于 T_c，因此观察时刻被假定为 $t_o\geqslant T_c$。所考虑的网络簇的大小应相应缩放，从而将计算复杂度保持在该阈值以下。

在 DNA 宏网络中，得到的效用为$U = \varGamma \cdot \sum_{i=1}^{\varGamma} U_i$，其中$\varGamma$为复用因子。

在业务发生变化之后，可以应用分簇/重新分簇算法[57,58]来处理簇间切换。

11.3.4 性能图解

在本节中，在计算机上使用 MATLAB 进行仿真来呈现网络的性能。我们考虑的情况如图 11.3.5 所示，其中假设N个节点(用户)和K个 AP 被随机放置在$1000 \times 1000\ \text{m}^2$的区域中。这种场景对应于$\text{DNA}(N,K)$。DNA 宏网络的结果由上一节得到。仿真参数总结在表 11.3.1 中。

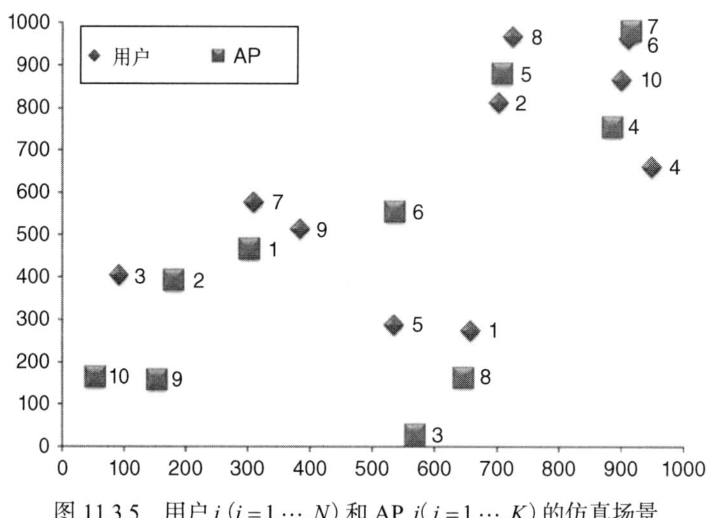

图 11.3.5 用户$i\ (i=1,\cdots,N)$和 AP $j\ (j=1,\cdots,K)$的仿真场景

在图 11.3.6 中，当有 5 个 AP 且$K=4$、$N=6,\cdots,10$时，以式(11.3.6)定义的优化问题的结果作为最优拓扑获得的效用。这些用户和 AP 的位置如图 11.3.5 所示。当$K=4$时，图中索引较高的 AP 不活跃。同样的原则适用于$K=5$的情况。$K=5$的效用较高，因为传输功率和完成传输所需的时隙数要低于$K=4$的情况。MDCS 和 GA 已经解决了优化问题。为了通过 GA 获得最优拓扑，用 DNA 的大小来缩放种群的大小和代数。之前参数中使用的值将在后面的图 11.3.12 中说明。

表 11.3.1 仿真参数

仿真区域	$1000 \times 1000\ \text{m}^2$
α	3
N_0	1
τ	10 mW
p^I	0.5
χ_0 / Q_0	1
R_i / R_{ei}	$1,\cdots,4$
λ_m	0.01 calls/s

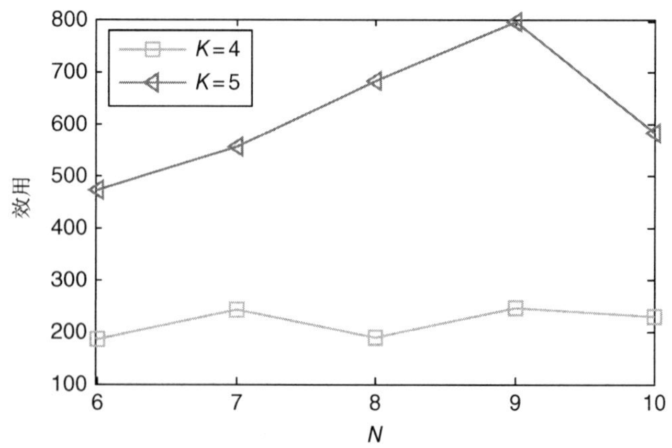

图 11.3.6 式(11.3.6)中最优拓扑定义的效用与用户数N之间的关系曲线

在图 11.3.7 和图 11.3.8 中，分别显示出用于 MDCS 和 GA 生成最优拓扑的拓扑数 G 及运行时间。处理器 Intel Core i5-2400 CPU (3.10 GHz，8 GB RAM) 可用于仿真。

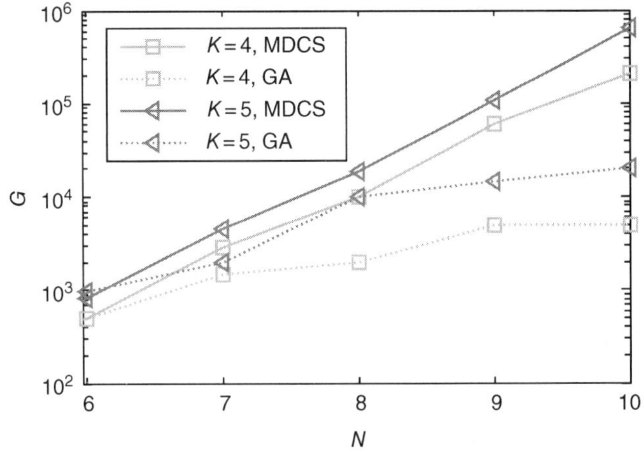

图 11.3.7 式 (11.3.7) 中拓扑数 G 与用户数 N 之间的关系曲线

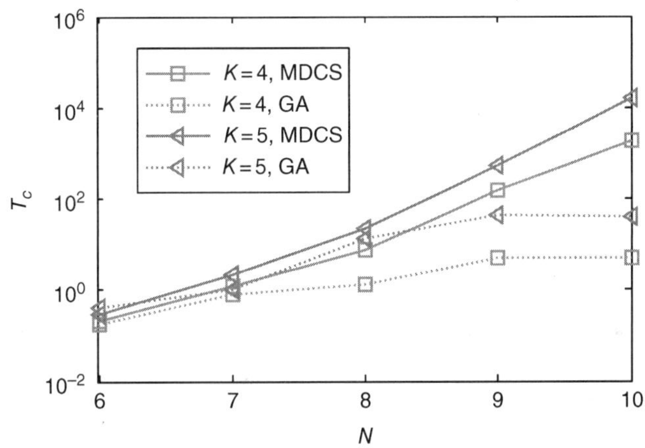

图 11.3.8 式 (11.3.7) 中求得最优拓扑所需的运行时间 T_c 与用户数 N 之间的关系曲线

从这些图中可以看出，在给定 K 值的情况下，由 GA 获得的改善随着 N 而增加。值得注意的是，由 MDCS、G_{MDCS} 产生的拓扑结构的数量及时间 $T_{c_{\text{MDCS}}}$ 随着 N 线性增加。

通过使用 GA，G_{GA} 和 $T_{c_{\text{GA}}}$ 的增幅更为缓和。特别是，对于 DNA (4,8)，G_{GA} 比 G_{MDCS} 小一个数量级。对于每个新用户（$N=9$，$N=10$），可以通过 GA 将改善结果提高一个数量级。在所考虑的场景下，运行时间 $T_{c_{\text{GA}}}$ 是低于 100 s 的，因此当典型的呼叫到达率为 $\lambda_m = 0.01$ calls/s [59]且 DNA 为所考虑的大小时，GA 可以跟踪最优拓扑的变化。

在图 11.3.9 中，当成本为 $0,\cdots,200$ 时，给出的效用为式 (11.3.7) 定义的优化问题的结果。所考虑的 DNA 包括 $N=6$ 个用户和 $K=1,\cdots,5$ 个可用 AP。该场景如图 11.3.5 所示，其中索引大于 6 的用户不活跃，对于 AP 也是一样。如预期的那样，对于较高的成本值，效用较低，而对于较高的 K 则效用较高。图 11.3.10 给出了在不同的成本值和 K 下获得的 M 的最优值。

对于 $N=4,\cdots,6$ 和不同的 K 值，优化问题即式 (11.3.8) 的结果如图 11.3.11 所示。对于 QoS 的不同约束值 γ，每个场景可获得 M 的最优值。如前所述，该场景如图 11.3.5 所示。

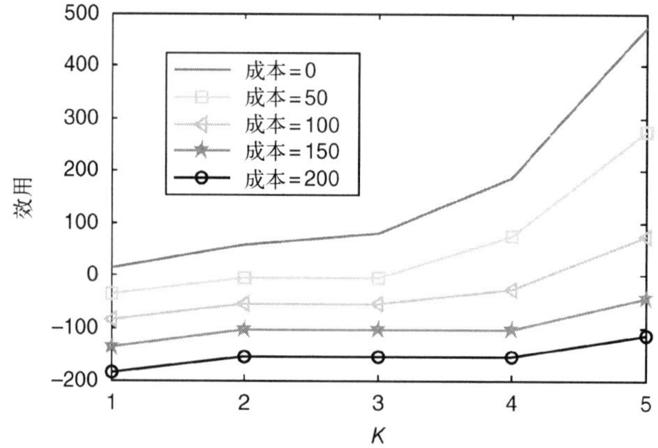

图 11.3.9　$N=6$ 时，式(11.3.7)的最优拓扑定义的效用与可用 AP 数 K 之间的关系曲线

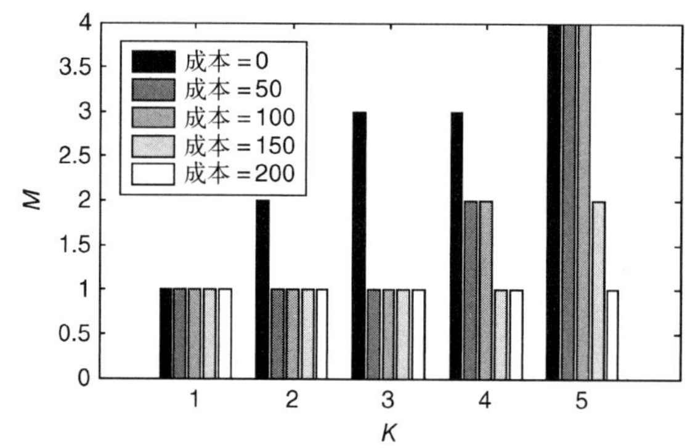

图 11.3.10　式(11.3.7)定义的优化问题的 M 的最优值与可用 AP 数 K 之间的关系图

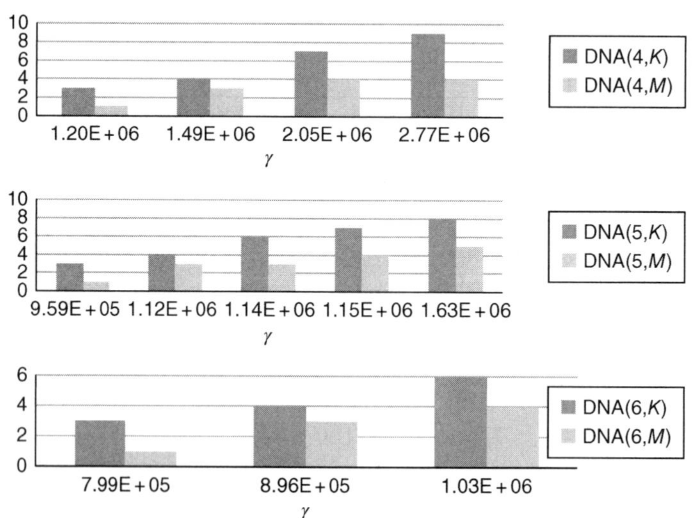

图 11.3.11　M 和可用 AP 数 K 与 QoS 约束值 γ 的关系图

图 11.3.12 中给出了在 DNA(7,5) 和 DNA(10,5) 场景下，以生成的拓扑数 G 为自变量的 GA 成功率。在这种情况下，我们认为网络的初始状态是未知的，所以这个参数也是 GA 对网络初始状态健壮性的指示。初始种群由随机产生的许多可行拓扑结构组成。获得的拓扑数 G 为种群数 g 和代数 N_g 的乘积。表 11.3.2 给出了上述结果所用的 g 和 N_g 的值。仿真过程在重复

50 次后，成功率被定义为相对于运行次数的最优拓扑的数量。我们可以看到，DNA (7,5) 产生 $G = 2000$ 个拓扑，其中当 $g = 20$ 、$N_g = 50$ 时获得成功率为 1 的最优拓扑。在更大的网络中，如 DNA (10,5) 需要 $G = 8000$ 以获得最优拓扑，其中 $g = 40$ ， $N_g = 200$ 。

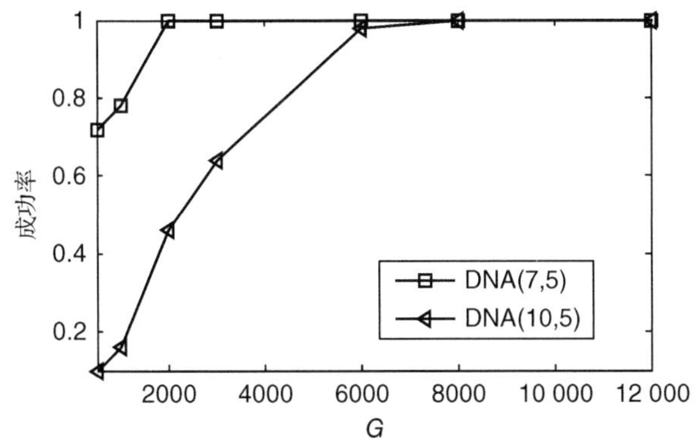

图 11.3.12 随机选择初始人口时的成功率与拓扑数 G 的关系曲线

表 11.3.2 GA 参数

g	N_g	G
10	50	500
20	50	1000
20	100	2000
30	100	3000
30	200	6000
40	200	8000
50	200	10 000
60	200	12 000

在图 11.3.13 中，对于不同的 p_i^I 值及 R_i 和 R_{ei} 之间不同的比率，并同时考虑到流量的静态和动态模型，给出了由式(11.3.14)定义的因特网协议利用率 ξ_i 。对于 $T/W(r)/I(Q)$ 协议，用于该仿真的场景如图 11.3.2 所示。因特网连接的概率设置为 $p^I = 0.5$ ，价格 χ_0 与初始预付流量 Q_0 之间的关系已经归一化为 1，从而为每个单位流量计费。结果，我们可以看到利用率 ξ_i 随着 p_i^I 和用户 i 的速率 R_i 的增加而增加。此外，当使用动态模型时， ξ_i 较大。其原因在于静态模型中使用的 price_i^c 是在协议的 T_0 结束时获得的价格，因此高于每次动态模型在 t 时刻所计算的结果。因此，用户 i 被选为 AP 的概率 e_i 也会较低，这样用户将有更多的机会传输自身的流量。对于越大的 R_i ，两个模型的 ξ_i 之间的差值越大。

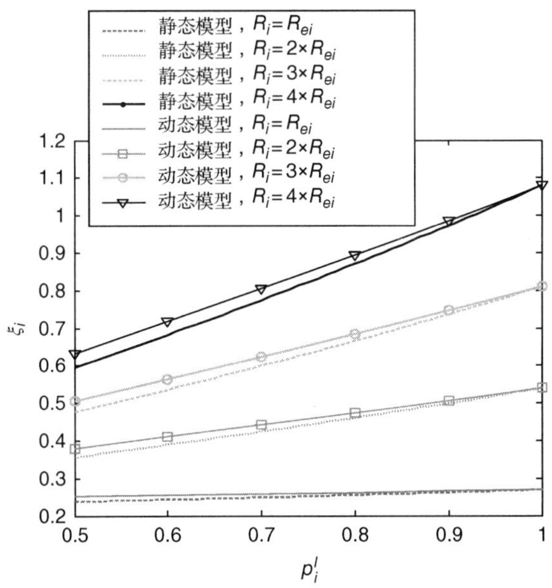

图 11.3.13 流量的静态模型和动态模型下 ξ_i 与 p_i^I 的关系曲线

图 11.3.14 中使用了同样的场景来呈现 p_i^I 对协议价格回收率 ε_i 的影响。如图所示，对于较高的 p_i^I 值， ε_i 较大，并随着用户 i 的不断利用而增加。

我们给出一组仿真来显示安全性要求对参数 ξ_i 和 ε_i 的影响。这些结果并不受空间限制且得出的结论很容易由式(11.3.16)证明。用户满足相邻用户 i 的安全需求的概率越高，被选为 AP 的概率就越高。如果用户 k 的安全级别与 AP 提供的安全级别之间的差异非常大，则需要对用户 k 进一步进行安全投资才能使其被 AP 接受。

最后，我们给出一些结果数据以显示 GA 在动态环境中的效率。表 11.3.3 中给出了一些场景，其中显示了 GA 跟踪网络动态的效率。在第一列中，DNA t 表示时刻 t 的网络状况。在第二列中，DNA $t+1$ 描述了在拓扑变化后下一个时刻的网络。第三列对变化进行了说明。第四列显示了流量变化后最佳效用(适用度)的值。第五列和第六列分别显示了为了获得最优拓扑，MDCS 和 GA 所生成的拓扑数。计算时间(以秒为单位)显示在最后两列。我们可以看到，在几乎所有的场景中，$G_{\mathrm{GA}} \ll G_{\mathrm{MDCS}}$。唯一的例外是当考虑的 DNA 很小时[例如 DNA (4,3)]，在这种情况下，由于可能组合的数量较少，MDCS 产生的拓扑数低于 GA 产生的拓扑数。对于其余的场景，与 MDCS 相比，GA 的拓扑数和计算时间可提高两个数量级。MDCS 产生的拓扑数 G_{MDCS} 随着 DNA 的大小而呈指数增长。在这种情况下，实现 GA 的 g 和 N_g 值将最大化 G 值，达到 $G=110$。因此，表中对应于 DNA(7,4)、DNA(8,4) 和 DNA(9,4) 的最后三个结果已经达到了这个拓扑数。这些场景的最佳效用误差已经低至 10^{-3}。值得一提的是，在 DNA(9,4) 场景中，计算时间 $T_c=154.052\ \mathrm{s}>100\ \mathrm{s}$。因此，如果到达率设置为 $\lambda_m=0.01\,\mathrm{calls/s}$，则应该缩小该 DNA 以实现动态跟踪。对于图 11.3.7 和图 11.3.8 中考虑的相同情况，G 和 T_c 要低得多。这是因为在这些场景下，由拓扑 $\mathbf{T}_0$ 给出的网络的先前状态是已知的(拓扑重配置)，而在图 11.3.7 和图 11.3.8 中，优化过程是从任意随机拓扑开始的。

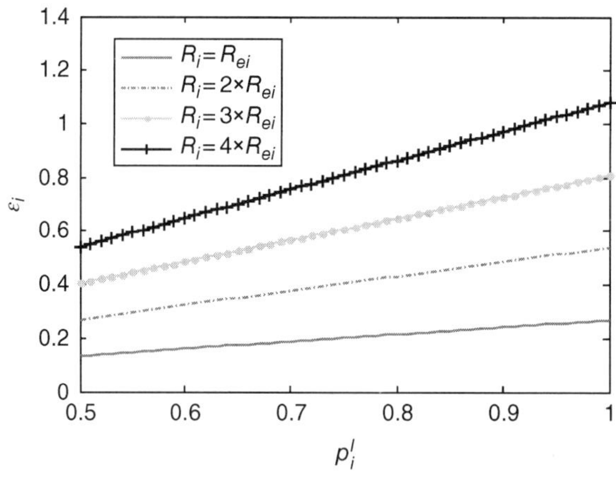

图 11.3.14 协议价格回收率 ε_i 与 p_i^I 的关系曲线

表 11.3.3 拓扑重配置场景

DNA t	DNA t+1	变 化	最佳适用度	G_{MDCS}	G_{GA}	计算时间 MDCS(s)	计算时间 GA(s)
DNA(4,2)	DNA(4,3)	新接入点	142.0225	14	30	0.0520	0.0450
DNA(4,3)	DNA(3,3)	退出用户	279.5851	33	5	0.0800	0.0530
DNA(3,3)	DNA(4,3)	新用户	142.0225	14	45	0.0520	0.0620
DNA(4,3)	DNA(4,4)	新接入点	242.5647	43	15	0.0780	0.0510
DNA(4,4)	DNA(5,4)	新用户	257.1448	153	15	0.1	0.0680

续表

DNA t	DNA t+1	变　化	最佳适用度	G_{MDCS}	G_{GA}	计算时间 MDCS(s)	计算时间 GA(s)
DNA(5,4)	DNA(6,4)	新用户	186.6262	503	35	0.21	0.0690
DNA(6,4)	DNA(6,3)	退出接入点	79.1647	189	65	0.171	0.0630
DNA(6,3)	DNA(6,4)	新接入点	186.6262	503	85	0.21	0.0790
DNA(6,4)	DNA(7,4)	新用户	241.4456	2 919	110	1.2	0.0940
DNA(7,4)	DNA(8,4)	新用户	188.144	9 996	110	7.48	0.1030
DNA(8,4)	DNA(9,4)	新用户	245.1063	58 964	110	154.052	0.1090

图 11.3.15 给出了表 11.3.3 中场景的动态性,从中我们可以看出 GA 如何跟踪网络的变化,并达到由 MDCS 计算的效用最优值。

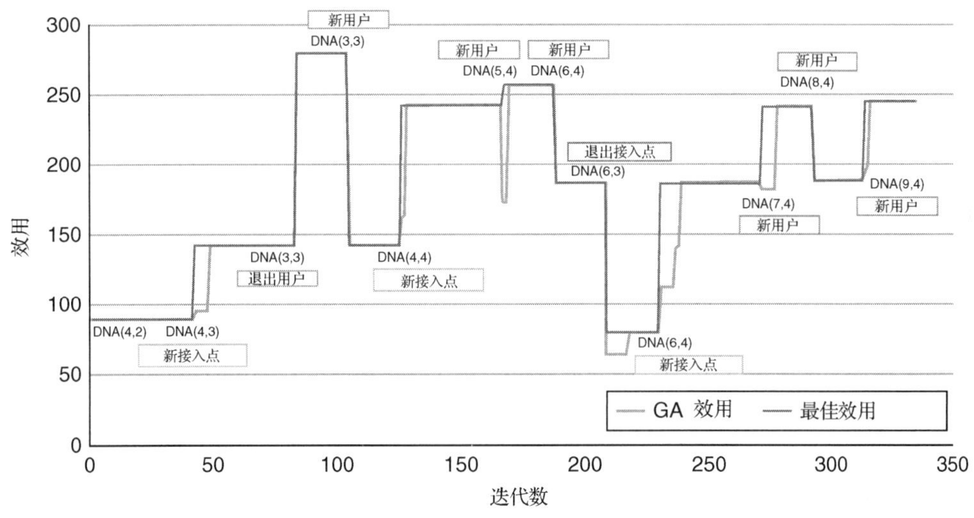

图 11.3.15　动态拓扑和架构重配置场景

11.4　异构网络经济学

本节研究蜂窝网络运营商在其现有宏蜂窝服务之上添加飞蜂窝服务的经济激励。如第 1 章所述，为了解决室内用户的信号接收问题，人们已考虑在 5G 网络大量部署飞蜂窝基站[61-63]。与宏蜂窝基站相比，飞蜂窝基站是短距离、低部署成本、低功耗、用户部署的微型基站。

尽管部署飞蜂窝服务有明显的动机，但运营商仍需要仔细考虑影响飞蜂窝服务经济回报的几个相关问题。

首先，飞蜂窝服务需要与宏蜂窝服务共享有限的许可频段。共享方案有两种类型。第一种方案是“分离载波”，其中飞蜂窝和宏蜂窝占用非重叠的频段[64-66]。第二种方案是“共享载波”（或“部分共享载波”），其中宏蜂窝和飞蜂窝在(部分)重叠频段上进行操作[63, 67, 68]。每个方案都有一定的优缺点。在本节中，我们将重点介绍第一种“分离载波”方案。

其次，当运营商引入飞蜂窝服务并收取更高的价格时，由于较高的飞蜂窝支付价格，原本体验到宏蜂窝服务质量的一些用户可能会因为飞蜂窝服务而感觉质量下降。通过保持宏蜂窝服务的原始价格，确保这些用户的满意度是非常重要的。这将限制飞蜂窝服务的资源分配。

最后，虽然飞蜂窝基站的部署成本较低，但是与宏蜂窝相比，飞蜂窝服务可能需要额外的运营成本。飞蜂窝用户的流量需要通过有线宽带因特网连接。有线因特网服务提供商(ISP)可能会对飞蜂窝相关流量征收额外费用[69]。由于飞蜂窝用户的业务流量将在到达蜂窝网络运营商自己的网络之前通过 ISP 的网络，因此解决与宏蜂窝的同步问题变得更具挑战性[70, 71]。此外，飞蜂窝服务需要与宏蜂窝服务的计费系统集成，并且需要额外的客户支持。

在本节中，我们将通过考虑上述三个问题来讨论运营商的飞蜂窝服务所带来的经济增长。我们想了解运营商何时及如何提供飞蜂窝服务，以及对原始宏蜂窝服务的相应影响。

11.4.1 仅宏蜂窝服务

首先，我们看看运营商如何对宏蜂窝服务进行价格优化，以便在不选择飞蜂窝服务的情况下最大化其利润，并将其用作评估其他选项性能的基准。然后，当我们考虑是否引入飞蜂窝服务时，运营商的利润应该不低于该基准。此外，用户在该基准可以得到包括飞蜂窝基站在内时的预期收益。

我们认为一个运营商拥有一个宏蜂窝，其拥有总共 B Hz 的无线频谱带宽以提供宏蜂窝服务，其中每个宏蜂窝用户被分配一部分带宽，并在分配的带宽上传送数据。我们将运营商和用户之间的交互模型作为两阶段斯塔克尔伯格(Stackelberg)博弈。在阶段Ⅰ，运营商确定宏蜂窝价格 p_M (每单位带宽)以最大化其利润。这里，下标 M 表示宏蜂窝。在阶段Ⅱ，每个用户决定购买多少带宽以最大化其收益。

这种基于使用的定价方案广泛应用于当今的宏蜂窝网络，特别是在欧洲和亚洲地区。由于频谱资源匮乏和无线数据流量的指数形式增长，我们预计在不久的将来，宏蜂窝和飞蜂窝服务的这种基于使用的定价方案会更加普遍。我们接下来通过反向归纳来解决这个两阶段斯塔克尔伯格博弈。

阶段Ⅱ中的用户带宽要求 由于位置的不同，不同的用户感受到的宏蜂窝基站的信道条件也不同，因此在使用相同的带宽时会达到不同的数据速率。我们认为用户每单位带宽具有固定的传输功率 P (功率谱密度约束)，并且其在宏蜂窝中的平均信道增益为 h 。在不干扰其他用户的情况下，用户的宏蜂窝频谱效率为 $(1+\mathrm{SNR})\theta=1\log(1+\mathrm{SNR})=\log(1+Ph/n_0)$ ，其中 n_0 为背景噪声功率密度。通过 b Hz 的频谱，其实现的数据速率为 θb (单位为 bps)。由于用户在其宏蜂窝服务中具有不同的信道增益，因此其感知到不同的宏蜂窝频谱效率 θ 。较大的 θ 意味着在使用宏蜂窝服务时有更好的信道条件和更高的频谱效率。在 11.4.3 节中，我们将发现所有用户使用飞蜂窝服务时也能实现相同的高频谱效率，这是因为飞蜂窝总是靠近室内用户。注意，θ 可以在[0, 1]范围内归一化，这里我们假设 θ 是均匀分布的。此外，将用户总数标准化为 1。对于具有宏蜂窝频谱效率 θ 的用户，当达到数据速率 θb 时，会获得一个效用 $u(\theta,b)$ ，如 $u(\theta,b)=\ln(1+\theta b)$ [72]。经济方面的文献中通常使用这种效用来表示获得额外资源的收益递减 [73]，而凹函数则可以实现优化。用户需要向运营商线性支付 $p_M b$ ，其中 p_M 是运营商在阶段 I 中公布的价格。用户的收益是其效用和支付价格之间的差额，即

$$\pi_M(\theta,\ b,p_M)=\ln(1+\theta b)-p_M b \tag{11.4.1}$$

基于宏蜂窝服务最大化用户收益的带宽需求的最优值是 $\partial\pi_M(\theta,b,p_M)/\partial b=0$ 的解，即

$$b^*(\theta,p_M)=\begin{cases}1/p_M-1/\theta, & p_M\leqslant\theta\\ 0, & \text{其他}\end{cases} \tag{11.4.2}$$

如果 $p_M \leqslant \theta$，则其关于 p_M 递减，关于 θ 递增。用户使用宏蜂窝服务的最大收益为

$$\pi_M(\theta, b^*(\theta,p_M),p_M)=\begin{cases}\ln(\theta/p_M)-1+p_M/\theta, & p_M\leqslant\theta\\ 0, & \text{其他}\end{cases} \tag{11.4.3}$$

其值总是非负的，并且随着 θ 不断增加。

阶段 I 中的运营商定价　接下来，我们考虑运营商在阶段 I 中价格 p_M 的最优选择。为了获得正利润，运营商需要设置 $p_M \leqslant \max\limits_{\theta\in[0,1]} \theta = 1$，以至于有些用户需购买一些阶段 II 的正带宽。一部分选择宏蜂窝服务的用户占比是 $1-p_M$。总用户需求为

$$Q_M(p_M)=\int_{p_M}^{1}\left(\frac{1}{p_M}-\frac{1}{\theta}\right)\mathrm{d}\theta=\frac{1}{p_M}-1+\ln p_M \tag{11.4.4}$$

这是关于 p_M 的递减函数。另一方面，运营商的供应带宽 B 有限，因此只能满足不大于 B 的需求。运营商选择价格 p_M 以最大化其利润(收益)，即

$$\max_{0<p_M\leqslant 1} \pi^o(p_M)=\min[Bp_M,\ p_M Q_M(p_M)] \tag{11.4.5}$$

因为 $\mathrm{d}p_M Q_M(p_M)/\mathrm{d}p_M=\ln p_M<1$，式(11.4.5)的 min 运算的第一项关于 p_M 递增，而第二项关于 p_M 递减。此外，通过检查 p_M 边界值的两项，我们可以得出式(11.4.5)的最优解是唯一的且两项在最优时是相等的。等式 $B=1/p_M^*-1+\ln p_M^*$ 的唯一解是均衡宏蜂窝价格 p_M^*。为了方便以后的讨论，我们将该基准值 p_M^* 表示为 p_M^b。此外，用户总需求 $Q_M(p_M^b)=B$。最后，均衡价格 p_M^b 随着 B 而下降，并且运营商的均衡利润 $\pi^{o*}=\pi^o(p_M^b)$ 随着 B 而增加。

宏蜂窝频谱效率 θ 小于 p_M^b 的所有用户将不会获得宏蜂窝服务。当总带宽 B 较小时，均衡宏蜂窝价格 p_M^b 接近 1，因此大多数用户将不能获得服务。这促使运营商采用飞蜂窝服务，以便可以为这些用户服务并产生额外的利润。

11.4.2　飞蜂窝简介

现考虑飞蜂窝服务如何提高运营商的利润。注意，如果该服务不能提供足够的带宽，则可以拒绝一些只需单个服务(例如，飞蜂窝服务)的用户。这是由于具有有限带宽的飞蜂窝只能为几个用户服务[74]。类似地，如果宏蜂窝面临来自太多用户的需求，则某些用户将无法得到服务。

本节的分析基于几个假设条件，每个假设条件都将在以后的章节中放宽：

1. 每个用户都有零预留收益。这意味着如果宏蜂窝服务满足不了用户对带宽的需求，只要其收益为正，则可将其切换到飞蜂窝。
2. 不同的飞蜂窝基站使用不同的频谱，没有频率复用。
3. 飞蜂窝服务与宏蜂窝服务相比，不会产生任何额外的运营成本。
4. 飞蜂窝服务与宏蜂窝服务的最大覆盖范围相同，并且每个用户可以同时接入宏蜂窝和飞蜂窝服务。

下面，回答以下两个问题：

1. 运营商引入飞蜂窝服务是否具有经济可行性？
2. 如果可行，运营商如何确定宏蜂窝和飞蜂窝服务的资源分配与定价？

阶段 II 中的用户服务选择和带宽要求　如果用户具有宏蜂窝频谱效率 θ，则在式(11.4.3)

给出其使用宏蜂窝服务的最大收益。接下来，我们在使用飞蜂窝服务时考虑用户的收益。由于飞蜂窝基站部署在室内且非常接近用户的手机，因此我们假定所有使用飞蜂窝服务的用户具有相同的良好信道条件，并且都能达到较高的效率。这意味着不考虑宏蜂窝频谱效率θ，当使用的带宽b达到数据速率b时，每个用户实现相同的收益$\pi_F(b)$。

$$\pi_F(b,p_F)=\ln(1+b)-p_F b \tag{11.4.6}$$

用户在飞蜂窝中的最佳需求是

$$b^*(p_F)=\begin{cases}1/p_F-1, & p_F\leqslant 1\\ 0, & \text{其他}\end{cases} \tag{11.4.7}$$

用户在飞蜂窝服务的最大收益是

$$\pi_F(b^*(p_F),p_F)=\begin{cases}\ln(1/p_F)-1+p_F, & p_F\leqslant 1\\ 0, & \text{其他}\end{cases} \tag{11.4.8}$$

其值总是非负的。

很明显，通过使用飞蜂窝服务代替宏蜂窝服务，具有较小宏蜂窝频谱效率θ的用户可以获得更好的收益。因此，存在分离两个服务用户的阈值θ。接下来，我们定义如下两种不同类型的阈值：

1. 给定用户的首选分区阈值$\theta_{\text{th}}^{\text{pr}}$，$\theta\in[0,\theta_{\text{th}}^{\text{pr}}]$的用户更喜欢使用飞蜂窝服务，而$\theta\in[\theta_{\text{th}}^{\text{pr}},1]$的用户更喜欢使用宏蜂窝服务。
2. 给定用户的分区阈值θ_{th}，$\theta\in[\theta_{\text{th}},1]$的用户最终由宏蜂窝服务，而$\theta\in[0,\theta_{\text{th}}]$的用户由飞蜂窝服务或者得不到服务。

注意$[\theta_{\text{th}},1]$范围内的某些用户可能不喜欢由宏蜂窝服务。首选分区阈值$\theta_{\text{th}}^{\text{pr}}$仅取决于价格$p_M$和$p_F$。如果所有用户因有足够大的$B_F$和$B_M$而满足其首选服务的需求，则用户的首选分区阈值等于用户的分区阈值$\theta_{\text{th}}^{\text{pr}}=\theta_{\text{th}}$。然而，一般来说，$\theta_{\text{th}}$可能不等于$\theta_{\text{th}}^{\text{pr}}$，这取决于运营商在阶段Ⅰ选择的$B_F$和$B_M$。我们假设运营商具有较高的优先级，从而通过宏蜂窝为具有更大θ值的用户服务(因为宏蜂窝服务更有效)。因此，如果用户的θ值过低，则运营商可以拒绝其选择宏蜂窝服务。

通过将用户的最优收益与式(11.4.3)和式(11.4.8)中的宏蜂窝和飞蜂窝服务进行比较，我们定义用户的首选分区阈值$\theta_{\text{th}}^{\text{pr}}=p_M/p_F$。具有较小的宏蜂窝频谱效率$\theta<p_M/p_F$的用户更喜欢飞蜂窝服务，具有较大的宏蜂窝频谱效率$\theta>p_M/p_F$的用户更喜欢宏蜂窝服务。

如果用户的需求被首选服务满足，则其最终需求就是其首选需求。如果用户的需求没有被首选服务满足，则用户可以切换到替代服务，并且新的需求将成为最终的需求。

阶段Ⅰ中的运营商频谱分配和定价 在阶段Ⅰ，运营商确定B_F、B_M、p_F和p_M以最大化其利润。让我们将运营商的均衡决策以B_F^*、B_M^*、p_F^*和p_M^*表示，这导致用户的均衡分区阈值等于θ_{th}^*。很明显，飞蜂窝价格p_F^*大于宏蜂窝价格p_M^*，否则所有用户将选择飞蜂窝服务。在均衡结果中，运营商的总带宽B等于用户的最终需求。

基于此，可以进一步表明分配给每个服务的带宽等于在该服务中用户的最终需求，即

$$B_F^*=\int_0^{\theta_{\text{th}}^*}\left(\frac{1}{p_F^*}-1\right)\mathrm{d}\theta=\theta_{\text{th}}^*\left(\frac{1}{p_F^*}-1\right) \tag{11.4.9}$$

$$B_M^*=\int_{\theta_{\text{th}}^*}^1\left(\frac{1}{p_M^*}-\frac{1}{\theta}\right)\mathrm{d}\theta=\frac{1-\theta_{\text{th}}^*}{p_M^*}+\ln\theta_{\text{th}}^* \tag{11.4.10}$$

并且 $B_F^*+B_M^*=B$。这意味着计算 θ_{th}^*、p_M^* 和 p_F^* 的均衡决策就足够了。运营商利润最大化问题如下：

$$\max_{p_M,p_F,\theta_{\text{th}}\in[0,1]} \pi^o(p_M,\ p_F,\ \theta_{\text{th}})=p_F\left[\theta_{\text{th}}\left(\frac{1}{p_F}-1\right)\right]+p_M\left(\frac{1-\theta_{\text{th}}}{p_M}+\ln\theta_{\text{th}}\right)$$
$$\text{subject to}\ \ p_M\leqslant\theta_{\text{th}}\leqslant 1 \tag{11.4.11}$$
$$\theta_{\text{th}}\left(\frac{1}{p_F}-1\right)+\frac{1-\theta_{\text{th}}}{p_M}+\ln\theta_{\text{th}}=B$$

从式(11.4.12)中我们可以看出，在均衡状态下，运营商只提供一个飞蜂窝服务，即 $B_F^*=B$，$B_M^*=0$。所有用户都将使用飞蜂窝服务，用户的均衡分区阈值 $\theta_{\text{th}}^*=1$。均衡飞蜂窝价格为 $p_F^*=1/(1+B)$，运营商的均衡利润为 $\pi^{o*}=B/(1+B)$。

随着飞蜂窝业务向所有用户提供更高的 QoS，运营商可以吸引具有较小宏蜂窝频谱效率 θ 的用户，并以高于均衡宏蜂窝价格 p_M^b 的价格 $p_F^*=1/(1+B)$ 出售整个带宽 B。这意味着运营商仅通过提供飞蜂窝服务就能获得更高的利润。

然而，具有大 θ（即 $\theta\to 1$）的用户将使用飞蜂窝服务获得较小的收益 $\pi_F[b^*(p_F^*),p_F^*]$，而不是使用具有更大收益 $\pi_M[\theta,b^*(\theta,p_M^b),p_M^b]$ 的初始宏蜂窝服务。如果我们将 $\pi_M[\theta,b^*(\theta,p_M^b),p_M^b]$ 视为用户的预留收益，则在这种情况下用户不接受飞蜂窝服务，并且运营商也不再能提供飞蜂窝服务。下面将详细研究这个案例。

11.4.3 用户的预留收益的影响

在本节中，我们将通过假设具有宏蜂窝频谱效率 θ 的每个用户获得不低于式(11.4.3)中计算的收益 $\pi_M(\theta,b^*,p_M^b)$ 来考虑运营商的决策。这意味着运营商总是需要提供价格与从 $B=1/p_M^*-1+\ln p_M^*$ 推导出的 p_M^b 相同的宏蜂窝服务。而且，宏蜂窝服务中的所有用户的首选需求都应该得到满足。接下来，我们再次考虑一个类似的两阶段决策过程（博弈），唯一的区别在于运营商需要满足用户的预留收益。在本节中，我们假设运营商可以优先服务飞蜂窝服务中 θ 最小的第一个用户。这是合乎情理的，因为飞蜂窝服务旨在提高室内用户的 QoS，特别是对于具有较小的宏蜂窝频谱效率的那些用户。这些用户不能使用宏蜂窝服务，并且将乐意为飞蜂窝服务支付高昂的费用。对于具有较高宏蜂窝频谱效率的用户，可以附加选择宏蜂窝服务，并且如果 p_F 较高，则不使用飞蜂窝服务。

我们再次使用反向归纳法来分析问题。由于阶段Ⅱ与之前相同，我们将重点介绍运营商在阶段Ⅰ对 B_M、B_F 和 p_F 的决策。

在均衡状态下，以下情况只有一种成立：

- 只有 $\theta\in[p_M^b,1]$ 的用户才能使用宏蜂窝服务，同时飞蜂窝服务没有服务用户。
- $\theta\in[0,1]$ 的所有用户由宏蜂窝服务或飞蜂窝服务，如果用户的 $\theta\geqslant p_M^b$，则由宏蜂窝服务。

我们可以用矛盾法来证明。首先，假设所有 $\theta\in[p_M^b,1]$ 的用户都接收到宏蜂窝服务，一些 $\theta<p_M^b$ 的用户接收到飞蜂窝服务。然而，这可能并不是真实的，因为宏蜂窝用户已经使用总带宽 B，并且没有为飞蜂窝服务留下资源。其次，假设存在分区阈值 $\theta_{\text{th}}^*>p_M^b$，使得一些 $\theta<\theta_{\text{th}}^*$ 的用户不接收飞蜂窝服务。由于对预留收益的约束，所有 $\theta\in[p_M^b,\theta_{\text{th}}^*)$ 的用户都选择接收飞蜂窝服务。由于运营商优先在飞蜂窝服务 θ 较小的用户，因此 $\theta<p_M^b$ 的所有用户也能接收到飞

蜂窝服务。这与假设形成矛盾。

如前所述，均衡飞蜂窝带宽为 $B_F^* = 0$ 或 $B_F^* \geq \int_0^{p_M^b} (1/p_M^* - 1)\,\mathrm{d}\theta$ 。这意味着当 B 较低时，运营商需要为宏蜂窝服务分配所有带宽 B 以实现用户的预留收益。只有当 B 较高时，运营商才能通过双重服务(即宏蜂窝和飞蜂窝服务)为所有用户提供服务。注意，只要 B 较高，飞蜂窝频段就需要服务比 $\theta \in [0, p_M^b]$ 时还要多的用户。因此，当 B 稍微增加时，相应地急剧增加 B_F^*（B_M^* 急剧下降）。通过与上一节类似的分析，我们可以看出，总带宽 B 与用户均衡时的最终需求相等。运营商的利润最大化问题可以简化为

$$\begin{aligned}\max_{p_F, \theta_{\text{th}} \in [0,1]} \quad & \pi^o(p_F,\ \theta_{\text{th}}) = p_F \int_0^{\theta_{\text{th}}} (1/p_F - 1)\,\mathrm{d}\theta + p_M^b \int_{\theta_{\text{th}}}^1 \left(1/p_M^b - 1/\theta\right)\mathrm{d}\theta \\ & \text{subject to } p_M^b \leqslant \theta_{\text{th}} \leqslant p_M^b / p_F \\ & \int_0^{\theta_{\text{th}}} (1/p_F - 1)\mathrm{d}\theta + \int_{\theta_{\text{th}}}^1 \left(1/p_M^b - 1/\theta\right)\mathrm{d}\theta = B\end{aligned} \tag{11.4.12}$$

其中 p_M^b 可从 $B = 1/p_M^* - 1 + \ln p_M^*$ 算出，并且第一个约束的不等式右边意味着运营商不能在宏蜂窝服务中违反用户的偏好。在第二个约束中，左侧的第一项和第二项分别是用户在飞蜂窝和宏蜂窝中的最终需求。

11.4.4　飞蜂窝频率复用

在 11.4.2 节中，我们假设不同的飞蜂窝使用不同的频段。然而，由于飞蜂窝通常具有比宏蜂窝的覆盖范围(例如，几百米甚至几千米)更小的覆盖范围(例如，房屋内的几十米)，因此通常可能在同一个宏蜂窝覆盖范围内有多个非重叠的飞蜂窝。这些非重叠的飞蜂窝可以使用相同的频段，而不会彼此干扰。这也称为频率复用。我们将讨论频率复用如何影响运营商提供的飞蜂窝服务。

我们再次使用反向归纳法来分析两阶段决策过程。这里，用户在阶段Ⅱ的服务和带宽请求与以前相同。如果将相同的频谱分配给两个不同的飞蜂窝，则运营商将收取两倍的费用。

现在，我们已经准备好分析阶段Ⅰ以得出运营商的均衡决策。我们给出不能使用同一频谱的干扰飞蜂窝的平均数 K 且频率复用因子为 $1/K$ 。我们将假设飞蜂窝的总数为 $N > K$ 。因此，在考虑频率复用后，每个飞蜂窝的可用频谱从 B_F/N 增加到 B_F/K 。然后，所有飞蜂窝的可用总带宽将是 $B_F N/K$ 而不是 B_F 。

通过与以前的结果进行类比，我们认为在均衡情况下，运营商只提供飞蜂窝服务，即 $B_F^* = B$ 和 $B_M^* = 0$ 。所有用户将使用飞蜂窝服务，即用户的均衡分区阈值 $\theta_{\text{th}}^* = 1$。均衡飞蜂窝价格为 $p_F^* = 1/(1 + BN/K)$ ，运营商的均衡利润为 $\pi^{o*} = (BN/K)/(1 + BN/K)$ ，其中比率 N/K 是增长的。

通过比较前面的结果，我们得出结论：运营商通过采用飞蜂窝的频率复用而获得了更大的利润。这与目前的减小蜂窝范围的工程实践相一致，从而增加了频率复用并提高了网络容量。显然，较小的飞蜂窝尺寸意味着较大的 N ，因此就有较大的容量增加比率 N/K 和更大的利润。

11.4.5　飞蜂窝运营成本

到目前为止，我们假设飞蜂窝服务没有额外的运营成本。来自飞蜂窝的数据将通过 ISP

的有线因特网免费传送回运营商的蜂窝网络。但是，只有当运营商和 ISP 属于同一个实体时，这才是合理的。在本节中，我们考虑 ISP 将收取使用有线因特网连接下载飞蜂窝用户流量的费用。本节专注于了解这种额外的运营成本如何影响飞蜂窝服务。

为了简单起见，我们假设运营成本为飞蜂窝带宽乘以系数 C 。我们主要关注 $C \in (0,1)$ 的情况。很容易得出，如果 $C \geqslant 1$ ，则运营商将收取飞蜂窝基站价格 $p_F > 1$ ，并且没有用户将基于式(11.4.7)选择飞蜂窝服务。换句话说， $C \geqslant 1$ 意味着没有飞蜂窝服务。

我们考虑与前面类似的两阶段决策过程。阶段Ⅱ的分析与 11.4.2 节的相同。在这里，我们将重点介绍运营商在阶段Ⅰ对 B_F 、B_M 、p_F 和 p_M 的决策。根据 11.4.2 节中的类似分析，可以看出总带宽 B 等于用户在均衡状态下的最终总需求。因此，我们将运营商的利润最大化问题建模为

$$
\begin{aligned}
&\max_{p_M, p_F, \theta_{\text{th}} \in [0,1]} \pi^o(p_M, p_F, \theta_{\text{th}}) = (p_F - C)\theta_{\text{th}} \left(\frac{1}{p_F} - 1\right) + p_M\left(\frac{1-\theta_{\text{th}}}{p_M} + \ln\theta_{\text{th}}\right) \\
&\text{subject to } p_M \leqslant \theta_{\text{th}} \leqslant 1 \qquad (11.4.13) \\
&\theta_{\text{th}}\left(\frac{1}{p_F} - 1\right) + \frac{1-\theta_{\text{th}}}{p_M} + \ln\theta_{\text{th}} = B
\end{aligned}
$$

可以看出，在 $C \in (0,1)$ 的情况下，运营商始终在均衡时提供飞蜂窝服务和宏蜂窝服务，并且 $p_F^* \leqslant \theta_{\text{th}}^* < 1$ 。

注意， p_M^* 是均衡时的宏蜂窝价格， θ_{th}^* 是用户选择双重服务时的均衡分区阈值。直观上来看，正的 C 迫使运营商收取比之前价格 $p_F^* = 1/(1+B)$ 更高的飞蜂窝价格 p_F^* 。然而，在飞蜂窝服务中，具有较大 θ (略微的 QoS 改进)的用户给出的小额支付价格不能覆盖运营商增加的运营成本。因此，运营商将通过宏蜂窝为这些用户服务。

11.4.6 有限的飞蜂窝覆盖

在此之前，我们都假设飞蜂窝服务具有与宏蜂窝服务相同的最大覆盖范围。在本节中，将放宽这一假设，并考虑飞蜂窝服务仅覆盖宏蜂窝覆盖区域的小部分，表示为 $\eta \in (0,1)$ ，并分析有限覆盖如何影响飞蜂窝提供的服务。我们仍然像以前一样考虑两阶段决策过程。

如果用户在空间中均匀分布，则只有 η 部分的用户可以访问这两个服务(称为重叠用户)。剩余 $1-\eta$ 部分的用户只能访问宏蜂窝服务(称为非重叠用户)。

11.4.2 节曾经讨论过，如果可能，运营商希望通过更高效的飞蜂窝服务为所有重叠用户提供服务。运营商可以尝试通过两种方法实现。第一种方法是对宏蜂窝和飞蜂窝服务给出相同的价格，这使得宏蜂窝服务对重叠用户的吸引力比飞蜂窝服务对重叠用户的吸引力要低。然而，这种方法意味着宏蜂窝价格过高，并且当 η 比较小时可能不是利润最大的。第二种方法是将所有带宽 B 分配给飞蜂窝服务。但是，由于非重叠用户将无法使用，这可能也不是利润最大的。

回想一下，运营商首先要为具备较好信号(即较大 θ)的宏蜂窝用户服务。因此，如果宏蜂窝带宽不足，则具有较小 θ 的一些用户将不能接收到宏蜂窝服务(即使其希望如此)。我们将 $\theta_{\text{th}}^{\text{non}}$ 表示为由宏蜂窝服务的所有非重叠用户中的最小频谱效率。如果频谱效率为 θ 的非重叠用户由宏蜂窝服务，则具有相同 θ 的另一重叠用户也应能够成功请求并获得宏蜂窝服务。这是因为运营商无法区分用户是否处于飞蜂窝的覆盖范围。此外，运营商希望通过高效的飞

蜂窝服务尽可能多地服务重叠用户。因此，我们认为重叠用户的分区阈值为$\theta_{\text{th}}=\max(\theta_{\text{th}}^{\text{non}}, p_M/p_F)$，宏蜂窝服务的最终需求为

$$\begin{aligned}Q_M\left(p_M, p_F, \theta_{\text{th}}^{\text{non}}\right) &= (1-\eta)\int_{\theta_{\text{th}}^{\text{non}}}^{1}\left(\frac{1}{p_M}-\frac{1}{\theta}\right)\mathrm{d}\theta \\ &+\eta\int_{\max\left(\theta_{\text{th}}^{\text{non}}, p_M/p_F\right)}^{1}\left(\frac{1}{p_M}-\frac{1}{\theta}\right)\mathrm{d}\theta\end{aligned} \tag{11.4.14}$$

可以看出，运营商将为宏蜂蜂窝服务分配$Q_M(p_M, p_F, \theta_{\text{th}}^{\text{non}})$，并将剩余带宽$B_F=B-Q_M(p_M, p_F, \theta_{\text{th}}^{\text{non}})$分配给飞蜂窝服务，为$\theta\in[0,\theta_{\text{th}}]$的重叠用户提供服务。通过与11.4.2节类似的分析，可以得出总带宽B等于用户在均衡时的最终需求，即

$$B=Q_M\left(p_M, p_F, \theta_{\text{th}}^{\text{non}}\right)+\eta\int_{0}^{\max\left(\theta_{\text{th}}^{\text{non}}, p_M/p_F\right)}\left(\frac{1}{p_F}-1\right)\mathrm{d}\theta \tag{11.4.15}$$

可以看出，在均衡状态下，运营商通过其首选服务满足所有用户的首选需求。非重叠用户和重叠用户的服务分区阈值为$\theta_{\text{th}}^{\text{non}}=p_M^*$和$\theta_{\text{th}}^*=p_M^*/p_F^*$ [60]。

若用户不重叠且不愿意被停用，则运营商不会对其置之不管。直观上，运营商希望尽可能多地为非重叠用户服务，这意味着宏蜂窝用户的总需求量很大，因此运营商可以收取更高的宏蜂窝价格。宏蜂窝价格的上涨将促使更多的重叠用户选择飞蜂窝服务，从而提高运营商的利润。

基于之前的结果，运营商的优化问题变为

$$\begin{aligned}&\max_{p_M,p_F\in[0,1]}\pi^o(p_M,p_F)=p_F\eta\int_{0}^{\frac{p_M}{p_F}}\left(\frac{1}{p_F}-1\right)\mathrm{d}\theta \\ &\qquad\qquad+p_M Q_M\left(p_M, p_F, \theta_{\text{th}}^{\text{non}}\right)\big|_{\theta_{\text{th}}^{\text{non}}=p_M} \\ &\text{subject to}\quad p_M\leqslant p_F \\ &B=Q_M\left(p_M, p_F, \theta_{\text{th}}^{\text{non}}\right)\big|_{\theta_{\text{th}}^{\text{non}}=p_M}+\eta\int_{0}^{\frac{p_M}{p_F}}\left(\frac{1}{p_F}-1\right)\mathrm{d}\theta\end{aligned} \tag{11.4.16}$$

参考文献

[1] Haenggi, M. (2012) *Stochastic Geometry for Wireless Networks*, Cambridge University Press, Cambridge.

[2] Andrews, J., Claussen, H., Dohler, M. *et al* (2012) Femtocells: past, present, and future. *IEEE Journal on Selected Areas in Communications*, **30** (3), 497–508.

[3] El Sawy, H. and Hossain, E. (2014) Two-tier HetNets with cognitive femtocells: downlink performance modeling and analysis in a multi-channel environment. *IEEE Transactions on Mobile Computing*, **13** (3), 649–663.

[4] Lima, C., Bennis, M. and Latva-aho, M. (2012) Coordination mechanisms for self-organizing femtocells in two-tier coexistence scenarios. *IEEE Transactions on Wireless Communications*, **11** (6), 2212–2223.

[5] Adhikary, A. and Caire, G. (2012) *On the Coexistence of Macrocell Spatial Multiplexing and Cognitive Femtocells*. Proceedings of the IEEE International Conference on Communications, (ICC 12), June 10–15, 2012, Ottawa, Canada.

[6] Dhillon, H., Andrews, J.G., Baccelli, F. and Ganti, R.K. (2012) Modeling and analysis of K-tier downlink heterogeneous cellular networks. *IEEE Journal on Selected Areas in Communications*, **30** (3), 550–560.

[7] Mukherjee, S. (2012) Distribution of downlink SINR in heterogeneous cellular networks. *IEEE Journal on Selected Areas in Communications*, **30** (3), 575–585.

[8] Cheung, W., Quek, T. and Kountouris, M. (2012) Throughput optimization, spectrum allocation, and access control in two-tier femtocell networks. *IEEE Journal on Selected Areas in Communications*, **30** (3), 561–574.

[9] Mukherjee, S. (2012) *Downlink SINR Distribution in A Heterogeneous Cellular Wireless Network with Biased*

Cell Association. Proceedings of the IEEE International Conference on Communications (ICC '12), June 10–15, 2012, Ottawa, Canada, pp. 6780–6786.

[10] Jo, H.S., Sang, Y.J., Xia, P., and Andrews, J.G. (2011) *Outage Probability for Heterogeneous Cellular Networks with Biased Cell Association*. Proceedings of the IEEE Global Telecommunications Conference (GLOBECOM '11), December 5–9, 2011, Houston, TX.

[11] Chandrasekhar, V., Andrews, J.G. and Gatherer, A. (2008) Femtocell networks: a survey. *IEEE Communications Magazine*, **46** (9), 59–67.

[12] NGMN (2008) NGMN Recommendation on SON and O&M Requirements. NGMN Alliance, Technical Report v2.02, December 2008.

[13] Chandrasekhar, V. and Andrews, J.G. (2008) Uplink capacity and interference avoidance for two-tier femtocell networks. *IEEE Transactions on Wireless Communications*, **8** (7), 3498–3509.

[14] Andrews, J.G., Claussen, H., Dohler, M. *et al* (2012) Femtocells: a survey and review. *IEEE Journal on Selected Areas in Communications*, **30** (4), 49–52.

[15] Lopez-Perez, D., Guvenc, I., de la Roche, G. *et al* (2011) Enhanced inter-cell interference coordination challenges in heterogeneous networks. *IEEE Wireless Communications Magazine*, **18** (3), 22–30.

[16] Lopez-Perez, D., Valcarce, A., De La Roche, G. and Zhang, J. (2009) OFDMA femtocells: a roadmap on interference avoidance. *IEEE Communications Magazine*, **47** (9), 41–48.

[17] Niyato, D. and Hossain, E. (2009) Dynamic of network selection in heterogeneous wireless networks: an evolutionary game approach. *IEEE Transactions on Vehicular Technology*, **58** (4), 2651–2660.

[18] Fudenberg, D. and Levine, D.K. (1998) *The Theory of Learning in Games*, The MIT Press, Cambridge.

[19] Jaynes, E.T. (1957) Information theory and statistical mechanics. *Physics Review*, **106** (4), 620–630.

[20] Perlaza, S.M., Tembine, H., Lasaulce, S., and Florez, V.Q. (2010) *On the Fictitious Play and Channel Selection Games*. Proceedings of the 2010 Latin-American Conference on Communications, September 15–17, 2010, Bogota.

[21] Sastry, P., Phansalkar, V. and Thathachar, M. (1994) Decentralized learning of Nash equilibria in multi-person stochastic games with incomplete information. *IEEE Transactions on Systems, Man, and Cybernetics*, **24** (5), 769–777.

[22] Rangan, S. (2010) *Femto-Macro Cellular Interference Control with Subband Scheduling and Interference Cancelation*. Proceedings of the 2010 IEEE International Workshop on Femtocell Networks (FEMnet) in conjunction with IEEE GLOBECOM, December 6, 2010, Miami, FL.

[23] Galindo-Serrano, A., Giupponi, L., and Dohler, M. (2010) *Cognition and Docition in OFDMA-Based Femtocell Networks*. Proceedings of the 2010 IEEE Global Telecommunications Conference (GLOBECOM), December 6–10, 2010, Miami, FL.

[24] Rose, L., Perlaza, S.M., Lasaulce, S. and Debbah, M. (2011) Learning equilibria with partial information in wireless networks. *IEEE Communications Magazine*, **49** (8), 136–142.

[25] Bennis, M. and Niyato, D. (2010) *A Q-Learning Based Approach to Interference Avoidance in Self-Organized Femtocell Networks*. Proceedings of the 2010 IEEE International Workshop on Femtocell Networks (FEMnet) in conjunction with IEEE GLOBECOM, December 6, 2010, Miami, FL.

[26] Kaniovski, Y.M. and Young, H.P. (1995) Learning dynamics in games with stochastic perturbations. *Games and Economic Behavior*, **11** (2), 330–363.

[27] Perlaza, S.M., Tembine, H., and Lasaulce, S. (2010) *How Can Ignorant But Patient Cognitive Terminals Learn Their Strategy and Utility?* Proceedings of the 2010 IEEE Eleventh International Workshop on Signal Processing Advances in Wireless Communications (SPAWC), June 20–23, 2010, Marrakech.

[28] Nash, J.F. (1950) Equilibrium points in n-person games. *Proceedings of the National Academy of Sciences of the United States of America*, **36** (1), 48–49.

[29] Borkar, V.S. (2008) *Stochastic Approximation: A Dynamical System Viewpoint*, Cambridge University Press, Cambridge.

[30] Li, H. (2009) *Multi-Agent Q-Learning of Channel Selection in Multi-User Cognitive Radio Systems: A Two by Two Case*. Proceedings of the IEEE International Conference on Systems, Man and Cybernetics. SMC, October 11–14, 2009, San Antonio, TX.

[31] Galindo, A., Giupponi, L., and Auer, G. (2011) *Distributed Femto-to-Macro Interference Management in Multiuser OFDMA Networks*. Proceedings of IEEE 73rd Vehicular Technology Conference (VTC2011-Spring), Workshop on Broadband Femtocell Technologies, May 15–18, 2011, Budapest, Hungary.

[32] Garcia, L.G.U., Kovacs, I.Z., Pedersen, K. *et al* (2012) Autonomous component carrier selection for 4G femtocells: a fresh look at an old problem. *IEEE Journal on Selected Areas in Communications*, **30** (3), 525–537.

[33] McFadden, D. (1976) Quantal choice analysis: a survey. *Annals of Economic and Social Measurement*, **5** (4), 363–390.

[34] Bennis, M., Guruacharya, S., and Niyato, D. (2011) *Distributed Learning Strategies for Interference Mitigation in Femtocell Networks*. Proceedings of the 2011 IEEE Global Telecommunications Conference (GLOBECOM), December 5–9, 2011, Houston, TX.

[35] Mckelvey, R.D. and Palfrey, T. (1995) Quantal response equilibria for normal form games. *Games and Economic Behavior*, **10** (1), 6–38.

[36] Mckelvey, R.D. and Palfrey, T. (1998) Quantal response equilibria for extensive form games. *Experimental Economics*, **1** (1), 9–41.

[37] Bennis, M. and Perlaza, S.M. (2011) *Decentralized Cross-Tier Interference Mitigation in Cognitive Femtocell Networks*. Proceedings of the 2011 IEEE International Conference on Communications (ICC), June 5–9, 2011, Kyoto.

[38] Guruacharya, S., Niyato, D., Hossain, E., and In Kim, D. (2010) *Hierarchical Competition in Femtocell-Based Cellular Networks*. Proceedings of the 2010 IEEE on Global Telecommunications Conference (GLOBECOM 2010), December 6–10, 2010, Miami, FL.

[39] Monderer, D. and Shapley, L.S. (1996) Potential games. *Games and Economic Behavior*, **14**, 124–143.

[40] Pantisano, F., Bennis, M., Saad, W. and Debbah, M. (2012) Spectrum leasing as an incentive towards uplink interference mitigation in two-tier femtocell networks. *IEEE Journal on Selected Areas in Communications*, **30** (3), 617–630.

[41] Marden, J.R., Arslan, G. and Shamma, J.S. (2009) Joint strategy fictitious play with inertia for potential games. *IEEE Transactions on Automatic Control*, **54** (2), 208–220.

[42] Nguyen, K., Alpcan, T., and Basar, T. (2010) *Fictitious Play with Time-Invariant Frequency Update for Network Security*. Proceedings of the 2010 IEEE Multi-Conference on Systems and Control (MSC10), September 2010, Yokohama, Japan.

[43] Leslie, D.S. and Collins, E.J. (2002) Convergent multiple-timescales reinforcement learning algorithms in normal form games. *The Annals of Applied Probability*, **13**, 1231–1251.

[44] Hofbauer, J. and Sandholm, W. (2002) On the global convergence of stochastic fictitious play. *Econometrica*, **70**, 2265–2294.

[45] Sutton, R.S. and Barto, A.G. (1998) *Reinforcement Learning: An Introduction*, MIT Press, Cambridge.

[46] 3GPP (2009). 3GPP R4-092042 TGS RAN WG4 (Radio) Meeting 51: Simulation Assumptions and Parameters for FDD HeNB RF Requirements. Technical Report, R4-092042, May 4–8, 2009.

[47] Ghosh, A., Andrews, J.G., Mangalvedhe, N. *et al* (2012) Heterogeneous cellular networks: from theory to practice. *IEEE Communications Magazine*, **20** (6), 54–64.

[48] Tan, C.W. (2011) *Optimal Power Control in Rayleigh-Fading Heterogeneous Networks*. Proceedings of the IEEE INFOCOM '11, April 10–15, 2011, Shanghai, China.

[49] Bennis, M., Perlaza, S.M., Blasco, P. *et al* (2013) Self-organization in small cell networks: a reinforcement learning approach. *IEEE Transactions on Wireless Communications*, **12** (7), 3202–3212.

[50] Shafigh, A.S., Lorenzo, B., Glisic, S. *et al* (2015) A framework for dynamic network architecture and topology optimization. *IEEE Transactions on Networking*, **PP** (99), 1.

[51] Nokia (2012) *PC Wireless Modems*.

[52] Lorenzo, B. and Glisic, S. (2013) Context aware nano scale modeling of multicast multihop cellular network. *IEEE/ACM Transactions on Networking*, **21** (2), 359–372.

[53] Arikan, E. (1984) Some complexity results about packet radio networks. *IEEE Transactions on Intelligent Transportation Systems*, **30**, 910–918.

[54] Davis, L. (1991) *Handbook of Genetic Algorithms*, Van Nostrand Reinhold, New York.

[55] Lorenzo, B. and Glisic, S. (2013) Optimal routing and traffic scheduling for multihop cellular networks using genetic algorithm. *IEEE Transactions on Mobile Computing*, **12** (11), 2274–2288.

[56] Grefenstette, J.J. (1992) *Genetic Algorithms for Changing Environments*. Proceedings of the 2nd International Conference on Parallel Problem Solving from Nature, 1992, Brussels. Elsevier, Amsterdam, pp. 137–144.

[57] Khan, Z., Glisic, S., DaSilva, L.A. and Lehtomäki, J. (2010) Modeling the dynamics of coalition formation games for cooperative spectrum sharing in an interference channel. *IEEE Transactions on Computational Intelligence and AI in Games*, **3** (1), 17–31.

[58] Karami, E. and Glisic, S. (2011) *Stochastic Model of Coalition Games for Spectrum Sharing in Large Scale Interference Channels*. IEEE International Conference on Communications, ICC, June 5–9, 2011, Kyoto.

[59] Tam, Y.H., Benkoczi, R., Hassanein, H.S. and Akl, S.G. (2010) Channel assignment for multihop cellular networks: minimum delay. *IEEE Transactions on Mobile Computing*, **9** (7), 1022–1034.

[60] Duan, L., Huang, J. and Shou, B. (2013) Economics of femtocell service provision. *IEEE Transactions on Mobile Computing*, **12** (11), 2261–2273.

[61] Claussen, H., Ho, L.T.W. and Samuel, L.G. (2008) An overview of the femtocell concept. *Bell Labs Technical Journal*, **13** (1), 221–245.

[62] Chandrasekhar, V., Andrews, J. and Gatherer, A. (2008) Femtocell networks. *IEEE Communications Magazine*, **46** (10), 57–66.

[63] Yeh, S.-P., Talwar, S., Lee, S.-C. and Kim, H. (2008) WiMAX femtocells: a perspective on network architecture, capacity, and coverage. *IEEE Communications Magazine*, **46** (10), 58–65.

[64] Hobby, J.D. and Claussen, H. (2009) Deployment options for femtocells and their impact on existing macrocellular networks. *Bell Labs Technical Journal*, **13** (4), 145–160.

[65] Shetty, N., Parekh, S., and Walrand, J. (2009) *Economics of Femtocells*. Proceedings of the 2009 IEEE Global Telecommunications Conference, GLOBECOM, November 30 to December 4, 2009, Honolulu.

[66] Wu, J.-S., Chung, J.-K. and Sze, M.-T. (1997) Analysis of uplink and downlink capacities for two-tier cellular system. *IEE Proceedings: Communications*, **144** (6), 405–411.

[67] Chandrasekhar, V. and Andrews, J. (2007) *Uplink Capacity and Interference Avoidance for Two-Tier Cellular Networks*. Proceedings of the IEEE Global Telecommunications Conference, November 26–30, 2007, Washington, DC, pp. 3322–3326.

[68] Ho, L. and Claussen, H. (2007) *Effects of User-Deployed, Co-Channel Femtocells on the Call Drop Probability in a Residential Scenario*. Proceedings of the IEEE 18th International Symposium on Personal, Indoor and Mobile Radio Communications. PIMRC, September 3–7, 2007, Athens, pp. 1–5.

[69] McKnight, L.W. and Bailey, J.P. (1998) *Internet Economics*, MIT Press, Cambridge.

[70] Yoon, I., Lee, J., and Lee, H.S. (2010) *Multi-Hop Based Network Synchronization Scheme for Femtocell Systems*. Proceedings of the IEEE 20th International Symposium on Personal, Indoor and Mobile Radio Communications, September 13–16, 2010, Tokyo.

[71] Kim, R.Y., Kwak, J.S. and Etemad, K. (2009) WiMax femtocell: requirements, challenges, and solutions. *IEEE Communications Magazine*, **47** (9), 84–91.

[72] Shen, H. and Basar, T. (2007) Optimal nonlinear pricing for a monopolistic network service provider with complete and incomplete information. *IEEE Journal on Selected Areas in Communications*, **25** (6), 1216–1223.

[73] Mas-Colell, A., Whinston, M.D. and Green, J.R. (1995) *Microeconomic Theory*, vol. **1**, Oxford University Press, New York.

[74] Chen, Y., Zhang, J. and Zhang, Q. (2012) Utility-aware refunding framework for hybrid access femtocell network. *IEEE Transactions on Wireless Communications*, **11** (5), 1688–1697.

第 12 章　接入点选择

12.1　技术背景

接入点(AP)或更广泛的网络选择是指动态或自动接入“最佳”无线网络。在经典的蜂窝系统中，网络选择主要依据物理层参数，并且移动终端通常与“最佳接收”基站相关联，即与最终用户设备最接近的基站(以接收信号强度计)相关联。这种选择策略不一定适用于异构无线接入网络中的其他无线接入场景。例如，WiFi 用户可能青睐于连接到距离较远但负载较小的 AP，而不是距离近、负载大的 AP。驱动选择策略的具体参数高度依赖于特定的无线接入技术，因此必须在选择过程中评估具体参数[38-41]。另一方面，网络运营商必须解决资源分配问题，这需要在其部署的接入网络基础设施中正确设置/规划可用的无线电资源，如频率、时隙、扩展码等。驱动资源分配的标准包括在不同 AP 用户感知质量受到严格(宽松)约束条件下运营商总体收入的最大化，接入服务地理覆盖的最大化和(或)网络频谱效率的最大化。

针对本书第 1 章介绍的通用网络模型，本章讨论了采用非合作博弈论[42]，分析用户与运营商之间的动态变化，重点关注终端用户从多个可接入网络中选择接入的无线网络的过程，以及运营商为提供接入设置无线电资源的资源分配过程。

无线接入网络的选择问题称为拥塞博弈[43]，其中每个用户都是自私和理性的，都会选择使他们获得最优服务质量的接入网络。虽然拥塞博弈模型具有普遍性，并且不依赖于具体的质量度量指标，但是本章仍考虑使用三个形式相似但本质一致的指标来衡量访问过程的感知质量，其中的访问过程模型是实际中的技术场景。更准确地说，一个指标仅取决于用户的感知干扰，而另外两个指标依赖于访问网络时的额定可实现速率。本章首先不考虑博弈模型中的连接费用，这与网络场景一致，例如，模型中常假设城市地区有多个接入源和/或不同运营商提供的免费 WiFi，并以相同的价格提供相同的服务。然后再讨论包括接入费用在内的博弈模型。基于文献[44]的假设，最佳响应的动态变化比用户的动态变化要快得多，我们研究了用户静止的一系列博弈的设定。我们证明了在讨论的三个成本函数中，至少有一个纯粹的纳什均衡(NE)，也进一步提供了基于网络选择问题的数学规划公式来推导出这类均衡的解决算法。均衡质量的特征是相关稳定代价[45]和最坏均衡比[46]及不受均衡约束条件下最小社会成本的最优解，其中稳定代价和最坏均衡比分别定义为最佳和最差均衡的比率。资源分配问题被视为一个多领导者/多追随者的两阶段博弈，在阶段Ⅰ，网络运营商(领导者)通过选择资源分配策略进行博弈，而在阶段Ⅱ，用户(追随者)进行上述网络选择博弈。运营商的目标是获得最多的接入用户。当用户所采用的质量指标仅取决于干扰水平时，两阶段博弈认为“子博弈完美 NE”(Subgame Perfect NE，SPE)是纯粹的策略；而在另外两个质量指标下，则不可能存在纯粹的策略。在后一种情况下，我们利用 ε -SPE 的概念来找到次优均衡状态。

为了设计网络选择协议，我们需要在多网络场景中定义衡量用户访问质量的指标和选择决策的方法。为了提出一个多接入网络场景下的智能网络选择策略，文献[1, 47-49, 50]分析了以前的研究发展轨迹，并验证了基于不同参数(如传输完成时间、下载吞吐量、流量负载和接收信号强度）的质量函数。文献[2, 3]利用基于灰色关联分析（GRA）和分析层级处理（AHP）的组合数学方法，讨论了网络选择开发质量函数，以确定不同选择下相关用户的效用。文献[4]中也使用了类似的数学工具，将网络选择设定为处理不同网络评估的多属性决策（MADM）问题，并在其中考虑了多个属性特征，如接入技术、支持服务和成本。

后续的研究通常侧重于具体的网络场景和技术。文献[5]讨论了 WLAN 和蜂窝系统之间用户移动性的垂直切换协议。文献[6, 7]研究了 802.11 WLAN 中的负载均衡。前者在最大/最小公平性方面提出了一种关联控制算法来获得最公平的解决方案，而后者提出了一种机制，以促使移动用户（MU）根据用户偏好和网络环境选择出相对最合适的 AP。

文献[8]讨论了几种基于 802.11 协议的 AP 选择问题，通过使用有效的解决方案将漫游信息分发给用户，用户可以在访问阶段区分漫游信息。文献[9, 10]讨论了分布式 AP 选择方法，旨在实现有效和公平的无线接入资源共享。文献[11]描述了一种基于信标帧时延的方法来评估客户端和 AP 之间的潜在带宽。在关联阶段，用户采用潜在带宽作为度量指标。在这种场景下，即使博弈论已经提供了有效的工具来评估网络选择过程中的动态变化，但到目前为止，仅有少数相关的文章。文献[12, 13]提供了有关网络选择领域的博弈论概述。文献[14]使用非合作博弈来建立与基于 AP 的 WiFi 的关联过程。每个用户旨在最小化成本函数，并且该函数取决于 AP 负载及关联设备到期望 AP 的距离。

文献[15-17]利用博弈论工具来解决 WiFi 关联问题。这三个文献都考虑了非合作博弈模式，其中所有用户试图最小化取决于当前 WiFi AP 拥塞情况的成本函数。文献[15, 16]研究的是成本函数仅取决于 AP 当前的拥塞状况，而文献[17]引入了一种成本函数，它包括每个用户从特定 AP 获取访问所支付的关联费用。除了网络选择博弈的分析建模，文献[16]还介绍了无线局域网的实用关联协议，提出让 AP 广播当前拥塞状况的信息，使得访问用户能够动态地给出其最佳响应策略（对策），以防止收敛到某一均衡点。文献[18]将用户和访问者的互动建模为一个两阶段的多领导者、多追随者博弈模型，特别是在运营商竞争价格的同时，用户选择需求以最大化其收益。这些文献的一个共同特征是，它们都考虑了原子玩家（atomic player）的情况，其中每个玩家都对其他玩家的成本/效用有不可忽视的影响。

文献[19-21]考虑了非原子博弈（non-atomic game）。文献[19]考虑了单个设备的情况，该设备可以将流量分配到与其相关联的多个 AP 上。与目前的其他研究不同的是，文献[19]使用的博弈模型来自非原子的家族人口博弈，即每个用户对成本的贡献是不可忽略的。文献[20]针对网络运营商的传输/调度策略情况，利用类似的人口博弈模型对访问用户感知到的实际吞吐量进行了分析。文献[21]也使用了非原子博弈对最佳网络选择问题进行建模，并研究了用户均衡效率的损失。在这些博弈中，提出的成本函数取决于内容下载时延。

博弈论已被广泛用于解决资源分配问题，如文献[22]利用博弈论研究异构无线网络中带宽的分配问题。上述工作仅关注于资源分配，将问题作为一个破产（合作）的博弈［bankruptcy (cooperative) game］，即来自同一联盟的不同网络共同为终端用户提供带宽。核心完美价值（core and shapely value）概念可用于确定带宽分配的质量。文献[23]使用了合作博弈，利用几种接入技术对带宽的分配进行建模，从而进一步管理运营商之间超额带宽的分配。

文献[22-26]利用非合作博弈来建模资源分配。文献[24]讨论了在类 802.16 网络中的带宽分配问题，而文献[22]引入了非合作博弈，以建模不同接入网络（WLAN、蜂窝系统和 WMAN）的交互。后面我们将讨论长期和短期标准，以便将不同技术中的带宽分配给新用户。文献[26]

讨论了资源分配领域中类似的非合作情景，其中涉及共享非授权频段的 WLAN 竞争，还提出了一种基于阶段的非合作博弈，以分析两个无线网络之间的竞争情景。上述工作要么是在网络运营商之间进行合作，要么只关注资源分配问题。而下面提供了一个全面的框架来建模网络选择问题，针对不同接入技术研究了不同策略(成本/效用函数)。拥塞博弈提供了一个强大的工具来表示多个玩家之间共享资源和拥挤的情况，可以解决网络选择问题。在下一节中，我们扩展了网络选择模型，将运营商纳入竞争动力，并跟随文献[27, 28]的工作进行了深入研究。

12.2 网络选择博弈

本节考虑由 m 个 AP 和 n 个用户组成的参考场景，其中每个 AP 在特定的无线电资源上被调谐，用户可以选择要连接的 AP。假设 a 表示 AP，A 表示 AP 集合，f 表示可用的 AP 的无线电资源，F 表示无线电资源集合，u 表示用户，U 表示用户集合。我们假设每个 AP 可用的无线电资源 f 来自频率信道集合 F。每个 a 使用频率 f，其特征在于依赖传输范围和传播模型的覆盖区域。不同的 AP 允许频率复用。网络拓扑定义了 AP 的数量、位置、频率和覆盖区域。

我们将此场景建模为非合作博弈，其中将用户定义为玩家，他们将在可用 AP 中选择一个。用户选择的有效性由网络拓扑和用户的位置决定。更准确地说，每个用户可以在所有 AP 中选择一个可接入 AP。在模型中，覆盖区域是任意的，而在实验环境中，我们需要采用特定的传播模型。我们用 $A_u^f \subseteq A$ 表示在频率 f 上传送至用户 u 的 AP 集合。在图 12.2.1 的网络示例中，$m=2$，$n=13$。黑圆点表示用户，用户和 AP 之间的线表示关联，虚线划定覆盖区域。

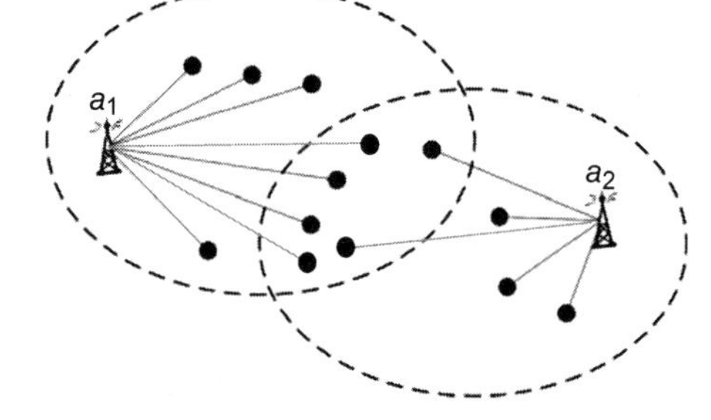

图 12.2.1 具有两个 AP 的网络

如果两个用户在两个 AP 的公共范围内选择不同的 AP，则用户在相同频率下的操作将会受到干扰。每个用户 u 的感知成本 $c_u(f,z_u^f)$ 取决于用户 u 在频率 f 上感知到的拥塞级别 z_u^f。我们用 $X_u^f \subseteq U$ 表示使用频率 f 且干扰用户 u 的用户组。一般来说，每个用户 u 可以用特定的权重 ω_u^f 阻塞频率 f。例如，用户的拥塞权重可以是用户与 AP 之间的距离或用户流量的函数。用户 u 在频率 f 上感知到的拥塞级别 z_u^f 定义为 $z_u^f = \sum_{u \in X_u^f} \omega_u^f$。假设成本随着拥塞状况的加重而增加，则在 z_u^f 中 $c_u(f,z_u^f)$ 为严格单调递增。当所有用户以相同的权重 $\omega_u^f = 1$ 拥塞 AP(频率)时，可使该模型大大简化。令 u_u^f 表示 X_u^f 的基数，则 $x_u^f = \left|X_u^f\right|$ 表示连接到频率 f 并干扰用户 u 的用户数。当所有用户以相同权重阻塞 AP 时，我们有 $z_u^f = x_u^f$（对应于非加权博弈）。每个用户都是理性的，并且采用自私行为尽量减少其成本。我们提出的解决方案是常见(纯策略)的 NE，即行为组合 $S^* = (s_{u_1}, \cdots, s_{u_n})$，其中 s_u 是用户 u 的行为，没有用户可以单方面偏离 S^*[42]。给定一个行为组合 S，我们用 n_a 表示连接到 a 的用户数。我们认为拥塞博弈[43]是不对称的(不同的用户可以有不同的可用动作)、单选的(每个用户只能选择一个 AP)，并且基于玩家特定的成本函数(每个用户可以有不同的成本函数)。值得注意的是，使用相同频率的不同用户可能会感知到不同的

拥塞。此外，上面定义的博弈可以缩减为拥挤博弈(crowding game)[29]，即具有玩家特定成本函数的对称单选拥塞博弈在拥塞级别上呈单调递增。文献[30]中类似的博弈模型给出了缩减过程的证明。当博弈不加权时，就可以得到一个重要的属性：这种博弈总是遵循一个纯策略NE[29]。一些拥塞博弈文献表明，如果 NE 存在，则最佳响应的动态变化肯定会收敛于纯策略NE [31,33-36,43]。这使得我们只能研究用户行为处于均衡状态的场景。因此，独立于$c_u(f,z_u^f)$的具体定义，我们可以专注于找到纯策略 NE 的算法。但当博弈加权时，纯策略 NE 是否存在则取决于$c_u(f,z_u^f)$的定义。

我们定义了三种不同的成本函数，用来近似不同无线接入技术下的实际接入成本，其特征三元组 CF [权重ω_u^f，拥塞水平z_u^f，成本$c_u(f,z_u^f)$]如下：

$$\begin{aligned}&\mathrm{CF\,1}\left(1,x_u^f,x_u^f\right)\\&\mathrm{CF\,2}\left(T_u^f,\sum_{u'\in X_u^f}T_{u'}^f,T_u^f z_u^f\right)\\&\mathrm{CF\,3}\left(1,x_u^f,T_u^f x_u^f\right)\end{aligned}\tag{12.2.1}$$

其中$T_u^f=\min\limits_{a\in A_u^f}T_u^a$，$T_u^a=1/R_u^a$，$R_u^a$是用户$u$连接到 AP a的感知速率，A_u^f是可用于u(使用频率f)的 AP 集合。接下来，“标称速率/带宽”指网络向用户分配的速率，也就是用户感知速率，而不是“实际吞吐量”，通常受到周围干扰和网络的影响。

$\mathrm{CF}(1,x_u^f,x_u^f)$　在一般的无线接入网络中，每个用户获得的服务质量严格依赖于感知的实际吞吐量。由于标准带宽在所有连接的用户之间共享，访问用户感知的质量/成本取决于共享相同资源的竞争用户数。因此，引入成本函数是十分合理的，因为该成本函数直接依赖于干扰用户基数。这体现的是以“软”容量退化为特征的接入网络情况，如在开环功率控制下基于 CDMA 的系统上行链路，其中传输过程中的感知质量几乎完全依赖于干扰源的数量，并且每个传输/用户将平等地拥塞共享资源[32]。在这种情况下，对于所有的$u\in U$，$f\in F$，我们有$\omega_u^f=1, z_u^f=x_u^f, c_u(f,z_u^f)=x_u^f$。

当博弈不加权时，特别当不允许频率复用时，允许博弈拥有一个确切的势函数(potential function)。在这种情况下，所有用户从f感知到相同的拥塞。我们将在下面更详细地讨论文献[43]中 Rosenthal 提出的势函数，形式上定义为$\Psi(S)=\sum\limits_{a=1}^{m}\sum\limits_{k=1}^{n_a}k$，其中$S$是用户的策略概述。(在潜博弈中，将势函数最小化的每个行为组合都是 NE。)

$\mathrm{CF2}\left(T_u^f,\sum\limits_{u'\in X_u^f}T_{u'}^f,T_u^f z_u^f\right)$　当今的无线技术融合了速率适应机制，可以动态地调整标称速率，以适合于接收的信号强度。因此，需要考虑基于干扰源数量和标称速率的成本函数。这样，可以合理地假设每个用户以特定权重拥塞资源，该权重取决于用户感知速率的倒数。形式上，将ω_u^f定义为速率的倒数，我们有$\omega_u^f=T_u^f$，

$$z_u^f=\sum_{u'\in X_u^f}T_u^f,\ c_u\left(f,z_u^f\right)=T_u^f\cdot z_u^f$$

$\mathrm{CF3}(1,x_u^f,T_u^f x_u^f)$　CF2 的实现需要用户知道网络中所有其他用户采用的速率，这通常不太现实或代价太高。这里，我们讨论一个结合干扰和速率的近似成本函数，仅需要给用户发送少量信息。在标称速率和竞争用户数量可实现的情况下，可以定义一个成本函数，以获取

每个用户可实现的带宽部分。这个成本函数可表示为当前标称速率除以干扰源数量。与 CF2 相同，我们使用速率的倒数，获得干扰源数量与被参考用户感知速率的倒数的乘积。因此，对于所有的 $u \in U, f \in F$，我们有 $\omega_u^f = 1, z_u^f = x_u^f, c_u(f, z_u^f) = T_u^f \cdot x_u^f$。

一些拥塞博弈的文献通常采用最小化势函数来计算 NE。但是，本节定义的博弈并不采用势函数。因此，我们利用数学方程来解决网络选择问题。此方案适用于实际场景中的所有成本函数。后面我们将重新定义博弈，其中包含潜博弈，并在优化中使用不同的方法。对于本节使用的方法，给出以下参数：

$$\forall u \in U, f \in F, a \in A$$

$$b_{ua} = \begin{cases} 1, & \text{如果用户}u\text{选择AP }a \\ 0, & \text{其他} \end{cases}$$

$$d_{uf} = \begin{cases} 1, & \text{如果用户}u\text{选择频率 }f \\ 0, & \text{其他} \end{cases}$$

$$t_{af} = \begin{cases} 1, & \text{如果}a\text{在频率 }f\text{ 上传输} \\ 0, & \text{其他} \end{cases}$$

$$i_{uvf} = \begin{cases} 1, & \text{如果用户}u\text{和}v\text{在频率 }f\text{ 上干扰} \\ 0, & \text{其他} \end{cases}$$

给定通用拓扑，如果用户 u 在 a 的覆盖区域内，则 b_{ua} 等于 1。一旦确定了传播模型，就开始计算每个 b_{ua} 的值(以及标称速率 T_u^a 的倒数)。此外，如果用户 u 被使用频率 f 的至少一个 AP 覆盖，则 d_{uf} 等于 1。我们用 F_u 表示用户 u 可以选择的频率集合($d_{uf} = 1$)，并通过引入二进制决策变量 $\forall u \in U, f \in F$ 来定义用户对频率的分配：

$$y_{uf} = \begin{cases} 1, & \text{如果用户}u\text{选择频率 }f \\ 0, & \text{其他} \end{cases}$$

且 $\forall u \in U$，$a \in A$，

$$s_{ua} = \begin{cases} 1, & \text{如果用户}u\text{选择AP }a \\ 0, & \text{其他} \end{cases}$$

利用这种表示方式，我们得到 $x_u^f = \sum_{v \in U} y_{vf} i_{uvf}$。由于 ω_u^f 是用户 u 到频率 f 的拥塞权重，因此频率 f 的拥塞级别 $z_u^f = \sum_{v \in U} \omega_v^f y_{vf} i_{uvf}$。通过定义社会成本 $\sum_{u \in U} \sum_{f \in F} y_{uf} c_u(f, z_u^f)$ 并将其作为目标函数，社会最优网络选择可通过求解以下数学规划问题来实现：

$$\min \sum_{u \in U} \sum_{f \in F} y_{uf} c_u\left(f, z_u^f\right) \tag{12.2.2}$$

subject to

$$\sum_{\alpha \in A_u} s_{ua} = 1, \ \forall u \in U \tag{12.2.3a}$$

$$y_{uf} = \sum_{\alpha \in A_u} s_{ua} t_{af}, \ \forall u \in U, f \in F \tag{12.2.4a}$$

约束条件(12.2.3a)确保每个用户只选择一个可用的 AP，而当且仅当 S_{ua} 等于 1 时，式(12.2.4a)保证分配给用户 u 的频率是 a 使用的频率 f。通过解决以下可行性问题可以找到一个(纯策略) NE：

$$\sum_{\alpha\in A_u} s_{ua}=1,\ \forall u\in U \tag{12.2.3b}$$

$$y_{uf}=\sum_{\alpha\in A_u} s_{ua}t_{af},\ \forall u\in U, f\in F \tag{12.2.4b}$$

$$d_{uk}y_{uf}c_u\left(f,z_u^f\right)\leqslant c_u\left(k,z_u^k+\omega_u^k\right),\quad k\neq f\in F \tag{12.2.5}$$

其中约束条件(12.2.5)强制每个用户 u 选择得到最小化 u 的成本函数的 AP，即根据 NE 的定义，这确保了如果用户单方面改变其操作，则不能降低其成本。

通过引入目标函数，可以很容易地解决特定 NE 的选择。例如，可以通过最大化 $\sum_{u\in U}\sum_{f\in F} y_{uf}c_u(f,z_u^f)$ 来获得最差 NE(计算混乱点 PoA 所需的)，而最佳 NE(计算稳定点 PoS 所需的)可以通过式(12.2.2)获得。

典型 WiFi(标准 802.11g)场景的仿真结果如图 12.2.2 所示。有关实验结果的更多信息，请参阅文献[51]。

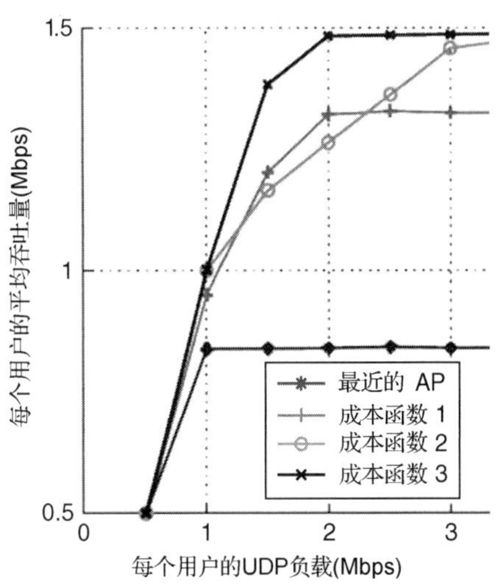

图 12.2.2　当网络中有两个 AP 且 $n=20$(强非对称设置)时每个用户的平均吞吐量和 UDP 负载

12.3　联合 AP 选择和功率分配

联合 AP 选择和功率分配问题已经在单载波蜂窝网络中得到了解决。文献[52, 53]在上行链路扩频蜂窝网络中考虑了这个问题，目标是找到一个 AP 选择和功率分配三元组，在保持用户服务质量的同时，使得总发射功率最小。这些研究考虑了标量功率分配问题。本节内容的不同之处在于，我们将会考虑更加困难的向量功率分配问题，其中用户可能会使用属于特定 AP 的所有信道。

近来有几项工作涉及多载波网络中相关的联合功率控制和频段选择或信道选择问题。文献[54]提出，可以使用博弈来分析上行链路多载波 CDMA 系统中的分布式节能信道选择和功率控制问题，其解决方案是要求用户选择单个最佳信道和标量功率电平，从而在所选信道上进行传输。文献[55]考虑了认知网络中的上行链路信道向量功率分配和频段选择问题，其中的认知网络由多个提供商提供服务。与之前的研究不同，用户可以选择频谱的宽度及传输的功率。然而，作者通过假设用户能够同时连接到多个服务提供商来避免问题复杂化，但这样的假设可能在网络方面引起相当大的信令开销，并且加大用户设备上的硬件实现复杂度。根据文献[56]，在 WLAN 术语中，这样的网络也被称为“多归属”网络。文献[57]研究了下行 OFDMA 网络中的信道分配、功率控制和用户 AP 关联问题。研究表明，通过让 AP 优化管理下行链路资源，同时允许用户自己选择 AP，至少部分实现了全局最优吞吐量。

本节讨论多信道多 AP 网络中联合 AP 选择和功率分配问题的分布式算法。假设时间被分割为时隙，并且存在网络时隙同步，我们首先考虑单个 AP 配置，并将上行链路功率控制问题放入非合作博弈中，移动用户(MU)尝试最大化其传输速率。然后，我们提出了一种迭代算法，使得 MU 能够以分布式方式达到平衡解。最后，该问题的 AP 选择被并入博弈中，其中每个用户不仅可以选择其功率分配，而且还可以选择 AP 关联。尽管前面所讨论的非合作博弈原则最近已被广泛应用于解决无线网络中的资源分配问题(见文献[58-67])，但我们所考虑的博弈由于其混合整数(mixed-integer)性质而更加复杂。这里我们讨论博弈的 NE，并开发一组算法，使得 MU 能够以分布式方式获得均衡解。

12.3.1 单 AP 网络

第一步，我们只考虑具有单个 AP 的网络。MU 由 $\mathcal{N} \triangleq \{1,2,\cdots,N\}$ 索引。我们将可用带宽归一化为 1，将其划分为 K 个信道，并将可用信道的集合定义为 $\mathcal{K} \triangleq \{1,2,\cdots,K\}$。MU i 在信道 k 上发送的信号将表示为 x_i^k，$p_i^k = E[|x_i^k|^2]$ 表示信道 k 上 MU i 的发射功率。AP 在接收机处的复高斯白噪声的均值为零，方差为 n^k，记为 $z^k \sim \mathcal{CN}(0,n^k)$，而位于信道 k 上的 MU i 和 AP 之间的信道系数为 h_i^k。在信道 k 处接收的信号由 y^k 表示，即 $y^k = \sum_{i=1}^{N} x_i^k h_i^k + z^k$。令向量 $\mathbf{p}_i \triangleq [p_i^1,\cdots,p_N^T]^{\mathrm{T}}$ 为 MU i 的发射功率分布，向量 $\mathbf{p} \triangleq [p_1^T,\cdots,p_N^T]^{\mathrm{T}}$ 为系统功率分布。P_i 表示 MU i 的最大允许发射功率。MU i 的可行发射功率向量集合为 $\mathcal{P}_i \triangleq \left\{\mathbf{p}_i : \mathbf{p} \geqslant 0, \sum_{k=1}^{K} p_i^k \leqslant P_i\right\}$。

假设 AP 配备单用户接收机，在对特定 MU 的消息进行解码时，将其他 MU 的信号视为噪声。在该假设条件下，AP 处的接收机拥有低复杂度，并且允许在多址接入信道(MAC)中设计分布式算法。在这个假设下，MU i 的可实现速率将定义为

$$R_i(\mathbf{p}_i,\mathbf{p}_{-1}) = \frac{1}{K}\sum_{k=1}^{K}\log\left(\frac{1+p_i^k|h_i^k|^2}{n^k+\Sigma_{p-i}p_j^k|h_j^k|^2}\right) \tag{12.3.1}$$

我们还假设每个 MU i 通过 AP 反馈，可知其自身的信道系数 $\{h_i^k\}_{k\in\mathcal{K}}$，并且知道每个信道 k 上噪声加干扰的总和 $\sum_{j\neq i} p_j^k |h_j^k|^2 + n^k$。

假设时间被分割为时隙，并且 MU 可以逐个时隙地调整其功率分配。则每个 MU 的任务是以分布式方式计算其最优功率分配策略。

为了实现分布式算法，将每个 MU 建模为个人代理(selfish agent)，其目标是最大化自己的速率。更具体地说，MU i 将解决以下优化问题：

$$\max_{\mathrm{P}_i\in P_i}\frac{1}{K}\sum_{k=1}^{K}\log\left[1+p_i^k|h_i^k|^2/\left(n^k+I_i^k\right)\right] \tag{12.3.2}$$

其中 $I_i^k \triangleq \sum_{j\neq i} p_j^k |h_j^k|^2$ 是信道 k 上除用户 i 自己外，其他所有用户 j 对 MU i 的总干扰。这个问题的解 p_i^* 即为单用户注水(water-filling，WF)的解，可表示为 $\{I_i^k\}_{k=1}^K$ 形式的函数：

$$\left(p_i^k\right)^* = \left[\sigma_i-\left(n^k+I_i^k\right)/|h_i^k|^2\right]^+ \triangleq \Phi_i^k\left(I_i^k\right),\forall k\in\mathcal{K} \tag{12.3.3}$$

其中 $\lambda_i = 1/\sigma_i \geqslant 0$ 是功率约束中的拉格朗日对偶变量。如果 $\mathbf{I}_i \triangleq \{I_i^k\}_{k=1}^K$ 是 MU i 在所有信道上经历的干扰，那么可以将向量 WF 运算符 $\Phi_i(\mathbf{I}_i)$ 定义为

$$\Phi_i(\mathbf{I}_i) \triangleq \left[\Phi_i^1\left(I_i^1\right), \cdots, \Phi_i^K\left(I_i^K\right)\right]$$

下面，我们介绍一个非合作的功率控制博弈，其中：(i) 玩家是 MU；(ii) 可实现的速率代表每个玩家的效用；(iii) 每个玩家的策略是其功率分布。我们把这个博弈表示为 $G = \{\mathcal{N}, \mathcal{P}, \{R_i(\cdot)\}_{i\in\mathcal{N}}\}$，其中 $\mathcal{P} = \prod_{t\in\mathcal{N}} \mathcal{P}_i$ 是所有 MU 的联合可行区域。博弈 G 的 NE 是满足以下条件的策略 $\{\mathbf{p}_i^*\}_{t\in\mathcal{N}}$：

$$\mathbf{p}_i^* \in \arg\max_{\mathrm{P}_i \in P_i} R_i\left(\mathbf{p}_i,\ \mathbf{p}_{-i}^*\right), \forall i \in N \tag{12.3.4}$$

根据定义，考虑到所有其他玩家的策略，博弈的 NE 是系统的稳定点，因为玩家没有激励偏离其策略。为了分析 NE，引入势函数 $P: \mathcal{P} \to \mathbb{R}$：

$$\begin{aligned} P(\mathbf{p}) &\triangleq (1/K)\sum_{k=1}^{K}\left[\log\left(1+\sum_{i=1}^{N}|h_i^k|^2 p_i^k/n^k\right)\right] \\ &= (1/K)\sum_{k=1}^{K}\left[\log\left(n^k+\sum_{i=1}^{N}|h_i^k|^2 p_i^k\right)-\log\left(n^k\right)\right] \end{aligned} \tag{12.3.5}$$

从上面可以看出，对于任何 $\mathbf{p}_i \in \mathcal{P}_i$、$\overline{\mathbf{p}}_i \in \mathcal{P}_i$ 及固定的 $\mathbf{p}_{-i}$，以下表达式有效：

$$R_i(\mathbf{p}_i, \mathbf{p}_{-i}) = R_i(\bar{\mathbf{p}}_i, \mathbf{p}_{-i}) = P(\mathbf{p}_i, \mathbf{p}_{-i}) - P(\bar{\mathbf{p}}_i, \mathbf{p}_{-i}) \tag{12.3.6}$$

由于式 (12.3.6) 中的性质，博弈 G 称为基本潜博弈。还要注意，势函数 $P(\mathbf{p})$ 在 $\mathbf{p}$ 处为凹函数。具有凹势和紧密行为空间的潜博弈至少有一个纯策略 NE。此外，当且仅当其最大化势函数时，可行的策略为博弈的 NE[22]。鉴于上述情况，有以下结论：当且仅当满足以下条件，$\mathbf{p}^*$ 是博弈 G 的 NE：

$$\mathbf{p}^* \in \arg\max_{\mathrm{p}\in P} \frac{1}{K}\sum_{k=1}^{K}\left[\log\left(n^k+\sum_{i=1}^{N}|h_i^k|^2 p_i^k\right)-\log\left(n^k\right)\right] \tag{12.3.7}$$

单个 AP 网络的潜博弈可以从现有的结果（见文献[64]）中轻易地概括出来。详细说明这一表述的主要目的是为后续章节中的多个 AP 设置提供新的依据。潜函数即式 (12.3.5) 的最大值等于用户 N 在 K 信道网络的最大可实现的和速率。这可以通过将多信道 MAC 的和容量与式 (12.3.5) 中的势函数进行比较而得出。

找到博弈 G 的 NE 相当于找到 $\mathbf{p}^* \in \arg\max_{\mathbf{p}\in P} P(\mathbf{p})$，这是一个相对易于求解的凸问题。然而，当 MU 自私且不合作时，仍不清楚如何以分布式的方式找到这样的 NE 点。文献[66]提出了一种称为顺序迭代 WF (S-IWF) 的分布式算法来求出问题 $\max_{\mathbf{p}\in P} P(\mathbf{p})$ 的解。在 S-IWF 的第 t 次迭代中，单个 MU i 通过 $\mathbf{p}_i^{(t+1)} = \Phi_i(\mathbf{I}_i^{(t)})$ 更新其功率，而所有其他 MU 保持其固定功率分配。虽然形式简单，但为了实现顺序更新，该算法需要额外的开销。此外，当 MU 的数量变大时，这种顺序算法通常收敛得非常缓慢。为了克服这些缺点，文献[61]提出了允许 MU 同时更新其功率分配的替代算法。

平均迭代 WF（A-IWF）算法

在每次迭代时，MU 执行以下操作。

1．计算 WF 功率分配 $\Phi_i(\mathbf{I}_i^{(t)})$，$\forall i\in\mathcal{N}$。

2．根据以下内容同时调整其功率分布：

$$\mathbf{p}_i^{(t+1)}=\left(1-\alpha^{(t)}\right)\mathbf{p}_i^{(t)}+\alpha^{(t)}\Phi_i\left(\mathbf{I}_i^{(t)}\right),\quad \forall i\in N$$

其中序列 $\{\alpha^{(t)}\}_{t=1}^{\infty}$ 满足 $\alpha^{(t)}\in(0,1)$：

$$\lim_{T\to\infty}\sum_{t=1}^{T}\alpha^{(t)}=\infty,\ \lim_{T\to\infty}\sum_{t=1}^{T}\left(\alpha^{(t)}\right)^2<\infty$$

文献[61]讨论了 A-IWF 算法的收敛性质。

12.3.2　联合 AP 选择和功率控制

在本节中，我们开始讨论更一般的多 AP 共存网络。除了前面介绍的 MU 集合 $\mathcal{N}\triangleq\{1,2,\cdots,N\}$ 及信道集合 $\mathcal{K}\triangleq\{1,2,\cdots,K\}$，我们还将引入集合 $\mathcal{W}\triangleq\{1,2,\cdots,W\}$ 对 AP 进行索引。我们再次将总带宽归一化为 1，并给每个 AP $w\in\mathcal{W}$ 分配信道子集 $\mathcal{K}_w\subseteq\mathcal{K}$。我们将参考每个 MU 向单个 AP 传输的上行链路情况。另外，我们做出如下假设：

1．每个 MU i 都能与任意 AP 关联。

2．AP 在可用频谱的非重叠部分工作。

3．每个 AP 都配备单个用户接收机。

假设(2)意味着 $\mathcal{K}_w\cap\mathcal{K}_q=\varnothing$，$\forall w\neq q$，$k,q\in\mathcal{W}$。然后，我们使用 $\{\left|h_{i,w}^k\right|^2\}_{k\in\mathcal{K}_w}$ 和 $\{n_w^k\}_{k\in\mathcal{K}_w}$ 分别表示所有信道上的 MU i 到 AP w 的功率增益及 AP w 的所有信道的热噪声功率。向量 $\mathbf{a}\in\mathcal{W}^N$ 表示网络中的关联分布，即 $\mathbf{a}[i]=w$ 表示 MU i 与 AP w 的关联。

$\mathcal{N}_w=\Delta\{i:\mathbf{a}[i]=w\}$ 表示与 AP w 相关联的 MU 集合。由于限制每个用户选择单个 AP，$\{\mathcal{N}_w\}_{w\in\mathcal{W}}$ 将成为 $\mathcal{N}$ 的一个分区。参数 $p_{i,w}^k$ 表示当与 AP w 相关联时 MU i 在信道 k 上传输的功率。参数 $\mathbf{p}_{i,w}=\Delta\{p_{i,w}^k\}_{k\in\mathcal{K}_w}$ 表示当 $\mathbf{a}[i]=w$ 和 $\mathbf{p}_w\triangleq\{\mathbf{p}_{i,w}\}_{k\in\mathcal{K}_w}$ 时 MU i 的功率分布，其中所有 MU 的功率分布与 AP w 相关联。向量 $\mathbf{p}_{-i,w}\triangleq\{\mathbf{p}_{j,w}\}_{j;j\neq i,a[j]=w}$ 表示除 i 外与 AP w 相关联的所有 MU 的功率分布。

$I_i^k\triangleq\sum\limits_{j:\mathbf{a}[j]=w,j\neq i}\left|h_{j,w}^k\right|^2p_{j,w}^k$ 表示信道 k 上的 MU i 经历的干扰。$\mathbf{I}_{i,w}\triangleq\{I_i^k\}_{k\in\mathcal{K}_w}$ 是 AP w 所有信道上的干扰集合。$\mathcal{F}_{i,w}\triangleq\left\{\mathbf{p}_{i,w}:\sum\limits_{k\in\mathcal{K}_w}p_{i,w}^k\leqslant P_i,p_{i,w}^k\geqslant 0,\forall k\in\mathcal{K}_w\right\}$ 表示当与 AP w 相关联时 MU i 的可行功率分配。

当与 AP w 相关联时，MU i 的上行传输速率可以表示为

$$\begin{aligned}&R_i\left(\mathbf{p}_{i,w},\mathbf{p}_{-i,w};w\right)\\&=(1/K)\sum_{k\in\mathcal{K}_w}\log\left[1+|h_{i,w}^k|^2p_{i,w}^k/\left(n_w^k+\sum_{j\neq i,\mathrm{a}[j]=w}|h_{j,w}^k|^2p_{j,w}^k\right)\right]\\&=(1/K)\sum_{k\in\mathcal{K}_w}\log\left[1+|h_{i,w}^k|^2p_{i,w}^k/\left(n_w^k+I_i^k\right)\right]\triangleq R_i\left(\mathbf{p}_{i,w},\ \mathbf{I}_{i,w};w\right)\end{aligned}\tag{12.3.8}$$

为了确定关联分布 **a** 和所有其他 MU 的功率分配 $\mathbf{p}_{-i,w}$，我们利用 $\Phi_i(\mathbf{I}_{i,w};w)$ 来表示向量 WF 解对 MU i 的功率优化问题的解，即 $\max\limits_{\mathbf{p}_{i,w}\in\mathcal{F}_{i,w}} R_i(\mathbf{p}_{i,w},\mathbf{p}_{-i,w};w)$。

非合作博弈方案 我们考虑非合作博弈中每个 MU 对 AP 的选择及相应信道集合的功率分配。博弈的参数是：(i) MU 是玩家；(ii) 每个 MU 的策略空间是 $\chi_i \triangleq \bigcup_{w\in\mathcal{W}}\{w,\mathcal{F}_{i,w}\}$；(iii) 每个 MU 的效用是 $R_i(\mathbf{p}_{i,w},\mathbf{p}_{-i,w};w)$。我们将这个博弈表示为 $\mathcal{G}\triangleq\{\mathcal{N},\{\chi_i\}_{i\in\mathcal{N}},\{R_i\}_{i\in\mathcal{N}}\}$。玩家的可行策略包含离散变量和连续向量，这使得博弈 $\mathcal{G}$ 变得更加复杂。这个博弈的 NE 满足以下一组方程的二元组 $\{\mathbf{a}^*[i],\mathbf{p}^*_{i,\mathbf{a}^*[i]}\}_{i\in\mathcal{N}}$：

$$\left(\mathbf{a}^*[i],\ \mathbf{p}^*_{i,\mathbf{a}^*[i]}\right)\in\arg\max_{w\in\mathcal{W}}\max_{\mathbf{p}_{iw}\in\mathcal{F}_{iw}} R_i\left(\mathbf{p}_{i,w},\ \mathbf{p}^*_{-i,w};w\right),\quad \forall i \tag{12.3.9}$$

我们称均衡分布 $\mathbf{a}^*$ 为一个 NE 的关联分布，而 $\mathbf{p}^*(\mathbf{a}^*)\triangleq\{\mathbf{p}^*_{i,\mathbf{a}^*[i]}\}_{i\in\mathcal{N}}$ 则是一个 NE 功率关联分配。另外我们称二元组 $[\mathbf{a}^*,\mathbf{p}^*(\mathbf{a}^*)]$ 为博弈 $\mathcal{G}$ 的联合平衡分布（JEP）（而不是 NE）。在 JEP 中，系统是稳定的，因为 MU 没有动机偏离其 AP 关联或其功率分配。

对于给定的二元组 $(\mathbf{a},\mathbf{p})$，我们将 AP w 的势函数定义为

$$P_w(\mathbf{p}_w;\mathbf{a})\triangleq\frac{1}{K}\sum_{k\in\mathcal{K}_w}\left(\log\left(n_w^k+\sum_{i\in N_w}|h_{i,w}^k|^2p_{i,w}^k\right)-\log n_w^k\right)$$

博弈 $\mathcal{G}$ 的势函数定义为

$$P(\mathbf{p};\mathbf{a})\triangleq\sum_{w\in\mathcal{W}}P_w(\mathbf{a}_w;\mathbf{p}) \tag{12.3.10}$$

对于给定的关联分布 $\mathbf{a}\in\mathcal{W}^N$，我们定义 $\mathcal{F}_w(\mathbf{a})\triangleq\prod\limits_{i\in\mathcal{N}_w}\mathcal{F}_{i,w}$ 作为集合 $\mathcal{N}_w$ 和 $\mathcal{F}(\mathbf{a})\triangleq\prod\limits_{w\in W}\mathcal{F}_w(\mathbf{a})$ 中 MU 的联合可行集合。对于给定的 **a**，当且仅当所有的 $w\in\mathcal{W}$、$\mathbf{p}^*_w$ 令每个 AP 最大化势函数时[61]，可行 $\mathbf{p}^*\in\mathcal{F}(\mathbf{a})$ 将最大化势函数 $P(\mathbf{p};\mathbf{a})$，

$$\mathbf{p}^*_w\in\max_{p_w\in\mathcal{F}_w(\mathbf{a})}P_w(\mathbf{p}_w;\mathbf{a}),\quad \forall w\in\mathcal{W} \tag{12.3.11}$$

此外，$\mathbf{p}^*_w$ 是单个 AP 功率分配博弈 $\mathcal{G}$ 的 NE，这里将 $\mathcal{N}_w$ 作为竞争玩家的集合并用势函数 $P_w(\mathbf{p}_w;\mathbf{a})$ 表示。

可以看出，式(12.3.11)正是 12.3.1 节讨论的单个 AP 功率分配问题。因此，功率分配 $\mathbf{p}^*_w$ 可以基于 MU 的集合 $\mathcal{N}_w$ 通过使用 A-IWF 或 S-IWF 算法以分布式方式计算。

对于给定的 $\mathbf{a}\in\mathcal{W}^N$，令 $\mathcal{E}(\mathbf{a})$ 和 $\bar{P}(\mathbf{a})$ 分别表示最优解的集合和问题 $\max\limits_{p\in\mathcal{F}(\mathbf{a})}P(\mathbf{p};\mathbf{a})$ 的最优目标值。类似地，将 $\mathcal{E}_w(\mathbf{a})$ 和 $\bar{P}_w(\mathbf{a})$ 定义为最优解的集合和式(12.3.11)的最优目标值。如 12.3.1 节所述，式(12.3.11)中的每个子问题都是一个凸问题，因此 $\bar{P}_w(\mathbf{a})$ 是唯一的。对于给定的 **a**，$\bar{P}(\mathbf{a})$ 也具有单个值，因此 $\bar{P}(\mathbf{a})$ 可被视为关联分布 **a** 的函数。

可以看出文献[61]中博弈 $\mathcal{G}$ 的 JEP 是纯策略。关联分布 $\bar{\mathbf{a}}\in\arg\max\limits_{\mathbf{a}}\bar{P}(\mathbf{a})$ 及功率分配分布 $\bar{\mathbf{p}}=\{\bar{\mathbf{p}}_{i,\bar{\mathbf{a}}[i]}\}_{i\in\mathcal{N}}\in\mathcal{E}(\bar{\mathbf{a}})$ 构成博弈 $\mathcal{G}$ 的 JEP。

12.3.3　分布式算法

本节介绍一种联合 AP 选择及功率分配（JASPA）算法，允许网络中的 MU 以分布式方式计算 JEP[61]。该算法要求 AP 选择和功率分配发生在不同的时间尺度上。虽然以相对较慢的时间

尺度选择 AP，但却以更快的时间尺度进行功率分配。正确选择的时标使功率控制算法在更新 AP 选择之前达到平衡。一旦实现了功率分配收敛，MU 将尝试寻找不同的 AP 来进一步提高其速率。我们假设每个 MU 保持长度为 M 的存储器，并以先进先出(FIFO)的方式操作。当 MU i 决定其下一个最佳 AP 关联 w_i^* 时，它通过维数 $W\times 1$ 的最佳响应向量 $\mathbf{b}_i:\mathbf{b}_i=\mathbf{e}_{w_i^*}$ 记录决策，并将该向量存储在存储器中。在下一次迭代中，MU 的实际 AP 关联决策将随机地从各自的存储器中被取出。令 $(\mathbf{p}^{(t)},\mathbf{a}^{(t)})$ 表示第 t 次迭代的功率及关联分布。算法过程如下。

JASPA 算法

1. *初始化*：设 $t=0$，MU 随机选择其 AP。
2. *功率分配*：对每个 AP w 求解式(12.3.11)，通过 A-IWF 或 S-IWF 算法，在每个蜂窝中修正 $\mathbf{a}^{(t)}$，MU 集合 $\mathcal{N}_w$ 计算功率分配 $\mathbf{p}_w^{(t+1)}\in\mathcal{E}_w[\mathbf{a}^{(t)}]$。达到这种中间平衡的过程称为“内循环”。
3. *找到最佳 AP*：每个 MU i 寻找一个 AP 的集合 $\mathcal{W}_i^{(t+1)}$，使得任何 AP $w\in\mathcal{W}_i^{(t+1)}$ 可以为用户 i 服务，至少与 AP $\mathbf{a}^{(t)}[i]$ 一样：

$$\max_{\mathbf{p}_{i,w}\in\mathcal{F}_{i,w}} R_i\left[\mathbf{p}_{i,w},\ \mathbf{p}_w^{(t+1)};w\right]\geqslant R_i\left(\mathbf{p}_{\mathrm{a}^{(t)}[i]}^{(t+1)};\mathbf{a}^{(t)}[i]\right) \tag{12.3.12}$$

   随机选择 AP $w_i^*\in\mathcal{W}_i^{(t+1)}$。设置最佳响应向量 $\mathbf{b}_i^{(t+1)}=\mathbf{e}_{w_i^*}$。
4. *更新概率向量*：对于每个 MU i，将 $W\times 1$ 概率向量更新为 $\beta_i^{(t)}$，

$$\beta_i^{(t+1)}=\begin{cases}\beta_i^{(t)}+\left(\mathbf{b}_i^{(t+1)}-\mathbf{b}_i^{(t-M)}\right)/M, & t\geqslant M\\ \beta_i^{(t)}+\left(\mathbf{b}_i^{(t+1)}-\mathbf{b}_i^{(1)}\right)/M, & M>t>0\\ \mathbf{b}_i^{(1)}, & t=0\end{cases} \tag{12.3.13}$$

   如果 $t\geqslant M$，则从存储器的前面移除 $\mathbf{b}_i^{(t-M)}$；将 $\mathbf{b}_i^{(t+1)}$ 推入存储器的末尾。
5. *找到下一个 AP*：每个 MU i 根据 $\mathbf{a}^{(t+1)}[i]\sim \mathrm{multi}[\beta_i^{(t+1)}]$ 对 AP 索引进行采样，其中 $\mathrm{multi}(\cdot)$ 表示多项式分布。
6. *继续处理*：如果对于所有的 $m=1,\cdots,M$，$\mathbf{a}^{(t+1)}=\mathbf{a}^{(t+1-m)}$，则停止算法；否则使 $t=t+1$，然后转到步骤 2。

可以从文献[61]看出，当选择 $M\geqslant N$ 时，JASPA 算法生成概率为 1 且收敛到 JEP 集合的序列 $\{(\mathbf{a}^{(t)},\mathbf{p}^{(t)})\}_{t=1}^{\infty}$。

上面提出的 JASPA 算法是“分布式”的，这意味着每次迭代计算可以由 MU 本地执行。然而，它需要 MU 在两个 AP 选项 $\mathbf{a}^{(t)}$ 和 $\mathbf{a}^{(t+1)}$ 之间实现一个中间功率平衡 $\mathbf{p}^{(t+1)}$，而这需要 MU 之间实现良好的协作。因此，我们给出了 JASPA 算法的两个修正版本，从而不需要 MU 来实现任何中间平衡。

第一种称为 Se-JASPA 的算法是 JASPA 的下一版本。Se-JASPA 算法与原始 JASPA 算法在几个重要方面有所不同。首先，每个 MU $i\in\mathcal{N}$ 不需要保留其最佳响应向量 $\{\mathbf{b}_i^{(t)}\}_t$ 的历史记录。它在步骤 2 中利用贪婪算法决定 AP 关联。第二，MU i 在决定新的 AP $\mathbf{a}^{(t+1)}[i]=w_i^*$ 之后，不需要经历达到中间平衡的过程。然而，MU 仍然需要对其更新的确切顺序进行协调，因为在每次迭代中，只允许单个 MU 执行。由算法本身的执行情况推断出，当 MU 的数量较大时，收敛速度变慢。

同期的另一算法版本(称为 Si-JASPA)允许所有用户在每次迭代中进行更新。注意，在 Si-JASPA 算法中，变量 T_i 表示 MU i 保留在当前 AP 中的持续时间。两种算法的伪代码总结如下。

Se-JASPA 算法

1. 初始化：每个 MU 随机选择一个 $\mathbf{a}^{(0)}[i]$ 和 $\mathbf{p}^0_{i,\mathbf{a}^{(0)}[i]}$。
2. 确定下一个 AP 关联：如果 MU i 采取行动[例如 $\{(t+1)\text{ mode }N\}+1=i$]：
   a. MU i 找到一个 $\mathcal{W}_i^{(t+1)}$ 集合满足
   $$w_i^{(t+1)}=\left\{w^*:\arg\max_{w\in w}\max_{\mathbf{p}_{i,w}\in\mathcal{F}_{iw}} R\left[\mathbf{p}_{i,w},\mathbf{p}_w^{(t)};w\right]\right\}$$
   b. MU i 通过随机选取 $\mathbf{a}^{(t+1)}[i]\in\mathcal{W}_i^{(t+1)}$ 来选择一个 AP。对于其他 MU j（$j\neq i$），$\mathbf{a}^{(t+1)}[j]=\mathbf{a}^{(t)}[i]$。
3. 更新功率分配：$w_i^*=\mathbf{a}^{(t+1)}[i]$。MU i 由 $\mathbf{p}^{(t+1)}_{i,w_i^*}=\Phi_i(\mathbf{I}^{(t)}_{i,w_i^*};w_i^*)$ 更新。对于其他 MU j（$j\neq i$），$\mathbf{p}^{(t+1)}_{j,w}=\mathbf{p}^{(t)}_{j,w}$。
4. 继续处理：设 $t=t+1$ 并转到步骤 2。

Si-JASPA 算法

1. 初始化（$t=0$）：每个 MU i 随机选择一个 $\mathbf{a}^{(0)}[i]$ 和 $\mathbf{p}^0_{i,\mathbf{a}^{(0)}[i]}$。
2. 选择最佳响应关联：每个 MU i 按照 JASPA 算法的步骤 3 计算 $\mathbf{b}_i^{(t+1)}$。
3. 更新概率向量：
   根据式(12.3.13)，每个 MU i 更新 $\beta_i^{(t+1)}$。
   将 $\beta_i^{(t+1)}$ 存储在存储器中。
   如果 $t\geqslant M$，则从存储器中删除 $\mathbf{b}_i^{(t-M)}$。
4. 确定下一个 AP 关联：每个 MU i 根据 JASPA 算法的步骤 5 获得 $\mathbf{a}^{(t+1)}[i]$。
5. 计算最佳功率分配：令 $w_i^*=\mathbf{a}^{(t+1)}[i]$；每个 MU i 通过 $\mathbf{p}^*_{i,w_i^*}=\Phi_i(\mathbf{I}^{(t)}_{i,w_i^*};w_i^*)$ 计算 $\mathbf{p}^*_{i,w_i^*}$。
6. 更新持续时间：每个 MU i 维持并更新一个变量，$T_i:T_i=\begin{cases}1, & w_i^*\neq\mathbf{a}^{(t)}[i]\\ T_i+1, & w_i^*=\mathbf{a}^{(t)}[i]\end{cases}$。
7. 更新功率分配：每个 MU i 计算 $\mathbf{p}^{(t+1)}_{i,w_i}$ 如下：
   $$\mathbf{p}^{(t+1)}_{i,w_i^*}=\begin{cases}\mathbf{p}^*_{i,w_i^*}, & w_i^*\neq\mathbf{a}^{(t)}[i]\\ \left(1-\alpha^{(T_i)}\right)\mathbf{p}^{(t)}_{i,w_i^*}+\alpha^{(T_i)}\mathbf{p}^*_{i,w_i^*}, & w_i^*=\mathbf{a}^{(t)}[i]\end{cases}$$
8. 继续处理：设 $t=t+1$ 并转到步骤 2。

在切换到新的 AP 之后，除了每个 MU 不需要经过中间平衡的联合计算过程，Si-JASPA 算法的结构与 JASPA 算法的几乎相同。实际上 MU 可以在算法的每次迭代中选择 AP。在已经介绍的三种算法中，Si-JASPA 算法所需的 MU 之间的协调程度最小。尽管到目前为止，Se-JASPA/Si-JASPA 算法的收敛性并没有给予证明，但是反证结果表明，它们确实收敛。

文献[61]中提出了具有收敛保证的替代算法。该算法允许 MU 在 Se-JASPA/Si-JASPA 算法中联合选择其功率分布和 AP 关联，并且不需要达到任何中间平衡。与 JASPA 算法及其两个改进版本相比，该算法对于 MU 和 AP 需要完全不同的信息/存储器结构。其中，要求 MU 保留所有 MU 的全网联合策略的历史记录，因此该算法称为联合策略 JASPA(J-JASPA)。图 12.3.1 说明了典型网络场景下算法的收敛性。

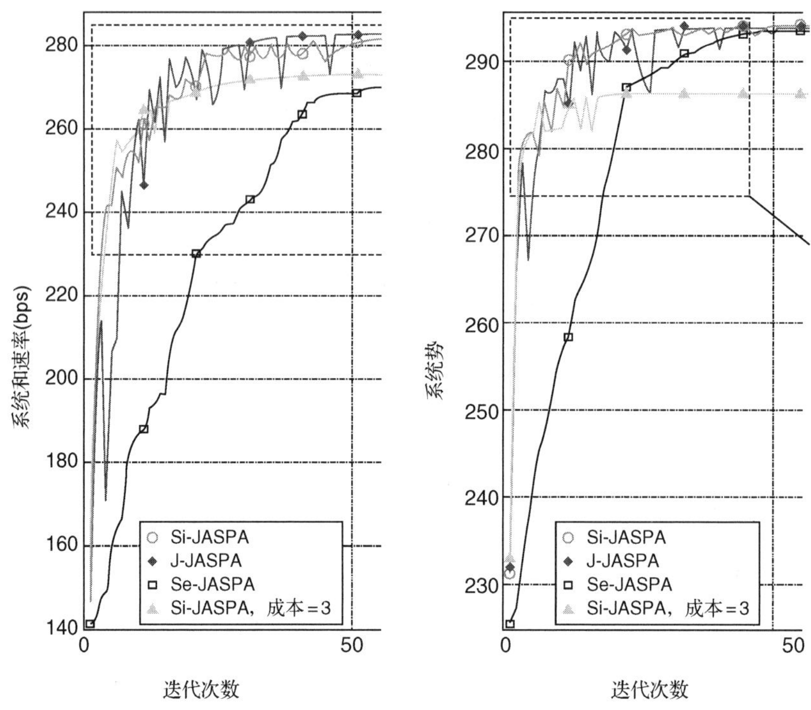

图 12.3.1 Se-JASPA、J-JASPA 和 Si-JASPA 的收敛速度与连接成本的比较

在仿真中，多个 MU 和 AP 随机放置在 $10\text{ m}\times 10\text{ m}$ 的区域内。对于 MU i 和 AP w 之间的距离 $d_{i,w}$，MU i 和 AP w 之间的信道增益由平均值为 $1/d_{iw}^2$ 的指数分布独立产生(即假设 $\left|h_{i,w}^k\right|$ 具有瑞利分布)。更多细节请参见文献[61]。

12.4 联合 AP 选择和波束成形优化

本节讨论第 11 章介绍的 DNA 网络中的联合 AP 选择和下行链路资源分配问题。在该问题中，使用波束成形来最小化用户之间的干扰。本节提出了两种算法。第一种算法基于定义用户与 AP 之间连接的选择向量；第二种算法则基于稀疏方法，其中非稀疏波束成形向量建立用户与 AP 之间的传输链路。另外，将讨论算法对信道估计误差的灵敏度。

12.4.1 网络模型

本节中考虑的网络由配备 T 个发射天线的 K 个终端 AP 组成。AP 具有线性预编码功能。假设在时刻 t，有 N 个配备单个发射天线(智能手机、笔记本电脑、手机等)的用户，并且每个用户由一个 AP 提供服务。在图 12.4.1 所示的简单网络模型中，AP 与用户的通信均为单跳传输。为了最小化干扰，用户设备必须在所有可能的连接中选择最合适的 AP。当存在多个用户时，虚线表明所有可能的连接，实线表示可能的单个连接。

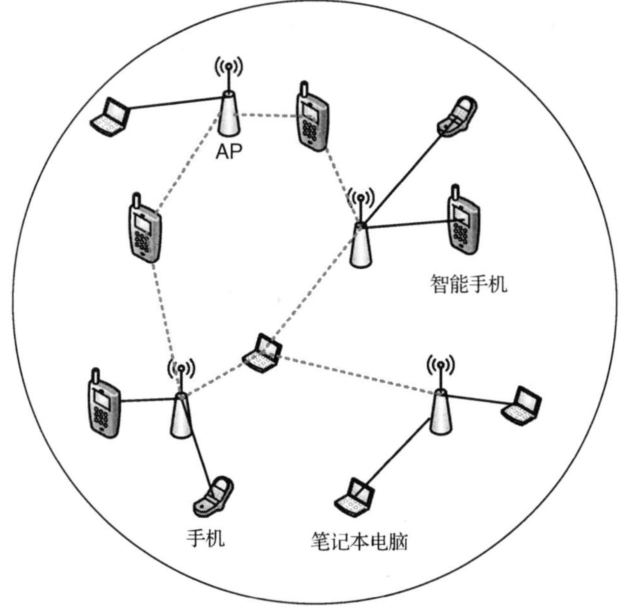

图 12.4.1　具有可能连接的网络模型

资源分配问题包括以最佳方式将一个子集或 K 个 AP 分配给 N 个用户。显然，保持 K 个 AP 都活跃是非常浪费资源的。这里讨论的算法联合优化了用户和 AP 之间的连接及下行链路传输的资源分配。文献[37]考虑了优化的活动 AP 的数量。

为了使优化过程在具有较大流量的动态网络中可行，需要进行网络分簇，以缩小网络规模[66, 68, 69]。如图 12.4.2 所示，小簇群的参数 K 和 N 的值相对较小。相邻簇群中的用户将以不同的频率进行传输，因此这些传输不会有干扰。

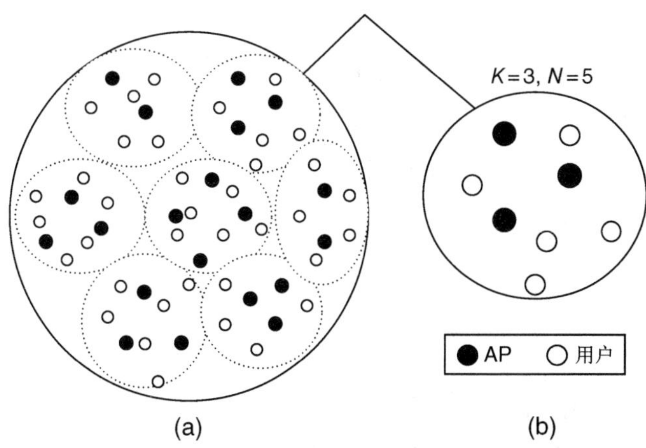

图 12.4.2　(a)将网络划分为不同的簇；(b)DNA 网络

基于联合 AP 选择和波束成形向量的优化算法(JSBOA)　分别用 $\mathcal{K}$ 和 $\mathcal{N}$ 表示 AP 和用户的集合，其中 $\mathcal{K} \triangleq \{1,2,\cdots,K\}$ ，$\mathcal{N} \triangleq \{1,2,\cdots,N\}$ 。假设用户 $j \in \mathcal{N}$ 和 AP $i \in \mathcal{K}$ 之间的信道传递函数是复数(行)向量 $\mathbf{h}_{ij}$ 。在 AP i 发送之前，用户 j 的消息由(列)向量 $\mathbf{w}_{ij}$ 线性加权。为了简化，我们假设任意用户的接收信号将经历频率平坦衰落。虽然我们关注下行链路场景，但所提出的方法也适用于上行链路场景。在此设置中，如果 K 个 AP 都被选择，就可以进行传输。

定义 s_{ij} 为第 i 个 AP 和第 j 个用户之间连接状态的二进制选择变量，使得

$$s_{ij}=\begin{cases}1, & \text{连接}\\ 0, & \text{不连接}\end{cases} \tag{12.4.1}$$

由于每个用户必须由一个 AP 服务，因此使用以下约束：

$$\sum_{i=1}^{K}s_{ij}=1,\quad \forall j\in\mathcal{N} \tag{12.4.2}$$

然后，可以给出用户 j 的下行链路数据传输速率

$$R_j=\log\left[1+\frac{\sum_{i=1}^{K}s_{ij}\left|\mathbf{h}_{ij}\mathbf{w}_{ij}\right|^2}{\sigma_j^2+\sum_{\forall k\in\mathcal{K}}\sum_{\forall t\in\mathcal{N},t\neq j}s_{kt}\left|\mathbf{h}_{kj}\mathbf{w}_{kt}\right|^2}\right] \tag{12.4.3}$$

其中 σ_j^2 是背景噪声的功率。每个 AP 的功率预算由以下不等式给出：

$$\sum_{j}s_{ij}\left\|\mathbf{w}_{ij}\right\|_2^2\leqslant p_{\max,i},\ \forall\mathcal{K} \tag{12.4.4}$$

其中 $p_{\max,i}$ 是第 i 个 AP 的最大功率。此外，我们假设发送的消息暂时是白的，则功率约束将通过预编码向量给出。同时，系统中所有用户的 QoS 也将得以保证。具体来说，用户 i 将始终获得大于 $\gamma_{\min,i}$ 定义的最小 SINR 水平的速率。根据上述讨论，现在可将问题表述为

$$\begin{aligned}
&\max_{s,w}\sum_{j}\log\left[1+\frac{\sum_{i=1}^{K}s_{ij}\left|\mathbf{h}_{ij}\mathbf{w}_{ij}\right|^2}{\sigma_j^2+\sum_{\forall k\in K}\sum_{\forall t\in N,t\neq j}s_{kt}\left|\mathbf{h}_{kj}\mathbf{w}_{kt}\right|^2}\right] && \text{(a)}\\
&\text{subject to}\ \gamma_{\min,j}\leqslant\frac{\sum_{i=1}^{K}s_{ij}\left|\mathbf{h}_{ij}\mathbf{w}_{ij}\right|^2}{\sigma_j^2+\sum_{\forall k\in K}\sum_{\forall t\in N,t\neq j}s_{kt}\left|\mathbf{h}_{kj}\mathbf{w}_{kt}\right|^2},\ \forall j\in\mathcal{N} && \text{(b)}\\
&\sum_{j}s_{ij}\left\|\mathbf{w}_{ij}\right\|_2^2\leqslant p_{\max,i},\ \forall i\in\mathcal{K} && \text{(c)}\\
&\sum_{i=1}^{K}s_{ij}=1,\ \forall j\in\mathcal{N} && \text{(d)}\\
&s_{ij}=\{0,1\},\ \forall j\in\mathcal{N},\forall i\in\mathcal{K} && \text{(e)}
\end{aligned} \tag{12.4.5}$$

上述问题是混合整数非线性规划的一个示例。一般来说，即使它是一个小型网络，也仍然很难求解，因为它是非多项式难解问题(NP 难题)[70]。因此，这里将采用 AP 近似选择方法，其原理基于选择变量的连续宽松特性。将这种连续集合中的离散约束重新设计是组合优化理论中的标准操作。在这种情况下，可以将其视为近似嵌入式 NP 难题优化问题求解的第一步。首先，考虑以下问题：

$$\max_{s,w,v}\sum_{j}\log\left(v_j\right) \qquad \text{(a)}$$

$$\begin{aligned}
\text{subject to}\quad & v_j \leqslant 1+\frac{\sum\limits_{i=1}^{K} s_{ij}\left|\mathbf{h}_{ij}\mathbf{w}_{ij}\right|^2}{\sigma_j^2+\sum\limits_{\forall k\in\mathcal{K}}\sum\limits_{\forall t\in\mathcal{N},t\neq j} s_{kt}\left|\mathbf{h}_{kj}\mathbf{w}_{kt}\right|^2},\ \forall j\in\mathcal{N} \quad \text{(b)}\\
& \sum_j s_{ij}\left\|\mathbf{w}_{ij}\right\|_2^2 \leqslant p_{\max,i},\ \forall i\in\mathcal{K} \quad \text{(c)}\\
& \gamma_{\min,j} \leqslant \frac{\sum\limits_{i=1}^{K} s_{ij}\left|\mathbf{h}_{ij}\mathbf{w}_{ij}\right|^2}{\sigma_j^2+\sum\limits_{\forall k\in\mathcal{K}}\sum\limits_{\forall t\in\mathcal{N},t\neq j} s_{kt}\left|\mathbf{h}_{kj}\mathbf{w}_{kt}\right|^2},\ \forall j\in\mathcal{N} \quad \text{(d)}\\
& \sum_{i=1}^{K} s_{ij}=1,\ \forall j\in\mathcal{N} \quad \text{(e)}\\
& 0\leqslant s_{ij}\leqslant 1,\ \forall j\in\mathcal{N},\forall i\in\mathcal{K} \quad \text{(f)}
\end{aligned} \tag{12.4.6}$$

在接下来的步骤中，我们简单地将式(12.4.6b)～式(12.4.6d)中的非凸约束设置为凸约束。然后阐述了该集合的第 k 个不等式，其他约束可以按照完全相同的方式处理。这个策略将涉及两次因式分解约束，如式(12.4.6b)所示；实际上，这种不等式允许用以下等价形式表示为

$$\begin{gathered}
v_j \leqslant 1+\frac{\sum\limits_{i=1}^{K} s_{ij}\left|\mathbf{h}_{ij}\mathbf{w}_{ij}\right|^2}{\sigma_j^2+\sum\limits_{\forall k\in\mathcal{K}}\sum\limits_{\forall t\in\mathcal{N},t\neq j} s_{kt}\left|\mathbf{h}_{kj}\mathbf{w}_{kt}\right|^2}\\
\Updownarrow\\
\begin{cases}
z_j \geqslant \sigma_j^2+\sum\limits_{\forall k\in\mathcal{K}}\sum\limits_{\forall t\in\mathcal{N},t\neq j} s_{kt}\left|\mathbf{h}_{kj}\mathbf{w}_{kt}\right|^2,\quad \forall j\in\mathcal{N} & \text{(a)}\\
\left(v_j-1\right)z_j \leqslant \sum\limits_{i=1}^{K} s_{ij}\left|\mathbf{h}_{ij}\mathbf{w}_{ij}\right|^2,\quad \forall j\in\mathcal{N} & \text{(b)}
\end{cases}
\end{gathered} \tag{12.4.7}$$

式(12.4.7)的两个约束可以进一步分解为

$$\begin{gathered}
z_j \geqslant \sigma_j^2+\sum_{\forall k\in\mathcal{K}}\sum_{\forall t\in\mathcal{N},t\neq j} s_{kt}\left|\mathbf{h}_{kj}\mathbf{w}_{kt}\right|^2\\
\Updownarrow\\
\begin{cases}
z_j \geqslant \sigma_j^2+\sum\limits_{\forall k\in\mathcal{K}}\sum\limits_{\forall t\in\mathcal{N},t\neq j} s_{kt}\beta_{kt},\ \forall j\in\mathcal{N} & \text{(a)}\\
\beta_{kt} \geqslant \left|\mathbf{h}_{kj}\mathbf{w}_{kt}\right|^2,\ \forall t\,\&\,\forall j\in\mathcal{N},t\neq j,\ \forall k\in\mathcal{K} & \text{(b)}
\end{cases}
\end{gathered} \tag{12.4.8}$$

$$\begin{gathered}
\left(v_j-1\right)z_j \leqslant \sum_{i=1}^{K} s_{ij}\left|\mathbf{h}_{ij}\mathbf{w}_{ij}\right|^2\\
\Updownarrow\\
\begin{cases}
t_{ij} \leqslant \left|\mathbf{h}_{ij}\mathbf{w}_{ij}\right|^2,\ \forall j\in\mathcal{N},\quad \forall i\in\mathcal{K} & \text{(a)}\\
\left(v_j-1\right)z_j \leqslant \sum\limits_{i=1}^{K} s_{ij}t_{ij},\ \forall j\in\mathcal{N} & \text{(b)}
\end{cases}
\end{gathered} \tag{12.4.9}$$

式(12.4.8)和式(12.4.9)中定义的所有约束均为凸约束，除了式(12.4.8b)。然而，通过一阶近似，我们可以重新将其他三个凸约束近似为下面给出的式子。首先考虑式(12.4.8)并重新排列其不等式为

$$4\left(z_j-\sigma_j^2\right)+\sum_{\forall k\in\mathcal{K}}\sum_{\substack{\forall t\in\mathcal{N}\\ t\neq j}}\left[\left(s_{kt}-\beta_{kt}\right)^2\right]\geqslant\sum_{\forall k\in\mathcal{K}}\sum_{\substack{\forall t\in\mathcal{N}\\ t\neq j}}\left[\left(s_{kt}+\beta_{kt}\right)^2\right]$$

利用一阶近似，这个凸形式可重新写为

$$\sum_{\forall k\in\mathcal{K}}\sum_{\substack{\forall t\in\mathcal{N}\\ t\neq j}}\left[\left(s_{kt}+\beta_{kt}\right)^2\right]\leqslant\left(4\left(z_j-\sigma_j^2\right)+\sum_{\forall k\in\mathcal{K}}\sum_{\substack{\forall t\in\mathcal{N}\\ t\neq j}}\left[\begin{array}{l}\left(s_{kt}^{(n)}-\beta_{kt}^{(n)}\right)^2\\ +2\left\{\begin{array}{l}\left(s_{kt}-s_{kt}^{(n)}\right)\\ -\left(\beta_{kt}-\beta_{kt}^{(n)}\right)\end{array}\right\}\left(s_{kt}^{(n)}-\beta_{kt}^{(n)}\right)\end{array}\right]\right) \tag{12.4.10}$$

其中具有上标(n)的变量表示其在第n次迭代中的值。这种约束用于解决第$(n+1)$次迭代中的问题。特别是，这些值取决于第$(n-1)$次迭代中不等式约束的变量解。然后，我们考虑式(12.4.9)中的两个约束，即

$$t_{ij}\leqslant {R_{hw}}^2+{I_{hw}}^2$$

其中$\Re(\mathbf{h}_{ij}\mathbf{w}_{ij})=R_{hw}$和$\Im(\mathbf{h}_{ij}\mathbf{w}_{ij})=I_{hw}$。

再通过一阶近似[71]，式(12.4.9)中的两个约束可进一步修改为

$$\begin{aligned}&t_{ij}\leqslant\left\{\left(R_{hw}^{(n)}\right)^2+2R_{hw}^{(n)}\left(R_{hw}-R_{hw}^{(n)}\right)+\left(I_{hw}^{(n)}\right)^2+2I_{hw}^{(n)}\left(I_{hw}-I_{hw}^{(n)}\right)\right\}\\ &\left(v_j-1+z_j\right)^2+\sum_{i=1}^{K}\left(s_{ij}-t_{ij}\right)^2\leqslant\\ &\left[\begin{array}{l}\sum\limits_{i=1}^{K}\left[\left(s_{ij}^{(n)}+t_{ij}^{(n)}\right)^2+2\left\{\left(s_{ij}-s_{ij}^{(n)}\right)+\left(t_{ij}-t_{ij}^{(n)}\right)\right\}\left(s_{ij}^{(n)}+t_{ij}^{(n)}\right)\right]\\ \left(v_j^{(n)}-1-z_j^{(n)}\right)^2+2\left\{\left(v_j-v_j^{(n)}\right)-\left(z_j-z_j^{(n)}\right)\right\}\left(v_j^{(n)}-1-z_j^{(n)}\right)\end{array}\right]\end{aligned} \tag{12.4.11}$$

因此，式(12.4.6b)可用式(12.4.8)、式(12.4.10)和式(12.4.11)表示。最后，式(12.4.6)近似表示功率约束。为此，引入以特定顺序更新的辅助参数，以达到限制非凸函数的目的。然后，功率约束被分解为如下两个约束：

$$\sum_j s_{ij}\left\|\mathbf{w}_{ij}\right\|_2^2\leqslant p_{\max,i}\Leftrightarrow\left\{\begin{array}{ll}\left\|\mathbf{w}_{ij}\right\|_2^2\leqslant u_{ij},\ \forall j\in\mathcal{N},\forall i\in\mathcal{K} & \text{(a)}\\ \sum\limits_j s_{ij}u_{ij}\leqslant p_{\max,i},\ \forall j\in\mathcal{N} & \text{(b)}\end{array}\right. \tag{12.4.12}$$

通过一阶近似，式(12.4.12)中的非凸约束可以表示为

$$\sum_j\left(s_{ij}+u_{ij}\right)^2\leqslant 4p_{\max,i}+\sum_j\left[\begin{array}{l}\left(s_{ij}^{(n)}-u_{ij}^{(n)}\right)^2+\\ 2\left\{\begin{array}{l}\left(s_{ij}-s_{ij}^{(n)}\right)-\\ \left(u_{ij}-u_{ij}^{(n)}\right)\end{array}\right\}\left(s_{ij}^{(n)}-u_{ij}^{(n)}\right)\end{array}\right] \tag{12.4.13}$$

此外，式(12.4.6d)可以通过分成两个部分来实现凸优化，如

$$
\begin{aligned}
&\frac{\sum_{i=1}^{K} s_{ij}\left|\mathbf{h}_{ij}\mathbf{w}_{ij}\right|^2}{\sigma_j^2+\sum_{\forall k\in\mathcal{K}}\sum_{\forall t\in\mathcal{N},t\neq j} s_{kt}\left|\mathbf{h}_{kj}\mathbf{w}_{kt}\right|^2}\geqslant\gamma_{\min,j}\\
&\Updownarrow\\
&\begin{cases}
\sum_{i=1}^{K} s_{ij}\left|\mathbf{h}_{ij}\mathbf{w}_{ij}\right|^2\geqslant\gamma_{\min,j}\lambda_j,\ \ \forall j\in\mathcal{N} & \text{(a)}\\
\sigma_j^2+\sum_{\forall k\in\mathcal{K}}\sum_{\substack{\forall t\in\mathcal{N}\\ t\neq j}} s_{kt}\left|\mathbf{h}_{kj}\mathbf{w}_{kt}\right|^2\leqslant\lambda_j,\ \ \forall j\in\mathcal{N} & \text{(b)}
\end{cases}
\end{aligned}
\tag{12.4.14}
$$

式(12.4.14)中的约束遵循与式(12.4.7)相同的格式。因此，这可以使用之前的相同推导来修正，

$$
\begin{aligned}
&\gamma_{\min,j}\lambda_j+\sum_{i=1}^{K}\left(s_{ij}-t_{ij}\right)^2\leqslant\\
&\sum_{i=1}^{K}\left[\left(s_{ij}^{(n)}+t_{ij}^{(n)}\right)^2+2\left\{\left(s_{ij}-s_{ij}^{(n)}\right)+\left(t_{ij}-t_{ij}^{(n)}\right)\right\}\left(s_{ij}^{(n)}+t_{ij}^{(n)}\right)\right]
\end{aligned}
\tag{12.4.15}
$$

$$
\sum_{\forall k\in K}\sum_{t\neq j}\left[\left(s_{kt}+\beta_{kt}\right)^2\right]\leqslant\left(4\left(\lambda_j-\sigma_j^2\right)+\sum_{\forall k\in K}\sum_{t\neq j}\left[\begin{array}{l}\left(s_{kt}^{(n)}-\beta_{kt}^{(n)}\right)^2\\ +2\left\{\begin{array}{l}\left(s_{kt}-s_{kt}^{(n)}\right)\\ -\left(\beta_{kt}-\beta_{kt}^{(n)}\right)\end{array}\right\}\left(s_{kt}^{(n)}-\beta_{kt}^{(n)}\right)\end{array}\right]\right)
\tag{12.4.16}
$$

最后，式(12.4.6)中定义的 AP 选择最大和速率问题可以重写为

$$
\max_{s,w,v,t,z,u,\beta,\lambda}\ \left[\prod_j v_j\right] \qquad \text{(a)}
$$

$$
\begin{aligned}
\text{subject to}\ &\sum_{\forall k\in\mathcal{K}}\sum_{\substack{\forall t\in\mathcal{N}\\ t\neq j}}\left[\left(s_{kt}+\beta_{kt}\right)^2\right]\leqslant4\left(z_j-\sigma_j^2\right)\\
&+\sum_{\forall k\in\mathcal{K}}\sum_{\substack{\forall t\in\mathcal{N}\\ t\neq j}}\left[\begin{array}{l}\left(s_{kt}^{(n)}-\beta_{kt}^{(n)}\right)^2+\\ 2\left\{\left(s_{kt}-s_{kt}^{(n)}\right)-\left(\beta_{kt}-\beta_{kt}^{(n)}\right)\right\}\left(s_{kt}^{(n)}-\beta_{kt}^{(n)}\right)\end{array}\right],\ \ \forall j\in\mathcal{N} \qquad \text{(b)}
\end{aligned}
$$

$$
\left|\mathbf{h}_{kj}\mathbf{w}_{kt}\right|^2\leqslant\beta_{kt},\ \ \forall j\in\mathcal{N},\forall t\in\mathcal{N}/t\neq j,\forall i\in\mathcal{K} \qquad \text{(c)}
$$

$$
\left[\begin{array}{l}\left(v_j-1+z_j\right)^2+\\ \sum_{i=1}^{K}\left(s_{ij}-t_{ij}\right)^2\end{array}\right]\leqslant\left\{\begin{array}{l}\sum_{i=1}^{K}\left[\left(s_{ij}^{(n)}+t_{ij}^{(n)}\right)^2+2\left\{\left(s_{ij}-s_{ij}^{(n)}\right)+\left(t_{ij}-t_{ij}^{(n)}\right)\right\}\left(s_{ij}^{(n)}+t_{ij}^{(n)}\right)\right]\\ \left(v_j^{(n)}-1-z_j^{(n)}\right)^2+2\left\{\left(v_j-v_j^{(n)}\right)-\left(z_j-z_j^{(n)}\right)\right\}\left(v_j^{(n)}-1-z_j^{(n)}\right)\end{array}\right\},\ \ \forall j\in\mathcal{N} \qquad \text{(d)}
$$

$$
t_{ij}\leqslant\left(R_{hw}^{(n)}\right)^2+2R_{hw}^{(n)}\left(R_{hw}-R_{hw}^{(n)}\right)+\left(I_{hw}^{(n)}\right)^2+2I_{hw}^{(n)}\left(I_{hw}-I_{hw}^{(n)}\right),\ \ \forall\mathcal{N},\forall\mathcal{K} \qquad \text{(e)}
$$

$$\sum_{\forall j\in\mathcal{N}}\left(s_{ij}+u_{ij}\right)^2\leqslant 4p_{\max,i}+\sum_{\forall j\in\mathcal{N}}\left[\begin{array}{l}\left(s_{ij}^{(n)}-u_{ij}^{(n)}\right)^2+\\ 2\left\{\left(s_{ij}-s_{ij}^{(n)}\right)-\left(u_{ij}-u_{ij}^{(n)}\right)\right\}\left(s_{ij}^{(n)}-u_{ij}^{(n)}\right)\end{array}\right],\ \forall i\in\mathcal{K} \quad \text{(f)}$$

$$\left\|\mathbf{w}_{ij}\right\|_2^2\leqslant u_{ij},\ \forall j\in\mathcal{N},\forall i\in\mathcal{K} \quad \text{(g)}$$

$$\sum_{\forall k\in\mathcal{K}}\sum_{\substack{\forall t\in\mathcal{N}\\ t\neq j}}\left[\left(s_{kt}+\beta_{kt}\right)^2\right]\leqslant\left[4\left(\lambda_j-\sigma_j^2\right)+\sum_{\forall k\in\mathcal{K}}\sum_{\substack{\forall t\in\mathcal{N}\\ t\neq j}}\left[\begin{array}{l}\left(s_{kt}^{(n)}-\beta_{kt}^{(n)}\right)^2\\ +2\left\{\left(s_{kt}-s_{kt}^{(n)}\right)-\left(\beta_{kt}-\beta_{kt}^{(n)}\right)\right\}\left(s_{kt}^{(n)}-\beta_{kt}^{(n)}\right)\end{array}\right]\right],\ \forall j\in\mathcal{N} \quad \text{(h)}$$

$$\gamma_{\min,j}\lambda_j+\sum_{i=1}^{K}\left(s_{ij}-t_{ij}\right)^2\leqslant\sum_{i=1}^{K}\left[\begin{array}{l}\left(s_{ij}^{(n)}+t_{ij}^{(n)}\right)^2+\\ 2\left\{\left(s_{ij}-s_{ij}^{(n)}\right)+\left(t_{ij}-t_{ij}^{(n)}\right)\right\}\left(s_{ij}^{(n)}+t_{ij}^{(n)}\right)\end{array}\right],\ \forall j\in\mathcal{N} \quad \text{(i)} \qquad (12.4.17)$$

$$\sum_{i=1}^{K}s_{ij}=1,\ \forall j\in\mathcal{N} \quad \text{(j)}$$

$$0\leqslant s_{ij}\leqslant 1,\ \forall j\in\mathcal{N},\ \forall i\in\mathcal{K} \quad \text{(k)}$$

本节概述了一种基于选择向量的联合迭代优化算法，通过求解式(12.4.17)来最大化和速率和 AP 选择问题的总吞吐量，具体算法如下。

基于联合 AP 选择和波束成形向量的优化算法

1. 设置 $n=0$ 并初始化参数 $s_{ij}^{(n)}$。
2. 基于可定义的优化问题来寻找具有功率和 SINR 约束的 $\mathbf{w}_{ij}$，对于固定的 $s_{ij}^{(n)}$ 计算其初始值。
3. 使用求出的 $\mathbf{w}_{ij}^{(n)}$、固定的 $s_{ij}^{(n)}$ 和 h_{ij} 计算所有可能的 $\beta_{ij}^{(n)},t_{ij}^{(n)},v_j^{(n)},z_j^{(n)},R_{hw}^{(n)},I_{hw}^{(n)}$，以及当 $i,k\in\mathcal{K}$、$j,t\in\mathcal{N}$ 时的所有 $u_{ij}^{(n)}$。所以式(12.4.17)中的问题是可行的。
4. 求解式(12.4.17)。
5. 用先前迭代得到的值 $w_{ij},s_{ij},\beta_{ij},t_{ij},v_j,z_j,R_{hw},I_{hw}$ 和 u_{ij}，设置 $w_{ij}^{(n)},s_{ij}^{(n+1)},\beta_{ij}^{(n+1)},t_{ij}^{(n+1)},v_j^{(n+1)},z_j^{(n+1)},R_{hw}^{(n+1)},I_{hw}^{(n+1)}$ 和 $u_{ij}^{(n+1)}$ 的下一迭代值。
6. 重复步骤 2，直到收敛。
7. 随着选择向量的确定，重新优化系统以获得更好的波束成形器。

基于稀疏性的联合优化算法(SJOA) 在本节中，我们讨论了求解基于稀疏性正则化概念的设计问题的另一种算法。很明显，如不选择 AP，则相关联的波束成形权重将被置零。从压缩感知的角度来看，可以说这种方法是一种稀疏解决方案。在这种情况下，可将稀疏性引导的范数引入原问题中，即

$$\max_{s,w}\ \sum_j\log\left[1+\frac{\sum_{i=1}^{K}\left|\mathbf{h}_{ij}\mathbf{w}_{ij}\right|^2}{\sigma_j^2+\sum_{\forall k\in\mathcal{K}}\sum_{\substack{\forall t\in\mathcal{N},\\ t\neq j}}\left|\mathbf{h}_{kj}\mathbf{w}_{kt}\right|^2}\right]-\rho\sum_{j=1}^{N}\sum_{i=1}^{K}\left\|\mathbf{w}_{ij}\right\|_q$$

$$\text{subject to} \quad \gamma_{\min,j} \leqslant \frac{\sum_{i=1}^{K}\left|\mathbf{h}_{ij}\mathbf{w}_{ij}\right|^2}{\sigma_j^2 + \sum_{\forall k \in \mathcal{K}} \sum_{\substack{\forall t \in \mathcal{N},\\ t \neq j}} \left|\mathbf{h}_{kj}\mathbf{w}_{kt}\right|^2}, \ \forall j \in \mathcal{N} \tag{12.4.18}$$

$$\sum_j \left\|\mathbf{w}_{ij}\right\|_2^2 \leqslant p_{\max,i}, \ \forall i \in \mathcal{K}$$

其中 ρ 是用来控制稀疏解的惩罚参数，并且与用户有关。如式(12.4.6)给出的目标函数可以用下面定义的约束来重新排列。我们使用混合范数加权波束成形器将这个非凸多项式难解问题(NP 难题)重新定义为一个凸问题。稀疏波束成形向量可以从稀疏解中获得，这隐含了要对 AP 做出选择，也就是如果不选择该连接向量，则 AP i 与用户 j 的线性加权(列)向量 $\mathbf{w}_{ij}$ 将为零。于是有

$$\max\left[\prod_j v_j\right] - \rho\sum_{j=1}^{N}\sum_{i=1}^{K}\left\{\sum_{t=1}^{T}\left|\mathbf{w}_{ij}(t)\right|^q\right\}^{1/q}$$

其中

$$v_j \leqslant 1 + \frac{\sum_{i=1}^{K}\left|\mathbf{h}_{ij}\mathbf{w}_{ij}\right|^2}{\sigma_j^2 + \sum_{\forall k \in \mathcal{K}} \sum_{\substack{\forall t \in \mathcal{N},\\ t \neq j}} \left|\mathbf{h}_{kj}\mathbf{w}_{kt}\right|^2}, \ \forall j \in \mathcal{N}$$

类似于式(12.4.7)，我们需要重新排列上面的不等式，以便使用一阶近似将其变成一个凸问题。

$$v_j \leqslant 1 + \frac{\sum_{i=1}^{K}\left|\mathbf{h}_{ij}\mathbf{w}_{ij}\right|^2}{\sigma_j^2 + \sum_{\forall k \in K} \sum_{\forall t \in N, t \neq j} \left|\mathbf{h}_{kj}\mathbf{w}_{kt}\right|^2}$$
$$\Updownarrow \tag{12.4.19}$$
$$\begin{cases} z_j \geqslant \sigma_j^2 + \sum_{\forall k \in K} \sum_{\forall t \in N, t \neq j} \left|\mathbf{h}_{kj}\mathbf{w}_{kt}\right|^2 & \text{(a)} \\ \left(v_j - 1\right) z_j \leqslant \sum_{i=1}^{K}\left|\mathbf{h}_{ij}\mathbf{w}_{ij}\right|^2 & \text{(b)} \end{cases}$$

用于求解联合 AP 选择向量及和速率最大化算法的近似方法也可以用于简化式(12.4.18)中的非凸约束。简化后的最终优化问题如下：

$$\max_{w,v,z,\lambda}\left[\prod_j v_j\right] - \rho\sum_{j=1}^{N}\sum_{i=1}^{K}\left\{\sum_{t=1}^{T}\left|\mathbf{W}_{ij}(t)\right|^q\right\}^{1/q} \quad \text{(a)}$$

$$\text{subject to} \sum_{\forall k \in K} \sum_{t \neq j} \left|h_{ig} w_{kt}\right|^2 \leqslant \left(z_j - \sigma_j^2\right), \quad \forall \mathcal{N} \quad \text{(b)}$$

$$\sum_{\forall k \in K} \sum_{t \neq j} \left|h_{ig} w_{kt}\right|^2 \leqslant \left(\gamma_{\min,j} - \sigma_j^2\right), \ \forall \mathcal{N} \quad \text{(c)}$$

$$\gamma_{\min,j}\lambda_j \leqslant \sum_k \left\{ \left(R_{hw}^{(n)}\right)^2 + 2R_{hw}^{(n)}\left(R_{hw}-R_{hw}^{(n)}\right) + \left(I_{hw}^{(n)}\right)^2 + 2I_{hw}^{(n)}\left(I_{hw}-I_{hw}^{(n)}\right) \right\},\quad \forall \mathcal{N} \qquad \text{(d)}$$

$$(v_j-1+z_j)^2 \leqslant \left\{ \begin{array}{c} \sum_k \left\{ \left(R_{hw}^{(n)}\right)^2 + 2R_{hw}^{(n)}\left(R_{hw}-R_{hw}^{(n)}\right) + \left(I_{hw}^{(n)}\right)^2 + 2I_{hw}^{(n)}\left(I_{hw}-I_{hw}^{(n)}\right) \right\} + \\ \left(v_j^{(n)}-1-z_j^{(n)}\right)^2 + 2\left\{ \left(v_j-v_j^{(n)}\right) - \left(z_j-z_j^{(n)}\right) \right\} \left({}^{(n)}-1-z_j^{(n)} \right) \end{array} \right\},\quad \forall \mathcal{N} \qquad \text{(e)}$$

$$\sum_j \left\| \mathbf{W}_{ij} \right\| \leqslant \sqrt{p_{\max,i}},\quad \forall \mathcal{K} \qquad \text{(f)}$$

(12.4.20)

这个问题可以通过基于稀疏方法的联合优化算法来求解，以最大化总吞吐量[37]。具体算法如下。

基于稀疏性的联合优化算法，用于最大化总吞吐量

1. 基于可定义的优化问题来寻找具有功率和 SINR 约束的 $\mathbf{w}_{ij}$，计算其初始值。
2. 设置 $n=0$ 并初始化参数 $v_j^{(n)}, z_j^{(n)}, R_{hw}^{(n)}$，以及当 $i\in\mathcal{K}$、$j\in\mathcal{N}$ 时所有的 $I_{hw}^{(n)}$。所以式(12.4.20)中的问题是可解的。
3. 求解式(12.4.20)。
4. 用先前迭代得到的值 $\mathbf{w}_{ij}, v_j, z_j, R_{hw}$ 和 I_{hw}，设置 $\mathbf{w}_{ij}^{(n+1)}, v_j^{(n+1)}, z_j^{(n+1)}, R_{hw}^{(n+1)}$ 和 $I_{hw}^{(n+1)}$ 的下一迭代值。
5. 重复步骤 2，直到收敛。
6. 找到稀疏矩阵并建立用户和 AP 之间的连接。
7. 重新优化和速率最大化问题的求解，以获得最优和速率。

SJOA 的收敛性如图 12.4.3 所示，系统的动态变化如图 12.4.4 所示。在两个图中，和速率都是相对于迭代次数而绘制的。图 12.4.5 给出了穷举搜索(Exha)和常规模型(路径丢失，PL)与 JSBOA 和速率的比较。有关仿真场景的更多细节，详见文献[37]。

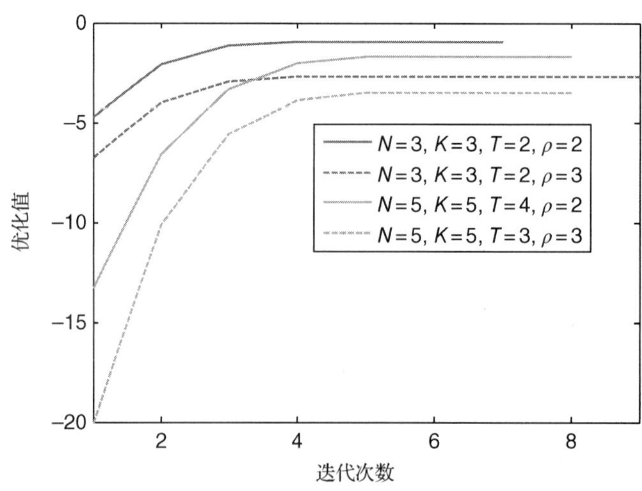

图 12.4.3　SJOA 的收敛性

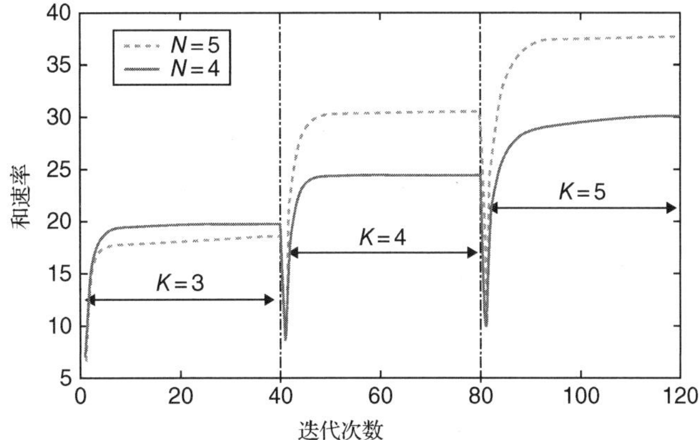

图 12.4.4　实现的和速率的变化及 SJOA 对系统不同动态行为的收敛性

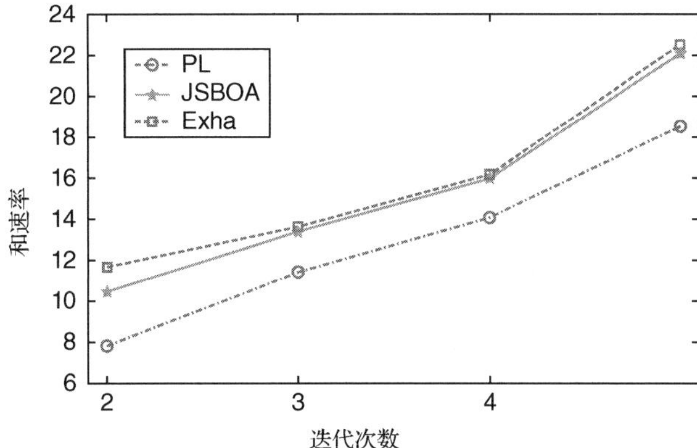

图 12.4.5　穷举搜索(Exha)和常规模型(路径丢失，PL)与 JSBOA 和速率的比较

参考文献

[1] Shen, W. and Zeng, Q.-A. (2008) Cost-function-based network selection strategy in integrated wireless and mobile networks. *IEEE Transactions on Vehicular Technology*, **57** (6), 3778–3788.

[2] Song, Q. and Jamalipour, A. (2005) Network selection in an integrated wireless LAN and UMTS environment using mathematical modelling and computing techniques. *IEEE Wireless Communications*, **12** (3), 42–48.

[3] Charilas, D., Markaki, O., Nikitopoulos, D. and Theologou, M. (2008) Packet-switched network selection with the highest QoS in 4G networks. *Computer Networks*, **52** (1), 248–258.

[4] Bari, F. and Leung, V. (2007) Automated network selection in a heterogeneous wireless network environment. *IEEE NETWORK*, **21** (1), 34–40.

[5] Bernaschi, M., Cacace, F., Iannello, G., Za, S. and Pescape, A. (2005) Seamless internetworking of WLANS and cellular networks: architecture and performance issues in a mobile IPv6 scenario. *IEEE Wireless Communications*, **12** (3), 73–80.

[6] Bejerano, Y., Han, S.-J. and Li, L. (2007) Fairness and load balancing in wireless LANS using association control. *IEEE/ACM Transactions on Networking*, **15** (3), 560–573.

[7] Blefari-Melazzi, N., Sorte, D.D., Femminella, M. and Reali, G. (2007) Autonomic control and personalization of a wireless access network. *Computer Networks*, **51** (10), 2645–2676.

[8] Lee, Y. and Miller, S.C. (2004) *Network Selection and Discovery of Service Information in Public WLAN Hotspots*. Proceedings of the ACM WMASH, 2004, pp. 81–92.

[9] Fukuda, Y. and Oie, Y. (2007) Decentralized access point selection architecture for wireless LANs. *IEICE Transactions on Communications*, **E90-B** (9), 2513–2523.

[10] Gong, H., Nahm, K. and Kim, I. (2008) Distributed fair access point selection for multi-Rate IEEE 802.11 WLANs. *IEICE Transactions on Information and Systems*, **E91-D** (4), 1193–1196.

[11] Vasudevan, S., Papagiannaki, K., Diot, C., *et al.* (2005) *Facilitating Access Point Selection in IEEE 802.11 Wireless Networks.* Proceedings of the ACM IMC, pp. 293–298.
[12] Antoniou, I., Papadopoulou, V., and Pitsillides, A. (2008) *A Game Theoretic Approach for Network Selection.* Tech. Rep. 2008/7, ITN, New York
[13] Trestian, R., Ormond, O. and Muntean, G.-M. (2009) Game theory-based network selection: solutions and challenges. *IEEE Communications Surveys and Tutorials*, **47**, 113–119.
[14] Mittal, K., Belding, E.M. and Suri, S. (2008) A game-theoretic analysis of wireless access point selection by mobile users. *Computer Networks*, **31** (10), 2049–2062.
[15] Yen, L.-H., Li, I.-I. and Lin, C.-M. (2011) Stability and fairness of AP selection games in IEEE 802.11 access networks. *IEEE Transactions on Vehicular Technology*, **60** (3), 1150–1160.
[16] Xu, F., Tan, C., Li, Q., *et al.* (2010) *Designing a Practical Access Point Association Protocol.* Proceedings of the INFOCOM, pp. 1–9.
[17] Chen, L. (2010) *A Distributed Access Point Selection Algorithm Based on No Regret Learning for Wireless Access Networks.* Proceedings of the VTC, pp. 1–5.
[18] Gajic, V., Jianwei, H., and Rimoldi, B. (2009) *Competition of Wireless Providers for Atomic Users: Equilibrium and Social Optimality.* Communication, Control, and Computing, 2009. Allerton 2009. 47th Annual Allerton Conference on, pp. 1203–1210.
[19] Shakkottai, S., Altman, E. and Kumar, A. (2007) Multi-homing of users to access points in WLANS: a population game perspective. *IEEE Journal on Selected Areas in Communications*, **25** (6), 1207–1215.
[20] Jiang, L., Parekh, S., and Walrand, I. (2008) *Base station association game in multi-cell wireless networks (special paper).* Proceedings of the IEEE WCNC, pp. 1616–1621.
[21] Kaci, N., Maille, P., and Bonnin, I.-M. (2009) Performance of wireless heterogeneous networks with always–best-connected users. Proceedings of the NGI, pp. 1–8.
[22] Niyato, D. and Hossain, E. (2008) A noncooperative game-theoretic framework for radio resource management in 4G heterogeneous wireless access networks. *IEEE Transactions on Mobile Computing*, **7** (3), 332–345.
[23] Khan, M., Toker, A., Troung, C., *et al.* (2009) *Cooperative Game Theoretic Approach to Integrated Bandwidth Sharing and Allocation.* Proceedings of the GAMENET, May 2009, pp. 1–9.
[24] Niyato, D. and Hossain, E. (2007) QoS-aware bandwidth allocation and admission control in IEEE 802.16 broadband wireless access networks: a non-cooperative game theoretic approach. *Computer Networks*, **51** (7), 3305–3321.
[25] Antoniou, I. and Pitsillides, A. (2007) *4G Converged Environment: Modeling Network Selection as a Game.* Proceedings of the ICT Mobile Summit, pp. 1–5.
[26] Berlemann, L., Hiertz, G., Walke, B. and Mangold, S. (2005) Radio resource sharing games: enabling QoS support in unlicensed bands. *IEEE Network*, **19** (4), 59–65.
[27] Cesana, M., Gatti, N., and Malanchini, I. (2008) *Game Theoretic Analysis of Wireless Access Network Selection: Models, Inefficiency Bounds, and Algorithms.* Proceedings of the GAMECOMM.
[28] Cesana, M., Malanchini, I., and Capone, A. (2008) *Modelling Network Selection and Resource Allocation in Wireless Access Networks with Non-cooperative Games.* Proceedings of the IEEE Mass, pp. 404–409.
[29] Milchtaich, I. (1996) Congestion games with player-specific payoff functions. *Games and Economic Behavior*, **13** (1), 111–124.
[30] Malanchini, I., Cesana, M., and Gatti, N. (2009) *On Spectrum Selection Game in Cognitive Radio Networks.* Proceedings of the IEEE Globecom, pp. 1–7.
[31] Judd, G., Wang, X., and Steenkiste, P. (2008) *Efficient Channel-aware Rate Adaptation in Dynamic Environments.* Proceedings of the Sixth International Conference on Mobile systems, Applications, and Services, MobiSys'08, pp. 118–131. ACM, New York.
[32] Gilhousen, K., Jacobs, I., Padovani, R. *et al.* (1991) On the capacity of a cellular CDMA system. *IEEE Transactions on Vehicular Technology*, **40** (2), 303–312.
[33] Heusse, M., Rousseau, F., Berger-Sabbatel, G., and Duda, A. (2003) *Performance Anomaly of 802.llb.* Proceedings of the IEEE INFOCOM, Vol. **2**, pp. 836–843.
[34] Milchtaich, I. (2009) Weighted congestion games with separable preferences, *Games and Economic Behavior*, vol. **67**, 2, pp. 750–757.
[35] Pozar, D.M. (2004) *Microwave Engineering*, 4th edn, John Wiley & Sons, Inc, New York.
[36] Fourer, R., Gay, D., and Kemighan, B. (2007) *AMPL, A Modeling Language for Mathematical Programming CPLEX' 199.3100 User's Manual*, ILOG, http://www.ilog.com/products/cplex/ (accessed December 30, 2015).
[37] Sugathapala, I., Tran, L.-N., Hanif, M.-F., *et al.* (2015) *On the Convexification of Mixed ILP for DNA Network Optimization*, IEEE ICC 2015.
[38] Jain, R., Chiu, D., and Hawe, W. (1984) *A Quantitative Measure of Fairness and Discrimination for Resource Allocation in Shared Computer Systems.* DEC Research Report, Tech. Rep. TR-301.
[39] Ieong, S., McGrew, R., Nudelman, E., *et al.* (2009) *Fast and Compact: A Simple Class of Congestion Games.* Proceedings of the AAAI.
[40] Ackermann, H., Roglin, H. and Vocking, B. (2008) On the impact of combinatorial structure on congestion games.

Journal of the ACM, **22** (6), 72–77.

[41] Gustafsson, E. and Jonsson, A. (2003) Always best connected. *IEEE Wireless Communications*, **10** (1), 49–55.

[42] Fudenberg, D. and Tirole, I. (1991) *Game Theory*, The MIT Press, Cambridge, MA.

[43] Rosenthal, R.W. (1973) A class of games possessing pure-strategy Nash equilibria. *International Journal of Game Theory*, **2** (1), 65–67.

[44] Nisan, N., Roughgarden, T., Tardos, E. and Vazirani, V.V. (2007) *Algorithmic Game Theory*, Cambridge University Press, Cambridge.

[45] Anshelevich, E., Dasgupta, A., Kleinberg, I., *et al.* (2004) *The Price of Stability for Network Design with Fair Cost Allocation*. Proceedings of the IEEE FOCS, pp. 59–73.

[46] Koutsoupias, E. and Papadimitriou, C. (1999) *Worst-Case Equilibria*. Proceedings of the STACS, pp. 404–413.

[47] *Network Simulator 2 (NS2)*.

[48] Cesana, M., Gatti, N. and Malanchini, I. (2013) Network selection and resource allocation games for wireless access networks: supplemental material. *IEEE Transactions on Mobile Computing*, **12** (12), 2427–2440.

[49] Ormond, O., Murphy, I., and Muntean, G. (2006) *Utility-based Intelligent Network Selection in Beyond 3G Systems*. Proceedings of the IEEE ICC, pp. 1831–1836.

[50] Premkumar, K. and Kumar, A. (2006) *Optimum Association of Mobile Wireless Devices with a WLAN–3G Access Network*. Proceedings of the IEEE ICC, pp. 2002–2008.

[51] Malanchini, I., Cesana, M. and Gatti, N. (2015) Network selection and resource allocation games for wireless access networks. *IEEE Transactions on Mobile Computing*, **15**, 105–113.

[52] Hanly, S.V. (1995) An algorithm for combined cell-site selection and power control to maximize cellular spread spectrum capacity. *IEEE Journal on Selected Areas in Communications*, **13**, 1332–1340.

[53] Yates, R.D. and Huang, C.Y. (1995) Integrated power control and base station assignment. *IEEE Transactions on Vehicular Technology*, **44**, 1427–1432.

[54] Meshkati, F., Chiang, M., Poor, H.V. and Schwartz, S.C. (2006) A game-theoretic approach to energy-efficient power control in multicarrier CDMA systems. *IEEE Journal on Selected Areas in Communications*, **24**, 1115–1129.

[55] Acharya, J. and Yates, R.D. (2009) Dynamic spectrum allocation for uplink users with heterogeneous utilities. *IEEE Transactions on Wireless Communications*, **8** (3), 1405–1413.

[56] Shakkottai, S., Altman, E. and Kumar, A. (2007) Multihoming to access points in WLANs seen as a population game perspective. *IEEE Journal on Selected Areas in Communications*, **26**, 127–1212.

[57] Hong, M. and Garcia, A. (2012) Mechanism design for base station association and resource allocation in downlink OFDMA network. *IEEE Journal on Selected Areas in Communications*, **30** (11), 2238–2250.

[58] Hong, M. and Luo, Z.-Q. (2012) *Signal Processing and Optimal Resource Allocation for the Interference Channel*, EURASIP E-Reference Signal Processing.

[59] Leshem, A. and Zehavi, E. (2009) Game theory and the frequency selective interference channel. *IEEE Signal Processing Magazine*, **26** (5), 28–40.

[60] (2009) IEEE, Special section on game theory in signal processing and communications. *IEEE Signal Processing Magazine*, **26** (5).

[61] Hong, M., Garcia, A., and Barrera, J. (2011) *Joint Distributed AP Selection and Power Allocation in Cognitive Radio Networks*. Proceedings of the IEEE INFOCOM.

[62] Cover, T.M. and Thomas, J.A. (2005) *Elements of Information Theory*, 2nd edn, John Wiley & Sons, Inc, New York.

[63] Monderer, D. and Shapley, L.S. (1996) Potential games. *Games and Economics Behaviour*, **14**, 124–143.

[64] Scutari, G., Barbarossa, S., and Palomar, D.P. (2006) *Potential Games: A Framework for Vector Power Control Problems with Coupled Constraints*. Proceedings of ICASSP 06.

[65] Hanif, M.F., Tran, L.-N., Tolli, A. *et al.* (2013) Efficient solutions for weighted sum rate maximization in multicellular networks with channel uncertainties. *IEEE Transactions on Signal Processing*, **61** (22), 5659–5674.

[66] Yu, W., Rhee, W., Boyd, S. and Cioffi, J.M. (2004) Iterative water-filling for Gaussian vector multiple-access channels. *IEEE Transactions on Information Theory*, **50** (1), 145–152.

[67] Bornhorst N. and Pesavento M. (2011) *An iterative convex approximation approach for transmit beamforming in multi-group multicasting*. IEEE International Workshop on Signal Processing Advances in Wireless Communications, pp. 426–430.

[68] Karami, E. and Glisic, S. (2011) *Stochastic Models of Coalition Games for Spectrum Sharing in Large Scale Interference Channels*. IEEE International Conference on Communications, June 2011, pp. 1–6.

[69] Khan, Z., Glisic, S., DaSilva, L.A. and Lehtomäki, J. (2011) Modeling the dynamics of coalition formation games for cooperative spectrum sharing in an interference channel. *IEEE Transactions on Computational Intelligence and AI in Games*, **3** (1), 17–30.

[70] Luo, Z.-Q. and Zhang, S. (2008) Dynamic spectrum management: complexity and duality. *IEEE Journal of Selected Topics in Signal Processing*, **2** (1), 57–73.

[71] Chalise B.K., Zhang Y.D., and Amin M.G. (2011) *Successive Convex Approximation for System Performance Optimization in a Multiuser Network with Multiple Mimo Relays*. IEEE International Workshop on Computational Advances in Multi-Sensor Adaptive Processing, December 2011, pp. 229–232.

第 13 章　自组织网络

13.1　自组织网络优化

自组织网络(self-organizing network，SON)技术是指一种将参数的动态变化提交给运营网络，以实现在闭环模式下对网络实体统一协调处理的机制。因此，新兴 SON 技术的主要研究目标是通过大量的独立甚至正在运行的用例(use case)来获得协调结果。与第 12 章的不同之处在于，本章将通过一种精确考虑基站负载的干扰模型来计算合适的用户关联。

13.2　系统模型

在这一节中，我们考虑由 N 个基站(BS)组成的蜂窝网络下行链路，该网络覆盖一个紧凑区域 $\mathcal{R} \subseteq \mathbb{R}^2$。假设用户的空间分布满足 $\int_{\mathcal{R}} \delta(u)\,\mathrm{d}u = 1$ 的某个分布 $\delta(\cdot)$，并且原则上用户可以在具有某些限制的情况下移动。网络数据流量是基于数据流的级别建模的，其中数据流表示个人的数据传输，例如网页、视频、音频或一般文件所用到的数据。假设数据流请求到达网络的过程服从密度为 λ 的泊松过程，数据流的大小满足均值为 Ω 的指数分布。参数 λ、Ω 和 $\delta(u)$ 确定的分布函数可以表示为 $\sigma(u) := \lambda\Omega\delta(u)$，单位为 Mbps/km^2。本节的剩余部分都将使用这些假设。

根据每个位置的接收功率来定义网络覆盖。定义 $p_i(u)$ 为位置 u 处接收到的来自 BS i 的信号功率。相应的覆盖范围可表示为

$$\mathcal{L} := \{u \in \mathcal{R} \mid \exists_i : p_i(u) \geqslant p_{\min}\}$$

其中 $p_{\min}$ 表示能连接到网络所需的最小接收功率。实际中，$p_{\min}$ 的值取决于终端接收机的灵敏度。然后将网络覆盖度 C 定义为所覆盖用户的积分，即 $C := \int_{\mathcal{L}} \delta(u)\mathrm{d}u$。

在 LTE 中，C 指的是参考信号接收功率(reference signal received power，RSRP)的覆盖度。

BS i 的服务蜂窝由 $\mathcal{L}_i \subset \mathcal{L}$ 表示。下一节将介绍定义 $\mathcal{L}_i$ 的关联策略。一些蜂窝的集合构成 $\mathcal{L}$ 的一部分，定义为 $\mathcal{P} := \{\mathcal{L}_1, \cdots, \mathcal{L}_N\}$*。

如前所述，用 $p_i(u)$ 表示在位置 u 处接收到的来自 BS i 的接收功率。随后将考虑与路径损耗和衰落相关的影响。数据流从 BS i 流至位置 u 处的信干噪比(SINR) γ_i 定义为

$$\gamma_i(u, \eta) = \begin{cases} \dfrac{p_i(u)}{\sum\limits_{j \neq i} \eta_j p_j(u) + \theta}, & p_i(u) \geqslant p_{\min} \\ 0, & \text{其他} \end{cases} \tag{13.2.1}$$

其中 θ 表示噪声功率。在上式中，终端需要接收一定的最小信号功率 $p_{\min}$ 来保证连接到网络。

$\eta_{ij} \in [0,1]$（$j \neq i$）表示干扰 BS 的负载。可实现的数据速率为 $c_i(u,\eta) = \min\{aB\log[1+b\gamma_i(u,\eta)], c_{\max}\}$，其中 $c_{\max}$ 表示目前系统可实现的最大数据速率。参数 a 和 b 的含义将在后面解释。

同时，任意两个 BS 可以组成一个集合，它们所提供的速率是成比例的，其大小为零，即 $\int_{L_{ij}(r)} \delta(u)\mathrm{d}u = 0$（$r > 0$）且 $\mathcal{L}_{ij(r)} := \{u \in \mathcal{L} \mid c_i(u,\cdot) = rc_j(u,\cdot)\}$。该假设可以防止随后提出的算法过早收敛。

此外，假设提供数据流所花费的时间大于无线信道的相干时间，因此数据流经历快衰落。类似地，假设阴影效应发生在一个更长的时间尺度上，并且在数据流的持续时间内它是恒定的。因此，假设快衰落和慢衰落效应都与位置相关，否则 $p_i(\cdot)$ 为恒定函数。

类似于慢衰落效应，通常在基站处部署的天线和特定的天线倾斜都可能对信号传播条件和接收到的接收功率 p_i 产生强烈的影响。在本节中，基站 BS i 处天线的倾斜度由 e_i 表示，所有倾斜度都包含在向量 $\mathbf{e} = (e_1,\cdots,e_N)^{\mathrm{T}}$ 中。为了简化符号，我们不考虑每个倾斜度上所有相关项与接收功率的关联性，认为接收功率与倾斜度无关，即将 $p_i(\cdot,e_i)$ 写成 $p_i(\cdot)$。

虽然原则上用户是可以移动的，但是这里我们认为接收功率 $p_i(\cdot)$ 在一个数据流持续时间内是不会发生改变的。数据流持续时间通常很短的，例如不到 1 秒，并且可以假设路径增益在几米长的半径上都是恒定的[1]。因此，用户的移动速度（尽管不一定为零）被限制为每秒几米，即典型的行人速度。这种“准平稳性”是相当现实的，因为在现今的所有数据流中，有 80%来自室内[2]。

HO（hand off）事件通常是由用户的移动性和慢衰落过程引起的。由于二者都发生在比一个典型的数据流持续时间还要长的时间尺度上，因此无须对 HO 时间进行精确建模，只需假设数据流在其传输过程中一直保持对单个服务 BS 的连接。

无线链路质量取决于在任意给定时间点上正在发送信息的 BS 的收集情况。与衰落效应相反，干扰场景在与数据流动态变化情况相同的时间尺度上演化，因此所有 BS 的数据速率和单元负载都是密切相关的。这些效应的精确建模产生了所谓的耦合处理器排队模型[3]，该模型很难分析处理。

为了分析动态干扰对数据速率的影响，此处采用更为简单的技术[4][5]。不同于对干扰条件的动态精确建模，我们考虑平均干扰条件下的数据速率。根据隐含的排队模型，负载 η_i 等于 BS i 正在发送信息的概率。因此，在式(13.2.1)中，$\sum_{j\neq i}\eta_j p_j(u)$ 表示平均时间干扰功率。

平均分组调度增益[6]通过参数 a 和 b 纳入模型之中，即为了得到频谱效率更高的调度机制而选择更大的参数。这样做的主要原因是分析简便。由于快速调度机制能更准确地适应快衰落条件，因此当数据流持续时间比信道干扰时间更长时，这个方法是合理的。在这种情况下，每个数据流的平均值都体现了快衰落和快速调度的效果。在 $c_i(u,\eta) = \min\{aB\log[1+b\gamma_i(u,\eta)], c_{\max}\}$ 中的参数 a 和 b 用来进一步调整具有一定 SINR γ_i 和带宽 B 的可达数据速率。Mogensen 等人在文献[6]中提出了同样的模型，并且该模型被用于精确地预测基于 G 因子分布的 LTE 网络的频谱效率。这些参数如分组调度的效用（如前所述）、MIMO 技术或系统特定开销，都能独立地增加或减少平均数据速率。这里可以考虑将乘积 aB 和 $b\gamma_i$ 分别作为有效带宽和有效 SINR。

根据上述定义，定义 BS i 的平均资源利用率，即它的负载，作为负载密度 $\kappa_i(u,\eta) := [\sigma(u)]/[c_i(u,\eta)]$ 在蜂窝区域 $\mathcal{L}_i$ 上的积分，其中 $\sigma(u) := \lambda\Omega\delta(u)$。可以定义以下函数：

$$f_i(\eta) := \min\left\{\int_{\mathcal{L}_i}\kappa_i(u,\eta)\mathrm{d}u, 1-\varepsilon\right\} \tag{13.2.2}$$

对于任意小的$\varepsilon > 0$，$\min\{\cdot, 1-\varepsilon\}$的求解需要一定的技巧。当我们在后面引入负载依赖分区时，就会需要这种处理。此外，我们观察到式(13.2.2)只给出了蜂窝负载的隐式表达：式子右边也取决于实现可达速率$c_i(u,\eta)$的负载向量η。设用$\mathbf{f} = (f_1,\cdots,f_N)^{\mathrm{T}}$表示带有分量$f_i$的向量值函数。然后将感兴趣的负载向量作为系统$\eta = f(\eta)$的解，即在$(0,1)^N$中$\mathbf{f}$的一个固定值。注意在式(13.2.2)中，假设蜂窝区域$\mathcal{L}_i$是固定的，后面还将应用这一假设。此外，负载密度取决于通过接收功率$p_i(\cdot,\mathbf{e})$的天线倾斜情况，故将蜂窝区域$\mathcal{P}$和天线倾斜度向量$\mathbf{e}$作为自由变量，将网络中的网络负载情况作为系统$\eta = f(\eta, \mathcal{P}, \mathbf{e})$的解决方案。尤其是对于所有的二元组$(\mathcal{P},\mathbf{e})$，系统$\eta = f(\eta)$在$(0,1)^N$中总是有一个唯一的固定点，因此可以很好地定义负载(见文献[4])。

13.3 天线倾斜度和 AP 关联的联合优化

基于前面的定义，接下来介绍优化问题(及其变形)，并讨论相关的求解技术。

13.3.1 系统目标函数

在式(13.2.2)中，BS 负载的定义包含了已经讨论的所有系统方面，即区域到单元$\mathcal{L}_i$的划分及单个无线链路的容量c_i，以及由函数σ得出的实际需求强度和分布。

此外，基本排队理论框架表明，一系列 QoS 相关指标都是关于 BS 负载η_i的严格单调函数。在一个 M/M/1 的处理共享(PS)系统中，主动数据流的平均数是$(\eta_i/1-\eta_i)$。QoS 的度量表示用户感知的实际吞吐量。对于我们的模型，每个服务请求的吞吐量定义为数据流的大小除以它在系统中的持续时间。对于所有位置u，通过η_i中同样单调的表达式$(1-\eta_i)c_i(u,\eta)$[7][8]给出单元$\mathcal{L}_i$中位置u处平均时间流的估计。因此，减少负载能同时改善所有空间吞吐量的分布。

尽管 BS 负载具有吸引人的特性，但仍要定义一个在多 BS 情况下获得 QoS 的效用函数，同时这也会使得数值结果更加优化。为此，通常使用 BS 负载的参数化功能[9-11]，正如式(13.2.2)中所定义的，令η_i表示 BS i的负载，并且用$\alpha \geqslant 0$表示一个非负参数。考虑一个目标函数

$$\Phi_\alpha(\eta) = \begin{cases} \displaystyle\sum_{i=1}^{N}\frac{(1-\eta_i)^{1-\alpha}}{\alpha-1}, & \alpha \neq 1 \\ \displaystyle\sum_{i=1}^{N}-\log(1-\eta_i), & \alpha = 1 \end{cases} \tag{13.3.1}$$

并将上式最小化。根据参数α，函数Φ_α侧重于不同的优化目标。当$\alpha = 1$时，式(13.3.1)的函数结果将减少至 BS 负载的总和。由于η_i表示 BS i处的平均资源利用率，因此$1-\eta_i$度量了 BS i处可获得的平均资源量。在这方面，当$\alpha = 1$时最小化Φ_α就相当于最大化网络中可获得资源的几何平均值。此外，当$\alpha \to \infty$时，最小化Φ_α相当于最小化$\max\limits_i \eta_i$，从而产生一个负载均衡的解。

通常，在目标函数中参数α值的选择取决于网络运营商的偏好。在这里，我们特别关心$\alpha = 1$时的情况，原因如下：当$\alpha \geqslant 1$时，目标Φ_α在一定程度上能防止过载情况($\int_{\mathcal{L}i}\kappa_i(u,\eta)\mathrm{d}u \geqslant 1$)的发生，因为每当 BS 负载接近 1 时，它们趋向于无穷大。这里，我们更倾向于最小

化总系统负载，而不是在每个单元内平均分配负载，并且我们不认为后者是一个理想的目标。取$\alpha=1$，就能以最佳方式同时满足两个要求。

13.3.2 优化问题

令 **e** 和$\mathcal{P}$分别表示天线倾斜度向量和蜂窝区域的集合。我们所关心的优化问题在此可表述为

$$\begin{aligned}&\underset{\mathcal{P},\mathbf{e}}{\text{minimize}}\,\Phi_\alpha(\eta)\\&\text{subject to } \eta=f(\eta,\ \mathcal{P},\ \mathbf{e}), C\geqslant C_{\min}\end{aligned}\tag{13.3.2}$$

第一个约束条件$\eta=f(\eta,\mathcal{P},\mathbf{e})$确保目标函数的解限制在系统$\eta=f(\eta,\mathcal{P},\mathbf{e})$中，其中我们还考虑函数$f$对$\mathcal{P}$和$\mathbf{e}$的依赖性。第二个约束条件确保网络覆盖程度满足需求，此处的第二个约束条件并不取决于$\mathcal{P}$的具体选择。

由于负载的隐式表述，变量$\mathcal{P}$和天线倾斜度对接收功率p_i不可预测的频繁影响，以及因此产生的噪声对负载本身的影响，使式(13.3.2)所描述的问题变得复杂。下面，我们将分别讨论$\mathcal{P}$和$\mathbf{e}$的优化问题。

假设倾斜度向量$\mathbf{e}$是固定的，并且使$C\geqslant C_{\min}$成立，我们首先关注在蜂窝区域的集合$\mathcal{P}$上Φ_α的最小化过程，可得到

$$\begin{aligned}&\underset{\mathcal{P}}{\text{minimize}}\ \Phi_\alpha(\eta)\\&\text{subject to } \eta=f(\eta,\mathcal{P})\end{aligned}\tag{13.3.3}$$

考虑一个 AP 关联策略，它通过从集合$\mathcal{Q}:=\left\{q:\mathcal{L}\to[0,1]^N|\forall_{u\in\mathcal{L}}:\sum_{i=1}^N q_i(u)=1\right\}$中取得的函数$q$来定义。值$q_i(u)$给出了属于单元$i$的位置$u$的度量或概率。现考虑由所有可能的关联策略产生的负载集合，即

$$\mathcal{F}:=\left\{\eta\in(0,1)^N|\exists_{q\in\mathcal{Q}}\forall_i:\eta_i=\int_{\mathcal{L}}q_i(u)\kappa_i(u,\ \eta)\mathrm{d}u\right\}\tag{13.3.4}$$

下面，我们介绍集合$\mathcal{F}$的一个重要特性。令$\kappa_i=(\kappa_1,\cdots,\kappa_N)$作为在某个覆盖区域$\mathcal{L}$上所定义的负载密度向量。然后，根据式(13.3.4)中定义的广义关联策略，用$\mathcal{F}$表示在该策略下所有可能负载的集合。这样，对于所有的η，$\eta'\in\mathcal{F}$，如果集合$\mathcal{F}$具有完全可转换的性质，则可以找到函数$\tilde{q}\in\mathcal{Q}$，对于所有的i，以下关系成立：

$$\eta_i=\int_{\mathcal{L}}q_i(u)\kappa_i(u,\ \eta)\mathrm{d}u=\int_{\mathcal{L}}\widetilde{q}_i(u)\kappa_i(u,\ \eta')\ \mathrm{d}u\tag{13.3.5}$$

式(13.3.5)的特性表明，负载$\eta\in\mathcal{F}$不一定必须表示为固定点，因为固定点表示可以转换为常规积分，其中被积函数不依赖于η本身。

为了定义具有所需特性的单元格区域，可以采用文献[10]中提出的用户关联策略，它允许用户根据所提供的数据速率和当前的负载情况连接 BS。具体来说，如果条件$i=s(u,\eta)$成立，则位置u与 BS i相关联，且

$$s(u,\ \eta):=\arg\max_{j=1,\cdots,N}\left(1-\eta_j\right)^\alpha c_j(u,\ \eta)\tag{13.3.6}$$

分别给出相应的蜂窝区域和$\mathcal{L}$的分区，即

$$\mathcal{L}_i(\eta) := \{u \in \mathcal{L} | s(u, \eta) = i\} \tag{13.3.7}$$

参数α控制关联策略的灵敏度来加载 BS i 的η_i。对于$\alpha = 0$，用户关联仅仅基于可实现的速率$c_i(u,\eta)$，该速率取决于除BS i 外所有 BS 的负载。当α增加时，即使可提供良好的可实现速率，因子$(1-\eta_i)^{\alpha}$仍会使用户避开高负载的 BS。在类似的情况下，用户会连接到具有最低索引 i 的单元。

在式(13.3.6)定义的用户关联策略下，蜂窝区域$\mathcal{L}_i$由负载向量η完全指定。在此基础上，我们将相应的负载函数定义为

$$\tilde{f}_i(\eta) := \min\left\{\int_{\mathcal{L}_i(\eta)} \kappa_i(u, \eta)\mathrm{d}u,\ 1-\varepsilon\right\} \tag{13.3.8}$$

蜂窝区域$\mathcal{L}_i(\eta)$由式(13.3.7)定义。以下结果是关于式(13.3.3)所描述的问题中涉及策略式(13.3.6)的优化，也已经在文献[11]中得到证实。

> 令$\mathcal{L}$表示某个覆盖区域，并且令$\boldsymbol{\kappa}$和$\mathcal{F}$分别表示定义在$\mathcal{L}$上的负载密度向量和对应的负载集合。假设$\mathcal{F}$符合式(13.3.5)。此外，令η^*表示在式(13.3.8)中定义的带有$\tilde{\mathbf{f}} = (\tilde{f}_1,\cdots,\tilde{f}_N)^{\mathrm{T}}$的系统$\eta = \tilde{f}(\eta)$的解。那么，对应的分区$\mathcal{P}(\eta^*) = \{\mathcal{L}_1(\eta^*),\cdots,\mathcal{L}_N(\eta^*)\}$是式(13.3.3)所代表问题的最小解。

在式(13.3.6)证明了关联策略的最优性后，文献[11]说明了如何计算由该策略生成的负载η的结果。

> 对于由式(13.3.7)定义的蜂窝区域中的负载模型[见式(13.13.1)]，以及$\eta^{(k+1)} := b^{(k)}\tilde{f}(\eta^{(k)}) + (1-b^{(k)})\eta^{(k)}$，其中$\tilde{\mathbf{f}} = (\tilde{f}_1,\cdots,\tilde{f}_N)^{\mathrm{T}}$由式(13.3.8)定义，$b^{(k)} \in [0,1]$表示一些适当选择的步长，令$\{\eta^{(k)}\}$表示迭代$\eta^{(k+1)} := b^{(k)}\tilde{f}(\eta^{(k)}) + (1-b^{(k)})\eta^{(k)}$产生的序列，则$\{\eta^{(k)}\}$收敛到$\eta = \tilde{f}(\eta)$的固定点。

对于天线倾斜度向量 $\mathbf{e}$ 的优化，可将式(13.3.2)的原优化问题等价表示为

$$\begin{aligned} &\underset{\mathbf{e}}{\text{minimize}}\ \Phi_\alpha(\eta) \\ &\text{subject to}\ \eta = \tilde{f}(\eta, \mathbf{e}), C \geqslant C_{\min} \end{aligned} \tag{13.3.9}$$

其中对于任意的倾斜度向量 $\mathbf{e}$，最小化Φ_α的负载向量作为系统$\eta = \tilde{f}(\eta,\mathbf{e})$的唯一解给出。

遗憾的是，在实际系统中，没有通用的数学模型能够描述天线倾斜对所有位置u的平均接收功率$p_i(u,\mathbf{e})$的具体影响。由于复杂的天线模式和信道变化，每个传播场景都是不同的，而且无法对式(13.3.9)所代表问题的全局最优解的存在性或者其计算方法做出一般性表述。

因此，人们已经使用一些启发性的搜索技术来优化天线倾斜度，它至少能够对一些初始给定的倾斜配置进行改进[11]。特别是可以使用 Taxi Cab 方法，它是 Powell 方法[12]的一个简化版本，用于寻找式(13.3.9)所代表问题的最优解。文献[11]中提供了数值估计中所使用的算法的全面描述，其基本步骤可总结如下。

> 1. 该算法从求解每个 BS 的初始天线倾斜度和定义目标函数Φ_α的参数α开始。
> 2. 该算法以某种顺序(可能多次)在 BS 上迭代；而且对于每个 BS，根据其当前的倾斜度来定义被测试的一组倾斜度。

3．对于每个 BS，该算法根据一组倾斜度进行循环，计算网络覆盖度 $C(\mathbf{e})$ 、负载 $\eta^* = \tilde{f}(\eta^*, \mathbf{e})$ 和目标函数值 $\Phi_\alpha(\eta^*)$ 。如果不能满足负载约束，则测试参数 α 的其他值。

4．在所有覆盖和负载可行的倾斜度中，选择最小化目标的倾斜度。

5．如果不能找到可行的倾斜度，则在所有被测试的倾斜度中，以优先考虑覆盖范围的准则来进行选择。

如前所述，条件 $\eta = \tilde{f}(\eta, \mathbf{e}^*)$ 为式(13.3.9)所代表问题的任意优化器 $\mathbf{e}^*$ 产生最优分区 $\mathcal{P}^*$ 。

参考文献

[1] Wang, Z., Tameh, E. and Nix, A. (2008) Joint shadowing process in urban peer-to-peer radio channels. *IEEE Transactions on Vehicular Technology*, **57** (1), 52–64.

[2] Internet Business Solutions Group (2011) *Connected Life Market Watch*, Cisco System, Inc., New York.

[3] Bonald, T., Borst, S., Hegde, N., and Proutie're, A. (2004) *Wireless Data Performance in Multi-cell Scenarios*. Proceedings of the Joint International Conference on Measurement and Modeling Computer Systems SIGMETRICS, June 2004, Vol. **32**, pp. 378–380.

[4] Fehske, A.J. and Fettweis, G.P. (2012) *Aggregation of Variables in Load Models for Cellular Data Networks*. Proceedings of the ICC, pp. 5102–5107.

[5] Siomina, I. and Yuan, D. (2012) Analysis of cell load coupling for LTE network planning and optimization. *IEEE Transactions on Wireless Communications*, **11** (6), 2287–2297.

[6] Mogensen, P., Na, W., Kovacs, I.Z., *et al.* (2007) *LTE Capacity Compared to the Shannon Bound*. Proceedings of the IEEE 65th VTC Spring, April 2007, pp. 1234–1238.

[7] Fred, S.B., Bonald, T., Proutiere, A. *et al.* (2001) Statistical bandwidth sharing: a study of congestion on flow level. *SIGCOMM*, **31** (4), 111–122.

[8] Kherani, A. and Kumar, A. (2002) *Stochastic Models for Throughput Analysis of Randomly Arriving Elastic Flows in the Internet*. Proceedings of the 21st Annual Joint Conference of the IEEE Computer and Communications Society, Vol. **2**, pp. 1014–1023.

[9] Mo, J. and Walrand, J. (2000) Fair end-to-end window-based congestion control. *IEEE/ACM Transactions on Networking*, **8** (5), 556–567.

[10] Kim, H., de Veciana, G., Yang, X. and Venkatachalam, M. (2012) Distributed α-optimal user association and cell load balancing in wireless networks. *IEEE/ACM Transactions on Networking*, **20** (1), 177–190.

[11] Fehske, A.J., Klessig, H., Voigt, J. and Fettweis, G.P. (2013) Concurrent load-aware adjustment of user association and antenna tilts in self-organizing radio networks. *IEEE Transactions On Vehicular Technology*, **62** (5), 1974–1988.

[12] Powell, M.J.D. (1964) An efficient method for finding the minimum of a function of several variables without calculating derivatives. *The Computer Journal*, **7** (2), 155–162.

第14章 复杂网络

14.1 大规模网络的演进趋势

在本章中，我们将网络视为一组元素，网络中的元素称为顶点或节点，它们之间的连接称为边或链路。在其最高抽象层次上，网络如图 14.1.1 所示。

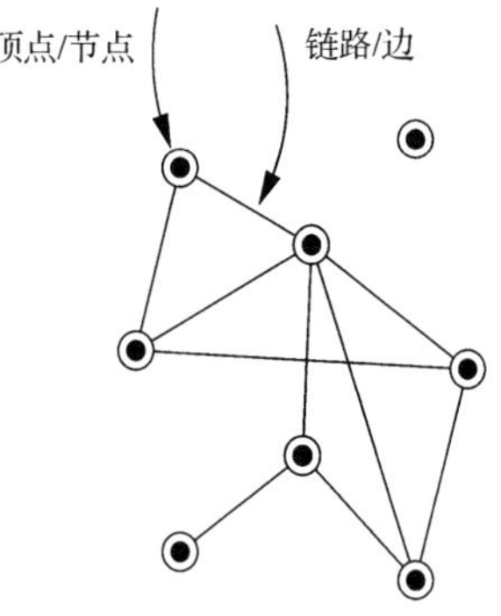

图 14.1.1 网络模型

通常用这种方式来抽象表征因特网、万维网、社交网络或个体之间的联系、组织网络、公司间的商业关系网络、神经网络、代谢网络、食物链、分配网络(例如血管或邮递路线)，以及论文之间的引用网络等。长期以来，通常以图论这一方法对传统的网络进行研究。近年来，网络研究的新趋势从原本考虑图中各个顶点或边的属性的单个小图的分析，逐步拓展到考虑图形的大规模统计特性。这种新趋势主要出于对计算机和通信网络可用性的考虑，同时这些网络需要实现更大规模的数据收集和分析。研究几十个顶点或极端情况下数百个顶点的网络已经是过去式，现在具有数百万甚至数十亿个顶点的网络并不罕见。网络大规模化的趋势迫使在分析方法上应有相应的改变。以前在小型网络研究中提出的许多问题在更大的网络中并不适用。例如以前，我们可能有兴趣了解在一个小规模网络中证明哪个顶点对网络连通性至关重要。而现在，这个问题在有一百万个顶点的网络中是没有什么研究意义的，因为大规模网络中没有任何顶点在将其删除时会对整个网络产生很大的影响。但同样地，在大规模网络中，确定需要去掉多少百分比的顶点能以特定方式影响该网络连接还是具有一定意义的。

在本章中，首先找出表征网络系统结构和行为的统计属性，如路径长度和度分布，并提出适当的方式来衡量这些属性。然后创建网络模型，可以帮助我们了解这些属性的含义，它们如何实现，以及之间的相互作用。最后，基于所测量的结构属性和指定各个顶点的本地规则来预测网络系统的行为。例如，网络结构将如何影响因特网上的流量、网页搜索引擎的性能或社会和生物系统的动态变化?

14.1.1 网络类型

通过边连接的一组顶点只属于最简单的网络类型，比这更复杂的网络类型有很多种，如图 14.1.2 所示。

例如，网络中可能存在多种类型的顶点或多种类型的边。顶点或边的各种属性可能具有一定的关联性(例如在数值上或其他方面)。以人的社会网络为例，顶点可能代表男性或女性，不同国籍、地点、年龄、收入或其他事项。边可能代表友谊，但也可能代表仇恨，以及专业认知或地理邻近感。边可以携带权重，比如表示两个人彼此认识的情况。这些边也可以是有向的，只能指向一个方向。由有向边构成的图称为有向图。表示个人之间的电话或电子邮件消息的图是有向的，因为每个消息只往一个方向传递。有向图可以是循环的，这意味着它们包含闭合的边，也可以是非循环的。一些网络，例如食物链，大致是不循环的，但并非完全不循环。一个图也可以具有超边(hyperedge)，也就是将两个以上的顶点连接在一起的边。包含这些边的图称为超图。超边网络可以用于指示社交网络中的家庭联系，例如属于同一直系家庭相互联系的 n 个人可以由连接它们的 n 条边来表示。图也可以通过各种方式分割。我们将在本章后面给出一些例子。二分图，即包含两种不同类型顶点的图，其中的边仅在不同类型的顶点之间建立连接。人们以群体方式连接在一起的隶属网络就采用了这种形式，两种类型的顶点分别代表人和群体。也可能随着时间推移，图中的顶点或边出现或消失，或者在这些顶点和边上定义的值发生变化，甚至还可以添加许多其他属性。对网络的研究绝不都是已知的，许多问题尚未深入探索，但是我们将在本章总结一些相关研究，展示其中的一些例子，并对其进行扩展。

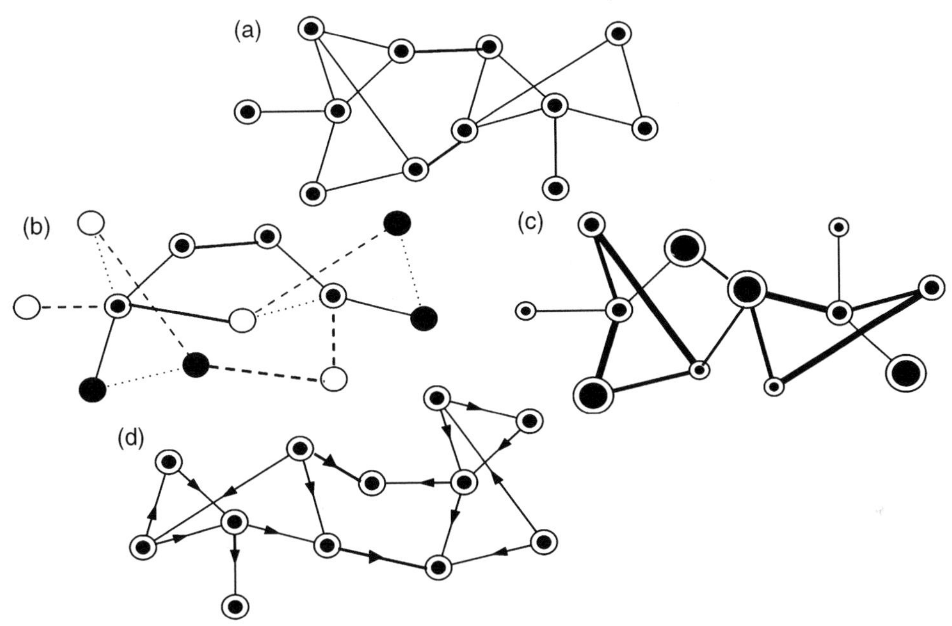

图 14.1.2　各种类型的网络示例：(a)无向网络，仅有一种顶点类型和边类型；(b)具有离散的顶点和边类型的网络；(c)具有变化的顶点和边类型的网络；(d)有向网络，每条边上都有方向

信息网络　该网络有一个典型示例，即学术论文之间的引用网络[1]。大多数文章引用了其他人相关主题的研究工作。这些论文的相互引用形成了一个网络，其中顶点是文章，而从文章 A 到文章 B 的有向边表示文章 A 引用文章 B。尽管论文之间的引用也存在社交方面的一些因素，但引用网络的结构反映了顶点所存储信息的结构，因此产生了术语“信息网络”[2]。

引用网络　该网络并不一定是循环的，因为论文只能引用已经完成的其他论文，而不是尚未完成的论文。因此，网络中的所有边都在时间上向后，使得不可能形成闭环，有也是非常罕见的。作为科学研究的对象，引用网络因其大量可用的准确数据而具有很大的优势。出版物模式的定量研究可以追溯到 Alfred Lotka 于 1926 年提出的开创性发现“科学生产力法”，其中指出个别科学家撰写的论文数量分布遵循幂律。也就是说，编写 k 篇论文的科学家的数量因为某个常量 α 而下降为 $k^{-\alpha}$ 。事实上，这个结果也延伸到艺术和人文学科方面。最早的文献引用是在 20 世纪 60 年代开始的，可以通过 Eugene Garfield 和文献计量学领域的其他先驱者的相关工作获得大型引文数据库。Price[3]在早期的论文中针对引用形成的网络进行了相关研究，首次指出网络的内向和外向度分布都遵循幂律，这是一个具有重大意义的发现，我们将在下面进一步讨论。此后，人们大多基于引用数据库中更优质的可用资源这方面对引用网络进行研究，特别值得注意的是 Rapoport[4]和 Seglen[5]的研究。

万维网 它是包含信息的网页网络，通过从一个页面到另一个页面的超链接方式而将信息连接在一起[6]。万维网不应与因特网相混淆，因特网是计算机通过通信网络连接在一起的物理网络。与引用网络不同，万维网是循环的；没有自然排序的网站，也没有阻止闭环出现的约束。自 20 世纪 90 年代初期以来，人们对万维网的研究热度从未消退，Albert 等人[7, 8]、Kleinberg 等人[9]和 Broder 等人[10]的研究都具有一定的价值。万维网的内向和外向度分布也都遵循幂律，并且万维网还具有各种有趣的特性。关于万维网的重要一点是，我们的数据来自网络的“爬虫网络”，其中网页是通过其他网页的超链接发现的[10]。

偏好网络 这是二分信息网络的一个例子。偏好网络是一种具有两类顶点的网络，这些顶点代表个人和他们所感兴趣的对象，如书籍或电影，而边将每个人都对应连接到他们所感兴趣的书籍或电影。偏好网络也可以被加权，以表示喜欢或不喜欢的程度。一个被广泛研究的偏好网络案例是统计电影喜好的 EachMovie 数据库，这种网络的形成是以协同过滤算法和推荐者系统为基础的，并且基于个人偏好与其他人偏好的比较来预测新的喜欢或不喜欢的结果[11-13]。协同过滤算法已经在产品推荐和有针对性的广告方面取得了相当大的商业成功，特别是对于在线零售商。偏好网络也可被认为是社交网络，它不仅将人与对象联系起来，而且还将人们与其他具有相似偏好的人相关联。文献[14]中偶尔也会采用这种方法。

技术网络 这是通常用于分配某些商品或资源(如电力或信息)的人造网络，例如电网，即跨越一个国家或一个国家部分地区的高压三相输电线路的网络(而不是跨越个别邻域的本地低压交流输电线路)。Watts、Strogatz[15,16]和 Amaral[17]等人已经开始了电网的统计分析工作。已经得到研究的其他分配网络包括航空公司网络[17]和道路网[18]，以及铁路[19, 20]和行人交通网[21]。河流网、血管网络等可被认为是自然发生的分布网络形式[22-25]。

诸如邮政局或物流公司使用的电话网络和传送网络也属于这个类别。本书将电线、电缆的物理电话网络和谁呼叫谁的网络区分开来。电子电路[26]介于分配网络和通信网络之间。

因特网 另一个研究较为广泛的技术网络是因特网，也就是计算机之间相互连接的物理网络，这也是本书的重点。由于因特网上计算机数量庞大且数量不断变化，通常以粗粒度级别、路由器级别及基于网络上控制数据移动的专用计算机或“自治系统”来对网络结构进行检查，虽然一些计算机组会在本地对数据进行联网处理，但这些组之间的数据将会在因特网上流动。同一公司或大学的计算机可以组成一个单一的自治系统(通常域名相同)。

事实上，因为许多基础设施由独立的组织进行维护，所以在因特网上物理连接的网络是不容易被发现的。因此，通常研究人员是从大量点对点数据路由中进行验证，从而重构出整个网络。所谓的“路由追踪”程序可以报告数据包在两点间传输时所经过的网络节点的序列，如果我们假设沿着这样一条路径的任何两个连续节点之间有一条边，则足够大的路径样本将提供一个相当完整的包含整个网络的图。

然而，可能存在一些边从未被采样，因此通常重构网络所表示的是大体上的因特网物理结构，与真实的因特网物理结构具有一定的差异。Faloutsos 等人[27]、Broder 等人[10]和 Chen 等人[28]已经对因特网物理结构进行了相关研究。

社交网络 这是一组有联系或有互动的人群或群体[29, 30]。例如，个人之间的友谊关系[31, 32]、公司之间的业务关系[33, 34]和家庭之间的婚姻关系[35]等。在学术领域中，社会学对现实世界网络进行的大量定量研究是历史最悠久的[29, 36]。近年来，对商业社区的研究[37]引起了人们的关注。另一组重要的实验是 Milgram 著名的“小世界”实验[39, 40]。在这些实验中作者虽未建立实际的网络，但是他们告诉了我们有关网络的结构。这些实验要求参与者将一封信传递给他们的一位熟人，并试图将其传递给指定的目标，从而探测熟人网络中的路径长度分布。实验中的大部分信件都丢失了，但还是有大约四分之一的信件达到了目标，平均经历了仅大约六个人。这个实验是“六度分离”的起源，虽然这个短语没有出现在 Milgram 的论文中，但是几十年后被 Guare[41]提出。Garfield[42]对 Milgram 的工作进行了简短的总结，并在其基础上进行了进一步研究。传统的社交网络研究往往不准确，存在主观性和样本量小的问题。而一些巧妙的间接研究(例如 Milgram 的研究)，其数据收集通常是通过使用问卷调查或直接询问参与者而实现的。这种方法是劳动密集型的，因此限制了可以观察到的网络的大小。此外，调查数据还会受到受访者主观偏见的影响；例如，一个受访者对朋友的定义可能与另一个受访者对朋友的定义有很大的不同。尽管已为消除潜在的一些不一致的情况付出了很大的努力，但大多数的这类研究还是存在大量潜在且不受控制的错误。Marsden[43]对相关的问题进行了总结。由于这些问题，许多研究人员已经转向用其他方法研究社交网络。

相对可靠的一个数据来源是协作网络。这些网络通常是联盟网络，其中参与者以一种或多种方式进行协作，通过群体来建立成对人员之间的联系。一个典型的例子是电影演员的协作网络，从网络电影数据库中可以得到相当全面的记录。在这个网络中，演员在电影中进行合作，如果他们一起出现在电影中，则两个演员就被认为是连接的。一些研究人员已经对这个网络的统计属性进行了分析[17, 44]。另一个例子是公司董事的网络，其中两名董事如果属于同一董事会[45]，则被连接在一起。再如学术界之间的协作网络，如果个人与他人合著一篇或多篇论文[46]，或者在相同的上下文中被提及(特别是在网页[47]或报纸文章[48]中同时出现)，那么就说他们在学术界的网络中是互相连接的。群体之间的人际关系数据的另一个来源是多种类别的通信记录。例如，两个人之间的每个(定向)边表示一个人发送给另一个人的信件或包裹，通过这种方式可以构建出一个网络。据我们所知，目前还没有对这样的网络进行研究，但已有些类似的研究。Aiello 等人[49]在一天内分析了通过美国电话电报公司(AT&T)进行长途通话的电话网络。该网络的顶点表示电话号码，有向边表示从一个号码呼叫到另一个号码。即使只是一天，这个图也是巨大的，拥有大约五千万个顶点，是在万维网图之后研究的最大的图之一。Ebel 等人[50]通过邮件服务器维护的日志，重建了 Kiel 大学 5000 名学生之间的电子邮件通信模式。在该网络中，顶点表示电子邮件地址，有向边表示消息从一个地址传递到另一个地址。Newman 等人[51]和 Guimera 等人[52]还研究了电子邮件网络，并且类似的网络已被用于 Smith[53]的“即时消息”系统。对于 Holme 等人[54]所研究的因特网社区网站，Dodds 等人[55]以电子邮件的方式进行了 Milgram 的“小世界”实验，其中要求参与者转发一封电子邮件给他们的一个朋友，最终努力将消息传递给一些选定的目标个体。尽管实验的响应率相当低，但却记录了几百条完整的消息链，足以用于进行各种统计分析。

14.2 网络特性

网络的最简单有效的模型是随机图，文献[4]及 Erdos 和 Renyi[56]的工作中针对该模型进行了一些相关的研究，本章将在后续内容中对此进行描述。在这个模型中，无向边被随机放置在固定数目的n个顶点之间以创建网络，其中$n\cdot(n-1)/2$条可能的边中的每一条都以一定概率p独立地存在，并且将与顶点相连接的边的数量称为该顶点的顶点度，顶点度一般为二项分布或大n极限的泊松分布。在一些数学家的工作中[57-59]，已经对这幅图进行了深入研究，而且很多结果都得到了严格的证明。然而，近几年来，吸引研究人员关注的现实世界网络的大多数有趣的特性，都是关于网络不像随机图的。真实的网络在某些方面是非随机的，它们表明了引导网络形成的可能机制，以及我们可以利用网络结构实现某些目标的可用方式。在本节中，我们将描述一些在不同类型网络中常见的特性。

小世界效应 前面已经描述了 Milgram 在 20 世纪 60 年代进行的实验，其中从一个人传递到另一个人的信件只需几步就能到达指定的目标。在公布的案例中，实验结果是仅需要经过六个人。事实上，大多数网络中的大多数顶点对似乎都是通过网络中相对较短的路径连接的，这个结果是小世界效应的第一批直接证明之一。

如今，小世界效应已经在大量的不同网络中得到了研究和直接验证。下面考虑一个无向网络，定义l为网络中顶点对之间的平均测量(即最短的)距离：$l=\sum_{i\geqslant j}d_{ij}/l_m$，其中$d_{ij}$是从顶点$i$到顶点$j$的地理距离且$l_m=n\cdot(n+1)/2$。注意，该式包括了每个顶点到它本身的距离(其为零)，以便于计算。参数l可以测量获得，也可以从各种不同网络的文献中获得l值，例如，在所有情况下，该值都比顶点数n小得多。参数l在具有多个组成部分的网络中的定义存在一定的问题，在这种情况下，存在没有连接路径的顶点对，而一个这样的顶点对会被分配无穷大的距离，造成l值也变为无穷大。为了避免这个问题，通常在这种网络上将l定义为具有连接路径的所有顶点对之间的平均测量距离。在网络中，两个不同组成部分的顶点对之间的距离不用于平均。

另一个比较令人满意的方法是将l定义为所有顶点对之间测量距离的“谐波平均值”，即平均值的倒数$l^{-1}=\sum_{i\geqslant j}d_{ij}^{-1}/l_m$，无限大的$d_{ij}$值对累加和不造成影响。小世界效应对网络进程的动态变化有着明显的影响。例如，如果考虑到信息的传播，或者其他任何事件在整个网络中传播，那么小世界效应就意味着在大多数现实世界网络上，这种传播将是快速的。例如，如果谣言从任何人传播到任何其他人只需要几步，那么谣言的传播速度要远比一百步或一百万步的传播快得多。这会影响数据包从因特网上的一台计算机传送到另一台计算机所必需的“跳数”，乘飞机或搭火车的旅行者在旅程中的换乘次数，疾病在整个人群中传播的时间，等等。另一方面，小世界效应在数学上也是显而易见的。如果到一个典型中心顶点距离为r的圆内的顶点数随r呈指数增长(包括随机图在内的许多网络都是如此)，则l值将随$\log n$的增加而增加。近年来，“小世界效应”一词具有更精确的含义：如果l值随固定平均度的网络大小以对数关系变化或变化得更慢，则网络就会显示出小世界效应。对数尺度已被证明可适用于各种网络模型[57]，并且可以在各种现实世界网络[60]中观察到。一些网络的顶点到顶点的平均距离的增长比$\log n$的变化要慢。在文献[61]中，已经证明采用幂律分布的网络的l值的增加不超过$\log n/\log\log n$。

传递性或分簇 在网络传递性(有时也称为分簇)的属性中，可以看出随机图的行为有明显差异。在许多网络中，如果发现顶点 A 连接到顶点 B，顶点 B 连接到顶点 C，则顶点 A 也将连接到顶点 C 的概率很高。

在社交网络中，朋友的朋友也可能是你的朋友。在网络拓扑方面，传递性意味着在网络中存在大量的三角形，任意三个顶点的集合都可以连接成一个三角形。这一概念可以通过定义分簇系数 C 来量化：$C=(3\times$ 网络中的三角形数量$)/($顶点的连接三元组数量$)$，其中“连接三元组”是指一个单一的顶点，其边连接到一个无序的其他对。实际上，C 用来度量其第三边形成完整三角形的三元组的占比。上式分子中的“3”是考虑到每个三角形可以关联 3 个三元组，并确保 C 位于 $0\leqslant C\leqslant 1$ 的范围内。简单来说，C 是网络中一个顶点的相邻两个顶点本身就是邻居的平均概率。

度分布　如前所述，网络中顶点的度是入射到该顶点（即连接到）的边的数量。我们将 p_k 定义为网络中具有度数 k 的顶点的占比。等价地，p_k 是随机选择的顶点其度数为 k 的概率。可以通过制作顶点度的直方图来画出任何给定网络的 p_k 图。该直方图展现了网络的度分布。在文献[56]所研究的随机图类型中，每条边存在或不存在的概率相等，因此如前所述，度分布是二项式分布或大 n 极限的泊松分布。现实世界网络在度分布上与随机图有很大的不同。

呈现度分布的另一种方法是绘制累积分布函数 $P_k=\sum_{k'=k}^{\infty}p$ 的图，这就是度数大于等于 k 的概率。

前面我们对多个网络的累积分布的实验结果进行了相关的描述，对于某个指数常量 α 来说，$p_k\sim k^{-\alpha}$ 遵循幂律。注意，这种幂律分布在累积分布中也表现为幂律，但由于指数常量是 $\alpha-1$ 而不是 α，因此 $P_k\sim\sum_{k'=k}^{\infty}k'^{-\alpha}\sim k^{-(\alpha-1)}$。

其他一些分布有指数衰变：$p_k\sim \mathrm{e}^{-k/\kappa}$。这也给出了累积分布中的指数，并且指数也是相同的：$P_k=\sum_{k'=k}^{\infty}p_k\sim\sum_{k'=k}^{\infty}\mathrm{e}^{-k/\kappa}\sim \mathrm{e}^{-k/\kappa}$。通过在对数尺度（对于幂律）或半对数尺度（对于指数）上绘制相应的累积分布，在实验中特别容易发现幂律分布和指数分布。

最大度　网络中顶点的最大度 $k_{\max}$ 一般取决于网络的大小。在文献[49]中，假设最大度的近似值大于图中顶点的平均度数，小于图中一个顶点的度数，即 $np_k=1$ 的顶点。这意味着对于为幂律形式的度分布 $p_k\sim k^{-\alpha}$，有 $k_{\max}\sim n^{1/\alpha}$。然而，这种假设会产生误导性的结果；在许多情况下，网络上顶点的最大度会比这个值高得多[62]。

给定一个特定的度分布（假设所有的度都是独立进行采样的，虽然这对于现实世界网络是不可能的），那么恰好存在 m 个度数为 k 的顶点的概率和没有更高度的顶点的概率是 $\binom{n}{m}p_k^m(1-P_k)^{n-m}$，其中 P_k 是累积概率分布。因此，图上最大度为 k 的概率 h_k 为

$$h_k=\sum_{m=1}^{n}\binom{n}{m}p_k^m(1-P_k)^{n-m}=(p_k+1-P_k)^n-(1-P_k)^n$$

最大度的期望值是 $\sum_k kh_k$。

无论 k 取值多少，h_k 趋向于零，并且基于 k 的累加和由接近最大值的项控制。因此，在大多数情况下，通过模值给出最大度的期望值的较好近似。微分后可以观察到 $\mathrm{d}P_k/\mathrm{d}k=p_k$，我们发现 h_k 的最大值发生在 $(\partial p_k/\partial k-p_k)(p_k+1-P_k)^{n-1}-p_k(1-P_k)^{n-1}=0$ 或 $k_{\max}$ 是 $\partial p_k/\partial k\simeq -np_k^2$ 的解时，这里我们做出（相当安全的）假设：对于 $k>k_{\max}$，p_k 足够小，并且 $np_k\ll 1$ 和 $p_k\ll 1$。例如，如果 $p_k\sim k^{-\alpha}$，那么可以得出 $k_{\max}\sim n^{1/(\alpha-1)}$。

网络弹性 与度分布相关的是网络弹性顶点恢复的属性，这也是相关文献中引起广泛关注的主题。大多数网络的性能依赖于它们的连通性，也就是在顶点对之间存在路径。如果从网络中删除顶点，则这些路径的典型长度将增加，最终顶点对将断开，并且通过网络进行的通信将变得不可行。网络对移除这些顶点的适应程度各不相同。还有对于各种不同的删除顶点的方法，不同的网络也表现出不同程度的恢复能力。例如，可以从网络中随机删除顶点，或者可以定位一些特定类别的顶点，例如具有最大度的顶点。

最近对网络弹性的研究热点是由文献[63]的工作引起的。这份文献研究了顶点删除在两个示例网络中的影响，即一个具有 6000 个顶点的网络，代表因特网在自主系统层次上的拓扑结构，以及一个包含 326 000 个页面的万维网子集。可以观察到因特网和万维网都具有近似幂律形式的度分布。作者将平均顶点-顶点的距离作为一个可删除顶点数目的函数，用于随机地删除顶点和逐步删除具有最大度的顶点。作者发现两个网络的距离几乎完全不受随机顶点删除的影响。也就是说，所研究的网络对这种类型的删除具有高度的弹性。这是合理的，因为这些网络中的大多数顶点的度数比较低，这些顶点位于其他网络之间的少数几条路径上，因此删除它们也基本不会影响通信。另一方面，当删除具有最大度的顶点时，则会对通信造成很大影响。

14.3 随机图

泊松随机图 取数量为 n 的顶点，并且每对顶点以概率 p（或 $1-p$）连接(或不连接)。Erdos 和 Renyi 定义了该模型并称之为 $G_{n,p}$。事实上，从技术上讲，$G_{n,p}$ 是所有这类图的集合，其中具有 m 条边的图的出现概率为 $p^m(1-p)^{M-m}$，$M=n(n-1)/2$ 是可能边数的最大值。Erdos 和 Renyi 还定义了另一个相关的模型，他们称之为 $G_{n,m}$，它是具有 n 个顶点和恰好 m 条边的所有图的集合，每个可能的图以相等的概率出现。本章中，我们将讨论 $G_{n,p}$，但大多数结果可直接转移到 $G_{n,m}$。

在大规模图受限的情况下，随机图的许多属性是完全可解的。通常，采用大 n 的极限，保持平均度为常量 $z=p(n-1)$。在这种情况下，模型显然满足泊松度分布，因为边的存在或不存在是独立的，这样，顶点的度数为 k 的概率为

$$p_k=\binom{n}{k}p^k(1-p)^{n-k}\simeq\frac{z^k\mathrm{e}^{-z}}{k!} \tag{14.3.1}$$

在大 n 和固定 k 的限制条件下，最后的近似式将变得精确。这就是名为“泊松随机图”的原因。随机图的预期结构随着 p 值变化。边将顶点连接起来形成部分网，即通过网络路径连接的(最大)顶点子集。

随机图的一个重要特性是相变，从低密度、低 p 状态，其中边很少且所有组成部分都很小，具有指数尺寸分布和有限平均尺寸，到高密度、高 p 状态，其中一个扩展部分[即 $O(n)$]的所有顶点在最大连通子图中连接在一起，其余顶点占据更小的部分，并且都具有指数分布和有限的大小。

我们可以从下面这个很有启发性的论证出发来计算最大连通子图的期望大小。定义 u 是图中不属于最大连通子图的顶点的占比，这也是从图中随机选择的顶点不在最大连通子图中的概率。顶点不属于最大连通子图的概率也等于顶点的网络邻居不属于最大连通子图的概率，

如果顶点具有度数k，则这个概率就是u^k。在k的概率分布上对式(14.3.1)进行平均化，在图规模受限的情况下，u具有以下自相关关系：

$$u=\sum_{k=0}^{\infty}p_k u^k=\mathrm{e}^{-z}\sum_{k=0}^{\infty}\frac{(zu)^k}{k!}=\mathrm{e}^{-z(u-1)} \tag{14.3.2}$$

最大连通子图在图中的占比为$S=1-u$，因此

$$S=1-\mathrm{e}^{-zS} \tag{14.3.3}$$

我们在下面给出一个稍微复杂的参数，可以看出随机选择的顶点所属部分的平均大小$\bar{s}$（对于非最大连通子图）是

$$\bar{s}=\frac{1}{1-z+zS} \tag{14.3.4}$$

这两个量的图示如图 14.3.1 所示。

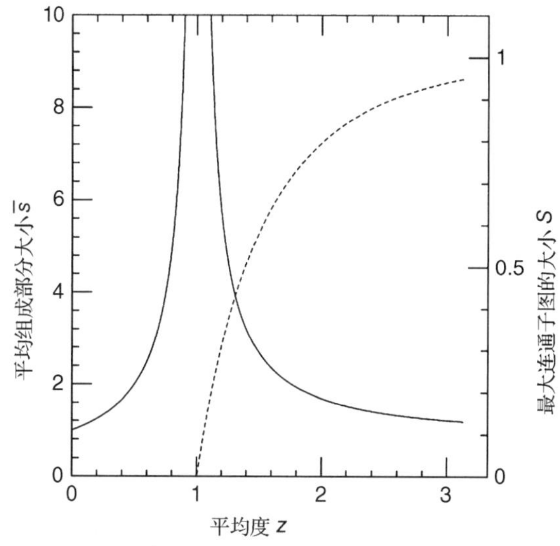

图 14.3.1　泊松随机图的平均组成部分大小（实线）和最大连通子图的大小（虚线）

式(14.3.3)是先验的，没有闭合形式的解，但是很容易看出当$z<1$时，它唯一的非负解是$S=0$；而当$z>1$时，也有一个非零解，这是一个最大连通子图的大小。相变发生在$z=1$处，这也是$\bar{s}$发散的点。随机图再现了现实世界网络的主要特征之一，即小世界效应。距随机图中顶点的距离为l的平均邻居数为z^d，因此覆盖整个网络需要的d值为$zl\simeq n$。这样，通过网络的典型距离为$l=\log n/\log z$，它满足小世界效应的定义。严格的结果可以在文献[57]中找到。然而，在其他方面，随机图的属性与现实世界网络是不匹配的，它具有低分簇系数：不管它们是否具有共同的邻居，两个顶点的连接概率是p，因此$C=p$，在大规模系统受限的情况下，C的值随着n^{-1}趋向于零。然而，我们对网络行为方式的基本认知大部分来自随机图的研究。特别是，相变的存在和最大连通子图的存在是本章所描述的大部分工作的基础。人们经常谈论网络的最大连通子图，其实就是最大的网络组成部分；对于一个更小的子图，通常发现它比最大连通子图小得多。我们将在后面看到许多更复杂的模型中的最大连通子图转换，所有这些都基于泊松随机图。本书将在第 24 章继续讨论大规模网络，并使用平均场理论中开发的工具来分析大规模网络结构和这些网络中所运行的进程。

参考文献

[1] Egghe, L. and Rousseau, R. (1990) *Introduction to Informetrics*, Elsevier, Amsterdam.

[2] White, H. D., Wellman, B., and Nazer, N. (2003) *Does Citation Reflect Social Structure? Longitudinal Evidence from the 'Globenet' Interdisciplinary Research Group*, Globenet, University of Toronto.

[3] de Solla Price, D.J. (1965) Networks of scientific papers. *Science*, **149**, 510–515.

[4] Rapoport, A. (1957) Contribution to the theory of random and biased nets. *Bulletin of Mathematical Biophysics*, **19**, 257–277.

[5] Seglen, P. O. (1992) The skewness of science. *Journal of the American Society for Information Science*, **43**, 628–638.

[6] Huberman, B. A. (2001) *The Laws of the Web*, MIT Press, Cambridge, MA.

[7] Albert, R., Jeong, H. and Barab´asi, A.-L. (1999) Diameter of the world-wide web. *Nature*, **401**, 130–131.

[8] Barabási, A.-L., Albert, R. and Jeong, H. (2000) Scale-free characteristics of random networks: the topology of the World Wide Web. *Physica A*, **281**, 69–77.

[9] Kleinberg, J.M., Kumar, S.R., Raghavan, P. *et al.* (1999) *The Web as a Graph: Measurements, Models and Methods*. Proceedings of the International Conference on Combinatorics and Computing, no. 1627 in Lecture Notes in Computer Science, Springer, Berlin, pp. 1–18.

[10] Broder, A., Kumar, R., Maghoul, F. *et al.* (2000) Graph structure in the web. *Computer Networks*, **33**, 309–320.

[11] Goldberg, D., Nichols, D., Oki, B.M. and Terry, D. (1992) Using collaborative filtering to weave an information tapestry. *Communications of the ACM*, **35**, 61–70.

[12] Resnick, P. and Varian, H.R. (1997) Recommender systems. *Communications of the ACM*, **40**, 56–58.

[13] Shardanand, U. and Maes, P. (1995) Social Information Filtering: Algorithms for Automating "Word of Mouth". Proceedings of ACM Conference on Human Factors and Computing Systems, Association of Computing Machinery, New York, pp. 210–217.

[14] Kautz, H., Selman, B. and Shah, M. (1997) Referral web: combining social networks and collaborative filtering. *Communications of the ACM*, **40**, 63–65.

[15] Watts, D.J. (1999) *Small Worlds*, Princeton University Press, Princeton.

[16] Watts, D.J. and Strogatz, S.H. (1998) Collective dynamics of 'small-world' networks. *Nature*, **393**, 440–442.

[17] Amaral, L.A.N., Scala, A., Barth´el´emy, M. and Stanley, H.E. (2000) Classes of small-world networks. *Proceedings of the National Academy of Sciences of the United States of America*, **97**, 11149–11152.

[18] Ancel Meyers, L., Newman, M.E.J., Martin, M. and Schrag, S. (2001) Applying network theory to epidemics: control measures for outbreaks of Mycoplasma pneumonia. *Emerging Infectious Diseases*, **9**, 204–210.

[19] Latora, V. and Marchiori, M. (2002) Is the Boston subway a small-world network? *Physica A*, **314**, 109–113.

[20] Sen, P., Dasgupta, S., Chatterjee, A. *et al.* (2003) Small-world properties of the Indian railway network. *Physical Review E*, **63**, 036106.

[21] Chowell, G., Hyman, J.M., and Eubank, S. (2002) Analysis of a Real World Network: The City of Portland. *Tech. Rep. BU-1604-M*, Department of Biological Statistics and Computational Biology, Cornell University.

[22] Dodds, P.S. and Rothman, D.H. (2001) Geometry of river networks. *Physical Review E*, **63**, 016115–016117.

[23] Maritan, A., Rinaldo, A., Rigon, R. *et al.* (1996) Scaling laws for river networks. *Physical Review E*, **53**, 1510–1515.

[24] Rinaldo, A., Rodriguez-Iturbe, I. and Rigon, R. (1998) Channel networks. *Annual Review of Earth and Planetary Science*, **26**, 289–327.

[25] Rodrıguez-Iturbe, I. and Rinaldo, A. (1997) *Fractal River Basins: Chance and Self-Organization*, Cambridge University Press, Cambridge.

[26] Ferrer i Cancho, R., Janssen, C. and Solé, R.V. (2001) Topology of technology graphs: small world patterns in electronic circuits. *Physical Review E*, **64**, 046119.

[27] Faloutsos, M., Faloutsos, P. and Faloutsos, C. (1999) On power-law relationships of the internet topology. *Computer Communications Review*, **29**, 251–262.

[28] Chen, Q., Chang, H., Govindan, R. *et al.* (2002) *The Origin of Power Laws in Internet Topologies Revisited*. Proceedings of the 21st Annual Joint Conference of the IEEE Computer and Communications Societies, IEEE Computer Society.

[29] Scott, J. (2000) *Social Network Analysis: A Handbook*, 2nd edn, Sage Publications, London.

[30] Wasserman, S. and Faust, K. (1994) *Social Network Analysis*, Cambridge University Press, Cambridge.

[31] Moreno, J.L. (1934) *Who Shall Survive?* Beacon House, Beacon, NY.

[32] Rapoport, A. and Horvath, W.J. (1961) A study of a large sociogram. *Behavioral Science*, **6**, 279–291.

[33] Mariolis, P. (1975) Interlocking directorates and control of corporations: the theory of bank control. *Social Science Quarterly*, **56**, 425–439.

[34] Mizruchi, M.S. (1982) *The American Corporate Network, 1904–1974*, Sage, Beverley Hills.

[35] Padgett, J.F. and Ansell, C.K. (1993) Robust action and the rise of the Medici, 1400–1434. *The American Journal of Sociology*, **98**, 1259–1319.
[36] Freeman, L.C. (1996) Some antecedents of social network analysis. *Connections*, **19**, 39–42.
[37] Galaskiewicz, J. (1985) *Social Organization of an Urban Grants Economy*, Academic Press, New York.
[38] Bearman, P. S., Moody, J., and Stovel, K. (2002) Chains of Affection: The Structure of Adolescent Romantic and Sexual Networks, Department of Sociology, Columbia University.
[39] Milgram, S. (1967) The small world problem. *Psychology Today*, **2**, 60–67.
[40] Travers, J. and Milgram, S. (1969) An experimental study of the small world problem. *Sociometry*, **32**, 425–443.
[41] Guare, J. (1990) *Six Degrees of Separation: A Play*, Vintage, New York.
[42] Garfield, E. (1979) It's a small world after all. *Current Contents*, **43**, 5–10.
[43] Marsden, P.V. (1990) Network data and measurement. *Annual Review of Sociology*, **16**, 435–463.
[44] Adamic, L.A. and Huberman, B.A. (2000) Power-law distribution of the world wide web. *Science*, **287**, 2115.
[45] Davis, G.F. and Greve, H.R. (1997) Corporate elite networks and governance changes in the 1980s. *The American Journal of Sociology*, **103**, 1–37.
[46] Barabási, A.-L., Jeong, H., Ravasz, E. *et al.* (2002) Evolution of the social network of scientific collaborations. *Physica A*, **311**, 590–614.
[47] Adamic, L.A. and Adar, E. (2003) Friends and neighbors on the Web. *Social Networks*, **25**, 211–230.
[48] Corman, S.R., Kuhn, T., Mcphee, R.D. and Dooley, K.J. (2002) Studying complex discursive systems: centering resonance analysis of organizational communication. *Human Communication Research*, **28**, 157–206.
[49] Aiello, W., Chung, F., and Lu, L. (2000) *A Random Graph Model for Massive Graphs*. Proceedings of the 32nd Annual ACM Symposium on Theory of Computing, Association of Computing Machinery, New York, pp. 171–180.
[50] Ebel, H., Mielsch, L.-I. and Bornholdt, S. (2002) Scale-free topology of E-mail networks. *Physical Review E*, **66**, 035103.
[51] Newman, M.E.J., Forrest, S. and Balthrop, J. (2002) Email networks and the spread of computer viruses. *Physical Review E*, **66**, 035101.
[52] Guimera, R., Danon, L., Diaz-Guilera, A. *et al.* (2002) Self-Similar Community Structure in Organizations.
[53] Smith, R.D. (2002) Instant Messaging as a Scale-Free Network.
[54] Holme, P., Edling, C.R., and Liljeros, F. (2002) Structure and Time-Evolution of the Internet Community.
[55] Dodds, P.S., Muhamad, R., and Watts, D.J. (2002) An Experiment Study of Social Search and the Small World Problem, Department of Sociology, Columbia University.
[56] Erdos, P. and Renyi, A. (1959) On random graphs. *Publicationes Mathematicae*, **6**, 290–297.
[57] Bollobas, B. (2001) *Random Graphs*, 2nd edn, Academic Press, New York.
[58] Janson, S., Luczak, T. and Rucinski, A. (1999) *Random Graphs*, John Wiley & Sons, Inc., New York.
[59] Karonski, M. (1982) A review of random graphs. *Journal of Graph Theory*, **6**, 349–389.
[60] Albert, R. and Barabasi, A.-L. (2002) Statistical mechanics of complex networks. *Reviews of Modern Physics*, **74**, 47–97.
[61] Bollobas, B. and Riordan, O. (2002) The Diameter of a Scale-Free Random Graph, Department of Mathematical Sciences, University of Memphis.
[62] Adamic, L.A., Lukose, R.M., Puniyani, A.R. and Huberman, B.A. (2003) Local search in unstructured networks, in *Handbook of Graphs and Networks* (eds S. Bornholdt and H.G. Schuster), Wiley-VCH Verlag GmbH, Berlin.
[63] Albert, R., Jeong, H. and Barabási, A.-L. (2000) Attack and error tolerance of complex networks. *Nature*, **406**, 378–382.

第 15 章　大规模 MIMO 系统

大规模多输入多输出（MIMO）系统是指具有大量天线的 MIMO 系统，该系统能够提供高指向性，从而提高抑制干扰的水平。天线方向图的示例如图 15.1.1 和图 15.1.2 所示。

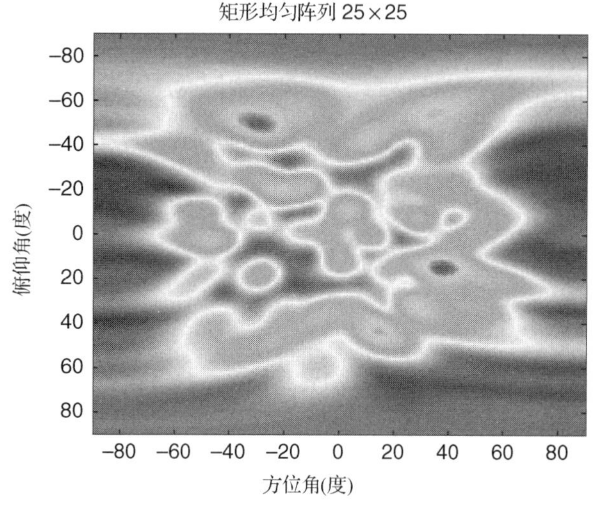

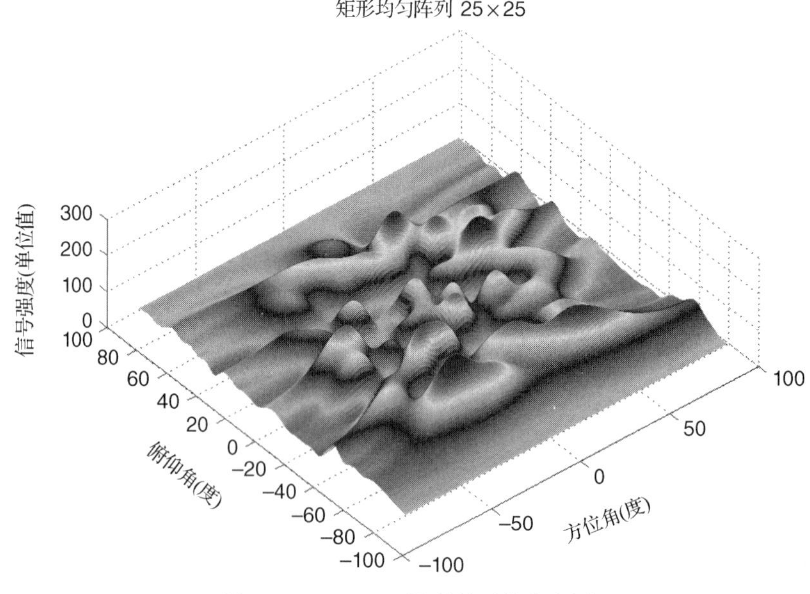

图 15.1.1　25 × 25 阵列的天线方向图

虽然预计该系统能大大增加网络容量，但由于该技术本质上对信道估计误差很敏感，因此它也给多蜂窝通信环境中的加权和速率最大化（WSRM）造成严重问题。

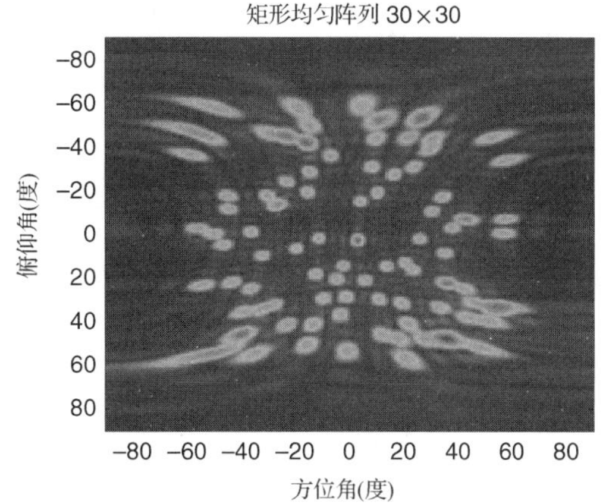

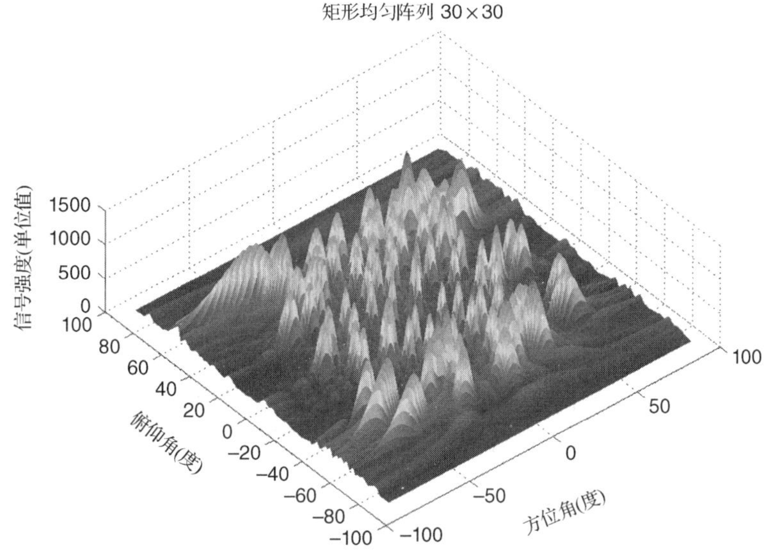

图 15.1.2 30×30 阵列的天线方向图

15.1 线性预编码的多蜂窝下行链路系统

本节将主要研究线性预编码的多蜂窝下行链路系统中最大化加权和速率的方法，其中接收机配备单个天线。通过基站(BS)提供的完整信道状态信息，我们首先提出一种解决 WSRM 问题的特定快速转换算法[35-38]，将假设放宽后，信道估计中的误差向量被假定为由有限椭球相交形成的不确定性集合的情况，根据此情况提出了两个程序来解决最坏情况下的非凸健壮设计，其中迭代算法在其每个步骤中解决半正定规划，并且可以收敛到健壮 WSRM 问题的局部最优解。我们将所提出的解决方案在数值上相互比较，并由相关文献中已知的方法来确定其信道估计缺陷的健壮性，与在设计过程中忽略信道不确定性的情况相比，该结果清楚地表明了性能上的增益。对于某些情况，我们还量化了所提出的近似值和精确解之间的差距。

15.1.1 技术背景

即使是结构良好的网络拓扑(如广播信道、干扰多址信道等)，它们的容量限制也尚未清楚[1]。一些研究工作已经给出了几个信道的香农容量，其中的收发机节点配备了多个天线[2]。

由于容量实现方案大多不能有效实施，因此提出了几个次优方案。线性波束成形技术[3-5]是其中最重要的方法之一。尽管如此，这种方法一直在严格的限制条件下进行探索，即理想的信道状态信息(CSI)在相关节点中都是可获得的。在这项研究中，我们提出线性预编码系统的低复杂度算法[38]，从而使多蜂窝通信环境中的加权和速率最大化。由于这种多蜂窝系统包含干扰信道和广播信道的情况，因此使问题难以解决(为 NP 难题)[6]。此外，我们放宽了约束条件，认为在 BS 处可以得到理想的 CSI，并提出了高计算效率的算法，该算法能处理不必要的和不可避免的信道不确定性问题。我们将研究重点放在椭球交集形成的集合中的信道错误。

下面列举几个相关的研究结果。例如，文献[7]研究了线性发射滤波器的设计，目的是最大化多天线广播信道的加权和速率。在得到理想信道信息的情况下，文献[8]介绍了具有线性预编码功能的发射机和单天线接收机，以及在此收发机下的高斯干扰信道可实现速率区域的完全帕累托边界(Pareto-boundary)。同样，在文献[5, 7]都假设相关节点处可以获得理想信道信息的情况下，文献[5]扩展了文献[7]的框架，将通信环境设置为多蜂窝通信系统。对于点对点通信系统，文献[9]已经探讨了健壮传输策略，并假设误差矩阵位于由 Forbenius 范数约束参数化的不确定性集合中。依据文献[5, 7]中的开发技术，文献[10, 11]考虑了对信道误差向量(矩阵)的欧几里得范数的约束进行参数化的不确定性集合，最终给出最大化加权和速率的健壮线性预编码算法，并且形成另一种优化策略，以获得健壮的线性预编码器。另外，文献[12]的作者采用计算开销大的多边形近似算法来研究 WSRM 问题的全局最优解。按照类似的方式，文献[13]提出了基于分支界法的复杂方法，以确定在多蜂窝通信系统中相关的一类问题的基本解决方案。除了主要的理论方法，文献[13]中的不确定性模型只重点描述一种不确定性集合。本节中考虑的信道不确定性模型涵盖了这些文献中已知的所有模型。

在关于经典 CDMA 系统的早期研究中，我们已经注意到信道误差所带来的破坏性影响[14, 15]。例如使用所谓的系统灵敏度函数，由于系统缺陷，导致了高于 97%的容量损耗。为了更长远的前景，本节将专注于研究基于有限反馈系统的码本[16-18]，主要讨论文献[16, 17]中的有限反馈方案类型，还将着重研究线性预编码的点对点多输入单输出(MISO)收发机。对于一个给定的信道估计$\bar{\mathbf{h}}$，在接收机处确定使接收信噪比(SNR)最大化的码本向量$\mathbf{w}^*$的索引。然后，根据一个特定调制和编码的请求，使用与该索引对应的波束成形器来发送根据请求调制的数据，将信息反馈给发送器。假设在接收机处不能很理想地估计信道，并且它被一些误差损坏，即$\mathbf{h}=\bar{\mathbf{h}}+\delta$，其中$\mathbf{h}$是接收机的真实信道，并且$\delta \sim \mathcal{CN}(0,1)$表示误差。有了这个假设，可以发现不超过$\mathrm{SNR}_{\mathrm{opt}}$的概率近似为移位指数$1-\exp(-\mu_e(\lambda_{\mathrm{opt}}^{-1}\mathrm{SNR}_{\mathrm{opt}}-c))$，其中$\mathrm{SNR}_{\mathrm{opt}}$表示$|\bar{\mathbf{h}}\mathbf{w}^*|^2$，$c$是取决于已知信道估计的非负常量，$\mu_e$对应于误差向量第一分量的指数变量的平均值，$\lambda_{\mathrm{opt}}$表示$\mathbf{W}^*=\mathbf{w}^*\mathbf{w}^{*\mathrm{H}}$的唯一特征值。有趣的是，可以观察到只有当$\mathrm{SNR}_{\mathrm{opt}}\approx\lambda_{\mathrm{opt}}c$或$c>\lambda_{\mathrm{opt}}^{-1}\mathrm{SNR}_{\mathrm{opt}}$时，这个近似值接近或恰好为 0(所期望发生的事件)。对于另一种情况$c\leqslant\lambda_{\mathrm{opt}}^{-1}\mathrm{SNR}_{\mathrm{opt}}$，超过阈值$\mathrm{SNR}_{\mathrm{opt}}$的概率非常小。上述粗略的计算表明，在存在信道不确定性的情况下，即使使用最优设计的码本，对于某些具有实际意义的事件，超过$\mathrm{SNR}_{\mathrm{opt}}$的概率仍是相对较小的。这意味着对于一个特定的调制格式，接收机的初始请求将不符合实际要求，并且由于这种不匹配，可能潜在地增加了错误解码的概率。关于有限反馈系统的最新技术说明，感兴趣的读者可以参见文献[19]。

作为对信道估计误差的可能补救措施，接收机应考虑到真实的信道，有两种可能性对这个问题进行建模。一种可能性将概率分布(或更一般的概率分布族)与误差项相互关联，然后将该问题转化为具有随机约束的问题。问题的随机版本往往很难解决，甚至可能完全不能解决[20]。此外，它需要知道误差项的分布，在大多数实际情况下，这些误差项是未知的。作为替代方案，第二种可能性是假定无论误差项遵循的概率法如何，它们都位于不确定性集合定义的某个有界区域，然后可以对该问题进行建模以满足所有误差实现的约束，这就产生了所谓的健壮优化理念。与随机版本相反，一个问题最坏情况下的健壮版本也是易于处理的，或者可以通过可接受的约束条件集合来近似处理[20]。回到有限反馈的示例，通过采用健壮的优化原理，我们可以在所有真实的信道实现中将性能指标(在前一种情况下的 SNR)最大化，以确定接收机的最优索引。一旦解决了这个问题，很容易看出在实际应用中，由于存在大量误差，往往会超出 SNR_{opt}。

尽管人们对 WSRM 问题有很大的兴趣，但它在典型的场景中仍然不能求解。例如，在下行链路中实现通信容量的多蜂窝通信环境中的线性预编码系统尚未被表征。造成这一问题的“罪魁祸首”是构成整个系统的广播和干扰信道组件。对于这两种信道，尽管在最近的研究工作中取得了一些进展，但它们的容量限制仍是未知的[2, 21]。在这些研究工作和相关文献中，无论是在网络拓扑方面还是在涉及信号和系统的假设方面，问题设置通常适用于特定的情况。按照类似的方式，文献[3, 22]及其中引用的参考文献在能获得理想 CSI 的情况下，提出了针对线性预编码发射机的 WSRM 问题的次优解决方案。近期在多蜂窝通信环境中成功对容量区域表征进行了尝试，包括使用所谓的干扰对齐策略中的自由度来代替和速率函数[23, 24]。尽管如此，众所周知的是，在有限 SNR 的精确容量和某一网络设置下实现的自由度之间可能存在很大的差距。最重要的是，为了探索线性预编码系统的容量和/或可实现速率区域，大多数研究几乎都是在假设信道估计是理想的情况下进行的。

在本节中，通过放宽文献中提出的理想 CSI 的假设，我们采用了线性预编码方式来考虑多蜂窝系统下行链路中的 WSRM 问题[38]。

15.2　系统模型

对于一个协调 B 个基站(BS)和 K 个用户的系统，每个基站配备 T 个发射天线，每个用户配备单个接收天线。我们假设第 k 个用户的数据仅由一个基站发送。不失一般性，我们使用集合符号来表示由一个基站服务的用户，例如，这样的符号可以代表当基站基于某些优先级来调度用户时的场景。由 BS b 服务的所有用户的集合由 $\mathcal{U}_b$ 来表示。我们进一步假设集合 $\mathcal{U}_b$ 的基数为 K_b，即所有 b 的 $K_b=|\mathcal{U}_b|$，使得 $\sum_b K_b = K$。二元组 (b,k) 提供由第 b 个基站服务的第 k 个用户的索引，这里我们使用 $\mathcal{B}=\{1,\cdots,B\}$。在频率平坦衰落的信道条件下，由 BS b 服务的第 k 个用户接收到的信号为

$$y_{b,k}=\mathbf{h}_{b_b,k}\mathbf{w}_{b,k}d_{b,k}+\sum_{\substack{i\in\mathcal{B},p\in\mathcal{U}_i\\(i,p)\neq(b,k)}}\mathbf{h}_{b_i,k}\mathbf{w}_{i,p}d_{i,p}+n_{b,k} \tag{15.2.1}$$

其中 $\mathbf{h}_{b_i,k}\in\mathbb{C}^{1\times T}$ 是由 BS b 服务的从 BS i 到用户 k 的信道(行)向量，$\mathbf{w}_{b,k}\in\mathbb{C}^{T\times 1}$ 是从 BS b 到用户 k 的波束成形向量(波束成形器)，$d_{b,k}$ 是归一化复信号，且 $n_{b,k}\sim\mathcal{CN}(0,\sigma^2)$ 表示均值为零、

方差为σ^2的圆对称复高斯噪声。由 BS b 传输的总功率为$\sum_{k\in\mathcal{U}_b}\left\|\mathbf{w}_{b,k}\right\|_2^2$，用户$k$的$\mathrm{SINR}_{\gamma_{b,k}}$为

$$\begin{aligned}\gamma_{b,k}&=\frac{|\mathbf{h}_{b_b,k}\mathbf{w}_{b,k}|^2}{\sigma^2+\sum\limits_{i\in\mathcal{B},p\in\mathcal{U}_i;(i,p)\neq(b,k)}|\mathbf{h}_{b_i,k}\mathbf{w}_{i,p}|^2}\\&=\frac{|\mathbf{h}_{b_b,k}\mathbf{w}_{b,k}|^2}{\sigma^2+\sum\limits_{j\in\mathcal{U}_b\ k}|\eta_{b_b,k}\mathbf{w}_{b,j}|^2+\sum\limits_{\substack{n=1,\\n\neq b}}^{B}\sum\limits_{l\in\mathcal{U}_n}|\mathbf{h}_{b_n,k}\mathbf{w}_{n,l}|^2}\end{aligned}\tag{15.2.2}$$

其中分母中的干扰被划分为蜂窝内和蜂窝间的干扰功率项。我们对每个 BS 功率约束下的 WSRM 问题十分感兴趣，在理想 CSI 的情况下，可写出

$$\underset{\mathbf{w}_{bk}:\Sigma_{k\in\mathcal{U}_b}\|\mathbf{w}_{bk}\|_2^2\leqslant P_b,\forall b}{\text{maximize}}\quad\sum_{b\in\mathcal{B}}\sum_{k\in\mathcal{U}_b}\alpha_{b,k}\log_2\left(1+\gamma_{b,k}\right)\tag{15.2.3}$$

其中$\alpha_{b,k}\in\mathbb{R}_{++}$。WSRM 问题是一个具有挑战性的非凸问题。事实上，近来即使在可获得理想 CSI 的情况下[6]，也会显示出明显的 NP 难题现象。当信道信息已被干扰时，为了得到上述问题的可行性近似解，文献[38]首先基于理想 CSI 的情况开发出该方案的近似算法。在下一阶段，提出的方法将进一步在不完善的 CSI 中加以应用。

15.2.1 信道不确定性建模

假设忽略传统信道估计过程中产生的其他损耗，其过程中的误差遵循高斯分布[26]，“3σ”规则证明，最重要的概率内容集中在标准高斯模型的平均值周围。将相同的规则用更高维度的高斯分布表示，可以得到一个类似的结论，对于一个适当的τ，$\kappa\exp(-\mathbf{xRx}^{\mathrm{H}})\geqslant\tau$足以满足所有实际目的，这也引出了一个椭球不确定性集合。除了一些理论依据，该集合还提供了由于其凸度而产生的各种计算效益。

在传统研究中，假设不确定性位于给定的椭球[27, 28]中。当不确定性集合是椭球交集时，将考虑更一般的情况。具体来说，信道向量$\mathbf{h}_{b_n,k}$中的不确定性被建模为

$$\begin{aligned}&\mathbf{h}_{b_n,k}=\bar{\mathbf{h}}_{b_n,k}+\boldsymbol{\delta}_{b_n,k}\\&\boldsymbol{\delta}_{b_n,k}\in\mathcal{S}_{b_n,k}=\left\{\boldsymbol{\delta}_{b_n,k}:\boldsymbol{\delta}_{b_n},k\mathbf{P}_{b_n,k}^q\boldsymbol{\delta}_{b_n,k}^{\mathrm{H}}\leqslant\rho_{b_n,k},\ q=1,2,\ \cdots,\ Q\right\}\end{aligned}\tag{15.2.4}$$

其中，$\bar{\mathbf{h}}_{b_n,k}$是估计的(已知)信道，不确定性集合$\mathcal{S}_{b_n,k}$由Q个椭球的交集组成，上述模型在数学上可用于表示不同类型的不确定性集合，举例如下。

1. 当$\boldsymbol{\delta}_{b_n,k}\mathbf{P}_{b_n,k}^q\boldsymbol{\delta}_{b_n,k}^{\mathrm{H}}=[\boldsymbol{\delta}_{b_n,k}]_q^2\theta_{b_n,k}^q$且向量$\boldsymbol{\delta}_{b_n,k}$的维数是$Q$时，则不等式$\{\left|[\boldsymbol{\delta}_{b_n,k}]_q\right|\leqslant\sqrt{(\theta_{b_n,k}^q)^{-1}\rho_{b_n,k}},\forall q\}$代表误差区域，其中把$[\boldsymbol{\delta}_{b_n,k}]_q$记为向量$\boldsymbol{\delta}_{b_n,k}$的第$q$个分量。
2. 当矩阵$\mathbf{P}_{b_n,k}^q=\boldsymbol{\xi}_{b_n,k}^q\boldsymbol{\xi}_{b_n,k}^{q\mathrm{H}}$只是列向量$\boldsymbol{\xi}_{b_n,k}$的外积时，有一个多面的不确定性集合$\{\left|\boldsymbol{\delta}_{b_n,k}\boldsymbol{\xi}_{b_n,k}^{q\mathrm{H}}\right|\leqslant\sqrt{\rho_{b_n,k}},\forall q\}$。
3. 当$q=1$时，得到传统的单个椭球误差模型。可以注意到信道$\mathbf{h}_{b_b,k}$的不确定性可以按照类似的方式建模。

15.2.2 随机优化

考虑通过函数 $f_e(\mathbf{x},\mathbf{z})$ 将健壮的优化原理用数学公式表示，其中 $\mathbf{x}\in\mathcal{X}\subset\mathbb{C}^n$ 是决策变量，$\mathbf{z}$ 是数据参数。为了加以论证，假设数据参数是扰动的，$\mathbf{z}\in\mathcal{Z}$，其中 $\mathcal{Z}$ 是一些易处理的不确定性集合。对于正在处理 $\max\limits_{\mathbf{x}\in\mathcal{X}} f_e(\mathbf{x},\mathbf{z})$ 的问题，如介绍中所概述的，希望确保函数在 $\mathbf{z}\in\mathcal{Z}$ 的所有实例中最大化，或者等价于 $\max\limits_{\mathbf{x}\in\mathcal{X}}\min\limits_{\mathbf{z}\in\mathcal{Z}} f_e(\mathbf{x},\mathbf{z})$。健壮性模型、不确定性免疫、优化问题被认为是原始问题最坏情况下的健壮对应项，当我们处理受不确定性影响的优化问题时，可以采用同样的策略。这种策略已经得到了推广，可以参见文献[20]及相关的一些文献。实际上，这种做法可能相当保守，从而导致客观价值大幅度减少。尽管如此，该策略具有可统计未知不确定性向量的额外优点。

15.3 理想信道状态信息的优化

如上所述，优化方程(15.2.3)的原始形式是非凸的且为 NP 难题，似乎不可能通过一些替代方案来找到问题的等效凸形式，因此需要找到问题的近似解。首先可以注意到，由于对数函数的单调性，式(15.2.3)可以等效地转换为

$$\underset{\mathbf{w}_{bk},t_{bk}}{\text{maximize}}\prod_{b\in\mathcal{B}}\prod_{k\in\mathcal{U}_b}t_{b,k} \tag{15.3.1a}$$

约束条件为

$$\frac{|\mathbf{h}_{b_b,k}\mathbf{w}_{b,k}|^2}{\sigma^2+\sum\limits_{j\in\mathcal{U}_b\setminus k}|\mathbf{h}_{b_b,k}\mathbf{w}_{b,j}|^2+\sum\limits_{n=1,n\neq b}^{B}\sum\limits_{l\in\mathcal{U}_n}|\mathbf{h}_{b_n,k}\mathbf{w}_{n,l}|^2}\geqslant\left(t_{b,k}^{1/\alpha_{bk}}-1\right),\quad \forall b\in\mathcal{B},\ k\in\mathcal{U}_b, \tag{15.3.1b}$$

$$\sum_{k\in\mathcal{U}_b}\|\mathbf{w}_{b,k}\|_2^2\leqslant P_b,\ \forall b \tag{15.3.1c}$$

上述表达式不能解决原有的问题。因此，我们进一步重新获得问题的以下等效表达式：

$$\underset{\mathbf{w}_{bk},t_{bk},\mu_{bk}}{\text{maximize}}\prod_{b\in\mathcal{B}}\prod_{k\in\mathcal{U}_b}t_{b,k} \tag{15.3.2a}$$

约束条件为

$$\mathbf{h}_{b_b,k}\mathbf{w}_{b,k}\geqslant\sqrt{\left(t_{b,k}^{1/\alpha_{bk}}-1\right)\mu_{b,k}},\quad \mathrm{Im}(\mathbf{h}_{b_b,k}\mathbf{w}_{b,k})=0,\ \forall b\in\mathcal{B},\ k\in\mathcal{U}_b, \tag{15.3.2b}$$

$$\sigma^2+\sum_{j\in\mathcal{U}_b\setminus k}|\mathbf{h}_{b_b,k}\mathbf{w}_{b,j}|^2+\sum_{n=1,n\neq b}^{B}\sum_{l\in\mathcal{U}_n}|\mathbf{h}_{b_n,k}\mathbf{w}_{n,l}|^2\leqslant\mu_{b,k},\quad \forall b\in\mathcal{B},\ k\in\mathcal{U}_b, \tag{15.3.2c}$$

$$\sum_{k\in\mathcal{U}_b}\|\mathbf{w}_{b,k}\|_2^2\leqslant P_b,\quad \forall b \tag{15.3.2d}$$

在上述表达式中，我们注意到约束条件 $\mathrm{Im}(\mathbf{h}_{b_b,k}\mathbf{w}_{b,k})=0$ 不失一般性，这是由于波束成形器的相位旋转不会影响问题的目标函数。在文献[29]中也有类似的观点。注意，式(15.3.2c)

中的约束可用 SOC 表示，因为 $4\mu_{b,k}=(\mu_{b,k}+1)^2-(\mu_{b,k}-1)^2$，故有 SOC 约束：

$$\sigma^2+\sum_{j\in\mathcal{U}_b\setminus k}|\mathbf{h}_{b_b,k}\mathbf{w}_{b,j}|^2+\sum_{n=1,n\neq b}^{B}\sum_{l\in\mathcal{U}_n}|\mathbf{h}_{b_n,k}\mathbf{w}_{n,l}|^2 \\ +\frac{1}{4}\left(\mu_{b,k}-1\right)^2\leqslant\frac{1}{4}\left(\mu_{b,k}+1\right)^2 \tag{15.3.3}$$

现在，我们处理不等式(15.3.2b)唯一的非凸约束，这个约束中的难点在于所涉及的变量中右侧函数的非凸性。可以看出，对于 $\alpha_{b,k}$ 的任何缩放，式(15.3.2)中的优化问题的解决方案都是不变的。因此，对于所有 b,k，当 $\alpha_{b,k}>1$时，我们可以考虑这种情况。利用该假设，函数 $t_{b,k}^{1/\alpha_{bk}}$ 变为凹函数。由于非负的凹函数的几何平均值也是凹的[30]，因此，作为 $(t_{b,k}^{1/\alpha_{bk}}-1)$ 和 $\mu_{b,k}$ 的几何平均值，式(15.3.2b)的右侧是两个变量的凹函数。

注意，这种方法的迭代在本质上类似于文献[22]的近期工作。然而，辅助变量的引入给文献[22]中的相关工作增加了新的特性。为了处理式(15.3.2b)的非凸性，采用最近在文献[31]中引入的序列逼近策略。综上所述，对于每次迭代，其中的原理包括用辅助变量的凸上界逼近非凸函数，使得当选择适当的附加变量时，原始函数和近似函数的梯度是相等的。在数学上，令 $F(\mathbf{x})$ 成为非凸性的函数。对于第 k 步，文献[31]的方法涉及确定函数 $F(\mathbf{x})$ 的凸上界 $F_c(\mathbf{x},\mathbf{y})$，使得对于适当的 $\mathbf{y}\triangleq f(\mathbf{x})$，以下关系成立：

$$F(\mathbf{x})=F_c(\mathbf{x},\ \mathbf{y}),\quad \nabla F(\mathbf{x})=\nabla F_c(\mathbf{x},\ \mathbf{y}) \tag{15.3.4}$$

在上述条件下，在 $(k+1)$ 次迭代中 $\mathbf{y}$ 值的自然选择是 $\mathbf{y}_{k+1}=f(\mathbf{x}_k)$。幸运的是，作为一个凹函数，式(15.3.2b)右边的几何平均值的适当上限只是一阶泰勒展开，即

$$\sqrt{\left(t_{b,k}^{1/\alpha_{bk}}-1\right)\mu_{b,k}}\leqslant\sqrt{\left(t_{b,k}^{(n)1/\alpha_{bk}}-1\right)\mu_{b,k}^{(n)}} \\ +\frac{1}{2}\sqrt{\frac{t_{b,k}^{(n)1/\alpha_{bk}}-1}{\mu_{b,k}^{(n)}}}\left(\mu_{b,k}-\mu_{b,k}^{(n)}\right)+\frac{1}{2\alpha_{b,k}}t_{b,k}^{(n)(1/\alpha_{bk}-1)} \\ \times\sqrt{\frac{\mu_{b,k}^{(n)}}{t_{b,k}^{(n)1/\alpha_{bk}}-1}}\left(t_{b,k}-t_{b,k}^{(n)}\right)\triangleq f^{(n)}\left(t_{b,k},\ \mu_{b,k},\ t_{b,k}^{(n)},\ \mu_{b,k}^{(n)}\right) \tag{15.3.5}$$

其中右边的上标 n 用于表示稍后概述的算法中第 n 次迭代的近似值。另外，很容易看出第 $(n+1)$ 次迭代中的更新遵循规则 $[t_{b,k}^{(n+1)1/\alpha_{bk}},\mu_{b,k}^{(n+1)}]=[t_{b,k}^{(n)1/\alpha_{bk}},\mu_{b,k}^{(n)}]$。这样式(15.3.4)满足这个更新功能。为此，式(15.3.2)中的问题可以转化为凸优化框架，我们只需处理式(15.3.2a)的目标函数。尽管不是很明显，但它也可以作为一种 SOC 约束。为此，$z^2\leqslant xy$ 形式的双曲线约束可表示为 $\left\|[2z,(x-y)]^{\mathrm{T}}\right\|_2\leqslant(x+y)$，其中 $x,y\in\mathbb{R}_+$。通过每次收集一些变量并引入另外的平方变量，可以使用双曲线约束的 SOC 表示，并且最终获得几个三维的 SOC[22, 32]。

因此，当成功获得理想的 CSI 时，可以给出 WSRM 问题的凸形式。式(15.3.2)中的问题可以在第 n 次迭代中被近似为

$$\underset{\mathbf{w}_{bk},t_{bk},\mu_{bk}}{\text{maximize}}\left(\prod_{b\in\mathcal{B}}\prod_{k\in\mathcal{U}_b}t_{b,k}\right)_{\text{SOC}} \tag{15.3.6a}$$

约束条件为

$$\mathbf{h}_{b_b,k}\mathbf{w}_{b,k} \geqslant f^{(n)}\left[t_{b,k},\ \mu_{b,k},\ t_{b,k}^{(n)},\ \mu_{b,k}^{(n)}\right],\ \mathrm{Im}(\mathbf{h}_{b_b,k}\mathbf{w}_{b,k})=0,\ \forall b\in\mathcal{B},\ k\in\mathcal{U}_b \tag{15.3.6b}$$

$$\sigma^2+\sum_{j\in\mathcal{U}_b\setminus k}|\mathbf{h}_{b_b,k}\mathbf{w}_{b,j}|^2+\sum_{n=1,n\neq b}^{B}\sum_{l\in\mathcal{U}_n}|\mathbf{h}_{b_n,k}\mathbf{w}_{n,l}|^2+\frac{1}{4}(\mu_{b,k}-1)^2\leqslant\frac{1}{4}(\mu_{b,k}+1)^2, \tag{15.3.6c}$$

$\forall b\in\mathcal{B},\ k\in\mathcal{U}_b$

$$\sum_{k\in\mathcal{U}_b}\|\mathbf{w}_{b,k}\|_2^2\leqslant P_b,\ \forall b \tag{15.3.6d}$$

其中符号 $(\cdot)_{\text{soc}}$ 表示客观承认 SOC 的表示。求解上述问题的算法如下。

初始化：设置 $n:=0$ 和随机生成一个对于式(15.3.6)可行的矩阵 $[t_{b,k}^{(n)},\mu_{b,k}^{(n)}]$。

循环：

- 解决式(15.3.6)中的优化问题，并指出由 $(t_{b,k}^{*},\mu_{b,k}^{*})$ 表示的 $(t_{b,k},\mu_{b,k})$ 的最优值。
- 设置 $(t_{b,k}^{(n+1)},\mu_{b,k}^{(n+1)})=(t_{b,k}^{*},\mu_{b,k}^{*})$ 并更新 $n:=n+1$。

直至收敛。

值得注意的是对于某些 n，$t_{b,k}^{(n)}$ 可能趋向于 1 的情况，可以导出不等式约束即式(15.3.6b)右侧的诱发奇异点。因此，隐含地假设 $t_{b,k}^{(n)}\geqslant 1+\varepsilon$，其中 $\varepsilon>0$，或者在出现这样的事件时再产生独立的 $t_{b,k}^{(n)}$ 序列，直至找到适当的序列。需要强调的是，在式(15.3.6)的近似中，算法收敛后返回的波束成形向量 $\mathbf{w}_{b,k}$ 用于计算加权和速率[使用式(15.2.3)的目标函数]，从而给出一组完全估计的信道。由于所提出的算法是式(15.2.3)中精确的 NP 难题的近似，所以式(15.3.6)波束成形器的速率与由式(15.2.3)的全局最优解得到的速率之间可能存在差距。然而，文献[22]的结论与基于分支和约束的最优解的比较表明，用于获得式(15.3.6)的近似方法非常好。算法的收敛证明在 15.4.2 节中给出。

15.4　WSRM 问题的健壮性设计

根据 15.2.2 节的最坏情况下的健壮优化策略，式(15.2.3)的精确健壮对应项可以表示为

$$\underset{\mathbf{w}_{bk}}{\text{maximize}}\ \min_{\boldsymbol{\delta}_{b_n,k}\in\mathcal{S}_{b_n,k},\boldsymbol{\delta}_{b_b k}\in\mathcal{S}_{b_b,k}}\log\prod\nolimits_{b\in\mathcal{B}}\prod\nolimits_{k\in\mathcal{U}_b}(1+\gamma_{b,k})^{\alpha_{bk}} \tag{15.4.1a}$$

约束条件为

$$\sum_{k\in\mathcal{U}_b}\|\mathbf{w}_{b,k}\|_2^2\leqslant P_b,\ \forall b \tag{15.4.1b}$$

其中

$$\gamma_{b,k}=\frac{|(\bar{\mathbf{h}}_{b_b,k}+\boldsymbol{\delta}_{b_b,k})\mathbf{w}_{b,k}|^2}{\sigma^2+\sum\limits_{j\in\mathcal{U}_b\setminus k}|(\bar{\mathbf{h}}_{b_b,k}+\boldsymbol{\delta}_{b_b,k})\mathbf{w}_{b,j}|^2+\sum\limits_{n=1,n\neq b}^{B}\sum\limits_{l\in\mathcal{U}_n}|(\bar{\mathbf{h}}_{b_n,k}+\boldsymbol{\delta}_{b_n,k})\mathbf{w}_{n,l}|^2}$$

其中 $\gamma_{b,k}$ 符合式(15.2.4)，不确定性集合 $\mathcal{S}_{b_n,k}$ 和 $\mathcal{S}_{b_b,k}$ 在 15.2.1 节中给出定义。遗憾的是，式(15.4.1)中的问题非常复杂。特别是式(15.2.3)的 NP 难题特性保留了下来，除此之外，由于存在信道误差，我们需要处理关于 $\gamma_{b,k}$ 的无限多个约束，因此必须近似求解式(15.4.1)。为此，我们专注于在式(15.3.6)中获得所需的形式。显然，式(15.3.6)是式(15.2.3)中精确问题的

近似，通过采用 15.3 节的公式来代替式(15.4.1)的问题，式(15.2.3)的一个近似健壮对应项具有如下形式：

$$\underset{\mathbf{w}_{b,k},\,t_{b,k},\,\mu_{b,k}}{\text{maximize}} \prod_{b\in\mathcal{B}}\prod_{k\in\mathcal{U}_b} t_{b,k} \tag{15.4.2a}$$

约束条件为

$$|(\bar{\mathbf{h}}_{b_b,k}+\boldsymbol{\delta}_{b_b,k})\mathbf{w}_{b,k}| \geqslant f^{(n)}\left[t_{b,k},\ \mu_{b,k},\ t_{b,k}^{(n)},\ \mu_{b,k}^{(n)}\right],\ \forall b\in\mathcal{B},\ k\in\mathcal{U}_b,\ \forall\boldsymbol{\delta}_{b_b,k}\in\mathcal{S}_{b_b,k}$$

$$\sigma^2+\sum_{j\in\mathcal{U}_b\setminus k}|(\bar{\mathbf{h}}_{b_b,k}+\boldsymbol{\delta}_{b_b,k})\mathbf{w}_{b,j}|^2+ \tag{15.4.2b}$$

$$\sum_{n=1,n\neq b}^{B}\sum_{l\in\mathcal{U}_n}|(\bar{\mathbf{h}}_{b_n,k}+\boldsymbol{\delta}_{b_n,k})\mathbf{w}_{n,l}|^2\leqslant\mu_{b,k},$$

$$\forall b\in\mathcal{B},\ k\in\mathcal{U}_b,$$

$$\forall\boldsymbol{\delta}_{b_b,k}\in\mathcal{S}_{b_b,k},\ \boldsymbol{\delta}_{b_n,k}\in\mathcal{S}_{b_n,k} \tag{15.4.2c}$$

$$\sum_{k\in\mathcal{U}_b}\|\mathbf{w}_{b,k}\|_2^2\leqslant P_b,\quad \forall b \tag{15.4.2d}$$

其中不确定性集合 $\mathcal{S}_{b_n,k}$ 表示椭球交集，$\bar{\mathbf{h}}_{b_n,k}$ 表示信道已知值。事实上，我们只考虑了最坏情况下的 SINR[式(15.4.2)中的近似值被用作式(15.4.1)的健壮对应项]。由式(15.4.2)优化的波束成形器将确保在决策变量的适当变换后求解式(15.4.2)所实现的速率总是超出不确定性集合中的误差向量下的速率。从表达式(15.3.6)中的近似解得到上述健壮对应项的过程仍然具有挑战性。我们观察到，除了非凸，它还存在一些易于处理问题。特别是，除了功率限制，所有剩余的约束本质上都是半无限的。这看起来似乎不能达到上述优化问题的同等处理结果，因此需要得出近似解。在下文中，我们将介绍两个近似方案，从而以易于处理的凸形式写出上述问题，并通过一个简短的处理过程来结束这节的内容，其中概述了解决健壮 WSRM 问题所需的步骤。

15.4.1 近似方案 1

本节使用两个不同的策略，分别处理式(15.4.2b)和式(15.4.2c)中的不确定性约束。首先处理式(15.4.2b)的约束，对于理想 CSI 的情况，可以在不影响最优性的情况下确保对期望信号虚部的等价约束。然而，当信道被破坏且在设计过程中也存在损耗时，具有与不确定性集合中的所有信道相正交的波束成形器 $\mathbf{w}_{b,k}$ 方案将不再可行。因此，可以通过删除这个严格的约束来放宽问题。然而，仍要注意的是，由于 $\mathrm{Re}(c)\leqslant|c|$，所得到的近似值确保了一种情况：如果被放宽的问题得到解决，那么也相应解决了原来的问题。因此，通过删除这个约束，可以获得原始问题的下限。同理，文献[28]中也使用了类似的近似值。从现在开始，式(15.4.2b)中的绝对函数可以被替换为式(15.4.2b)中表示不等式左侧实部的实际运算符，在接下来的内容中将不再明确指出这一实际操作。现在，为了使式(15.4.2b)中不平等约束的确切健壮对应项易于表达，需要处理以下优化问题：

$$p_{b,k}^{\star}=\underset{\boldsymbol{\delta}_{b_b,k}\in\mathcal{S}_{b_b,k}}{\text{minmize}}\,\mathrm{Re}(\boldsymbol{\delta}_{b_b,k}\mathbf{w}_{b,k}) \tag{15.4.3}$$

其中 $\mathcal{S}_{b_b,k}=\{\boldsymbol{\delta}_{b_b,k}:\boldsymbol{\delta}_{b_b,k}\tilde{\mathbf{Z}}_{b_b,k}^{q}\boldsymbol{\delta}_{b_b,k}^{\mathrm{H}}\leqslant 1,q=1,\cdots,Q\},\tilde{\mathbf{Z}}_{b_b,k}^{q}\triangleq\rho_{b_b,k}^{-1}\mathbf{P}_{b_b,k}^{q}$。根据圆锥优化的对偶理论中一

个众所周知的结果，可以采用类似的方法来获得影响其参数的多面不确定线性规划的易处理公式[33]。考虑

$$\text{minimize } \operatorname{Re}\left(\mathbf{f}^{\mathrm{H}}\mathbf{x}\right):\|\mathbf{A}_i\mathbf{x}\|_2\leqslant d_i,\ \forall i \tag{15.4.4}$$

其中 $\mathbf{f}\in\mathbb{C}^n$，$\mathbf{A}_i\in\mathbb{C}^{n_i\times n}$，$\mathbf{b}_i\in\mathbb{C}^{n_i}$，$d_i\in\mathbb{R}$ 表示数据，$\mathbf{x}\in\mathbb{C}^n$ 是决策变量。式(15.4.4)的两部分可以写成[30]

$$\text{maximize } -\lambda^{\mathrm{T}}\mathbf{d}:\mathbf{f}+\sum_i\mathbf{A}_i^{\mathrm{H}}\mathbf{u}_i=0,\quad \|\mathbf{u}_i\|_2\leqslant\lambda_i,\ \forall i \tag{15.4.5}$$

其中对于所有的 i，$\lambda_i\in\mathbb{R}$ 和 $\mathbf{u}_i\in\mathbb{C}^{n_i}$ 都是对偶优化变量。如果存在一个 $\mathbf{x}_0$，使得 $\|\mathbf{A}_i\mathbf{x}_0\|_2<d_i$ 成立(Slater 约束条件)，则式(15.4.4)和式(15.4.5)具有相同的最优值。利用这个结果，观察到式(15.4.3)可以表示为

$$\underset{\lambda_{b,k}^q,\mathbf{u}_{b,k}^q}{\text{maximize}}\ -\sum_q\lambda_{b,k}^q:\mathbf{w}_{b,k}^{\mathrm{H}}=-\sum_q\mathbf{u}_{b,k}^q\hat{\mathbf{Z}}_{b_b,k}^q,\ \ \|\mathbf{u}_{b,k}^q\|_2\leqslant\lambda_{b,k}^q,\ \forall q \tag{15.4.6}$$

当 Slater 约束条件有效时，$\hat{\mathbf{Z}}_{b_b,k}^q=\sqrt{\tilde{\mathbf{Z}}_{b_b,k}^q}$ 具有相同的最优值。通过使用该结果，可以观察到式(15.4.2b)的等效不确定免疫(immune)版本可以写为

$$\begin{aligned}&\bar{\mathbf{h}}_{b_b,k}\mathbf{w}_{b,k}-\sum\nolimits_q\lambda_{b,k}^q\geqslant f^{(n)}\left(t_{b,k},\ \mu_{b,k},\ t_{b,k}^{(n)},\ \mu_{b,k}^{(n)}\right):\\&\mathbf{w}_{b,k}^{\mathrm{H}}=-\sum\nolimits_q\mathbf{u}_{b,k}^q\hat{\mathbf{Z}}_{b_b,k}^q,\ \|\mathbf{u}_{b,k}^q\|_2\leqslant\lambda_{b,k}^q,\ \forall q\end{aligned} \tag{15.4.7}$$

可作为式(15.4.2b)中不平等约束的易处理方式。

下面处理 WSRM 问题的健壮对应项的约束式(15.4.2c)。在引入额外的变量之后，约束式(15.4.2c)可以等价地写成以下一组约束：

$$\begin{aligned}&\sigma^2+\sum_{j\in\mathcal{U}_b\setminus k}\hat{\beta}_{b,k}^j+\sum_{n=1,n\neq b}^{B}\widetilde{\beta}_{b,k}^n\leqslant\mu_{b,k},\\&\sum_{l\in\mathcal{U}_n}\breve{\beta}_{b,k}^{n,l}\leqslant\widetilde{\beta}_{b,k}^n;\ \ \forall b\in\mathcal{B},\ k\in\mathcal{U}_b\end{aligned} \tag{15.4.8}$$

$$\begin{aligned}&|(\bar{\mathbf{h}}_{b_b,k}+\boldsymbol{\delta}_{b_b,k})\mathbf{w}_{b,j}|^2\leqslant\hat{\beta}_{b,k}^j,\ \forall\boldsymbol{\delta}_{b_b,k}\in\mathcal{S}_{b_b,k},\\&|(\bar{\mathbf{h}}_{b_n,k}+\boldsymbol{\delta}_{b_n,k})\mathbf{w}_{n,l}|^2\leqslant\breve{\beta}_{b,k}^{n,l},\ \forall\boldsymbol{\delta}_{b_n,k}\in\mathcal{S}_{b_n,k},\ n\neq b\end{aligned} \tag{15.4.9}$$

在上述表达式中，式(15.4.9)中的约束可以重写为

$$\begin{aligned}&\underset{\boldsymbol{\delta}_{b_b,k}\in\mathcal{S}_{b_b,k}}{\text{maximize}}\ |(\bar{\mathbf{h}}_{b_b,k}+\boldsymbol{\delta}_{b_b,k})\mathbf{w}_{b,j}|^2\leqslant\hat{\beta}_{b,k}^j\\&\underset{\boldsymbol{\delta}_{b_n,k}\in\mathcal{S}_{b_n,k}}{\text{maximize}}\ |(\bar{\mathbf{h}}_{b_n,k}+\boldsymbol{\delta}_{b_n,k})\mathbf{w}_{n,l}|^2\leqslant\breve{\beta}_{b,k}^{n,l}\end{aligned} \tag{15.4.10}$$

为了处理式(15.4.10)中不等式的左边，需要考虑近似情况。基于拉格朗日松弛定理，附录 B.15 中概述了一个程序，该程序简要地证明了在考虑不确定二次约束的情况下，可以推导出一个近似 LMI 表示。

在概述了足以满足式(15.4.2b)和式(15.4.2c)中的不确定约束的方法之后，可以得出解决健壮 WSRM 问题的第一个易处理方法，其目标函数为

$$\text{maximize }\left(\prod_{b\in\mathcal{B}}\prod_{k\in\mathcal{U}_b}t_{b,k}\right)_{\mathrm{SOC}} \tag{15.4.11a}$$

约束条件为

$$\bar{\mathbf{h}}_{b_b,k}\mathbf{w}_{b,k}-\sum_q \lambda_{b,k}^q \geqslant f^{(n)}\left[t_{b,k},\ \mu_{b,k},\ t_{b,k}^{(n)},\ \mu_{b,k}^{(n)}\right],\ \forall b\in\mathcal{B},\ k\in\mathcal{U}_b \tag{15.4.11b}$$

$$\mathbf{w}_{b,k}^{\mathrm{H}}=-\sum_q \mathbf{u}_{b,k}^q \hat{\mathbf{Z}}_{b_b,k}^q,\ \|\mathbf{u}_{b,k}^q\|_2\leqslant\lambda_{b,k}^q,\ \forall q,\ b\in\mathcal{B},\ k\in\mathcal{U}_b \tag{15.4.11c}$$

$$\sigma^2+\sum_{j\in\mathcal{U}_b\setminus k}\hat{\beta}_{b,k}^j+\sum_{n=1,n\neq b}^{B}\sum_{l\in\mathcal{U}_n}\breve{\beta}_{b,k}^{n,l}\leqslant\mu_{b,k},\ \forall b\in\mathcal{B},\ k\in\mathcal{U}_b \tag{15.4.11d}$$

$$\exists\lambda_{b,k}^{j_q}\geqslant 0:\begin{pmatrix}\hat{\beta}_{b,k}^j-\sum_q\lambda_{b,k}^{j_q} & 0 & -\bar{\mathbf{h}}_{b_b,k}\mathbf{w}_{b,j}\\ 0 & \sum_q\lambda_{b,k}^{j_q}\tilde{\mathbf{Z}}_{b_b,k}^q & \mathbf{w}_{b,j}\\ -\left(\bar{\mathbf{h}}_{b_b,k}\mathbf{w}_{b,j}\right)^H & \mathbf{w}_{b,j}^H & 1\end{pmatrix}\geqslant 0,\ \forall j\in\mathcal{U}_b\setminus k \tag{15.4.11e}$$

$$\exists\lambda_{b,k}^{(n,l)_q}\geqslant 0:\begin{pmatrix}\breve{\beta}_{b,k}^{n,l}-\sum_q\lambda_{b,k}^{(n,l)_q} & 0 & -\bar{\mathbf{h}}_{b_n,k}\mathbf{w}_{n,l}\\ 0 & \sum_q\lambda_{b,k}^{(n,l)_q}\tilde{\mathbf{Z}}_{b_n,k}^q & \mathbf{w}_{n,l}\\ -\left(\bar{\mathbf{h}}_{b_n,k}\mathbf{w}_{n,l}\right)^H & \mathbf{w}_{n,l}^H & 1\end{pmatrix}\geqslant 0,\ \forall n\in\mathcal{B}\setminus b \tag{15.4.11f}$$

$$\sum_{k\in\mathcal{U}_b}\|\mathbf{w}_{b,k}\|_2^2\leqslant P_b\ \forall b \tag{15.4.11g}$$

其中 $f^{(n)}[t_{b,k},\mu_{b,k},t_{b,k}^{(n)},\mu_{b,k}^{(n)}]$ 在式(15.3.5)中给出，$\mathbf{w}_{b,k}\in\mathbb{C}^T$ 、$\mathbf{u}_{b,k}^q\in\mathbb{C}^{1\times T}$ 、$\{t_{b,k},\mu_{b,k},\tilde{\beta}_{b,k},\breve{\beta}_{b,k}^{n,l},\lambda_{b,k}^{j_q},\lambda_{b,k}^{(n,l)_q}\}\in\mathbb{R}_+$ 且 $\lambda_{b,k}^q\in\mathbb{R}$ 是优化变量。为了处理式(15.4.10)中的约束，使用附录 B.15 中推导出的结果。注意，在上述表达式中，问题的最坏情况下的复杂性将由 LMI 约束主导[30]。

15.4.2 近似方案 2

本节通过等效的单个椭球来估计不确定性，$\mathcal{S}$ -procedure 的直接应用将会展示健壮 WSRM 问题。

考虑椭球的一般表示：

$$\tilde{\mathcal{E}}\left(\tilde{\mathbf{E}},\ \mathbf{c}\right)=\left\{\mathbf{x}:(\mathbf{x}-\mathbf{c})^{\mathrm{H}}\tilde{\mathbf{E}}(\mathbf{x}-\mathbf{c})\leqslant 1\right\} \tag{15.4.12}$$

其中 $\tilde{\mathbf{E}}:\det(\tilde{\mathbf{E}})>0$ 定义了以 $\mathbf{c}$ 为中心的椭球，该椭球的体积为 $[\det(\tilde{\mathbf{E}})]^{-1/2}$ ，设 $(\tilde{\mathbf{E}})^{-1}=\mathbf{E}'\mathbf{E}'^{\mathrm{H}}$ ，同时 $\mathbf{u}=\mathbf{E}'^{-1}(\mathbf{x}-\mathbf{c})$ ，上述椭球的等效定义为

$$\mathcal{E}'(\mathbf{E}',\ \mathbf{c})=\left\{\mathbf{x}=\mathbf{E}'\mathbf{u}+\mathbf{c}:\mathbf{u}^{\mathrm{H}}\mathbf{u}\leqslant 1\right\} \tag{15.4.13}$$

注意，如果使用带有酉矩阵 $\mathbf{U}$ 的超前矩阵 $\mathbf{E}'^{-1}$ ，则可以得到与式(15.4.13)中相同的椭球描述。基于这种非一对一的行为，可以认为上述椭球是平坦的[34]。当椭球是非病态且非退化的时，式(15.4.12)中的模型通常更具实用价值[34]。我们的目标是确定式(15.4.13)中所定义的椭球类型集合的条件，这些条件被包含在式(15.4.12)所定义的集合中，这是确保 $\mathcal{E}'(\mathbf{A}',\mathbf{a})\subset\tilde{\mathcal{E}}[(\tilde{\mathbf{D}}\tilde{\mathbf{D}}^{\mathrm{H}})^{-1},\mathbf{d}]$ 成立的条件。文献[25, 30]中已证明，如果存在 $\lambda\geqslant 0$ ，使得下式：

$$\begin{pmatrix}\mathbf{I} & \tilde{\mathbf{D}}^{-1}(\mathbf{a}-\mathbf{d}) & \tilde{\mathbf{D}}^{-1}\mathbf{A}'\\ (\mathbf{a}-\mathbf{d})^{\mathrm{H}}\left(\tilde{\mathbf{D}}^{\mathrm{H}}\right)^{-1} & 1-\lambda & \\ \mathbf{A}'^{\mathrm{H}}\left(\tilde{\mathbf{D}}^{\mathrm{H}}\right)^{-1} & & \lambda\mathbf{I}\end{pmatrix}\succeq 0 \tag{15.4.14}$$

成立，则上述子集的包含关系是有效的。

根据以上结果，考虑以下集合：

$$\mathcal{E}_{\text{in}} = \bigcap_{i=1}^{e} \widetilde{\mathcal{E}}_i \tag{15.4.15}$$

其中 $\tilde{\mathcal{E}}_i \triangleq \tilde{\mathcal{E}}(\tilde{\mathbf{E}}_i, \mathbf{c}_i) = \{\mathbf{x} : (\mathbf{x}-\mathbf{c}_i)^{\text{H}} \tilde{\mathbf{E}}_i (\mathbf{x}-\mathbf{c}_i) \leqslant 1\}$ 且 $\mathcal{E}_{\text{in}}$ 表示式(15.4.12)给出全维椭球 e 的一个交集。可以找到一个准确逼近集合 $\mathcal{E}_{\text{in}}$ 的参数描述。为了得到内部近似椭球的最优参数，我们进行以下简单的证明：如果近似椭球 $\tilde{\mathcal{E}}(\mathbf{E}''_a, \mathbf{c}_a)$ 为 $\mathcal{E}_{\text{in}}$ 的一个子集，则对于所有的 i 来说，有 $\mathcal{E}'(\mathbf{E}'_a, \mathbf{c}_a) \subset \tilde{\mathcal{E}}(\tilde{\mathbf{E}}_i, \mathbf{c}_i)$。因此，人们使用近似椭球的体积作为参数来描述原始集合和近似集合的接近程度。该近似椭球可来自以下优化问题：

$$\underset{\mathbf{E}'_a, \mathbf{c}_a}{\text{maximize}} \ \log\left[\det\left(\mathbf{E}'_a\right)\right]$$

约束条件为 $\lambda_i \geqslant 0$：

$$\begin{pmatrix} \mathbf{I} & \widetilde{\mathbf{D}}_i^{-1}(\mathbf{c}_a - \mathbf{c}_i) & \widetilde{\mathbf{D}}_i^{-1}\mathbf{E}'_a \\ (\mathbf{c}_a - \mathbf{c}_i)^{\text{H}}\left(\widetilde{\mathbf{D}}_i^{\text{H}}\right)^{-1} & 1-\lambda_i & \\ \mathbf{E}'_{a\text{H}}\left(\widetilde{\mathbf{D}}_i^{\text{H}}\right)^{-1} & & \lambda_i \mathbf{I} \end{pmatrix} \succeq 0, \ \forall i \tag{15.4.16}$$

$$\mathbf{E}_a{}' \succeq 0$$

其中，对于所有的 i，$\tilde{\mathbf{E}}_i^{-1} = (\tilde{\mathbf{D}}_i \tilde{\mathbf{D}}_i^{\text{H}})$ 成立。上述问题是一个 SDP，并且它用 $\mathbf{E}''_a$、$\mathbf{c}_a$ 作为决策变量来最大化内部近似椭球的体积。因此，最佳近似椭球由 $\{\mathbf{x} = \mathbf{E}'_{a^\cdot}\mathbf{u} + \mathbf{c}_{a^\cdot} : \mathbf{u}\mathbf{u}^{\text{H}} \leqslant 1\}$ 给出，其中 $\mathbf{E}'_{a^\cdot}$ 和 $\mathbf{c}_{a^\cdot}$ 是上述 SDP 的最优解。回想根据 Löwner-Fritz John（LFJ）[25, 30]的方案得到的一个关于极值椭球表示的结果，一旦已经确定了对称集合的最大体积内部近似椭球，则可通过一个因子（该因子等于其中定义的向量空间维度，本例中即为 $\sqrt{T}$）对椭球进行膨胀，最终可以得到一个包含原始集合的外椭球。LFJ 椭球能帮助获得原始健壮优化问题的更保守的近似值。值得注意的是，为了确保值的安全性而不是过度保守性，最好的解决方案是确定一个最小体积的外椭球，它近似于椭球交集。在数学上，这相当于确定一个最小体积的椭球 $\mathcal{E}''$，即下式：

$$\mathcal{E}'' \supseteq \bigcap_{i=1}^{e} \widetilde{\mathcal{E}}_i \tag{15.4.17}$$

成立。这是个完全 NP 问题，它没有等同的可处理方法[25]。为了确保式（15.4.17）确实存在，需要一些充分但不是必要的条件[25]。然而，基于这些条件，安全性不能被保证，因此本节只关注 LFJ 椭球。实际上，LFJ 椭球可能是一个相当保守的近似值，尽管它百分百是安全的。对于近似方案 2，本节将为式（15.4.2c）设计新的近似值。式（15.4.2b）中的其他扰动约束可以按近似方案 1 来处理，尽管原始不确定性集被其内部最大体积的近似椭球或 LFJ 椭球代替。近似值建立在上述概念的基础上，该近似尤其基于以下原理：

$$\begin{aligned} \mathcal{S}_{b_n,k} &= \left\{\boldsymbol{\delta}_{b_n,k} \middle| \boldsymbol{\delta}_{b_n,k} \widetilde{\mathbf{Z}}_{b_n,k}^{q} \boldsymbol{\delta}_{b_n,k}^{\text{H}} \leqslant 1, \ \forall Q\right\} \\ &\approx \mathcal{S}_{b_n,k}^{a} = \{\boldsymbol{\delta}_{b_n,k} | \boldsymbol{\delta}_{b_n,k} = \mathbf{u}\mathbf{E}_{b_n,k} + \mathbf{c}_{b_n,k} : \mathbf{u}\mathbf{u}^{\text{H}} \leqslant 1\} \end{aligned} \tag{15.4.18}$$

其中 $\tilde{\mathbf{Z}}_{b_n,k}^{q} \triangleq \rho_{b_n,k}^{-1} \mathbf{P}_{b_n,k}^{q}$ 和 $\mathbf{E}_{b_n,k}, \mathbf{c}_{b_n,k}$ 是原来 Q 个椭球交集内最大椭球的参数。对于一个更保守的设计，集合 $\mathcal{S}_{b_n,k}^{a}$ 可以由 LFJ 椭球组成的 $\mathcal{S}_{b_n,k}^{\text{LFJ}}$ 替代。这与 $\mathcal{S}_{b_b,k}$ 近似的本质是类似的。如下面详细描述的，近似椭球的参数可以通过求解一个类似于式（15.4.16）中给出的 SDP 来获得。经观察，

$\mathbf{u}=(\boldsymbol{\delta}_{b_n,k}-\mathbf{c}_{b_n,k})(\mathbf{E}_{b_n,k})^{-1}$，故有

$$\mathcal{S}^a_{b_n,k}=\left\{\boldsymbol{\delta}_{b_n,k}:(\boldsymbol{\delta}_{b_n,k}-\mathbf{c}_{b_n,k})\mathbf{E}^a_{b_n,k}(\boldsymbol{\delta}_{b_n,k}-\mathbf{c}_{b_n,k})^{\mathrm{H}}\leqslant 1\right\} \tag{15.4.19}$$

其中$\mathbf{E}^a_{b_n,k}=(\mathbf{E}^{\mathrm{H}}_{b_n,k},\mathbf{E}_{b_n,k})^{-1}$。如同在式(15.4.19)中建立的式子一样，一旦对不确定性进行了近似描述，则很容易获得 WSRM 问题的健壮对应项的易处理结果。经观察，式(15.4.2c)可重写为

$$\sigma^2+\sum_{j\in\mathcal{U}_b\setminus k}\hat{\beta}^j_{b,k}+\sum_{n=1,n\neq b}^{B}\sum_{l\in\mathcal{U}_n}\breve{\beta}^{n,l}_{b,k}\leqslant\mu_{b,k},\ \forall b\in\mathcal{B},\ k\in\mathcal{U}_b \tag{15.4.20}$$

$$\begin{aligned}&\underset{\boldsymbol{\delta}_{b_b k}\in\mathcal{S}^a_{b_b k}}{\text{maxmize}}\ |(\bar{\mathbf{h}}_{b_b,k}+\boldsymbol{\delta}_{b_b,k})\mathbf{w}_{b,j}|^2\leqslant\hat{\beta}^j_{b,k}\\&\underset{\boldsymbol{\delta}_{b_n k}\in\mathcal{S}^a_{b_n k}}{\text{maxmize}}\ |(\bar{\mathbf{h}}_{b_n,k}+\boldsymbol{\delta}_{b_n,k})\mathbf{w}_{n,l}|^2\leqslant\breve{\beta}^{n,l}_{b,k}\end{aligned} \tag{15.4.21}$$

需要指出的是，上述等价步骤与式(15.4.8)～式(15.4.9)中所使用的相同，而且为了避免引入新的宽松变量，其中的符号不变。这不应该引起任何歧义，因为该方法与近似方案 1 无关。然而，不确定性集合已经仅由一个最佳内部近似椭球组成的近似值代替。为了处理式(15.4.21)，根据控制理论 [25]中的$\mathcal{S}$引理[20,25](参见附录 A.15 节)，可以帮助我们解决式(15.4.21)中难处理的非凸约束条件。不失一般性，我们重点关注式(15.4.21)中的第二个不平等约束。首先，利用$\mathbf{W}_{n,l}=\mathbf{w}_{n,l}\mathbf{w}^{\mathrm{H}}_{n,l}$，注意式(15.4.21)中的第二个不等式关系等同于

$$\begin{cases}\mathcal{F}_1(\boldsymbol{\delta}_{b_n,k})\triangleq\boldsymbol{\delta}_{b_n,k}\mathbf{E}^a_{b_n,k}\boldsymbol{\delta}^{\mathrm{H}}_{b_n,k}-2\mathrm{Re}\left(\boldsymbol{\delta}_{b_n,k}\mathbf{E}^a_{b_n,k}\mathbf{c}^{\mathrm{H}}_{b_n,k}\right)\\\qquad+\mathbf{c}_{b_n,k}\mathbf{E}^a_{b_n,k}\mathbf{c}^{\mathrm{H}}_{b_n,k}-1\leqslant 0\\\Rightarrow\mathcal{F}_2(\boldsymbol{\delta}_{b_n,k})\triangleq\boldsymbol{\delta}_{b_n,k}\mathbf{W}_{n,l}\boldsymbol{\delta}^{\mathrm{H}}_{b_n,k}+2\mathrm{Re}\left(\boldsymbol{\delta}_{b_n,k}\mathbf{W}_{n,l}\bar{\mathbf{h}}^{\mathrm{H}}_{b_n,k}\right)\\\qquad+\bar{\mathbf{h}}_{b_n,k}\mathbf{W}_{n,l}\bar{\mathbf{h}}^{\mathrm{H}}_{b_n,k}-\breve{\beta}^{n,l}_{b,k}\leqslant 0\end{cases} \tag{15.4.22}$$

附录 A.15 给出的$\mathcal{S}$引理可以解释上述约束及其含义。$\mathcal{S}$引理的条件 1 和条件 2 给出

$$\exists\lambda_{b_n,k}\geqslant 0\ :\ \mathcal{F}_2(\boldsymbol{\delta}_{b_n,k})-\lambda_{b_n,k}\mathcal{F}_1(\boldsymbol{\delta}_{b_n,k})\leqslant 0 \tag{15.4.23}$$

其中将之前定义的$\mathbf{W}_{n,l}$作为向量$\mathbf{w}_{n,l}$的外积，也是该矩阵变量的单位秩约束。$\mathcal{S}$引理的等价关系(条件 2)的一个直接应用表明，对于$\lambda_{b_n,k}\geqslant 0$，式(15.4.23)等同于

$$\begin{aligned}&\begin{pmatrix}-\mathbf{W}_{n,l} & -\mathbf{W}_{n,l}\bar{\mathbf{h}}^{\mathrm{H}}_{b_n,k}\\-\bar{\mathbf{h}}_{b_n,k}\mathbf{W}_{n,l} & \breve{\beta}^{(b,k)}_{b,k}-\bar{\mathbf{h}}_{b_n,k}\mathbf{W}_{n,l}\bar{\mathbf{h}}^{\mathrm{H}}_{b_n,k}\end{pmatrix}\succeq\\&\lambda_{b_n,k}\times\begin{pmatrix}-\mathbf{E}^a_{b_n,k} & \mathbf{E}^a_{b_n,k}\mathbf{c}^{\mathrm{H}}_{b_n}\\\mathbf{c}_{b_n,k}\mathbf{E}^{a^{\mathrm{H}}}_{b_n,k} & 1-\mathrm{c}_{b_n,k}\mathbf{E}^a_{b_n,k}\mathbf{c}^{\mathrm{H}}_{b_n,k}\end{pmatrix}\end{aligned} \tag{15.4.24}$$

也可以处理式(15.4.21)的第一个约束，得到一个近似不确定集合$\mathcal{S}^a_{b,k}$的等效易处理公式，并可明确给出健壮 WSRM 问题的另一种可处理的近似式

$$\text{maximize}\left[\prod\nolimits_{b\in\mathcal{B}}\prod\nolimits_{k\in\mathcal{U}_b}t_{b,k}\right]_{\mathrm{SOC}} \tag{15.4.25a}$$

对于 $\mathcal{S}^{a}_{b_b,k}$ 遵循约束条件(15.4.11b)和(15.4.11c)，或对于 $\mathcal{S}^{\mathrm{LFJ}}_{b_b,k}$ 遵循约束条件(15.4.11d)和(15.4.11g)，$\lambda_{b_b,k},\lambda_{b_n,k}\geqslant 0$，$\mathbf{W}_{n,l}\succeq \mathbf{w}_{n,l}\mathbf{w}^{\mathrm{H}}_{n,l}$，即

$$\begin{pmatrix} -\mathbf{W}_{b,j} & -\mathbf{W}_{b,j}\bar{\mathbf{h}}^{\mathrm{H}}_{b_b,k} \\ -\bar{\mathbf{h}}_{b_b,k}\mathbf{W}_{b,j} & \hat{\beta}^{j}_{b,k}-\bar{\mathbf{h}}_{b_b,k}\mathbf{W}_{b,j}\bar{\mathbf{h}}^{\mathrm{H}}_{b_b,k} \end{pmatrix}\succeq \lambda_{b_b,k}\times\begin{pmatrix} -\mathbf{E}^{a}_{b_b,k} & \mathbf{E}^{a}_{b_b,k}\mathbf{c}^{\mathrm{H}}_{b_b,k} \\ \mathbf{c}_{b_b,k}\mathbf{E}^{a^{\mathrm{H}}}_{b_b,k} & 1-\mathbf{c}_{b_b,k}\mathbf{E}^{a}_{b_b,k}\mathbf{c}^{\mathrm{H}}_{b_b,k} \end{pmatrix}\quad \forall j\in\mathcal{U}_b\setminus k \tag{15.4.25b}$$

在式(15.4.2c)中，约束条件为

$$\forall n\in\mathcal{B}\setminus b \tag{15.4.25c}$$

与近似方案 1 相比，引入的唯一新变量是 $\lambda_{b_b,k},\lambda_{b_n,k}\in\mathbb{R}_+$，$\mathbf{W}_{j,k},\mathbf{W}_{n,l}$ 属于半正定矩阵，并且降低矩阵变量的秩约束来确保该式的易处理性。如前所述，$(\cdot)_{\mathrm{SOC}}$ 意味着目标可以表示为 SOC 约束的系统。

以下处理步骤能在信道不确定的情况下，产生最大化波束成形向量的近似加权和速率。

> 初始化：设 $n:=0$，并随机生成满足式(15.4.11)或式(15.4.25)的 $[t^{(n)}_{b,k},\mu^{(n)}_{b,k}]$。
>
> 循环
>
> - 对于第一种方法，求解式(15.4.11)中的优化问题；对于第二种方法，求解式(15.4.25)中的优化问题(对于简单内部近似和基于 LFJ 椭球表示的两种情况)。
> - 由 $(t^{*}_{b,k},\mu^{*}_{b,k})$ 表示 $(t_{b,k},\mu_{b,k})$ 最终的最优值。
> - 令 $[t^{(n+1)}_{b,k},\mu^{(n+1)}_{b,k}]=(t^{*}_{b,k},\mu^{*}_{b,k})$ 并更新 $n:=n+1$。
>
> 直至收敛。

我们已经比较了本节所有方法的数值结果。

15.4.2.1　收敛

根据以上研究可得，两种健壮方案及非健壮方案的收敛理论非常相似。因此，在不失一般性的情况下，本节将重点关注 15.4.1 节提出的健壮近似方案 1。经观察，它的收敛证明与文献[22, 31]中提出的收敛证明非常相似。定义以下集合：

$$\mathcal{CS}_n=\{\text{式（15.4.11）中的所有决策变量的集合}\mid\text{式（15.4.11b）～式（15.4.11g）中的条件都满足）}\} \tag{15.4.26}$$

在算法的第 n 次迭代中求解式(15.4.11)。此外，令 $\mathcal{DV}_n$ 和 $f(\mathcal{DV}_n)$ 分别表示在算法的第 n 次迭代中产生的变量序列和目标函数。为了得出 $f(\mathcal{DV}_n)\leqslant f(\mathcal{DV}_{n+1})$ 的结论，需推导出一些额外的中间观测值。很明显，$\mathcal{DV}_n$ 既属于 $\mathcal{CS}_n$，也属于 $\mathcal{CS}_{n+1}$，即 $\mathcal{CS}_n$ 中包含 $\mathcal{DV}_n$。而 $\mathcal{DV}_n$ 也属于 $(n+1)$ 次迭代的可行集合是根据 $f^{(n+!)}[t_{b,k},\mu_{b,k},t^{(n)}_{b,k},\mu^{(n)}_{b,k}]=\sqrt{[t^{(n)(1/\alpha_{bk})}_{b,k}-1]\mu^{(n)}_{b,k}}$，在健壮和非健壮方案的算法中的变量更新之后，由于式(15.3.4)中给出的条件，因此该式成立。这相当于 $\mathcal{DV}_n$ 包含在 $\mathcal{CS}_{n+1}$ 中，同样也验证了本节的观点。现在，我们看到第 $n+1$ 次迭代中 $f(\mathcal{DV}_{n+1})$ 的最佳目标值并不比上一次迭代中的值更差，也就是 $f(\mathcal{DV}_n)\leqslant f(\mathcal{DV}_{n+1})$，因而确保了单调性。此外，由于

功率约束，在算法中生成的成本序列是有上界的，因此保证了提出的迭代过程收敛。下一个感兴趣的问题是如何确定收敛点也符合 Karush Kuhn Tucker(KKT) 条件，此结果的证明与文献[31]中给出的类似。

文献[38]使用如图 15.4.1 所示的系统进行了具体的讲解。该系统由两个蜂窝组成，每个蜂窝为两个用户提供服务。

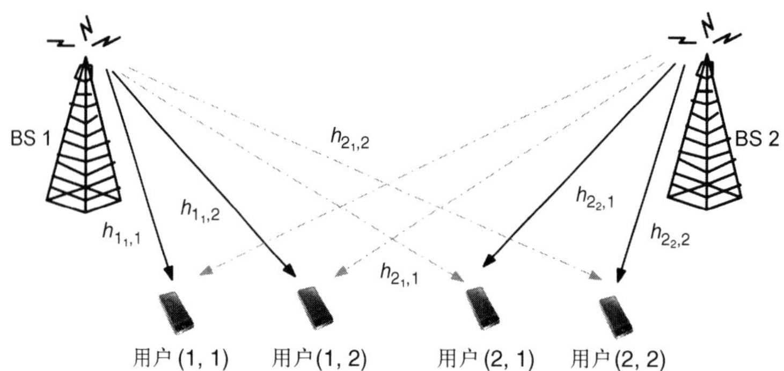

图 15.4.1 具有 4 个用户的双蜂窝系统模型的图示。虚线表示蜂窝间干扰，而实线表示每个 BS 所发送的信号的广播部分

基于给定的一组估计信道，从 BS n 到用户 (b,k) 的每个信道的信道不确定性将被限制在维度 $\sqrt{\rho}$ (见图 15.4.2)之内，即

$$|[\delta_{b_n,k}]_i| \leqslant \sqrt{\rho}, \quad i=1,2,\cdots,T=4$$

由于 CSI 不理想，可以看出系统性能方面有重大损失。有关系统性能的更多信息，请参见文献[38]。

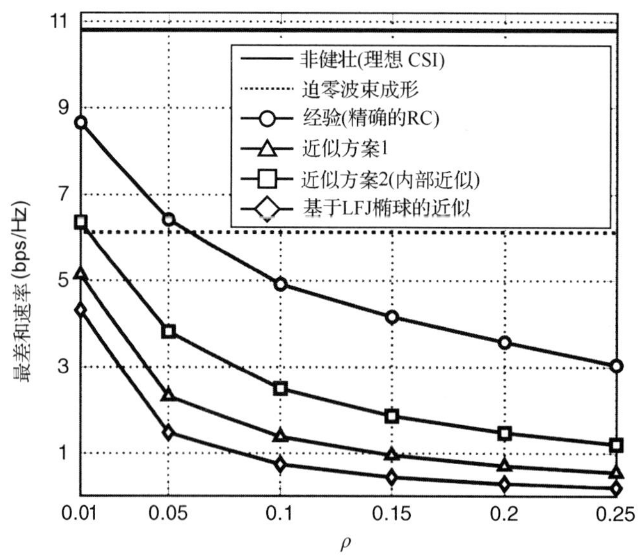

图 15.4.2 不同方案的最差和速率作为方框不确定性集合的 ρ 的函数，文献[3, 4]在 SNR = 10 dB 时采用了迫零策略

附录 A.15

在本附录中，我们回顾了文献[20, 25]中提出的一些基本概念。给定一个二次函数

$$q_0(\mathbf{z})=\mathbf{z}\mathbf{A}_0\mathbf{z}^{\mathrm{H}}+2\mathrm{Re}\left(\mathbf{z}\mathbf{b}_0^{\mathrm{H}}\right)+c_0 \tag{A.15.1}$$

其中 $\mathbf{z}$ 和 $\mathbf{b}_0$ 是适当维度的行向量，$\mathbf{A}_0$ 是 Hermitian 矩阵，c_0 属于实数的集合。对于全部的 $\mathbf{z}$，当且仅当矩阵满足下式：

$$\begin{pmatrix}\mathbf{A}_0 & \mathbf{b}_0^{\mathrm{H}}\\ \mathbf{b}_0 & c_0\end{pmatrix}\succeq 0 \tag{A.15.2}$$

条件 $q_0(\mathbf{z})\geqslant 0$ 才成立。

现在我们概述$\mathcal{S}$引理。给定两个二次式 $q_1(\mathbf{z})$ 和 $q_2(\mathbf{z})$，以下两个条件是等效的：

1. 对于所有的 $\mathbf{z}$，$\mathbf{z}\mathbf{A}_1\mathbf{z}^{\mathrm{H}}+2\mathrm{Re}(\mathbf{z}\mathbf{b}_1^{\mathrm{H}})+c_1\geqslant 0$，有 $\mathbf{z}\mathbf{A}_2\mathbf{z}^{\mathrm{H}}+2\mathrm{Re}(\mathbf{z}\mathbf{b}_2^{\mathrm{H}})+c_2\geqslant 0$。
2. 存在一个 $\lambda\geqslant 0$，有 $\begin{pmatrix}\mathbf{A}_1-\lambda\mathbf{A}_2 & (\mathbf{b}_1-\lambda\mathbf{b}_2)^{\mathrm{H}}\\ \mathbf{b}_1-\lambda\mathbf{b}_2 & c_1-\lambda c_2\end{pmatrix}\succeq 0$。

反过来，这等价于如果存在 $\lambda\geqslant 0$，那么对于所有的 $\mathbf{z}$，$q_1(\mathbf{z})-\lambda q_2(\mathbf{z})\geqslant 0$。

附录 B.15

为了在近似方案 1 中使问题的健壮对应项易于处理，在不失一般性的情况下，我们需要为所有 $b\in\mathcal{B}$ 和 $k\in\mathcal{U}_b$ 找到以下不确定二次式的易处理表达式，即

$$\sum_{l\in\mathcal{U}_n}\Omega_{b_n,k}\leqslant\omega_{b_n,k} \tag{A.15.3}$$

$$\begin{aligned}&|\mathbf{h}_{b_n,k}\mathbf{w}_{n,l}|^2\leqslant\Omega_{b_n,k},\ \forall\mathbf{h}_{b_n,k}=\bar{\mathbf{h}}_{b_n,k}+\boldsymbol{\delta}_{b_n,k}\\ &:\ \|\boldsymbol{\delta}_{b_n,k}\mathbf{P}_{b_n,k}^{q1/2}\|_2^2\leqslant\rho_{b_n,k},\ q=1,\cdots,Q\end{aligned} \tag{A.15.4}$$

其中假设 $\mathbf{P}_{b_n,k}^{q}\succeq 0$ 且 $\sum_q\mathbf{P}_{b_n,k}^{q}\succ 0$。条件 $\sum_q\mathbf{P}_{b_n,k}^{q}\succ 0$ 意味着上面定义的不确定性集合是有界的。回想一下，对于有界集合，存在一个数 ξ，使得 $\mathcal{C}$ 中所有点到原点的距离都在 ξ 界之上。的确，对于所有的 $b\in\mathcal{B}$ 和 $k\in\mathcal{U}_b$，$\sum_q\boldsymbol{\delta}_{b_n,k}\mathbf{P}_{b_n,k}^{q}\boldsymbol{\delta}_{b_n,k}^{\mathrm{H}}\leqslant Q\rho_{b_n,k}$。从式(15.4.2c)可以看出，我们需要处理式(A.15.4)来推导出 WSRM 问题的不确定免疫版本。式(A.15.4)可以等效地重写为

$$|(\bar{\mathbf{h}}_{b_n,k}+\boldsymbol{\delta}_{b_n,k})\mathbf{w}_{n,l}|^2\leqslant\Omega_{b_n,k},\ \forall\|\boldsymbol{\delta}_{b_n,k}\mathbf{P}_{b_n,k}^{q1/2}\|_2^2\leqslant\rho_{b_n,k},\ q=1,\cdots,Q \tag{A.15.5}$$

$$\Leftrightarrow\begin{cases}\boldsymbol{\delta}_{b_n,k}\mathbf{P}_{b_n,k}^{q}\boldsymbol{\delta}_{b_n,k}^{\mathrm{H}}\leqslant\rho_{b_n,k},\ q=1,\cdots,Q\Rightarrow\\ \boldsymbol{\delta}_{b_n,k}\mathbf{W}_{n,l}\boldsymbol{\delta}_{b_n,k}^{\mathrm{H}}+2\mathrm{Re}\left(\bar{\mathbf{h}}_{b_n,k}\mathbf{W}_{n,l}\boldsymbol{\delta}_{b_n,k}^{\mathrm{H}}\right)+\bar{\mathbf{h}}_{b_n,k}\mathbf{W}_{n,l}\bar{\mathbf{h}}_{b_n,k}^{\mathrm{H}}-\Omega_{b_n,k}\leqslant 0\end{cases} \tag{A.15.6}$$

在式(A.15.6)中，我们定义了 $\mathbf{W}_{n,l}=\mathbf{w}_{n,l}\mathbf{w}_{n,l}^{\mathrm{H}}$。进一步注意到，如果 $Q=1$，则可以直接应用$\mathcal{S}$引理，并得到以 LMI 形式进行约束的等效易处理表达式。很容易看出，$\boldsymbol{\delta}_{b_n,k}$ 的正值和负

值都满足式(A.15.6)中的约束 $\boldsymbol{\delta}_{b_n,k}\mathbf{P}_{b_n,k}^{q}\boldsymbol{\delta}_{b_n,k}^{\mathrm{H}} \leqslant \rho_{\rho b_n,k}$。因此，式(A.15.6)中的约束及其含义确认了以下等效表达式：

$$\begin{cases}\boldsymbol{\delta}_{b_n,k}\widetilde{\mathbf{Z}}_{b_n,k}^{q}\boldsymbol{\delta}_{b_n,k}^{\mathrm{H}}\leqslant 1,\ q=1,\ \cdots,\ Q \Rightarrow \\ \boldsymbol{\delta}_{b_n,k}\mathbf{W}_{n,l}\boldsymbol{\delta}_{b_n,k}^{\mathrm{H}} \pm 2\mathrm{Re}\left(\bar{\mathbf{h}}_{b_n,k}\mathbf{W}_{n,l}\boldsymbol{\delta}_{b_n,k}^{\mathrm{H}}\right)+\bar{\mathbf{h}}_{b_n,k}\mathbf{W}_{n,l}\bar{\mathbf{h}}_{b_n,k}^{\mathrm{H}}-\Omega_{b_n,k}\leqslant 0\end{cases} \tag{A.15.7}$$

其中 $\tilde{\mathbf{Z}}_{b_n,k}^{q} \triangleq \rho_{b_n,k}^{-1}\mathbf{P}_{b_n,k}^{q}$。现在，可以用 $t_{b_n,k}$ 替换式(A.15.7)中的 ± 符号，使得 $t_{b_n,k}^2=1$。此外，很明显，约束 $t_{b_n,k}^2=1$ 可以被 $t_{b_n,k}^2 \leqslant 1$ 代替，因为该约束在最优时是活跃的(满足相等性)。因此，式(A.15.7)可以表示为

$$\begin{cases}t_{b_n,k}^2\leqslant 1, \boldsymbol{\delta}_{b_n,k}\widetilde{\mathbf{Z}}_{b_n,k}^{q}\boldsymbol{\delta}_{b_n,k}^{\mathrm{H}}\leqslant 1,\ q=1,\ \cdots,\ Q \Rightarrow \\ \boldsymbol{\delta}_{b_n,k}\mathbf{W}_{n,l}\boldsymbol{\delta}_{b_n,k}^{\mathrm{H}} + 2t_{b_n,k}\mathrm{Re}\left(\bar{\mathbf{h}}_{b_n,k}\mathbf{W}_{n,l}\boldsymbol{\delta}_{b_n,k}^{\mathrm{H}}\right)+\bar{\mathbf{h}}_{b_n,k}\mathbf{W}_{n,l}\bar{\mathbf{h}}_{b_n,k}^{\mathrm{H}}-\Omega_{b_n,k}\leqslant 0\end{cases} \tag{A.15.8}$$

现在考虑式(A.15.8)的(条件)放宽版本：

$$\begin{aligned}&\boldsymbol{\delta}_{b_n,k}\mathbf{W}_{n,l}\boldsymbol{\delta}_{b_n,k}^{\mathrm{H}} + 2t_{b_n,k}\mathrm{Re}\left(\bar{\mathbf{h}}_{b_n,k}\mathbf{W}_{n,l}\boldsymbol{\delta}_{b_n,k}^{\mathrm{H}}\right)\leqslant \\ &\left(\Omega_{b_n,k}-\bar{\mathbf{h}}_{b_n,k}\mathbf{W}_{n,l}\bar{\mathbf{h}}_{b_n,k}^{\mathrm{H}}-\sum_q \lambda_q\right)t_{b_n,k}^2 + \\ &\sum_q \lambda_q \boldsymbol{\delta}_{b_n,k}\widetilde{\mathbf{Z}}_{b_n,k}^{q}\boldsymbol{\delta}_{b_n,k}^{\mathrm{H}}\end{aligned} \tag{A.15.9}$$

其中对于所有的 $q, \lambda_q \geqslant 0$。很容易看出，对于式(A.15.8)所述的条件，上述不等式体现了式(A.15.8)的含义。的确，我们得到

$$\left(\Omega_{b_n,k}-\bar{\mathbf{h}}_{b_n,k}\mathbf{W}_{n,l}\bar{\mathbf{h}}_{b_n,k}^{\mathrm{H}}-\sum_q \lambda_q\right)t_{b_n,k}^2+\sum_q \lambda_q \boldsymbol{\delta}_{b_n,k}\widetilde{\mathbf{Z}}_{b_n,k}^{q}\boldsymbol{\delta}_{b_n,k}^{\mathrm{H}}\leqslant \Omega_{b_n,k}-\bar{\mathbf{h}}_{b_n,k}\mathbf{W}_{n,l}\bar{\mathbf{h}}_{b_n,k}^{\mathrm{H}} \tag{A.15.10}$$

因此可以得出结论，如果一个二元组 $(t_{b_n,k}, \boldsymbol{\delta}_{b_n,k})$ 满足式(A.15.9)，则它也满足式(A.15.8)。基于上述观点，我们可以得出一个理想的事实，即所提出的放宽版本的最优解将是不确定约束在原始最差情况下其健壮对应项的一个可行点。现在我们回到前面的证明中继续探究，注意式(A.15.9)等效于

$$\exists \lambda_q \geqslant 0:\begin{pmatrix}\Omega_{b_n,k}-\bar{\mathbf{h}}_{b_n,k}\mathbf{W}_{n,l}\bar{\mathbf{h}}_{b_n,k}^{\mathrm{H}}-\sum_q \lambda_q & -\bar{\mathbf{h}}_{b_n,k}\mathbf{W}_{n,l} \\ -\mathbf{W}_{n,l}\bar{\mathbf{h}}_{b_n,k}^{\mathrm{H}} & \sum_q \lambda_q \widetilde{\mathrm{Z}}_{b_n,k}^{q}-\mathrm{W}_{n,l}\end{pmatrix} \succeq 0 \tag{A.15.11}$$

应用 Schur 补充引理，式(A.15.11)可以演变为

$$\exists \lambda_q \geqslant 0:\begin{pmatrix}\Omega_{b_n,k}-\sum_q \lambda_q & 0 & -\bar{\mathbf{h}}_{b_n,k}\mathbf{w}_{n,l} \\ 0 & \sum_q \lambda_q \widetilde{\mathbf{Z}}_{b_n,k}^{q} & \mathbf{w}_{n,l} \\ -(\bar{\mathbf{h}}_{b_n,k}\mathbf{w}_{n,l})^{\mathrm{H}} & \mathbf{w}_{n,l}^{\mathrm{H}} & 1\end{pmatrix} \succeq 0 \tag{A.15.12}$$

参考文献

[1] Gamal, A.E. and Kim, Y.H. (2011) *Network Information Theory*, Cambridge University Press, Cambridge.

[2] Weingarten, H., Steinberg, Y. and Shamai, S. (2006) The capacity region of the Gaussian multiple-input multiple-output broadcast channel. *IEEE Transactions on Information Theory*, **52** (9), 3936–3964.

[3] Spencer, Q.H., Swindlehurst, A.L. and Haardt, M. (2004) Zero-forcing methods for downlink spatial multiplexing in multiuser MIMO channels. *IEEE Transactions on Signal Processing*, **52** (2), 461–471.

[4] Choi, L.U. and Murch, R.D. (2004) A transmit preprocessing technique for multiuser MIMO systems using a decomposition approach. *IEEE Transactions on Wireless Communications*, **3** (1), 20–24.

[5] Shi, Q., Razaviyayn, M., Luo, Z.-Q. and He, C. (2011) An iteratively weighted MMSE approach to distributed sum-utility maximization for a MIMO interfering broadcast channel. *IEEE Transactions on Signal Processing*, **59** (9), 4331–4340.

[6] Luo, Z.-Q. and Zhang, S. (2008) Dynamic spectrum management: complexity and duality. *IEEE Journal on Selected Topics in Signal Processing*, **2** (1), 57–73.

[7] Christensen, S.S., Agarwal, R., Carvalho, E. and Cioffi, J.M. (2008) Weighted sum-rate maximization using weighted MMSE for MIMO-BC beamforming design. *IEEE Transactions on Wireless Communications*, **7** (12), 4792–4799.

[8] Zhang, R. and Cui, S. (2010) Cooperative interference management with MISO beamforming. *IEEE Transactions on Signal Processing*, **58** (10), 5450–5458.

[9] Wang, J. and Palomar, D.P. (2009) Worst-case robust MIMO transmission with imperfect channel knowledge. *IEEE Transactions on Signal Processing*, **57** (8), 3086–3100.

[10] Tajer, A., Prasad, N. and Wang, X. (2011) Robust linear precoder design for multi-cell downlink transmission. *IEEE Transactions on Signal Processing*, **59** (1), 235–251.

[11] Jose, J., Prasad, N., Khojastepour, M., and Rangarajan, S. (2011) *On Robust Weighted-Sum Rate Maximization in MIMO Interference Networks*. Proceedingsof the IEEE International Conference on Communications (ICC), pp. 1–6.

[12] Liu, L., Zhang, R. and Chua, K.-C. (2012) Achieving global optimality for weighted sum-rate maximization in the K-user gaussian interference channel with multiple antennas. *IEEE Transactions on Wireless Communications*, **11** (5), 1933–1945.

[13] Bjomson, E., Zheng, G., Bengtsson, M. and Ottersten, B. (2012) Robust monotonic optimization framework for multicell MISO systems. *IEEE Transactions on Signal Processing*, **60** (5), 2508–2523.

[14] Glisic, S. and Pirinen, P. (1999) Wideband CDMA network sensitivity function. *IEEE Journal on Selected Areas in Communications*, **17** (10), 1781–1793.

[15] Pirinen, P. and Glisic, S. (2006) Capacity losses in wireless CDMA networks using imperfect decorrelating space-time rake receiver in fading multipath channel. *IEEE Transactions on Wireless Communications*, **5** (8), 2072–2081.

[16] Love, D.J., Heath, J.R.W. and Strohmer, T. (2003) Grassmannian beamforming for multiple-input multiple-output wireless systems. *IEEE Transactions on Information Theory*, **49** (10), 2735–2747.

[17] Au-Yeung, C.K. and Love, D.J. (2007) On the performance of random vector quantization limited feedback beamforming in a MISO system. *IEEE Transactions on Wireless Communications*, **6** (2), 458–462.

[18] Mukkavilli, K.K., Sabharwal, A., Erkip, E. and Aazhang, B. (2003) On beamforming with finite rate feedback in multiple-antenna systems. *IEEE Transactions on Information Theory*, **49** (10), 2562–2579.

[19] Huang, Y. and Rao, B.D. (2013) An analytical framework for heterogeneous partial feedback design in heterogeneous multicell OFDMA networks. *IEEE Transactions on Signal Processing*, **61** (3), 753–769.

[20] Tal, A.B., Ghaoui, L.E. and Nemirovski, A. (2009) *Robust Optimization*, Princeton University Press, Princeton.

[21] Etkin, R.H., Tse, D.N.C. and Wang, H. (2008) Gaussian interference channel capacity to within one bit. *IEEE Transactions on Information Theory*, **54** (12), 5534–5562.

[22] Tran, L.-N., Hanif, M.F., Tolli, A. and Juntti, M. (2012) Fast converging algorithm for weighted sum rate maximization in multicell MISO downlink. *IEEE Signal Processing Letters*, **19** (12), 872–875.

[23] Maddah-Ali, M.A., Motahari, A.S. and Khandani, A.K. (2008) Communication over MIMO X channels: interference alignment, decomposition, and performance analysis. *IEEE Transactions on Information Theory*, **54** (8), 3457–3470.

[24] Cadambe, V.R. and Jafar, S.A. (2008) Interference alignment and degrees of freedom of the K-user interference channel. *IEEE Transactions on Information Theory*, **54** (8), 3425–3441.

[25] Boyd, S., Ghaoui, L.E., Feron, E. and Balakrishnan, V. (1994) *Linear Matrix Inequalities in Systems and Control Theory*, SIAM, Philadelphia, PA.

[26] Yoo, T. and Goldsmith, A. (2006) Capacity and power allocation for fading MIMO channels with channel estimation error. *IEEE Transactions on Information Theory*, **52** (5), 2203–2214.

[27] Botros, M. and Davidson, T.N. (2007) Convex conic formulations of robust downlink precoder designs with quality of service constraints. *IEEE Journal on Selected Topics in Signal Processing*, **1** (4), 714–724.

[28] Vucic, N. and Boche, H. (2009) Robust Qos-constrained optimization of downlink multiuser MISO systems. *IEEE Transactions on Signal Processing*, **57** (2), 714–725.

[29] Wiesel, A., Eldar, Y.C. and Shamai, S. (2006) Linear precoding via conic optimization for fixed MIMO receivers. *IEEE Transactions on Signal Processing*, **54** (1), 161–176.

[30] Boyd, S. and Vandenberghe, L. (2004) *Convex Optimization*, Cambridge University Press, Cambridge.

[31] Beck, A., Tal, A.B. and Tetruashvili, L. (2010) A sequential parametric convex approximation method with applications to nonconvex truss topology design problems. *Journal of Global Optimization*, **47** (1), 29–51.

[32] Lobo, M.S., Vandenberghe, L., Boyd, S. and Lebret, H. (1998) Applications of second-order cone programming. *Linear Algebra Applications, Special Issue on Linear Algebra in Control, Signals and Image Processing*, **284**, 193–228.

[33] Bertsimas, D., Brown, D.B. and Caramanis, C. (2011) Theory and applications of robust optimization. *SIAM Review*, **53** (3), 464–501.

[34] Lorenz, R.G. and Boyd, S.P. (2005) Robust minimum variance beamforming. *IEEE Transactions on Signal Processing*, **53** (5), 1684–1696.

[35] Bengtsson, M. and Ottersten, B. (2001) Optimal and suboptimal transmit beamforming, in *Handbook of Antennas in Wireless Communications* (ed L.C. Godara), CRC, Boca Raton, FL.

[36] Song, E., Shi, Q., Sanjabi, M. *et al.* (2011) *Robust SINR-Constrained MISO Downlink Beamforming: When Is Semidefinite Programming Relaxation Tight*? Proceedings of the IEEE International Conference on Acoustics, Speech and Signal Processing (ICASSP), May 2011, pp. 3096–3099.

[37] Tremba, A., Calafiore, G., Dabbene, F. *et al.* (2008) *Randomized Algorithms Control Toolbox for MATLAB*. Proceedings of the 17th World Congress The International Federation of Automatic Control (IFAC), May 2008.

[38] Hanif, M.F., Tran, L.-N., Tölli, A. *et al.* (2014) Efficient Solutions for weighted sum rate maximization in multicellular networks with channel uncertainties. *IEEE Transactions on Signal Processing*, **61**, 5659–5674.

第 16 章　网络优化理论

16.1　引言

过去，分层架构中的网络协议都是在 ad hoc 网络的基础上获得的，许多跨层设计也是通过分散的方式进行的。直到最近才将网络协议栈设计为分布式解决方案，以广义网络实用程序最大化(NUM)的形式应对一些全局优化问题，从而深入了解其优化内容及网络协议栈结构。

本章利用优化分解来理解网络分层的概念，其中每一层对应分解的子问题，并将层间接口量化为协调子问题的优化变量的函数。

分解理论为网络模块化和分布式控制设计提供了分析工具。本章将水平分解和垂直分解的结果分别表现为分布式计算，以及如拥塞控制、路由、调度、随机接入、功率控制和信道编码等功能模块，总结了许多新的研究成果并讨论了一些开放性问题。通过案例研究，本章说明了分层优化分解如何提供一个共同的模块化方案，如何给出一种处理复杂的网络化交互的方法。这些研究提供了一种自顶而下的协议栈设计方法和一个网络架构的数学理论。

凸优化因其解决超大规模实际工程问题的可靠性和有效性，成为工程中最重要的计算工具。

许多通信问题可看作或转换为凸优化问题，这为分析和提出数值解决方案提供了便利；此外，其强大的数值算法能够高效求解凸问题的最优解。

对于凸优化基础、凸性质、拉格朗日对偶性、分布梯度下降算法和其他求解凸优化问题的方法，可参阅文献[1-8]。

16.2　分层优化分解

分层架构是网络设计中最基础、最有影响力的架构之一。分层方法采用一种模块化和分布式解决方案进行网络协调和资源分配，每个层控制决策变量的一个子集，并观察常量参数的一个子集和其他层的变量。直观地说，分层架构实现了可扩展、可演进和可实现的网络设计，协议栈中每一层隐藏着下一层的复杂性，并为上一层提供服务。

不同的层使用局部信息迭代决策变量的不同子集，以获得个体的最优性。总体来说，这些局部算法试图实现全局目标。这种模块化的设计过程可用约束优化分解理论的数学语言进行定量理解[9]。

“分层优化分解”的框架揭示协议栈之间的交互性，它可用于研究协议分层中的性能折中，以作为模块化和分配集中式计算的不同方法。

尽管复杂系统的设计经常会分解为简单的模块，但这个理论可以系统地执行分层过程，明确地权衡设计目标。

网络可建模成具有有限容量$\mathbf{c}=(c_l,l\in L)$的链路(缺乏资源)集合L，并由一组由s索引的源集合N共享。每个源s使用链路集合$L(s)\subseteq L$。令$S(l)=\{s\in N \mid l\in L(s)\}$为使用链路$l$的源集合。如果$l\in L(s)$，则集合$\{L(s)\}$定义了一个$L\times N$路由矩阵$\mathbf{R}_{ls}=1$，即源$s$使用的是链路$l$，否则为0。

基本的NUM问题可由如下公式描述：

$$\begin{aligned}&\text{maximize}\sum_s U_s(x_s)\\&\text{subject to }\mathbf{Rx}\leqslant\mathbf{c}\end{aligned}\tag{16.2.1}$$

其中，$U_s(x_s)$为效用函数。TCP变体最近被逆向设计，以说明它在隐式地解决这个问题，其中源速率向量$\mathbf{x}\geqslant 0$是唯一的一组优化变量，路由矩阵$\mathbf{R}$和链路容量$\mathbf{c}$都是常量。针对整个协议栈归纳出的一种可能的方案为

$$\begin{aligned}&\text{maximize}\sum_s U_s(x_s,P_{e,s})+\sum_j V_j(w_j)\\&\text{subject to }\mathbf{Rx}\leqslant\mathbf{c}(\mathbf{w},\mathbf{P}_e)\\&\qquad\mathbf{x}\in C_1(\mathbf{P}_e),\mathbf{x}\in C_2(\mathbf{F})\text{或}\in\mathbf{\Pi}(\mathbf{w})\\&\qquad\mathbf{R}\in R,\mathbf{F}\in F,\mathbf{w}\in W\end{aligned}\tag{16.2.2}$$

其中，x_s代表源s的速率，w_j代表网络元素j的物理层资源。效用函数U_s和V_j可以是任意的非线性单调函数。$\mathbf{R}$是路由矩阵，$\mathbf{c}$是物理层功能资源$\mathbf{w}$和所需的解码错误概率$\mathbf{P}_e$的函数的逻辑链路容量。

16.2.1 TCP拥塞控制

拥塞控制算法包括两部分：根据其路径中的价格$\lambda_l(t)$来调整其速率$x_s(t)$的动态源算法，以及隐式或显式更新价格$\lambda_l(t)$并将其返回给使用链路l的链路算法。在当前网络中，源算法是由TCP执行的，而链路算法是由(主动)队列管理(AQM)执行的。

本节提出拥塞控制算法的一般模型，可将其视为分布式算法来求解如下的NUM问题：

$$\begin{aligned}&\text{maximize}\sum_s U_s(x_s)\\&\text{subject to }\mathbf{Rx}\leqslant\mathbf{c}\end{aligned}\tag{16.2.3}$$

及其对偶问题：

$$\underset{\boldsymbol{\lambda}\geqslant 0}{\text{minimize}}\,D(\boldsymbol{\lambda})=\sum_s\max_{x_s\geqslant 0}\left(U_s(x_s)-x_s\sum_l R_{ls}\lambda_l\right)+\sum_l c_l\lambda_l\tag{16.2.4}$$

令$y_l(t)=\sum_s R_{ls}x_s(t)$表示链路$l$的总源速率，$q_s(t)=\sum_s R_{ls}\lambda_l(t)$是源的端到端价格。用向量表示，有$\mathbf{y}(t)=\mathbf{Rx}(t)$，$\mathbf{q}(t)=\mathbf{R}^{\mathrm{T}}\boldsymbol{\lambda}(t)$，其中$\mathbf{x}(t)=(x_s(t),s\in N)$，$\mathbf{q}(t)=(q_s(t),s\in N)$属于$\mathbf{R}_+^N$，并且$\mathbf{y}(t)=(y_l(t),l\in L)$和$\boldsymbol{\lambda}(t)=(\lambda_l(t),l\in L)$属于$\mathbf{R}_+^L$。

源速率$x_s(t)$和链路价格$\lambda_l(t)$在每个时间段根据局部信息进行更新。源可以观察到其自身的速率$x_s(t)$和其路径的端到端价格$q_s(t)$，但不能观察到向量$\boldsymbol{\lambda}(t)$及$\mathbf{x}(t)$或$\mathbf{q}(t)$的其他分量。类似地，链路l只可以观察到局部价格$\lambda_l(t)$和流率$y_l(t)$。源速率$x_s(t)$根据以下公式更新：

$$x_s(t+1)=F_s[x_s(t),q_s(t)]\tag{16.2.5}$$

在每个时间段，链路拥塞仅仅根据 $\lambda_l(t)$ 和 $y_l(t)$ 调整对 $\lambda_l(t)$ 的测量，可能也需要考虑一些内部（向量）变量 $\mathbf{v}_l(t)$，比如链路 l 的队列长度。对于所有的链路 l，可用一些函数 $(G_l,\mathbf{H}_l)$ 建模为

$$\lambda_l(t+1)=G_l[y_l(t),\lambda_l(t),\ \mathbf{v}_l(t)] \tag{16.2.6}$$

$$\mathbf{v}_l(t+1)=\mathbf{H}_l[y_l(t),\lambda_l(t),\ \mathbf{v}_l(t)] \tag{16.2.7}$$

其中，G_l 为非负的，所以 $\lambda_l(t)\geqslant 0$。这里，F_s 建模 TCP 算法（例如，Reno 或者 Vegas），$(G_l,\mathbf{H}_l)$ 建模 AQM［例如，随机早期检测（RED），REM］。此处将 AQM 表示为 G_l，但这里没有明确指出内部变量 $\mathbf{v}_l(t)$ 或其自适应 $\mathbf{H}_l$。

16.2.2　TCP Reno/RED

在大多数当前的 TCP 实现中，拥塞控制算法可建模为

$$F_s(t+1)=\left[x_s(t)+\frac{1}{T_s^2}-\frac{2}{3}q_s(t)x_s^2(t)\right]^+ \tag{16.2.8}$$

其中，T_s 是源 s 的往返时间（RTT），也就是发送数据包并从目的地接受确认信息所经历的时间。即使在实际中它的值取决于拥塞的程度且随时间变化，但在这里假设 T_s 是一个常量。RED[10] 的 AQM 机制包含两个内部变量：瞬时队列长度 $b_l(t)$ 和平均队列长度 $r_l(t)$。这些变量可重新表示为

$$b_l(t+1)=[b_l(t)+y_l(t)-c_l]^+ \tag{16.2.9}$$

$$r_l(t+1)=(1-\omega_l)r_l(t)+\omega_l b_l(t) \tag{16.2.10}$$

其中，$\omega_l\in(0,1)$。RED 协议标记了一个概率为 $\lambda_l(t)$ 的数据包，即一段包含常量 ρ_1、ρ_2、M_l、$\bar{b}_l$ 和 $\underline{b}_l$ 的分段线性上升函数 $r_l(t)$，其中 $\lambda_l(t)$ 表示为

$$\lambda_l(t)=\begin{cases}0\ , & r_l(t)\leqslant\underline{b}_l\\ \rho_1\left[r_l(t)-\underline{b}_l\right], & \underline{b}_l\leqslant r_l(t)\leqslant\bar{b}_l\\ \rho_2[r_l(t)-\bar{b}_l]+M_l, & \bar{b}_l\leqslant r_l(t)\leqslant 2\bar{b}_l\\ 1, & r_l(t)\geqslant 2\bar{b}_l\end{cases} \tag{16.2.11}$$

式（16.2.9）～式（16.2.11）定义了 RED 模型 $(\mathbf{G},\mathbf{H})$。

16.2.3　TCP Vegas/DropTail

Vegas 用排队时延作为拥塞度量 $\lambda_l(t)=b_l(t)/c_l$，其中 $b_l(t)$ 为时间 t 的队列长度。更新规则 $G_l[y_l(t),\lambda_l(t)]$ 为［将式（16.2.9）的两边同除以 c_l］

$$\lambda_l(t+1)=\left[\lambda_l(t)+\frac{y_l(t)}{c_l}-1\right]^+ \tag{16.2.12}$$

Vegas 的 AQM 不涉及任何内部变量。源速率的更新规则 $F_s[x_s(t),q_s(t)]$ 为

$$x_s(t+1)=x_s(t)+\frac{1}{T_s^2(t)}\operatorname{sgn}[\alpha_s d_s-x_s(t)q_s(t)] \tag{16.2.13}$$

其中，α_s 是一个参数，d_s 是源 s 的往返传输时延，$T_s(t)=d_s+q_s(t)$ 是时间 t 的 RTT。

FAST/DropTail　如果 d_s 是源 s 的往返传输时延，$\lambda_l(t)$ 是链路 l 在时间 t 的排队时延，

$q_s(t)=\sum_l R_{ls}\lambda_l(t)$ 表示往返排队时延，或用向量表示为 $\mathbf{q}(t)=\mathbf{R}^{\mathrm{T}}\boldsymbol{\lambda}(t)$，则每个源 s 周期性地自适应其窗口 $W_s(t)$，即

$$W_s(t+1)=\gamma\left(\frac{d_s W_s(t)}{d_s+q_s(t)}+\alpha_s\right)+(1-\gamma)W_s(t) \tag{16.2.14}$$

式中，$\gamma\in(0,1)$，$\alpha_s>0$ 是一个协议参数。链路排队时延向量 $\boldsymbol{\lambda}(t)$ 由静态方式的瞬时窗口大小隐式确定。对于所有的 s，给定 $W_s(t)=W_s$，那么对于所有的 l，链路排队时延 $\lambda_l(t)=\lambda_l\geqslant 0$ 可由下式给出：

$$\sum_s R_{ls}\frac{W_s}{d_s+q_s(t)}\begin{cases}=c_l, & \lambda_l(t)>0\\ \leqslant c_l, & \lambda_l(t)=0\end{cases} \tag{16.2.15}$$

其中 $q_s(t)=\sum_l R_{ls}\lambda_l(t)$。

因此，FAST 是通过窗口演变的离散时间模型即式（16.2.14）和式（16.2.15）定义的。发送速率定义为 $x_s(t):=W_s(t)/[d_s(t)+q_s(t)]$。更多细节可见参阅文献[10-18]。

16.2.4　MAC 协议优化

考虑一个由有向图 $G(V,E)$ 表示的 ad hoc 网络，如图 16.2.1 所示，其中 V 是节点的集合，E 是逻辑链路的集合。将从节点 n 接出的链路表示为集合 $L_{\text{out}}(n)$，接入节点 n 的链路表示为 $L_{\text{in}}(n)$，t_l 表示链路 l 的发射节点，r_l 表示链路 l 的接收节点。

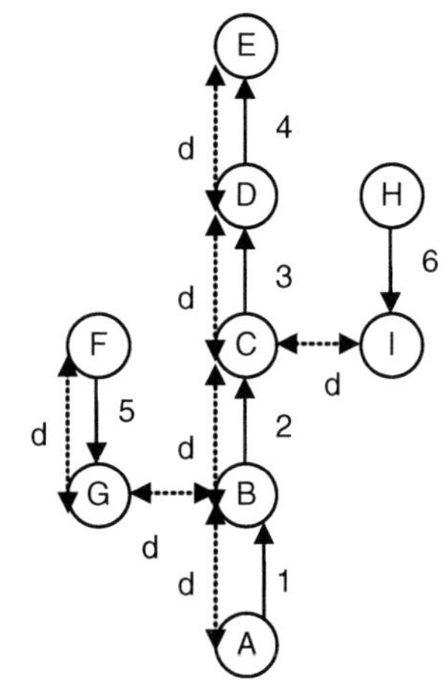

图 16.2.1　网络连接的逻辑拓扑

此外，将对链路 l 接收端造成干扰的节点集合定义为 $N_{\text{to}}^{I}(l)$，不包括链路 l 的发射节点（即 t_l），$L_{\text{from}}^{I}(n)$ 表示传输受节点 n 干扰的链路集合，不包括从节点 n 接出的链路[即 $l\in L_{\text{out}}(n)$]。因此，如果链路 l 的发射节点和集合 $N_{\text{to}}^{I}(l)$ 中的一个节点同时传输数据，则链路 l 的传输会失败。如果节点 n 和集合 $L_{\text{from}}^{I}(n)$ 中链路 l 的发射节点同时传输数据，则链路 l 的传输也会失败。

每条链路 l 使用基于窗口的指数退避（EB）协议的争用解决方案，其执行过程中保持其争用解决窗口大小 W_l、当前窗口大小 CW_l、最小窗口大小 $W_l^{\min}$ 和最大窗口大小 $W_l^{\max}$。在每次传输后竞争窗口和当前窗口的大小将会更新。如果传输成功，竞争窗口大小会减小到窗口最小值（即 $W_l=W_l^{\min}$），否则它将会翻倍，直至达到窗口最大值 $W_l^{\max}$（即 $W_l=\min:2W_l,W_l^{\max}$）。然后，当前窗口的大小 CW_l 被指定为 $(0,W_l)$ 之间的任意随机数。时隙数会逐渐减少，并且当它为零时，链路开始发送数据。在 IEEE 802 标准中，每次传输失败后，窗口大小都会翻倍，此外双向分配协议（DCF）中的随机跨链协议被称为二进制指数退避（BEB）协议，这是一个特殊的 EB 协议案例。

在这种情况下，每条链路 l 以概率 p_l（为链路 l 的持续概率）发送数据。在尝试每次传输后，如果在没有冲突发生的情况下传输成功，则链路 l 会将其持续概率的值设为最大值，即 $p_l^{\max}$。否则，将其持续概率乘以因子 β_l（$0<\beta_l<1$），直至达到其最小值 $p_l^{\min}$ 为止。这种持续概率节点是一个无记忆节点，近似于 EB 协议的平均行为。

由于在基于窗口的 EB 协议中，链路 l 的当前窗口大小 CW_l 是在 $(0,W_l)$ 之间随机选择的，因为当其窗口大小为 W_l 时，可认为链路 l 在一个时隙内以概率 $1/W_l$ 尝试发送数据，这对应于新模型中 EB 协议平均行为的持续概率 p_l。在基于窗口的协议中，当每次传输成功时，尝试概率将被置为其最大值（即 $1/W_l^{\min}$），这对应于我们所用模式中的 $p_l^{\max}$；并且每次传输失败后，尝试概率被置为当前值的一部分，直至达到其最小值时为止，这对应于在 BEB（和一般 EB 中）中以 $\beta=0.5$ 减小持续概率，直至达到最小持续概率时为止。持续概率的更新算法可以写成

$$
\begin{aligned}
p_l(t+1)=\max\{&p_l^{\min},p_l^{\max}\mathbf{1}_{\{T_l(t)=1\}}\mathbf{1}_{\{C_l(t)=0\}}\\
&+\beta_l p_l(t)\mathbf{1}_{\{T_l(t)=1\}}\mathbf{1}_{\{C_l(t)=1\}}+p_l(t)\mathbf{1}_{\{T_l(t)=0\}}\}
\end{aligned} \tag{16.2.16}
$$

上式表示链路在时隙 t 的持续概率，$\mathbf{1}_a$ 是事件的指示函数，而且给定该时隙的链路传输数据时，事件就是链路在该时隙传输数据及在链路传输中发生冲突。对于给定的 $\mathbf{p}(t)$，可得

$$
\mathrm{Prob}\{T_l(t)=1|\mathbf{p}(t)\}=p_l(t)
$$

$$
\mathrm{Prob}\{C_l(t)=1|\mathbf{p}(t)\}=1-\prod_{n\in L_{\mathrm{to}}^I(l)}[1-p_n(t)]
$$

如果这是所预期的持续概率，则有

$$
\begin{aligned}
p_l(t+1)=&p_l^{\max}E\{\mathbf{1}_{\{T_l(t)=1\}}\mathbf{1}_{\{C_l(t)=0\}}|\mathbf{p}(t)\}\\
&+\beta_l E\{p_l(t)\mathbf{1}_{\{T_l(t)=1\}}\mathbf{1}_{\{C_l(t)=1\}}|\mathbf{p}(t)\}\\
&+E\{p_l(t)\mathbf{1}_{\{T_l(t)=0\}}|\mathbf{p}(t)\}=p_l^{\max}p_l(t)\prod_{n\in L_{\mathrm{to}}^I(l)}[1-p_n(t)]\\
&+\beta_l p_l(t)p_l(t)\left(1-\prod_{n\in L_{\mathrm{to}}^I(l)}[1-p_n(t)]\right)+p_l(t)[1-p_l(t)]
\end{aligned} \tag{16.2.17}
$$

式（16.2.17）是给定的期望值，$\mathbf{1}$ 表示概率事件的指示函数。

考虑一个博弈，其中每条链路 l 更新其持续概率 p_l，根据其他链路的策略更新其效用函数 U_l，即 $\mathbf{p}_{-l}=(p_1,\cdots,p_{l-1},p_{l+1},\cdots,p_{|E|})$。这个博弈可以定义为 $G_{\text{EB-MAC}}=[E,\times_{l\in E}A_l,\{U_l\}_{l\in E}]$，其中 E 是玩家集合，也就是链路，$A_l=\{p_l\,|\,0\leqslant p_l\leqslant p_m^{\max}\}$ 是玩家 l 的行为集合。U_l 是玩家 l 通过逆向工程得出的效用函数。

链路在传输过程中可获得的预期净回报（预期回报减去预期成本）为

$$
U_l(\mathbf{p})=R(p_l)S(\mathbf{p})-C(p_l)F(\mathbf{p}),\ \forall l \tag{16.2.18}
$$

在式（16.2.18）中，$S(\mathbf{p})=p_l\prod\limits_{n\in L_{\mathrm{to}}^I(l)}(1-p_n)$ 是传输成功的概率，$F(\mathbf{p})=p_l\prod\limits_{n\in L_{\mathrm{to}}^I(l)}(1-p_n)$ 是传输失败的概率，$R(p_l)\stackrel{\mathrm{def}}{=}p_l[(1/2)p_l^{\max}-(1/3)p_l]$ 可以理解为传输成功的回报，而 $C(p_l)\stackrel{\mathrm{def}}{=}(1/3)(1-\beta_l)p_l^2$ 可以理解为传输失败的代价。

可以证明，在 EB-MAC 博弈中存在着纳什均衡，$G_{\text{EB-MAC}}=[E,\times_{l\in E}A_l,\{U_l\}_{l\in E}]$ 给出了最优解

$$
p_l^*=\frac{p_l^{\max}\prod\limits_{n\in L_{\mathrm{to}}^I(l)}(1-p_n^*)}{1-\beta_l\left[1-\prod\limits_{n\in L_{\mathrm{to}}^I(l)}(1-p_n^*)\right]},\ \forall l \tag{16.2.19}
$$

注意，$S(\mathbf{p})$ 和 $F(\mathbf{p})$ 的表达式可以直接由成功和失败概率的定义得到，而 $R(p_l)$ 和 $C(p_l)$ 的表达式实际上来自 EB 协议的逆向工程证明过程。

16.2.5 效用最优 MAC 协议/社交最优

为了继续进行说明，设想一条链路的接收节点和另一条链路的发射节点的距离小于 $2d$，那么两条链路之间就会有干扰。这些关系可由图 16.2.2 和图 16.2.3 表示。冲突图的每一个节点对应网络中的每一条链路，如果对应链路相互存在干扰，那么节点之间就会有条边。

冲突图的最大连接子图称为团(clique)。因此冲突图中的同一个极大团中同一时刻只有一条链路可以无冲突地传输数据，如图 16.2.3 所示。

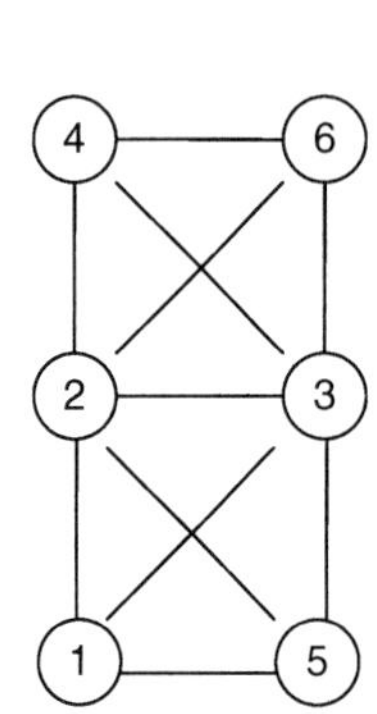

图 16.2.2 图 16.2.1 的逻辑拓扑图派生的竞争图

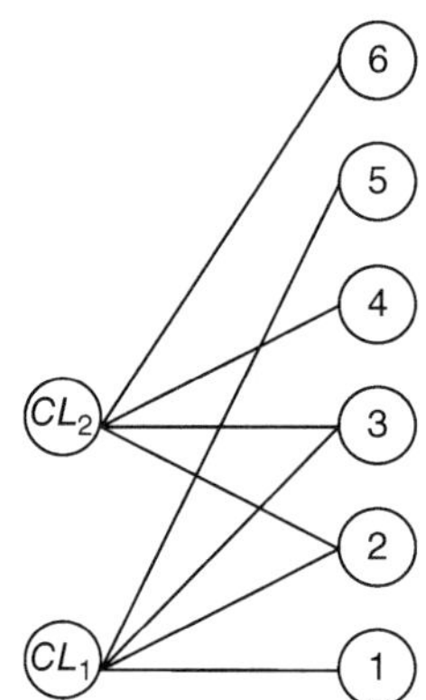

图 16.2.3 图 16.2.2 的竞争图中的最大团和链路之间的二部图

团的容量定义为时间分数之和的最大值，这样一来团中的每条链路都可以无冲突传输数据。在广义 NUM 问题中，每个极大团 CL_l 的容量限制 C_{CL} 可表示为

$$\begin{aligned}&\text{maximize} \quad \sum_{l} U_l(x_l)\\&\text{subject to} \quad \sum_{l\in L(CL_i)} \frac{x_l}{c_l} \leqslant C_{CL_i} \forall i\end{aligned} \tag{16.2.20}$$

这个问题的公式沿用了式(16.2.4)中针对 TCP 拥塞控制的基本 NUM 的相同结构，可以依照相同的对偶分解算法求解，我们将其称为确定近似算法。

作为替代方法，考虑基于随机接入的 MAC 协议，其中每个节点调整其自身的持续概率及每个节点接出链路的持续概率。由于每个节点的持续传输决策是以分配方式进行的，因此需要根据逻辑链路修改图形模型节点。如果 P^n 是节点 n 的传输概率，p_l 是链路 l 的传输概率，则包含变量 $\{x_l\}$、$\{P^n\}$、$\{p_l\}$ 的广义 NUM 可以表示为

$$\begin{aligned}&\text{maximize } U_l(x_l)\\&\text{subject to } x_l = c_l p_l \prod_{k\in N_{\text{to}}^{I}(l)} (1-P^k), \forall l\\&\sum_{l\in L_{\text{out}}(n)} p_l = P^n,\ \forall n\\&0 \leqslant P^n \leqslant 1, \forall n\\&0 \leqslant p_l \leqslant \forall l\end{aligned} \tag{16.2.21}$$

下一步就是对变量进行对数变形，常量 $x_l' = \log x_l$，$U_l'(x_l') = U_l(\mathrm{e}^{x_l'})$，$c_l' = \log c_l$。公式变形如下：

$$
\begin{aligned}
&\text{maximize} \sum_{l\in L} U_l'(x_l') \\
&\text{subject to } c_l' + \log p_l + \sum_{k\in N_{\text{to}}^I(l)} \log(1-P^k) - x_l' \geqslant 0, \forall l \\
&\sum_{l\in L_{\text{out}}(n)} p_l = P^n, \forall n \\
&0 \leqslant P^n \leqslant 1, \forall n \\
&0 \leqslant p_l \leqslant 1, \forall l
\end{aligned} \tag{16.2.22}
$$

问题是可分离的，但仍然可能不是一个凸优化问题，因为尽管 $U_l(x_l)$ 是严格凹函数，但目标函数 $U_l'(x_l')$ 也可能不是严格凹函数。以下条件保证其凹性：

$$
\frac{\partial^2 U_l(x_l)}{\partial x_l^2} < -\frac{\partial U_l(x_l)}{x_l \partial x_l}
$$

这个条件说明效用函数的曲率（凹度）不仅必须是非负的，并且一定要远离零，大概为 $-[\partial U_l(x_l)/x_l\partial x_l]$，也就是说，由此效用函数代表的应用必须具有足够的弹性。效用最优随机接入协议（MAC）总结如下。

效用最优随机接入协议（算法）

每个节点构造其局部干扰图以获得集合 $L_{\text{out}}(n)$、$L_{\text{in}}(n)$、L_{from}^I 和 $N_{\text{to}}^I(l)$，$\forall l \in L_{\text{out}}(n)$。

每个节点设置 $t=0$，$\lambda_l(l)=1$，$\forall l \in L_{\text{out}}(n)$，$P^n(1) = |L_{\text{out}}(n)| \big/ \left[|L_{\text{out}}(n)| + |L_{\text{from}}^I(n)|\right]$ 和 $P_l(1) = 1\big/\left[|L_{\text{out}}(n)| + |L_{\text{from}}^I(n)|\right]$，$\forall l \in L_{\text{out}}(n)$。

对于每个节点：

1. 设置 $t \leftarrow t+1$。
2. 将 $\lambda_l(t)$ 通知到 $N_{\text{to}}^I(l), \forall l \in L_{\text{out}}(n)$ 的所有节点，将 $P^n(t)$ 通知到 $t_l, \forall l \in L_{\text{from}}^I(n)$。
3. 设置 $k_n(t) = \sum_{l\in L_{\text{out}}(n)} \lambda_l(t) + \sum_{k\in L_{\text{from}}^I(n)} \lambda_k(t)$，$\beta(t) = 1/t$。
4. 解决下列问题以获得 $P^n(t+1)$，$x_l'(t+1)$，$p_l(t+1)$，$\lambda_l(t+1)$，$\forall l \in L_{\text{out}}(n)$：

$$
P^n(t+1) = \begin{cases} \dfrac{\sum_{l\in L_{\text{out}}(n)} \lambda_l(t)}{\sum_{l\in L_{\text{out}}(n)} \lambda_l(t) + \sum_{k\in L_{\text{from}}^I(n)} \lambda_k(t)}, & k_n(t) \neq 0 \\[2ex] \dfrac{|L_{\text{out}}(n)|}{|L_{\text{out}}(n)| + |L_{\text{from}}^I(n)|}, & k_n(t) = 0 \end{cases}
$$

$$
p_l(t+1) = \begin{cases} \dfrac{\lambda_l(t)}{\sum_{l\in L_{\text{out}}(n)} \lambda_l(t) + \sum_{k\in L_{\text{from}}^I(n)} \lambda_k(t)}, & k_n(t) \neq 0 \\[2ex] \dfrac{1}{|L_{\text{out}}(n)| + |L_{\text{from}}^I(n)|}, & k_n(t) = 0 \end{cases}
$$

$$x_l'(t+1) = \underset{x_l'^{\min} \leqslant x' \leqslant x_l'^{\max}}{\arg\max} \left\{ U_l'(x_l') - \lambda_l(t) x_l' \right\}$$

和

$$\lambda_l(t+1) = \left(\lambda_l(t) - \beta(t) \left[c_l' + \log p_l(t) + \sum_{k \in N_{\text{to}}^I(l)} \log\left[1 - P^k(t)\right] - x_l'(t) \right] \right)$$

5. 设置其持久概率 $P^{n*} = P^n(t)$ 和其每条接出链路的条件持久概率 $q_l^* = p_l(t)/P^n(t)$。
6. 确定它是否将以概率 P^{n*} 发送数据，在这种情况下，它选择在其中一条接出链路上以概率 $q_l^*, \forall l \in L_{\text{out}}(n)$ 发送。

针对实际的实施情况，上述算法在每个节点 n 的发射端计算其接出链路 l 的 P^n 、p_l 、λ_l 、x_l' 。如果假设干扰范围内的两个节点可以互相通信，则在上述算法中，每个节点需要获取距其两跳距离范围内的节点信息。为了计算得到接出链路 l 的 P^n 和 p_l ，节点 n 需要受其传输干扰的链路 m 的发射节点 t_m 的 λ_m [即来自 $t_m, \forall m \in L_{\text{from}}^I(n)$]。值得一提的是，t_m 处于节点 n 的两跳范围内。

此外，如果每条链路 l 的 λ_l 和 x_l' 是在接收节点 r_l 计算而不是在发射节点 t_l 计算，则可以为仅需要一跳距离的每个节点设计修正的算法。

下面的例子给出具体描述，对于每条链路 l，$U_l(x_l)$ 为[23]

$$U_l(x_l) = \frac{x_l^{(1-\alpha)} - x_l^{\min(1-\alpha)}}{x_l^{\max(1-\alpha)} - x_l^{\min(1-\alpha)}}$$

其中 $x_l^{\min} = 0.5, x_l^{\max} = 5, \forall l$。网络效用如图 16.2.4 所示，详见文献[19-25]。

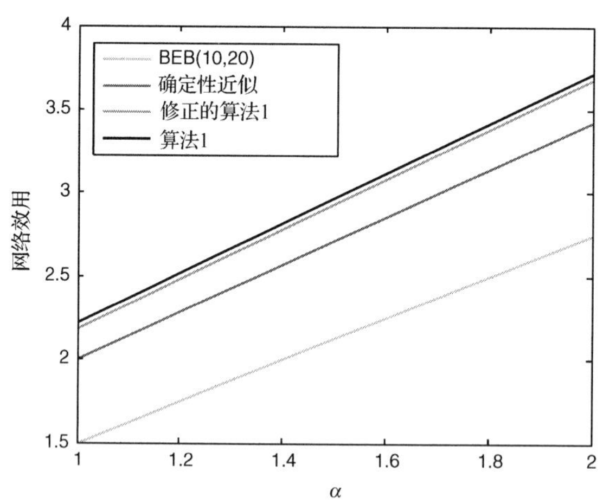

图 16.2.4 示例中网络效用函数的比较

16.3 跨层设计

16.3.1 拥塞控制和路由

本节将讨论 TCP/IP 交互，在接下来的内容中将使用如下的假设和符号：

1．从源 s 到目的地有 K^s 条非循环路径，它用 $L\times K^s$ 维 0-1 矩阵 $\mathbf{H}^s$ 表示，其中

$$H_{lj}^s=\begin{cases}1, & \text{如果源}\,s\,\text{的路径}\,j\,\text{使用链路}\,l\\0, & \text{其他}\end{cases}$$

2．$\mathbf{H}^s$ 表示所有 $\mathbf{H}^s$ 列的集合，即到 s 的所有可用路径。

3．$L\times K$ 矩阵 $\mathbf{H}=[\mathbf{H}^1\cdots\mathbf{H}^N]$ 定义网络的物理拓扑，其中 $K=\sum_s K^s$ 。

4．$\mathbf{w}^s$ 是 $K^s\times l$ 向量，其中的每项表示路径上的流量占比，使得 $w_j^s\geqslant 0$（$\forall j$）且 $\mathbf{1}^{\mathrm{T}}\mathbf{w}^s=1$，其中 $\mathbf{1}$ 是一个合适维度的向量，每项中的值为 1。我们要求 $w_j^s\in\{0,1\}$ 用于单径路由，并允许 $w_j^s\in[0,1]$ 用于多径路由。

5．$\mathbf{W}$ 是 $K\times N$ 块对角矩阵，包含了向量 $\mathbf{w}^s, s=1,\cdots,N$ 。

6．W_n 表示单径路由的所有矩阵的集合，定义为 $\{\mathbf{W}|\mathbf{W}=\mathrm{diag}(\mathbf{w}^1,\cdots,\mathbf{w}^N)\in\{0,1\}^{K\times N}, \mathbf{1}^{\mathrm{T}}\mathbf{w}^s=1,\forall s\}$ 。

7．W_m 表示多径路由的所有矩阵的集合，定义为 $\{\mathbf{W}|\mathbf{W}=\mathrm{diag}(\mathbf{w}^1,\cdots,\mathbf{w}^N)\in\{0,1\}^{K\times N}, \mathbf{1}^{\mathrm{T}}\mathbf{w}^s=1,\forall s\}$ 。

$\mathbf{H}$ 定义了每个源可用的非循环路径集，$\mathbf{W}$ 定义了源如何在路径之间实现负载平衡。它们的乘积定义了一个 $L\times N$ 路由矩阵 $\mathbf{R}=\mathbf{HW}$ ，指定了每条链路上 s 的流量占比。所有的单径路由矩阵集为

$$R_n=\{\mathbf{R}|\mathbf{R}=\mathbf{HW},\mathbf{W}\in W_n\} \tag{16.3.1}$$

所有的多径路由矩阵集为

$$R_m=\{\mathbf{R}|\mathbf{R}=\mathbf{HW},\mathbf{W}\in W_m\} \tag{16.3.2}$$

单径路由和多径路由之间的区别是整数约束 $\mathbf{W}$ 和 $\mathbf{R}$ 。R_n 中的单径路由是一个 0-1 矩阵：

$$R_{ls}=\begin{cases}1, & \text{如果链路1在源}\,s\,\text{的路径中}\\0, & \text{其他}\end{cases}$$

而 R_m 中的多径路由矩阵的元素为如下范围内的元素之一：

$$R_{ls}=\begin{cases}>0, & \text{如果链路1在源}\,s\,\text{的路径中}\\0, & \text{其他}\end{cases}$$

源 s 的路径可表示为 $\mathbf{r}^s=[R_{1s}\cdots R_{Ls}]^{\mathrm{T}}$ 且 $\mathbf{r}^s$ 是路由矩阵 $\mathbf{R}$ 的第 s 列。

首先考虑 TCP-AQM 的运行要比路由更新更快的情况。为了对链路开销做出某种合理定义，假设为每一对源-目的地选择一条单一路径，以最小化路径中的链路成本之和。

设 $\mathbf{R}(t)\in R_n$ 为周期 t 内的路由策略，令周期 t 内由 TCP-AQM 生成的均衡速率和价格分别为 $\mathbf{x}(t)=\mathbf{x}[\mathbf{R}(t)]$ 和 $\boldsymbol{\lambda}(t)=\boldsymbol{\lambda}[\mathbf{R}(t)]$ ，即原始和对偶最优解决方案，并且正式定义为

$$\mathbf{x}(t)=\arg\max_{\mathbf{x}\geqslant 0}\sum_s U_s(x_s)\ \text{subject to}\ \mathbf{R}(t)\mathbf{x}\leqslant\mathbf{c} \tag{16.3.3}$$

$$\boldsymbol{\lambda}(t)=\arg\min_{\boldsymbol{\lambda}\geqslant 0}\sum_s\max_{x_s\geqslant 0}\left(U_s(x_s)-x_s\sum_l R_{ls}(t)\lambda_l\right)+\sum_l c_l\lambda_l \tag{16.3.4}$$

周期 t 内的路由决策使用的链路开销就是拥塞价格 $\lambda_l(t)$ 。每个源单独计算新路由 $\mathbf{r}^s(t+1)\in H^s$ ，以使路径上的总代价最小化：

$$\mathbf{r}^s(t+1) = \arg\min_{\mathbf{r}^s\in H^s}\sum_l \lambda_l(t) r_l^s \tag{16.3.5}$$

如果 $(\mathbf{R}^*,\mathbf{x}^*,\boldsymbol{\lambda}^*)$ 是式(16.3.3)～式(16.3.5)的一个固定点，那么它就是 TCP/IP 的一个均衡点；也就是说，从路由 $\mathbf{R}^*$ 及相关联的 $(\mathbf{x}^*,\boldsymbol{\lambda}^*)$ 出发，上述迭代在后续周期内将产生 $(\mathbf{R}^*,\mathbf{x}^*,\boldsymbol{\lambda}^*)$ 。现在表征由式(16.3.3)～式(16.3.5)建模的 TCP/IP 具有一个均衡点的条件。

考虑以下广义 NUM：

$$\underset{\mathbf{R}\in R_n}{\text{maximize}}\left[\max_{\mathbf{x}\geqslant 0}\sum_s U_s(x_s)\right]\text{ subject to }\mathbf{Rx}\leqslant\mathbf{c} \tag{16.3.6}$$

和它的拉格朗日对偶问题：

$$\underset{\boldsymbol{\lambda}\geqslant 0}{\text{minimize}}\sum_s \max_{x_s\geqslant 0}\left[U_s(x_s)-x_s\min_{\mathbf{r}^s\in H^s}\sum_l R_{ls}\lambda_l\right]+\sum_l c_l\lambda_l \tag{16.3.7}$$

其中 $\mathbf{r}^s$ 指的是 $\mathbf{R}$ 的第 s 列且 $r_l^s = R_{ls}$ 。式(16.3.3)在最大化源速率效用的同时，式(16.3.6)也在最大化速率和路由的效用。式(16.3.3)是没有对偶的凸优化问题，式(16.3.6)是非凸的，因为变量 $\mathbf{R}$ 是离散的，并且通常具有对偶差距(duality gap)。由于 $\mathbf{R}$ 的最大化将采取由 TCP-AQM 生成的具有拥塞价格 $\boldsymbol{\lambda}$ 的最小成本路由(形式)作为链路代价，这表明当选择合适的链路成本时，TCP/IP 可被认为是一种试图最大化效用的分布式算法，从而证明了 TCP/IP 的均衡点实际存在的说法是正确的。

可以看出，当且仅当式(16.3.6)和式(16.3.7)之间不存在对偶差距时，TCP/IP 中才会有均衡点 $(\mathbf{R}^*,\mathbf{x}^*,\boldsymbol{\lambda}^*)$ 。在这种情况下，均衡点 $(\mathbf{R}^*,\mathbf{x}^*,\boldsymbol{\lambda}^*)$ 是式(16.3.6)和式(16.3.7)的解。

因此，TCP 和 IP 的分层可视为两个不同时间尺度下将源速率和路径的 NUM 问题分解并将其转变为一个分布式和分散式算法。在这个意义上，式(16.3.3)～式(16.3.5)中的 TCP/IP 迭代的均衡点如果存在，则可以求解式(16.3.6)和式(16.3.7)。然而，均衡点可能并不存在，即使存在，也不一定稳定。对偶差距是“不分割成本”的一种度量。为了详细说明，考虑拉格朗日算子

$$L(\mathbf{R},\mathbf{x},\boldsymbol{\lambda})=\sum_s\left[U_s(x_s)-x_s\sum_l R_{ls}\lambda_l\right]+\sum_l c_l\lambda_l$$

原始式(16.2.21)及其对偶式(16.2.22)可分别表示为

$$V_{n\rho}=\max_{\mathbf{R}\in R_n,\mathbf{x}\geqslant 0}\ \min_{\boldsymbol{\lambda}\geqslant 0} L(\mathbf{R},\mathbf{x},\boldsymbol{\lambda})$$

和

$$V_{nd}=\min_{\boldsymbol{\lambda}\geqslant 0}\ \max_{\mathbf{R}\in R_n,\mathbf{x}\geqslant 0} L(\mathbf{R},\mathbf{x},\boldsymbol{\lambda})$$

在多径路由情况下，有

$$V_{m\rho}=\max_{\mathbf{R}\in R_m,\mathbf{x}\geqslant 0}\ \min_{\boldsymbol{\lambda}\geqslant 0} L(\mathbf{R},\mathbf{x},\boldsymbol{\lambda})$$

和

$$V_{md} = \min_{\boldsymbol{\lambda}\geqslant 0} \max_{\mathbf{R}\in R_m, \mathbf{x}\geqslant 0} L(\mathbf{R}, \mathbf{x}, \boldsymbol{\lambda})$$

其中

$$R_n \subseteq R_m, V_{n\rho} \leqslant V_{m\rho} \quad 和 \quad V_{s\rho} \leqslant V_{sd} = V_{m\rho} = V_{md}$$

当单径效用最大化中没有对偶差距时，即当$V_{n\rho} = V_{nd}$时，TCP/IP 中恰好存在均衡点。在这种情况下，不分割流量就不会有惩罚，也就是说，单径路由与多径路由的表现一致，即$V_{n\rho} = V_{m\rho}$。当 TCP/IP 中没有均衡点时，多径路由实现了更高的效用$V_{m\rho}$，这种情况下 TCP/IP 不能收敛，更不能求解式(16.3.6)或式(16.3.7)中的单径效用最大化问题。在这种情况下，原问题式(16.3.6)及其对偶问题式(16.3.7)不能表征 TCP/IP，但其差距衡量了限制路由为单一路径时的效用损失且收益是独立的。即使最短路径路由是多项式的，最短路径效用最大化问题仍是 NP 难题，详见文献[26-31]。

16.3.2　拥塞控制和物理资源分配

考虑对于任意的l，可由$\mathbf{R}$或$\{S(l)\}$表示已建立逻辑拓扑的无线多跳网络，其中一些节点作为传输源，一些节点作为中继节点。基于式(16.2.4)中的基础 NUM 问题，可以看出在一个干扰受限的无线网络中，在无线链路上可达的数据速率不是式(16.2.4)中的固定数字$\mathbf{c}$，它可以作为发射功率向量$\mathbf{P}$的函数，对于任意的l，$c_l(\mathbf{P}) = \log[1 + K\mathrm{SIR}_l(\mathbf{P})]/T$，$T$为符号周期，可看作一个单元，$K = [-\phi_1/\log(\phi_2\mathrm{BER})]$，$\phi_1$和$\phi_2$分别取决于调制方式和要求的误码率。给定路径损耗集合G_{lk}，链路l的信干比定义为$\mathrm{SIR}_l(\mathbf{P}) = P_l G_{ll} \Big/ \left(\sum_{k\neq l} P_k G_{lk} + n_l\right)$。$G_{lk}$因子结合了传播损耗、扩展增益和其他的归一化常量。值得注意的是，G_{ll}远比G_{lk}大（$k \neq l$），如果假设同一时间没有很多邻近节点传输数据，则KSIR 远比 1 要大。在这种高 SIR 方案中，c_l可以近似为$\log[K\mathrm{SIR}_l(\mathbf{P})]$。

通过以上假设，具有“弹性”链路容量的广义 NUM 变为

$$\begin{aligned} &\text{maximize} \sum_s U_s(x_s) \\ &\text{subject to} \sum_{s\in S(l)} x_s \leqslant c_l(\mathbf{P}),\ \forall l \\ &\mathbf{x}, \mathbf{P} \geqslant 0 \end{aligned} \tag{16.3.8}$$

其中，优化变量是源速率$\mathbf{x}$和发射功率$\mathbf{P}$。

式(16.3.8)与式(16.2.4)的主要区别在于，每条链路容量都是新的优化变量——发射功率$\mathbf{P}$的函数。设计空间从$\mathbf{x}$扩大到$\mathbf{x}$和$\mathbf{P}$，并在式(16.3.8)中耦合。$\mathbf{x}$的线性流约束变成了$(\mathbf{x}, \mathbf{P})$上的非线性约束。在实际问题中，对于任意的l，问题(16.3.8)也受到每条链路的发射节点的最大和最小发射功率的限制：$P_{l,\min} \leqslant P_l \leqslant P_{l,\max}$。

这里面临的主要挑战是式(16.3.8)中的两个全局依赖问题。如同式(16.3.8)的约束中求和范围$\{s \in S(l)\}$的情况一样，源速率$\mathbf{x}$和链路容量$\mathbf{c}$在整个网络上全局耦合。另外，在给定功率向量的条件下，依据可获得的数据速率，每条链路容量$c_l(\mathbf{P})$是所有干扰功率的全局函数。

下面将重点研究基于时延的开销和 TCP Vegas 窗口更新，以及$(\mathbf{x}, \mathbf{P})$上相应的对数效用最大化问题，即

$$\text{maximize} \sum_s \alpha_s \log x_s$$

$$\text{subject to } \sum_{s\in S(l)} x_s \leqslant c_l(\mathbf{P}), \forall l \\ \mathbf{x}, \mathbf{P} \geqslant 0 \tag{16.3.9}$$

其中，$(\mathbf{x}, \mathbf{P})$ 是 TCP Vegas 中的一个常量参数。

在每个时隙 t 内，下面的 4 个更新会自动执行，直至收敛。

1. 在每个调制节点，当 $\beta_1 > 0$ 为常量时，加权排队时延 λ_l 就会立刻更新：

$$\lambda_l(t+1) = \left[\lambda_l(t) + \frac{\beta_1}{c_l(t)}\left(\sum_{s\in S(l)} x_s(t) - c_l(t)\right)\right]^+ \tag{16.3.10}$$

2. 在每个源处，测量总时延 D_s 且用于更新 TCP 窗口的大小 w_s。因此，源速率 x_s 可更新为：

$$w_s(t+1) = \begin{cases} w_s(t) + \dfrac{1}{D_s(t)}, & \dfrac{w_s(r)}{d_s} - \dfrac{w_s(r)}{D_s(t)} < \alpha_s \\ w_s(t) - \dfrac{1}{D_s(t)}, & \dfrac{w_s(r)}{d_s} - \dfrac{w_s(r)}{D_s(t)} > \alpha_s \\ w_s(t), & \text{其他} \end{cases} \\ x_s(t+1) = \frac{w_s(t+1)}{D_s(t)} \tag{16.3.11}$$

3. 每个发射节点 j 根据局部可测量的量计算发射信息 $m_j(t) \in \mathbf{R}_+$，并且通过泛洪协议将信息传递给所有的其他节点：

$$m_j(t) = \frac{\lambda_j(t)\text{SIR}_j(t)}{P_j(t)G_{jj}}$$

4. 每个发射节点根据局部可测量的量和接收信息来更新功率，其中 $\beta_2 > 0$ 是一个常量：

$$P_l(t+1) = P_l(t) + \frac{\beta_2 \lambda_l(t)}{P_l(t)} - \beta_2 \sum_{j\neq l} G_{lj} m_j(t) \tag{16.3.12}$$

利用每个发射机上的最小和最大发射功率约束 $(P_{l,\min}, P_{l,\max})$，将更新功率投射到区间 $[P_{l,\min}, P_{l,\max}]$ 中。

步骤 2 是简单的 TCP Vegas 窗口更新。步骤 1 是排队延时开销更新的修正版本（原始更新是步骤 1 的近似）。步骤 3 和步骤 4 描述的是利用信息传递的新功率控制方法。将当前的值 $\lambda_j(t)\text{SIR}_j(t)/P_j(t)G_{jj}$ 作为来自其他传输节点 j 的信息，链路 l 的发射节点在下一个节点调整其功率电平，以与当前开销成正比并与当前功率成反比的方式增大其功率。然后根据来自其他发射节点的加权信息总和降低功率，这里的权值为路径损耗 G_{lj}。直观地说，如果局部排队时延很高，则应该增加传输功率，若当前功率已经很高，则需适度增加幅度。如果其他链路的排队时延很高，则应该降低传输功率，以减小链路之间的干扰。

为了计算 m_j，排队延时 λ_j、信干比 SIR_j、接收功率电平 P_jG_{jj} 可直接在局部节点 j 测量得到。这个算法只使用结果信息 m_j 而不是 λ_j、SIR_j、P_j 和 G_{jj}。每条信息都是要显式传递的实际数字。为了完成功率更新，G_{lj} 因子可以通过训练序列的方式来估计。

当前已存在的 TCP 拥塞控制的队列管理算法无须改变，利用在物理层设计的功率控制算法中的加权排队时延，可以实现式(16.3.9)中的联合和全局优化。可以看出，对于足够小的 β_1

和 β_2，式(16.3.10)、式(16.3.11)和式(16.3.12)中定义的算法收敛于式(16.3.9)中的联合拥塞和功率控制问题的全局最优解。

16.3.3　拥塞和竞争控制

基于 MAC 和 TCP 的随机接入 NUM 问题可表示为关于 $(\mathbf{x},\mathbf{P},\mathbf{p})$ 的优化问题：

$$
\begin{aligned}
&\text{maximize} \sum_s U_s(x_s) \\
&\text{subject to} \sum_{s\in S(l)} x_s \leqslant c_l p_l \prod_{k\in N_{\text{to}}^l(l)} \left(1-P^k\right),\quad \forall l \\
&\qquad \sum_{l\in L_{\text{out}(n)}} p_l = P^n,\quad \forall n \\
&\qquad x_s^{\min} \leqslant x_s \leqslant x_s^{\max},\quad \forall s \\
&\qquad 0\leqslant P^n \leqslant 1,\quad \forall n \\
&\qquad 0\leqslant p_l \leqslant 1,\quad \forall l
\end{aligned}
\tag{16.3.13}
$$

当改变变量 $\{p_l,P^k\}$ 后，上式是一个凸优化问题，其解决方案可通过惩罚函数或者基于拉格朗日松弛法的对偶分解方法而分布式地进行。两种方法都具有标准收敛属性，但它们会对 TCP/MAC 交互的时间尺度产生不同影响。利用如下定义：

$$
h_l(\mathbf{p},\mathbf{x}') = \log\left(\sum_{s\in S(l)} \mathrm{e}^{x_s'}\right) - c_l' - \log p_l - \sum_{k\in N_{\text{to}}^l(l)} \log\left(1-\sum_{m\in L_{\text{out}}(k)} p_m\right)
$$

和

$$
w_n(\mathbf{p}) = \sum_{m=L_{\text{out}}(n)} p_m - 1
$$

并结合惩罚函数法，式(16.3.13)变为

$$
\begin{aligned}
&\text{maximize} \sum_s U_s'(x_s') \\
&\text{subject to } h_l(\mathbf{p},\mathbf{x}') \leqslant 0,\ \forall l \\
&\qquad w_n(\mathbf{p}) \leqslant 0,\ \forall n \\
&\qquad x_s'^{\min} \leqslant x_s' \leqslant x_s'^{\max},\ \forall s \\
&\qquad 0\leqslant p_l \leqslant 1,\ \forall l
\end{aligned}
\tag{16.3.14}
$$

不同于直接求解式(16.3.14)，我们应用惩罚函数法并考虑以下问题：

$$
\begin{aligned}
&\text{maximize } V(\mathbf{p},\mathbf{x}') \\
&\text{subject to } x_s'^{\min} \leqslant x_s' \leqslant x_s'^{\max},\ \forall s \\
&\qquad 0\leqslant p_l \leqslant 1,\ \forall l
\end{aligned}
\tag{16.3.15}
$$

其中 $V(\mathbf{p},\mathbf{x}') = \sum_s U_s'(x_s') - \kappa \sum_l \max\{0, h_l(\mathbf{p},\mathbf{x}')\} - \kappa \sum_n \max\{0, w_n(\mathbf{p})\}$ 且 κ 是正的常量。很容易证明

$$\frac{\partial V(\mathbf{p},\mathbf{x}')}{\partial p_l}=\kappa\left(\frac{\varepsilon_l}{p_l}-\frac{\sum\limits_{k\in L_{\text{from}}^{I}(t)}\varepsilon_k}{1-\sum\limits_{m\in L_{\text{out}}(r_l)}p_m}-\delta_{tl}\right)$$

和

$$\frac{\partial V(\mathbf{p},\mathbf{x}')}{\partial_{x_s'}}=\frac{\partial U_s'(x_s')}{\partial x'_s}-\kappa e^{x_s'}\sum_{l\in L(s)}\frac{\varepsilon_l}{\sum\limits_{k\in S(l)}e^{x_k'}}$$

其中

$$\varepsilon_l=\begin{cases}0, & \sum\limits_{n\in S(l)}e^{x_n'}\leqslant c_l p_l\prod\limits_{k\in N_{\text{to}}^{I}(l)}\left(1-\sum\limits_{m\in L_{\text{out}}(k)}p_m\right)\\ 1, & \text{其他}\end{cases}$$

和

$$\delta_n=\begin{cases}0, & \sum\limits_{m\in L_{\text{out}}(n)}p_m\leqslant 1\\ 1, & \text{其他}\end{cases}$$

至此，得到了求解式(16.3.15)的迭代次梯度投影算法如下。

对于每个局部链路，是否进行传输取决于持续概率，即

$$p_l'(t+1)=\left[p(t)+\alpha(t)\frac{\partial V(\mathbf{p},\mathbf{x}')}{\partial p_l}\Big|_{\mathbf{p}=\mathbf{p}(t),\mathbf{x}'=\mathbf{x}'(t)}\right]_0^1,\forall l \tag{16.3.16}$$

并且在每个源处，端到端速率按下式调整：

$$x_s'(t+1)=\left[x_s'(t)+\alpha(t)\frac{\partial V(\mathbf{p},\mathbf{x}')}{\partial_{x_s'}}\Big|_{\mathbf{p}=\mathbf{p}(t),\mathbf{x}'=\mathbf{x}'(t)}\right]_{x_s'^{\min}}^{x_s'^{\max}},\forall s \tag{16.3.17}$$

其中$[a]_c^b=\max\{\min\{a,b\},c\}$。

对于式(16.3.16)和式(16.3.17)的实际实现，每条链路l（或者其传输节点t_l）利用式(16.3.16)更新它的持续概率$p_l(t)$，而且每个源利用式(16.3.17)更新其数据速率$x_s(t)$。为了计算梯度，每条链路只需来自链路k［其中$k\in L_{\text{from}}^{I}(t_l)$］的信息，即来自受到链路$l$传输干扰的那些链路，而且这些链路就是链路$l$的邻近链路。并且为了计算梯度，每个源只需来自链路$l$的信息，即其路由路径上的链路$l$，$l\in L(s)$。因此，为了执行算法，每个源和链路只需通过有限信息传递来获取局部信息，而且算法可以通过分布式方式实现。特别值得注意的是，δ_n是在每条链路的发射节点算出、用来更新这条链路的持续概率，而且不需要在节点之间传递。此处无须明确传送持续概率的值，因其影响已包含在$\{\varepsilon_l\}$中。$\sum\limits_{m\in L_{\text{out}}(t_l)}p_m$和$\sum\limits_{k\in S(l)}\exp(x_k')$的值可在局部每个节点和每条链路处测量。

为了实现基于对偶分解的算法，利用标准的对偶分解可将式(16.3.13)分为两个问题，：

$$\begin{aligned}&\text{maximize}\sum_s U_s(x_s)\\&\text{subject to}\sum_{s\in S(l)}x_s\leqslant y_l,\forall l\\&x_s^{\min}\leqslant x_s\leqslant x_s^{\max},\ \forall s\end{aligned} \tag{16.3.18}$$

y_l 是链路 l 的平均数据速率且

$$\begin{aligned}&\text{maximize } \hat{U}(\mathbf{p})\\&\text{subject to } \sum_{m\in L_{\text{out}}(n)} p_m \leqslant 1, \forall n\\&0\leqslant p_l \leqslant 1,\ \forall l\end{aligned} \tag{16.3.19}$$

其中

$$\hat{U}(\mathbf{p}) = \max\left\{\sum_s U_s(x_s) \middle| \sum_{s\in S(l)} x_s \leqslant y_l(\mathbf{p}), \forall l\ ,\right.$$

$$y_l(\mathbf{p}) = c_l p_l \prod_{k\in N_{\text{to}}^I(l)} \left(1-\sum_{m\in L_{\text{out}}(k)} p_m\right),\ \forall l,$$

$$\left. x_s^{\min} \leqslant x_s \leqslant x_s^{\max},\ \forall s\right\}$$

对于给定的 $\mathbf{y}$ ，式(16.3.18)可通过前面的对偶分解和分布式梯度下降投影算法求解。

下面考虑首先通过在目标函数中添加惩罚函数来求解式(16.3.19)，即

$$\begin{aligned}&\text{maximize } \hat{V}(\mathbf{p})\\&\text{subject to } 0\leqslant p_l \leqslant 1, \forall l\end{aligned} \tag{16.3.20}$$

其中 $\hat{V}(\mathbf{p}) = \hat{U}(\mathbf{p}) - \kappa \max\left\{0, \sum_n \left(1-\sum_{m\in L_{\text{out}}(n)} p_m\right)\right\}$ 且 κ 是正的常量。由于式(16.3.20)是简单的约束凸问题，可以利用次梯度下降投影算法来求解它，即

$$p_l(t+1) = \left[p(t) + \beta(t)\frac{\partial \hat{V}(\mathbf{p})}{\partial p_l}|_{\mathbf{p}=\mathbf{p}(t)}\right]_0^1,\ \forall l \tag{16.3.21}$$

其中 $\partial \hat{V}(\mathbf{p})/\partial p_l$ 是相对于 p_l 的 $\hat{V}(\mathbf{p})$ 的梯度，而 $\partial \hat{V}(\mathbf{p})/\partial p_l$ 可以由下式得到：

$$\begin{aligned}\frac{\partial \hat{V}(\mathbf{p})}{\partial p_l} = &\lambda_l^*(t) c_l \prod_{k\in N_{\text{to}}^I(l)} \left(1-\sum_{m\in L_{\text{out}}(k)} p_m\right) - \sum_{n\in L_{\text{from}}^I(t_l)} \lambda_n^*(t) c_n p_n\\&\times \prod_{k\in N_{\text{to}}^I(n), k\neq t_l} \left(1-\sum_{m\in L_{\text{out}}(k)} p_m\right) - \kappa\delta_{tl}\end{aligned} \tag{16.3.22}$$

其中

$$\delta_n = \begin{cases}0, & \sum_{m\in L_{\text{out}}(n)} p_m \leqslant 1\\ 1, & \text{其他}\end{cases}$$

$\boldsymbol{\lambda}^*(t)$ 是式(16.3.18)中对偶问题的最优对偶解且 $\mathbf{y} = \mathbf{y}[\mathbf{p}(t)]$ ，详见文献[25, 32-37]。

16.3.4　拥塞控制、路由和调度

考虑一个拥有 N 个节点和 L 条逻辑链路的 ad hoc 无线网络。针对每条逻辑链路 l ，假设有一种功率控制形式保证当它活跃时有固定的容量 c_l 。链路层的可行速率区域是相应的独立

冲突图集速率向量的凸集。对于可行速率区域 $\mathbf{\Pi}$ 及目的地 k，当每条到达目的地 k 的链路 (i,j) 存在队列时，节点 i 处产生流量，链路 (i,j) 的总容量 f_{ij}^k 将会分配给到达目的地 k 的链路上的各个流，考虑以下包含变量 $x_s \geqslant 0$、$f_{ij}^k \geqslant 0$ 的广义 NUM：

$$\begin{aligned}&\text{maximize } U_s(x_s)\\&\text{subject to } x_i^k \leqslant \sum_{j:(i,j)\in L} f_{ij}^k - \sum_{j:(j,i)\in L} f_{ji}^k, \forall i,k\\&\mathbf{f}\in\mathbf{\Pi}\end{aligned} \tag{16.3.23}$$

其中 x_s 是 x_l^k 的缩写。第一个限制是流均衡公式：从节点 i 流向目的地 k 的流加上分配给节点 i 传输至目的地 k 的总容量不会多于从节点 i 流出到目的地 k 的总容量。第二个限制是调度。式(16.3.23)中的对偶问题分解为最小化以下两个子问题所产生的结果之和：

$$D_1(\boldsymbol{\lambda}) := \max_{x_s\geqslant 0}\sum_s \left(U_s(x_s) - x_s\lambda_s\right) \tag{16.3.24}$$

$$D_2(\boldsymbol{\lambda}) := \max_{f_{ij}^k\geqslant 0}\sum_{i,k}\lambda_i^k\sum_j\left(f_{ij}^k - f_{ji}^k\right) \quad \text{subject to } \mathbf{f}\in\mathbf{\Pi} \tag{16.3.25}$$

第一个子问题是拥塞控制，λ_s 是源 $s=(i,k)$ 的局部拥塞价格。第二个子问题对应于多径路由和链路容量分配的综合问题。因此，通过对偶分解，流量优化问题分解成单独的局部优化问题，这些问题通过拥堵价格而相互影响。

式(16.3.24)中的拥塞控制问题有一个唯一的最大值 $x(\boldsymbol{\lambda}) = U_s^{-1}(\lambda_s)$。式(16.3.25)中的联合路由和调度问题等价于 $\sum_{i,j}\sum_k \max_{f_{ij}^k\geqslant 0} f_{ij}^k(\lambda_i^k - \lambda_j^k)$，受限于 $\mathbf{f}\in\mathbf{\Pi}$。

因此，如果 k 最大化 $(\lambda_i^k - \lambda_j^k)$，则最优调度就是得到 $f_{ij}^k = c_{ji}$。这就引出了下面的联合拥塞控制、调度和路由算法。

1. 拥塞控制：流源 s 设置其速率为 $x_s(\lambda) = U'_{s^{-1}}(\lambda_s)$。
2. 调度：
   (a) 对于每条链路 (i,j)，寻找目的地 k^* 且 $k^* \in \arg\max_k(\lambda_i^k - \lambda_j^k)$，定义 $w_{ij}^* := \lambda_i^{k^*} - \lambda_j^{k^*}$。
   (b) 选择一个 $\tilde{\mathbf{f}} \in \arg\max_{\mathbf{f}\in\mathbf{\Pi}} \sum_{(i,j)\in L} w_{ij}^* f_{ij}$，因此 $\tilde{\mathbf{f}}$ 是一个特殊点。这些 $\overline{f}_{ij} > 0$ 的链路 (i,j) 将会传输数据，而 $f_{ij} = 0$ 的链路则不会传输。
3. 路由：在 $\overline{f}_{ij} > 0$ 的链路 $(i,j)\in L$ 上以全速率容量 c_{ij} 向目的地 k^* 传输数据。
4. 价格更新：每个节点 i 根据下式更新到达终点 k 的队列价格：

$$\lambda_i^k(t+1) = \left[\lambda_i^k(t) + \beta\left(x_i^k[\boldsymbol{\lambda}(t)] - \sum_{j:(i,j)\in L} f_{ij}^k[\boldsymbol{\lambda}(t)] + \sum_{j:(j,i)\in L} f_{ji}^k[\boldsymbol{\lambda}(t)]\right)\right]^+ \tag{16.3.26}$$

w_{ij}^* 值代表节点 i 和节点 j 之间目的地 k 的最大差分拥塞价格。上面的算法利用背压(back pressure)来完成最优调度和逐跳路由。这是协议栈设计中一个基于背压调度和对偶分解之间潜在交互的案例研究，其中的压力指的是拥塞价格，详见文献[38-44]。

16.4　优化问题分解方法

我们从原分解和对偶分解开始解耦约束，然后确定目标函数的一致性价格，最后实现替代分解。

16.4.1　耦合约束解耦

如图 16.4.1 所示，主分解方法可以这样解释：主问题的作用是合适地分配现有资源，给每个子问题一个可以使用的资源量。

在计算机工程术语中，主问题对应竞争需求中的资源切片。在对偶分解方法中，主问题为每个子问题设定资源的价格，每个子问题必须根据价格决定要使用的资源量。

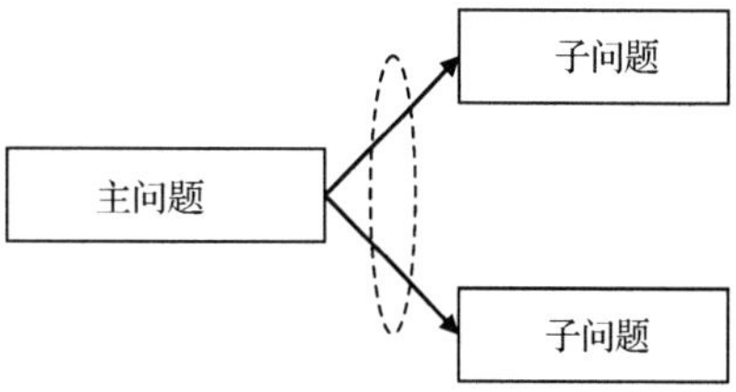

图 16.4.1　说明优化问题分解的示意图

主问题的作用就是获得最佳的定价方案。在很多情况下，利用信息传递分布来解决主问题会更好，主问题可以是总体的或者全局的，也可以是隐式的或者显式的。总之，工程机制通过定价反馈实现对偶分解，而主分解通过适应性切片实现。

一般来说，“原始-对偶”有很多术语层面上的意思。例如，“原始-对偶内点法”是一类用于集中计算凸优化问题的算法，“原始-对偶分布算法”有时用来描述自动解决原始和对偶问题的任意算法。

除此之外，术语“原始驱动”“对偶驱动”和“原始-对偶驱动”用来在原始变量、对偶变量或者两者兼有的情况下对动态更新进行区分。在同一术语中，基于“惩罚”功能的算法指的是那些在原始问题中利用惩罚手段将耦合约束移动到增强目标函数的分布式算法。

上述算法与通过对偶分解手段得到基于对偶分解的算法形成对比。这里，原始和对偶分解有着不同含义，即分别通过直接资源分配和直接定价控制分解耦合约束。

从一个给定的分解方法可能会得到多个分布式算法。原始和对偶分解利用分解性结构把给定的优化问题中的主问题转变成子问题。

不同的分布式算法可能是从同一个分解基础上发展起来的，例如可以有不同选择的更新算法（梯度或切割平面或者椭球方法）、可变更新排序法（雅可比迭代法和高斯-赛德尔迭代法）和时间尺度嵌套循环。

16.4.2　基本 NUM 对偶分解

本节主要探讨如何将对偶分解方法应用到基本 NUM 问题中，以得到基于标准对偶分解的分布式算法。假设效用函数是凹的，也可能是线性函数。式（16.3.7）中的拉格朗日对偶问题可以表示为

$$L(\mathbf{x},\boldsymbol{\lambda})=\sum_{s}U_s(x_s)+\sum_{l}\lambda_l\left(c_l-\sum_{s\in S(l)}x_s\right)$$

其中 $\lambda_l \geqslant 0$ 是链路上与线性流约束相关的拉格朗日乘子（即链路价格）。总效用的附加性和流约束的线性使得拉格朗日对偶分解为独立源项：

$$L(\mathbf{x},\boldsymbol{\lambda})=\sum_s\left[U_s(x_s)-\left(\sum_{l\in L(s)}\lambda_l\right)x_s\right]+\sum_l c_l\lambda_l=\sum_s L_s(x_s,q_s)+\sum_l c_l\lambda_l$$

其中 $q_s=\sum_{l\in L(s)}\lambda_l$。对于每个源 s，$L_s(x_s,q_s)=U_s(x_s)-q_s x_s$ 仅仅依赖于局部速率 x_s 和路径价格 q_s(路径上的源 s 使用 λ_l 的总和)。

拉格朗日对偶函数 $g(\boldsymbol{\lambda})$ 定义为当 $\boldsymbol{\lambda}$ 给定时关于 $\mathbf{x}$ 的最大值 $L(\mathbf{x},\boldsymbol{\lambda})$。很明显，这个“网络效用”最大化可由每个源分布计算，即

$$x_S^*(q_s)=\arg\max\left[U_s(x_s)-q_s x_s\right],\ \forall s \tag{16.4.1}$$

拉格朗日最大值 $\mathbf{x}^*(\boldsymbol{\lambda})$ 称为基于价格的速率分配(对于给定的价格 $\boldsymbol{\lambda}$)。式(16.4.1)中的拉格朗日对偶问题可以表示为

$$\begin{aligned}&\text{minimize } g(\boldsymbol{\lambda})=L[x^*(\boldsymbol{\lambda}),\boldsymbol{\lambda}]\\&\text{subject to } \boldsymbol{\lambda}\geqslant 0\end{aligned} \tag{16.4.2}$$

式中 $\boldsymbol{\lambda}$ 为最优化变量。因为 $g(\boldsymbol{\lambda})$ 是在 $\boldsymbol{\lambda}$ 的众多限制条件下目标函数的一个上限，所以它是一个凸优化问题。由于 $g(\boldsymbol{\lambda})$ 可能是不可区分的，故可使用迭代梯度下降方法更新对偶变量 $\boldsymbol{\lambda}$，以求解对偶问题(16.4.2)：

$$\lambda_l(t+1)=\left[\lambda_l(t)-\beta(t)\left(c_l-\sum_{s\in S(l)}x_s[q_s(t)]\right)\right]^+,\forall l \tag{16.4.3}$$

其中 $c_l-\sum_{s\in S(l)}x_s[q_s(t)]$ 是梯度向量 $g(\boldsymbol{\lambda})$ 的第 l 个分量，t 是迭代步数，$\beta(t)>0$ 为步长。选择一定的步长，如 $\beta(t)=\beta_0/t$，$\beta>0$，以保证对偶变量 $\boldsymbol{\lambda}(t)$ 序列随着 $t\to\infty$ 收敛于 $\boldsymbol{\lambda}^*$。可以看出，原始变量 $\mathbf{x}^*[\boldsymbol{\lambda}(t)]$ 同样收敛于原始最优变量 $\mathbf{x}^*$。对于一个凸优化的原始问题，其收敛一定是全局最优的。

总之，式(16.4.1)和式(16.4.3)中的源和链路算法序列组成了基于标准对偶分解的分布式算法，该算法可以解决式(16.2.1)中的 NUM 问题，也就是说，在不需要信令的情况下，计算出最优速率向量 $\mathbf{x}^*$ 和最优链路向量 $\boldsymbol{\lambda}^*$。这是因为梯度体现了固定链路容量和每条链路上变化的业务负载之间的差异，并且梯度更新公式可以解释加权排队时延更新。

上述方法称为基本算法(BA)或者基于价格的分布式算法。该算法对非凹源效用函数的影响将会在 16.4.5 节中讨论。

当这类问题包含耦合变量时，将执行主分解。这样当变量固定为某些值时，一般问题将被解耦为几个子问题。举例来说，如果变量 $\mathbf{y}$ 固定，以下关于 $\mathbf{y},\{\mathbf{x}_i\}$ 的问题：

$$\begin{aligned}&\text{maximize } \sum_i f_i(\mathbf{x}_i)\\&\text{subject to } \mathbf{x}_i\in X_i,\ \forall i\\&\qquad\qquad \mathbf{A}_i\mathbf{x}_i\leqslant\mathbf{y},\ \forall i\\&\qquad\qquad \mathbf{y}\in Y\end{aligned} \tag{16.4.4}$$

将被解耦。这意味着将式(16.4.4)中的优化问题分为两级优化。在下一级，我们有子问题。当 $\mathbf{y}$ 固定时，对于 $\mathbf{x}_i$ 上的每个子问题，式(16.4.4)将被解耦为

$$\begin{aligned}&\text{maximize}\ f_i(\mathbf{x}_i)\\&\mathbf{x}_i\in X_i\\&\mathbf{A}_i\mathbf{x}_i\leqslant\mathbf{y}\end{aligned}\tag{16.4.5}$$

在上一级，我们有主问题，通过求解以下问题：

$$\begin{aligned}&\text{maximize}\ \sum_i f_i^*(\mathbf{y})\\&\text{subject to}\ \ \mathbf{y}\in Y\end{aligned}\tag{16.4.6}$$

更新耦合变量$\mathbf{y}$。在式(16.4.6)中，对于给定的$\mathbf{y}$，$f_i^*(\mathbf{y})$是式(16.4.5)的最优目标值。每个$f_i^*(\mathbf{y})$的梯度为

$$\mathbf{s}_i(\mathbf{y})=\boldsymbol{\lambda}_i^*(\mathbf{y})\tag{16.4.7}$$

其中$\boldsymbol{\lambda}_i^*(\mathbf{y})$是对应式(16.4.5)中的约束$\mathbf{A}_i\mathbf{x}_i\leqslant\mathbf{y}$的最优拉格朗日乘子。在这种情况下，全局梯度为$s(\mathbf{y})=\sum_i s_i(\mathbf{y})=\sum_i\boldsymbol{\lambda}_i^*(\mathbf{y})$。式(16.4.5)中的子问题可以在局部独立地利用$\mathbf{y}$的知识来求解。

当该问题有耦合约束时，对偶分解是合理的，使得(耦合)松弛时的优化问题可解耦为几个子问题。例如，考虑以下问题：

$$\begin{aligned}&\text{maximize}\ \sum_i f_i(\mathbf{x}_i)\\&\text{subject to}\ \ \mathbf{x}_i\in X_i,\forall i\\&\sum_i\mathbf{h}_i(\mathbf{x}_i)\leqslant\mathbf{c}\end{aligned}\tag{16.4.8}$$

没有约束$\sum_i\mathbf{h}_i(\mathbf{x}_i)\leqslant\mathbf{c}$时，该问题将会解耦。这意味着将式(16.4.8)中的耦合松弛为

$$\begin{aligned}&\text{maximize}\ \sum_i f_i(\mathbf{x}_i)-\boldsymbol{\lambda}^{\mathrm{T}}\left[\sum_i\mathbf{h}_i(\mathbf{x}_i)-\mathbf{c}\right]\\&\text{subject to}\ \ \mathbf{x}_i\in X_i,\forall i\end{aligned}\tag{16.4.9}$$

使得该最优化以两级优化的方式运行。在下一级，对应每个$\mathbf{x}_i$都有一个子问题，即式(16.4.9)解耦为

$$\begin{aligned}&\text{maximize}\ f_i(\mathbf{x}_i)-\boldsymbol{\lambda}^{\mathrm{T}}\mathbf{h}_i(\mathbf{x}_i)\\&\text{subject to}\ \ \mathbf{x}_i\in X_i\end{aligned}\tag{16.4.10}$$

在高一级，我们有主问题，它通过求解如下对偶问题：

$$\begin{aligned}&\text{maximize}\ g(\boldsymbol{\lambda})=\sum_i g_i(\boldsymbol{\lambda})+\boldsymbol{\lambda}^{\mathrm{T}}\mathbf{c}\\&\text{subject to}\ \ \boldsymbol{\lambda}\geqslant 0\end{aligned}\tag{16.4.11}$$

更新对偶变量$\boldsymbol{\lambda}$。在式(16.4.11)中，$g_i(\boldsymbol{\lambda})$是当$\boldsymbol{\lambda}$给定时求解式(16.4.10)得到的拉格朗日最大值的对偶分数。这个方法实际上是求解对偶问题而不是原始主问题。因此，仅当强对偶性存在时，它才能给出合理的结果。

每个$g_i(\boldsymbol{\lambda})$的梯度为

$$\mathbf{s}_i(\boldsymbol{\lambda})=-\mathbf{h}_i\left[\mathbf{x}_i^*(\boldsymbol{\lambda})\right]\tag{16.4.12}$$

对于给定的$\boldsymbol{\lambda}$，$x^*(\boldsymbol{\lambda})$是式(16.4.12)的最优解。全局梯度是$s(\boldsymbol{\lambda})=\sum_i\mathbf{s}_i(\boldsymbol{\lambda})+\mathbf{c}=\mathbf{c}-\sum_i\mathbf{h}_i[\mathbf{x}_i^*(\boldsymbol{\lambda})]$。式(16.4.10)中的问题可在局部独立地利用$\boldsymbol{\lambda}$的知识求解。

16.4.3 耦合约束

不是所有的耦合约束都可以通过原始或者对偶分解的方式分解。例如，无线蜂窝网络功率控制问题中 SIR 的可行性集合，就以一种没有明显分解性结构的方式耦合。在文献[45]中，约束的设置需要在对偶分解之前完成。当宽带接入网络时，耦合是时变的，并且可以使用非常有效的“静态定价”解耦这样的“静态耦合”。

16.4.4 解耦耦合目标

分布式和端到端算法可以解决式(16.2.4)中的基本 NUM 问题，原因如下。

1. 目标函数的可分离性：网络效用是各个源效用的总和。
2. 约束函数的相加性：线性约束流是各个流的总和。
3. 迭代指数的互换性：

$$\sum_l \lambda_l \sum_{s\in S(l)} x_s = \sum_s x_s \sum_{l\in L(s)} \lambda_l$$

4. 零对偶差距。

一旦违反了上述的特性 2，则特性 3 就可以忽略。这时，分解就会变难许多，并且通常会涉及约束集的再参量化。当特性 4 不能满足时，最新的一些研究提供了替代解决方法，我们在 16.4.5 节中将会讨论。

本节中讨论的广义 NUM 问题是

$$\begin{aligned} &\text{maximize} \sum_k U_k\left(\mathbf{x}_k,\ \{\mathbf{x}_l\}_{l\in L(k)}\right) \\ &\text{subject to } \mathbf{x}_k \in X_k, \forall k \\ &\sum_{k=1}^{K} \mathbf{h}_k(\mathbf{x}_k) \leqslant \mathbf{c} \end{aligned} \tag{16.4.13}$$

其中，对于 $l\in L(k)$，效用(严格凹的) U_k 取决于局部向量变量 $\mathbf{x}_k$ 和其他效用中的变量 $\mathbf{x}_l$，这就是耦合效用，$L(k)$ 是与第 k 个效用耦合的节点集，集合 $\mathbf{x}_k$ 是任意的凸集。虽然耦合约束函数 $\sum_k \mathbf{h}_k(\mathbf{x}_k)$ 不一定是线性的，但一定是凸的。

值得一提的是，这个模型有两种耦合方式：耦合约束和耦合效用。

在效用中解决耦合问题的一种方法是引入辅助变量和附加的等式约束，从而把目标函数中的耦合函数转移为约束中的耦合。此后，还可以通过对偶分解的方式解耦，并通过引入附加的一致性价格进行求解。如果两个节点有依赖各自总变量的单独效用，则可合理地假设存在某些可以让它们在局部交换价格信息的通信信道。可以看出，在基于标准对偶分解的分布式算法中，全局链路拥塞价格更新不受总的一致性价格更新的影响，这可在节点之间的局部信道中完成。

第一步是在问题(16.4.13)中为效用函数中的耦合变量和附加的平等约束引入辅助变量 $\mathbf{x}_{kl}$，以增强一致性，即

$$\text{maximize} \sum_k U_k\left(\mathbf{x}_k, \{\mathbf{x}_{kl}\}_{l\in L(k)}\right)$$

$$\begin{aligned}&\text{subject to } \mathbf{x}_k \in X_k, \forall k\\&\sum_k \mathbf{h}_k(\mathbf{x}_k) \leqslant \mathbf{c} \qquad (16.4.14)\\&\mathbf{x}_{kl} = \mathbf{x}_l, \forall k, l \in L(k)\end{aligned}$$

为了得到一种分布式算法，现可通过松弛式(16.4.14)中所有耦合约束，得到一个对偶分解方法，即

$$\begin{aligned}&\text{maximize} \sum_k U_k\left[\mathbf{x}_k, \{\mathbf{x}_{kl}\}_{l\in L(k)}\right] + \boldsymbol{\lambda}^{\mathrm{T}}\left[\mathbf{c} - \sum_k \mathbf{h}_k(\mathbf{x}_k)\right]\\&\quad + \sum_{k,l\in L(k)} \boldsymbol{\gamma}_{kl}^{\mathrm{T}}(\mathbf{x}_l - \mathbf{x}_{kl}) \qquad (16.4.15)\\&\text{subject to } \mathbf{x}_k \in X_k, \forall k\\&\quad \mathbf{x}_{kl} \in X_l, \forall k, l \in L(k)\end{aligned}$$

其中，$\boldsymbol{\lambda}$ 是拥塞价格，而 $\boldsymbol{\gamma}_{kl}$ 是一致性价格。利用该叠加性，拉格朗日加性结构将分解成许多子问题，其中使用总变量(第 k 个子问题仅使用第一个下标索引的变量)进行最大化。对于给定的 $\boldsymbol{\gamma}_{kl}$ 和 $\boldsymbol{\lambda}$ 集合，式(16.4.15)的最优值定义了对偶函数 $g(\{\boldsymbol{\gamma}_{kl}\},\boldsymbol{\lambda})$。其对偶问题则为

$$\begin{aligned}&\underset{\{\boldsymbol{\gamma}_{kl}\},\boldsymbol{\lambda}}{\text{minimize}}\ g(\{\boldsymbol{\gamma}_{kl}\},\boldsymbol{\lambda}) \qquad (16.4.16)\\&\text{subject to } \boldsymbol{\lambda} \geqslant \mathbf{0}\end{aligned}$$

值得注意的是，式(16.4.16)等价于

$$\begin{aligned}&\underset{\boldsymbol{\lambda}}{\text{minimize}}\left[\underset{\{\boldsymbol{\gamma}_{kl}\}}{\text{minimize}}\ g(\{\boldsymbol{\gamma}_{kl}\},\boldsymbol{\lambda})\right] \qquad (16.4.17)\\&\text{subject to } \boldsymbol{\lambda} \geqslant \mathbf{0}\end{aligned}$$

问题(16.4.16)可以利用梯度下降算法自动更新价格的方式来求解。在式(16.4.17)中，随着 $\boldsymbol{\lambda}$ 的每次更新，内部最小化都可以完全实现(通过重复更新 $\{\boldsymbol{\gamma}_{kl}\}$)。后一种方法意味着两种时间尺度：快速时间尺度中的每个聚类更新相应的一致性价格，而慢尺度中的网络更新链路价格。而前一种方法只有一种时间尺度。

总之，当效用 U_k 是严格凹的、集合 X_k 为任意凸集合且约束函数 h_k 为凸时，式(16.4.13)可由如下定义的分布式算法求解。

1. 链路更新拥塞价格(每条链路只更新自己的部分)，即

$$\boldsymbol{\lambda}(t+1) = \left[\boldsymbol{\lambda}(t) - \beta_1\left(\mathbf{c} - \sum_k \mathbf{h}_k(\mathbf{x}_k)\right)\right]^+ \qquad (16.4.18)$$

   其中 β_1 为步长。

2. 对于所有的 k，第 k 个节点更新一致性价格[以更快或者相同的时间尺度作为 $\boldsymbol{\lambda}(t)$ 的更新值]，即

$$\boldsymbol{\lambda}(t+1) = \left(\boldsymbol{\lambda}(t) - \beta_1\left[\mathbf{c} - \sum_k \mathbf{h}_k(\mathbf{x}_k)\right]\right)^+ \qquad (16.4.19)$$

   其中 β_2 为步长，然后将其广播到簇中的耦合节点。

3. 对于所有的 k，第 k 个节点局部化求解如下的约束优化问题：

$$\underset{x_k,\{x_{kl}\}r}{\text{maximize}} \; U_k\left(\mathbf{x}_k,\{\mathbf{x}_{kl}\}_{l\in L(k)}\right)-\boldsymbol{\lambda}^{\mathrm{T}}\sum_k \mathbf{h}_k(\mathbf{x}_k)$$
$$+\left(\sum_{l:k\in L(l)}\boldsymbol{\gamma}_{lk}\right)^{\mathrm{T}}\mathbf{x}_k-\sum_{l\in L(k)}\boldsymbol{\gamma}_{kl}^{\mathrm{T}}\mathbf{x}_{kl} \tag{16.4.20}$$
$$\text{subject to } \mathbf{x}_k\in X_k$$
$$\mathbf{x}_{kl}\in X_l,\forall l\in L(k)$$

其中，$\{\mathbf{x}_{kl}\}_{l\in L(k)}$是第 k 个节点的局部辅助变量。

总而言之，所有链路都必须公开其局部变量 $\mathbf{x}_k$（而不是辅助变量 $\mathbf{x}_{lk}$）；拥塞价格 $\boldsymbol{\lambda}$ 在前面已经更新，每条链路在得知耦合链路变量 $\mathbf{x}_k$ 后都可以更新相应的 $\boldsymbol{\gamma}_{kl}$，并将信号发送到耦合链路。每条链路都可以更新局部变量 $\mathbf{x}_k$ 和辅助变量 $\mathbf{x}_{kl}$。耦合效用引出唯一附加价格的原因是每个簇中耦合链路之间的受限发送。

16.4.5　替代分解

导致分布式架构被替代的技术之一是递归地应用主分解和对偶分解，如图 16.4.2 所示。

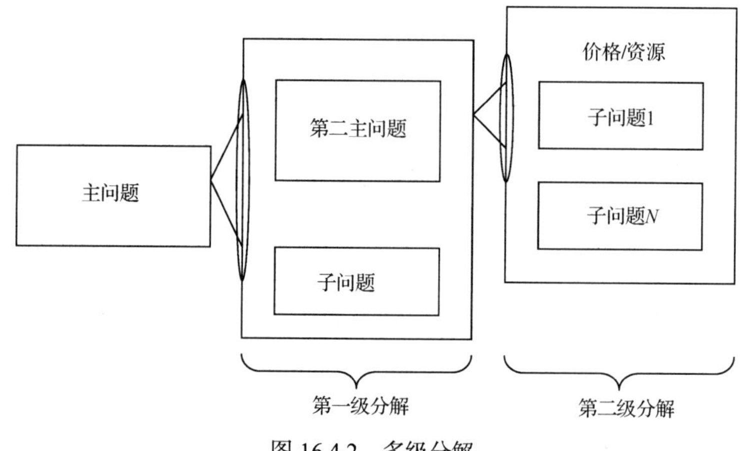

图 16.4.2　多级分解

将基本分解方式重复应用于一个问题，以获得越来越小的子问题。例如，在$\{\mathbf{x}_i\}$同时包含耦合变量和耦合约束的情况下，考虑以下关于 $\mathbf{y}$ 的问题：

$$\begin{aligned}\text{maximize}\quad & \sum_i f_i(\mathbf{x}_i,\mathbf{y})\\ \text{subject to}\quad & \mathbf{x}_i\in X_i,\ \forall i\\ & \sum_i \mathbf{h}_i(\mathbf{x}_i)\leqslant \mathbf{c}\\ & \mathbf{A}_i\mathbf{x}_i\leqslant \mathbf{y},\ \forall i\\ & \mathbf{y}\in Y\end{aligned} \tag{16.4.21}$$

这个问题的一种分解算法是首先进行耦合变量 $\mathbf{y}$ 的主分解，然后进行耦合约束 $\sum_i \mathbf{h}_i(\mathbf{x}_i)\leqslant \mathbf{c}$ 的对偶分解。另一种分解算法则首先进行对偶分解，然后进行主分解。

体现不同分解方法灵活性的另一个范例是如下具有两个约束集的优化问题：

$$\begin{aligned} &\text{maximize}\ \ f_0(\mathbf{x}) \\ &\text{subject to}\ \ f_i(\mathbf{x})\leqslant 0,\ \forall i \\ &\qquad\qquad\ \ h_i(\mathbf{x})\leqslant 0,\ \forall i \end{aligned} \tag{16.4.22}$$

处理这个问题的一种方法是经由两个约束集全松弛对偶问题获得对偶函数 $g(\boldsymbol{\lambda},\boldsymbol{\mu})$。在这一点上，不是直接关于 $\boldsymbol{\lambda}$ 和 $\boldsymbol{\mu}$ 对 g 进行最小化，而是首先最小化一组拉格朗日乘子，然后对剩下的一个乘子进行最小化，即 $\min\limits_{\boldsymbol{\lambda}}\min\limits_{\boldsymbol{\mu}} g(\boldsymbol{\lambda},\boldsymbol{\mu})$。这种方法首先应用对偶分解，然后进行主分解，以处理对偶问题。

下面的引理描述了顶级主问题的梯度。

引理[83]　考虑以下对偶函数的部分最小化：

$$g(\boldsymbol{\lambda})=\inf_{\boldsymbol{\mu}} g(\boldsymbol{\lambda},\boldsymbol{\mu}) \tag{16.4.23}$$

其中 $g(\boldsymbol{\lambda},\boldsymbol{\mu})$ 定义如下对偶函数：

$$g(\boldsymbol{\lambda},\boldsymbol{\mu})\triangleq\sup_{\mathbf{x}\in X}\left\{f_0(\mathbf{x})-\sum_i\lambda_i f_i(\mathbf{x})-\sum_i\mu_i h_i(\mathbf{x})\right\} \tag{16.4.24}$$

$g(\boldsymbol{\lambda})$ 是凸的，而梯度 $s_\lambda(\boldsymbol{\lambda})$ 定义为

$$s_{\lambda_i}(\boldsymbol{\lambda})=-f_i(\mathbf{x}^*[\boldsymbol{\lambda},\boldsymbol{\mu}^*(\boldsymbol{\lambda})]) \tag{16.4.25}$$

其中，$\mathbf{x}^*(\boldsymbol{\lambda},\boldsymbol{\mu})$ 是式(16.4.24)中关于给定 $\boldsymbol{\lambda}$ 和 $\boldsymbol{\mu}$ 实现上确界的 $\mathbf{x}$ 值，$\boldsymbol{\mu}^*(\boldsymbol{\lambda})$ 是获得式(16.4.23)中的下确界的 $\boldsymbol{\mu}$ 值。

此外，式(16.4.22)可以通过对偶但只有一个约束集部分松弛[即对于任意的 i，$f_i(\mathbf{x})\leqslant 0$]而近似获得，从而得到由主问题最小化的对偶函数 $g(\boldsymbol{\lambda})$。为了计算给定 $\boldsymbol{\lambda}$ 时的 $g(\boldsymbol{\lambda})$，部分拉格朗日乘子必须最大限度地服从剩余约束条件 $g_i(\mathbf{x})\leqslant 0\ (\forall i)$，为此，可以应用另外一个松弛条件。这个方法首先使用部分对偶分解，然后对于子问题使用另一种对偶分解。

除了结合主分解和对偶分解，还有其他不同顺序的更新，包括并行(雅可比迭代法)或串行(高斯-赛德尔迭代法)更新。当存在超过一级的分解时，所有级将运行特定的迭代算法，如梯度下降算法，如果低级主问题较之高级主问题在一个更快的时间尺度上求解，则其收敛性和稳定性就可以得到保证，使得在主问题的每次迭代中所有低级问题均可收敛。如果不同子问题的更新在相似的时间尺度上执行，则整体系统的收敛性仍能实现，但需要更多的证明技术。

同时，部分和分级分解也可用于协议栈架构的替代操作。作为一个例子，考虑以下关于变量 $(\mathbf{x},\mathbf{y})$ 的 NUM 的特殊情况：

$$\begin{aligned} &\text{maximize}\ \ \sum_i U_i(x_i) \\ &\text{subject to}\ \ f_i(x_i,y_i)\leqslant 0,\ \forall i \\ &\qquad\qquad\ \ y_i\in Y_i,\forall i \\ &\qquad\qquad\ \ \sum_i h_i(x_i,y_i)\leqslant 0 \end{aligned} \tag{16.4.26}$$

在式(16.4.26)中，$\mathbf{x}$ 对用户效用依赖的性能标准进行建模，$\mathbf{y}$ 对全局耦合和影响性能的相同资源进行建模。这个问题在无线蜂窝网络的分布式功率控制算法中有所应用，它可以通过多种方式进行分解。在以下三个范例中，每次分解都为实现计算和通信之间的最佳权衡提供了新的可能性。

1．在主分解方法中，如果 y_i 固定，则式(16.4.26)可以分解。可将原始问题分解为关于 $\mathbf{y}$ 的主问题：

$$\begin{aligned}&\text{maximize}\sum_i \widetilde{U}_i(y_i)\\&\text{subject to } y_i\in y_i,\ \forall i\\&\sum_i h_i(y_i)\leqslant 0\end{aligned}\tag{16.4.27}$$

式中，每个 $\tilde{U}_i(y_i)$ 是关于下列子问题的原始目标值：

$$\begin{aligned}&\text{maximize}\, U_l(x_l)\\&\text{subject to } x_i\in X_i\\&f_i(x_i,y_i)\leqslant 0\end{aligned}\tag{16.4.28}$$

每个子问题可以利用它的局部信息(U_l、f_l 和局部集合 X_l)和由主问题给出的相应 y_i 值的解。一旦每个子问题都得到求解，可以将最优值 $U_l(y_l)$ 和可能的梯度传递给主问题。在这种情况下，主问题需要根据可分配给 y_i 的资源量与每个子问题进行交流。

2．在对偶分解方法中，关于所有的耦合约束 $f_i(x_i,y_i)\leqslant 0$ 和 $\sum_i h_i(y_i)\leqslant 0$，主对偶问题为

$$\text{minimize } g(\boldsymbol{\lambda},\gamma)\tag{16.4.29}$$

其中对于 $\boldsymbol{\lambda}$，$\gamma\geqslant 0$。在式(16.4.29)中，$g(\boldsymbol{\lambda},\gamma)$ 由下面每个 i 的关于 (x_i,y_i) 的子问题的最优目标值之和给定：

$$\begin{aligned}&\text{maximize } U_i(x_i)-\lambda_i f_i(x_i,y_i)-\gamma h_i(y_i)\\&\text{subject to } x_i\in X_i\end{aligned}\tag{16.4.30}$$

每个子问题都可利用局部信息和拉格朗日乘子 λ_l 和 γ (由主问题给出)进行并行求解。一旦每个子问题都得到求解，就可以将最优值和可能的梯度传递给主问题。在这种情况下，主问题需要与每个子问题交流私有价格 λ_i 和公共价格 γ。

3．在部分对偶分解方法中，仅关联于全局耦合约束 $\sum_i h_i(y_i)\leqslant 0$，关于 $\gamma\geqslant 0$ 的主对偶问题为

$$\text{minimize } g(\gamma)\tag{16.4.31}$$

其中，对于所有的 i，$g(\gamma)$ 由下列子问题的最优目标值之和给出：

$$\begin{aligned}&\text{maximize } U_i(x_i)-\gamma h_i(y_i)\\&\text{subject to } x_i\in X_i\\&f_i(x_i,y_i)\leqslant 0\end{aligned}\tag{16.4.32}$$

每个子问题都可以仅使用其局部信息和拉格朗日乘子 γ (由主问题给出)进行并行求解。一旦每个问题都得到求解，$-h_i(y_i)$ 给出的最优值和(可能的)梯度就可以传递给主问题。在这种情况下，主对偶问题需要与每个子问题简单交流公共价格 γ，详见文献[45-56]。

参考文献

[1] Boyd, S.P. and Vandenberghe, L. (2003) *Convex Optimization*. Cambridge University Press, Cambridge. In Press.

[2] Shor, N.Z. (1985) *Minimization Methods for Non-differentiable Functions*, Springer Series in Computational Mathematics, Springer, New York.

[3] Hiriart-Urruty, J.-B. and Lemaréchal, C. (1993) *Convex Analysis and Minimization Algorithms*, Springer, New York.

[4] Kelley, J.E. (1960) The cutting-plane method for solving convex programs. *Journal of the Society for Industrial and Applied Mathematics*, **8** (4), 703–712.

[5] Elzinga, J. and Moore, T.G. (1975) A central cutting plane algorithm for the convex programming problem. *Mathematical Programming Studies*, **8**, 134–145.

[6] Goffin, J.-L., Luo, Z.-Q. and Ye, Y. (1996) Complexity analysis of an interior cutting plane method for convex feasibility problems. *SIAM Journal on Optimization*, **6**, 638–652.

[7] Shor, N.Z. The development of numerical methods for nonsmooth optimization in the USSR. In J.K. Lenstra, A. H.G. Rinnooy Kan, and A. Schrijver, editors, *History of Mathematical Programming. A Collection of Personal Reminiscences*, pages 135–139. Centrum voor Wiskunde en Informatica, North-Holland, Amsterdam, 1991.

[8] Bland, R.G., Goldfarb, D. and Todd, M.J. (1981) The ellipsoid method: A survey. *Operations Research*, **29** (6), 1039–1091.

[9] Palomar, D. and Chiang, M. (2006) A tutorial to decomposition methods for network utility maximization. *IEEE Journal on Selected Areas in Communications*, **24** (8), 1439–1450.

[10] Floyd, S. and Jacobson, V. (1993) Random early detection gateways for congestion avoidance. *IEEE/ACM Transactions on Networking*, **1** (4), 397–413.

[11] Jacobson, V. (1988) Congestion Avoidance and Control. Proceedings of ACM SIGCOMM '88, August 1988, Stanford, CA.

[12] Kunniyur, S. and Srikant, R. (2003) End-to-end congestion control: Utility functions, random losses and ECN marks. *IEEE/ACM Transactions on Networking*, **11** (5), 689–702.

[13] Low, S.H. (2003) Duality model of TCP and queue management algorithms. *IEEE/ACM Transactions on Networking*, **11** (4), 525–536.

[14] Low, S.H., Perterson, L.L. and Wang, L. (2002) Understanding Vegas: A duality model. *Journal of Association for Computing Machinery*, **49** (2), 207–235.

[15] Mo, J. and Walrand, J. (2000) Fair end-to-end window-based congestion control. *IEEE ACM Transactions on Networking*, **8** (5), 556–567.

[16] Jin, C., Wei, D.X., and Low, S.H. (2004) FAST TCP: Motivation, Architecture, Algorithms, and Performance. Proceedings of the IEEE INFOCOM, March, 2004, Hong Kong.

[17] Jin, C., Wei, D.X., Low, S.H. *et al.* (2005) FAST TCP: from theory to experiments. *IEEE Network*, **19** (1), 4–11.

[18] Wei, D.X., Jin, C., Low, S.H. and Hegde, S. (2006) FAST TCP: motivation, architecture, algorithms, and performance. *IEEE ACM Transactions on Networking*, **14** (6), 1246–1259.

[19] Lee, J.W., Chiang, M. and Calderbank, R.A. (2007) Utility-optimal medium access control. *IEEE Transactions on Wireless Communications*, **6** (7), 2741–2751.

[20] Lee, J.W., Tang, A., Huang, J., Chiang, M. and Calderbank, A.R. (2007) Reverse engineering MAC: a game theoretic model. *IEEE Journal on Selected Areas in Communications*, **25** (6), 1135–1147.

[21] Nandagopal, T., Kim, T., Gao, X., and Bharghavan, V. (2000) *Achieving MAC Layer Fairness in Wireless Packet Networks*. Proceedings of the ACM MOBICOM, August, 2000, Boston, MA.

[22] Chen, L., Low, S.H., and Doyle, J.C., *Joint TCP Congestion Control and Medium Access Control*. Proceedings of the IEEE INFOCOM, March, 2005, Miami, FL.

[23] Fang, Z. and Bensaou, B. (2004) Fair Bandwidth Sharing Algorithms Based on Game Theory Frameworks for Wireless Ad-hoc Networks. Proceedings of the of the 23rd IEEE Conference on Computer and Communications (INFOCOM), March 7–11, 2004, **2**, pp. 1284–1295.

[24] Nandagopal, T., Kim, T., Gao, X., and Bharghavan, V. (2000) Achieving MAC Layer Fairness in Wireless Packet Networks. Proceedings of ACM MOBICOM, August, 2000, Boston, MA.

[25] Kar, K., Sarkar, S. and Tassiulas, L. (2004) Achieving proportional fairness using local information in Aloha networks. *IEEE Transactions on Automatic Control*, **49** (10), 1858–1862.

[26] Kar, K., Sarkar, S., and Tassiulas, L. (2001) Optimization Based Rate Control for Multipath Sessions. Proceedings of Seventeenth International Teletraffic Congress (ITC), December, 2001, Salvador da Bahia, Brazil.

[27] He, J., Bresler, M., Chiang, M. and Rexford, J. (2007) Towards multi-layer traffic engineering: optimization of congestion control and routing. *IEEE Journal on Selected Areas in Communications*, **25** (5), 868–880.

[28] Kar, K., Sarkar, S., and Tassiulas, L. (2001) *Optimization Based Rate Control for Multipath Sessions*. Proceedings of Seventeenth International Teletraffic Congress (ITC), December, 2001, Salvador da Bahia, Brazil.

[29] Kelly, F.P. and Voice, T. (2005) Stability of end-to-end algorithms for joint routing and rate control. *Computer Communication Review*, **35** (2), 5–12.

[30] Key, P., Massoulie, L., and Towsley, D. (2006) Combining Multipath Routing and Congestion Control for Robustness. Proceedings of IEEE 40th Annual Conference on Information Sciences and Systems (CISS), March, 2006.

[31] Paganini, F. (2006) Congestion Control with Adaptive Multipath Routing Based on Optimization. Proceedings of IEEE 40th Annual Conference on Information Sciences and Systems (CISS), March 22–24, 2006, Princeton, NJ.

[32] Chen, L., Low, S.H., and Doyle, J.C. (2005) Joint TCP Congestion Control and Medium Access Control. Proceedings IEEE of the 24th Annual Joint Conference of the IEEE Computer and Communications Societies, INFOCOM 2005, March 13–17, 2005.

[33] La, R.J. and Anantharam, V. (2002) Utility-based rate control in the Internet for elastic traffic. *IEEE/ACM Transactions on Networking*, **10** (2), 272–286.

[34] Wang, X. and Kar, K. (2006) Cross-layer rate optimization for proportional fairness in multihop wireless networks with random access. *IEEE Journal on Selected Areas in Communications*, **24** (8), 1548–1559.

[35] Yuen, C. and Marbach, P. (2005) Price-based rate control in random access networks. *IEEE ACM Transactions on Networking*, **13** (5), 1027–1040.

[36] Zhang, J. and Zheng, D. (2006) A Stochastic Primal-Dual Algorithm for Joint Flow Control and MAC Design in Multihop Wireless Networks. Proceedings of IEEE 40th Annual Conference on Information Sciences and Systems (CISS), March 22–24, 2006, Princeton, NJ.

[37] Zhang, J., Zheng, D., and Chiang, M. (2007) *Impacts of Stochastic Noisy Feedback in Network Utility Maximization*. Proceedings of 26th IEEE International Conference on Computer Communications, INFOCOM, May 6–12, 2007, Anchorage, AK.

[38] Chen, L., Low, S.H., Chiang, M., and Doyle, J.C. (2006) *Joint Optimal Congestion Control, Routing, and Scheduling in Wireless Ad Hoc Networks*. Proceedings of the 25th IEEE International Conference on Computer Communications, INFOCOM 2006, April, 2006, Barcelona, Spain.

[39] Eryilmaz, A. and Srikant, R. (2005) *Fair Resource Allocation in Wireless Networks Using Queue-Length-Based Scheduling and Congestion Control*. Proceedings IEEE 24th Annual Joint Conference of the IEEE Computer and Communications Societies, INFOCOM, March 13–17, 2005, **3**, Miami, FL, pp. 1794–1803.

[40] ____, Joint congestion control, routing and MAC for stability and fairness in wireless networks. *IEEE Journal on Selected Areas in Communications*, **24**(8), 1514–1524, 2006.

[41] Lin, X. and Shroff, N.B. (2004) *Joint Rate Control and Scheduling in Multihop Wireless Networks*. Proceedings of the 43rd IEEE Conference on Decision and Control. CDC, December 14–17, 2004, **2**, Paradise Island, Bahamas, pp. 1484–1489.

[42] ____, The impact of imperfect scheduling on cross-layer rate control in wireless networks. *IEEE/ACM Transactions on Networking*, **14**(2), 302–315, 2006.

[43] Neely, M.J., Modiano, E., and Li, C.P. (2005) *Fairness and Optimal Stochastic Control for Heterogeneous Networks*. Proceedings of the IEEE INFOCOM, March 13–17, 2005, **3**, Miami, FL, pp. 1723–1734.

[44] Stolyar, A.L. (2005) Maximizing queueing network utility subject to stability: greedy primal-dual algorithm. *Queueing System*, **50** (4), 401–457.

[45] Hande, P., Rangan, S., and Chiang, M. (2006) *Distributed Algorithms for Optimal SIR Assignment in Cellular Data Networks*. Proceedings of the 25th IEEE International Conference on Computer Communications, INFOCOM, April 2006, Barcelona, Spain.

[46] Cendrillon, R., Huang, J., Chiang, M. and Moonen, M. (2007) Autonomous spectrum balancing for digital subscriber lines. *IEEE Transactions on Signal Processing*, **55** (8), 4241–4257.

[47] Chiang, M., Tan, C.W., Palomar, D., O'Neill, D. and Julian, D. (2007) Power control by geometric programming. *IEEE Transactions on Wireless Communications*, **6** (7), 2640–2651.

[48] Tan, C.W., Palomar, D., and Chiang, M. (2006) *Distributed Optimization of Coupled Systems with Applications to Network Utility Maximization*. Proceedings 2006 IEEE International Conference on Acoustics, Speech and Signal Processing. ICASSP 2006, May 14–19, 2006, Toulouse, **5**, pp. V-981–V-984.

[49] Elwalid, A., Jin, C., Low, S.H., and Widjaja, I. (2001) *MATE:MPLS Adaptive Traffic Engineering*. Proceedings of the IEEE Twentieth Annual Joint Conference of the IEEE Computer and Communications Societies. INFOCOM, April 22–26, 2001, **3**, Anchorage, AK, pp. 1300–1309.

[50] Han, H., Shakkottai, S., Hollot, C.V., Srikant, R., and Towsley, D. (2004) *Overlay TCP for Multi-path Routing and Congestion Control*. Proceedings of the IMA Workshop Measurement and Modeling of the Internet, January 2004.

[51] He, J., Bresler, M., Chiang, M. and Rexford, J. (2007) Towards multi-layer traffic engineering: optimization of congestion control and routing. *IEEE Journal on Selected Areas in Communications*, **25** (5), 868–880.

[52] Kandula, S. and Katabi, D. (2005) *Walking the Tightrope: Responsive Yet Stable Traffic Engineering*. Proceedings of the ACM SIGCOMM, August 2005, Philadelphia, PA.

[53] Key, P., Massoulie, L., and Towsley, D. (2006) *Combining Multipath Routing and Congestion Control for Robustness*. Proceedings of the 40th Annual Conference on Information Sciences and Systems, CISS, March 22–24, 2006, Princeton.

[54] Lin, X. and Shroff, N.B. (2006) Utility maximization for communication networks with multipath routing. *IEEE Transactions on Automatic Control*, **51** (5), 766–781.

[55] Paganini, F. (2006) *Congestion Control with Adaptive Multipath Routing Based on Optimization*. Proceedings of the 40th Annual Conference on Information Sciences and Systems, CISS, March 22–24, 2006, Princeton, NJ.

[56] Bertsekas, D.P. and Tsitsiklis, J.N. (1989) *Parallel and Distributed Computation*. Prentice-Hall, New York, 1989.

第 17 章　网络信息论

信息论对通信理论和实践的发展做出了重大贡献，尤其是在信道容量、编码和调制等物理层领域。直到现在，信息论在通信网络领域仍如标杆般存在，如今仍然是大多数信息科技领域关注的焦点。其主要原因有两方面：首先，通过关注经典的点对点、信源-信道-信宿模型，信息论忽略了实际信源的突发性质。在高级网络中，信源突发性是通信资源共享过程中的重要现象；第二，通过关注通信准确性和速率之间权衡的渐近极限，信息论忽略了一个影响这种权衡的参数——时延。在网络中，时延是一个基本数值，不仅是性能的一个衡量指标，也可以作为控制和影响准确性和速率之间权衡的基本限制参数。

文献[1]给出了一个关于信息论对不同网络层研究贡献的综合调查。在本章中，我们在文献[2, 3]给出的概念的基础上讨论无线网络的传输容量。

17.1　ad hoc 网络容量

在一个 ad hoc 网络中，假设在 1 m^2 的范围内分布着 n 个节点。每个节点可以通过无线信道以 W bps 的速率传输。通常而言，整个信道可以分为几个速率为 W_1 bps, W_2 bps, $\cdots$, W_M bps 的子信道，只要 $\sum_{m=1}^{M} W_m = W$ 。数据包以多跳方式从一个节点发送到另一个节点直至到达最终目的地。在等待时间里，数据包可以在中间节点被缓存。由于部分分离，只要没有来自其他节点的过度干扰，那么几个节点可以同时完成无线传输。接下来，我们将讨论在什么样的条件下子信道的无线传输能在预期接收端被成功接收。

我们考虑两种网络：任意网络，其中节点位置、信源的目的地和链路需求都是任意的；随机网络，其中节点和节点的目的地都是随机选择的。

17.1.1　任意网络

在随机设置中，我们假设 n 个节点任意分布于平面圆盘上的单元区域内。每个节点选择任意一个希望以任意速率发送数据的节点为目的地；因此链路模式也是随机的。每个节点都可以为每次传输选择任意的传输范围或者功率大小。

为了定义当传输被其预期接收者成功接收的情况，我们允许在一个节点上有两种可能的传输接收模型，分别为协议模型和物理模型。X_i 表示节点的位置；我们也用 X_i 指代节点本身。

1. 协议模型：假设节点 X_i 在第 m 个子信道上向节点 X_j 传输信号。若 $\left|X_k - X_j\right| \geqslant (1+\Delta)\left|X_i - X_j\right|$，则在这种情况下，节点 X_j 可以成功接收到传输信号。同时在这种情况下，协议规定了保护区域 $\Delta > 0$，以防止相邻节点同时在相同的子信道上传输信号。
2. 物理模型：令 $\{X_k; k \in T\}$ 为在一个子信道上同时进行信号传输的节点集合。令 P_k 为节点 X_k 的信号功率大小且 $k \in T$ 。在这种情况下，如果信干比(SIR) $S/I \geqslant \beta$ ，其中

$S = P/\left|X_i - X_j\right|^\alpha$ 且 $I = N + \sum_{\substack{k\in T\\ k\neq i}} P/\left|X_i - X_j\right|^\alpha$，那么来自节点 X_i（$i\in T$）的传输可以成功地被节点 X_j 所接收。

这种模型模拟了一种情况，其中最小信干比 β 是成功接收所必需的，环境噪声功率大小为 N，信号功率会随着距离 r 的增加而衰减，对应表达式为 $1/r^\alpha$。对于信号发送节点的小范围邻域模型，设置 $\alpha > 2$。

任意网络的传输容量 在本章的讨论中，每当有 1 比特数据向目的地传输 1 m 时，我们就说网络传输了 1 bit-meter。(对于组播或者广播条件下，相同比特从一个源节点传送到几个不同的目的地时，我们不会给出多重信用。)我们认为位数和传输距离乘积之和就是网络传输容量指标 C_T (值得一提的是，如果区域面积为 A 而不是标准的 1 m^2，以下所有列出的传输容量的结果都应该按 $\sqrt{A}$ 成比例缩放)。已知当 $f(n)=O[g(n)]$ 和 $g(n)=O[f(n)]$ 时，有 $f(n)=\Theta[g(n)]$，我们将会在后面说明，如果节点处于最佳位置，传输模式为最佳，每次传输范围为最佳，那么协议模型下任意网络的传输容量是 $C_T=\Theta(W\sqrt{n})$ bit-meters/s (简写为 b·m/s)。对于采用任意空间和时间调度策略的任意网络，传输容量上限为 $C_T=\sqrt{8/\pi}(W/\Delta)\sqrt{n}$ b·m/s，当我们选择合理的节点和传输模式且传输范围和调度策略也最佳时，则可以实现 $C_T = Wn/[(1+2\Delta)(\sqrt{n}+\sqrt{8\pi})]$ b·m/s (当 n 为 4 的倍数)。

如果这个传输容量在 n 个节点间被平均分配，那么每个节点将会获得 $\Theta(W/\sqrt{n})$ b·m/s 大小的容量。进一步说，如果每个源节点(信源)距离其目的地(目标节点)为 1 m，则每个节点将会获得 $\Theta(W/\sqrt{n})$ bps 的吞吐量。

传输容量的上限不依赖于全向传输，只依赖于接收节点附近节点的分散程度。

后面将会证明，在物理模型中，对于合适的 c、c'，$cW\sqrt{n}$ b·m/s 是可行的，而 $c'Wn^{\alpha-1/\alpha}$ b·m/s 是不可行的。特别是在合理设计网络时，$C_T = Wn/\{(\sqrt{n}+\sqrt{8\pi})(16\beta[2^{\frac{\alpha}{2}} + 6^{\alpha-2}/(\alpha-2)])^{1/\alpha}\}$ b·m/s 是可实现的(当 n 为 4 的倍数时)，而上限可以达到 $C_T = [(2\beta+2)/\beta]^{\frac{1}{\alpha}} Wn^{\frac{\alpha-1}{\alpha}}/\sqrt{\pi}$ b·m/s。

据推测，上限 $\Theta(W\sqrt{n})$ b·m/s 可能真实存在。在最大和最小功率之比为 $P_{\max}/P_{\min}$ 且信号发送节点的 SIR 上限为 β 的情况下，实际的容量上限为 $C_T = (W\sqrt{8n/\pi})/[(\beta P_{\min}/P_{\max})^{\frac{1}{\alpha}} - 1]$ b·m/s。两种上限都表明当 α 的值越大时，传输能力就越强，也就是随着距离增大，信号功率衰减得越来越快。

17.1.2 随机网络

在随机网络中，n 个节点是随机分布的，其中的节点独立且均匀地分布在面积为 1 m^2 的三维球体表面 S^2 上，或者分布在面积为 1 m^2 的平面圆盘上。研究 S^2 的目的是将边缘效应与其他现象分开。每个节点可以随机选择想要向其发送的速率为 $\lambda(n)$ bps 的目标节点。每个节点的目标节点都被独立地选择为最接近随机位置点的节点，并且是均匀和独立分布的(这样每个节点到目的节点的平均距离为 1 m)。

所有传输采用名义上相同的传输范围或功率(同构节点)。对于任意网络，同样也考虑了协议模型和物理模型。

1. 协议模型：对于任意传输，所有节点均采用相同的传输范围 r。当节点 X_i 在第 m 个子信道上向节点 X_j 传输时，如果 $\left|X_i - X_j\right| \leqslant r$，则节点 X_j 将会成功接收，并且如果 $\left|X_k - X_j\right| \geqslant (1+\Delta)r$，那么其他每个节点 X_k 都能同时在同样的子信道上进行传输。
2. 物理模型：针对任意传输，所有节点都选择统一的传输功率 P。令 $\{X_k; k \in T\}$ 为在一个子信道上同时进行传输的节点集合。在这种情况下，如果 $S/I \geqslant \beta$，其中 $S = P/\left|X_i - X_j\right|^\alpha$ 且 $I = N + \sum_{\substack{k \in T \\ k \neq i}} P/\left|X_i - X_j\right|^\alpha$，那么来自节点 X_i（$i \in T$）的传输可以成功地被节点 X_j 所接收。

随机网络吞吐量　吞吐量通常定义为在单位时间内每个节点向其目标节点成功传输数据的量，以 bps 为单位。

可实现的吞吐量　如果存在时间和空间的传输调度方案，那么对于每个节点来说，吞吐量 $\lambda(n)$ bps 是可实现的，因此将网络设置为多跳结构，并在等待传输时将数据缓存在中间节点，每个节点都能以 $\lambda(n)$ bps 将数据传输到其选择的目标节点。也就是存在 $T < \infty$，以至于在每个时间间隔 $[(i-1)T, iT]$ 内，每个节点可以传输 $T\lambda(n)$ 比特到其对应的目标节点。

随机无线网络的吞吐量　如果有确定性常量 $c > 0$ 和 $c' < +\infty$，那么随机网络类的吞吐能力为 $\Theta[f(n)]$，使得

$$\lim_{n\to\infty} \text{Prob}\,(\lambda(n) = cf(n)\ \text{可实现}) = 1$$

$$\liminf_{n\to\infty} \text{Prob}\,(\lambda(n) = c'f(n)\ \text{可实现}) < 1$$

后面将会说明，在球体表面和平面圆盘的情况下，对于协议模型来说，吞吐量为 $\lambda(n) = \Theta(W/\sqrt{n\log n})$ bps。对于某些 c' 来说，吞吐量上限 $\lim_{n\to\infty} \text{Prob}(\lambda(n) = c'W/\sqrt{n\log n}$ 可实现$) = 0$。特别是存在确定性常量 c'' 和 c''' 不取决于 n、Δ 或 W，因此 $\lambda(n) = c''W/((1+\Delta)^2\sqrt{n\log n})$ bps 是可实现的，$\lambda(n) = c'''W/(\Delta^2\sqrt{n\log n})$ bps 是不可实现的，当 $n \to \infty$ 时，两者的概率均接近于 1。

我们还将证明，对于物理模型，如果存在合适的 c 和 c' 且概率在 $n \to \infty$ 时趋于 1，则吞吐量 $\lambda(n) = cW/\sqrt{n\log n}$ bps 是可实现的，而 $\lambda(n) = c'W/\sqrt{n}$ bps 是不可实现的。特别是确定性常量 c'' 和 c''' 不取决于 n、N、α、β 或者 W，吞吐量 $\lambda(n) = c''W/(\sqrt{n\log n}[2(c'''\beta[3+1/(\alpha-1) +2/(\alpha-2)])^{\frac{1}{\alpha}} - 1]^2)$ 是可实现的，在 $n \to \infty$ 时概率趋于 1。如果 $\bar{L}$ 表示独立且随机分布在区域（单位区域的球体表面或者单位区域的平面圆盘）内两点之间的平均距离，那么存在一个不取决于 N、α、β、W 的确定性序列 $\varepsilon(n) \to 0$，并且 $(\sqrt{8/\pi n})W[1+\varepsilon(n)]/[\bar{L}(\beta^{\frac{1}{\alpha}} - 1)]$ b·m/s 是不可实现的，在 $n \to \infty$ 时概率趋于 1。

17.1.3　任意网络：传输容量的上限

以下关于单位区域为平面圆盘的假设用于[2,3]：

(a1) 单位区域平面圆盘中任意分布 n 个节点。
(a2) 在 T 秒内，网络传输 λnT 比特。

(a3) 1 比特的源和目标节点之间的平均距离是 $\bar{L}$ 。连同(a2)，这意味着可以实现 $\lambda n\bar{L}$ b·m/s 的传输容量。

(a4) 每个节点可以在 M 个子信道的任意子集上传输，其传输容量为 W_m bps（$1\leqslant m\leqslant M$），其中 $\sum_{m=1}^{M}W_m=W$ 。

(a5) 传输过程可被划分为长度为 τ 秒的同步时隙。(这个假设可以忽略，但如果加上，会使解释更加清楚)。

(a6) 使用之前所定义的协议模型和物理模型。

在保留对物理模型的限制的同时，我们可以保留协议模型中的限制或考虑如下替代限制：在某个时隙的某个子信道上，如果一个节点 X_i 向另一个与它相距 r 单位的节点 X_j 传输信号，则在同一时间、同一子信道上 X_j 附近的 Δr 范围内是不存在其他接收节点的。这个替代限制解决了传输不是全方位的问题，但在接收节点附近仍然存在一些分散节点。

在上述假设条件下，传输容量如下所示[2, 3]：

(r1) 在协议模型中，传输容量 $\lambda n\bar{L}$ 固定为

$$\lambda n\bar{L}\leqslant W\sqrt{8n}/\pi\Delta\ \text{b}\cdot\text{m/s}$$

(r2) 在物理模型中，

$$\lambda n\bar{L}\leqslant Wn^{\alpha-1/\alpha}[(2\beta+2)/\beta]^{1/\alpha}/\sqrt{\pi}\ \ \text{b}\cdot\text{m/s}$$

(r3) 如果发射节点可采用的最大和最小功率之比被 β 严格限制，则

$$\lambda n\bar{L}\leqslant W\sqrt{8n/\pi}\left[(\beta P_{\min}/P_{\max})^{1/\alpha}-1\right]^{-1}\ \ \text{b}\cdot\text{m/s}$$

(r4) 如果区域面积为 A 而不是 1 m^2，那么所有的上限都按 $\sqrt{A}$ 成比例缩放。

为了证明以上结果，考虑有 b 比特且 $1\leqslant b\leqslant\lambda nT$ 。假设一个 $h(b)$ 跳的序列从它的源节点移动到目标节点，其中第 h 跳遍历的距离为 r_b^h 。则从(a3)中可得

$$\sum_{b=1}^{\lambda nT}\sum_{h=1}^{h(b)}r_b^h\geqslant\lambda nT\bar{L} \tag{17.1.1}$$

记住在每个时隙中，最多只有 $n/2$ 个节点可以在任意子信道 m 、任意时隙 s 中传输，即可得

$$\sum_{b=1}^{\lambda nT}\sum_{h=1}^{h(b)}1\,(\text{在时隙 } s \text{ 中，在第 } m \text{ 个子信道上 } b \text{ 比特的第 } h \text{ 跳})\leqslant\frac{W_m\tau n}{2}$$

在所有子信道和时隙上求和，并且在 T 秒内时隙数不能超过 T/τ ，则有

$$H:=\sum_{b=1}^{\lambda nT}h(b)\leqslant\frac{WTn}{2} \tag{17.1.2}$$

根据三角不等式和(a6)，对于协议模型，X_j 正在接收一个沿着第 m 个子信道且从 X_i 处发送的传输信号，与此同时，X_ℓ 正在接收一个在同一子信道上来自 X_k 的传输信号，我们有

$$|X_j-X_\ell|\geqslant|X_j-X_k|-|X_\ell-X_k|\geqslant(1+\Delta)|X_i-X_j|-|X_\ell-X_k|$$

类似地，有

$$|X_\ell - X_j| \geqslant (1+\Delta)|X_k - X_\ell| - |X_j - X_i|$$

将两个不等式相加，可以得到

$$|X_\ell - X_j| \geqslant \frac{\Delta}{2}\left(|X_k - X_\ell| + |X_i - X_j|\right)$$

这意味着在半径增大 $\Delta/2$ 倍的圆盘中，在同一时隙、同一子信道上，以接收端为中心的跳跃路径基本上是不相交的。这个结论也与(a6)中的替代限制一致。当节点位于区域周围时，允许应用边缘效应，并注意范围不必大于区域直径，可以看出至少有四分之一的圆盘在区域范围内。记住，在从发射节点到接收节点的第 m 个子信道上的一个时隙内最多可以传输 $W_m\tau$ 比特，我们有

$$\begin{aligned}&\sum_{b=1}^{\lambda nT}\sum_{h=1}^{h(b)} 1\,(\text{在时隙 } s \text{ 中，在第 } m \text{ 个子信道上 } b \text{ 比特的第 } h \text{ 跳})\\&\quad\times\left(\frac{1}{4}\right)\pi\left(\frac{\Delta}{2}\right)^2\left(r_b^h\right)^2 \leqslant W_m\tau\end{aligned} \tag{17.1.3}$$

在所有子信道和时隙上求和：

$$\sum_{b=1}^{\lambda nT}\sum_{h=1}^{h(b)} \frac{\pi\Delta^2}{16}\left(r_b^h\right)^2 \leqslant WT$$

或者等价于

$$\sum_{b=1}^{\lambda nT}\sum_{h=1}^{h(b)} \frac{1}{H}\left(r_b^h\right)^2 \leqslant \frac{16WT}{\pi\Delta^2 H} \tag{17.1.4}$$

由于二次函数是凸的，我们有

$$\left(\sum_{b=1}^{\lambda nT}\sum_{h=1}^{h(b)} \frac{1}{H} r_b^h\right)^2 \leqslant \sum_{b=1}^{\lambda nT}\sum_{h=1}^{h(b)} \frac{1}{H}\left(r_b^h\right)^2 \tag{17.1.5}$$

最后组合式(17.1.4)和式(17.1.5)，得到

$$\sum_{b=1}^{\lambda nT}\sum_{h=1}^{h(b)} r_b^h \leqslant \sqrt{\frac{16WTH}{\pi\Delta^2}} \tag{17.1.6}$$

将式(17.1.2)代入式(17.1.6)，得到

$$\lambda nT\bar{L} \leqslant \sqrt{\frac{16WTH}{\pi\Delta^2}} \tag{17.1.7}$$

对于物理模型，假设在某个时间内 X_i 以功率 P_i 在第 m 个子信道上向 $X_{j(i)}$ 传输信号，并令 $\mathfrak{I}$ 表示在该时刻所有在第 m 个子信道上同时发送信号的发射节点的集合。则(a6)引入的最初约束可以表示为

$$\frac{S}{I} = \frac{\dfrac{P_i}{|X_i - X_j|^\alpha}}{N + \sum\limits_{\substack{k\in\mathfrak{I}\\ k\neq i}} \dfrac{P_k}{|X_k - X_j|^\alpha}} \geqslant \beta \tag{17.1.8}$$

将 X_i 的信号功率也加入到分母中，$X_{j(i)}$ 的 SIR 可以写为

$$\frac{S}{I}=\frac{\frac{P_i}{|X_i-X_{j(i)}|^\alpha}}{N+\sum_{k\in\mathfrak{I}}\frac{P_k}{|X_k-X_{j(i)}|^\alpha}}\geqslant\frac{\beta}{\beta+1}$$

可以得到

$$|X_i-X_{j(i)}|^\alpha\leqslant\frac{\beta+1}{\beta}\frac{P_i}{N+\sum_{k\in\mathfrak{I}}\frac{P_k}{|X_k-X_{j(i)}|^\alpha}}\leqslant\frac{\beta+1}{\beta}\frac{P_i}{N+\left(\frac{\pi}{4}\right)^{\alpha/2}\sum_{k\in\mathfrak{I}}P_k}$$

(因为$\left|X_k-X_{j(i)}\right|\leqslant 2/\sqrt{\pi}$。)

在所有发射-接收对上求和，得到

$$\sum_{i\in\mathfrak{I}}|X_i-X_{j(i)}|^\alpha\leqslant\frac{\beta+1}{\beta}\frac{\sum_{i\in\mathfrak{I}}P_i}{N+\left(\frac{\pi}{4}\right)^{\alpha/2}\sum_{i\in\mathfrak{I}}P_k}\leqslant 2^\alpha\pi^{-\frac{\alpha}{2}}\frac{\beta+1}{\beta}\leqslant 2^\alpha\pi^{-\frac{\alpha}{2}}\frac{\beta+1}{\beta}$$

在所有时隙和子信道上求和，得到

$$\sum_{b=1}^{\lambda nT}\sum_{h=1}^{h(b)}r^\alpha(h,b)\leqslant 2^\alpha\pi^{-\frac{\alpha}{2}}\frac{\beta+1}{\beta}WT$$

其余部分的证明按照与协议模型相似的方式进行，调用凸度为r^α而不是r^2。考虑到$P_{\max}/P_{\min}<\beta$的特殊情况，我们从式(17.1.8)开始分析。其中，如果在X_k向X_ℓ传输的同时，X_i与X_j在同一子信道上进行传输，则

$$\frac{\frac{P_i}{|X_i-X_j|^\alpha}}{\frac{P_k}{|X_k-X_j|^\alpha}}\geqslant\beta$$

因此

$$|X_k-X_j|\geqslant(\beta P_{\min}/P_{\max})^{\frac{1}{\alpha}}|X_i-X_j|=(1+\Delta)|X_i-X_j|$$

其中，$\Delta:=(\beta P_{\min}/P_{\max})^{\frac{1}{\alpha}}-1$。因此，协议模型的上限与上面所定义的$\Delta$相同。

17.1.4 任意网络：传输容量的下限

这里有一种放置节点和分配传输模式的方式，使得网络可以在协议模型下实现$Wn/\{(1+2\Delta)(\sqrt{n}+\sqrt{8\pi})\}$ b·m/s，在物理模型下实现$W_n/\left\{(\sqrt{n}+\sqrt{8\pi})\left[16\beta\left(2^{\frac{\alpha}{2}}+\frac{6^{\alpha-2}}{\alpha-2}\right)\right]^{-1/\alpha}\right\}$ b·m/s，其中n都是 4 的倍数。

为了证明，考虑以下协议模型并定义

$$r:=1/\left\{(1+2\Delta)\left(\sqrt{n/4}+\sqrt{2\pi}\right)\right\}$$

回想前述内容，该区域是单位面积的圆盘，也就是说，在平面上所占面积的半径为$1/\sqrt{\pi}$。将圆盘的中心定义为原点，将发射节点放置在$[j(1+2\Delta)r\pm\Delta r,k(1+2\Delta)r]$和$[j(1+2\Delta)r,k(1+2\Delta)r\pm\Delta r]$处，其中$|j+k|$是偶数。并将接收节点放置在$[j(1+2\Delta)r\pm\Delta r, k(1+2\Delta)r]$和$[j(1+2\Delta)r,k(1+2\Delta)r\pm\Delta r]$处，且$|j+k|$为奇数。每个传输节点都可以传输至最近的接收节点，与其

距离为 r，并且不受其他发射-接收对的干扰影响。可验证得到区域范围内最少有 $n/2$ 个发射-接收对。这基于一个事实：对于一个边长为 s 的正方形镶嵌平面，所有与一个半径为 $R-\sqrt{2}s$ 的圆盘相交的正方形被完全包含在一个较大的、半径为 R 的同心圆盘内。这样的正方形的数量超过 $\pi(R-\sqrt{2}s)^2/s^2$。这证明了 $s=(1+2\Delta)r$ 和 $R=1/\sqrt{\pi}$ 的结论。将限制仅仅加在这些发射-接收对上，总共有 $n/2$ 个在同时传输，每个半径范围为 r，并以速率 W bps 传输，从而达到了指定的传输容量。

对于物理模型，SIR 的计算显示接收节点的下限为 $(1+2\Delta)^{\alpha}\left[16\left(2^{\frac{\alpha}{2}}+\dfrac{6^{\alpha-2}}{\alpha-2}\right)\right]^{-1}$。选择 Δ 使得该下限等于 β 并产生相应的结果。

在协议模型中，给出了放置节点和分配传输模式的方式，这样一来网络可以实现以下性能：

$2W/\sqrt{\pi}$ b·m/s，$n\geqslant 2$
$4W/[\sqrt{\pi}(1+\Delta)]^{-1}$ b·m/s，$n\geqslant 8$
$Wn[(1+2\Delta)(\sqrt{n}+\sqrt{8\pi})]^{-1}$ b·m/s，$n=2,3,4,\cdots,19,20,21$
$4\lfloor n/4\rfloor W\{(1+2\Delta)(\sqrt{4\lfloor n/4\rfloor}+\sqrt{8\pi})\}^{-1}$ b·m/s，对于所有的 n

在至少有两个节点的情况下，很明显 $2W/\sqrt{\pi}$ b·m/s 可以通过将两个节点放置在完全对称的位置上实现。这验证了 $n\leqslant 8$ 的边界公式。若最少有 8 个节点，则 4 个发射节点可以放置在与直径垂直的相对称的两端，并且每个都可以向与区域中心的距离为 $1/[\sqrt{\pi}(2+2\Delta)]$ 的接收节点传输。这会产生 $4W/[\sqrt{\pi}(1+\Delta)]$ b·m/s 的传输容量，可以验证该公式直到 $n=21$。

17.1.5　随机网络：吞吐量的下限

在本节中，我们展示了在随机图中，可以在时间和空间上调度传输。这样一来，当每个随机分布的节点在随机选择目标节点之后，对于合理的常量 $c>0$，在 $n\to\infty$ 时，每个源-目标节点对可以真正保证"虚拟"信道容量为 $cW[(1+\Delta)^2\sqrt{n\log n}]^{-1}$ bps 的概率趋于 1。我们将展示如何有效地通过随机图路由流量以保证没有节点负载。

空间镶嵌　在接下来的部分，我们应用了球体表面 S^2 的维诺镶嵌。对于一个 S^2 上的 p 点集合 $\{a_1,a_2,\cdots,a_p\}$，维诺单元 $V(a_i)$ 表示的是比其他任何点 a_j 都接近 a_i 的点的集合，也就是[4]

$$V(a_i):=\left\{x\in S^2:|x-a_i|=\min_{1\leqslant j\leqslant p}|x-a_j|\right\}$$

对于以上的集合和吞吐量，距离都是在球体表面 S^2 通过大圆连接两点测量得到的。点 a_i 称为维诺单元 $V(a_i)$ 的发生器。在所有单元都看起来一样的情况下，球体表面不允许任何规则镶嵌。在我们的应用中，维诺镶嵌也不能太远离中心。所以，本节中维诺镶嵌的特性可以总结为以下几点：

> (v1) 对于每个 $\varepsilon>0$，有球体表面 S^2 的维诺镶嵌，其特点为每个维诺单元都包含半径为 ε 的圆盘并被包含在半径为 2ε 的圆盘中（可见图 17.1.1）。

为了证明这一点，我们用 $D(x,\varepsilon)$ 表示以 x 为中心且半径为 ε 的圆盘。选择 a_1 为 S^2 中的任意点。假设已经选择 $a_1,\cdots,a_p$，则任意两个点之间的距离至少为 2ε。这里有两个情况需要考虑。

假设存在点 x 使得 $D(x,\varepsilon)$ 和 $D(a_i,\varepsilon)$ 不相交，那么可以将点 x 加入集合：$a_{p+1}:=x$；否则结束处理。由于每次添加 a_i 都要从 S^2 中移除半径 $\varepsilon>0$ 的区域，因此该过程必须以有限的步骤结束。当过程结束时，我们将有一个发生器集合，它们之间至少相隔 2ε 个单元，并且 S^2 上的所有其他点都在任意发生器的 2ε 范围内。通过这种方式获得的维诺镶嵌将会具有期望的特性。

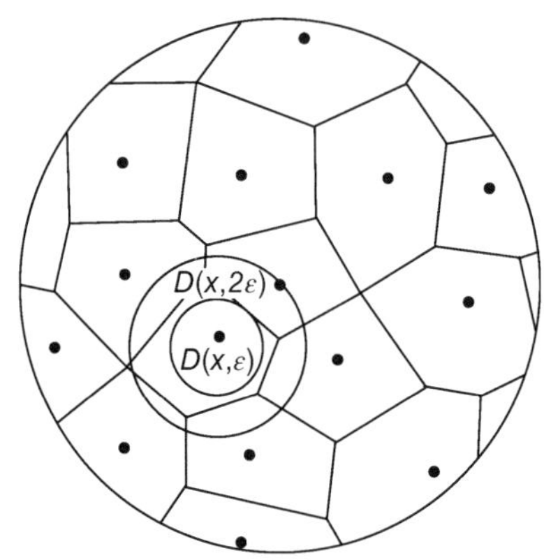

图 17.1.1　球体表面 S^2 的维诺镶嵌

接下来我们会使用具有以下性质的维诺镶嵌 V_n。

(v2) 每个维诺单元包含面积为 $100\log n/n$ 的圆盘。

令 $\rho(n)$ 为 S^2 上面积为 $100\log n/n$ 的圆盘的半径。

(v3) 每个维诺单元被包含在半径为 $2\rho(n)$ 的圆盘中。

我们将每个维诺单元 $V\in V_n$ 简称为"蜂窝"。

相邻和干扰　根据定义，如果两个蜂窝共用一个公共节点，则它们相邻。如果我们可以选择每次传输的范围 $r(n)=8\rho(n)$，那么这个范围将允许蜂窝内和相邻蜂窝间的直接通信。

(v4) 一个蜂窝中的每个节点与自身所在蜂窝或者相邻蜂窝的节点之间的距离不会超过 $r(n)$。

证明如下，由 (v3) 可知，蜂窝的直径被限定为 $4\rho(n)$，传输范围为 $8\rho(n)$。因此一个节点的传输范围覆盖的区域包括相邻节点。

干扰邻居　如果一个节点到其他蜂窝中一些节点之间的距离为 $(2+\Delta)r(n)$，则通过定义可知相邻的两个蜂窝为干扰邻居。换句话说，如果两个蜂窝不是干扰邻居，则在协议模型中，一个蜂窝中的传输不会和另一个蜂窝中的传输发生冲突。

蜂窝干扰邻居的数量界限　构造的维诺镶嵌 V_n 的一个重要属性就是蜂窝中干扰邻居的数量是均匀有限的。后面在构建允许空间高度并发和频率重用的传输时间表时还会深入讨论这个界限。

(v5) V_n 中每个蜂窝的干扰邻居数量不会超过 c_1，其中 c_1 仅与 Δ 有关且不会以超过 $(1+\Delta)^2$ 的速率线性增长。

为了证明，令 V 为维诺蜂窝，如果 V' 为维诺蜂窝的干扰邻居，则一定有两个节点，其中一个节点在 V 中，另一个节点在 V' 中，它们之间的距离不超过 $(2+\Delta)r(n)$。从 (v3) 中可知，

蜂窝的直径被限定为 $4\rho(n)$。因此 V' 和协议模型中其他类似的干扰邻居，一定被包含在一个大的半径为 $6\rho(n)+(2+\Delta)r(n)$ 的圆盘 D 中。在 D 中不会有多于 $c_2([6\rho(n)+(2+\Delta)(n))r(n)]^2/\rho(n))$ 个半径为 $\rho(n)$ 的圆盘区域。因此从 (v2) 中可以看出，在 D 中蜂窝的数量不会超过 $c_2([6\rho(n)+(2+\Delta)r(n)]^2/\rho(n))$，这样就得到了蜂窝的干扰邻居数量的上限。

全蜂窝传输时间界限　根据每个蜂窝的干扰邻居的有限数量，可以构建有界长度的时间表，这样维诺镶嵌 V_n 中的每个蜂窝都有机会实现传输。

> (v6) 在协议模型中，传输数据包时存在一个调度原则，即在每个 $(1+c_1)$ 时隙中，镶嵌 V_n 中的每个蜂窝都能得到一个时隙进行传输，这样所有的传输都可以在距它们发射端 $r(n)$ 的范围内被成功接收。
>
> (v7) 存在一个确定性常量 c，它不依赖于 c、N、α、β 或者 W，因此若 Δ 满足下式：
>
> $$(1+\Delta)^2>\left[2\left(c\beta\left[3+(\alpha-1)^{-1}+2(\alpha-2)^{-1}\right]\right)^{\frac{1}{\alpha}}-1\right]^2$$
>
> 则对于足够大的公共功率 P 来说，上述 (v6) 的结果同样适用于物理模型。

为了证明，首先展示协议模型的结果，它服从著名的有界图的顶点着色理论。节点的度不超过 c_1 的图可以使用不超过 $1+c_1$ 种颜色进行顶点着色，其中两个不相邻顶点的颜色可以一样[16]。因此，可以使用不超过 $1+c_1$ 种颜色，并且每两个相互干扰的相邻顶点的颜色都不相同。这给出了一个长度最多为 $1+c_1$ 的时间表，其中可以在一个时隙中从每个相同颜色的蜂窝中传输一个数据包。

对于物理模型，可以表明在与上述相同的时间表中，如果每个发射节点选择一个足够高的相同功率 P 且 Δ 足够大，则可以实现信干比 β 的要求。

从之前的讨论中，我们可以得知任意两个同时传输的节点之间的距离至少为 $(2+\Delta)r(n)$，并且每个发射节点周围半径为 $(1+\Delta/2)r(n)$ 的圆盘区域是不相交的。每个这样的圆盘的面积至少为 $c_3\pi(1+\Delta/2)^2r^2(n)$。（在平面圆盘的情况下，$c_3=1$；但对于球体表面上的平面而言，面积更小。）

考虑节点 X_i 在距离小于 $r(n)$ 的条件下与节点 X_j 进行传输，节点 X_j 接收到的信号功率最少为 $\mathrm{P}r^{-\alpha}(n)$。现在我们考虑由其他所有传输引起的干扰功率。考虑距节点 X_j 分别为 a 和 b 的所有节点，该环形区域内的发射节点具有以自身为中心和半径为 $(1+\Delta/2)r(n)$ 的圆盘，并且所有节点完全被包含在一个较大的圆环中，位于距离 $a-(1+\Delta/2)r(n)$ 和 $b+(1+\Delta/2)r(n)$ 之间。较大圆环的面积不会超过 $c_4\pi\{[b+(1+\Delta/2)r(n)]^2-[a-(1+\Delta/2)r(n)]^2\}$。

如前所述，每个发射节点至少占用面积为 $c_3\pi(1+\Delta/2)^2r^2(n)$ 的区域，因为距接收节点 X_j 为 a 和 b 的圆环区域不能包含超过 $c_4\pi\{[b+(1+\Delta/2)r(n)]^2-[a-(1+\Delta/2)r(n)]^2\}[c_3\pi(1+\Delta/2)^2 r^2(n)]^{-1}$ 个的发射节点。此外，接收节点上的接收功率最多为 P/a^α。需注意在距节点 X_j 为 $(1+\Delta)r(n)$ 的范围内没有接收节点，令 $a=k(1+\Delta/2)r(n)$ 和 $b=(k+1)(1+\Delta/2)r(n)$（$k=1,2,3,\cdots$），X_j 处 SIR 的下限为

$$\begin{aligned}&\mathrm{P}r^{-\alpha}(n)\left\{N+\sum_{k=1}^{+\infty}c_4P\left((k+2)^2-(k-1)^2\right)\left[c_3k^\alpha\left(1+\frac{\Delta}{2}\right)^\alpha r^\alpha(n)\right]^{-1}\right\}^{-1}\\&=\frac{P}{N}\left\{r^\alpha(n)+\frac{c_4}{c_3(1+\Delta/2)^\alpha}\frac{P}{N}\sum_{k=1}^{+\infty}\frac{6k+3}{k^\alpha}\right\}^{-1}\end{aligned}$$

由于$\alpha > 2$，因此分母的和收敛，并且小于$9+3(\alpha+1)^{-1}+6(\alpha-2)^{-1}$。当指定$\Delta$且$P\to\infty$时，SIR 的下限收敛为大于$\beta$的值。

使用类似的结论可以证明[2]：

> (v8) 每个蜂窝至少包含一个节点。
>
> (v9) 每个蜂窝服务的平均路由数$\leqslant c_{10}\sqrt{n\log n}$。
>
> (v10) 每个蜂窝服务的实际流量很可能$\leqslant c_5\lambda(n)\sqrt{n\log n}$。

随机网络吞吐量的下限　从(v6)中可以知道，传输数据包时存在一个调度原则，即在每个$(1+c_1)$时隙中，镶嵌V_n中的每个蜂窝都能得到一个时隙进行传输，这样一来，所有的传输都可以在距离它们发射端为$r(n)$的范围内被成功接收。因此每个蜂窝的传输速率为$W/(1+c_1)$ bps。另一方面，每个蜂窝要求的传输速率很可能小于$c_5\lambda(n)\sqrt{n\log n}$［见(v10)］。因此，如果所有蜂窝的传输速率小于可用速率，那么这个传输速率可以被所有蜂窝采用，即如果$c_5\lambda(n)\sqrt{n\log n}\leqslant W/(1+c_1)^{-1}$，则这个速率可以被大多数蜂窝所接受。另外，在蜂窝内，由于一个节点可以在无论必要与否的情况下都以速率W bps 进行传输，因此由整个蜂窝处理的流量可以被蜂窝内的任何节点处理。其实可以指定一个节点在蜂窝中充当“中继”节点。该节点可以处理所有需要中继的流量，其他的节点可以简单地作为源或目标节点。

我们已经证明了下面的定理，注意(v5)中c_1的线性增长速率为$(1+\Delta)^2$及(v6)的物理模型中Δ的选择。

> (v11) 对于在协议模型S^2上的任意网络，存在一个确定性常量c，并且它不依赖于n、Δ或者W，故
>
> $$\lambda(n)=cW\left\{(1+\Delta)^2\sqrt{n\log n}\right\}^{-1}\text{bps}$$
>
> 是高概率可行的。
>
> (v12) 对于在物理模型S^2上的任意网络，存在一个确定性常量c'和c''，并且它不依赖于n、N、α、β或者W，故
>
> $$\lambda(n)=c'W\left\{\left[2\left(c''\beta\left[3+(\alpha-1)^{-1}+2(\alpha-2)^{-1}\right]\right)^{\frac{1}{\alpha}}-1\right]^2\sqrt{n\log n}\right\}\text{bps}$$
>
> 是高概率可行的。这些吞吐量水平已经达到，因此我们无须将无线信道细分为容量更小的子信道。

17.2　信息论和网络架构

网络架构　对于 ad hoc 网络和传感器网络的优化，我们将会讨论图 17.1.1 中展示的架构的性能测量。我们将主要关注传输容量$C_T:=\sup\sum_{l=1}^{m}R_l\rho_l$，其中上确界取值大于$m$，向量$(R_1,R_2,\cdots,R_m)$代表$m$个源-目标节点对的可行速率，$\rho_l$是第$l$个源节点和其目标节点之间的距离。针对圆盘网络[2]，我们假设：

1. 一个平面上存在n个节点的有限集合N。

2．节点之间存在最小的正距离 $\rho_{\min}$ ，即 ρ_{ij} 是节点 $i,j\in N$ 之间的距离。

3．每个节点包含发射机和接收机，在时刻 $t=1,2,\cdots$ ，节点 $i\in N$ 发送 $X_i(t)$ ，并且接收 $Y_i(t)$ ，且

$$Y_i(t)=\sum_{j\neq i}\frac{\mathrm{e}^{-\gamma\rho_{ij}}X_j(t)}{\rho_{ij}^{\delta}}+Z_i(t)$$

其中 $Z_i(t)$（$i\in N$，$t=1,2,\cdots$）是均值为 0、方差为 σ^2 的高斯独立随机变量。

常量 $\delta>0$ 代表路径衰耗指数，而 $\gamma\geqslant 0$ 称为吸收常量。除了真空中的传输，γ 通常为正值，并且对应于每米 $20\gamma\lg\mathrm{e}$ 的损失。

4．将节点 i 采用的功率定义为 $P_i\geqslant 0$ 。我们将研究关于 $\{P_1,P_2,\cdots,P_n\}$ 的两种不同约束：总功率约束 $P_{\text{total}}:\sum_{i=1}^{n}P_i\leqslant P_{\text{total}}$ 和个体功率约束 $P_{\text{ind}}:P_i\leqslant P_{\text{ind}}$ ，其中 $i=1,2,\cdots,n$ 。

5．网络中可以有多个源-目标节点对 (s_ℓ,d_ℓ) ，其中 $\ell=1,\cdots,m$ 。如果 $m=1$ ，则仅有一对单独的源-目标节点对，可以简单地表示为 (s,d) 。

一个特殊的情形是在规则的圆盘网络中，其中 n 个节点都位于等距点 (i,j) 上，并且 $1\leqslant i,j\leqslant\sqrt{n}$ 。这一设置主要用于展现某些容量的可实现性，即内边界。

另外一个特殊情形是在线性网络中，其中 n 个节点位于一条直线上，以最小距离 $\rho_{\min}$ 间隔开来。考虑线性网络的主要原因，是其证明会比圆盘情况更容易表述和理解，并且可以一般化为圆盘情况。同时，线性情况会有一些效用，比如高速公路上的汽车网络，因为它的缩放规律是不同的。

线性网络的一个特例是规则线性网络，其中 n 个节点分布在位置 $1,2,\cdots,n$ 上，这一设置也主要用于展现某些容量的可实现性。

可行速率向量的定义

(D1) 考虑一个包含多个源-目标节点对的无线网络 (s_ℓ,d_ℓ) ，其中 $\ell=1,2,\cdots,m$ ，$s_\ell\neq d_\ell$ ，并且对于 $\ell\neq j$ ，有 $(s_\ell,d_\ell)\neq(s_j,d_j)$ 。令 $S:=\{s_\ell,\ell=1,\cdots,m\}$ 表示源节点的集合。由于我们允许一个节点与多个目标节点建立链路，因此 S 中的节点数量会少于 m 。然后，带有总功率约束 P_{total} 的 $[(2^{TR_1},\cdots,2^{TR_m}),T,P_e^{(T)}]$ 代码包含以下内容。

1．m 个独立的随机变量 W_ℓ（发送的信息有 TR_l 比特），并且对于任意的 $k_\ell=\{1,2,\cdots,2^{TR_l}\}$ ，$\ell=1,2,\cdots,m$ ，都有 $P(W_\ell=k_\ell)=1/2^{TR_\ell}$ 。对于任意的 $i\in S$ ，使得 $\overline{W}_i=\{W_\ell:s_\ell=i\}$ 和 $\overline{R}_i:=\sum_{\{\ell:s_\ell=i\}}R_\ell$ 。

2．函数

$$f_{i,t}:\mathbb{R}^{t-1}\times\left\{1,2,\cdots,2^{T\bar{R}_i}\right\}\to\mathbb{R},\quad t=1,2,\cdots,T$$

对于源节点 $i\in S$ 和 $f_{j,t}:\mathbb{R}^{t-1}\to\mathbb{R}$（$t=2,\cdots,T$），对于所有的其他节点 $j\notin S$ ，有

$$X_i(t)=f_{i,t}[Y_i(1),\cdots,Y_i(t-1),\bar{W}_i],\quad t=1,2,\cdots,T$$

$$X_j(1)=0,\quad X_j(t)=f_{j,t}\left[Y_j(1),\cdots,Y_j(t-1)\right],\quad t=2,3,\cdots,T$$

所以下面的总功率约束成立：

$$\frac{1}{T}\sum_{t=1}^{T}\sum_{i\in N}X_i^2(t)\leqslant P_{\text{total}}\tag{17.2.1}$$

3．对于 m 个源-目标节点对 $\{(s_\ell, d_\ell), \ell=1,\cdots,m\}$ 的目标节点，m 个解码函数

$$g_\ell : \mathbb{R}^T \times \{1,2,\cdots,|\bar{W}_{d_\ell}|\} \to \{1,2,\cdots,2^{TR_\ell}\}$$

其中 $\left|\overline{W}_{d_\ell}\right|$ 是 $\overline{W}_{d_\ell}$ 可以采用的不同值的数量。注意 W_{d_ℓ} 可能为空。

4．平均错误概率为

$$P_e^{(T)} := \text{Prob}\left[\left(\hat{W}_1, \hat{W}_2, \cdots, \hat{W}_m\right) \neq (W_1, W_2, \cdots, W_m)\right] \tag{17.2.2}$$

其中 $\hat{W}_\ell := g_\ell(Y_{d_\ell}^T, \overline{W}_{d_\ell})$，并且 $Y_{d_\ell}^T := [Y_{d_\ell}(1), Y_{d_\ell}(2), \cdots, Y_{d_\ell}(T)]$。

(D2) 如果存在一个序列代码 $[(2^{TR_1},\cdots,2^{TR_m}), T, P_e^{(T)}]$ 满足总功率约束 P_{total}，这样一来 $T\to\infty$，$P_e^{(T)}\to 0$，那么对于 m 个源-目标节点对 (s_ℓ, d_ℓ)，$\ell=1,2,\cdots,m$，速率向量 $(R_1,\cdots, R_m)$ 被认为在总功率约束 P_{total} 条件下是可行的。

上述定义(D1)和(D2)给出了总功率约束 P_{total}。如果每个节点都有其独立的功率限制 P_{ind}，则式(17.2.1)应该修改为

$$\frac{1}{T}\sum_{t=1}^{T} X_i^2(t) \leqslant P_{\text{ind}}, \quad i \in N \tag{17.2.3}$$

并且要在独立功率限制下相应地修改余下的定义，以定义可行速率向量集合。

传输容量　容量区域是所有的可行速率向量的闭集合。如 17.1 节中所述，我们主要关注加权距离和速率。

(D3) 如 17.1 节所述，网络的传输容量 C_T 为

$$C_T := \sup_{(R_1,\cdots,R_m)\ \text{feasible}} \sum_{\ell=1}^{m} R_\ell \cdot \rho_\ell$$

$\rho_\ell := \rho_{s_\ell d_\ell}$ 是 s_ℓ 和 d_ℓ 之间的距离，并且 $R_\ell := R_{s_\ell d_\ell}$。

在接下来的内容中，由于篇幅限制，信息论里的很多结论将不会以原始证明的形式展示。关于更多细节，读者可以参阅文献[2]。

17.2.1　高衰减下的上限

(r1) 传输容量受一些介质中的网络总发射功率的限制，这些介质的 $\gamma>0$ 或者 $\delta>3$。

对于一条单独的链路 (s,d)，速率 R 受 d 处的接收功率所限制。在无线网络中，由于相互干扰，传输容量的上限受整个网络的总发射功率 P_{total} 限制。

在任意平面网络中，总是具有正吸收，即 $\gamma>0$ 或具有路径损耗指数 $\delta>3$，这样

$$C_T \leqslant \frac{c_1(\gamma,\delta,\rho_{\min})}{\sigma^2}\cdot P_{\text{total}} \tag{17.2.4}$$

其中

$$c_1(\gamma,\delta,\rho_{\min}) := \begin{cases} \dfrac{2^{2\delta+7}\log \mathrm{e}}{\delta^2 {\rho_{\min}}^{2\delta+1}} \dfrac{\mathrm{e}^{-\gamma\rho_{\min}/2}\left(2-\mathrm{e}^{-\gamma\rho_{\min}/2}\right)}{\left(1-\mathrm{e}^{-\gamma\rho_{\min}/2}\right)}, & \gamma>0 \\ \dfrac{2^{2\delta+5}(3\delta-8)\log \mathrm{e}}{(\delta-2)^2(\delta-3){\rho_{\min}}^{2\delta-1}}, & \gamma>0,\quad \delta>3 \end{cases} \tag{17.2.5}$$

(r2) 在 $\gamma>0$ 或 $\delta>3$ 的介质中，传输容量遵循个体功率限制下的 $O(n)$ 缩放规律。

考虑具有个体功率限制 P_{ind} 的任意平面网络。假设介质是具有吸收特性的，也就是 $\gamma>0$，或者除了路径损耗指数 $\delta>3$，没有其他形式的吸收。传输容量的下限为

$$C_T \leqslant \frac{c_1(\gamma,\delta,\rho_{\min})P_{\text{ind}}}{\sigma^2}\cdot n \tag{17.2.6}$$

$c_1(\gamma,\delta,\rho_{\min})$ 由式(17.2.5)给出。

如前所述，使用记号：

$$f=O(g) \text{ if } \limsup_{n\to+\infty}(f(n)/g(n))<+\infty$$

如果 $g=O(f)$，则 $f=\Omega(g)$；如果 $f=O(g)$ 且 $g=O(f)$，则 $f=\Theta(g)$。因此，所有 $O(\cdot)$ 结果均为上限，所有 $\Omega(\cdot)$ 结果均为下限，并且所有 $\Theta(\cdot)$ 结果为传输容量的高阶估值。对于面积为 A 的区域中的 n 个节点，根据 17.1 节中所述，在非信息论协议模型中的传输容量服从 $O(\sqrt{An})$ 阶。如果 A 本身像 n 一样增长，也就是 $A=\Theta(n)$，则缩放定律是 $O(\sqrt{An})=O(n)$，这与信息论中的缩放定律一致。事实上，A 必须至少以这样的速率增长，因为节点以最小距离 $\rho_{\min}>0$ 分隔开来，也就是 $A=\Omega(n)$，所以这里的 $O(n)$ 结果比前面的 $O(\sqrt{An})$ 结果要稍大。

(r3) 如果任何线性网络中的 $\gamma>0$ 或者 $\delta>2$，则

$$C_T \leqslant \frac{c_2(\gamma,\delta,\rho_{\min})}{\sigma^2}\cdot P_{\text{total}} \tag{17.2.7}$$

其中

$$c_2(\gamma,\delta,\rho_{\min}) := \begin{cases} \dfrac{2\mathrm{e}^{-\gamma\rho_{\min}}\log \mathrm{e}}{(1-\mathrm{e}^{-\gamma\rho_{\min}})^2(1-\mathrm{e}^{-2\gamma\rho_{\min}})\rho_{\min}{}^{2\delta-1}}, & \gamma>0 \\ \dfrac{2\delta(\delta^2-\delta-1)\log \mathrm{e}}{(\delta-1)^2(\delta-2)\rho_{\min}{}^{2\delta-1}}, & \gamma=0,\ \delta>2 \end{cases} \tag{17.2.8}$$

(r4) 对于任何线性网络，如果 $\gamma>0$ 或者 $\delta>2$，则传输容量的上限如下所示：

$$C_T \leqslant \frac{c_2(\gamma,\delta,\rho_{\min})P_{\text{ind}}}{\sigma^2}\cdot n \tag{17.2.9}$$

其中 $c_2(\gamma,\delta,\rho_{\min})$ 与式(17.2.7)中的相同。

17.2.2　高衰减下的多跳和可行下限

对于介质中的规则平面网络来说，当 $\gamma>0$ 或 $\delta>3$ 时，传输容量 $O(n)$ 的下限非常重要，并且通过多跳实现。“多跳策略”在下面有所定义。令 $\prod_\ell$ 为源节点 s_ℓ 到目标节点 d_ℓ 的路径集合，这样一条路径 π 便表示一个序列($s_\ell=j_0,j_1,\cdots,j_z=d_\ell$)，对于 $q\neq r$，有 $j_q\neq j_r$。如果路径的流量速率 $\lambda_\pi\geqslant 0$，提供给源-目标节点对 (s_ℓ,d_ℓ) 的总流量速率 R_ℓ 将被 $\prod_\ell$ 中的路径 π 分流，则 $\sum_{\pi\in P_\ell}\lambda_\pi=R_\ell$。在每条路径 π 上，数据包通过一个节点中继至下一个节点。在每一个这样的跳中，数据包都被充分解码，并将所有的干扰视为噪声。因此，这里只应用了点对点编码，没有应用网络编码和多用户估计。这种策略十分有趣，并且现在也是协议发展的目标。

以下结果表示当 $\gamma>0$ 或 $\delta>3$ 时，对于一个规则平面网络来说，传输容量的 sharp 序为 $\Theta(n)$，并且可以通过多跳获得。

(r5) 在 $\gamma>0$ 或者 $\delta>1$ 的规则平面网络中，个体功率限制为 P_{ind}，则有

$$C_T \geqslant S\left(\frac{e^{-2\gamma}P_{\text{ind}}}{c_3(\gamma,\delta)P_{\text{ind}}+\sigma^2}\right)\cdot n$$

其中，

$$c_3(\gamma,\delta):=\begin{cases}\dfrac{4(1+4\gamma)e^{-2\gamma}-4e^{-4\gamma}}{2\gamma(1-e^{-2\gamma})}, & \gamma>0\\[2mm] \dfrac{16\delta^2+(2\pi-16)\delta-\pi}{(\delta-1)(2\delta-1)}, & \gamma=0,\delta>1\end{cases}$$

$S(x)$ 表示香农函数 $S(x):=[\log(1+x)]/2$ 。这种距离加权和的顺序是通过多跳来获得的。

在 $\gamma>0$ 或 $\delta>3$ 的介质中，多跳在随机场景中的顺序是最优化的，这也为网络中的传输扩散情形提供了一些理论依据。考虑一个规则平面网络，其中 $\gamma>0$ 或 $\delta>1$ ，并且个体功率限制为 P_{ind} 。n 个源–目标节点对是依据如下规则选择的：选择每个源 s_ℓ 作为范围内距随机节点最近的节点，并且类似地针对每个目标节点 d_ℓ 进行同样的操作。则对于一些 $c>0$ ，有

$$\lim_{n\to\infty}\text{Prob}\left(R_\ell=c/\sqrt{n\log n}\ \text{是可行的，对于任意的}\ \ell\in\{1,2,\cdots,n\}\right)=1$$

这样速率的距离加权和 $C_T=\Omega(n/\sqrt{\log n})$ 是可行的概率在 $\eta\to\infty$ 时趋于 1。当 $\delta>3$ 时，传输容量 $\Theta(n)$ 有一个因子 $l/\sqrt{\log n}$ 。

(r6) 速率向量 $(R_1,R_2,\cdots,R_m)$ 可以由平面网络中的多跳支持，其中介质的 $\gamma>0$ 或者 $\delta>1$ 。如果流量可以均衡分配，则节点就不会过载，每一跳也不会太长。

这是一个相当简单的结果，并没有提到顺序最优性，只是为了支持上面的理论，多跳是一个适合于平衡场景的架构。

(r7) 如果跳长不超过 $\bar{\rho}$ ，则速率向量 $(R_1,R_2,\cdots,R_m)$ 可以由平面网络中的多跳支持，并且对于任意的 $1\leqslant i\leqslant n$ ，流量可由节点 i 进行中继，

$$\sum_{\ell=1}^{m}\sum_{\{\pi\in\Pi_\ell:\ \text{Node } i \text{ belongs to } \pi\}}\lambda_\pi<S\left(\frac{e^{-2\gamma\bar{\rho}}P_{\text{ind}}}{\bar{\rho}^{2\delta}[c_4(\gamma,\delta,\rho_{\min})P_{\text{ind}}+\sigma^2]}\right)$$

其中

$$c_4(\gamma,\delta,\rho_{\min}):=\begin{cases}\dfrac{2^{3+2\delta}e^{-\gamma\rho_{\min}}}{\gamma\rho_{\min}^{1+2\delta}}, & \gamma>0\\[2mm] \dfrac{2^{2+2\delta}}{\rho_{\min}^{2\delta}(\delta-1)}, & \gamma=0,\ \delta>1\end{cases}$$

低衰减方法 在这种场景下没有吸收，也就是 $\gamma=0$ ，并假定路径衰减指数很小。在这种情况下，具有干扰减除的相干中继(CRIS)在以下情况中被认为是信息传播的有趣策略。对于源–目标节点对 (s,d) ，节点被分组，第一组仅包括源节点，而最后一组仅包括目标节点。将高位编号的组称为“下游组”，尽管它们实际上并不需要更接近目标节点。对于组 i ($1\leqslant i\leqslant k-1$)中的节点，为了有利于节点 k 和下游节点，将其功率 P_{ik} 的一部分用于相干传输。节点 k 在解码期间采用干扰减法，以去除由其下游节点发送的接收信号的已知部分。

(r8i) 如果介质没有吸收特性，即 $\gamma=0$ ，路径损耗指数 $\delta<3/2$ ，则总功率固定为 P_{total} ，并在具有足够数量的 n 个节点的规则平面网络中通过 CRIS 支持任意大的传输容量。

(r8ii) 如果 $\gamma = 0$ 或者 $\delta < 1$，那么即使存在一个固定总功率 P_{total}，对于任意的规则平面网络中的任意源-目标节点对，CRIS 都可以支持固定速率 $R_{\min} > 0$，而不管它们之间的距离如何。

一个类似的结果在规则线性网络中同样存在。

(r9i) 如果 $\gamma = 0$ 或者 $\delta < 1$，那么即使存在固定总功率 P_{total}，CRIS 也可以在具有足够数量的 n 个节点的规则线性网络中支持任意大的传输容量。

(r9ii) 如果 $\gamma = 0$ 或者 $\delta < 1/2$，那么即使存在固定总功率 P_{total}，对于任意规则线性网络中的任意单个源-目标节点对，CRIS 都可以支持固定速率 $R_{\min}>0$，而不管它们之间的距离如何。

当 $\gamma = 0$ 和 $\delta < 1$ 时，对于一些线性网络，$1 < \theta < 2$ 的超线性 $\Theta(n^{\theta})$ 缩放规律是可行的。

(r10) 对于 $\gamma = 0$ 和个体功率限制 P_{ind}，并且 $0.5 < \delta < 1$，$1 < \theta < 1/\delta$，有一系列线性网络，其传输容量为 $C_T = \Theta(n^{\theta})$，CRIS 在这些网络中实现了这一顺序的最佳传输容量。

高斯多中继信道　低衰减状态的结果依赖于高斯多中继信道的结果。具有两个并联中继节点的四节点网络(两个节点和两个中继节点)的例子如下。考虑一个有 n 个节点的网络，其中 a_{ij} 表示节点 i 到节点 j 的衰减，并且每个接收端的加性噪声为 $N(0,\sigma^2)$。每个节点都有功率上限，并且会根据节点而变化。假设有一个源-目标节点对 (s,d)。我们称这种情况的信道为高斯多中继信道。

第一个结果解决了每个中继组仅由一个节点组成的情况。这种情况使用的策略是 CRIS。考虑具有相干多级中继和干扰减法的高斯多中继信道。考虑 $M+1$ 个节点，按顺序表示为 $0,1,\cdots,M$，其中 0 为源节点，M 为目标节点，而其他 $M-1$ 个节点均为中继节点。

(r11) 可以从 0 到 M 实现满足以下不等式的任何速率 R：

$$R < \min_{1 \leqslant j \leqslant M} S\left[\frac{1}{\sigma^2}\sum_{k=1}^{j}\left(\sum_{i=0}^{k-1}\alpha_{ij}\sqrt{P_{ik}}\right)^2\right]$$

其中 $P_{ik} \geqslant 0$ 满足 $\sum_{k=i+1}^{M} P_{ik} \leqslant P_i$。

对于(r11)中的网络设置，文献[5]中的定理 3.1 证明，当 $m = 0, 1, \cdots, M-2$ 时，如果存在 $\{R_1, R_2, \cdots, R_{M-1}\}$，则速率 R_0 可实现，使得如下式子成立：

$$R_{M-1} < S\left[P_{M,M-1}^{R}\left(\sigma^2 + \sum_{\ell=0}^{M-2}P_{M,\ell}^{R}\right)^{-1}\right]$$

$$R_m < \min\left\{S\left(\frac{P_{m+1,m}^{R}}{\sigma^2 + \sum_{\ell=0}^{m-1}P_{m+1,\ell}^{R}}\right), R_{m+1} + \min_{m+2 \leqslant k \leqslant M} S\left(\frac{P_{k,m}^{R}}{\sigma^2 + \sum_{\ell=0}^{m-1}P_{k,\ell}^{R}}\right)\right\}$$

其中

$$P_{k,\ell}^{R} := \left(\sum_{i=0}^{\ell}\alpha_{ik}\sqrt{P_{i,\ell+1}}\right)^{2},\ 0\leqslant\ell<k\leqslant M$$

根据上述递归表达式，对于 $m=M-2, M-1,\cdots,0$，很容易证明

$$R_m < \min_{m+1\leqslant j\leqslant M} S\left[\left(\sigma^2+\sum_{\ell=0}^{m-1}P_{j,\ell}^{R}\right)^{-1}\sum_{k=m}^{j-1}P_{j,k}^{R}\right]$$

对于 $m=0$，这个不等式正好就是(r11)，表示更高的可实现速率。(r11)的右边项(RHS)可以在 $M-1$ 个中继节点的顺序选择上进行最大化。这种中继也可以通过组来完成，并且接下来的处理方式可以解决这个问题。如上所述，最大化可以通过将节点分配给组来完成。

再次考虑使用干扰减法的相干多级中继的高斯多中继信道。考虑 $M+1$ 个节点组 $N_0,N_1,\cdots,N_M$，其中 $N_0=\{s\}$ 为源节点组，$N_M=\{d\}$ 为目标节点组，而其他 $M-1$ 个组均为中继节点组。令 n_i 为组 N_i（$i\in\{0,1,\cdots,M\}$）中的节点数量。令组 N_i 中节点的功率限制为 $\dfrac{P_i}{n_i}\geqslant 0$。

(r12)可以从 s 到 d 实现满足以下不等式的任何速率 R：

$$R < \min_{1\leqslant j\leqslant M} S\left[\frac{1}{\sigma^2}\sum_{k=1}^{j}\left(\sum_{i=0}^{k-1}\alpha_{N_iN_j}\sqrt{P_{ik}/n_i}\cdot n_i\right)^2\right]$$

其中 $P_{ik}\geqslant 0$ 满足 $\sum_{k=i+1}^{M}P_{ik}\leqslant P_i$ 及

$$\alpha N_{\dot{x}}N_j := \min\{\alpha_{k\ell} : k\in Ni, \ell\in Nj\}, i,j\in\{0,1,\cdots,M\}$$

关于(r1)～(r12)的更多结果，可参阅文献[2]。

17.3　无线多跳 ad hoc 网络中的协作传输

本节讨论的技术能够让信号可靠地传输到远端目的地。对于这样的远距离传输，即使使用多跳网络也很勉强，单个节点只有在大量消耗电量的情况下才可以完成传输。这些结论对于 ad hoc 网络和传感器网络都很有意义。关键是让节点简单地通过操作散射体(scatter)来响应源传输，同时使用自适应接收机获取与回波符号相对应的等效网络签名。网络中的活动节点可作为再生或非再生中继节点。直观上由于所有节点的聚合传输，每个波形将通过功率累积得到增强，如果保持合理控制，传输的随机误差或接收机噪声将连同有用信号一起传播，导致性能在一定程度上恶化。该网络引导部分(即引领者，leader)所引发的雪崩信号形成了所谓的机会主义大规模阵列(OLA)。

与 17.1 节和 17.2 节相比,我们对本节中将网络用作分布式调制解调器的方法十分感兴趣，其中一个或几个信源可以有效传输数据，并且所有其他用户都作为中继器工作。最近，来自文献[6-9]的研究重新审视了中继器作为一种协作传输形式的概念。

假设在一个由共享介质传输的 N 节点网络中，每个节点都是单源多级中继的一部分，并向所有节点都不知道位置的远程接收节点发送数据。如果网络中没有任何节点可以与远程接收节点可靠地进行通信，则该问题称为回传问题(reach-back problem)。大型网络中的节点间协作是一项极其困难的任务。在协作传输机制中，源(引领者)传输由 M 元组波形形成的一个

具有复包络 $p_m(t)$ 的脉冲，我们就是通过这样一种分布式方式实现节点间协作的。第 i 个接收节点的接收信号为 $r_i(t)=s_{i,m}(t)+n_i(t)$，其中 $s_{i,m}(t)$ 是网络生成的第 m 个符号的签名。假设 N 个节点响应同样的符号

$$s_{i,m}(t)=\sum_{n=1}^{N}A_{i,n}(t)p_m(t-\tau_{i,n}(t)),\ m=0,\cdots,M-1$$

其中 $n_i(t)$ 是方差为 N_0 的第 i 个接收节点的 AWGN；$\tau_{i,n}(t)$ 是第 i 个和第 n 个节点之间链路的时延，包括每个节点 n 开始传输时的异步时延；$A_{i,n}(t)$ 是复衰落系数 $\omega_{i,n}(t)$、传输功率 P_t 和信道平均增益的乘积，例如 $\propto(1+d_{i,n})^{-\alpha_{i,n}}$（对数正常衰落），其中 $d_{i,n}$ 表示距离，$\alpha_{i,n}$ 表示第 i 个和第 n 个节点之间的衰落常量。

以下假设用在本章后续部分。

(a1) $A_{i,n}(t)$ 和 $\tau_{i,n}(t)$ 是多符号持续时间 T_s 上的常量；对于一个比 T_s 大得多的时间，节点是准静态的。

(a2) 时延为 $\tau_{i,1}<\tau_{i,2}\leqslant\cdots\leqslant\tau_{i,N}$，其中最大传输时延 $\tau_{i,1}$ 对应的是引领者。为了避免符号间干扰，有效传输速率的上限为 $R_s=1/T_s\leqslant1/\Delta\tau$，其中 $\Delta\tau$ 是对于所有的 i，$s_{i,m}(t)$ 的最大时延范围。节点 i 的时延范围定义为

$$\sigma_{\tau i}=\sqrt{\frac{\int_{-\infty}^{\infty}(t-\bar{\tau}_i)^2\cdot|s_{i,m}(t)|^2\mathrm{d}t}{\int_{-\infty}^{\infty}|s_{i,m}(t)|^2\mathrm{d}t}}$$

其中平均时延为

$$\bar{\tau}_i=\frac{\int_{-\infty}^{\infty}t\cdot|s_{i,m}(t)|^2\mathrm{d}t}{\int_{-\infty}^{\infty}|s_{i,m}(t)|^2\mathrm{d}t}$$

因此，$\Delta\tau=\max_i\sigma_{\tau_i}$。来自较远距离的回波会受到强烈的衰减（$\approx d^{-\alpha}$）。因此，仅对来自一定距离 Δd 内的节点所收到的信号来说，在节点 i 处接收到的信号是不可忽略的，Δd 本质上取决于传输功率和路径衰减。因此，可以通过降低发射功率、空间复用信道带宽来增加 R_s。在回传问题中，时延范围为 $\Delta\tau\approx\sup_i[\tau_{i,N}-\tau_{i,1}]$，因为接收节点与所有节点之间的距离大致都是相同的。

(a3) T_s 对于所有节点都固定为 $c_1\Delta\tau$，其中 c_1 是为满足符号间干扰限制所取的常量。有了 (a3)，我们保证节点在响应时间内不会出现不确定性。该节点的传输活动完全取决于节点接收到的信号。根据 $s_{i,m}(t)$ 的变化情况，我们可以将其分为两个阶段：(i) 较早的接收阶段是当信号的上行波接近节点的时候；(ii) 发射瞬间之后的时期，我们称之为休息阶段，其中节点监听到信号下行波的回波消失（对于再生情况，在节点已经积累了足够的能量来检测信号后不久就会发送信号）。两种模式之间的切换可被视为时分双工（TDD）的一种基本形式。

(a4) 引领者（和再生情况下的节点）在有限的双边带宽 W 中传输具有复包络 $p_m(t)$ 的脉冲，并且其持续时间大约为 T_p。通过奈奎斯特速率进行采样，采样序列 $\{p_m(k/W)\}$ 的长度大致为 $N_p=T_pW$。通过在 $s_{i,m}(t)$ 中增加求和的项数，多径传播可以被简单地包含

在模型中，因此不需要特别关注它。事实上，当我们分别忽略再生和非再生中继节点中的误差与噪声的传播时，OLA 本身相当于由一组有源散射体创建的多径信道。

对于再生情况，理想的 OLA 响应为

$$g_i(\tau)=\sum_{n=1}^{N}A_{i,n}\delta(\tau-\tau_{i,n}) \tag{17.3.1a}$$

由于反馈效应，非再生 OLA 散射模型更为复杂，这意味着每个源节点会发射出几路信号而不是一路信号。收到的 OLA 响应为

$$g_i(\tau)=\sum_{n'=1}^{N'}A_{i,n'}\delta(\tau-\tau_{i,n'}) \tag{17.3.1b}$$

网络中所有可能的链路都对式(17.3.1a)的总和有所贡献，其幅度等于迄今为止所有路径链路增益的乘积，并且其时延等于所有路径时延的总和。从理论上说，因为信号和它的放大值在网络中会循环出现且不断累积，所以发射次数 $N'\to\infty$。如果存在合理控制，那么这种贡献将会不断累积，并且可能增强信号强度。因此，非再生设计的关键是控制伴随有用信号的噪声。在再生和非再生两种情况下，接收信号可以重写为以下的卷积形式：

$$r_i(t)=g_i(t)*p_m(t)+n_i(t) \tag{17.3.2}$$

其中 $g_i(t)$ 是网络的脉冲响应，这类似于多径信道的脉冲响应。基于式(17.3.2)，这种思想是让节点作为再生和非再生中继节点，在避免所有复杂协调流程的基础上在网络层转发信号，并在 MAC 层共享带宽，此外不使用信道状态信息。通过使用追踪未知网络响应 $g_i(t)$ 的接收节点，可以向前发送信息流，或者直接通过签名波形 $s_{i,m}(t)\triangleq g_i(t)*p_m(t)$ 来传输。我们期待 OLA 表现为频率选择性信道。节点的移动性导致了响应 $g_i(t)$ 随时间而变化。如果网络的大部分都是静止的且 N 值较大，那么该系统的稳定性将使得移动节点引起 $g_i(t)$ 的幅度变化较小。

由于传输信道带宽受带通带宽 W 限制，因此签名波形 $p_m(t)$ 必须是带限的，这样，可以使用以奈奎斯特速率 $1/T_c$ 采样的样本来唯一表达，其中 $T_c=1/W$。通常而言，$p_m(t)$ 对应于有限数量即 N_p 个样本，并且受持续时间 $T_p\approx N_p/W$ 的限制。引入向量 $\mathbf{p}_m$、$\mathbf{g}_i$ 和 $\mathbf{r}_i$ 得到

$$\begin{aligned}
&\{\mathbf{p}_m\}_k=p_m(kT_c),\quad k=0,\cdots,N_p-1\\
&\{\mathbf{g}_i\}_k=\int\sin(\pi W\tau)g_i(kT_c+l_iT_C-\tau)\mathrm{d}\tau,\quad k=0,\cdots,N_i-1\\
&\{\mathbf{r}_i\}_k=r_i(kT_c+l_iT_c),\quad k=0,\cdots,N_i+N_p-2\\
&\{\mathbf{n}_i\}_k=n_i(kT_c+l_iT_c),\quad k=0,\cdots,N_i+N_p-2
\end{aligned}$$

其中 N_i 表示 $g_i(t)$ 所需的样本数量，我们有

$$\{\mathbf{r}_i\}_k=\sum_{n=0}^{N_p-1}\{\mathbf{p}_m\}_n\{\mathbf{g}_i\}_{k-n}+\{\mathbf{n}_i\}_k$$

通过使用以下的托普利兹卷积矩阵：

$$\{\mathbf{G}_i\}_{k,n}=\{\mathbf{g}_i\}_{k-n},\quad n=0,\cdots,N_p-1,k=0,\cdots,N_i+N_p-2$$

我们得到

$$\mathbf{r}_i=\mathbf{G}_i\mathbf{p}_m+\mathbf{n}_i \tag{17.3.3}$$

传输策略和误差传播　OLA 的传输是由网络中提前确定的源节点指引的。所有其他节点形成多个中继级，要么将网络与来自源的信息进行泛洪，或者只是将信息传递给远程接收节点。OLA 的中间节点可以选择是否中继(转发和不转发)，具体取决于该节点的性能。

在再生方案中，OLA 节点可以选择重新传输它检测到的符号或者不采取任何措施。只有处于连接状态的节点会主动响应，连接定义如下。

(D1) 如果基于其对所有可能签名 $G_i p_m$ 和接收机噪声方差的估计，第 i 个接收机(不考虑误差传播)的成对符号错误概率低于固定上限 ε，则第 i 个再生节点是已连接的，即

$$\max_m \Pr\{m \to \mu\} \leqslant \varepsilon, \forall \mu \neq m, \quad m = 0, \cdots, M-1$$

在每个符号周期包含的 N_s 个样本中，用于检测和随后回波的时刻是节点连接后的第一个采样时刻，并且 $\overline{N_i} \leqslant N_s$。如果没有这样的样本，节点将永远不会响应信号(但它显然可能会在其平面区域检测到这些信息)。

在非再生方法中，每个满足 SNR 限制条件的节点都会放大来自其他节点的信号及它们的接收噪声。因此噪声的组成十分复杂，其中包含来自先前发送的每个节点的噪声及伴随信号的放大结果。由于 ad hoc 网络或传感器网络的地理区域是有限的，因此就信噪比(SNR)的贡献而言，每个节点响应的时延范围也将受到限制。我们可以通过考虑信号组成的固有递归结构来分析 SNR。详细内容可以参见文献[11]。

(D2) 若节点 ξ_i 处的 SNR 高于固定阈值，即 $\xi_i > \overline{\xi}$，则认为第 i 个非再生节点是已连接的。

OLA 泛洪算法　在本节中，我们从数学上将 OLA 与第 13 章的传统网络泛洪算法进行了比较。文献[12]中的泛洪算法通常被认为是网络中分发信息或搜索到达所需目的地的路径以初始化表驱动协议的最简单方法之一。一些有趣的替代算法包括文献[13]中的概率方案和文献[14]中的扩展广播算法。这些方法中的大多数都要求 MAC 层和物理层提供连接每对节点的虚拟传输信道，类似于模拟有线网络。这类方法是合理的但显然效率不高。事实上，为了解决网络广播问题，我们选择利用和整合无线设备进行物理广播。这恰恰是 OLA 中出现的情况。与联网方式相反的是，传输协议和协作策略在物理层实现。在 OLA 框架里，接收端需要在没有高层(MAC 层或者网络层)干预的情形下解决等效的点对点通信问题。消除这两层的好处是连通性更强，泛洪速度更快。不过，OLA 泛洪算法由于消除了较高层信息而不能用于类似路由发现这样的广播场景。

OLA 中的每个节点都被设定为拥有独立的传输资源，因此每个节点都有成为引领者(源)的能力。引领者是一个队列的领导者、分簇算法中的簇头，或者是有一些信息需要发送的简单节点。

仿真环境　运用 ns2 网络仿真器，我们分析了多种网络广播算法。仿真参数如表 17.3.1 所示[9-13]，其中采用了用于 2.4 GHz 载波的 IEEE 802.11 DSSS PHY[14]的物理层资源规范。这里假设每个节点到节点的传输都经历独立的小尺度(瑞利)衰落且方差为 1。大尺度衰落是确定性的，路径损耗模型则基于 ns2[15]中使用的模型，其中当 $d < d_c$ (交叉距离)时，使用自由空间模型；当 $d > d_c$ 时，使用双射线地面反射模型，其中 $d_c = 4\pi/\lambda$。引领者的位置是随机选定的，并且 OLA 是可再生的。

表 17.3.1 仿真参数

仿 真 参 数	参 数 值
网络区域	350 m×350 m
Tx 的半径	100 m
有效载荷	64 字节/数据包
实验次数	100
调制方式	BPSK
带宽(IEEE 802.11)	83.5 Mbps

定义仿真设置的参数有三个。第一个是点对点平均 SNR(在小尺度衰落环境下的平均值)，定义为$\mathrm{SNR}_{\mathrm{p2p}}(d) \triangleq P_t / (N_0 d^{\alpha})$，其中$d^{\alpha}$是路径损耗。第二个是传输半径$d_{\mathrm{p2p}} \triangleq [P_t / (N_0 \xi)]^{-\alpha}$，它与到使用特定路径损耗模型且$\mathrm{SNR}_{\mathrm{p2p}}(d) = \xi$处的距离相等。由于信号的累积，每个节点的 SNR 都是不同的。因此，我们定义了第三个参数，它是检测级上的节点 SNR，即$\mathrm{SNR}_{\mathrm{det}} \triangleq \|g_i\|^2 / E\{\|n_i\|^2\}$。如果误差传播可以忽略，则$\mathrm{SNR}_{\mathrm{det}}$的值可以被一一映射到节点误差速率上，并且提供与(D1)相等的标准以确定节点是否连接。在所有情况中，$\mathrm{SNR}_{\mathrm{det}}$的阈值与用于定义常规网络中的网络链路所需的点对点$\mathrm{SNR}_{\mathrm{p2p}}(d)$相同，并且该值为$\xi$。

为了简化网络仿真，假设传输大致以多环结构进行，如图 17.3.1 所示。在每个圆环中，我们删除没有足够高$\mathrm{SNR}_{\mathrm{det}}$的节点，但是不会在$\mathrm{SNR}_{\mathrm{det}}$达到阈值时进行检测和重发信号。因为我们只在地理上划分网络，所以一般来说，可以预估它的误差率比起由$\mathrm{SNR}_{\mathrm{det}}$阈值规定的误差率更加不均匀，数值也更低。在这次实验中，假设信号空间在每个中继节点处都得到完美估计。这种设想是可行的，因为网络是静态的，并且当训练符号数量足够大时，估计误差导致的噪声方差可以忽略。图 17.3.2 给出在$(\mathrm{SNR}_{\mathrm{det}})_{\mathrm{dB}}$阈值为 10 dB 时，根据(D1)确定的网络连接程度。具体来说，连通率(CR)已经给出，其定义如同网络中已连接的节点数量的定义，是以网络中的总节点数量为参照的。节点的发射功率和热噪声是常量且是固定的，因此在距离d_{p2p}为 100 m、80 m 和 60 m 处的$(\mathrm{SNR}_{\mathrm{p2p}})_{\mathrm{dB}}$为 10 dB，这里距离表示的是传输半径。

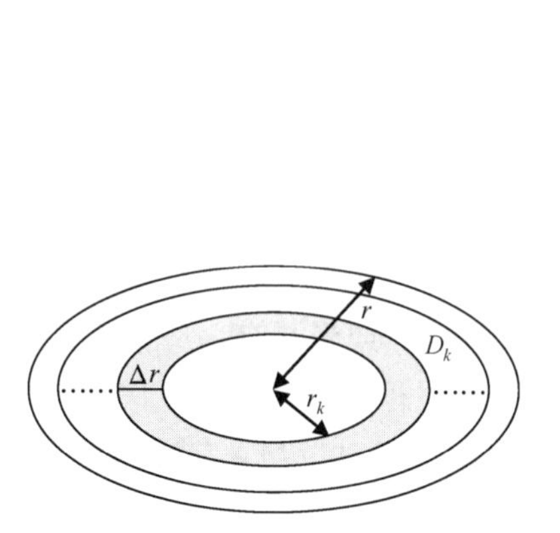

图 17.3.1 圆环 Δr 中的节点大致同时发射信号

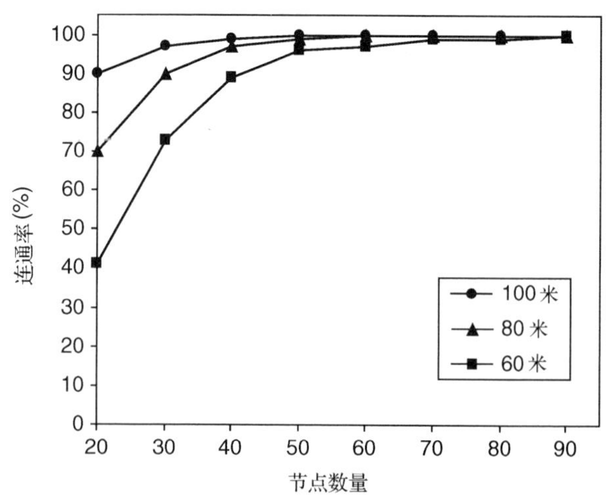

图 17.3.2 连通率与网络中的节点数量的关系

当d_{p2p}为 100 m 时，即使节点密度很低，CR 也是 100%。当缩短传输半径时，网络的连通性将会降低。图 17.3.3 描述了传输率(DR)，其定义为使用特定泛洪算法接收数据包的平均节点数量与多跳连接的节点数量之间的比率，也就是节点具有一条从引领者出发的路径，并且该路径是由高于固定 SNR_{p2p} 阈值的点对点链路形成的。文献[13]中考虑了丢包的唯一原因，即中间的中继队列为了减少节点拥塞而没有传输数据包。在 DR 的定义中，我们忽略了路由、MAC 和物理层误差和它们可能的传输。DR 重点展示了路由和 MAC 问题如何减少成功到达节点的概率。因此，根据文献[15]，简单泛洪算法可以实现 100%的 DR，即使它可能由于流量的提高而引起高时延和不稳定性。在 OLA 中，信号能量的累积可能仍然允许额外节点(除了具有多跳路由的节点)可靠地接收广播包。因此，如果根据(D1)计算 OLA 中已连接的节点数量和通过多跳点对点链路连接的节点数量之间的比率，则一定可以实现超过 100%的 DR。使用表 17.3.1 中的参数，在图 17.3.3 中画出了 DR 与节点数量之间的关系。它表明了任何用于单独点对点链路上的方法都可以获得连通性的显著增强。

端到端时延　这是将数据包广播到整个网络所需的时间。在 OLA 泛洪算法中，不存在信道竞争，因此 IEEE 802.11 中用于载波监听和冲突避免的额外开销可以去除。随着额外开销的减少和不需要信道竞争所需的时间，很明显泛洪算法的速度会比传统广播算法的速度快得多。图 17.3.4 展示了网络中的节点数量与端到端时延之间的关系。对于 64 字节数据包的有效载荷，其端到端时延仅为毫秒量级，这与符号周期 T_s 乘以数据包中的比特数结果相一致。

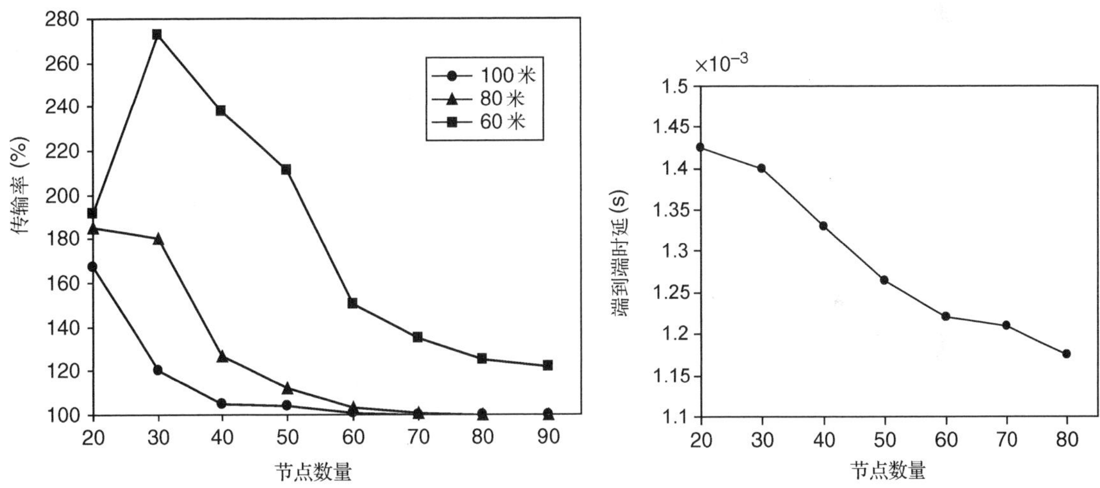

图 17.3.3　传输率与网络中的节点数量的关系　　图 17.3.4　端到端时延对网络中的节点数量的影响

参考文献

[1] Ephremides, A. and Hajek, B. (1998) Information theory and communication networks: an unconsummated union. *IEEE Transactions on Information Theory*, **44** (6), 2416–2434.

[2] Gupta, P. and Kumar, P.R. (2000) The capacity of wireless networks. *IEEE Transactions on Information Theory*, **46** (2), 388–404.

[3] Xie, L.-L. and Kumar, P.R. (2004) A network information theory for wireless communication: scaling laws and optimal operation. *IEEE Transactions on Information Theory*, **50** (5), 748–767.

[4] Okabe, A., Boots, B., and Sugihara, K. (1992) *Spatial Tessellations Concepts and Applications of Voronoi Diagrams*, John Wiley & Sons, Inc., New York.

[5] Bondy, J.A. and Murthy, U. (1976) *Graph Theory with Applications*, Elsevier, New York.

[6] Gupta, P. and Kumar, P.R. (2003) Toward an information theory of large networks: an achievable rate region. *IEEE Transactions on Information Theory*, **49**, 1877–1894.

[7] Sendonaris, A., Erkip, E., and Aazhang, B. (2001) *Increasing uplink capacity via user cooperation diversity.*

Proceedings of the IEEE International Symposium on Information Theory, August 16–21, 2001, Cambridge, MA. p. 156.

[8] Laneman, J. and Wornell, G. (2000) *Energy-efficient antenna sharing and relaying for wireless networks*. Proceedings of IEEE Wireless Communications and Networking Confernce, 2000. WCNC, September 23–28, 2000, Chicago, IL. p. 294.

[9] Laneman, J., Wornell, G., and Tse, D. (2001) *An efficient protocol for realizing cooperative diversity in wireless networks*. Proceedings of the IEEE International Symposium on Information Theory, June 24–29, 2001, Washington, DC. p. 294.

[10] Scaglione, A. and Hong, Y.-W. (2003) Opportunistic large arrays: cooperative transmission in wireless multihop *ad hoc* networks to reach far distances. *IEEE Transactions on Signal Processing*, **51** (8), 2082–2093.

[11] Royer, E.M. and Toh, C.K. (1999) A review of current routing protocols for ad hoc mobile wireless networks. *IEEE Personal Communications Magazine*, **6**, 46–55.

[12] Tseng, Y.-C., Ni, S.-Y., Chen, Y.-S., and Sheu, J.-P. (2002) The broadcast storm problem in a mobile ad hoc network. *ACM Wireless Networks*, **8**, 153–167.

[13] Peng, W. and Lu, X.-C. (2000) *On the reduction of broadcast redundancy in mobile ad hoc networks*. Proceedings of the IEEE/ACM First Annual Workshop on Mobile Ad Hoc Networking Computing, 2000. MobiHOC, Boston, MA. pp. 129–130.

[14] Williams, B. and Camp, T. (2002) *Comparison of broadcasting techniques for mobile ad hoc networks*. Proceedings of the 3rd ACM International Symposium on Mobile Ad Hoc Networking and Computing (MOBIHOC '02), June 2002, Lausanne, Switzerland. pp. 194–205.

[15] IEEE (1999) *ANSI/IEEE Std 802.11*.

[16] ISI (2003) *Network Simulator ns2*.

第 18 章　高级网络架构的稳定性

在本章中，我们介绍了一些先进的网络拓扑结构，并分析了它们的稳定性。这些先进的拓扑结构包括协作认知无线网络、动态因特网网络拓扑和移动云数据中心。

18.1　协作认知无线网络的稳定性

在本节中，我们讨论一些认知无线网络中能产生额外容量的协作策略。通过获得额外的容量，同时维持网络的稳定性，整体网络性能可以得到显著提高。我们考虑一个支持协作通信和排队的移动云，而且在不确定信道条件下研究资源分配优化问题。信道的不确定性来自无线认知网络中的衰落和/或不确定的链路可用性。控制问题是根据工作负载和信道条件的变化动态分配资源，以在限制平均时延的情况下最大化系统长期平均吞吐量。我们还说明了协作通信网络的稳定域，并且为认知网络和传统无线网络的主要服务提供商(PSP)及辅助服务提供商(SSP)提供统一的稳定性分析。此外，本节还讨论了一种动态的合作策略，以减轻辅助服务提供商和主要服务提供商网络之间的相互影响，并证明了该策略可以实现网络稳定域[1]。

第 15 章讨论的无线传输的广播特性和 MIMO 系统的工作，推动了协作通信的应用，提高了具有不确定信道的无线网络性能。用户间协作允许多用户环境中的单天线移动用户通过分享天线的方法获取 MIMO 系统带来的好处，并且形成一个虚拟多天线发射器[2,3]。协作通信领域的工作在多项指标上取得了显著进步：比如直接通信和传统中继方法的多样性增益、容量和功率增益[3-6]。

各项技术已被用于对抗衰落并满足更严格的时延\功率和吞吐量要求，其中包括：分集利用，自适应通信，功率控制，等等。考虑到用户需求的变化，基于信道状态和队列长度信息做出控制决策，已经表明在时变信道条件下在提供更高的吞吐量和更小的时延方面是十分有用的 [7,8]。协作通信是一种特别有吸引力的技术，当与上述技术一起使用时，它提供了额外的可靠性，并带来了显著的空间分集增益。

本章我们考虑一个排队和不确定信道协作通信网络。信道的不确定性来自 PSP 和 SSP 认知网络中的衰落和/或不确定的链路可用性。然后研究具有不确定性的时隙信道中最优资源分配的动态网络控制问题。网络控制定义为从当前队列状态和信道增益到机会协作控制决策和传输功率的映射。我们关注缓冲区无限的情况，当队列保持可接受的较低水平未完成工作量时，尝试最大化长期平均吞吐量。在这个模型下，我们给出了网络稳定域的特征，并且讨论了实现这个区域的动态传输策略。动态协作在文献[9, 10]中有所提及，其中的动态控制算法是背压算法的推广[11]。这里提出的方法有所不同，因为它包含了一系列不同的协作策略，并且这是第一次在认知网络环境中做出为协作通信提供稳定域的尝试。另外，我们利用动态规划解决 PSP、SSP 认知网络和传统无线网络(CWN)中的问题。此外，我们利用 Lyapunov 漂移理论[12]中的方法来证明稳定性。

18.2 系统模型

18.2.1 网络架构

本节考虑的认知网络包括一系列的独立云。每个云包括一个接入点(AP)和一个以队列形式存在的用户/终端集合。我们设想在传输范围之内的用户互相都可以形成云。假设用$\mathcal{I}$表示用户集合，用$|\mathcal{I}|$表示云范围内用户的数量。根据定义，移动云是共享特定资源库的终端的集合/集群。在我们设定的情况中，用户可以相互间借用临时信道或者共同形成一个分布式 MIMO 系统，以供某一特定用户重复传输。每个用户i都可以直接或者通过云中的其他用户与 AP 建立连接。在一个 SSP 认知网络中，AP 是一个服务于云终端[13]的认知路由器(CR)。在蜂窝网络中，AP 是一个基站或者是 WLAN 中的一个传统 AP。AP 之间通过回程网络连接以形成总体网络。

时间被分为由n索引的时间帧。在每个时间帧n的开始，每个服从泊松分布$A(n)=[a_1(n),a_2(n),\cdots,a_{|\mathcal{I}|}(n)]$的、来自高层应用的固定大小数据包(每个长度为$B$比特)将会到达。输入过程$a_i(n)$是静止且遍历的，平均速率为$\lambda_i$。因此，$\lim\limits_{n\to\infty}(1/n)\sum\limits_{\eta=0}^{n-1}a_i(\eta)=\lambda_i$的概率为 1[14]。

每个用户i都有自己的信息要发送，并且这些用户可能会选择协作以便将信息以最快的速率发送给 AP。要求云内有协作控制决策，以便最大化网络长期平均吞吐量，并且在所有队列中保持可接受的少量未完成工作量。通过协作控制决策，我们的意愿是云成员能够选择以非自私协作方式转发数据或者重新分配资源。假设每个用户i一次只可以和一个用户进行协作。

令$\mu_{i0}(n)$为用户i到 AP 的总服务率，$\mu_{ji}(n)$代表的是在时间帧n内从用户j发送到用户i的内生到达率。设用$u(n)=[u_{10}(n),u_{20}(n),\cdots,u_{|\mathcal{I}|0}(n)]$表示服务率向量且$\mu_i(n)=\mu_{i0}(n)-b_{ji}\mu_{ji}(n)$，其中

$$b_{ji}(n)=\begin{cases}1, & \text{如果在时间帧}\,n\,\text{内用户}\,i\,\text{延迟了用户}\,j\,\text{的数据包}\\ 0, & \text{其他}\end{cases}$$

服务率$\mu(n)$被限制为数据包长度的整数倍。我们假设数据包被放置于无限长的传输缓冲区中且最初为空。令$Q(n)=[q_1(n),q_2(n),\cdots,q_{|\mathcal{I}|}(n)]$代表云中的队列长度向量。在 CWN 中，$q_i(n)$过程根据以下排队规则动态演变：

$$q_i(n+1)=q_i(n)+a_i(n)-\mu_i(n) \tag{18.2.1}$$

如果给定的信道在 SSP 认知网络中被使用，则排队过程可表示为

$$q_i(n+1)=q_i(n)+a_i(n)-I(n)\mu_i(n) \tag{18.2.2}$$

其中

$$I(n)=\begin{cases}0, & \text{如果在时间帧}\,n\,\text{主要用户(PU)返回信道}\\ 1, & \text{其他}\end{cases}$$

且$p[I(n)=0]=p_{\text{return}}^{p}$，$p[I(n)=1]=1-p_{\text{return}}^{p}$。返回概率$p_{\text{return}}^{p}$已在第 1 章中讨论过。在 PSP 认知网络中，

$$I(n)=\begin{cases}0, & \text{如果次要用户(SU)返回信道且不检测其是否存在}\\ 1, & \text{其他}\end{cases}$$

其中 $p[I(n)=0]=p^{s}_{\text{return}}(1-p_{\text{sd}})$ ，$p[I(n)=1]=(1-p^{s}_{\text{return}})+p^{s}_{\text{return}}p_{\text{sd}}$，其中 p^{s}_{return} 是 SU 返回信道的概率，而 p_{sd} 是 SU 正确检测 SU 存在的概率。我们假设 PU 在消息传输之前发送一个前导，以便在 SU 使用它的情况下清除信道。

18.2.2 信道

我们用 $h_{i0}(n)$ 表示时间帧 n 中用户 i 和 AP 之间的信道状态，用 $h_{ij}(n)$ 表示用户 i 和用户 j 之间的信道。假设信道状态在一个时间帧内保持固定，并根据马尔可夫链从一个时间帧变换为另一个时间帧。令向量

$$H(n)=\Big[|h_{10}(n)|^2,\ |h_{20}(n)|^2,\ \cdots,\ |h_{|\mathcal{I}|0}(n)|^2,\ |h_{12}(n)|^2,\ \cdots,\ |h_{1|\mathcal{I}|}(n)|^2,\ \cdots,\\ \cdots,\ |h_{|\mathcal{I}|1}(n)|^2,\ \cdots,\ |h_{|\mathcal{I}|(|\mathcal{I}|-1)}(n)|^2\Big]$$

代表在时间帧 n 时的信道增益，帧代表的是用户之间相互分享的云资源。这个定义与一般的理解有些许不同，其中云代表的是位于网络中的计算资源的集合。$H(n)$ 是静止且遍历的，并在有限的状态空间 $\mathcal{H}$ 上取值。我们令 π_H 为信道状态的持续状态概率。如果信道在认知网络中被使用，则等效信道增益向量 $H_e(n)$ 将具有以下形式：

$$H_e(n)=\begin{cases}H(n), & \text{概率为 } p_H\\ 0, & \text{概率为 } p_0\end{cases}$$

在 SSP 认知网络中，$p_0=(1-p_1)(1-p_{\text{id}})+p_1$ 和 $p_H=(1-p_1)p_{\text{id}}$ 。换句话说，如果 PU 不活跃且 SU 检测到概率分别为 $1-p_1$ 和 p_{id} 的空闲信道，那么信道增益向量为 $H(n)$ 。如果 PU 是活跃的或 PU 未被激活，则信道是无用的，但是 SU 无法检测到空闲信道。概率 $1-p_1$ 的推导在文献[15]中给出。对于一个 PSP 认知网络，PU 看到的信道可以再次由 $H_e(n)$ 表示，其中 $p_H=p_1$，$p_0=1-p_1$ 。

信道模型的一种修正包括以下选项：指向 AP 的信道由 SSP/PSP 认知网络拥有，并且有单独的频段用于终端间信道，如使用蓝牙或毫米波连接。假设移动云（对于终端）中的成对距离要远小于终端和 AP 之间的距离，这种情况下 $H_e(n)$ 的修正是直接的。我们将这种选项称为系统间联网（InSyNet），指的是组合两种不同系统（例如蓝牙/毫米波和认知蜂窝网络）的联网概念。InSyNet 的稳定性区域在后面进行推导。

我们的分析也包括之前称为“部分认知网络”的概念，其中网络运营商的整体资源包括认知和传统链路[16]。在这种情况下，$H_e(n)$ 的修正也是直接的。

下面定义了两种协作通信策略[1]。

18.2.3 协作通信

对于每个可行的协作对 (i,j)（$i,j\in\mathcal{I},i\neq j$），我们定义了一个参数 $m_{ij}(n)$ 如下：

$$m_{ij}(n)=\begin{cases}1, & \text{如果用户 } i \text{ 和用户 } j \text{ 协作}\\ 0, & \text{其他}\end{cases}$$

在一个时间帧内的 $m_{ij}(n)$ 值固定，但是可以根据帧的变化而改变。如前所述，每个用户 i

在同一时间只可以和一个用户进行协作，因此$\sum_{j} m_{ij}(n)=1$。我们令$M(n)$为时间帧n中的协作通信矩阵，定义为

$$M(n)=\begin{pmatrix} m_{12}(n) & m_{13}(n) & \cdots & m_{1|\mathcal{I}|}(n) m_{2|\mathcal{I}|}(n) \\ m_{21}(n) & m_{23}(n) & \cdots & \vdots \\ \vdots & \vdots & \ddots & \vdots \\ m_{|\mathcal{I}|1}(n) & m_{|\mathcal{I}|2}(n) & \cdots & m_{|\mathcal{I}|(|\mathcal{I}|-1)}(n) \end{pmatrix}$$

图 18.2.1 说明了每个协作对(i,j)的协作控制选项集合$\mathcal{V}$。每个时间帧n都被分成了$|\mathcal{I}|/2$个子时间帧，并且每个子时间帧n_{ij}都被分为三个时隙t。在每个子时间帧n_{ij}中，用户i通常在时隙 1 中传输，用户j（$j\in\mathcal{I},j\neq i$）通常在时隙 2 中传输。这种约束源于用户不能在同一时间发送和接收同一频率的信息。在时隙 3 中，用户可以选择通过转发或重新分配资源来实现协作。当用户通过转发方式协作时，用户 j/i 帮助用户 i/j 在时隙 3 中转发用户 i/j 在前一个时隙中发送的全部数据包，并且用户 i/j 也会重复发送在之前时隙中发送的数据包。如果用户重新分配资源，则用户i会在自己的时隙和子时间帧的时隙 3 传输，或者用户j在子时间帧的时隙 2 和时隙 3 传输，如图 18.2.1 所示。我们用V^{ij}表示时间帧n内协作对(i,j)的一个协作控制决策。为了简化概念，在图 18.2.1 中，$V^{ij}(n)\in\{0,1,2,3\}$。我们令$V(n)$表示时间帧n内协作对(i,j)的协作控制决策向量。

V^{ij}=0 : j relays data of i
slot 1 /slot 2 /slot 3
i transmits /j transmits /j help i + i retransmits

V^{ij}=1 : i relays data of j
slot 1 /slot 2 /slot 3
i transmits /j transmits /i help j +j retransmits

V^{ij}=2 : reassign resources to i
slot 1 /slot 2 /slot 3
i transmits /j transmits /i transmits

V^{ij}=3 : reassign resources to j
slot 1 /slot 2 /slot 3
i transmits /j transmits /j transmits

图 18.2.1 子时间帧n_{ij}中协作对(i,j)的协作控制决策

设用户i在时隙t的传输信号表示为$x_i(t)$，用户i发出并由用户j转发的信号表示为$x_{ij}(t)$；另外，$y(t)$和$y_i(t)$分别表示在 AP 和用户i处的接收信号，w表示均值为 0、方差为σ^2的复杂圆对称加性高斯白噪声。如果用户通过转发方式协作，也就是用户j选择在时隙 3 帮助用户i，则一个子时隙的输入-输出关系为

$$y(t)=h_i(t)x_i(t)+w_0(t) \tag{18.2.3}$$

$$y_j(t)=h_{ij}(t)x_i(t)+w_j(t) \tag{18.2.4}$$

$$y(t+1)=h_j(t+1)x_j(t+1)+w_0(t+1) \tag{18.2.5}$$

$$y_i(t+1)=h_{ji}(t+1)x_j(t+1)+w_i(t+1) \tag{18.2.6}$$

$$y(t+2)=h_j(t+2)x_{ij}(t+2)+h_i(t+2)x_i(t+2)+w_0(t+2) \tag{18.2.7}$$

这里，假设在解码和转发传输过程中，要求中继用户和 AP 解码整个码字而没有错误。如果时隙 3 被分配给用户 i，那么子时间帧 n_{ij} 的时隙 1、时隙 2、时隙 3 都会传输数据，即接收信号给定为

$$y(t)=h_i(t)x_i(t)+w_0(t) \tag{18.2.8}$$

$$y(t+1)=h_j(t+1)x_j(t+1)+w_0(t+1) \tag{18.2.9}$$

$$y(t+2)=h_i(t+2)x_i(t+2)+w_0(t+2) \tag{18.2.10}$$

图 18.1.1 中的策略可以通过帮助 $|\mathcal{I}|-1$ 个用户中的 D 个用户而进一步推广，其方法是将每个时间帧 n 划分为 $|\mathcal{I}|+D$ 个时隙，从而实现 $F=|\mathcal{I}|+D$ 个时隙。前 $|\mathcal{I}|$ 个时隙用于每个用户发送自己的数据。另外的 D 个时隙中的一个时隙用于帮助一个特定的弱用户，使得所有的用户都可以重复发送信号。对于 D 个弱用户，则在 D 个时隙中重复发送信号。如果系统只有 $d<D$ 个弱用户，并且在第一个发送时隙中的信号不能提供必要的 QoS，则系统仅需要重复 d 次传输，其中 d 可能会根据信道整体状态而重新动态配置，导致可变帧长度 $F=|\mathcal{I}|+d$。我们将这种方式称为可重构协作策略。

18.3　系统优化

令 $X(n)=\{Q(n),H(n)\}$ 表示时间帧 n 中在状态空间 $\mathcal{X}$ 可数的情况下的系统状态。设 $V_X(n)$ 表示系统状态为 X 时，时间帧 n 内的 $|\mathcal{I}|/2$ 个协作用户对之间的协作控制决策向量，$M_X(n)$ 表示状态 X 下的协作通信矩阵。在每个时间帧 n 的开始，网络控制器确定 $V_X(n)$ 和 $M_X(n)$ 的值，并且确定依赖整个状态演变中每条链路上之前分配的功率向量 $P(n)=[P_1(n),P_2(n),\cdots,P_{|\mathcal{I}|}(n)]$ 的传输速率 $\mu_{i0}(n)$。此外，令 $U_X(n)=\{\mu(n),M_X(n),V_X(n)\}$ 表示控制输入，也就是在状态 X 下时间帧 n 的一个动作。控制输入 $U_X(n)$ 在一般状态空间 $\mathcal{U}_X$ 中取值，表示在状态 $U_X(n)$ 下所有可行的资源分配选项。通过可行选项，即可得到满足功率和排队约束的一个控制动作的集合。从状态 X 出发，令 $\pi=\{U_X(0),U_X(1),\cdots\}$ 表示时间帧 n（$n=0,1,\cdots$）中的动作序列的策略，可以得到依赖于之前所选择的状态-动作对 $U_X(\eta)$（$\eta=\{0,1,2,\cdots,n-1\}$）的整个演变历程的动作 $U_X(n)$。我们用 Π 表示这样的策略集合。假定集中控制是可行的，以便网络控制器能够访问全部待办事项和信道状态信息。

给定每个用户每个时隙的功率约束 $P^{\text{tot}}(t)$ 和信道状态向量 $H(n)$，可以无差错传输的服务率 $\mu_i(n)$ 应该满足以下的在每个时间帧 n 中的容量约束 $C_i^{V^{ij}}[P^{\text{tot}}(n),H(n)]$。

如果 $V^{ij}(n)=0$，

$$\begin{aligned}\mu_i(n)\leqslant C_i^0(P^{\text{tot}},\ H)=\min\big\{&(1/B)\log\big(1+|h_{ij}|^2P^{\text{tot}}/\sigma^2\big)\\&(1/B)\log\big[1+\big(2|h_{i0}|^2P^{\text{tot}}+|h_{j0}|^2P^{\text{tot}}\big)/\sigma^2\big]\big\}\end{aligned} \tag{18.3.1}$$

$$\mu_j(n)\leqslant C_j^0(P^{\text{tot}},\ H)=(1/B)\log\big(1+|h_{j0}|^2P^{\text{tot}}/\sigma^2\big) \tag{18.3.2}$$

当 $V^{ij}(n)=1$ 时，容量约束如下：

$$\mu_i(n)\leqslant C_i^1(P^{\text{tot}},\ H)=(1/B)\log\big(1+|h_{i0}|^2P^{\text{tot}}/\sigma^2\big) \tag{18.3.3}$$

和

$$\begin{aligned}\mu_j(n)\leqslant C_j^1(P^{\text{tot}},\ H)=\min\big\{&(1/B)\log\big(1+|h_{ji}|^2P^{\text{tot}}/\sigma^2\big),\\&(1/B)\log\big[1+\big(2|h_{j0}|^2P^{\text{tot}}+|h_{i0}|^2P^{\text{tot}}/\sigma^2\big)\big]\big\}\end{aligned} \tag{18.3.4}$$

在式(18.3.5)和式(18.3.6)中，传输速率约束是在$V^{ij}=2$的情况下给出的，在式(18.3.7)和式(18.3.8)中，$V^{ij}=3$。

$$\mu_i(n)\leqslant C_i^2(P^{\text{tot}}, H)=(2/B)\log\left(1+|h_{i0}|^2P^{\text{tot}}/\sigma^2\right) \tag{18.3.5}$$

$$\mu_j(n)\leqslant C_j^2(P^{\text{tot}}, H)=(1/B)\log\left(1+|h_{j0}|^2P^{\text{tot}}/\sigma^2\right) \tag{18.3.6}$$

$$\mu_i(n)\leqslant C_i^3(P^{\text{tot}}, H)=(1/B)\log\left(1+|h_{i0}|^2P^{\text{tot}}/\sigma^2\right) \tag{18.3.7}$$

$$\mu_j(n)\leqslant C_j^3(P^{\text{tot}}, H)=(2/B)\log\left(1+|h_{j0}|^2P^{\text{tot}}/\sigma^2\right) \tag{18.3.8}$$

为简便起见，假设系统带宽为 1 Hz，B用于表示以比特为单位的数据包长度，要求中继用户和 AP 无错误地进行解码以保证式(18.3.1)和式(18.3.4)中两个容量约束的最小值。

对于 PSP 和 SSP 认知网络，$C_i^{V^{ij}}[P^{\text{pot}}(n),H(n)]$分别给定为

$$C_i^{V^{ij}}(P^{\text{tot}}, H)^*=p_1\left[\left(1-p_{\text{retum}}^s\right)+p_{\text{retum}}^s p_{\text{sd}}\right]C_i^{V^{ij}}(P^{\text{tot}}, H) \tag{18.3.9}$$

$$C_i^{V^{ij}}(P^{\text{tot}}, H)^*=[(1-p_1)p_{\text{id}}][1-p_{\text{retum}}^p]C_i^{V^{ij}}(P^{\text{tot}}, H) \tag{18.3.10}$$

参数z_i定义为

$$z_i=\frac{\lambda_i}{\limsup\limits_{n\to\infty}\frac{1}{n}\sum\limits_{\eta=0}^{n-1}\mathrm{E}\left\{\mu_i^\pi(\eta)^*\right\}} \tag{18.3.11}$$

另外，令$\mu_i^\pi(\eta)$表示 CWN 中用户i的服务率。然后，对于 PSP 认知网络，我们有

$$\mu_i^\pi(\eta)^*=\mu_i^\pi(\eta)p_1\left[\left(1-p_{\text{retum}}^s\right)+p_{\text{retum}}^s p_{\text{sd}}\right] \tag{18.3.12}$$

并且对于 SSP 认知网络，有

$$\mu_i^\pi(\eta)^*=\mu_i^\pi(\eta)[(1-p_1)p_{\text{id}}][1-p_{\text{retum}}^p] \tag{18.3.13}$$

解决控制问题就是将当前队列状态和信道增益映射到可使系统稳定的最佳序列$U_X(n)$并解决下列优化问题：

$$\begin{gathered}\underset{\pi\in\Pi}{\text{maximize}}\ \limsup_{n\to\infty}\frac{1}{n}\sum_{\eta=0}^{n-1}\mathrm{E}\left\{\sum_{|\mathcal{I}|}\mu_i^\pi(\eta)^*\right\}\\ \text{subject to}\max\left\{z_1,\cdots,z_{|\mathcal{I}|}\right\}\leqslant 1\\ \text{式(18.3.1)}\sim\text{式(18.3.8)}\end{gathered} \tag{18.3.14}$$

在每个时隙中，控制策略都是由每个云中用户间的队列长度和信道状态信息决定的。因此，取决于队列长度和信道质量，空队列和处于良好信道的用户可以通过转发数据包或者让“最糟糕”的用户使用额外的时隙来帮助那些处于长队列和糟糕信道状态的用户。这种思想旨在高效分配系统资源，这会带来几个指标的显著提升，尤其是在协作用户需求不同的时候。

18.4 最优控制策略

式(18.3.14)给出的控制问题是一个约束动态优化问题。解决它的一个方法是将其转变成一个无约束的马尔可夫决策问题(UMDP)，并为这个 UMDP[17-20]定义一个最优策略。对于一个策略$\pi\in\prod$，我们将奖励和惩罚函数定义为

$$D_X^{\pi} = \limsup_{n\to\infty} \frac{1}{n}\sum_{\eta=0}^{n-1} \mathrm{E}_X^{\pi}\left\{\sum_{|\mathcal{I}|}\mu_i^{\pi}(\eta)^*\right\} \tag{18.4.1}$$

$$K_X^{\pi} = \max\left\{z_1, \cdots, z_{|\mathcal{I}|}\right\} \tag{18.4.2}$$

给定式(18.4.1)中的限制条件，令$\prod_{K_X^{\pi}}$（$\pi\in\prod$）表示满足式(18.3.1)～式(18.3.8)中的约束和$K_X^{\pi}\leqslant 1$的所有可接受的控制策略。那么目标可重述为如下约束优化问题[19]：

$$\begin{aligned}&\text{maximize } D_X^{\pi}\\ &\text{subject to } \pi\in\Pi_{K_X^{\pi}}\end{aligned} \tag{18.4.3}$$

式(18.4.3)中的问题可以通过拉格朗日松弛转换成一系列的无约束优化问题[21]。对应的拉格朗日函数可以定义为

$$J_{\beta}^{\pi}(X) = \limsup_{n\to\infty} \frac{1}{n}\sum_{\eta=0}^{n-1} \mathrm{E}_X^{\pi}\left\{\sum_{|\mathcal{I}|}\mu_i^{\pi}(\eta)^* - \beta\max\left\{q_1(\eta+1), \cdots, q_{|\mathcal{I}|}(\eta+1)\right\}\right\} \tag{18.4.4}$$

拉格朗日乘子β表示的是队列长度在平均吞吐量上的相对重要性。较大的β值表示更重视将队列长度保持为较短状态。给定$\beta\geqslant 0$，可将无约束优化问题定义为

$$\begin{aligned}&\text{maximize } J_{\beta}^{\pi}(X)\\ &\text{subject to } \pi\in\Pi\end{aligned} \tag{18.4.5}$$

对于原始约束，适当选择β，无约束问题的最优策略也是最优控制问题[19, 21]。

式(18.4.4)中给出的问题是具有最大平均奖励准则的标准 MDP。对于每个初始状态X，定义相应的具有值函数的折扣成本 MDP。

$$W_{\alpha}(X) = \underset{\pi\in\Pi}{\text{maximize}}\ E_X^{\pi}\left\{\sum_{\eta=0}^{\infty}\alpha^{\eta}R[X(\eta),\ U_X(\eta)]\right\} \tag{18.4.6}$$

其中，折扣系数$\alpha\in(0,1)$，在状态X中采取动作U_X的奖励定义为$R[X(\eta),U_X(\eta)]=\sum_{|\mathcal{I}|}\mu_i^{\pi}(\eta)^*-\beta\max\{q_1(\eta+1),\cdots,q_{|\mathcal{I}|}(\eta+1)\}$。$W_a(X)$可定义为折扣系数$\alpha$的最优期望总折扣奖励[22]。求解式(18.4.6)的一种方法是使用值迭代算法(VIA)[19,22]。

VIA 是一种递归计算式(18.4.6)中的ε最优策略π^*的标准动态规划方法。为了符号的简单化，我们忽略下标α。式(18.4.6)的解，即每个初始状态X的最优值函数$W^*(X)$和相应的折扣最优策略$\pi^*\in\Pi$可以用以下迭代算法求解：

$$W^{n+1}(X) = \max_{U_X\in\mathcal{U}_X}\left\{R(X,\ U_X) + \alpha\sum_{s\in\mathcal{X}_S}p(S|X,\ U_X)W^n(S)\right\} \tag{18.4.7}$$

其中$\mathcal{X}_S$是一组可行状态，它通过动作U_X跟随状态X，而$p(S\mid X,U_X)$表示从状态X以动作U_X跃迁到状态S的概率。对于每个初始状态X，可将每个X的最优动作U_X定义为

$$\arg\max_{U_X\in\mathcal{U}_X}\left\{R(X,\ U_X) + \alpha\sum_{s\in\mathcal{X}_S}p(S|X,\ U_X)W^*(S)\right\} \tag{18.4.8}$$

后面将给出 SSP 和 PSP 认知网络及 CWN 中协作通信网络的统一稳定性分析。协作通信网络的稳定域比对应的非协作通信网络的稳定域要大得多。另外，InSyNet 的概念用来提供协

作通信网络的稳定域上界。最优动态控制策略 π^* 将被证明可实现所描述的协作通信网络的稳定域，并且当输入速率处于协作通信网络的稳定域内时，可提供平均时延的界。

18.5 可实现速率

网络稳定域是考虑我们能为网络提供的所有可能资源分配策略时，网络可以稳定支持的输入速率 λ_i。资源分配策略的稳定域是所有输入速率向量的集合的闭区间，该策略保证了系统的稳定性，并且是网络稳定域的一个子集[7]。为了对独立排队系统和排队网络的稳定性进行更准确的定义，并且了解排队论对分析稳定性的重要性，我们推荐读者参阅文献[7]。

我们表征了基本吞吐量限制，并为 SSP、PSP 认知网络和 CWN 建立了协作通信网络和非协作通信网络的稳定域。另外，InSyNet 的概念被用来推导云中有 $|\mathcal{I}|$ 个用户的协作通信网络的稳定域的上界。

为了衡量性能，我们指定了所谓的“获得容量”（harvested capacity）参数，定义为通过协作策略所实现的稳定域和非协作通信网络的稳定域的差异。网络容量域和网络稳定域这两个术语在本书中可以交替使用。

18.5.1 协作通信网络的稳定域

给定每时隙每用户的功率约束，令 $\mathcal{U}_{P^{\text{tot}}}^{H}$ 表示信道状态 H 中满足功率约束 P^{tot} 的所有可能资源分配选项的集合，并且 $U_{P^{\text{tot}}}^{H} \in \mathcal{U}_{P^{\text{tot}}}^{H}$ 代表信道状态 H 中的一个控制动作。另外，令 g_{i0}^* 为用户 i 和 AP 支持的长期平均传输速率，并且 g_{ji}^* 表示的是用户 i 和用户 j 之间的信道所支持的长期平均传输速率。令 $G^*=[g_1^*,g_2^*,\cdots,g_{|\mathcal{I}|}^*]$ 表示长期平均传输速率向量，其中 $g_i^*=g_{i0}^*-g_{ji}^*$。设用 g_i^* 表示 CWN 中的长期速率。对于 SSP 和 PSP 认知网络，g_i^* 分别为

$$g_i^*=g_i p_1\left[\left(1-p_{\text{return}}^s\right)+p_{\text{return}}^s p_{\text{sd}}\right]\quad(\text{PSP})\tag{18.5.1}$$

和

$$g_i^*=g_i[(1-p_1)p_{\text{id}}][1-p_{\text{return}}^p]\quad(\text{SSP})\tag{18.5.2}$$

由于时变系统的状态条件，G^* 必须在所有可能的信道上实现平均状态。此外，G^* 不是固定的且依赖于选定的 $U_{P^{\text{tot}}}^{H}$ 传输策略。因此，网络被描述为以下可支持速率的集合（而不是具有单独的 G^*）：

$$\Gamma^*=\sum_{H\in\mathcal{H}}\pi_H\text{Conv}\left\{\mu\left(U_{P^{\text{tot}}}^{H},\,H\right)^*|U_{P^{\text{tot}}}^{H}\in\mathcal{U}_{P^{\text{tot}}}^{H}\right\}\tag{18.5.3}$$

其中使用了集合的加法和标量乘法。$\{B_H\}$ 表示集合 B_H 的凸包，并且定义为所有 $b_j\in B_H$ 元素的凸组合 $p_1b_1+p_2b_2+\cdots+p_jb_j$ 的集合。具体而言，吞吐量区域 Γ^* 可视为长期平均传输速率向量 G^* 的集合，并且网络可配置为支持连接用户和 AP 的无线链路。当且仅当对于某些信道状态 H 的平均传输速率集合 G_H^*，G^* 可以表示为 $G^*=\sum_{H\in\mathcal{H}}\pi_H G_H^*$，则向量 G^* 存在于集合 Γ^* 中。

设 Λ_{C} 表示协作通信网络的稳定域，并且合作用户之间服从正交调度。显然，集合 Γ^* 的上界是通过策略获得的，并且在每个时隙使用了最大可达功率 P^{tot}。因此，在定义网络稳定域时，

只需考虑每个活跃用户 i 使用全功率在时隙 t 传输数据时的策略集合。用 $\hat{\mathcal{U}}^H_{p^{\text{tot}}} \in \mathcal{U}^H_{p^{\text{tot}}}$ 表示信道状态 H 下利用最大可达功率在每个时隙传输的所有可能控制动作集合，$\hat{U}^H_{p^{\text{tot}}} \in \hat{\mathcal{U}}^H_{p^{\text{tot}}}$ 表示属于 $\hat{\mathcal{U}}^H_{p^{\text{tot}}}$ 的特殊控制动作。另外，令 $\hat{G}^* = [\hat{g}^*_1, \cdots, \hat{g}^*_{|\mathcal{I}|}]$ 为全功率长期平均传输速率向量。如果对于一些信道状态 H 下的平均传输速率向量 $\hat{G}^*_H$ 有 $\hat{G}^* = \sum_{H\in\mathcal{H}} \pi_H \hat{G}^*_H$，则 $\hat{G}^* \in \hat{\Gamma}^*$。所有全功率长期平均传输速率向量 $\hat{G}^*_H$ 的集合可以通过网络配置得到支持，可写为

$$\hat{\Gamma}^* = \sum_{H\in\mathcal{H}} \pi_H \text{Conv}\left\{\mu\left(\hat{U}^H_{p\text{tot}}, H\right)^* | \hat{U}^H_{p\text{tot}} \in \hat{\mathcal{U}}^H_{p\text{tot}}\right\} \tag{18.5.4}$$

协作通信网络的稳定域是所有输入速率 $\lambda = [\lambda_1, \cdots, \lambda_{|\mathcal{I}|}]$ 的集合，存在满足以下条件的传输策略 π。

$$\lambda_i \leqslant \lim_{n\to\infty} \frac{1}{n} \sum_{\eta=1}^{n-1} E\{\mu^\pi_i(\eta)^*\} \leqslant \sum_H \pi_H \hat{G}^*_H \tag{18.5.5}$$

对于某些 $\hat{G}^* \in \hat{\Gamma}^*$，当速率低于 $\hat{\Gamma}^*$ 中的某个点时，同样可以得到支持。具体来说，如果存在长期平均速率向量 $G^* \in \Gamma^*$，那么 λ 便在 Λ_C 内部，这样便存在一个支持速率 λ 的传输过程。

为了便于说明协作通信网络的稳定域，将 $|\mathcal{I}|$ 的值固定为 2。对于式(18.2.2)中给出的信道模型，两个用户间的协作通信网络的稳定域 Λ_C 如图 18.5.1 所示，其中

$$\lambda_i = \begin{cases} \lambda^p_i / p_1 \left[\left(1 - p^s_{\text{return}}\right) + p^s_{\text{return}} p_{\text{sd}}\right] & \text{(PSP)} \\ \lambda^s_i / [(1-p_1) p_{\text{id}}][1 - p^p_{\text{return}}] & \text{(SSP)} \end{cases}$$

且 λ^p_i、λ^s_i 分别是 PSP 和 SSP 认知网络中可支持的输入速率。

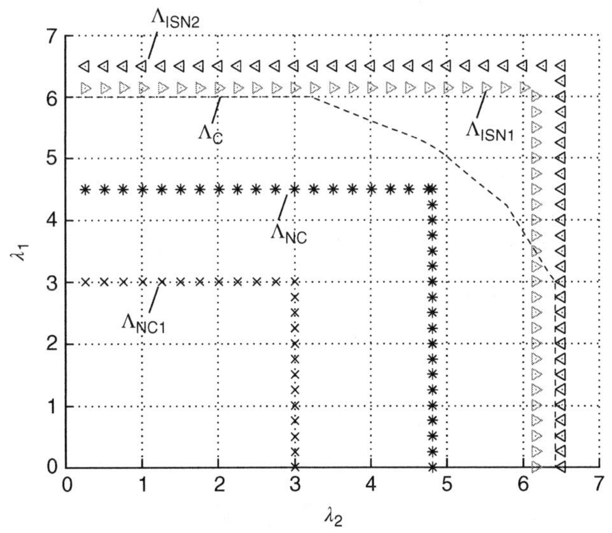

图 18.5.1　网络稳定域

$\lambda \in \Lambda_C$ 是稳定性的必要条件，λ 在 Λ_C 内部是系统能够通过一些传输协议而稳定下来的充分条件[7]。明确 Λ_C 代表真实的稳定域要求证明任何到达 Λ_C 内部的输入都是稳定的，并且需要证明任何在 Λ_C 以外的速率都不可能实现稳定性[7]。在 18.3 节中，我们给出了稳定性的充分必要条件的证明，其中我们提出了可实现 Γ^* 中任意长期平均传输速率向量 G^* 的静态策略

(STAT)。在 18.3 节中，我们说明了只要 λ_i 严格存在于 Λ_C 中，静态策略都可以稳定协作通信网络，并且对于 Λ_C 以外的到达率，任何资源分配算法都是不稳定的。

作为比较，我们引入 InSyNet 的概念，以推导出协作通信网络的稳定域的上界。在一个有 $|\mathcal{I}|$ 个用户的移动云中，使用蓝牙或者毫米波连接，这样用户可以相互交换将要传输给宏网络 AP 的数据包。在协作策略中，可以通过假设云中用户间信道是理想的来实现这一点，因此就需要一个无穷小的时隙(长度可以忽略不计)，用于在云内的用户之间交换数据。如果使用蓝牙或毫米波连接，则可以同时激活云间传输和云到 AP 的传输。

我们将从建立 $|\mathcal{I}|=2$ 的 InSyNet 稳定域开始。假设所有用户都有无限长的缓冲区。由于云中用户知道其他用户的数据，很明显，当最佳信道中的用户将其他数据传输到 AP 时，可实现最大可支持速率。因此，双用户 InSyNet 中的最大可支持速率为

$$\lambda_i \leqslant \frac{1}{2}\sum_{H\in\mathcal{H}}\pi_H \max\left\{\frac{3}{B}\log\left(1+|h_{10}|^2 P^{\text{tot}}\right), \frac{3}{B}\log\left(1+|h_{20}|^2 P^{\text{tot}}\right)\right\} \tag{18.5.6}$$

对于 PSP、SSP 认知网络和 CWN，双用户 InSyNet 的统一稳定域 Λ_{ISN1} 如图 18.5.1 所示，其中不同网络的 λ_i 在前面已经给出。

随着 $|\mathcal{I}|$ 的增加，云中的一个用户具有最佳信道的概率增加，最大可支持速率为

$$\begin{aligned}\lambda_i \leqslant \frac{1}{|\mathcal{I}|}\sum_{H\in\mathcal{H}}\pi_H \ \max\left\{\frac{3}{B}\log\left(1+|h_{10}|^2 P^{\text{tot}}\right)\right. \\ \left.\frac{3}{B}\log\left(1+|h_{20}|^2 P^{\text{tot}}\right),\cdots,\ \frac{3}{B}\log\left(1+|h_{|\mathcal{I}|0}|^2 P^{\text{tot}}\right)\right\}\end{aligned} \tag{18.5.7}$$

协作通信网络的稳定域上界可以通过考虑 InSyNet 的稳定域(其中 $|\mathcal{I}|\to\infty$)而得到。在这种情况下，云中的每个用户都可以使用每个时间帧中可用的表示为 $h_{i0}^{\max}$ 的最佳信道。为了公平比较，假设 $|\mathcal{I}|$ 个用户的云中只有两个用户具有外部输入且 $|\mathcal{I}|\to\infty$。当 $|\mathcal{I}|\to\infty$ 时，令 Λ_{ISN2} 表示 InSyNet 的稳定域。这样，最大可支持速率如图 18.5.1 所示，由下式给出：

$$\lambda_i \leqslant \frac{1}{2}\max\{i, H\in\mathcal{H}\}\left\{\frac{3}{B}\log\left(1+|h_{i0}^{\max}|^2 P^{\text{tot}}\right)\right\} \tag{18.5.8}$$

18.5.2 非协作通信网络的稳定域

考虑一个包含队列的非协作(NC)通信网络，其中只允许与 AP 直接通信。设用 $g_{\text{NC}i}^{H^*}$ 表示信道状态 H 下当功率为 P^{tot} 时的最大平均可支持速率，子索引 NCi 表示非协作用户 i。对于 PSP 和 SSP 认知网络，$g_{\text{NC}i}^{H^*}$ 可表示为

$$g_{\text{NC}i}^{H^*} = g_{\text{NC}i}^{H} p_1\left[\left(1-p_{\text{retum}}^{s}\right)+p_{\text{retum}}^{s} p_{\text{sd}}\right] \quad (\text{PSP}) \tag{18.5.9}$$

$$g_{\text{NC}i}^{H^*} = g_{\text{NC}i}^{H}[(1-p_1)p_{\text{id}}][1-p_{\text{retum}}^{\text{p}}] \quad (\text{SSP}) \tag{18.5.10}$$

双用户 NC 通信网络的平均最大可支持长期传输速率可以表示为

$$\sum_H \pi_H\left(C_i^2(P^{\text{tot}},\ H)^* + C_i^3(P^{\text{tot}},\ H)^*\right)/2 = \sum_H \pi_H g_{\text{NC}i}^{H^*} \tag{18.5.11}$$

其中，对于 CWN，$C_i^2(P^{\text{tot}},H)^*$ 和 $C_i^3(P^{\text{tot}},H)^*$ 分别在式(18.3.5)和式(18.3.7)中给出；对于 PSP 和 SSP 认知网络，$C_i^2(P^{\text{tot}},H)^*$ 和 $C_i^3(P^{\text{tot}},H)^*$ 分别在式(18.3.9)和式(18.3.10)中给出。为了使 NC 通信网络稳定，我们需要

$$\lambda_i \leqslant \lim_{n\to\infty}\frac{1}{n}\sum_{\eta=0}^{n-1}\mathrm{E}\{\mu_i(\eta)^*\} \leqslant \sum_{H}\pi_H g_{\mathrm{NC}i}^{H^*} \tag{18.5.12}$$

对于 PSP、SSP 认知网络和 CWN 来说，上面提出的双用户 NC 通信网络的联合稳定域 Λ_{NC} 如图 18.5.1 所示，它可以与对应的协作通信网络 Λ_{C} 的稳定域进行比较。Λ_{NC} 和 Λ_{C} 之间的差异称为“获得容量”。从图中可以看出，通过协作策略获得的稳定域要比 NC 通信网络的稳定域大 38%左右。

考虑一个双用户时延有限的 NC 通信网络，其中丢失数据包或者队列是不允许的。令 Λ_{NC1} 表示时延有限的 NC 通信网络的稳定域。直观来看，时延有限系统的最大支持速率为

$$\lambda_i \leqslant \frac{1}{2}\min_{\{i,H\in\mathcal{H}\}}\frac{3}{B}\log_2\left(1+|h_{i0}|^2 P^{\mathrm{tot}}\right) \tag{18.5.13}$$

图 18.5.1 也说明了这一点。

18.6　稳定传输策略

在本节中，我们给出了 PSP、SSP 认知网络和 CWN 的联合稳定性分析。该分析主要基于文献[1]中给出的结果。原则上，如果到达率 $\lambda=[\lambda_1,\cdots,\lambda_{|\mathcal{I}|}]$ 和信道状态概率 π_H 预先给出，则可以实现 Λ_{C} 上每个点的随机静态传输策略。运用文献[7]中给出的方法，我们提出了一种策略，并且证明了只要 λ 在 Λ_{C} 中，它就可以实现协作通信网络的稳定域。随机静态传输策略不考虑累积的信息，并且完全基于当前系统的信道状况做出控制决策。STAT 策略的实现是不切实际的，因为它需要完全了解到达率和信道状态数据，但是它提供了分析 18.6.4 节中最优动态传输策略 π^* 的性能的方法。下面，我们定义分析稳定性所需的排队论工具。

18.6.1　网络参数

为了分析传输算法的稳定性，我们定义 $\mu_{\max}^{\mathrm{out}}$ 作为从给定节点 $i\in\mathcal{I}$ 流出的最大传输速率：

$$\mu_{\max}^{\mathrm{out}} \triangleq \max_{\left\{i,H\in\mathcal{H},U_{p^{\mathrm{tot}}}^H\in\mathcal{U}_{p^{\mathrm{tot}}}^H\right\}}\mu_i\left(U_{P^{\mathrm{tot}}}^H,\ H\right) \tag{18.6.1}$$

因为 $\mu_i(U_{P^{\mathrm{tot}}}^H,H)$ 是有界的，所以上述值是存在的[7, 12]。为了简化分析，假设到达 $a_i(n)$ 在每个时隙的第二个时刻都是有界的，这样 $E\{[a_i(n)]^2\}\leqslant a_{\max}^2$。对于一个泊松过程，到达的第二个时刻是有界的[7]。

如果 $(1/n)\sum_{\eta=0}^{n-1}a_i(\eta)\to\lambda_i$ 且概率为 1（$n\to\infty$），则到达过程 $A(n)$ 指平均速率 λ 的速率收敛，并且对于任何 $\delta>0$，存在一个间隔大小 K，对于任何的初始时间 n_0 且不管过去如何，条件 $\left|\lambda_i-(1/K)\sum_{\eta=n_0}^{n_0+K-1}E\{a_i(\eta)\}\right|\leqslant\bar{\delta}$ 恒成立[7]。由于每条链路状态会根据帧的变化而变化，因此建立一个与速率收敛类似的信道收敛概念将十分有用。我们令 $T_H(n_0,K)$ 表示系统状态为 H 时间隔 $n_0\leqslant\eta\leqslant n_0+K-1$ 内的帧集合，并且 $\|T_H(n_0,K)\|$ 表示此类帧的总数。如果 $\|T_H(n_0,K)\|/K\to\pi_H$ 且概率为 1（$K\to\infty$），则信道过程是具有稳态概率 π_H 的信道收敛，对于给定的值 $\delta>0$，存在一个间隔大小 K，使得对于所有信道状态 H 和给定的值 n_0 且不管过去如何，条件

$\sum_{H}\left|E\{\|T_H(n_0,K)\|\}/K-\pi_H\right|\leqslant\delta/\mu_{\max}^{\text{out}}$ 恒成立。该界的右侧具有归一化形式，使得后续定义的固定功率分配策略的长期传输速率与 K 帧平均速率是收敛的。因此，对于信道收敛过程，每个信道状态的平均时间分数收敛于稳定状态分布 π_H，并且如果在一个合适的长间隔上进行采样，则期望平均时间将任意接近这个分布。对于具有服务率且仅依赖于信道状态的系统来说，信道收敛的概念十分重要[7]。

K 值表示我们期望系统实现稳定状态行为的时间尺度，并且在证明稳定性和建立排队限制方面十分重要。K 被定义为时间帧的最小数值，以使之前的不等式成立。这样的值必须在平均到达率为 λ_i、信道概率为 π_H 的任何静态和遍历过程中存在。对于具有独立同分布到达和独立同分布信道状态的系统，稳定状态在每个时间帧都可以实现，因此当 δ 和 $\bar{\delta}$ 的值设为 0 时，$K=1$[7]。

18.6.2 静态传输策略

为了建立稳定的策略，我们首先证明资源可被分配，以实现任何 Γ^* 中的长期传输速率向量 G^*。假设信道增益过程 $H(n)$ 是具有稳定状态概率 π_H 的信道收敛，并且到达过程是具有平均速率 λ_i 的速率收敛。假设 λ_i 严格存在于 Λ_{C} 中，故存在 $\varepsilon>0$，使得 $\lambda_i+\varepsilon\in\Lambda_{\text{C}}$，其中 ε 为稳定域边界到 λ_i 的距离的测量值。那么，一定存在 Γ^* 中的一个向量 $G^*=[g_1^*,\cdots,g_{|\mathcal{I}|}^*]$ 满足 $\lambda_i+\varepsilon\leqslant g_i^*$，并且对于 $\text{Conv}\{\mu(U_{p^{\text{tot}}}^H,H)*U_{p^{\text{tot}}}^H\in\mathcal{U}_{p^{\text{tot}}}^H\}$ 中的某些向量 G_H^*，$G^*=\sum_{H\in\mathcal{H}}\pi_H G_H^*$。每个 G_H^* 可以表示为 $p_1^H G_1^{H^*}+p_2^H G_2^{H^*}+\cdots+p_k^H G_k^{H^*}$ 的有限组合，其中 $\{p_k^H\}$ 是和为 1 的非负数。

可以使用稳定随机传输策略，以便选择使下式的概率为 1 的控制动作：

$$\lim_{n\to\infty}\left\{(1/n)\sum_{\eta=0}^{n-1}\mu^{\text{STAT}}(\eta)^*\right\}=G^*$$

使用此策略，每个时间帧用户都可以观察到当前状态 $H(n)$。然后随机选择一个具有概率 p_k^H 的控制选项 $U_{p^{\text{tot}}}^H\in\mathcal{U}_{p^{\text{tot}}}^H$。平均而言，这一结果转化为 $E\{\mu^{\text{STAT}}(\eta)^*\mid H\}=G_H^*$。所得到的随机策略的传输速率与长期平均传输速率 G^* 是收敛的[7]。此外，$\left|(1/K)\sum_{\eta=\eta_0}^{n_0+K-1}E\{\mu_i(\eta)^*\}-g_i^*\right|\leqslant\delta^*$，其中对于 PSP 认知网络，$\delta^*=\delta p_1[(1-p_{\text{retum}}^s)+p_{\text{retum}}^s p_{\text{sd}}]$；对于 SSP 网络，$\delta^*=\delta[(1-p_1)p_{\text{id}}][1-p_{\text{retum}}^p]$。

下面我们将用 Lyapunov 漂移对 STAT 策略进行分析，并且分析结果将用于证明 18.1.4 节的协作动态传输策略的稳定性。

18.6.3 STAT 策略的 Lyapunov 漂移分析

稳定性分析依赖于 Lyapunov 漂移，它给出具有队列的系统内稳定性的充分条件。这种方法在文献[7, 10, 23, 24]中用于证明许多策略的稳定性。下面说明了 Lyapunov 漂移对于模型的稳定性和性能分析是有效的。

假设到达率 $\lambda=[\lambda_1,\cdots,\lambda_{|\mathcal{I}|}]$ 严格存在于 Λ_{C} 内，故对于某些正值 $\varepsilon>0$，向量 $[\lambda_1+\varepsilon,\cdots,\lambda_{|\mathcal{I}|}+\varepsilon]$ 也在 Λ_{C} 内。则必定存在 G^* 且

$$\lambda_i+\varepsilon\leqslant g_i^*,\ \forall i \tag{18.6.2}$$

设定 $\delta^* = \Delta\overline{\delta} = \Delta\dfrac{\varepsilon}{6}$，故前面给出的界变为

$$|\lambda_i-(1/K)\sum_{\eta=n_0}^{n_0+K-1}E\{a_i(\eta)\}|\leqslant\frac{\varepsilon}{6} \tag{18.6.3}$$

$$|g_i^*-(1/K)\sum_{\eta=n_0}^{n_0+K-1}E\{\mu_i^{\text{STAT}}(\eta)^*\}|\leqslant\frac{\varepsilon}{6} \tag{18.6.4}$$

式(18.6.3)和式(18.6.4)中的不等式表明，对于每个节点的 $a_i(\eta)$ 和 $\mu_i^{\text{STAT}}(\eta)^*$，$K$ 帧时间平均在其极限值的 $\dfrac{\varepsilon}{6}$ 范围内。

定义 K 为最小数字，这样在任何时间 n_0 且不管过去如何，我们有

$$\frac{1}{K}\sum_{\eta=n_0}^{n_0+K-1}E\{\mu_i^{\text{STAT}}(\eta)^*-a_i(\eta)\}\geqslant\frac{2\varepsilon}{3} \tag{18.6.5}$$

重写式(18.6.3)和式(18.6.4)，根据以上不等式得出

$$-\frac{\varepsilon}{6}\leqslant\lambda_i-\frac{1}{K}\sum_{\eta=n_0}^{n_0+K-1}E\{a_i(\eta)\}\leqslant\frac{\varepsilon}{6} \tag{18.6.6}$$

$$-\frac{\varepsilon}{6}\leqslant g_i^*-\frac{1}{K}\sum_{\eta=n_0}^{n_0+K-1}E\{\mu_i^{\text{STAT}}(\eta)^*\}\leqslant\frac{\varepsilon}{6} \tag{18.6.7}$$

联立以上不等式和式(18.6.2)可以得到式(18.6.5)。

定理 18.6.1　如果输入速率在 Λ_{C} 内，则对于某些 $\varepsilon>0$，$\lambda_i+\varepsilon\in\Lambda_{\text{C}}$。然后，根据上述 STAT 策略分配传输资源可使系统稳定。此外，队列中未完成的平均工作量为

$$\limsup_{n\to\infty}\frac{1}{n}\sum_{\eta=0}^{n-1}\sum_{i}E\{q_i(\eta)\}\leqslant\frac{3K|\mathcal{I}|M}{4\varepsilon} \tag{18.6.8}$$

其中

$$M\triangleq\left(a_{\max}+\mu_{\max}^{\text{out}}\right)^2 \tag{18.6.9}$$

证明

定义 $q^{\max}(n)=\sum_{\eta=2}^{n}\max_{i\in|\mathcal{I}|}\{q_i(\eta-1)+a_i(\eta-1)-\mu_i(\eta-1)\}$。对未完成部分考虑 K 步动态变化:

$$q^{\max}(n_0+K)\leqslant q^{\max}(n_0)\ +\sum_{\eta=n_0}^{n_0+K-1}\max_{i\in\mathcal{I}}\{a_i(\eta)-\mu_i(\eta)^*\} \tag{18.6.10}$$

上式可写为

$$q^{\max}(n_0+K)\leqslant q^{\max}(n_0)\ -\sum_{\eta=n_0}^{n_0+K-1}\min_{i\in\mathcal{I}}\{\mu_i(\eta)^*-a_i(\eta)\} \tag{18.6.11}$$

利用 $\min_{i\in\mathcal{I}}\{\mu_i^*-a_i\}=(1/K)\sum_{\eta=\eta_0}^{\eta_0+K-1}\min_{i\in\mathcal{I}}\{\mu_{i0}(\eta)*-a_i(\eta)\}$ 和 $q^{\max}=q^{\max}(n_0)$，式(18.6.10)可写为

$$q^{\max}(n_0+K)\leqslant q^{\max}-K\min_{i\in\mathcal{I}}\{\mu_i^*-a_i\} \tag{18.6.12}$$

将式(18.6.2)两侧同时取平方，定义 Lyapunov 函数 $L(q^{\max})=(q^{\max})^2$，得到

$$L[q^{\max}(n_0+K)]-L[q^{\max}(n_0)]\leqslant K^2\min_{i\in\mathcal{I}}\{\mu_i^*-a_l\}^2 \\ -2Kq^{\max}\min_{i\in\mathcal{I}}\{\mu_i^*-a_l\} \tag{18.6.13}$$

取给定 $q^{\max}(n_0)$ 的不等式的条件期望，得到

$$E\{L[q^{\max}(n_0+K)]-L[q^{\max}(n_0)]|q^{\max}(n_0)\}\leqslant K^2M- \\ 2Kq^{\max}(n_0)\times(1/K)\sum_{\eta=0}^{\eta+K-1}E\left\{\min_{i\in\mathcal{I}}\{\mu_i(\eta)^*-a_i(\eta)|q^{\max}(n_0)\}\right\} \tag{18.6.14}$$

其中 M 在式(18.6.9)中已经定义过。注意，同样的 M 在 PSP、SSP 认知网络及 CWN 中也适用，因为 PSP、SSP 认知网络中给定用户的传入和传出速率小于或者等于 CWN 中的 $\mu_{\max}^{\text{out}}$。式(18.6.14)表示产生传输速率向量 $[\mu_1(n)^*,\cdots,\mu_{|\mathcal{I}|}(n)^*]$ 的任何资源分配策略的 Lyapunov 漂移。如果使用 STAT 策略决定控制动作，则式(18.6.5)可以直接插入式(18.6.14)的右半部分，故有

$$E\{L[q^{\max}(n_0+K)]-L[q^{\max}(n_0)]|q^{\max}(n_0)\}\leqslant K^2M-2Kq^{\max}(n_0)\frac{2\varepsilon}{3} \tag{18.6.15}$$

对于较大的 $q^{\max}(n_0)$，式(18.6.15)的右半部分是负的，从而证明了控制策略减少了队列长度，因为

$$\lim_{n\to\infty}\sup(1/n)\sum_{\eta=0}^{n-1}E\{q^{\max}(\eta)\}\geqslant\lim_{n\to\infty}\sup(1/n)\sum_{\eta=0}^{n-1}E\{q_i(\eta)\},\ \forall i\in\mathcal{I} \tag{18.6.16}$$

只要 $\lambda_i+\varepsilon\in\Lambda_{\text{C}}$，则在 STAT 策略下，这个系统就是稳定的，并且 STAT 策略未完成的工作满足 $\lim\limits_{n\to\infty}\sup(1/n)\sum\limits_{\eta=0}^{n-1}\sum\limits_{i}E\{q_i(\eta)\}\leqslant 3K|\mathcal{I}|M/4\varepsilon$。

这也证明了定理 18.6.1。

定理 18.6.2　没有可以在网络稳定域 Λ_{C} 外支持到达率的资源分配算法。

证明　由于采用 STAT 策略，网络稳定域上的每个点都可以到达，STAT 策略表示我们可以为网络提供的所有可能的资源分配策略。因此，通过指出 STAT 策略对于 Λ_{C} 外的到达率是不稳定的，证明了没有可以在稳定域 Λ_{C} 外支持到达率的资源分配算法。

对于 Λ_{C} 内的到达率 $\lambda_i+\varepsilon$，网络可以通过式(18.6.2)和式(18.6.5)而实现稳定，故有

$$\lambda_i+\varepsilon\leqslant g_i^*,\ \forall i\in\mathcal{I} \tag{18.6.17}$$

和

$$(1/K)\sum_{\eta=n_0}^{n_0+K-1}E\{\mu_i^{\text{STAT}}(\eta)^*-a_i(\eta)\}\geqslant 2\varepsilon/3 \tag{18.6.18}$$

对于一个稳定策略，

$$\lim_{n\to\infty}\sup\frac{1}{n}\sum_{\eta=0}^{n-1}E\{\mu_i(\eta)^*\}=\lim_{n\to\infty}\sup\frac{1}{n}\sum_{\eta=0}^{n-1}E\{a_i(\eta)\} \tag{18.6.19}$$

因此，为使 STAT 策略支持 $\lambda_i+\varepsilon$，必须有

$$\lim_{n\to\infty}\sup\frac{1}{n}\sum_{\eta=0}^{n-1}E\{\mu_i^{\text{STAT}}(\eta)^*-a_i(\eta)\}=\varepsilon \tag{18.6.20}$$

根据式(18.6.3)和式(18.6.4)的 K 步差值，有

$$\frac{1}{K}\sum_{\eta=n_0}^{n_0+K-1} E\{\mu_i^{\text{STAT}}(\eta)^* - a_i(\eta)\} \leqslant \varepsilon \tag{18.6.21}$$

如果式(18.6.3)和式(18.6.4)之间的差值为 0，则式(18.6.21)变为等式。然后，考虑 K 步稳定性，STAT 策略可以支持 $\lambda_i+\varepsilon$ 的到达率。如果式(18.6.3)和式(18.6.4)之间的差值为最大值，那么 STAT 策略最高只能支持 $\lambda_i+2\varepsilon/3$ 的到达率，并且式(18.6.21)的右半部分应为 $2\varepsilon/3$。

令 $\hat{\lambda}_i$ 为网络稳定域外的到达率，并令 ξj 为稳定域边界到 $\hat{\lambda}_i$ 的距离的测量值。另外，令式(18.6.3)和式(18.6.4)之间的差值为 0，所以在 K 步中，小于或者等于 $\lambda_i+\varepsilon$ 的速率将会得到支持。故有

$$\lambda_i+\varepsilon=\hat{\lambda}_i-\varepsilon \leqslant g_i^*,\ \forall i \in \mathcal{I} \tag{18.6.22}$$

和

$$\hat{\lambda}_i > g_i^*,\ \forall i \in \mathcal{I} \tag{18.6.23}$$

联立式(18.6.22)、式(18.6.23)，有

$$\left|\hat{\lambda}_i-(1/K)\sum_{\eta=n_0}^{n_0+K-1} E\{a_i(\eta)\}\right|=0 \tag{18.6.24}$$

$$\left|g_i^*-\frac{1}{K}\sum_{\eta=n_0}^{n_0+K-1} E\{\mu_i^{\text{STAT}}(\eta)^*\}\right|=0 \tag{18.6.25}$$

我们得到

$$0>\frac{1}{K}\sum_{\eta=n_0}^{n_0+K-1} E\{\mu_i^{\text{STAT}}(\eta)^*-a_i(\eta)\} \geqslant -\varepsilon \tag{18.6.26}$$

从而证明了任何资源分配算法都不能在 Λ_{C} 外使网络稳定。

18.6.4　动态传输策略的稳定性

在本节中，动态资源分配策略 π^* 可以实现 PSP、SSP 认知网络和 CWN 的协作通信网络的稳定域。通过将动态策略与静态传输策略的表现进行比较来分析其稳定性，并且表明了动态传输策略可以在无须输入数据的条件下使网络稳定。

定理 18.6.3　动态传输策略是稳定的。

证明　式(18.6.14)中给出了任意控制策略的 K 步漂移的一般约束。特别是动态策略 π^* 被设计为可以最大化 $(1/K)\sum_{\eta=0}^{\eta+K-1} E\left\{\sum_i \mu_i(\eta)^* - \beta x \max\{q_1(\eta+1),\cdots,q_{\mathcal{I}1}(\eta+1)\}\right\}$。因此，也可设计为

$$\text{maximize } (1/K)\sum_{\eta=0}^{\eta+K-1} E\{\max_{i\in|\mathcal{I}}\{q_i(\eta+1)\}\} \tag{18.6.27}$$

由于 $q_i(\eta+1)=q_i(\eta)+a_i(\eta)-\mu_i(\eta)^*$，式(18.6.27)可写为

$$\text{maximize } (1/K)\sum_{\eta=0}^{\eta+K-1} E\{\min_{i\in|\mathcal{I}}\{\mu_i(\eta)^*-a_i(\eta)-q_i(\eta)\}\} \tag{18.6.28}$$

由于最优策略相对于其他策略最大化了 $(1/K)\sum_{\eta=0}^{\eta+K-1}E\{\min_{i\in|\mathcal{I}|}\{\mu_i(\eta)^*-a_i(\eta)q_i(\eta)\}\}$，故有

$$\lim_{n\to\infty}\sup\frac{1}{n}\sum_{\eta=0}^{n-1}E\{q_i^{\text{DYNAMIC}}(\eta)\}\leqslant\lim_{n\to\infty}\sup\frac{1}{n}\sum_{\eta=0}^{n-1}E\{q_i^{\text{STAT}}(\eta)\}\leqslant\frac{3KM}{4\varepsilon}\tag{18.6.29}$$

这证明了我们的动态控制策略 π^* 的稳定性。

为了说明这一点，基于文献[1]中的仿真，对动态传输策略 π^* 的性能进行了评估。根据文献[1]中给出的信道参数，图 18.6.1 给出了 λ_2 为 1 时双用户动态控制算法的协作控制直方图。

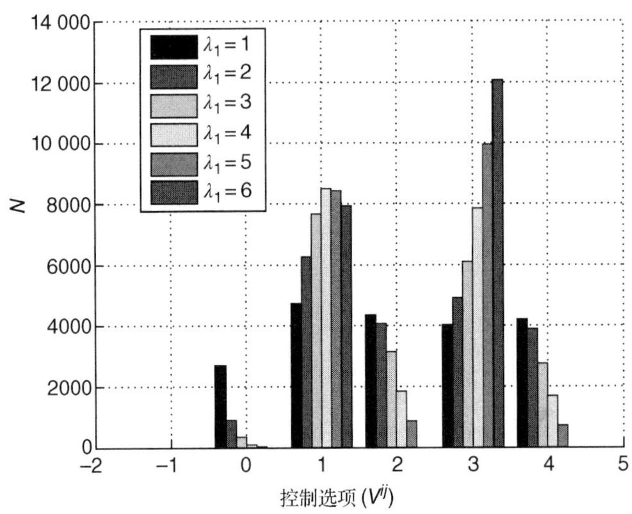

图 18.6.1　协作控制直方图

在图中的横坐标上，控制选项表示如下：

0 对应于没有数据包传输的情形。

1 对应于 $V^{ij}=0$（U2 在时隙 3 帮助 U1）。

2 对应于 $V^{ij}=1$（U1 在时隙 3 帮助 U1）。

3 对应于 $V^{ij}=2$（U1 在时隙 1 和时隙 3 传输）。

4 对应于 $V^{ij}=3$（U2 在时隙 2 和时隙 3 传输）。

从图中可以看出，随着 λ_1 的增加，$V^{ij}=0$ 和 $V^{ij}=2$ 的动作数量增加，$V^{ij}=1$ 和 $V^{ij}=3$ 的动作数量下降。这是因为当 λ_1 增长时，U2 开始帮助 U1，而随着 U1 队列长度的增加，这将有助于系统更多地选择 $V^{ij}=0$ 和 $V^{ij}=2$ 的动作（从稳定性和吞吐量的角度来看）。有关系统性能的详细信息，详见文献[1]。

参考文献

[1] Kangas, M., Glisic, S., and Fang, Y. (2016) On the stability of cooperative cognitive wireless networks. *IEEE Transactions on Information Theory*, **10**, 25–44.

[2] Nosratinia, A., Hunter, T.E., and Hedayat, A. (2004) Cooperative communication in wireless networks. *IEEE Communications Magazine*, **42** (10), 68–73.

[3] Sendonaris, A., Erkip, E., and Aazhang, B. (2003) User cooperation diversity—part 1: system description. *IEEE Transactions on Communications*, **51** (11), 1927–1938.

[4] Sendonaris, A., Erkip, E., and Aazhang, B. (2003) User cooperation diversity–part 2: implementation aspects and performance analysis. *IEEE Transactions on Communications*, **51** (11), 1999–1948.

[5] Laneman, J.N., Tse, D.N.C., and Wornell, G.W. (2004) Cooperation diversity in wireless networks: efficient protocols and outage behaviour. *IEEE Transactions on Information Theory*, **50** (12), 3062–3080.

[6] Kramer G., Maric I., and Yates R. D. Cooperative Communications, Foundation and Trends in Networking vol. **1**, 3/4, Now Publisher Inc., Hannover, pp. 271–425, 2006.

[7] Neely, M.J. (2003) Dynamic power allocation and routing for satellite and wireless networks with time varying channels. Ph.D. dissertation. Department of Electrical Engineering and Computer Science, Massachusetts Institute of Technology, Cambridge, MA.

[8] Collins, B.E. and Cruz, R.L. (1999) Transmission Policies for Time Varying Channels with Average Delay Constraints. Proceedings of the Allerton Conference on Communication, Control, and Computing, Monticello, IL.

[9] Urgaonkar, R. and Neely, M.J. (2009) Delay Limited Cooperative Communication with Reliability Constraints in Wireless Networks. Proceedings of the 28th IEEE Conference on Computer Communications, April 2009.

[10] Yeh, E. and Berry, R. (2007) Throughput optimal control of cooperative relay neworks. *IEEE Transactions on Information Theory*, **53** (10), 3827–3833.

[11] Tassiulas, L. and Ephremides, A. (1992) Stability properties of constrained queuing systems and scheduling policies for maximum throughput in multihop radio networks. *IEEE Transactions on Automatic Control*, **37** (12), 1936–1948.

[12] Neely, M.J. (2006) Super-fast delay tradeoffs for utility optimal fair scheduling in wireless networks. *IEEE Journal on Selected Areas in Communications*, **24** (8), 1–12.

[13] Pan, M., Zhang, C., Li, P., and Fang, Y. (2012) Spectrum harvesting and sharing in multi-hop cognitive radio networks under uncertain spectrum supply. *IEEE Journal on Selected Areas in Communications*, **30** (2), 369–378.

[14] Neely, M.J., Modiano, E., and Rohrs, C.E. (2005) Dynamic power allocation and routing for time-varying wireless networks. *IEEE Journal on Selected Areas in Communications*, **23** (1), 89–103.

[15] Glisic, S., Lorenzo, B., Kovacevic, I., and Fang, Y. (2013) Modeling Dynamics of Complex Wireless Networks. Proceedings of International Conference on High Performance Computing and Simulation, HPCS 2013, July 1–5, Helsinki, Finland.

[16] Yue, H., Pan, M., Fang, Y., and Glisic, S. (2013) Spectrum and energy efficient relay station placement in cognitive radio networks. *IEEE Journal on Selected Areas in Communications*, **31** (5), 883–893.

[17] Bertsekas, D. (2005) *Dynamic Programming and Optimal Control*, **1**, 3rd edn, Athena Scientific, Belmont, MA.

[18] Bertsekas, D. (2007) *Dynamic Programming and Optimal Control*, **2**, 3rd edn, Athena Scientific, Belmont, MA.

[19] Goyal, M., Kumar, A., and Sharma, V. (2008) Optimal cross-layer scheduling of transmissions over a fading multiaccess channel. *IEEE Transactions on Information Theory*, **54** (8), 3518–3537.

[20] Berry, R.A. and Gallager, R.B. (2002) Communication over fading channels with delay constraints. *IEEE Transactions on Information Theory*, **50** (1), 125–144.

[21] Ma, D.J., Makowski, A.M., and Shwartz, A. (1986) Estimation and Optimal Control for Constrained Markov Chains. IEEE Conference on Decision and Control, **25**, December 1986, pp. 994–999.

[22] Goyal, M., Kumar, A., and Sharma, V. (2003) *Power Constrained and Delay Optimal Policies for Scheduling Transmissions over a Fading Channel*. Twenty-second Annual Joint Conference on the IEEE Computer and Communications Societies.

[23] Halabian, H., Lambadaris, I., and Lung, C. (2010) Network Capacity Region of Multi-queue Multi-server Queuing System with Time Varying Connectivities. Proceedings of IEEE International Symposium on Information Theory (ISIT'10), June 2010, Austin, TX.

[24] Jose, J., Ying, L., and Vishwanath, S. (2009) On the Stability Region of Amplify- and-forward Cooperative Relay Networks. IEEE Information Theory Workshop, October 2009.

第 19 章　多运营商频谱共享

19.1　频谱共享的商业模式

无线网络中的多运营商频谱共享近来已成为热门的研究课题。这在很大程度上是由于隶属于不同运营商的网络间流量的不平衡造成的。本章研究了在高流量动态网络中发生这种不平衡的可能性，引入了一种异构网络中的广泛业务组合来分析多运营商合作频谱共享的收益。同时，本章也给出了定价模型，用于动态地制定适用于系统现状的价格，这些模型中还考虑了用户的不满意度。通过使用排队论，本章量化了运营商在合作与非合作模式下收益的差异。在一个频段已出现通信流量下降的情况下，通过信道容量聚合模型发现，在其他信道上的运营商可以利用额外信道的概率接近于 1。在容量借/租(BL)模型中，这个优势不是无条件的，而且运营商在租用频谱时会面临临时丢包的风险。当在高流量动态网络中使用认知网络模型时，50%～70%的频谱资源可能由于主要用户(PU)返回导致的信道损坏而丢失。从蜂窝网络到 WLAN 的流量卸载的收益是通过机会容量的增长来衡量的，它与蜂窝网络和 WLAN 覆盖面积保持同比例。这些模型中还包含了新的高分辨率定价机制，比如用户不满意度模型。

19.1.1　技术背景

无线网络正在向高密度覆盖的方向发展，例如各种应用和接入网络技术共存的物联网[1]。此外，现有接入网络的多样化配置让用户能够选择多个运营商提供的多种接入机会。

新业务(服务)和连接设备数量的增加使无线电资源管理(RRM)成为有效利用现有无线电资源的关键。这个问题的一个重要方面是多运营商频谱共享的优化[2]。不同运营商网络的频谱使用、信道质量和覆盖范围的变化产生了大量的合作机会，这些机会可用于提高网络性能。文献[3-10]通过认知网络中的一些具体方案来分析这个问题，另见本书第 9 章。

在蜂窝网络的情况下，动态频谱接入的集中式架构[11-13]引起了业界的广泛关注。在该模型中，运营商使用基于拍卖的共享技术，通过频谱代理竞标频谱。但是，这一技术是在系统级别而非蜂窝级别分配频谱。因此，单个蜂窝的流量变化并未被考虑到，这限制了这种方案可以实现的收益。

本节考虑蜂窝网络中不同运营商之间的流量变化，并提出了一个易于理解且准确的分析模型，用于量化不同的合作策略所带来的优势。为此，本节为无线网络运营商引入广泛的业务组合，并讨论多运营商合作网络的宏观收益。相关的分析和仿真结果都将给出，以证明提出的方案在频谱利用和性能上的优势。

本节内容如下。

1. 介绍并分析了用于多运营商频谱管理的综合业务组合。业务组合包括以下商业模式：(i)容量聚合——A 模型；(ii)容量借/租——BL 模型；(iii)认知网络—— C 模型；

(iv)部分认知网络——PC 模型；(v)相互认知网络——MC 模型；(vi)异构网络中的不对称频谱聚合——CW 模型或异构网络中的对称频谱聚合——CWC 模型；(vii)可定价的 BL 模型；(viii)可定价的相互信道借/租(MBL)模型，其中包括用户不满意度的建模。所有这些模型在频谱利用系数的基础上进行比较，代表运营商的平均频谱利用率。

2. 提出了基于排队论的统一分析模型来量化语音和数据流量业务的性能。其中，用户受益的概率被用于量化用户在其自己的网络中面对呼叫阻塞时由另一运营商服务的可能性。
3. 一些新的细粒度定价模型被引入系统模型中，用于分析系统的微观经济效益和用户对服务的不满意度。
4. 通过在多运营商系统中引入等效的服务率，可以改善排队论中的现有结果，以便获得更易于处理的分析结果。

文献[14]是首批在蜂窝网络中引入频谱共享机制的论文之一。文中提到的几个运营商尝试利用入站流量的波动来优化未使用资源的机会分配，他们侧重于最小化呼叫阻塞概率。在文献[15]中，作者讨论了一种具有两个蜂窝网络的完全共享方案的 K 维马尔可夫信道模型，并从切换连接和新连接角度，分析了包含阻塞概率和系统利用率在内的系统性能。文献[16]考虑使用具有优先级的马尔可夫模型来集成语音和数据网络，其频谱由数据和语音用户共享。与文献[16]类似，文献[17]在维持所需 QoS 的前提下，将 WiMAX 和 WiFi 网络中的动态频谱共享考虑在内。这两个文献都分析了有限队列下的阻塞概率。

使用小型缓冲区或少量服务器，可以使系统性能的分析变得更加容易，并能得到闭合形式的解。例如，文献[15, 18, 19]使用多维马尔可夫过程来获得阻塞概率。在文献[20]中，作者使用具有切换和基于 Erlang B 系统的新呼叫功能的二维马尔可夫链来研究系统性能。此外，Zeng 和 Chlamtac[21]分别演示了切换连接和新连接具有不同到达率的系统。在本章中，除了以前的工作，我们考虑了两个具有不同服务率的运算场景，并通过引入等效的系统服务率来进一步优化先前的模型。这使得我们能够通过一般的排队系统来分析各种各样的多运营商联合频谱管理方案。分析模型的易用性使我们能够获得有意义的结果，从而深入了解未来无线网络的频谱共享机制的设计。

在频谱共享方面，认知无线电在无线行业中发挥着重要作用，也是近年来的研究热点。在文献[4]中，次要用户(SU)和主要用户(PU)共享相同的频谱。当所有信道被占用时，新到达的 SU 根据预先定义的优先级加入队列。在该文献中，作者分析了平均等待时间和队列长度，如预期的那样，具有较高优先级的 PU 具有较少的等待时间和队列长度。

本节扩展了对认知网络的分析，以获取在 SU 占用 PU 信道时，PU 的返回导致的信道损坏。在高流量动态网络中，已经证明这种现象是导致网络性能降低的重要原因。

文献[5]研究了有多个卖家和多个买家时，如何设计二级频谱交易市场的问题。本章提出了一个基于拍卖机制的交易市场总体框架。Kasbekar 和 Sarkar[6]制定了一个基于拍卖的框架，允许网络基于其公用基础设施和流量需求来投标主要和次要访问。其目标是最大限度地提高拍卖者的收入或投标网络的社会福利，同时实现激励兼容性。

上述工作侧重于瞬时网络状态，因此它们不能体现网络长期发展的特征。本章的工作弥补了这个不足，并提出了频谱聚合机制。运营商通过允许彼此使用自由信道而无须支付额外费用，实现了从流量的时间不平衡中受益。从长远来看，所有运营商都将从这样的安排中平等受益。

文献[7]重点关注微蜂窝通信市场，并研究入网网络服务提供商的长期决策：是否进入市场，以及选择哪种频谱共享技术来最大化其利润。Singh 等人[9]考虑这样一个网络，其中几个服务提供商通过潜在的多跳路由向其各自的订阅客户提供无线接入。Grokop 和 Tse[2]研究了频谱共享的不同调度策略。

作为一种灵活有效的方式来控制资源分配方案，基于效用和定价的经济模型已被提出并用于异构网络[22-24]。文献[22]中的经济模型用于分析多媒体通信系统中不同 RRM 策略产生的用户满意度和网络收入。文献[23]提出了一种基于码分多址(CDMA)的蜂窝级方法，以最大化蜂窝中的总体经济效用，它能根据用户偏好自适应地优化蜂窝的覆盖。文献[24]提出了一种适用于 CDMA 网络和 WLAN 中的 RRM 的新型经济模型。CDMA 上行链路中的无线资源约束由蜂窝内干扰给出。对于 CDMA 网络，在满足所有移动用户的信号质量要求的前提下，制定的无线电资源分配方案可以在网络资源总量有限的情况下实现更多用户的接入。文献[25, 26]中研究了负载均衡问题，在选择最合适的接入点时考虑到用户的偏好和网络环境。

文献[27, 28]讨论了博弈论在网络选择领域的潜在应用。文献[29-31]中给出了基于马尔可夫模型的网络选择方案的一些研究。

在本节中，我们为信道租借提出新的经济模型，对运营商出租未使用的信道进行补偿。我们提出了通过不同的细粒度定价模型来处理价格的变化，并将整个可用频段中活跃用户的瞬时数量特征所代表的系统状态的微小变化也考虑在内。该模型还捕获了不满意的用户可能做出的离开系统的决定，这种决定将导致运营商的收入受损。

19.1.2　多运营商合作模型

本节将介绍八种商业模式的定义和统一符号，以用于多运营商频谱管理。为了方便说明，首先仅考虑两个不同的运营商，并在此基础上考虑其他因素，提出适用于多运营商场景的可能扩展。

这些模型适用于不同类型的网络，如蜂窝网络，主体是蜂窝/WLAN 异构网络，以及具有主要/二级运营商的不同类型的认知网络。我们还将提供有关每个模型具体实施的细节。

19.1.2.1　容量聚合——A 模型

在这个模型中，假设最初两个运营商都有 c 个可用的信道，并且用户的到达率 λ 和服务率 μ 都具有相同的泊松分布。他们可以按照满足 (c,λ,μ) 常规模式的非合作方式独立运行。

或者，我们假设每个运营商都可以向蜂窝网络的合作运营商提供可用信道，使信道的总数达到 $2c$，聚合到达率达到 2λ，并保持服务率 μ 不变。该模型称为 $A(2c,2\lambda,\mu)$ 聚合模型，如图 19.1.1 所示。

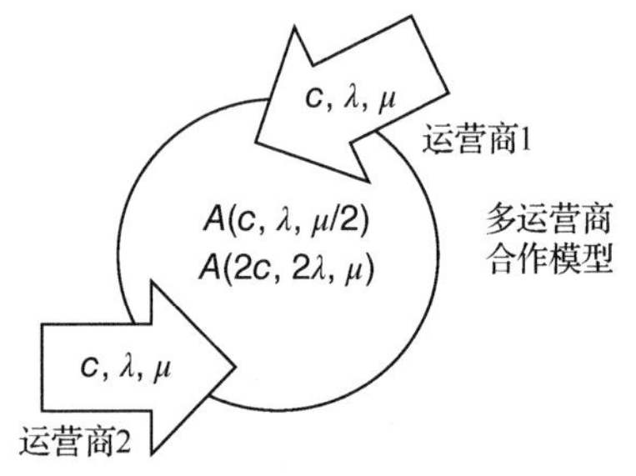

图 19.1.1　容量聚合——A 模型

在相同数量的 c 个信道和聚合到达率 λ 的情况下聚合两个运营商的带宽将会降低服务率，即 $\mu \to \mu/2$（更长的数据消息）。这会产生一个新的聚合模型，称为 $A(c,\lambda,\mu/2)$。在分析两个以上运营商的情况时，尽管可能需要考虑一些额外的因素，如对信道聚合贡献的不平等及到达率和服务率的差异，但其模型的扩展仍是较为直接的。

在本章中，将会使用以上三元组形式的符号，即(容量，聚合到达率，服务率)，而不会增加其他元素。有时候，我们也将使用三元组的扩展形式来描述不同的到达率和服务率。

19.1.2.2　容量借/租——BL 模型

第二种合作模型基于如下假设：某运营商向另一运营商出租 b 个信道。该原理广泛用于传统蜂窝网络中蜂窝间流量的平衡。在常规的运营商非合作模式中，这一原理创建了两个独立的系统，表示为 $L(c-b,\lambda,\mu)$ 和 $B(c+b,\lambda,\mu)$。

首先，在非合作模式下租方运营商(LO)和借方运营商(BO)可以分别将模型重新调整为 $L[c-b,\lambda(1-b/c),\mu]$ 和 $B[c+b,\lambda(1+b/c),\mu]$。因此，由于信道数量的减少，LO 将成比例地降低用户的到达率。实际上，这些调整将以相反的顺序进行。平均到达率下降的 LO 将按比例提供 b 个信道用于出租。类似地，平均到达率升高的 BO 将有意向借用额外的 b 个信道。除重新调整到达率外，运营商可以选择将服务率调整为 $L[c-b,\lambda,\mu(1+b/c)]$ (较短消息)和 $B[c+b,\lambda,\mu(1-b/c)]$ (较长消息)。两种策略的组合也同样是可行的，可表示为

$$L[c-b,\lambda(1-b/c),\mu(1+b/c)] \tag{19.1.1}$$

$$B[c+b,\lambda(1+b/c),\mu(1-b/c)] \tag{19.1.2}$$

一般来说，所有这些选项可被表示为 $BL(2c,\lambda_1,\lambda_2,\mu_1,\mu_2)$ 系统或等效地表示为 $BL(2c,\lambda_1,\lambda_2,\mu_{\text{eq}})$ 系统，其中

$$\mu_{\text{eq}}=\frac{\lambda_1}{\lambda_1+\lambda_2}\mu_1+\frac{\lambda_2}{\lambda_1+\lambda_2}\mu_2 \tag{19.1.3}$$

该系统如图 19.1.2 所示。基于系统状态概率分布函数、系统时延及其积累分布函数，这种等效服务率模型可以对所有系统参数进行分析。在式(19.1.3)中，$\lambda_1/(\lambda_1+\lambda_2)$ 表示被服务用户属于运营商 1 的概率，而 $\lambda_2/(\lambda_1+\lambda_2)$ 表示被服务用户属于运营商 2 的概率。通过这种表示方式，式(19.1.3)表示用户在系统中的平均(或等效)服务率。引入这个参数使我们能够使用具有任意到达率和服务率的多运营商模型去分析一般的排队系统，而这是现有的排队论工具不能实现的。

19.1.2.3　认知网络——C 模型

一般来说，二级运营商(SO)的认知网络 SU 持续探测频谱空间，并潜在地使用 $c-n$ 个信道。如前所述，c 是可用信道数，n 是在主要运营商(PO)控制下的 PU 瞬时占用的信道数。如果 SU 错误地将占用的信道检测为空闲，或者在 SU 使用时 PU 返回信道，则该信道将被损坏。

如果信道损坏的概率为 $1-\alpha$，则可用信道数为 αc。参数 α 将在后续内容中详细讨论。这里我们将 PO 和 SO 的信道容量下降现象分别用两个参数 α_p 和 α_s 来表示。因此，PO 和 SO 的操作可表示为

$$\begin{gathered}P(\alpha_p c,\alpha_p\lambda,\mu)\\ S(\alpha_s(c-n),\lambda\alpha_s(1-n/c),\mu)\end{gathered} \tag{19.1.4}$$

该模型如图 19.1.3 所示。

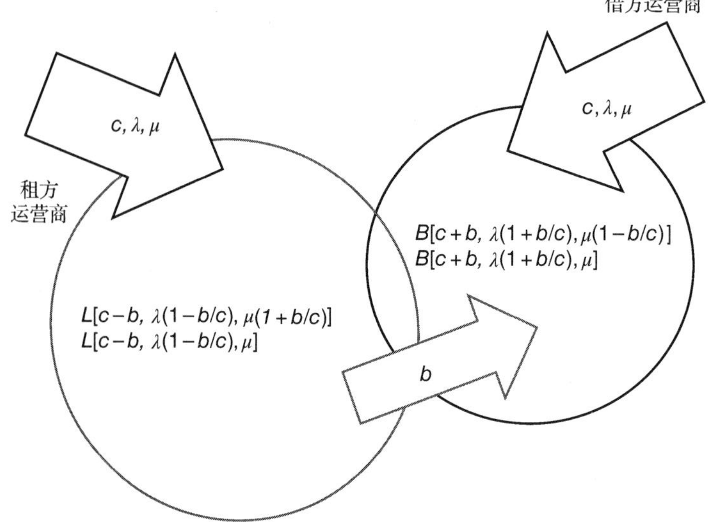

图 19.1.2 容量借/租——BL 模型

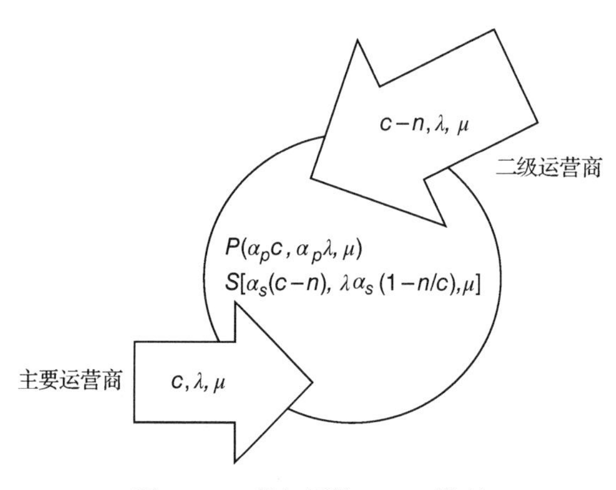

图 19.1.3 认知网络——C 模型

19.1.2.4 部分认知网络——PC 模型

在非合作模型下，我们假设 PO 和 SO 都保留非认知信道以供其单独使用。因此，PO 使用剩余的 $c-2c_0$ 个认知信道，SO 可以使用 $c-2c_0-(n-c_0)$ 个认知信道。

因此，两个运营商产生以下合作模型：

$$\begin{aligned}&P\left(c_0+\alpha_p(c-2c_0),\lambda,\mu\right)\\&S(c_0+\alpha_s\min(c-c_0-n,c-2c_0),\lambda,\mu)\end{aligned} \tag{19.1.5a}$$

或者

$$\begin{aligned}&P\left[c_0+\alpha_p(c-2c_0),\left(c_0+\alpha_p[c-2c_0]\lambda/c,\mu\right)\right]\\&S[c_0+\alpha_s\min(c-c_0-n,c-2c_0),(c_0+\alpha_s\min[c-c_0-n,c-2c_0])\lambda/c,\mu]\end{aligned} \tag{19.1.5b}$$

其中式(19.1.5a)表示 PO 正在使用 c_o 个信道，并且由于 SU 的信道不能完全感知，剩余的 $c-2c_0$ 个信道可能被破坏。这主要取决于主信道上的损坏系数 α_p。这样，SO 将使用 c_0 个专有信道加上 PU 暂不使用的剩余信道。但是受到因 PU 返回原信道产生的衰减因子 α_s 影响，可用的剩余信道也会减少。在式(19.1.5b)中描述了该模型的替代方案，其中运营商的到达率与所使用的有效频谱成正比。该系统如图 19.1.4 所示。

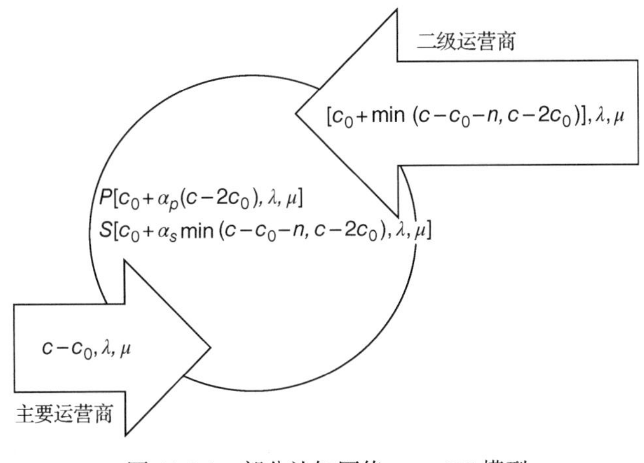

图 19.1.4　部分认知网络 —— PC 模型

19.1.2.5　相互认知网络——MC 模型

该模型中有两个运营商，各有 c 个可用信道。当一个运营商接收到呼叫请求且其所有 c 个信道都被占用时，它将对另一个运营商的频段进行采样。如果在某个频段中有信道可用，则运营商就可以使用该信道。换句话说，此运营商可看作那个频段上的 SO。这种模式可以形式化地定义为

$$\mathrm{MC}_1\left[\alpha_p c+\alpha_s(c-n_2),\lambda,\mu\right] \tag{19.1.6a}$$

$$\mathrm{MC}_2\left[\alpha_p c+\alpha_s(c-n_1),\lambda,\mu\right] \tag{19.1.6b}$$

其中式(19.1.6a)表示运营商 1 正在以 PO 模式使用 c 个信道。由于运营商 2 也可以按照 SO 模式使用该频段，因此其有效容量将受主频段中的损坏系数 α_p 影响。运营商 1 也可以按照 SU 模式额外使用该频段中的 $c-n_2$ 个信道。由于该频段中运营商 2 是有可能返回的，因此可用信道的数量将受 α_s 影响。式(19.1.6b)也基于相同的参数。MC 模型完整地展示在图 19.1.5 中。

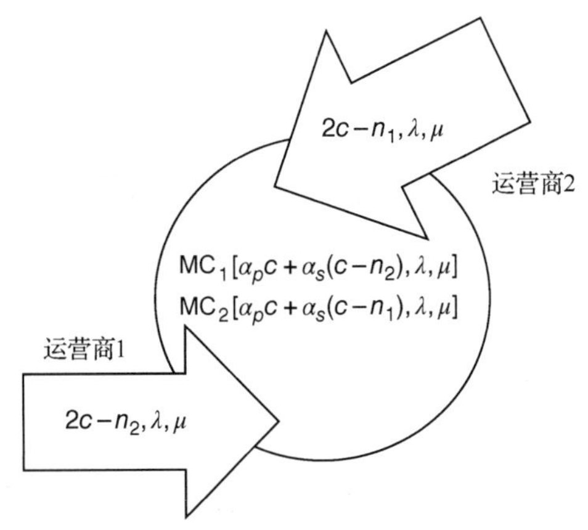

图 19.1.5　相互认知网络 —— MC 模型

19.1.2.6　异构网络中的频谱聚合

在这类模型中，假定两个运营商在不同类型的网络中各有 c 个可用信道。假设这些运营商是蜂窝网络运营商和 WLAN 运营商，分别记作 CO 和 WO。两个运营商的覆盖范围分别为 A_c 和 A_w。A_w 指单元内所有 WLAN 的总体覆盖范围。参数 $\xi_c = A_w/A_c$ 定义了 CO 的流量卸载系数。因此，CO 的用户处于能将流量卸载到 WLAN 的位置的概率为 ξ_c。对于 WO 来说，由于 CO 覆盖整个区域，WO 始终可以将用户卸载到蜂窝网络，即 $\xi_w = 1$。在这种情况下，我们定义了两种操作模型。

1. CW 模型：指只有 CO 能将流量卸载到 WLAN 的情况。这会产生以下聚合模型：

$$C[c+\xi_c(c-n_w),\lambda,\mu] \tag{19.1.7a}$$

$$W(c,\lambda+\xi_c\lambda,\mu) \tag{19.1.7b}$$

其中式(19.1.7a)表示 CO 具有潜在的 $c-n_w$ 个信道，其中 n_w 是由 WO 使用的信道数。用户在 WLAN 的覆盖范围内的概率是 ξ_c，如果用户在 WLAN 的覆盖范围中，则这些信道是可用的信道，因此将产生数量为 $\xi_c(c-n_w)$ 的额外信道。式(19.1.7b)表示，由于卸载操作，WLAN 中的有效到达率将增长 $\xi_c\lambda$。

2. CWC 模型：流量可以从蜂窝网络卸载到 WLAN，同样也可以从 WLAN 卸载到蜂窝网络。在后一种情况下，如果一个运营商在其所有的 c 个信道全部使用时接收到呼叫请求，则它可以请求另一个运营商，使用其频段中的信道(如果可用)。因此将产生以下模型：

$$C[c+\xi_c(c-n_w),2\lambda,\mu] \tag{19.1.8a}$$

$$W(2c-n_c,\lambda+\xi_c\lambda,\mu) \tag{19.1.8b}$$

其中 n_c 是蜂窝网络中的用户数。应该注意的是，在式(19.1.8b)的情况下，WO 的信道数增加了 $c-n_c$，不受 ξ_c 影响。另一方面，其总体到达率不受 λ 影响，而是受 $\xi_c\lambda$ 影响，因为 CO 中只有占比为 ξ_c 的终端被 WO 所覆盖。这两个模型如图 19.1.6 所示。

图 19.1.6　异构网络中的频谱聚合：(a) CW 模型；(b) CWC 模型

19.1.2.7　可定价的 BL 模型

在给定时刻，用 (n_1,n_2) 描述系统的状态特征，其中假设租方运营商(LO)在系统中有 n_1 个用户，借方运营商(BO)有 n_2 个用户。在这种系统状态下，LO 所要求的每个用户的标准化价格 $k(n_1)$ 将取决于租方系统的状态。正如下面将要讨论的，标准化价格可以通过不同的定价方案来建模。BO 将根据 $k(n_1)$ 和 n_2 决定是否借用信道。根据这些决定，BO 的等效到达率将被修改为 $\lambda_2 \to \lambda_2(k(n_1),n_2)$。

这种方案大致表示在图 19.1.7 中。从图中可以看出，在出租 $l(n)$ 个信道之后，LO 将有效地减少其信道容量，并可以按比例 $l(n)/c$ 降低到达率。借用 $b(k)=l(n)$ 个信道后的 BO 将增加 $b(k)$ 个信道的有效容量，然后可以按比例 $b(k)/c$ 有效地提高到达率。

定价模型的可能选项如下：

$$k(n_1)=n_1/c \tag{19.1.9a}$$

$$1-k(n_1)=1/(n_1+1) \tag{19.1.9b}$$

$$1-k(n_1)=1/\left(n_1^2+1\right) \tag{19.1.9c}$$

在式(19.1.9a)中，LO 提供的价格与其占用信道的数量成比例。在式(19.1.9b)和式(19.1.9c)中，当 $n_1=1$ 时，起始价格有所不同，当 $n_1=c$ 时，最高价格有所不同。

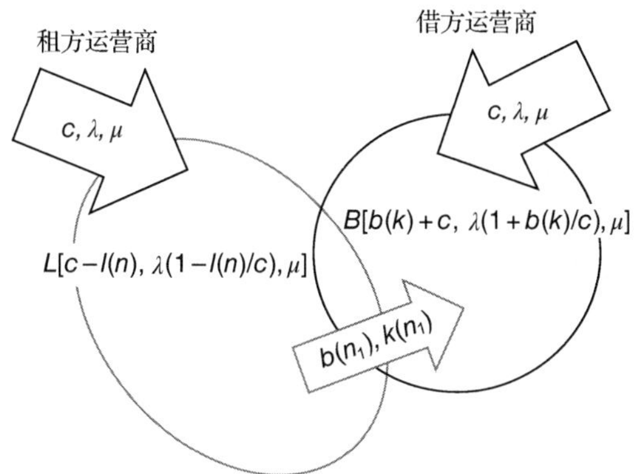

图 19.1.7　可定价的 BL 模型

那么，BO 对价格的可能反馈可被建模为

$$\lambda_2[k(n_1),n_2]=\lambda_2,\quad n_2<c \tag{19.1.10a}$$

$$\lambda_2[k(n_1),n_2]=[1-k(n_1)]\lambda_2,\quad n_1<c, n_2<c \tag{19.1.10b}$$

如果在会话期间价格继续上涨，运营商可能会决定中止传输。如果传输未完成，则不会对服务收费。这种模式将影响如下的等效服务率：

$$r(n)=\lim_{\Delta t\to 0}\frac{\Pr\{\Delta t\text{期间的单个用户未完成传输}|n\text{ 个用户}\}}{\Delta t}$$

$$r(0)=r(1)0$$

这个新进程仍是一个生死过程，但死亡率现在必须根据文献[32]进行调整，即

$$\mu_{n2}=\mu+r(n_1) \tag{19.1.11}$$

$$r(n_1)=\mathrm{e}^{\alpha n_1/\mu_1},\ n_1\geqslant 2 \tag{19.1.12}$$

其中死亡函数 $r(n_1)$ 由式(19.1.12)给出，α 则是常量。一个等待用户可能估计出的系统平均等待时间为 n_1/μ_1，并且 $r(n_1)$ 将由式(19.1.12)给出。

19.1.2.8　可定价的相互信道借/租(MBL)模型

在这种情况下，两个运营商都有可能根据系统的状态出租/借用信道。与以前的模型相比，

现在两个运营商中的任何一个都可以是信道的出租者或借用者。

先前由式(19.1.9a)～式(19.1.9c)描述的定价模型可应用于这种情况，假设运营商 1 和 2 充当出租者或借用者。特别地，式(19.1.9a)可以修改为

$$k(n_1)=n_1/c, \quad n_1<c, c<n_2<2c \tag{19.1.13a}$$

$$k(n_2)=n_2/c, \quad n_2<c, c<n_1<2c \tag{19.1.13b}$$

因为 $n_1<c$，所以式(19.1.13a)中的运营商 1 是出租者；因为 $c<n_2<2c$，所以运营商 2 是借用者。运营商正在使用的价格为 $k(n_1)$。在式(19.1.13b)中，上述推导同样适用，在这种情况下，运营商 1 是借用者，出租者是运营商 2。这种情况下，对式(19.1.9b)～式(19.1.9c)的修改和式(19.1.10a)和式(19.1.10b)给出的定价反馈是简单明了的。

如果我们假设 $\lambda_1=\lambda_2=\lambda$，则借用者(运营商 1)的定价反馈为

$$\begin{aligned}&\lambda_2[k(n_1),n_2]=\lambda, \ n_2<c\\&\lambda_2[k(n_1),n_2]=[1-k(n_1)]\lambda, \ n_1<c, c<n_2<2c\end{aligned} \tag{19.1.13c}$$

类似地，对于运营商 2，有

$$\begin{aligned}&\lambda_1[k(n_2),n_1]=\lambda, \ n_1<c\\&\lambda_1[k(n_2),n_1]=[1-k(n_2)]\lambda, \ n_2<c, c<n_1<2c\end{aligned} \tag{19.1.13d}$$

如前所述，如果会话期间价格持续上涨，用户可能会决定中止传输。如果传输未完成，则不会对服务收取费用。当借用者是运营商 2 时，这将影响式(19.1.11)和式(19.1.12)的等效服务率。对于运营商 1 来说，获得等效服务率是很直接的。MBL 模型如图 19.1.8 所示。

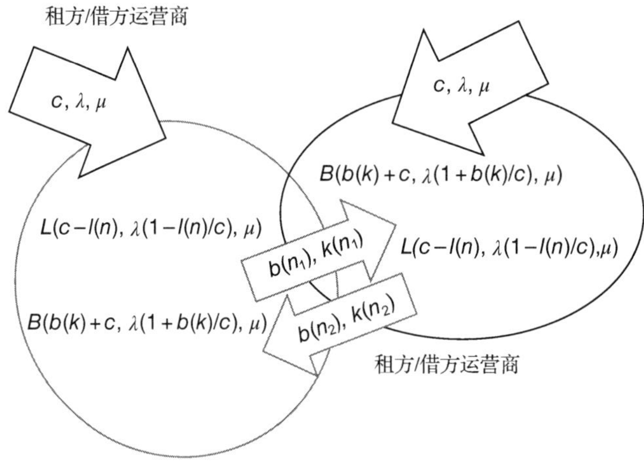

图 19.1.8　可定价的 MBL 模型

19.1.3　系统性能

本节将讨论用于分析不同合作模型的系统参数，语音和数据应用将一并考虑。大多数时候，我们很想知道在什么条件下运营商能够暂时使用属于另一个运营商的一定数量的信道。在对称条件下，如果两个运营商的机会均等，那么是不需要定价的，因为长期的平均收益是相同的。这些优势将通过信道的收益(暂时获得)概率来量化。

如果两个运营商提供不同的 QoS，那么这两个运营商将会引入不同的定价。系统性能用

价格差异加权后的可用信道数来衡量。认知网络中建立了一个有趣的关系，其中 SO 受益于有机会暂时使用 PO 未使用的部分频谱，但存在由于信道损坏而导致可用信道数降低的风险。在这种情况下，有效频谱增益将用来衡量系统的性能，其定义为 SO 可用的有效频谱和 PO 损失的有效频谱间的差值。

最后，信道利用系数将用于整体业务组合的评估。

19.1.3.1　预备知识：A 模型中多运营商的联合状态概率分布函数

下面先讨论一些预备知识，这些知识将在后面继续使用。虽然这些预备知识的推导可能很烦琐，但由于它们基于马尔可夫链的标准理论[32]，因此细节将被省略。相关的推导细节，可以参考补充资料[33]。

对两个运营商的系统利用二维马尔可夫链进行建模，如图 19.1.9 所示。马尔可夫链中的每个状态分别表示运营商 1 和 2 服务不同的用户数（n_1 和 n_2）。两个运营商共有 2c 个可用信道。运营商 1 和 2 的到达率分别由 λ_1 和 λ_2 表示，服务率分别由 μ_1 和 μ_2 表示。

对于语音应用，首先需要由两个进程组成的 M/M/2c/2c 阻塞系统的联合状态概率分布函数 $P_{n_1n_2}$ 的表达式，这两个进程都考虑到两个运营商服务的用户数（n_1 和 n_2），如图 19.1.9 所示。

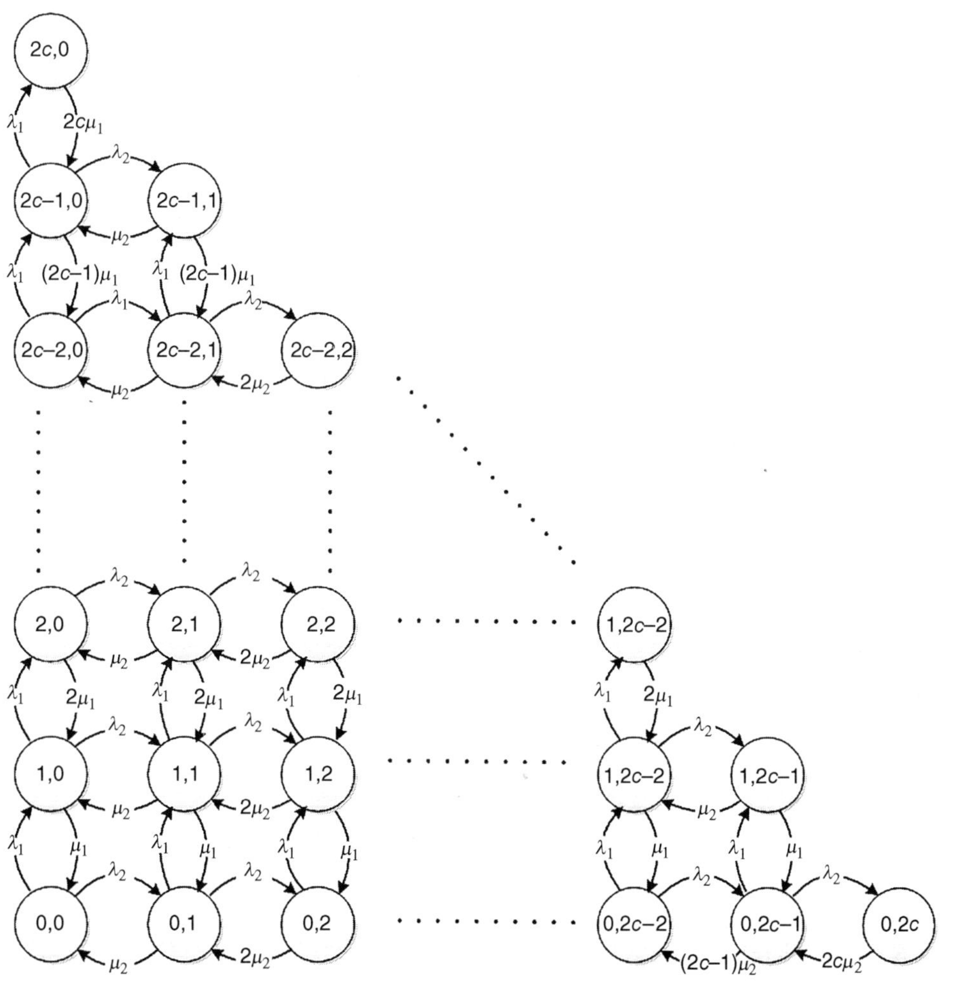

图 19.1.9　双运营商语音流量系统的马尔可夫模型

对于数据应用，我们使用由两个进程组成的 M/M/2c 排队系统。这个系统的 $P_{n_1n_2}$ 表达式及 $A(2c,\lambda_1,\lambda_2,\mu_{eq})$ 系统中的预期队列大小可使用马尔可夫链分析的标准方法推导出来。系统等待时间的 CDF 公式也可以推导出来。

$A(2c,\lambda_1,\lambda_2,\mu_1,\mu_2)$ 系统中的语音服务

在这个系统中，我们共有 $2c$ 个信道且没有可以被建模为 M/M/2c/2c 阻塞系统的队列。文献[32]描述了求解该系统的传统生死方程，可以给出

$$P_{n_1n_2}=\frac{r_1^{n_1}r_2^{n_2}}{n_1!n_2!}P_0 \tag{19.1.14}$$

其中所有用户均未受到服务的概率为

$$P_0=\left[\sum_{n_1=0}^{2c}\frac{r_1^{n_1}}{n_1!}\sum_{n_2=0}^{2c-n_1}\frac{r_2^{n_2}}{n_2!}\right]^{-1} \tag{19.1.15a}$$

其余的参数可定义为

$$r_i=\lambda_i/\mu_i,\quad i\in\{1,2\} \tag{19.1.15b}$$

$$\rho_i=r_i/2c,\quad i\in\{1,2\} \tag{19.1.15c}$$

然后，总流量密度是

$$\rho=\rho_1+\rho_2<1 \tag{19.1.15d}$$

和

$$r=r_1+r_2=2c\rho \tag{19.1.15e}$$

$A(2c,\lambda_1,\lambda_2,\mu_{eq})$ 系统中的数据服务

在该系统中，我们假设 $2c$ 个信道可用，并存在被建模为 M/M/2c 排队系统的无限长缓冲区。可以看出，对于这样一个系统，参数 μ_{eq} 满足式(19.1.3)，ρ_i（$i\in\{1,2\}$）由式(19.1.15c)给出，总流量密度 ρ 由式(19.1.15d)给出，并且有

$$r_i=\lambda_i/\mu_{eq},\quad i\in\{1,2\} \tag{19.1.16a}$$

我们有

$$P_{n_1n_2}=\begin{cases}\dfrac{(2c\rho)^{n_1+n_2}}{(n_1+n_2)!}P_0, & 0\leqslant(n_1+n_2)<2c\\[2ex] \dfrac{(2c\rho)^{n_1+n_2}}{(2c)^{(n_1+n_2-2c)}(2c)!}P_0, & (n_1+n_2)\geqslant 2c\end{cases}$$

$$P_0=\left[\sum_{n_1=0}^{2c-1}\sum_{n_2=0}^{2c-n_1-1}\frac{(2c\rho)^{n_1+n_2}}{(n_1+n_2)!}+\frac{(2c\rho)^{2c}}{(2c)!}\frac{1}{(1-\rho)^2}+\frac{(2c\rho)^{2c}}{(2c-1)!}\frac{1}{(1-\rho)}\right]^{-1} \tag{19.1.16b}$$

19.1.3.2 系统时延

$A(2c,\lambda_1,\lambda_2,\mu_{eq})$ 系统中的预期队列大小为

$$L_q=\frac{(2c\rho)^{2c}P_0\rho}{(2c)!(1-\rho)^3}[(1+\rho)+2c(1-\rho)]$$

$$L_{q_1}=\frac{\lambda_1}{\lambda_1+\lambda_2}L_q;\quad L_{q_2}=\frac{\lambda_1}{\lambda_1+\lambda_2}L_q \tag{19.1.17}$$

其中 P_0 和 $P_{n_1n_2}$ 由式(19.1.16b)给出，μ_{eq} 由式(19.1.3)给出，ρ_i（$i\in\{1,2\}$）由式(19.1.15c)给出，总流量密度 ρ 由式(19.1.15d)给出，r_i（$i\in\{1,2\}$）由式(19.1.16a)给出。

19.1.3.3 系统等待时间的 CDF

M/M/2c 系统等待时间的整体 CDF 可以写成

$$\begin{aligned}W(t)&=W_q(0)(1-\mathrm{e}^{-\mu_{\text{eq}}t})\\&\quad+\left([1-W_q(0)]\left[\begin{array}{l}\dfrac{2c(1-\rho)}{2c(1-\rho)-1}(1-\mathrm{e}^{-\mu_{\text{eq}}t})\\-\dfrac{1}{2c(1-\rho)-1}\left(1-\mathrm{e}^{-(2c\mu_{\text{eq}}-\lambda_{\text{eq}})t}\right)\end{array}\right]\right)\\&=\frac{2c(1-\rho)-W_q(0)}{2c(1-\rho)-1}(1-\mathrm{e}^{-\mu_{\text{eq}}t})\\&\quad-\frac{[1-W_q(0)]}{2c(1-\rho)-1}\left[1-\mathrm{e}^{-(2c\mu_{\text{eq}}-\lambda_{\text{eq}})t}\right]\end{aligned} \tag{19.1.18}$$

且

$$W_q(0)=1-\frac{P_0r^{2c}}{(2c)!(1-\rho)}\left(2c+\frac{1}{(1-\rho)}\right)$$

其中 μ_{eq} 由式(19.1.3)给出，并且 $\lambda_{\text{eq}}=\lambda_1+\lambda_2$。其余的参数如前面所述。

19.1.3.4 系统性能分析

在本节的其余部分，我们使用 19.1.3.1 节中定义的预备知识来得出不同业务组合的主要性能指标。

19.1.3.5 A 模型中 b 个信道收益的概率 $P(b)$

如果 $n_1=c+b$ 和 $n_2\leqslant c-b$（反之亦然），则一个运营商能够从频谱聚合中得到 b 个信道的收益。换句话说，如果运营商 2 有超过 b 个信道是空闲的，则运营商 1 能够使用来自运营商 2 中频段的 b 个信道。

$A(2c,\lambda_1,\lambda_2,\mu_1,\mu_2)$ 系统中的语音服务

$$\begin{aligned}P(b)&=P(n_1=c+b,n_2\leqslant c-b)+P(n_2=c+b,n_1\leqslant c-b)\\&=\sum_{n_1=c+b}\sum_{n_2=0}^{c-b}P_{n_1n_2}+\sum_{n2=c+b}\sum_{n_1=0}^{c-b}P_{n_1n_2}\\&=\left[\frac{r_1^{c+b}}{(c+b)!}\sum_{n_2=0}^{c-b}\frac{r_2^{n_2}}{n_2!}+\frac{r_2^{c+b}}{(c+b)!}\sum_{n_1=0}^{c-b}\frac{r_1^{n_2}}{n_1!}\right]P_0\end{aligned} \tag{19.1.19}$$

其中 $P_{n_1n_2}$ 和 P_0 由式(19.1.14)和式(19.1.15a)给出，其余的参数如式(19.1.15b)～式(19.1.15e)的定义所示。

$A(2c,\lambda_1,\lambda_2,\mu_{eq})$ 系统中的数据服务

$$\begin{aligned}P(b)&=P(n_1=c+b,n_2\leqslant c-b)+P(n_2=c+b,n_1\leqslant c-b)\\&=\sum_{n_1=c+b}\sum_{n_2=0}^{c-b}P_{n_1n_2}+\sum_{n_2=c+b}\sum_{n_1=0}^{c-b}P_{n_1n_2}=2\left[\sum_{n=0}^{c-b}\frac{(2c\rho)^{(c+b+n)}}{(c+b+n)!}\right]P_0\end{aligned}\tag{19.1.20}$$

其中 $P_{n_1n_2}$ 和 P_0 由式(19.1.16)给出，μ_{eq} 由式(19.1.3)给出，ρ_i（$i\in\{1,2\}$）由式(19.1.15c)给出，总流量密度 ρ 由式(19.1.15d)给出，r_i（$i\in\{1,2\}$）由式(19.1.16a)给出。

19.1.3.6 受益于频谱聚合的条件概率 P_b

描述频谱聚合所带来的收益的另一种方法，即在另一个运营商没有使用一定数量的信道的情况下，定义受益于任意数量信道供给的条件概率。换句话说，我们对量化收益不感兴趣，而是研究运营商能否从频谱聚合中获益。因此，下面给出了从语音和数据应用的频谱聚合中受益的条件概率。

$A(2c,\lambda_1,\lambda_2,\mu_1,\mu_2)$ 系统中的语音服务

$$P_b=P(n_2>c/n_1<c)=\frac{P(n_2>c,n_1<c)}{P(n_1<c)}\tag{19.1.21a}$$

$$P(n_1<c)=\sum_{n_1=0}^{c-1}\sum_{n_2=0}^{2c-n_1}P_{n_1n_2}=\sum_{n_1=0}^{c-1}\frac{(2c\rho_1)}{n_1!}\sum_{n_2=0}^{2c}\frac{(2c\rho_2)^{n_2}}{n_2!}P_0\tag{19.1.21b}$$

$$P(n_2>c,n_1<c)=\sum_{n_1=0}^{c-1}\sum_{n_2=c}^{2c}P_{n_1n_2}=\sum_{n_1=0}^{c-1}\frac{(2c\rho_1)^{n_1}}{n_1!}\sum_{n_2=c}^{2c}\frac{(2c\rho_2)^{n_2}}{n_2!}P_0\tag{19.1.21c}$$

其中 $P_{n_1n_2}$ 和 P_0 由式(19.1.14)和式(19.1.15a)给出，其余的参数定义如式(19.1.15b)～式(19.1.15e)所示。

$A(2c,\lambda_1,\lambda_2,\mu_{eq})$ 系统中的数据服务

$$P_b=P(n_2>c|n_1<c)=\frac{P(n_2>c,n_1<c)}{P(n_1<c)}\tag{19.1.22a}$$

通过使用式(19.1.16)，有

$$\begin{aligned}P(n_1<c)&=\sum_{n_1=0}^{c-1}\sum_{n_2=0}^{\infty}P_{n_1n_2}\\&=\sum_{n_1}^{c-1}\left[\sum_{n_2=0}^{2c-n_1-1}\frac{(2c\rho)^{n_1+n_2}}{(n_1+n_2)!}+\sum_{n_2=2c-n_1}^{\infty}\frac{(2c\rho)^{n_1+n_2}}{(2c)^{(n_1+n_2-2c)}(2c)!}\right]P_0\\&=\sum_{n_1=0}^{C-1}\left[\sum_{n_2=0}^{2c-n_1-1}\frac{(2c\rho)^{n_1+n_2}}{(n_1+n_2)!}+\frac{(2c\rho)^{2c}}{(1-\rho)(2c)!}\right]P_0\end{aligned}\tag{19.1.22b}$$

$$P(n_2>c,n,<c)=\sum_{n_1=0}^{c-1}\sum_{n_2=c}^{\infty}P_{n_1n_2}$$

$$
\begin{aligned}
&=\sum_{n_1=0}^{c-1}\left[\sum_{n_2=c}^{2c-n_1-1}\frac{(2c\rho)^{n_1+n_2}}{(n_1+n_2)!}+\sum_{n_2=2c-n_1}^{\infty}\frac{(2c\rho)^{n_1+n_2}}{(2c)^{(n_1+n_2-2c)}(2c)!}\right]P_0 \\
&=\sum_{n_1=0}^{c-1}\left[\sum_{n_2=c}^{2c-n_1-1}\frac{(2c\rho)^{n_1+n_2}}{(n_1+n_2)!}+\frac{(2c\rho)^{2c}}{(1-\rho)(2c)!}\right]P_0
\end{aligned}
\tag{19.1.22c}
$$

其中 $P_{n_1n_2}$ 和 P_0 由式(19.1.16)给出，μ_{eq} 由式(19.1.3)给出，ρ_i（$i\in\{1,2\}$）由式(19.1.15c)给出，总流量密度 ρ 由式(19.1.15d)给出，还有 r_i（$i\in\{1,2\}$）由式(19.1.16a)给出。

可用于表征频谱聚合模型的其他参数如下所示。

- 可用性概率：运营商刚好拥有未使用的 a 个信道的概率，因此这些信道可以被另一运营商使用。可用性概率定义为 $P_a(a)=P_n(c-a)$。
- 概率 $P(b/a)$：在运营商 1 有 a 个未使用信道的情况下，运营商 2 获益于 b 个信道的概率定义为

$$
\begin{aligned}
&P(b/a)=P(n_1=c-a,n_2=c+b),\ b<a \\
&P(b/a)=P(n_1=c-a,n_2\geqslant c+b),\ b=a
\end{aligned}
$$

- 受益于频谱聚合的概率：$P(n_2>c,n_1<c)$ 是从频谱聚合中受益的无条件概率。

上述概率可以通过计算式(19.1.21a)和式(19.1.22a)得到。

19.1.3.7　BL 模型中的多运营商系统联合状态概率分布函数和帮助概率

假设运营商 2 正从运营商 1 处借用 b 个信道。一旦借用了信道，一个系统中的 n 个用户就独立于其他系统的状态。因此，联合概率可以定义为

$$
P_{n_1n_2}=P_{n_1}P_{n_2} \tag{19.1.23}
$$

其中

$$
\begin{aligned}
P_{n_1}&=\begin{cases}\dfrac{r_1^{n_1}}{n_1!}P_{01}, & 0\leqslant n_1<c-b\\[2ex] \dfrac{r_1^{n_1}}{(c-b)^{(n_1-c+b)}(c-b)!}P_{01}, & n_1\geqslant c-b\end{cases}\\
P_{n_2}&=\begin{cases}\dfrac{r_1^{n_2}}{n_2!}P_{02}, & 0\leqslant n_2<c-b\\[2ex] \dfrac{r_2^{n_2}}{(c-b)^{(n_2-c+b)}(c-b)!}P_{02}, & n_2\geqslant c-b\end{cases}
\end{aligned}
\tag{19.1.24}
$$

和

$$
\begin{aligned}
P_{01}&=\left[\sum_{n_1=0}^{c-b}\frac{r_1^{n_1}}{n_1!}+\frac{r_1^{c-b}}{(c-b)!(1-\rho_1)}\right]^{-1}\\
P_{02}&=\left[\sum_{n_2=0}^{c-b}\frac{r_2^{n_2}}{n_2!}+\frac{r_2^{c-b}}{(c-b)!(1-\rho_2)}\right]^{-1}
\end{aligned}
\tag{19.1.25}
$$

其中 $r_1=\lambda_1/\mu_1, r_2=\lambda_2/\mu_2, \rho_1=r_1/2c, \rho_2=r_2/2c$。

BL 模型的阻塞概率定义为运营商 1 和运营商 2 的所有信道都处于忙碌状态的概率，两个运营商的信道分别全处于忙碌状态的概率为 P_{c_1} 、P_{c_2} ，其定义为

$$P_{c_1}=\frac{\frac{r_1^{c-b}}{(c-b)!}}{\sum_{n_1=0}^{c-b}\frac{r_1^{n_1}}{n_1!}}\text{，}P_{c_2}=\frac{\frac{r_2^{c-b}}{(c-b)!}}{\sum_{n_2=0}^{c-b}\frac{r_2^{n_2}}{n_2!}} \tag{19.1.26}$$

因此,总系统的帮助概率被定义为 $P_h=P_{h_1}+P_{h_2}$,其中 P_{h_1} 是运营商 2 帮助运营商 1 的概率，而 P_{h_2} 是运营商 1 帮助运营商 2 的概率。两个概率可由下式得到:

$$P_{h_1}=(1-P_{c_2})P_{c_1},\ P_{h_2}=(1-P_{c_1})P_{c_2} \tag{19.1.27}$$

此外，下面的参数可用于描述该系统。

- 系统的受益概率：运营商 2 从借入的 b 个信道中获益的概率为 $P_b=P_{n_2}(c<n_2<c+b)$ 。
- 系统的降级概率：当运营商 1 因为借出 b 个信道时降低自身性能的概率为 $P_b=P_{n_1}(c-b<n_1<c)$ 。

19.1.3.8 认知网络中的容量衰减

前面介绍了参数 $1-\alpha$ (也指信道损坏概率)，表明有效的可用容量(未损坏信道数)等于 αc 。本节进一步阐述了这一概念，并将 PO 和 SO 的可用容量分别定义为 $\alpha_p c$ 和 $\alpha_s(c-n)$ 。

如果 SO 在信道中没有检测到 PU，则 PO 的信道将被破坏。这将由 P_{nd} 来表示，结果为 $\alpha_p=1-P_{\text{nd}}$ 。

另一方面, SU 将无法使用剩余的 $c-n$ 个信道中的任意一个, 这是因为没有检测到空闲信道(具有概率 P_{fa})或由于 PU 返回(具有概率 P_r)。这导致 $\alpha_s=1-(1-P_{\text{fa}})(1-P_r)$ ，其中 P_r 是 PO 将信道分配给 SU 使用的概率。我们假设 SU 的平均服务时间为 $1/\mu$ 来近似这个结果，这样在该时间内有新的 PU 到达的概率为

$$P_k(t=1/\mu)=\frac{(\lambda t)^k}{k!}\mathrm{e}^{-\lambda t}=\frac{(\lambda/\mu)^k}{k!}\mathrm{e}^{-\lambda/\mu}$$

$c-n$ 个信道中的特定信道被分配给 k 个新到达用户之一的概率是 $k/(c-n)$ 。因此，由于 PU 返回导致平均信道损坏的概率将是

$$\begin{aligned}P_r(n)&=\sum_{k=0}^{c-n}\frac{k}{c-n}p_k(t=1/\mu)+\sum_{k=c-n+1}^{\infty}p_k(t=1/\mu)\\&=1+\left[\sum_{k=0}^{c-n}\frac{(\lambda/\mu)^k}{k!}\left(\frac{k}{c-n}1\right)\mathrm{e}^{-\lambda/\mu}\right]\end{aligned} \tag{19.1.28}$$

对于参数 μ 的任何值，上述结果应该相对于该参数的分布进一步平均。

以 P_{fa} 和 P_{nd} 为特征的频谱感知质量取决于使用的方法。这个问题已经在相关文献中进行了详细的分析，因此这里将省略讨论。

此外，在部分认知网络模型(PC 模型)中，将 $c-2c_0$ 个信道分配给认知网络用户，故式(19.1.28)变为

$$P_n(n)=\sum_{k=0}^{c-2c_0-n}\frac{k}{c-2c_0-n}p_k(t=1/\mu)+\sum_{k=c-2c_0-n+1}^{\infty}p_k(t=1/\mu)$$
$$=1+\mathrm{e}^{-\lambda/\mu}\sum_{k=0}^{c-2c_0-n}\frac{(\lambda/\mu)^k}{k!}\left(\frac{k}{c-2c_0-n}-1\right) \tag{19.1.29a}$$

作为一种性能指标，我们将认知网络中的有效容量增益定义为

$$g_c=\alpha_s(c-\bar{n})-\left(1-\alpha_p\right)c \tag{19.1.29b}$$

或将相对有效容量增益定义为

$$g_{\mathrm{cr}}=g_c/c=\alpha_s(1-\bar{n}/c)-\left(1-\alpha_p\right) \tag{19.1.30}$$

其中 $\bar{n}$ 是 PO 使用的平均信道数。

式(19.1.29b)中的第一项是可用于 SU 的有效信道数，第二项表示 PO 损失的信道数。

19.1.3.9　可定价的 BL 和 MBL 模型的联合状态概率密度函数

语音流量

对于语音流量，可定价的 BL 和 MBL 模型的系统状态转移图分别如图 19.1.10(a)和(b)所示。在这两个图中，BL 和 MBL 模型的到达率分别根据式(19.1.10)和式(19.1.13)进行了修改。

对于表示为 (n_1,n_2) 的系统状态，可从图 19.1.10(a)和(b)获得状态转移概率 $p(n_1,n_2;n_1',n_2')$，并且可以求解稳态概率向量 $\mathbf{P}_{n_1n_2}=[P_{n_1n_2}]$。

19.1.3.10　业务组合的统一评价：频谱利用

迄今为止所讨论的性能评价都是针对具体的商业模式，并侧重于每个合作模型的特征。为了有一个对整体业务组合和性能比较的统一评估，需要为所有模型提供一个共同框架。为此，我们使用定义为占用(已使用)信道的平均数与总体可用信道数之比的频谱利用率 u。

在两个运营商独立运营(非合作模式)且分别具有 c 个可用信道的情况下，该系数定义为

$$u=\begin{cases}(\bar{n}_1+\bar{n}_2)/2c, & \bar{n}_1,\bar{n}_2<c\\ 1, & \text{其他}\end{cases} \tag{19.1.31}$$

其中，$\bar{n}_1$ 和 $\bar{n}_2$ 分别是运营商 1 和运营商 2 使用的平均信道数。

在合作 A 模型中，可以定义频谱利用率为

$$u_{\mathrm{A}}=\left[\bar{n}_1+\sum_b bp(b)\right]/c \tag{19.1.32}$$

其中概率 $p(b)$ 已在前面讨论过，可用于数据和语音流量。在这种情况下，可以通过不定期使用来自其他用户的多余流量来改善利用率。

对于 MBL 模型，我们有

$$u_{\mathrm{MBL}}=\begin{cases}\sum\limits_{n_1,n_2}(n_1+n_2)P_{n_1n_2}/2c, & \bar{n}_1+\bar{n}_2<2c\\ 1, & \text{其他}\end{cases} \tag{19.1.33}$$

其中概率 $P_{n_1n_2}$ 之前也已经讨论过了。

对于认知网络，该系数定义为

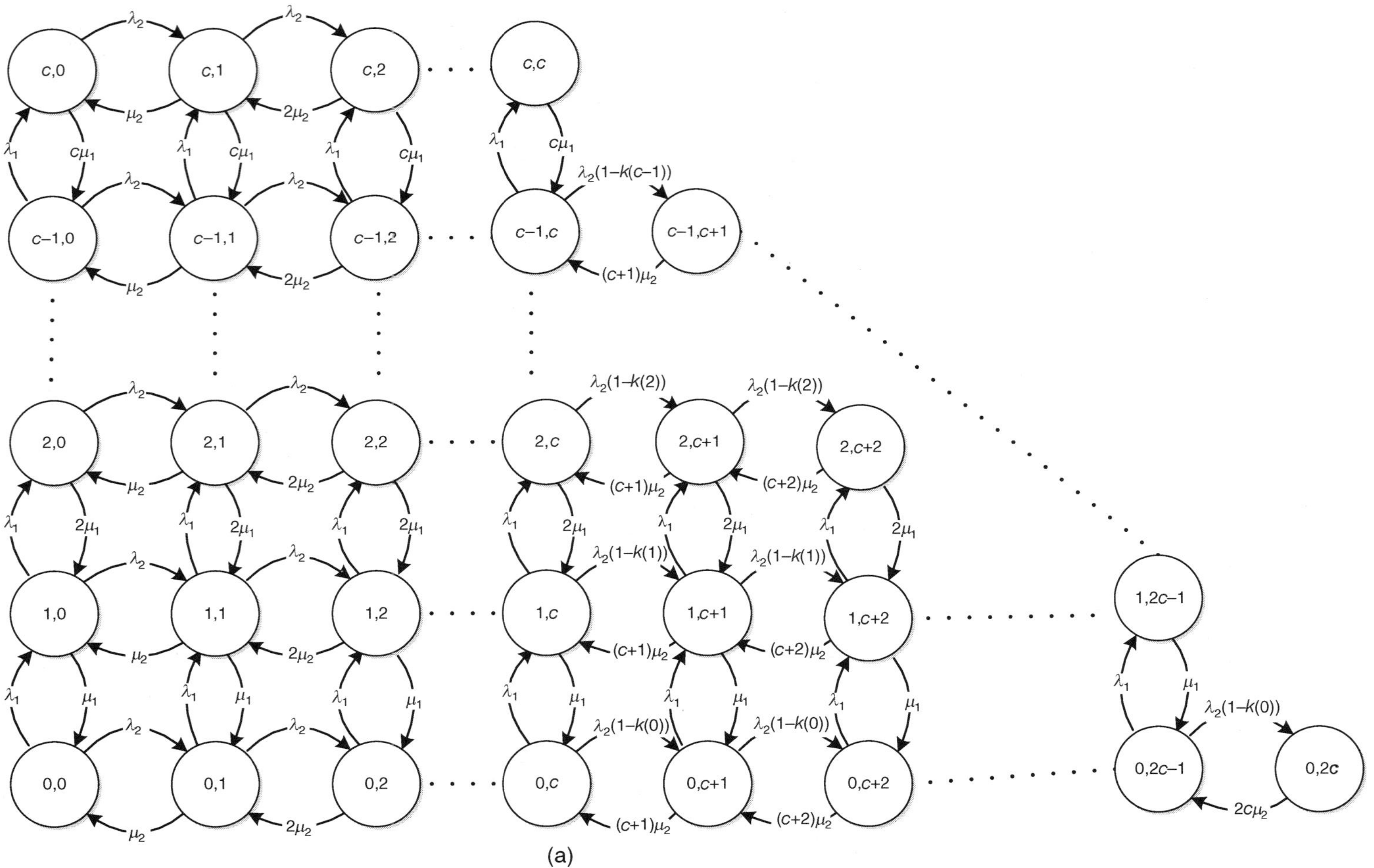

图 19.1.10 (a)可定价的 BL 模型的系统状态转移图

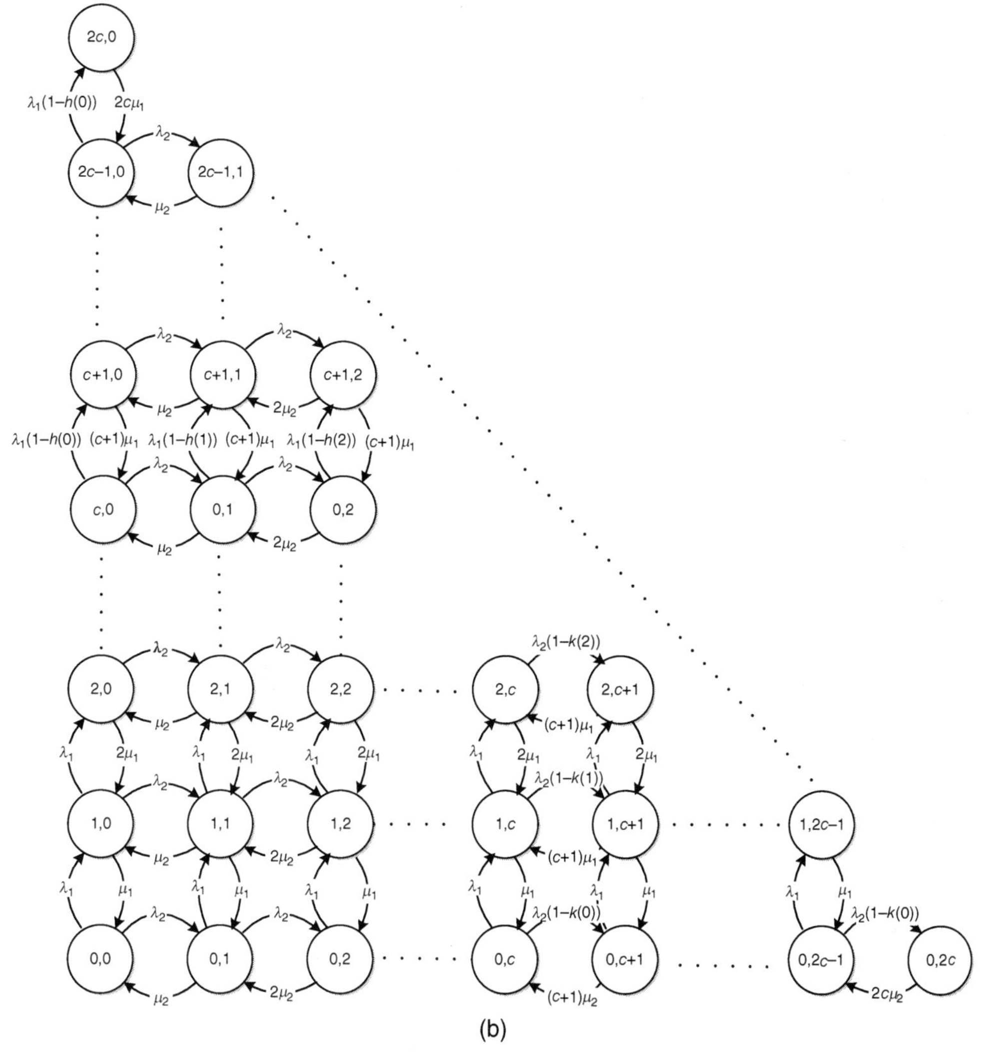

图 19.1.10(续)　(b)可定价的 MBL 模型的系统状态转移图

$$u_{\mathrm{C}}=\begin{cases}\left(\overline{\alpha_p(n_s)n_p+\alpha_s(n_p)n_s}\right)/c, & \bar{n}_p+\bar{n}_s<c\\ 1, & \text{其他}\end{cases} \tag{19.1.34}$$

其中 $\bar{n}_s$ 和 $\bar{n}_p$ 分别是激活的 SU 和 PU 的平均数。式(19.1.34)中的长线表示整个表达式的 n_s 和 n_p 的平均值。现在预计的信道利用率将会更高，因为二级运营商在允许的情况下可以使用频谱。这种提升受到属于两个不同运营商的用户间的相互作用的影响，由参数 α_p 和 α_s 量化。

在 PC 模型中，频谱利用率变为

$$u_{\mathrm{PC}}=\begin{cases}\left(\begin{array}{l}\left[\dfrac{c_0}{c}\bar{n}_p+\overline{\alpha_p(n_s)n_p}\left(1-\dfrac{2c_0}{c}\right)\right]\\ +\left[\dfrac{c_0}{c}\bar{n}_s+\overline{\alpha_s(n_p)n_s}\left(1-\dfrac{2c_0}{c}\right)\right]\end{array}\right)/c, & \bar{n}_p+\bar{n}_s<c\\ 1, & \text{其他}\end{cases} \tag{19.1.35}$$

对于 MC 模型，我们有

$$u_{\mathrm{MC}}=\begin{cases}\sum_{n_1=1}^{c}\sum_{n_2=c}^{2c}(\alpha_p(n_2)n_1+\alpha_s(n_1)n_2)P_{n_1n_2}/c, & \bar{n}_p+\bar{n}_s<c\\ 1, & \text{其他}\end{cases} \tag{19.1.36}$$

对于可定价的 MBL 模型，频率利用率由包含修正后的联合状态概率分布函数的式(19.1.33)再次给出，

$$u_{\mathrm{MBL(pricing)}}=\begin{cases}\sum_{n_1,n_2}(n_1+n_2)P_{n_1n_2(\mathrm{pricing})}/2c, & \bar{n}_1+\bar{n}_2<2c\\ 1, & \text{其他}\end{cases} \tag{19.1.37}$$

其中 $P_{n_1n_2(\mathrm{pricing})}$ 的求解方式与 19.1.3.7 节中的相同。

最终，对于异构网络模型，频谱利用率可表示为

$$u_{\mathrm{W/CW}}=\begin{cases}\sum_{n_1=1}^{c}\sum_{n_2=c}^{2c}(n_1+\xi n_2)P_{n_1n_2}/c, & n_1<c,n_2>c\\ 1, & \text{其他}\end{cases}$$
$$u_{\mathrm{C/CW}}=\bar{n}_2/c \tag{19.1.38}$$

其中 n_1 是 WLAN 中的用户数，n_2 是蜂窝网络中的用户数。由于只能从蜂窝网络向 WLAN 卸载流量，因此只能改善 WLAN 的利用率。对于 CWC 方案，我们有

$$u_{\mathrm{W/CWC}}=\begin{cases}\sum_{n_1=1}^{c}\sum_{n_2=c}^{2c}(n_1+\xi n_2)P_{n_1n_2}/c, & n_1<c,n_2>c\\ 1, & \text{其他}\end{cases}$$
$$u_{\mathrm{C/CWC}}=\begin{cases}\sum_{n_1}\sum_{n_2}(n_1+n_2)P_{n_1n_2}/c, & n_2\leqslant c,c\leqslant n_1\leqslant 2c\\ 1, & \text{其他}\end{cases} \tag{19.1.39}$$

19.1.4 性能图示

19.1.4.1 容量聚合——A 模型

图 19.1.11 是 A 模型下数据流量可以收益的条件概率 P_b[由式(19.1.22a)定义]。可以看出，当两个运营商频段的流量失衡程度较高时，通过以归一化到达率的比率 ρ_2/ρ_1 进行量化，该概率可接近 1。需要注意的是，$\lambda_1/\mu_{\mathrm{eq}}=r_1$，$\lambda_2/\mu_{\mathrm{eq}}=r_2$，$r_1/2c=\rho_1$，$r_2/2c=\rho_2$。$P_b$ 定义为在 $n_1<c$ 的条件下 $n_2>c$ 的概率。当失衡程度较低时，两个运营商的流量相似。因此，在给定 $n_1<c$ 时，$n_2>c$ 的概率较低。这些都可以从图 19.1.11 中看出。因此，只有当两个频段的流量高度失衡(ρ_2/ρ_1 值较高)时，P_b 才会很高。从同一图中可以看出，对于较低的失衡程度，如果每个用户的容量(c)较低，则 P_b 较高。这是可以预见的，当 c 较小时，较低的失衡程度可能导致 $n_1<c$ 和 $n_2>c$ 同时发生。

图 19.1.12 给出了参数相同的语音流量[见式(19.1.21a)]的情况。一般来说，在这种情况下，收益的条件概率在 ρ_2/ρ_1 值相同时会略低，因为对于语音应用来说，我们不可能将消息保

留在队列中，并且受益于这样一个事实，即当其他消息在队列中等待时，可以获得一个信道。在图 19.1.12 中有一条特殊的曲线，曲线的 c 值（$c=50$）比其他值高出很多，这使我们能够进一步了解系统行为。对于一个较小的 ρ_1（$\rho_1=0.1$），需要更高的失衡程度才能使 $n_1<c$ 、$n_2>c$ 和 $P_b>0$ 同时实现。

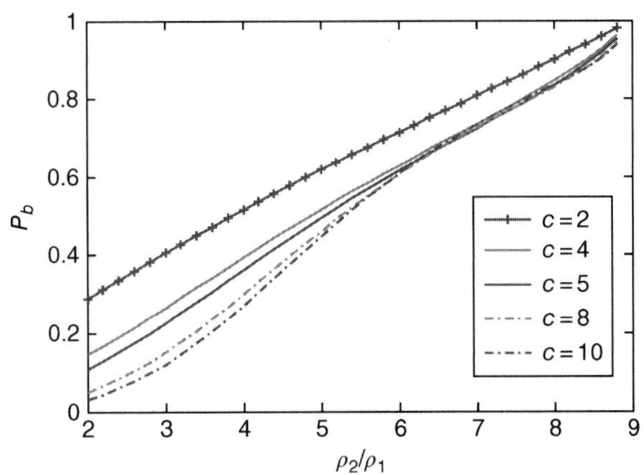

图 19.1.11　当 $\rho=0.1$ 时，在 A 模型下数据流量获益的条件概率

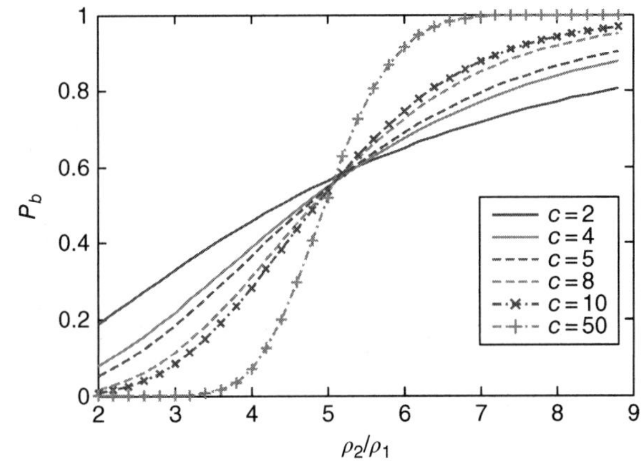

图 19.1.12　当 $\rho=0.1$ 时，在 A 模型下语音流量获益的条件概率

19.1.4.2　BL 模型中的帮助概率

式(19.1.27)定义的 BL 模型中的帮助概率如图 19.1.13 所示，它与借用的信道数量 b 有关。为了简化表述，我们展示了 $c=20$ 和 $r=2c\lambda/\mu$ 的结果。可以看出，对于这组参数，帮助概率可以达到 0.2。当两个频段的流量密度不平衡时，此值可能会明显升高。该图还包括通过蒙特卡洛仿真(S)获得的仿真结果和分析结果的比较。

19.1.4.3　C 模型

如图 19.1.14 所示，式(19.1.28)给出了 C 模型中的信道损坏概率与 PU 占用的信道数即 n 之间的关系。结果表明，在高流量动态网络中，大量的容量将会丢失。如预期的那样，PU 的归一化到达率 r 越高，信道损坏概率越高。

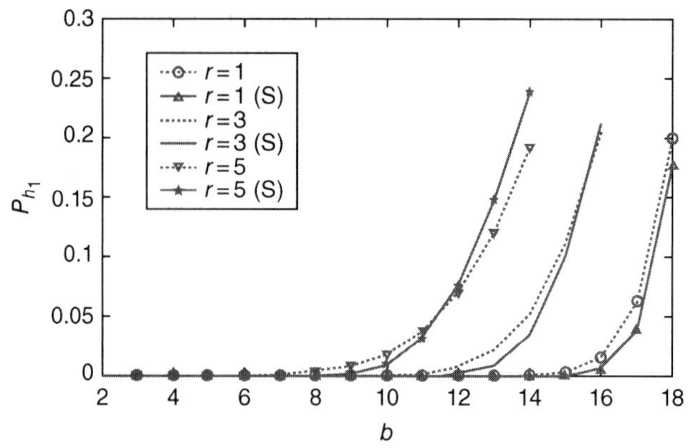

图 19.1.13　当 $c=20$ 时，BL 模型中的帮助概率

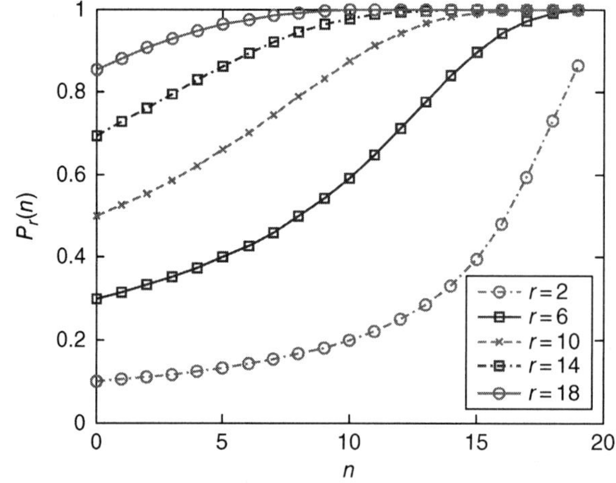

图 19.1.14　当 $c=20$ 时，C 模型中的信道损坏概率

已经证实在部分认知和相互认知网络中会有类似的效果，但是受限于篇幅，我们不再讨论这些结果。

C 模型和 A 模型的系统队列长度 L_q 和等待时间 CDF $W(t)$ 如图 19.1.15 和图 19.1.16 所示。系统队列长度 L_q 和等待时间 CDF $W(t)$ 在不同的参数值情况下，分别量化了系统时延。图 19.1.15 表明，在非合作运营时，A 模型的队列长度明显短于传统 C 模型的队列长度。因此，图 19.1.16 仅显示 A 模型下延迟的 CDF。性能上的提升是由于运营商可以偶尔借用另一个运营商的信道来缓解自己信道上的缓存压力。

19.1.4.4　可定价的 BL 和 MBL 模型

图 19.1.17 和图 19.1.18 给出了用于语音流量定价的 BL 模型的稳态概率密度函数。可以看出，在 $n_2 > c = 10$ 的范围内，可定价的 BL 模型的 $P_{n_1n_2}$ 将会比不可定价的模型的 $P_{n_1n_2}$ 更低。换句话说，不鼓励不可定价的模型使用额外的可用容量，因为它必须为此付费。

为了图示更加清晰，在 n_1 取三个不同值且其他参数值相同的情况下，图 19.1.18 中展示了图 19.1.17 的二维截距。

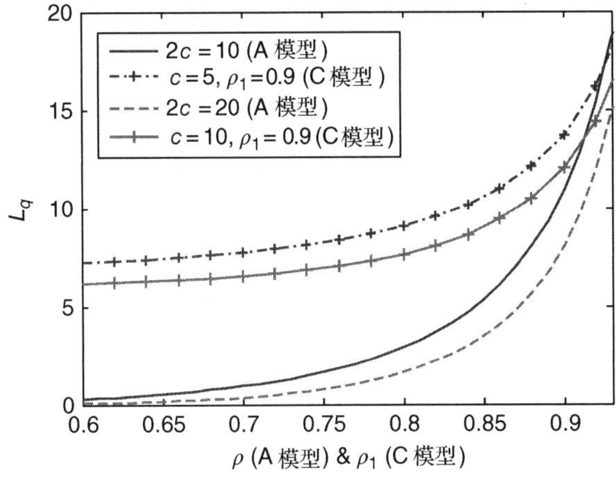

图 19.1.15　A 模型和传统 C 模型中的系统队列长度

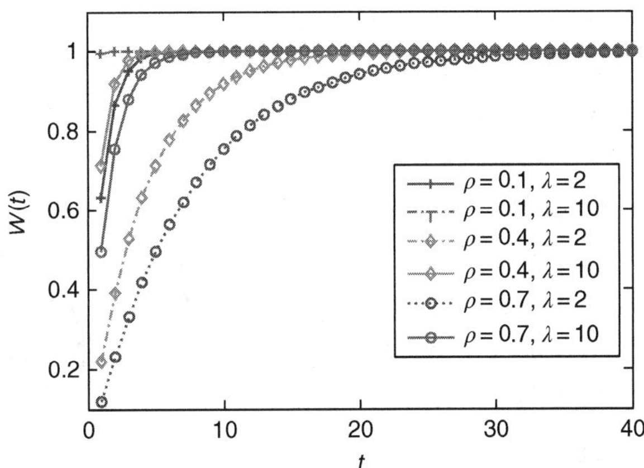

图 19.1.16　A 模型中当 $c = 10$ 时的系统等待时间

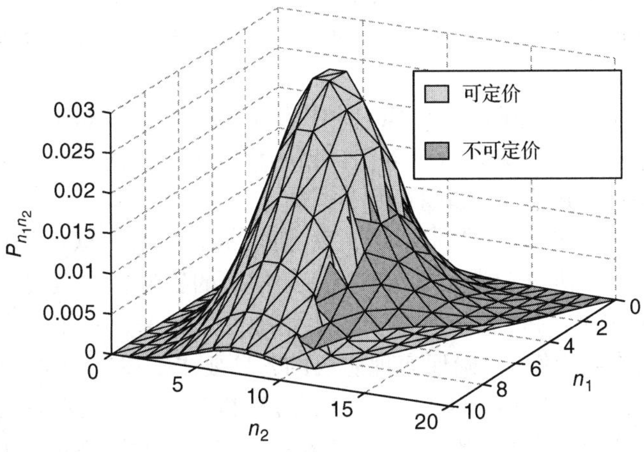

图 19.1.17　可定价(语音流量)的 BL 模型的稳态概率密度函数，$\lambda_1 = 5$，$\lambda_2 = 8$，$\mu = 1$，$c = 10$

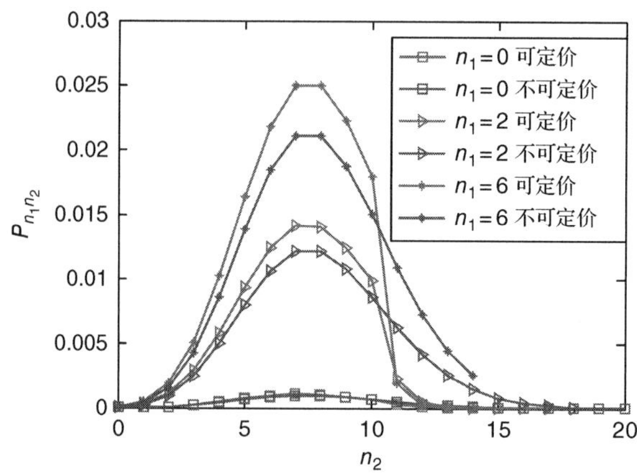

图 19.1.18　可定价(语音流量)的 BL 模型的二维稳态概率密度函数

19.1.4.5　频谱利用率

式(19.1.31)～式(19.1.39)所表示的不同业务模型的频谱利用率和ρ的关系曲线如图 19.1.19(a)所示。可以看出在所有例子中，单独频谱管理的效果相比联合(聚合)频谱管理的要差。这一结论适用于数据和语音应用。

同时可以看出，A 模型的表现最好。

在图 19.1.19(b)中，我们用多个例子展示了当$\rho_1=0.1$时理论和仿真结果之间的对比。

图 19.1.20 展现了额外的细节来说明认知网络中的频谱利用率对参数α_p的依赖性，α_p值衡量了系统中使用的信道采样算法的性能。正如图 19.1.20 所示，即使认知网络具有完美的信道感知质量，但其性能仍不及加入频谱管理的系统。当α_p减小时，系统性能会进一步劣化。需要注意的是，在高流量动态网络中，保持α_p值趋于 1 还需要很多的努力。

19.1.4.6　各模型实现的评价

从实现的角度来看，应该注意在 A 模型中，两个运营商以先到先得的方式共用 2c 个信道的聚合池，并且公共无线电资源管理可以授权给任一运营商的信道来接收呼叫请求。根据预计的结果，这种情况下运营商收益均等，因此运营商之间不存在交易，并且都只向自己的客户收费。该操作模式能够取得多大的收益，在很大程度上取决于聚合频段中瞬时流量出现严重失衡的概率。

在 BL 模型中，b 个信道预先租给 BO 并作为其专用信道。LO 可以为该交易事先向 BO 收取费用，并且每个运营商可以在重组频谱计划中控制用户的访问。由于交易后可用的信道数量减少，LO 的 QoS 可能受到一定量的损失。

在认知网络模型(C，PC，MC)中，运营商之间的协议允许 SO 使用剩余的频谱。该许可由 PO 预先收取费用。协议规定了 SO 承担感知信道的工作，并负责维持信道损坏概率低于协议中预先规定的水平。PO 可以在需要时自由地使用频谱，对于信道返回概率不负任何责任。PO 可能需要监控网络，以确保实现协议的各项要求。在这些系统中，PU 信道的返回概率式(19.1.29a)用于表征系统行为。从图 19.1.14 可以看出，在某些条件下，这种概率可以达到一个很高的值，这表明在具有较高流量且流量分布对称的网络中，认知网络模型可能没有那么有效。

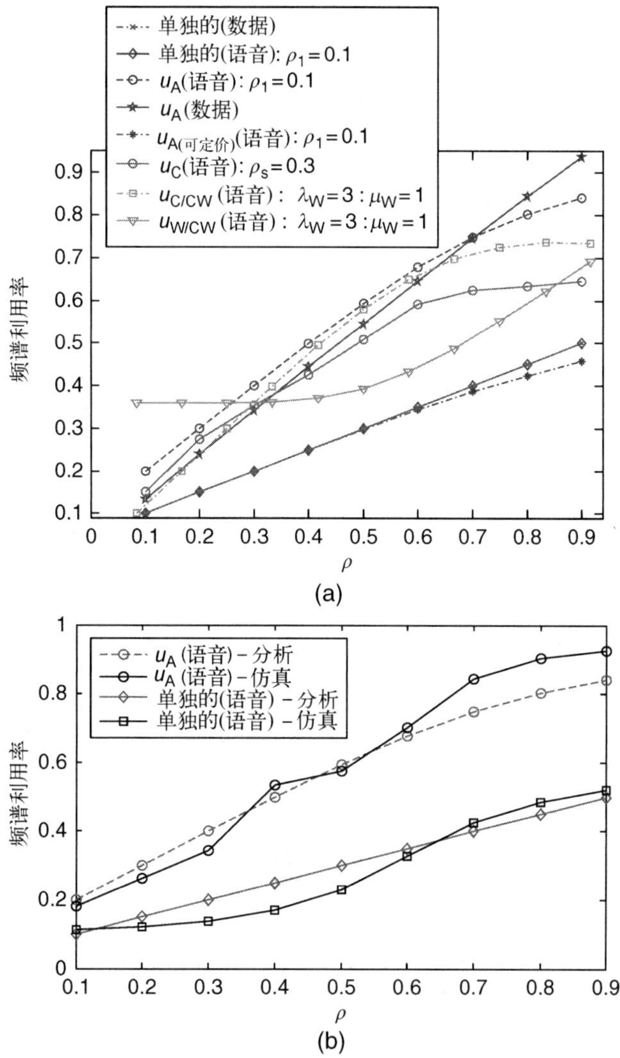

图 19.1.19　频谱利用率：(a)分析结果；(b)分析及仿真结果

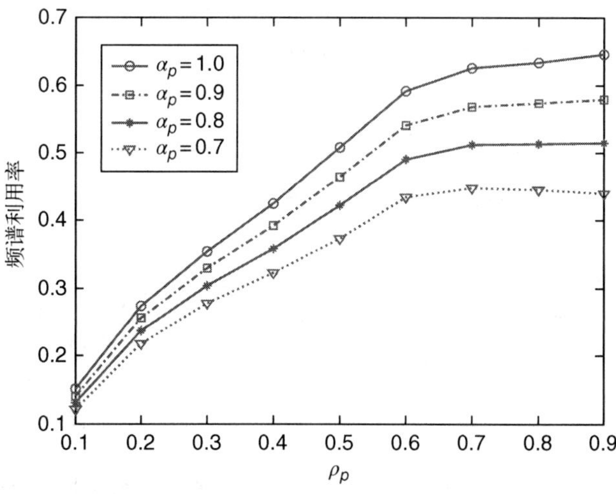

图 19.1.20　认知网络中的频谱利用率

最后，定价机制的性能如图 19.1.17 和图 19.1.18 所示。协议规定了基于信道实际使用情况和使用条件的在线计费机制。图中显示了由于收费所引起的系统参数的变化。

本节给出了在多运营商无线网络联合频谱管理中八种不同合作模型的统一建模。每种模型中运营商之间的相互合作条款和条件都不相同。当两个频段的流量密度不平衡时，这种系统就能体现出优势。取决于失衡程度，受益的条件概率可以趋于 1，这意味着基本上可以取得收益。上述讨论对语音流量和数据流量都分别进行了分析。

除了系统收益概率，本节中还定义了许多其他参数来量化这些收益，包括可在其他频段收集到指定数量的信道的概率。本节也对 BL 模型进行建模，并使用帮助概率来量化系统性能。在 A 模型中，一个频段中的溢出信道可以在另一个没有信道溢出的频段中服务。在 BL 模型中，我们通过预先借用一定数量的信道来满足一定量的溢出，但如果借用频段所需的信道数没有下降，则会导致另一频段的信道损失。所有这些情况都可以用对应选项发生的概率而精确地进行量化。

一整套解决方案，包括传统认知、部分认知和相互认知系统，其关键在于信道损坏概率和频谱中的等效损失。异构网络中的流量相互卸载机制是通过定义两个运营商的等效可用频谱来建模的，它与两个网络的相对覆盖率有关。

业务组合中所有合作模型的频谱利用率都大大高于单个频谱管理项目的性能。

还有一些例子表明，拥有大量频谱资源的运营商为了垄断业务，不愿接受联合频谱管理原则。在这种情况下，小型运营商可能会考虑组建业务联盟，使用所提供的业务组合中的选项，以便更有效地与大型运营商共同竞争。

本节给出的结果还表明，未来的频谱控制调节机制可能倾向于联合频谱管理而不是认知网络，因为它能提供更高的性能，并可与现有的所有终端技术一起运行。

19.2　多跳网络中的频谱共享

关于频谱共享的大多数现有文献仅关注网络接入点问题。与此相反，在本节中，我们将扩展频谱共享的建模问题，以涵盖给定会话路由上的所有链路。虽然这一问题已经从路由可用性的角度进行过分析，但这里介绍的控制系统侧重于网络的队列管理，从而在每个运营商的会话级上维护预定的频谱共享规则。本节提出和分析了三种不同的拥塞控制机制，为网络上的频谱共享管理提供了多种选项。对于总数为 $2c$ 的可用信道、数量为 n 的活跃用户、租用的 $l(n)$ 个信道和长度为 B 的缓冲区，可以使用如下的算法。

1. 按比例随机丢弃算法(PRDA)：从缓冲区中随机选择 m 个数据包将其删除。频谱租方运营商(LO)删除的数据包数量与 $(1-l(n)/2c)$ 成比例，对于借方运营商(BO)而言，则与 $(1+l(n)/2c)$ 成比例。
2. 有优先级的丢弃算法(PDA)：专门删除 LO 的数据包。
3. 路由比例丢弃算法(RPDA)：以与剩余路由的长度成反比的方式随机丢弃数据包，使得网络目标节点处的丢包率是恒定的。

另外，为了方便比较，我们使用了以下标准队列管理的改进算法。

1. 拖尾算法(DTA)：当系统处于状态 $2c+B$ 时，将到达的数据包丢弃。
2. 队列更新算法(QRA)：当新数据包到达时，如果系统处于状态 $2c+B$，则将队列重置

为状态 $2c+B-m$（将 $2c+B-m+1$ 到 $2c+B$ 的缓冲区位置清空）。

3. 随机丢弃算法(RDA)：当新数据包到达时，如果系统处于状态 $2c+B$，则从缓冲区中随机删除 m 个数据包，将队列重置为状态 $2c+B-m$。

这些模型可推广到同时包括主要网络运营商(PNO)、辅助网络运营商(SNO)的传统网络和认知网络，其中具有不同的定价模型及用户不满意度(可能会中止会话)。

19.2.1 多运营商合作模型

本节的业务模型已在 19.1 节中进行了详细说明。初始假设是两个运营商都有可用的信道，并且具有用户到达率 λ_1、λ_2 和服务率 μ_1、μ_2。流量满足泊松分布，服务率呈指数分布。

19.2.1.1 可定价的不对称信道租/借(ACBL)模型

在给定时刻，系统状态的特征为 (n_1,n_2)，我们假设分发掉一些信道的 LO 在系统中有 n_1 个用户，而获取了额外信道的 BO 有 n_2 个用户。在这种状态下，LO 要求的每个用户的价格 $k(n_1)$ 将取决于 LO 的状态，并且可以有下面几种不同的定价模型。BO 将根据 $k(n_1)$ 和 n_2 来决定是否借用信道。基于这些决定，BO 的等效到达率将被修改为 $\lambda_2 \to \lambda_2[k(n_1),n_2]$，如图 19.2.1 所示。

可能的定价模型为

$$
\begin{aligned}
k(n_1) &= n_1/c \\
1-k(n_1) &= 1/(n_1+1) \\
1-k(n_1) &= 1/\left(n_1^2+1\right)
\end{aligned}
\tag{19.2.1}
$$

且 BO 对定价的可能反应可建模为

$$
\begin{aligned}
&\lambda_2[k(n_1),n_2] = \lambda_2, \quad n_2 < c \\
&\lambda_2[k(n_1),n_2] = [1-k(n_1)]\lambda_2, \quad n_1 < c, n_2 > c
\end{aligned}
\tag{19.2.2}
$$

如果在会话期间价格持续上涨，那么运营商可能决定中止传输。如果传输未完成，则不会对服务收取费用。如 19.1 节所述，这将影响如下的等效服务率：

$$
r(n) = \lim_{\Delta t \to 0} \Pr\{\Delta t \text{ 期间的单个用户未完成传输} \mid \text{有 } n \text{ 个用户}\}/\Delta t
$$

其中 $r(0)=r(1)0$。这个新过程仍然是一个生死过程，但死亡率需要调整为 $\mu_{n2}=\mu+r(n_1)$。$e^{\alpha\Delta n_1/\mu_2}$（$n_1 \geqslant 2$）是死亡函数 $r(n_1)$ 的一个很好的选择。

19.2.1.2 可定价的 MBL 模型

在这种情况下，两个运营商都有可能根据系统的状态出租/借用信道。该模型如图 19.2.2 所示。可能的定价模型和定价反应将是

$$
\begin{aligned}
&k(n_1) = n_1/c, \quad n_1 < c, 2c < n_2 < c \\
&k(n_2) = n_2/c, \quad n_2 < c, 2c < n_1 < c \\
&1-k(n_1) = 1/(n_1+1) \\
&1-k(n_1) = 1/\left(n_1^2+1\right) \\
&1-k(n_2) = 1/(n_2+1) \\
&1-k(n_2) = 1/\left(n_2^2+1\right)
\end{aligned}
$$

$$
\begin{aligned}
&\lambda_2[k(n_1),n_2]=\lambda_2,\quad n_2<c\\
&\lambda_2[k(n_1),n_2]=[1-k(n_1)]\lambda_2,\quad n_1<c,\quad n_2>c\\
&\lambda_1[k(n_2),n_1]=\lambda_1,\quad n_1<c\\
&\lambda_1[k(n_2),n_1]=[1-k(n_2)]\lambda_1,\quad n_2<c,\quad n_1>c
\end{aligned}
\tag{19.2.3}
$$

如前所述，如果在会话期间价格继续上涨，运营商可能会决定中止传输。如果传输未完成，那么将不会对服务收取费用。这将影响等效服务率，即 $\mu_{n2}=\mu+r(n_1)$。$e^{\alpha\Delta n_1/\mu_2}$（$n_1\geqslant 2$）仍然是死亡函数 $r(n_1)$ 的一个很好的选择。

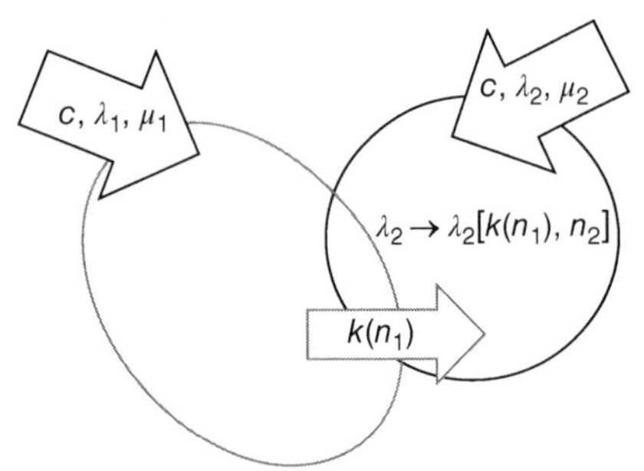

图 19.2.1　可定价的信道出租

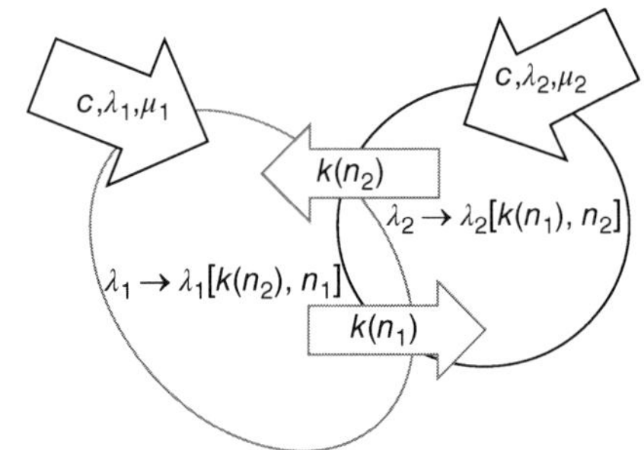

图 19.2.2　可定价的相互信道出租

19.2.1.3　拥塞控制和队列管理

两个运营商的流量等待访问 $2c$ 个信道可被看作两个运营商共享同一个大小为 B、有 $2c$ 个服务器的缓冲区。设计虚拟缓冲区的长度是为了保持一定的服务质量(QoS)，这里的 QoS 主要考虑时延。包含不同排队管理模式的聚合系统的状态转移图如图 19.2.3(a)～(c)所示。

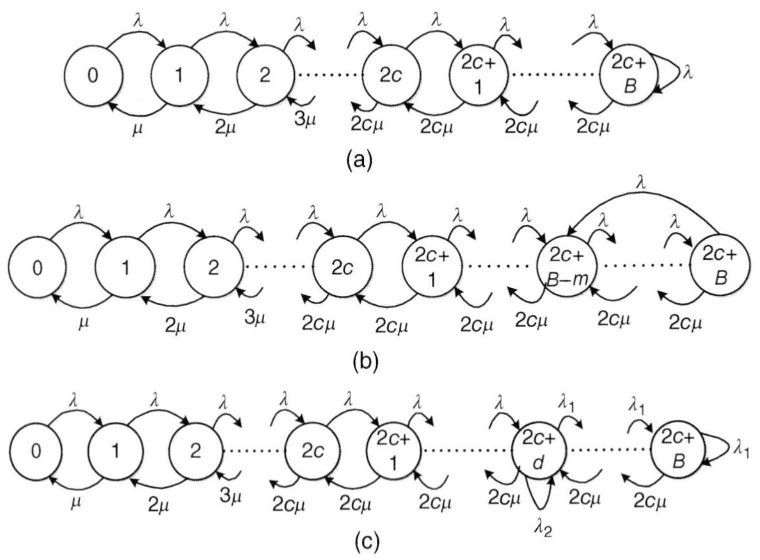

图 19.2.3　状态转移图：(a)使用 DTA；(b)使用丢弃队列管理算法；(c)使用双阈值队列管理算法

被动性拥塞控制算法在队列到达缓冲区(缓冲区已满)末端后采取行动，而主动性的算法在队列还未到达缓冲区时就已经采取措施。

下面的前三种算法用于对比，已经根据标准队列管理的实际应用进行了修改。已知算法的定价机制讨论同样是建设性的。最后三个算法是全新的，可以在采用网络频谱策略的情况下调整网络中的拥塞控制建模。

- DTA：如图 19.2.3(a)所示，系统处于状态 $2c+B$ 时，丢弃到达的数据包。虽然该算法很简单，但其主要缺点是，如果在缓冲区已满或接近全满时，数据包碰巧到达系统，则无法防止大块高优先级数据包的丢失。为了避免这种情况发生，队列应该具有一定的空余量，以便当高优先级数据包(主要运营商的用户)到达系统时，应该能够或者至少大概率能够处理它们。整个算法都是为了提供这种空余量而设计的。
- QRA：在状态 $2c+B$ 时，如果一个新的数据包到达，那么队列就移动到状态 $2c+B-m$，如图 19.2.3(b)所示(即 QRA 将 $2c+B-m+1$ 到 $2c+B$ 的缓冲区位置清空)。选择参数 m 以最小化丢失特定大小、高优先级数据包的概率。
- RDA：如图 19.2.3(b)所示，在状态 $2c+B$ 时，如果一个新的数据包到达，那么通过从缓冲区中随机删除 m 个数据包，将队列重置为状态 $2c+B-m$。这就使丢失数据包的顺序随机化，使得可以更容易地恢复它们。
- PRDA：从缓冲区中删除随机选择的 m 个数据包。频谱租方运营商删除数据包的数量与 $(1-b(n)/2c)$ 成比例，而频谱借方运营商的删除数量与 $(1+b(n)/2c)$ 成比例。该算法如图 19.2.3(b)所示。
- PDA：专门删除频谱租方运营商的数据包。这可以再次由图 19.2.3(b)表示，区别在于 m 现在取决于溢出时缓冲区中借方运营商的数据包的数量。
- RPDA：以与路由长度成反比的概率随机丢弃数据包，使得网络目的地节点处的丢包率不变。这可以再次建模成图 19.2.3(b)，其中 m 是不确定的。

该协议的一个有趣的附加版本是图 19.2.3(c)中给出的双阈值队列管理协议(DTQMP)。如果系统达到状态 $2c+d$，则低优先级运营商 2 的数据包/消息被丢弃，运营商 1 的数据包/消息继续填充缓冲区，直到状态达到 $2c+B$。

19.2.2 系统分析

作为系统分析的第一步，我们需要表达式来修改参数 λ 和 μ。系统中，由于运营商之间相互定价而做出的修改由式(19.2.1)～式(19.2.3)给出。为了完善这些修改，我们还需要分析信道损坏概率，这将表示在相关的结果中。

19.2.2.1 认知链接情景

首先考虑一个呼叫/数据会话到达具有 c 个信道容量的蜂窝网络的蜂窝中。然后在给定时刻使用 c 个专用信道之外的 n 个信道(系统处于状态 n)的平均概率将作为传统数据会话 M/M/c 系统和语音应用 M/M/c/c 系统的生死方程的解[32]。前者用无限缓冲区对排队系统进行建模，后者没有缓冲区。在 M/M/c 系统中，流量被建模为有一个经典泊松输入(Markovian-M)、指数服务(M)、c 个服务器(c)的排队模型。在本节所述的模型中，c 个服务器意味着有 c 个信道。令 λ 表示状态 n 的到达率，μ 表示每个信道的服务率。则状态 n 的到达率和服务率如下：

$$
\lambda_n = \lambda
$$

$$
\mu_n = \begin{cases} n\mu, & 1 \leqslant n < c \\ c\mu, & n \geqslant c \end{cases} \tag{19.2.4}
$$

稳态概率分布函数为[32]

$$P_n=\begin{cases}\dfrac{\lambda^n}{n!\mu^n}P_0, & 1\leqslant n<c\\ \dfrac{\lambda^n}{c^{n-c}!\mu^n}, & n\geqslant c\end{cases} \tag{19.2.5}$$

$$P_0=\left(\sum_{n=0}^{c-1}\frac{r^n}{n!}+\frac{r^c}{c!(1-\rho)}\right)^{-1} \tag{19.2.6}$$

其中$r-\lambda/\mu$和流量密度或利用率定义为$\rho=r/c$。为了使系统稳定，流量密度必须满足$\rho<1$。

19.2.2.2 认知网络损坏的概率

本节引入了称为主要运营商(PO)信道损坏概率的参数$1-\alpha_p$。那么有效的信道可用概率，即信道没有被破坏的概率是α_p。二级运营商(SO)的有效信道可用概率为$\alpha_s(1-n/c)$，其中n为PO瞬时占用的信道数，c表示系统中可用信道的总数。

如果在信道中没有检测到PU的存在，则PO的信道被损坏。PO的信道被损坏的概率是$\mathrm{Pr_{nd}}$。则PO的有效信道可用概率可表示为

$$\alpha_p=1-\mathrm{Pr_{nd}} \tag{19.2.7}$$

另一方面，如果没有检测到空闲信道，或者PU返回信道，那么SU将不能使用剩余的$c-n$个信道。没有检测到自由信道的概率是$\mathrm{Pr_{fa}}$，PU返回信道的概率是$\mathrm{Pr_{return}}$。SO的有效信道可用概率为$\alpha_s(1-n/c)$，其中参数α_s为

$$\alpha_s=(1-\mathrm{Pr_{fa}})(1-\mathrm{Pr_{return}}) \tag{19.2.8}$$

我们通过假设SU的平均服务时间为$1/\mu$来近似求解$\mathrm{Pr_{return}}$。因此，在新的平均服务时间内具有m个新的PU的概率是

$$P_m(t=1/\mu)=\frac{(\lambda t)^m}{m!}\exp(-2t)=\frac{(\lambda/\mu)^m}{m!}\exp(-\lambda/\mu) \tag{19.2.9}$$

$c-n$个信道中特定信道被分配给m个新到达数据包之一的概率是$m/(c-n)$。由于PU返回信道，SU使用信道的平均损坏概率是Pr_r，它是PO所占用信道数的函数。Pr_r可以表示为

$$\mathrm{Pr}_r(n)=\sum_{m=0}^{c-n}\frac{m}{c-n}P_m(t=1/\mu)=\sum_{m=0}^{c-n}\frac{m}{c-n}\frac{(\lambda/\mu)^m}{m!}\exp(-\lambda/\mu) \tag{19.2.10}$$

以$\mathrm{Pr_{fa}}$和$\mathrm{Pr_{nd}}$表征的频谱感知质量取决于运用的方法。文献[34]详细分析了这个问题。为了避免讨论频谱采样，假设采样是理想的，以使得$\mathrm{Pr_{fa}}=0$，并且检测到空闲信道的概率为$\mathrm{Pr}_d=(1-\mathrm{Pr_{nd}})=1$。

另外，如前面所述，我们也使用了部分认知网络(PCN)模型。在这个模型中，假设PO和SO都保留了c_0个非认知信道，用于其单独使用。剩余的$c-2c_0$个信道由PO自由使用，并有$c-2c_0-(n-c_0)$个认知信道可被SO使用。因此，在PCN模型中，认知用户有$c-2c_0$个信道。在PCN模型中，由PU返回信道所引起的SU所使用的信道的平均损坏概率为

$$\begin{aligned}\mathrm{Pr}_{r\mathrm{PCN}}(n)&=\sum_{m=0}^{c-2c_0-n}\frac{m(r)^m}{(c-2c_0-n)m!}\mathrm{e}^{-r}\\&=\frac{\mathrm{e}^{-r}}{c-2c_0-n}\sum_{m=0}^{c-2c_0-n}\frac{mr^m}{m!}\end{aligned} \tag{19.2.11}$$

式(19.2.7)和式(19.2.8)可以进一步做平均，以得到平均 PU 返回概率，可定义为

$$\mathrm{Pr}_{\mathrm{return}}=\sum_{n}\mathrm{Pr}_{r}(n)P_{n} \tag{19.2.12}$$

其中，P_n 由式(19.2.5)给出。在建模认知系统时，SO 网络中的到达率和服务率应改为 $\lambda(n)\to\lambda\times[1-P_{\mathrm{return}}(n)]$ 和 $\mu(n)\to\mu/[1-P_{\mathrm{return}}(n)]$。

19.2.2.3　平均丢包率

我们用 R_x 表示系统的算法 x 的平均丢包率。R_{x1} 和 R_{x2} 分别表示运营商 1 和运营商 2 的平均丢包率。在最简单的 DTA 情况下，平均丢包率如下所示：

$$R_{\mathrm{DTA}}=P_{2c+B}\lambda_{2c+B} \tag{19.2.13a}$$

其中 P_{2c+B} 是状态 $2c+B$ 的稳态概率，如图 19.2.3(a)所示。后续将会展示找到这个概率的具体过程。每个运营商的平均丢包率可以表示为

$$\begin{aligned}R_{\mathrm{DTA1}}&=\frac{\lambda_1}{\lambda_1+\lambda_2}R_{\mathrm{DTA}}\\R_{\mathrm{DTA2}}&=\frac{\lambda_2}{\lambda_1+\lambda_2}R_{\mathrm{DTA}}\end{aligned} \tag{19.2.13b}$$

当可用的信道和缓冲区已满时，DTA 会丢弃新到达的数据包，但不能控制哪些数据包将被丢弃。为了以更智能的方式管理缓冲区，系统可以按某种方式(QRA，RDA，PRDA)从缓冲区中删除数据包，这将直接影响每个运营商的丢包率。QRA 的平均丢包率为

$$R_{\mathrm{QRA}}=mP_{2c+B}\lambda_{2c+B} \tag{19.2.13c}$$

RDA 与 QRA 不同，数据包的丢失不是批量的而是随机的，这使得丢包恢复更简单，但其平均丢包率是相同的。

PRDA 具有与 QRA 相同的平均丢包率，但每个运营商的单独丢包率是不同的，因为每个运营商删除的数据包数量与借用信道的数量成正比。QRA 和 RDA 情况下每个运营商的丢包率分别为

$$\begin{aligned}R_{\mathrm{QRA1}}=R_{\mathrm{RDA1}}&=\frac{\lambda_1}{\lambda_1+\lambda_2}R_{\mathrm{QRA}}\\R_{\mathrm{QRA3}}=R_{\mathrm{RDA2}}&=\frac{\lambda_2}{\lambda_1+\lambda_2}R_{\mathrm{QRA}}\end{aligned} \tag{19.2.13d}$$

对于 PDA 和 RPDA，平均丢包率可以用式(19.2.13c)中的一般形式表示，其差别在于 m 是平均值。对于 PDA，丢包率可以写成

$$\begin{aligned}&R_{\mathrm{PDA1}}=R_{\mathrm{PDA}}\\&R_{\mathrm{PDA2}}\approx 0\end{aligned} \tag{19.2.13e}$$

RPDA 情况下每个运营商的单独丢包率将在后续结果中解释。

19.2.2.4　二维马尔可夫模型

为了对包括定价和不同服务率的系统的行为进行精确分析，我们需要系统的二维马尔可夫模型。如果系统的状态表示为(n)，则可以从图 19.2.4(a)和(b)及式(19.2.1)～式(19.2.8)获得状态转移概率 $P(n,n')$。如果 $\mathbf{P}_n=[P_n]$是向量的稳态概率，并且 $\mathbf{P}=\|P(n;n')\|$ 是状态转移概率矩阵，则 $\mathbf{P}_n$ 可以从下面的方程中求得：

$$\begin{aligned}&\mathbf{P}_n=\mathbf{P}_n\mathbf{P}\\&\mathbf{P}_n(\mathbf{I}-\mathbf{P})=0\end{aligned} \tag{19.2.14}$$

一旦得出向量 $\mathbf{P}_n$，所有前面讨论的系统性能优点都可以用相同的方式计算出来。

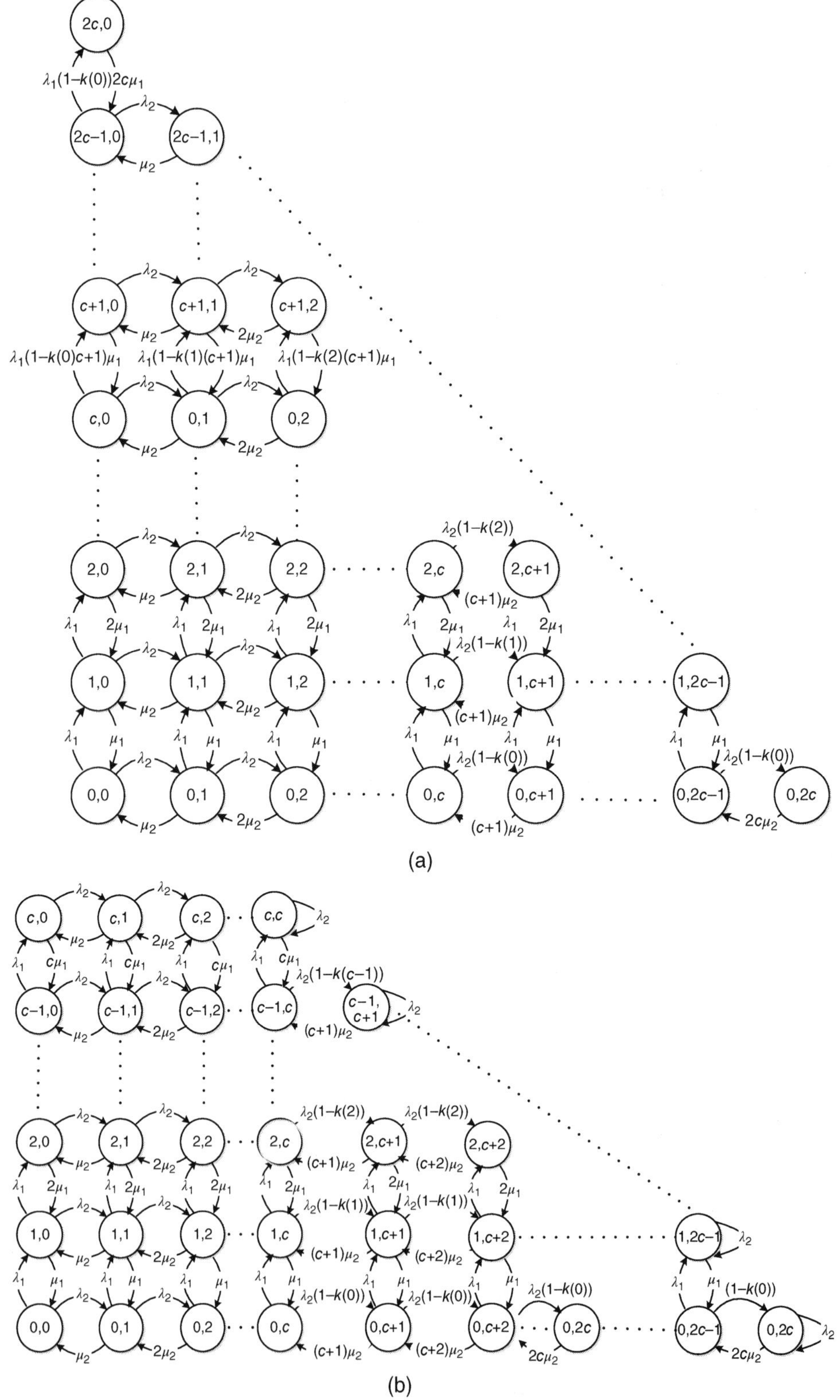

图 19.2.4　二维马尔可夫链状态转移图：(a)无缓冲区 MBL 模型；(b)无缓冲区 ACBL 模型

19.2.2.5　马尔可夫模型的局限性

如果我们在系统状态中将缓冲区的数据包数量作为独立信息，那么可以跟踪借用的信道的确切数量，并将经济模型作为二维马尔可夫过程来分析。然而，这不足以分析基于缓冲区内容的拥塞控制算法，即对缓冲区中用户类型的认知。当缓冲区已满时，状态转移取决于系统已经存在的所有先前状态，即系统具有无限内存。

19.2.2.6　平均时间(AT)模型

平均时间(AT)模型对系统的行为进行了时间平均。该模型不再是马尔可夫过程，因为它具有无限内存。利用该模型能够分析基于缓冲区内容的拥塞控制算法。

这里的系统状态被定义为(n_1,n_2)，其中n_1和n_2分别表示属于运营商 1 和运营商 2 的用户数，模型不区分这些用户是占用信道还是在缓冲区中等待。如果缓冲区已满时有新的数据包到达，则系统将从缓冲区中丢弃m个数据包。通常，丢弃的数据包数量m将取决于缓冲区内容及应用的拥塞控制策略。

1. 具有优先级的运营商：如果其中一个运营商具有优先级，则系统将只丢弃另一个运营商的数据包。这里，m是没有优先级的运营商所属缓冲区中的用户数。
2. 公平的资源共享：系统只会选择在那一时刻有更多数据包的运营商，并丢弃其所属缓冲区内的数据包。同样，m取决于所选运营商所属缓冲区中的用户数。
3. 路由比例丢弃：两个系统的数据包都被丢弃。系统以沿着路由方向丢弃概率保持不变的方式选择数据包。

具有优先级的运营商是一般性分析的特例，将在后续内容中进行讨论。公平的资源共享和 RPDA 将会在后续内容中给出更一般的分析。公平的资源共享策略包括 PDA、RPDA 和 PRDA 等算法。

AT 模型的系统状态转移图如图 19.2.5 所示。这种系统状态的定义对某些状态给出了模糊的含义。例如，考虑状态$(1,2c+1)$，它可以表示运营商 1 正在使用一个信道并借用运营商 2 的$c-1$个信道的情况，而运营商 2 在缓冲区中有两个用户。同时$(1,2c+1)$可以表示运营商 1 在缓冲区中有一个用户，而运营商 2 正在使用$2c$个信道，并且缓冲区中有一个用户。当运营商 2 已经借用c个信道时，还有一种情况是，在运营商 2 释放任何借用的信道之前，运营商 1 有新的到达用户。在有更多用户的例子中，发生这种事件的可能性会增加。这种不确定状态造成的结果是，可能不能像在实时模型中那样严格定义服务率。相反，我们可以通过取平均值来估计这些状态的服务率。状态转移图中间的状态的近似值比状态转移图中接近末端的近似值更加精确。由于系统是对称的，因此在计算平均丢包率时，使用这种近似值并没有出现明显的不准确情况。式(19.2.17)给出了这些等效服务率。

具有共享缓冲区的模型的第二个问题是借用的信道的数量并不是明确已知的。另一方面，定价与拥塞控制对联合状态概率分布函数有着相同的影响。由于定价而降低到达率的系统的联合状态概率低于没有定价的同一系统的概率，仿真结果表明，在缓冲区中执行擦除动作将导致系统处于用户被擦除的状态的概率降低。系统处于一些状态的概率将会降低，这是因为系统没有借用信道或者采用拥塞控制算法而导致的到达率的降低。由于这两个过程对联合状态概率分布函数的影响是相同的，因此对它们的建模将以相同的方式进行。系统从缓冲区中删除 m 个用户，意味着介于状态 $(2c+B)$ 和 $(2+B-m)$ 之间的所有状态都具有较低的联合状态概率，因为这些系统状态将更不常见，如图 19.2.2(b) 所示。在运行时，m 值发生变化，每次系统都将转移到 $(2c)$ 和 $(2c+B)$ 之间的一个不同状态，具体的状态取决于 m 。在状态 $(2+B-m)$ 中，到下一个状态的到达率取决于系统处于该状态的概率 P_{2c+B-m} ，并且在运营商之间有特定的分布。为了计算联合状态概率分布函数，必须用已知的转移概率来求解状态方程。这个问题可通过迭代计算联合状态概率来解决，每次迭代更新到达率，直到系统收敛。

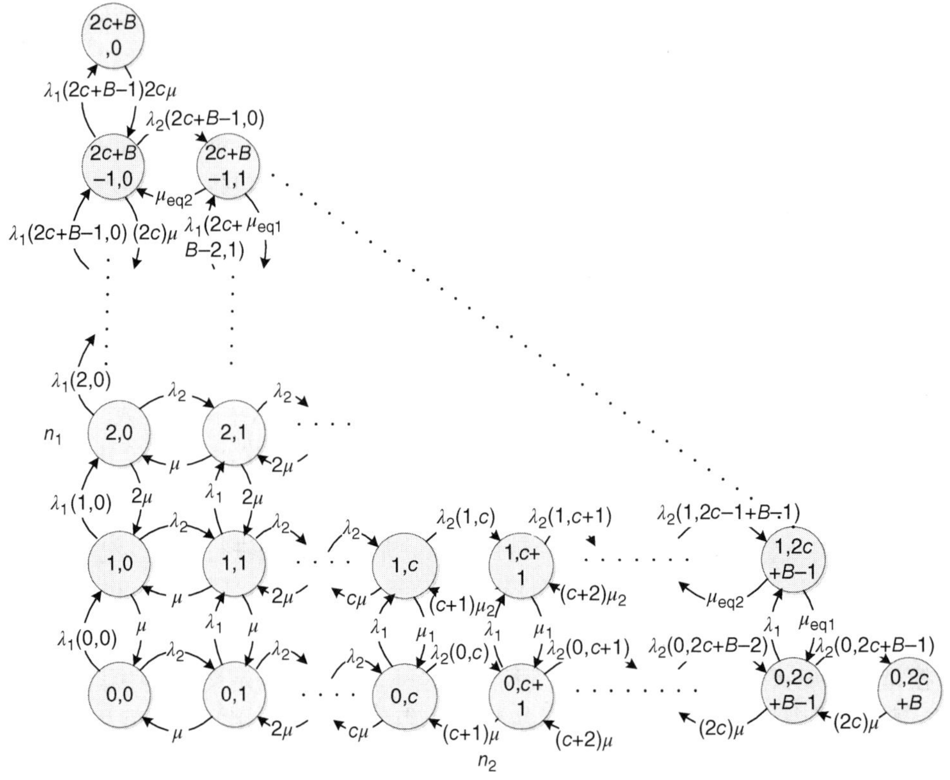

图 19.2.5　平均时间模型的系统状态转移图

在第一次迭代中使用的到达率和服务率的初始值定义为

$$\begin{aligned}\lambda_1(n_1,n_2)&=\lambda_1\\ \lambda_2(n_1,n_2)&=\lambda_2\end{aligned} \tag{19.2.15}$$

$$\begin{aligned}\mu_1(n_1,n_2)&=n_1\mu \quad n_1+n_2<2c\\ \mu_2(n_1,n_2)&=n_2\mu \quad n_1+n_2<2c\end{aligned} \tag{19.2.16}$$

$$\begin{aligned}\mu_{\text{eq1}}(n_1,n_2)&=2c\mu\frac{\lambda_1(n_1,n_2)}{\lambda_1(n_1,n_2)+\lambda_2(n_1,n_2)} \quad n_1+n_2>2c\\ \mu_{\text{eq2}}(n_1,n_2)&=2c\mu\frac{\lambda_2(n_1,n_2)}{\lambda_1(n_1,n_2)+\lambda_2(n_1,n_2)} \quad n_1+n_2>2c\end{aligned} \tag{19.2.17}$$

在第一次迭代中，联合状态概率密度是通过求解一组状态方程即式(19.2.14)得到的，式(19.2.14)的这些状态方程被转换为图 19.2.4 中的状态转移图并取初始值。更新迭代运算的值，表示为 λ_1'' 和 λ_2''，而前一次迭代的值为 λ_1'、λ_2' 和 P'_{2c+B}。每次迭代后更新的到达率和服务率具有以下形式：

$$\begin{aligned}\lambda_1''(n_1,n_2)&=\lambda_1'(n_1,n_2)h\left(P'_{2c+B}\right)\quad(n_1+n_2>2c)\vee(n_1>c\vee n_2<c)\\ \lambda_2''(n_1,n_2)&=\lambda_2'(n_1,n_2)g\left(P'_{2c+B}\right)\quad(n_1+n_2>2c)\vee(n_1>c\wedge n_2<c)\end{aligned}\tag{19.2.18}$$

$$\begin{aligned}\mu_{\mathrm{eq}1}''(n_1,n_2)&=2c\mu\frac{\lambda_1'(n_1,n_2)}{\lambda_1'(n_1,n_2)+\lambda_2'(n_1,n_2)}n_1+n_2>2c\\ \mu_{\mathrm{eq}2}''(n_1,n_2)&=2c\mu\frac{\lambda_2'(n_1,n_2)}{\lambda_1'(n_1,n_2)+\lambda_2'(n_1,n_2)}n_1+n_2>2c\end{aligned}\tag{19.2.19}$$

根据拥塞控制算法，前面定义了用于更新到达率的函数 $h(P'_{2c+B})$ 和 $g(P'_{2c+B})$。当满足以下收敛标准时，迭代过程停止：

$$|P'_{2c+B}-P''_{2c+B}|\leqslant\varepsilon\tag{19.2.20}$$

其中 $P'_{2c+B}=\sum_{n_1n_2}P_{n_1,n_2}$，$n_1+n_2=2c+B$ 且参数 ε 为任意小。

19.2.2.7　具有优先级的运营商的平均时间模型

我们假设运营商 1 具有优先级。系统可以从缓冲区已满的状态转移为图 19.2.6 所标记的阴影区域的状态。这种转移取决于在给定时刻缓冲区中运营商 2 的数据包数量。在系统运行期间，所有这些转移将以特定概率发生。由于系统不会删除运营商 1 的用户，因此其迭代过程中的到达率将保持不变。运营商 2 的到达率将更新为上次迭代后的到达率与函数 $g(P'_{2c+B})$ 的乘积。式(19.2.18)中更新到达率的函数可以表示为

$$\begin{aligned}h\left(P'_{2c+B}\right)&=1\\ g\left(P'_{2c+B}\right)&=1-\frac{\lambda_2'}{\lambda_1'+\lambda_2'}P'_{2c+B}\end{aligned}\tag{19.2.21}$$

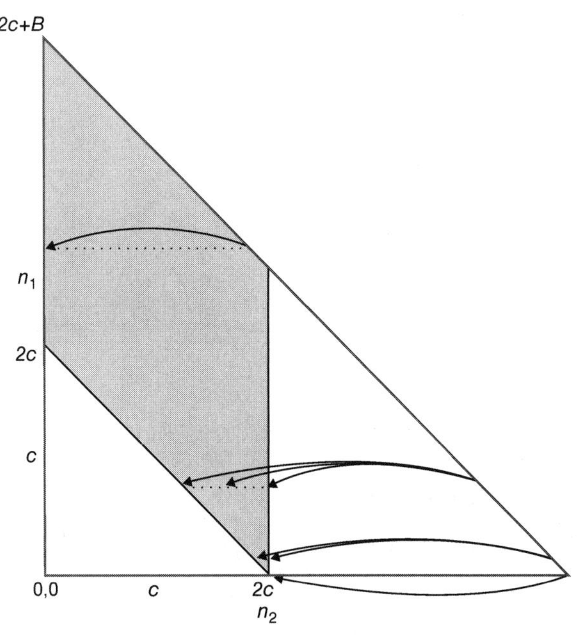

图 19.2.6　缓冲区已满时的状态转移(Ⅰ)

运营商 2 在每次迭代中的到达率将会有一定程度的下降，以保持与系统的拥塞概率成比例。

无优先级的运营商 2 的到达率的下降与流量丢弃量相关。可将运营商 2 的平均丢包率计算为在最后一次迭代中获得的到达率与初始到达率之间的归一化差：

$$R_2 = \frac{\lambda_2 - \tilde{\lambda}_2}{\tilde{\lambda}_2} \tag{19.2.22}$$

其中 $\tilde{\lambda}_2$ 表示在最后一次迭代中获得的值。与无优先级的系统相比，具有优先级的运营商如运营商 1 的平均丢包率可以忽略不计，因为该算法仅在所有队列中的用户都属于运营商 1 的极少数情况下才会丢弃用户 1 的数据包。对于运营商 2 而言，考虑到运营商 1 的到达率保持不变，同理有

$$R_1 = 0 \tag{19.2.23}$$

19.2.2.8　通用平均时间(AT)比例下降模型

这里我们通过引入参数 A 和 C 来扩展前面的分析。缓冲区已满时的转移概率如图 19.2.7 所示。运营商 1 和运营商 2 的数据包被删除。运营商 1 和运营商 2 的被删除数据包数量之比为 $A:C$。参数 A 和 C 可以设定为与 RPDA 的每个运营商的剩余跳数成反比。如果将 A 和 C 分别定义为系统中用户数 n_1 和 n_2 的函数，则我们可以分析诸如 RPDA 的拥塞控制算法。

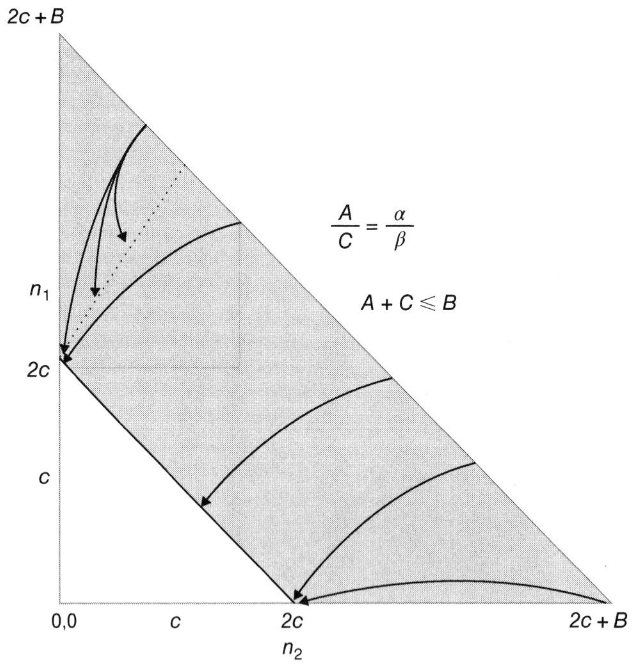

图 19.2.7　缓冲区已满时的状态转移(Ⅱ)

在每次迭代中更新到达率的函数如下：

$$\begin{aligned} h\left(P'_{2c+B}\right) &= 1 - \alpha \frac{\lambda'_1}{\lambda'_1 + \lambda'_2} P'_{2c+B} \\ k\left(P'_{2c+B}\right) &= 1 - \beta \frac{\lambda'_2}{\lambda'_1 + \lambda'_2} P'_{2c+B} \end{aligned} \tag{19.2.24}$$

其中$\alpha+\beta=1$是参数A和C的标度值。平均丢包率的推导与前面类似，即

$$R_1=\frac{\lambda_2-\tilde{\lambda}_1}{\tilde{\lambda}_1} \tag{19.2.25}$$

$$R_2=\frac{\lambda_2-\tilde{\lambda}_2}{\tilde{\lambda}_2} \tag{19.2.26}$$

其中$\tilde{\lambda}_x$表示在最后一次迭代中获得的值。

19.2.3　系统性能

为了说明的目的，本节使用相同的系统参数：每个运营商的信道数$c=10$，缓冲区大小$B=10$，服务率$\mu_1=\mu_2=1$且$\varepsilon=0.0001$。

图 19.2.8 给出了有一个运营商具有优先级的平均时间模型下的联合状态概率分布函数，其中的运营商具有相同的到达率$\lambda_1=\lambda_2=9$。运营商 1 在缓冲区中拥有更多用户的概率略高于运营商 2 拥有更多用户的概率。这是拥塞控制算法的直接结果，该算法优先考虑运营商 1，并且可以在流量平衡时得到最佳效果。在图 19.2.9 和图 19.2.10 中，我们可以看到流量不平衡的影响。图 19.2.9 展示了具有优先级的运营商在流量更大时的联合状态概率分布函数，其中$\lambda_1=12$和$\lambda_2=9$。通过将图 19.2.9 的结果与图 19.2.8 的结果进行比较，可以观察到在运营商 1 使用其大多数信道的区域内的状态概率随着到达率λ_1的增加而增加。此外，定价的影响随着到达率λ_1的增加而更加显著。图 19.2.10 展示了联合状态概率分布函数，其中具有优先级的运营商相比无优先级的运营商的流量更少。虽然运营商 2 更频繁地使用信道，但是运营商 1 在缓冲区中更有可能获得用户。

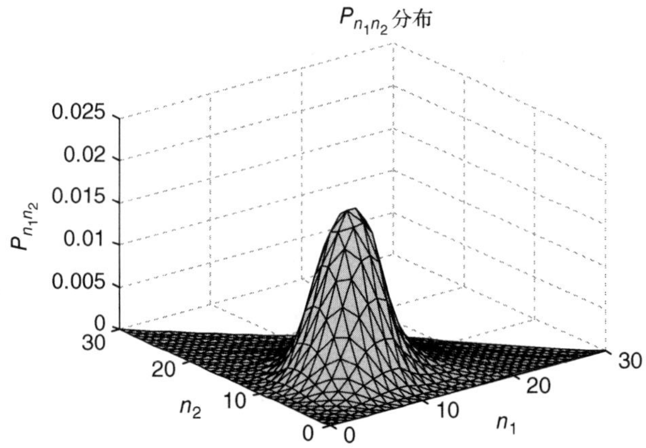

图 19.2.8　有一个运营商具有优先级的平均时间模型下的联合状态概率分布函数，$\lambda_1=\lambda_2=9$

对于平均时间模型下具有优先级的运营商，我们使用式(19.2.22)和式(19.2.23)计算平均丢包率。具有优先级的运营商的到达率是固定的，其值为$\lambda_1=9$。平均丢包率作为图 19.2.11 中运营商 2 到达率的函数。当运营商 2 的到达率较小时，一旦系统饱和，流量的增加就会使平均丢包率快速增加。

接下来，我们给出通用平均时间比例丢包模型的仿真结果。图 19.2.12 和图 19.2.13 说明了两个运营商的流量平衡时的联合状态概率分布函数，到达率$\lambda_1=\lambda_2=9$。在图 19.2.12 中，拥塞控制算法相比运营商 1 更有利于运营商 2，其中算法系数是$\alpha=0.8$和$\beta=0.2$。相反的情况在图 19.2.13 中给出，其中$\alpha=0.2$和$\beta=0.8$。

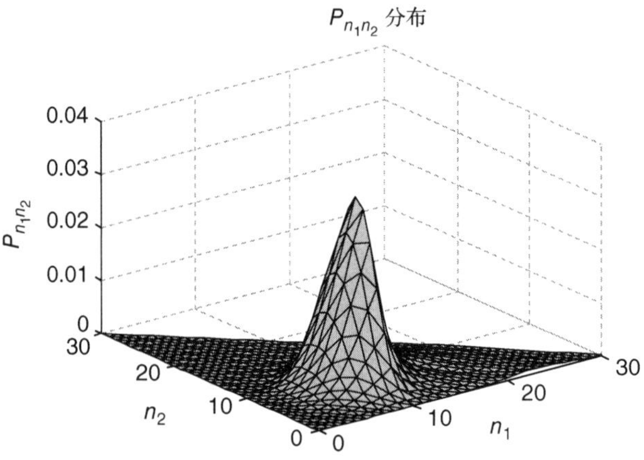

图 19.2.9 有一个运营商具有优先级的平均时间模型下的联合状态概率分布函数，$\lambda_1=12$，$\lambda_2=9$

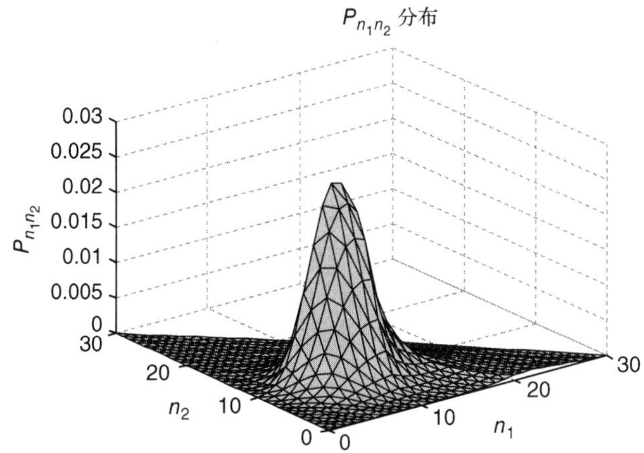

图 19.2.10 有一个运营商具有优先级的平均时间模型下的联合状态概率分布函数，$\lambda_1=9$，$\lambda_2=12$

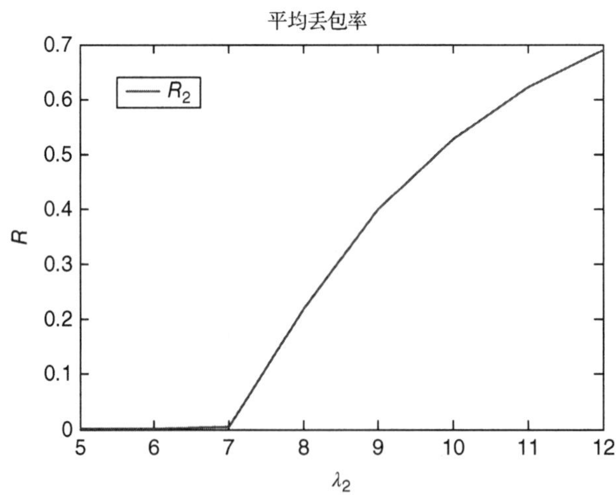

图 19.2.11 有一个运营商具有优先级的平均时间模型下的平均丢包率，$\lambda_1=9$

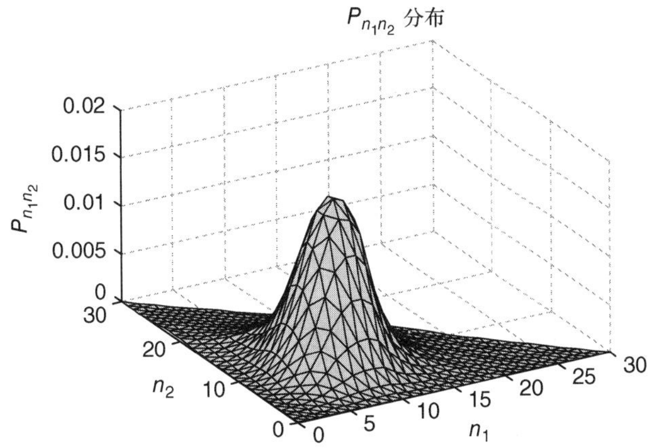

图 19.2.12　成比例下降时，平均时间模型下的联合状态概率分布函数， $\lambda_1=\lambda_2=9$， $\alpha=0.8$， $\beta=0.2$

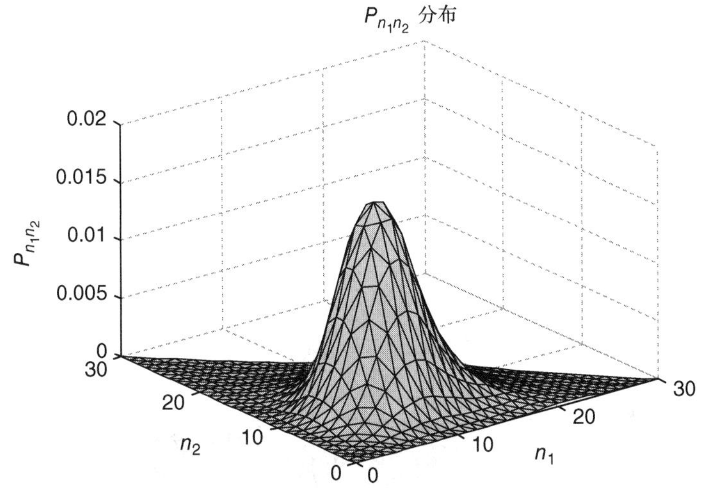

图 19.2.13　成比例下降时，平均时间模型下的联合状态概率分布函数， $\lambda_1=\lambda_2=9$， $\alpha=0.2$， $\beta=0.8$

由于两个运营商具有相同的输入流量，因此在这两个图中，我们可以看到联合状态概率分布如何随拥塞控制算法系数的选择而变化。在图 19.2.14 和图 19.2.15 中，我们考虑了流量失衡的情况，其中 $\lambda_1=9$ 和 $\lambda_{12}=12$ 。当具有较多流量的运营商更少执行缓冲区的擦除操作时，所对应的联合状态概率分布函数如图 19.2.14 所示。通过更少地删除属于流量较多的运营商的数据包，拥塞控制算法试图平衡各个运营商的平均丢包率。图 19.2.15 给出了一个模型，其中流量较多的运营商将更多地执行缓冲区的擦除操作。这里，系统努力在运营商之间平均分享资源。

使用式(19.2.25)和式(19.2.26)可以计算出具有比例丢弃算法的平均时间模型的平均丢包率。平均丢包率用图 19.2.16 中运营商 2 的到达率的函数表示。运营商 1 的到达率为 $\lambda_1=9$ 。我们考虑两种情况：当 $\alpha=0.2$ 时，运营商 1 具有优先级；当 $\alpha=0.8$ 时，运营商 1 不具有优先级。在有足够流量的情况下，为了使系统饱和，所有平均丢包率随着流量的增加而增加。如果拥塞控制算法相比运营商 2 更有利于运营商 1， $\alpha=0.2$ ，则运营商 2 的平均丢包率高于运营商 1 的平均丢包率。在拥塞控制算法相比运营商 2 更有利于运营商 1 的第二种情况的仿真中，$\alpha = 0.8$，运营商 1 的平均丢包率高于运营商 2 的平均丢包率。从图中还可以看出，随着拥塞控制参数α和β的增加，丢包率也在增加。

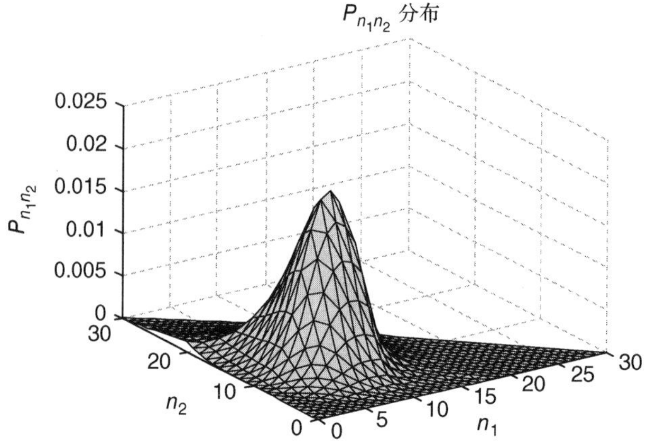

图 19.2.14 成比例下降时，平均时间模型下的联合状态概率分布函数，$\lambda_1 = 9$，$\lambda_2 = 12$，$\alpha = 0.8$，$\beta = 0.2$

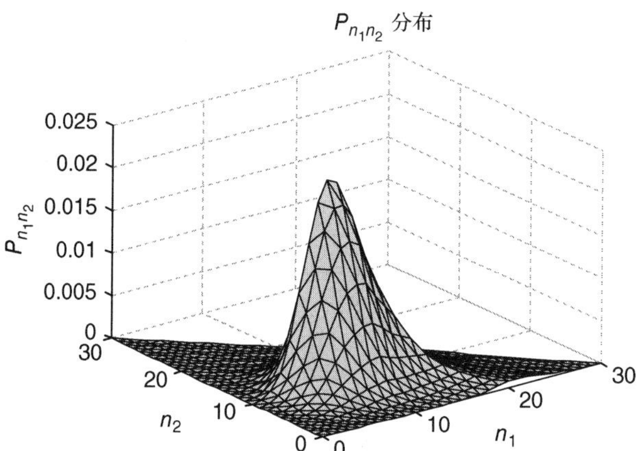

图 19.2.15 成比例下降时，平均时间模型下的联合状态概率分布函数，$\lambda_1 = 12$，$\lambda_2 = 9$，$\alpha = 0.8$，$\beta = 0.2$

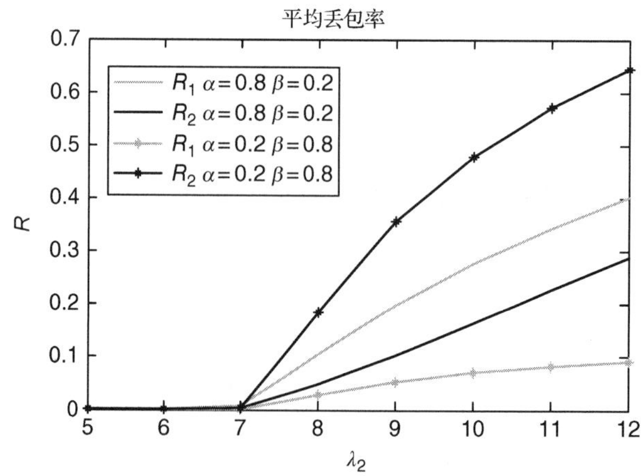

图 19.2.16 成比例下降时，平均时间模型下的平均丢包率，$\lambda_1 = 9$

参考文献

[1] Parkvall, S., Furuskar, A. and Dahlman, E. (2011) Evolution of LTE toward IMT-advanced. *IEEE Communications Magazine*, **49** (2), 84–91.

[2] Grokop, L.H. and Tse, D.N.C. (2010) Spectrum sharing between wireless networks. *IEEE/ACM Transactions on Networking*, **18** (5), 1401–1412.

[3] Niyato, D. and Hossain, E. (2007) QoS-aware bandwidth allocation and admission control in IEEE 802.16 broadband wireless access networks: a non-cooperative game theoretic approach. *Computer Networks*, **51** (7), 3305–3321.

[4] Liang, H., Liu, R. and Guo, W. (2010) *Performance of the Buffer Queue with Priority for Dynamic Spectrum Access*. International Conference on Advanced Intelligence and Awarenss Internet (AIAI), October 23–25, 2010, Beijing, China, pp. 109–112, 2010.

[5] Chun, S.H. and La, R.J. (2013) Secondary spectrum trading: auction-based framework for spectrum allocation and profit sharing. *IEEE/ACM Transactions on Networking*, **21** (1), 176–189.

[6] Kasbekar, G.S. and Sarkar, S. (2010) Spectrum auction framework for access allocation in cognitive radio networks. *IEEE/ACM Transactions on Networking*, **18** (6), 1841–1854.

[7] Ren, S., Park, J. and van der Schaar, M. (2013) Entry and spectrum sharing scheme selection in femtocell communications markets. *IEEE/ACM Transactions on Networking*, **21** (1), 218–232.

[8] Salameh, H.A.B., Krunz, M. and Younis, O. (2010) Cooperative adaptive spectrum sharing in cognitive radio networks. *IEEE/ACM Transactions on Networking*, **18** (4), 1181–1194.

[9] Singh, C., Sarkar, S., Aram, A. and Kumar, A. (2012) Cooperative profit sharing in coalition-based resource allocation in wireless network. *IEEE/ACM Transactions on Networking*, **20** (1), 69–83.

[10] Sheng, S.-P. and Liu, M. (2014) Profit incentive in trading nonexclusive access on a secondary spectrum market through contract design. *IEEE/ACM Transactions on Networking*, **22** (4), 1190–1203.

[11] Gandhi, S., Buragohain, C., Cao, L., Zheng, H., and Suri, S. (2007) *A General Framework for Clearing Auction of Wireless Spectrum*. Proceedings of the 2nd IEEE International Symposium on New Frontiers in Dynamic Spectrum Access Networks. DySPAN, April 17–20, 2007, Dublin, pp. 22–33.

[12] Sengupta, S., Chatterjee, M., and Ganguly, S. (2007) *An Economic Framework for Spectrum Allocation and Service Pricing with Competitive Wireless Service Providers*. Proceedings of the 2nd IEEE International Symposium on New Frontiers in Dynamic Spectrum Access Networks. DySPAN, April 17–20, 2007, Dublin, pp. 89–98.

[13] Buddhikot, M.M., Kolodzy, P., Miller, S., Ryan, K., and Evans, J. (2005) *DIMSUMnet: New Directions in Wireless Networking Using Coordinated Dynamic Spectrum Access*. Proceedings of the sixth IEEE International Symposium on a World of Wireless Mobile and Multimedia Networks. WoWMoM, June 13–16, 2005, Taormina, Italy, pp. 78–85.

[14] Aazhang, B., Lilleberg, J., and Middleton, G. (2004) *Spectrum Sharing in a Cellular System*. Proceedings of the IEEE Eighth International Symposium on Spread Spectrum Techniques and Applications, ISSSTA, August 30–September 2, 2004, Sydney, Australia, pp. 355–358.

[15] Wong, D.T.C., Anh Tuan, H., Ying-Chang, L., and Chin, F. (2008) *Complete Sharing Dynamic Spectrum Allocation for Two Cellular Radio Systems*. Proceedings of the IEEE 19th International Symposium on Personal, Indoor and Mobile Radio Communications. PIMRC, September 15–18, 2008, Cannes, pp. 1–5.

[16] De Oliveira Marques, M. and Bonatti, I.S (2005) *Wireless Link Dimensioning: Priority Versus Sharing*. Advanced Industrial Conference on Telecommunications/Service Assurance with Partial and Intermittent Resources Conference/E-Learning on Telecommunications Workshop. AICT/SAPIR/ELETE, July 17–20, 2005, Lisbon, Portugal, pp. 135–139.

[17] Andrews, N., Kondareddy, Y., and Agrawal, P. (2010) *Prioritized Resource Sharing in WiMax and WiFi Integrated Networks*. Proceedings of the IEEE Wireless Communications and Networking Conference, April 18–21, 2010, Sydney, Australia, pp. 1–6.

[18] Pereirasamy, M.K., Luo, J., Dillinger, M., and Hartmann, C. (2005) *Dynamic Inter-Operator Spectrum Sharing with Independent Radio Networks*. Proceedings of the 11th IEEE Conference on Next Generation Wireless and Mobile Communications and Services (European Wireless), April 10–13, 2005, Nicosia, Cyprus, pp. 1–6.

[19] ElBadawy, H. (2008) *Modeling and Analysis for Heterogeneous Wireless Networks by Using of Multi-Dimensional Markov Model*. International Conference on Computer and Communication Engineering, ICCCE, May 13–15, 2008, Kuala Lumpur, pp. 1116–1120.

[20] Fang, Y. and Zhang, Y. (2002) Call admission control schemes and performance analysis in wireless mobile networks. *IEEE Transactions on Vehicular Technology*, **51** (2), 371–382.

[21] Zeng, H. and Chlamtac, I. (2003) Adaptive guard channel allocation and blocking probability estimation in PCS networks. *Computer Networks*, **43** (2), 163–176.

[22] Badia, L., Lindstrom, M., Zander, J. and Zorzi, M. (2004) An economic model for the radio resource management in multimedia wireless systems. *Computer Communications*, **27** (11), 1056–1064.

[23] Siris, V.A. (2007) Cell dimensioning in the CDMA uplink based on economic modelling. *European Transactions on Telecommunications*, **18** (4), 427–433.

[24] Pei, X., Jiang, T., Qu, D., Zhu, G. and Liu, J. (2010) Radio-resource management and access-control mechanism based on a novel economic model in heterogeneous wireless networks. *IEEE Transactions on Vehicular Technology*, **59** (6), 3047–3056.

[25] Bejerano, Y., Han, S.-J. and Li, L. (2007) Fairness and load balancing in wireless LANs using association control. *IEEE/ACM Transactions on Networking*, **15** (3), 560–573.

[26] Zhou, Y., Rong, Y., Choi, H., *et al.* (2008) *Utility Based Load Balancing in WLAN/UMTS Internetworking Systems*. Proceedings of the IEEE Radio and Wireless Symposium, January 22–24, 2008, Orlando, FL, pp. 587–590.

[27] Antoniou, J., Papadopoulou, V., and Pitsillides, A. (2008) A Game Theoretic Approach for Network Selection. Technical Report TR-08-5, University of Cyprus.

[28] Trestian, R., Ormond, O. and Muntean, G.-M. (2012) Game theory: based network selection: solutions and challenges. *IEEE Communications Surveys & Tutorials*, **14** (4), 1212–1231.

[29] Stevens-Navarro, E., Lin, Y. and Wong, V.W.S. (2008) An MDP-based vertical handoff decision algorithm for heterogeneous wireless networks. *IEEE Transactions on Vehicular Technology*, **57** (2), 1243–1254.

[30] Song, Q. and Jamalipour, A. (2008) A quality of service negotiation-based vertical handoff decision scheme in heterogeneous wireless systems. *European Journal of Operational Research*, **191** (3), 1059–1074.

[31] Gelabert, X., Perez-Romero, J., Sallent, O. and Agusti, R. (2008) A Markovian approach to radio access technology selection in heterogeneous multiaccess/multiservice wireless networks. *IEEE Transactions on Mobile Computing*, **7** (10), 1257–1270.

[32] Gross, D. and Harris, C. (1985) *Fundamentals of Queueing Theory*, John Wiley & Sons, Inc., New York.

[33] Lorenzo, B. (2010) *Markov Model for a Two-Operator Voice Traffic System*, http://www-gti.det.uvigo.es/~blorenzo/ (accessed December 18, 2015).

[34] Ganesan, G., Li, Y., Bing, B. and Li, S. (2008) Spatiotemporal sensing in cognitive radio networks. *IEEE Journal on Selected Areas in Communications*, **26** (1), 5–12.

第 20 章　大规模网络和均场理论

本章将讨论本书中已经引入的一些问题，当网络元件（终端和接入点）的数量变得非常大时，网络容量理论上为无穷大。在这种情况下，我们使用均场理论（mean field theory，MFT）作为系统分析的工具。

20.1　用于大型异构蜂窝网络的均场理论

如第 11 章所讨论的，在异构网络（heterogeneous network，HetNet）中，不同的收发机对彼此相互竞争系统资源所造成的干扰是一个关键问题。正如本书所指出的，未来的无线网络将会是一种异构类型的架构，其基站（BS）具有不同的大小且它们之间相互共存。小型基站将在小区域中提供更高容量，而宏基站将支持大规模的移动通信。但是，这种很有应用前景的解决方案在实现时有很多限制。成功的微蜂窝部署面临的最大困难之一是蜂窝间干扰。如果不对其进行严格的控制，蜂窝间干扰可能会影响到整个网络。

在异构网络中，蜂窝间干扰有两种来源。第一种干扰源是当宏基站覆盖区域与许多小型基站的覆盖区域重叠时所导致的跨层干扰。第二种干扰源是由小型基站之间的覆盖区域部分重叠所导致的同层干扰。在这种场景下，需要确保每个基站能够在每个给定时刻，在每个无线频段上确定其最佳发射功率电平。基站能够采取的最佳网络策略是第 13 章讨论的自组织网络（self-organizing network，SON）。

本章我们将讨论如何找到最小化整个网络中的干扰的方案，并且该方案在由单个宏基站（macro BS，MBS）和大量部署于宏蜂窝区域内的微基站（femto BS，FBS）组成的异构网络中具有最小的开销。

这一问题的解决过程分为两个步骤。首先，为宏蜂窝用户分配最佳数量的子信道，这只是保证了所需的服务质量（QoS）。然后，使用均场博弈论，剩余的子信道被大量的微蜂窝共享，这与应用常规博弈论相比更易于处理。利用先进的均场近似技术，可以将微蜂窝系统的传统纠缠博弈转化为均场博弈，使资源分配更加容易。

20.1.1　系统模型

假设有一个时间离散的 OFDM 异构网络系统。该系统包括 N 个 FBS 接收机和与其相关联的用户设备（user equipment，UE）发射机，以及一个 MBS 接收机和与其相关联的 UE 发射机。可用无线信道的集合是 $\mu=\{1,\cdots,m,\cdots,M\}$。假设每个蜂窝的每个时隙中只有一个发送用户。$\mathcal{N}=\{0,1,2,\cdots,N\}$ 是所有蜂窝的发射机-接收机对的集合，其中 0 是宏蜂窝发射机-接收机对的索引。在上行链路中，基站 $n\in\mathcal{N}$ 时的接收信号为

$$y_n(t)=\sum_{k=0}^{N}\sqrt{h_{nk}(t)}\cdot a_k(t)+z_n(t) \tag{20.1.1}$$

其中 $\sqrt{h_{nk}(t)}\in\mathbb{C}$ 表示在时隙 t 与基站 k 相关联的发射机和基站 n 之间的信道系数。

对于 OFDM 信号，假设每个信道在每个时隙上是恒定的。为了简化符号表示，将使用简写的 $h_n(t) = h_{nn}(t)$ 来指代用户设备与其服务基站之间的信道。参数 $a_k(t)$ 是在时隙 t 中与基站 k 相关联的发射机 k 发送的 OFDM 符号序列。$z_n(t)$ 是方差为 σ^2 的高斯噪声。时隙 t 处由发射机 k 发射的功率用 $p_k(t) = |a_k(t)|^2$ 表示。MU 和每个 FU 的总容许发射功率分别为 $p_{\text{total}}^{(C)}$ 和 $p_{\text{total}}^{(F)}$。

在时隙 t，子信道 m 上基站 n 处的信干噪比(SINR)为

$$\gamma_{nm}(t) = \frac{p_{nm}(t)|h_{nm}(t)|}{\sum_{k\neq n}^{N} p_{km}(t)|h_{nkm}(t)| + \sigma_{nm}^2} \tag{20.1.2}$$

用户设备遵从其所在基站做出的决定。

20.1.2 宏基站(MBS)优化问题

为了同时确保宏蜂窝用户的满意度及最大化网络总速率，将宏蜂窝用户分配给最小数量的子信道是合理的，这保证了其所需的服务质量。剩下的大部分子信道将留给微蜂窝，以最大化网络总速率。因此，本节定义了以下优化问题，让宏基站在每个调度周期开始时找到相应的解决方案。

$$\begin{aligned}
&\underset{X_{0m},\forall m, p_{0m},\forall m}{\text{minimize}} \sum_{m\in\mu} p_{\text{total}}^{(C)} X_{0m} + p_{0m} \\
&\text{subject to } \sum_{m\in\mu} B\log\left(1 + \frac{p_{0m}|h_{0m}|}{\beta_0\sigma_{0m}^2}\right) X_{0m} \geqslant R_0 \ (\text{QoS 约束}) \\
&\sum_{m\in\mu} p_{0m} \leqslant p_{\text{total}}^{(C)} \ (\text{总功率约束}) \\
&\quad X_{0m} \in \{0,1\},\ \forall m(\text{可变空间}) \\
&\quad p_{0m} \geqslant 0,\ \forall m(\text{非负})
\end{aligned} \tag{20.1.3}$$

其中 X_{0m} 是二进制变量，当子信道 m 被分配给蜂窝用户时，其值为 1，否则为 0。B 是子信道带宽，R_0 是蜂窝用户所需的数据速率，$p_{\text{total}}^{(C)}$ 是蜂窝用户的总容许发射功率。考虑到必需的误码率，参数 $\beta_0 = -\ln(5\text{BER}_0)/1.5$ 是依赖于应用的正因子。与 MBS 通信相比，FBS 通信更耗能，因此需要设计目标函数以提高 MU 的能量效率。然而，在式(20.1.3)的解决方案中，相比于最小化功耗，更侧重于最大限度地减少无线信道的数量。这是一个混合整数非线性规划(MINLP)问题，即使删除 QoS 约束中的二进制变量将其化简为一个凸问题，并添加辅助约束条件 $p_{0m} - p_{\text{total}}^{0} X_{0m} \leqslant 0$，理论上仍很难求解。另一方面，上述问题具有特殊性。具体来说，为了能用最少的资源来保证 MU 的 QoS，MU 应该被分配到功率增益最高的子信道上。因此，文献[1]提出的算法 1 通过使用简单的 Kuhn-Tucker 技术(KTT)，连续求解一个与之紧密相关的凸优化问题，得到了式(20.1.3)的最优解。注意，如果所有子信道都被分配给 MU，而其 QoS 尚未满足，则该算法可以使用式(20.1.5)来达到最佳效果。

算法 1 宏蜂窝算法[1]

```
Initialization:
1: μ^F = μ; ▷ Set of subchannels assigned to femto cells.
2: μ^C = {φ}; ▷ Set of subchannels assigned to macro cell.
3: X_0m = 0; ∀m
4: p_0m = 0; ∀m
5: l = 1
```

Start:

while $l=1$ **do**

$s = argmax_{m\in\mu^F}|h_{0m}|$

$X_{0s}=1$

$\mu^F=\mu^F\backslash\{s\}$

$\mu^C=\mu^C\cup\{s\}$

Test the feasibility of the following problem:

$$\underset{p_{0m};\ \forall m\in\mu^C}{\text{minimize}}\sum_{m\in\mu^C}p_{0m}$$

$$\text{subject to}\begin{cases}\sum\limits_{m\in\mu^C}B\log_2\left(1+p_{0m}|h_{0m}|/\beta_0\sigma_{0m}^2\right)\geqslant R_0\\ \sum\limits_{m\in\mu^C}p_{0m}\leqslant p_{\text{total}}^{(\text{C})}\\ p_{0m}\geqslant 0,\ \forall m\in\mu^c\end{cases}\tag{20.1.4}$$

if problem (20.1.4) is feasible **then**

Solve (20.1.4) ▷ Using KKT

return μ^C

return $p_{0m}\forall m\in\mu^C$

$l=0$

else if $\mu^F=\{\phi\}$ then

Solve (20.1.5): ▷ Using KKT

$$\underset{p_{0m};\ \forall m}{\text{maximize}}\sum_{m\in\mu^C}B\log_2\left(1+p_{0m}|h_{0m}|/\beta_0\sigma_{0m}^2\right)$$

$$\text{subject to}\begin{cases}\sum\limits_{m\in\mu^C}p_{0m}=p_{\text{total}}^{(\text{C})}\\ p_{0m}\geqslant 0,\ \forall m\in\mu^C\end{cases}\tag{20.1.5}$$

return μ^C

return $p_{0m}\forall m\in\mu^C$

$l=0$

end if

end while

broadcast μ^C to all FBSs. ▷ So they don't use it.

20.1.3　微基站(FBS)中的均场博弈

在本节中,假设每个 FBS $n(n\in\mathcal{N}\setminus\{0\})$是一个合理的竞争者,与剩余子信道中的其他 FBS 彼此竞争。每个 FBS 都试图确定每个子信道的最佳功率电平。假设在每个无线子信道 $m\in\mu^F$ 上,每个 FBS 都能够跟踪期望的信道增益$|h_{nm}|$。由于式(20.1.2),所有竞争者通过干扰项耦合。显然, FBS n 经历的干扰变化取决于两个动态且独立的向量型变量:干扰信道增益 $h_{-nm}=[h_{n1m},\cdots,h_{n(n-1)m},h_{n(n+1)m},\cdots,h_{nNm}]^{\mathrm{T}}$ 和干扰源发射功率 $p_{-nm}=[p_{1m},\cdots,p_{(n-1)m},p_{(n+1)m},\cdots,p_{Nm}]^{\mathrm{T}}$。显然,每个 FBS n 难以跟踪 h_{-nm} 或预先知道 p_{-nm}。然而,当干扰源数量相当大时,则可利用这两个向量的统计学知识来实现问题的简化。其主要思想是,当有大量竞争者时,样本均值会收敛到统计学均值。

对于每个子信道 m, FBS 处的干扰为 $I_m=Hi_m\cdot p_m$,其中 Hi_m 是一个 $N\times N$ 零对角矩阵,其非对角元素$|h_{nk}|$是从与 FBS k 相关联的 FUE 到 FBS n 之间的干扰信道增益。换句话说,Hi_m

的第 n 行表示来自 FBS n 的干扰信号所对应的独立信道增益向量。第一步，由于 N 足够大，均场技术使每个 FBS n 可以将来自所有干扰源的信道增益(即 Hi_m 中的第 n 行的非零元素)视为随机变量 h_{-n} 的所有可能值，其分布为 $F_{h_{-n}}$，平均值为 $\bar{h}_{-n}$。第二步是用跨干扰源 FUE 的发射功率平均值 $\bar{p}_{-nm}$ 建立一个分布 $F_{P_{-nm}}$。如果这种分布恰好合适，并且由于 p_{km}（$\forall k \neq n$）通常与 $|h_{nkm}(t)|$ 无关，则根据均场近似理论[2]，可确定每个无线子信道 m 的干扰为

$$\sum_{k=1,k\neq n}^{N} p_{km}|h_{nkm}| \approx N' \cdot \bar{p}_{-nm}\bar{h}_{-nm}, \quad N \to \infty \tag{20.1.6}$$

其中 $N' = N-1$。使用式(20.1.6)中的预测干扰，每个竞争者 n 解决了后续描述的问题，以找到最佳决策 $\hat{p}_{nm}$，其分布 $\hat{F}_{p_{nm}}$ 横跨 UE。如果这个实际分布与先前已经创建的分布(即 F_{p-nm})相匹配，则 $\hat{p}_{nm}$（$\forall n$）是一个被忽略的均衡[3-5]。

如果成功地找到平均参数为 $\bar{p}_{-nm}$ 的分布，则根据式(20.1.6)，由于 $\bar{h}_{-nm}$ 在子信道上不同，近似干扰将作为频率选择性干扰。这样，所需信道中除了频率分集，还具有频率分集外的一个新维度，即干扰频率分集。这两种分集将被同时使用。

因此，为了正确地预测式(20.1.6)中干扰，需要预测发射机之间的功率分布，这将与通过优化效用函数发现的每个用户的实际发射功率分布的结果相匹配。

20.1.4 干扰平均估计

本节讨论 $\bar{h}_{-nm}$（$\forall m \in \mu^F$）的估计问题。在博弈开始之前，将有一个短暂的训练周期来估计 $\bar{h}_{-nm}$ 的值。在训练周期，每个干扰者都将按照预定的公共发射功率 p_t 发送一个预定消息，使得 FBS n 处的接收功率为

$$p_{nr} = p_t h_{nm} + I_{nm} + \sigma^2 \tag{20.1.7}$$

其中

$$I_{nm} = \sum_k p_t h_{nkm} = p_t \sum_k h_{nkm} \approx N' p_t \bar{h}_{-nm} \tag{20.1.8}$$

结合上面两个公式可以得出

$$\bar{h}_{-nm} \approx \frac{p_r - p_t h_{nm} - \sigma^2}{N p_t} \tag{20.1.9}$$

其中 p_r 是测量值，h_{nm} 是先前已知的，p_t 是预定值。如文献[6]中所述，依据大数定律，$\bar{h}_{-nm}$ 可被认为是干扰信道的长期平均值，因此随着时间的改变，它的值几乎是恒定的。$\bar{h}_{-nm}$ 的这一特性可被认为是该方法的另一个优点，它有助于稳定系统以应对环境变化。

20.1.4.1 $\bar{p}_{-nm}$ 的估计

每个用户 n 将推测一个表示干扰发射功率的 $N' \times M$ 矩阵 P，这代表了干扰源的传输功率。由于干扰源 N' 的数量非常大，因此可以将 P 中每列的 m 个元素视作分布为 F_{p-nm} 的虚拟随机变量的所有可能值。因此，每列元素将从分布 F_{p-nm} 中得出，条件是 P 中每行的总和是每个 FUE 的总容许功率 $p_{\text{total}}^{(F)}$。然后，通过求取 P 中列 m 的平均值来确定子信道 m 上干扰源的平均功率 $\bar{p}_{-nm}$。也就是说，通过取 P 每行的平均值可以得到 $\bar{p}_{-n} = [\bar{p}_{-n1}, \cdots, \bar{p}_{-nM}]$。关于发射机之间的功率分布，文献[1]已经列出了多种形式。与最优选择功率最匹配的分布是一组向量上的均匀分布，其分量和为 $p_{\text{total}}^{(F)}$。换句话说，所有总和为 $p_{\text{total}}^{(F)}$ 的可能的发射功率向量被选中的可

能性是相同的。需要注意的是，总和固定的条件使得每个元素的分布不均匀。事实上，每个元素的分布可看作一个截断的指数分布［即 $\mathrm{TEXP}(\mu, p_{\mathrm{total}}^{(F)})$］。

20.1.4.2　效用函数

对所有竞争者都适用的对数效用函数为

$$u_n(p_n)=\sum_{m\in\mu^F}\ln\left(1+\frac{p_{nm}|h_{nm}|}{\beta_n\left(N'h_{-nm}\bar{p}_{-nm}+\sigma_{nm}^2\right)}\right),\quad \forall n\in\mathcal{N}\backslash\{0\} \tag{20.1.10}$$

现在，每个竞争者 n 都在最大化其效用函数，这不会受到任何竞争对手的直接影响。相反，该效用函数只受到所有其他竞争者的均场值 $\overline{h}_{-nm}$ 的整体影响。

20.2　大规模网络模型压缩

本节考虑一个由大量互动对象组成的网络。一般来说，这样的系统在生物和化学及电信和排队论[7-10]中都是常见的。本章将关注具有大量群体的容迟网络（delay tolerant networks, DTN），以此说明均场理论（MFT）在这些系统分析中的应用。由于状态空间爆炸的问题，这些系统的模型通常难以分析，也不适合直接应用包括仿真和模型校验在内的经典分析技术。因此，本节使用均场理论来处理这种系统的建模和分析。均场分析的主要思想是通过确定性行为来描述由许多相似对象组成的系统的总体演变。

在关于系统动态的某些假设下，当群体规模增长时，系统方差与状态空间大小的比率趋于零。因此，当群体规模较大时，系统的随机行为可以通过整个系统极限状态下的常微分方程（ODE）的唯一解来进行研究。

由于本书的目的是提供均场方法应用的指导实例，因此不会过多论及均场方法的详细理论背景[11]。相反，本书将从实际的角度提出建模过程，根据随机个体的行为建立整个群体的模型。

20.2.1　模型定义

本节将首先讨论大规模群体中的随机个体对象。假设群体的大小 N 是恒定的，并且为了简化符号，不对各个对象的类别进行区分。但是，这个假设条件可以放宽，这将在本章后面进行分析。该对象的行为可以通过定义其在其生命周期内所处的状态或模式及这些状态之间的转移来描述。个体或局部模型（群体中随机对象的模型）的形式化定义如下：

描述一个对象行为的局部模型 $\aleph$ 被构造为由 K 个局部状态 $S=(s_1,s_2,\cdots,s_K)$ 的有限集合所组成的三元组 (S,Q,L)；无穷小生成矩阵 Q 可能取决于整个系统状态；标记函数 $L:S\Rightarrow 2^{\mathrm{LAP}}$ 从局部元属性（LAP）的固定有限集将局部元命题分配给每个状态。

生成矩阵 Q 的大小为 $S\times S$，其元素描述了单个对象改变状态的速率。Q 可能依赖于系统的整体状态。本节将讨论各个对象的转移速率。考虑到有大量的对象，对每个对象进行单独建模会导致状态空间爆炸问题，因此本节构建了群体的整体模型，我们将：(i)合并状态空间；(ii)使群体归一化；(iii)检查行为的收敛是否达到确定的极限，并使用局部模型 $\aleph$ 构建整体均场模型 X。本节首先解释这个模型的构建方式，然后阐述整体（或全局）模型的定义。

如果保留每个对象的身份，则整个群体模型$\aleph^{(N)}$的状态空间将可能由K^N个状态组成，其中K是局部模型的状态数。然而，由于个体对象的行为相同而不同步，因此应用计数抽象来找到随机过程X，其状态捕获涵盖局部模型$\aleph$的状态所对应的各个对象的分布。一般来说，转移速率可能取决于群体模型的状态$\bar{X}(t)$。因此，使用计数抽象，生成矩阵$Q[\bar{X}(t)]$，即[12]

$$Q_{i,j}[\bar{X}(t)]=\begin{cases}\lim_{\Delta\to 0}(1/\Delta)\operatorname{Prob}[\aleph(t+\Delta)]=j|[\aleph(t)]=i, & X_i(t)>0\\ 0, & X_i(t)=0\\ -\sum\limits_{h\in S,j\neq i}Q_{i,h}[\bar{X}(t)], & i=j\end{cases}$$

其中$\aleph(t)$是t时刻局部模型的状态。

构建均场模型的第一步是归一化状态向量。该归一化状态空间如下：

$$\bar{x}(t)=\bar{X}(t)/N,\ \text{其中}\ Q_{i,j}^{(N)}[\bar{x}(t)]=Q_{i,j}[N\cdot\bar{x}(t)]$$

这里假设转移速率与模型群体同比例缩放，使得在归一化模型中，它们独立于群体。这种条件称为密度依赖性。从形式上来看，当$N\to\infty$时，有$Q_{i,j}^{(N)}[\bar{x}(t)]=Q_{i,j}[\bar{x}(t)]$。这一假设对于均场理论在给定的局部模型序列上的适用性和整体模型构建起着至关重要的作用。

整体均场模型X描述了$N\to\infty$个相同对象的极限行为，每个对象由$\aleph$建模，并定义为由无限状态集合组成的二元组(X,Q)，即

$$X=\left\{\bar{x}=(x_1,x_2,\cdots,x_K)\left|\left(\forall j\in\{1,\cdots,K\},\ x_j\in[0,1]\wedge\sum_{i=1}^{K}x_i=1\right)\right.\right\}$$

其中$\bar{x}$称为占用向量，$\bar{x}(t)$是时间t时占用向量的值；x_j表示在局部模型$\aleph$的状态s_j中各个对象的比例。由$Q_{s,s'}[\bar{x}(t)]$项组成的矩阵$Q[\bar{x}(t)]$描述系统从状态s到状态s'的转移速率。

例如，描述一个简单的病毒传播模型，模型中的病毒在N台相互连接的计算机间传播。在图 20.2.1 的局部模型中，$\aleph$的状态表示个体计算机的模式，状态分为未感染、感染活跃和感染不活跃。被感染的计算机在传播病毒时处于感染活跃状态，在不传播病毒时处于感染不活跃状态。因此，有限的局部状态空间$S=(s_1,s_2,s_3)$有$|S|=K=3$个状态，分别标记为未感染、感染活跃和感染不活跃，如图 20.2.1 所示。

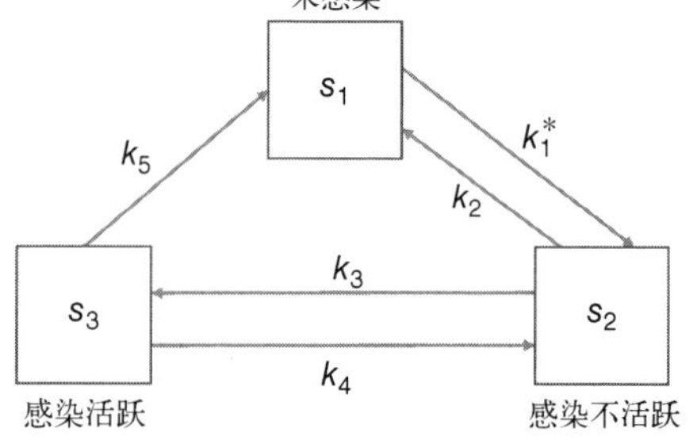

图 20.2.1 状态集合的局部模型$\aleph$

给定包含N个这类计算机的系统，可以通过整体均场模型对整个系统的极限行为进行建模，该模型与个体模型具有相同的底层结构(见图 20.2.1)，其状态空间为$\bar{x}=(x_1,x_2,x_3)$，其中x_1表示未感染计算机的占比，x_2和x_3分别表示感染活跃和不活跃的计算机占比。例如，具有未感染计算机的系统处于状态$\bar{x}=(1,0,0)$；具有 50% 未感染计算机及具有 40% 感染活跃和 10% 感染不活跃的计算机的系统处于状态$\bar{x}=(0.5,0.4,0.1)$。速率k_1^*、k_2、k_3、k_4和k_5表示如下：感染率为k_1^*，感染不活跃计算机的恢复率为k_2，感染活跃计算机的恢复率为k_5，感染不活跃计算机变为活跃状态的转移速率为k_3，返回到不活跃状态的转移速率为k_4。感染率k_1^*取决于感染活跃计算机的占比及未感染计算机的占比；速率k_2、k_3、k_4和k_5由个体计算机和计算机病毒的属性决定，不依赖于整个系统的状态。下一个例子将讨论生成矩阵。

20.2.2　均场分析

在前面的讨论中，$\aleph$ 表示每个对象的行为，X 表示 N 个相同对象的极限行为。该模型遵循密度依赖条件。这里我们重新表述库尔兹(Kurtz)定理，将不断增大的模型序列的行为与极限行为关联起来。

假设 $Q_{i,j}[\bar{x}(t)]$ 中的函数是 Lipschitz 连续的，并且为了增加系统大小的值，初始占用向量收敛到 $\bar{x}(0)$，那么当 $N\to\infty$ 时，局部模型序列几乎稳定地[13]收敛到占用向量 $\bar{x}$。在这些条件下，归一化占用向量 $\bar{x}(t)$ 在时刻 $t<\infty$ 趋于确定性分布，并且当 N 趋于无穷大时，满足以下微分方程(DE)：

$$\mathrm{d}x_j/\mathrm{d}t=\sum_i x_i(t)Q_{i,j}[\bar{x}(t)] \quad \text{或} \quad \mathrm{d}\bar{x}(t)/\mathrm{d}t=\bar{x}(t)\cdot Q[\bar{x}(t)] \tag{20.2.1}$$

式(20.2.1)指出，处于状态 x_j 的单位增量是处于状态 x_i 的部分单元与从状态 i 到状态 j 的转移概率的乘积之和。常微分方程(ODE)[即式(20.2.1)]称为极限 ODE。它为 $N\to\infty$ 的情况提供了解答，但对于现实生活中的模型来说并不是这样。当群体中的对象数量有限且足够大时，极限 ODE 提供了占用向量 $\bar{x}(t)$ 均值的精确近似。

可以使用上述系统[即式(20.2.1)]对整个系统进行瞬时行为分析，即从一些给定的初始占用向量 $\bar{x}(0)$ 开始，在每个时刻 t 计算每个状态对象的占比。

作为说明，我们将上述方法应用于病毒传播模型，如图 20.2.1 所示。我们解释了如何获得 ODE，描述了系统的行为并制定了性能评估措施。如前面的例子所述，除了 k_1^*，单个计算机模型的所有转移速率是恒定的。这些速率取决于未感染计算机遭受攻击的频率。在这个例子中，假设病毒“足够聪明”，只攻击未感染计算机，那么感染率可视为所有感染活跃计算机的攻击次数。给定 $k_1^*[\bar{x}(t)]=k_1x_3(t)/x_1(t)$，其中 $\bar{x}(t)=[x_1(t),x_2(t),x_3(t)]$ 表示 t 时刻处于每个状态的计算机的比例，k_1 为单个感染活跃计算机的攻击速率。我们将转移速率归入生成矩阵中，即

$$Q[\bar{x}(t)]=\begin{Vmatrix} -k_1^*[\bar{x}(t)] & k_1^*[\bar{x}(t)] & 0 \\ k_2 & -(k_2+k_3) & k_3 \\ k_5 & k_4 & -(k_4+k_5) \end{Vmatrix} \tag{20.2.2}$$

通过使用式(20.2.1)，可以推导出系统的 ODE，这样可以将均场模型表示为

$$\begin{aligned} \dot{x}_1(t)&=-k_1x_3(t)+k_2x_2(t)+k_5x_3(t) \\ \dot{x}_2(t)&=(k_1+k_4)x_3(t)-(k_2+k_3)x_2(t) \\ \dot{x}_3(t)&=k_3x_2(t)-(k_4+k_5)x_3(t) \end{aligned} \tag{20.2.3}$$

为了在时间上获得模型状态之间对象的分布，必须求解上述 ODE。

20.3　大规模 DTN 的均场理论模型

容迟网络(DTN)可能会使用流行性路由协议，在网络中的移动节点之间传输消息。流行性路由[14]是一种在稀疏和/或高机动性的网络中应用的选路方法，其中可能没有从源端到目的地的并行路径。流行性路由基于所谓的存储转发范例，一个节点接收一个数据包缓冲区，并在该节点移动时携带该数据包。之后当情况允许时，它将数据包传递给在路径上所遇到的新

节点。类似于前面介绍的计算机病毒和一般的疾病传播的例子，每当携带数据包的节点遇到没有该数据包副本的新节点时，该数据包携带者向新节点传递一个数据包副本来“感染”这个新节点。新感染的节点以相同的方式继续感染其他节点。当目标节点第一次遇到被感染节点时，它就会收到该数据包。通过增加诸如缓冲区空间、带宽和传输功率等资源来实现最小传输时延。流行性路由的变体也被用于传输时延和资源消耗之间的权衡，包括 K 跳方案、概率转发和喷雾等待(spray and wait)算法[15, 16]。

基于前面讨论中得出的DE，本节将提出统一框架，以研究流行性路由及其变体。文献[17, 18]最先研究共同节点移动性模型(例如随机路径点和随机方向移动性)，研究结果表明，当传输范围比网络的面积小且节点速度足够快时，节点之间的交互时间几乎呈指数分布。这一观察结果表明，马尔可夫模型的流行性路由可以进行相当准确的性能预测。文献[17]研究了用于传染路由和两跳转发的马尔可夫模型，从而推导出从源端到目的地(平均)的传输时延和传送数据包的副本数。但是，这种马尔可夫模型的分析研究即使对于简单的传染模型来说也是非常复杂的。

文献[18]给出随着节点数量的增加，在适当的缩放调整之后，DE可以作为马尔可夫模型(如文献[17])的流体极限。使用这种方法可以推导出文献[17]中所考虑的性能指标的闭合形式公式，从而获得与之匹配的结果。

在网络模型中假设有 $N+1$ 个移动节点根据随机移动性模型在封闭区域中移动。当两个节点进入彼此的传输范围时，它们可以相互转发数据包。

假设任何一对节点的间隔时间是具有速率 β 的指数随机变量。因为节点密度低，传输范围短，所以可以忽略节点之间的干扰。当两个节点相遇时，它们之间的传输会瞬时成功。这里有 $N+1$ 个源-目标节点对，其中一个节点是数据流的源节点，另一个是数据流的目标节点。每个源节点根据泊松过程以速率 λ 生成数据包。每个数据包在其头部包含一个序列号。

流行性路由协议的工作方式是每个节点存储数据包并将其转发给其他节点[14]。除数据包外，每个节点维护一个汇总向量，该汇总向量指示存储在其缓冲区中的数据包集合。

当两个节点在彼此的传输范围内时，首先交换其汇总向量。然后基于该信息，每个节点请求不在其缓冲区中的数据包。最后，它们将所请求的数据包发送给对方。

在流行性路由中，数据包可能不按顺序到达目的地。目标节点可以根据序列号对数据包重新排序并丢弃重复的数据包。

性能指标是通过类比流行病路由与疾病传播而得到的。特定数据包被认为是一种疾病，带有数据包副本的节点称为被感染节点。不带数据包副本但可以存储和转发一个副本的节点称为易感节点。一旦携带副本的节点到达目的地，它会删除该副本并保留“已发送”信息，以便不会再次转发该数据包，这种信息称为抗体包，并称节点已被恢复。一个数据包的平均生命周期 L 是指从源节点生成数据包到所有数据包的副本被删除的平均持续时间(即网络中不再有这个数据包的被感染节点)。

我们感兴趣的三个性能指标是：传输时延、丢包率和功耗。数据包的传输时延 T_d 是数据包从源端生成到首次传送至目的地的持续时间。对于具有有限数量缓冲区的节点，在分发数据包之前可能会丢弃网络中的一些数据包。丢失概率是分发之前网络丢包的概率。

还有与功耗相关的两个度量标准：在整个生命周期内数据包的复制次数 G，以及在传送时数据包的复制次数 C。

文献[17]中讨论了节点具有传输范围(d)的公共移动性模型[18]，它在有限区域(区域 A)

中移动，成对节点之间的相遇时间可以近似为指数分布。在这种情况下，成对节点的相遇速率 β 可以近似为 $\beta \approx 2wdE[V]/A$，其中 w 是移动性模型中特有的常量，$E[V]$ 是两个节点之间的平均相对速度。在这个近似下，文献[17]表明，感染节点数量的演变可以建模为马尔可夫链。

基于 DE 的建模方法是从马尔可夫模型开始的，用于简单的流行性路由。给定 $n_I(t)$，t 时刻被感染节点数量，从状态 n_I 到状态 n_I+1 的转移速率 $r_N(n_I)=\beta n_I(N-n_I)$，其中 N 是网络中的节点总数(不包括目标节点)。基于前面的讨论，如果将速率重写为 $r_N(n_I)=N\lambda(n_I/N)\times(1-n_I/N)$，并且假设 $\lambda=N\beta$ 是常量，则可以证明[19]，随着 N 增加，被感染节点的占比(n_I/N)渐近地收敛于

$$i'(t)=\lambda i(t)[1-i(t)], \qquad t\geqslant 0 \tag{20.3.1}$$

初始条件为 $i(0)=\lim\limits_{N\to\infty} n_I(0)/N$。

平均被感染节点数量收敛到 $I(t)=Ni(t)$ 且 $\forall\varepsilon>0$，$\lim\limits_{N\to\infty}\text{Prob}\left\{\left|\sup\limits_{s\leqslant t}\{n_I(s)/N-i(s)\}\right|>\varepsilon\right\}=0$。利用式(20.2.1)，可以推导出下式：

$$I'(t) = \beta I(N-I) \tag{20.3.2}$$

其初始条件为 $I(0)=Ni(0)$。这种作为马尔可夫模型的流体极限的 DE 已被广泛应用于流行病学研究，并在文献[20]中首次被用作流行性路由的近似。

流行性路由的时延 T_d 由其累积分布函数(CDF)[即 $P(t)=\Pr(T_d<t)$]来表征，当系统中的节点数量为 $N+1$(即有 N 个节点加上一个目标节点)时，该时延可从 T_d 的 CDF[即 $P_N(t)$]导出。具体过程如下：

$$\begin{aligned}
&P_N(t+\mathrm{d}t) - N(t) = \text{Prob}\{t\leqslant T_d<t+\mathrm{d}t\}\\
&=\text{Prob}\{\text{在}\ [t,t+\mathrm{d}t]|\text{内目标节点遇到被感染节点}|T_d>t\}\\
&=\text{Prob}\{\text{在}[t,t+\mathrm{d}t]\text{内目标节点遇到被感染节点}\}[1-P_N(t)]\\
&=E\{\text{Prob}\{\text{在}[t,\ t+\mathrm{d}t]\text{内目标节点遇到}n_I(t)\text{个被感染节点中的一个}|n_I(t)\}\}\times(1-P_N(t))\\
&\approx E\{\beta n_I(t)\mathrm{d}t\}[1-P_N(t)]\\
&=\beta E\{n_I(t)\}[1-P_N(t)]\mathrm{d}t=\lambda E\left\{\frac{n_I(t)}{N}\right\}[1-P_N(t)]\mathrm{d}t
\end{aligned}$$

其结果为

$$\frac{\mathrm{d}P_N}{\mathrm{d}t} = \lambda E\left\{\frac{n_I(t)}{N}\right\}[1-P_N(t)]$$

当 $N\to\infty$ 时，得到 $E\{n_I(t)/N\}\to i(t)$，并且 $P_N(t)$ 收敛于以下结果：

$$P'(t)=\lambda i(t)[1-P(t)] \tag{20.3.3}$$

对于 N 大小有限的系统，可以认为

$$P'(t) = \beta I(t)[1-P(t)] \tag{20.3.4}$$

文献[20]基于马尔可夫过程得出式(20.3.4)的结论。通过求解式(20.3.2)和式(20.3.4)，基于 $I(0)=1$ 和 $P(0)=0$ 可以得到

$$I(t)=\frac{N}{1+(N-1)\mathrm{e}^{-\beta Nt}}$$

$$P(t)=1-\frac{N}{N-1+\mathrm{e}^{\beta Nt}} \tag{20.3.5}$$

且平均传输时延为

$$E[T_d]=\int_0^{\infty}[1-P(t)]\mathrm{d}t=\ln N/[\beta(N-1)] \tag{20.3.6}$$

当把数据包传送到目的地时，系统中数据包的平均副本数为$E[C_{ep}]$，将在后面推导出来。

当节点向目的地传递数据包时，它应从其缓冲区中删除副本，以节省存储空间，并防止节点感染其他节点。但是，如果节点不存储任何能保持自己不再接收数据包(即变得容易受到数据包的“感染”)的信息，则数据包通常将被复制且感染永远不会消失。为防止节点被数据包不止一次地感染，当节点向目的地传送数据包时，可在节点中存储抗体包。该方案称为IMMUNE 方案。与删除过时副本相比，更积极的方法是在节点之间传播抗体包。可以仅将抗体包传播到那些被感染节点(IMMUNE 方案，即免疫方案)，也可以将其传播到易感节点(VACCINE 方案，即疫苗方案)。

感染和恢复过程可以通过马尔可夫模型来建模。为了得出极限方程，目标节点数量n_D需要用节点数量N归一化。首先考虑免疫方案，令$n_R(t)$表示时刻t已恢复的节点数量，则状态可表示为$[n_I(t),n_R(t)]$，其转移速率为

$$r_N([n_I(t),n_R(t)],[n_I(t)+1,n_R(t)])=\beta n_I(t)[N-n_I(t)-n_R(t)] \tag{20.3.7}$$

和

$$r_N([n_I(t),n_R(t)],[n_I(t)-1,n_R(t)+1)]=\beta n_I(t)n_D \tag{20.3.8}$$

考虑到目标节点数量n_D与初始被感染节点数量的变化方式类似，即$\lim\limits_{N\to\infty} n_D/N=d$，转移速率可以类似地写成“密度依赖”形式。基于前面的论述，随着N的增加，受感染节点的占比(n_I/N)和恢复节点的占比(n_R/N)逐渐收敛于以下解：

$$\begin{aligned}&i'(t)=\lambda i(t)[1-i(t)-r(t)]-\lambda i(t)d, \quad t\geqslant 0\\&r'(t)=\lambda i(t)d, \quad t\geqslant 0\end{aligned} \tag{20.3.9}$$

其中$d=n_D/N$，并且$i(0)=\lim\limits_{N\to\infty} n_I(0)/N$，$r(0)=0$。

被感染和恢复的节点数量收敛于$I(t)=Ni(t)$, $R(t)=Nr(t)$。从式(20.3.9)中可以得到

$$\begin{aligned}&I'(t)=\beta I(N-I-R)-\beta In_D\\&R'(t)=\beta In_D\end{aligned} \tag{20.3.10}$$

其中$I(0)=Ni(0), R(0)=0$。我们设定$I(0)=1$，$R(0)=0$，$D=1$。

也可以从马尔可夫模型中得到免疫方案和疫苗方案的 DE 模型。考虑简单性，对于免疫方案，可省略对时间的依赖，则有$r_N[(n_I,n_R),(n_I+1,n_R)]=\beta n_I(N-n_I-n_R)$和$r_N[(n_I,n_R),(n_I-1,n_R+1)]=\beta n_I(n_D+n_R)$。其极限方程为

$$\begin{aligned}&i'(t)=\lambda i(t)[1-i(t)-r(t)]-\lambda i(t)[r(t)+d], \quad t\geqslant 0\\&r'(t)=\lambda i(t)[r(t)+d], \quad t\geqslant 0\end{aligned} \tag{20.3.11}$$

相应地有

$$I'(t)=\beta I(N-I-R)-\beta I(1+R)$$
$$R'(t)=\beta I(1+R) \tag{20.3.12}$$

对于疫苗方案，需要指定接收到数据包的目标节点数量，用 n_{DR} 表示。对于前一种方案，则没有这种必要，因为目标节点只能恢复被感染节点。因此，即使目标节点本身没有收到数据包，但当其遇到被感染节点时，也会收到数据包。

假设所有目标节点都必须接收来自被感染节点的数据包。这里可以做出不同的假设，例如，目标节点可以从另一目标节点接收数据包，或者目标节点可以从恢复的节点接收抗体包，并在没有接收到数据包的情况下传播它。当处理任播通信(数据包必须至少到达一个目标节点)时，后一种情况是有意义的，如果可以这样处理，则所有目标节点将从启动恢复过程的目标节点中接收数据包的副本。这些不同的假设导致最终的方程存在微小差异。其状态转移速率为

$$\begin{aligned}
&r_N[(n_I,n_R,n_{DR}),(n_I+1,n_R,n_{DR})]=\beta n_I(N-n_I-n_R)\\
&r_N[(n_I,n_R,n_{DR}),(n_I-1,n_R+1,n_{DR})]=\beta n_I(n_R+n_{DR})\\
&r_N[(n_I,n_R,n_{DR}),(n_I-1,n_R+1,n_{DR}+1)]=\beta n_I(n_D-n_{DR})\\
&r_N[(n_I,n_R,n_{DR}),(n_I,n_R+1,n_{DR}])=\beta(N-n_I-n_R)(n_R+n_{DR})
\end{aligned} \tag{20.3.13}$$

利用表达式 $d_r(t)=\lim\limits_{N\to\infty}(n_{DR}/N)$，可以得到极限

$$\begin{aligned}
&i'(t)=\lambda i(t)[1-i(t)-r(t)]-\lambda i(t)[r(t)+d], \quad t\geqslant 0\\
&r'(t)=\lambda i(t)[r(t)+d]+\lambda[1-i(t)-r(t)][r(t)+d_r(t)], \quad t\geqslant 0\\
&d_r'(t)=\lambda i(t)[d-d_r(t)], \quad t\geqslant 0
\end{aligned} \tag{20.3.14}$$

对于 $N_D=1$ 时的均值 $[Ni(t)、Nr(t)和Nd_r(t)]$，可以观察到 $Nd_r(t)$ 满足用于 $P(t)$ 的相同的 DE，且

$$\begin{aligned}
&I'(t)=\beta I(t)[N-I(t)-R(t)]-\beta I(t)[R(t)+1]\\
&R'(t)=\beta I(t)[1+R(t)]+\beta[N-I(t)-R(t)][R(t)+P(t)]\\
&P'(t)=\beta I(t)[1+P(t)]
\end{aligned} \tag{20.3.15}$$

这些 DE 模型能够评估数据包在其生命周期内被复制的次数及平均存储需求。

数据包发送次数 $G_{ep}(N)$ 是一个在 $[0,\infty]$ 之间取值的随机变量。功耗随 $G_{ep}(N)$ 线性增长[21, 22]。对于免疫方案，可以利用式(20.3.10)来模拟感染与恢复过程。注意，由于 $R(t)$ 是 t 的严格递增函数，因此 $I(R)$ 被很好地定义。将前两者代入式(20.3.10)，可以得到 $\mathrm{d}I/\mathrm{d}R=N-1-R-1$。在初始条件 $I(0)=1$ 下，该 DE 的解是 $I(R)=(-N+1)\mathrm{e}^{-R}-R+N$。

当 $\lim\limits_{t\to\infty}I(t)=0$ 时，可以通过求解 $I(R)=0$ 来获得 $\lim\limits_{t\to\infty}R(t)$ 的值。当 N 足够大时（$N>10$），可得出 $\lim\limits_{t\to\infty}R(t)\approx N$。由于 $I(t)+R(t)-[I(0)+R(0)]=I(t)+R(t)-1$ 是 t 时刻系统复制数据包的次数，因此有 $E[G_{ep}(N)]=\lim\limits_{t\to\infty}I(t)+R(t)-1\approx N-1$。

类似地，对于免疫方案，可从式(20.3.12)解出 $I(R)=[-R^2+(N-1)R+1]/(R+1)$。

当 $\lim\limits_{t\to\infty}I(t)=0$ 时，可以通过求解 $I(R)=0$ 来获得 $\lim\limits_{t\to\infty}R(t)$ 的值。$I(R)=0$ 有两个根，即 $(N-1\pm\sqrt{N^2-2N+5})/2$。舍掉负根，得出 $\lim\limits_{t\to\infty}R(t)=(N-1+\sqrt{N^2-2N+5})/2$。因此，对于免疫方案，有

$$E\left[G_{ep}(N)\right]=\lim_{t\to\infty}\left[I(t)+R(t)-1\right]=\left(N-3+\sqrt{N^2-2N+5}\right)/2 \qquad (20.3.16)$$

对于疫苗方案，通过 DE 可以求得数值解，以获得被数据包感染的节点总数。

20.4 组播 DTN 中自适应感染恢复的均场建模

前面已经介绍了常规 DTN，使用“存储携带转发”模式在偶然连接的节点之间传递消息。一旦消息到达目的地，网络将启动所谓的“感染恢复过程”，以便从其余节点中删除已经传递的消息。一旦消息到达第一目的地，则该过程开始进行，在组播会话的情况下，这可能会减少其他目标节点接收消息的机会。本节提出了一个基于均场理论的分析框架，用来研究组播 DTN 的不同恢复方案的性能。本节提出一些新的自适应恢复方案，并将这些方案与针对组播 DTN 进行调整的多个单播恢复方案的性能进行比较。此外，本节还讨论将网络编码这一领域的一些先进技术与网络模型相结合的方案。

20.4.1 技术背景

如前所述，DTN[23]以其基本形式，在只有间歇连接这样一种极具挑战的情况下提供通信服务，而且很难维持任何源和目的地之间的路径。此类网络包含用于野生动物跟踪和栖息地监测的稀疏传感器网络[24, 25]，用于道路安全和商业应用的车辆 ad hoc 网络[26, 27]，移动社交网络[28]，军事网络[29]，以及深空星际网络[30]。在这些场景下，人们对组播 DTN 协议[31-33]越来越感兴趣。组播 DTN 协议能够将数据分发到多个接收机，即提供新闻、天气预报、道路交通拥堵、股票价格等更新信息，以及实现受灾地区的通信恢复，其中特别重要的是如何将关键信息分发到救援队。依靠端到端路径[34]的传统自组织路由协议可能无法用于这样的网络。在未来的无线通信系统中，低连接率网络将变得越来越有吸引力，并且传统的蜂窝和自组织网络可以与间歇性终端连接相结合，用于能容忍高时延但仍然时延受控的业务。在这种网络中，应尽可能地使用短距离（低功率）传输，避免高功率和对用户辐射大的长距离传输。因此，研究人员提出了一种称为携带转发路由[35-37]的新路由机制来实现通信。

携带转发路由利用机会连接和节点迁移，分别在网络周围进行中继传输并携带消息。当下一跳不能立即用于当前节点转发消息时，它将消息存储在其缓冲区中，携带消息移动，并在其获得通信机会时将其发送到其他适合的节点，这有助于进一步转发消息。最典型的算法是流行性路由[38]，其到达中间节点的数据被转发到所有相邻节点。类似于疾病传播，拥有数据包的节点称为被感染节点。一旦被感染节点遇到目标节点，网络将启动所谓的“感染恢复过程”，以便从其余节点中删除所传递的数据包，以实现高效的缓冲区和带宽利用率。另一方面，节点以一个抗体包的形式保留“数据包传递”的信息，阻止其接收相同数据包的另一副本。Haas 和 Small[39]针对单播应用的恢复方案提出以下建议。

- *免疫方案*：仅在遇到目标节点后才在节点上创建抗体包。
- immune_TX *方案*：携带抗体包的节点将其发送到带有过时包的另一个节点，从而让该节点知道数据包的分发情况。
- *疫苗方案*：携带抗体包的节点将其转发到所有其他节点，包括未感染节点。

一旦数据包到达第一个目标节点，传统的感染恢复过程就将开始，在组播会话的情况下可以减少其余目标节点接收消息的机会。在目的地不协同组播（destination non-cooperative multicast，DNCM）场景中，目标节点之间不交换消息，这可能会造成一些目标节点难以完整地接收消息。为了避免这种情况，我们介绍目的地协同组播（destination cooperative multicast，DCM）的概念，假设目的地之间也可以交换消息。虽然这样可以使所有目标节点都能收到消息，但它并不能解决传输时延过长的问题。因此，在组播应用中，需要延长该恢复过程的初始化时间，以便更有效地将信息传递到所有预期的目标节点。

本节的重点是使用 MFT 分析不同恢复方案对组播 DTN 性能的影响。本节提出了新的自适应恢复方案，并将其与针对组播 DTN 扩展的多个单播恢复方案进行了比较。所考虑的性能指标包括到达目标节点的传输时延，感染过程的恢复时延，以及在传输和恢复之前按副本包数量计算的能量效率。这里考虑的分析框架基于前面介绍的 ODE，在此基础上进一步阐述了为自适应恢复方案建模所需的不同修改，并提出了一种特殊的迭代算法（DiNSE-algorithm）来解决基于非线性时间依赖的 ODE 系统。

虽然流行性路由以最小的时延实现最高的传输概率，但它在过多的重发中浪费了大量的能量。文献[23, 40]提出的流行性路由改进方案实现了传输时延与资源消耗之间的平衡。文献[41]提出了 DTN 中单播传输的网络编码和流行性路由的形式。一般来说，在传统的组播/广播网络中，网络编码利用网络中数据包的冗余来优化性能，并通过异或运算来组合它们，从而减少网络中的传输数量[42]。通过对等待转发进行仿真，文献[43]证明了组播 DTN 中网络编码的效率。因此，可以将模型中的网络编码与流行性路由相结合，并将研究扩展到组播场景中的网络行为分析。所得到的路由协议称为多态流行性路由（polymorphic epidemic routing，PER）。

本节介绍的研究内容为未来组播 DTN 中任意路由协议恢复过程的设计提供了借鉴。作为一个更全面的场景示例，我们提供一个扩展模型，其中包括异构 DTN，具有不同移动性和信令能力的用户可在网络中共存。然后，在网络的数据层和控制层，使用不同的网络模式（称为系统间联网或 InSyNet）来管理感染过程的恢复。

由于连接频繁地中断，与自组织网络中的组播相比，DTN 中的组播是一个完全不同的难题。

流行组播路由（EMR）[44]将流行病学算法应用于 DTN 的组播通信。由于泛洪机制，除非能够解决资源问题，否则该算法的效率会很差。Zhao 等人[45]根据有关网络拓扑和组成员关系的信息的可用性，开发了几种具有不同策略的组播算法。研究表明，通过使用广播流行性路由（BER），可以在不同数量的可用信息情况下达到相同的传输速率。我们认为，随着跳数的增加，在拓扑发现中包含的学习过程会大大增加开销。

文献[46]研究了 DTN 组播路由的可扩展性，提出了基于两跳的中继转发方案。因为对于给定数据包，只有单个中继节点，所以该方案并没有完全利用机会转发的特性。还有一种改进的方案是，能以组播方式进行的中继转发（RelayCast-MRR）允许每个中继节点使用其他所有节点进行转发。然而，研究表明，除广播情况外，RelayCast-MRR 不能改善时延。

文献[47]从社交网络的角度研究了组播问题。他们将组播的中继选择转化为统一的背包问题，并通过仿真结果证明了所提出方案的效率。该方案的主要缺点是 DTN 中节点接触率低，导致非常高的传输时延。文献[43]基于网络编码的喷泉和等待转发技术，提出了 MIDTONE 协议，并通过仿真验证了网络编码的效率。

组播 DTN 恢复方案的相关工作非常有限。文献[48]解决了设计组播恢复方案的困难，并提出了三种可供选择的信息传输恢复方案，其中用户保留了已接收到数据包的目的地列表。文献[26]中也使用了类似的方法。这些恢复方案能保证传输，而不用事先确认信息和数据包传输路径。由于 DTN 中的用户可能只有有限的内存和计算能力，因此这些恢复方案需要减少用于交换抗体包的开销。

最近有一些讨论异构 DTN[54-57]的研究。文献[54]中提出的路由问题主要针对由异构设备(如移动手持终端、车辆和传感器)组成的 DTN。文献[55]考虑了具有速度特性的异构节点所构成的 DTN，在网络由正常和高速两种类型的节点组成时，给出了传输时延方面的性能分析。文献[56]考虑了具有不同传输半径的节点构成的异构 DTN。文献[57]研究了由基站、蜂窝网络和中继组成的异构 DTN 的成本性能权衡。但这些研究中都没有考虑任何感染恢复方案。

本节介绍一种基于异构 DTN 的扩展模型，其中不同的信令能力都可以在该网络使用，这为实现自适应恢复方案带来了新的选择。然后，我们分析并证明了这些恢复方案也可以提高异构 DTN 的性能。此外，本节还对策略实现问题进行了广泛讨论。

如前文所指出的，作为马尔可夫模型的流体极限，ODE 已经在文献[41, 52, 53]中被广泛采用，以用于研究流行性路由的性能。一些研究通过仿真证实了这种模型的准确性[41, 52]。在文献[52]中，ODE 框架用于对单播传输及基本流行性路由的恢复过程进行建模。本节将扩展该框架，为组播 DTN 的 PER 建立和设计新的恢复方案。

本节介绍的分析模型、系统实现这些恢复方案的可行性和异构 DTN 的扩展模型都对组播 DTN 范例的概念形成做出了重要的贡献。

20.4.2 系统模型

本节介绍了流量模型，回顾了流行性路由的概念，并定义了组播 DTN 的 PER。

20.4.2.1 流量模型

下面研究一个由 $N+1$ 个无线移动节点组成的网络，其中有一个源和一组中继节点 $\mathcal{N}$ ($|\mathcal{N}|=N$)根据随机移动性模型在约束区域内移动。考虑从源节点到一组目标节点 $\mathcal{D}\subseteq\mathcal{N}$ 之间的组播通信，其中目标节点也可以彼此转发数据包，这就是 DCM。关于对 DNCM 的讨论将在后面提供。由于节点密度在 DTN 环境中比较稀疏，两个节点只能在彼此的传输范围内进行通信，这意味着有一个相互转发数据包的机会。由于节点密度较低，与传输范围相比，可以忽略节点之间的干扰。

不失一般性，假定当两个节点相遇时，传输机会仅允许每个数据流中传输一个数据包。这个假设是通过选择合适的数据包长度(相遇期间允许的最大数据包长度)来确定的，并且每个节点在节点相遇期间仅允许传输一个数据包[41]。这很容易推广到一般情况，即当机会出现时可以传输任意数量的数据包。首先假设节点缓冲区可以容纳它们接收到的所有数据包。关于这一假设的进一步评论将在后续内容中给出。

假设两个连续传输机会之间的时间(当节点相遇时)遵循速率为 λ 的指数分布。这个模型已经在近几年的文献中被广泛采用，例如文献[41, 49]，并通过理论分析[50]和许多实际系统[51]进行了验证。在文献[52]中还使用连续的马尔可夫模型进行了理论分析。

20.4.2.2　多态流行性路由

在传统的组播/广播网络中，网络编码改善了网络的性能[42]。文献[41]中提出了一种 DTN 中单播传输的网络编码和流行性路由的形式。因此，可以将网络编码纳入本节的模型中，并将研究扩展到组播场景中的网络行为。为了能够有一个易于处理的模型来分析感染恢复方案，我们对流行性路由的概念进行了一些修改。

假设一组目标节点 $\mathcal{D}$ 从组播源请求公共消息 f 。首先考虑组播源将消息分为两个数据包 a 和 b ($f=a,b$)的情况。关于扩展到多重编码数据包情况的分析将在后续内容中提供。组播源用数据包 a 和 b ($f=a,b$)及其组合 $c=a+b$ 感染网络，其中“+”表示二进制数据流上的异或运算。通过流行性路由与疾病传播模型之间的类比，将两种不同数据包(感染者)的感染称为多态感染，将这些代理 DNA 组合 c 称为突变。这种方法背后的动机是，现在两个用户之间的每次相遇都增加了发生有用传输的可能性。如果遇到用户 b (因为 $c+b=a$)或用户 a (因为 $c+a=b$)，那么用户 c (被代理 c 感染)将传输有用的数据包。当用户接收到 a 和 b ($f=a,b$)时，用户感染了 f 。感染过程如图 20.4.1 所示，其中每个节点收到的新数据包用下画线标注。

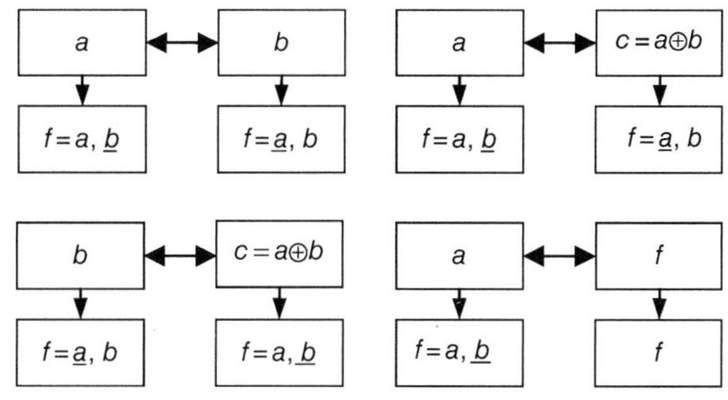

图 20.4.1　多态干扰(感染)过程

为了对 PER 进行建模，本节使用以下符号。在 t 时刻分别用 $A(t)$ 、 $B(t)$ 、 $C(t)$ 和 $F(t)$ 表示被代理 a 、 b 、 $c=a+b$ 和 $f=a,b$ 感染的用户数。用 $I(t)=A(t)+B(t)+C(t)+F(t)$ 表示网络中被感染用户的总数。

ODE 可用作马尔可夫模型的流体极限来模拟用户 a 、 b 、 c 和 f 的感染率[52]，故有

$$X'(t)=\lambda[X(t)+F(t)/3][N-I(t)]-\lambda X(t)[I(t)-X(t)],\quad X\in\{A,B,C\} \tag{20.4.1}$$

$$\begin{aligned} F'(t)=&\lambda A(t)[B(t)+C(t)]+\lambda B(t)[A(t)+C(t)]\\ &+\lambda C(t)[A(t)+B(t)]+\lambda F(t)[I(t)-F(t)] \end{aligned} \tag{20.4.2}$$

在式(20.4.1)中，对于 $X\in\{A,B,C\}$ ， $X(t)$ 的增量表示为 $X'(t)$ ，其与两个项成比例。第一项为被数据包 x 感染的节点遇到未感染节点的速率，并加上被 f 感染的节点在随机选择三个感染选项之一(数据包 a、b 或 c)时遇到未感染节点的速率(概率为 1/3)。它不能被 f 感染，因为这需要传输两个数据包。第二项表示的事件是丢失数据包 x (负增量)，即如果遇到被 x 之外的任何其他数据包感染的节点，它就变成 f 。

如果一个携带数据包 a 的节点遇到携带数据包 b 的节点，则当它们交换数据包时，将创建携带数据包 f 的两个新节点，此时获得式(20.4.2)中 $F(t)$ 的增量，并表示为 $F'(t)$ 。这是在与 $A(t)B(t)+B(t)A(t)$ [式(20.4.2)中的第一项和第二项的第一部分]成比例的情况下出现的，并且将随机地传播上述三项之一。另一方面，如果 f 遇到 a 、 b 或 c ，则只会创建一个额外的 f ，

该 f 包含在式(20.4.2)的最后一项中。类似地，也可以解释式(20.4.2)中的其他项。附录 A.20 给出了求解非线性 ODE 即式(20.4.1)和式(20.4.2)的系统迭代解的算法(DiNSE 算法)，可以用初始条件 $A(0)=B(0)=C(0)=1$ 和 $F(0)=0$ 进行求解。

在介绍了组播 DTN 的场景和路由算法后，本节将对目标节点的感染情况进行建模，并提出自适应恢复方案。

20.4.3 组播 DTN 的恢复方案

本节首先通过修改式(20.4.1)和式(20.4.2)，将目前最常用的恢复方案从单播应用扩展到组播和 PER，以包含不同方案的恢复过程。然后，本节提出新的自适应恢复方案。

20.4.3.1 应用于组播 DTN 的常规恢复方案

如前所述，一旦节点将数据包传递到目标节点，它应该从其缓冲区中删除副本，以节省存储空间，并防止感染其他节点。但是，如果节点不存储任何用来防止自己再次接收到数据包的信息(即易受到数据包的感染)，则数据包通常会被复制，并且感染永远不会消失。为了防止节点多次被数据包感染，当节点向目标节点传送数据包时，可以将抗体包存储在节点中。文献[39]将该方案称为免疫方案。通过免疫方案，节点将数据包副本存储在缓冲区中，直至它到达目标节点，这通常发生在传输完数据包的第一个副本的很长时间以后。一个更积极的删除过时副本的方法是在节点之间传播抗体包。抗体包既能传播到被感染节点(immune_TX 方案)，也可以传播到易感节点(疫苗方案)。

类似于 20.4.2.2 节中的分析，可以导出 ODE，以将感染和恢复过程建模为马尔可夫模型的极限[52]。$D=|\mathcal{D}|$ 用来表示目标节点数量。在后续的内容中，将推导扩展到组播系统和 PER 的三种方案所对应的被感染节点数量 $I(t)$ 和已恢复节点数量 $R(t)$ 的表达式。这些表达式基于以下两种不同的假设选项。

选项 1：节点最多可以向目标节点发送两个数据包。这个假设基于没有从目标节点到中间节点的传输这一事实，所以在相同的时间内，目标节点可以接收两个数据包 $f=a,b$。

选项 2：当节点到达目标节点时，该节点只能发送一个数据包。目标节点应已被 a、b 或 c 感染而成为 f。

每种恢复方案都需要获得用户 a、b、c 和 f 的感染率和恢复率，具体如下。

免疫方案

在这种情况下，通过使用与之前相同的逻辑来生成流体方程，用户 a、b、c 和 f 关于选项 1 的假设感染率为

$$\begin{aligned}X'(t)=&\lambda[X(t)+(1/3)F(t)][N-I(i)-R(t)]\\&-\lambda X(t)[I(t)-X(t)]-\lambda X(t)D\end{aligned},\quad X\in\{A,B,C\} \tag{20.4.3}$$

和

$$\begin{aligned}F'(t)=&\lambda A(t)[B(t)+C(t)]+\lambda B(t)[A(t)+C(t)]+\lambda C(t)[A(t)+B(t)]\\&+\lambda F(t)[I(t)-F(t)]-\lambda F(t)D\end{aligned} \tag{20.4.4}$$

很容易看出，式(20.4.1)和式(20.4.2)与式(20.4.3)和式(20.4.4)之间的主要差异在于式(20.4.3)和式(20.4.4)中的最后一项。该项意味着当数据包 $x\in\{a,b,c\}$ 或 f 分别遇到 D 个目标节点时，感染率 $X(t)$ 或 $F(t)$ 降低。当用户遇到目标节点时，最多可以发送两个数据包，如

果目标节点已经被其他数据包 a 、b 或 c 感染，则在将数据包独立传送到目标节点时，被 f 感染的用户将会恢复。于是，用户 a 、b 、c 和 f 的恢复率为

$$
\begin{gathered}
R^{x\,\prime}(t)=\lambda X(t)D;\ R^{f\,\prime}(t)=\lambda F(t)D \\
R(t)=R^{a}(t)+R^{b}(t)+R^{c}(t)+R^{f}(t)
\end{gathered}
\tag{20.4.5}
$$

当它们合作并将数据包转发到其他目标节点(DCM)时，被 $x\in\{a,b,c\}$ 感染的目标节点的感染率可建模为

$$
\begin{aligned}
D^{x\,\prime}(t)=&\lambda[X(t)+D^{x}(t)]\left[D-D^{i}(t)\right] \\
&-\lambda D^{x}(t)\left[I(t)-X(t)+D^{i}(t)-D^{x}(t)\right]
\end{aligned}
\tag{20.4.6}
$$

其中 D^x 是被数据包 x 感染的目标节点的用户数量，且 $D^{i}(t)=D^{a}(t)+D^{b}(t)+D^{c}(t)+Df(t)$ 。当数据包 x 或仅由 x 感染的目标节点遇到未被 $[D-D^{i}(t)]$ 感染的目标节点时，t 时刻的感染率 $D^{x'}(t)$ 增加。另一方面，当 x 所感染的目标节点遇到另一个用户或其他类型的数据包感染的目标节点时，$D^{x'}(t)$ 会减少[式(20.4.6)中的最后一项)]。这一结论同样适用于感染率 $D^{f'}(t)$ ，并可用简略形式表述为

$$
\begin{aligned}
D^{f\,\prime}(t)=&\lambda\left[F(t)+D^{f}(t)\right]\left[D-D^{f}(t)\right] \\
&+\sum_{x\in\{a,b,c\}}\lambda[X(t)+D^{x}(t)]\sum_{y\in\bar{x}}D^{y}(t)
\end{aligned}
\tag{20.4.7}
$$

对于非合作模式的目标节点(DNCM)，应修改式(20.4.6)和式(20.4.7)，如附录 B.20 所述。

由于目标节点不能从感染中恢复，因此其感染率的计算方式与所使用的恢复方案无关。

免疫选项 1 和选项 2 之间的区别在于，在选项 2 中，由于用户只能将一个数据包传输到目标节点，因此目标节点应已被 a 、b 或 c 感染而成为 f 。将式(20.4.5)修改为

$$
R^{f\,\prime}(t)=\lambda F(t)\left[D^{i}(t)\right]
\tag{20.4.8}
$$

因此，式(20.4.4)的最后一项应按照式(20.4.8)进行修改。在 DCM 的情况下，目标节点的感染率 $D^{f'}(t)$ 亦可修改为

$$
\begin{aligned}
D^{x\,\prime}(t)=&\lambda\left[X(t)+(1/3)F(t)+D^{x}(t)+(1/3)D^{f}(t)\right]\left[D-D^{i}(t)\right] \\
&-\lambda D^{x}(t)\left[I(t)-X(t)+D^{i}(t)-D^{x}(t)\right] \\
D^{f\,\prime}(t)=&\lambda\left[F(t)+D^{f}(t)\right]\sum_{x\in\{a,b,c\}}D^{x}(t) \\
&+\sum_{x\in\{a,b,c\}}\lambda[X(t)+D^{x}(t)]\sum_{y\in\bar{x}}D^{y}(t)
\end{aligned}
\tag{20.4.9}
$$

其中 $F(t)$ 和 $D^{f}(t)$ 在目标节点未感染时有 1/3 的概率发送数据包 x ，并同时增加 $D^{x'}(t)$ 。从以前的解释中可以轻易推导出 $D^{f'}(t)$ 背后的逻辑。式(20.4.9)可以修改 DNCM，如附录 B.20 所述。

选项 2 的其余方程与式(20.4.3)和式(20.4.6)中的方程相同。

类似地，可以从马尔可夫模型推导出 immune_TX 方案和疫苗方案的微分方程模型。为了方便演示，可考虑选项 1 来为每个方案提供感染率和恢复率。选项 2 的表达式可以用与免疫方案相同的方式获得。

immune_TX 方案

在这种方案中，可以将抗体包传送到被感染节点，所以当被感染节点遇到已恢复节点或目标节点时，将获得一个新的已恢复节点。这里将式(20.4.1)和式(20.4.2)修改为

$$\begin{aligned}X'(t)&=\lambda[X(t)+(1/3)F(t)][N-I(t)-R(t)]\\&\quad-\lambda X(t)[I(t)-X(t)]-\lambda X(t)\left[D+R^x(t)+R^f(t)\right]\end{aligned},\quad X\in\{A,B,C\}\tag{20.4.10}$$

和

$$\begin{aligned}F'(t)&=\lambda A(t)[B(t)+C(t)]+\lambda B(t)[A(t)+C(t)]+\lambda C(t)[A(t)+B(t)+\lambda F(t)][I(t)-F(t)]\\&\quad-\lambda F(t)\left[D+R^f(t)\right]\end{aligned}\tag{20.4.11}$$

很容易看出，式(20.4.10)和式(20.4.11)中的最后一项表示恢复过程会使被感染节点数量减少。在该方案中，假设已经从 f 恢复的节点可以恢复被 $x\in\{a,b,c\}$ 感染的节点。这是因为如果已经接收到数据包 f，则不需要传输更多的数据包 a、b 或 c。于是，恢复率由下式给出：

$$\begin{aligned}R^{x\prime}(t)&=\lambda X(t)\left[D+R^x(t)+R^f(t)\right]\\R^{f\prime}(t)&=\lambda F(t)\left[D+R^f(t)\right]\\R(t)&=R^a(t)+R^b(t)+R^c(t)+R^f(t)\end{aligned}\tag{20.4.12}$$

如 DCM 方案的式(20.4.6)和式(20.4.7)所示，对目标节点的感染再次进行建模，DNCM 的方程见附录 B.20。选项 2 可以通过和免疫方案类似的方式来产生对应的方程。

疫苗方案

此方案除了具有以前方案的特性，还为可能接收数据包的未感染用户提供预防措施。当遇到已被该数据包感染后又恢复的节点或目标节点时，恢复(接种疫苗)没有被感染或未恢复的用户$[N-I(t)-R(t)]$。用户 a、b、c 和 f 的感染率参考 immune_TX 方案中的定义，可由式(20.4.10)和式(20.4.11)得出。现在已经得到的恢复率如下：

$$\begin{aligned}R^{x\prime}(t)&=\lambda X(t)\left[D+R^x(t)+R^f(t)\right]\\&\quad+\lambda[N-I(t)-R(t)][D^x(t)+R^x(t)]\\R^{f\prime}(t)&=\lambda F(t)\left[D+R^f(t)\right]\\&\quad+\lambda[N-I(t)-R(t)]\left[D^f(t)+R^f(t)\right]\end{aligned}\tag{20.4.13}$$

其中，式(20.4.13)中的最后一项表示如果未感染节点$[N-I(t)-R(t)]$遇到被 x 和 f 感染的目标节点，则恢复率 $R^{x'}(t)$ 和 $R^{f'}(t)$ 将会增加，或者节点分别从 x 和 f 的感染中恢复。目的地用户的感染率建模为式(20.4.6)～式(20.4.7)，而 DNCM 的方程见附录 B.20。

以前的恢复方案是在数据包达到第一个目标节点时开始删除该数据包。由于数据包在所有目标节点收到之前已经恢复了，因此这会延缓组播 DTN 中的感染过程。在后续讨论中，根据网络中可用的信令级别，将提供不同的改进选项。信令的问题将在后续的扩展模型中做进一步的讨论。

20.4.3.2　自适应恢复方案

$p_r(t)$用来表示t时刻的恢复概率。当一个节点遇到目标节点时，目标节点将以概率 $p_r(t)$ 向节点发送抗体包。在现有的恢复方案中，$p_r(t)=p_r=1$。自适应恢复方案的目的是基于目标节点数量 D 来修改 $p_r(t)$，以这样的方式进行恢复，可以降低感染过程中数据包的传输速率，

或者延迟恢复，直到所有（大多数）目标节点都已经接收到数据包。通常，对于具有多个目标节点的组播模式，恢复过程的初始化将被延迟更长的时间。

这里，引入一种依赖于时间的数据包的恢复概率：

$$p_{r_e}(t) = 1 - \mathrm{e}^{-\frac{\lambda N}{D}t} \tag{20.4.14}$$

其中衰减参数与相遇速率 λ 和 N 成正比，并且与目标节点数量 D 成反比。由于所有参数 λ、N 和 D 在网络中是已知的，因此该方法只需要低级别的信令。

作为替代方案，建议恢复过程应延迟一个固定时间 T_D^f。T_D^f 为数据包传送到 D 个目标节点所需的时间（传输时延）。因为 T_D^f 取决于目标节点数量 D，所以该方案称为自适应全局超时方案。用于估计 T_D^f 的计算方法将在后面阐述。在这种情况下，假设网络中的信令级别是已知的（即由蜂窝网络提供），所以当最后一个目标节点接收到数据包时，f 可以发信号来通知信源，恢复过程开始的概率则为

$$p_{r_T}(t) = \begin{cases} 1, & t \geqslant T_D^f \\ 0, & t < T_D^f \end{cases} \tag{20.4.15}$$

前面提出的方程应通过替换不同目标节点和被感染节点（免疫方案）及已恢复节点和被感染节点（immune_TX 方案和疫苗方案）之间的相遇速率，即 $\lambda \to \lambda(t) \to \lambda p_r(t)$，从而改变在不同的 $p_r(t)$ 下对自适应免疫方案、immune_TX 方案和疫苗方案的建模。所得到的非线性时间依赖型 ODE 系统可以使用附录 A.20 中给出的算法来求解。

更多有关信令（或无信令）选择和实现的详细信息将在后面的扩展模型中提供。

20.4.3.3　超时恢复方案

该方案由文献[39]首次提出，称之为 TTL 恢复方案。在本节中，将其扩展到组播 DTN 的 PER。该方案的步骤如下。

1. 当一个节点接收到一个数据包时，它会启动一个定时器，其持续时间满足参数为 μ 的指数分布。
2. 当计时结束时，将从缓冲区中删除数据包，并且在节点中存储抗体包，以避免将来被同一个数据包感染。

因此，与 x 关联的定时器计时结束后，节点从感染 x 中恢复，并且不需要显式地传播抗体包。这可由如下 ODE 建模：

$$\begin{aligned} X'(t) &= \lambda[X(t) + (1/3)F(t)][N - I(i) - R(t)] \\ &\quad - \lambda X(t)[I(t) - X(t)] - \mu[X(t) - 1], \qquad X \in \{A, B, C\} \end{aligned} \tag{20.4.16}$$

$$\begin{aligned} F'(t) &= \lambda A(t)[B(t) + C(t)] + \lambda B(t)[A(t) + C(t)] \\ &\quad + \lambda C(t)[A(t) + B(t)] + \lambda F(t)[I(t) - F(t)] - \mu[F(t) - 1] \end{aligned} \tag{20.4.17}$$

其中，式（20.4.16）和式（20.4.17）中的最后一项表示恢复的数据包的数量，并且可表示为

$$\begin{aligned} R^{x\prime}(t) &= \mu[X(t) - 1] \\ R^{f\prime}(t) &= \mu[F(t) - 1] \\ R(t) &= R^a(t) + R^b(t) + R^c(t) + R^f(t) \end{aligned} \tag{20.4.18}$$

目标节点的感染率再次被定义为式（20.4.6）和式（20.4.7），而 DNCM 的方程见附录 B.20。

恢复方案通过不同的性能指标(即传输时延、能量消耗、恢复方案的时间效率等)来评估。所有这些指标将在后续内容中进行详细解释。

20.4.4 系统性能

20.4.4.1 传输时延

数据包的传输时延 T_D^f 定义为：从源节点生成数据包 a、b 和 c 到 $f=a,b$ 被所有的 D 个目标节点接收所经历的时间，并且其 CDF 表示为 $P_D^f(t)=\text{Prob}(T_D^f<t)$。

首先考虑只有一个目标节点 ξ (单播情况)的时延，然后将其扩展到组播情况。

当系统中的节点数量为 $N+1$ 时，用 $P_N(t)$ 表示 T_ξ 的 CDF。然后得到以下表达式：

$$
\begin{aligned}
&P_N(t+\mathrm{d}t)-P_N(t)=\text{Prob}\{t\leqslant T_\xi<t+\mathrm{d}t\}\\
&=\text{Prob}\{\text{在}[t,t+\mathrm{d}t]\text{内目标节点接收数据包 } f\,|T_\xi>t\}\\
&=\text{Prob}\{\text{在}[t,t+\mathrm{d}t]\text{内目标节点接收数据包 } f\}\ [1-P_N(t)]\\
&=E\{\text{Prob}\{\text{在}[t,t+\mathrm{d}t]\text{内目标节点接收数据包 } f|F(t)\}\}\\
&\approx E\{\lambda D^f(t)\mathrm{d}t\}[1-P_N(t)]=\lambda E\{D^f(t)\}[1-P_N(t)]\mathrm{d}t=\lambda E\{D^f(t)\}[1-P_N(t)]\mathrm{d}t
\end{aligned}
$$

其中 $D^f(t)$ 由式(20.4.7)或式(20.4.9)给出，具体取决于所选取的传输方式。因此，对于 $P_N(t)$，以下等式成立：

$$\frac{\mathrm{d}P_N}{\mathrm{d}t}=\lambda E\{D^f(t)\}[1-P_N(t)] \tag{20.4.19}$$

随着 N 的增加，$P_N(t)$ 收敛于以下表达式：

$$P^{f\prime}(t)=\lambda D^f(t)\left[1-P^f(t)\right] \tag{20.4.20}$$

其中 $P_\xi^f(t)=P^f(t)$ 是数据包 $f=a,b$ 到达目标节点 $\xi\in\mathcal{D}$ 所需时间的累积概率。这可以通过使用附录 A.20 中给出的迭代过程来解决。求解出式(20.4.7)或式(20.4.9)，并且式(20.4.20)给出了 $P(t)$ 的初始条件 $P(0)=0$。

根据 $P_\xi^f(t)$，平均传输时延可表示为

$$E\left[T_\xi^f\right]=\int_0^\infty\left[1-P_\xi^f(t)\right]\mathrm{d}t \tag{20.4.21}$$

在组播情况下，目标节点集合 $\mathcal{D}$ 的大小为 $D=|\mathcal{D}|$，式(20.4.20)为每一个目标节点 ξ 给出 $P_\xi^f(t)$。组播时延被定义为所有目标节点接收 $f=a,b$ 所需的时间。组播时延可以形式化地定义为 $T_D^f=\max\limits_\xi T_\xi^f$。

双数据包 f 到达所有目标节点所需时间的 CDF 可表示为

$$P_D^f(t)=\left[P_\xi^f(t)\right]^D \tag{20.4.22}$$

最终，组播的平均时延为

$$E\left(T_D^f\right)=\int_0^\infty\left[1-P_D^f(t)\right]\mathrm{d}t \tag{20.4.23}$$

量化恢复方案效率的另一个指标是平均生命周期。将数据包 f 的平均生命周期 L^f 定义为从源节点生成数据包 a、b 和 c 的时刻到数据包的所有副本被删除(即网络中没有更多的节点被数据包 a、b、c 和 f 感染)时刻的间隔时间。所以数据包 f 的生命周期可计算为

$$
\begin{aligned}
&L^f = \max_{a,b,c,f}\left\{\underset{\Delta R_t=0}{t}\right\} \approx \max_{a,b,c,f}\left\{\underset{\Delta R_t \leqslant \varepsilon}{t}\right\} \\
&\Delta R_t = R_t - R_{t-1} \\
&R = R^a, R^b, R^c, R^f
\end{aligned}
\tag{20.4.24}
$$

其中，用于免疫方案、immune_TX 方案和疫苗方案的 ΔR_t 分别通过求解式(20.4.5)、式(20.4.12)和式(20.4.13)获得(详见附录 A.20)。如下比值

$$
\varepsilon_t = T_D^f / L^f \tag{20.4.25}
$$

称为系统时间效率。恢复时延定义为 $T_R^f = L^f - T_D^f$。数值结果可以证明，对于恢复缓慢的方案，$L^f > T_D^f$ 且 $T_R^f > 0$。另一方面，当恢复的速度快于感染的速度时，$L^f < T_D^f$ 且 $T_R^f < 0$。自适应方案通过将恢复概率调整为可用的网络参数，保证了到达所有 D 个目标节点的传输。

能量消耗

考虑与能量消耗相关的两个指标：数据包在其整个生命周期 G_{L^f} 中复制的次数，以及在分发期间 $G_{T_D^f}$ 复制数据包的次数。它们是值域为 $[0,\infty]$ 的随机变量。能量消耗与传输数量呈线性增长关系。

系统的能量效率可以定义为

$$
\varepsilon_e = G_{T_D^f} / G_{L^f} \tag{20.4.26}
$$

每个恢复方案的 G_{L^f} 为

$$
\begin{aligned}
&G_{L^f} = \sum_{t=0}^{L^f} \Delta I_t + \Delta R_t \\
&\Delta I_t = I_t - I_{t-1} \\
&\Delta R_t = R_t - R_{t-1}
\end{aligned}
\tag{20.4.27}
$$

其中，ΔI_t 和 ΔR_t 将用于免疫方案、immune_TX 方案和疫苗方案。换句话说，在每个时隙中，传输将增加新感染的数据包的数量，包括那些已被恢复的感染包。

类似地，在所有 D 个目标节点接收到数据包之前，数据包在网络中被复制的次数为

$$
G_{T_D^f} = \sum_{t=0}^{T_D^f} \Delta I_t + \Delta R_t \tag{20.4.28}
$$

其中 T_D^f 是式(20.4.23)给出的传输时延。对于每个时隙的所有传输，都需要计算式(20.4.28)。传输部分是可见的，虽然感染包的数量增加，但是部分感染包在恢复过程中被消除，因此 ΔI_t 和 ΔR_t 这两项应包含在式(20.4.28)中。

20.4.5　模型的扩展和实现问题

20.4.5.1　异构 DTN

如前所述，许多作者已经针对异构 DTN 进行了研究[54-57]。另外，为了证明自适应恢复方案在这种环境下的性能，我们考虑一种异构 DTN，其中具有不同移动性的用户和多个无线接口(MRI)共存，如图 20.4.2 所示。

移动用户可用的 MRI 为其提供连接回程网络的功能。这指的就是系统间联网，并且当回程网络是因特网时，记作 InSyNet(DTN, I)，当回程网络是蜂窝网络时，记作 InSyNet(DTN, C)，

当网络由具有辅助服务提供商(SSP)的认知网络中的认知路由器来生成时，称之为 InSyNet(DTN, SSP)。在其更简单的版本中，InSyNet(DTN, SSP)可以基于组合 DTN 和临时可用的空白空间链路(white space link)构成次要用户(SU)网络。

另一方面，当使用该范例来改善网络中可用信令的能力时，此概念称为 InSyNet(S, D)，其中信令(S)层被设计成覆盖整个云/网络，同时数据(D)层具有传统的 DTN 的概念。这是可行的，因为信令方案处理的数据速率较低，从而在可接受的能量消耗下实现了更高的网络覆盖。InSyNet(S, D)为源端和目的地之间的信令提供了一个直接、低容量的通信信道，为恢复方案的实现带来了一种新的选择，这将在后面进行解释。

具体而言，考虑图 20.4.2 所示的情景。假设当 DTN 的每个终端处于固定位置时，可能存在用户通过 InSyNet(DTN, I)连接到因特网(回程网络)的情况，甚至附近终端的接入点(云)也会被使用。这导致进入了主动网络模式，其中终端协议栈被动态地改变。在这种状态下，可以通过回程网络建立不同云之间的接触(感染)。通常可以假设移动终端在 DTN 内满足速率 λ，静态终端通过因特网以速率 λ_1 到达。

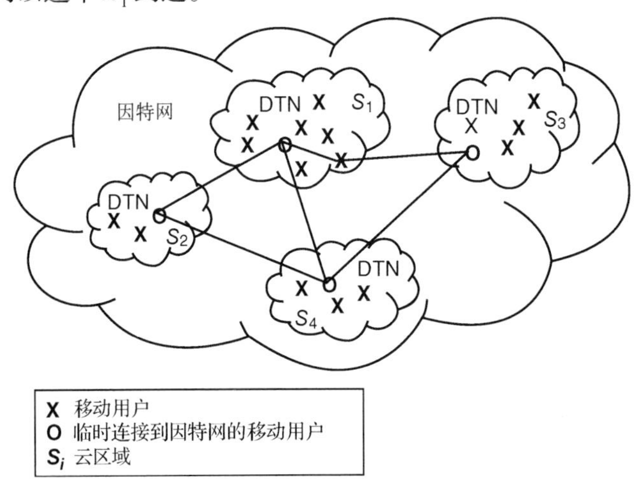

图 20.4.2 异构 DTN 架构

通常假设 $\lambda_1 \geqslant \lambda$。由于篇幅限制，我们用一个简单的示例模型来说明这一模式。在传统的 DTN 中，对于两个移动终端的给定相遇速率 λ，移动和静态终端之间的相遇速率将为 $\lambda/2$，而两个静态终端之间的相遇速率为零，这样即可得到 N 个移动终端中 M 个的平均相遇速率为

$$\lambda_{\text{av1}} = m[\lambda m + (1-m)\lambda/2] + (1-m)[m\lambda/2 + (1-m)\times 0] = \lambda m \tag{20.4.29}$$

其中 $m = M/N$ 是网络中移动用户的占比。可以将相遇速率 λ_{av1} 解释为联合事件的概率之和，其中：(i) m 个移动用户之一以概率 λ 与另一个移动用户相遇，或以概率 $\lambda/2$ 与 $(1-m)$ 个静态用户之一相遇；(ii) $(1-m)$ 个静态用户之一以 $\lambda/2$ 的概率与 m 个移动用户之一相遇，或以零概率与另一个静态用户相遇。

对于 InSyNet(DTN, I)，连接到因特网的两个静态用户之间的相遇速率是比较高的。这种连接类似于 SKYPE 上的多个呼叫者连接在一起。虽然建立和维护连接的过程是不同的，但平均而言，呼叫者能够比在 DTN 中更快地交换消息。简单来说，将此速率归一化($\lambda_1 = 1$)可以得到

$$\begin{aligned}\lambda_{\mathrm{av2}} &= m[\lambda m+(1-m)\lambda/2]+(1-m)[m\lambda/2+(1-m)\times 1] \\ &= \lambda m+(1-m)^2\end{aligned} \tag{20.4.30}$$

上述架构可以由蜂窝网络的 BS 替代因特网生成后门(back hole)网络，产生 InSyNet(DTN, C)，或者在 SSP 网络中由认知路由器产生后门网络，以产生 InSyNet(DTN, SSP)。SSP 网络是认知网络中 SU 的后门网络。

20.4.5.2 实现

1. 网络重置：将通知源端所有目的地都已经收到最后一条消息的过程称为网络重置，并且源端可以传输新的消息。这对应于停止和等待的 TCP 类协议。通常，在这种情况下，适用于 RENO(新 RENO)的窗口类型拥塞控制甚至自适应窗口 TCP 协议都是可用的。由于篇幅有限，我们不对这些解决方案的可行性进行讨论。

　　实现网络重置有着不同的方法。在使用常规恢复方案的组播 DTN 中，一种选择是使用一种简单确认消息（ACK_ξ 消息），来自网络中的每个节点(包括源节点)将收到每个目标节点 ξ 的简单应答。源节点收到确认消息，并在接收到所有 ACK 消息时重置网络。在实际中，通过使用消息序列号(MSN)，能够实现重置，并且当消息被节点接收时，如果还没有被恢复过程删除，那么具有较低序列号的所有消息将被删除。

　　如果数据包含有目的地列表，则上述过程也可以按照分布式方式完成，以便当目的地列表中所包含的每个单独节点接收到 ACK 消息时，可以从缓冲区中删除数据包。该方案的缺点是网络中的源节点和每个节点都需要跟踪数据包的转发过程。

　　通过使用上述自适应恢复方案，源端可以从 f 接收到抗体包后重置网络。自适应恢复方案保证所有目标节点都以概率 $P_D^f(t)$ 接收数据包 f, 因此源端可以在接收到抗体包 f 之后重置网络并开始发送新的数据包。抗体包 f 以与任何受感染用户相同的方式回传到源端。

　　网络重置的另一种方法是使用 InSyNet(S, D)。每个目标节点可以发送信号，以通知源端其已接收到数据包 f, 并且当所有目标节点都通知数据包已收到后，源端可以重置网络。这为重置网络提供了一种新的选择，不需要使用恢复方案[$p_r(t)=0$]，但会产生额外的信令开销。目标节点通知源端已经接收到数据包 f, 而不发送任何抗体包。当所有目标节点通知源端接收到数据包 f 时，源端将重置网络。在这种方法中，源端会跟踪数据包的发送过程。

　　在超时恢复方案中，可以通过 ACK 消息或 InSyNet 执行网络重置，因为抗体包是在定时器超时之后创建的，并且该创建时间与数据包的传输时间无关。

　　独立于所使用的网络重置方案，源端发送新数据包所需的往返时间(RTT)为 $\mathrm{RTT}=T_D^f+T_s^f$ ，其中 T_D^f 是平均传输时延，T_s^f 是源端确认所有目标节点接收到 f（$T_s^f \leqslant T_R^f$）所需的时间。这两个值分别根据所使用的恢复方案和重置方案进行计算。网络吞吐量可以计算为

$$\mathrm{Thr}=n/\mathrm{RTT}$$

其中 n 指源端发送的新数据包的数量。目前，考虑 $n=2(f=a,b)$ 。在后面内容中，提供了适用于任意数量数据包的扩展模型。

2. 将模型推广到具有任意数量数据包的网络编码的传输中：为了方便说明，考虑 PER 有两个数据包的情况，即 PER(2)，有 n 个数据包的网络编码扩展称为 PER(n)，这种

表示很直接。对于$n=(a,b)$，我们创建三个数据包$(a,b,c=a+b)$，ODE 系统由2^2个方程(附加一个f的方程)组成。一般来说，对于任意的n，数据包的不同独立组合的数量是2^n-1，并且 ODE 系统可以由附录 A.20 中所示的迭代程序的2^n个方程组成。当两个被感染的节点相遇时，传输成功的概率随n的增加而增加，并且与$(2^n-1)/2^n$成比例。

换句话说，如果两个被相同数据包感染的节点相遇，就不会发生任何有用的交换。但是时延也会增加，因为目标节点需要发送和接收更多数量的数据包(解码需要n个独立的数据包组合)。

对于$n=2$，认为源端用$2^n-1=3$个包感染网络。为了避免在n较大时源端进行多次发送，可以让源端发送n次(只是数据包，而不是它们的异或组合)。当两个节点相遇时，如果它们在缓冲区中有不止一个数据包，则它们可以按相同的概率发送一个数据包或它们的异或组合。在这种情况下，PER 的性能将受到轻微影响，目标节点为了接收数据包，将需要传输更多的数据包，因为最初被感染节点数量正在减少。这种处理是性能和复杂性之间的折中。然而，与现有方案相比，自适应恢复方案在改进后会实现更好的效果，因为恢复过程应当延长，以防止在消息传递(和解码)到目标节点之前被过早地删除。

3. 推广到任意数量的数据包交换：假设当两个节点相遇时，网络中提供的传输机会可以满足每个节点在每个流上传输一个数据包。简单修改式(20.4.1)和式(20.4.2)，即可用于传输所有不同数据包的情况。应从式(20.4.1)中删除因子$F(t)/3$，用$\lambda F(t)|N-F(t)|$取代式(20.4.2)中的最后一项。然而，这种扩展对于恢复方案的性能提高并没有太大作用。
4. 无约束缓冲区：许多文献表明，网络编码可以更有效地使用有限的缓冲区，因为通过组合缓冲区中的现有数据包，可以减少数据包的数量，而不是丢弃数据包[41-43]。由于本章的重点是恢复方案的性能，因此我们认为无限缓冲区的假设是准确的，因为抗体包(或本节前面讨论的任何类型信令)的大小远小于数据包的大小。

20.4.6 图示

本节将对自适应恢复方案的性能与针对组播 DTN 修改的常规单播恢复方案的性能进行比较。除非另有说明，本节设定相遇速率$\lambda=0.004$，$N=100$，目标节点数量$D=1,\cdots,N$。

图 20.4.3 显示了平均传输时延与通过多态流行性路由获得的目标节点数量D的关系曲线。将结果与无网络编码的基本流行性路由方案(该方案的方程在附录 C.20 中给出)进行对比，可以看出无网络编码的$E[T_D^f]$比使用自适应方案的平均高出约 10%。对于$D=1$(单播情况)，正如文献[41]中所提及的那样，通过网络编码获得的改进几乎是微不足道的。因此，在组播方案中证明的网络编码性能提升也可以在组播 DTN 中得到验证。随着目标节点数量D的增加，改善程度有所增加。通过网络编码的f感染的传播速度更快，从而使数据包更快地到达目标节点。

免疫方案、immune_TX 方案和疫苗方案的效率如图 20.4.4 所示，其中展示了平均传输时延和生命周期与D的关系。假设恢复概率固定为$p_r(t)=1$，并且 DCM 如前所述。从图中可以观察到一些有趣的现象。

在免疫方案中，对于任意的目标节点数量D，$E[T_D^f]<L^f$。这是因为在免疫方案中，感染后的恢复非常缓慢，并且所有目标节点在所有数据包被恢复之前接收到数据包。

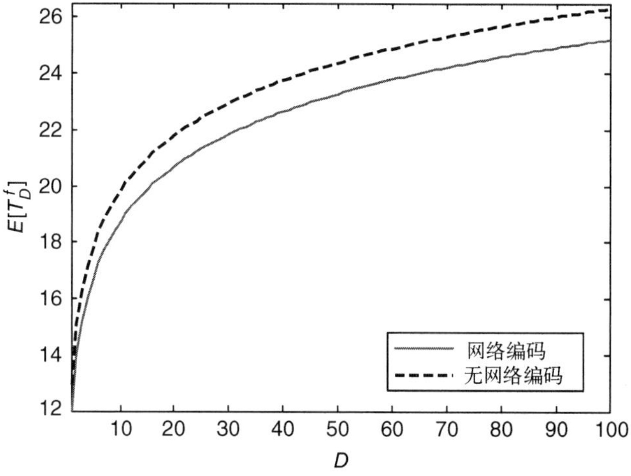

图 20.4.3 目标节点数量 D 与平均传输时延的关系曲线

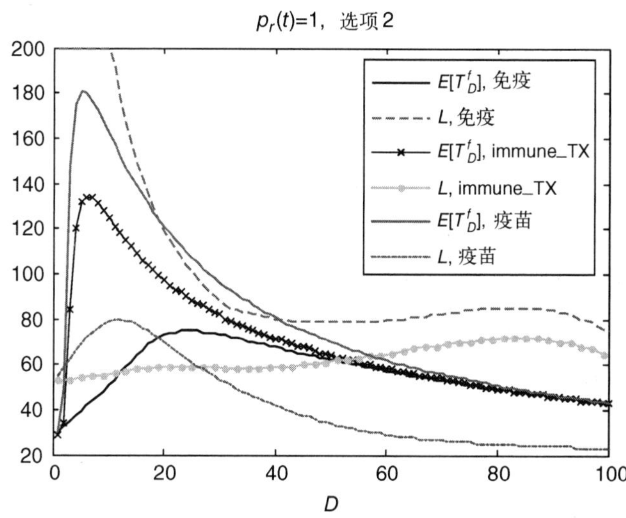

图 20.4.4 平均传输时延 $E[T_D^f]$ 和生命周期 L 与目标节点数量 D 的关系曲线

在 immune_TX 方案中，对于 $D>50$，$E[T_D^f]>L^f$。该恢复方案比免疫方案更快，并且在集合 $\mathcal{D}$ 感染完成之前就能恢复数据包。

最后，疫苗方案是最快的恢复方案，并且对于任意的 D，都满足 $E[T_D^f]>L^f$。疫苗的平均时延 $E[T_D^f]$ 是最大的，因为在感染过程中，被感染数据包的数量显著减少。

数据包在其整个生命周期中的平均复制次数 $E[G_L]$ 和传输期间的平均复制次数 $E[G_{T_D}]$ 如图 20.4.5 所示，这适用于 $p_r(t)=1$ 和 DCM 情况下的免疫方案、immune_TX 方案和疫苗方案。对于 D 较少的一个免疫方案，$E[G_L]>E[G_{T_D}]$。如前文所述，免疫方案的恢复速度非常慢，并且在数据包被传送到目标节点之后又需要传输许多信息（$t>T_D$）。通过 immune_TX 方案所获得的 $E[G_L]$ 和 $E[G_{T_D}]$ 的值几乎相同。对于疫苗方案而言，在数据包到达所有目标节点之前，恢复过程将提前完成（D 较大时会更明显）。在 DCM 中，即使剩余的用户从感染中恢复，目标节点仍会继续相互感染，直到所有目标节点都接收到数据包。因此，可以看出 D 较大时有 $E[G_L]<E[G_{T_D}]$。

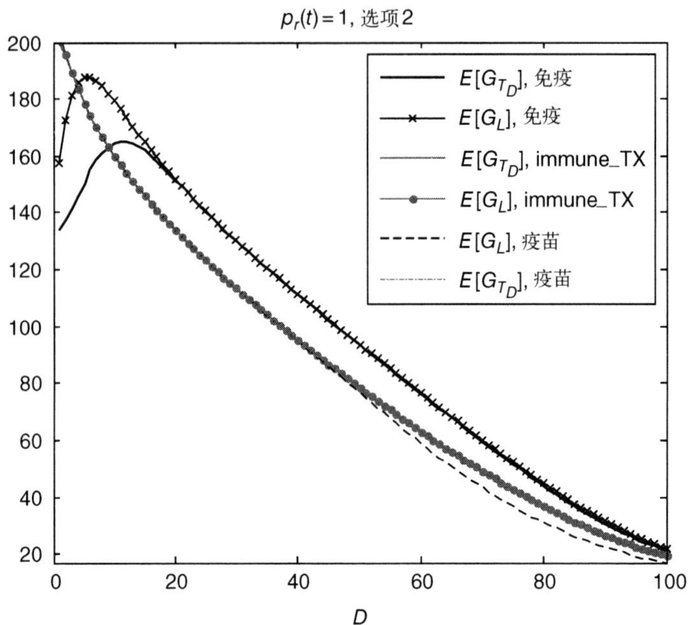

图 20.4.5　D 与平均复制次数 $E[G_L]$ 和 $E[G_{T_D}]$ 的关系曲线

图 20.4.6 显示了 DNCM 对 immune_TX 方案的目标节点感染率 $D^f(t)$ 的影响。在免疫方案和疫苗方案中也有类似影响，但是由于篇幅所限，不再展开讨论。假设 $D=30$，可以看出当 $p_r(t)=1$ 且 $t\to\infty$ 时，$D^f(t)=18$。当目标节点发生感染时，数据包也正在被恢复，30 个目标节点中平均只有 18 个被数据包 f 感染。当使用自适应 immune_TX 方案且 $p_r(t)=p_{r_e}(t)$ 或者 $p_r(t)=p_{r_T}(t)$ 时，可以看到性能显著提高，并且所有目标节点都能接收到 f。

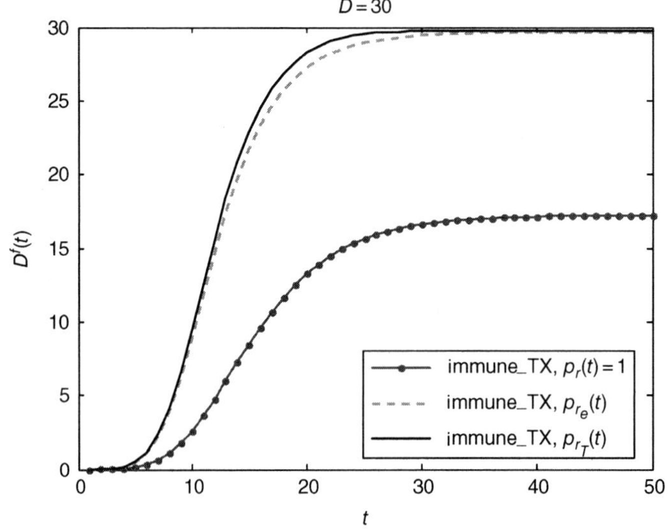

图 20.4.6　DNCM 对 immune_TX 方案的目标节点感染率 $D^f(t)$ 的影响

图 20.4.7、图 20.4.8 和图 20.4.9 展示了不同恢复概率 $p_r(t)$ 下的免疫方案、immune_TX 方案、疫苗方案及超时恢复方案的性能。假设 $D=30$ 且为 DCM。

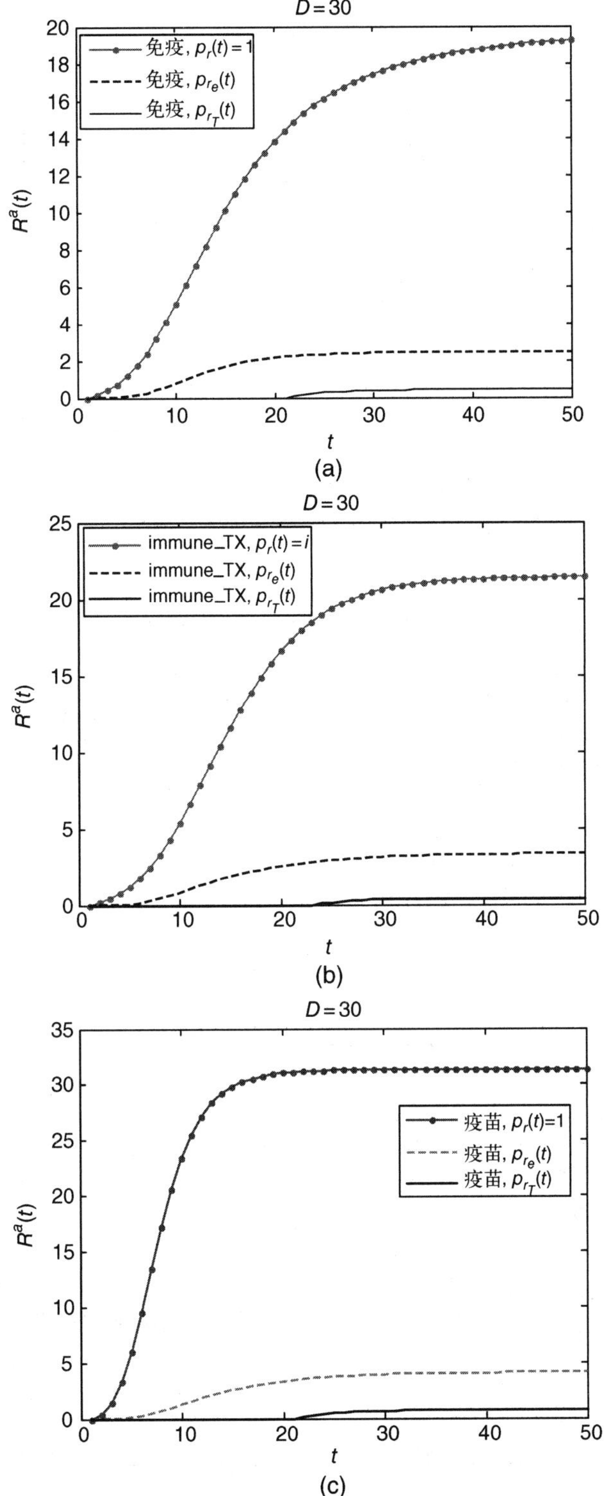

图 20.4.7　平均传输时延下 $R^a(t)$ 与 t 的关系曲线：(a) 免疫方案；(b) immune_TX 方案；(c) 不同 $p_r(t)$ 值下的疫苗方案；(d) 超时恢复方案

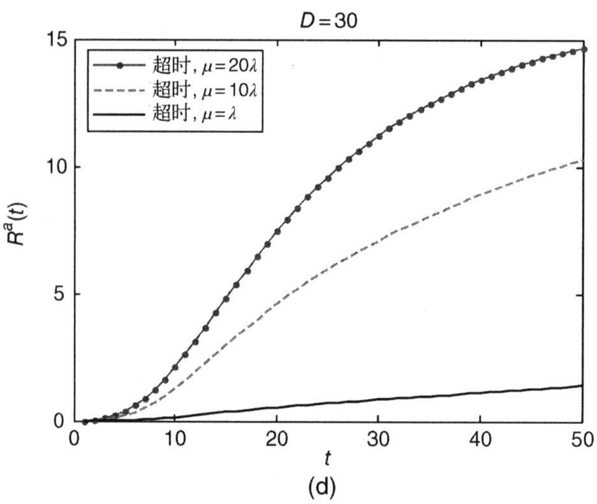

图 20.4.7(续) 平均传输时延下 $R^a(t)$ 与 t 的关系曲线：(a)免疫方案；(b)immune_TX 方案；(c)不同 $p_r(t)$ 值下的疫苗方案；(d)超时恢复方案

图 20.4.7 展示了数据包 a 感染后的恢复情况与时间 t 的关系曲线。可以看出，对于免疫方案、immune_TX 方案和疫苗方案，与固定的 $p_r(t)=1$ 的情况相比，当 $p_r(t)=p_{r_e}(t)$ 和 $p_r(t)=p_{r_T}(t)$ 时，$R^a(t)$减小。这是因为当使用这些自适应恢复方案时，目标用户的感染仍然发生，恢复过程会比较缓慢，因此，被 a 、b 或 c 感染的用户数量随着 t 的增加而减少，同时产生了一些新的数据包 f 。

同样，在图 20.4.8 中也有这种效果，图中给出了相同的方案的 $R^f(t)$ 。通过疫苗方案，可以获得最大数量的已恢复数据包。同样值得注意的是，由于 $p_r(t)=p_{r_T}(t)$ ，恢复过程被延迟并在 $t>T_D^f$ 时刻才开始。对于超时恢复方案，恢复的数据包数量取决于超时因子 μ ，并且其恢复速度比任何其他方案要慢得多。

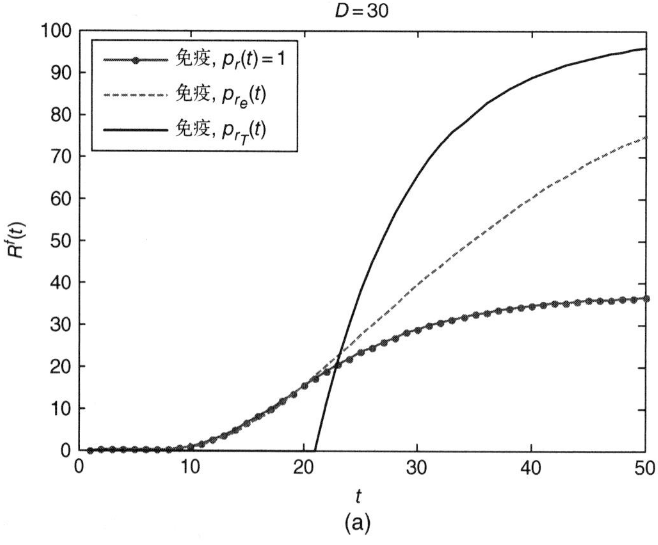

图 20.4.8 平均传输时延下 $R^f(t)$ 与 t 的关系曲线：(a)免疫方案；(b)immune_TX 方案；(c)不同 $p_r(t)$ 值下的疫苗方案；(d)超时恢复方案

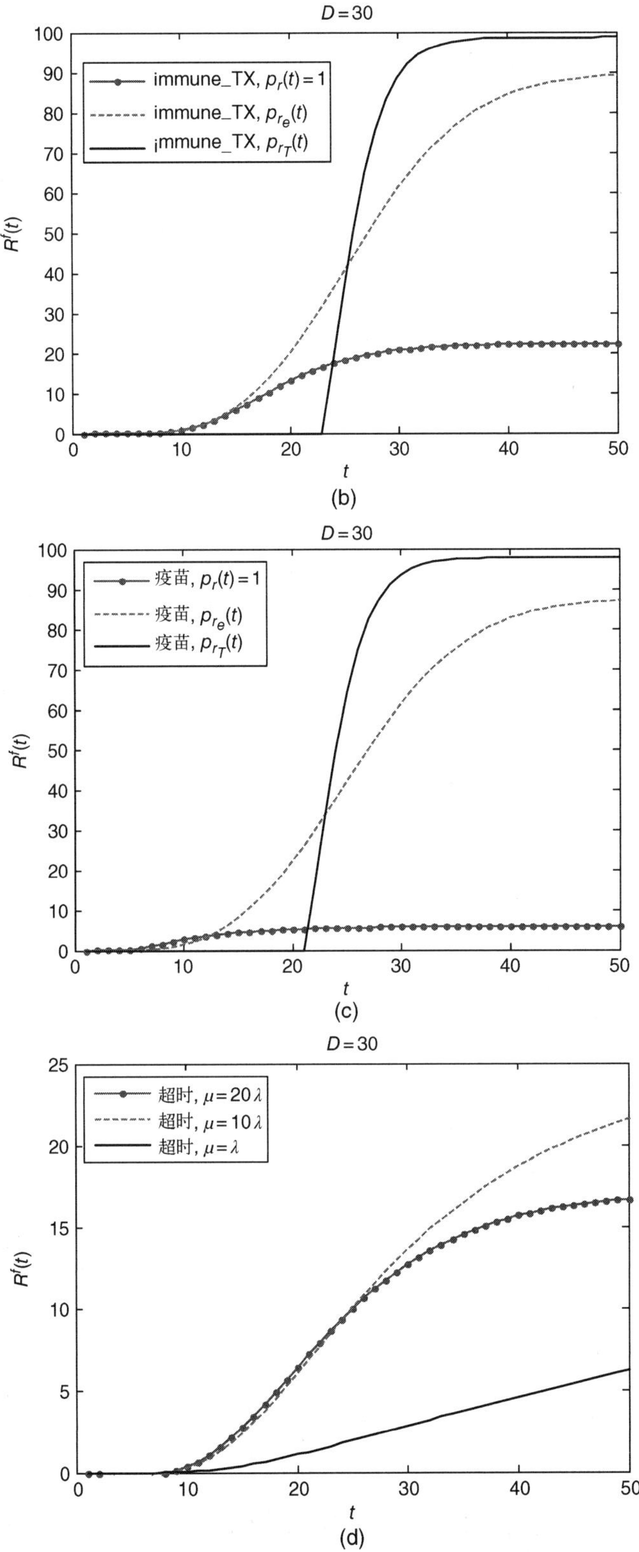

图 20.4.8(续)　平均传输时延下 $R^f(t)$ 与 t 的关系曲线：(a)免疫方案；(b)immune_TX 方案；(c)不同 $p_r(t)$ 值下的疫苗方案；(d)超时恢复方案

在图 20.4.9 中，展示了之前方案的平均传输时延 $E[T_D^f]$。具有固定 $p_r(t)$ 的疫苗方案和 immune_TX 方案能获得最高的 $E[T_D^f]$，并且当 $\mu=\lambda$ 且采取带有自适应免疫的超时恢复方案时，可以获得最低时延，但这是以较大的恢复时延为代价的。可以看出，当 $D<30$ 时，使用自适应性方案与固定的 $p_r(t)$ 相比，可以提升免疫方案 50%的性能、immune_TX 方案 30%的性能及疫苗方案 75%的性能。对于较大的 D，因为有更多的目标节点在发送自己接收到的感染包，以至于所有方案的 $E[T_D^f]$ 都以相同的比例下降。还可以看出，参数 μ 的选择也会影响 $E[T_D^f]$。

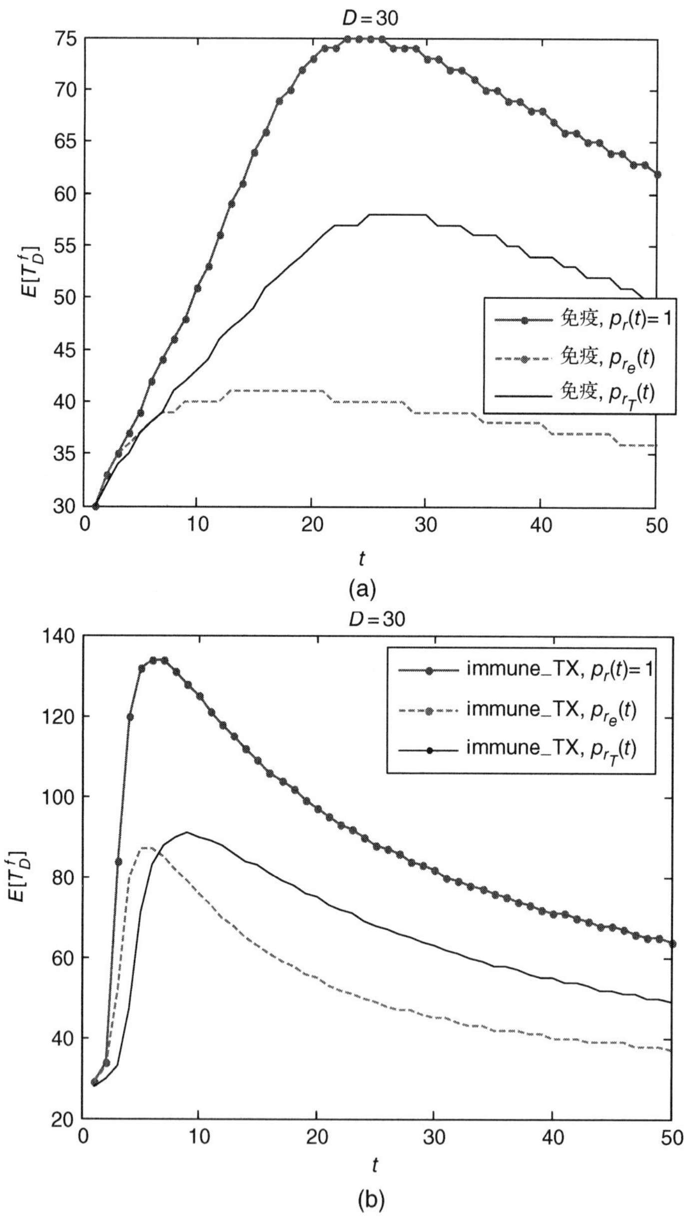

图 20.4.9　平均传输时延 $E[T_D^f]$ 与 t 的关系曲线：(a) 免疫方案；(b) immune_TX 方案；(c) 不同 $p_r(t)$ 值下的疫苗方案；(d) 超时恢复方案

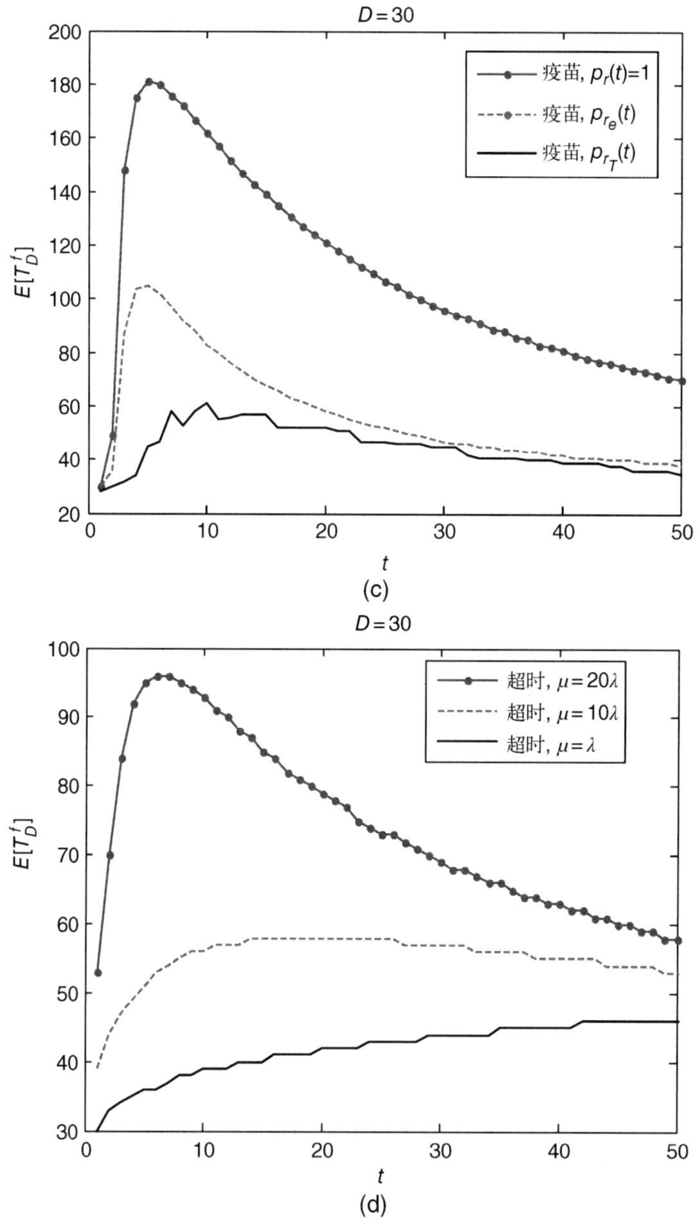

图 20.4.9(续)　平均传输时延 $E[T_D^f]$ 与 t 的关系曲线：(a)免疫方案；(b)immune_TX 方案；(c)不同 $p_r(t)$ 值下的疫苗方案；(d)超时恢复方案

在图 20.4.10 和图 20.4.11 中，展示了 immune_TX 方案扩展模型的性能。在图 20.4.10 中，给出了对于移动用户的不同百分比 m，平均传输时延 $E[T_D^f]$ 与 D 的关系曲线。假设平均相遇速率为 λ_{av1} 和 λ_{av2}，它们分别由式(20.4.40)和式(20.4.41)给出。当 100%的用户移动时，$\lambda_{\text{av}}=\lambda$。在 $m=95\%$（$1-m=5\%$ 的静态用户）的情况下，通过标准 DTN 发送的平均相遇速率 $\lambda_{\text{av1}}=0.0041<\lambda$，而静态用户使用 InSyNet(DTN, I)传输数据，由式(20.4.41)可以得到等效速率增加到 $\lambda_{\text{av2}}=0.0066$。由图 20.4.10 可知，在这种情况下，$E[T_D^f]$ 较低。当静态用户数量增加时，这种改进会更为明显，如图 20.4.10 所示，有10% 为静态用户($m=90\%$)。

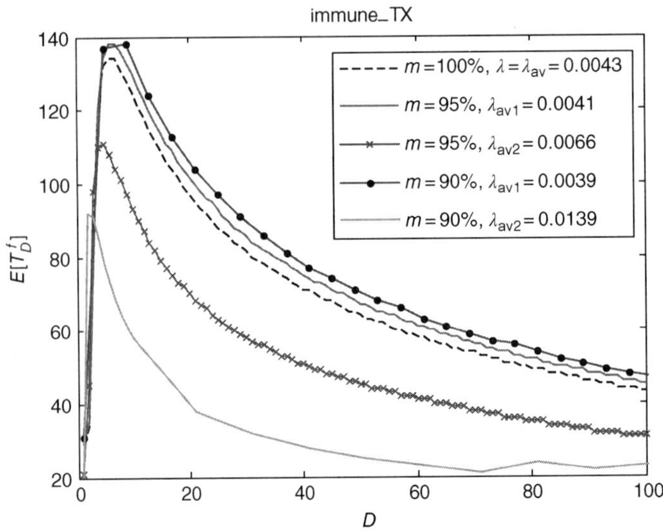

图 20.4.10 对于移动用户的不同百分比 m，平均传输时延 $E[T_D^f]$ 与 D 的关系曲线

图 20.4.11 给出了当有 $m=95\%$ 的移动用户交换 DTN 中的信息及有 $1-m=5\%$ 的静态用户时，immune_TX 和自适应 immune_TX 方案的平均传输时延 $E[T_D^f]$。可以看出，与传统方法相比，自适应方案可以让标准 DTN 在 λ_{av1} 上获得的改进达到 60%。对于 InSyNet(DTN, I)，时延低于标准 DTN 的对应值，但仍然可以通过自适应方案进行改进。在这种情况下，通过自适应 immune_TX 方案获得的改进接近 30%。

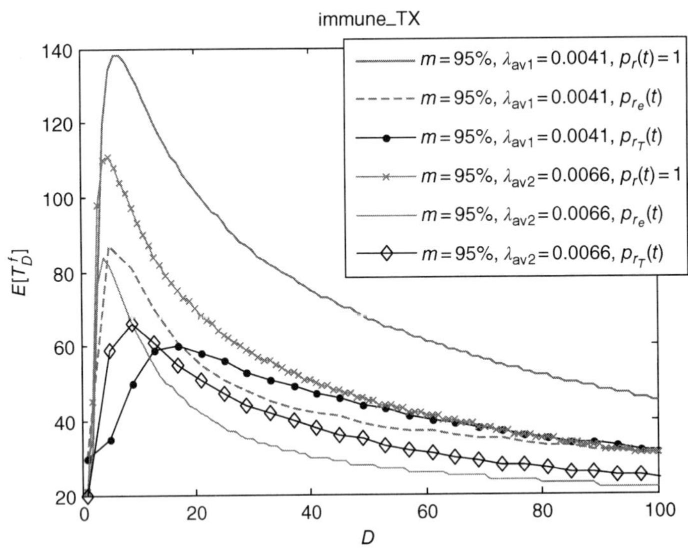

图 20.4.11 immune_TX 方案的平均传输时延 $E[T_D^f]$ 与 D 的关系曲线

综上所述，本节介绍了组播 DTN 的自适应恢复方案。我们将这些算法的性能与针对组播 DTN 修改的多个单播恢复方案进行了比较，同时将网络模型和网络编码与异构 DTN 领域的一些最新技术相结合，以实现深入的讨论和分析。然后将流行性路由协议扩展到所谓的多态感染和网络编码的特定解决方案中，以解决组播会话的网络编码问题。其目的是增加感染节点的相遇速率，减少网络中的新传输并降低网络消息在实际部署时的传输时延。

数值结果表明，通过自适应免疫方案、immune_TX 方案和疫苗方案，可以实现传输时延比常规方案的降低 75%。使用超时恢复方案，可以减少高达 90%的传输时延，代价是产生较长的恢复时延。

由于 DTN 中的节点密度较低，为了改善整个网络的传播，本节定义了一种称为系统间联网(InSyNet)的新型网络模式。通过 InSyNet，静态或移动性较低的用户可以通过回程网络连接到因特网，并作为其附近移动终端云的接入点，将感染传播给属于另一个云的用户。本节已经证明，自适应恢复方案可以给这种异构网络带来显著的性能提升。

最后，基于非线性微分方程系统的分析模型和数值求解该系统的迭代算法，有利于这些系统理论分析工具的深入研究。我们相信，进一步的研究可从这些工具中受益，并在提出的组播架构的基础上进一步开发一些特定的应用程序。

20.5　无尺度随机网络的均场理论

正如在第 1 章和第 14 章所讨论的，具有复杂拓扑的随机网络描述了不同的系统，如因特网、万维网或社交网络和商业网络。经证实，大多数具有拓扑信息的大规模网络都具有无尺度的特征。

此处讨论了由 Barabasi 和 Albert 在文献[58]中引入的无尺度模型的缩放特性，它可以解释连通性的幂律分布。他们使用均场理论预测了各个顶点的生长动态，并使用该理论分析并计算连通性分布和缩放指数。均场方法可用于处理无尺度模型的两个变量的属性且不显示幂律缩放。

20.5.1　网络模型

20.5.1.1　Erdos-Renyi 模型

随机网络模型由 Erdos 和 Renyi[59, 60]引入(也称 ER 模型)，他们首先通过概率方法研究了随机图的统计学特征。在 ER 模型中，从 N 个顶点开始无键建立[见图 20.5.1(a)]。以同一个概率 p_{er} 用一条线(键或边)连接每对顶点，生成一个随机网络。由 ER 模型描述的随机网络具有 N 个以概率 p_{er} 相连的顶点，系统中的边总数为 $n = p_{\text{er}}N(N-1)/2$ 。下面给出 $p_{\text{er}} = 0$ 和 $p_{\text{er}} = 0.2$ 的具有 $N = 10$ 个顶点的网络示例。在 $p_{\text{er}} = 0$ 时，系统中没有边。选择每对顶点，并以概率 $p_{\text{er}} = 0.2$ 进行连接。该图显示了上述处理过程的结果，网络具有 $n = 9$ 条边。对于 $p_{\text{er}} = 1$，该模型是一个完全连接的网络。使用 ER 模型的最大发现是，这些图的许多属性出现得非常突然，其阈值为 $p_{\text{er}}(N)$ 。

树和周期的出现是拓扑图的一个重要属性。k 阶树是具有 k 个顶点和 $k-1$ 条边的连通图，而 k 阶的周期是 k 条边的循环序列，使得每两个连续的边具有共同的顶点。ER 模型证明，如果 $p_{\text{er}} \sim c/N$ ，$c<1$，那么几乎所有顶点都属于孤立的树，但是当出现所有的周期时，每当 $p_{\text{er}} \sim 1/N$ 时都会有突变。在相关文献中，ER 模型通常被称为无限维渗透，它属于均场渗透的一般类别[61]。在本书中，p_c 是系统的渗透阈值。对于 $p < p_c$ ，系统被分解成许多小簇，而在 p_c 处形成一个大簇，在渐近极限中包含所有顶点。这些特征已经在第 14 章进行了讨论。

为了将 ER 模型与其他网络模型进行比较，需要关注其连通性分布。ER 模型表明(见第 14 章)，顶点有 k 条边的概率遵循泊松分布 $P(k) = \mathrm{e}^{-\lambda}\lambda^k / k!$，其中

$$\lambda = \binom{N-1}{k} p_{\text{er}}^{k} (1-p_{\text{er}})^{N-1-k} \tag{20.5.1}$$

并且期望是$(N-1)p_{\text{er}}$。

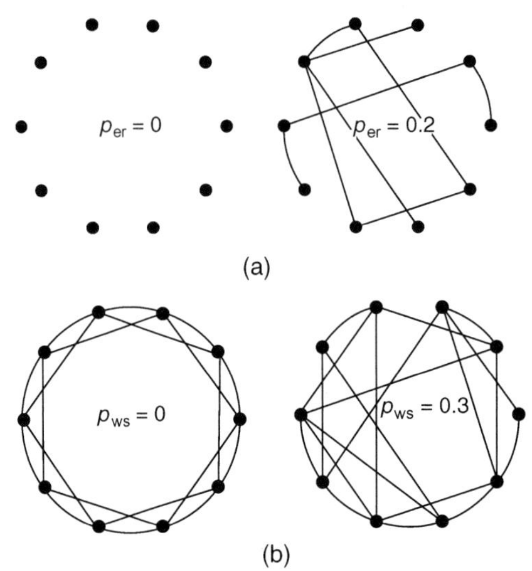

图 20.5.1 网络增长图示：(a) Erdos-Renyi (ER) 模型；(b) Watts-Strogatz (WS) 模型

20.5.1.2 小世界模型

Watts 和 Strogatz 描述了从局部有序系统到随机网络的过渡[63]，引入了一种通常称为小世界网络的新模型(小世界模型，WS 模型)。第 14 章介绍了这样一种模型，该模型从具有 N 个顶点的一维网格开始，在最邻近顶点和次邻近顶点之间具有键(一般来说，算法包括 n 阶的邻近顶点，使得顶点协调数为 $z=2n$)和周期边界条件[见图 20.5.1(b)]。

在该图中，WS 模型从具有最邻近顶点和次邻近顶点之间的边的规则一维网格开始，因此平均连通性为 $\bar{k}=4$。然后边的 p_{ws} 部分被随机重新布局(其端点被改到随机选择的顶点)。该示例呈现了 $N=10$ 个顶点的网络。对于 $p_{\text{ws}}=0$，系统是具有 $2N$ = 20 条边的规则网格。对于 $p_{\text{ws}}=0.3$，$2p_{\text{ws}}N=6$ 条边已被重新设置为连接随机选择的顶点。注意，对于 $p_{\text{ws}}=1$，获得一个随机网络，相当于 $p_{\text{er}}=\bar{k}/N=0.4$ 时的 ER 模型。

每个键以概率 p_{ws} 重新布局，在这种环境下，重新规划意味着将键的一端转移到整个系统随机选择的一个新顶点上，其约束是两个顶点之间不能有多个键，并且任何顶点本身都不能有键结。对于 $p_{\text{ws}}=0$，网格是高度聚类的，并且两个顶点之间的平均距离 $\bar{l}$ 随着 N 线性增长，而对于 $p_{\text{ws}}=1$，系统将变为一个随机图。在 $0<p_{\text{ws}}<0.01$ 的区间中，可以发现模型具有小世界特性($\bar{l}\simeq\bar{l}_{\text{random}}$)，而且它仍然保持高度集聚。WS 模型的连通性分布强依赖于 p_{ws}：对于 $p_{\text{ws}}=0$，有 $P(k)=\delta(k-z)$，其中 z 是网格的协调数；而对于有限的 p_{ws}，$P(k)$ 的峰值仍然在 z 附近，但它变宽了。最终，随着 p_{ws} 趋于 1，分布 $P(k)$ 接近随机图的连通性分布，即分布收敛于具有 $p_{\text{er}}=z/N$ 的 ER 模型。

20.5.2 Barabasi 的无尺度模型

前面讨论的 WS 模型预测顶点连通性的概率分布 $P(k)$ 具有指数截断，并且具有与 p 相关

的特征值 $\overline{k}$ 。此外，许多系统本质上具有 $P(k)$ 没有规模限制的共同特征，遵循多个数量级的幂律分布。为了了解这种差异的起源，Barabassi 等人[58]认为，实际的网络有两个方面没有纳入这些模型(BA 模型)中。

1. 这两个模型都假设从固定数目(N)的顶点开始，随机连接(ER 模型)或重新连接(WS 模型)，而不修改 N 。此外，大多数实际的网络是开放的，它们是通过不断地向系统添加新的连接点而形成的。因此，在网络的整个生命周期中，顶点数 N 都在增加。例如，在万维网(WWW)中添加新的网页在时间上呈指数级增长，因特网通过添加新的顶点/路由器甚至域而不断扩大。因此，这些系统的共同特征是，网络通过添加与系统中已经存在的顶点建立连接的新顶点而不断地扩展。
2. 随机网络模型假设两个顶点连接的概率是随机均匀的。相比之下，大多数实际的网络存在优先级机制。例如，新创建的网页更有可能包括具有高连通性的流行文档链接，或者新的文档更可能引用一个高认可度的论文，而不是较少引用的和认可度低的论文。这些示例表明，新顶点连接到现有顶点的概率不是均匀的，但是响应具有大量连接的顶点的概率是较高的。在 BA 模型中引入的无约束模型[58]并不包含这两个方面，自然导致观察到的尺度分布不准确。

在图 20.5.2 中，BA 模型的定义分为两个步骤。

1. 增长：从数量较少(m_0)的顶点开始，在每个时间步长，增加一个新顶点、m ($m \leqslant m_0$) 条边(连接到系统中已存在的顶点)。
2. 优先连接：当选择新的连接顶点时，假设新顶点连接到顶点 i 的概率取决于该顶点的连通性 k_i ，使得

$$a(k_i) = k_i / \sum_j k_j \tag{20.5.2}$$

在图 20.5.2 中，给出了 $m_0 = 3$ 和 $m = 2$ 的 BA 模型。在 $t = 0$ 时，系统由 $m_0 = 3$ 个独立顶点组成。在每个步骤中，增加一个新顶点，其连接到 $m = 2$ 个顶点，优先连接到具有高连通性的顶点上，这是由规则式(20.5.2)确定的。因此，在 $t = 2$ 处有 $m_0 + t = 5$ 个顶点和 $mt = 4$ 条边。在 $t = 3$ 时，添加第 6 个顶点，两条新边用虚线绘制。由于优先连接，新顶点被连接到具有高连通性的顶点上。

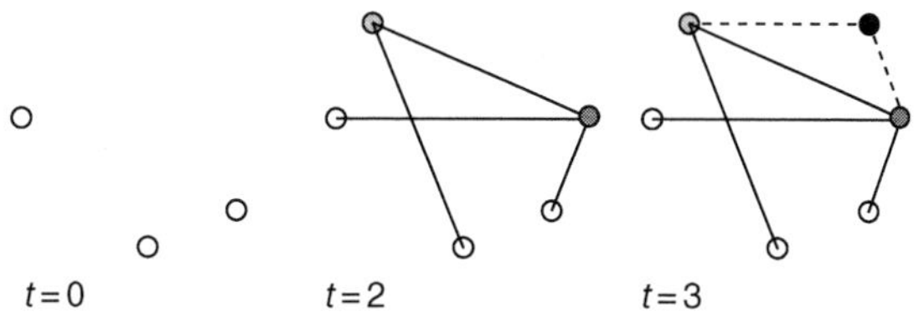

图 20.5.2　$m_0 = 3$ 和 $m = 2$ 的 BA 模型

在 t 个时间步长之后，该模型成为具有 $N = t + m_0$ 个顶点和 mt 条边的随机网络。文献[58]的仿真结果表明，这个网络的尺度不变，具有 k 条边的顶点遵循参数为 $\gamma_s = 2.9 \pm 0.1$ 的幂律分布。缩放指数与模型中唯一的参数 m 无关。由于在实际网络中观察到的幂律描述了不同阶段、不同大小的系统，因此人们希望有一个正确的模型，它可以提供一个主要特征与时间无关的分布。实际上，同样的仿真[58]证明了 $P(k)$ 与时间无关(系统大小 $N = t + m_0$)，表明尽管系统

在持续增长，但该系统自身仍处于静止状态。

后续工作将分析一种计算概率 $P(k)$ 的方法，使我们能够准确地得到缩放指数。增长和优先连接的结合导致单个顶点连通性的动态变化是十分有趣的。连接次数最多的顶点是在网络的早期阶段加入的，此顶点与其余顶点的连通性将成比例地增长。因此，一些最早期的顶点有很长的时间来获取链路，并将影响 $P(k)$ 中的高 k 部分。

20.5.3 均场网络模型

可以使用均场方法分析并计算给定顶点的连通性的时间依赖性。假设 k 是连续的，并且概率为 $a(k_i)=k_i/\sum_j k_j$，这可以解释为 k_i 的连续变化率。因此，由式(24.2.1)，可以得到一个顶点 i 满足下式：

$$\partial k_i/\partial t = Aa(k_i) = Ak_i/\sum_{j=1}^{m_0+t-1} k_j \tag{20.5.3}$$

考虑到 $\sum_j k_j = 2mt$，时间步长的连通性变化是 $\Delta k = m$，有

$$\sum_i \partial k_i/\partial t = m = A\sum_i \left(k_i/\sum_{j=1}^{m_0+t-1} k_j\right) = A \tag{20.5.4}$$

可以得到 $A=m$，并且得到

$$\partial k_i/\partial t = k_i/2t \tag{20.5.5}$$

初始条件为顶点 i 在时刻 t_i 以连通性 $k_i(t_i)=m$ 被加到系统中，该式的解为

$$k_i(t) = m\sqrt{t/t_i} \tag{20.5.6}$$

因此，较旧（较小的 t_i）顶点以较新（较高的 t_i）顶点为代价增加了它们的连通性，这使得高连通性的顶点可以很容易地在实际网络中找到。此外，该属性可用于分析前面介绍的指数 γ。使用式(20.5.6)，顶点具有小于 k 的连通性 $k_i(t)$ 的概率为

$$P[k_i(t)<k] = P\left(t_i > m^2t/k^2\right) \tag{20.5.7}$$

假设以相等的时间间隔向系统添加顶点，则 t_i 的概率密度为

$$P_i(t_i) = 1/(m_0+t) \tag{20.5.8}$$

将其代入式(20.5.7)，得到

$$\begin{aligned} P(t_i > m^2t/k^2) &= 1 - P(t_i \leqslant m^2t/k^2) \\ &= 1 - [1/(t+m_0)]\int_0^{m^2t/k^2} \mathrm{d}t_i = 1 - m^2t/[k^2(t+m_0)] \end{aligned} \tag{20.5.9}$$

$$P(k) = \frac{\partial P[k_i(t)<k]}{\partial k} = \left(\frac{2m^2t}{m_0+t}\right)k^{-3} \quad \to \gamma = 3 \tag{20.5.10}$$

预测 $\gamma=3$ 独立于 m。此外，式(20.5.10)也预测了幂律分布中的系数 A，$P(k)\sim Ak^{-\gamma}$，与网络的平均连通性的平方成正比，即 $A\sim m^2$。

20.5.4 不完全 BA 模型

无规模限制模型中幂律标度的发展表明，增长和优先连接在网络发展中起着重要的作用。

为了验证这两个步骤都是必要的，文献[58]研究了 BA 模型的两个变体。第一个变体称为模型 A（也称 BA/A 模型），它保持了网络不断增长的特征，但消除了优先连接。该模型的定义如下（见图 20.5.4）。

1. 增长：从数量（m_0）较小的顶点开始，在每个时间步长，增加一个新顶点、$m \leqslant m_0$ 条边。
2. 均匀连接：假设新顶点以等概率连接到已经存在于系统中的顶点，即与 k_i 无关的 $a(k_i) = 1/(m_0 + t - 1)$。

在图 20.5.3 中，显示了 $m_0 = 3$ 和 $m = 2$ 的 BA/A 模型。在 $t = 0$ 时，有 $m_0 = 3$ 个顶点，没有边。在每个步骤中，将新顶点加到系统中，该顶点随机连接到已经存在的 $m = 2$ 个顶点上。如在 BA 模型中，在 $t = 2$ 时，有 5 个顶点和 4 条边。在 $t = 3$ 时，第 6 个顶点被加到系统中。两条新边用虚线绘制。由于优先连接不存在，因此新顶点以相等概率连接到系统中的任意顶点。文献[58]中的仿真结果表明，与无尺度限制模型相反，不同的 m 值获得的概率 $P(k)$ 具有指数形式：

$$P(k) = B\exp(-\beta k) \tag{20.5.11}$$

此处再次使前面研究的均场参数来分析并计算 $P(k)$ 的表达式。在这种情况下，顶点 i 的连通性的变化率由下式给出：

$$\partial k_i / \partial t = Aa(k_i) = A/(m_0 + t - 1) \tag{20.5.12}$$

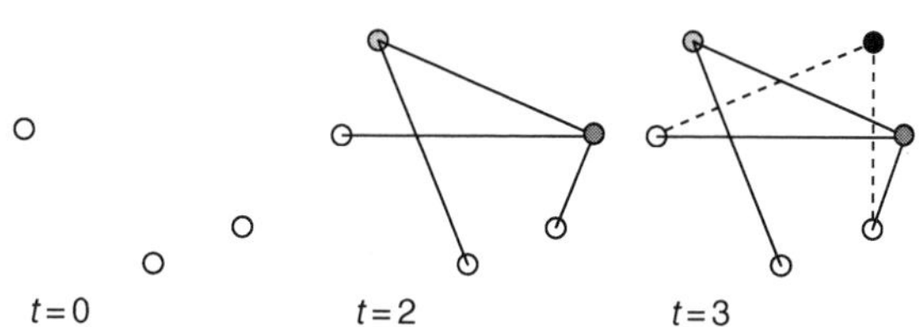

图 20.5.3　$m_0 = 3$ 和 $m = 2$ 的 BA/A 模型

与前面使用的参数类似，由于一个时间步长 $\Delta k = m$，可得 $A = m$。求解 k_i 方程，并考虑 $k_i(t_i) = m$，得到

$$k_i = m[\ln(m_0 + t - 1) - \ln(m_0 + t_i - 1) + 1] \tag{20.5.13}$$

文献[58]中的仿真结果表明，上式随时间呈对数形式增加。顶点 i 的连通性 $k_i(t)$ 小于 k 的概率为

$$P[k_i(t) < k] = P[t_i > (m_0 + t - 1)\exp(1 - k/m) - m_0 + 1] \tag{20.5.14}$$

假设将顶点均匀地添加到系统中，可以得到

$$\begin{aligned} &P[t_i > (m_0 + t - 1)\exp(1 - k/m) - m_0 + 1] \\ &= 1 - \frac{(m_0 + t - 1)\exp(1 - k/m) - m_0 + 1}{m_0 + t} \end{aligned} \tag{20.5.15}$$

使用式（20.5.10）并假设时间很长，即得

$$P(k) = \frac{\mathrm{e}}{m}\exp\left(-\frac{k}{m}\right) \tag{20.5.16}$$

在式（20.5.11）中，系数为 $B = \mathrm{e}/m$ 且 $\beta = 1/m$。

第二个不完全变体称为模型 B(称之为 BA/B 模型)，文献[58]验证了一个假设，即模型的增长特性对于维持在实际系统中观察到的无尺度状态是必不可少的。BA/B 模型定义如下(见图 20.5.4)。

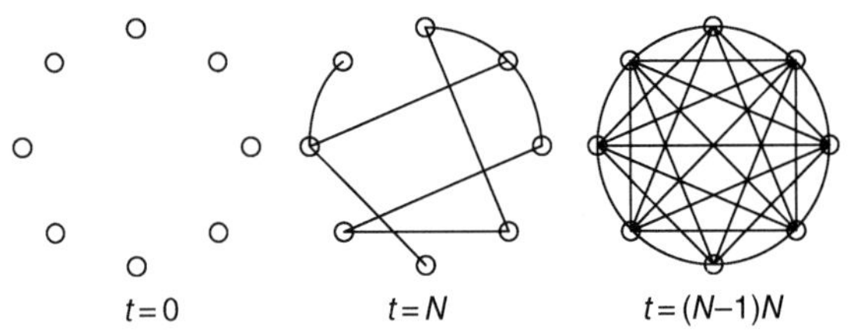

图 20.5.4　$m_0=3$ 和 $m=2$ 的 BA/B 模型

从没有边的 N 个顶点开始。在每个时间步长，随机选择一个顶点并将其以概率 $a(k_i)=k_i/\sum_j k_j$ 与系统中的顶点 i 相连。在图 20.5.4 中，这个模型中有 $N=8$ 个顶点，顶点的数量是固定的。在 $t=0$ 时，没有边。在每个步骤中，引入了新的边，将其一端加到一个随机选择的顶点上，另一端遵循优先连接 $a(k_i)=k_i/\sum_j k_j$ 的规则。例如，在 $t=N$ 时，系统有 8 条边需要考虑，当 $t=N(N-1)/2$ 时，系统完全连接。

因此，与 BA/A 模型相比，这种变体消除了增长过程，网络演化过程中的顶点数量保持不变。文献[58]中的仿真结果表明，虽然模型在早期表现出幂律分布，但 $P(k)$ 不是静态的。

由于 N 是常量，并且边数随时间增加，则在 $T\simeq N^2$ 步后，系统的所有顶点都处于已连接的状态。可以使用以前模型中的均场准则来分析并计算个体连接时间的变化。顶点 i 连通性的变化有两个作用：第一，描述了随机选择顶点作为链路起点时的概率，$a_r(k_i)=1/N$；第二，其与 $a(k_i)=k_i/\sum_j k_j$ 成比例。可以把来自一个被随机选择顶点的边与顶点 i 有关的概率表述为

$$\partial k_i/\partial t = Ak_i/\sum_{j=1}^{N} k_j + 1/N \tag{20.5.17}$$

这与之前模型中的结论类似，同时考虑到 $\sum_j k_j = 2t$，并且在一个时间步长内连通性的变化是 $\Delta k=2$ (这里排除把相同顶点同时作为起点和终点的情况)，得到 $A=N/(N-1)$，且

$$\partial k_i/\partial t = \frac{N}{N-1}\frac{k_i}{2t}+\frac{1}{N} \tag{20.5.18}$$

这个方程的求解方式如下：

$$k_i(t)=\frac{2(N-1)}{N(N-2)}t + Ct^{N/2(N-1)} \tag{20.5.19}$$

当 $N\gg 1$ 时，可以用下式：

$$k_i(t)=2t/N + C\sqrt{t} \tag{20.5.20}$$

来近似 k_i。

由于顶点的数量是不变的，因此没有“引入时间” t_i。然而，存在类似于 t_i 的时间：第一次选择顶点 i 作为边的起点的时刻，同时其连通性从 0 变为 1。

式(20.5.20)仅对于 $t > t_i$ 有效，所有顶点将在 $t > N$ 之后遵循该规律。常量 C 可以通过以下条件确定：$\sum_j k_j = 2t$，则 $k_i(t) \simeq 2t/N$。

由于上面使用的是均场近似预测，在瞬态周期之后，所有顶点的连通性应该具有相同的值，即 $k_i(t) \simeq 2t/N$，因此期望其连通性分布在它的平均值周围变成一个高斯分布。实际上，仿真结果表明，随着时间的推移，$P(k)$ 的形状从初始的满足幂律分布变为高斯分布。不完全模型 BA/A 和 BA/B 都不满足无尺度分布的结果，这表明需要两种因素，即增长和优先连接，才能在实际网络中观察到平稳幂律分布。

20.6 频谱共享和均场理论

如第 9 章和第 19 章所讨论的，机会性频谱接入(opportunistic spectrum access，OSA)有望减轻预期的频谱稀缺问题。这允许剩余频谱所有者将其频谱出租给无许可频谱消费者(或 SU)，以增加收入并提高频谱利用率。下面分析个体的 SU 偏好如何影响需求，并证明即使在 SU 做出单方面决策的情况下，需求仍可以收敛到均场极限。

20.6.1 使用均场理论的最优无线服务提供商选择策略

根据文献[62]中提出的概念，在本节中，假设无线服务提供商(wireless service provider，WSP)使用不同的频谱带，并使用均场方法来推导出 SU 的最优选择策略。首先，我们研究用于评价频谱市场需求的近似均场模型。然后证明其收敛性，并得出了均场方案中的最优 WSP 选择策略。

如前面所讨论的，均场方法是用于分析大量交互对象的状态演化的一种简单而有效的方法。特别地，它适用于分析各个节点的局部行为如何影响大规模网络的全局属性。在这个问题中，SU 的行为是由它的类型(即它的首选 WSP)决定的，而全局属性是不同类型的 SU 对应的稳态分布。

均场方法使用积分方程来近似需求的演变，其状态在某些条件下收敛于方程的稳定点(即均场极限)。接下来，首先使用均场模型来描述如何发展机会性频谱市场(opportunistic spectrum market，OSM)，然后来证明均场理论适用于需求分析。

在这个过程[62]中，使用以下定义：

- 一条链路是一组活跃的发射机-接收机对。如果刚刚从空闲状态切换到传输状态段，则可认为它是新加入的。
- N 是活跃链路的数量。链路的加入和离开满足泊松分布。然而，假设链路群体最终可以达到一个稳定状态，使得离开率等于到达率，并且链路总数保持大致恒定。
- λ 是链路的流量速率。此外假设链路的 ON/OFF 业务模式是突发的，遵循速率为 λ 的泊松分布。
- $N_c(t)$ 是在 t 时刻使用信道 c 的活跃链路总数。链路按照以下规则分类：如果链路 i 选择信道 $c \in C$，则该链路的类型为 c。

我们在短的时间周期 Δt 内研究频谱的演变。这一时期新加入的二级链路数量是 $N\lambda\Delta t$。这也是 Δt 时间内断开连接的次数，因为当离开率等于到达率时，我们专注于 SU 数量的稳定状态。每个新加入的链路都会从 WSP 中短期租用一个信道。注意，已经租用信道的活跃链路处于发送/接收模式，并且必须保持其当前信道(WSP)选择。

对于随机选择的链接i，使信道c能提供最大效用的概率为P_c，即

$$P_c = \Pr\left\{c = \arg\max_{c*\in C} \mathcal{U}_i(c^*)\right\}, \forall c \in C \tag{20.6.1}$$

其中效用$\mathcal{U}_i(c)$被定义为

$$\mathcal{U}_i(c) = B \log\left(1 + \frac{P_o g_{c,i}}{I_{c,i} + N_o}\right) - p_c \tag{20.6.2}$$

其中B是信道带宽，$g_{c,i}$是二级发射机和接收机之间的信道增益，N_o是噪声，P_o是发射功率。由链路i的接收机所在的信道c上的 SU 引起的累积干扰功率的平均值表示为$I_{c,i}$，p_c表示频谱价值(每单位时间)。在时间Δt内新连接的链路中，选择信道c的链路的数量是$N\lambda\Delta tP_c$。在$(t+\Delta t)$时刻，信道c上总的次要用户数为

$$N_c(t + \Delta t) = N_c(t) + N\lambda\Delta tP_c - N_c(t)\lambda\Delta t \tag{20.6.3}$$

式(20.6.3)描述了需求的变化。需求均衡可以定义为需求变化的稳定点，即

$$\begin{gathered}\frac{\partial N_c(t)}{\partial t} = \frac{N_c(t+\Delta t) - N_c(t)}{\Delta t} = N\lambda P_c - N_c(t)\lambda = 0 \\ \Leftrightarrow P_c = \frac{N_c(t)}{N}\end{gathered} \tag{20.6.4}$$

式(20.1.4)表示 SU 选择 WSP 的概率等于使用信道c的 SU 所占的比例,称为信道占用度，即$\prod_c(t) = N_c(t)/N$。占用度反映了t时刻 WSP 在信道c上用户的需求量。

20.6.2　终端数量有限的无线服务提供商选择策略

本节通过引入以下假设进一步讲解前面的模型：

1. 终端数量N比较大但是有限的。
2. 用户到达率和服务率分别用λ和μ表示。
3. 可用信道(运营商)的集合C，大小为C。

式(20.6.3)可以转化为

$$N_c(t+\Delta t) = N_c(t) + [N - N_C(t)]\lambda\Delta tP_c - N_c(t)\mu\Delta t, \quad c \in C \tag{20.6.3a}$$

其中$N_c(t) = \sum_{c\in C} N_c(t)$，并且式(20.6.4)可以写成

$$\begin{aligned}&[N_c(t+\Delta t) - N_c(t)]/\Delta t = \\ &N_c' = +[N - N_C(t)]\lambda P_c - N_c(t)\mu, \quad c \in C\end{aligned} \tag{20.6.4a}$$

这表示了可以使用附录 A.20 中提出的迭代方法来求解的微分方程组。

20.7　复杂系统的动态建模

第 14 章介绍了复杂网络理论，此外在 20.5 节讨论了一个有效的工具，用于研究系统的物理属性，这些系统由许多相同的元素(主要通过局部交互作用而互相影响)组成。

本节提出了为复杂系统开发的新模型，展示了不同增长控制策略下的网络模型。这些模型为经济、通信网络和因特网、生物学、科学和研究、教育和交通网络中不同系统的效率提供了统一的标准。该模型基于网络节点的相关性估计。我们讨论了反映未来节点相关性的节点的正向相关性 r^+，以及反映过去节点相关性的节点的反向相关性 r^-。利用这些参数，我们定义了渐近式规划策略，其中带有优先连接的新节点具有高度正向相关性 r^+。作为参考，我们引入了具有局部和非全局网络规划的系统，以便使用随机连接策略进行比较。在所有这些概念中，新连接的节点与其所连接的节点具有相同的相关性。其中的性能指标是系统效率，定义为节点相关性与其连通性之间的差异。

我们基于以下在真实网络中的观察结果来模拟复杂网络中的动态情况。

1. 网络中会出现新节点(出生)，但是也会删除一些节点(死亡)，这表明复杂网络符合出生-死亡增长模型。在神经网络中，通过训练和强化，可以模拟神经元的类型及其互连变化。在社交网络中，不同角色的流行度和影响力也会发生变化，如新明星诞生，早期明星的流行度逐渐消失。在经济和科学方面，对不同技术和科学领域的关注也会不断变化。在通信网络中，由于技术和时间/空间流量分配的变化，因此会增加新节点，也可能会删除一些旧节点。
2. 网络中节点的相关性随时间变化，使得首选节点倾向于具有较高相关性(r^+ 连接)而不是具有较高时间连通性(r^- 连接)的节点。相关性可能会随时间而改变。

对于所有上述示例，节点可能不会完全消失，但由于上面列出的原因，其相关性可能会随时间的推移而改变。

基于这些原因，我们提出一个反映上述动态情况的复杂网络模型。

1. 带有时变优先连接的节点相关性动态变化模型。
2. 通过两种不同的机制来控制网络同步增长和减少(压缩)。

该模型包含了现实生活中观察到的网络的一些特征，如网络中的节点有时出现，但也有时消失。节点的重要性/相关性也随时间变化，使得网络中新链路的优先连接不一定针对具有较高连通性的节点(r^- 连接)，而是指向最相关的节点(r^+ 连接)。在不同的网络中，这些现象是由不同的原因造成的，我们将简要讨论。在即时识别节点相关性的细分领域，还有许多工作要做。

20.7.1　动态系统模型

首先引入节点相关性向量 $\mathbf{r}=\{r_1,r_2,\cdots,r_R\}$ 来识别 R 个节点之间不同的相关性水平。这种相关性是随时间变化的，并且在分析中将被明确表示。系数 r 的值被归一化，使得在任何时刻它们的总和为 1。从 R 个节点开始，在每一个时刻有不同的相关性，添加新节点并通过 m 条链路连接到现有节点。每个新链路以下面所示的概率连接到相关性为 r 的特定现有节点：

$$\pi^r(t)\frac{r(t)}{\sum_{r\in\mathbf{r}}\sum_{j=1}^{R+t-1}k_j^r},\quad r\in\mathbf{r} \tag{20.7.1}$$

这些节点的连通性将增加为

$$\frac{\partial k_i^r}{\partial t}=m\pi^r(t),\ \ r\in\mathbf{r} \tag{20.7.2}$$

考虑到

$$\sum_{r\in\mathbf{r}}\sum_{j=1}^{t-1}k_j^r=2mt+R\approx 2mt \tag{20.7.3}$$

我们有

$$\begin{aligned}\frac{\partial k_i^r}{\partial t}&=\frac{mr(t)}{2mt}=\frac{r(t)}{2t},\ \ r\in\mathbf{r}\\ k_i^r(t)&=\int\frac{r(t)}{2t}\mathrm{d}t,\ \ r\in\mathbf{r}\end{aligned} \tag{20.7.4}$$

如果节点相关性在某些离散时间点 t_n(不一定是常见的)改变，则有

$$\begin{aligned}&r_i(t)=\sum_n\alpha k_{\text{in}}\Delta(t,t_n,t_{n+1}),\quad |k_{\text{in}}|\leqslant 1,\alpha\geqslant 1\\ &\Delta(t,t_n,t_{n+1})=\begin{cases}1,\ t_n<t<t_{n+1}\\ 0,\ 其他\end{cases}\\ &k_i^r(t)=\sum_n k_{\text{in}}\int\frac{\Delta(t,t_n,t_{n+1})}{2t}\mathrm{d}t,\ \ r\in R\\ &=\sum_{\xi=0}^{n-1}\ln\left(\frac{t_{\xi+1}}{t_\xi}\right)^{k_{i\xi}/2}+\ln\left(\frac{t}{t_n}\right)^{k_{\text{in}}/2}\\ &=\ln\prod_{\xi=0}^{n}\left(\frac{t_{\xi+1}}{t_\xi}\right)^{k_{i\xi}/2}\left(\frac{t}{t_n}\right)^{k_{\text{in}}/2}=G\left[(t/t_n)^{k_{\text{in}}/2}\right],\quad t_n<t<t_{n+1}\end{aligned} \tag{20.7.5}$$

在现有模型中，节点连通性在时间上呈现永久性增长，并且不依赖于网络中的时变相关性。图 20.7.1 显示了模型中的不同趋势。连通性可能跟随不同的斜率而增长，这取决于节点相关性在时间上的变化。当相关性变为负值时，增长可能为负。由于节点的相关性降低，其他节点开始重新连接到网络中的另一个节点。

一般情况下，在区间 $0<t<T$ 中可以用傅里叶级数分解给出的 $r(t)$ 函数。$r(t)$ 函数定义为

$$\begin{aligned}r(t)&=\sum_n r_{ns}\sin(n\omega t)+r_{nc}\cos(n\omega t)\\ k_i^r&=\sum_n r_{ns}Si(n\omega t)+r_{nc}Ci(n\omega t),\quad \omega=2\pi/T\end{aligned} \tag{20.7.6}$$

同时考虑 $r_i(t)=\sum_n\alpha tk_{\text{in}}\Delta(t,t_n,t_{n+1})$ 和 $k_i^r(t)=\sum_{\xi=0}^{n-1}k_{\text{in}}(\xi)(t_{\xi+1}-t_\xi)+k_{\text{in}}(n)(t-t_n)$ 的情况。在这种情况下，图 20.7.1 变成图 20.7.2。

使用式(20.7.4)，对于常量 r，在 t_i 时刻，顶点具有小于 k 的连通性 $k_i^r(t)$，概率 $P(k_i^r<k)$ 可以写为

$$\begin{aligned}k_i^r(t)&=r\ln(t/t_i)\\ P\left(k_i^r<k\right)&=P\left(t_i>t\mathrm{e}^{-k/r}\right)\end{aligned} \tag{20.7.7}$$

假设以相等的时间间隔 t_i 向系统增加节点的概率密度函数为

$$P_i(t_i)=1/t;\ \ P\left(t_i>t\mathrm{e}^{-k/r}\right)=1-P\left(t_i<t\mathrm{e}^{-k/r}\right)=1-\mathrm{e}^{-k/r}$$
$$P(k)=\frac{\partial P\left(k_i^r<k\right)}{\partial k}=(k/r)\mathrm{e}^{-k/r} \tag{20.7.8}$$

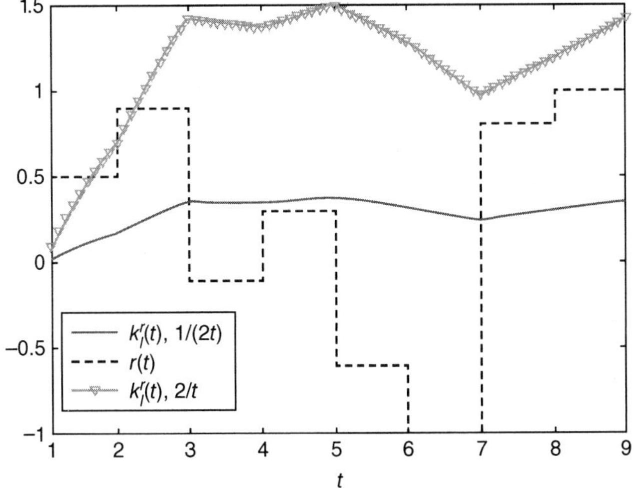

图 20.7.1　时变相关性 $r(t)$ 的节点随时间的连通性变化，$\alpha=1,4$

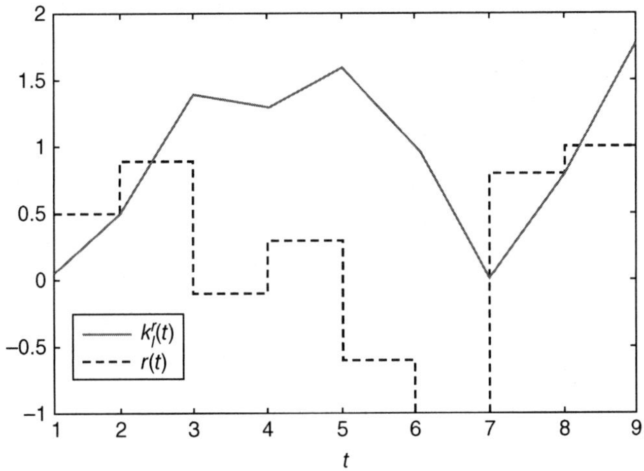

图 20.7.2　时变相关性 $r(t)$ 的节点随时间的连通性变化，$r_i(t)=\sum_n \alpha t k_{\mathrm{in}}\Delta(t,t_n,t_{n+1})$

节点平均连通性定义为

$$\bar{k}=\sum_{k=0}^{\infty}kP(k) \tag{20.7.9}$$

对于相关性的优先连接(正向相关性或 r^+ 连接)，有

$$k^+=\bar{k}(r)=\sum_{k=0}^{\infty}\frac{k^2}{r}\mathrm{e}^{-k/r} \tag{20.7.10a}$$

对于先前连通性的优先连接(反向相关性)(幂律 k 的概率密度函数)，有

$$k^{-}=\bar{k}=\sum_{k=1}^{\infty}kk^{-\gamma}=\sum_{k=1}^{\infty}k^{1-\gamma} \tag{20.7.10b}$$

如图 20.7.3 所示，只要 $r<1$，r 优先连接的平均连通性就比 p 优先连接的平均连通性要低。网络的增长通过时间上连通性的增加来衡量，可以表示为

$$\begin{aligned} k_i^r(t) &= r\ln(t/t_i)\,(r^+\ \text{连接}) \\ k^p(t) &= m\left(\frac{t}{t_i}\right)^{0.5}\,(r^-\ \text{连接}) \end{aligned} \tag{20.7.11}$$

结果如图 20.7.4 所示。

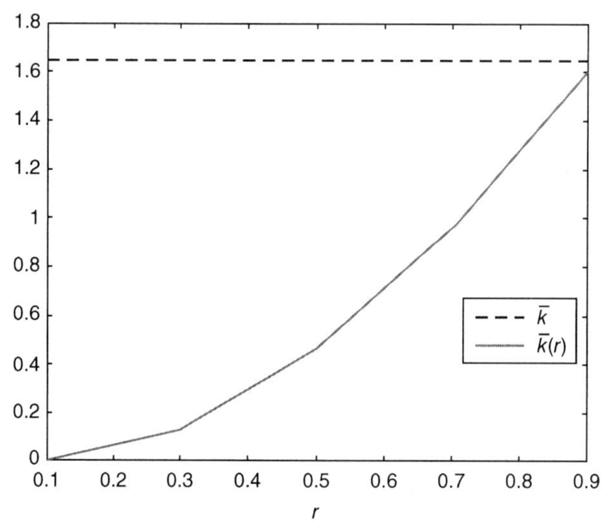

图 20.7.3　按相关性(r^+ 连接)和先前连通性(r^- 连接)得到的优先连接

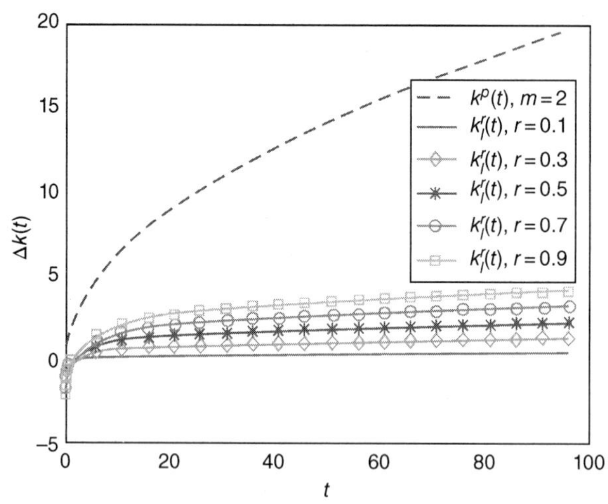

图 20.7.4　连通性随时间的变化

网络连通性不匹配定义为

$$\Delta k(t)=k^p(t)-k_i^r(t) \tag{20.7.12}$$

并在图 20.7.5 中以图形方式呈现。

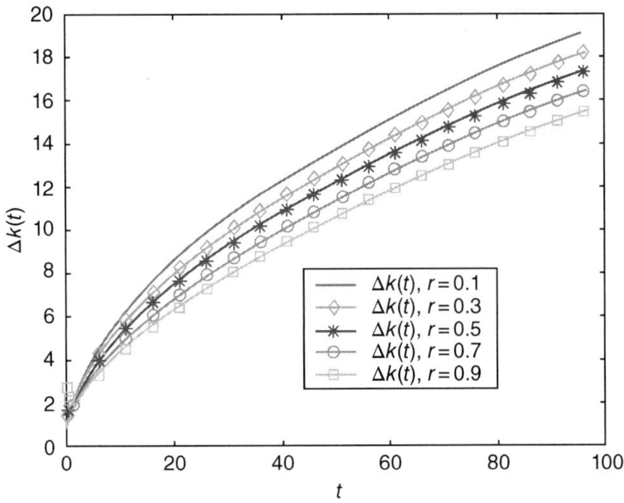

图 20.7.5　网络连通性不匹配随时间的变化

平均网络连通性不匹配定义为

$$\Delta\bar{k}(r)=\bar{k}-\bar{k}(r) \tag{20.7.13}$$

并在图 20.7.6 中以图形方式呈现。

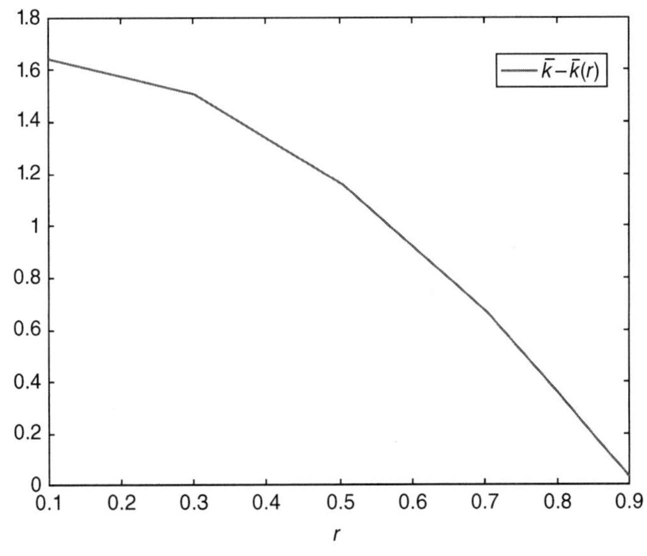

图 20.7.6　平均网络连通性不匹配

20.7.2　网络的出生-死亡模型

如前所述，网络中的某些节点消失，将会删除一定数量的链路(连接)。这种现象的一般模型可以表示为

$$\frac{\partial k}{\partial t}=f(k,t)=B(k,t)-D(k,t)=\frac{r}{2t}-\frac{\varepsilon k}{2t},\ r\in\mathbf{r} \tag{20.7.14}$$

例如，在式(20.7.14)中，与节点相关性和死亡过程成比例的出生过程，其优先连接是与节点的先前连通性成比例的。一般来说，这种优先性是时变的，所以式(20.7.14)变为

$$\frac{\partial k}{\partial t}=f(k,t)=\frac{r(t)}{2t}-\frac{\varepsilon(t)k}{2t},\quad r\in\mathbf{r} \tag{20.7.15}$$

参数的可能选择为$\varepsilon(t)\sim 1-r(t)$。

如果$t=1$，$k=k_0$，则式(20.7.14)的解为

$$\begin{aligned}k&=k_0+\frac{r}{\varepsilon}\left(1-t^{r/\varepsilon}\right)=k_0+r\alpha(1-t^{\alpha r})\\&=k_0+r\alpha(1-(t/t_i)^{\alpha r}),\qquad \alpha=1/\varepsilon\end{aligned} \tag{20.7.16}$$

其中t_i是生成节点的初始时刻。类比式(20.7.8)，可以得到该时刻的均匀概率密度函数：

$$\begin{aligned}&P_i(t_i)=1/t\\&\frac{k-k_0}{r\alpha}>1-\left(\frac{t}{t_i}\right)^{\alpha r}\\&\left(\frac{t}{t_i}\right)^{\alpha r}>1-\frac{k-k_0}{r\alpha}\\&\frac{t}{t_i}>\left(1-\frac{k-k_0}{r\alpha}\right)^{1/\alpha r}\\&t\left(1-\frac{k-k_0}{r\alpha}\right)^{-1/\alpha r}>t_i\\&i(k)=\exp\left[\left(1-\frac{k-k_0}{r\alpha}\right)^{-1/\alpha r}\right]-1\\&P(k)=\frac{\partial i(k)}{\partial k}=\left(1-\frac{k-k_0}{r\alpha}\right)^{-1/\alpha r-1}\left(\frac{1}{r\alpha}\right)^2\ \exp\left[\left(1-\frac{k-k_0}{r\alpha}\right)^{-1/\alpha r}\right]\end{aligned} \tag{20.7.17}$$

式(20.7.15)的一般解可以表示为

$$k=\frac{\int\mu(t)\frac{r(t)}{2t}\mathrm{d}t+c}{\mu(t)} \tag{20.7.18}$$

其中

$$\mu(t)=\mathrm{e}^{\int\frac{\varepsilon(t)}{2t}\mathrm{d}t} \tag{20.7.19}$$

20.7.3 网络重新布局

为了讨论网络重新配置的概念(对应于网络重新布局的传统概念)，我们给出委托(转移)相关性和委托(转移)连通性的概念。例如，WWW 站点(节点 m)可以从站点删除某些信息，使得另一个节点 n 如果包含相同(或类似的)信息，则其相关性更强。类似地，由于路由优化后流量统计量的变化，某个节点可以从节点 m 断开并重新连接到节点 n，从而将节点 m 的部分连接委托给节点 n。因此，为了建模，引入参数Δr_{mn}，用来表示将部分网络节点的相关性从r_m级别更改到r_n级别，从而有

$$\begin{aligned}&\Delta_r=\|\Delta r_{mn}\|,\quad r_m,r_n\in\mathbf{r}\\&\Delta_k=\|\Delta k_{mn}\|\end{aligned}$$

$$\mathbf{k}=(k^{r_m})$$

$$\mathbf{r}=(r_m)$$

$$\pi^{r_m}(t)=\frac{r_m(t)}{\sum_{r\in\mathbf{r}}\sum_{j=1}^{R+t-1}k_j^{r_m}}=\frac{r_m(t)}{2mt},\quad r_m\in\mathbf{r}$$

利用节点相关性，重新给出优先连接：

$$\frac{\partial\mathbf{k}_i}{\partial t}=\left(\mathbf{r}+\Delta_r^{\mathrm{T}}\mathbf{1}-\Delta_r\mathbf{1}\right)/2mt=\left(\mathbf{r}+\|\Delta r_{mn}\|^{\mathrm{T}}\mathbf{1}-\|\Delta r_{mn}\|\mathbf{1}\right)/2mt \tag{20.7.20}$$

利用节点连通性，重新给出优先连接：

$$\frac{\partial\mathbf{k}_i}{\partial t}=\left(\mathbf{k}+\Delta_k^{\mathrm{T}}\mathbf{1}-\Delta_k\mathbf{1}\right)/2mt=\left(\mathbf{k}+\|\Delta k_{mn}\|^{\mathrm{T}}\mathbf{1}-\|\Delta k_{mn}\|\mathbf{1}\right)/2mt \tag{20.7.21}$$

在式(20.7.20)中，对于向量 $\mathbf{k}_i$（即 k^{r_m}）的每个分量，$\Delta_r^T\mathbf{1}$ 的第 m 个分量表示与所有其他级别的委托相关性及与 r_m 级别的相关性的和，并且 $\Delta_r\mathbf{1}$ 对应的第 m 个分量表示从 r_m 到所有其他级别的相关性的总和。类似的解释适用于式(20.7.21)中的委托连通性。

20.7.4　多时间尺度系统优化

每次出现新节点时，都会更新网络拓扑，并将新节点连接到网络的其余部分。通常，可以用与节点相同的相关性进行多次网络更新。换句话说，网络更新和节点相关性的变化发生在不同的时间尺度上。这可以通过稍微修改上述等式来建模，故有

$$r(t/c)=\sum_n k_{\mathrm{in}}\Delta(t/c,t_n,t_{n+1})$$

$$\Delta(t,t_n,t_{n+1})=\begin{cases}1, t_n<t/c<t_{n+1}\\ 0,\ \text{其他}\end{cases}$$

$$\begin{aligned}k_i^r(t)&=\sum_n k_{\mathrm{in}}\int\frac{\Delta(t,t_n,t_{n+1})}{2t}\mathrm{d}t,\quad r\in R\\ &=\sum_{\xi=0}^{n-1}\ln\left(\frac{t_{\xi+1}}{t_\xi}\right)^{k_{i\xi}/2}+\ln\left(\frac{t}{t_n}\right)^{k_{\mathrm{in}}/2}=\ln\prod_{\xi=0}^{n}\left(\frac{t_{\xi+1}}{t_\xi}\right)^{k_{i\xi}/2}\left(\frac{t}{t_n}\right)^{k_{\mathrm{in}}/2}\\ &=G\left((t/t_n)^{k_{\mathrm{in}}/2}\right),\ t_n<t<t_{n+1}\end{aligned} \tag{20.7.22}$$

其中 c 是两个时间尺度之间的缩放因子。

在本节中，通过扩展第 14 章和 20.5 节的现有理论，对复杂网络中的动态行为进行建模，以模拟实际网络中的动态场景。

网络中会创建(出生)新的节点，但是一些节点也同时被删除(死亡)，这符合复杂网络的出生-死亡模型。在神经网络中，这是通过训练、老化、神经元类型和互连变化来描述的。在社交网络中，比如演艺圈网络，这种模型可以描述不同演员的流行度和影响力的变化、新星诞生、老歌的流行度的消失。在经济和科学方面，对不同的技术和科学领域的关注也在发生变化。在通信网络中，由于技术和时空流量分配的变化，可能会增加新节点，但也可能会删除一些旧节点。

网络中的节点相关性随着时间的推移而改变，因此优先连接可能被引导到具有较高相关

性而不是具有较高时间连通性的节点上。这种相关性可能会随时间而变化。对于上述所有示例，节点可能不会完全消失，但由于上述原因，其相关性可能会随时间而变化。

由于这些原因，本文提出了一个反映上述动态的复杂网络的模型：

1. 通过时变优先连接对节点相关性的动态变化建模。
2. 网络增长和网络减少通常由两种不同的机制控制。
3. 一般的网络重新布局模型的优先连接指向具有较高相关性的节点，以及指向具有较高时间连通性的节点。

对于这些模型的实际使用，以及网络中节点的未来相关性的估计/预测方面，仍然需要大量的研究。这个工作在不同的科学领域是不同的，并且也具有一定的难度。通过将上述模型应用于系统规划工作，已经在不同领域取得了一定的效果。

一般来说，在通信网络和因特网中，对未来时间和空间流量分布的估计在估计网络节点相关性及其连通性时至关重要。这将减少访问不同的数据库时网络的拥塞和时延。

在 WWW 网络中，对某些站点上发布的信息的相关性进行估计，以及对相应的连通性进行设计，将显著提高数据挖掘过程的效率。

在教育系统中，某些教育/研究计划对未来社会发展相关性的估计，以及对资金获取(连通性)的相关设想，可以有效控制工作人员的数量。

上述例子说明了节点相关性研究的复杂性及其对复杂系统的有效设计和重新配置的重要性。

附录 A.20 求解非线性 ODE 系统的迭代算法(DiNSE 算法)

对于式(20.4.1)和式(20.4.2)的迭代解，重写(近似)微分方程 $F(\mathbf{y}',\mathbf{y})$，$\mathbf{y}=(A,B,C,D)$，$X\to A,B,C$ 的不同形式为 $F(\Delta\mathbf{y},\mathbf{y})$：

$$\Delta X=\lambda(X+(1/3)F)(N-I)-\lambda X(I-X)$$

$$\Delta F=\lambda A(B+C)+\lambda B(A+C)+\lambda C(A+B)+\lambda F(I-F)$$

或 $F_i(\Delta\mathbf{y}_k,\mathbf{y}_k)=F_i(\mathbf{y}_k-\mathbf{y}_{k-1},\mathbf{y}_k)$

$$X_k-X_{k-1}=\lambda(X_k+(1/3)F_k)(N-I_k)-\lambda X_k(I_k-X_k)$$

$$F_k-F_{k-1}=\lambda A_k(B_k+C_k)+\lambda B_k(A_k+C_k)+\lambda C_k(A_k+B_k)+\lambda F_k(X_k-F_k)$$

给定的初始值 $\mathbf{y}_0$ 取决于协议的初始化。按照这种方式，非线性 DE 系统就转变成迭代处理过程。对于在先前迭代中计算的每个 $\mathbf{y}_{i-1}$，必须解出非线性方程的系统 $F_i(\Delta\mathbf{y}_i,\mathbf{y}_i)=F_i(\mathbf{y}_i-\mathbf{y}_{i-1},\mathbf{y}_i)$，以找到新的向量 $\mathbf{y}_i$。这个过程可以表示为如下的 DiNSE 算法：

1. 初始化 $\mathbf{y}_0=(1,1,1,0)$。
2. 求解 $F_i(\Delta\mathbf{y}_i,\mathbf{y}_i)=F_i(\mathbf{y}_i-\mathbf{y}_{i-1},\mathbf{y}_i)$。
3. 如果 $\dfrac{|\mathbf{y}_i-\mathbf{y}_{i-1}|}{|\mathbf{y}_i+\mathbf{y}_{i-1}|}\geqslant\varepsilon$，那么 $\mathbf{y}_{i-1}=\mathbf{y}_i$，转到步骤 2。

附录 B.20　DNCM 的目标节点感染率

对于非合作目标节点，式(20.4.6)和式(20.4.7)修改如下：

$$D^{x\prime}(t)=\lambda X(t)\left[D-D^{i}(t)\right]-\lambda D^{x}(t)[I(t)-X(t)] \tag{20.4.6a}$$

$$D^{f\prime}(t)=\lambda F(t)\left[D-D^{f}(t)\right]+\sum_{x\in\{a,b,c\}}\lambda X(t)\sum_{y\in\bar{x}}D^{y}(t) \tag{20.4.7a}$$

在这种情况下，当数据包 x 遇到未感染的目标节点 $[D-D^{i}(t)]$ 时，t 时刻的感染率 $D^{x\prime}(t)$ 增加；而当 x 遇到的目标节点被不同数据包 $y\in\bar{x}$ 感染时，感染率会下降。这一情况同样适用于 $D^{f\prime}(t)$。

附录 C.20　基本流行病路由感染率

没有网络编码的式(20.4.1)和式(20.4.2)的等效表示可以定义为

$$X'(t)=\lambda[X(t)+(1/2)F(t)][N-I(t)]-\lambda X(t)[I(t)-X(t)]$$

$$F'(t)=\lambda A(t)B(t)+\lambda B(t)A(t)+\lambda F(t)[X(t)-F(t)]$$

其中 $X\in\{A,B\}$ 和 $I(t)=A(t)+B(t)+F(t)$

参考文献

[1] Al-Zahrani, A., Yu, F.R., and Huang, M. (2013) *A Mean-Field Game Approach for Distributed Interference and Resource Management in Heterogeneous Cellular Networks*. Globecom 2013, Wireless Networks Symposium, December 9–13, 2013, Atlanta, GA.

[2] Wilde, R. and Singh, S. (1998) *Statistical Mechanics: Fundamentals and Modern Applications*, John Wiley & Sons, Inc., New York.

[3] Adlakha, S., Johari, R., Weintraub, G., and Goldsmith, A. (2010) *On Oblivious Equilibrium in Large Population Stochastic Games*. Proceedings of the 49th IEEE Conference on Decision and Control, December 15–17, 2010, Atlanta, GA, pp. 3117–3124.

[4] Abhishek, V., Adlakha, S., Johari, R., and Weintraub, G. (2007) *Oblivious Equilibrium for General Stochastic Games with Many Players*. Proceedings of the Allerton Conference on Communication, Control and Computing, Monticello, IL, 2007.

[5] Weintraub, G.Y., Benkard, L., and Roy, B.V. (2006) *Oblivious Equilibrium: A Mean Field Approximation for Large-Scale Dynamic Games*. Proceedings of the 2006 conference on Advances in neural information processing systems, vol. **47**, MIT Press, Cambridge, MA.

[6] Adlakha, S. and Johari, R. (2010) *Mean Field Equilibrium in Dynamic Games with Complementarities*. Proceedings of the 49th IEEE Conference on Decision and Control (CDC), December 15–17, 2010, Atlanta, GA.

[7] Benaim, M. and Le Boudec, J.Y. (2008) A class of mean field interaction models for computer and communication systems. *Perform Evaluation*, **65** (11–12), 823–838.

[8] Ciocchetta, F. and Hillston, J. (2009) Bio-pepa: a framework for the modelling and analysis of biological systems. *Theoretical Computer Science*, **410** (33–34), 3065–3084.

[9] Hillston, J., Tribastone, M., and Gilmore, S. (2011) Stochastic process algebras: from individuals to populations. *The Computer Journal*, **55** (7), 866–881.

[10] Tribastone, M. (2010) *Relating Layered Queueing Networks and Process Algebra Models*. WOSP/SIPEW '10: Proceedings of the First Joint WOSP/SIPEW International Conference on Performance Engineering, ACM, New York, NY, 183–194.

[11] Bortolussi, L., Hillston, J., Latella, D., and Massink, M. (2013) Continuous approximation of collective systems behavior: a tutorial. *Performance Evaluation*, **70** (5), 317–349.

[12] Bobbio, A., Gribaudo, M., and Telek, M. (2008) *Analysis of Large Scale Interacting Systems by Mean Field Method*. QEST '08. Fifth International Conference on Quantitative Evaluation of Systems, September 14–17, 2008, St. Malo, 215–224.

[13] Billingsley, P. (1995) *Probability and Measure*, 3rd edn, Wiley-Interscience, New York.

[14] Small, T. and Haas, Z.J. (2005) *Resource and Performance Tradeoffs in Delay-Tolerant Wireless Networks.* Proceedings of ACM SIGCOMM Workshop on Delay-Tolerant Networking, August 22–26,2005, Philadelphia, PA.

[15] Spyropoulos, T., Psounis, K., and Raghavendra, C.S. (2005) *Spray and Wait: An Efficient Routing Scheme for Intermittently Connected Mobile Networks.* Proceedings of ACM SIGCOMM Workshop on Delay-Tolerant Networking, August 22–26, 2005, Philadelphia, PA.

[16] Vahdat, A. and Becker, D. (2000) *Epidemic Routing for Partially Connected Ad Hoc Networks.* Technical Report CS-200006, April 2000, Duke University, Durham.

[17] Groenevelt, R., Nain, P., and Koole, G. (2005) The message delay in mobile ad hoc networks. *Performance Evaluation*, **62** (1–4), 210–228.

[18] Bettstetter, C. (2001) Mobility modeling in wireless networks: categorization, smooth movement, and border effects. *ACM SIGMOBILE Mobile Computing and Communications Review*, **5** (3), 55–66.

[19] Kurtz, T.G. (1970) Solutions of ordinary differential equations as limits of pure jump Markova processes. *Journal of Applied Probabilities*, **7** (1), 49–58.

[20] Small, T. and Haas, Z.J. (2003) *The Shared Wireless Infostation Model: A New Ad Hoc Networking Paradigm.* Proceedings of the 4th ACM MobiHoc, June 1–3, 2003, Annapolis, MD.

[21] Kermack, W.O. and McKendrick, A.G. (1927) A contribution to the mathematical theory of epidemics. *Proceedings of the Royal Society of London. Series A, Containing Papers of a Mathematical and Physical Character*, **115** (772), 700–721.

[22] Daley, D.J. and Gani, J. (1999) *Epidemic Modelling*, Cambridge University Press, Cambridge.

[23] Khabbaz, M., Assi, C.M. and Fawaz, W.F. (2011) Disruption-tolerant networking: a comprehensive survey on recent developments and persisting challenges. *IEEE Communications Surveys & Tutorials*, **PP** (99), 1–34.

[24] Haas, Z.J. and Small, T. (2006) A new networking model for biological applications of ad hoc sensor networks. *IEEE/ACM Transactions on Networking*, **14** (1), 27–40.

[25] Martonosi, M. (2006) Embedded systems in the wild: Zebranet software, hardware, and deployment experiences. *ACM SIGPLAN Notices*, **41** (7), 1.

[26] Zhao, J. and Cao, G. (2008) VADD: vehicle-assisted data delivery in vehicular ad hoc networks. *IEEE Transactions on Vehicular Technology*, **57** (3), 1910–1922.

[27] Farnoud, F. and Valaee, S. (2009) *Reliable Broadcast of Safety Messages in Vehicular Ad Hoc Networks.* IEEE INFOCOM 2009 28th Conference on Computer Communications, April 19–25, 2009, BRA Rio de Janeiro, 226–234.

[28] Gao, W., Li, Q., Zhao, B., and Cao, G. (2012) Social-aware multicast in disruption-tolerant networks. *IEEE/ACM Transactions on Networking*, **20** (5), 1553–1566.

[29] Krishnan, R., et al. (2007) *The Spindle Disruption-Tolerant Networking System.* Proceedings of the IEEE Military Communications Conference. MILCOM, October 29–31, 2007, Orlando, FL, pp. 1–7.

[30] Burleigh, S. *et al.* (2003) Delay-tolerant networking: an approach to interplanetary Internet. *IEEE Communications Magazine*, **41** (6), 128–136.

[31] Ioannidis, S., Chaintreau, A., and Massoulié, L. (2009) *Optimal and Scalable Distribution of Content Updates Over a Mobile Social Network.* Proceedings of the IEEE INFOCOM, April 19–25, 2009, Rio de Janeiro, pp. 1422–1430.

[32] Chaintreau, A., Le Boudec, J., and Ristanovic, N. (2009) *The Age of Gossip: Spatial Mean Field Regime.* SIGMETRICS '09: Proceedings of the Eleventh International Joint Conference on Measurement and Modeling of Computer Systems, 2009, ACM, New York, pp. 109–120.

[33] Hu, L., Boudec, J., and Vojnovic, M. (2010) *Optimal Channel Choice for Collaborative Ad-Hoc Dissemination.* Proceedings of the IEEE INFOCOM, March 14–19, 2010, San Diego, CA, pp. 1–9.

[34] Blumenthal, M. and Clark, D. (2001) Rethinking the design of the Internet: the end-to-end arguments vs. the brave new world. *ACM Transactions on Internet Technology*, **1** (1), 70–109.

[35] Jain, S., Fall, K., and Patra, R. (2004) *Routing in a Delay-Tolerant Network.* SIGCOMM 2004: Proceedings of the 2004 Conference on Applications, Technologies, Architectures, and Protocols for Computer Communications, 2004, ACM, New York, pp. 145–158.

[36] Zhang, Z. (2006) Routing in intermittently connected mobile ad hoc networks and delay-tolerant networks: overview and challenges. *IEEE Communications Surveys & Tutorials*, **8** (1), 24–37.

[37] Fall, K. and Farrell, S. (2008) DTN: an architectural retrospective. *IEEE Journal on Selected Areas in Communications*, **26** (5), 828–836.

[38] Vahdat, A. and Becker, D. (2000) *Epidemic Routing for Partially Connected Ad Hoc Networks.* Technical Report CS-20000, Duke University, Durham.

[39] Haas, Z.J. and Small, T. (2006) A new networking model for biological applications of ad hoc sensor networks. *IEEE/ACM Transactions on Networking*, **14** (1), 27–40.

[40] Wen, H., Ren, F., Liu, J. *et al.* (2011) A storage-friendly routing scheme in intermittently connected mobile network. *IEEE Transactions on Vehicular Technology*, **60** (3), 1138–1149.

[41] Lin, Y., Li, B. and Liang, B. (2008) Stochastic analysis of network coding in epidemic routing. *IEEE Journal on Selected Areas in Communications*, **26** (5), 794–808.

[42] Ahlswede, R., Cai, N., Li, S.-Y.R. and Yeung, R.W. (2000) Network information flow. *IEEE Transactions on Information Theory*, **46** (4), 1204–1216.

[43] Narmawala, Z. and Srivastava, S. (2009) *MIDTONE: Multicast in Delay Tolerant Networks*. Proceedings of the 4th Fourth International Conference on Communications and Networking in China, ChinaCOM, August 26–28, 2009, Xian.

[44] Vahdat, A. and Becker, D. (2000) *Epidemic Routing for Partially Connected Ad Hoc Networks*. Duke Technical Report [CS-R], Department of Computer Science. Duke University, Durham.

[45] Zhao, W., Ammar, M., and Zegura, E. (2005) *Multicasting in Delay Tolerant Networks: Semantic Models and Routing Algorithms*. Proceedings of the ACM SIGCOMM Workshop on Delay-Tolerant Networking, August 22–26, 2005, Philadelphia, PA.

[46] Lee, U., Oh, S., Lee, K., and Gerla, M. (2008) *Scalable Multicast Routing in Delay Tolerant Networks*. Proceedings of the IEEE International Conference on Network Protocols. ICNP, October 19–22, 2008, Orlando, FL, pp. 218–227.

[47] Gao, W., *et al.* (2009) *Multicasting in Delay Tolerant Networks: A Social Network Perspective*. Proceedings of ACM MobiHoc, 2009, pp. 299–308.

[48] Srinivasan, K. and Ramanathan, P. (2008) *Reliable Multicasting in Disruption Tolerant Networks*. Proceedings of the IEEE Global Telecommunications Conference, IEEE GLOBECOM, November 30–December 4, 2008, New Orleans.

[49] Zhu, H., et al. (2010) *Recognizing Exponential Inter-Contact Time in VANETs*. Proceedings of the IEEE INFOCOM, March 14–19, 2010, Piscataway, pp. 101–105.

[50] Cai, H. and Eun, D.Y. (2007) *Crossing Over the Bounded Domain: From Exponential to Power-Law Inter-Meeting Time in MANET*. Proceedings of the 13th Annual ACM International Conference on Mobile Computing and Networking, MOBICOM, March 14–19, 2007, Montreal, pp. 159–170.

[51] Karagiannis, T., Le Boudec, J.-Y., and Vojnović, M. (2007) *Power Law and Exponential Decay of Intercontact Times between Mobile Devices*. Proceedings of the 13th Annual ACM International Conference on Mobile Computing and Networking, September 9–14, 2007, Montreal, pp. 183–194.

[52] Zhang, X., Neglia, G., Kurose, J., and Towsley, D. (2007) Performance modeling of epidemic routing. *Elsevier Computer Networks*, **10** (10), 2867–2891.

[53] Groenevelt, R., Nain, P., and Koole, G. (2005) The message delay in mobile ad hoc networks. *Elsevier Performance Evaluation*, **62** (1/4), 210–228.

[54] Spyropoulos, T., Turletti, T., and Obraczka, K. (2009) Routing in delay tolerant networks comprising heterogeneous node populations. *IEEE Transactions on Mobile Computing*, **8** (8), 1132–1147.

[55] Ip, Y.-K., Lau, W.-C., and Yue, O.-C. (2008) *Performance Modeling of Epidemic Routing with Heterogeneous Node Types*. Proceedings of the IEEE International Conference on Communications, May 19–23, 2008, Beijing, pp. 219–224.

[56] Chaithanya Manam, V.K., Mahendran, V., and Siva Ram Murthy, C., (2012) *Performance Modeling of Routing in Delay-Tolerant Networks with Node Heterogeneity*. Proceedings of the 4th International Conference on Communication Systems and Networks (COMSNETS), January 3–7, 2012, Bangalore.

[57] N. Banerjee, M. Corner, D. Towsley, and B. Levina (2008) *Relays, Base Stations, and Meshes: Enhancing Mobile Networks with Infrastructure*. Proceedings of the 14th ACM International Conference on Mobile Computing and Networking, MobiCom '08, pages 81–91, September 2008, San Francisco, CA.

[58] Barabasi, A.-L., Albert, R. and Jeong, H. (1999) Mean-field theory for scale-free random networks. *Physica A*, **272** (1–2), 173–187.

[59] Erdos, P. and Renyi, A. (1960) On the evolution of random graphs. *Publications of the Mathematical Institute of the Hungarian Academy of Sciences*, **5**, 17–61.

[60] Bollobas, B. (1985) *Random Graphs*, Academic Press, London.

[61] Stauffer, D. and Aharony, A. (1992) *Percolation Theory*, Taylor & Francis, London.

[62] Min, A.W., Zhang, X., Choi, J., and Shin, K.G. (2012) Exploiting spectrum heterogeneity in dynamic spectrum market. *IEEE Transactions on Mobile Computing*, **11** (12), 2020–2032.

[63] Watts, D.J. and Strogatz, S.H. (1998) Collective dynamics of 'small-world' networks. *Nature*, **393**, 440–442.

第 21 章　毫米波网络

正如第 1 章所指出的，毫米波（mmWave）技术主要用于 5G 蜂窝网络中相邻子蜂窝之间的短距离通信。由于毫米波信号对阻塞比较敏感，所以使用超高频（ultra high frequency，UHF）的蜂窝网络模型不能直接用来分析毫米波子蜂窝网络。21.1 节将利用随机几何的知识建立一个评估毫米波子蜂窝网络覆盖率和数据速率性能的通用框架：使用距离相关的视距（line of sight，LOS）概率函数，将视距基站和非视距（non line of sight，NLOS）基站的位置建模为两个独立的非齐次泊松点过程（Poisson point processes，PPP），并对其应用不同的路径损耗定律。基于这一框架，可以进一步推导出信干噪比（signal to noise and interference ratio，SINR）和数据速率及覆盖率的表达式，其中毫米波覆盖率和数据速率是天线几何形状和基站密度的函数。而借助简化的系统模型，可以进一步分析密集网络的情况，其中用户的视距区域近似为固定的视距[1]。分析表明，尽管存在阻塞，大规模毫米波网络仍可以实现与传统超高频蜂窝系统相当的覆盖率和更高的数据速率，而实现最大 SINR 的蜂窝大小与用户的平均视距面积成正比。21.2 节则运用微观经济模型分析了网络中运营商和用户的商业激励。

21.1　子蜂窝结构中的毫米波技术

毫米波技术因其丰富的带宽资源而有可能应用于第五代移动通信网络中[13-15]，如今许多商业无线系统均已考虑到这一带宽优势，如用于个人区域网络的 IEEE 802.15.3c[16]、用于局域网的 IEEE 802.11ad[17]和用于固定点接入链路的 IEEE 802.16.1[18]。近来的实测结果也展现了其在蜂窝系统接入链路（移动台和基站之间）中应用的巨大前景[15, 19, 22-30]。即使毫米波技术不能用于覆盖区域较大的蜂窝网络，它也能适用于第 1 章所讨论的子蜂窝网络架构。

得益于毫米波的高频率特点，天线尺寸和天线孔径都显著减小，因此毫米波蜂窝通信可以在发射机和接收机上使用天线阵列来提供阵列增益。例如，尽管在 30 GHz 处的毫米波信号将比 3 GHz 的信号高出 20 dB 的路径损耗[20]，但由于毫米波信号波长小，多个天线元件可以集成到一个毫米波收发机中，导致占用空间也更小[13]。这样一来通过使用大型天线阵列，毫米波蜂窝系统就可以在发射机和接收机处实现波束成形，以提供阵列增益，补偿频率相关的路径损耗，克服额外的噪声功率，并且也减少了蜂窝外的干扰[14]。此外，毫米波的高指向性也使网络设计、路由发现和 MAC 协议发生了重大变化。

毫米波蜂窝通信的另一个显著特性是传播环境。毫米波信号的较低频段对阻塞效应更敏感，因为建筑物表面的某些材料如混凝土墙壁会导致严重的穿透损耗[1]，这也使得室内用户不太可能被室外毫米波基站覆盖。

21.1.1　毫米波技术的局限性

对使用定向天线的毫米波信道进行测量[2, 15, 19]，可以观察到这样一个现象：阻塞使得视距路径和非视距路径在损耗特性上有明显差异。目前在 300 MHz～3 GHz 上的超高频传输研究中也能观察到类似差异（具体可见文献[3]），但因为毫米波衍射效应可以忽略且只有少量散射簇[4]，所以这一差异在毫米波中尤为显著[14]。文献[2, 15, 19]中的测量表明，毫米波信号在自由空间中传播的路径损耗指数仅为 2。而在非视距路径上，则要使用能够拟合较高路径损耗指数和额外阴影的对数距离模型[15, 19]。非视距路径的衰减更依赖于散射环境，例如衰减指数在某些城市地区能够达到 5.76[15]，而在某些乡村地区只有 3.86[19]。因此，对任何毫米波网络的系统分析都需要考虑到传播环境的区别。

先前的工作[4, 5]借助对视距传播信道的测量模拟了毫米波蜂窝网络的性能[15]。文献[5]在 28 GHz 微蜂窝系统中模拟了信干噪比(SINR)分布的下限和可实现速率。文献[4]提出了一种结合阻塞效应和角度扩展的毫米波信道模型，并进一步应用于模拟毫米波网络容量。文献[4, 5]中的结果表明毫米波网络可实现的速率超过超高频段中的常规蜂窝网络一个数量级。基于文献[4, 5]中的仿真方法不像文献[6]那样对系统进行精确分析，因此可以将其广泛应用于不同的部署场景中。

随机几何是对常规蜂窝系统性能分析的有用工具[6, 7]，因此，23.2 节中将借助它来讨论毫米波网络中的微观经济学。文献[6]将传统蜂窝网络中的基站位置建模为平面上的泊松点过程(PPP)，当路径损耗指数为 4 时，总覆盖概率以闭合形式的表达式导出。在真实的蜂窝系统中，随机模型提供了性能的下限[6]。文献[6]中的结果可进一步扩展，如分析文献[8]中的多层网络和预测文献[9]中异构网络站点的特定性能。由于不同的传播特性和定向波束成形的使用，不可能将常规网络的结果直接应用于毫米波网络。随机几何用于毫米波蜂窝网络研究也是有限制的，一些主要的相关工作总结在文献[10-12]中。其中对单个和多个用户配置采用了定向波束成形，但使用了不考虑毫米波传播特征的简化路径损耗模型。对毫米波网络性能的系统研究应该考虑城市中的建筑物等阻塞的影响。一种方法是使用地理信息系统的数据，根据其大小、位置和形状明确地对阻塞进行建模。这种方法非常适合在使用诸如光线跟踪等电磁仿真工具的特定场地进行仿真[31]。另一种方法是采用随机阻塞模型，例如文献[33, 34]根据一些概率分布随机绘制阻塞参数。随机方法更适用于系统分析，可以在各种阻塞参数(如大小和密度)上研究系统部署。

文献[1]提出了一种基于随机几何来分析毫米波蜂窝网络的覆盖率和速率的框架。并且该框架还适用于分析基站同样为非均匀 PPP 分布的异构网络。

21.1.2　网络模型

本节将重点介绍室外用户的下行覆盖范围和速率，如图 21.1.1 所示。阻塞被建模为矩形的随机过程，而基站被假定为在平面上的 PPP 分布。室外的典型用户固定在原点。基站分为三类：室内基站，在典型用户的视距内的室外基站，以及在典型用户的视距外的室外基站。在基站和移动台两方面进行定向波束成形，以利用方向性增益 $G_{M,m,\theta}(\phi)$。

假设阻塞(一般指城市地区的建筑物)在平面上为某一形状的随机过程，例如矩形布尔方案[34]，而阻塞过程的分布是静止和各向同性的，换句话说，阻塞在经过平移和旋转运动后是不变的。

基站位置建模为在平面上具有密度 $\tilde{\lambda}$ 的均匀 PPP $\tilde{\Phi}$。本节将重点介绍室外基站所提供的速率。假设阻塞是不可穿透的，令 $\Phi=\{X_\ell\}$ 是第 ℓ 个室外基站 X_ℓ 的点处理生成位置，$R_\ell=|OX_\ell|$ 表示从第 ℓ 个基站到原点 O 的距离，参数 τ 表示被阻塞的区域的平均占比，即网络中室内区域的平均占比。同时假设基站过程 $\tilde{\Phi}$ 与阻塞过程无关。所以，每个基站位于室外都有一个 i.i.d.概率 $1-\tau$。由 PPP 的稀疏定理可知[36]，室外基站过程 $\tilde{\Phi}$ 是平面上密度为 $\lambda=(1-\tau)\tilde{\lambda}$ 的 PPP。另外，假设所有基站都具有恒定的发射功率 P_t。

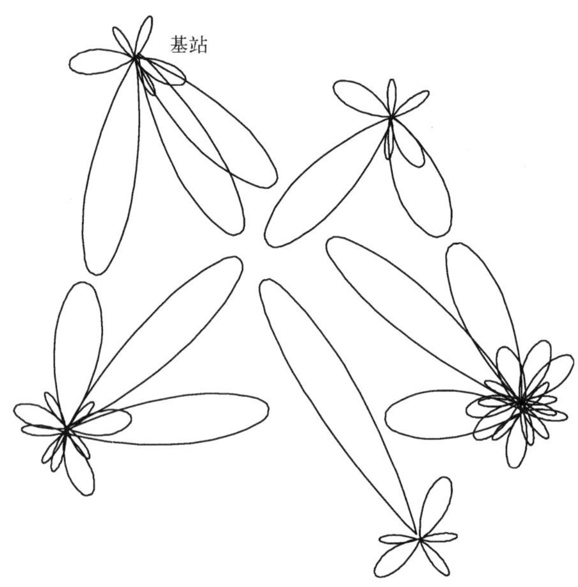

图 21.1.1　网络模型，波束成形模式 $G_{M,m,\theta}(\phi)$，其中 M 为主瓣方向性增益，m 是后瓣增益，θ 是主瓣的波束宽度，ϕ 是与光轴方向相交的角度

用户分布为一个不依赖于基站和平面上的阻塞的平稳点过程。一个使用随机几何分析的标准假设是典型用户位于原点 O[6, 36]。由用户进程的平稳性和独立性可知，典型用户所经历的下行链路 SINR 和速率与网络聚合后的有着相同的分布。不妨假设典型用户在室外，室内到室外穿透损耗足够高，使得室外用户不能从室内基站接收任何信号或干扰。因此，本节的重点是研究由室外基础设施提供服务的室外典型用户的条件 SINR 和速率分布。室内用户可以由室内基站或由超高频操作的室外基站提供服务，许多常见的建筑材料具有较小的室内和室外穿透损耗。当且仅当没有与链路 OX 相交的阻塞时，X 处的基站在位于起始点 O 的典型用户的视距内。由于存在阻塞，对于典型用户来说，只有室外基站 $\tilde{\Phi}$ 中的一部分才在视距内。

室外基站可以在典型用户视距内或视距外。令 Φ_L 为视距内基站的点过程生成位置，$\Phi_N = \Phi / \Phi_L$ 为非视距基站的点过程生成位置。在下文中，$p(R)$ 表示视距概率函数，即链路长度 R 为视距的概率。注意，阻塞过程的分布是静止和各向同性的，视距概率函数仅取决于链路长度 R。另外，$p(R)$ 是 R 的不增函数；随着链路越来越长，一个或多个阻塞越可能相交。那么链路的非视距概率是 $1-p(R)$。

网络中的视距概率函数通常来自场测量[4]或随机阻塞模型[33, 34]，其中阻塞参数由一些随机分布表征。例如，当阻塞被建模为文献[34]中的矩形布尔方案时，$p(R)=\mathrm{e}^{-\beta R}$，其中 β 是由密度和阻塞的平均尺寸确定的参数，并且 $1/\beta$ 是文献[34]中网络的平均视距范围。为了易于分析，假设视距概率在不同链路之间是独立的，即忽略链路之间阻塞效应的潜在相关性。

这些不同链路的视距概率在现实中并不独立，例如相邻的基站可能同时被大型建筑物阻挡。然而，文献[34]中的数值结果表示，忽略这种相关性，并不会影响 SINR 评估的准确性。该假设也表明，视距基站位置生成过程(LGP) Φ_L 和非视距过程 Φ_N 分别形成概率密度函数为 $p(R)\lambda$ 和 $[1-p(R)]\lambda$ 的两个独立非均匀 PPP，其中 R 是极坐标中的半径。

不同的路径损耗定理可用于视距和非视距链路。给定链路的长度为 R，其路径损耗增益 $L(R)$ 计算为

$$L(R)=\mathcal{B}[p(R)]C_L R^{-\alpha_L}+(1-\mathcal{B})[p(R)]C_N R^{-\alpha_N} \tag{21.1.1}$$

其中 $\mathcal{B}(x)$ 是具有参数 x 的伯努利随机变量，α_L、α_N 是视距和非视距路径损耗指数，C_L、C_N 是视距和非视距路径损耗公式的截距。文献[15, 19]中提供了毫米波路径损耗指数和截距常量的典型值。另外，可以通过对数正态阴影来进一步完善模型，但为了简化分析，我们省略了这一步。

天线阵列部署在基站和移动台上，以执行定向波束成形。为了便于分析，实际的阵列图案由截面天线模型近似表示，如图 21.1.1 所示。在扇形天线模型中，对于主瓣中的所有角度，阵列增益假设为常量 M，而旁瓣中的另一常量为 m 。M_t、m_t 和 θ_t 分别为基站天线的主瓣方向性增益、旁瓣方向性增益和半功率波束宽度，M_r、m_r 和 θ_r 是移动台的相应参数。不失一般性，天线的视轴方向设为 0°。因此，$D_\ell=G_{M_t,m_t,\theta_t}(\phi_t^\ell)G_{M_t,m_t,\theta_t}(\phi_r^\ell)$ 表示从第 ℓ 个基站到典型用户的链路中的总方向性增益，其中 $\phi_r{}^\ell$ 和 $\phi_t{}^\ell$ 是信号的到达角和发射角。

典型用户与基站(视距或非视距)相关联，视距或非视距的最小路径损耗表示为 $L(R_\ell)$，服务基站表示为 X_0。移动台及服务它的基站将会估计信道的各种信息，包括到达角和衰落的角度，然后相应调整其天线转向，以取得最大方向性增益。这里忽略信道估计中的错误及时间和载波频率的同步误差。第 15 章已经详细讨论过这些问题。因此，所需信号链路的方向性增益为 $D_0=M_rM_t$。对于第 ℓ 个干扰链路，假设角度 $\phi_r{}^\ell$ 和 $\phi_t{}^\ell$ 独立且均匀地分布在 $(0,2\pi)$ 中，并具有随机方向性增益 D_ℓ。在最后两个假设中，干扰链路中的方向性增益 D_ℓ 是具有概率分布的离散随机变量，即 $D_\ell=a_k$，概率为 b_k（$k\in\{1,2,3,4\}$），其中 a_k 和 b_k 是表 21.1.1 中定义的常量，$c_r=\theta_r/2\pi$ 和 $c_t=\theta_t/2\pi$[1]。

表 21.1.1　D_ℓ 和 $\bar{D}_\ell$[1] 的概率质量函数

k	1	2	3	4
a_k	M_rM_t	M_rm_t	m_rM_t	m_rm_t
b_k	c_rc_t	$c_r(1-c_t)$	$(1-c_r)c_t$	$(1-c_r)(1-c_t)$
e_k	M_r	M_r/ξ_t	m_r	m_r/ξ_t

假设每条链路的小规模衰落为独立的 Nakagami 衰落。对于视距和非视距链路，假设 Nakagami 衰落具有不同的 N_L 和 N_N。假定 h_ℓ 是第 ℓ 条链路上的小规模衰落项，进而 $|h_\ell|^2$ 是归一化的伽马随机变量。为了简化分析，假设 N_L 和 N_N 是正整数。因为测量结果表明，时延扩展通常很小[15]，所以频率选择性衰落的影响可以通过正交频分复用或频域均衡等技术来减少[20]，其中还忽略了衰落中的频率选择性。

测量结果表明，当使用窄波束天线时，毫米波的小尺度衰落没有常规系统中那么严重[15]。因此可以使用较大的 Nakagami 参数 N_L 来近似视距情况中出现的小方差衰落。设 σ^2 是由 P_t 归一化的热噪声功率，基于以前的假设，典型用户接收的 SINR 可以表示为

$$\text{SINR}=\frac{|h_0|^2M_rM_tL(R_0)}{\sigma^2+\sum\limits_{\ell>0:X_l\in\Phi}|h_\ell|^2D_\ell L(R_\ell)} \tag{21.1.2a}$$

考虑到基站位置 R_ℓ、小规模衰落 h_ℓ 和方向性增益 D_ℓ 的随机性，式(23.1.2)中的 SINR 是随机变量。基于上述系统模型，下一节将评估毫米波 SINR、覆盖范围和速率。

21.1.3 网络性能

本节将分析前面提出的毫米波网络模型的覆盖范围和可实现速率。由于毫米波所处频段较高，因此毫米波蜂窝网络可以使用定向天线阵列。这样毫米波网络的性能取决于自适应阵列方向图的波束宽度、方向性增益和后瓣增益。本节得出了一些不同天线形状的系统中 SINR 随机排序的结果。虽然本节重点放在发射机阵列几何结构上，但是相同的结果也适用于接收机阵列几何结构。从形式上来看，随机变量的排序可以定义如下[37-39]。

令 X 和 Y 为两个随机变量。如果对于所有 $t\in\mathbb{R}$，有 $\mathbb{P}(X>t)>\mathbb{P}(Y>t)$，则表明 X 占随机主导地位，即 X 的分布比 Y 的分布更好。

发射机的前后比(FBR) ξ_t 定义为主瓣方向性增益 M_t 和旁瓣方向性增益 m_t 之间的比值，即 $\xi_t=M_t/m_t$。关于方向性增益的 SINR 随机排序的关键结果如下。

给定发射机处的固定波束宽度 θ_t 和 FBR ξ_t，具有较大主瓣方向性增益 M_t 的毫米波网络具有更好的 SINR 分布。类似地，利用固定波束宽度 θ_t 和主瓣方向性增益 M_t，较大的 FBR ξ_t 提供了更好的 SINR 分布[1]。

根据上述定义，这里证明给定基站位置 R_ℓ、小规模衰落 h_ℓ 及角度 ϕ_r^ℓ 和 ϕ_r^ℓ，SINR 的值随着 M_t 和 ξ_t 的增加而增加。给定 R_ℓ、h_ℓ、ϕ_r^ℓ 和 ϕ_r^ℓ（$\ell\in\mathbb{N}$），可以通过 M_t 将式(23.1.2)的分子和分母归一化为

$$\mathrm{SINR}=\frac{|h_0|^2M_rL(R_0)}{\sigma^2/M_t+\sum\limits_{\ell>0,X_\ell\in\Phi}\bar{D}_\ell(\xi_t)|h_\ell|^2L(R_\ell)} \tag{21.1.2b}$$

其中 $\bar{D}_\ell(\xi_t)=e_k$ 的概率为 b_k 且 b_k、e_k 为表 21.1.1 中定义的常量。注意，$\bar{D}_\ell(\xi_t)$ 与 M_t 无关，是 ξ_t 的不增函数。因此，当 ξ_t 固定时，较大的 M_t 提供较大的 SINR；当 M_t 固定时，较大的 ξ_t 提供较大的 SINR。

给定发射机处的固定主瓣方向性增益 M_t 和 FBR ξ_t，较小的波束宽度 θ_t 提供了更好的 SINR 分布。

定性来看，由于主瓣较窄，较少的基站会通过其主瓣向用户传输干扰，从而提供了较小的干扰功率。由于忽略信道估计误差和电位角扩展，式(21.1.2a)中的期望信号项与波束宽度无关。因此，基于本书的模型假设，较小的波束宽度将提供更好的 SINR 性能。

网络覆盖 SINR 覆盖概率 $P_c(T)$ 定义为接收 SINR 大于某个阈值 $T>0$，即 $P_c(T)=P(\mathrm{SINR}>T)$ 的概率。基于前面的假设，室外基站 LGP Φ 可以分为两个独立的非均匀 PPP：视距基站 LGP Φ_L 和非视距基站 LGP Φ_N。将 Φ_L 和 Φ_N 视为两个独立的基站，假设用户以最小的路径损耗连接到基站，则服务基站只能是 Φ_L 中最近的基站或 Φ_N 中最近的基站。

给定的典型用户至少有一个视距基站，它到最近视距基站的距离的条件概率密度函数为

$$f_L(x)=2\pi\lambda xp(x)\ \exp\left[-2\pi\lambda\int_0^x rp(r)\mathrm{d}r\right]/B_L \tag{21.1.3}$$

其中 $x>0$，$B_L=1-\exp\left[-2\pi\lambda\int_0^\infty rp(r)\mathrm{d}r\right]$ 是用户至少有一个视距基站的概率，并且 $p(r)$ 是前面定义的视距概率函数。类似地，如果用户有至少一个非视距基站，则其到最近非视距基站的距离的条件概率密度函数为[34]

$$f_N(x)=\frac{2\pi\lambda x[1-p(x)]\exp\left(-2\pi\lambda\int_0^x r[1-p(r)]\mathrm{d}r\right)}{B_N} \tag{21.1.4}$$

其中 $x>0$，$B_N=1-\exp\left(-2\pi\lambda\int_0^\infty r[1-p(r)]\mathrm{d}r\right)$ 是用户有至少一个非视距基站的概率。

用户与非视距基站相关联的概率为[1]

$$A_L=B_L\int_0^\infty \exp\left(-2\pi\lambda\int_0^{\psi_L(x)}[1-p(t)]t\mathrm{d}t\right)f_L(x)\mathrm{d}x \tag{21.1.5}$$

其中 $\psi_L(x)=(C_N/C_L)^{1/\alpha_N}x^{\alpha_L/\alpha_N}$。用户与非视距基站相关联的概率为 $A_N=1-A_L$。

假设用户与视距基站相关联，则到其服务基站的距离的条件概率密度函数为[1]

$$\hat{f}_L(x)=\frac{B_L f_L(x)}{A_L}\ \exp\left(-2\pi\lambda\int_0^{\psi_L(x)}[1-p(t)]t\mathrm{d}t\right) \tag{21.1.6}$$

当 $x>0$ 时，假定用户由非视距基站提供服务，则到其服务基站的距离的条件概率密度函数为

$$\hat{f}_N(x)=\frac{B_N f_N(x)}{A_N}\exp\left[-2\pi\lambda\int_0^{\psi_N(x)}p(t)t\mathrm{d}t\right] \tag{21.1.7}$$

其中 $x>0$，$\psi_N(x)=(C_L/C_N)^{1/\alpha_L}x^{\alpha_N/\alpha_L}$。

SINR 覆盖概率 $P_c(T)$ 可以计算为

$$P_c(T)=A_L P_{c,L}(T)+A_N P_{c,N}(T) \tag{21.1.8}$$

其中对于 $s\in\{L,N\}$，$P_{c,s}(T)$ 是给定用户与 Φ_s 中的基站相关联的条件覆盖概率，$P_{c,s}(T)$ 可以计算为[1]

$$\begin{aligned}P_{c,L}(T)\approx&\sum_{n=1}^{N_L}(-1)^{n+1}\binom{N_L}{n}\\&\times\int_0^\infty\exp\left[-\frac{n\eta_L x^{\alpha_L}T\sigma^2}{C_L M_r M_t}Q_n(T,x)-V_n(T,x)\right]\hat{f}_L(x)\mathrm{d}x\end{aligned} \tag{21.1.9}$$

和

$$P_{c,N}(T)\approx\sum_{n=1}^{N_N}(-1)^{n+1}\binom{N_N}{n}\times\int_0^\infty\exp\left[-\frac{n\eta_N x^{\alpha_N}T\sigma^2}{C_N M_r M_t}W_n(T,x)-Z_n(T,x)\right]\hat{f}_N(x)\mathrm{d}x \tag{21.1.10}$$

其中

$$Q_n(T,x)=2\pi\lambda\sum_{k=1}^{4}b_k\int_x^\infty F\left(N_L,\frac{n\eta_L\bar{a}_k T x^{\alpha_L}}{N_L t^{\alpha_L}}\right)p(t)t\mathrm{d}t \tag{21.1.11}$$

$$V_n(T,x)=2\pi\lambda\sum_{k=1}^{4}b_k\int_{\psi_L(x)}^\infty F\left(N_N,\frac{nC_N\eta_L\bar{a}_k T x^{\alpha_L}}{C_L N_N t^{\alpha_N}}\right)[1-p(t)]t\mathrm{d}t \tag{21.1.12}$$

$$W_n(T,x)=2\pi\lambda\sum_{k=1}^{4}b_k\int_{\psi_N(x)}^\infty F\left(N_L,\frac{nC_L\eta_N\bar{a}_k T x^{\alpha_N}}{C_N N_L t^{\alpha_L}}\right)p(t)t\mathrm{d}t \tag{21.1.13}$$

$$Z_n(T,x)=2\pi\lambda\sum_{k=1}^{4}b_k\int_x^\infty F\left(N_N,\frac{n\eta_N\bar{a}_k T x^{\alpha_N}}{N_N t^{\alpha_N}}\right)[1-p(t)]\ t\mathrm{d}t \tag{21.1.14}$$

且 $F(N,x)=1-1/(1+x)^N$。对于 $s\in\{L,N\}$，$\eta_s=N_s(N_s!)^{-1/N_s}$，$N_s$ 是 Nakagami 小规模衰落的参数；对于 $k\in\{1,2,3,4\}$，$\bar{a}_k=a_k/M_tM_r$，a_k 和 b_k 是表 21.1.1 中定义的常量。

可实现速率 下面分析了可实现速率Γ在毫米波网络中的分布，对可实现速率使用如下定义：

$$\Gamma = W\log(1+\min\{\mathrm{SINR}, T_{\max}\}) \tag{21.1.15}$$

其中W是分配给典型用户的带宽，$T_{\max}$是由星座的顺序和来自 RF 电路的限制失真所确定的 SINR 阈值。由于射频前端的线性等其他限制因素，可能无法利用毫米波中的高 SINR，所以需要使用失真阈值$T_{\max}$。

给定 SINR 覆盖概率$P_c(T)$，网络中的平均可实现速率为$E[\Gamma]=(W/\ln 2)\int_0^{T_{\max}}[P_c(T)/(1+T)]\mathrm{d}T$ [6, 10]。

上式提供了速率分布的一阶表征，还可以使用速率覆盖概率$P_R(\gamma)$来导出精确的速率分布，典型用户的可实现速率大于某个阈值γ的概率为$P_R(\gamma)=\mathbb{P}[\Gamma>\gamma]$。

给定 SINR 覆盖概率$P_c(T)$，对于$\gamma<W\log_N(1+T_{\max})$，速率覆盖概率可以计算为$P_R(\gamma)=P_c(2^{\gamma/W}-1)$。

类似于文献[40]中的证明，对于$\gamma<W\log_N(1+T_{\max})$，直接遵循$P_R(\gamma)=\mathbb{P}[\mathrm{SINR}>2^{\gamma/W}-1]=P_c(2^{\gamma/W}-1)$。

该结果允许在使用不同带宽的毫米波和常规系统之间进行比较。

式(23.1.8)中需要对多个积分式进行数值计算，因而可能会变得难以求解。这里通过使用阶梯函数近似一般视距概率函数$p(t)$来简化分析。将步长函数表示为$S_{R_B}(x)$，当$0<x<R_B$时，$S_{R_B}(x)=1$；否则$S_{R_B}(x)=0$。基本上，链路的视距概率在固定半径R_B的区域中为 1，半径外则为 0。一个简单的解释是，视距区域的不规则几何体被其等效的视距球代替。这种简化不仅提供了有效的表达式来计算 SINR，而且当网络密集时，可以更简单地分析网络性能。下面将讨论两个标准来确定给定视距概率函数$p(t)$的R_B。在此之前，首先回顾一些有用的内容。

给定视距概率函数$p(x)$，典型用户的平均视距基站数为$\rho=2\pi\lambda\int_0^\infty p(t)t\mathrm{d}t$，可由$\rho=E\left[\sum_{X_\ell\in\Phi}\mathcal{B}(X_\ell\in\Phi_L)\right]\overset{(a)}{=}2\pi\lambda\int_0^\infty p(t)t\mathrm{d}t$得到，其中$(a)$直接遵循 PPP 的坎贝尔公式[35, 36]。基于此，当$p(x)=S_R(x)$时，平均视距基站数为$\rho=\pi\lambda R^2$。

当$\int_0^\infty p(t)t\mathrm{d}t<\infty$时，一个典型用户具有有限数量的视距基站。因此，如果$p(x)$满足$\int_0^\infty p(t)t\mathrm{d}t<\infty$，则$S_{R_B}(x)$中的参数$R_B$可以通过匹配平均视距基站数来确定，不同用户可以使用不同的准则来确定。

平均视距基站数标准 当$\int_0^\infty p(t)t\mathrm{d}t<\infty$时，确定等效阶梯函数$S_{R_B}(x)$的$R_B$，以与$\rho$的一阶矩进行匹配。基于前面的讨论，有$R_B=\sqrt{\left[2\int_0^\infty p(t)t\mathrm{d}t\right]}$。如果$\int_0 p(t)t\mathrm{d}t<\infty$不成立，则需要另一个标准来确定$R_B$。注意，即使一阶矩是无穷大的，用户与视距基站相关联的概率也是存在的，并且对于所有的$p(t)$是有限的。因此，下面给出关于视距关联概率的第二个标准。

视距关联概率标准 给定视距概率函数$p(t)$，确定其等效阶梯函数$S_{R_B}(x)$的参数R_B，使得视距关联概率A_L在近似之后保持不变。

阶梯函数 $S_{R_B}(x)$ 的视距关联概率等于 $1-\exp(-\lambda\pi R_B^2)$。因此，通过第二个标准，可以确定 $R_B=\sqrt{[-\ln(1-A_L)]/\lambda\pi}$。

21.1.4　密集毫米波网络的性能

如果典型用户观察到的平均视距基站数 ρ 大于 K，或者其视距关联概率 A_L 大于 $1-\varepsilon$，那么可以说毫米波蜂窝网络是密集的，其中 K 和 ε 是预定义的。本节为了简化分析，假定 $K=1$ 和 $\varepsilon=5\%$。此外，当 $\rho>10$ 时，网络是超密度的，此时 ρ 也等于由平均视距面积归一化的相对基站密度，详细解释如下。

这里给出一些额外的假设以进一步简化网络模型。

典型用户的视距区域由前面定义的等效视距球 $B(0,R_B)$ 近似。然后，视距概率函数 $p(t)$ 由其等效的阶梯函数 $S_{R_B}(x)$ 近似，视距基站 LGP Φ_L 由位于视距球 $B(0,R_B)$ 内的室外基站组成，注意室外基站的过程 Φ 是密度为 λ 的均匀 PPP，视距基站的平均数为 $\rho=\lambda\pi R_B^2$，等于室外基站密度乘以视距区域的面积。为了便于说明，这里称 ρ 为毫米波网络的相对密度。相对密度 ρ 等价于：(i)用户的平均视距基站数；(ii)平均视距面积 πR_B^2 与典型蜂窝的大小 $1/\lambda$ 之比[35,36]；(iii)根据视距球的大小归一化后的基站密度。密集网络的 SINR 分布在很大程度上取决于相对密度 ρ。

非视距和噪声　由于密集网络的性能主要受到其他视距干扰源的影响，因此相关的分析忽略了非视距基站和热噪声的影响。文献[1]通过仿真表明，可以忽略非视距基站和热噪声带给性能评估的误差。

小规模衰落　对密集网络的分析同样忽略小规模衰落，因为实测表明，来自附近的视距毫米波发射机的信号功率几乎是确定性的[15]。

基于密集网络模型，信干比(signal to interference ratio，SIR)可以表示为

$$\mathrm{SIR}=\frac{M_tM_r,R_0^{-\alpha_L}}{\sum\limits_{\ell:X_l\in\Phi\cap B(0,R_B)}D_\ell R_\ell^{-\alpha_L}} \tag{21.1.16}$$

接下来计算密集网络模型中的 SIR 分布。

密集网络中的信干噪比(SINR)覆盖概率现在可以近似为[1]

$$\begin{aligned}P_c(T)\approx&\rho\mathrm{e}^{-\rho}\sum_{\ell=1}^{N}(-1)^{\ell+1}\binom{N}{\ell}\int_0^1\prod\nolimits_{k=1}^{4}\\&\exp\left[-\frac{2}{\alpha_L}b_k\rho t(\ell\eta T\bar{a}_k)^{2/\alpha_L}\Gamma\left(-2/\alpha_L;\ell\eta T\bar{a}_k,\ell\eta T\bar{a}_k t^{\alpha_L/2}\right)\right]\mathrm{d}t\end{aligned} \tag{21.1.17}$$

其中 $\Gamma(s;a,b)=\int_a^b x^{s-1}\mathrm{e}^{-x}\mathrm{d}x$ 是不完整的 γ 函数，$\bar{a}_k=a_k/(M_tM_r)$，a_k 和 b_k 在表 21.1.1 中定义，$\eta=N(N!)^{1/N}$，N 是近似中使用的项数。

当 $a_L=2$ 时，SINR 覆盖概率近似等于

$$\begin{aligned}P_c(T)\approx&\rho\mathrm{e}^{-\rho}\sum_{\ell=1}^{N}(-1)^{\ell+1}\binom{N}{\ell}\int_0^1\prod\nolimits_{k=1}^{4}\\&\exp\left[\rho b_k\left(\mathrm{e}^{-\ell\eta T\bar{a}_k t}-t\mathrm{e}^{-\ell\eta T\bar{a}_k}\right)\right]\left(\frac{1-\mathrm{e}^{-\ell\mu\eta T\bar{a}_k t}}{1-\mathrm{e}^{-\ell\mu\eta T\bar{a}_k}}\right)^{\ell\eta T b_k\bar{a}_k\rho t}\mathrm{d}t\end{aligned} \tag{21.1.18}$$

其中，$\mu=\mathrm{e}^{0.577}$。

超密度网络中的渐近分析 在超密度网络中，当 LOS 路径损耗指数$\alpha_L \leqslant 2$时，在概率上SIR 收敛到零，如$\rho \to \infty$。当$\alpha_L > 2$时，SIR 在分布上收敛于一个非零的随机变量SIR_0，如$\rho \to \infty$；基于文献[21]，渐近SIR_0的覆盖概率的下限是$T > 1$。

$$\mathbb{P}(\text{SIR}_0 > T) \geqslant \frac{\alpha_L T^{-2/\alpha_L}}{2\pi \sin(2\pi/\alpha_L)} \tag{21.1.19}$$

21.2 动态毫米波网络的微观经济学

本节将研究高密度毫米波无线网络的动态网络架构(dynamic network architecture，DNA)中的经济问题。由于在高密度网络中，终端数量趋于无穷大，终端和接入点之间的距离相对较小，因此上述架构适用于毫米波技术。假设运营商在某种程度上激励终端作为接入点。根据网络的当前状态，每个接入点调整其操作模式(终端/接入点)和共享带宽的大小(两种模式之一的时间分配)。另一方面，运营商管理动态网络，通过调整价格和激励来最大限度地赚取利润。根据文献[53]，可将动态网络中的联合定价和资源共享问题建模为非合作博弈，并且将某些特定的纳什均衡(NE)作为解决方案。仿真结果表明，无论是作为接入点的终端还是作为运营商的终端，在取得纳什均衡解时都有很高的收益。

21.2.1 动态小型蜂窝网络

毫米波通信作为一种极具前景的技术，可以集成到未来的混合蜂窝网络中，为短距离移动设备提供极高的数据速率(Gbps 量级；具体模型见第 1 章)。如前所述，在毫米波段中，大气损耗(例如水蒸气、氧气吸收)会显著降低传输增益，但也减少了干扰范围。因此，在传统蜂窝网络中使用的 sub3 GHz 频谱信号可以更容易地穿越建筑物且传播更远，而毫米波信号只能传播相对较短的距离，并且通常不会穿透固体材料，因而大大降低了干扰距离。低干扰通信的这些基本特征无疑会带来更加密集且短距离的通信链路，从而实现更高效的频谱复用。由于在高密度网络中，终端数量趋于无穷大，因此终端和接入点之间的距离相对较小，使得上述架构适用于毫米波技术。该技术实现了通过毫米波网络进行机器到机器(设备到设备)的通信，从而增加了网络容量[41]。

这里将详细讨论前面介绍的 DNA 网络概念，即其中某些类别的无线终端(PC 或智能手机[2])可以在连接到因特网时随时转换为接入点，进而创建一个 DNA[3]，这些接入点的数量和位置会随时间变化。这种高密度 DNA 也可以看作动态小型蜂窝(dynamic small cell，DSC)网络，其中新的蜂窝可以在任何地方被暂时激活，而无须额外的成本来重新配置网络的基础设施。通常，DSC 网络不需要任何预先建立的基础设施。这样的 DSC 只依赖于用户之间的资源和合作，可以说 DSC 是依赖用户活动的自组织网络，但因为每个终端也是潜在的干扰源，所以这一特性也可能损害网络性能。毫米波技术是这种动态网络的理想框架，因为本地通信得到了很好的支持，并且信号不会引起很大的干扰。这里使用随机几何来呈现高密度网络的 DSC 网络模型(随机几何是一种处理具有关键功率资源的高密度动态网络的有用工具)；此外，使用博弈论方法来分析大规模 DNA 的不同经济问题。文献[42-45]引入了飞(毫微微)蜂窝作为额外的潜在因特网网关，以增强无线网格网络的性能。与飞蜂窝范例(用户部署的基站携带额外的部署/维护成本)相反，DSC 不需要预先安装任何软件或硬件。在这方面，与本节最密切相关的研究工作请参阅文献[46, 47]，其涉及用户提供的连接(user provided connectivity，UPC)，是有望实现低成本连接的一个经典范例。下面将详细介绍这一用以提高整体网络覆盖和连通性的动态网络模型(如 DSC)。在这种网络模型中，运营商试图激励用户分享资源，而不是部署昂贵的硬件/软件基础设施。因此，DSC 的主要思想是使用毫米波技术建立和管理由用户提供的资源所组成的动态网络。此外，本节还将引入高密度 DSC 无线网络的新型微观经济模型，其中运营商根据用户合作程度，为其提供免费流量，从而激励用户作为接入点。本节将使用一个博弈论的经济模型研究参与者(终端/接入点和运营商)的非合作行为，并证明由此产生的博弈具有唯一的单边稳定状态(即纳什均衡)。DSC 为终端提供了更多的接入点，以便终端从提供最高速度连接的接入点中下载数据。本节还研究了竞争模型中接入点选择的概率和 DSC 网络中可靠下载的概率。

21.2.2　动态小型蜂窝网络模型

在 DSC 网络中，终端可以作为消费网络资源的用户或作为增强网络资源的接入点。在前一种情况下，终端必须向网络支付与其资源消耗成比例的费用，而在后一种情况下，网络会按比例向终端支付其对增加网络资源的贡献，这一报酬可以按某种免费下载流量的形式兑现。因此，终端选择它们的共享率 α (部分时间作为接入点)和作为接入点工作的概率 P_c，同时运营商可以通过调整激励率 θ 和价格 π 来管理该过程。

这种拓扑变化使 DSC 网络模型变得更加复杂，因此需要更加细化终端和运营商之间的合作内容。本节后续内容将提供不同的交互选项，表示为 $T/W(\delta/q,\theta_w,\pi_w)/I(\Delta/Q,\theta_I,\pi_I)$ 合同。在这种表示方法中，终端 T 作为用户，与无线运营商 W 签订合同，并单独与因特网运营商 I 签订合同。这两个合同可由无线运营商提供的速率 δ (由因特网运营商提供的速率 Δ)或无线连接中上传/下载的流量 q (因特网连接上的流量 Q)确定。无线运营商提供价格为 π_W 和激励率为 θ_W 的服务，因特网提供商的激励率和价格分别为 θ_I 和 π_I。大多数时候，这两个运营商可作为同一运营商，其提供两种不同的业务。

考虑一个具有潜在用户的全球 DSC 网络，用户分布是密度为 λ_u 的均匀 PPP[16] Φ_u。假设 $\lambda_{\mathrm{Tr}}=(1-P_c)\lambda_u$ 和 $\lambda_A=P_c\lambda_u$ 分别是当用户空间密度为 λ_u 时终端和接入点的密度。在该模型中，每个用户具有最大传输范围，并且每个终端由最近的接入点提供服务。这意味着在覆盖区域下，每个接入点形成 Voronoi 镶嵌[48]。根据文献[49]，可以计算出随机选择的接入点没有任何终端服务的概率为 $P_{\mathrm{idle}}=[1+\lambda_{\mathrm{Tr}}/(3.5\lambda_A)]^{-3.5}=[1+(1-P_c)/3.5P_c]^{-3.5}$。

因此，接入点活跃的概率是 $P_{\mathrm{ac}}=P_c(1-P_{\mathrm{idle}})$，活跃接入点的密度为 $\lambda_{\mathrm{ac}}=P_{\mathrm{ac}}\lambda_u=P_c(1-P_{\mathrm{idle}})\lambda_u$。

21.2.3　动态小型蜂窝网络性能

网络吞吐量　由于毫米波技术中的干扰信号不能传输得很远，这里把距给定终端最近的干扰源近似为总干扰来计算传输干扰(在毫米波技术中，更远的干扰对信号的影响可以忽略不计)。图 21.2.1 给出了干扰模型，除了基站，主干扰是下行链路的接入点。在该图中，D、d 和 r 是基站到终端、基站到接入点和接入点到终端的距离。参数 x 是表示距最近的干扰接入点的距离的随机变量。

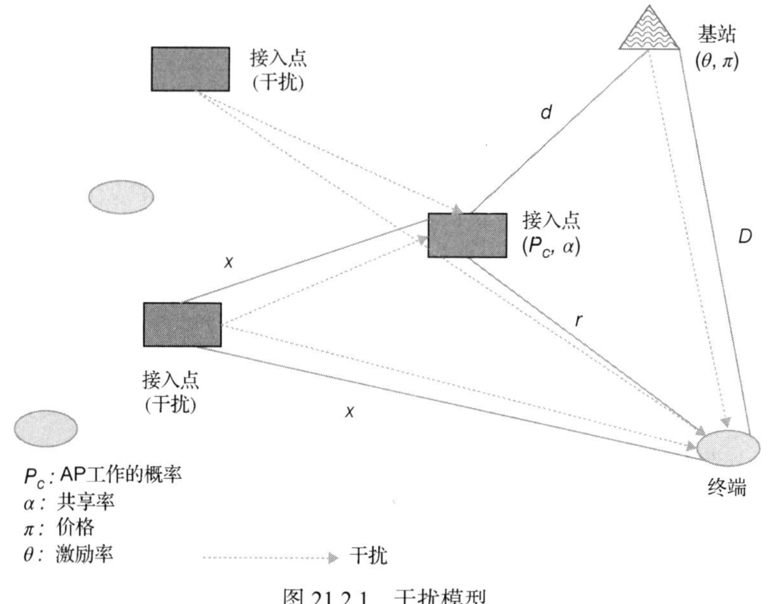

图 21.2.1 干扰模型

在 DSC 网络中必须考虑两条不同的链路：BS–AP(基站到接入点)和 AP–T(接入点到终端)。由于距离短，当 $\beta = 2$ 时，AP–T 的中断概率[50]为

$$\begin{aligned}\mathfrak{O}_{\text{AP-T}} &= \Pr\left(\frac{\mathfrak{P}_{\text{AP}}\, g r^{-2}}{\sum\limits_{i\in\Phi_{\text{ac}}}\mathfrak{P}_{\text{AP}}\, g|X_i|^{-2}+\mathfrak{P}_{\text{BS}}\, g D^{-2}}\leqslant\gamma_1\right)\\ &= 1-\exp\left(-\frac{P_s\lambda_{\text{ac}}\pi\gamma_1}{r^{-2}-\psi^{-1}D^{-2}\gamma_1}\right),\ \psi D>r^2\gamma_1\end{aligned} \tag{21.2.1}$$

其中$\mathfrak{P}_{\text{AP}}$ 和$\mathfrak{P}_{\text{BS}}$ 分别是 AP 和 BS 的发射机功率，ψ 是$\mathfrak{P}_{\text{AP}}/\mathfrak{P}_{\text{BS}}$，$g$ 是信道增益。其他参数如图 21.2.1 所示。P_s 表示相邻终端的接入点的选择概率。在式(21.2.1)中，Φ_{ac} 表示密度为 λ_{ac} 的活跃接入点的 PPP。参数 γ_1 是 AP–T 链路的 SINR 的最小值。约束 $\psi D > r^2\gamma_1$ 确保 $0 \leqslant \mathfrak{O}_{\text{AP-T}} \leqslant 1$。BS–AP 链路的中断概率为

$$\begin{aligned}\mathfrak{O}_{\text{BS-AP}} &= \Pr\left(\frac{\mathfrak{P}_{\text{BS}}\, g d^{-2}}{\sum\limits_{i\in\Phi_{\text{ac}}}\mathfrak{P}_{\text{AP}}\, g|X_i|^{-2}}\leqslant\gamma_2\right)\\ &= 1-\exp\left(-P_s\lambda_{\text{ac}}\pi d^2\psi\gamma_2\right)\end{aligned} \tag{21.2.2}$$

其中 d 表示 BS 和 AP 之间的距离，参数 γ_2 是 BS–AP 链路的 SINR 的最小值。因此，DSC 网络的吞吐量由下式定义：

$$\text{Thr} = \min[(1-\mathfrak{O}_{\text{AP-T}})\log(1+\gamma_1),\ \alpha(1-\mathfrak{O}_{\text{BS-AP}})\log(1+\gamma_2)]$$

其中 α 是 AP 的带宽共享率。

在 DSC 网络模型中，成功传输的概率为 $(1-\mathfrak{O}_{\text{AP-T}})(1-\mathfrak{O}_{\text{BS-AP}})$。换句话说，网络参数应该调整到使两条链路的中断概率还能够接受，用户可以随时无任何限制地作为接入点，终端可以从可用接入点列表中选择最佳接入点。因此，接入点可以通过提供由参数 α 表示的高容量连接来影响终端选择。具有高容量的接入点(其最近的干扰接入点也离得很远)更有可能被选择。I_i 表示接入点 AP i 与最近干扰源的距离。这种条件为接收点选择终端提供了竞争环境。

为了研究 α 和 I_i 对选择概率的影响，假设接入点共享率遵循正态分布。如前所述，要成为一个活跃接入点，每个潜在接入点都需要考虑与最近的干扰源的距离及它的共享率。因此，在区域 $\mathfrak{U}$ 中的典型接入点 AP i 的选择概率由式(21.2.3)给出：

$$S_i = \sum_{n=1}^{\infty} \hat{\alpha}_i \hat{I}_i \frac{\rho^n \exp(-\rho)}{n!} \tag{21.2.3}$$

其中 $\hat{\alpha}_i = \alpha_i \Big/ \left[\sum_{j=1}^{n} N_\alpha^{(j)} + \alpha_i \right]$ 表示 AP i 与区域 $\mathfrak{U}$ 其他可用接入点的相对共享率，$\hat{I}_i$ 表示 AP i 的最近干扰源的相对距离（$\bar{I}_j$ 是典型可用接入点 AP j 与其最近干扰源的平均距离），n 是周围区域（$\mathfrak{U}$）中可用接入点的数量，$N_\alpha^{(j)}$ 是建模为具有分布 $N(\mu_\alpha, \sigma_{\alpha^2})$ 的正态随机变量的平均共享率，其依赖于每个接入点的业务模式，$\rho = \lambda_u P_c |\mathfrak{U}|$ 是区域 $\mathfrak{U}$ 的接入点密度，α_i 是 AP i 的共享率。

式(21.2.3)中的第二部分是泊松分布，平均值 ρ 表示在区域内有 n 个接入点的概率。在式(23.2.3)中，$\hat{I}_i = 1 - \exp[-\lambda_{\text{ac}} \pi (I_i / \bar{I}_j)^2]$，其中 $1 - \exp(-\lambda_{\text{ac}} \pi I_i^2)$ 表示当接入点密度为 λ_{ac} 时，AP i 与最近干扰源之间的距离的概率分布函数(PDF)。式(21.2.3)中的 α_i 可以取平均值，此时 $\hat{\alpha}_i = \alpha_i / [(n+1)\mu_\alpha]$。注意，当接入点之间没有竞争时，可以按相同的概率 $1/\bar{n}$ 均匀地选择它们。因此，在式(21.2.1)中，如果终端均匀地选择接入点，则 $P_s = 1/\bar{n}$，当接入点通过增加 α 激励终端选择它们时，$P_s = S_i$。当下载一个数据单元时，拥有许多可用接入点的终端的可靠性明显提高。因为当连接失败时，终端可以尝试使用其他可用的接入点来下载所需的数据。因此，终端的成功下载概率可以表示为

$$R_i = \sum_{n=1}^{\infty} (1 - (\mathfrak{O}_{\text{AP-T}})^n)(\rho^n \exp(-\rho))/n!$$

其中 $\mathfrak{O}_{\text{AP-T}}$ 表示终端和接入点之间的连接故障概率。

效用函数　在上述模型中，每个终端的工作模式由概率 P_c 和共享率（α）来决定。另一方面，运营商通过调整价格 π 和激励率 θ 来驱动网络行为。因此，每个终端应调整这些参数，以达到自己的最佳效用。每个终端的效用包括终端和接入点模式的增益。在终端模式下，用户仅发送自己的流量的概率为 $1 - P_c$；而在接入点模式下，用户按照其共享率获得收益。用户在非竞争/竞争模式下的效用函数可被建模为

$$\begin{aligned} \pi_u(P_c, \alpha; \theta, \pi) &= (1 - P_c) f_T(R) \\ &\quad + P_c P_s \{ f_{\text{AP}}(K_1 \alpha R) - \pi[(1-\alpha)R - K_2 \theta C_{\text{DSC}}] - (\zeta_r + \zeta_s) R \} \end{aligned} \tag{21.2.4}$$

其中 $f_{\text{T}}(\cdot)$ 和 $f_{\text{AP}}(\cdot)$ 分别表示用户不共享和共享带宽的感知效用的凹函数，K_1 和 K_2 分别为正的常量，参数 ζ_s 和 ζ_r 分别是传输中的能量消耗率和接收模式，$R = W(1 - \mathfrak{O}_{\text{BS-AP}}) \log(1+\gamma)$。在式(21.2.4)中，第一项表示终端模式的增益，第二项表示接入点模式的成本和增益。$K_2 \theta C_{\text{DSC}}$ 是由接入点传送到终端的流量，$(1-\alpha)R$ 是接入点自身下载的流量，那么 $\pi[(1-\alpha)R - K_2 \theta C_{\text{DSC}}]$ 是当它使用 $(1-\alpha)R$ 时必须由接入点支付给运营商的费用。另一方面，运营商建立 DSC 网络的收益(收入)由利润函数定义：

$$\begin{aligned} \mathfrak{R}_{\text{DSC}}(\pi, \theta; P_c, \alpha) &= (1 - P_c)\{R(\pi - \varpi)\} \\ &\quad + P_c P_s \{ \pi[(1-\alpha)R - K_2 \theta C_{\text{DSC}}] + \pi C_{\text{DSC}} - \varpi[(1-\alpha)R + C_{\text{DSC}}] \} \end{aligned} \tag{21.2.5}$$

其中 ϖ 代表运营商提供服务的成本。在式(21.2.5)中，如前所述，接入点向运营商支付

$\pi[(1-\alpha)R-K_2\theta C_{\text{DSC}}]$，并且由使用接入点的终端支付 πC_{DSC}。参数 $\varpi[(1-\alpha)R+C_{\text{DSC}}]$ 表示接入点和终端提供服务的成本。对于高密度 DSC 无线网络，可以将 $\lambda_{\text{ac}}\mathfrak{R}_{\text{DSC}}$ 作为空间收益来计算 DSC 网络的收入。

系统优化 如果要分析用户和运营商之间的相互作用[分别优化式(21.2.4)和式(21.2.5)]，则可从以下博弈论表述开始[53]：

- 博弈的玩家(决策者)集合为 $\mathfrak{R}=\{1,2\}$，索引“1”是指可以作为终端/接入点的用户，“2”指运营商/基站。
- 用户的控制变量是带宽分配率 $\alpha\in[0,1]$。为了方便起见，将用 x_1 表示 α，并用 $X_1\equiv[0,1]$ 表示用户的活跃性空间。后续将讨论扩展的一组控制变量。
- 运营商的控制变量是激励率 θ 和价格 π。为了便于分析，只考虑 π 由 $x_2=\pi/\pi_{\max}$ 得到，并用 $X_2=[0,1]$ 表示运营商的活跃性空间。
- 玩家 1 的效用函数将由式(21.2.4)给出，并用 $u_1\equiv u_1(x_1,x_2)$ 表示；同样，玩家 2 的效用函数将由式(21.2.5)给出，并用 $u_2(x_1,x_2)$ 表示。

在这种情况下，当没有激励改变用户和运营商的控制变量时，可以说网络处于纳什均衡状态。正式的表示是，当 $u_k(x^*)\geqslant u_k(x_k;x_{-k}^*)$ 时，对于所有的 $k\in\mathfrak{R}$ 和所有的 $x_k\in X_k$，$x_{-k}\in X_{-k}$，状态 $x^*=(x_1^*,x_2^*)$ 处于纳什均衡(这里，$-k$ 表示玩家 k 的对手)。考虑到这一点，自然出现一个问题，即上面定义的博弈是否存在纳什均衡 x^*。如果不存在，则用户和运营商可能会不断改变其共享率和价格，进而导致系统不稳定。为了回答这个问题，首先要注意式(21.2.4)是一个 α 的凹函数，并且在其他参数中是连续的。同样，式(21.2.5)在 π 中是线性的，并且在其他参数中也是连续的。特别地，博弈的效用函数 $u_k(x_k;x_{-k})$ 是连续的，并且每个玩家的活跃变量 x_k 是独立的。因此，考虑到玩家的活跃空间 X_k 是紧凑和凸的，纳会均衡的存在可由 Debreu 定理[51]论证。

上述推理解决了存在纳什均衡的问题，但并不排除存在多重均衡，也没有讨论用户和运营商如何以自适应方式达成这样的均衡状态。为了解决后一个问题，下面将考虑竞争者的边际效用 $\nu_k(x)=\partial u_k/\partial x_k, k=\{1,2\}$。因此有

$$\begin{aligned}
&\nu_1(x)=P_cP_s\{f'_{\text{AP}}(K_1\alpha R)+\pi_{\max}x_2R+K_2\pi_{\max}x_2\theta B\},\ x_1\leqslant A/B\\
&\nu_2(x)=\pi_{\max}(1-P_c)R+P_cP_s\pi_{\max}\{(1-x_1)R-K_2\theta x_1B+x_1B\},\ x_1\leqslant A/B\\
&\nu_1(x)=P_cP_s\{f'_{\text{AP}}(K_1\alpha R)+\pi_{\max}x_2R\},\ x_1>A/B\\
&\nu_2(x)=\pi_{\max}(1-P_c)R+P_cP_s\pi_{\max}\{(1-x_1)R-K_2\theta A+A\},\ x_1>A/B
\end{aligned}\tag{21.2.6}$$

为了计算 $\partial C_{\text{DSC}}/\partial x_1$，假设在 C_{DSC} 中，

$$A=(1-\mathfrak{O}_{\text{AP-T}})\log(1+\gamma_1)$$

和

$$B=(1-\mathfrak{O}_{\text{BS-AP}})\log(1+\gamma_2)$$

显然，竞争者的边际效用表示最高收益上升的方向，所以它们趋向于均衡。文献[53]将下述的“调整动态”用作学习机制，博弈玩家可以通过这种机制对对手的行为做出如下反应：

$$\dot{x}_k=x_k(1-x_k)\nu_k(x).\ \text{LD}$$

其中 LD 代表学习动态。定性来看，这些动态意味着玩家 k 将根据由 $v_k(x)$ 表示的方向调整策略，即当这样做导致收益增加时，增加 x_k，否则减小 x_k。采用因子 $x_k(1-x_k)$ 是为了确保满足 $x_k \in X_k = [0,1]$ 的约束。

在这种非合作博弈中，纳什均衡表示每个竞争者的边际效用消失或博弈状态空间 $X = X_1 \times X_2$ 的边界点状态。因此，LD 的每个固定点 x^* 也将是博弈的纳什均衡。然而，由于博弈可能会存在多个均衡点，因此如果有收敛，那么并不清楚 LD 最终会在哪里收敛。另一方面，如果博弈仅存在单个均衡点，则希望 LD 从每个初始状态收敛到它。要研究博弈是否仅存在一个均衡点，需要遵循文献[52]的方法，并考虑带有以下项的博弈的加权 Hessian 矩阵，

$$H_{ij} = a_i \frac{\partial \nu_i}{\partial x_j} + a_j \frac{\partial \nu_j}{\partial x_i},\ i,\ j \in \{1,2\}$$

其中 $a_i > 0(i \in \{1,2\})$ 是表示 Hessian 加权的正的常量。为了只有唯一的均衡点，则应保证下列方程成立(矩阵 H 是负定的)：

$$\begin{aligned}
\rho_{1,2} &= \frac{M \pm \sqrt{M^2 + 4N_1^2}}{2} < 0, x_1 \leqslant \frac{A}{B} \\
\rho_{1,2} &= \frac{M \pm \sqrt{M^2 + 4N_2^2}}{2} < 0, x_1 > \frac{A}{B}
\end{aligned} \tag{21.2.7}$$

其中 ρ_1 和 ρ_2 是 Hessian 矩阵的特征值，$M = 2a_1 P_c P_s f''_{\mathrm{AP}}(K_1 \alpha R)$，$f''_{\mathrm{AP}}(K_1 \alpha R)$ 是 $f_{\mathrm{AP}}(K_1 \alpha R)$ 的二阶导数，$N_1 = P_c P_s \pi_{\max}\{a_1 R + a_1 K_2 \theta B - a_2 R - a_2 K_2 \theta B + a_2 B\}$，$N_2 = P_c P_s \pi_{\max} R\{a_1 - a_2\}$。这些约束确保了 Hessian 矩阵有两个负特征值。在式(21.2.7)中，函数 $f_{\mathrm{AP}}(K_1 \alpha R)$ 的凹度保证存在两个负特征值。这个矩阵衡量一个玩家的行动对另一个玩家的收益的影响，所以它对确定博弈是否仅存在一个均衡起着至关重要的作用。这样，我们可以得出以下定理。

定理 1　令 G 表示上面定义的用户和运营商之间的博弈。那么 G 的每个纳什均衡是调整 LD 的一个固定点。此外，如果存在正权重 $a_k > 0$，$k \in \{1,2\}$，使得加权 Hessian 矩阵(21.2.7)是负定的，则博弈承认唯一的纳什均衡 x^*，并且 LD 从每个室内初始条件 $x(O)$ 开始收敛到 x^*。

证明：根据之前讨论的纳什均衡的存在性和稳定性；对于唯一性，式(21.2.7)的负定性表明博弈满足 Rosen 的对角严格的凹条件，所以我们认可文献[52]中的定理 2。LD 的收敛性则更难建立，并且依赖于所谓的(加权)Bregman 分歧：

$$\mathcal{D}(x^*, x) = \sum_{k=1,2} r_k \left[x_k^* \log \frac{x_k^*}{x_k} + \left(1 - x_k^*\right) \log \frac{1 - x_k^*}{1 - x_k} \right] \tag{21.2.8}$$

每当 H 是负定的且 x^* 是 G 的纳什均衡时，上式是 LD 的全局 Lyapunov 函数。

额外的控制变量　在上述的博弈论表述中，用户充当接入点的概率 P_c 和运营商的激励率 θ 被视为博弈中的参数。若用户-运营商的交互持续时间较长，则这些参数就可以在通信期间进行调整，因此可以将其视为额外的控制变量，并且可以单独进行优化。

考虑上述问题，博弈论表述应该修改如下：

- 用户可能采取的行为是 $x_1 = (\alpha, P_c)$，$\alpha \in [0,1]$ 表示用户的带宽共享率，$P_c \in [0,1]$ 表示作为接入点的概率。因此，玩家 1 的活跃空间为 $X_1 = [0,1] \times [0,1]$。
- 运营商可能采取的行为是 $x_2 = (\pi/\pi_{\max}, \theta)$，$\pi \in [0, \pi_{\max}]$ 表示运营商设定的价格，$\theta \in [0,1]$ 表示相关的激励率。因此，玩家 2 的活跃空间为 $X_2 = [0,1] \times [0,1]$。

- 每个玩家的效用函数 $u_k : X_1 \times X_2 \to \mathbb{R}$ 由上述式(21.2.4)和式(21.2.5)给出。

这个扩展公式与前面公式的关键区别在于，玩家的效用函数不再是单独的凹函数。例如，u_1 对概率 P_c 有非常复杂的依赖性。因此，如前所述，Debreu(或 Rosen)定理不能确定纳什均衡的存在性(或独特性)。

下面提供一种直接扩展 LD 的自适应学习方案，具有单方面增加每个玩家效用的属性：

$$\dot{x}_{ks} = x_{ks}(1 - x_{ks})\upsilon_{ks}(x),\ \ k \in \{1,2\},\ s \in \{1,2\} \tag{21.2.9}$$

其中索引元组 (k,s) 标记第 k 个玩家的行为 $x_k \in X$ 的第 s 个分量，$\upsilon_{ks}(x) = \partial u_k / \partial x_{ks}$ 表示玩家对于所述部分的边际效用。注意到式(21.2.9)的收益增长特性可以理解为

$$\frac{\mathrm{d}}{\mathrm{d}t} u_k[x_k(t); x_{-k}] = \sum_{s=1}^{2} \dot{x}_{ks}\upsilon_{ks} = \sum_{s=1}^{2} x_{ks}(1 - x_{ks})\upsilon_{ks}^2 \geqslant 0 \tag{21.2.10}$$

也就是说，给定对手的每个固定行为 x_{-k}，玩家 k 的收益在 LD 下增加。当然，当两人的行为都是在 LD 下演变的时候，不能保证任何一个玩家的收益会增加，因为每个玩家的行为都会对其对手的收益产生影响。然而，如果 LD 收敛，上述推理表明这个限制点也必然是博弈的纳什均衡。

下面利用 MATLAB 数值分析方法来评估网络性能。假设在典型的高密度网络中，终端和接入点被随机放置在 1000×1000 m^2 的区域内。图 21.2.2 显示了终端 AP i 的空间选择概率随着竞争接入点的平均共享率变化的情况。换句话说，在 DSC 网络中，接入点必须相互竞争，让自己成为终端下载数据的首选。接入点只能通过调整共享率来管理此过程，因为它们无法更改最近干扰源的位置。

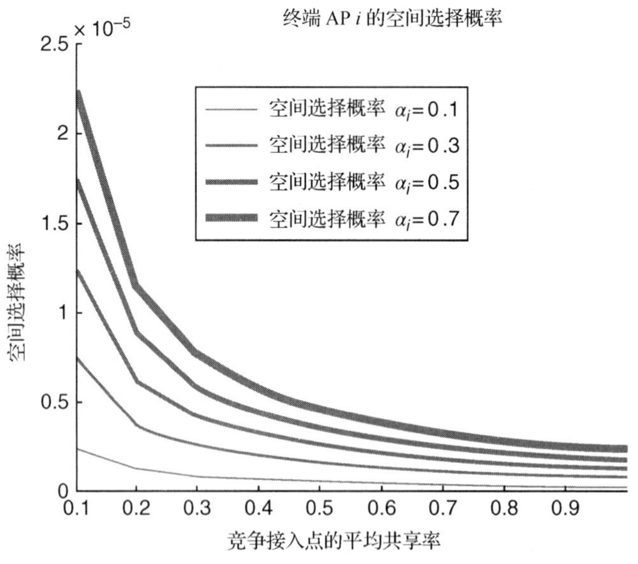

图 21.2.2　终端 AP i 的空间选择概率与竞争接入点的平均共享率的关系曲线

接下来的两幅图给出了博弈模型。在图 21.2.3 中，DSC 运营商的空间收益是随用户作为接入点的概率(P_c)而变化的。数据显示，运营商可以通过提供更高的激励率(θ)来获得更多的收益。在图 21.2.4 中，显示了不同的用户密度下 DSC 网络中运营商的空间收益。因为有更

多的用户愿意充当接入点而无须额外的基础设施成本，所以 DSC 网络模型在非常密集的网络中能够带来更多的收益。

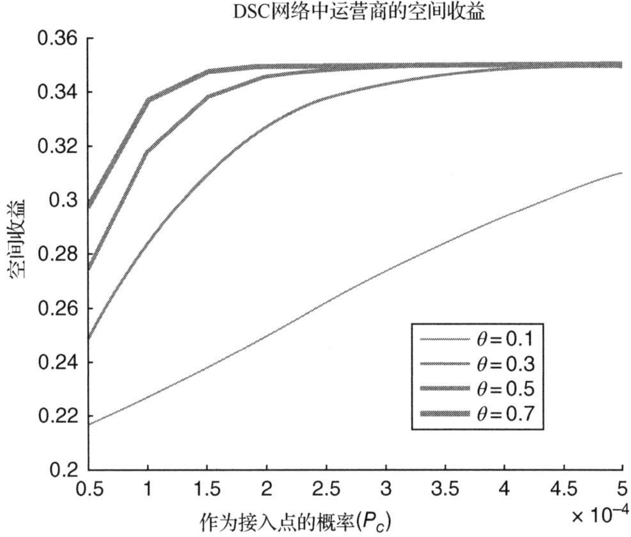

图 21.2.3　运营商的空间收益与 P_c 的关系曲线

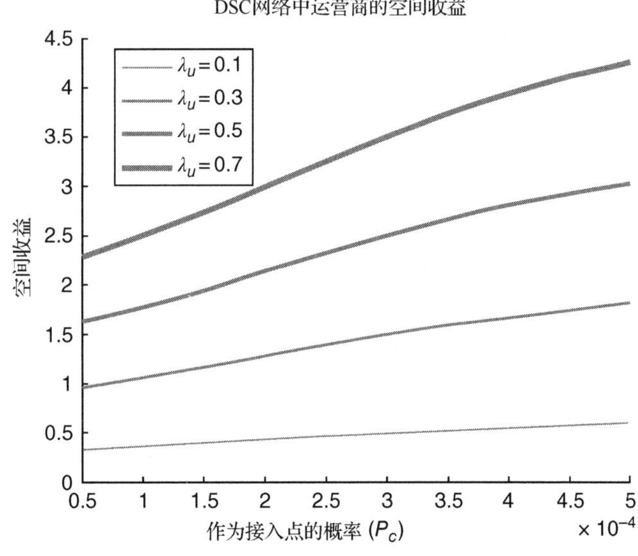

图 21.2.4　不同的用户密度下运营商的空间收益

参考文献

[1] Bai, T. and Heath, R.W. (2015) Coverage and rate analysis for millimeter-wave cellular networks. *IEEE Transactions on Wireless Communications*, **14** (2), 1100–1114.

[2] Rajagopal, S., Abu-Surra, S., and MalInirchegini, M. (2012) *Channel Feasibility for Outdoor Non-Line-of-Sight mmwave Mobile Communication*. Proceedings of the 76th IEEE Vehicular Technology Conference, pp. 1–6.

[3] 3rd Generation Partnership Project (2010) Further Advancements for E-UTRA Physical Layer Aspects (Release 9). Cedex, France. *3GPP Tech. Rep. 36.814*, March 2010.

[4] Akdeniz, M., Liu, Y., Samimi, M.K. *et al.* (2014) Millimeter wave channel modeling and cellular capacity evaluation. *IEEE Journal on Selected Areas in Communications*, **32** (6), 1164–1179.
[5] Akdeniz, M., Liu, Y., Rangan, S., and Erkip, E. (2013) *Millimeter Wave Picocel-lular System Evaluation for Urban Deployments*. Proceedings of IEEE Globecom Workshops, December 2013, pp. 105–110.
[6] Andrews, J.G., Baccelli, F. and Krishna Ganti, R. (2011) A tractable approach to coverage and rate in cellular networks. *IEEE Transactions on Communications*, **59** (11), 3122–3134.
[7] Ghosh, A., Mangalvedhe, N., Ratasuk, R. *et al.* (2012) Heterogeneous cellular networks: From theory to practice. *IEEE Communications Magazine*, **50** (6), 54–64.
[8] Dhillon, H.S., Andrews, J.G., Ganti, R. and Baccelli, F. (2012) Modeling and analysis of K-tier downlink heterogeneous cellular networks. *IEEE Journal on Selected Areas in Communications*, **30** (3), 550–560.
[9] Heath, R.W. Jr., Kountouris, M., and Bai, T. (2013) Modeling heterogeneous network interference with using poisson point processes. *IEEE Transactions on Signal Processing*, **61** (16), 4114–4125.
[10] Akoum, S., Ayach, E.O., and Heath, R.W. Jr. (2012) *Coverage and Capacity in mmWave Cellular Systems*. Proceedings of the 46th IEEE Asilomar Conference on Signals, Systems, and Computers, November 2012, pp. 688–692.
[11] Bai, T. and Heath, R.W. Jr. (2013) *Coverage Analysis for Millimeter Wave Cellular Networks with Blockage Effects*. Proceedings of IEEE Global Conference on Signal and Information Processing (GlobalSIP), December 2013, pp. 727–730.
[12] Bai, T. and Heath, R.W. Jr. (2013) *Coverage in Dense Millimeter Wave Cellular Networks*. Proceedings of the 47th ASILOMAR Conference on Signals, Systems, and Computers, November 2013, pp. 1–5.
[13] Rappaport, T.S., Heath, R.W., Jr, Daniels, R.C. and Murdock, J.N. (2014) *Millimeter Wave Wireless Communication*, Prentice-Hall, Englewood Cliffs, NJ.
[14] Pi, Z. and Khan, F. (2011) An introduction to millimeter-wave mobile broadband systems. *IEEE Communications Magazine*, **49** (6), 101–107.
[15] Rappaport, T., Sun, S., Mayzus, R. *et al.* (2013) Millimeter wave mobile communications for 5G cellular: It will work!. *IEEE Access*, **1**, 335–349.
[16] Baykas, T., Sum, C.-S., Lan, Z. *et al.* (2011) IEEE 802.15.3c: The first IEEE wireless standard for data rates over 1 Gb/s. *IEEE Communications Magazine*, **49** (7), 114–121.
[17] IEEE (2012) *IEEE Standard – Part 11: Wireless LAN MAC and PHY Specifications Amendment 3: Enhancements for Very High Throughput in the 60 GHz Band*, IEEE, New York.
[18] IEEE (2012) *IEEE Standard for WirelessMAN – Advanced Air Interface for Broadband Wireless Access Systems*, IEEE, New York.
[19] Rappaport, T., Buzzi, S., Choi, W. *et al.* (2013) Broadband millimeter-wave propagation measurements and models using adaptive-beam antennas for outdoor urban cellular communications. *IEEE Transactions on Antennas and Propagation*, **61** (4), 1850–1859.
[20] Goldsmith, A. (2005) *Wireless Communications*, Cambridge University Press, Cambridge.
[21] Blaszczyszyn, B., Karray, M.K., and Keeler, H.P. (2013) *Using Poisson Pro-cesses to Model Lattice Cellular Networks*. Proceedings of the IEEE International Conference on Computer Communications (INFOCOM), pp. 773–781.
[22] Bai, T. and Heath, R.W. Jr. (2014) *Coverage and Rate Analysis for Millimeter Wave Cellular Networks*.
[23] Ghosh, A., Ratasuk, R., Mondal, B. *et al.* (2010) LTE-advanced: Next-generation wireless broadband technology. *IEEE Wireless Communications*, **17** (3), 10–22.
[24] Bai, T., Alkhateeb, A. and Heath, R. (2014) Coverage and capacity of millimeter-wave cellular networks. *IEEE Communications Magazine*, **52** (9), 70–77.
[25] 3rd Generation Partnership Project (2012) Evolved Universal Terrestrial Radio Access (E-UTRA); Radio Frequency (RF) System Scenarios (Release 11). Cedex, France, *3GPP Tech. Rep. 36.942*, March 2012.
[26] El Ayach, O., Rajagopal, S., Abu-Surra, S. *et al.* (2014) Spatially sparse precoding in millimeter wave MIMO systems. *IEEE Transactions on Wireless Communications*, **13** (3), 1499–1513.
[27] Mo, J. and Heath, R.W. Jr. (2014) *High SNR Capacity of Millimeter Wave MIMO Systems with One-Bit Quantization*. Proceedings of the 2014 International Conference on Information technology and Applications (ITA 2014), February 2014, pp. 1–5.
[28] Alzer, H. (1997) On some inequalities for the incomplete Gamma function. *Mathematics of Computation*, **66** (218), 771–778.
[29] Aris, R. (1999) *Mathematical Modeling: A Chemical Engineer's Perspective*, Academic, New York.
[30] Alejos, A., Sanchez, M.G. and Cuinas, I. (2008) Measurement and analysis of propagation mechanisms at 40 GHz: viability of site shielding forced by obstacles. *IEEE Transactions on Vehicular Technology*, **57** (6), 3369–3380.
[31] Seidel, S. and Rappaport, T. (1994) Site-specific propagation prediction for wireless in-building personal communication system design. *IEEE Transactions on Vehicular Technology*, **43** (4), 879–891.
[32] Toscano, A., Bilotti, F. and Vegni, L. (2003) Fast ray-tracing technique for electromagnetic field prediction in mobile communications. *IEEE Transactions on Magnetics*, **39** (3), 1238–1241.

[33] Franceschetti, M., Bruck, J. and Schulman, L. (2004) A random walk model of wave propagation. *IEEE Transactions on Antennas and Propagation*, **52** (5), 1304–1317.

[34] Bai, T., Vaze, R. and Heath, R. (2014) Analysis of blockage effects on urban cellular networks. *IEEE Transactions on Wireless Communications*, **13** (9), 5070–5083.

[35] Hunter, A., Andrews, J. and Weber, S. (2008) Transmission capacity of ad hoc networks with spatial diversity. *IEEE Transactions on Wireless Communications*, **7** (12), 5058–5071.

[36] Baccelli, F. and Blaszczyszyn, B. (2009) *Stochastic Geometry and Wireless Networks, Volume l–Theory*, Now Publishers, Delft, the Netherlands.

[37] Tepedelenlioglu, C., Rajan, A. and Zhang, Y. (2011) Applications of stochastic ordering to wireless communications. *IEEE Transactions on Wireless Communications*, **10** (12), 4249–4257.

[38] Dhillon, H., Kountouris, M. and Andrews, J. (2013) Downlink MIMO Het-Nets: modeling, ordering results and performance analysis. *IEEE Transactions on Wireless Communications*, **12** (10), 5208–5222.

[39] Greenstein, L. and Erceg, V. (1999) Gain reductions due to scatter on wireless paths with directional antennas. *IEEE Communications Letters*, **3** (6), 169–171.

[40] Singh, S., Dhillon, H. and Andrews, J. (2013) Offloading in heterogeneous networks: modeling, analysis, and design insights. *IEEE Transactions on Wireless Communications*, **12** (5), 2484–2497.

[41] Qiao, J., Shen, X.S., Mark, J.W. *et al.* (2015) Enabling device-to-device communications in millimeter-wave 5G cellular networks. *IEEE Communications Magazine*, **53** (1), 209–215.

[42] Nokia (2010) *Nokia Lumia 920 Device Properties.*

[43] Shafigh, A.S., Lorenzo, B., Glisic, S. *et al.* (2015) A framework for dynamic network architecture and topology optimization. *IEEE/ACM Transactions on Networking*, **99**, 78–85.

[44] Nakamura, T., Nagata, S., Benjebbour, A. *et al.* (2013) Trends in small cell enhancements in LTE advanced. *IEEE Communications Magazine*, **51** (2), 98–105.

[45] Weragama, N., Jun, J., Mitro, J. and Agrawal, D.P. (2014) Modeling and performance of a mesh network with dynamically appearing and disappearing femtocells as additional internet gateways. *IEEE Transactions on Parallel and Distributed Systems*, **25** (5), 1278–1288.

[46] Afrasiabi, M.H. and Guérin, R. (2012) *Pricing Strategies for User-Provided Connectivity Services*. INFOCOM 2012 IEEE Conference on Computer Communications, pp. 2766–2770.

[47] Gao, L., Iosifidis, G., Huang, J., and Tassiulas, L. (2014) *Hybrid Data Pricing for Network-Assisted User-Provided Connectivity*. IEEE INFOCOM 2014 33rd Conference on Computer Communications, pp. 682–690.

[48] Okabe, A., Boots, B., Sugihara, K. and Chiu, S.N. (2009) *Spatial Tessellations: Concepts and Applications of Voronoi Diagrams*, vol. **501**, John Wiley & Sons, Ltd, Chichester.

[49] Yu, S.M. and Kim, S.-L. (2013) *Downlink Capacity and Base Station Density in Cellular Networks*. 11th International Symposium on Modeling and Optimization in Mobile Ad Hoc and Wireless Networks (WiOpt) 2013, pp. 119–124.

[50] Sofia, R. and Mendes, P. (2008) User-provided networks: consumer as provider. *IEEE Communications Magazine*, **46** (12), 86–91.

[51] Cheng, S.-M., Ao, W.C., and Chen, K.-C. (2010) *Downlink Capacity of Two-Tier Cognitive Femto Networks*. IEEE 21st International Symposium on Personal Indoor and Mobile Radio Communications (PIMRC), pp. 1303–1308.

[52] Debreu, G. (1952) A social equilibrium existence theorem. *Proceedings of the National Academy of Sciences of the United States of America*, **38** (10), 886–893.

[53] Shafigh, A.S., Mertikopoulos, P., and Glisic, S. (2015) *High Dense Dynamic Small Cell Networks for mm-Wave Technology*, Globecom'15, pp. 203–208.

第 22 章　无线网络中的云计算

本章主要介绍虚拟数据中心(virtualized data center，VDC)计算云，它由一组托管多个移动终端的服务器构成，而这些移动终端构成了移动云。本章重点讨论存在时变工作负载和信道状态不确定时的最佳资源分配问题。信道状态的不确定可能是由于认知无线网络中的衰落和/或链路可用性和可靠性的不确定造成的。出于对节能的考虑或者由于缺少必要的软件，终端会委托这些服务器处理某些应用程序。控制层面上的问题是如何动态地调整资源，以适应信道变化和工作负载波动，进而最大化长期平均应用处理的吞吐量，并在保持网络稳定性的同时最大限度地降低整个系统的能源成本。本章将提出统一的稳定性分析，并给出认知无线网络和常规无线网络的联合稳定域；使用动态编程设计动态控制策略，以实现网络稳定域上的每一个点。此外，文献[1]提出的控制方法可以减轻辅助服务提供商(SSP)和主要服务提供商(PSP)的相互影响。

22.1　技术背景

由于云服务数据中心的成本高昂，提高数据中心和云计算设备的能量效率逐渐成为时下的研究热点。然而，由于资源分配不合理，数据中心内的资源通常在低利用率的情况下使用[2]，即目前系统的大部分时间未能充分利用云服务器。例如，如果一个空闲服务器没有关闭，则它可能消耗的能量达到峰值功率的 65%[3]。通常，根据应用程序的资源需求而将资源专门分配给某个应用程序。在多数情况下，为使该应用程序在最大负载下也能完成任务，往往要为其分配超额的资源。然而，由于高负载的情况较少，该应用程序其实不需要那么多资源。在理想情况下，应该释放未使用的资源，供其他应用程序使用。

研究表明，数据中心虚拟化允许多个异构应用程序共享资源并在单个服务器上同时运行，这有助于减少总功耗、增加可靠性。虚拟化技术指通过在同一台服务器上合并多个应用程序，并在这些应用程序之间共享资源来提高服务器利用率。使用这种技术控制数据中心，可以使虚拟机(virtual machines，VM)只占用必要的资源来为其应用程序提供服务。然而，该技术尚有许多复杂的问题亟待解决，其中对有时变需求的应用程序尤为关键的一点是：如何在每个应用程序的合并和资源利用之间取得平衡？资源需要根据应用程序任务量的变化，自适应地在应用程序中进行分配。根据工作负载进行自适应资源分配对于创建高性能数据中心十分重要，这样数据中心才能释放和使用其他应用程序的可用资源。有时应用程序对同一资源的需求随着时间而变化，如何处理多个需求和实施高效的功率分配，以及调度和路由算法，也是十分重要的设计问题。

此前围绕这一方面的工作只能通过开/关整个服务器来降低服务器集群的功耗[4, 5]。最近，很多研究者将目光投向虚拟数据中心(VDC)中的动态资源分配。文献[2, 6, 7]设计了反馈驱动的资源控制系统，以自适应工作负载的动态变化，并满足共享虚拟化基础设施中应用程序的服务级目标(service level objective，SLO)。这些技术使用反馈控制回路，其目标是分配资源以满足相应的性能指标。然而，由于反馈技术需要有关目标性能级别的信息，因此该技术不适用于优化目标是最大化效用的情况。此前有关 VDC 资源分配的大部分工作都基于主动工作负载自适应资源配置和稳态排队模型[8-12]。文献[8]将虚拟化服务器系统的动态资源分配问题定义为使用前向控制解决的顺序优化问题[9]。当控制操作有最后期限，但又需要对未来工作负载进行估计时，这一技术十分有效。文献[11]基于对托管应用程序的功耗情况的估计，进行了虚拟化服务环境中的动态资源分配。文献[10]提出了基于稳态排队分析、反馈控制理论和这两种理论组合的三种在线任务自适应的资源控制机制。文献[13]提出的方法则需要首先使用工作负载的统计模型进行预测，然后进行资源分配以满足预测得到的资源需求。当预测准确时，主动资源配置确实提供了非常好的性能。而实际上由于要额外进行负载分析和占用存储空间，预测可能并不准确且开销甚高。

Lyapunov 优化在保证无线网络的稳定性的最优跨层控制策略中应用甚广。在文献[14]中，Lyapunov 优化用在相互依赖的服务器的排队网络开发联合最优路由和调度算法中。这种方法也适用于分析一般随机网络中的联合稳定性和效用最大化的问题[15-17]。文献[18]使用 Lyapunov 优化[15]为 VDC 设计在线控制、路由和资源分配算法，不过该算法虽然适应工作负载波动，但没有考虑终端和服务器之间可能的信道变化。兼顾用户需求变化的研究表明，基于信道变化和工作负载的控制决策在处理时变信道和时变资源需求方面可以提供更高的吞吐量和更小的时延[19, 20]。

根据文献[1]中的分析，本节将讨论一个存在工作量波动和不确定信道的虚拟云服务数据中心。信道不确定性是由传统无线网络（conventional wireless network，CWN）中的衰落和/或主要服务提供商（PSP）和辅助服务提供商（SSP）认知网络中不确定的链路可用性和可靠性造成的。文献[21]研究了 SSP 认知网络中这些不确定性的统计。在文献[21]中，数据中心可以由分布在网络上的高功率终端（例如 PC）的子集组成。本节将讨论长期应用程序处理吞吐量的联合效用的最大化，并最大限度地减少整个系统的平均总功耗。这一点非常重要，因为终端和服务器（网络中的 PC）都使用电力有限的电源。控制问题则设为马尔可夫决策过程（Markov decision process，MDP），并且针对 PSP 和 SSP 认知网络及 CWN 使用动态规划和价值迭代算法（VIA）[22,23]来解决。所得到的动态控制策略可以实现网络稳定域上的每个节点，并可用 Lyapunov 漂移理论证明其是稳定的。文献[19]使用随机静止（STAT）策略和基于帧的算法来证明动态算法的稳定性，不过文献[19]也存在一些有争议的内容，即动态算法的性能比固定和基于帧的算法的性能更差。本节将展示动态算法的性能优于 STAT 策略的性能，并用一种统一的方法证明 PSP 和 SSP 认知网络及 CWN 的动态算法的稳定性。

22.2　系统模型

设认知网络由多个具有队列和 VDC 的移动终端组成。VDC 由托管移动云的一组服务器 S 组成，如图 22.2.1 所示。数据中心由配有电源的更强大的处理终端（例如 PC）组成。用 $\mathcal{I}$ 来表示云中的一组终端，用 $|\mathcal{I}|$ 表示云中的终端数，并用 $|S|$ 表示数据中心的服务器数。根据定义，移动云是共享一定资源池的集群/终端。在本例中，终端共享数据中心的资源。

假设有多台服务器可以托管云端。每个服务器都被转换成 $|\mathcal{I}|$ 个 VM，每个 VM 都能够服务于不同的终端。时间被分成索引为 n 的时间帧。为每个终端 i 和服务器 s 定义以下参数：

$$b_{is}(n)=\begin{cases}1, & \text{终端}i\text{在帧}n\text{中服务器}s\text{的VM上得到服务}\\ 0, & \text{其他}\end{cases}$$

为了简单起见，假设每个移动终端只能从帧 n 中的一个服务器请求服务，但主机服务器可以随时改变。

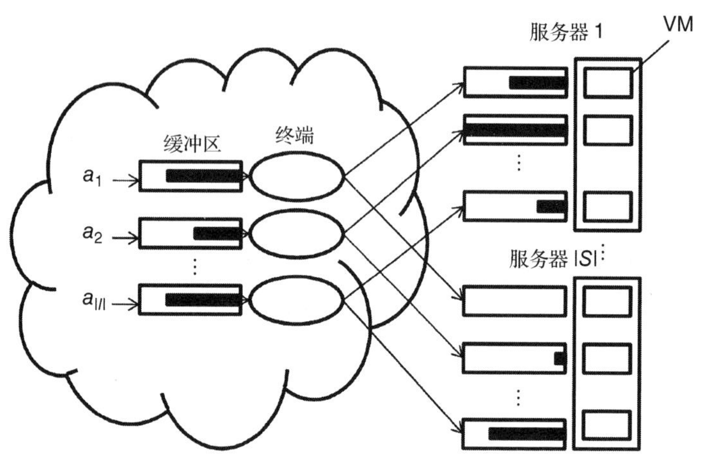

图 22.2.1 带 VDC 的云

应用程序请求根据进程 $a_i(n)$ 到达每个终端 i 。输入进程 $a_i(n)$ 是平稳的，并且具有平均速率 λ_i (请求/时隙)的遍历。假设输入过程与当前队列长度无关，并且具有有限的二阶矩。然而，由于不知道 $a_i(n)$ 的统计信息，因此要想进行分析，需假设应用程序请求被放置到无限长的传输缓冲区中。

$|h_{is}(n)|^2$ 表示终端 i 和服务器 s 之间的信道功率增益。假设信道的衰落模型使得 $|h_{is}(n)|^2$ 在帧期间保持固定，并且可以根据马尔可夫链在帧与帧之间改变。令 $H_i(n)=[|h_{i1}(n)|^2,|h_{i2}(n)|^2,\cdots,|h_{i|S|}(n)|^2]\in\mathcal{H}$ 表示帧 n 中终端 i 处的信道增益向量。信道过程 $H_i(n)$ 是静态且遍历的，并且在有限状态空间 $\mathcal{H}$ 上取值。由于服务器可处于不同的位置，因此终端 i 和不同服务器之间的信道可能是不同的。令 $H(n)$ 表示帧 n 中的 $|\mathcal{I}|\times|S|$ 信道增益矩阵，并令 π_H 表示 CWN 中信道状态的稳态概率。

如果在认知网络内使用信道，则等效信道增益矩阵 $H_i^e(n)$ 将具有以下形式：

$$H_i^e(n)=\begin{cases}H_i(n) & \text{对于PSP，概率为}p_H^P\\ & \text{对于SSP，概率为}p_H^S\\ 0 & \text{对于PSP，概率为}p_0^P\\ & \text{对于SSP，概率为}p_0^S\end{cases}$$

在 SSP 认知网络中，次要用户(SU)成功获取信道的概率为 $p_H^S=(1-p_1^P)p_{\text{id}}$ ，信道不能使用的概率为 $p_0^S=(1-p_1^P)(1-p_{\text{id}})+p_1^P$ ，其中 p_1^P 和 p_{id} 分别为主要用户(PU)处于活动状态和次要用户(SU)检测到信道空闲的概率。换句话说，如果 PU 未激活且 SU 检测到空闲信道，则信道增益矩阵为 $H_i(n)$ 。如果 PU 未激活，但 SU 无法检测到空闲信道或 PU 处于活动状态(概率为 p_1^P)，则不能使用该通道。概率 $1-p_1^P$ 的推导在文献[21]中给出。对于 PSP 认知网络，PU 以概率 $p_H^P=(1-p_1^S)+p_1^S p_{\text{pd}}$ 成功获取信道，并有 $p_0^P=p_1^S(1-p_{\text{pd}})$ 的概率不能使用信道。这里假设 PU 在传输之前发送一个前导码，以便在 SU 使用它时清除信道（概率为 p_1^S）。该前导码被正确检测且信道以概率 p_{pd} 被清除。令 π_H^e 表示认知无线网络中信道状态的稳态概率，并且对于 PSP 认知网络表示为

$$\pi_H^e = \begin{cases} p_H^P \pi_H, & H_i^e = H_i \\ 1 - p_H^P, & H_i^e = 0 \end{cases}$$

以及对于 SSP 认知网络表示为

$$\pi_H^e = \begin{cases} p_H^S \pi_H, & H_i^e = H_i \\ 1 - p_H^S, & H_i^e = 0 \end{cases}$$

信道模型的其他变体包含称为"部分认知网络"（PC 网络）的选项，其中网络运营商的整体资源包括认知和传统（已购买）链路[24]。在这种情况下，$H_i^e(n)$ 的变化是很明显的。根据当前工作负载、当前通道状态和可用能量及所需的软件，应用程序请求可以在终端处理，也可以委托在托管终端的一个服务器上进行处理。对于每个帧 n，$\mu_i(n) + \mu_{is}(n)$ 个应用程序请求从终端 i 的缓冲区中移除，其中 $\mu_i(n)$ 表示帧 n 中终端 i 处理的请求数，$\mu_{is}(n)$ 表示从终端 i 传送到主机服务器 s 处理的请求数。

在 CWN 中，动态排队理论可表达为

$$q_i(n+1) = \max\{q_i(n) + a_i(n) - [\mu_i(n) + \mu_{is}(n)], 0\} \tag{22.2.1}$$

在认知无线网络中，排队过程如下：

$$q_i(n+1) = \max\left\{q_i(n) + a_i(n) - \left[I(n)[\mu_i(n) + I_{\mathrm{r}}(n)\mu_{is}(n)] + [1 - I(n)]\mu_i' n)\right], 0\right\} \tag{22.2.2}$$

其中 $I(n)$ 和 $I_r(n)$ 分别表征时隙 n 的开头和时隙 n 期间的无损信道可用性。当 $I(n) = 0$ 时，服务率 $\mu_i'(n)$ 代表仅在终端处理的请求数。当 $I(n) = 0$ 时，可能仅在终端处理更多的应用程序，并且 $\mu_i'(n) \geqslant \mu_i(n)$。为了实现这个概念，需要一个快速的反馈信息来表明传输已被破坏。

对于 SSP 认知网络，

$$I(n) = \begin{cases} 1, & H_i^e(n) = H_i(n) \\ 0, & H_i^e(n) = 0 \end{cases}$$

并且概率 $p[I(n) = 1] = p_H^S$ 和 $p[I(n) = 0] = p_0^S$。对于给出的信道，损坏指标 $I_r(n)$ 表示如下：

$$I_r(n) = \begin{cases} 0, & \text{如果PU返回信道} \\ 1, & \text{其他} \end{cases}$$

并且概率 $p[I_r(n) = 1] = 1 - p_{\mathrm{return}}^P$ 和 $p[I(n) = 0] = p_{\mathrm{return}}^P$。返回概率 p_{return}^P 在文献[21]中进行了讨论。

对于 PSP 认知网络，$I(n)$ 定义为

$$I(n) = \begin{cases} 1, & H_i^e(n) = H_i(n) \\ 0, & \text{其他} \end{cases}$$

$I(n) = 1$ 的概率是 $p[I(n) = 1] = p_H^P$，$I(n) = 0$ 的概率则是 $p[I(n) = 0] = p_0^P$，在 PSP 认知网络中，损坏指标 $I_r(n)$ 表示为

$$I_r(n) = \begin{cases} 0; & \text{如果SU返回信道且没有检测到存在PU(冲突)} \\ 1; & \text{其他} \end{cases}$$

概率表达式为 $p[I_r(n)=1]=(1-p_{\text{return}}^S)+p_{\text{return}}^S p_{\text{sd}}$ 和 $p[I_r(n)=0]=p_{\text{return}}^S(1-p_{\text{sd}})$，其中 p_{return}^S 是 SU 返回信道的概率，p_{sd} 是 SU 正确检测到 PU 存在的概率。

在每一个服务器 s 处，委托请求会在服务器处理前被储存在终端 i 的一个缓冲区中。使用 $\hat{q}_s^i(n)$ 代表在服务器 s 处终端 i 的队列长度，即

$$\hat{Q}(n)=\begin{bmatrix}\hat{q}_1^1(n),\hat{q}_2^1(n),\hat{q}_{|\mathcal{S}|}^1(n)\\ \cdots\cdots\\ \cdots\cdots\cdots\cdots\cdots\cdots\\ \hat{q}_1^{|\mathcal{I}|}(n),\hat{q}_2^{|\mathcal{I}|}(n),\hat{q}_{|\mathcal{S}|}^{|\mathcal{I}|}(n)\end{bmatrix}$$

上式代表服务器处队列长度的 $|\mathcal{I}|\times|\mathcal{S}|$ 矩阵。令 $\hat{\mu}_s^i(n)$ 表示服务器 s 向帧 n 中的终端 i 提供的服务率(请求/帧)。对于 PSP 和 SSP 认知网络服务器 s 处终端 i 的应用程序请求，排队动态特性如下：

$$\hat{q}_s^i(n+1)=\max\left\{\hat{q}_s^i(n)+I(n)I_{\text{r}}(n)\mu_{is}(n)-\hat{\mu}_s^i(n),0\right\} \tag{22.2.3}$$

对于 CWN，$\hat{q}_s^i(n+1)$ 可表示为

$$\hat{q}_s^i(n+1)=\max\left\{\hat{q}_s^i(n)+\mu_{is}(n)-\hat{\mu}_s^i(n),0\right\} \tag{22.2.4}$$

令 $\hat{\mu}_s=\sum_{i\in\mathcal{I}}\hat{\mu}_s^i$ 代表服务器 s 处的总服务率，令 $\hat{q}_s=\sum_{i\in\mathcal{I}}\hat{q}_s^i$ 代表服务器 s 处的总队列长度。

22.3 系统优化

令 $\mathcal{U}(n)$ 代表在帧 n 的终端中可用的控制动作集，令 $U_i(n)=\{u_i''(n)^*,u_{is}(n)^*,b_{is}(n)\}\in\mathcal{U}(n)$ 代表在帧 n 的某个特定终端 i 中的一个控制动作。$U(n)=[U_1(n),U_2(n),\cdots,U_{|\mathcal{I}|}(n)]$ 代表帧 n 的控制动作的向量。

对于认知网络，有

$$\mu_{is}(n)^*=\mu_{is}(n)p[I(n)=1]p[I_{\text{r}}(n)=1]$$

和

$$\mu_i''(n)^*=\mu_i(n)p[I(n)=1]+\mu_i'(n)p[I(n)=0]=\mu_i(n)^*+\mu_i'(n)^*$$

其中

$$\mu_i(n)^*=\mu_i(n)p[I(n)=1]$$

和

$$\mu_i'(n)^*=\mu_i'(n)p[I(n)=0]$$

在 CWN 中，从终端 i 到服务器 s 传输的请求数表示为 $\mu_{is}(n)$，在终端 i 处理的请求数表示为 $\mu_i(n)$。

$P_i^{\text{tot}}(n)=P_i(n)+P_{is}(n)$ 代表帧 n 的终端 i 的功耗，其中 $P_i(n)$ 是在终端 i 处理 $\mu_i''(n)^*$ 个应用程序请求所需的功率，$P_{is}(n)$ 是传输服务器 s 处理的 $\mu_{is}(n)^*$ 个请求所需的功率。我们有

$$P_i(n)=\alpha_i\mu_i''(n)^* \tag{22.3.1}$$

$$P_{is}(n)=\bar{\mu}_{is}(n)^*\alpha_{is}/|h_{is}(n)|^2 \tag{22.3.2}$$

其中，α_i 和 α_{is} 表示非负参数，$\bar{\mu}_{is}(n)^* = \mu_{is}(n)p[I(n)=1]$。令 $P^{\max}$ 表示帧 n 中每个终端上的最大功率。

每个服务器 s 都有一组资源 $\mathcal{W}_s$，通过资源控制器分配给托管在服务器上的 VM。下面将详细介绍 CPU 频率和功率约束的影响。假定所有服务器具有相同的 CPU 资源，在本模型中，CPU 以有限数量的工作频率（时钟）$f_{\min} < f_i < \cdots < f_{\max}$ 运行。在每个效用等级 f 处，功耗被估计为 $\hat{P}_s(f) = \hat{P}_{\min} + \theta(f - f_{\min})^2$。可以使用诸如动态频率缩放（DFS）、动态电压缩放（DVS）和两者组合的可用技术来更改影响 CPU 功耗的 CPU 频率。在虚拟化服务器环境中，任何物理机器上的虚拟机监视器（virtual machine monitor，VMM）都可以处理虚拟机之间的资源复用和隔离[25]问题。虚拟机的资源分配可以在线更改，而不会中断虚拟机内运行的应用程序[25]。每个虚拟机的资源在其生命周期内可以适应不断变化的工作负载。

在每个帧中，中央控制器分配 VM 中每个服务器的资源。此分配方案受每台服务器上可用的控制选项的约束。例如，控制器可以将 CPU 的不同部分分配给该帧中的 VM。$\hat{\mathcal{U}}(n)$ 表示在服务器端可用的所有控制动作的集合。$\hat{U}_s(n) = \{\hat{\mu}_s\} \in \hat{\mathcal{U}}(n)$ 表示在任何策略下帧 n 中的服务器 s 采取的特定控制动作，$\hat{P}_s(f)$ 是相应的功耗。数据中心的控制动作向量为 $\hat{U}(n) = [\hat{U}_1(n), \hat{U}_2(n), \cdots, \hat{U}_{|S|}(n)]$。效用等级为 f 的服务器 s 的最大可支持服务率 $\hat{\mu}_s^{\max}$ [18]表示为

$$\hat{\mu}_s^{\max}(f) = \frac{\hat{P}_s(f)}{\hat{\alpha}_s} = \frac{\hat{P}_{\min} + \phi(f - f_{\min})^2}{\hat{\alpha}_s} \tag{22.3.3}$$

令 $X(n) = \{Q(n), \hat{Q}(n), H(n)\}$ 表示具有可数状态空间 $\tilde{\mathcal{X}}$ 的帧 n 中的系统状态。$D_X(n) = \{U(n), \hat{U}(n)\}$ 表示控制输入，即系统状态为 $X(n)$ 时的帧 n 中的动作。在每个帧 n 的开头，网络控制器根据系统的当前状态 $X(n)$ 的具体情况来决定 $D_X(n)$ 的值。控制输入 $D_X(n)$ 取代表状态 $X(n)$ 中所有可行控制选项的通用状态空间 $\mathcal{D}_X(n)$ 中的值。

从状态 X 开始，令 $\pi = \{D_X(1), D_X(2), \cdots\}$ 表示策略，即动作序列。Π 表示所有这些策略的空间且 $\pi \in \Pi$。为使网络控制器能够访问 $X(n)$ 的全部信息，假设集中控制可行。令 β_i 和 σ 表示用作归一化参数的非负权重。优化目标是从当前的 $X(n)$ 映射到 $D_X(n)$ 的最优序列，即以下优化问题：

$$\begin{aligned}
\underset{\pi\in\Pi}{\text{maximize}} \lim_{n\to\infty} \frac{1}{n}\sum_{\eta=0}^{n-1} E\left\{\sum_{i\in\mathcal{I}} \mu_i''(\eta)^* + \sum_{s\in\mathcal{S}} b_{is}(\eta)\mu_{is}(\eta)^* + \beta_i(1 - E_i(\eta))\right\} \\
- \lim_{n\to\infty} \frac{1}{n}\sum_{\eta=0}^{n-1} E\left\{\sigma \sum_{s\in\mathcal{S}} \hat{P}_s(\eta)\right\} \\
\text{subject to} \lim_{n\to\infty} \frac{1}{n}\sum_{\eta=0}^{n-1} E\left\{\mu_i''(\eta)^* + \sum_{s\in\mathcal{S}} b_{is}(\eta)\mu_{is}(\eta)^*\right\} \geqslant \lambda_i \\
\lim_{n\to\infty} \frac{1}{n}\sum_{\eta=0}^{n-1} E\left\{\sum_{i\in\mathcal{I}} b_{is}(\eta)\mu_{is}(\eta)^* - \hat{\mu}_s(\eta)\right\} \leqslant 0 \\
P_i(\eta) \leqslant P^{\max} \text{ 和 } \hat{P}_s(\eta) \leqslant \hat{P}_{\max} \\
E_i(\eta) = P_i(\eta)/P^{\max}(\eta)
\end{aligned} \tag{22.3.4}$$

该约束对于所有终端 $i \in \mathcal{I}$ 和服务器 $s \in \mathcal{S}$ 都是有效的。式（22.3.4）力求使在终端处理的应用程序的总吞吐量联合效用最大化，并且使终端和数据中心使用的总体功率最小化。

22.4 动态控制算法

式(22.3.4)描述的是一个受限的动态优化问题。本节将讨论求解式(22.3.4)的动态控制算法(DCA)。对于每个帧 n，DCA 使用当前的 QSI 和 CSI 进行以下资源分配策略。

1. 为每一个终端 i 定义 $b_{is}(n)$。
2. 为每一个终端 i 做出资源分配决定 $U_i(n)$。
3. 在每一个服务器 s 处做资源分配决定 $U_s(n)$。[这包括影响功耗 $\hat{P}_s(n)$ 的 CPU 频率及不同 VM 之间的 CPU 资源分配。]

为了让每个终端 i 和服务器 s 采取最佳操作，控制器需要当前工作负载和信道状态的信息。给定这些信息之后，资源分配策略可以随时间推移通过解决一系列优化问题来实现，并且可以为每个终端 i 和服务器 s 分别实现式(22.3.4)中的目标。

22.4.1 终端资源分配

令 $X_i(n)=\{q_i(n),q_{i1}(n),\cdots,q_{i|\mathcal{S}|}(n),h_{i1}(n),\cdots,h_{i|\mathcal{S}|}(n)\}$ 代表有可数状态空间 $\mathcal{X}$ 的帧 n 中终端 i 的状态。另外，令 $U_i^{X_i}(n)=\{\mu_i''(n)^*,\mu_{is}(n)^*,b_{is}(n)\}$ 表示控制输入，指代帧 n 中终端 i 在状态 $X_i(n)$ 下的动作。控制输入 $U_i^{X_i}(n)$ 由一般状态空间 $\mathcal{U}_i^{X_i}(n)$ 取值，其代表帧 n 中状态 $X_i(n)$ 下所有可行的资源分配选项。因为不能传输比队列中更多的应用程序请求，可行的选项意味着满足功率和队列约束的一组控制动作。令 $\pi_i=(U_i^{X_i}(0),U_i^{X_i}(1),\cdots)$ 代表规则，也就是在终端 i 的行为序列，而 Π_i 代表所有这种规则的空间。

对于每个终端 i，算法的目标是从当前队列状态和信道状态信息映射到稳定系统的最佳 $\pi_i^*\in\Pi_i$，并解决以下优化问题：

$$
\begin{gathered}
\underset{\pi\in\Pi}{\text{maximize}}\ \lim_{n\to\infty}\frac{1}{n}\sum_{\eta=0}^{n-1}E\{T_i(\eta)+S_i(\eta)\} \\
T_i(\eta)=\left[q_i(\eta)-\hat{q}_s^i(\eta)\right]\frac{\sum_{s\in\mathcal{S}}b_{is}(\eta)\mu_{is}(\eta)^*}{\mu_{is}^{\max}} \\
S_i(\eta)=q_i(\eta)\left[\mu_i''(\eta)^*+\sum_{s\in\mathcal{S}}b_{is}(\eta)\mu_{is}(\eta)^*\right] \\
\text{subject to } E_i(\eta)\leqslant 1
\end{gathered}
\tag{22.4.1}
$$

在式(22.4.1)中，$\mu_{is}^{\max}$ 代表在一个帧中从终端 i 到服务器 s 可传输的最大请求数。注意，根据 22.2 节中对 PSP/SSP 认知网络的 H_e 的定义，PSP/SSP 认知网络和 CWN 都具有相同的值。式(22.4.1)中的目标可以最大化终端的长期平均吞吐量，同时保持较少的功耗和排队次数。例如，可以将终端的大功率计算密集型应用程序请求委托给主机服务器，以便在终端实现节能。如果终端 i 的积压值(q_i)大于服务器 s 上终端 i 的积压值($\hat{q}_s^i$)，那么式(22.4.1)的目标是鼓励终端将请求委托给服务器，反之亦然。

式(22.4.1)给出的问题是具有最大奖励标准(reward criterion)的标准马尔可夫决策过程(MDP)。解决这个问题的一种方法就是把它转换成一个无约束的马尔可夫决策过程(UMDP)，并找到这个 UMDP 的最优策略[22, 23, 26, 27]。

对于策略 π_i，我们定义奖励 $D_i^{\pi_i}$ 和成本函数 $E_i^{\pi_i}$ 如下：

$$D_i^{\pi_i} = \lim_{n\to\infty}\frac{1}{n}\sum_{\eta=0}^{n-1}E\{T(\eta)+S(\eta)\} \tag{22.4.2}$$

$$E_i^{\pi_i} = \frac{P_i^{\text{tot}}(\eta)}{P^{\max}(\eta)} \tag{22.4.3}$$

令 $\Pi_{E_i^{\pi_i}}$ 代表所有可接受的控制策略 $\pi_i \in \Pi_i$ 的集合，其在每一帧 η 中都满足条件 $E_i^{\pi_i} \leqslant 1$。然后，式(22.4.1)的目标可以被重新表达为如下优化问题：

$$\begin{aligned}&\text{maximize } D_i^{\pi_i}\\&\text{subject to } \pi_i \in \Pi_{E_i^{\pi_i}}\end{aligned} \tag{22.4.4}$$

式(22.4.4)中的问题可以通过拉格朗日松弛转换成一系列无约束优化问题[28]。对于任何策略 $\pi_i \in \Pi_i$ 和 $\beta_i \geqslant 0$，相应的拉格朗日函数现在可以定义为

$$J_\beta^{\pi_i}(X_i) = \lim_{n\to\infty}\frac{1}{n}\sum_{\eta=0}^{n-1}\text{Av}_{X_i}^{\pi_i}\{T_i(\eta)+S_i(\eta)-\beta_i E_i(\eta)\} \tag{22.4.5}$$

其中 Av() 代表平均值。给定 $\beta_i \geqslant 0$，定义无约束优化问题如下：

$$\begin{aligned}&\text{maximize } J_\beta^{\pi_i}(X_i)\\&\text{subject to } \pi_i \in \Pi_i\end{aligned} \tag{22.4.6}$$

对于原始约束控制问题，当选择了合适的 β_i 时，无约束问题的最优策略也同样是最优的[26,28]。

式(22.4.6)给出的问题是具有最大平均奖励标准的标准 MDP。对于每个初始状态 $X_i \in \mathcal{X}$，定义具有值函数的折扣成本 MDP：

$$W_\alpha(X_i) = \underset{\pi_i\in\Pi_i}{\text{maximize}}\text{Av}_{X_i}^{\pi_i}\left\{\sum_{\eta=0}^{\infty}\alpha^\eta R\left[U_i^{X_i}(\eta), X_i(\eta)\right]\right\} \tag{22.4.7}$$

其中折扣因子 $\alpha \in (0,1)$，在 $X_i(\eta)$ 状态下采取的奖励措施定义为

$$R\left[U_i^{X_i}(\eta), X_i(\eta)\right] = T_i(\eta)+S_i(\eta)-\beta_i E_i(\eta) \tag{22.4.8}$$

$W_\alpha(X_i)$ 被定义为折扣因子 α 的最优总预期贴现效用[29]。求解式(22.4.7)的一种方法是使用值迭代算法(VIA)[26,29,30]。

VIA 是递归计算式(22.4.7)的 ε 最优序列 π_i^* 的标准动态规划方法[30]。为简单起见，这里省略了下标 α。式(22.4.7)的解，即每个初始状态 X_i 的最优值函数 $W^*(X_i)$ 和相应的折扣最优序列 $\pi_i^* \in \Pi_i$ 可以用以下迭代算法求解：

$$W^{n+1}(X_i) = \max_{U_i^{X_i}\in\mathcal{U}_i^{X_i}}\left\{R\left(U_i^{X_i}, X_i\right)+\alpha\sum_{Z\in\mathcal{X}_i'}p\left(Z|X_i, U_i^{X_i}\right)W^n(Z)\right\} \tag{22.4.9}$$

其中 $\mathcal{X}_i'$ 是通过采取行动 $U_i^{X_i}$ 跟随状态 X_i 的可行状态集合，并且 $p(Z\,|\,X, U_i^{X_i})$ 表示从状态 X_i 到具有动作 $U_i^{X_i}$ 的状态 Z 的转移概率。对于每个初始状态 X_i，在每个状态 X_i 中定义最优动作 $U_i^{X_i} \in \mathcal{U}_i^{X_i}$，

$$\arg\max_{U_i^{X_i}\in\mathcal{U}_i^{X}}\left\{R\left(U_i^{X_i}, X_i\right)+\alpha\sum_{Z\in\mathcal{X}_i},p\left(Z|X_i, U_i^{X_i}\right)W^*(Z)\right\} \tag{22.4.10}$$

22.4.2 服务器资源分配

令 $\hat{X}_s(n)=[\hat{q}_s^1(n),\cdots,\hat{q}_s^{|\mathcal{I}|}(n)]$ 代表具有可数状态空间 $\tilde{\mathcal{X}}$ 的帧 n 中服务器 s 的队列长度向量，令 $\hat{\mathcal{U}}_s^{\hat{X}_s}(n)$ 指代服务器 s 的状态 $\hat{X}_s(n)$ 中的可用资源分配选项集合，令 $\hat{U}_s^{\hat{X}_s}(n)\in\hat{\mathcal{U}}_s^{\hat{X}_s}(n)$ 代表在服务器 s 处状态为 $\hat{X}_s(n)$ 时特定的控制动作。另外，$\hat{\pi}_s=\{\hat{U}_s^{\hat{X}_s}(1),\hat{U}_s^{\hat{X}_s}(2),\cdots\}$ 代表服务器 s 处的控制动作序列，同时 $\hat{\Pi}_s$ 代表所有这些序列的集合。为了做出这些决策，控制器 $\hat{q}_s^i(n)$ 需要服务器 s 上每个用户 i 的积压信息。

对于每个终端 s，将当前队列和通道状态映射到稳定系统的 $\hat{U}_s^{\hat{X}_s}(n)$ 的最优序列，并解决以下优化问题：

$$\begin{aligned}&\underset{\hat{\pi}_s\in\Pi_s}{\text{maximize}}\ \lim_{n\to\infty}\frac{1}{n}\sum_{\eta=0}^{n-1}\text{Av}\left\{\sum_{i\in\mathcal{I}}\hat{q}_s^i(\eta)\hat{\mu}_s^i(\eta)-\sigma\hat{P}_s(\eta)\right\}\\&\text{subject to }\hat{P}_{\min}\leqslant\hat{P}_s(\eta)\leqslant\hat{P}_{\max}\end{aligned}\tag{22.4.11}$$

这样做的目的是为服务器上具有最大积压值的终端虚拟机分配较多的 CPU 资源。如果用户 i 在服务器 s 处的当前积压值 $\hat{q}_s^i(\eta)$ 在瞬时容量区域内，则该策略还鼓励为具有低积压值的终端虚拟机分配较少的 CPU 资源，或者以较慢的速度运行 CPU，从而在服务器上实现节能目标。可用动态规划和值迭代算法(VIA)递归地计算如前所述的式(22.4.11)的最优解。

22.5 可实现速率

考虑系统可选的所有可能的资源分配策略，将网络容量区域定义为网络可以承受的所有输入速率 $\lambda=[\lambda_1,\lambda_2,\cdots,\lambda_{|\mathcal{I}|}]$ 的集合。本节将介绍基本的吞吐量限制，并找到图 22.2.1 给出的 SSP 和 PSP 认知网络及 CWN 的统一容量区域。为了精确定义单个队列和排队网络的稳定性，本节主要参考了文献[19]。由于要针对每个终端 i 和服务器 s 分别解决优化问题，因此可以为每个终端 i 和服务器 s 分别导出可支持的输入速率区域。

22.5.1 终端可支持的输入速率区域

令 g_i 表示 CWN 中每个终端 i 可支持的应用程序的长期平均请求数。令 c_i 表示在终端 i 处理的长期平均请求数，令 c_{is} 表示从终端 i 到服务器 s 的长期平均请求数，并且 $g_i=c_i+\sum_{s\in\mathcal{S}}c_{is}$。

对于认知无线网络，$c_{is}^*=c_{is}p(I=1)p(I_r=1)$，$c''^*_i=c_ip(I=1)+c'_ip(I=0)=c_i^*+c'^*_i$，其中 $c_i^*=c_ip(I=1)$，$c'^*_i=c'_ip(I=0)$。当 $H_i^e=0$ 时，c'^*_i 表示 PSP/SSP 认知网络中在终端 i 处理的长期平均请求数。令 $g_i^*=c''^*_i+\sum_{s\in\mathcal{S}}c_{is}^*$ 表示在 PSP/SSP 认知网络中终端 i 可支持的长期平均请求数。

由于用户 i 和服务器之间的时变信道条件，g_i^* 必须在所有可能的信道状态下进行平均。此外，g_i^* 不是固定的，并且取决于用来选择最佳动作的控制策略 $\pi_i\in\Pi_i$。因此，所有可支持速率 g_i^* 的数值计算难度极大。然而，基于式(22.3.1)和式(22.3.2)，终端可支持的输入速率区域也可以通过仅考虑一组策略来定义，其中每个终端在每个帧 n 中以全功率发射。令 $\mathcal{O}^H\subset\mathcal{U}$ 表示在信道状态 H_i 中分配每个终端 i 处的总功率 $P^{\max}$ 的一组可能选项。当系统处于信道状态

H_i 时，令 $O_i^H \in \mathcal{O}^H$ 表示终端 i 的全功率分配动作。我们用 $g_{P_{\max_i}}^*$ 表示终端 i 的全功率长期平均传输速率。终端可以配置成所有全功率长期平均传输速率的集合，即

$$\Gamma^* = \sum_{H_i \in \mathcal{H}} \pi_H \text{Conv}\left\{ \mu_i\left(O_i^H, H_i\right)^* + \sum_{s \in \mathcal{S}} b_{is}\mu_{is}\left(O_i^H, H_i\right)^* | O_i^H \in \mathcal{O}^H \right\} + p(I=0)\mu_i^{\max} \tag{22.5.1}$$

其中，$\mu_i^{\max} = P^{\max} / \alpha_i$ 是在 $I=0$ 时可以在终端 i 处理的最大请求数。对于 PSP 和 SSP 认知网络，$p(I=0) = p_0^P$ 和 $p(I=0) = p_0^s$。在 CWN 中，$p(I=0) = 0$。在式(22.5.1)中，使用集合和标量的加法运算。最终，$\text{Conv}\{B\}$ 表示集合 B 的凸包，其被定义为所有凸元素 $v_j \in \mathcal{V}$ 的组合 $p_1 v_1 + p_2 v_2 + \cdots + p_j v_j$，其中所有概率 p_j 的和为 1。

吞吐量区域 Γ^* 表示所有终端可支持的全功率长期平均传输速率 $g_{P_{\max_i}}^*$ 的集合。因此，用于 PSP 和 SSP 认知网络及 CWN 的终端的统一可支持输入速率区域 Λ_T 是所有平均输入速率 $\lambda = [\lambda_1, \lambda_2, \cdots, \lambda_{|\mathcal{I}|}]$ 的集合，其中控制策略 π_i 满足下式：

$$\lambda_i \leqslant \lim_{n \to \infty} \frac{1}{n} \sum_{\eta=1}^{n-1} Av\left\{ \mu_i(\eta)^* + \sum_{s \in \mathcal{S}} b_{is}(\eta)\mu_{is}(\eta)^* \right\} + p(I=0)\mu_i^{\max} \leqslant g_{P_{\max_i}}^* \tag{22.5.2}$$

对于某些 $g_{P_{\max_i}}^* \in \Gamma^*$，同样可以支持 Γ^* 中每个点的速率。具体来说，如果存在长期平均请求数 g_i^*，即存在支持速率 λ 的控制策略，则 λ 在区域 Λ_T 中。

对于 CWN，可将 λ_i 写为 $\lambda_i = \lambda_i^t + \sum_{s \in \mathcal{S}} \lambda_{is}^{ts}$，其中 λ_i^t 表示在终端 i 处理的终端 i 可支持的输入请求的平均数，λ_{is}^{ts} 表示从终端 i 转发到服务器 s 的终端 i 可支持的输入请求的平均数。另外，当 $b_{is} = 1$ 和 $\lambda_i^t = \sum_{s \in \mathcal{S}} \lambda_i^{ts}$ 时，λ_i^{ts} 表示在终端 i 处理的可支持的输入请求的平均数。

22.5.2　服务器可支持的输入速率区域

令 $\hat{g}_s^i$ 表示在服务器 s 处理的终端 i 的长期平均请求数，令 $\hat{g}_s = \sum_{i \in \mathcal{I}} \hat{g}_s^i$ 是服务器 s 的长期平均可支持速率。长期平均请求数 $\hat{g}_s^i$ 并不是固定的，而取决于控制策略。

令 Λ_S 表示服务器 s 可支持的输入速率区域。为了计算 Λ_S，仅考虑每个帧 n 中在服务器 s 处消耗整个 $\hat{P}^{\max}$ 的策略集合。令 $\hat{O}$ 表示服务器端可能的全功率分配选项集，$\hat{O}_s \in \hat{\mathcal{O}}_s$ 表示服务器 s 的全功率分配动作，应该注意到 $\hat{\mathcal{O}}_s \subset \hat{\mathcal{U}}_s$。令 $\hat{g}_s^{P_{\max}}$ 表示在服务器 s 处理的全功率长期平均请求数。服务器可以支持的全功率平均请求数的集合为

$$\hat{\Gamma} = \text{Conv}\left\{ \hat{\mu}_s^1\left(\hat{O}_s\right) + \hat{\mu}_s^2\left(\hat{O}_s\right) + , \cdots, + \hat{\mu}_s^{|\mathcal{I}|}\left(\hat{O}_s\right) | \hat{O}_s \in \hat{\mathcal{O}}_s \right\} \tag{22.5.3}$$

特别是，吞吐量区域 $\hat{\Gamma}$ 可看作所有服务器可支持的全功率长期平均服务率的集合。因此，服务器 s 的可支持输入速率区域 Λ_S 是所有平均输入速率 $\sum_{i \in \mathcal{I}} \lambda_{is}^{ts}$ 的集合，其中控制策略 $\hat{\pi}_s$ 满足以下条件：

$$\sum_{i \in \mathcal{I}} \lambda_{is}^{ts} \leqslant \lim_{n \to \infty} \frac{1}{n} \sum_{\eta=1}^{n-1} \text{Av}\{\hat{\mu}_s(\eta)\} \leqslant \hat{g}_s \leqslant \hat{g}_s^{P_{\max}} \tag{22.5.4}$$

对于某些 $\hat{g}_s^{P_{\max}} \in \hat{\Gamma}$，同样可以支持 $\hat{\Gamma}$ 中每个点的速率。

22.6 稳定控制策略

本节将 22.4 节中定义的动态策略的性能与第 18 章介绍的 STAT 策略的性能进行比较，结果表明动态策略的性能优于 STAT 策略的性能。

22.6.1 Lyapunov 漂移

本节的稳定性分析依赖于第 18 章介绍的 Lyapunov 漂移，它为具有队列的系统的稳定性指定了一个充分的条件。这种方法可用于证明许多策略的稳定性，如文献[15, 19, 31-33]。本节内容足以说明 Lyapunov 漂移也是上述模型的稳定性和性能分析的有用工具。

终端 先考虑终端 i 未完成工作的 K 阶动态特性：

$$q_i(K)\leqslant\max\left\{q_i+Ka_i-K\left(\mu''^*_i+\mu^*_{is}\right),0\right\} \tag{22.6.1}$$

其中 $q_i=q_i(0)$ ，

$$\mu''_i*+\mu^*_{is}=\frac{1}{K}\sum_{\eta=0}^{K-1}\mu''_i(\eta)^*+\sum_{s\in\mathcal{S}}b_{is}(\eta)\mu_{is}(\eta)^*$$

和

$$a_i=\frac{1}{K}\sum_{\eta=0}^{K-1}a_i(\eta)$$

将式(22.6.1)的两边求平方，将 Lyapunov 函数定义为 $L(q_T)=q_i^2$ ，并获得给定 $q_T(0)$ 不等式的条件期望，K 阶 Lyapunov 漂移表示为

$$\begin{aligned}Av\{L[q_T(K)]-L[q_T(0)]|q_T(0)\}\leqslant K^2M-2Kq_i(0)\frac{1}{K}\times\sum_{\eta=0}^{K-1}E\{\left(\mu''_i(\eta)^*\right.\\+\sum_{s\in\mathcal{S}}b_{is}(\eta)\mu_{is}(\eta)^*)-a_i(\eta)|q_T(0)\}\end{aligned} \tag{22.6.2}$$

其中 $M\triangleq(\mu^T_{\max}+a_{\max})^2$ 。上述方程表示系统使用的任何资源分配策略的 Lyapunov 漂移。

服务器 然后，考虑服务器 s 未完成工作的 K 阶动态特性：

$$\hat{q}_s(K)\leqslant\max\left\{\hat{q}_s(0)+\sum_{\eta=n_0}^{K-1}\sum_{i\in\mathcal{I}}\mu_{is}(\eta)^*-\sum_{\eta=0}^{K-1}\sum_{i\in\mathcal{I}}\hat{\mu}^i_s(\eta),0\right\} \tag{22.6.3}$$

类似地，令 $\hat{q}_s=\hat{q}_s(0)$ ，

$$\sum_{i\in\mathcal{I}}\mu^*_{is}=\frac{1}{K}\sum_{\eta=0}^{K-1}\sum_{i\in\mathcal{I}}\mu_{is}(\eta)^*$$

和

$$\hat{\mu}_s=\sum_{i\in\mathcal{I}}\hat{\mu}^i_s=\frac{1}{K}\sum_{\eta=0}^{K-1}\sum_{i\in\mathcal{I}}\hat{\mu}^i_s(\eta)$$

将 Lyapunov 函数定义为 $L(q_s)=(\hat{q}_s)^2$ ，之后可给出 K 阶 Lyapunov 漂移：

$$\begin{aligned}&\text{Av}\{L[q_s(K)]-L[q_s(0)]|q_s(0)\}\leqslant K^2\hat{M}\\&-2K\frac{1}{K}\sum_{\eta=0}^{K-1}\text{Av}\left\{\sum_{i\in\mathcal{I}}\hat{q}^i_s(0)\left[\hat{\mu}^i_s(\eta)-\mu_{is}(\eta)^*\right]|q_s(0)\right\}\end{aligned} \tag{22.6.4}$$

其中 $\hat{M}=\Delta(\hat{\mu}_{\max}^{S}+\mu_{\max}^{TS})^2$。上述方程表示在服务器 s 处产生服务率 $\hat{\mu}_s(n)=\sum_{i\in\mathcal{I}}\hat{\mu}_s^i$ 的任何资源分配策略的 Lyapunov 漂移。

22.6.2　随机固定策略

为了获取网络稳定域的每一点，只需考虑基于当前信道状态进行控制决策的固定随机策略的类别，并且不用考虑当前的工作负载。而对于第 18 章提到的 STAT 策略，则只有事先知道信道稳态概率、外部到达率 λ 和内部到达率 c_{is}^* 才能实现。本节将再次使用 STAT 来分析动态控制策略 π^* 的性能。稳定性分析和 STAT 的实现细节见文献[19]。

对于泊松过程，每个帧中到达过程的二阶矩是有限的[19]。因此，外部到达过程 $a_i(n)$ 在每个时隙的二阶矩被界定，而且 $E\{[a_i(n)]^2\}\leqslant a_{\max}^2$。$a_i(n)$ 是平均速率 λ_i 的速率收敛，信道过程是稳态概率 π_H 的信道收敛。假设到达率 λ 在 Λ 内，使得对于某些 $\theta>0$，$\lambda_i+\theta\in\Lambda$。然后，STAT 获取网络稳定域上的每个点[19]，有

$$\frac{1}{K}\sum_{\eta=0}^{K-1}\mathrm{Av}\left\{\mu''^{\mathrm{STAT}}_{i}(\eta)^*+\sum_{s\in\mathcal{S}}b_{is}^{\mathrm{STAT}}(\eta)\mu_{is}^{\mathrm{STAT}}(\eta)^*-a_i(\eta)\right\}\geqslant\frac{2\theta}{3}\tag{22.6.5}$$

$$\frac{1}{K}\sum_{\eta=0}^{K-1}\mathrm{Av}\left\{\hat{\mu}_s^{\mathrm{STAT}}(\eta)-\sum_{i}\mu_{is}^{\mathrm{STAT}}(\eta)^*\right\}\geqslant\frac{2\theta}{3}\tag{22.6.6}$$

将式(22.6.5)和式(22.6.6)分别插入式(22.6.4)和式(22.6.2)的右侧，有

$$\limsup_{n\to\infty}\frac{1}{n}\sum_{\eta=0}^{n-1}\mathrm{Av}\{q_i^{\mathrm{STAT}}(\eta)\}\leqslant\frac{3KM}{4\theta},M=\Delta\left(\mu_{\max}^{\mathrm{T}}+a_{\max}\right)^2\tag{22.6.7}$$

$$\limsup_{n\to\infty}\frac{1}{n}\sum_{\eta=0}^{n-1}\mathrm{Av}\{\hat{q}_s^{\mathrm{STAT}}(\eta)\}\leqslant\frac{3K\hat{M}}{4\theta},\hat{M}=\Delta\left(\hat{\mu}_{\max}^{\mathrm{S}}+\mu_{\max}^{\mathrm{TS}}\right)^2\tag{22.6.8}$$

令 $\mathcal{U}_i^H$ 表示满足功率约束的信道状态 H 的终端 i 处的可用资源分配选项集合。当系统处于信道状态 H_i 时，$U_i^H\in\mathcal{U}_i^H$ 表示终端 i 的动作。所有终端的最大服务率为

$$\mu_{\max}^{\mathrm{T}}\triangleq\max_{\left\{i,H_i\in\mathcal{H},U_i^H\in\mathcal{U}_i^H\right\}}\mu_i\left(U_i^H,H_i\right)+\mu_{is}\left(U_i^H,H_i\right)$$

而

$$\mu_{\max}^{\mathrm{TS}}\triangleq\max_{\left\{s,H_i\in\mathcal{H},U_i^H\in\mathcal{U}_i^H\right\}}\sum_{i\in\mathcal{I}}\mu_{is}\left(U_i^H,H_i\right)$$

是从终端到主机服务器的最大请求数，并且

$$\hat{\mu}_{\max}^{\mathrm{S}}\triangleq\max_{\left\{s,\hat{U}_s\in\hat{\mathcal{U}}_s\right\}}\sum_{i\in\mathcal{I}}\hat{\mu}_s^i\left(\hat{U}_s\right)$$

是所有服务器上的最大服务率。出现这个值是因为到达率是有限的[15, 19]。基于 22.2 节给出的 H_i^e，$\mu_{\max}^{\mathrm{TS}}$ 对于 SSP/PSP 认知网络和 CWN 是相同的。K 值表示系统达到稳态行为的时间尺度。

22.6.3　基于帧的策略

基于帧的策略类似于动态策略，其中每 K 个帧更新积压信息。因此，该策略旨在每个终端 i 最大化

$$\frac{1}{K}\sum_{\eta=0}^{K-1}\mathrm{Av}\left\{\left[q_i(0)-\hat{q}_s^i(0)\right]\frac{\sum_{s\in\mathcal{S}}b_{is}(\eta)\mu_{is}(\eta)^*}{\mu_{is}^{\max}}+q_i(0)\left[\mu_i''(\eta)^*+\sum_{s\in\mathcal{S}}b_{is}(\eta)\mu_{is}(\eta)^*\right]-\beta_i E_i(\eta)\right\} \tag{22.6.9}$$

且在每个服务器 s 处最大化

$$\frac{1}{K}\sum_{\eta=0}^{K-1}\mathrm{Av}\left\{\sum_{i\in\mathcal{I}}\hat{q}_s^i(0)\hat{\mu}_s^i(\eta)-\sigma\hat{P}_s(\eta)\right\} \tag{22.6.10}$$

文献[19]中有争议的一点是，由于基于帧的策略最大化

$$\frac{1}{K}\sum_{\eta=0}^{K-1}q_i(0)\mathrm{Av}\left\{\left[\mu_i''(\eta)^*+\sum_{s\in\mathcal{S}}b_{is}(\eta)\mu_{is}(\eta)^*\right]-a_i(\eta)\right]\right\} \tag{22.6.11}$$

和

$$\frac{1}{K}\sum_{\eta=0}^{K-1}\mathrm{Av}\left\{\sum_{i\in\mathcal{I}}\hat{q}_s^i(0)\left[\hat{\mu}_s^i(\eta)-\mu_{is}(\eta)^*\right]\right\} \tag{22.6.12}$$

因此对于所有 $q_i(0)$ 和 $\hat{q}_s^i(0)$，基于帧的策略的性能优于任何其他策略的性能。本节将详细分析这个结论。

为了使系统稳定，终端和服务器上的所有队列必须稳定[19]。因此，最好的策略设计为最小化终端 i 的 $\left\{(1/K)\sum_{\eta=0}^{K-1}\mathrm{Av}\{q_i(\eta)\}\right\}$ 和服务器 s 的 $\max\limits_{i\in\mathcal{I}}\left\{(1/K)\sum_{\eta=0}^{K-1}\mathrm{Av}\{\hat{q}_s^i(\eta)\}\right\}$。

对于每个终端 i，基于帧的策略使式(22.6.2)及式(22.6.11)最大化。因此，基于帧的策略使每个终端 i 的队列长度最小化。

基于帧的策略使服务器 s 的式(22.6.12)最大化。

下面最大化

$$(1/K)\sum_{\eta=0}^{K-1}\mathrm{Av}\left\{\sum_{i\in\mathcal{I}}\hat{q}_s^i(0)\hat{\mu}_s^i(\eta)\right\}$$

将最小化

$$\min_{i\in\mathcal{I}}\left\{(1/K)\sum_{\eta=0}^{K-1}E\left\{\hat{q}_s^i(\eta)\right\}\right\}$$

然而，最大化

$$(1/K)\sum_{\eta=0}^{K-1}\mathrm{Av}\left\{\sum_{i\in\mathcal{I}}\hat{q}_s^i(0)\hat{\mu}_s^i(\eta)\right\}$$

并没有最小化

$$\max_{i\in\mathcal{I}}\left\{(1/K)\sum_{\eta=0}^{K-1}\mathrm{Av}\left\{\hat{q}_s^i(\eta)\right\}\right\}$$

为了最小化

$$\max_{i\in\mathcal{I}}\left\{(1/K)\sum_{\eta=0}^{K-1}\mathrm{Av}\left\{\hat{q}_s^i(\eta)\right\}\right\}$$

需要最大化

$$(1/K)\sum_{\eta=0}^{K-1}\text{Av}\{\hat{q}_s^i(0)[\hat{\mu}_s^i(\eta)-\mu_{is}(\eta)^*]\}$$

对于基于帧的策略，选择最大化 $\sum_{i\in\mathcal{I}}\hat{q}_s^i(0)\hat{\mu}_s^i(\eta)$，并不能保证服务器 s 的每个虚拟队列的 $\hat{q}_s^i(0)[\hat{\mu}_s^i(\eta)-\mu_{is}(\eta)^*]$ 最大化。

22.6.4　动态控制策略

本节将证明动态控制策略能提供比 STAT 更好的性能，并为每个终端 i 和服务器 s 的平均时延提供界限。

具体来说，动态控制策略用于使每个服务器 s 的式(22.4.11)和每个终端 i 的式(22.4.1)最大化。

将 $q_i(\eta)=q_i(0)+\sum_{\tau=0}^{\eta-1}a_i(\tau)-\left[\mu_i''(\tau)+\sum_{s\in\mathcal{S}}b_{is}(\tau)\mu_{is}(\tau)^*\right]$ 插入式(22.4.1)，将 $\hat{q}_s^i(\eta)=\hat{q}_s^i(0)+\sum_{\tau=0}^{\eta-1}\mu_{is}(\tau)^*-\hat{\mu}_s^i(\tau)$ 插入式(22.4.11)。可以看到，在每一个终端 i，动态策略将最大化

$$\frac{1}{K}\sum_{\eta=0}^{K-1}\text{Av}\left\{[q_i(\eta)-\hat{q}_s^i(\eta)]\frac{\sum_{s\in\mathcal{S}}b_{is}(\eta)\mu_{is}(\eta)^*}{\mu_{is}^{\max}}+q_i(0)\left[\mu_i''(\eta)^*+\sum_{s\in\mathcal{S}}b_{is}(\eta)\mu_{is}(\eta)^*\right]+\right.$$
$$\left.\left[\mu_i'(\eta)^*+\sum_{s\in\mathcal{S}}b_{is}(\eta)\mu_{is}(\eta)^*\right]\left\{\sum_{\tau=0}^{\eta-1}a_i(\tau)-\left[\mu_i''(\tau)^*+\sum_{s\in\mathcal{S}}b_{is}(\tau)\mu_{is}(\tau)^*\right]\right\}-\beta_iE_i(\eta)\right\}\tag{22.6.13}$$

且在每一个服务器 s 处，最大化

$$\sum_{\eta=0}^{K-1}\text{Av}\left\{\sum_{i\in\mathcal{I}}\hat{q}_s^i(0)\hat{\mu}_s^i(\eta)+\hat{\mu}_s^i(\eta)\left[\sum_{\tau=0}^{\eta-1}\mu_{is}(\tau)^*-\hat{\mu}_s^i(\tau)\right]-\sigma\hat{P}_s(\eta)\right\}\tag{22.6.14}$$

由式(22.6.13)可知动态策略将最大化

$$q_i(0)\frac{1}{K}\sum_{\eta=0}^{K-1}\text{Av}\left\{\mu_i''(\eta)^*+\sum_{s\in\mathcal{S}}b_{is}(\eta)\mu_{is}(\eta)^*\right\}$$

以便最小化

$$q_i(0)\frac{1}{K}\sum_{\eta=0}^{K-1}\text{Av}\left\{a_i(\eta)-\left[\mu_i''(\eta)^*+\sum_{s\in\mathcal{S}}b_{is}(\eta)\mu_{is}(\eta)^*\right]\right\}$$

即最大化

$$q_i(0)\frac{1}{K}\sum_{\eta=0}^{K-1}\text{Av}\left\{\left[\mu_i''(\eta)^*+\sum_{s\in\mathcal{S}}b_{is}(\eta)\mu_{is}(\eta)^*\right]-a_i(\eta)\right\}$$

另外，可以看出，式(22.6.13)可以确保服务器之间的工作负载平均分配，并且可以支持服务器端的较高输入速率。在式(22.6.14)中可以看出，动态策略为具有最长队列的终端分配了更多的 CPU 资源，从而最小化 $\max_{i\in\mathcal{I}}\left\{(1/K)\sum_{\eta=0}^{K-1}\text{Av}\{\hat{q}_s^i(\eta)\}\right\}$。由式(22.6.14)也可以看出，动

态策略使 $(1/K)\sum_{\eta=0}^{K-1}\mathrm{Av}\left\{\sum_{i\in\mathcal{I}}\hat{q}_s^i(0)\hat{\mu}_s^i(\eta)\right\}$ 最大化，使得

$$(1/K)\sum_{\eta=0}^{K-1}\mathrm{Av}\{\hat{\mu}_s^i(\eta)-\mu_{is}(\tau)^*\}$$

对于服务器 s 中的每一个真实队列也被最大化了。

由于最优策略提供最佳性能，动态最优策略的性能优于 STAT 的性能。排队界限如下：

$$\lim_{n\to\infty}\sup\frac{1}{n}\sum_{\eta=0}^{n-1}\mathrm{Av}\left\{\hat{q}_s^{\mathrm{DYNAMIC}}(\eta)\right\}\leqslant$$

$$\lim_{n\to\infty}\sup\frac{1}{n}\sum_{\eta=0}^{n-1}\mathrm{Av}\left\{\hat{q}_s^{\mathrm{STAT}}(\eta)\right\}\leqslant 3K\hat{M}/4\theta$$

和

$$\lim_{t\to\infty}\sup\frac{1}{n}\sum_{\eta=0}^{n-1}\mathrm{Av}\left\{q_i^{\mathrm{DYNAMIC}}(\eta)\right\}\leqslant$$

$$\lim_{t\to\infty}\sup\frac{1}{n}\sum_{\eta=0}^{n-1}\mathrm{Av}\left\{q_i^{\mathrm{STAT}}(\eta)\right\}\leqslant 3KM/4\theta$$

文献[1]中可以找到支持上述讨论的数值结果。

参考文献

[1] M. Kangas, S. Glisic, Y. Fang, and P. Li, Resource harvesting in cognitive wireless computing networks with mobile clouds and virtualized distributed data centers, *IEEE Journal on Selected Areas in Communications*, 2015.

[2] P. Padala, K.-Y. Hou, K. G. Shin *et al.* (2007) *Adaptive Control of Virtualized Resources in Utility Computing Environments*. Proceedings of the 2007 EuroSys Conference, Lisbon, Portugal, March 2007.

[3] A. Greenberg, J. Hammilton, D. A. Maltz, and P. Patel, The cost of a cloud: Research problems in data center networks, *ACM SIGCOMM Computer Communication Review*, vol. **39**, no. 1, 2009.

[4] J. Chase, D. Anderson, P. Thakur, and A. Vahdat (2005) *Managing Energy and Server Resources in Hosting Centers*. Proceedings of the International Conference on Measurements and Modeling of Computer Systems, SIGMETRICS 2005, Banff, Alberta, Canada, June 2005.

[5] C. Lefurgy, X. Wang, and M. Ware (2007) *Server-Level Power Control*. Proceedings of IEEE Conference on Autonomic Computing, San Francisco, June 2007.

[6] P. Padala, K.-Y. Hou, K. G. Shin *et al.* (2009) *Automatic Control of Multiple Virtualized Resources*. Proceedings of the 4th ACM European conference on Computer systems, Paris, March 2009.

[7] X. Liu, X. Zhu, P. Padala *et al.* (2007) *Optimal Multi-Variate Control for Differentiated Service on a Shared Hosting Platform*. Proceedings of the 46th IEEE Conference on Decision and Control (CDC'07), Los Angeles, December 2007.

[8] D. Kusic and N. Kandasamy (2009) *Power and Performance Management of Virtualized Computing Environments via Lookahead Control*. Proceedings of Landing Craft Air Cushion (LCAC), New York, June 2009.

[9] S. Abdelwahed, N. Kandasamy, S. Singhal, and Z. Wang (2004) *Predictive Control for Dynamic Resource Allocation in Enterprise Data Centers*. Proceedings of the 14th IEEE Real-Time and Embedded Technology and Applications Symposium (RTAS 2004), Toronto, Canada, May 2004.

[10] Y. Chen, A. Das, W. Qin *et al.* (2005) *Managing Server Energy and Operational Cost in Hosting Centers*. Proceedings of the International Conference on Measurements and Modeling of Computer Systems, SIGMETRICS **2005**, Banff, Alberta, Canada, June 2005.

[11] S. Govindan, J. Choi, B. Urgaongar *et al.* (2009) *Statistical Profiling-Based Techniques for Effective Power Provisioning in Data Center*. Proceedings of European Conference on Computer Systems (EuroSys), London, April 2009.

[12] X. Wang, D. Lang, X. Fang *et al.* (2008) *A Resource Manage-ment Framework for Multi-tier Service Delivery in Autonomic Virtualized Environments*. Proceedings of Network Operations and Management Symposium (NOMS), Dallas, April 2008.

[13] W. Xu, X. Zhu, and S. Neema (2006) *Online Control for Self-Management in Computing Systems*. Proceedings of the *IEEE/IFIP* Network Operations and Management Symposium (NOMS),Prague, May 2006.

[14] L. Tassiulas and A. Ephremides, Stability properties of constrained queuing systems and scheduling policies for maximum throughput in multihop radio networks, *IEEE Transactions on Automatic Control*, vol. **37**, no. 12, pp. 1936–1948, 1992.

[15] Georgiadis, L., Neely, M.J. and Tassiulas, L. (2006) *Resource Allocation and Cross-Layer Control in Wireless Networks*, Foundations and Trends in Networking, Now Publisher, Hanover, MA.

[16] M. J. Neely, E. Modiano, and C. E. Rohrs, Dynamic power allocation and routing for time-varying wireless networks, *IEEE Journal on Selected Areas in Communications*, vol. **23**, no. 1, pp. 89–103, 2005.

[17] M. J. Neely, E. Modiano, and C. Li (2005) *Fairness and Optimal Stochastic Control for Heterogeneous Networks*. Proceedings of the IEEE Conference on Computer Communications (INFOCOM), Miami, FL, March 2005.

[18] R. Urgaonkar, U. L. Kozat, K. Igarashi, and M. J. Neely (2010) *Dynamic Resource Allocation and Power Management in Virtualized Data Centers*. IEEE Network Operations and Management Symposium (NOMS), Oslo, September 2010.

[19] M. J. Neely (2003) *Dynamic Power Allocation and Routing for Satellite and Wireless Networks with Time Varying Channels*. Ph.D. dissertation, Mas-sachusetts Institute of Technology, 2003.

[20] B. E. Collins and R. L. Cruz (1999) *Transmission Policies for Time Varying Channels with Average Delay Constraints*. Proceedings of Allerton Conference on Communication, Control, and Computing, Monticello, IL, May 1999.

[21] S. Glisic, B. Lorenzo, I. Kovacevic, and Y. Fang (2013) *Modeling Dynamics of Complex Wireless Networks*. Conference on High Performance Computing and Simulation (HPCS), Helsinki, Finland, July 2013.

[22] Bertsekas, D. (2005) *Dynamic Programming and Optimal Control*, vol. **1**, 3rd edn, Athena Scientific, Belmont, MA.

[23] Bertsekas, D. (2007) *Dynamic Programming and Optimal Control*, vol. **2**, 3rd edn, Athena Scientific, Belmont, MA.

[24] H. Yue, M. Pan, Y. Fang, and S. Glisic, Spectrum and energy efficient relay station placement in cognitive radio networks, *IEEE Journal on Selected Areas in Communications*, vol. **31**, no. 5, 2013.

[25] E. Kalyvianaki (2009) *Resource Provisioning for Virtualized Server Appli-cations*. University of Cambridge Tech. Rep., November 2009.

[26] M. Goyal, A. Kumar, and V. Sharma, Optimal cross-layer scheduling of transmissions over a fading multiaccess channel, *IEEE Transactions on Information Theory*, vol. **54**, no. 8, pp. 3518–3537, 2008.

[27] R. A. Berry and R. B. Gallager, Communication over fading channels with delay constraints, *IEEE Transactions on Information Theory*, vol. **50**, no. 1, pp. 125–144, 2002.

[28] Ma, D.J., Makowski, A.M. and Shwartz, A. (1986) Estimation and optimal control for constrained markov chains. *IEEE Conference on Decision and Control*, **25**, 994–999.

[29] M. Goyal, A. Kumar, and V. Sharma (2003) *Power Constrained and Delay Optimal Policies for Scheduling Transmissions Over a Fading Channel*. Proceedings of the IEEE Conference on Computer Communications (INFOCOM), 2003.

[30] Bellman, R. (1957) *Dynamic Programming*, Princeton University Press, Princeton, NJ.

[31] E. Yeh and R. Berry, Throughput optimal control of cooperative relay neworks, *IEEE Transactions on Information Theory*, vol. **53**, no. 10, pp. 3827–3833, 2007.

[32] H. Halabian, I. Lambaris, and C. Lung (2010) *Network Capacity Region of Multi-queue Multi-server Queuing System with time Varying Connectivi-ties*. IEEE International Symposium on Information Theory (ISIT), June 2010.

[33] J. Jose, L. Ying, and S. Wishwanath (2009) *On the Stability Region of Amplify and Forward Cooperative Relay Networks*. International Telecoms Week, San Francisco.

第 23 章　无线网络和匹配理论

本章将讨论无线网络中资源管理匹配理论的应用，还将介绍该理论框架的主要概念、关键解决方案及算法实现。匹配理论（matching theory）可以解决本书前几章讨论的一些博弈论和最优化方法无法解决的问题，它为组合问题提供了数学上易于解决的替代问题，可以根据每个玩家的信息和偏好，在两个不同的集合中匹配玩家[1-5]。采用无线资源管理的匹配理论具有如下优势：(i)用于表征异构节点之间交互的易处理模型，每个异构节点具有其特有的类型、目标和信息；(ii)定义可以处理异构和复杂问题的无线服务质量(QoS)的通用“偏好”的能力；(iii)易于实现分析过程的稳定性和最优性，准确反映不同的系统目标；(iv)高效的实施过程。

然而，应用无线网络中的匹配理论可以更有效地处理网络的固有问题，例如干扰和时延。尽管无线领域中有关匹配理论的研究激增，但是现有的多数文献仅着眼于受限的资源分配工作。这主要是由于从工程角度来讲解匹配理论的教程原本就很稀缺。大多数文献，如文献[1-3]，重点关注微观经济学中的匹配问题。此外，虽然文献[4]提供了一个应用工程匹配理论的有趣介绍，但没有明确指出匹配理论在探索未来无线网络中所面临的挑战。本章旨在提供面向一般工程应用的通用匹配理论，特别是无线网络的解决方案。本章的目标是收集匹配理论方面最先进的研究进展，讨论应用匹配理论来分析新兴无线网络的主要机遇和挑战，本章的重点是分析新的技术和新颖的应用场景。除了 23.1 节提供了经典匹配概念的独立教程，我们还讨论了面向下一代无线系统的一些技术问题。同时，对于每一类匹配问题，本章将给出其面临的基本挑战、解法和潜在应用。

23.1　技术背景：匹配市场

本节将简要介绍匹配理论的基本原理，接着讨论这些通用方法在无线网络分析中的应用。

23.1.1　双边匹配

23.1.1.1　一对一匹配：婚姻问题

婚姻问题[5]是一个三元组$(M, W, \wp_i)$，其中 M 是一组有限的男性集合，W 是一组有限的女性集合，$\wp = (\wp_i)_{i \in M \cup W}$ 是具有两个选项的偏好列表，分别为 $\wp_i = (\succ_i, \sim_i) = (\text{strict}, \text{weak})$。这里 $\wp_m$ 表示男性 m 对 $W \cup \{m\}$ 的偏好关系，$\wp_w$ 表示女性 w 对 $M \cup \{w\}$ 的偏好关系，$\succ_i$ 表示代理 $i \in M \cup W$ 从 $\wp_i$ 得到的严格偏好。

有了这些表达式，对于一个已知的男性：

$w \succ_m w'$ 意味着男性 m 相比女性 w' 更喜欢女性 w

$w \succ_m m$ 意味着男性 m 更喜欢女性 w 保持单身

$m \succ_m w$ 意味着女性 w 对于男性 m 来说不可接受

同样的符号也将用于女性。除非另有说明，所有偏好都是严格的，婚姻配对结果其实是

一个匹配问题。形式上，匹配是 $\mu: M\cup W \to M\cup W$ 的函数，使得

$$\mu(m)\notin W \Rightarrow \mu(m)=m, \quad \text{对于所有的 } m\in M$$

$$\mu(w)\notin M \Rightarrow \mu(w)=w, \quad \text{对于所有的 } w\in W$$

$$\mu(m)=w \Rightarrow \mu(w)=m, \quad \text{对于所有的 } m\in M, w\in W$$

这里 $\mu(i)=i$ 表示代理 i 在匹配 μ 下保持单身。

1. 如果没有其他匹配 v，即对于所有的 $i\in M\cup W$ 有 $v(i)\wp_i\mu(i)$ 和对于一些 $i\in M\cup W$ 有 $v(i)\succ_i\mu(i)$，则匹配 μ 是帕累托有效的。
2. 如果 $i\succ_i\mu(i)$，则匹配 μ 被其中一个人 $i\in M\cup W$ 阻止。
3. 如果没有任何个人阻止，则匹配是个体理性(individually rational)的。如果一个匹配 μ 在 $w\succ_m\mu(m)$ 和 $m\succ_w\mu(w)$ 的情况下彼此更偏爱他们的伙伴，则会被一对 $(m,w)\in M\times W$ 阻止。
4. 如果不被任何个人或一对人阻止，则匹配是稳定的。
5. 稳定性隐含着帕累托有效性。

由男性提出的延期接受算法

第 1 步

- 每个男人都向他的第一选择求婚(如果他有许多可接受的选择)。
- 除了最佳的可接受的求婚，每个女人会拒绝任何求婚，并且只“持有”最优选的可接受的求婚(如果有)。

通常来说，在第 k 步：

- 任何在第 $k-1$ 步被拒绝的人，向他最不喜欢的可接受的潜在伴侣(如果她还没有拒绝他)提出新的求婚。(如果没有可接受的选择，则他不会求婚。)
- 每个女人“持有”她最优选的且能接受的求婚，并拒绝其余的求婚。
- 当没有更多的拒绝时，算法终止。
- 每个女人都与最后所“持有”的男人相匹配。任何没有得到求婚的女人或任何被所有可接受的女人拒绝的男人仍然是单身。

在一些文献中已经证明了该算法的几个特性。

1. 由男性提出的延期接受算法为每个婚姻问题提供了稳定的匹配[5]。此外，相对于任何其他稳定的匹配，每个人男人都倾向于这种匹配。文献[5]的作者将男性提出的延期接受算法的结果作为人为优化稳定匹配并以 μ^M 表示其结果。男性和女性角色相反的算法称为女性提出的延期接受算法，我们将其结果 μ^W 称为女性最优稳定匹配。
2. 匹配的一组代理对于所有的稳定匹配是相同的[6]。令 μ,μ' 为两个稳定的匹配。函数 $\mu\vee^M \mu': M\cup W\to M\cup W$ (μ 和 μ' 的会合)指定每个男性在 μ 和 μ' 之间更倾向于他的两个选择，每个女性在 μ 和 μ' 之间的两个选择中无明显倾向。也就是说，对于任何男性 m 和女性 w，有

$$\mu\vee^M\mu'(m)=\begin{cases}\mu(m), & \mu(m)\wp_m\mu'(m)\\ \mu'(m), & \mu'(m)\wp_m\mu(m)\end{cases}$$

$$\mu\vee^{M}\mu'(w)=\begin{cases}\mu(w), & \mu'(w)\wp_{w}\mu(w)\\ \mu'(m), & \mu(w)\wp_{w}\mu'(w)\end{cases}$$

通过反转首选项，类似地定义函数 $\mu\wedge^{M}\mu':M\cup W\to M\cup W$（$\mu$ 和 μ' 的会合）。对于一对任意匹配，既不需要会合，也不需要连接来进行匹配。然而，对于一对稳定匹配，无论是通过会合还是连接进行匹配，其都是稳定的。

3. 如果 μ 和 μ' 是稳定的匹配，则 $\mu\vee^{M}\mu'$ 和 $\mu\wedge^{M}\mu'$ 都是匹配的，它们也是稳定的。特别令人感兴趣的是，每个男性匹配的结果都会弱于女性最优稳定匹配的结果。如果将一个男性和一个不能接受他的女性进行匹配，那么可能会有一个匹配，即所有的男性都获得比其最佳的稳定匹配更好的伴侣。然而，如果我们正在寻求一个个体理性的匹配，而一些人可以接受更好的伴侣而不伤害任何其他人，则不可能将所有人与严格更优选的伴侣进行匹配。
4. 没有个体理性的匹配 v，其中对于所有的 $m\in M$，$v(m)\succ_{m}\mu^{M}(m)$[7]。

23.1.1.2 多对一匹配：大学入学问题

大学入学问题[5]是一个四元组 $(C,I,q,\wp)$，其中 C 是一个大学的有限集，I 是一个学生的有限集，$q=(q_{c})_{c\in C}$ 是大学容量的向量，而 $\wp=(\wp_{l})_{l\in C\cup I}$ 是偏好列表。

这里 $\wp_{i}$ 表示学生 i 在 $C\cup\{\varnothing\}$ 上的偏好，$\wp_{c}$ 表示大学 c 对学生集合在 2^{I} 上的偏好，$\succ_{c}$、$\succ_{i}$ 表示来自 $\wp_{c}$、$\wp_{i}$ 的严格偏好。

假设一个学生是否被一所大学接受独立于其他同班的学生。同样，我们假设学生的相对愿望不依赖于其班级的组成。后一种属性称为响应性。如果

1. 对于任意的 $J\subset I$ 且 $|J|<q_{c}$ 和任意的 $i\in I-J$，

$$(J\cup\{i\})\succ_{c}J\Leftrightarrow\{i\}\succ_{c}\varnothing$$

2. 对于任意的 $J\subset I$ 且 $|J|<q_{c}$ 和任意的 $i,j\in I-J$，

$$(J\cup\{i\})\succ_{c}(J\cup\{j\})\Leftrightarrow\{i\}\succ_{c}\{j\}$$

则大学喜好 $\wp_{c}$ 是响应的。匹配的个人理性和稳定性的概念可以自然地用于大学入学问题。大学入学的匹配是一个函数 $\mu:C\cup I\Rightarrow 2^{C\cup I}$ 且

1. $\mu(c)\subseteq I$，使得 $|\mu(c)|\leqslant q_{c}$，对于所有的 $c\in C$
2. $\mu(c)\subseteq I$，使得 $|\mu(c)|\leqslant 1$，对于所有的 $i\in I$
3. $i\in\mu(c)$ iff $\mu(i)=c$，对于所有的 $c\in C$ 和 $i\in I$

如果存在 $i\in\mu(c)$ 满足 $\varnothing\succ_{c}i$，则匹配 μ 被大学 $c\in C$ 阻止。如果 $\varnothing\succ_{i}\mu(i)$，则匹配 μ 被学生 $i\in I$ 阻止。如果匹配没有被任何大学或学生阻止，那么它是个体理性的。当满足以下条件时，

1. $c\succ_{i}\mu(i)$
2. (a) 或有 $j\in\mu(c)$，使得 $\{i\}\succ_{c}\{j\}$

   (b) $|\mu(c)|<q_{c}$ 和 $\{i\}\succ_{c}\varnothing$

匹配 μ 被一对 $(c,i)\in C\times I$ 阻止。这种由一对 (c,i) 阻止的样本仅在响应的情况下是合理的。如果没有被任何代理或匹配阻止，则该匹配是稳定的。延期接受算法可以自然地用于大学入学问题。

由大学入学问题提出的延期接受算法

第 1 步

- 每所大学 c 都邀请其顶尖的可接受的学生(如果可接受的选择少于 qc，那么它邀请所有可接受的学生)。
- 每个学生拒绝任何不可接受的邀请，如果收到多于一个可接受的邀请，则他“持有”最优选的邀请，拒绝其余的邀请。

第 k 步

- 在第 $k-1$ 步后被拒绝的大学 c 都邀请其最优选的可接受且尚未拒绝的 qc 个学生(如果剩余的学生少于 qc 个可接受的学生，那么它邀请所有人)。每个学生“持有”其最优选且能接受的邀请，并拒绝其余的邀请。

当没有更多的拒绝时，算法终止。每个学生都与最后一步所“持有”的大学相匹配。这样大学入学问题转换为婚姻问题。当婚姻问题的匹配处于稳定状态时，大学入学问题的匹配才是稳定的。

文献[8]中的婚姻问题已扩展为大学入学问题，并给出如下结果：

1. 如任何其他稳定匹配，存在一个至少每个学生喜欢的最优稳定匹配 μ^I。因此，学生延期接受算法将得到学生最优稳定匹配。
2. 如任何其他稳定匹配，存在一个至少每个大学喜欢的最优稳定匹配 μ^C。因此，大学延期接受算法的结果将得到大学最优稳定匹配。
3. 学生最优稳定匹配是每个大学最差的稳定匹配。同样，大学最优稳定匹配是每个学生最差的稳定匹配。
4. 在每个稳定匹配中，填入学生的集合和填入大学的集合是相同的。
5. 两个稳定匹配的组合也将是一个稳定匹配。
6. 没有个体理性的匹配 v，其中对于所有的 $i \in I$，$v(i) \succ_i \mu^I(i)$[7]。

23.1.2 单边匹配

房屋分配问题[9]是一个三元组 $(I, H, \succ)$，其中 I 是代理集合，H 是不可分割的对象集合，$\succ = (\succ_i)_{i\in I}$ 是房屋的参数选择列表。假设 $|H| = |I|$，表示偏好是严格的。房屋分配问题的处理结果只是将房屋转让给代理，以便每个代理收到各自的房屋。通常，一个(房屋)匹配 $\mu: I \to H$ 是一对一的、从 I 到 H 的函数。

如果对于所有的 $i \in I$ 有 $\mu(i) \succeq_i v(i)$，以及对于一些 $i \in I$ 有 $\mu(i) \succ_i v(i)$，则匹配 μ 将会对另一个匹配结果 v 产生帕累托影响。如果一个匹配不受其他匹配的帕累托影响，则匹配是帕累托有效的。

房屋分配问题是一个简单的集体所有制经济问题，其中若干房屋应分配给若干代理。在这个经济问题中，I 拥有所有房屋的集合 H，但 I 没有严格的子集对一所房屋或一组房屋有任何产权。相比之下，对于私有制经济，每个代理持有特定房屋的产权。

房屋市场[10]是一个四元组 $(I, H, \succ, \mu)$，其中 I 是代理集合，H 是 $|H| = |I|$ 的房屋集合，$\succ = (\succ_i)_{i\in I}$ 是房屋的严格偏好选择列表，而 μ 是初始禀赋(endowment)匹配。准确来说，房屋

市场是一个房屋分配问题且带有一个匹配问题（被解释为初始禀赋匹配）。令 $h_i = \mu(i)$ 表示代理 $i \in I$ 的初始禀赋。

如果 $\eta(i) \succeq_i h_i$，则匹配 μ 是个体理性的。

如果没有联盟 $T \subseteq I$ 和匹配 v，则匹配 η 对房屋市场（$I, H, \succ, \mu$）来说至关重要：

1. $v(i) \in \{h_j\}\ j \in T$，对于所有的 $i \in T$
2. $v(i) \succeq_i \eta(i)$，对于所有的 $i \in T$
3. $v(i) \succ_i \eta(i)$，对于一些 $i \in T$

基于延期接受算法，以下算法在匹配问题的讨论中起到了关键作用。

> *Gale 交易周期(TTC)算法*
>
> 第 1 步，每个代理“指向”他最喜欢的房屋所有者。
>
> - 由于存在有限数量的代理，因此至少有一个代理循环指向的周期。
> - 一个周期中的每个代理被分配到他指定的代理的房屋，并从他的房屋市场中移除该房屋。
> - 如果至少有一个剩余代理，则继续下一步。
>
> 第 k 步，一般进行如下操作：
>
> 每个剩余的代理指向其余的房屋中他最喜欢的。一个周期中的每个代理被分配到他指定的代理的房屋，并从他的房屋市场中移除该房屋。如果至少有一个剩余代理，请继续下一步。

下面，我们列出了上述算法分析中的一些主要结果：

1. 在每个房屋市场中处于核心地位的是 Gale TTC 算法的结果，即唯一匹配结果[11]。此外，该匹配是竞争分配的唯一解。
2. 算法的核心（作为直接机制）是策略证明[7]。
3. 算法的核心仅仅是帕累托有效性、个人理性和策略证明的结合机制[12]。

与房屋市场不同，房屋分配的“完美解决方案”是不可能实现的。然而，有几个非常有效的启发式算法，详见文献[13, 14]。

23.2 多运营商蜂窝网络的分布式稳定匹配与流量卸载

在这里，我们讨论由多个卸载接入点（FAP）组成的上行链路（UL）异构网络［如 DNA 网络或飞蜂窝（femtocell）］，拥有多个宏蜂窝接入点（MAP）的多个无线运营商（WO），以及多个用户（U）订购这些 WO。

23.2.1 系统模型

与第 1 章一样，我们考虑由多个 WO 组成的 UL 异构网络，W 表示 WO 集合，WO_i 代表第 i 个 WO，M_i 代表属于 WO_i 的 MAP 集合，K_i 代表向 WO_i 订购的 U 集合，F 代表 FAP 集合。每个 U 都需要连接到 MAP 或 FAP 以接收无线服务。用于向 WO_i 订购的 U 的潜在 AP 集合由 $F \cup M_i$ 表示。与 WO_i 匹配的 FAP 集合由 F_i（$F_i \subseteq F$）表示。

假设每个 WO 为 FAP 分配固定数量的频率信道 B，并且由特定 WO 提供的信道与由其他 WO 提供的信道不同。还假设每个 FAP 都可以访问所有的 WO 信道，但 U 只能使用其订购的

WO 信道。最后，假设每个 FAP 只能将一个信道分配给一个 U。注意，这意味着 FAP 间的干扰是可能的，即当两个 FAP 将相同的信道分配给两个不同的 U 时，将发生干扰。

为了与提供接入的 FAP 交易，WO 将向 FAP 提供货币支付。每个 FAP 给出的最低可接受价格为 $p_{\min}$。连接到 AP_l（$l \in F \cup M_i$）且向 WO_i 订购的所有潜在的 U 集合由 A_l^i 表示。

由于每个 U 在每个时间段都能连接到 FAP 或 MAP，因此 $A_l^i \cap A_{l'}^i = \varnothing$，其中 $l, l' \in F \cup M_i$，$l \neq l'$。

每个 WO 可以租用多个 FAP 来为其服务。假设每个 FAP 可以在每个时间段仅与一个 WO 匹配，这样仅对匹配的 WO 中的 U 提供服务，这隐含了 $F_i \cap F_{i'} = \varnothing$，其中 $i, i' \in W$，$i \neq i'$。第 k 个 U、第 j 个 FAP、第 z 个 MAP 分别定义为 U_k、FAP_j、MAP_z。

假设 FAP_j 可以服务 $q_j^{\mathrm{FAP}} \leqslant B$ 个 U，MAP_z 可以服务 q_z^{MAP} 个 U，这分别称为 FAP_j 和 MAP_z 的配额。每个 U 的目标是选择最佳的 AP 以实现最大的传输速率，也就是选择最佳的 MAP 和 FAP。

U_k 连接到 AP_l（$\forall l \in F \cup M_i$，$\forall i \in W$）的效用为

$$U_{U_{kl}} = R_{kl}^{\mathrm{AP}} = \log(1 + \mathrm{SINR}_{kl})$$

WO_i 的总速率 $R_{\mathrm{WO}_i}(F_i)$（$\forall i \in W$）可以定义为在 K_i 中的每个 U 的可达速率之和。

对于每个 WO，$U_{\mathrm{WO}_i}(F_i, p_i)$ 的效用包括其 U_s 的总和和它支付给 FAP 的价格。

在文献[15]中给出了基于两种不同匹配算法的 FAP 效用函数的不同表示。第一种匹配算法（$\mathrm{MA}^{(1)}$）将 U 与 FAP 进行匹配，而第二种匹配算法（$\mathrm{MA}^{(2)}$）将 FAP 与 WO 进行匹配。在 $\mathrm{MA}^{(1)}$ 中，FAP 主要感兴趣的是最大化 U 的利益。这是因为在 $\mathrm{MA}^{(2)}$ 中，FAP 将根据其向 U 提供的速率来与 WO 协商价格，即如果它们为 U 提供更高的速率，那么 FAP 将向 WO 要求更高的价格。因此，与 U_k 匹配的 FAP_j 的效用函数为 $U_{\mathrm{FAP}_{jk}}^{\mathrm{MA}^{(1)}} = R_{kj}^f$，其中 R_{kj}^f 是 U_k 的速率，而与 $\mathrm{MA}^{(2)}$ 中 WO_i 匹配的 FAP_j 的效用函数为 $U_{\mathrm{FAP}_{ij}}^{\mathrm{MA}^{(2)}}(A_j^i, p_{ij}) = \sum_{k \in A_j^i} \beta R_{kj}^f + p_{ij}$，其中 β 是每个价格对应的固定系数。

23.2.2　提出问题

首先，通过扩展 23.1 节中的一些符号和概念来重新定义匹配操作，使其适用于 23.2.1 节介绍的网络模型。

定义 1　匹配 μ_1 被定义为一个函数 $\mu_1 : K_i \cup F \cup M_i \to W \cup F \cup M_i \cup \{\varnothing\}$，$\forall i \in W$，使得

1. $\mu_1(U_k) \in F \cup M_i \cup \{\varnothing\}$ 且 $|\mu_1(U_k)| \in \{0,1\}$
2. $\mu_1(\mathrm{AP}_l) \in K_i \cup \{\varnothing\}$ 且 $|\mu_1(\mathrm{AP}_l)| \in \{1, \cdots, q_j^{\mathrm{FAP}}\}$

其中，$\mu_1(\mathrm{AP}_l) = U_k \Longleftrightarrow \mu_1(U_k) = \mathrm{AP}_l$，$k \in K_i$ 且 $l \in F \cup M_i$。

定义 2　匹配 μ_2 被定义为一个函数 $\mu_2 : W \cup F \to (W \cup F \cup \{\varnothing\}) \times R^+$，使得

1. $\mu_2(\mathrm{WO}_i) \in (F \cup \{\varnothing\}) \times R^+$ 且 $|\mu_2(\mathrm{WO}_i)| \in \{1, \cdots, |F|\}$
2. $\mu_2(\mathrm{AP}_l) \in (W \cup \{\varnothing\}) \times R^+$ 且 $|\mu_2(\mathrm{AP\_})| \in \{0,1\}$

其中，$\mu_2(\mathrm{AP}_l) = (\mathrm{WO}_i, p_{ij}) \Longleftrightarrow \mu_2(\mathrm{WO}_i) = (\mathrm{AP}_l, p_{ij})$，$i \in W$，$j \in F$。

上述定义意味着 $\mu_1(\mu_2)$ 是一个一对多函数，即如果函数的输入是 AP(WO)，则 $\mu_1(\mathrm{AP}_l)$ $[\mu_2(\mathrm{WO}_i)]$ 不是唯一的。此外，这些定义还说明如果函数的输入是 $U(\mathrm{AP})$，那么 $\mu_1(\mu_2)$ 是一对一匹配的。在这个模型中，使用符号 $\mu_1(U) \succ \mu_{1'}(U)[\mu_2(\mathrm{FAP}) \succ \mu_{2'}(\mathrm{FAP})]$ 表示 $U(\mathrm{FAP})$ 喜欢通过匹配 $\mu_1(\mu_2)$ 获得的匹配 AP(WO)，远超于通过匹配 $\mu_{1'}(\mu_{2'})$ 获得的匹配 AP(WO)。

文献[15]中介绍了组稳定匹配算法。这里我们首先回顾一下在 23.1 节介绍的组稳定匹配的定义。如果 $\pi \in \Pi$ 或 $\theta \in \Theta$ 更喜欢保持独立而不是匹配在一起，则两个集合 Π 和 Θ 之间的匹配 ψ 被个体阻止。如果 π 和 θ 不匹配，则称匹配 ψ 被 π 和 θ 对阻止，但如果它们匹配在一起，则两者可以实现更高的效用，即反对 ψ 下的当前匹配。如果存在另一个匹配 ψ'，使得 $\forall \pi, \theta \in C$，有

1. $\psi'(\theta) \in C$
2. $\psi'(\theta) \succ \psi(\theta)$
3. 如果 $\theta \in \psi'(C)$，则 $\theta \in C \bigcup \psi(C)$。
4. $\psi'(C) \succ \psi(C)$

那么匹配 ψ 被联盟 C 阻止，其中联盟 C 至少有 Π 的一个成员和 Θ 的一个成员。

组稳定匹配是一个不被任何联盟阻止的匹配。如果一个匹配没有被一个个体或一对个体阻止，那么该匹配就不会被联盟阻止。这说明如果 $\forall k \in K_i$、$i \in W$ 及 $\forall j \in F$，则匹配 μ_1 是组稳定匹配，即

(a) $U_{U_{k\mu_1(k)}} > U_{U_{kl}}$

(b) $U^{(1)}_{\mathrm{FAP}_{j\mu_1(j)}} > U^{(1)}_{\mathrm{FAP}_{jk}}$

如果 $\forall i \in W$ 及 $j \in F$，则匹配 μ_2 是组稳定匹配，即

(a) $p_{\mu_2(j)j} \geqslant p_{\min}$

(b) $U_{\mathrm{WO}_{i,\mu_2(i)}}[\mu_2(i), \mathbf{p}_i] \geqslant 0$

(c) $U_{\mathrm{WO}}(F_i^{\mu_2}, \mathbf{p}_i^{\mu_2}) > U_{\mathrm{WO}_i}(F_i, \mathbf{p}_i)$

(d) $U_{\mathrm{FAP}_{\mu_2(j)j}}[p_{\mu_2(j)j}] > U_{\mathrm{FAP}_{ij}}(p_{ij})$

FU-AP 和 FAP-WO 之间匹配的稳定性确保没有一个 FU、AP 或 WO 具有改变其匹配的动机。

系统优化的社会性目标是最大化网络中所有 WO 和 FAP 的效用的总和，即

$$S = \sum_{i,j} x_{ij}\left[U_{\mathrm{WO}_i}(F_i, \mathbf{p}_i) + U_{\mathrm{FAP}_{ij}}\left(A_j, \mathrm{p}_{ij}\right)\right]$$

其中 $x_{ij}=1$，否则 $\mu_2(\mathrm{FAP}_j) = (\mathrm{WO}_i, p_{ij})$ 和 0。23.1 节讨论的算法用于求解优化问题。另外，文献[15]为这些优化目标给出了有效的启发性思路。

23.3 具有流量卸载的蜂窝网络的大学入学博弈模型

在本节中，类似于 23.2 节讨论的问题，具有不同目标函数的蜂窝网络中具有流量卸载的 UL 用户关联问题被认为是不同的。这个问题是作为大学入学博弈问题而提出的，其中一

些大学，即卸载蜂窝和宏蜂窝，试图招募一些学生，即用户。在这个博弈问题中，用户和接入点（卸载蜂窝和宏蜂窝）基于偏好函数相互排序，偏好函数捕获用户优化其效用的需求，效用是数据包成功率（PSR）和时延的函数，以及卸载蜂窝在保持用户服务质量（QoS）的同时扩展宏蜂窝覆盖范围（例如，通过蜂窝偏移/范围扩展）的动机。我们提出了一种结合匹配理论和联盟博弈的分布式算法来解决博弈问题。下面的内容给出了算法的收敛特性，并讨论了结果赋值的属性。

23.3.1　系统模型

我们考虑由具有相关基站（BS）（即宏基站）的 M 个蜂窝组成的无线网络。然后部署 N 个无线用户，并尝试在 UL 方向进行传输。下面将主要网络称为宏蜂窝网络。K 卸载基站（FBS）覆盖在宏蜂窝网络上，以增加用户的覆盖范围并提高用户的性能。这里 M、K 和 N 分别表示所有宏蜂窝 BS、所有 FBS 和所有用户。

每个 FBS $k \in K$ 可以为有限数量的用户提供低成本接入点（DNA 或小型网络），即具有 q_k 个用户的最大配额。我们主要关注运营商使用的户外 FBS，如 DNA/微微蜂窝/微蜂窝/城域网，在需要的时候，通过为 N 个宏蜂窝用户提供服务来卸载数据。我们注意到，FBS 的配额可以由 FBS 运营商固定或调配，FBS 运营商可以决定允许更少或更多的用户连接。此外我们认为，所有 FBS 和宏基站都使用时分多址调度器，时隙持续时间为 θ。注意，使用这样的传输意味着分配了相同的 FBS 或宏基站 UL 的用户彼此不干扰，也就是说，没有内部接入点（FBS 或宏基站）干扰。请注意，本章所做的分析同样适用于其他接入和调度方案。为了简洁起见，如果不需要明确区分，我们使用术语“接入点”来代替宏基站或 FBS。

在具有流量卸载的蜂窝网络中，一个关键问题是将用户与其服务接入点相关联，这些接入点是宏基站或 FBS。

在 UL 中，用户 $i \in N$ 选择接入点 $a \in A \triangleq M \cup K$，从而实现信干噪比（SINR）$\gamma_{ia}$ 且感知时延 τ_a。用户 $i \in N$ 要选择接入点 $a \in A$，以便优化其成功传输的概率及其感知的时延。需要将 B 比特数据包发送到连入接入点 $a \in A$ 的任何用户 $i \in N$ 的 PSR ρ_{ia} 是 $\rho_{ia} = [1 - P_{ia}^{e}(\gamma_{ia})]^{B}$，其中 $P_{ia}^{e}(\gamma_{ia})$ 是用户 i 从接入点 a 接收信息的误码率（BER），并且 $\gamma_{ia} = P_i g_{ia} / (\sigma^2 + I_a)$，其中 P_i 是用户 i 的发射功率，σ^2 是噪声方差，I_a 是 a 处的接入点间的相互干扰程度，用户 i 和接入点 a 之间的信道增益为 $g_{ia} = d_{ia}^{-\alpha}$，$d_{ia}$ 是 i 和 a 之间的距离，α 是路径损耗指数。

在实践中，通常认为 FBS 之间的干扰是易于管理的（例如，通过允许 FBS 进行感测，以避免使用频谱的相同部分）。因此，I_a 主要是对 FBS 干扰程度的测量结果，也可以通过使用专用频段的宏蜂窝来改善或消除。此外，我们假设信道模型为缓慢变化的块状衰落，其在相干的时隙持续时间 θ 上是恒定的。给定接入点 $a \in A$，其服务于用户的一个子集 $N_a \subseteq N$，每个用户 $i \in N_a$ 经历时延 τ_a，这个时延主要包含两个部分——无线接入时延 τ_a^w 和回程时延 τ_a^b，使得 $\tau_a = \tau_a^w + \tau_a^b$。无线接入时延 τ_a^w 主要取决于连接到 a 的用户数量，表示为 N_a，并有 $\tau_a^w = (N_a - 1) \cdot \theta$，其中 θ 是时隙持续时间。在接入点 a 上的回程时延 τ_a^b 取决于几个因素，例如骨干网的性能，其连通性（例如到因特网），骨干网拓扑，以及生成的流量，这不仅由 N_a 的用户产生，也来自第三方应用程序或服务提供商。由于这里重点讨论的是用户关联问题，我们认为给定时间内的回程时延 τ_a^b 是具有一定观测分布的随机变量。我们将区分宏蜂窝和 FSB 的回程时延分布的特性，即分析宏蜂窝的 $\tau_m^b (m \in M)$ 和 FBS 的 $\tau_k^b (k \in K)$。

用户 $i \in N$ 选择接入点 $a \in A$ 以优化其 PSR 和时延。文献[16]中使用 IP 语音(VoIP)服务中流行的 R 因子[17]来度量 PSR 和时延。对于用户 i，R 因子将时延和数据包丢失与语音质量相关联，表示如下：

$$U_i(\rho_{ia},\tau_a)=\Omega-\varepsilon_1\tau_a-\varepsilon_2(\tau_a-\alpha_3)H-\upsilon_1-\upsilon_2\ln[1+100\upsilon_3(1-\rho_{ia})]$$

其中 τ_a 是以毫秒为单位的时延，$100(1-\rho_{ia})$ 表示丢包百分比。剩余的参数定义为：$\Omega=94.2$，$\varepsilon_1=0.024$，$\varepsilon_2=0.11$，$\varepsilon_3=177.3$，如果 $\tau_j \prec \varepsilon_3$，则 $H=0$，否则 $H=1$[17]。参数 v_1、v_2、v_3 取决于模型中的编解码器[17]。R 因子和 VoIP 服务质量之间的关系为正相关。随着 R 因子的增加，以 10 为增量，从 50 增加到 100，语音质量从差、可接受、好、高到最好[17]。

FBS 有两个目标：(i)从宏蜂窝卸载流量，扩展其覆盖范围并负载均衡流量(例如，使用蜂窝范围扩展或偏移)；(ii)选择有良好的 R 因子的潜在用户。从 FBS 的角度来看，给定用户的 R 因子的主要组成部分是 PSR。因此，任何 FBS $k \in K$ 通过服务用户 $i \in N$ 而获得的效用可以表示为 $h_k(i)=f(\rho_{ik},\ \rho_{im})$，其中 ρ_{ik} 是从用户 i 到 FBS k 的 PSR，ρ_{im} 是从用户 i 到其最佳宏基站 m 的 PSR，即 $m \in \arg\max\limits_{l \in M} \rho_{il}$，$f(\cdot)$ 是在 ρ_{ik} 中递增的函数，即在 k 处更好的 PSR 意味着更高的效益，并且 $f(\cdot)$ 在 ρ_{im} 中递减，即在宏基站 m 处的低 PSR 意味着 FBS k 通过从宏蜂窝网络卸载 i 获得了更多的好处。虽然本节其余部分的分析适用于任何函数 $f(\cdot)$，但是我们使用 $h_k(i)=\beta\rho_{ik}/\rho_{im}$ 函数代表单位扩展导向度量，从而让运营商控制卸载流量中的“偏差”。

最后,任何宏基站 $m \in M$ 从用户 $i \in N$ 获取的好处仅仅是由 i 在 m 处获得的 PSR 的递增函数，如 $w_m(i)=\rho_{im}$。在制定了所研究模型的主要组成部分之后，下面我们将接入点分配问题作为大学入学博弈来展开分析。

23.3.2 类比大学入学匹配的接入点选择问题

在流量卸载的蜂窝网络研究中，我们制定了一个有三个组成部分的大学入学博弈：(i)类比学生的无线用户组 N；(ii)类比大学的接入点组 A，每个接入点对其认可的最大用户数具有确定配额；(iii)接入点和用户的偏好关系，允许他们彼此建立偏好。该博弈的解决方案是用户和接入点之间的分配，以满足他们的喜好和限制。我们认为所有玩家(用户，FBS，宏基站)都是在关联过程中不会欺骗的诚实节点。

由于其低成本性质，特别是在 DNA 网络中，任何 FBS $k \in K$ 只能为少数(配额 q_k)的用户服务。对于宏基站，尽管没有物理约束而给足了最大配额，但每个宏基站 $m \in M$ 都设置了一个用户愿意接受的配额 q_m。具体来说,为了确保每个用户最终得到维护,每个宏基站 $m \in M$ 在没有 FBS 的情况下选择其配额 q_m 等于可能连接到 m 的最大用户数,并且基于每个用户选择其最近宏基站的标准分配。

23.1 节介绍的大学(学生)的偏好关系 $\succeq_i$ 被定义为所有学生(大学)集合上的完全、自反和传递二元关系。使用这些首选项，接入点和用户可以相互排序。对于一个 FBS $k \in K$，我们在用户组 N 上定义一个偏好关系 $\succeq_k$，使得对于任意两个用户 $i,j \in N(i \neq j)$，有 $i \succeq_k j \Leftrightarrow h_k(i) \geqslant h_k(j)$，其中 $h_k(\cdot)$ 在 23.3.1 节定义。换句话说，FBS 可以通过为高收益用户提供优先权来对用户进行排序。对于任何宏基站 $m \in M$，对于用户组 N，偏好关系 $\succeq_m$ 定义如下，对于任意两个用户 $i,j \in N(i \neq j)$，有 $i \succeq_m j \Leftrightarrow w_m(i) \geqslant w_m(j)$，其中 $w_m(\cdot)$ 在 23.3.1 节给出。因此，宏基站简单地根据 PSR 对用户进行排序。注意，在大学入学博弈中，通常希望有由 $\succ$ 表示的严格偏好。因此，在下文中，每当任意玩家在两个选择之间无法做出决定时，它将随机选择一个结果排列在另一个之前(例如通过抛硬币)。

有保障的入学博弈　在该博弈中，用户基于 R 因子级别建立对每个接入点的偏好列表。这个 R 因子取决于 a 的最大时延。由于在一定时段内，每个接入点都知道其回程时延的估值，因此接入点 $a \in A$ 的最大时延 $\overline{\tau}_a$ 取决于最大无线接入时延 $\overline{\tau}_a^w$，由 $\overline{\tau}_a^w = (q_a - 1) \cdot \theta$ 给出，q_a 表示接入点 a 的配额。作为结果，接入点 a 的最大时延简单地表示为 $\overline{\tau}_a = \overline{\tau}_a^w + \tau_a^b$。因此，基于最大潜在时延，用户 $i \in N$ 可以定义偏好关系 $\succeq_I$，使得对于任意两个接入点 $a,b \in A(a \neq b)$，$a \succeq_i b \Leftrightarrow u_i(a) \geqslant u_i(b)$，其中 $u_i(a) = U_i(\rho_{ia}, \overline{\tau}_a)$，$\tau_a$ 表示偏好函数为接入点 a 分配一个属于用户 i 的 R 因子。

使用上述偏好，本节将第一个子博弈定义为一个由 R 因子保证的大学入学问题。该子博弈的解决方案是匹配 μ 并满足所有接入点 $a \in A$ 和用户 $i \in N$ 是在集合 $A \bigcup N$ 上定义的映射：

1. $\mu(a) \in 2^N$
2. $\mu(i) \in A \times B_i \bigcup \{\varnothing, \varnothing\}$

其中 2^N 是 N 的所有子集的集合，并且 B_i 是包含用户 i 的 N 个所有子集的集合。换句话说，μ 是为每个接入点分配用户的子集和每个用户与接入点的映射。或者该子博弈的解可以被看成集合 N 的分区 $\Pi = \{S_1, \cdots, S_{M+K}\}$，$S_a \bigcap S_b = \varnothing$，$a \neq b$，$\bigcup_{l=1}^{M+K} S_l = N$，并且每个 $S_a \subseteq N$ 是使用接入点 a 的用户联盟。如果对于给定的 $l \in \{1, \cdots, M+K\}$，$S_l = \varnothing$，则接入点 l 没有分配给它的用户。

大学转学的联盟博弈　在分析由于卸载蜂窝的有保障的入学博弈而产生的分区 Π 时，接入点和用户可能有根据实际感知到的 R 因子来协商潜在用户转移的激励。例如，如果 Π 内的某些接入点使用了很小的配额，那么将某些用户从高负载接入点转移到低负载接入点是有益的。为了研究这些交互点转移，我们使用了联盟博弈论框架[18-20]。准确来说，我们在由 (N, V) 对识别的用户中定义一个联盟博弈，其中 N 是玩家组，即用户，V 是为每个联盟 $S_a \subseteq N$ 分配的映射，形成在接入点 a 周围的收益向量 $\mathbf{U}$，其中每个元素 $U_i(\rho_{ia}, \tau_a)$ 是用户 i 的 R 因子。这里，每个联盟 $S_a \subseteq N$ 代表连接到接入点 $a \in A$ 的一组用户。在这个 (N, V) 联盟博弈中，可以发现大联盟，即所有用户在指定接入点形成单一联盟，这是因为增长的时延使得没有接入点可以容纳网络中的所有用户。相反，可以形成分离联盟，即根据需要在给定的接入点形成联盟。因此，这个博弈被归类为联盟博弈[18-20]，其目的是使用户能够从一个联盟变为另一个联盟，这取决于它们的效用、接入点的接受程度和不同的配额。为了实现这一目标，对于用户 i，正式定义了以下转移规则。

转移规则　考虑 N 的任意分区 $\prod = \{S_1, \cdots, S_{M+K}\}$，其中 S_a 是由接入点 $a \in A$ 服务的联盟。如果(i)用户 i 通过转移改善其 R 因子，即 $U_i(\rho_{ib}, \tau_b) > U_i(\rho_{ia}, \tau_a)$，(ii)接入点 a 和 b 批准转移，那么对于 $a \in \{1, \cdots, M+K\}$，用户 i 有一个激励从其当前的联盟 S_a 转移出并加入另一个联盟 $S_b \in \prod$，$S_a \neq S_b$。

接入点接受转移取决于其配额及其允许转移的意愿，如果

1. 为 S_b 中的用户提供服务并能接受 S_b 转移的接入点 b 的个数不大于 q_b，即 $|S_b \bigcup \{i\}| \leqslant q_b$。
2. 在接入点 a 和 b 处的社会福利，即总体 R 因子都有所增加。因此，我们有 $v(S_a \backslash \{i\}) + v(S_b \bigcup \{i\}) > v(S_a) + v(S_b)$，其中定义 $v(S_a) = \sum_{i \in S_a} U_i(\rho_{ia}, \tau_a)$ 为联盟 S_a 的总效用。

则一对接入点 $a,b \in A$ 愿意接受用户 i 从 a 到 b 的转移。

这种接受规则背后的动机有两个方面：(i)它为接入点提供了一种参与方式，并对用户的联盟博弈进行了一些控制；(ii)它使得接入点之间进行协作，以估计整个网络的社会福利。考虑到联盟转移发生在第一次子博弈之后，转移规则及其相应的接受标准使得接入点能够对其最初优先选择和接受的用户的列表进行一些控制。在现阶段，涉及转移的任何一对接入点 a 和 b 都有激励合作关系，即仅在协议中接受转移，因为将来也可能反方向转移，所以其同伴都存在未来合作的可能。博弈也可通过使用 23.1 节介绍的 Gale 和 Shapley 延期接受算法来求解。文献[16]也提供了一些启发性思路。

23.4 用于无线网络缓存的多对多匹配博弈

在本节中，我们从博弈论的角度讨论具有流量卸载的蜂窝网络中的缓存问题。我们把流量卸载基站(FBS)和服务提供商服务器之间的多个匹配博弈制定为缓存问题。服务器存储一组视频，目的是在 FBS 上缓存这些视频，以减少最终用户经历的时延。另一方面，FBS 根据其本地流行度缓存视频，以减少回程链路的负载。我们将讨论多对多匹配问题，并证明它达到成对稳定的结果。

23.4.1 系统模型

这里我们定义了两个网络，即一个虚拟网络和一个真正的网络。虚拟网络代表一个在线社交网络 OSN，在集合 $N=\{u_1,u_2,\cdots,u_N\}$ 中的 N 个用户(U)通过友情关系彼此连接。这些用户可以与他们的朋友进行交互、沟通并分享信息。假设 N 个 U 在 $V=\{v_1,v_2,\cdots,v_V\}$ 集合中分享和观看从 V 视频库中选择的视频。提供视频的服务提供商将视频存储在其服务提供商服务器(SPS)中。为了确保终端用户能够获得更好的 QoE，服务提供商不愿意通过容量有限的回程链路为用户提供服务，而更愿意将视频副本存储在网络中更深的地方，即在离用户更近的 FBS 中。实际网络由集合 $M=\{s_1,s_2,\cdots,s_M\}$ 中的 M 个 FBS 和集合 $C=\{c_1,c_2,\cdots,c_K\}$ 中的 K 个 SPS 组成。每个 SPS c_i 通过容量 b_{ij} 的低速率回程链路连接到 FBS s_j，通过该 FBS 从该 SPS 下载视频。

FBS 配备有限的高存储空间的存储单元 $Q=\{q_1,q_2,q_3,\cdots,q_M\}$，由每个 FBS 可以存储的视频数量表示。因此，服务提供商可以将其视频缓存在 FBS 中，使得每个 FBS s_i 可以经由容量 r_{ij} 的无线电链路本地服务于 Uu_j。在这种情况下，目标是在 FBS 级别产生主动下载的视频内容。如果 FBS 可以预测用户的请求并提前下载相关视频，则缓存是主动的。每个 FBS 根据用户在 OSN 中的兴趣和互动情况，捕获用户对共享视频的请求。接下来将讨论可用于设计高效的主动缓存策略的社交内容的最重要属性。

用户通常观看的视频往往取决于共享视频的朋友。换句话说，如果该用户通常观看该朋友的共享视频，则用户更有可能请求这个朋友共享他的视频[21, 22]。这可以由 $I_p=\alpha_{ln}/\sum_{j=1}^{F_l}\alpha_{jl}$ 给出，其中 α_{ln} 是用户 u_n 先前共享的视频并被用户 u_l 查看的次数，F_l 是 u_l 的朋友的数量。

我们用 S_{gl} 来表示用户 u_l 共享的 g 类视频的数量。每当用户 u_l 对特定视频的请求被预测并缓存在其服务器的 FBS s_m 中时，与该用户的朋友共享该视频可能对流量负载具有重要影响。这种共享影响取决于连接到同一 FBS 的用户 u_l 的朋友的数量及用户 u_l 共享视频的概率。进一步说，共享影响由 $I_s = F_l^m S_{gl} / \sum_{i=1}^{G} S_{il}$ 给出，其中 F_l^m 是连接到 FBS s_m 的 u_l 的朋友的数量，G 是所考虑的视频类别的总数。

当用户对某个主题感兴趣时，它可以请求属于其首选类别的视频，而不管分享它的朋友。根据用户 u_l 以前观看的视频的类别，FBS 可以预测用户的兴趣。使用 $I_l = V_{gn} / \sum_{i=1}^{H} V_{il}$ 计算该参数的影响，其中 V_{gn} 是用户 u_n 所查看的 g 类视频的数量，H 是用户 u_l 的历史视频数量。鉴于这些因素，我们的目标是预测用户的请求，从而在每个 FBS 上选择并缓存一组视频。这种缓存问题被描述为一个多对多匹配博弈，其中 SPS 旨在将其视频缓存在为请求用户提供最少下载时间的 FBS 中，而 FBS 更喜欢缓存可以减少回程负载的视频。

23.4.2　主动缓存和匹配理论

为了将系统建模为多对多匹配博弈[23]，我们把两组 SPS（即 C）和一组 FBS（即 M）视为两个不同集合（现象）。匹配被定义为 C 中的 SPS 对 M 中的 FBS 的分配问题。SPS 的作用是确定存储的视频文件。同时，FBS 根据存储容量存储视频。如 23.1 节所述，在匹配博弈中，FBS 的存储容量及其数量分别称为配额 q_s 和 $q_{(c,v)}$，其中 SPS c 希望缓存给定的视频 v。由于 SPS 决定在哪个 FBS 中独立于其他文件缓存视频 v，因此为了便于符号化，我们使用 v 而不是 (c,v) 来表示。

多对多匹配 μ 是从集合 $M \cup V$ 到 $M \cup V$ 的所有子集的集合的映射，使得对于每个 $v \in V$ 和 $s \in M$ [24]：

1. $\mu(v)$ 包含在 S 中，$\mu(s)$ 包含在 V 中；
2. 对于所有的 $v \in V$，有 $|\mu(v)| \leqslant q_v$；
3. 对于所有的 $s \in S$，有 $|\mu(s)| \leqslant q_s$；
4. 当且仅当 $v \in \mu(s)$，有 $s \in \mu(v)$。

其中 $\mu(v)$ 是玩家 v 在匹配 μ 中的伙伴集合。

匹配是一种多对多关系，即 SPS 中存储的每个视频与一组 FBS 匹配，反之亦然。换句话说，SPS 可以决定将多个 FBS 中的视频和来自不同 SPS 的 FBS 缓存视频缓存。在将视频分配到 FBS 之前，每个播放器需要根据其在网络中的目标来指定对方的子集的偏好。如 23.1 节所述，我们使用符号 $S \succ_m T$ 表示 FBS m 喜欢将视频存储在集合 $S \subseteq V$ 中，而不是存储在 $T \subseteq V$ 中某个请出需求的位置上。类似的符号用于 SPS 设置每个视频的偏好列表。面对一组可能的伙伴，玩家 k 可以确定其希望与 S 的哪个子集匹配。我们用 $C_k(S)$ 表示这个选择，令 $A(i,\mu)$ 为 $j \in V \cup M$ 的集合，使得 $i \in \mu(j)$ 和 $j \in \mu(i)$。

为了解决匹配博弈，我们希望看到一个稳定的解决方案，其中没有任何玩家不能相互匹配，但他们都喜欢成为合作伙伴。在多对多模型中，可以考虑一些稳定性概念，这取决于一些玩家的数量，这些玩家通过结交新的合作伙伴来提高其效用。FBS 的数量之大，使得识别和组织大型联盟比考虑成对的参与者和个体更加困难。因此，在本节中我们对成对稳定性的概念感兴趣[25]。

成对稳定性：如果不存在满足 $v_i \notin \mu(s_j)$ 和 $s_j \notin \mu(v_i)$ 的一对 (v_i, s_j)，使得 $T \in C_{v_i}(A(v_i, \mu) \cup \{s_j\})$，$S \in C_{s_j}(A(s_j, \mu) \cup \{v_i\})$，有 $T \succ_{v_i} A(v_i, \mu)$，$S \succ_{s_j} A(s_j, \mu)$，则称匹配 μ 是成对稳定的。

在我们的系统中，FBS 和 SPS 总是对于对方能获得多少收益感兴趣。例如，FBS 总是喜欢先缓存最流行的文件，只要该文件被推荐给它。因此，尽管稳定的匹配结果可能是空集[23]，但 SPS 和 FBS 具有可替代偏好[26]。

可替代偏好 对于玩家 i 的潜在合作伙伴集合 T 且 $S \subseteq T$，如果对于任何玩家 k，$k' \in C_i(S)$ 且 $k \in C_i(S - \{k'\})$，则玩家 i 的偏好称为可替代偏好。可替代性是许多匹配博弈中存在成对稳定匹配的最弱需求条件[25]。

FBS 偏好 第 m 个 FBS 的视频 v_i 的本地流行度定义为 $P_{v_i} = \sum_{l=1}^{F_n^m} I_s(\gamma I_p + (1-\gamma) I_I)$，其中 $\gamma \in [0,1]$ 是平衡社交互动和用户兴趣对视频的本地流行度的影响的权重。

SPS 首选项 SPS c_i 喜欢在 SBS s_j 上缓存视频 v_k，为预期的 U 请求提供最少的下载时间。下载时间取决于回程链路 b_{ij} 的容量和将 FBS s_j 连接到 U u_n 的无线电链路 r_{jn}。视频文件首先由 s_j 下载，然后为 U 服务。因此，在最坏情况下，下载存储在 c_i 中的视频的传输瓶颈是经过最差容量的链接所需的时间。当许多 U 希望从 s_j 请求相同的文件时，下载时间由 $T_{\text{delay}} = 1/\min\left(b_{ij}, \sum_{n=1}^{N} r_{jn}/N\right)$ 给出。由于每个视频可能是由不同的 U 请求的，SPS 定义了其对于每个拥有的视频文件的 FBS 偏好。

23.4.3 主动缓存算法

文献[27]中使用了无线网络中的许多匹配。该算法处理响应偏好，这是比可替代性更棘手的限制条件。因此，该算法不能应用于前面介绍的建模情况。在可替代偏好下，文献[1]中提出了一种稳定的匹配算法，称为多对一博弈。在许多问题中，当薪金(金钱)被明确纳入模型时[25]，成对稳定的匹配已被证明存在于公司和工人之间。这些研究工作以文献[28]为基础，已经在上面提出的模型中展现。该算法是 23.1 节[5]中讨论的延期接受算法对 SPS 提出的当前模型的扩展。该算法由如下三个阶段组成。

1. 在第一阶段，SPS 和 FBS 发现其邻居并收集所需的参数以定义偏好，如回程和无线电链路容量。这可以通过定期交换 hello 消息来实现。
2. 在第二阶段，SPS 通过 FBS 集合为每一个文件定义一个偏好列表，而 FBS 则通过 SPS 推荐的一组视频来定义自己的偏好。
3. 最后一个阶段由两个步骤组成。
   a. 在第 1 步中，每个 SPS 都会向最优选的 FBS 集合推荐一个自有视频，为该视频提供最短的下载时间。之后，每个 FBS s_j 拒绝了推荐给它的备选方案中除 q_j 个最受欢迎视频外的所有视频。
   b. 在第 2 步中，SPS 向最优选的 FBS 集合推荐一个自有视频，其中包括先前请求获取该视频的 FBS，并且还没有拒绝它(可替代性)。每个 SBS 都拒绝所有其他的选择，只从推荐的视频中选择。重复第 2 步，直到不再发出拒绝。

成对稳定性　在上述算法中，FBS s_j 在第 k 步接收到一组推荐 $P_{sj}(k)$，以及在第 k 步向选择的 FSB 推荐视频 v_i，$C_{v_i}(M,k)\subseteq M$，选择的结果保持公开[28]。换句话说，对于每个视频 v_i，如果在第 $k-1$ 步中的 $C_{v_i}(M,k-1)$ 包含 FBS s_j，并且在该步骤中不拒绝 v_i，则 s_j 包含在 $C_{v_i}(M,k)$ 中。文献[28]也说明了拒绝是最终的目的，如果视频 v_i 在第 k 步被 FBS s_j 拒绝，则在任何步骤 $p\geqslant k$，$v_i\notin C_{s_j}[P_{s_j}(p)\cup\{v_i\}]$。同样的研究工作也证明，SPS 和 FBS 之间的上述匹配算法保证收敛于成对的稳定匹配。

23.5　具有流量卸载的蜂窝网络中外部性的多对一匹配

在本节中，我们讨论了具有流量卸载的蜂窝网络的用户卸载蜂窝的关联方案，该方案利用了从用户设备中提取的上下文信息。这种方法具有使得卸载蜂窝能够更好地了解处理实际设备特定 QoS 特性的蜂窝相关决策的现实意义。该问题被定义为 FBS 和用户设备(UE)之间的匹配博弈。在这个博弈中，FBS 和 UE 基于精心设计的效用函数相互排序，该效用函数捕捉从上下文信息(即应用中使用的硬件类型)中提取的复合 QoS 需求。我们将看到节点彼此排列的偏好是相互依赖的，并受到网络范围匹配的影响。由于这种偏好的独特性质，这个博弈可以被分类为与外部相关的多对一匹配博弈。为了求解这个博弈，我们提出一种分布式算法，使玩家(即 UE 和 SBS)能够自组织成一个稳定的匹配，保证所需应用的 QoS[29]。

23.5.1　系统模型

我们考虑具有 M 个 UE 和 N 个 FBS 的蜂窝网络中的下行链路传输。令 $M=\{1,\cdots,M\}$ 和 $N=\{1,\cdots,N\}$ 分别表示所有 UE 和所有 FBS 的集合。在传统系统中，每个 UE 通常由具有最高接收信号强度指示符(RSSI)的 FBS 服务。这里，我们用 L_i 表示由 FBS i 服务的 UE 的集合，并且通过 $w_{i,m}$ 表示 FBS i 分配给每个 UE $m\in L_i$ 的带宽。用于向 UE $m\in L_i$ 传输的发射功率用 p_i 表示。FBS i 的数据包被建模为 M/D/1 排队系统。这里，UE $m\in L_i$ 的聚合输入业务由平均到达率 λ_m(以 bps 为单位)的泊松到达过程生成的恒定大小的数据包组成。对于这些数据包的传输，FBS i 和 UE m 之间的容量由下式给出：$\mu_{i,m}(\gamma_i,m)=w_{i,m}\log(1+\gamma_{i.m})$，其中 $\gamma_{i.m}=p_i h_{i,m}/(\sigma^2+I_{i,m})$ 表示 SINR，$h_{i.m}$ 表示 FBS i 和 UE m 之间的信道增益，σ^2 是高斯噪声的方差。这里，干扰分量 $I_{i,m}=\sum_{j\neq i}p_j h_{j,m}(j\in N\setminus\{i\})$ 关注从其他 FBS j 到其各自的 UE $n\in L_j$ 的所有传输过程，其使用与 $w_{i.m}$ 相同的子信道。参数 p_j 和 $h_{j.m}$ 分别表示 FBS j 和 UE m 之间的发射功率和信道增益。

在 FBS i 和 UE m 之间的传输期间，数据包错误率 $\mathrm{PER}_{i,m}(\gamma_{i,m})$ 可以通过使 SINR 低于目标水平 Γ_i 的概率来表示。为了简单起见，我们不考虑错误接收的数据包的重传。在传统方法中，FBS 对 UE 类型的实际信息掌握得很少，每个 FBS 认为其 UE 的业务流具有相同的优先级，因此将以统一的概率安排它们。在这方面，每个 UE $m\in L_i$ 的时延取决于由 FBS i 服务的其他 UE $n\in L_i\setminus\{m\}$ 的聚合输入流量，其可以通过组合流量到达率来计算，即 $\lambda_{i,m}=\lambda_m+\sum_{n\in L_i}\lambda_n$。我们可以看到，由 FBS i 服务的 UE m 的性能受到来自其他非协作 FBS 的干扰和由 SBS i 所服务的其余 UE$(n \neq m)$流量产生过程的影响。

由于 UE 上的活动应用程序集合及其硬件特性的相关性(例如，屏幕大小是确定视频服务 QoS 的关键因素)，我们将用户上下文定义为与 UE 硬件类型及其活动应用程序属性相关的所有信息集合。为了捕获这种上下文信息，对于每个 UE $m \in M$ ，文献[29]构造一个反映流行无线业务实际 QoS 参数的 $a_m \times b_m$ 维矩阵 A_m 。在这里，a_m 表示活动应用程序的数量，并且 b_m 表示最低 QoS 需求的数量。

作为示例，文献[29]根据三个 UE 类别来建模 UE 硬件类型，即智能手机、平板电脑和笔记本电脑。UE 集合 M 将根据这些类别进行平均分配。对于 UE 的应用程序集合，文献[29]建议每个 UE m 构造一个 $a_m \times 1$ 维向量 g_m ，其中每个分量 $g_{m,x}$ 表示 A_m 中第 x 个活动应用程序的优先级。这些优先级定义如下：如果 A_m 包含视频应用程序，那么这些应用程序对于平板电脑和笔记本电脑将具有最高的优先级，为文件下载分配的优先级最低，因为它们通常作为后台应用程序运行。对于活动应用程序的任何其他组合，优先级由 UE 任意定义。因此每个 UE m 的上下文由其在 A_m 中的活动应用程序及它们各自在 g_m 中的优先级来定义。下面我们给出以高清视频流作为主要应用程序($g_{m,2} = 1$)的平板电脑模型，并且带有 VoIP($g_{m,1} = 2$)和文件下载($g_{m,3} = 3$)[29]功能。

应用程序	数据速率(kbps)	时延(ms)	PER
数据	512	150	0.01
高清视频流	800	2000	0.05
文件下载	200	3000	0.1

$$A_m = \begin{vmatrix} 512 & 150 & 0.01 \\ 800 & 2000 & 0.05 \\ 200 & 3000 & 0.1 \end{vmatrix}$$

$$g_m = \begin{vmatrix} 2 \\ 1 \\ 3 \end{vmatrix}$$

使用该模型，我们能够定义一个上下文感知 UE-FBS 关联方案，该方案区分不同应用程序和 UE 硬件类型所产生的流量并对其进行优先排序。对于 UE m 的聚合输入流量 λ_m，FBS i 能够区分每个应用程序的业务流的 $\lambda_{m,x}$ ，其中 $\sum_{x=1}^{a_m} \lambda_{m,x} = \lambda_{i,m}$ 。基于此，每个 FBS 能够调度从 UE m 的上下文提取的优先级为 $k = g_{m,x}$ 的每个业务流。在这种情况下，每个 FBS 的流量被建模为基于优先级的 M/D/1 排队系统。在这样的系统中，根据 g_m 中的上下文相关优先级来对每个 UE m 的流量请求进行服务。UE m 的时延取决于目前由 FBS i 服务的其他 UE 的流量负载。在这种情况下，我们考虑一个非抢占策略，其中高优先级用户的流量请求可以超前队列中所有的低优先级业务流。然而，服务中的低优先级数据包的传输不会因为较高优先级的用户的数据包到达而被中断。因此，UE $n \in L_i$ 对由 $D_m(L_i)$ 表示的 UE m 产生初始时延。在这种情况下，由 SBS i 服务的 UE m 的第 k 个优先级业务流的平均时延为

$$d_{i,m}^k = \left(\sum_{x=1}^{a_m} \lambda_{m,x} \bar{M}_m^2\right) \Big/ \left[2\left(1 - \sum_{x}^{k-1} \rho_{m,x}\right)\left(1 - \sum_{x}^{k} \rho_{m,x}\right)\right] + 1/\mu_{i,m} + D_m(L_i)$$

其中 $\rho_{m,x}=\lambda_{m,x}/\mu_{i,m}$ 表示 UE m 的第 x 个业务流的效用因子，$\bar{M}_m^2$ 表示服务时间的第二个时刻。通过将时延表达式与常规方法的时延表达式进行比较，我们可以看到上下文信息使得每个 FBS 能够更好地优先考虑应用程序请求。此外，上下文感知的 FBS 和 UE 能够通过保证每个单独流量请求的 QoS 约束来设计更深层次的关联。考虑到这些问题，文献[29]提出在蜂窝关联的情况下，周围的每个 UE 和 FBS 交换关于 UE 的上下文信息和 FBS 的平均性能度量 g_m。注意，这种信息交换仅涉及彼此附近的 UE 和 FBS。

23.5.2　将卸载蜂窝关联作为具有外部性的匹配博弈

首先，我们为由 FBS $i\in N$ 服务的 UE $m\in L_i$ 定义适当的上下文感知效用函数，如下所示：

$$U_{i,m}\left(A_m,g_m,\gamma_{i,m},\eta\right)=\left(\mu_{i,m}(\eta)[1-\mathrm{PER}_{i,m}(\eta)]\right)/\left[\sum_{k}^{a_m}d_{i,m}^{k}(g_m,\eta)\right] \tag{23.5.1}$$

给定 SINR 和 $\gamma_{i,m}$，这个效用函数捕获了 FBS i 可以提供的数据速率和数据包错误率。该效用根据应用(通过 A_m)和硬件类型(通过 g_m)正确地考虑了 UE 所需的 QoS 和上下文信息。通过匹配 $\eta: M\to N$ 将每个 UE $m\in M$ 分配给最佳服务卸载 BS $i\in N$ 的问题定义为

$$\begin{aligned}&\mathbf{P}:\ \underset{\eta:(i,m\in\eta)}{\arg\max}\sum_{i\in N}\sum_{m\in L_i}U_{i,m}\left(A_m,g_m,\gamma_{i,m},\eta\right)\\&\text{subject to}\ \mu_{i,m}\left(\gamma_{i,m},\eta\right)\geqslant\max_x A_m(x,1),\quad\forall m\in M,\quad i\in N\\&d_{i,m}^{k}(g_m,\eta)\leqslant A_m(x,2),\quad\forall k,\quad k=g_{m,x},\quad\forall m\in M,\quad i\in N\\&\mathrm{PER}_{i,m}\left(\gamma_{i,m},\eta\right)\leqslant\min_x A_m(x,3),\quad\forall(i,m)\in\eta\end{aligned} \tag{23.5.2}$$

上述优化问题受到上下文相关 QoS 的约束。使用经典优化技术解决式(23.5.2)的问题是一个 NP 难题，这取决于网络中 FBS 和 UE 的数量。相反，可以使用基于式(23.5.1)定义的上下文感知效用函数来考虑在 UE 和 FBS 处可用的各个决策和上下文信息的分布式方法。通过匹配博弈的框架，找出一种可以避免组合复杂度的自组织 FBS-UE 蜂窝关联的式(23.5.2)的适用解决方案。

在 23.1 节中，匹配博弈由两组玩家 (M,N) 和两个偏好关系 $\succ_m$ 和 $\succ_i$ 定义，允许每个玩家 $m\in M$ 和 $i\in N$ 建立彼此的偏好，即分别对 N 和 M 中的玩家进行排序。匹配博弈的结果是一个匹配函数(或关联) η (在本节中 μ 用于表示服务率)，匹配博弈为每个玩家 $m\in M$ 和 $i=\eta(m)$ ($i\in M$)分配一个匹配函数，反之亦然[即 $m=\eta(i)$]。因此，对于任意的 UE m，在 FBS 集合 N 上定义偏好关系 $\succ_m$，使得对于任意两个 FBS $i,\ j\in N(i\neq j)$，以及两个匹配 $\eta,\eta'\in M\times N$，$i=\eta(m)$，$j=\eta'(m)$，满足：

$$(i,\eta)\ (j,\eta)\Leftrightarrow U_{i,m}\left(A_m,g_m,\gamma_{i,m},\eta\right)>U_{j,m}\left(A_m,g_m,\gamma_{j,m},\eta'\right) \tag{23.5.3}$$

同时，对于任意的 FBS i，在 UE 的集合 M 中的一个偏好关系 $\succ_i$ 意味着对于任意两个 UE m, $n\in M$（$m\neq n$），有两个匹配

$$\begin{aligned}&\eta,\eta'\in M\times N,m=\eta(i),n=\eta'(i):\\&(m,\eta)\ (n,\eta')\Leftrightarrow U_{i,m}\left(A_m,g_m,\gamma_{i,m},\eta\right)>U_{i,n}\left(A_n,g_n,\gamma_{i,n},\eta'\right)\end{aligned} \tag{23.5.4}$$

从上文提到的两方关系可以看出，每个 UE 在 FBS 集合 N 上的偏好依赖于网络中现有的匹配状态 η。事实上，对于 UE-FBS 链路 $(i,m)\in\eta$，数据速率和 PER 取决于其他 UE-FBS 链

路产生的干扰，其中$(j,n)\in\eta$，$(i,m)\neq(j,n)$。类似地，UE m 的时延受到 FBS i 所服务的其他用户 $n\in L_i$ 的上下文的影响。换句话说，对于这种情况，UE 和 FBS 的偏好是相互依存的，也就是它们受到网络中现有匹配的影响。动态影响每个 UE-FBS 链路性能的这种外部效应称为外部因素，并且通过具有外部性的匹配博弈来给出适合的研究框架[1]。与常规匹配博弈不同，当处理外部性时，FBS i 和 UE m 之间的潜在匹配(i,m)取决于$\eta/(i,m)$中的其他 UE-FBS 关联。在式(23.5.3)和式(23.5.4)的偏好中，捕获这些外部性时需要考虑两个关键问题：

1. 基于偏好顺序的传统概念解决方案，如 23.1 节中使用的延期接受算法，不适合作为匹配形式的偏好排序。
2. 贪心效用最大化首选项不能保证匹配的稳定性。事实上，由于外部性，玩家可以响应其他 UE-FBS 链路而不断地改变其优先顺序，并且除非外部性有明显改变，否则可能永远不会达到最终的 UE-FBS 关联。

为了以非集中化的方式解决式(23.5.2)中的问题，文献[29]提出，FBS 和 UE 根据式(23.5.3)和式(23.5.4)中的偏好关系来定义个人偏好。每个 UE(FBS)的目的是使其自身的效用最大化，或等效地与最优选的 SFBS(UE)相关联。由于外部性，这里我们来看一个新的基于交换匹配思想的稳定性概念[30]。

交换匹配 考虑一个匹配η，一对 UE $m,n\in M$ 和一对 FBS $i,j\in N$，交换匹配定义为 $\eta_{i,j}^m=\{\eta\setminus(i,m)\}\cup(j,m)$。如果不存在交换匹配$\eta_{i,j}^m$，则匹配是稳定的，使得

$$\begin{aligned}&\text{(a)}\quad \forall x\in\{m,n,i,j\},U_{x,\eta_{i,j(x)}^m}(\eta)>U_{x,\eta(x)}(\eta)\\&\text{(b)}\quad \exists x\in\{m,n,i,j\},U_{x,\eta_{i,j(x)}^m}(\eta)\geqslant U_{x,\eta(x)}(\eta)\end{aligned}\tag{23.5.5}$$

在网络级别，如果没有任何 UE m 或 FBS j，则链路$(i,m)\in\eta$的匹配η是稳定的，对于该 UE 而言，FBS i 相对于 UE m 更容易优先选择 UE n，或 UE m 相比 FBS i 更喜欢 FBS j。给定当前匹配η中的外部性，如果它们对所涉及的玩家(即$\{m,n,i,j\}$)有益，则保证交换发生，从而达到这种网络范围的匹配稳定性。

为了找到式(23.5.2)中卸载蜂窝用户关联问题的稳定匹配，文献[29]提出了一个由三个主要阶段组成的算法：

1. FBS 发现，交换匹配评估，以及上下文感知资源分配。最初，每个 UE m 与随机选择的 FBS i 相关联。然后，每个 UE m 使用标准技术发现附近的 FBS $j\in N$。接下来，UE m 与 FBS j 交换其上下文信息(即A_m和g_m)，FBS j 又基于当前匹配η向 UE m 通知其性能度量$\mu_{i,m}(\gamma_{i,m},\eta)$、$\text{PER}_{i,m}(\gamma_{i,m},\eta)$和$d_{i,m}^k(g_m,\eta)$。
2. 在第二阶段，基于当前的匹配，UE 和 FBS 更新它们各自的效用和个人偏好。如果 UE m 当前没有被其最优选的 FBS(由 j 表示)服务，则它向 FBS j 发送匹配提议。在收到提议后，FBS j 更新效用，并仅在效用$U_{j,m}(\eta_{i,j}^m)$严格有益的情况下接受 UE m 的请求。否则，如果被拒绝，UE m 将向其偏好列表中的下一个 FBS 发送建议。UE 和 FBS 都根据当前的匹配而周期性地更新它们各自的效用和偏好，并且确保它们与各自的第一偏好相关联。文献[29]证明了该算法的收敛性。
3. 对于每个活跃链路，FBS 启动上下文感知传输。

23.6　蜂窝网络中 D2D 对的匹配安全性

设备到设备(D2D)通信是蜂窝网络中一种特殊的流量卸载方式(见第 1 章介绍的通用模型之一)。这一技术范例存在两个主要问题或设计挑战：减少 D2D 链路的资源共享所带来的干扰，以及避免 D2D 对的匹配过程中的欺诈行为。在这一节中，我们探讨了如何在同时满足 D2D 用户和蜂窝用户(CU)的 QoS 需求下，最大化系统吞吐量。具体来说，我们将上述优化问题建模为 D2D 用户和蜂窝用户之间的双边匹配问题，并通过求解这一匹配问题达成优化目标。

为了进一步提高 D2D 用户的系统吞吐量，本书还考虑了匹配中可能存在的欺诈行为。

23.6.1　系统模型

我们考虑用于蜂窝网络底层的 D2D 对的频谱共享，其中 L 个 D2D 对与 N 个 CU 共存。每个 D2D 对尝试找到一个 CU 来共享其信道资源。在基于频分双工(FDD)的蜂窝网络中采用上行(UL)资源共享。我们假设资源共享造成的干扰只影响到 BS。CU 和 D2D 对都需要在通过信道传输之前满足某些 SINR 目标作为 QoS 需求。在下文中，我们使用 $C=\{c_1,\cdots,c_i,\cdots,c_N\}$ ($1\leqslant i\leqslant N$) 和 $D=\{d_1,\cdots,d_j,\cdots,d_L\}$ ($1\leqslant j\leqslant L$) 表示 CU 的集合和 D2D 对。考虑快衰落和慢衰落，c_i 和 BS 之间的信道增益可以表示为 $g_{i,B}=K\beta_{i,B}\zeta_{i,B}r_{i,B}^{-\alpha}$，其中 K 是确定系统参数的常量，$\beta_{i,B}$ 是快衰落增益，$\zeta_{i,B}$ 是慢衰落增益，$r_{i,B}$ 是 c_i 和 BS 之间的物理距离，α 是路径损耗指数。类似地，我们可以定义 D2D 对 d_j 的信道增益为 g_j，从 d_j 到 BS 的干扰增益为 $h_{j,B}$，从 c_i 到 d_j 的干扰增益为 $h_{i,j}$。只有满足最小 SINR 要求并对 CU 的干扰低于阈值时，才建立 D2D 对。在后面，我们将使用以下符号：

- P_i^c 和 P_j^d，分别表示 CU c_i 和 D2D 对 d_j 的传输功率。
- $\Gamma_i^c=P_i^c g_{i,B}/(\sigma_N^2+\rho_{i,j}P_j^d h_{j,B})$ 和 $\Gamma_j^d=P_j^d g_j/(\sigma_N^2+\rho_{i,j}P_i^c h_{i,j})$，分别为 CU c_i 和 D2D 对 d_j 的 SINR。
- $C_i^c=\log(1+\Gamma_i^c)$ 和 $C_j^d=\log(1+\Gamma_j^d)$ 分别表示 CU c_i 和 D2D 对 d_j 的归一化吞吐量。
- $g_{i,B}$ 表示 CU c_i 和 BS 之间的信道增益。
- g_j 表示 D2D 对 d_j 之间的信道增益，$h_{j,B}$ 表示从发射机 D2D 对 d_j 到 BS 的干扰，链路信道增益 $h_{i,j}$ 表示从 CU c_i 到接收机 D2D 对 d_j 的干扰链路的信道增益。
- σ_N^2 表示在各信道上的加性高斯白噪声。

于是，最大吞吐量问题可以定义为

$$\begin{aligned}
&\mathbf{P:}\ \max_{\rho_{i,j},P_i^c,P_j^d} W_i\sum_{c_i\in C}\sum_{d_j\in S}\left(C_i^c+\rho_{i,j}C_j^d\right)\\
&\text{subject to}\ \Gamma_i^c\geqslant\Gamma_{i,\min}^c,\quad \forall c_i\in C\\
&\Gamma_j^d\geqslant\Gamma_{j,\min}^d,\quad \forall d_j\in S\\
&\sum_{d_j\in S}\rho_{i,j}\leqslant 1,\quad \rho_{i,j}\in\{0,1\},\quad \forall c_i\in C\\
&\sum_{c_i\in C}\rho_{i,j}\leqslant 1,\quad \rho_{i,j}\in\{0,1\},\quad \forall d_j\in S
\end{aligned}$$

$$P_i^c \leqslant P_{\max}^c, \quad \forall c_i \in C$$
$$P_j^d \leqslant P_{\max}^d, \quad \forall d_j \in S \tag{23.6.1}$$

这里 S（$S \in D$）指可接受的 D2D 对的集合，$\rho_{i,j}$ 是 CU c_i 和 D2D 对 d_j 的资源块标号。$\Gamma_{i,\min}^c$、$\Gamma_{i,\min}^d$ 分别表示 CU c_i 和 D2D 对 d_j 的最小 SINR 要求。当 D2D 对 d_j 复用 CU c_i 的带宽 W_i 时，$\rho_{i,j}=1$；否则 $\rho_{i,j}=0$。$P_{\max}^c$ 和 $P_{\max}^d$ 分别表示 CU c_i 和 D2D 对 d_j 的最大传输功率。这个优化问题是一个 MINLP 问题，即 NP 难题。

23.6.2 真正偏好

文献[31]解决了分解步骤中的资源分配问题，这些步骤是：(i)准入控制；(ii)功率分配；(iii)允许的 D2D 对和 CU 之间的匹配。在文献[32]中，类似的工作在前两个步骤完成，而在第 3 步中，作者只关心系统吞吐量。这意味着他们没有考虑 D2D 对和 CU 的优先级，D2D 对也有机会改善其合作伙伴。一般来说，D2D 对在 CU 上的偏好可能是：其候选 CU 所引起的干扰，其候选 CU 的可用带宽或其与 CU 匹配时的吞吐量(传输速率)。相应地，CU 的偏好可能是：由候选 D2D 用户引入的对 BS 的干扰或其吞吐量。在本节中，我们使用吞吐量来表示 D2D 对和 CU 的偏好，并采用 23.1 节所述的 Gale-Shapley(GS)算法，以便找到稳定的匹配。

入场控制 这里我们将确定每个 D2D 对可接受的一组 CU，这意味着 D2D 对只能在满足 SINR 要求的情况下才能与 CU 共享，

$$\begin{aligned}
&\Gamma_i^c \geqslant \Gamma_{i,\min}^c \\
&\Gamma_j^d \geqslant \Gamma_{j,\min}^d \\
&P_i^c \leqslant P_{\max}^c \\
&P_j^d \leqslant P_{\max}^d
\end{aligned} \tag{23.6.2}$$

从式(23.6.2)[31]并不难得出 c_i 的传输功率 P_i^c 和 d_j 的传输功率 P_j^d 之间的四个线性关系。

最优功率分配 在第 2 步中，研究单个可接受的 D2D 对和 CU 集合的最优发射功率。最佳功率向量表示如下：

$$\left(P_i^{c*}, P_j^{d*}\right) = \underset{\left(P_i^c, P_j^d\right) \in A_{\mathrm{ad}}}{\arg\max} \left\{ W_i \left(C_i^c + \rho_{i,j} C_j^d \right) \right\} \tag{23.6.3}$$

其中 A_{ad} 是从式(23.6.2)中得到的可接收的功率集合。

稳定匹配 在第 3 步中，在找到 D2D 对的重用候选和功率分配后，当其有多个候选 CU 且 CU 可以重复使用多个 D2D 对的候选时，我们尝试为每个 D2D 对找到一个“最佳”伙伴。这里再次使用 23.1 节提出的匹配理论来解决 D2D 对和 CU 之间的匹配问题。事实证明，匹配理论中的稳定婚姻(SM)问题与这里定义的一对一匹配问题非常相似。为了解决 SM 问题，可以使用一些匹配算法，如 23.1 节讨论的 GS 算法[5]、最小权重匹配[33]。这里我们采用 GS 算法为本节建模的问题寻求解决方案。

如 23.1 节所述，GS 算法用于男女之间一对一的稳定匹配。在 SM 问题的一个例子中，n 个人中的每一个按照偏好顺序列出了异性的成员。SM 问题或匹配被定义为男性和女性的完全匹配，具有如下属性：不存在两对夫妇(m,w)和(m',w')，m 更喜欢 w 且 w' 更喜欢 m。GS 算法的基本原理是一种性别(在以下描述中我们假设为男性)对其他性别(即女性)有一系列邀请。每个男性都会依次向他偏好列表上的女人求婚，当女性同意考虑他的求婚时会暂停该过

程，但如果求婚被拒绝，则会继续求婚。当一个女性收到一个求婚时，如果她已经有一个更好的求婚，她就会拒绝，否则她会同意考虑这个求婚。直到没有人需要求婚时，进程结束。如 23.1 节和文献[5]所述，匹配的结果应为稳态最优解。

在本节中，我们假设 D2D 对和 CU 分别是男性和女性。在准入控制和功率控制之后，我们已经知道了 CU 和 D2D 对的可接受列表。我们让 c_i 吞吐量 $W_iC_i^c$ 表示 c_i 对 d_j 的偏好，同样，将 d_j 吞吐量 $W_iC_i^d$ 作为 d_j 在 c_i 上的偏好。因此，我们具有由 PL_i^c 表示的 c_i 的偏好列表和由 PL_j^d 表示的 d_j 的偏好列表(优先级排序)。当 $W_iC_j^d > W_iC_{j'}^d$ 时，我们说 c_i 更喜欢 d_j 而不是 $d_{j'}$，由 $d_j \succ_{c_i} d_{j'}$ 表示。类似地，当 $WiC_i^c > W_iC_{i'}^c$ 时，d_j 更喜欢 c_i 而不是 $c_{i'}$，由 $c_i \succ_{d_j} c_{i'}$ 表示。在匹配的 M 中，$M(c_i)$ 代表 CU c_i 的伙伴，$M(d_j)$ 同样代表 d_j 的伙伴。关于如何使用 GS 算法找到 D2D 对的最优稳定匹配(D2D 对向 CU 请求)的详细算法，请参阅文献[31]。

23.6.3　作弊：联盟策略

前面我们讨论了关于偏好(传输速率)的 D2D 对和 CU 之间的匹配问题。下面我们要探索匹配后 D2D 对作弊的可能性。虽然我们使用 GS 算法达到了稳定匹配，但是一些 D2D 对可能不满足当前伙伴的要求(即 D2D 用户根据真实的偏好与其首选项不匹配)。在本节中，我们允许这组 D2D 用户通过作弊寻求更好的合作伙伴。

SM 的联盟战略可以表达如下：

1. 寻找这样一组玩家，他们更倾向于匹配组内的其他人而非自己的合作伙伴。这样一组玩家可称为一个作弊集团[31,34]。
2. 找到与自己同属一个作弊集团的玩家，每个集团内的玩家都需要伪造自身的偏好列表以使整个集团获益，同时他们自身不会去匹配对自身更有利的合作伙伴。
3. 使用最新的偏好列表生成最优匹配结果，最终所有作弊集团内的玩家都能实现更高的效益，而其他用户则保持原样。

令 $P_L(d)$ 表示 CU 集合，该集合相对于 $M(d)$ 集合更受 D2D 对 d 的偏好，更少受 $P_R(d)$ 和基于 M_0 的人为最优稳定匹配的偏好。令 $K=(d_1,d_2,\cdots,d_K)$ 表示由 D2D 对组成的集合，对于每个 D2D 对 d_m（$1\leqslant m\leqslant K$），有 $M(d_{m-1})\succ_{d_m}M(d_m)$，$d_m\in S$。

如果

1. $d\notin H(K)$，对于任意的 $d_m\in K$，有 $M(d_m)\succ_d M(d)$ 且 $d\succ_{Md(m)} d_{m+1}$。
2. $d=d_1\in H(K)$，对于任意的 $d_m\in K$，$m\neq 1$，有 $M(d_m)\succ_{d_l} M(d_{l-1})$ 且 $d_l\succ_{M(d_m)} d_{m+1}$。

则集团 K 的同伙是一组 D2D 对 $H(K)$，使得 $d\in H(K)$。

现在定义不匹配用户的操作，可以发现对于影响其他小组成员的用户来说，他们的伪造策略应该不同于外部同伙的情况。我们假设 $\pi_r[P_L(d)-X]$ 表示 $P_L(d)-X$ 进行随机置换，并且 $\pi_r[P_R(d)+X]$ 表示 $P_R(d)+X$ 进行随机置换。然后，在得到的最佳匹配 $M_s(d_m)=M_0(d_m-1)$ 中，对于 $d_m\in K$，我们有 $M_s(d_m)=M_0(d_m)$，$d_m\notin K$。这说明在得到的最优 D2D 作弊中，所有的 D2D 用户都可以获得其预期的合作伙伴，剩下的用户保持与其有真正偏好的 D2D 最佳匹配用户进行合作。详细的算法和数值结果请参阅文献[31]。

参考文献

[1] Roth, A. and Sotomayor, M.A.O. (1992) *Two-Sided Matching: A Study in Game-Theoretic Modeling and Analysis*, Cambridge University Press, Cambridge.

[2] Manlove, D.F. (2013) *Algorithmics of Matching Under Preferences*, World Scientific, Hackensack, NJ.

[3] Irving, R.W., Leather, P., and Gusfield, D. (1987) An efficient algorithm for the optimal stable marriage. *Journal of the ACM*, **34** (3), 532–543.

[4] Xu, H. and Li, B. (2011) *Seen as Stable Marriages*. Proceedings of the IEEE INFOCOM, March 2011, Shanghai, China.

[5] D. Gale and L. S. Shapley, College admissions and the stability of marriage, *The American Mathematical Monthly*, **69**, 1, 9–15, 1962.

[6] McVitie, D.G. and Wilson, L.B. (1970) Stable marriage assignment for unequal sets. *BIT Numerical Mathematics*, **10**, 295–309.

[7] Roth, A.E. (1982) Incentive Compatibility in a Market with Indivisibilities. *Economics Letters*, **9**, 127–132.

[8] Roth, A.E. and Sotomayor, M. (1989) The college admissions problem revisited. *Econometrica*, **57**, 559–570.

[9] Hylland, A. and Zeckhauser, R. (1979) The efficient allocation of individuals to positions. *Journal of Political Economy*, **87**, 293–314.

[10] Shapley, L. and Scarf, H. (1974) On cores and indivisibility. *Journal of Mathematical Economics*, **1**, 23–28.

[11] Roth, A.E. and Postlewaite, A. (1977) Weak versus strong domination in a market with indivisible goods. *Journal of Mathematical Economics*, **4**, 131–137.

[12] Ma, J. (1994) Strategy-proofness and the strict core in a market with indivisibilities. *International Journal of Game Theory*, **23**, 75–83.

[13] Abdulkadiroglu, A. and Sönmez, T. (1998) Random serial dictatorship and the core from random endowments in house allocation problem. *Econometrica*, **66**, 689–701.

[14] Bogomolnaia, A. and Moulin, H. (2001) A new solution to the random assignment problem. *Journal of Economic Theory*, **100**, 295–328.

[15] Bayat, S., Louie, R.H.Y., and Han, Z., *et al.* (2012) *Multiple Operator and Multiple Femtocell Networks: Distributed Stable Matching*. IEEE ICC 2012—Wireless Networks Symposium.

[16] Saad, W., Han, Z., Zheng, R., *et al.* (2014) *A College Admissions Game for Uplink User Association in Wireless Small Cell Networks*. IEEE INFOCOM 2014—IEEE Conference on Computer Communications.

[17] ITU-T Recommendation G.107 (2002) The Emodel, A Computational Model for Use in Transmission Planning. *ITU-T, Tech. Rep. 2002/007.*

[18] Han, Z., Niyato, D., Saad, W. *et al.* (2011) *Game Theory inWireless and Communication Networks: Theory, Models and Applications*. Cambridge University Press, Cambridge.

[19] Khan, Z., Glisic, S., DaSilva, L.A., and Lehtomäki, J. (2010) Modeling the dynamics of coalition formation games for cooperative spectrum sharing in an interference channel. *IEEE Transactions on Computational Intelligence And AI in Games*, **3** (1), 17–31.

[20] Karami, E. and Glisic, S. (2011) *Stochastic Model of Coalition Games for Spectrum Sharing in Large Scale Interference Channels*. Proceedings International Conference on Communications, ICC2011, June 2011, Kyoto, Japan.

[21] Kwak, H., Lee, C., Park, H., and Moon, S. (2012) Beyond social graphs: user interactions in online social networks and their implications. *ACM Transactions on the Web (TWEB)*, **6** (4).

[22] Li, H., Wang, H.T., Liu, J., and Xu, K. (2013) *Video Requests from Online Social Networks: Characterization, Analysis and Generation*. Proceedings of IEEE International Conference on Computer Communications, April 2013, Turin, Italy, pp. 50–54.

[23] Sotomayor, M. (1999) Three remarks on the many-to-many stable matching problem. *Mathematical Social Sciences*, **38**, 55–70.

[24] Roth, A.E. (1991) A natural experiment in the organization of entry level labor markets: regional markets for new physicians and surgeons in the U.K. *American Economic Review*, **81**, 415–425.

[25] Roth, A. (1984) Stability and polarization of interests in job matching. *Econometrica*, **52**, 47–57.

[26] Kelso, A.S. and Crawford, V. (1982) Job matching, coalition formation and gross substitutes. *Econometrica*, **50** (6), 1483–1504.

[27] Xu, H. and Li, B. (2011) *Seen as Stable Marriages*. Proceedings of IEEE International Conference on Computer Communications, Shanghai, China, pp. 586–590.

[28] Hamidouche, K., Saad, W., and Debbah, M. (2014) *Many-to-Many Matching Games for Proactive Social-Caching in Wireless Small Cell Networks* WNC3 2014: International Workshop on Wireless Networks: Communication, Cooperation and Competition.

[29] Pantisano, F., Bennis, M., Saad, W., *et al.* (2013) *Matching with Externalities for Context-Aware User-Cell Association in Small Cell Networks* Globecom 2013—Wireless Networking Symposium.

[30] Bodine-Baron, E., Lee, C., Chong, A., *et al.* (2011) *Peer Effects and Stability in Matching Markets*. Proceedings of International Conference on Algorithmic Game Theory, pp. 117–129.

[31] Gu, Y., Zhang, Y., Pan, M., and Han, Z. (2014) *Cheating in Matching of Device to Device Pairs in Cellular Networks*. Globecom'14, Wireless Networking Symposium.

[32] Feng, D., Lu, L., Yuan-Wu, Y. *et al.* (2013) Device-to-device communications underlaying cellular networks. *IEEE Transactions on Communications*, **61** (8), 3541–3551.

[33] Irving, R.W., Leather, P., and Gusfield, D. (1987) An efficient algorithm for the optimal stable marriage. *Journal of the ACM*, **34** (3), 532–543.

[34] Huang, C. (2006) Cheating by men in the Gale-Shapley stable matching algorithm, *Algorithms-ESA 2006*, **4168** (eds Y. Azar and T. Erlebach), Springer, Berlin Heidelberg, pp. 418–431.

第 24 章　动态无线网络基础设施

网络基础设施需要大量投资，因此，这一领域的最新工作进展会受到一定程度的关注。一般来说，常见的解决方案是特定运营商的网络基础设施可以进行暂时的网络扩容/压缩，因而无须额外的设施投资。本章讨论解决方案的两个方面：(i) 网络基础架构共享(infrastructure sharing，IS)和(ii)用户连接。在网络虚拟化的大背景下，本章将讨论固定网络(因特网)中的一个等效范例。由于本书的重点是无线网络，因此暂不研究网络虚拟化问题。

24.1　多运营商蜂窝网络中的基础设施共享

多网络运营商(multiple network operators，MNO)中的 IS 概念与频谱共享的概念相似。未充分利用的基础设施(不是频谱)可以暂时租给另一个运营商。由于根据法律规定，网络运营商有义务将其天线安装在相同的建筑物上，因此同一地理区域的多个 MNO 是共存的，这便形成了一种称为 IS[1, 2]的新兴商业模式。这种新的模式包含一系列策略，使 MNO 能够共同利用其资源实现其共同目标，即在实现能源和成本降低的同时保证用户服务。IS 被分为三类[3]：

1. 场址、桅杆和建筑物的被动共享。
2. 如天线、交换机和回程设备等活动网络组件的主动共享。
3. 基于漫游的共享，其中 MNO 在预协商的时间段内共享蜂窝覆盖。

因为基站(BS)是功率消耗最大的网络组件，所以许多研究工作集中在通过最优[4, 5]或异构[6,7]部署策略来减少 BS 的数量。最近，为了实现更高的节能增益，人们的研究兴趣已经转移到 BS 关闭方案 [8-12]。其想法是通过关闭部分 BS 基础设施来增加在低流量期间(例如，夜间)的资源利用率，而剩余的未关闭 BS 扩展其覆盖范围以服务整个网络区域。在向同一地理区域提供服务的多个 MNO 中，通过考虑新兴商业模式 IS，可以进一步改进这些传统的关闭方案。特别是，考虑在多个 MNO[13-17]之间关闭联合基站的基于漫游的 IS 解决方案的研究受到了极大的关注。文献[13]提出了一种用于在两个 MNO 网络中切换 BS 的非合作博弈。文献[14]根据以下标准，已经提出了四个合作策略来关闭具有两个 MNO 的网络中的 BS：(i)等效关闭时间段；(ii)等漫游成本；(iii)等能量增益；(iv)最大的节能。在所有情况下，被关闭 BS 的业务被漫游到活动 MNO 的合作 BS 上。在文献[15]中，作者扩展了具有各种流量类型和服务质量(QoS)需求(即吞吐量、呼叫丢失)的多运营商环境中节能最大化的算法(例如文献[14])。在相同的条件下，文献[16]研究了在现实世界场景中，在低流量期间随机关闭部分网络，从而实现潜在的节能效果。在文献[17]中，给出了流量(假设只有一种类型的流量，即语音)的吞吐量和能量效率分析表达式，同时完成在具有两个 MNO 的网络中基于博弈论的关闭策略。尽管作者对 IS 概念有了新的见解，但上述方案仅研究了问题的特定方面(例如，关闭时间、漫游成本、节能)。然而，为了提供可行和有效的解决方案，有必要考虑到所有的重要参数(即漫游和运营成本，能量消耗，在呼叫丢失方面的 QoS)。另外，在某些方案中仅考虑语音流量(例如文献[14, 15, 18])是不现实的，因为数据流量是当前蜂窝网络中流量负载的重要部分。

网络中只有两个移动运营商的假设也对上述工作设定了限制因素，因为欧洲国家的无线网络会涉及 3～4 个移动运营商。在本节中，我们将讨论分布式 BS 关闭解决方案，同时考虑到实际的成本和流量模式，在多运营商网络中实现高效的 IS，相关的讨论可参阅文献[3]。

24.1.1 系统模型

系统模型由多运营商蜂窝的簇组成。每个簇由 M 个外围蜂窝包围的一个中心蜂窝形成，而每个蜂窝包括不同 MNO 的 N 个 BS。参数 $BS_{n,m}$ 用于表示第 m 个宏蜂窝中第 n 个运营商的 BS，其中 $n\in[1,N]$ 和 $m\in[0,M]$。M 个周边蜂窝中的 BS 基础设施的一部分可以在低流量期间关闭，从而激励 MNO 共享同一蜂窝中的剩余活动 BS 的资源。相反，在外围蜂窝的所有 BS 被关闭的极端情况下，中央蜂窝 BS 总是保持活动状态，并增加它们的传输功率以形成一个伞状蜂窝。

假设不同运营商的流量遵循相同的模式，但流量大小可能会有所不同。定义每个 MNO 的流量负载所占的百分比为 $\rho_n\in[0,1]$。分别以恒定比特率(CBR) R_V 和 R_D 提供语音和数据连接。本章后续部分将使用如下标记：

$M(|M|=M)$ 是一组外围蜂窝，它们围绕一个中心蜂窝形成一个簇。

$N(|N|=N)$ 是一组能够覆盖簇区域的运营商。

$M_{\mathrm{on}}\subseteq M$ ($|M_{\mathrm{on}}|=M_{\mathrm{on}}$) 是外围蜂窝的一个子集且至少有一个工作的 BS。

$M_{\mathrm{off}}\subseteq M$ ($|M_{\mathrm{off}}|=M_{\mathrm{off}}$) 是外围蜂窝的一个子集且所有的 BS 都不工作。

$N_{\mathrm{on}}(m)\subseteq N$ [$|N_{\mathrm{on}}(m)|=N_{\mathrm{on}}(m)$] 是 MNO 的一个子集，使得蜂窝 m 中的 BS 都处于工作状态。

$N_{\mathrm{off}}(m)\subseteq N$ [$|N_{\mathrm{off}}(m)|=N_{\mathrm{off}}(m)$] 是 MNO 的一个子集，使得蜂窝 m 中的 BS 都不在工作状态。

$N_r(n,m)\subseteq N_{\mathrm{off}}(m)$ [$|N_r(n,m)|=N_r(n,m)$] 是包含 n 个运营商的一个子集，可以将蜂窝 m 中处于关闭状态的 BS 的流量在 n 个运营商中漫游。

24.1.2 基础设施共享机制

对于低流量的夜间场景，外围蜂窝中每个运营商的 BS 的子集被关闭。稍后，我们将描述一种博弈论算法，用于查找应关闭的 BS 的子集。一旦确定了该 BS 的子集，考虑到相应的操作和漫游成本，将应用 IS 方案来确定如何用剩余的活动基础设施解决流量问题。在独立的关闭决策执行之后，在网络中应用 IS 方案。根据决策过程，外围蜂窝有三种可能的结果：

1. 如果所有 BS 保持活动状态 [$N_{\mathrm{on}}(m)=N$]，则不需要 IS。因此，每个基站为其自身业务的运行和服务消耗能量。
2. 如果 BS 的子集 $N_{\mathrm{on}}(m)\subseteq N$ 保持活动状态，则它们承担相同蜂窝中已关闭 BS 的业务的服务 [$N_{\mathrm{off}}(m)$]。每个关闭 BS 的业务被漫游到相同蜂窝中的活动 BS 上，该子节点从子集 $N_{\mathrm{on}}(m)$ 中以等概率 p_s 随机选择。非活动 BS 的 MNO 应向有效运营商支付相应的漫游费用。然而，活动 BS 的能量消耗(由于更高的业务流量)增加意味着更高的成本，这一点也应考虑到。

3．如果没有 BS 保持活动状态[$N_{\mathrm{on}}(m)=\varnothing$]，则中央蜂窝的 BS($\mathrm{BS}_{n,0}$)增加其传输功率以覆盖外围蜂窝的区域。在这种情况下，因为每个被关闭 BS 的业务由同一运营商的中央 BS 服务，所以运营商之间没有协作。因此，这不涉及漫游费用，运营商则会考虑因中央蜂窝功耗的增加而出现的额外成本。

根据上面列出的外围蜂窝 m 的三个可能的结果，从第 n 个运营商(MNO_n)的角度可分为四种不同的情况[3]。

1．运营商 n 为打开状态，并且 $N_{\mathrm{on}}(m)>N-1$ 个运营商为打开状态：
MNO$_n$ 的总成本为 $C_{n,m}=C+C_{\mathrm{tr}}(n,m)$，其中 C 表示 BS 的固定操作成本，$C_{\mathrm{tr}}(n,m)$ 对应于为 BS 业务服务的成本。

2．运营商 n 为打开状态，并且 $N_{\mathrm{on}}(m)>0$ 个运营商为关闭状态：
在这种情况下，由于服务流量(其自身的流量及其他 BS 的漫游流量)的增加，MNO$_n$ 可能不得不支付更高的成本，同时从每个运营商 $\mathrm{MNO}_i\in N_r(n,m)$ 获得相应的漫游收入。进一步来说：

● 总运营成本可以表示为

$$C'_{n,m}=C+C_{\mathrm{tr}}(n,m)+\sum_{i\in N_r(n,m)}C_{\mathrm{tr}}(i,m)$$

● MNO$_n$ 收到的漫游收入可以表示为

$$C'_r(n,m)=\sum_{i\in N_r(n,m)}C_r(i,m)$$

其中 $C_r(i,m)$ 是由 MNO$_i$ 产生的漫游费用且是运营成本的一部分，$C_r(n,m)=\alpha[C+C_{\mathrm{tr}}(n,m)]$，其中 $\alpha\in[0,1]$。

因此，在这种情况下，运营商的总成本可以写成

$$C_{n,m}=C+C_{\mathrm{tr}}(n,m)+\sum_{i\in N_r(n,m)}C_{\mathrm{tr}}(i,m)-\alpha\left(C\sum_{i\in N_r(n,m)}C_{\mathrm{tr}}(i,m)\right)$$

3．运营商 n 为关闭状态，并且 $N_{\mathrm{on}}(m)>0$ 个运营商为关闭状态：
在这种情况下，运营商 n 应该以等概率 $p_s=1/N_{\mathrm{on}}(m)$ 随机选择活动集合 $N_{\mathrm{on}}(m)$ 来向一个运营商支付漫游费用，在这种情况下，$C_{n,m}=C_{r(m,m)}$。

4．运营商 n 为关闭状态，并且 $N_{\mathrm{off}}(m)=N-1$ 个运营商为关闭状态：
MNO$_n$ 支付的成本对应于中央 BS($\mathrm{BS}_{n,0}$)的功率增加所造成的额外能量消耗。因此，$C_{n,m}=C_{\mathrm{inc}}(n,0)$。

24.1.2.1　关闭策略的博弈论模型

非合作博弈 Γ 可以用三元组的策略形式表示，即 $\Gamma=(N,S_{n,m},C_{n,m})$，其中 $n\in N$，$m\in M$。

N 是对应于 N 个运营商的有限玩家集合。

$S_{n,m}=(\mathrm{on},\mathrm{off})$ 是每个 MNO$_n$ 相对于 $\mathrm{BS}_{n,m}$ 的两个可能动作的集合，$\mathrm{BS}_{n,m}$ 可以是活动的(打开状态)或关闭的(关闭状态)。

$C_{n,m}$:$S\to\mathbb{R}^+$ 是外围蜂窝 m 中的 n 个玩家的成本函数，其中 $S=S_{1,m}\times\cdots\times S_{n,m}\times\cdots\times S_{N,m}$ 表示笛卡儿积。

如本节中所述，已经选择博弈 $C_{n,m}$ 的成本函数来匹配每个外围蜂窝中每个运营商支付的成本。

24.1.2.2　成本最小化分析

博弈的解决方案是关闭概率的集合，即最小化 MNO_i（$\forall i \in N$）的预期成本，可以表示为

$$
\begin{aligned}
E[C_{i,m}] = E[C_{i,m}(\mathrm{on},\mathrm{on})] + E[C_{i,m}(\mathrm{off},\mathrm{off})] + \\
E[C_{i,m}(\mathrm{off},\mathrm{on})] + E[C_{i,m}(\mathrm{on},\mathrm{off})]
\end{aligned} \tag{24.1.1}
$$

现在我们定义 $s_{i,m}$ 是玩家 A（MNO_i）关闭 $\mathrm{BS}_{i,m}$ 的概率。另外，由于博弈的对称性，剩下的 $N-1$ 个运营商被组合在一起成为具有公共关闭概率 $s_{j,m}$ 的玩家 B。如文献[3]所示，玩家 A 的预期成本 $E[C_{i,m}]$ 可以表示为

$$
\begin{aligned}
E[C_{i,m}] = {} & s_{i,m}\cdot s_{j,m}^{N-1}\cdot C_{\mathrm{inc}}(i,0) + s_{i,m}\cdot\left[1-\left(1-s_{j,m}\right)^{N-1}\right]C_r(m) + \sum_{N_{\mathrm{on}}(m)=1}^{N}(1-s_{i,m})\begin{bmatrix} N-1 \\ N_{\mathrm{on}}(m)-1 \end{bmatrix} \\
& \times\left(1-s_{j,m}\right)^{N_{\mathrm{on}}(m)-1}\cdot s_{j,m}^{N-N_{\mathrm{on}}(m)}\cdot\left[C + C_{\mathrm{tr}}(m) + [C_{\mathrm{tr}}(m) - C_r(m)]\frac{N-N_{\mathrm{on}}(m)}{N_{\mathrm{on}}(m)}\right]
\end{aligned} \tag{24.1.2}
$$

每个 MNO 的目标是估计其成本最小化的单独关闭概率，该概率由成本函数关于 $s_{i,m}$ 的偏导数求出：

$$
s_{i,m} \Rightarrow \frac{\partial E[C_{i,m}]}{\partial s_{i,m}} = 0
$$

24.2　用户提供的连接

可以通过租用用户的设备而实现暂时的网络扩容/压缩。本书前面在讨论 DNA 网络的概念时给出了这种方法的一个例子，在 DNA 网络中，智能手机或 PC 在需要时被转换为接入点。在本节中，我们进一步扩展和推广这一概念，以使用户拥有的小蜂窝转发网络中其他用户的流量，并因此类服务获得补偿。该服务通过允许用户与其他用户共享他们的“家庭基础设施”连接，从而增加了他们对连通的访问能力，为传统的基于架构的通信服务提供了替代方案。更多的用户意味着更多的连通性替代（正外部性），而且有很大的机会来分享自己的连接（负外部性）。正外部性和负外部性之间的折中，通常不仅取决于有多少用户采用/订阅此类服务，而且还取决于哪些用户采用/订阅此类服务的事实使得该服务的最终成功难以预测。本节的重点是更详细地探讨这个问题，不仅要研究这些服务何时可行，还要探讨如何利用定价来有效地实现这些服务。许多网络商品或服务表现出强大的外部性，即更多的人使用这些商品，也就是改变（增加或减少）一个商品的单位价值。拥有更多用户对网络价值（收入）产生积极影响，而增加的流量所带来的拥挤会造成负外部性。一般来说，从商品或服务中获得的好处因用户而异，也就是表现出异质性。这使得预测外部性的影响变得困难，特别是当积极和消极的力量相互作用时。然后，我们感兴趣的问题是（提前）展现正外部性和负外部性的商品或服务是否成功，以及如何提供这些商品或服务。

在本节中，我们专注于解决这个问题以获得特定的服务，即用户提供的连接（UPC）。用户将这种服务称为 UPC 服务订阅（UPC SS）。这种服务的订阅有助于漫游用户建立它们的连通性，并且作为回报，期望在网络漫游时能帮助其他用户服务。UPC 的目标是解决由于多

功能移动设备的快速增多导致无处不在的数据连接不断增长的需求。这种增长带来了无线运营商的额外通信基础设施需求，甚至对无线运营商的流量持续增长产生威胁。可以通过升级基础架构来解决这个问题，但这是一种“昂贵”的选择，或者也可以探索替代方案来卸载一些流量。

24.2.1 系统模型

在使用 UPC 服务时，其实现的覆盖面与吸引更多用户的能力之间的相互影响是相关研究中最吸引人的地方。服务覆盖 $\mathcal{K}$ 取决于目标用户群体中的订阅级别 $\mathcal{X}$ 。并且服务覆盖还能影响用户在漫游时通过服务获取连接的机会。用户在需要漫游时是异构的，通过变量 θ（$0\leqslant\theta\leqslant 1$）将其捕获。用户的精确 θ 值是私人信息，但其分布(在用户群体上)是已知的。低 θ 表示静态用户，而高 θ 对应于经常漫游的用户。因此，θ 决定了用户对服务覆盖的敏感度。

用户的 SS 决定基于他从服务中得到的效用；如果效用是正的，则决定订阅。用户的效用表示为 $U(\Theta,\theta)$，其中 θ 是用户自身的漫游需求，Θ 标识当前用户组。$U(\Theta,\theta)$ 的一般形式为 $U(\Theta,\theta)= F(\theta,\mathcal{K})+ G(\theta,\mathcal{M})- p(\Theta,\theta)$，其中 Θ 是由当前用户流产生的漫游业务。$F(\theta,\mathcal{K})$ 的集合反映了家庭或漫游连接的长期总体效用，而 $G(\theta,\mathcal{M})$ 则考虑了漫游业务的负面影响。最后，$p(\Theta,\theta)$ 是当用户集合为 Θ 时向用户 θ 收取的价格。价格 $p(\Theta,\theta)$ 是影响 SS 的控制参数，即可以通过调整该参数来实现特定的结果。在本节中，我们将探讨使用定价来最大化服务总量和/或利润。其他参数是外生性的，可以使用来自市场研究的技术来估计，但不能控制。

基于 $U(\Theta,\theta)$，用户仅在其效用为正的情况下才能订阅该服务，并且在评估其期望从服务获得的效用时是利己的，也就是说，他们不会预期自己的决定对其他用户的订阅造成的影响。然而，订阅级别会影响覆盖范围，并且随着覆盖率的变化，个人用户的效用也会对 SS 决定造成影响。订阅级别如下：

$$\mathcal{X}=|\Theta|\triangleq\int_{\theta\in\Theta}f(\theta)\mathrm{d}\theta$$

其中 $f(\theta)$ 是密度函数，并且反映漫游特征在用户群体上的分布。对于可分析的易处理性，我们对参数的形式和范围做出了几个假设。

假设每个用户贡献一个流量单位，当前用户产生的漫游流量 $\mathcal{M}$ 由 $\mathcal{M}=\int_{\theta\in\Theta}\theta\mathrm{d}\theta$ 给出。我们还假设用户在服务区域及其漫游模式上的分布是统一的。用户的统一分布意味着采用订阅级别 $\mathcal{X}$ 也可以表示漫游用户之间连接的可能性，因此 $\mathcal{K}=\mathcal{X}$ 。类似地，统一漫游模式意味着漫游用户(和流量)在用户的家庭基站上均匀分布，也就是漫游时都能看到相同的连接。因此，我们可以将函数 $F(\theta,\mathcal{K})$ 写为 $F(\theta,\mathcal{K})=(1-\theta)\gamma+\theta_r\mathcal{X}$ 。参数 $\gamma\geqslant 0$ 表示家庭连接的效用，而 $r\geqslant 0$ 则反映了漫游连接的效用。后者需要通过这种连接的可能机会来衡量，这与当前的服务覆盖率成正比。因此，当覆盖水平为 $\mathcal{K}=\mathcal{X}$ 时，$r\mathcal{X}$ 是漫游连接的有效效用。$F(\theta,\mathcal{K})$ 中的附加因子 $(1-\theta)$ 和 θ 用来描述用户漫游特性在使用时带来影响，因此也描述了家庭和漫游连接的相关值。具有漫游特性 θ 的用户分别以漫游和家庭连接之间的比例 θ 和 $1-\theta$ 分配其连接时间。此外，基于统一漫游模式的假设，漫游业务的影响与其大小 $\mathcal{M}$ 成正比，均匀分布在用户的家庭基站上。具体来说，在家庭基站中，漫游业务消耗资源的相关(负面)效用与 $-c\mathcal{M}(c\geqslant 0)$ 成正比。漫游业务对使用家庭基站的用户的影响是相同的，不同的用户通过漫游业务相互连接。

因此，所有用户都经历 $-\theta c\mathcal{M}-(1-\theta)c\mathcal{M}=-c\mathcal{M}$ 的相同影响，使得 $G(\theta,\mathcal{M})$ 为 $G(\mathcal{M})=-c\mathcal{M}$。通过这些假设，用户的效用是 $U(\Theta,\theta)=\gamma-c\mathcal{M}+\theta(r\mathcal{X}-\gamma)-p(\Theta,\theta)$。

24.2.2　总体服务价值

在本节中，我们将 UPC 服务描述为其用户和内容提供商产生的总价值。订阅者的价值是通过他们从服务中得到的效用来体现的，而提供商的价值是通过它向订阅者收取的服务费用来体现的。

首先，对于给定的采用级别 $\mathcal{X}$，我们根据 $|\Theta|=\mathcal{X}$ 寻找一组订阅者 Θ 来最大化价值。提供商的福利（或利润）W_p 可以写成 $W_p(\Theta)=\int_{\theta\in\Theta}(p(\Theta,\theta)-e)\mathrm{d}\theta$，其中 $p(\Theta,\theta)$ 是给定现有订阅者集合 Θ 中具有漫游特性 θ 的用户价格，e 是为每个客户提供服务的成本，例如由于账单、客户服务或设备成本补贴而产生的费用。用户的福利由 $W_u(\Theta)=\int_{\theta\in\Theta}U(\Theta,\theta)\mathrm{d}\theta$ 给出。

总服务价值 $V(\Theta)$ 是上述两个福利的总和，即

$$\begin{aligned}V(\Theta)&=W_p(\Theta)+W_u(\Theta)\\&=\int_{\theta\in\Theta}(U(\Theta,\theta)+p(\Theta,\theta)-e)\mathrm{d}\theta\end{aligned}\tag{24.2.1}$$

其中 $v(\Theta,\theta)=U(\Theta,\theta)+p(\Theta,\theta)-e$ 可理解为个人价值订阅者 θ 对服务的贡献。使用先前为式（24.2.1）推导出的表达式来表示 $U(\Theta,\theta)$，即

$$V(\Theta)=\int_{\theta\in\Theta}(\gamma+\theta(r\mathcal{X}-\gamma)-c\mathcal{M}-e)\mathrm{d}\theta\tag{24.2.2}$$

为给定的采用级别 $\mathcal{X}$ 找到最优服务价值，需要识别 SS 的集合 $\Theta^*(\mathcal{X})$ 且 $|\Theta^*|=\mathcal{X}$，其 $V(\Theta,\theta)$ 最大化。文献[19]对于任何订阅级别 $\mathcal{X}$，总是通过具有连续漫游特性的一组订阅者 $\Theta^*(\mathcal{X})$ 来获得最大服务价值。具体来说，$\Theta^*(\mathcal{X})$ 的表达式如下：

$$\Theta^*(\mathcal{X})=\begin{cases}\Theta_1^*(\mathcal{X})=[0,\mathcal{X}], & \mathcal{X}<\gamma/(r-c)\\ \Theta_2^*(\mathcal{X})=[1-\mathcal{X},1], & \mathcal{X}>\gamma/(r-c)\end{cases}\tag{24.2.3}$$

根据式（24.2.3），对于给定的任何订阅级别 $\mathcal{X}$，可以得到最优服务价值 $V^*(\mathcal{X})=V[\Theta^*(\mathcal{X})]$。接下来，根据 $V[\Theta_1^*(\mathcal{X})]$ 和 $V[\Theta_2^*(\mathcal{X})]$，将式（24.2.3）分为两种情况，即 $\mathcal{X}\in[0,\gamma/(r-c)]$ 和 $\mathcal{X}\in[\gamma/(r-c),1]$[19]。

利用式（24.2.3）和 $\mathcal{M}=\int_{\theta\in\Theta}\theta\mathrm{d}\theta$，可以得到 $\mathcal{X}\in[0,\gamma/(r-c)]\mathcal{M}[\Theta_1^*(\mathcal{X})]=\int_{\theta=0}^{\mathcal{X}}\theta\mathrm{d}\theta=\mathcal{X}^2/2$；利用式（24.2.2），可以得到 $V[\Theta_1^*(\mathcal{X})]=(r-c)\mathcal{X}^3/2-\gamma\mathcal{X}^2/2+(\gamma-e)\mathcal{X}$。对于 $\mathcal{X}\in[\gamma/(r-c),1]$，对应于 $\Theta_2^*(\mathcal{X})$ 的漫游流量是 $\mathcal{M}[\Theta_2^*(\mathcal{X})]=\int_{\theta=1-\mathcal{X}}^{1}\theta\mathrm{d}\theta=(2\mathcal{X}-\mathcal{X}^2)/2$，根据式（24.2.2），有 $V[\Theta_2^*(\mathcal{X})]=-(r-c)\mathcal{X}^3/2+(\gamma/2+r-c)\mathcal{X}^2/2-e\mathcal{X}$。利用上面的表达式，可以得到

$$V^*(\mathcal{X})=\begin{cases}(r-c)\mathcal{X}^3/2-\gamma\mathcal{X}^2/2+(\gamma-e)\mathcal{X}, & \mathcal{X}<\gamma/(r-c)\\ -(r-c)\mathcal{X}^3/2+(\gamma/2+r-c)\mathcal{X}^2/2-e\mathcal{X}, & \mathcal{X}\geqslant\gamma/(r-c)\end{cases}$$

给定 $V^*(\mathcal{X})$，可以求解最大化 $V^*(\mathcal{X})$ 的 $\mathcal{X}^*$ 值。

关于本节中讨论的概念的实际实现，请参阅 WiFi 卸载解决方案（例如，体现在 WiFi 联盟

的 Hotspot 2.0 倡议和无线宽带联盟的下一代运营热点中)，该解决方案提供了一个可能的选项，其中 FON 展示了一个可能的实现。FON 用户购买他们用于本地宽带接入的接入路由器(FONERA)，但是同意其他 FON 用户可以使用(小部分)接入带宽。作为交换，它们在漫游时获得相同的权限，也就是说，可以通过其他 FON 用户的接入点进行连接。另请参阅 AnyFi 或以前的 KeyWifi，以及最近的 Comcast[20]提出的类似的服务。

已经有大量文献研究了网络外部性的影响，通常将其称为网络效应[21-23]，但这些研究大多数分别集中在正外部性或负外部性上。文献[24-29]中考虑了正外部性对技术之间竞争的影响。相反，在通信网络[30-34]和交通系统[35-38]的定价背景下，负外部性的影响也已经得到了广泛研究，例如拥堵的影响。

而正外部性和负外部性系统的最优定价问题的相关研究还较少，文献[39]中首次对其进行讨论，该文献试图优化提供商利润和消费者盈余的组合结果。其中考虑了不同的定价策略，包括固定定价和考虑用户消费的产品“数量”的定价策略，即类似于基于使用的定价模型。文献[40]第一次介绍了在俱乐部理论的背景下进行定价的讨论。文献[41-43]也进行了类似的研究。俱乐部的会员可以共享一个公共设施，例如游泳池，那么增加会员对于降低设施的共享成本具有积极(正面)作用，例如降低游泳池的平均维护成本。同时，会员人数增加也会产生负面的拥挤效应，例如游泳池更拥挤。一般来说，正外部性和负外部性的共存意味着最优的会员规模(参见文献[44, 45]中的有趣调查，对比自我形成和管理成员资格的结果)。

本节讨论的模式与这些早期的工作有很多不同。首先，我们引入了个人订阅决策服务的模型，该模型允许用户对服务的评估存在异质性。特别是在覆盖率/渗透率较低时，某些用户(漫游用户)对采用服务具有很强的抑制因素，而其他用户(静态用户)对这一因素大多不敏感。相反，这种异质性也存在于与服务订阅增长相关的负外部性。这里不仅仅考虑订阅者的数量，还要考虑他们的身份，即漫游或静态用户。

用户如何看待服务质量及如何影响其价值的异质性是 UPC 类服务的关键方面，即关注影响其价值的因素，以及如何为其定价以实现此价值。

24.3 网络虚拟化

网络虚拟化在电信和因特网中都已被采用，这是下一代网络的关键。虚拟化作为通信和计算领域深切变化的潜在推动力，预计将弥补这两个领域之间的差距。面向服务的架构(SOA)在应用于网络虚拟化时，实现了可以极大促进网络和云计算融合的网络即服务(NaaS)模式。最近 SOA 在网络虚拟化中的应用引起了学术界和行业的广泛兴趣。本节我们将介绍支持云计算的面向服务的网络虚拟化的最新发展，特别是从通过 NaaS 实现网络和云融合的角度。

服务导向原则可以解决一个较大的问题，即将其分解成较小的和相关部分的集合，然后每个部分都关注该问题的一个特定部分。SOA 鼓励个别逻辑单元自主存在，而不是彼此隔离。在 SOA 中，这些单元被称为服务[46]。SOA 为跨异构系统协调计算资源提供了有效的解决方案，以支持各种应用程序的需求。如文献[47]所述，SOA 中的所有功能都被定义为具有可调用接口的独立服务，可以按定义的顺序调用以形成业务流程。SOA 可被视为一种范例，用于组织和利用可能在不同所有权域控制下的服务与功能[48]。基本上 SOA 能以服务的形式实现各种计算资源的虚拟化，并在服务之间提供灵活的交互机制。尽管 SOA 可以通过不同的技术实现，但是 Web 服务提供了实现 SOA 的首选环境。基于 Web 服务的 SOA 实现的关键要素包括服务提供商、服务代理/注册和服务客户。这些元素之间相互作用所涉及的基本操作是服务描述发布、服务发现和服务绑定/访问。此外，服务组合也是满足客户服务需求的重要手段。基于 Web 服务的 SOA 实现如图 24.3.1 所示。

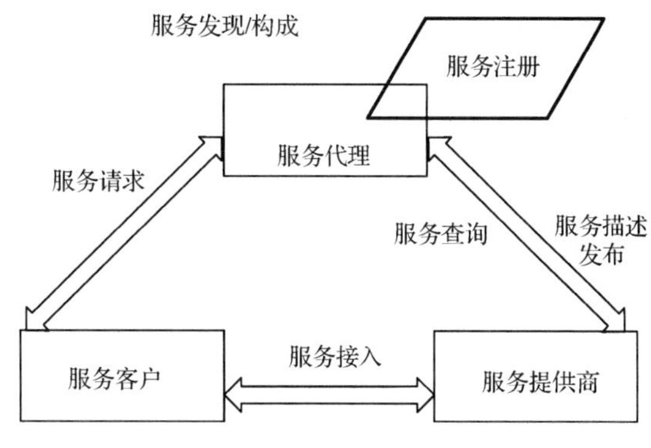

图 24.3.1 基于 Web 服务的 SOA 实现

服务提供商通过在服务注册表上发布服务描述使其服务在系统中可用。通常由代理执行的服务发现是响应客户请求以发现符合指定条件的服务的过程。可以将多个服务组成组合服务以满足客户的要求。

24.3.1 电信领域面向服务的网络虚拟化

过去数十年来，电信演进的一个方面是通过重用现有的服务组件来创造新的市场驱动型应用程序。电信研究和开发组织为实现这一目标而采取的方法基于将服务相关功能与数据传输机制分离的思想。这种分离允许网络基础设施将服务相关功能虚拟化和共享，以便创建各种应用程序。这实际上是远程通信领域虚拟化的概念。近年来，为了促进电信系统中的虚拟化，SOA 原理和 Web 服务技术得到了广泛应用。

第一次使电信网络转变为提供增值业务的可编程环境，可以追溯到智能网络(IN)[49]。IN 的想法是在物理网络基础之上定义覆盖服务架构，并将服务智能提取到专用服务控制点。后来，在某些电信 API 标准中开发了包括 Parlay、开放式服务架构(OSA)和 Java API 集成网络(JAIN)等网络环境，以实现与 IN 相似的目标，但比 IN 更容易进行服务开发[50]。这些 API 通过抽象基础网络的信令协议细节来简化电信业务开发。虽然这些技术很有前途，但却缺乏将服务提供和网络基础设施分离的有效机制。远程过程调用和功能编程在概念上推动了 IN 的实现。Parlay/OSA 和 JAIN 通常基于通用对象请求代理架构(CORBA)和 Java 远程方法调用(RMI)技术实现。这种分布式计算技术中的系统模块基本上紧密耦合，因此它们缺乏对网络资源抽象和虚拟化的全面支持。

在 21 世纪初，由 Parlay Group、ETSI 和 3GPP 共同开发了 Parlay/OSA API，简称 Parlay X[51]。Parlay X 的出现是基于 Web 服务技术的。Parlay X 的目标是提供比 Parlay / OSA 更高级别的抽象，以便开发人员能够设计和构建增值电信应用程序，而无须了解网络协议的细节。Parlay X 采用 Web 服务技术，将网络功能暴露给上层应用程序，为应用 SOA 实现服务配置和数据传输的分离打开了一扇门。Telecom 系统正在向基于多业务分组交换 IP 的网络转型。转型中的两个代表性发展目标是下一代网络(NGN)[52]和基于 IP 的多媒体子系统(IMS)[53]。ITU-T 定义 NGN 是基于分组的网络，能够提供包括电信业务在内的服务，并能够利用多种宽带，支持 QoS 的传输技术。在 NGN 中，服务相关功能独立于基础传输技术。IMS 是由诸如 3GPP 和 ETSI 等电信导向标准机构共同努力的结果，实现了从传统的封闭信令系统向 NGN 业务控制系统演进的 NGN 概念[54]。ITU-T 还制定了 NGN 服务集成和交付环境的规范[55]。NGN 架构的一个关键特征是网络传输和服务相关功能的解耦，这允许通过网络基础设施的虚拟化来实现灵活的业务配置。

新服务的最新发展成为电信运营商的关键要求。然而，电信系统已经过专门设计，用于支持精确定义的通信服务范围，这些通信服务在相当严格的基础设施上实现，具有最小的 ad hoc 重新配置能力。传统网络中的操作和管理功能也是专门设计和定制的，以促进特定类型的服务的应用。服务提供和网络基础架构之间的紧密耦合成为快速灵活的服务开发和部署的障碍。为了解决这个问题，已经开展了相关的研究和开发工作，以建立一个服务交付平台（SDP）。在高层次上，SDP 是一个框架，可帮助和优化服务提供的所有方面，包括服务设计、开发、配置和管理。其核心思想是通过在一个共同的平台中集成网络功能和服务管理功能，为服务管理和运营提供框架。主要的 SDP 规范包括 OMA 开放服务环境（OSE）[56]和 TM 论坛服务提供框架（SDF）[57]。

SDP 的目标是提供一种可以通过组合底层网络功能轻松开发上层应用程序的环境，并且还可以实现网络服务提供商、内容提供商和第三方服务提供商之间的协作。虚拟化概念和 SOA 原则在 OSE 和 SDF 规范中发挥了关键作用，以实现这一目标。两种规范采用的方法是定义一组称为服务引擎的标准服务组件，并开发一个框架，允许通过组合业务引擎开发新的服务。服务引擎支持通过标准抽象接口封装基础网络功能来实现网络资源的虚拟化。Web 服务方法已成为 SDP 系统组件之间通信的实际标准。Web 服务编排技术，如业务流程执行语言[58]也正在成为 SDP 的一部分，使服务能够与计算领域的电信功能块和业务逻辑/应用程序组合起来。这里有一个动机是组织各种网络提供的服务/应用程序，在覆盖层允许服务提供商提供丰富的服务。为了实现这一目标，IEEE 最近开发了下一代服务覆盖网络（NGSON）[59]。

因特网中的网络虚拟化可描述为一种网络环境，即允许一个或多个服务提供商（SP）合作共存但彼此隔离的异构虚拟网络，并通过在这些虚拟网络上部署定制的端到端服务，有效共享和利用基础设施提供商所提供的底层网络资源，如图 24.3.2 所示。

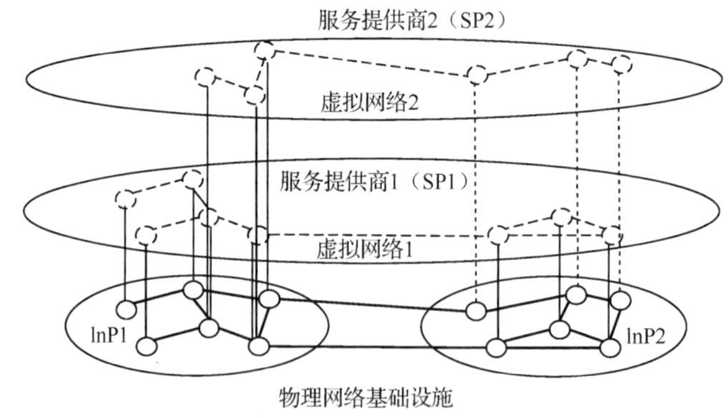

图 24.3.2　网络虚拟化环境的图示

为了创建和配置虚拟网络以满足用户的需求，SP 首先需要发现可能属于多个管理域的网络基础设施中的可用资源，那么需要选择和组合适当的网络资源来形成虚拟网络。因此，实现网络虚拟化的关键在于 InP、SP 和应用程序(作为虚拟网络的最终用户)之间灵活、有效的交互与协作。作为异构系统集成的非常有效的架构，SOA 为未来因特网中的网络虚拟化提供了一个很有前景的方法。面向服务的网络虚拟化的分层结构如图 24.3.3 所示。

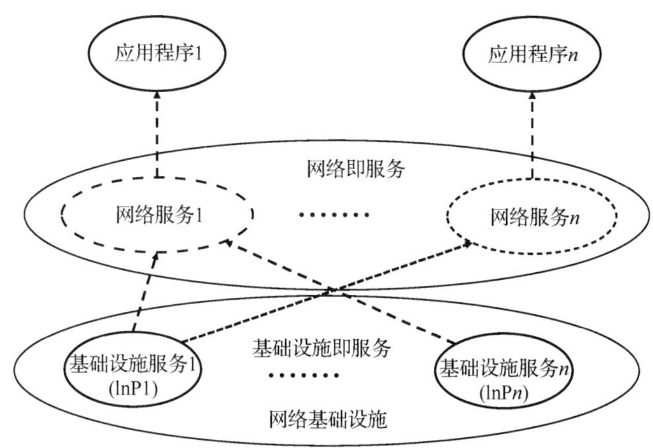

图 24.3.3　面向服务的网络虚拟化

遵循 SOA 原则，网络基础设施中的资源可以封装到网络基础设施服务中。SP 通过基础架构即服务模式访问网络资源，并将基础架构服务组合成端到端网络服务。作为虚拟网络的最终用户的应用程序通过访问由 SP 提供的网络服务来实现底层网络平台，这本质上是一个 NaaS 范例。

24.4　软件定义网络(SDN)

传统的数据通信网络通常由最终用户设备或由网络基础设施互连的主机组成。这种基础设施由主机共享，并采用交换单元(如路由器和交换机)及通信链路，从而在主机之间传送数据。路由器和交换机通常是“封闭”系统，具有有限的和厂商特定的控制接口。因此，一旦部署和投入生产，现在的网络基础设施发展相当困难，换句话说，部署现有协议的新版本，更不用说部署全新的协议和服务是当前网络中的重大障碍。因特网作为一个由网络组成的网络也不例外。

如前所述，所谓的因特网“骨化”[60, 61]主要归因于数据和控制平面之间的紧密耦合，这意味着关于流经网络的数据的决定是在每个网络元件上做出的。在这种类型的环境中，部署新的网络应用程序或功能是不可能的，因为它们需要直接在基础设施中实现。由于缺少与各种网络设备的通用控制接口，因此甚至诸如配置或策略实施之类的简单任务也需要很大的努力才能完成。或者，人们已经提出并部署了覆盖在底层网络基础设施之上的“中间箱”(例如，防火墙、入侵检测系统、网络地址转换器等)解决方案，以此作为规避网络骨化效应的方式。其中一个例子是内容传送网络(CDN)[62]。

我们开发了软件定义网络(SDN)以便于创新，并实现对网络数据路径的简单编程控制。SDN 架构如图 24.4.1 所示，转发硬件与控制逻辑的分离将更方便地部署新的协议和应用程序，实现简单的网络可视化和管理，以及将各种中间件整合到软件控制中。我们将网络简化为“简单”的转发硬件和决策网络控制器，而不是在分散设备的复杂交互情况中实施策略和运行协议。

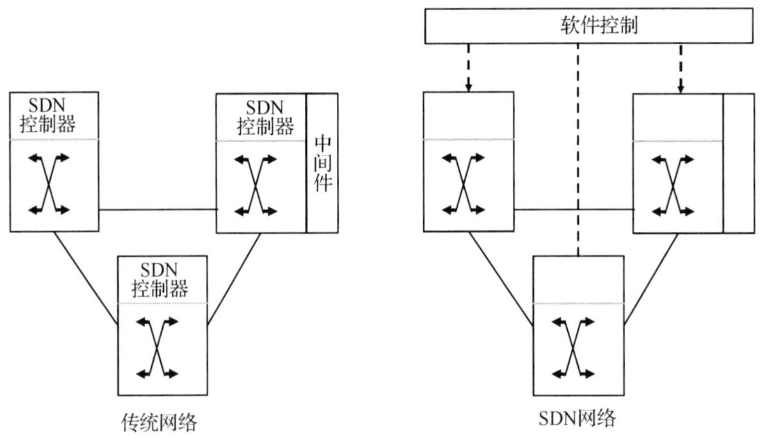

图 24.4.1 SDN 架构

24.4.1 当前的 SDN 架构

对于 SDN 的早期发展，读者可以参阅文献[63-82]。在本节中，我们将回顾两种众所周知的 SDN 架构，即 ForCES[83]和 OpenFlow[61]。OpenFlow 和 ForCES 都遵循控制和数据平面分离的基本 SDN 原则，并且规范了平面之间的信息交换。然而，它们在设计、架构、转发模型和协议接口方面的技术是不同的。

IETF 转发和控制元素分离(ForCES)工作组提出的 ForCES 方法重新定义了网络设备的内部架构，其中控制元素与转发元素分离。然而，网络设备仍然被表示为单个实体。工作组提供的示例考虑了在单个网络设备中将新的转发硬件与第三方控制相结合的可能性。因此，控制和数据平面保持在非常接近的范围(例如，相同的盒子或房间)内。相比之下，控制平面完全在"Open-Flow-like"SDN 系统的网络设备中实现。

ForCES 定义了两个称为转发元素(FE)和控制元素(CE)的逻辑实体，两者都实现了利用 ForCES 协议进行通信。FE 负责使用底层硬件来实现每个数据包的处理。CE 执行控制和信令功能，并采用 ForCES 协议来指示 FE 如何处理数据包。该协议基于主机模型，其中 FE 是从站，CE 是主站。

ForCES 架构的一个重要组成部分是驻留在由 CE 通过 ForCES 协议控制的 FE 上的逻辑功能块(LFB)。LFB 使 CE 能够控制 FE 配置及 FE 如何处理数据包。

ForCES 自 2003 年以来一直在进行标准化，工作组已经公布了各种文档，包括：适用性声明，定义实体及其交互的架构框架，定义转发元素中的逻辑功能的建模语言，以及协议，用于网络元件内的控制元素和预留元素之间的通信。

应用于 SDN 的 OpenFlow[60]通过分离控制和数据转发平面，如同 ForCES，实现两个平面之间的标准信息交换。在此架构中，转发设备或 OpenFlow 交换机包含一个或多个流表和通过 OpenFlow 协议与控制器进行安全通信的抽象层。流表由流条目组成，每个流条目确定属于流的数据包将如何处理和转发。流条目通常包括：(i)用于匹配传入数据包的匹配字段或匹配规则；匹配字段可以包含在数据包包头、入口端口和元数据中找到的信息；(ii)用于收集特定流量的统计信息的计数器，例如接收的数据包数量、字节数和流量的持续时间；(iii)一组指令或动作，可应用于匹配中，它们规定了如何处理匹配的数据包。

在数据包到达 OpenFlow 交换机时，提取包头字段并与流表的条目的匹配字段进行部分匹配。如果找到匹配的条目，则交换机应用与匹配的流条目相关联的适当指令集或动作。如果流表查找过程不匹配，则交换机采取的操作将取决于由表 miss 流入口定义的指令。每个流表必须包含一个表 miss 条目，以便处理表 miss。该特定条目指定当对于传入数据包没有找到匹配项时要执行的一组动作，例如丢弃数据包，在下一个流表上继续匹配进程，或者通过 OpenFlow 通道将数据包转发到控制器。从 1.1 版本开始，OpenFlow 支持多个表和流水线处理。在混合交换机的情况下，具有 OpenFlow 和非 OpenFlow 端口的交换机的另一种可能操作是使用常规 IP 转发方案转发不匹配的数据包。控制器和交换机之间的通信通过 OpenFlow 协议来实现，OpenFlow 协议定义了一组消息，可以通过安全通道在这些实体之间进行交换。使用 OpenFlow 协议，远程控制器可以完成如在交换机的流表中添加、更新或删除流条目等操作，这些操作可以被动(响应到达的数据包)或主动实现。有关 ForCES 和 OpenFlow 之间的相似点和差异的更多信息，请参阅文献[84]。

24.4.2　SDN 架构的组件

转发设备　底层网络基础设施涉及多个不同的物理网络设备或转发设备，如路由器、交换机、虚拟交换机、无线接入点。在软件定义网络中，这样的设备通常表示为可通过抽象层上的开放接口访问的基本转发硬件，因为控制逻辑和算法被卸载到控制器。这样的转发设备通常按 SDN 术语简称为“交换机”。在 OpenFlow 网络中，交换机有两种类型：纯交换机和混合交换机。纯 OpenFlow 交换机没有保留传统网络功能或控制模块，完全依靠控制器实现转发决策。混合交换机除了支持传统的操作和协议，也支持 OpenFlow。目前，大多数商业交换机都是混合交换机。

在基于流的 SDN 架构(如 OpenFlow)中的处理转发规则可以利用附加转发表条目、缓冲区空间和统计计数器，这些在传统 ASIC 交换机中难以实现。最近的一些提案[85,86]主张在交换机上或附近添加通用 CPU，用于补充或接管某些功能，降低 ASIC 设计的复杂性。由于某些方面是软硬件定义的，因此这将具有更大的灵活性。

OpenFlow 网络的可扩展性问题是转发设备中的内存限制。OpenFlow 规则比传统 IP 路由器中的转发规则更复杂。它们支持更灵活的匹配和匹配字段，以及在数据包到达时要采取的不同操作。商用交换机通常支持几千到数万个转发规则[87]。另外，三元内容可寻址内存(TCAM)已被用于支持转发规则，这可能是昂贵的和耗电的资源。因此，规则空间是 OpenFlow 可扩展性的瓶颈，并且在遵守网络策略和约束的情况下，规则空间的优化可以支持流条目数量按比例变化，这是一个具有挑战性和重要的研究主题。文献[88-91]中介绍了一些解决 OpenFlow 开关内存限制的方案。

控制器　这部分用于实现管理任务并提供新的功能[85]。这种抽象假设控制是集中式的且应用程序被写入，就像网络是单个系统一样。它使 SDN 模型能够应用于广泛的应用和异构网络技术，以及诸如无线(例如 802.11 和 802.16)、有线(例如以太网)和光网络的物理介质。

在基于 OpenFlow 协议的 SDN 控制器的架构中，使用了一个称为 Floodlight[92]的信标控制器[80]的分支。实现控制器和应用层之间的分离，使应用程序可以用 Java 编写，并可以通过 Java API 与内置的控制器模块进行交互。其他应用程序可以用不同的语言编写，并通过 REST API 与控制器模块进行交互。SDN 控制器的这个特定示例允许实现内置模块，这些模块可以与其

OpenFlow 控制器(即 OpenFlow 服务)的实现进行通信。另一方面，控制器可以采用 OpenFlow 协议通过转发硬件上存在的抽象层来与转发设备进行通信。虽然上述通过开放 API 访问的分层抽象可以简化策略实施和管理任务，但必须在控制和网络转发元素之间紧密地维护绑定。在实现这种分层架构时做出的选择可能会显著影响网络的性能和可扩展性。

网络控制器的可扩展性和性能在开关硬件卸载控制时得到了最初的关注。原始的 Ethane[78] 控制器在一台商用台式机上进行了测试，每秒处理多达 11 000 个新的流量请求，并在 1.5 ms 内响应。有关 Open-Flow 控制器实现(NOX-MT，Maestro，Beacon)的几个更新的研究[93]已在具有 100 000 端点和多达 256 个交换机的更大仿真网络上进行了实验,结果表明在此测试场景下，NOX-MT 每秒可以处理至少 5 万个流量请求。在八核机器上，多线程 NOX-MT 实现了每秒处理 160 万个新流量请求，平均响应时间为 2 ms。如结果所示，单个控制器能够处理令人惊讶的新流量请求，并且应该能够管理相当大的网络。此外，人们正在开发的新控制器，如 McNettle[94]针对强大的多核服务器,并被设计为处理大型数据中心的工作负载(每秒约 2000 万个流量请求，以及多达 5000 个交换机)。为了进一步减少时延或增加容错率，可以使用多个控制器。有关控制器放置、带宽和时延的相关问题，请参阅文献[88, 95, 96]。

24.4.3 SDN 的控制模型

在本节中，我们将介绍一些 SDN 设计选项，并讨论控制软件定义网络的不同方法。

集中/分布式控制是在实践中需要考虑的选项。虽然 OpenFlow 等协议规定交换机由控制器控制，这似乎意味着集中化，但软件定义网络可能具有集中式或分布式控制平面。虽然控制器到控制器的通信没有被 OpenFlow 定义，但控制平面中任何类型的分配或冗余都是必要的。

中央控制器的故障代表整个网络中的单点故障,因此 OpenFlow 允许将多个控制器连接到交换机，这将允许备份控制器在发生故障时接管。相关的内容请参阅文献[96-100]。

传统上，网络的基本单元就是数据包。每个数据包包含网络交换机进行路由决定所需的地址信息。控制可以进一步提炼为聚合流匹配，而不是单个流。流聚合可以基于源端、目的地、应用或其任意组合。在网络元素远程控制的软件定义网络中，开销是由数据平面和控制平面之间的流量引起的。因此，使用数据包级粒度实现控制动作将产生额外的时延，因为控制器必须对每个到达的数据包做出决定。当控制各个流时，对该流的第一个数据包做出的决定可以应用于该流的所有后续数据包。可以通过将流组合在一起，例如组合两个主机之间的所有流量并对聚合流执行控制决定来进一步减少开销。

无效/主动策略是一个额外的设计问题。在诸如 Ethane[78]提出的反应控制模型下，转发元件必须在每次做出决定时(例如当新流的数据包到达交换机时)向控制器进行咨询。在基于流的控制粒度情况下，存在较小时延，因为每个新流的第一个数据包被转发到控制器以用于决定(例如向前或向下)，之后该流中的未来数据包将以转发硬件中的线速率进行传输。虽然在许多情况下第一个数据包所引起的时延可能是微不足道的，但如果控制器在地理上是远程的(尽管可以通过分配控制器来减少这一现象[97])，或者如果大多数流是短暂的，例如单个数据包流，则可能是一个问题。大型网络中还存在一些可扩展性问题，因为控制器必须能够处理更大流量的请求。

或者，主动控制方法将策略规则从控制器推送到交换机。主动控制的一个很好的例子是 DIFANE[89]。

最近几家标准化组织一直在研究 SDN。例如，如前所述，IETF 的 ForCES 工作组[83]一直致力于建立将网络控制和网络基础设施抽象集中在一起的标准化机制、接口和协议。开放网络基金会(ONF)[101]一直在努力规范 OpenFlow 协议。这些工作组和其他工作组致力于协调发展现有标准和为提出新标准而努力。目标是促进从传统网络技术到新协议和架构(如 SDN)的平滑过渡。其中一些组织，如 ITU-T 的 SG 13，主张建立 SDN 联合协调活动(JCA-SDN)，从而协调标准化工作并展开合作，并利用开源软件(OSS)社区所开展的工作，例如 OpenStack[102] 和 OpenDayLight[103]，因为他们已着手开发 SDN 实施的基础。

24.4.4　SDN 和基于基础设施的无线接入网络

在基于基础设施的无线接入网络(例如蜂窝和 WiFi)的相关环境中，有些工作集中于无处不在的连接上。例如，OpenRoads 项目[104, 105]设想了一个世界，用户可以自由地和无缝地跨越可能由各种运营商管理的不同无线基础设施。研究人员提出在不同服务提供商之间部署基于 SDN 的无线架构，该架构向后兼容，但是可以共享。他们采用了基于 OpenFlow 的无线设备的测试平台，例如由 NOX 和 Flow-visor 控制器控制的 WiFi AP 和 WiMAX BS，并在开关事件上表现出更好的性能。他们的研究为随后的工作提供了灵感[106]，用于解决部署软件定义的蜂窝网络时的具体要求和挑战。

Odin[107]在企业无线局域网环境中引入了可编程性。特别是，它在控制器上构建了将关联状态与物理接入点分离的接入点抽象，从而实现主动移动性管理和负载平衡，而无须更改客户端。在频谱的另一端，OpenRadio[108]专注于部署可编程的无线数据平面，可在 PHY 和 MAC 层(而不是第 3 层 SDN)提供灵活性，同时满足严格的性能要求和时间限制。该系统旨在提供能够使用不同协议(例如，WiFi、WiMAX、3GPP LTE-Advanced 等)来处理业务子集的模块化接口。基于分离决策和转发平面的思想，操作者可以表达由处理平面模块(例如，FFT、维特比解码等)组装的决策平面规则和对应动作；其最终的成果是表示完全功能协议的状态机。

正如本书已讨论的内容，未来网络的类型将变得越来越多，通过网络将用户和应用连接在一起，这包括有线网络、基于结构的无线网络(例如，基于蜂窝的网络，无线网格网络)到基础设施无线网络(例如，移动自组织网络、车辆网络)。与此同时，移动流量在过去几年中呈指数级增长，手机连接的设备比世界人口还要多，这已经是现实[109]。由于具有多个网络接口的移动设备变得司空见惯，无论网络访问的位置或类型如何，用户都将需要高质量的通信服务。可以形成自组织网络(例如，无线多跳自组织网络)，以扩展基于基础设施的网络的范围或者处理连接中断的情形。因此，自组织网络可以实现诸如基于云的服务、车载通信、社区服务、医疗保健递送、应急响应和环境监测等各种新应用。通过无线接入网络的高效内容传送将变得至关重要，自组织网络可能成为未来混合因特网的常见部分。未来网络面临的一个重大挑战是资源的有效利用。这在无线多跳自组织网络中尤其如此，因为可用的无线容量本质上是有限的。这是由于许多因素造成的，包括使用共享物理介质，无线信道损伤，以及缺乏管理的基础架构。虽然这些自组织网络可以用来补充或填补负担过重的基础架构[110]，但是它们缺乏专门的资源和不断变化的连接，使得容量分配变得困难。当考虑路由和资源分配时，底层网络(例如，物理介质，拓扑，稳定性)和节点(例如，缓冲区大小，功率限制，移动性)的异质特征也成为另一个重要因素。

SDN有可能以更高的效率促进网络应用和服务的部署与管理。然而，最新的SDN技术，如OpenFlow，主要针对基于架构的网络。它们促进了一个集中控制机制，这种控制机制不能有效解决无基础设施的环境中的分散化、中断和时延问题。虽然以前的工作已经研究了在无线环境中使用SDN，但主要集中在基于基础设施的部署(例如WiMAX、Wi-Fi接入点)。一个著名的例子是OpenRoads项目[104]，该项目设想了一个世界，用户可以在无线基础设施之间自由移动，同时也为网络提供商提供支持。其他研究如文献[111-113]则在无线网状环境中检查了OpenFlow。

24.5 SDN安全

软件定义网络(SDN)在安全性、可扩展性和可支持性方面有其自身的挑战与局限性。由于集中式控制器负责整个网络的管理，因此安全协议控制器可以使整个网络受到损害。此外，控制器数据路径通信中的安全漏洞可能导致非法访问和使用网络资源。一方面，SDN使应用程序能够与控制平面进行交互，以访问网络资源、部署新功能，并操纵网络的行为。另一方面，保护网络免受恶意应用程序或应用程序的异常行为的破坏是SDN中存在的严重安全挑战。网络安全对于网络技术的成功至关重要，通信网络必须提供可行的问题解决方案。

24.5.1 可编程网络中的安全性

我们已经提出了许多建议，可以(重新)构建因特网来克服其固有的局限性，并将其复杂性和安全漏洞降至最低。在本节中，我们将讨论那些对网络安全有影响的提案。

主动联网旨在通过用户注入的程序来实现节点(例如，路由器和交换机)的可编程性[123]。在移动网络中，节点在通过它们的有效负载上执行特定计算。因此，节点可以根据用户或应用需求进行功能定制。主动联网的优点是：易于部署自适应协议，在网络中的所需节点上实现精细化的、基于特定应用程序的功能，以及用户自定义的基础架构以实现新服务的快速部署[124]。移动网络的主要挑战是保护活动节点免受恶意用户注入的程序的破坏。因此，人们提出了主动安全性[125]和其他安全方法[126]，以通过身份验证和授权机制确保节点的安全性。然而，活动节点的管理和安全的复杂性仍然是活动网络中具有挑战性的任务。

4D方法[127]将通信网络的脆弱性与传统网络中控制和管理平面的复杂性相结合。有人认为，路由和安全机制之间缺乏协调会导致网络脆弱、安全性过低。此后，人们提出了一种称为4D方法的干净平板方法，命名为决策、传播、发现和数据这4个平面。4D架构完全重新确定网络的功能，并将网络控制与转发基层分离。作者提出，网络架构应该基于三个关键原则：网络级目标、网络范围的视图和直接控制。在4D架构中，网络安全目标被认为是网络级目标，网络安全被认为是网络管理的一个组成部分。人们提出了分离逻辑，以实现新型、更简单、更强大、更可靠、更安全的来自集中式决策平面的控制和管理协议。4D架构和SDN的目标(例如，数据控制平面分离)的相似性表明，SDN架构是4D架构的最新版本。类似地，OpenFlow也是从文献[128]所述的4D项目的想法中脱颖而出的。

网络企业的安全架构(SANE)[129]及其扩展Ethane[130]也基于企业网络增量部署原理[131]，也是研究SDN的网络安全性的关键。

24.5.2　SDN 中的安全威胁

24.4 节讨论了关于在 SDN 中分离平面并将控制平面功能集中于集中式系统(例如 OpenFlow 控制器)的优点。然而，这种方法同时也带来了新的安全挑战。例如，孤立平面之间的通信通道可以伪装成一个平面以攻击另一个平面。控制平面对安全攻击更有吸引力，特别是 DoS 和 DDoS 攻击，因为其具有可见性。SDN 控制器可能会成为单点故障，并在安全漏洞的情况下使整个网络的性能下降。网络资源可见性在 SDN 中至关重要，但这些资源不能对所有或无关的应用程序可见。要从 SDN 概念中充分发挥优势，必须确定所面临的安全挑战，以便采取适当的安全措施。

由于大多数网络功能可以作为 SDN 应用程序实现，因此恶意应用程序如果不能及早阻止，可能会给网络带来灾难。由于没有标准或开放规范来促进应用程序的开放 API 通过控制平面来控制网络服务和功能[130]，应用程序可能会对网络资源、服务和功能造成严重的安全威胁。尽管 OpenFlow 支持以安全应用程序的形式部署基于流的安全检测算法，但没有引人注目的 OpenFlow 安全应用程序[131]。SDN 应用程序带来的一些威胁性安全挑战包括身份验证和授权[132,133]，以及访问控制和问责[134,135]。

在 SDN 中，控制平面(例如，OpenFlow 控制器)是集中式决策实体。因此，由于控制器的关键作用，损害网络或在网络中进行恶意活动会有针对性地对控制器采取行动。在控制平面之上实现的应用可能对控制平面构成严重的安全威胁。一般来说，控制器安全性是从控制器能力到验证应用程序的角度来考虑的，并对授权应用程序使用的资源进行适当的隔离、审计和跟踪[134, 136]。

由于来自控制器可扩展性导致的威胁需要为数据路径中的每个新流重新设置流规则，因此控制器可能很容易成为瓶颈[137-140]。因此，控制器的可扩展性使其成为拒绝服务(DoS)和分布式 DoS 攻击的最佳选择。DoS 攻击是试图使(网络)资源对合法用户不可用[140-142]。为了管理无法由单个 SDN 控制器管理的多种大量设备，必须部署多个控制器，将网络分成不同的子域。但是，每个子网中的信息聚合和维护不同的隐私规则已经成为一个新的挑战[130, 143, 144]。

数据平面安全挑战也是 SDN 整体安全威胁的一部分。在 OpenFlow 网络中，OpenFlow 控制器在 OpenFlow 交换机的流表中安装流规则。这些流规则可以在新的主机发送数据包(主动规则安装)之前安装，或者在新的主机(反应规则安装)发送第一个数据包之后安装。任何交换机都具有有限数量的流表，其中根据网络的控制器视图来安装流。由于决策能力已经从交换机中脱离出来，首要的安全挑战是识别真正的流规则，将其与虚假或恶意规则区分开来。第二个挑战是基于交换机的可以处理的流条目数。在 OpenFlow 中，交换机必须缓冲流，直到控制器发出流规则。这使得数据平面容易发生饱和攻击，因为它需要利用有限的资源来缓冲未经请求的(TCP / UDP)流[145-150]。

24.5.3　SDN 的安全解决方案

在 SDN 中，控制平面在逻辑上集中，以便根据网络的全局视图进行集中决策。因此，逻辑上 SDN 架构支持灵敏度较高的安全监控、分析和响应系统，以促进网络取证、安全策略更改和安全服务插入[151]。

应用程序平面安全解决方案通过 SDN 的集中控制架构实现，可以轻松部署新的应用程序，通过控制器检索网络统计信息和数据包特性，实现新的安全服务。因此，各种网络编程语言[151-153]、

FRESCO 脚本语言使开发人员能够实现可以部署在任何 OpenFlow 控制器或交换机上的新安全应用程序[154]。

访问和权限控制设计基于一组权限和隔离机制来实现权限控制。应用程序需要在其功能范围内工作，并控制对网络资源的访问。PermOF[133]是一个细粒度的权限系统，用于提供 OpenFlow 控制器的受控访问和 OpenFlow 应用程序的数据路径。

检查网络是否符合安全性，以确保在 SDN 中，应用程序具有一致的网络视图，并且了解网络条件的变化。文献[155]提出了一种用于验证和调试 SDN 应用程序的方法，以保持敏感度，并与不断变化的网络条件保持一致。其中提出的验证过程使用具有增量数据结构的 VeriFlow[156]验证算法来有效地验证具有动态变化的验证条件的属性。相关信息请参阅文献[157-160]。

控制平面安全解决方案聚焦于控制平面的可扩展性、DoS 或 DDoS 攻击，以及通过可靠的控制器放置来确保控制平面的安全性和可用性，从而保护控制平面免受恶意或有缺陷的应用程序的限制。安全增强(SE)型 Floodlight 控制器[161]是扩展版本的直观泛光灯(floodlight)控制器[162]，是实现理想的安全 SDN 控制层的一种尝试。对可扩展性的各种反应和主动 OpenFlow 控制器范例的比较分析可参阅文献[163]，该范例努力增加控制器的处理能力，并在一组控制器之间分配责任。McNettle[164]是一种可扩展的 SDN 控制器，具有多个 CPU 内核来扩展和支持控制算法。分布式 SDN 控制平面(DISCO)在文献[173, 174]为分布式、异构和覆盖网络提供了控制平面功能，它使用高级消息队列协议[165]。

拒绝服务攻击缓解可以通过存储在 OpenFlow 交换机中的流行为和流统计信息来实现。由于 OpenFlow 控制器中的交换机统计信息是很容易检索到的，因此 OpenFlow 中的统计信息收集比较容易实现且成本效益较低。相关文献中提出了使用自组织图(SOM)的轻量级 DDoS 泛洪攻击检测[166, 167]。

文献[168]中提出可靠的控制器放置问题。其中显示控制器的数量和控制器的拓扑位置是 SDN 中网络可扩展性和弹性的两个关键挑战。模拟退火(SA)算法是一种通用的概率算法，在相关文献中被认为是控制器放置的最优算法[169-171]。为了通过有效的控制器放置提高网络弹性，文献[145]中提出了基于最小割的图分割算法。动态控制器配置问题(DCPP)已在文献[171]中提出。作者提出了在 WAN 中动态部署多个控制器的框架，其中根据网络动态来调整控制器的数量和位置。

数据平面安全解决方案可以保护数据平面免受恶意应用程序的攻击，恶意应用程序可以安装、更改或修改数据路径中的流规则。相关的解决方案包括 FortNox[172]、FlowChecker[144]和 VeriFlow[156]。

SDN 中的全网安全设计基于 SDN 概念带来的网络可编程性，可以在运行时部署网络安全服务、更改安全策略和执行网络取证。SDN 中的安全服务插入与传统网络的不同，传统网络不需要知道数据包所遵循的路径，因此在不同入口点分发安全性服务可以节约成本，并且简单、可靠。相关信息请参阅文献[114-122]。

参考文献

[1] Frisanco, T., Tafertshofer, P., Lurin, P., and Ang, R. (2008) *Infrastructure Sharing and Shared Operations for Mobile Network Operators: From a Deployment and Operations View*. IEEE Network Operations and Management Symposium (NOMS), April 2008.

[2] GSMA (2008) *Mobile Infrastructure Sharing*. IEEE Network Operations and Management Symposium (NOMS), April 2008.

[3] Bousia, A., Kartsakli, E., Antonopoulos, A. *et al.* (2015) Game theoretic infrastructure sharing in multi-operator cellular networks. *IEEE Transactions on Vehicular Technology*, **99**, 1.

[4] Soh, Y.S., Quek, T.Q.S., Kountouris, M. and Shin, H. (2013) Energy efficient heterogeneous cellular networks. *IEEE Journal on Selected Areas in Communications*, **31** (5), 840–850.

[5] Richter, F., Fehske, A.J., and Fettweis, G.P. (2009) *Energy Efficiency Aspects of Base Station Deployment Strategies in Cellular Networks*. IEEE 70th Vehicular Technology Conference Fall (VTC Fall), September 2009.

[6] Li, Y., Celebi, H., Daneshmand, M. *et al.* (2013) Energy-efficient femtocell networks: challenges and opportunities. *IEEE Wireless Communications*, **20** (6), 99–105.

[7] Tseng, Y. and Huang, C. (2012) Analysis of femto base station network deployment. *IEEE Transactions on Vehicular Technology*, **50** (2), 748–757.

[8] Han, F., Safar, Z., and Liu, K.J.R. (2013) Energy-efficient base-station cooperative operation with guaranteed QoS. *IEEE Transactions on Communications*, **61** (8), 3505–3517.

[9] Oh, E., Son, K., and Krishnamachari, B. (2013) Dynamic base station switching-on off strategies for green cellular networks. *IEEE Transactions on Wireless Communications*, **12** (5), 2126–2136.

[10] Koudouridis, G.P. and Li, H. (2012) *Distributed Power On-Off Optimization for Heterogeneous Networks—A Comparison of Autonomous and Cooperative Optimization*. IEEE 17th International Workshop on Computer Aided Modeling and Design of Communication Links and Networks (CAMAD), September 2012.

[11] Bousia, A., Kartsakli, E., Alonso, L., and Verikoukis, C. (2012) *Dynamic Energy Efficient Distance-Aware Base Station Switch On/Off Scheme for LTE Advanced*. IEEE Global Communications Conference (GLOBECOM), December 2012.

[12] Bousia, A., Kartsakli, E., Alonso, L., and Verikoukis, C. (2012) *Energy Efficient Base Station Maximization Switch Off Scheme for LTE-Advanced*. IEEE 17th International Workshop on Computer Aided Modeling and Design of Communication Links and Networks (CAMAD), September 2012.

[13] Leng, B., Mansourifard, P., and Krishnamachari, B. (2014) *Microeconomic Analysis of Base-Station Sharing in Green Cellular Networks*. IEEE International Conference on Computer Communications (INFOCOM), May 2014.

[14] Marsan, M.A. and Meo, M. (2009) *Energy Efficient Management of Two Cellular Access Networks*. ACM GreenMetrics, June 2009.

[15] Marsan, M.A. and Meo, M. (2011) Energy efficient wireless internet access with cooperative cellular networks. *Elsevier Computer Networks Journal*, **55** (2), 386–398.

[16] Oh, E., Krishnamachari, B., Liu, X., and Niu, Z. (2011) Towards dynamic energy-efficient operation of cellular network infrastructure. *IEEE Communications Magazine*, **49** (6), 5661.

[17] Bousia, A., Kartsakli, E., Antonopoulos, A. *et al.* (2013) *Game Theoretic Approach for Switching Off Base Stations in Multi-Operator Environments*. IEEE International Conference on Communications (ICC), June 2013.

[18] Meddour, D.E., Rasheed, T., and Gourhant, Y. (2011) On the role of infrastructure sharing for mobile network operators in emerging markets. *Elsevier Computer Networks Journal*, **55** (7), 1567–1591.

[19] Afrasiabi, M.H. and Guérin, R. *Exploring User-Provided Connectivity*, http://openscholarship.wustl.edu/cse_research/157 (accessed 7 December, 2015).

[20] Linshi, J. (2014) *Comcast Turns 50,000 Homes into Wi-Fi Hotspots*. TIME, June 12, 2014.

[21] Economides, N. (1996) The economics of networks. *International Journal of Industrial Organization*, **14** (2), 673–699.

[22] Liebowitz, S.J. and Margolis, S.E. (1998) Network effects and externalities, in *The New Palgrave Dictionary of Economics and the Law* (ed P. Newman), Stockton Press, New York.

[23] Liebowitz, S.J. and Margolis, S.E. (2002) Network effects, in *Handbook of Telecommunications Economics*, **1** (eds M. Cave, S. Majumdar and I. Vogelsang), Elsevier, Amsterdam.

[24] Katz, M. and Shapiro, C. (1985) Network externalities, competition and compatibility. *American Economic Review*, **75** (3), 424–440.

[25] Katz, M. and Shapiro, C. (1986) Technology adoption in the presence of network externalities. *Journal of Political Economy*, **94** (3), 822–841.

[26] Farrell, J. and Saloner, G. (1986) Installed base and compatibility: innovation, product preannouncements, and predation. *American Economic Review*, **76**, 940–955.

[27] Farrell, J. and Klemperer, P. (2007) Coordination and lock-in: competition with switching costs and network effects, in *Handbook of Industrial Organization*, **3** (eds M. Armstrong and R. Porter), Elsevier, Amsterdam.

[28] Joseph, D., Shetty, N., Chuang, J., and Stoica, I. (2007) *Modeling the Adoption of New Network Architectures*. CoNEXT'07 Conference. CM.

[29] Sen, S., Jin, Y., Guérin, R., and Hosanagar, K. (2010) Modeling the dynamics of network technology adoption and the role of converters. *IEEE/ACM Transactions on Networking*, **18** (6), 1793–1805.

[30] Gibbens, R.J. and Kelly, F.P. (1999) Resource pricing and the evolution of congestion control. *Automatica*, **35**, 1969–1985.

[31] Kelly, F.P. (1997) Charging and rate control for elastic traffic. *European Transactions on Telecommunications*, **8**, 33–37.

[32] MacKie-Mason, J.K. and Varian, H.R. (1994) *Pricing the Internet*. EconWPA, Computational Economics 9401002, January 1994.

[33] Paschalidis, I.C. and Tsitsiklis, J.N. (2000) Congestion-dependent pricing of network services. *IEEE/ACM Transactions on Networking*, **8** (2), 171–183.

[34] Srikant, R. (2004) *The Mathematics of Internet Congestion Control*, Birkhauser, Boston.

[35] Beckmann, M., McGuire, C.B., and Winsten, C.B. (1956) *Studies in the Economics of Transportation*, Cowles Commission Monograph, Yale University Press, New Haven.

[36] Button, K.J. and Verhoef, E.T. (eds) (1999) *Road Pricing, Traffic Congestion and the Environment: Issues of Efficiency and Social Feasibility*, Edward Elgar, Cheltenham/Northampton, MA.

[37] Kelly, F.P. (2006) Road pricing. *Ingenia*, **29**, 39–45.

[38] Odlyzko, A. (2004) The evolution of price discrimination in transportation and its implications for the internet. *Review of Network Economics*, **3**, 323–346.

[39] Chao, S. (1996) Positive and negative externality effects on product pricing and capacity planning. Ph.D. dissertation. Stanford University.

[40] Buchanan, J.M. (1965) An economic theory of clubs. *Economica*, **32** (125), 1–14.

[41] Sandler, T. and Tschirhart, J.T. (1980) The economic theory of clubs: an evaluative survey. *Journal of Economic Literature*, **18** (4), 1481–1521.

[42] Anderson, G.M., Shughart, W.F., II and Tollison, E.D. (2003) The economic theory of clubs, in *The Encyclopedia of Public Choice* (eds C.K. Rowley and F. Schneider), Springer, Berlin.

[43] Potoski, M. and Prakash, A. (eds) (2009) *Voluntary Programs: A Club Theory Perspective*, The MIT Press, Cambridge, MA.

[44] Johari, R. and Kumar, S. (2010) *Congestible Services and Network Effects*. Proceedings of the ACM EC 2010, Cambridge, MA, June 2010.

[45] Duan, Q., Yan, Y., and Vasilakos, A.V. (2012) A survey on service-oriented network virtualization toward convergence of networking and cloud computing. *IEEE Transactions on Network and Service Management*, **9** (4), 373–392.

[46] Erl, T. (2005) *Service-Oriented Architecture—Concepts, Technology, and Design*, Prentice Hall, New York.

[47] Channabasavaiah, K., Holley, K., and Tuggle, E. (2003) *Migrating to a Service Oriented Architecture*. IMB DeveloperWorks, December 2003.

[48] OASIS (2006) *Reference Model for Service-Oriented Architecture 1.0*. October 2006.

[49] Magedanz, T. (1993) IN and TMN: providing the basis for future information networking architectures. *Computer Communications*, **16** (5), 267–276.

[50] Magedanz, T., Blum, N., and Dutkowski, S. (2007) Evolution of SOA concepts in telecommunications. *IEEE Computer Magazine*, **40** (11), 46–50.

[51] ETSI (2007) *Parlay X 3.0 Specifications*. November 2007.

[52] ITU-T (2006) *Rec Y. 2012: Functional Requirements and Architecture of the NGN Release 1*. September 2006.

[53] 3GPP (2006) IP Multimedia Subsystem (IMS), Stage 2. *Technical Specification 23.228*.

[54] Knightson, K., Morita, N., and Towl, T. (2005) NGN architecture: generic principles, functional architecture, and implementation. *IEEE Communications Magazine*, **43** (10), 49–56.

[55] ITU-T (2006) *Rec Y.2240: Requirements and Capabilities for NGN Service Integration and Delivery Environment*. May 2006.

[56] OMA (2009) *Open Service Environment version 1.0*. October 2009.

[57] TMForum (2009) *TMF061 Service Delivery Framework (SDf) Reference Architecture*. July 2009.

[58] OASIS (2007) *Web Services Business Process Execution Language (WS-BPEL) version 2.0*.

[59] IEEE (2011) *Standard 1903: Functional Architecture of the Next Generation Service Overlay Networks*. October 2011.

[60] Nunes, B.A., Mendonca, M., Nguyen, X.-N. *et al.* (2014) A survey of software-defined networking: past, present, and future of programmable networks. *IEEE Communications Surveys and Tutorials*, **16** (3), 1617–1634.

[61] McKeown, N., Anderson, T., Balakrishnan, H. *et al.* (2008) Openflow: enabling innovation in campus networks. *ACM SIGCOMM Computer Communication*, **38** (2), 69–74.

[62] Passarella, A. (2012) Review: a survey on content-cenmc technologies for the current internet: cdn and p2p solutions. *Computer Communications*, **35** (1), 1–32.

[63] Limoncelli, T.A. (2012) Openflow: a radical new idea in networking. *Communications of the ACM*, **55** (8), 42–47.

[64] Campbell, A.T., Katzela, I., Miki, K., and Vicente, J. (1999) Open signaling for ATM, internet and mobile networks (opensig'98). *ACM SIGCOMM Computer Communication Review*, **29** (1), 97–108.

[65] Doria, A., Hellstrand, F., Sundell, K., and Worster, T. (2002) *General Switch Management Protocol (GSMP) V3. RFC 3292 (Proposed Standard)*, June 2002.

[66] Tennenhouse, D.L., Smith, J.M., Sincoskie, W.D. *et al.* (1997) A survey of active network research. *IEEE Communications Magazine*, **35** (1), 80–86.

[67] Tennenhouse, D.L. and Wetherall, D.J. (2002) *Towards an Active Network Architecture*. Proceedings DARPA Active Networks Conference and Exposition, pp. 2–15.

[68] Moore, J.T. and Nettles, S.M. (2001) *Towards Practical Programmable Packets*. Proceedings of the 20th Conference on Computer Communications (INFOCOM). Citeseer.

[69] Cambridge University (2012) *Devolved Control of ATM Networks*.

[70] Van Der Merwe, J.E. and Leslie, I.M. (1997) *Switchlets and Dynamic Virtual ATM Networks*. Proceedings of the Integrated Network Management V, Chapman and Hall, pp. 355–368.

[71] Van der Merwe, J.E., Rooney, S., Leslie, I., and Crosby, S. (1998) The tempest—a practical framework for network programmability. *IEEE Network*, **12** (3), 20–28.

[72] Rexford, J., Greenberg, A., Hjalmtysson, G. *et al.* (2004) *Network-Wide Decision Making: Toward a Wafer-Thin Control Plane*. Proceedings of the HotNets, Citeseer, pp. 59–64.

[73] Greenberg, A., Hjalmtysson, G., Maltz, D.A. *et al.* (2005) A clean slate 4d approach to network control and management. *ACM SIGCOMM Computer Communication Review*, **35** (5), 41–54.

[74] Caesar, M., Caldwell, D., Feamster, N. *et al.* (2005) *Design and Implementation of a Routing Control Platform*. Proceedings of the 2nd conference on Symposium on Networked Systems Design & Implementation—Volume 2, USENIX Association, p. 15–28.

[75] Gude, N., Koponen, T., Pettit, J. *et al.* (2008) Nox: towards an operating system for networks. *ACM SIGCOMM Computer Communication Review*, **38** (3), 105–110.

[76] Enns, R. (2006) NETCONF configuration protocol. *RFC 4741 (Proposed Standard). Obsoleted by RFC 6241*, December 2006.

[77] Case, J.D., Fedor, M., Schoffstall, M.L., and Davin, J. (1990) *Simple Network Management Protocol (snmp)*.

[78] Casado, M., Freedman, M.J., Pettit, J. *et al.* (2007) Ethane: taking control of the enterprise. *ACM SIGCOMM Computer Communication Review*, **37** (4), 1–12.

[79] Cai, Z., Cox, A.L., and Ng, T.S.E. (2010) Maestro: A System for Scalable Openflow Control. *Tech. Rep. TR10-08*, Rice University, December 2010.

[80] Stanford University (2013) *Beacon*.

[81] NEC (2013) *Simple Network Access Control (SNAC)*.

[82] NEC (2013) *Helios by NEC*.

[83] Doria, A., Hadi Salim, J., Haas, R. *et al.* (2010) *Forwarding and Control Element Separation (ForCES) Protocol Specification. RFC 5810 (Proposed Standard)*, March 2010.

[84] Wang, Z., Tsou, T., Huang, J. *et al.* (2012) *Analysis of Comparisons between OpenFlow and ForCES*.

[85] Lu, G., Miao, R., Xiong, Y., and Guo, C. (2012) *Using CPU as a Traffic Co-Processing Unit in Commodity Switches*. Proceedings of the 1st Workshop on Hot Topics in Software Defined Networks, HotSDN'12, New York, pp. 31–36.

[86] Mogul, J.C. and Congdon, P. (2012) *Hey, You Darned Counters!: Get Off My Asic!*. Proceedings of the 1st Workshop on Hot Topics in Software Defined Networks, HotSDN'12, New York, pp. 25–30.

[87] Stephens, B., Cox, A., Felter, W. *et al.* (2012) *Past: Scalable Ethernet for Data Centers*. Proceedings of the 8th International Conference on emerging Networking Experiments and Technologies, CoNEXT'12, New York, pp. 49–60.

[88] Curtis, A.R., Mogul, J.C., Tourrilhes, J. *et al.* (2011) Devoflow: scaling flow management for high-performance networks. *SIGCOMM Computer Communication Review*, **41** (4), 254–265.

[89] Yu, M., Rexford, J., Freedman, M.J., and Wang, J. (2010) *Scalable Flow-Based Networking with Difane*. Proceedings of the ACM SIGCOMM 2010 conference on SIGCOMM, pp. 351–362.

[90] Kanizo, Y., Hay, D., and Keslassy, I. (2013) Palette: distributing tables in software-defined networks. *IEEE INFOCOM*, **2013**, 545–549.

[91] Kang, N., Liu, Z., Rexford, J., and Walker, D. (2013) *Optimizing the One Big Switch Abstraction in Software-Defined Networks*. Proceedings of the 9th ACM conference on Emerging networking experiments and technologies, New York.

[92] *Floodlight, an Open SDN Controller*.

[93] Tootoonchian, A., Gorbunov, S., Ganjali, Y. *et al.* (2012) *On Controller Performance in Software-Defined Networks*. USENIX Workshop on Hot Topics in Management of Internet, Cloud, and Enterprise Networks and Services (Hot-ICE).

[94] Voellmy, A. and Wang, J. (2012) *Scalable Software Defined Network Controllers*. Proceedings of the ACM SIGCOMM 2012 Conference on Applications, Technologies, Architectures, and Protocols for Computer Communication, New York, p. 289–290.

[95] Heller, B., Sherwood, R., and McKeown, N. (2012) *The Controller Placement Problem*. Proceedings of the 1st workshop on Hot topics in software defined networks, HotSDN'12, New York, pp. 7–12.

[96] Koponen, T., Casado, M., Gude, N. *et al.* (2010) *Onix: A Distributed Control Platform for Large-Scale Production Networks*. USENIX Conference on Operating Systems Design and Implementation (OSDI), Vancouver, BC, October 2010.

[97] Tootoonchian, A. and Ganjali, Y.(2010) *Hyperflow: A Distributed Control Plane for Openflow*. Proceedings of the 2010 Internet Network Management Conference on Research on Enterprise Networking, USENIX Association, pp. 31–32.

[98] Levin, D., Wundsam, A., Heller, B. *et al.* (2012) *Logically Centralized?: State Distribution Trade-Offs in Software Defined Networks*. Proceedings of the 1st Workshop on Hot Topics in Software Defined Networks, HotSDN'12, New York, pp. 1–6.

[99] Yeganeh, S. and Ganjali, Y. (2012) *Kandoo: A Framework for Efficient and Scalable Offloading of Control Applications*. Proceedings of the 1st Workshop on Hot Topics in Software Defined Networks, HotSDN'12, New York, pp. 19–24.

[100] Sherwood, R., Chan, M., Covington, A. *et al.* (2010) Carving research slices out of your production networks with openflow. *ACM SIGCOMM Computer Communication Review*, **40** (1), 129–130.

[101] Open Network Foundation (2013) *Open Networking Foundation*, https://www.opennetworking.org/about (accessed 7 December, 2015).

[102] Openstack (2013) *Openstack*.

[103] Opendaylight (2013) *Opendaylight*.

[104] Yap, K.K., Sherwood, R., Kobayashi, M. *et al.* (2010) *Blueprint for Introducing Innovation into Wireless Mobile Networks*. Proceedings of the 2nd ACM SIGCOMM workshop on Virtualized Infrastructure Systems and Architectures, pp. 25–32.

[105] Yap, K.K., Kobayashi, M., Sherwood, R. *et al.* (2010) Openroads: empowering research in mobile networks. *ACM SIGCOMM Computer Communication Review*, **40** (1), 125–126.

[106] Li, L.E., Mao, Z.M., and Rexford, J. (2012) *Toward Software-Defined Cellular Networks*. Software Defined Networking (EWSDN), 2012 European Workshop on, pp. 7–12.

[107] Suresh, L., Schulz-Zander, J., Merz, R. *et al.* (2012) *Towards Programmable Enterprise WLANs with ODIN*. Proceedings of the lst Workshop on Hot Topics in Software Defined Networks, HotSDN'12, New York, ACM, pp. 115–120.

[108] Bansal, M., Mehlman, J., Katti, S., and Levis, P. (2012) *Openradio: A Programmable Wireless Dataplane*. Proceedings of the lst Workshop on Hot Topics in Software Defined Networks, ACM, pp. 109–114.

[109] Cisco (2012) Cisco Visual Networking Index: Global Mobile Data Traffic Forecast Update, 2011–2016. *Tech. Rep. 2012/8*, Cisco.

[110] Rais, B., Mendonca, M., Turletti, T., and Obraczka, K. (2011) *Towards Truly Het-erogeneous Internets: Bridging Infrastructure-Based and Infrastructure-less Networks*. Third International Conference on Communication Systems and Networks. (COMSNETS), IEEE, pp. 1–10.

[111] Nguyen, X.N. (2012) Software defined networking in wireless mesh network. Msc. thesis. INRIA, UNSA.

[112] Coyle, A. and Nguyen, H. (2012) *A Frequency Control Algorithm for a Mobile Adhoc Network*. Military Communication and Information System Conference (MilCS), November 2010, Canberra, Australia.

[113] Dely, P., Kassler, A., and Bayer, N. (2011) *Openflow for Wireless Mesh Networks*. Proceedings of the 20th International Conference on Computer Communication and Networks (ICCCN), IEEE, pp. 1–6.

[114] Sharafat, A.R., Das, S., Parulkar, G., and McKeown, N. (2011) MPLSTE and MPLS-VPN with OpenFlow. *ACM SIGCOMM Computer Communication Review*, **41** (4), 452–453.

[115] Mehdi, S.A., Khalid, J., and Khayam, S.A. (2011) Revisiting traffic anomaly using software defined networking. *Recent Advances in Intrusion Detection*, **2011**, 161–180.

[116] Ballard, J.R., Rae, I., and Akella, A. (2010) *Extensible and Scalable Network Monitoring Using Opensafe*. Proceedings of the Internet Network Management Workshop/Workshop on Research on Enterprise Networking(INM/WREN).

[117] Qazi, Z.A., Tu, C.-C., Chiang, L. *et al.* (2013) Simple-fying middlebox policy enforcement using sdn. *SIGCOMM Computer Communication Review*, **43** (4), 27–38.

[118] Schlesinger, C., Story, A., Gutz, S. *et al.* (2012) *Splendid Isolation: Language-Based Security for Software-Defined Networks*.

[119] Gutz, S., Story, A., Schlesinger, C., and Foster, N. (2012) *Splendid Isolation: A Slice Abstraction for Software-Defined Networks*. Proceedings of the First Workshop on Hot Topics in Software Defined Networks, ser. HotSDN'12, ACM, pp. 79–84.

[120] Hinrichs, T., Gude, N., Casado, M. *et al.* (2008) *Expressing and Enforcing Flow-Based Network Security Policies*. University of Chicago, *Tech. Rep. 2008/9*.

[121] Bifulco, R. and Schneider, F. (2013) *Openflow Rules Interactions: Definition and Detection*. Future Networks and Services (SDN4FNS), 2013 IEEE SDN for, November 2013, pp. 1–6.

[122] Shirali-Shahreza, S. and Ganjali, Y. (2013) *Empowering Software Defined Network Controller with Packet-Level Information*. Communications Workshops (ICC), 2013 IEEE International Conference on, June 2013, pp. 1335–1339.

[123] Tennenhouse, D.L., Smith, J.M., Sincoskie, W.D. *et al.* (1997) A survey of active network research. *Communications Magazine, IEEE*, **35** (1), 80–86.

[124] Tennenhouse, D.L. and Wetherall, D.J. (2002) *Towards an Active Network Architecture*. DARPA Active NEtworks Conference and Exposition, 2002. Proceedings. IEEE, pp. 2–15.

[125] Liu, Z., Campbell, R. and Mickunas, M. (2003) Active security support for active networks. *IEEE Transactions on Systems, Man, and Cybernetics, Part C: Applications and Reviews*, **33** (4), 432–445.

[126] Murphy, S., Lewis, E., Puga, R. *et al.* (2001) *Strong Security for Active Networks*. Open Architectures and Network Programming Proceedings, 2001 IEEE, pp. 63–70.

[127] Greenberg, A., Hjalmtysson, G., Maltz, D.A. *et al.* (2005) A clean slate 4D approach to network control and management. *ACM SIGCOMM Computer Communication Review*, **35** (5), 41–54.

[128] Cai, Z., Cox, A.L., and Maestro, T.E.N. (2010) *Maestro: A System for Scalable Openflow Control*. Rice University, *Tech. Rep. TR10-08*.

[129] Casado, M., Garfinkel, T., Akella, A. *et al.* (2006) *Sane: a Protection Architecture for Enterprise Networks*, Usenix Security, New York.

[130] Nadeau, T. and Pan, P. (2011) *Software Driven Networks Problem Statement*, https://tools.ietf.org/html/draft-nadeau-sdn-problem-statement-00 (accessed 7 December, 2015).

[131] Shin, S., Porras, P., Yegneswaran, V., and Gu, G. (2013) *A Framework for Integrating Security Services into Software-Defined Networks*, http://nss.kaist.ac,kr/papers/ons2013final60.pdf (accessed 7 December, 2015). http://nss.kaist.ac.kr/papers/ons2013-final60.pdf

[132] Kreutz, D., Ramos, F., and Verissimo, P. (2013) *Towards Secure and Dependable Software-Defined Networks*. Proceedings of the second ACM SIGCOMM workshop on Hot topics in software defined networking. ACM, pp. 55–60.

[133] Wen, X., Chen, Y., Hu, C. *et al.* (2013) *Towards a Secure Controller Platform for Openflow Applications*. Proceedings of the Second ACM SIGCOMM Workshop on Hot Topics in Software Defined Networking, ACM, pp. 171–172.

[134] Hartman, M.Z.D. and Wasserman, S. (2013) *Security Requirements in the Software Defined Networking Model*.

[135] Tsou, T., Yin, H., Xie, H., and Lopez, D. (2012) *Use-Cases for ALTO with Software Defined Networks*.

[136] Ferguson, A.D., Guha, A., Place, J. *et al.* (2012) *Participatory Networking*. Proceedings of the Hot-ICE, **12**.

[137] Naous, J., Erickson, D., Covington, G.A. *et al.* (2008) *Implementing an Openflow Switch on the Netfpga Platform*. Proceedings of the 4th ACM/IEEE Symposium on Architectures for Networking and Communications Systems. ACM, pp. 1–9.

[138] Jarschel, M., Oechsner, S., Schlosser, D. *et al.* (2011) *Modeling and Performance Evaluation of an Openflow Architecture*. Proceedings of the 23rd International Teletraffic Congress. ITCP, pp. 1–7.

[139] Shin, S., Yegneswaran, V., Porras, P., and Gu, G. (2013) *Avant-Guard: Scalable and Vigilant Switch Flow Management in Software-Defined Networks*. Proceedings of the 2013 ACM SIGSAC Conference on Computers 38; Communications Security, ser. CCS'13, ACM, pp. 413–424.

[140] Yao, G., Bi, J., and Guo, L. (2013) *On the Cascading Failures of Multicontrollers in Software Defined Networks*. Network Protocols (ICNP), 2013 21st IEEE International Conference on, October 2013, pp. 1–2.

[141] Shin, S. and Gu, G. (2013) *Attacking Software-Defined Networks: A First Feasibility Study*. Proceedings of the 2nd ACM SIGCOMM Workshop on Hot Topics in Software Defined Networking, ACM, pp. 165–166.

[142] Fonseca, P., Bennesby, R., Mota, E., and Passito, A. (2012) *A Replication Component for Resilient Openflow-Based Networking*. Network Operations and Management Symposium (NOMS), 2012 IEEE, April 2012, pp. 933–939.

[143] Seedorf, J. and Burger, E. (2009) *Application-Layer Traffic Optimization (ALTO) Problem Statement*.

[144] Al-Shaer, E. and Al-Haj, S. (2010) *Flowchecker: Configuration Analysis and Verification of Federated Openflow Infrastructures*. Proceedings of the 3rd ACM Workshop on Assurable and Usable Security Configuration, ser. SafeConfig'10, ACM, pp. 37–44.

[145] Zhang, Y., Beheshti, N., and Tatipamula, M. (2011) *On Resilience of Split Architecture Networks*. Global Telecommunications Conference (GLOBECOM 2011), 2011 IEEE, December 2011, pp. 1–6.

[146] Dierks, T. (2008) *The Transport Layer Security (tls) Protocol Version 1.2*.

[147] Rescorla, E. and Modadugu, N. (2012) *Datagram Transport Layer Security Version 1.2*.

[148] Benton, K., Camp, L.J., and Small, C. (2013) *Openflow Vulnerability Assessment*. Proceedings of the 2nd ACM SIGCOMM Workshop on Hot Topics in Software Defined Networking, ser. HotSDN'13, ACM, pp. 151–152.

[149] Liyanage, M. and Gurtov, A. (2012) *Secured VPN Models for LTE Backhaul Networks*. Vehicular Technology Conference (VTC Fall), IEEE, pp. 1–5.

[150] Staessens, D., Sharma, S., Colle, D. *et al.* (2011) *Software Defined Networking: Meeting Carrier Grade Requirements*. Local Metropolitan Area Networks (LANMAN), 2011 18th IEEE Workshop on, October 2011, pp. 1–6.

[151] Foster, N., Harrison, R., Freedman, M.J. *et al.* (2011) Frenetic: a network programming language. *ACM SIGPLAN Notices*, **46** (9), 279–291.

[152] Voellmy, A., Kim, H., and Feamster, N. (2012) *Procera: A Language for High-Level Reactive Network Control*. Proceedings of the 1st Workshop on Hot Topics in Software Defined Networks, ser. HotSDN'12, New York: ACM, pp. 43–48.

[153] Monsanto, C., Foster, N., Harrison, R. and Walker, D. (2012) A compiler and run-time system for network programming languages. *ACM SIGPLAN Notices*, **47** (1), 217–230.

[154] Shin, S., Porras, P., Yegneswaran, V. *et al.* (2013) *Fresco: Modular Composable Security Services for Software-Defined Networks*. Proceedings of Network and Distributed Security Symposium.

[155] Beckett, R., Zou, X.K., Zhang, S. *et al.* (2014) *An Assertion Language for Debugging SDN Applications*. Proceedings of the 3rd Workshop on Hot Topics in Software Defined Networking, ACM, pp. 91–96.

[156] Khurshid, A., Zhou, W., Caesar, M., and Godfrey, P.B. (2012) Veriflow: verifying network-wide invariants in real time. *SIGCOMM Computer Communication Review*, **42** (4), 467–472.

[157] Son, S., Shin, S., Yegneswaran, V. *et al.* (2013) *Model Checking Invariant Security Properties in Openflow*. IEEE International Conference on Communications (ICC), June 2013.

[158] Canini, M., Kostic, D., Rexford, J., and Venzano, D. (2011) *Automating the Testing of Openflow Applications*. Proceedings of the 1st International Workshop on Rigorous Protocol Engineering (WRiPE), no. EPFL-CONF-167777.

[159] Handigol, N., Heller, B., Jeyakumar, V. *et al.* (2012) *Where Is the Debugger for My Software-Defined Network?*. Proceedings of the 1st Workshop on Hot Topics in Software Defined Networks. ACM, pp. 55–60.

[160] Wundsam, A., Levin, D., Seetharaman, S. *et al.* (2011) *Of Rewind: Enabling Record and Replay Troubleshooting for Networks*. USENIX Annual Technical Conference.

[161] SDN (2013) *Security-Enhanced Floodlight*.

[162] Switch, B. (2012) *Developing Floodlight Modules. Floodlight Openflow Controller*.

[163] Fernandez, M. (2013) *Comparing Openflow Controller Paradigms Scalability: Reactive and Proactive*. Advanced Information Networking and Applications (AINA), 2013 IEEE 27th International Conference on, March 2013, pp. 1009–1016.

[164] Voellmy, A. and Wang, J. (2012) *Scalable Software Defined Network Controllers*. Proceedings of the ACM SIGCOMM 2012 Conference on Applications, Technologies, Architectures, and Protocols for Computer Communication, ACM, pp. 289–290.

[165] AMQP (2006) *Advanced Message Queuing Protocol*.

[166] Kohonen, T. (1990) The self-organizing map. *Proceedings of the IEEE*, **78** (9), 1464–1480.

[167] Braga, R., Mota, E., and Passito, A. (2010) *Lightweight DDoS Flooding Attack Detection Using Nox/Openflow*. Local Computer Networks (LCN), 2010 IEEE 35th Conference on, October 2010, pp. 408–415.

[168] Heller, B., Sherwood, R., and McKeown, N. (2012) *The Controller Placement Problem*. Proceedings of the 1st Workshop on Hot Topics in Software Defined Networks, ser. HotSDN'12, ACM, pp. 7–12.

[169] Hu, Y., Wang, W., Gong, X. *et al.* (2014) On reliability optimized controller placement for software-defined networks. *China Communications*, **11** (2), 38–54.

[170] Hu, Y., Wendong, W., Gong, X. *et al.* (2013) *Reliability Aware Controller Placement for Software-Defined Networks*. Integrated Network Management (IM 2013), 2013 IFIP/IEEE International Symposium on, May 2013, pp. 672–675.

[171] Bari, M., Roy, A., Chowdhury, S. *et al.* (2013) *Dynamic Controller Provisioning in Software Defined Networks*. Network and Service Management (CNSM), 2013 9th International Conference on, October 2013, pp. 18–25.

[172] Porras, P., Shin, S., Yegneswaran, V. *et al.* (2012) *A Security Enforcement Kernel for Openflow Networks*. Proceedings of the First Workshop on Hot Topics in Software Defined Networks, ser. HotSDN'12, ACM, pp. 121–126.

[173] Phemius, K., Bouet, M., and Leguay, J. (2014) *Disco: Distributed Multidomain SDN Controllers*. Network Operations and Management Symposium (NOMS), 2014 IEEE, May 2014, pp. 1–4.

[174] Phemius, K., Bouet, M., and Leguay, J. (2014) *Disco: Distributed SDN Controllers in a Multi-Domain Environment*. Network Operations and Management Symposium (NOMS), 2014 IEEE, May 2014, pp. 1–2.